BRAIN & BEHAVIOR

An Introduction to Biological Psychology (2nd ed.)

생물심리학

뇌와 행동

Bob Garrett 저

신맹식 · 김시현 · 이태관 · 최국환 공역

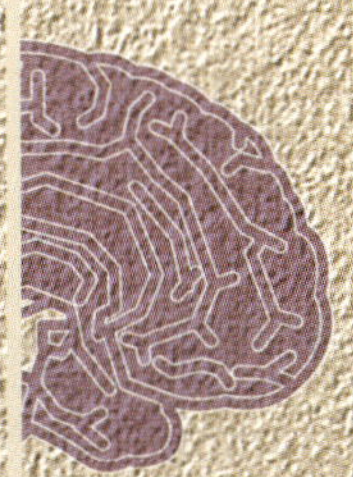

학지사

Brain & Behavior: An Introduction to Biological Psychology, 2nd Edition
by Bob Garrett

역자 서문

우리는 현재 인간의 다양한 행동을 신경생물학적으로 설명할 수 있는 뇌신경과학의 전성기에 살고 있다. 이는 다양한 유전자 기법, 생화학적 기법, 뇌 영상 기법 등의 정교한 생물·생리학 분야들과 연계한 과학기술의 발달 덕분일 것이다.

그런데 상당수의 생물·생리심리학을 배우고 있는 우리나라의 학부 또는 대학원 과정의 심리학 전공 학생들은 여전히 이 교과목이 어렵고 덜 친숙하다는 생각을 하고 있는 것 같다. 그 주된 이유는 아마도 생물·생리심리학과 관련된 학문적 배경이나 이론이 우리의 실생활과는 다소 거리가 있기 때문이라 생각한다.

이 책은 먼저 각 장의 서두에서 특정의 심리학적 장애와 관련된 삽화(vignette)를 도입함으로써 그 바탕이 되는 생물·생리심리학적 기제에 대한 호기심을 불러일으킬 수 있다는 점에서, 그리고 그 이면의 일반적인 행동과 장애 관련의 신경기제에 대하여 기초적인 내용을 포함해 포괄적인 설명을 곁들이고 있다는 점에서 흥미롭다. 또한 각 장의 내용을 확장하여 실제적인 응용 부분과 대중적 뉴스거리를 소개하고 있다. 저자도 언급하였듯이, 이렇게 내용을 구성하는 것은 과학의 실용성, 즉 실용적인 지식을 강조함으로써 생물·생리심리학이 우리에게 더 가까이 다가와 있음을 느끼게 해 주며 해당 내용에 대한 흥미와 관심을 촉진하기 위함이다('지능'에 관한 생물·생리심리학적 설명에서 볼 수 있듯이, 이 책의 다른 고유한 특징들에 대한 언급은 저자 서문에 잘 나타나 있다). 이 책의 이러한 특징은 생물·생리심리학에 관심이 있는 학생들에게 인간의 행동 기저에 대한 신경생물학적 보석을 찾고자 하는 동기를 부여해 줄 수 있다는 점에서 참으로 반가운 일이 아닐 수 없다.

그 이론적 배경과 적용 범위를 고려해 볼 때, 이 책은 생물·생리심리학 분야뿐만 아니라 임상심리학, 신경심리학, 인지신경과학, 재활심리학, 발달심리학 및 상담심리학 분야에도 적용할 수 있고, 뇌의 기능 또는 역기능과 관련하여 신경생물학적, 유전학적 설명이 필요한 학부 또는 대학원 과정의 교재 또는 부교재로도 활용할 수 있으리라고 본다.

이 책의 번역에는 일반대학원 석·박사과정에서 생물·생리심리학 또는 관련 분야에서 학위를 받은 학자들이 적극 참여하여 보다 이해력 있는 번역을 도모하고자 노력하였다. 역자들은 바쁜 와중에서도 시간을 쪼개어 최선의 번역을 했다고는 하지만, 그 결과물은 항상 부족하다는 생각을 떨쳐 버릴 수가 없다. 독자들께서는 책을 읽다가 혹시 번역상의 오류를 발견했거나 역자들이 부지중 간과했던 점이 있다면, 주저하지 말고 조언해 주면 감사하겠다.

이번 번역서가 나오기까지 많은 도움을 주었고 수고를 아끼지 않았던 김진환 사장님, 김순호 부장님, 유명원 차장님을 포함하여 학지사의 여러 관계자 분들께 심심한 감사를 드린다.

2013년 8월
역자 일동

저자 서문

가난하게 자란 덕분에 나는 교육의 가치를 배웠다. 교육의 진짜 가치가 더 나은 직업을 갖기 위한 티켓일 뿐만 아니라 인생과 세계에 대해서 줄곧 배우게 하는 학습이라는 것을 발견하기까지는 그리 긴 시간이 걸리지 않았다. 그것은 내가 차례로 여러 전공을 시도한 후에 심리학을 발견하도록 이끌어 준 것이기도 하다.

나는 스푸트니크(Sputnik, 소련이 쏘아올린 인공위성) 시대에 어린 시절을 보내면서 과학에 매료되어 왔는데, 특별히 나의 관심을 끈 것은 젊고 유망한 생물심리학 분야였다. 나는 가르침을 통하여 이런 나의 열정을 나누고자 했다. 수년 동안 나는 드포 대학교(DePauw University)에서 가르쳤는데, 이곳의 모든 학생은 실제로 2~3개의 인턴십을 하였다. 연구의 가치는 학생들이 그들의 멘토들과 함께 일하면서 배운 것에 의해 판단한다. 비슷하게 내가 현재 재직하고 있는 캘리포니아 폴리테크닉 주립 대학교(California Polytechnic State University: CPSU)의 지도 원칙은 학생들은 '행함으로써 배워야' 한다는 것이다. 나는 지식 그 자체를 믿지만, 실용성이 있는 지식을 훨씬 더 가치 있게 여긴다. 아마도 이것이 바로 내가 『생물심리학-뇌와 행동(*Brain and Behavior: An Introduction to Biological Psychology*)』을 써야 하는 이유일 것이다—이 책은 과학적 지식의 실용성에 대한 나의 증명 서적이다.

이제 제2판이 완성되었으니, 여가 시간을 좀 가지고 싶다. 아내와 해변 산책도 하고 테니스도 치고, 집 근처의 언덕에 하이킹도 가며, 손자들이 자라는 것도 지켜보고 싶다. 하지만 학생들이 내가 쓴 것을 즐기고 있는지를, 그리고 내가 그들의 나이였을 때 내가 가졌던 발견의 전율을 그들이 경험하고 있는지를 분명히 지켜보고 있을 것이다.

교·강사에게

내가 처음 『생물심리학-뇌와 행동』을 저술할 때 가졌던 한 가지 목표는 학생들을 '생물심리학'이라는 모험 속으로 인도하는 것이었다. 주위에는 여러 좋은 책들이 있다. 하지만 이들은 자기 나름대로 생물심리학의 중요성을 평가하려는 진지한 대학 3~4학년의 심리학 전공자들을 위해 저술된 것처럼 보인다. 이 책 또한 그렇다. 하지만 나는 행동에 관심이 있는 어떤 학생일지라도(2학년 때 이 분야를 전공으로 결정한 학생이든, 아니면 다양한 학문 분야에 호기심이 많은 학생이든) 생물학적 조망으로부터 (행동을) 더 깊이 이해할 수 있게 하기 위하여 이 책을 썼다. 생기 넘치는 저술로나, 사례 연구들에 의한 흥미의 자극으로나, 이따금씩 들려주는 여담으로는 줄곧 학생들의 관심을 끌기에 충분하지가 않다. 학생들은 중요한 무언가를 배우고 있다는 느낌이 들지 않으면 머물러 있지 않을 것이다. 나는 첫 생물심리학 수업 시간에 고군분투했던 교과서를 기억한다. 그때 우리는 행동에 대한 생물학적인 토대를 지금보다도 훨씬 적게 알고 있었기 때문에, 그 책은 별로 재미가 없었다. 그 이후로 우리는 학습 동안에 뇌가 어떻게 변화하는지를 배워 왔고, 정신분열증을 야기하는 일부 유전자들과 뇌 결함에 대해서 알게 되었다. 지금 우리는 뇌 세포들의 복잡한 신경망들이 어떻게 언어를 생성하고, 우리를 지적으로 만들며, 피아노를 연주하도록 돕거나 배우자를 찾게 하는지를 이해하기 시작했다. 바꿔 말하면, 생물심리학은 한층 더 흥미로워졌다. 그 자료가 여기에 있다. 내가 뇌의 비밀을 발견했을 때 느꼈던 흥분을 전달하고, 학생들이 행동에 대해 가지는 질문에 대답하기 위하여 생물심리학이 권위를 가지는 설득력 있는 방편이 되도록 하는 것이 지금의 내가 할 일이다.

한 권의 좋은 교과서는 잘 가르치는 데에 필요한 하나의 최고 조건이다. 하지만 배움이 없으면 가르침도 없다. 수년 동안 내 학생들은 그들이 배울 때 자신에게 필요한 것이 무엇인지를 가르쳐 주었다. 많은 것이 있었지만 그중 한 가지로 나는 학생들이 해당 과목을 통하여 그들의 지식을 축적하는 것이 얼마나 중요한 것인가를 깨달았다. 이에 다른 교과서들과 비교해 몇 곳에서 책의 구성을 달리했다. 먼저, 뉴런 생리학에 관한 장을 신경계에 관한 장보다 더 일찍 소개하는데, 나는 뉴런들이 어떻게 작용하는가를 알지 못하고서는 뇌가 어떻게 작동하는가를 이해할 수 없다고 믿기 때문이다. 그리고 시각과 청각에 관한 장의 통상적인 순서를 바꾸었는데, 청각은 감각과 지각의 기본 원리를 소개하는 데에서 더 자연스런 배경을 제공하기 때문이다. 그리고 중독, 동기, 정서, 성에 관한 장을 신경생리학 다음에 소개한다. 이는 학생들이 감각과 지각에 대해 씨름하기 전에 그들을 동기화하기 위함이다. 아마 더 중요하게도, 일부 화제들은 행동적으로 더 의미가 있는 맥락에 맞추어 적절한 장에 편성되었다. 따라서 언어는 청각과 함께 체감각은 운동의 기제와 함께, 미각은 섭식 행동의 맥락에서, 그리고 후각은 성행동과 연결하여 논의한다. 하지만 가장 독특한 것은 지능 그리고 의식에 관한 생물학을 다루는 장을 포함시켰다는 점이다. 후자는 수면과 분리 뇌의 행동에 대한 전형적인 화제만을 다루지 않고 그 분야에서 최근에 발전하고 있는 모든 것을 다루고 있다. 이들 두 장은 생물심리학이 사적으로 관련되어 있고 중요한 질문을 던질 수 있다는 견해를 강화한다.

『생물심리학-뇌와 행동』은 학생들이 학습을 하도록 동기를 부여하고 학습 시에 능동적으로 참여하게 할 몇 가지 특징을 가지고 있다. 학생들의 관심을 불러일으키는 장 서두의 삽화, 구체적인 사례 연구, 〈뉴스에서〉 항목, 그리고 해당 장을 넘어서는 흥미진진한 내용을 담고 있는 〈응용〉 부분을 제공한다. 각 장에서 책의 여백에 제시되는 질문들은 학생들이 지속적으로 요점에 초점을 맞추도록 한다. 각 절 말미의 '개념 확인'은 중요한 개념을 상기시켜 주는 역할을 한다. 각 장의 말미에서 '전망'은 학생들이 방금 읽었던 내용에 대한 중요성과 시사점들을 강조한다. '요약'은 해당 정보를 조직화하는 데에 도움을 준다.

제2판의 새로운 내용

예상하듯이 『생물심리학-뇌와 행동』의 제2판에는 많은 변화가 있다. 우선 생물심리학과 신경과학에서의 빠른 진전을 반영하여, 이번 판은 500개의 새로운 참고문헌을 포함하고 있다. 60개 이상의 그림이 추가되었으며, 25개의 다른 그림들은 정보적·교육적 가치를 높이기 위해 개정되었다. 더하여 새로운 표들이 복잡한 자료를 조직화하거나 요약할 필요가 있는 부분에서 추가되었다. 더 나아가 대부분의 〈뉴스에서〉와 〈응용〉의 내용이 보다 최근의 정보로 대체되거나 갱신되었다. 이전에는 부록에 있었던 '연구 기법'에 대한 자료는 확장되었고, 제1판의 두 화제들, 즉 '과학, 연구와 이론' 및 '연구 윤리'와 통합되어 새로운 하나의 장인 '연구 방법과 윤리'를 구성하게 되었다.

제2판은 특히 비만, 적대감 및 공격, 파킨슨병, 알츠하이머병, 자폐증 그리고 정신분열증과 관련된 최근의 수많은 발견에 대한 논의와 함께 행동에 미치는 유전의 영향을 쉽게 이해할 수 있도록 돕는 주제를 담고 있다. 주목할 만한 또 하나의 주제는 줄기세포 연구에 관한 윤리적 함의로부터 중독 및 심리장애에 대한 비용 그리고 뇌와 척수의 손상을 치료하기 위한 새로운 책략들에까지 생물심리학이 사회적으로 광범위하게 관련되어 있다는 것이다.

학생에게

『생물심리학-뇌와 행동』은 학생들에게 다가가서 마음의 문을 열어 그들이 생물심리학이라는 매력적인 세계를 경험하도록 하게 하려는 나의 노력을 반영한 것이다. 우리는 많은 방식에서 유럽을 중세로부터 현대의 세계로 밀어 넣었던 르네상스에 비유할 수 있는 아주 흥미로운 시대에 살고 있다. 제1장에서 나는 생물심리학을 포한한 신경과학을 '낭만적으로 달 위를 걸으며 탐사하는 느낌' 으로 비유한 케이 재미슨(Kay Jamison)의 말을 인용했다. 나는 우리 자신에 대한 강렬한 질문들에 대답하는 데에 신경과학, 특별히는 생물심리학보다 더 강력한 과학 분야는 없다고 알고 있다. 인간이란 무엇인가에 대한 우리의 이해를 혁신시킬 발견들을 읽어 갈 때, 나는 이 교과서가 그런 흥분감을 전달해 주길 희망한다.

나는 여러분이 이 과목에 성공하길 바란다. 그것 이상으로, 나는 여러분이 최대로 상상할 수 있는 것 이상으로 배우기를 바란다. 나는 여러분 부모님처럼 권유하고 싶다. 수업 시간에 가능하면 앞좌석에 앉아라. 이런 학생들은 일반적으로 최고 학점을 얻는다. 이는 아마도 그들이 수업에 더 몰입하고 질문도 많이 하기 때문인 것 같다. 하지만 좋은 질문을 하기 위해서는 수업 시작 전에 '언제나' 책을 미리 읽고 가라. 책을 (본격적으로) 읽기 전에 어디부터 먼저 보아야 할지를 알 것이다. '이 장에서 학습할 내용' 을 먼저 보고 해당 장의 부제들을 훑어보고 요약을 읽으라. 읽어 가면서 책 여백에 있는 질문들을 이용하고, '개념 확인' 질문에 답하라.

나는 마음속으로 여러분과 함께 『생물심리학-뇌와 행동』을 저술했다. 따라서 내가 잘한 일이든 그렇지 못한 일이든 내게 알려 주기를 바란다(bgarrett@calpoly.edu). 여러분을 위해서 저술한 것을 읽어 나아갈 때 (새로) 발견한 것과 알게 된 것에 대하여 여러분이 만족스러우면 좋겠다.

밥 개릿(Bob Garrett)

차 례

PART III 세상과 소통하기

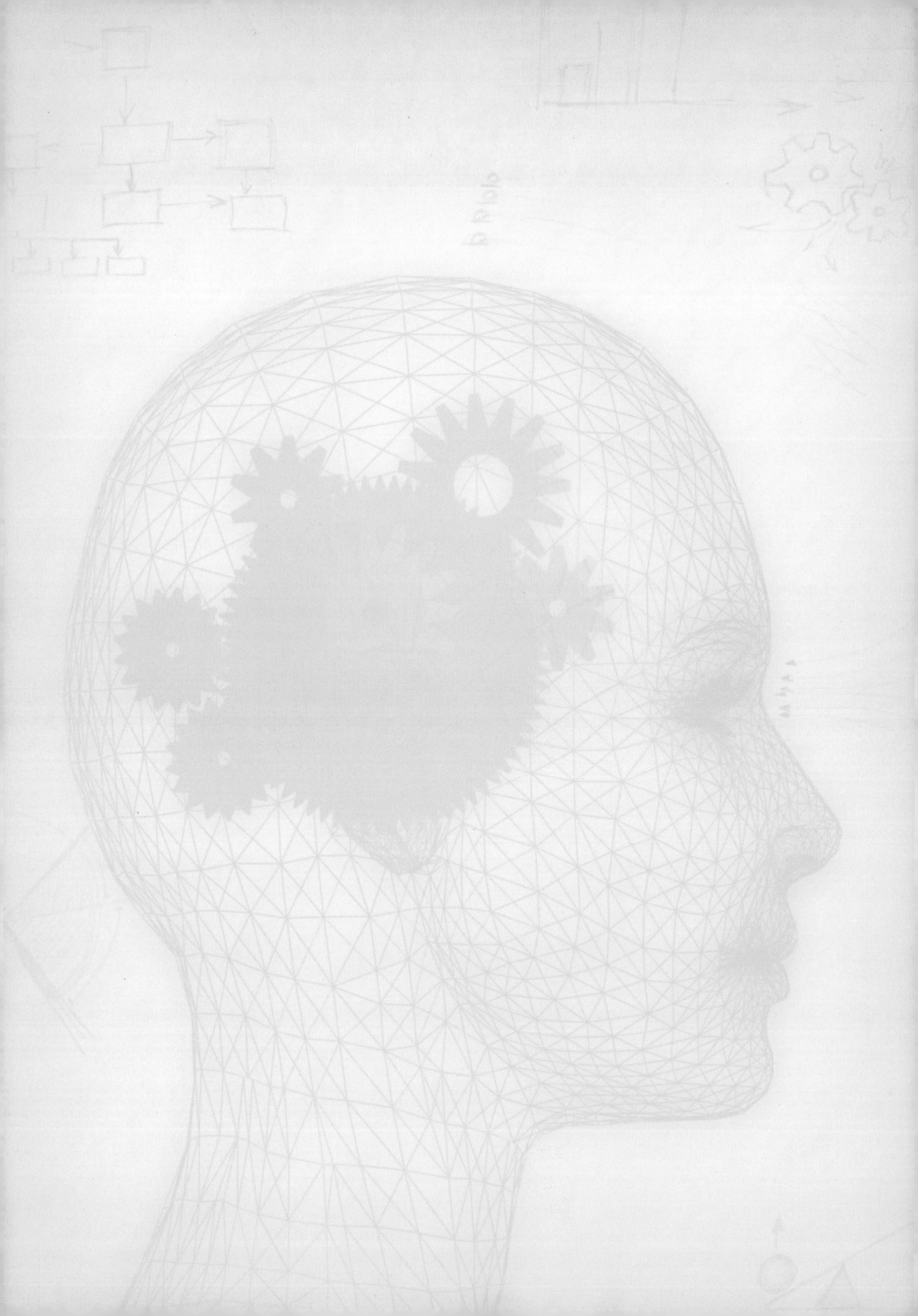

Chapter 1

생물심리학이란

생물심리학의 기원

과학 이전의 심리학 그리고 정신과 뇌의 문제

데카르트와 행동의 물리적 모델

헬름홀츠와 전기적인 뇌

편재화의 문제

선천과 후천

유전 암호

유전과 행동

인간 게놈 프로젝트

유전: 운명 또는 성향

이 장에서 배울 내용

- 생물심리학이 어떻게 철학과 생리학으로부터 발전하였는가?
- 뇌과학자들은 정신-뇌의 문제를 어떻게 생각하는가?
- 행동이 어떻게 유전하는가와 유전과 환경의 관계는 어떠한가?

현대의 신경과학에는 감상적이며, 달 위를 걷는 것과 같은 탐험과 새로운 미개척지를 향하는 놀라운 흥분이 있다. 과학은 우아하며…… 발견의 속도는 너무도 경이적이다.

- Kay R. Jamison, An Unquiet Mind.

신경과학은 신경계와 행동에 대한 신경계 역할을 연구하는 복합 학문이다. 물론 신경과학이 흥미로운 주제이기는 하지만, 이것이 낭만적으로 달 위를 걷는 것과 같은 것인가? 케이 재미슨(Kay Jamison)이 왜 이런 비유를 했는지를 이해하기 위해서는, 1957년 10월의 밤 뒤뜰에서 경이로움에 쌓여 스푸트니크(Sputnik) 위성에서 반사된 희미한 섬광이 북미의 하늘을 가로지르는 것을 봤어야 했다. 미국인들은 러시아의 우주 계획이 미국을 훨씬 앞서는 것을 보고 놀라고 두려워했다. 그러나 이런 기술적인 대성공의 의미가 가라앉음에 따라, 미국은 우주 계획을 구축하고 과학기술 교육을 혁신하였다. 4년이 지나기도 전에 케네디(Kennedy) 대통령은 미국의 우주인을 10년 내에 달에 보내겠다는 놀라운 공약을 발표하였다. 하지만 진정 놀라운 일은 1969년 7월 20일 저녁에 일어났다. 사람들은 TV 앞에 앉아서 이글(Eagle)이라는 달 착륙선이 가볍게 달에 안착한 후에 인간이 최초로 다른 세계의 표면에 발을 내딛는 것을 지켜보았다([그림 1-1]). 케이 재미슨과 뇌의 신비를 푸는 데 관여하고 있는 우리에게는, 닐 암스트롱(Neil Armstron)의 '인류를 위한 위대한 도약'이 주는 흥분과 우리가 인간의 사고

우주 탐험과 뇌의 신비를 푸는 것은 유사한 도전과 흥분을 준다. 당신은 어떤 것이 당신의 인생에 더 중요한 영향을 줄 것이라 생각하는가?

출처: Courtesy of NASA.

[그림 1-1] 최초의 낭만적인 달 위 걷기

및 감정이라는 내부의 우주를 탐사할 때 갖는 긴장감은 아주 의미 있게 서로 비견된다.

또한 케네디 대통령이 1960년대를 우주 탐사에 대해 공약한 것과 미국 의회가 30년 뒤 1990년대를 뇌의 10년으로 정한 것은 피할 수 없이 적절한 비유다. 뇌에 대한 이해는 인류가 달에 착륙한 것과 같은 굉장한 수준의 노력, 창의력, 그리고 기술의 혁신을 요구한다. 하지만 이 두 10년의 공약에는 중요한 차이가 있다. 케네디 대통령은 우주 탐사로부터 어떤 혜택이 주어질 것인가를 아무도 알지 못한다고 인정했다. 하지만 뇌의 10년이 시작되자 우리는 인류 지식의 지평을 넓힐 수 있을 뿐만 아니라 신경질환, 정서 장애, 약물중독(이의 치료를 위해 미국이 매년 약 수조 달러를 지불함), 생산성 감소와 범죄문제 해결을 촉진할 수 있을 것이라고 생각하게 되었다.

또 다른 차이는 달 착륙 계획이 (구소련의 앞선 우주 계획의 성과에 따른) 절망과 실패 때문에 나온 반면에 뇌 10년 계획은 과거와 현재 모두의 성과를 축하하기 위함이라는 것이다. 지난 몇 년간 우리는 우울증에 대한 새로운 치료법을 개발하였고, 일부 약물에 대한 중독을 막는 약제를 발견하였다. 그러면서 노화에 따른 기억 감소를 늦추는 방법을 배웠으며, 인간 유전자에 대한 지도를 만들었다.

미국은 1960년대에 우주 계획을 무(無)에서 세운 것이 아니었다. 그 성과는 오랫동안의 과학적 연구와 기술적 경험을 바탕으로 이뤄진 것이었다. 이와 같이, 뇌의 10년의 성과는 지난 300년간의 과학의 성과와 22세기의 사고와 그 이전의 탐구에 뿌리를 두고 있다. 이런 이유로, 우리는 이들이 우리의 과거와 어떻게 연결되어 있는가를 간략하게 알아볼 필요가 있다.

> 과학에 있어서, 우리는 지금 우리가 그 어깨 위에 올라 있는 대가들을 하나씩 비교할 수 있는 특권을 가지고 있다.
>
> – Gerald Holton

생물심리학의 기원

> ? 생물 심리학은 무엇이며, 신경과학과는 어떤 관계가 있는가?

신경과학이라는 용어는 과학자들의 학위전공보다는 연구의 주제를 일컫는다. 따라서 신경과학자란 생물학자, 생리학자, 해부학자, 신경학자, 화학자, 심리학자, 정신의학자 또는 컴퓨터 과학자나 철학자 등(전공에 상관없이) 신경과학을 주제로 연구하는 학자 모두에 해당된다고 할 수 있다. 신경과학 분야를 연구하는 심리학자는 생물학적 심리학, 즉 생물심리학(biological psychology or biopsychology-행동과 신체, 특히 뇌의 관계를 연구하는 심리학의 한 분야)을 전문으로 연구한다[때로는 정신생물학(psychobiology) 또는 생리심리학(physiological psychology)이라는 용어가 사용되기도 한다]. 심리학자들에게 '행동'은 모든 사람이 행동으로 분류할 수 있는 외적 행위뿐만 아니라 학습, 사고와 정서 같은 내적 사건들도 포함하는 아주 광범위한 의미를 가진다. '사람이 학습을 할 때, 뇌에서 어떤 변화가 일어나는가?' '왜 어떤 사람들은 우울증에 걸리고, 어떤 사람은 불안을 느끼고, 어떤 사람들은 정상인가?' '정서에 대한 생리학적인 근거는 무엇인가?' '우리는 어떻게 친구의 얼굴을 인식하는가?' '뇌의 활동이 어떻게 의식을 만드는가?' 와 같은 질문에 생물심리학자들은 대답을 구하려고 노력한다. 생물심리학자들은 제4장에서 다룰 여러 가지 기법을 사용하여 이런 질문에 대한 답을 찾으려고 한다. 그들의 연구 분야가 무엇이든, 어떤 연구 전략을 택하든, 생물심리학자들은 행동에 대한 뇌의 역할을 규명하기 위하여 뇌의 작동 방법에 대한 기제를 넘어서는 원리를 찾으려고 노력한다.

오늘날의 뇌 연구자들의 놀라운 성과를 제대로 이해하기 위해서는, 그 전 세대들의 사고와 업적을 이해하는 것이 유용할 뿐만 아니라 반드시 필요하다. 현재의 과학자들은 지금의 대학생들이 접할 수 있는 것보다 훨씬 적은 정보를 가지고 영웅적인 성과를 이루어 낸 지적인 선조들의 연구 성과를 자신의 연구 바탕으로 삼고 있다.

저자들은 기나긴 과거에 비해 심리학의 역사가 짧다고 지적한다. 그들이 의미하는 것은 사상가들이 행동과 경험이라는 문제에 대해 2000년 이상을 고군분투해 온 것에 비하여 심리학은 아주 최근에 독립적인 한 학문의 분파로 일어섰다는 것이다. 이와 관련하여, 대부분이 인정하는 연도는 1879년으로, 이는 빌헬름 분트(Wilhelm Wundt)([그림 1-2])가 독일의 라이프치히에 최초의 심리학 실험실을 설립한 시기다. 생물심리학이 세부 분과로 나타나기 이전에 심리학자들은 생물학적인 접근이 행동에 대한 중요한 질문에 대답할 수 있을 것이라는 신뢰할 만한 근거를 제공해 왔다. 그러기 위해서는 정신의 근원에 대한 오래된 철학적인 질문을 풀어야만 했다. 그 질문이 생물심리학의 발전을 추적하는 데에 도움이 되는 단서이기 때문에, 우리는 이 주제에 대해 논의할 것이다.

[그림 1-2] 빌헬름 분트(1832~1920)

출처: Archives of the History of American Psychology, University of Akron.

과학 이전의 심리학과 정신 그리고 뇌의 문제

이 문제는 정신과 신체의 문제로 불리지만, 여기에서는 그것이 속하는 곳인 뇌를 강조하기 위해 다시 표현한다. 정신과 뇌의 문제는 정신이 무엇이고, 그 정신이 뇌에 대해 가지는 관계가 무엇인가를 다루는 것이다. 두뇌가 행동에 필수적이라는 것에는 어떤 이견도 없지만, 정신이 뇌를 조정하는가 아니면 이와 반대인가? 그렇지 않으면, 정신과 뇌는 동일한 것인가? 이들 질문에 어떻게 대답하느냐에 따라 신경과학에 대해 할 수 있는 모든 질문의 방식이 달라진다.

도발적으로 들리겠지만, 나는 정신(mind)이란 것은 없다고 주장한다. 그것은 마치, 날씨가 존재한다(날씨는 비, 바람, 습도와 관계된 현상을 포함하는 개념이다)고 말하는 것과 같은 의미로 존재한다. 우리는 "날씨가 여행 계획을 망치고 있다."고 말할 때에 마치 날씨가 존재하는 것처럼 이야기한다. 하지만 우리는 날씨가 존재한다고 진짜로 생각하지 않는다. 모두는 아니지만 대부분의 신경과학자들은 우리가 이와 같이 정신에 대하여 생각한다고 믿는다. 그것은 단지 뇌가 행하는 사고, 지각, 계획과 감정의 집합체다. 그러나 우리가 사고하고, 지각하고, 계획하고 감정을 느낄 때, 이 모든 행위 뒤에는 정신이 있으며 우리가 행동하는 것을 안내하고 있다고 믿게 된다. 대부분의 신경과학자는 이것은 단지 환상이며, 정신을 지각하는 것은 뇌가 활동하는 것을 인식하고 있다는 것 이상은 아니라고 얘기한다. 정신도 날씨처럼 개념일 뿐이다. 그것은 실체가 아니고, 어떤 것도 행하지 않는다.

정신과 영혼의 본질은 육체적이다.

- Lucretius, c. 50 BCE

우리가 정신이라고 부르는 것은 단순히 우리 뇌의 기능을 다르게 얘기하는 것이다.

- Francis Crick, 1966

이런 입장은 하나 또는 혼자라는 그리스어의 'mon'이라는 단어에서 나온 일원론(monoism)이라 불린다. 일원론은 정신과 신체(the mind and the body)는 동일한 실체로 이루어진다는 개념이다. 관념론적인 일원론자들(idealistic monists)은 모든 것은 비물질적인 정신이라고 믿지만, 대부분의 일원론자는 심신과 그 외의 모든 것이 물질이라는 입장을 취한다—이런 견해를 유물적 일원론(materialistic monism)이라고 한다. 이에 비해 정신과 신체가 별개의 것이라고 믿는 입장을 이원론(dualism)이라고 한다. 대부분의 이원론자에게 몸은 물질이며 정신은 비물질이다. 그들은 또한 정신이 뇌와의 상호작용을 통해 행동에 영향을 준다고 믿는다.

? 일원론자와 이원론자는 정신과 뇌에 관해 어떻게 서로 다른 견해를 가지고 있는가?

이 질문은 현대 심리학에서 유래한 것이 아니다. 기원전 5세기경 그리스의 철학자들은 이미 이 문제에 대해 토론을 하였다(G. Murphy, 1949). 데모크리토스(Democritus)는 세상의 모든 것은 가능한 가장 작은 입자라는 용어인 원자(atom, 더 이상 나눌 수 없음을 의미함)로 이루어져 있다고 주장하였다. 정신을 포함하는 영혼도 원자로 이루어져 있으며, 또한 물질이라고 하였다. 고대 그리스의 가장 위대한 학자인 플라톤(Plato)과 아리스토텔레스(Aristotle)는 기원전 4세기에 이 논쟁을 이어 나갔다. 플라톤은 이원론자인 반면에, 그의 제자인 아리스토텔레스는 기억, 정서와 추론을 설명하기 위해 신체와 영혼의 개념을 합쳤다.

어떤 견해든 그것을 입증하기는 쉽지 않다. 이원론자들은 어떻게 비물질인 정신이 물질인 신체에 영향을 주는지 설명해야 하고, 일원론자들은 물질인 뇌가 어떻게 지각과 의식적 경험과 같은 정신현상을 나타내는지 설명을 해야만 한다. 하지만 정신은 관찰할 수 없었으며, 1800년대까지 신경 기능에 대한 어떤 이해도 존재하지도 않았으므로, 양쪽의 어느 견해도 논쟁을 위한 충분한 토대를 갖추지 못했다.

데카르트와 행동의 물리적 모델

? 과학에서 모델은 무엇이며, 어떻게 유용한가?

과학자들은 종종 그들이 연구하는 것을 이해하기 위해 모델(model)을 만든다. 모델은 무언가가 어떻게 작동하는지를 설명하는 기제다. 때로 모델은 가설의 형태를 띤다. 예를 들어, 다윈(Darwin)은 적응력이 각각의 생존을 향상시키기 때문에 어떤 종이 새로운 적응력을 개발한다고 설명하였다. 다른 한편, 모델은 연구자들이 더 복잡한 것을 이해하려 할 때 연구 대상이 되는 단순한 유기체(organism) 또는 체계(system)다. 예를 들면, 연구자들은 인간을 대상으로 학습에서 알츠하이머병(Alzheimer' s disease)에 이르기까지 모든 것을 모델화하기 위하여 쥐를 사용해 왔으며, 컴퓨터 또한 종종 인지 과정의 모델 역할을 한다.

17세기 프랑스 철학자이며 생리학자인 르네 데카르트(Rene Descartes, [그림 1-3a])는 수력 모델로 뇌의 활동을 설명하였다. 데카르트는 왕실 정원에 있는 조각상을 관찰하고 수력 모델을 선택하였다. 방문객이 특정한 타일 위에 올라서면, 물이 관을 통해 조각상으로 흐르게 되고, 그것이 조각상을 움직이게 만들었다. 이 모델을 이용하여, 데카르트는 신경들 또한 텅빈 관과 같다고 추론하였다. 이 신경들이 전달하는 것은 물이 아니라, 데카르트에 의하면 '생기(animal spirits)' 인데, 이는 뇌에서 흘러 나와 근육을 팽창시켜 움직이게 한다. 감각, 기억 그리고 다른 정신 기능은 생기가 뇌에 있는 작은 구멍들(pores)을 통해 흐르면서 나타난다고 하였다. 생기는 송과선(pineal gland)에 의해 뇌로 전달된다([그림 1-3b]). 데카르트가 송과선을 선택한 것은 이 뇌 부위가 이 기능을 수행하기 위한 최적의 위치에 있다고 믿었기 때문이다. 송과선은 유연한 줄기(flexible stalk)에 의해 대뇌의 아래에 있으며, 뇌의 핵심적인 영역에 생기를 직접 공급 할 수 있도록 여러 각도로 구부러질 수 있는 것처럼 보였다. 따라서 데카르트에게 송과선은 정신이 육체와 상호작용하는 위치인 '영혼의 좌석(seat of the soul)' 이 될 수 있었다. 비록 데카르트는 정신이 통제를 한다고 제안하였지만, 그의 독특한 행동에 대한 물질적인 설명은 앞으로 나올 생리학적인 접근을 예견하였다.

데카르트는 두뇌와 신체가 어떻게 작동하는가에 대한 이해가 부족하였다. 그렇기 때문에 그는 부족한 해부학 지식에 의존하여 많은 것을 추정하였다. 그의 수력 모델은 사고에서 중요한 전환을 가져왔지만, 한편으로는 모델이나 이론이

(a)

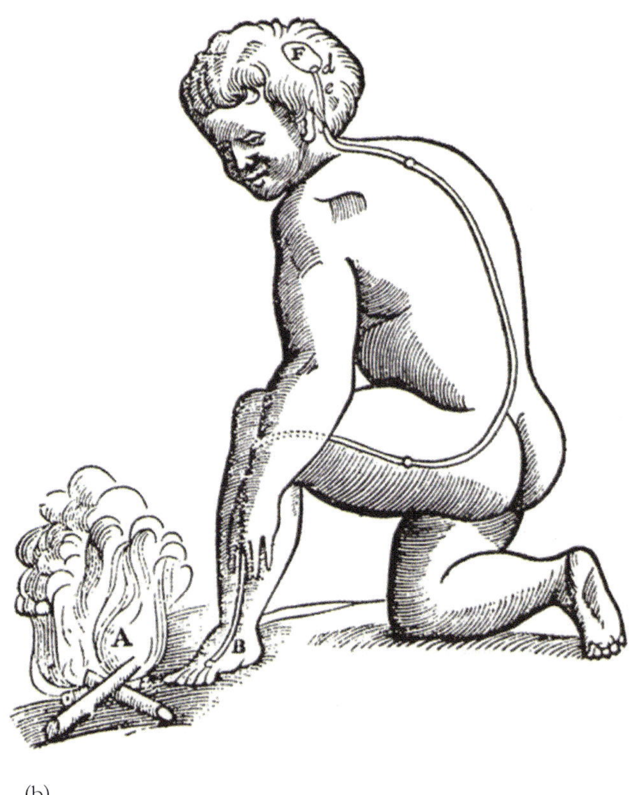

(b)

[그림 1-3] 데카르트(1596~1650)와 수력 모델

데카르트는 행동이 신경을 통해 흐르는 생기에 의해 통제된다고 믿었다.

출처: (a) Courtesy of the National Library of Medicine, (b) Corbis.

우리를 잘못된 길로 이끌 수 있음도 보여 주었다. 다행히 이 시기는 르네상스 시기로, 예술의 팽창과 세계 탐험뿐만 아니라 과학적 호기심으로 충만한 시대였다. 르네상스가 과학을 탄생시킴에 따라, 사상가들은 직접 관찰과 실험적 조작을 통해 그들의 생각을 검증하기 시작했다. 다시 말하면, 그들은 논리, 직관 또는 다른 수단이 아니라 관찰을 통해 정보를 수집하는 경험론적 방법을 채택하였다. 진보는 느리게 왔지만, 초기의 과학자들이 미래를 안내함에 따라 두 가지 핵심적인 원리가 모습을 드러낸 것이다.

헬름홀츠와 전기적인 뇌

? 어떤 두 가지 발견에 의해 뇌에 대한 초기의 이해가 더 진전될 수 있었는가?

1700년대 후반, 이탈리아의 생리학자인 루이지 갈바니(Luigi Galvani)는 신경과 근육이 개구리 몸에서 분리되어도 전기로 개구리의 다리 신경을 자극하면 다리 근육이 움직이는 것을 관찰하였다. 한 세기 뒤에 독일에서 구스타프 프리취(Gustav Fritsch)와 에드워드 힛치히(Eduard Hitzig, 1870)는 개의 노출된 뇌를 전기 자극하여 개를 움직이게 하였다. 이 과학자들은 개의 영혼이 아니라 전기에 의해 작동하는 신경이 운동을 담당한다는 것을 보여 준 것이다! 그러나 독일의 물리학자이며 생리학자인 헤르만 헬름홀츠(Hermann von Helmholtz, [그림 1-4])는 신경이 전기를 전달하는 전선처럼 작동하지 않음을 증명하였다. 그는 신경의 전도 속도를 측정하였으며, 빛의 속도(초속 299,338km)로 움직이는 전기에 비해 그 속도는 아주 느린 초속 27.4m임을 계산으로 보여 주었다. 신경과 뇌의 기능을 과학의 연구 대상인 생명 현상으로 다룰 수 있음은 분명하게 되었다(이런 일련의 관찰들은 명백히 이 당시에 연구자들이 생물학적 현상을 다루고 있었음과 신경 및 뇌의 기능이 과학적 연구의 대상이 되고 있었음을 시사한다). 이런 이해를 바탕으로, 헬름홀츠의 시각과 청각에 대한 연구는 심리학자들에게 완전히 기계적인 '정신'이 어떤 모습일 것인가에 대한 관념을 처음으로 분명히 제시하였다(Fancher, 1979, p. 41). 다음 장에서 보겠지만, 그의 생각은 매우 통찰력이 있어서 지금도 우리는 시각과 청각에 대한 현대의 이론들을 기술할 때 이들과 관련된 그의 이론을 먼저 언급하지 않을 수 없다.

[그림 1-4] 헤르만 헬름홀츠(1821~1895)

출처: Getty Images.

편재화의 문제

나는 결코 약속을 지킬 수 없다. …… 내가 약속을 할 수 있게 해 주는 신체 기관은 넓은 공간을 차지하고 있지만, 그 약속을 지킬 수 있게 만드는 신체 기관은 밀려나 버렸다.

- Mark Twain, 여행기(Innocent Abroad)

또 하나의 중요한 원리인 편재화는 19세기 초반에 등장했다. 편재화(localization)란 뇌의 특정한 영역이 특정한 기능을 수행한다는 것이다. 뇌손상에 따라 나타나는 흥미로운 보고는 멀리 이집트 문명에까지 이르며, 프리취와 히치히의 개를 이용한 연구는 이 관찰의 정확함을 보여 주었다. 그러나 1800년대 중반에 과학계의 주의를 각별히 끈 두 가지 사례가 있다.

1984년 철도 공사장 십장인 피니어즈 게이지(Phineas Gage)는 다이너마이트가 폭발하면서 철봉이 그의 두개골을 관통하여 전두엽이 손상되는 사고를 당했다. 놀랍게도 그는 지능, 기억, 언어나 운동 능력에는 아무런 손상이 없이 생존하였다. 그러나 그는 무책임하고 비속해졌으며 사회 규범을 지킬 수 없었다(H. Damasio, Grabowski, Frank, Galaburda, & Damasio, 1994). 그 후 1816년에 프랑스의 내과의사인 폴 브로카(Paul Broca, [그림 1-5])는 뇌졸중으로 언어 능력을 상실한 사람의 뇌를 부검하였다. 그 부검 결과는 현재 브로카 영역(Broca's area)으로 알려져 있는 뇌의 왼쪽 부분이 손상되었음을 보여 주었다(Broca, 1861).

1880년대 중반경에 이와 같은 여러 관찰을 바탕으로 연구자들은(인용한 일부 해학가와 같이) 뇌의 편재화를 확신하게 되었다. 그러나 소수의 뇌 연구자들은 편재화의 원리가 너무 극단적이며 같은 실수를 반복하지 않기 위해 경계해야 한다고 주장하였다. 19세기 말에 행동에 대한 두뇌의 역할에 관심이 고조되었을 때, 독일의 해부학자인 프란츠 갈(Franz Gall)은 두뇌 편재화에 대한 극단적이고 논란을 일으키는 이론을 제시하였다. 골상학(주: 두개골의 형상으로 인간의 성격과 심리적 특성 및 운명 등을 추정하는 학문)에 따르면, 서로 다른 35개의 – 투쟁, 향수애(love of home), 계산과 질서 등 – 정서와 지능의 능력이 뇌의 특정 부위에 존재한다(Spurzheim, 1908). 갈과 그의 제자인 슈푸르차임(Spurzheim)은 사람들의 두개골의 융기와 개개인의 특성을 연결하였다([그림 1-6]). 카알 래슐리(Karl Lashley, 1929)와 같은 이들은 또 다른 측면에서 이와 비슷하게 극단적인 입장을 취했다. 즉, 뇌의 기능이 분화되지 않은 전체로 동일하게 퍼져 있다는 견해로, 이에 의하면 위치가 아니라 손상의 정도가 기능 손실의 양을 결정한다.

우리는 이제 두개골의 융기가 그 기저의 뇌구조물의 크기와 아무런 연관이 없으며, 갈과 슈푸르차임이 확인한 대부분의 특성이 생리학적 수준에서 아무런 의미도 없다는 것을 알고 있다. 그러나 우리는 뇌가 모두 동일한 기능을 하지 않는다는 것을 알고 있다. 대부분의 진실은 양극단의 어떤 부분에 있다. 현재의 연구에 의하면 뇌의 기능은 편재화되어 있으면서도 많이 흩어져 있다. 뇌의 여러 부분이 상호작용을 함으로써 행동을 만든다. 이후의 장에서 언어, 시지각, 정서 행동, 운동 통제와 학습을 맡는 뇌의 여러 부분이 협동 관계에 있다는 예

[그림 1-5] 폴 브로카(1825~1880)

출처: Getty Images.

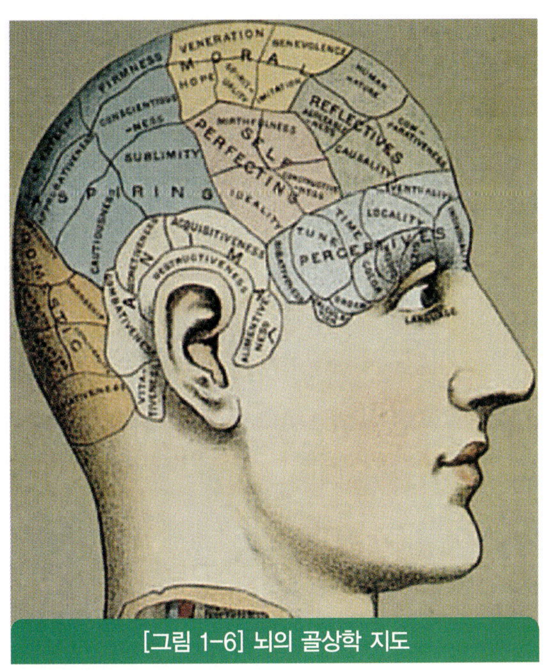

[그림 1-6] 뇌의 골상학 지도

골상학자들은 뇌의 특정 영역이 여기에 나타난 심리적 특성을 조절한다고 믿었다.

출처: Bettmann/Corbis.

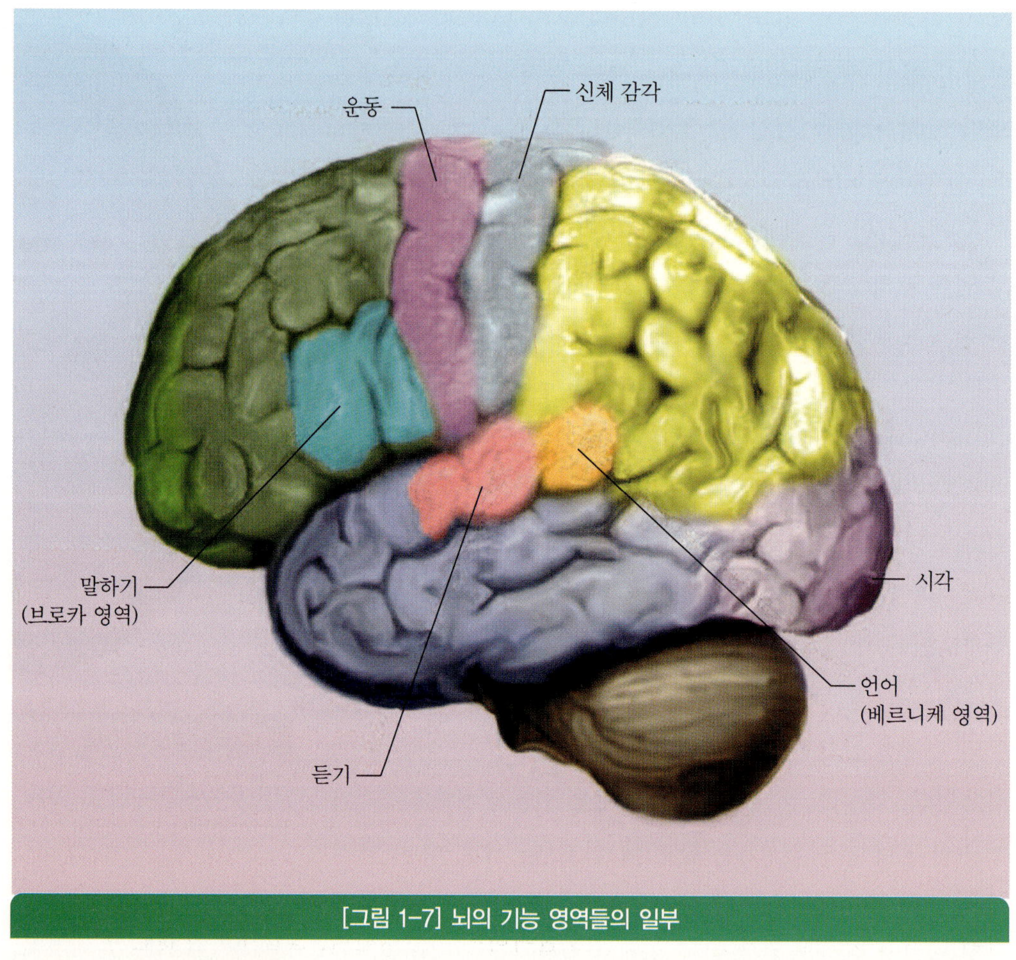

[그림 1-7] 뇌의 기능 영역들의 일부

를 볼 것이다. 사실 현대의 신경과학자들은 기능이 어디에 존재한다고 탐구하기보다는 뇌가 어떻게 다양한 부분의 활동으로부터 하나의 경험이나 행동으로 통합하는가를 탐구한다. 그럼에도 불구하고, 편재화주의자들은 언어, 정서, 운동 통제 등이 뇌의 비교적 특정 영역에 의해 통제됨을 보여 줌으로써 일원론의 입장을 강조하였다([그림 1-7]). 이는 정신 자체가 하나의 설명이라기보다는 설명되어야 할 현상임을 의미한다.

? 설명으로서의 정신이 가지는 위험은 무엇인가?

천성과 정신의 역할에 대해서는 여전히 논쟁 중이다. 하지만 이 책의 나머지 부분을 살펴보면, 왜 대부분의 뇌 과학자가 물질론적 일원론자인지 알 수 있을 것이다. 뇌 연구는 비물질적인 정신에 의존하지 않고도 상당 부분 인간의 행동을 설명할 수 있다.

개념 확인

- 어떤 연구 방법의 변화가 과학과 철학을 분리시켰는가?
- 신경의 전도가 전기적이며 뇌의 특정 부위가 특정 기능을 담당한다는 발견이 어떤 의미에서 중요한가?
- 과학자들은 편재화의 문제에 대해 어떤 입장을 취하고 있는가?

선천과 후천

행동의 생물학적인 기초를 이해하는 데 두 번째로 아주 중요한 주제는 선천적인가(nature) 또는 후천적인가(nurture), 즉 유전적 요인이 행동을 형성하는 데 있어서 환경의 영향에 비해 얼마나 중요한가 하는 것이다. 정신과 신체에 대한 문제와 같이 이 주제는 심리학에서 가장 논쟁적인 주제 중 하나다. 이 논쟁은 증거와 논리에 바탕을 두는 것만큼이나 종종 감정적이며 가치에 기반을 두고 있다. 예를 들어, 일부 비평가들이 행동을 유전적 요인으로 돌리는 것은 개인이나 사회가 책임져야 할 것을 회피하는 것에 불과하다고 불평한다. 놀랍게도 수많은 행동이 어느 정도 유전의 영향을 받는다고 밝혀졌으며, 다음 장들에서 이 문제를 다시 접할 것이다. 유전에 대해 많이 혼동하기 때문에, 더 나아가기 전에 행동이 유전적이라는 말의 의미를 명확히 할 필요가 있다.

유전 암호

유전자(gene)는 생물학적인 단위로 세포의 발달 과정과 상속받은 특질을 지시한다. 대부분의 유전자는 각자의 세포 핵에 위치하는 염색체에서 발견되지만, 소수의 유전자는 미토콘드리아라 부르는 핵의 외부 구조물에 존재한다. 인간의 체세포에는 23쌍을 이루는 46개의 염색체가 있다([그림 1-8]). 각 쌍은 다른 쌍들과 분명히 구별된다. 서로 다른 기능에 대한 유전자가 특정 염색체에서 발견되기 때문에 이것이 중요하다. X와 Y로 불리는 성염색체를 제외하고는 염색체는 숫자로 명명된다. X염색체보다 더 짧은 Y염색체를 제외하고는 한 쌍의 염색체는 서로 비슷하다.

체세포와 달리, 남성의 정자와 여성의 난자는 각기 23개의 염색체를 가진다.

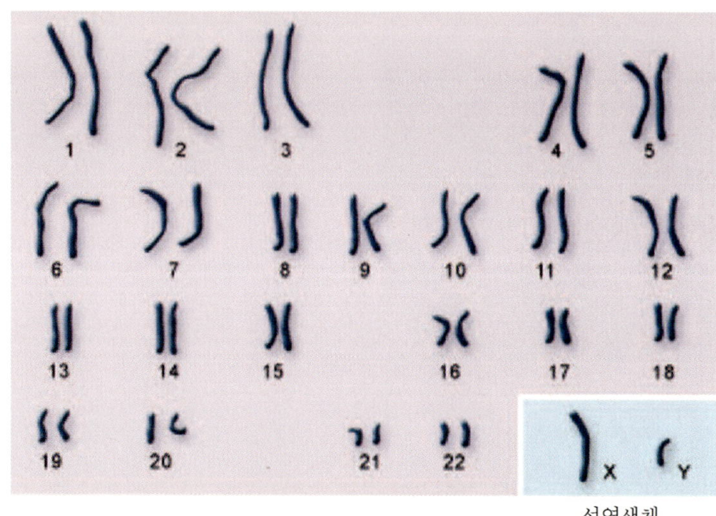

[그림 1-8] 인간 염색체의 한 세트

출처: U.S. National Library of Medicine.

이 성세포들이 부모 세포의 분화에 의해서 형성될 때, 염색체의 쌍은 각각의 딸세포로 분리되어 단 하나의 염색체만을 물려받는다. 수정 시에 정자가 난자에 들어가면, 두 세포의 염색체가 46개의 염색체로 회복되기 위해서 합쳐진다. 수정란, 즉 접합자(zygote)는 기능하는 유기체가 되어 가는 과정으로서 급격한 세포 분열을 하며 발달한다. 인간의 경우에는 처음 8주의 새 유기체는 배아(embryo) 그리고 그 이후 태어날 때까지는 태아(fetus)라고 한다.

? 어떻게 형질이 유전되는가?

1953년 제임스 왓슨(James Watson)과 프랜시스 크릭(Francis Crick)이 유전자를 구성하는 디옥시리보핵산(Deoxyribonucleic acid, DNA)의 구조를 제안하는 논문을 출판하면서 유전자가 어떻게 유전 암호(genetic code)를 전달하는지에 대한 많은 연구가 촉발되었다. DNA는 사다리가 서로 꼬인 모양의 이중 고리 화학 분자다. 이런 이유로 DNA는 이중 나선이라고도 불린다([그림 1-9]). 사다리의 각 단은 네 개의 기본 염기—아데닌(adenine, A), 티아민(thymine: T), 구아닌(guanine: G), 시토신(cytosine: C)—중 두 개로 이루어져 있다. 이 염기들이 사다리에서 나타내는 순서가 우리의 모든 유전 정보를 전달하는 암호를 형성한다. 이들 염기가 제공하는 네 개의 알파벳은 몸의 모든 구조와 기능에 대한 지시를 전부 써 내려가는 데에 충분하다—〈뉴스에서〉의 요점: '컴퓨터 발달에 있어서 DNA의 역할'은 암호화의 기제로서의 DNA의 영향력을 이해하는 데 도움이 될 것이다.

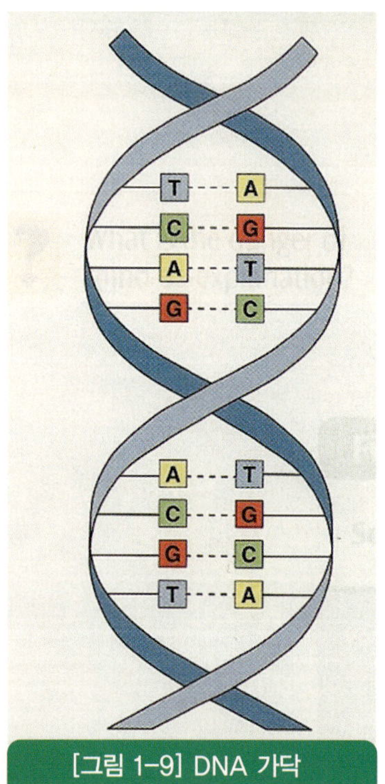

[그림 1-9] DNA 가닥

우리는 유전자가 신체의 발달과 그 활동을 어떻게 제어하는지 또한 행동의 여러 측면에 어떻게 영향을 주는지에 관하여 단지 일부만을 이해하고 있다. 하지만 유전자가 믿을 수 없을 정도로 단순한 방법으로 영향력을 행사한다는 것을 우리는 알고 있다. 유전자는 단백질을 만드는 방법을 제공한다. 이 단백질 중 일부는 몸을 구성하는 데 쓰이고, 다른 것들은 효소(enzyme)로 존재한다—효소는 촉매(catalyst)처럼 작용하며 신체의 화학 반응을 조절한다. 대략 우리의 99.9%의 유전자는 다른 사람들과도 동일하다. 각기 1,000개의 유전자 중 단 하나만이 우리 사이에 유전적 차이를 만드는 데 기여한다.

? 왜 남성이 열성 유전자에 의해 생기는 형질을 더 자주 나타내는가?

염색체는 쌍을 이룬다. 그렇기 때문에 대부분의 유전자도 쌍을 이룬다. 한 염색체의 한 유전자는 다른 염색체에서 동일한 기능을 하는 유전자와 대응하며,

한 단일쌍의 유전자에 의해 일부 특징이 결정된다. 눈의 색깔이 한 예이며, 뇌가 변성하는 유전질환인 헌팅턴병(Huntington' s disease)이 다른 예다.

한쌍 내의 유전자들은 우성(dominant)이거나 열성(recessive)이다. 예를 들어, 갈색 눈의 유전자는 파란 눈의 유전자에 비해 우성이다. 우성 유전자는 어떤 유전자가 대응되는 쌍이 되든 상관없이 영향을 미친다. 열성 유전자는 다른 염색체의 동일한 열성 유전자와 쌍을 이룰 때만 영향을 준다. 그러나 성염색체는 예외다. Y염색체가 더 짧기 때문에 X염색체의 일부 유전자는 Y염색체의 유전자와 쌍을 이루지 않는다. 이 경우 다른 우성 유전자가 존재하지 않기 때문에, 열성 유전자 하나만으로도 형질을 만드는 데 충분하다. X염색체에서 쌍을 이루지 않는 유전자에 의해서 나타나는 형질을 'X에 연관된(x-linked)'이라고 명명한다. 예를 들어, X연관은 왜 적녹 색맹이 여자보다 남자에게 8배나 많은지를 설명해 준다.

[그림 1-10]은 갈색 눈을 가진 서로 다른 사람들 간의 교배 결과를 통해 우성과 열성을 보여 주고 있다. 부모 네 명 모두 갈색 눈을 가지고 있지만, 그들 중 한 명은 두 개의 갈색 눈 유전자를 지니고 있고, 다른 세 명은 파란 눈의 유전자와 갈색 눈의 유전자를 지니고 있다. 눈 색깔에 대해 동일한 유전자를 지닌 부모는 동형 형질(homozygous)이며, 눈 색깔에 대해 다른 유전자를 지닌 부모는 이형 형질(heterozygous)이다. 비록 그들이 동일한 표현형(phenotype－이 경우 갈색 눈이 나타나는 특징)이지만, 그들의 유전자형(genotype－유전자들의 조합)은 다르다. 이 차이는 자식을 낳기 전까지는 중요해 보이지 않는다. 첫 번째 커플은 한 부모가 우성인 갈색 눈의 유전자를 전하기 때문에 갈색 눈을 가진 아이들만

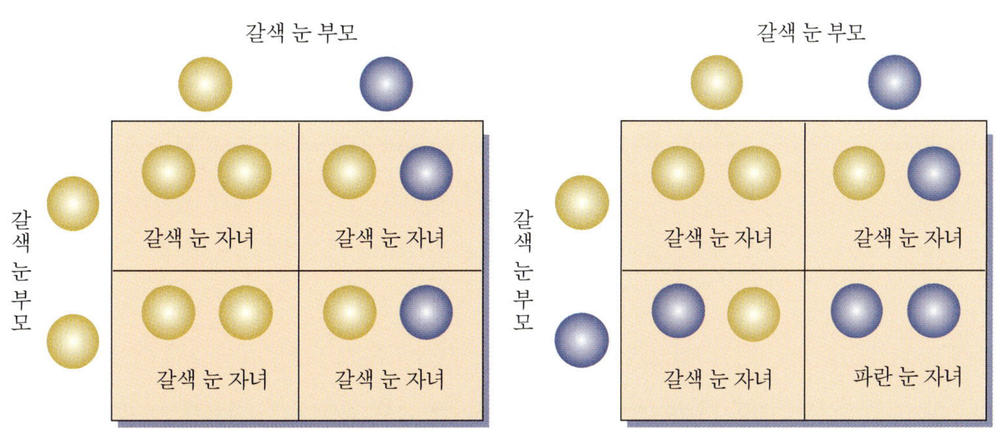

[그림 1-10] 갈색 눈에 대한 동형 형질과 이형 형질 부모의 자녀

상자는 두 쌍이 만들 수 있는 가능한 유전형과 표현형을 보여 준다. 갈색 원은 갈색 눈을 나타내며, 파란 원은 파란 눈을 나타낸다.

컴퓨터 발달에 있어서 DNA의 역할

믿기 어렵겠지만 DNA가 놀라운 처리 속도를 지닌 차세대 컴퓨터의 기반이 될 수 있음을 보여 주는 연구 결과가 늘어나고 있다. 컴퓨터는 0과 1의 숫자로 정보를 저장하는 반면, 살아 있는 세포는 A, T, C와 G 네 개의 염기 순서로 정보를 저장한다. DNA의 한 장점은 정보 저장에 대한 압축성이 높다는 것이다. 1그램의 DNA는 약 8mm^{3}짜리 정육면체의 설탕 정도의 크기가 되는데, 이에는 10조 개의 CD가 저장될 수 있다.

지금까지 NASA, 국방부 및 여러 정부기관이 지원하는 연구에 의해 물에 떠 있는 DNA에 지나지 않는 단순한 컴퓨터들이 생산되어 왔다. 이 컴퓨터들은 종이와 연필을 사용하는 아이들보다 처리 능력의 수준이 떨어진다. 연구자들은 미래에는 바이러스와 손상된 세포를 치료할 미세한 DNA컴퓨터를 인간에게 주입할 수 있으리라고 기대한다. 궁극적으로, 연구자들은 DNA컴퓨터가 자가 복제할 수 있을 거라고 생각한다—그것은 장기간의 우주여행 동안에 승객의 건강을 검사하고 유지하는 데 사용할 수도 있다. 게다가 그것은 실리콘 기반의 컴퓨터를 능가하는 처리 능력을 지닌 더 복잡한 컴퓨터로 성장할 것이다.

출처: http://www.cbsnews.com/stories/2003/08/18/tech/main568893.shtml

낳는다. 두 번째 커플은 4분의 1 확률로 파란 눈을 가진 아이를 낳는다. 이형 형질 부모는 파란 눈을 전한다.

그러나 모든 유전이 이와 같은 패턴을 보이는 것은 아니다. 어떤 유전자는 우성과 열성을 보이기보다는 그 영향이 섞인다—AB 혈액형은 어떤 사람이 A형 유전자와 B형 유전자를 물려받을 경우에 나타난다. 대부분의 특징은 하나의 단일 유전자 쌍에 의해 나타난다기보다는 여러 유전자에 의해 나타나는 이른바 다유전성(polygenic)을 띤다. 키는 다유전적이며, 지능 및 심리 장애와 같은 대부분의 행동적 특징들도 여러 유전자에 의해 통제된다.

유전과 행동

우리는 동물들이 사냥 능력이나 애완동물다운 온순한 성품 등과 같은 바람직한 행동 특성을 가지도록 하기 위한 품종 개량법을 오래전부터 알고 있다. 찰스 다윈(Charles Darwin)은 행동 특성이 사람에게서도 유전된다는 생각을 확립하는 데 도움은 주었지만, 이런 생각은 학습이 행동에 중요한 영향을 준다는 점이 강조되면서 인기를 잃었다. 그러나 1960년대나 1970년대에 엄격한 환경주의의 조류는 점점 약해지기 시작했고, 선천과 후천의 역할에 대한 균형잡힌 견해가 대두되었다(R. Plomin, Owen, & McGuffln, 1994). 1992년에, 미국심리학협회는 유전학을 현재와 미래의 심리학을 가장 잘 나타내는 주제로 꼽았다(R. Plomin & McClearn, 1993).

유전의 영향을 받는 행동 특성 중에서는 지능이 가장 많이 연구되었다. 알코올중독, 마약중독, 정신분열, 정동 장애, 불안 등 대부분의 행동 장애는 부분적으로 유전된다(McGue & Bouchard, 1998). 일부 성격 특성(T. J. Bouchard, 1994)과 성적 지향도 마찬가지로 유전된다(J. M. Bailey & Pillard, 1991; J. M. Bailey, Pillard, Neale, & Agyei, 1993; Kirk, Bailey, Dunne, & Martin, 2000).

? 유전되는 행동의 예는 무엇이 있는가?

하지만 유전의 영향을 고려할 때 주의할 점이 있다. 유전자는 이지적 행동에 대한 각본이나 동성애적인 행동에 대한 지시사항을 제공하지 않는다. 유전자들은 단백질의 합성만을 조절한다—단백질은 뇌의 발달, 신경전달물질의 생산과 그것에 반응하는 수용기, 그리고 내분비계의 활동에 영향을 준다. 이 문제를 더 깊이 다루기 위해 다음 장에서 구체적인 예를 볼 것이다.

인간 게놈 프로젝트

유전학자들은 행동이 유전된다고 결정한 후의 다음 단계로 어떤 유전자가 관련이 있는지를 밝히고자 한다. 유전자를 확인하는 다양한 기술의 발달로 연구자들은 어떤 특별한 특성을 지닌 사람들이 어떤 특별한 유전자도 가지고 있는지, 아니면 다른 사람들은 가지지 않는 유전자들을 지니고 있는지를 정밀하게 판단할 수 있다. 이런 과제는 DNA의 양이 너무 많기 때문에 어떤 염색체를 검사해야 할지 모르면 매우 어렵다. 그러나 1990년에 전 세계의 20개 실험실에 있는 유전학자들로 구성된 협력단이 우리 염색체의 모든 유전자, 즉 인간 게놈(genome)을 밝히려는 프로젝트를 시작하면서 유전 연구는 엄청난 추진력을 얻었다.

인간 게놈 프로젝트의 목표는 인간 염색체의 모든 유전자의 위치를 지도화하고, 각 유전자의 염기 서열인 유전 암호를 정하는 것이었다. 프로젝트가 시작된 지 10년 후인 2000년에, 이 프로젝트 그룹과 한 사설 기관은 동시에 인간 유전자의 '대략적인 초안'을 발표하였다(Internatioal Human Genome Sequencing Consortium, 2001; Venter et al., 2001). 3년 후, 이 그룹은 유전자 지도의 99%를 완성하였고, 간격의 수를 150,000에서 341로 줄였다(Internatioal Human Genome Sequencing Consortium, 2004).

? 인간 게놈 프로젝트는 무엇이며, 지금까지 얼마나 성공적이었는가?

> 인간이 달에 도달한 사건은 외계에 대한 새로운 지평을 열어 주었다. …… 그리고 현재 인간 유전자 서열은 인생의 모든 것이 담겨 있는 유전자의 기초에 대한 견해를 보여 준다.
>
> \- Svante Pääbo

물론 아직 풀리지 않은 질문들이 있다. 첫 번째 질문은, 유전자 지도에 따르면 우리는 단지 20,000~25,000개의 기능하는 유전자가 있는데 이는 회충(roundworm)보다 조금 더 많다는 것과 관련된다—우리 유전자의 97%는 단백질을 만들지 않기 때문에 종종 '쓰레기' DNA로 불린다. 유전자의 수는 유기체의 복잡성과는 관계가 없지만, 쓰레기 DNA의 양이 중요함에는 틀림없다(Andolfatto, 2005;

Siepel et al., 2005). 일부의 암호화하지 않는 유전자는, 그 유전자가 기능을 하든 하지 않든 간에 유전자의 발현을 조절한다(Pennacchio et al., 2006). 그 나머지 유전자도 그런지는 의문에 싸여 있다.

두 번째 질문은 유전자가 무엇을 하는가다. 유전자 지도는 이에 대한 답은 아니지만, 그것이 특정 장애나 행동에 관여하는 유전자를 쉽게 찾을 수 있도록 도와준다. 예를 들어, 유전학자들이 1980년대 초에 헌팅턴병의 원인이 되는 유전자를 찾고 있었는데, 그들은 예전에 확인된 유전자 쌍을 4번째 염색체와 공유하는 가족의 일원이 이 질병에 취약하다는 것을 발견하였다. 이는 헌팅턴병 유전자가 4번째 염색체에 있음을 의미한다(Gusella et al., 1983). 실제로 헌팅턴 유전자를 찾는 데는 10년이 더 걸렸지만, 유전자 지도가 완성되면 유전자를 찾는 시간이 극적으로 줄어들 것이다.

유전자와 그 기능의 확인은 인간의 행동뿐만 아니라 심리적이며 의학적인 질병을 이해하는 데에도 기여할 것이다. 우리는 유전적으로 장애들을 치료하고, 질병에 취약한 개인을 돕고, 환자가 약을 복용할 때 효과가 있을지 아니면 부작용이 있을지를 결정하며 성공적인 치료를 앞당길 수 있을 것이다.

유전: 운명 또는 성향

? 유전자가 인생에서 특정한 삶을 살도록 결정하는가?

많은 사람은 대부분은 아닐지라도 여러 행동의 특성이 유전된다고 생각한다. 이는 그들이 부모의 복제이며, 그들의 미래가 유전자에 의해 새겨져 있다는 것을 의미한다. 이런 생각은 인기 있거나 쉽게 받아들일 수 있는 견해가 아니며, 행동 유전학의 개념에 상당한 저항을 가져온다. 이런 견해는 그릇된 것이다. 유전적 영향의 기념비적인 역할은 다양성이다.

유전자와 개성

가족 간에는 서로 비슷하지만, 아이들은 부모에게서 각각 절반의 유전자를 물려받는다. 성 세포는 무작위로 부모의 염색체의 절반을 물려받는다. 따라서 한쪽 부모는 223가지, 즉 8백만 가지의 다른 염색체 조합을 만들 수 있다. 이런 유전적 다양성은 적응력을 더 많이 부여받은 유전자를 가진 유기체일수록 생존 가능성이 더 높으며 자신의 유전자를 더 많은 자손에게 전달한다는 이론인 다윈([그림 1-11])의 '자연도태설(natural selection)' (Darwin, 1859)에 힘을 실어 준다.

유전자의 영향은 확정적이 아니다. 그 영향은 시간과 환경에 따라 변할 수 있다. 유전자는 발현되거나 발현되지 않으며, 상향 조절되거나 하향 조절되며, 때에 따라서 단백질의 생산량을 조절한다. 유전자의 활동이 일정하다면, 임신에서 성인이 될 때까지 발달이 순조롭지 않을 것이다. 다수의 유전자들은 노년기에 그 기능이 변하는데, 알츠하이머병의 개시뿐만 아니라(Breitner, Folstein, & Murphy, 1986) 노화에 공통적인 여러 변화를 설명해 준다(Ly, Lockhart, & Schultz, 2000). 일부 유전자의 기능은 경험에 의해서도 조절되며, 이는 학습을 가능케 하는 뇌의 변화를 어느 정도로 설명한다(C. H. Bailey, Bartsch, & Kandel, 1996). 지난 25년 동안 연구자들은 우리와 가장 가까운 친척이며 DNA 서열의 95~98%가 동일한 침팬지가 인간과 왜 그렇게 다른지 알 수 없었다(Britten, 2002; King & Wilson, 1975). 현재, 이에 대한 대답은 뇌에서 단백질을 만드는, 어떤 유전자가 발현되느냐에 따라 이런 극적인 차이가 나타난다는 것이다(Enard, Khaitovich et al., 2002).

[그림 1-11] 찰스 다윈(Charles Darwin, 1809~1882)

출처: Courtesy of Library of Congress.

유전자는 또한 다양한 영향을 미친다—어떤 유전자는 사람의 성격 특성을 결정하고 다른 유전자는 성격 특성에 영향만을 줄 수 있다. 헌팅턴 유전자의 돌연변이를 가진 사람은 헌팅턴병에 걸리겠지만, 대부분의 행동 특질은 여러 유전자에 의존한다—하나의 단일 유전자는 지능 또는 정신분열증 위험성을 약간 상승시키는 데에만 영향을 미칠 것이다. 위험에 대한 생각은 취약성(vulnerability)의 문제를 제기하며 우리를 본래의 질문인, 유전과 환경의 상대적 중요성으로 돌아오게 한다.

유전, 환경과 취약성

유전과 환경의 상대적인 영향을 평가하기 위해서는, 이 두 가지의 영향을 수치화해야 한다. 유전성은 일란성 쌍생아와 이란성 쌍생아가 얼마나 같은 특성을 공유하는지를 비교해서 계산할 수 있다. 이 비교의 근거는 일란성 쌍생아는 하나의 수정란에서 발생하므로 동일한 유전자를 가지는 데 반해, 이란성 쌍생아는 다른 수정란에서 발생함으로 쌍생아가 아닌 형제처럼 단지 50%만의 유전자를 공유한다. 유전은 지능의 약 50% 정도를 예측할 수 있는데(Plomin, 1990), 이는 약 절반 정도 인구의 지능 차이가 유전 때문임을 의미한다. 정신분열증의 60~90%는 유전적이며(Tsuang, Gilbertson, & Faraone, 1991), 성격 특성과 직업적 관심의 40~50% 또한 유전적이다(Plomin et al., 1994). 키는 90%가 유전의 영향을 받는데(Plomin, 1990), 이는 행동적 특성에 대한 유전적 영향이 별로 크지 않게 보이게 한다. 다른 한편, 행동적 특성에 대한 유전적 영향은 일반적인 질병에 비하면 [그림 1-12]에서 보여 주듯이 일반적으로 크다(Plomin et al., 1994).

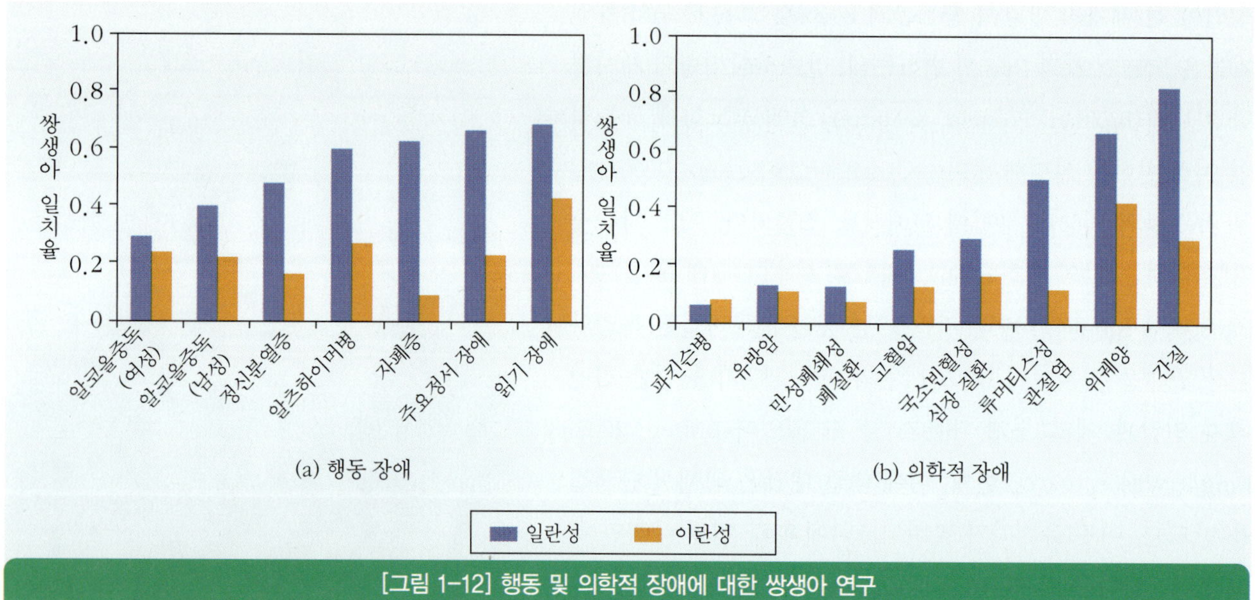

[그림 1-12] 행동 및 의학적 장애에 대한 쌍생아 연구

일란성 쌍생아와 이란성 쌍생아 간의 (a) 행동 장애와 (b) 의학적 장애의 일치율.
일치율은 쌍생아 둘 다 같은 장애를 가지는 경우에 관한 쌍생아 한 쌍의 비율이다. 일란성 쌍생아 사이에 그 일치율이 높으며, 일반적으로 의학적 장애에서보다는 행동 장애에서 그 일치율이 더 높다.

출처: "The Genetic Basis of Complex Human Behavior," by R. Plomin, M. J. Owen and P. McGuffin, Science, 264, p. 1734. © 1994 American Association for the Advancement of Science. Reprinted with permission from AAAS.

사람 간의 행동적 특성의 절반이 유전에 의한 것이며, 나머지 절반은 환경적 요인에서 기인한다. 유전은 절대적 측정치가 아니라 환경의 영향에 대한 상대적 비율임을 명심해야 한다. 예를 들어, 입양아 연구는 중산층의 양부모가 불균형적으로 많기 때문에 지능에 대한 유전의 영향을 과대평가하는 경향이 있다. 아이들의 환경이 상당히 비슷하기 때문에 환경적 영향은 적어지고, 유전적 영향이 일반적인 것보다 더 높게 나타난다(McGue & Bouchard, 1998). 이와 비슷하게, 아주 가까운 가족이나 친척만을 본다면 유전의 영향은 더 커진다. 연구자들은 "우리는 기질은 타고나지만, 운명은 그렇지 않다."고 경고한다(R. J. Rose, 1995, p. 648). 이는 유전적 영향이 부분적이기 때문이다. 이런 견해는 정신분열증과 같은 장애에 적용되어 온 취약성 모델로 공식화된다(Zubin & Spring, 1977). 취약성은 장애의 발생에 요구되는 역치를 초과하거나 그렇지 않은 경우의 장애에 대한 성향에 유전자가 기여함을 의미한다—방치나 정서적 외상과 같은 환경적인 도전은 개인의 유전적 취약성과 결합하여 그 역치를 넘어서게 할 수도 있다. 이런 보편적인 개념은 행동과 능력에도 적용된다. 예를 들어, 개인이 물려받는 유전자의 조합은 개인의 잠재적인 지능의 넓은 범위를 결정한다—그런 후에, 환경의 영향은 그 범위 내의 어디에서 개인의 능력이 발휘될 것인가를 결정한다. 심리학자들은 유전과 환경 중에서 어떤 것이 더 중요한지 논쟁하지 않는다. 이는 둘 다 필요하며, 우리가 누구인가를 만들기 위하여 둘은 함께 일하기 때문이다. 예전에 어떤 심리학자는 "유전과 환경 중 어떤 것이 중요하냐고 묻는 것은 불을 피우는 데에 연료와 산소 중 어떤 것이 더 필요하냐고 묻는 것과 같다."고 비유하였다(Woodworth, 1941, p. 1).

유전학에 대해 더 많이 이해하게 되었으므로, 우리는 이제 우리의 존재를 변화시킬 수 있는 위치에 있다. 이런 종류의 능력에는 아주 무거운 의무가 따른다. 유전자의 조합에 대한 지식은 어떤 사람이 알츠하이머병에 대한 취약성과 같이 결코 실현되지 않을 위험에 대해 아는 것이 좋을 것인가와 같은 질문을 불러일으킨다. 게다가, 태어나지도 않은 태아에 대한 유전적 검사가 가능해짐에 따라, 일부 부모가 아기가 바람직하지 못한 기질의 유전자를 가졌다는 이유로 낙태를 선택할 수도 있다. 두뇌와 유전자에 대한 지식은 우리가 그에 상응하는 의미나 윤리적인 문제를 해결할 수 있는 능력보다 더 빨리 발전하고 있다. 우리는 4장에서 유전 연구의 윤리 문제를 다룰 것이다.

개념 확인

- 유전과 환경 중 어느 것이 행동에 더 중요한지에 대해 질문하는 것이 왜 부적절한가?
- 누군가가 어떤 성격 특질을 물려받았다고 할 때, 실제로 의미하는 것은 무엇인가?

전 망

학술지인 『네이처 뉴로싸이언스(Nature Neuroscience)』의 창간호에서 편집자는 뇌과학은 아직 개척자의 느낌이 든다고 논평하였다(From Neurons to Thoughts, 1998). 케이 재미슨이 얘기한 흥분은 진짜이며 구체적이다. 그리고 (뇌과학이) 신생 분야임을 감안하면 그 성과들이 놀랍다. 이러한 성공은 여러 가지에서 기원한다. 우리 조상들의 천재성, 신기술의 개발, 경험주의의 도입과 정신의 개념에 대한 용어의 도입 등이 그것이다. 이 모든 영향의 증거가 다음 장에서 분명해질 것이다.

신경과학과 생물심리학은 아직 갈 길이 멀다. 이 모든 성공에도 불구하고, 우리는 정신분열증의 원인이 무엇인지, 뇌가 학습에 의해 정확히 어떻게 변하는지, 왜 어떤 사람들은 다른 사람들보다 더 똑똑한지 등의 질문에 대해 완전하게 이해하지는 못한다. 뇌의 10년이 끝날 즈음에 토스튼 위셀(Torsten Wiesel—그의 기념비적인 시각에 대한 연구를 나중에 읽게 될 것이다)은 10년을 뇌연구에 바치는 것은 어리석다며, 우리에게는 적어도 한 세기 또는 심지어 천 년이 필요할 것이라고 말하였다(Horgan에서 인용, 1999, p. 18). 이 책의 나머지 장을 읽을 때, 여러분은 발견의 황금기인 현 세기의 여행에 있다는 것을 명심하라.

요 약

생물심리학의 기원

- 생물심리학은 초기의 심리학자들이 경험주의를 채택하면서 생리학과 철학에서 발전되어 나왔다.
- 대부분의 심리학자와 신경과학자들은 정신을 뇌의 산물로 보며, 정신활동은 뇌의 기능으로 설명할 수 있다고 믿는다.
- 편재화의 개념이 동등력(뇌의 모든 부위가 기능이 같다는 것) 개념보다 뇌의 기능을 잘 기술하지만, 뇌의 과정은 단일 구조물보다는 구조물 간의 네트워크에 의해서 처리된다.

선천과 후천

- 우리는 상당수의 행동이 유전에 영향을 받는다고 배웠다. 행동 자체가 유전되는 것은 아니지만, 유전자가 뇌와 몸의 기능과 구조에 영향을 주어 행동에 영향을 끼친다.
- 행동은 유전과 환경의 결과물이다. 대부분의 유전자는 성향을 만들고, 환경은 더 나아가 결과물을 결정한다.
- 유전자 지도에 대한 지식을 바탕으로 우리는 행동과 질병의 원인을 확인할 수 있는 놀라운 기회를 가지게 되었지만, 이것은 잠재적이며 윤리적인 도전이기도 하다.

핵심 용어

DNA(deoxyribonucleic acid)
X염색체에 연결된(X-linked)
골상학(Phrenology)
다유전자의(Polygenic)
동형 형질의(순종의) (homozygous)
모델(Model)
물질론적 일원론(Materialistic monoism)
생물심리학(biopsychology)
선천과 후천(Nature versus nurture)
신경과학(Neuroscience)
심신 문제(Mind-brain problem)
열성의(Recessive)
우성의(dominant)
유전율(heritability)
유전자(gene)
유전체(genome)
유전형(genotype)
이원론(dualism)
이형 형질의(잡종의) (heterozygous)
인간 게놈 프로젝트(Human Genome Project)
일원론(Monism)
자연 도태(Natural selection)
접합자(Zygote)
취약성(Vulnerability)
태아(fetus)
편재화(Localization)
표현형(Phenotype)

PART I

행동의 신경적 기초

-기본 장비-

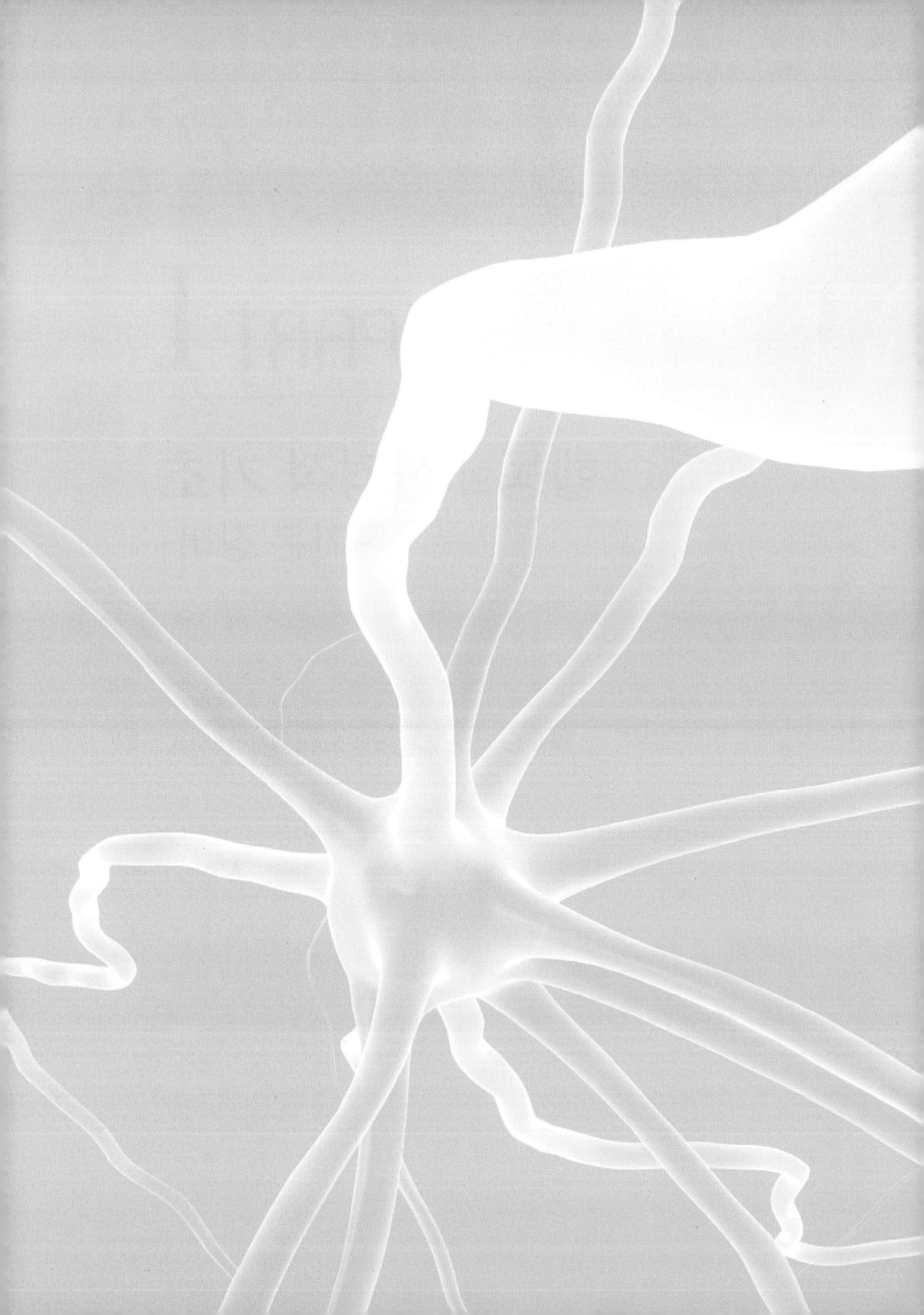

Chapter 2

신경계 내의 신호 전달

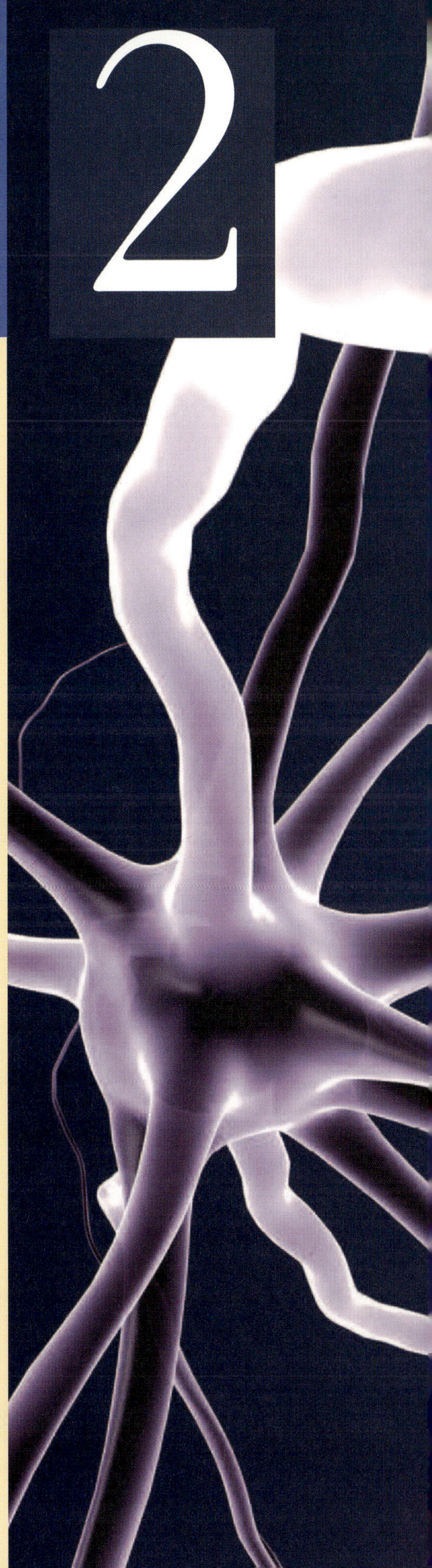

이 장에서 배울 내용

- 뉴런은 정보를 전달하기 위해 어떻게 특화되어 있는가?
- 교세포가 어떻게 뉴런의 활동을 도와주는가?
- 뉴런이 어떻게 서로 신호를 전달하는가?
- 정보 용량을 증가시키기 위한 뉴런의 전략은 무엇인가?
- 일부 주요 화학 전달물질의 기능은 무엇인가?
- 컴퓨터가 어떻게 수많은 뇌의 기능을 모사하는가?

짐과 그의 아내는 모든 일이 순조로워 보였다. 그녀는 첫째 아이를 임신하였고, 그들은 막 새집으로 이사를 하였다. 해충방제 회사가 집의 개미를 박멸할 목적으로 콘크리트 석판 아래에 살충제를 뿌렸다. 이후에 짐은 카펫이 젖어 있고 공기 중에 화학물질 냄새가 나는 것을 알아차렸다. 카펫을 수건으로 말리고는 클로르덴(chlordane)이 피부를 통해 흡수된다는 것을 알지 못한 채 냄새에 대해 잊어버리고 있었다. 며칠 후에 짐에게 두통, 피로, 무감각 등의 증상이 나타났다. 더욱이 그는 기억, 주의 및 사고에 장애가 생겼다. 그의 주치의는 그를 큰 대학병원의 독극물센터로 보냈다. 그의 지능은 정상이었지만, 인지 능력에 대한 특정 검사에서 문제가 나타났다. 짐과 그의 아내는 이사를 해야만 했다. 직장에서는 집중력과 새로운 환경에 대한 적응이 어려워 업무를 줄여야만 했다.

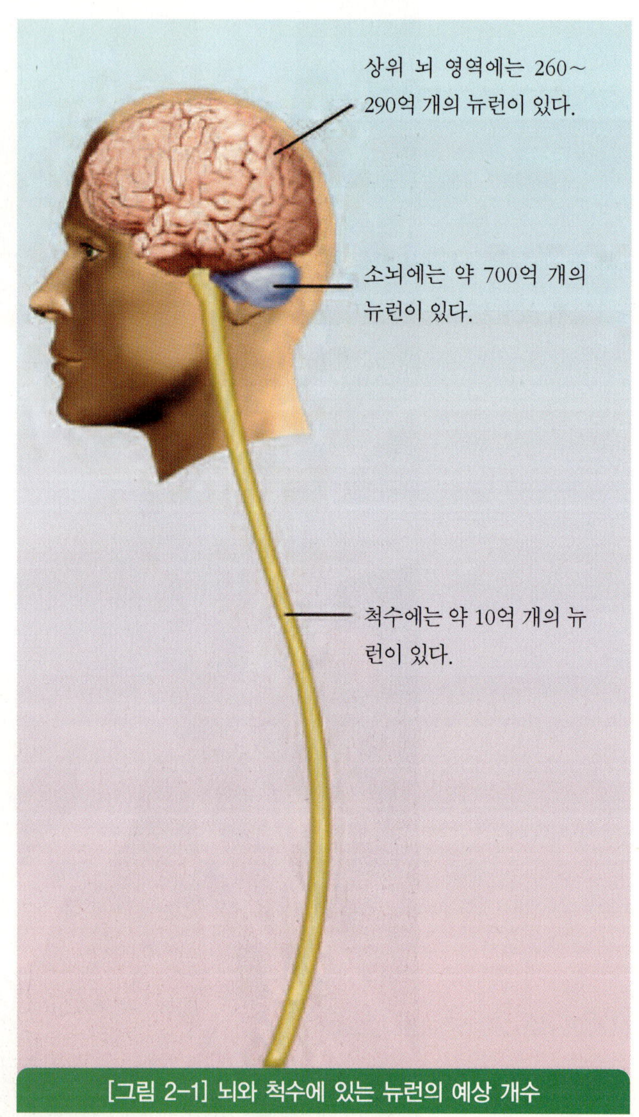

[그림 2-1] 뇌와 척수에 있는 뉴런의 예상 개수

클로르덴은 여러분이 추측하듯이 뇌 구조물을 손상하지는 않았지만 나트륨-칼륨 펌프라고 부르는 기제를 손상시킴으로써 뇌 기능을 교란시킨다(Zilimer & Spiers, 2001). 짐의 불운한 경우는 신경계가 난해하며 복잡하다는 것을 상기시킨다. 신경계의 작동 원리를 이해해야만 인간 행동을 이해할 수 있고, 인간의 능력을 향상시킬 수 있으며, 마약중독과 신경증 같은 행동적 문제를 치료할 수 있다.

우리를 우리 자신으로 만드는 세포

우리의 행동과 그에 영향을 주는 장애를 이해하기 위해서는 뇌가 어떻게 작동하는지를 알아야 한다. 뇌가 어떻게 작동하는지를 알기 위해서는 뇌 그리고 그 외의 신체 부위와 신호를 주고받는 세포들에 대하여 최소한 기본적인 이해가 있어야 한다. 뉴런은 감각 정보를 뇌로 보내는 특화된 세포다. 사고, 정서와 운동에 관여하는 기능을 수행하며, 우리 몸의 근육과 기관을 통제하는 명령을 내린다. 인간의 뇌에는 대략 1천억 개의 신경세포가 있다([그림 2-1], Williams & Herrup, 2001). 이는 우리 뇌의 뉴런이 우리 은하계의 별보다 많다는 것을 의미한다. 하지만 그 수나 중요성에 비해 뉴런은 뇌 세포 전체의 10%에 해당하며, 그 부피는 뇌 부피의 절반을 차지한다. 그 나머지 90%는 교세포인데, 이에 대해서는 이 장 뒷부분에서 다룰 것이다.

뉴 런

? 뉴런은 어떤 부분들로 구성되어 있는가?

뉴런은 우리가 행하는 운동, 사고, 기억, 정서 등의 모든 것을 담당한다. 세포처럼 단순한 것이 이처럼 복잡한 기능을 수행한다는 것이 믿기 어렵지만, 신경과학자들은 이것이 사실이라는 것을 증명해 나아가고 있다. 앞으로 보게 되겠지만, 뉴런의 작동은 거짓말처럼 간단하지만, 기능은 놀랍고 복잡하다.

기본적인 구조: 운동 뉴런

먼저 뉴런의 내부를 보자. 뉴런은 신체의 다른 세포와 마찬가지로 세포다. [그림 2-2]는 뉴런의 가장 두드러진 부분인 세포체(soma)에 대한 예시다. 세포체는 세포질(cytoplasm)이라는 액체로 가득 차 있고, 수많은 세포 소기관(organelle)으로 이루어져 있다. 이 기관 중 가장 큰 부분이 세포의 염색체를 지니고 있는 핵이다. 다른 기관은 영양분을 세포에 필요한 연료로 바꾸고 단백질을 형성하고 노폐물을 제거한다. 여기까지는 다른 세포들과 마찬가지다. 이제 독특한 역할을 하는 뉴런의 특화된 기능을 보자. [그림 2-3]은 전형적인 뉴런의 모습이다. 여기에서 '전형적'이란 말은 신중하게 사용해야 한다. 왜냐하면 뉴런에는 크게 3종류가 있고, 이들 유형에도 여러 다양한 형태가 있기 때문이다. 그중 하나의 특정한 유형이 운동 뉴런인데, 이는 근육과 기관으로 신호를 전달한다. 이는 뉴런이 공유하는 구조와 기능을 나타내는 데 특히 유용하다.

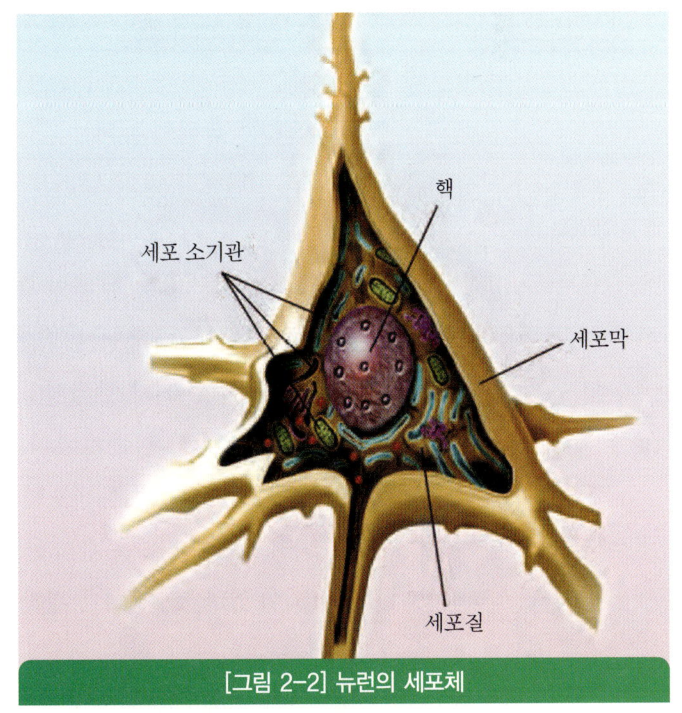

[그림 2-2] 뉴런의 세포체

세포막의 일부는 내부 구조를 보여 주기 위해 제거되었다.

수상돌기(dendrite)는 다른 뉴런의 정보를 받는 세포체에서 뻗어 나온 연장부분이다. 이 가지구조물은 많은 뉴런으로부터 정보를 받아들이게 해 준다. 축색(axon)은 세포체에서 꼬리처럼 길게 나와서 다른 부위로, 때로는 아주 먼 거리까지 정보를 전달한다. 축색을 둘러싸고 있는 수초(mylin sheath)는 뉴런을 지탱하며 여러 가지 도움을 준

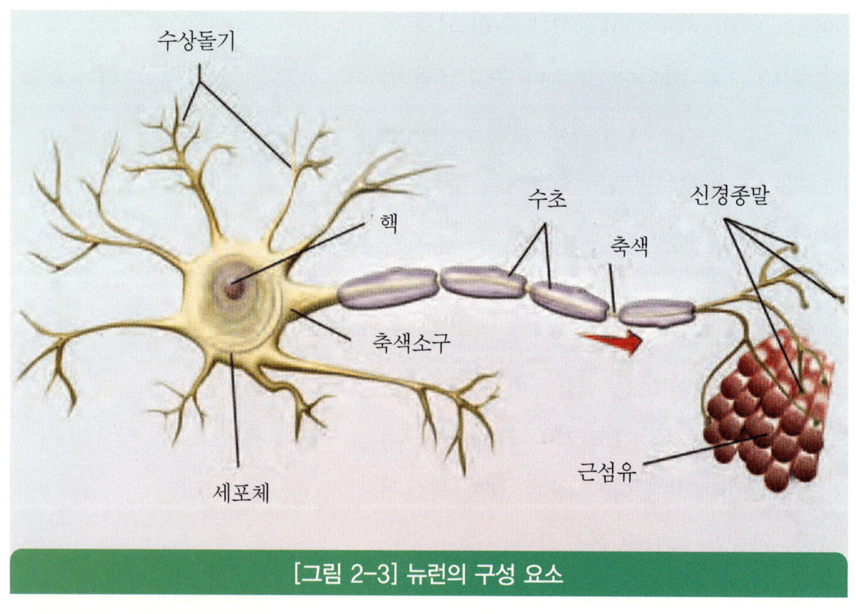

[그림 2-3] 뉴런의 구성 요소

그림은 운동 뉴런에 관한 예시다.

다. 축색의 끝부분은 부풀어 오른 모양으로 신경종말 또는 축색종말(end bulb or terminal)이라고 부른다(역자주-많은 심리학자는 '종말단추(terminal bouton)' 라고 부른다). 신경종말에는 근육, 기관 또는 다른 뉴런과 정보를 전달하는 화학적인 신경전달물질(neuro-transmitter)이 있다. 우리는 단순히 하나의 뉴런이 다른 하나의 뉴런에게만 신호를 보내는 것처럼 말하지만, 사실 뉴런은 수많은 다른 뉴런에서 신호를 받고, 또한 많은 다른 뉴런에게 신호를 보낸다.

뉴런은 너무 작아서 현미경으로 봐야만 볼 수 있다. 세포체는 뉴런에서 가장 큰 부분으로 포유류의 경우 직경 0.005~0.1mm다. 크기가 커서 연구자들이 좋아하는 오징어의 거대 뉴런도 단지 직경 1mm의 세포체를 가진다. 축색은 물론 이보다 더 작다. 포유류의 경우 그 직경은 0.002~0.02mm다. 그러나 축색의 길이는 0.1mm 또는 그 이상까지 다양하다.

다른 유형의 뉴런

? 주요 뉴런들은 어떻게 서로 다른가?

두 번째 유형의 뉴런은 감각 뉴런이다. 감각 뉴런은 몸과 외부세계의 정보를 뇌와 척수로 보낸다. 운동 뉴런과 감각 뉴런은 그 구성 요소가 동일하지만, 형태는 다르다. 운동 뉴런의 축색과 수상돌기는 세포체에서 여러 방향으로 뻗어 나와 있어서, 다극성 뉴런(multipolar neuron)으로 불린다. 감각 뉴런은 단극성(unipolar)이거나 양극성(bipolar)이다. [그림 2-4a]에 나타낸 감각 뉴런은 세포체의 하나의 짧은 줄기에서 두 개의 가지가 갈라져 나오기 때문에 단극성 뉴런이다. 양극성 뉴런은 세포체의 한쪽에 축색과 다른 한쪽에 수상돌기를 가지고 있다([그림 2-4b]). 운동 뉴런과 감각 뉴런은 먼 거리에 걸쳐 신호를 보내도록 특화되어 있다. 그 길이가 길기 때문에 여기에는 다른 세포와 같은 비율로 나와 있지는 않다.

세 번째 종류의 뉴런은 운동이나 감각 뉴런이 아니다. 개재 뉴런(interneuron)으로 하나의 뉴런을 뇌나 척수의 동일한 부위에 있는 다른 뉴런에 연결하는 역할을 한다. [그림 2-4c]에 나온 뉴런은 다극성 뉴런이지만, 축색이 없는 것처럼 보인다. 일부 개재 뉴런은 축색이 있지만 너무 짧아서 수상돌기와 구별하기 힘들다. 개재 뉴런은 아주 짧은 거리에서 다른 뉴런과 연결하기 때문에, 운동 뉴런과 감각 뉴런 같은 긴 축색이 필요 없다. 척수에서는 개재 뉴런이 감각 뉴런과 운동 뉴런을 중재하여 반사(reflex)를 행하게 한다. 뇌에서 개재 뉴런은 복잡한 정보를 처리하기 위해 근접한 뉴런들과 연결한다. 개재 뉴런의 이런 중요한 역할을 생각하면, 그 수가 뉴런 중 가장 많다는 것은 놀랍지 않다.

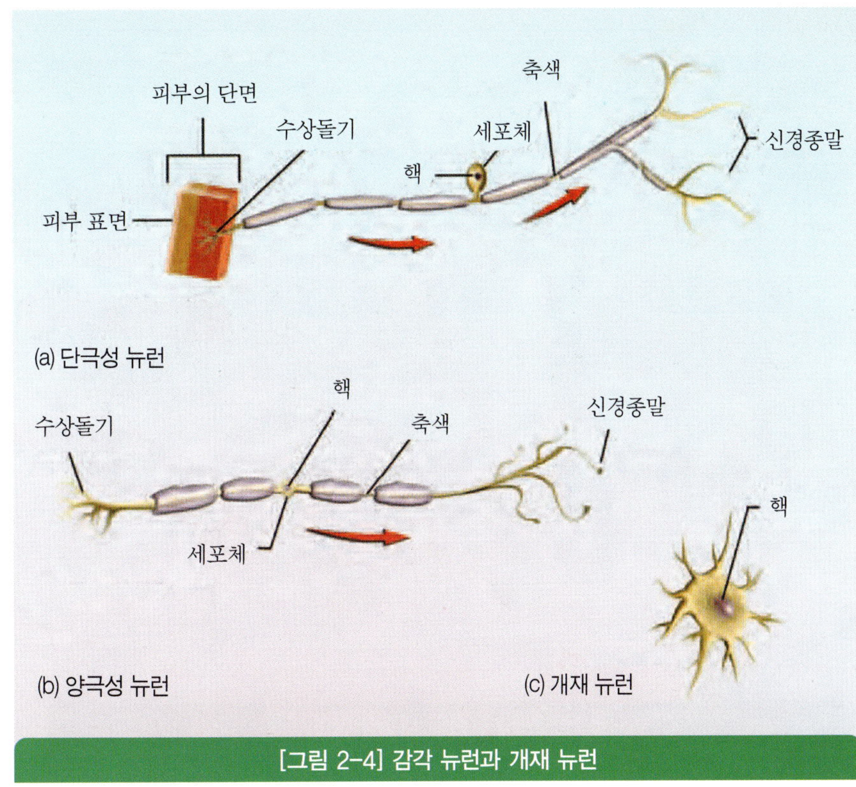

[그림 2-4] 감각 뉴런과 개재 뉴런

이 뉴런들과 운동 뉴런의 축색과 수상돌기에 대비해서 세포체의 위치를 비교해 보자.

서로 다른 종류의 뉴런은 비슷한 방식으로 작동하지만, 특화된 역할에 맞추어 모양이 서로 다르다. 다음 절에서 뉴런이 어떻게 작동하는지 자세히 볼 것이다. 〈표 2-1〉은 뉴런의 종류와 특징을 나타내고 있다.

〈표 2-1〉 주요 유형의 뉴런

유 형	기 능	형태와 위치	설 명
운동 뉴런	뇌와 척수의 신호를 근육과 장기로 전달한다.	다극성, 신경계 전체	축색과 수상돌기는 세포체에서 여러 방향으로 뻗어 나간다.
감각 뉴런	신체와 외부의 정보를 뇌와 척수로 보낸다.	단극성, 뇌 외부 양극성, 뇌 및 척수의 외부	세포체에서 나온 하나의 짧은 가지는 두 개의 가지로 나뉜다(단극성). 축색과 수상돌기는 세포체와 반대 방향으로 뻗친다(양극성).
개재 뉴런	동일한 영역에서 뉴런 간의 정보를 전달한다.	다극성, 뇌와 척수	축색이 짧거나 없다.

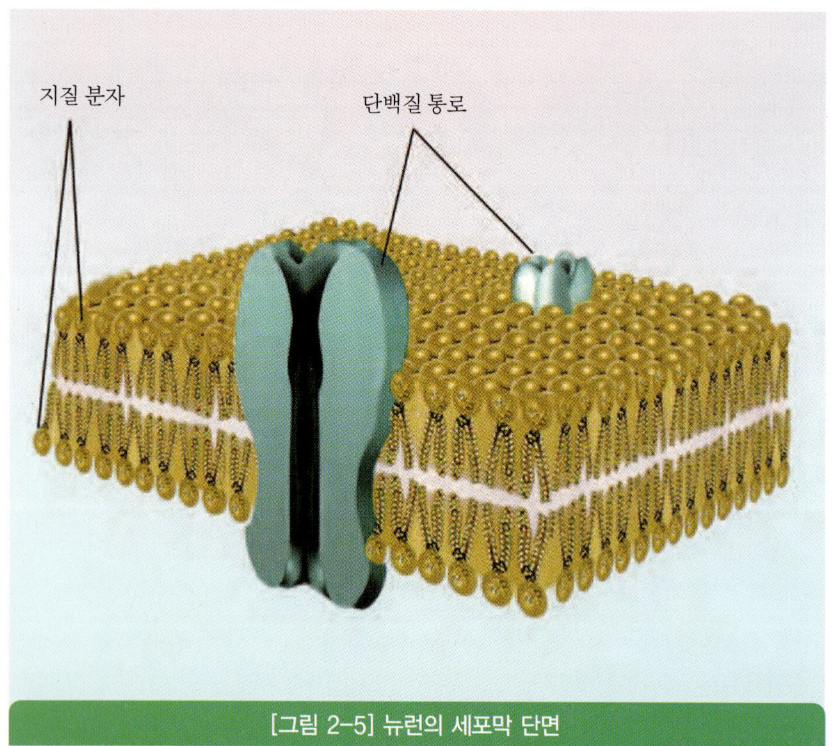

[그림 2-5] 뉴런의 세포막 단면

지질 분자가 막을 어떻게 형성하고 있는지를 주목할 필요가 있다. 지질 분자의 머리는 세포 내부와 외부의 액체를 향하고 있다.

뉴런의 막과 전위

뉴런이 다른 뉴런과 교신하는 데에 가장 중요한 요소는 세포를 둘러싸고 있는 막(membrane)이다. 막은 굉장히 얇아서 겨우 8마이크로미터(백만분의 일 미터)이며, 지방인 지질과 단백질로 구성되어 있다([그림 2-5]). 각 지질 분자는 머리끝과 꼬리끝이 있다. 분자들의 머리는 친수성으로 세포 내부와 주위에 해수와 같은 액체와 결합한다. 꼬리는 소수성으로 액체에 의해 밀려난다. 따라서 머리는 액체 쪽을 향하고 꼬리는 액체에서 멀어져서, 서로 꼬리끼리 향하여 이중막을 형성한다.

막은 세포의 형태를 잡아줄 뿐만 아니라 세포 주변의 환경을 통제한다. 물, 산소, 이산화탄소와 같은 분자들은 막을 자유롭게 통과하지만, 다른 물질들은 들어오지 못한다. 그러나 어떤 물질들은 특정 상황에 따라 열리고 닫히는(그림에서는 초록색으로 표시된) 단백질 통로를 통해 들어온다. 이 선택적 투과성은 뉴런의 가장 기본적인 특성인 극성(polarization－세포의 내부와 외부 간의 전하의 차이를 의미함)에 기여한다. 건전지의 양극 간이나 세포의 내부와 외부의 전하 차이를 전압(voltage)이라고도 부른다.

? 안정 전위는 어떻게 발생하는가?

안정 전위 건전지의 전압을 측정하듯이, 뉴런의 전압을 측정할 수 있다([그림 2-6]). 임의적 기준에 따라, 전압은 뉴런의 외부와 내부의 차이로 표현한다. 뉴런의 막을 기준으로 안정기에 기록되는 내부와 외부 간의 전위 차이가 안정 전위(resting potential)다. 이것은 음전압으로 뉴런에 따라 -40~-80밀리볼트(mV) 사이이며, 일반적으로 -70밀리볼트 정도다. 전압이란 차이이며, 다른 위치와 비교해서만 의미를 가진다. 그러므로 뉴런의 외부 또는 내부 각각은 전압을 가지고 있지 않음을 명심해야 한다. 뉴런의 전압은 아주 작은데, 1.5볼트 손전등 건전지의 전압이 뉴런의 전압보다 25배나 크다. 이렇게 작은 전압은 문제가 되지 않는다. 왜냐하면 뉴런은 정보를 전달하는 것으로, 아주 작은 파워만이 필요하기 때문이다.

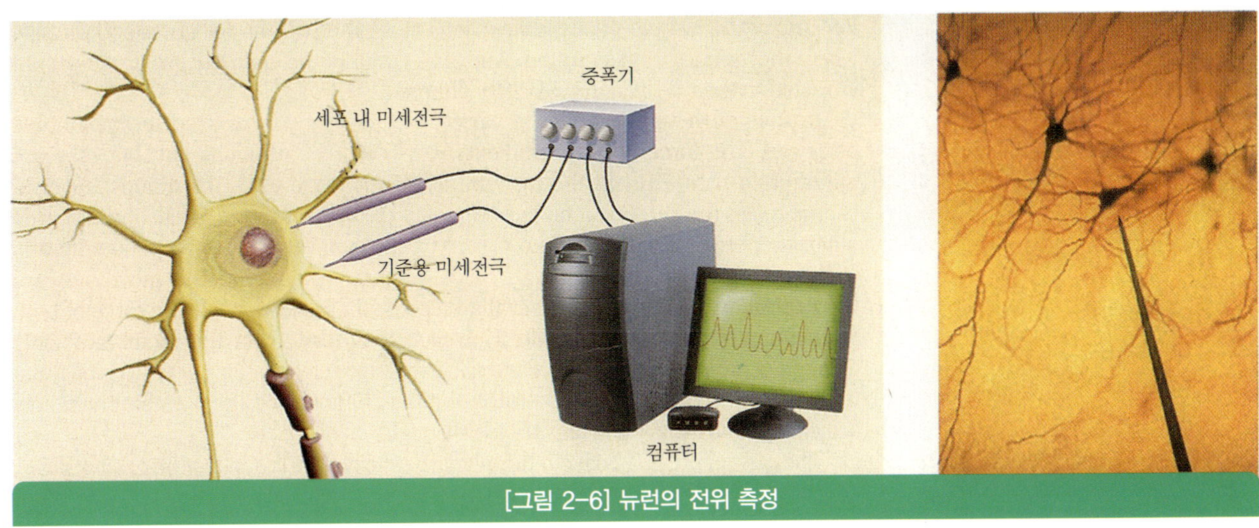

[그림 2-6] 뉴런의 전위 측정

세포 내의 전극과 외부의 액체에 위치한 전극으로 뉴런의 축색 전위를 측정한다. 오른쪽 그림은 뉴런을 관통시키려고 준비 중인 미세전극을 보여 주는 현미경 사진이다.

출처: Bob Jacobs, Colorado College.

안정 전위는 뉴런 막의 내부와 외부에 전하가 불균등하게 분포되어 있어서 나타난다. 원자(atom)가 하나 또는 그 이상의 전자를 잃거나 얻어서 전기를 띠는 이온(ion)으로 인해 전하가 생긴다. 나트륨 이온(Na^+)과 칼륨 이온(K^+)은 양전하를 띠고, 염소 이온(Cl^-)은 음전하를 띤다. 더하여 유기 음이온(A^-)을 만들어 내는 단백질과 아미노산도 있다. 뉴런 외부의 액체에는 나트륨과 염소 이온이 많고, 내부에는 칼륨과 유기 음이온이 많다([그림 2-7]). 따라서 내부에는 음이온이 더 많고, 외부에는 양이온이 더 많기 때문에 안정 전위는 음전하를 띤다. 다음에서 왜 이온들이 균일하게 분포되어 있지 않은지 알아보자.

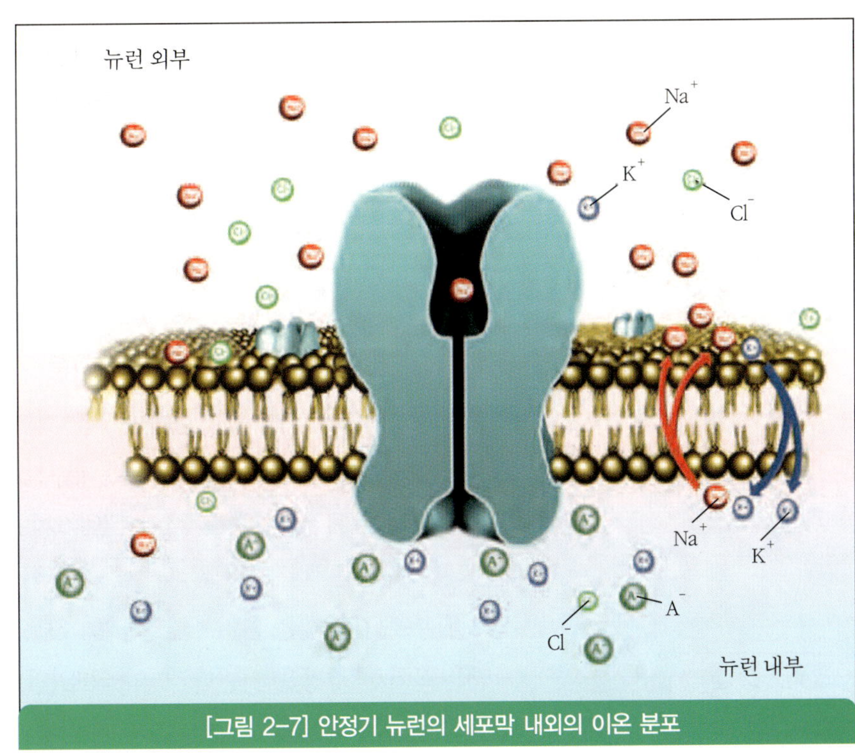

[그림 2-7] 안정기 뉴런의 세포막 내외의 이온 분포

외부의 이온은 대부분 나트륨과 염소 이온이다. 내부의 이온은 칼륨과 유기 음이온이다. 화살표는 나트륨-칼륨 펌프가 나트륨 이온을 외부로 보내고 칼륨 이온을 내부로 보냄을 나타낸다.

분자들은 고농도에서 저농도로 확산되는 경향이 있다고 초등학교 과학 시간에 배운 것을 기억하면, 어떻게 이온 분포의 불균형이 계속 존재하는지 의아할 것이다.

사실은 이온들의 균형을 유지하려는 두 가지 힘이 있다. 즉, 농도 기울기와 전기 기울다. 이 농도 기울기(concentration gradient) 때문에 이온들은 막을 통해 농도가 약한 쪽으로 이동하며, 전기 기울기(electrical gradient) 때문에 이온들은 반대되는 전하 쪽으로 이끌린다.

이 두 힘에도 불구하고, 여러 종류의 다른 영향력이 막이 지속적으로 극성을 띠게 한다. 이 두 기울기의 힘이 음이온들을 밖으로 내보내려 하지만, 이들은 막을 통과하기에는 너무 크다. 동시에, 음이온의 음전하는 염소 이온을 밀어내기 때문에, 염소(음전하)를 내부로 보내려고 하는 농도 기울기를 무효화시킨다. 정말 중요한 역할을 하는 요소는 칼륨과 나트륨이다. 칼륨은 외부로 나가려고 하는 경향이 조금 더 큰 반면에(농도 기울기가 전기 기울기보다 더 강하다), 두 가지 힘은 모두 나트륨을 내부로 끌어당긴다. 그러나 특정 이온에만 선택적인 [그림 2-7]에 나오는 통로를 통해서만 이온은 막을 통과할 수 있다. 뉴런이 안정 상태에 있을 때에는 나트륨 통로와 칼륨 통로는 닫혀 있어서 아주 소수의 이온만이 통과한다.

외부로 나가거나 내부로 들어온 이런 소수의 이온은 나트륨-칼륨 펌프에 의해 제자리로 돌아간다—이 펌프는 나트륨 이온을 세포막을 통해 외부로 보내고 칼륨 이온을 내부로 보내는 거대 단백질 분자로 이루어져 있다. 각기 2개의 칼륨 이온을 3개의 나트륨 이온으로 교환하는 비율이 막 내부를 외부보다 더 음전하를 띠게 한다. 이 펌프 작업은 에너지를 사용하는 대사 과정이다—사실, 뉴런이 사용하는 에너지의 40%가 이 펌프에 의해 사용된다. 그러나 안정 전위가 활동 전위(action potential)를 일으키는 에너지를 저장하기 때문에, 이 에너지가 잘 사용되고 있다는 것을 곧 알게 될 것이다.

활동 전위 뉴런은 다른 뉴런 또는 감각 수용기로부터 수상돌기와 세포체에 도달하는 입력에 의해 흥분된다. 흥분 신호(excitatory signal)는 부분적인 감분극(depolarization)을 일으키는데, 이는 세포막 일부의 극성이 영점을 향하여 전환되는 것을 뜻한다. 이 부분 감분극은 인접한 세포막의 이온 균형을 깨뜨리며, 이 흐름은 세포막을 통해 수상돌기로 내려간다. 이는 얼핏 보면 뉴런이 신경계를 통해 메시지를 전달하는 방법으로 보이지만, 부분 감분극은 거리가 멀어질수록 약해지기 때문에(즉, 감쇠적이기 때문에) 아주 짧은 거리에서만 유효하다. 이 때문에 부분 감분극은 흔히 국소 전위(local potential)로 불린다. 다행히도 축색의 막은 독특한 특징을 지닌다. 만약 국소 전위가 해당의 뉴런을 활성화시키는 데에 요구되는 역치(threshold－보통 안정 전위보다 약 10mV 정도 더 양의 값을 가짐)를 넘어서면, 닫혀 있던 나트륨 통로를 열어서 활동 전위(action potential)를 일으킨다.

활동 전위는 뉴런이 먼 거리로 신호를 보낼 수 있게 해 주는 막의 급격한 감분극이다. '잠재력(potential)'이라는 용어가 시사하듯이, 안정기의 뉴런 막의 전압은 비축된 에너지다. 농도 기울기와 전기 기울기가 결합된 힘에 대항하여 뉴런 외부에 수많은 나트륨 이온이 있다고 상상해 보자. 나트륨 통로가 열리면 그 지역에 평상시보다 500배 이상 더 큰 비율로 나트륨 이온이 축색으로 몰려온다—그것은 세포 내부로 매우 빠르게 몰려오므로 폭발적이라고 묘사된다. 막 내부의 작은 영역이 0V로 완전히 감분극된다—전위는 심지어 +30~40mV까지 치솟아 그 지역의 내부를 일시적으로 양전하를 띠게 한다. 이 감분극이 활동 전위다.

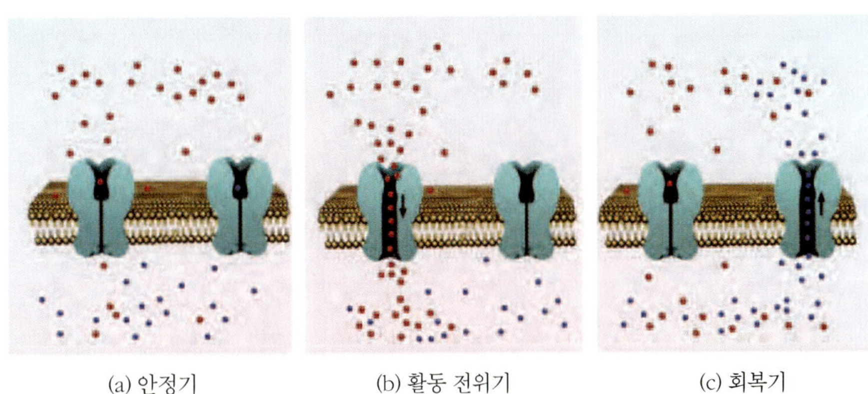

[그림 2-8] 활동 전위와 회복기 동안의 이온의 이동

(a) 안정기 동안에 나트륨 이온(빨간색)은 뉴런의 외부에 그리고 칼륨 이온(파란색)은 내부에 머문다—닫힌 통로를 통한 이온의 이동은 거의 없다. (b) 활동 전위기 동안에 나트륨 통로가 열려 나트륨이 내부로 몰려들어 오며 뉴런을 감분극시킨다. (c) 회복기 동안에 나트륨 통로는 닫히고 칼륨 통로가 열린다. 칼륨이 외부로 나가고, 전압이 안정 전위로 돌아온다. 이동한 이온은 나트륨-칼륨 펌프에 의해 최종적으로 외부로 이동하거나 내부로 돌아온다.

뉴런이 급격히 발화하고 나서 안정 전위로 회복되기 시작한다. 활동 전위가 정점에 다다르면 더 이상 감분극은 되지 않는다. 이와 동시에 칼륨 통로가 열리기 시작한다. 막 내부의 양전하와 농도 기울기의 힘이 합쳐져서 칼륨을 밖으로 내보낸다—이 칼륨이 밖으로 흘러 나와서 축색이 안정 전위로 돌아온다. 활동 전위의 회복에는 약 1000분의 1초가 걸린다. 실제 시간은 개개의 뉴런마다 다르다. [그림 2-8]은 이들 이온의 이동을 나타내며, [그림 2-9]는 어떻게 나트륨과 칼륨의 이동이 활동 전위와 회복기의 전압의 변화를 나타내는지 보여 준다.

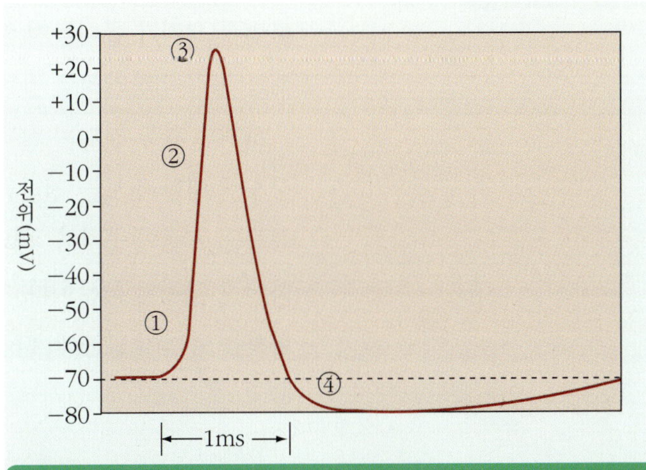

[그림 2-9] 활동 전위 동안의 이온 이동과 전압 변화

① 나트륨 통로가 열리고 나트륨 이온이 몰려들어 와 감분극이 된다.
② 칼륨 통로가 열리기 시작한다.
③ 나트륨 통로가 닫히고, 칼륨 이온이 내부의 양전하에 의해 외부로 나가면서 안정 전위가 회복된다.
④ 칼륨 통로가 닫히고, 안정 전위가 회복된다.

활동 전위는 또한 인접한 나트륨 통로를 열게 한다. 따라서 새로운 활동 전위가 바로 다음 위치에서 일어난다. 활동 전위가 교대로 다른 활동 전위를 촉발시키며, 축색을 따라서 활동 전위의 연쇄 반응을 일으킨다—이런 방식으로 신호가 뉴런의 한쪽 끝에서 다른 쪽 끝으로 흐른다. 물리적으로 축색을 따라 이동하는 것은 없다. 대신, 첫 도미노를 쓰러뜨리면 다른 도미노가 계속 넘어지듯이, 일련의 사건이 축색을 따라 연속적으로 일어난다. 활동 전위가 축색 종말에 도착하면, 그 신호는 다른 뉴런(또는 기관 내지 근육)으로 연쇄 반응이 일어나듯이 전달된다. 뉴런 간의 신호 전달은 다음에서 다룰 것이다. 이제 활동 전위에 대해 더 자세히 알아보자.

비록 뉴런이 안정 전위로 돌아오지만, 상당한 양의 나트륨 이온이 내부에 있고 많은 양의 칼륨 이온이 외부에 존재한다. 사실, 막 내외부의 아주 얇은 표면에 있는 이온들만이 활동 전위에 참여하므로, 이동한 이온은 주변의 액체로 확산될 수 있다. 결국에는 이온이 새로 들어오거나 뉴런이 더 이상 발화할 수 없게 된다. 나트륨-칼륨 펌프는 이런 일을 담당한다(아마도 여러분은 왜 짐이 클로르덴에 발작을 일으키고 나서 상태가 안 좋아졌는지 이제 이해할 수 있을 것이다).

? 활동 전위는 등급 전위와 어떻게 다른가?

활동 전위는 그것을 일으키는 국소 전위와 중요한 두 가지 점에서 다르다.

첫째, 국소 전위는 그것을 일으키는 자극의 강도에 따라 크기가 달라진다는 점에서 등급 전위(graded potential)다. 활동 전위는 이와 반대로 등급적이 아니다—그것은 최대 크기로 발생하든지 아니면 아예 발생하지 않든지 하는 실무율(all-or-none)에 따라 작동한다. 등급 전위가 더 커진다고 활동 전위도 더 커지는 것은 아니다—폭죽의 신관처럼 활동 전위는 뉴런에 저장되어 있는 에너지에 의존한다.

둘째, 활동 전위는 그 크기가 줄어들지 않는다.—그것은 각 지점의 축색을 지나면서 크기가 줄어들지 않고, 새롭게 완전한 크기로 전달된다. 따라서 활동 전위는 뉴런이 장거리로 정보를 전달할 수 있게 해 준다.

하지만 활동 전위는 실무율을 따라 일정하기 때문에, 그것을 일으키는 자극의 강도에 대한 정보는 전달할 수 없다. 자극의 강도가 표현되는 하나의 방법은 발화하는 뉴런의 숫자다. 왜냐하면 더 강한 자극은 더 큰 역치를 가진 뉴런들을 발화시킬 것이기 때문이다. 그럼에도 불구하고, 개별 뉴런이 자극의 강도를 부호화하는 방법이 있는데, 다음의 불응기(refractory period)에서 논의할 것이다.

불응기

? 활동 전위 이후의 나트륨-칼륨 펌프의 역할은 무엇인가?

활동 전위가 발생한 직후에 뉴런은 짧은 기간 동안 재발화할 수 없는 절대 불응기(absolute refractory period)를 가진다—이것은 나트륨 통로가 다시 열리지 않기 때문에 나타난다. 이 반응의 지연은 두 가지 효과를 가진다.

첫째, 절대 불응기는 뉴런의 발화 횟수를 제한한다. 뉴런이 다시 발화하도록 회복하는데 1/1000초가 필요하면, 그 뉴런은 많아야 1초에 1000번 발화할 수

응용 이온 통로를 표적으로

복어는 입에서 따끔하며 얼얼한 맛이 난다. 제대로 요리하지 않으면 무감각이나 무기력이 나타나며, 심하면 호흡계 근육을 마비시켜, 수천 명의 미식가의 목숨을 앗아가기도 했다. 복어의 독인 테트로도톡신(tetrodotoxin: TDT)은 나트륨 통로를 차단하여 뉴런의 발화를 막는다(Kandel, & Siegelbaum, 2000a). 독사에게 발견되는 신경독은 나트륨이나 칼륨 통로를 차단하며(Benoit & Dubois, 1986; Fertuck & Salpeter, 1974), 전갈독은 나트륨 통로를 열어서 활동 전위가 지속되도록 한다(Catterall, 1984; Chung, Jaffe, Cribbs, Perez-Reyes, & Swartz, 1998; Pappone & Cahalan, 1987).

뉴런의 기능을 방해하는 것이 도움이 될 때도 있다. 예를 들어, 대부분의 부분 마취제는 나트륨 통로가 발화하는 것을 막으며(Ragsdale, McPhee, Scheuer, & Catterall, 1994), 일부 마취제는 칼륨 통로를 열어 칼륨 이온이 새어 나가게 해서 과분극시킨다(Nicoll & Madison, 1982; A. M. Patel et al., 1999). 남태평양의 청자고동(cone snail)은 작살과 같은 촉수로 잠수복을 뚫고 사람을 30분만에 죽일 수 있는 독을 주입한다. 이처럼 나트륨, 칼륨이나 칼슘 통로를 목표로 하거나 신경전달물질을 방해하는 수백 가지의 독이 통증 완화제나 간질을 치료하는 약을 개발하기 위해 사용된다(L. Nelson, 2004).

현재 연구자들은 세포에 '디자이너' 통로를 만들고 있다. 포도상구균과 연쇄상구균 박테리아는 세포막에 침투하여 세포를 손상하거나 파괴하는 통로를 형성한다. 이들 단백질 분자를 개량하여, 전기, 빛, 효소 또는 화학물질 등의 자극을 이용하는 명령에 따라 열리거나 닫히는 통로를 만드는 것이 가능해졌다(아래 그림 참조). 이런 주문형 통로의 가장 분명한 사용처는 장차 뉴런이나 암세포로 약물을 투입하는 것이다(Bayley, 1997). 다른 전략은 세포막에 빛에 민감한 단백질을 가진 식물의 유전자를 뉴런에 주입하는 것이다(Abbot, 2007; Hausser & Smith, 2007). 이 유전자 중의 하나는 양전하 이온이 세포에 들어오게 해서 활동 전위를 일으키는 통로를 만드는 것이다. 다른 것은 염소 이온이 내부로 들어오게 해서 과분극시키는 염소 펌프를 만들 것이다. 이 단백질은 여러 다른 색의 빛에 의해 촉발되어, 연구자들이 개별 뉴런의 발화율을 증가하거나 감소시킬 수 있다. 이 전략은 수많은 가능성을 가지는데, 연구자들은 어떤 뉴런의 회로가 우울증에 관련되는지를 알아볼 수 있고 또한 뇌에 광섬유를 심어서 정확하게 뇌의 심부를 자극할 수 있다.

실험실에서 단백질 분자를 개량해서 만든 세포막의 통로들. 주문형 통로는 연구나 치료 목적으로 세포에 접근하도록 해 준다.

출처: "Building Doors Into Cells," by H. Bayley, 1997, *Scientific American*, September, pp. 62-67. Reprinted by permission of Alfred Kamajian.

있다. 대부분의 뉴런은 이보다 발화율이 낮다. 이 회복기의 두 번째 효과는 새로운 활동 전위는 이미 지나온 자리가 아니라 아직 발생하지 않은 종말을 향하는 지역에서만 발생할 수 있게 한다. 역방향으로 이동하는 전위는 새로이 도달하는 메시지에 대한 반응을 차단하기 때문에 이것은 아주 중요하다.

? 절대 불응기와 상대 불응기는 무엇인가?

둘째, 불응기는 축색에서 강도 부호화에 중요한 역할을 한다. 절대 불응기 이후에 칼륨 통로는 몇 밀리 초 동안 열려 있어서, 칼륨이 계속 빠져 나가는 동안에 뉴런의 내부는 평상시보다 더 음전하를 띠게 된다([그림 2-9 ④]의 강하). 상대적 불응기 동안에 뉴런은 다시 발화할 수 있지만, 단지 강한 자극이 있을 경우다. 역치보다 더 강한 자극은 뉴런을 다시 발화하게 하고 더 자주 발화하게 할 것이다. 축색은 활동 전위의 크기로 자극의 강도를 부호화하지 않으며, 비율 법칙(rate law)이라 불리는 발화율로 부호화한다.

교세포

? 교세포의 기능은 무엇인가?

교세포(glial cell)는 뉴런은 아니지만 뉴런을 도와주는 여러 기능을 하는 세포다. 교세포(glia)란 이름은 그리스어로 아교(glue)라는 단어에서 유래하였는데, 이는 과거에 교세포의 역할이 어떤 식으로 여겨졌는지를 추측할 수 있다. 하지만 교세포는 뉴런을 함께 지지해 주는 것 이상의 역할을 한다. 이 중 중요한 하나가 뉴런의 전도 속도를 증가시켜 주는 것이다.

수초화와 전도 속도

생존은 정보가 신경계를 통해 얼마나 빨리 이동하느냐에 의존하는데, 유기체로 하여금 사냥감을 덮치게 하고, 맹수에게서 도망가게도 하며, 언어를 빠르게 처리하게도 한다. 뉴런이 자극을 전달하는 속도는 초당 1~12m, 즉 시간당 약 434km다. 이것은 전기가 전선을 따라 흐르는 것보다 아주 느려서, 뉴런의 전도를 전기의 전도에 비유하는 것은 적절하지 않다. 전도 속도는 생존에 절대적으로 중요하기 때문에, 이를 증가시키는 방향으로 진화하였다. 한 가지 방법은 축색을 크게 하여 전기적 전위의 흐름이 저항을 덜 받도록 하는 것이다. 오징어는 전도 속도를 증가시키기 위해, 운동 뉴런의 직경을 0.5mm가 되도록 크게 진화하여(가장 작은 뉴런이 1m/초에 비하면) 30m/초에 이르게 하였다.

하지만 전도 속도는 축색의 크기에 직접 비례하여 증가하지 않는다. 오징어의 전도 속도의 4배에 이르는 120m/초에 도달하기 위해서 축색은 4의 제곱인 16배, 즉 8mm의 직경을 가져야 한다! 당연히 뇌는 그런 큰 축색을 가지려면 더 커져야 한다. 다른 말로, 축색의 크기가 전도 속도를 증가시키는 유일한 방법이라면 여러분은 존재하지 않을 것이다.

전도 속도를 증가시키는 다른 방법은 축색의 등급적 국소 전위(graded local potential)에 의존하는 것이다. 왜냐하면 등급 전위는 활동 전위에 비해 빠르기 때문이다. 그러나 여러분은 등급 전위는 거리가 멀어지면 줄어든다는 것을 기억할 것이다. 척추동물은 수초화(myelination)라는 일거양득 장점을 발달시켜 왔다. 교세포는 지방 조직의 일종인 수초(myelin)를 만들어 다른 뉴런과 주변 액체로부터 축색을 감싸서 절연시킨다. 세포체를 제외한 단지 축색만이 덮여 있다. 수초는 뇌와 척수에 있는 핍돌기 교세포(oligodendrocyte)와 그 외 부분에 있는 슈반 세포(Schwann cell)라 불리는 교세포에 의해 만들어진다([그림 2-10]).

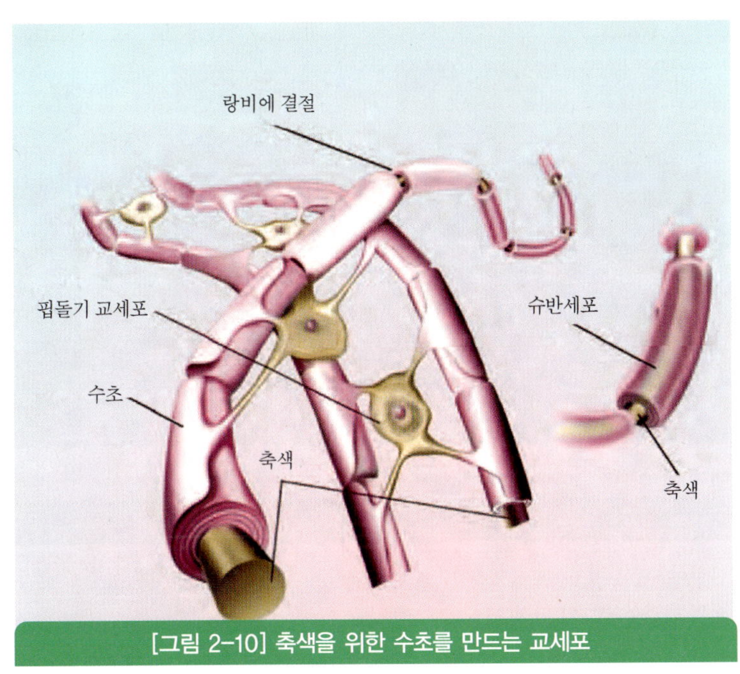

[그림 2-10] 축색을 위한 수초를 만드는 교세포

핍돌기 교세포는 축색의 여러 결절과 여러 개의 뉴런에 수초를 제공한다. 슈반 세포는 축색의 한 부분만을 덮는다.

수초 외피 아래에는 나트륨 통로가 거의 없기 때문에, 활동 전위가 발생할 수 없다. 수초화된 부분에서 전도는 등급 전위다(Waxman & Ritchie, 1985). 그러나 수초는 1mm 길이의 분절의 형태를 띠며, 그 분절들 사이에는 0.001～0.002mm의 틈이 있다. 수초 외피 간의 틈을 랑비에 결절(node of Ranvier)이라고 한다([그림 2-10]). 각 랑비에 결절에는 막이 노출되어 있고 나트륨 통로가 많이 존재하여 등급 전위가 활동 전위를 유발한다. 활동 전위는 결절과 결절 사이를 도약 전도(saltatory conduction)의 형태로 이동한다. 따라서 수초화와 그에 따른 도약 전도는 활동 전위를 줄어들지 않게 하면서 등급 전위를 통하여 전도 속도를 증가시킨다.

수초화는 전도 속도를 증가시키는 또 다른 수단을 제공하는데, 그 이유는 등급 전위 동안의 이온의 이동을 방해하는 정전 용량(capacitance)이라 불리는 전기의 영향을 수초를 통한 절연으로 감소시킬 수 있기 때문이다. 수초화의 전반적인 효과는 축색의 직경을 100배 정도 증가시키는 것과 같다(Koester & Siegelbaum, 2000). 속도만이 수초화의 장점이 아니다. 수초화된 뉴런은 나트륨-칼륨 펌프가 덜 작동해도 되기 때문에 아주 작은 에너지만을 사용한다.

다발성 축색 경화(multiple sclerosis)와 같은 일부 질환은 수초를 파괴한다. 수초가 사라지면 정전 용량이 증가하므로 등급 전위가 사라지기 전까지 이동하는 거리는 감소한다. 이것은 뉴런이 수초를 아예 가지지 않았던 것보다 더 안 좋다.

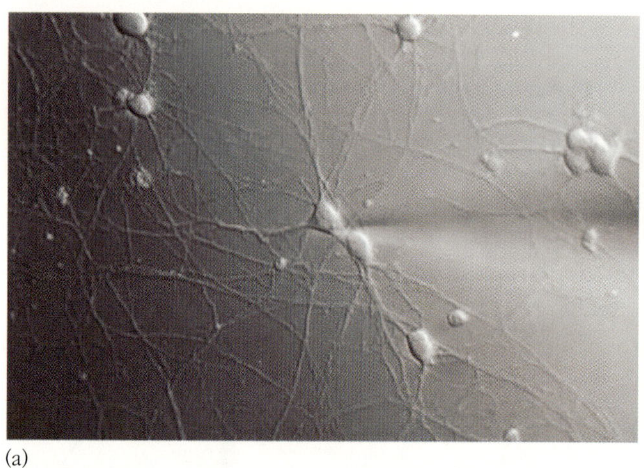
(a)

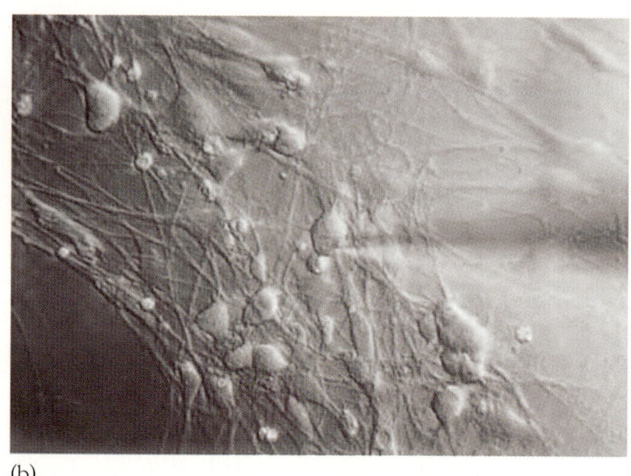
(b)

[그림 2-11] 교세포는 뉴런 간의 연결의 수를 증가시킨다.

뉴런이 5일 동안 (a) 교세포가 없거나 (b) 교세포와 함께 배양되었다. 뉴런의 숫자는 양쪽 모두 비슷하나, 오른쪽에서 뉴런 간의 연결의 증가로 인해 뉴런의 밀도가 커졌다.

출처: F. W. Pfrieger and B. A. Barres, "Synaptic Efficacy Enhanced by Glial Cells in vitro," *Science, 277*, p. 1684. © 1997. Used by permission of the author.

나트륨 통로 숫자의 감소로 활동 전위는 그 이전 부분의 수초화된 부위에서 발생하지 않을 수 있으며, 감염된 뉴런의 전도 속도가 느려지거나 멈추게 된다.

교세포의 다른 기능

태아가 발달하는 동안, 한 종류의 교세포는 새로운 뉴런이 목적지를 찾아가도록 안내해 주는 발판을 형성한다. 그 이후에 교세포는 뉴런에 에너지를 공급하고, 손상이나 질병에 대응하여 세포 잔해를 제거한다. 이외에도 뉴런 간의 연결을 형성하고 유지하는 데 도움을 준다. 뉴런은 교세포가 존재할 경우 뉴런 간의 연결이 7배에 이르고, 교세포가 사라지면 시냅스(synapse)가 사라지기 시작한다(Pfrieger & Barres, 1997; Ullian, Sapperstein, Christopherson, & Barres, 2001; [그림 2-11]). 여러분은 다음 부분에서 교세포가 뉴런의 활동에 중요한 역할을 한다는 것도 보게 될 것이다. 교세포의 중요성은 여러 동물의 뇌가 복잡해질수록 성상세포(astrocyte) 대 뉴런의 비율이 증가하는 사실에서도 나타난다. 성상세포는 뉴런의 활동과 가장 관계가 깊은 교세포다([그림 2-12]).

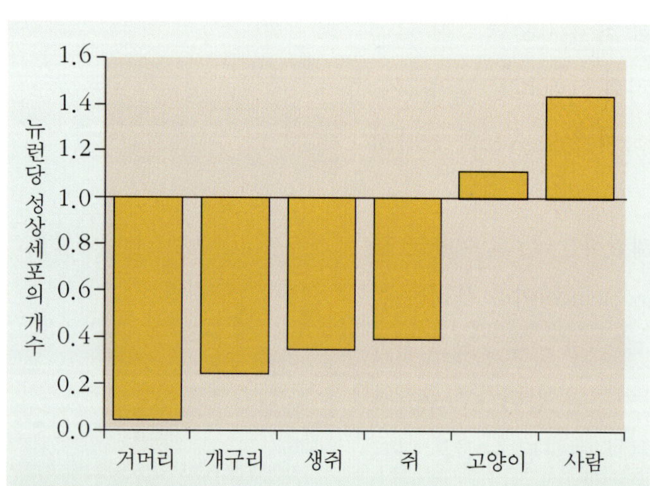

[그림 2-12] 여러 종의 동물에서 뉴런당 성상세포의 개수

행동이 복잡해질수록 뉴런당 성상세포의 비율이 증가한다. 거머리, 개구리, 생쥐와 쥐는 뉴런당 성상세포의 비율이 1.0보다 작지만, 고양이와 사람은 뉴런보다 더 많은 성상세포를 가지고 있다.

개념 확인

- 축색에서 정보는 어떻게 전달되는가?
- 실무율은 정보 전달을 어떻게 제한하는가?
- 불응기가 주는 장점은 무엇인가?
- 수초는 축색에서 속도를 어떻게 증가시키는가?

뉴런은 어떻게 서로 신호를 전달하는가

19세기 후반 이전 현미경을 통해 관찰한 뇌는 연속된 거미줄과 같다고 여겼다. 하지만 그 당시 카밀로 골지(Camillo Golgi)는 일부의 뉴런만을 무작위로 염색하여 해부학자들에게 도움이 되는 새로운 조직 염색법을 개발하였다(4장에 나오는 염색법 참조). 이 방법으로 스페인의 해부학자 산티아고 라몬 이 카할(Santiago Ramon y Cajal, 1937~1989)은 각각의 뉴런이 독립된 세포임을 볼 수 있었다. 두 개의 뉴런 사이의 연결부는 시냅스(synapse)라고 불렀는데, 이는 라틴어로 '움켜 잡는다'는 뜻이다. 뉴런은 시냅스에서 직접 물리적으로 접촉하지 않고, 시냅스 간극(synaptic cleft)이라고 부르는 작은 틈으로 분리되어 있다. 이 두 용어는 다음의 설명을 이해하는 데에 유용하다. 다른 뉴런

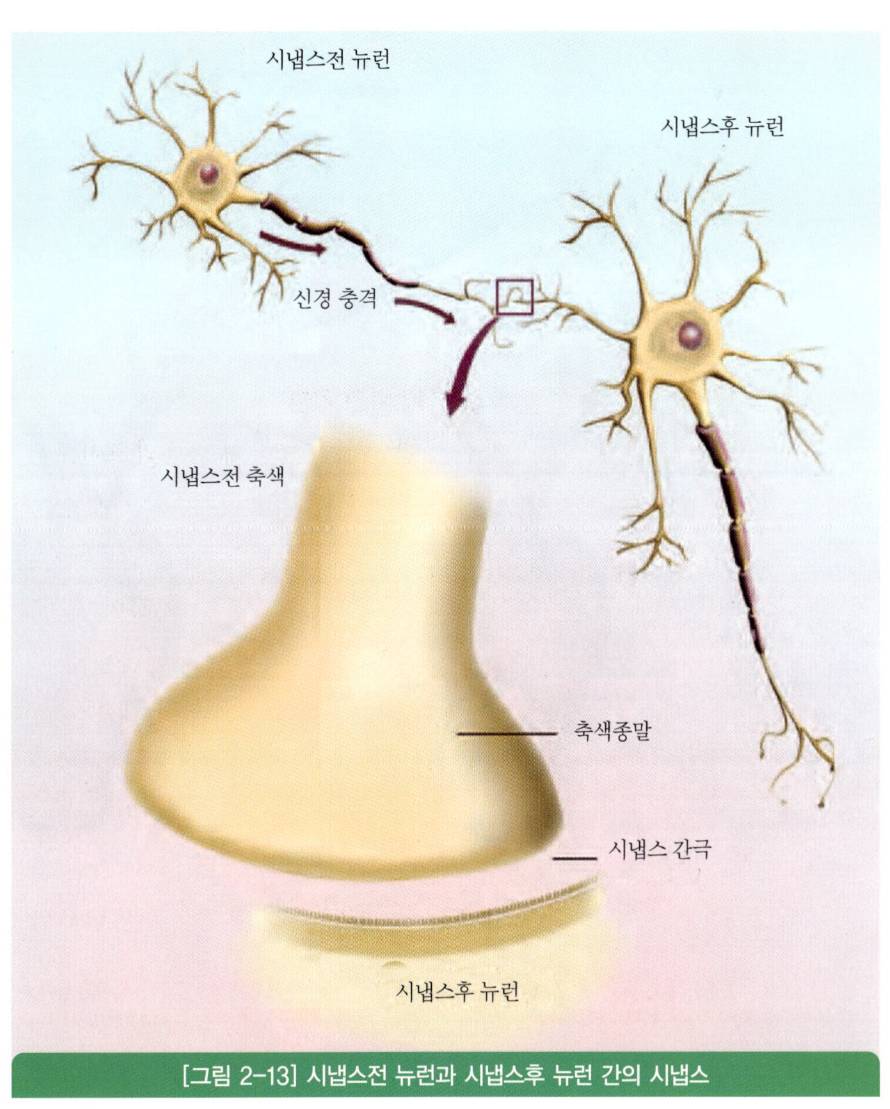

[그림 2-13] 시냅스전 뉴런과 시냅스후 뉴런 간의 시냅스

시냅스전 뉴런의 종말과 시냅스후 뉴런 사이의 틈에 주목하자.

으로 신호를 전달하는 뉴런이 시냅스전(presynaptic) 뉴런이다 — 신호를 전달받는 뉴런이 시냅스후(postsynaptic) 뉴런이다([그림 2-13]).

시냅스에서의 화학적 전달

> 나는 3시에 다시 일어나서, 그것이 무엇인지를 기억하였다. ……나는 즉시 일어나서 실험실로 가서 실험을 했다 ……그리고 5시에 신경 자극이 화학 전달임을 확실하게 증명하였다.
>
> - Otto Loewi

1920년대까지 생리학자들은 뉴런은 전류가 틈을 건너서 다음 뉴런으로 신호를 전달한다고 가정하였다. 독일의 생리학자인 오토 뢰비(Otto Loewi)는 시냅스 전달은 화학적이라고 믿었지만, 그의 가설을 검증하는 방법을 알지 못했다. 어느 날 밤 뢰비는 그 문제에 대한 해결책을 가지고 잠에서 깨어났다(Loewi, 1953). 그는 그 생각을 잊어버리지 않게 적어 두었지만, 다음날 아침 자신의 글을 읽을

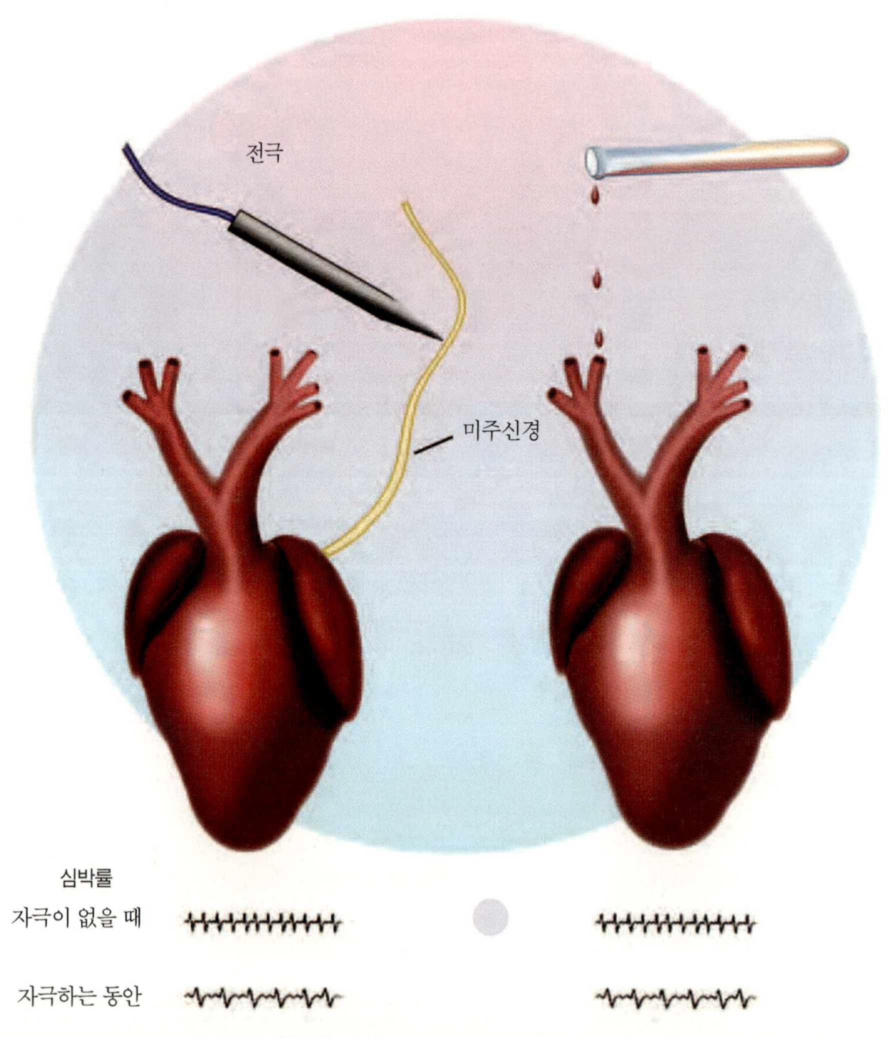

[그림 2-14] 뉴런의 화학적 전달을 증명하기 위한 뢰비(Loewi)의 실험

뢰비는 첫 번째 개구리의 심장을 자극하였다. 첫 번째 심장에서 나온 액체를 두 번째 심장으로 옮겼을 때, 첫 번째 심장을 자극한 것과 같이 두 번째 심장에서도 동일한 효과가 나타났다.

수 없었다. 그는 그날을 '과학자로서의 자신의 삶에서 가장 절망적인 날'이라고 기억했다(p. 33). 그러나 다음날 밤에 똑같은 생각을 하고 깨어나서는 기회를 잃지 않으려고 실험실로 달려갔다. 거기서 그는 개구리 두 마리의 심장을 분리하였다. 그는 심장에 연결된 미주신경(vagus nerve)에 전기 자극을 주었는데, 이는 심장 박동을 느리게 하였다. 그러고 나서 심장이 담겨 있던 식염수를 추출하여, 두 번째 심장에 집어 넣었다. 뉴런이 화학 신호를 이용한다면, 화학 물질이 식염수에 흘러나왔을 것이다. 뢰비가 예측한 대로 두 번째 심장 박동도 느려졌다. 그리고 그는 첫 번째 심장의 촉진 신경(accelerator nerve)을 자극하여 심장 박동을 빠르게 하였다. 그가 첫 번째 심장의 식염수를 두 번째 심장으로 옮겼을 때, 이번에는 심장 박동이 빨라졌다([그림 2-14]). 이렇게 뢰비는 시냅스에서 신호 전달이 화학적임과 서로 다른 기능을 하는 최소한 두 가지의 화학물질이 있음을 증명하였다.

? 축색의 신호 전달과 시냅스의 신호 전달은 어떻게 다른가?

이후에 일부 뉴런은 다음 뉴런으로 연결된 통로를 지나가는 이온을 이용해 전기적으로 신호를 전달하는 것이 밝혀졌다. 이들의 주요 기능은 근처의 뉴런의 활동을 동기화하는 것처럼 보인다(Bennett & Zukin, 2004). 게다가 어떤 뉴런은 기체 전달물질을 방출하기도 한다. 하지만 대부분의 시냅스는 화학적이기 때문에, 뢰비는 근본적으로 옳았다. 덧붙여 말하면, 이런 예가 문제를 해결하는 가장 좋은 방법이 되려면, 그것을 잠잘 때도 생각해야 하며, 이런 통찰은 아주 열심히 최선을 다한 사람들한테서만 나타난다는 것을 명심해야 한다!

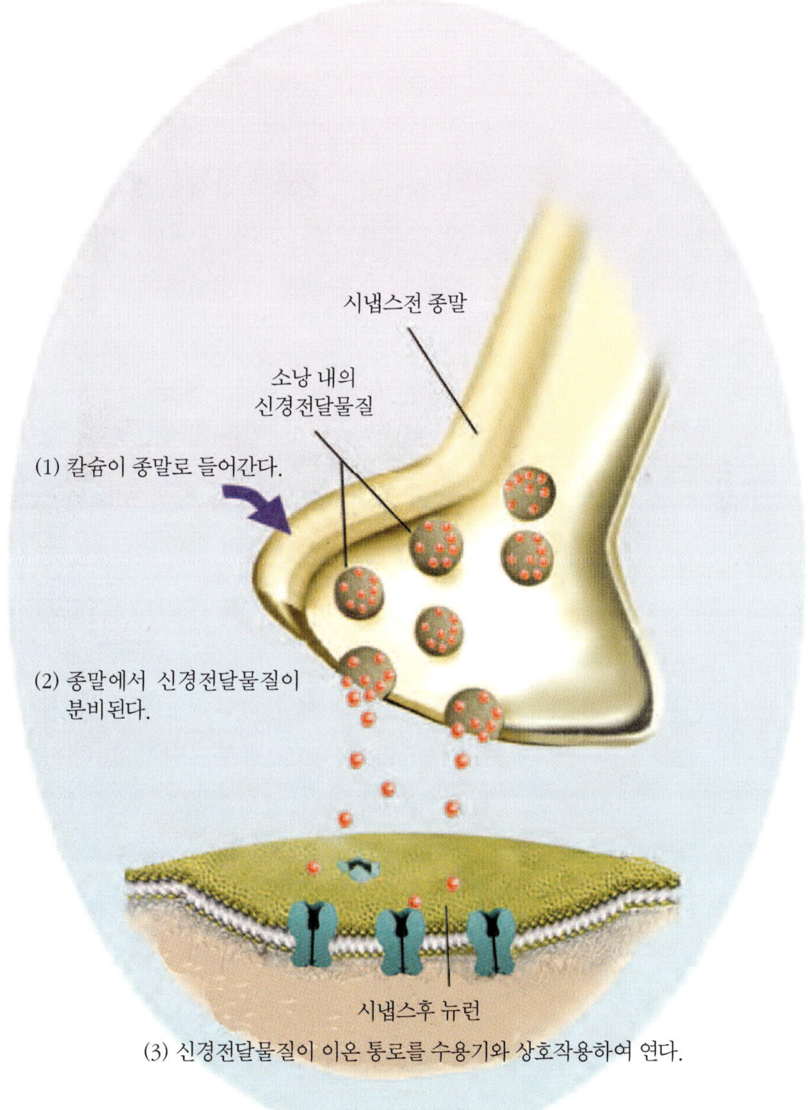

[그림 2-15] 시냅스전 뉴런이 시냅스에서 신경전달물질을 분비한다.

화학적 시냅스에서 신경전달물질은 소낭(vesicle– '작은 주머니라' 는 의미임)이라는, 막으로 둘러싸인 용기에 담겨 축색 종말에 저장되어 있다. 활동 전위가 종말에 도착하면, 외부의 칼슘 이온이 유입되는 통로가 열린다. 칼슘 이온은 근처에 있는 소낭의 막에 결합하게 한다. 막은 그곳에서 열리고 신경전달물질이 나와서 틈 사이를 지나면서 확산된다([그림 2-15]).

시냅스후 뉴런에서, 신경전달물질 분자는 그 분자 모양에 맞는 특별한 화학적 수용기와 결합한다([그림 2-15]). 이 수용기들의 활동으로 막의 이온 통로가 열리게 된다. 이온성 수용기(ionotropic receptor)는 근육의 활동과 감각 처리에 필요한 즉각적인 반응을 나타낸다. 대사성 수용기(metabotropic receptor)는 간접적으로 통로를 열며 장기간 효과를 일으킨다. 통로를 여는 것은 활동 전위를 개시하게 하는 등급 전위를 준비시키는 것이다. 다음 장에서 어떤 수용기가 활성화되는가에 따라 시냅스후 전위에 어떤 영향을 주는가를 살펴볼 것이다.

시냅스 간의 화학적 신호 도약은 1/1000 내지 2/1000초 걸려 일어난다—이것은 축색의 전달 속도에 비하면 매우 느린 것이다. 속도를 중요시하는 시스템에서 뉴런들의 통로에 간격을 넣는 것은 속도를 느리게 하지만 이에 대응하는 보상 효과가 있다. 다음 절에서 시냅스들이 축색의 단순한 실무율에 중요한 복잡성을 더함을 알게 될 것이다.

흥분과 억제

? EPSP와 IPSP는 어떻게 다른가?

수상돌기와 세포체의 이온 통로를 여는 것은 두 가지 중 하나의 효과를 갖는다. 즉, 국소 막전위가 영을 향하여 양의 방향으로 향하게 하여 막을 일부 감분극시키거나 전위를 더 음의 방향으로 이동시킨다. 부분 감분극(partial depolarization), 즉 저분극(hypopolarization)은 흥분성으로 활동 전위의 발생을 촉진시킨다. 증가된 분극(increased polarization), 즉 과분극(hyperpolarization)은 억제성으로서 활동 전위의 발생 가능성을 감소시킨다. 흥분(excitation)의 효용은 분명하지만, 억제(inhibition)도 흥분처럼 많은 정보를 전달할 수 있다. 또한 한 뉴런으로부터의 입력이 다른 입력을 부분 또는 전체적으로 무효화시킬 수 있기 때문에 메시지는 더 복잡해진다. 게다가, 억제는 흥분이 과도하게 일어나는 것을 방지해 준다. 간질 발작 동안에 뇌 전체를 휩쓸고 가는 통제되지 않은 신경 폭풍은 억제성 신경전달 시스템에 장애가 생겨서 발생한다(Baulac et al., 2001).

무엇이 시냅스후 뉴런의 효과를 촉진할 것인지 억제할 것인지를 결정하는가? 어떤 신경전달물질이 분비되고, 어떤 시냅스후 뉴런의 수용기가 작동하는가에 달려 있다. 어떤 특별한 신경전달물질은 신경계의 한곳에서는 흥분성 효과를 나타내고 다른 곳에서는 억제성 효과를 나타내기도 하지만, 일부 신경전달물질은 일반적으로 흥분성 효과를 나타내고 나머지들은 대부분 억제성 효과를 나타낸다. 수용기가 나트륨 통로를 열면 (시냅스후 뉴런의) 수상돌기와 세포체가 감분극되는데, 이때의 전위가 흥분성 시냅스후 전위(excitatory postsynaptic potential: EPSP)다. 다른 수용기는 칼륨 통로, 염소 통로 혹은 이 두 통로를 모두 연다—칼륨이 세포에서 나가거나 염소가 들어오면 수상돌기와 세포체는 과분극되는데, 이때의 전위가 억제성 시냅스후 전위(inhibitory postsynaptic potential: IPSP)다.

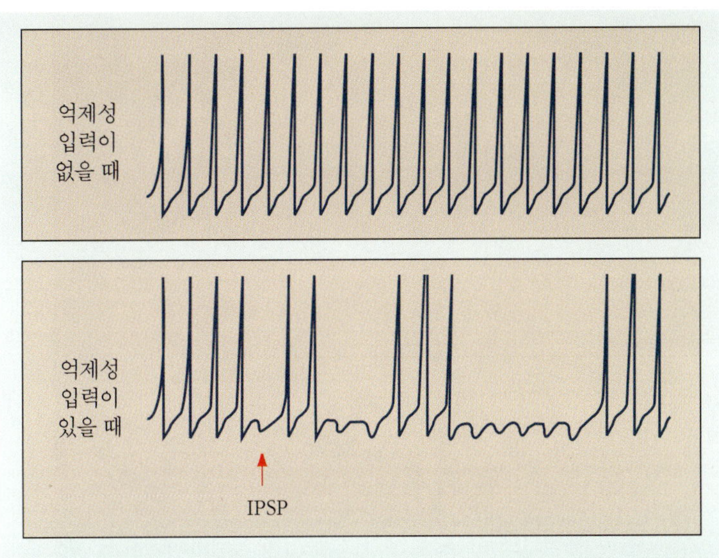

[그림 2-16] 자발적 발화율에 대한 억제 효과

출처: E. R. Kandel et al., *Principles of Neural Science*, 4th ed., pp. 207-208. © 2002, McGraw-Hill Companies, Inc. Used with permission.

여기까지는 등급 국소 전위만이 존재한다. 이 전위는 수상돌기를 따라 세포체를 거쳐서, 축색과 세포체가 만나는 부분인 축색소구(axon hillock)로 퍼져 간다. 축색에서 역치에 도달한 양전하의 등급 전위는 활동 전위를 만든다. 음전하의 등급 전위는 축색이 더 발화하기 어렵게 만든다. 대부분의 뉴런은 항상 자발적으로 발화하므로, EPSP는 발화율을 증가시키고 IPSP는 발화율을 감소시킨다([그림 2-16]). 이제 시냅스에서 또 하나의 복잡성이 더해졌다. 시냅스후 뉴런에 보내지는 메시지는 양방적이다.

뉴런의 흥분이 항상 행동을 활성화시키거나 억제가 행동을 반드시 감소시키는 것이라고 가정하면 안 된다. EPSP는 다른 뉴런에 억제성 효과를 나타내는 뉴런을 활성화시킬 수 있고, IPSP는 억제성 뉴런의 활동을 감소시킬 수 있다. 행동 수준에서 이 모순의 예는 리탈린(Ritalin) 효과에서 볼 수 있다. 과도한 활동을 보이는 아이들을 치료하는 데 쓰이는 리탈린과 다른 많은 약은 신경계의 활동을 증가시키는 흥분제의 한 종류다. 그럼에도 불구하고, 이 약들은 활동 과잉인 개인을 치료하고 주의력과 집중력을 향상시킨다(Cox, Merkel, Kovatchev, & Seward, 2000; Mattay et al., 1996). 약효는 비정상적으로 활동이 낮은 뇌의 전두엽을 자극하여 나타난다(Faigel, Szuajderman, Tishby, Turel, & Pinus, 1995). 다음에서 여러분은 수많은 뉴런의 입력을 결합하면 시냅스의 작용이 훨씬 더 복잡하게 됨을 볼 수 있을 것이다.

시냅스후의 신경 통합

단일 뉴런의 출력은 그 자체로는 시냅스후 뉴런을 발화시키거나, 발화를 방지하는 데에 충분하지 않다. 사실, 흥분성 뉴런은 시냅스후 뉴런의 막을 0.2~0.4mV

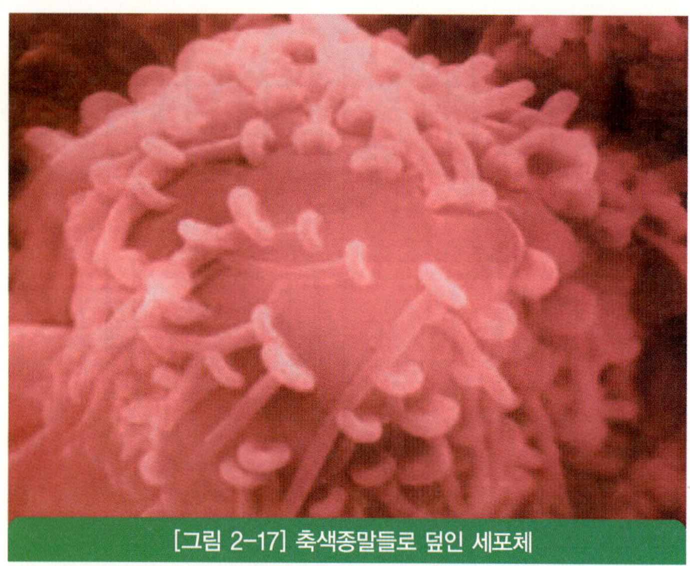

[그림 2-17] 축색종말들로 덮인 세포체

출처: © Science VU/Lewis-Everhart-Zeevi / Visuals Unlimited.

? 가중과 통합이란 무엇인가?

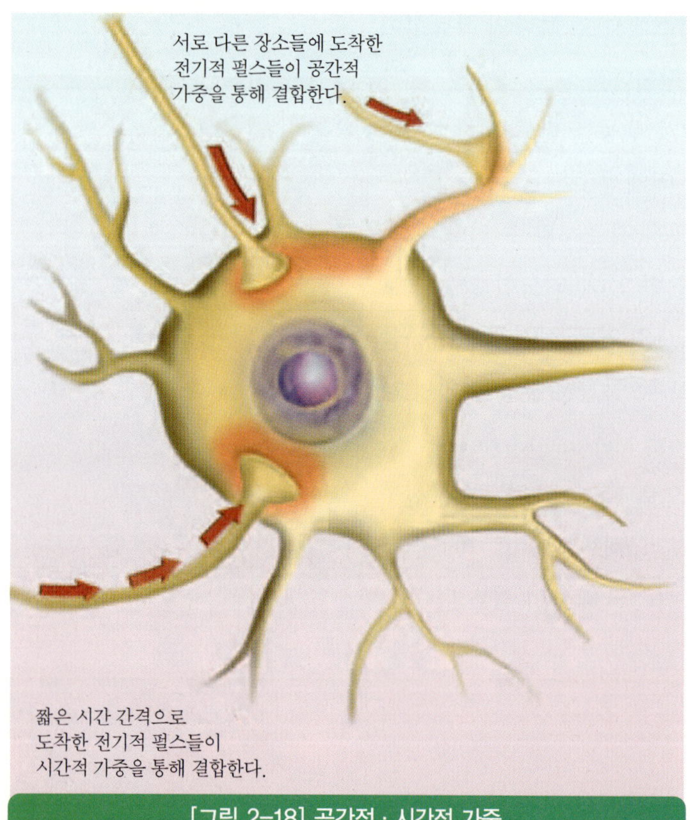

[그림 2-18] 공간적 · 시간적 가중

정도만 감분극시킨다(Kandel & Siegelbaum, 2000b). 활동 전위를 일으키는 데에는 약 10mV의 감분극이 필요하다. 그러나 일반적으로 하나의 뉴런은 약 1000개의 다른 뉴런으로부터 입력을 받는다([그림 2-17]). 종말은 가지를 치기 때문에 뇌의 대부분의 영역에서 시냅스의 개수는 약 1만 개에 달하고, 소뇌에서는 10만 개에 이른다(Kandel & Siegelbaum, 2000a).

하나의 뉴런은 아주 작은 영향만을 주기 때문에, 시냅스후 뉴런은 다수 뉴런의 입력을 합쳐야만 발화할 수 있다. 이런 요구조건은 실제로 도움이 된다. 시냅스전 단일 뉴런의 자발적인 발화로 인해 하나의 뉴런이 발화하는 것을 방지해 준다. 시냅스후 전위들은 두 가지 방법으로 축색 소구에서 합쳐진다. 공간적 가중(spatial summation)은 수상돌기와 세포체상의 다른 장소에서 동시에 발생하는 전위들을 결합하는 것을 말하며, 시간적 가중(temporal summation)은 짧은 시간 안에 함께 도착하는 전위들을 결합하는 것을 말한다. 시간적 가중은 하나의 전위가 사라지기까지는 몇 밀리 초가 걸리기 때문에 가능하다. 공간적 가중과 시간적 가중은 다르게 발생하지만 결과는 같다. [그림 2-18]에 가중이 예시되어 있다.

[그림 2-19]에 보듯이, 가중은 EPSP들을 결합해서 활동 전위가 더 잘 일어나도록 한다. 한편 IPSP들의 가중은 막 내부가 음전하를 더 띠게 하므로, 이는 외부에서 들어오는 EPSP들이 활동 전위를 발생시킬 가능성을 더 낮춘다. 흥분성 입력과 억제성 입력이 동시에 하나의 뉴런에 도달하면 그것들은 산술적으로 합쳐진다. 결합된 효과는 감분극의 합과 과분극의 합의 차이와 동일하다. 두개의 흥분성 입력과 하나의 억제성 입력에 관한 공간적 가중의 효과가 [그림 2-20]에

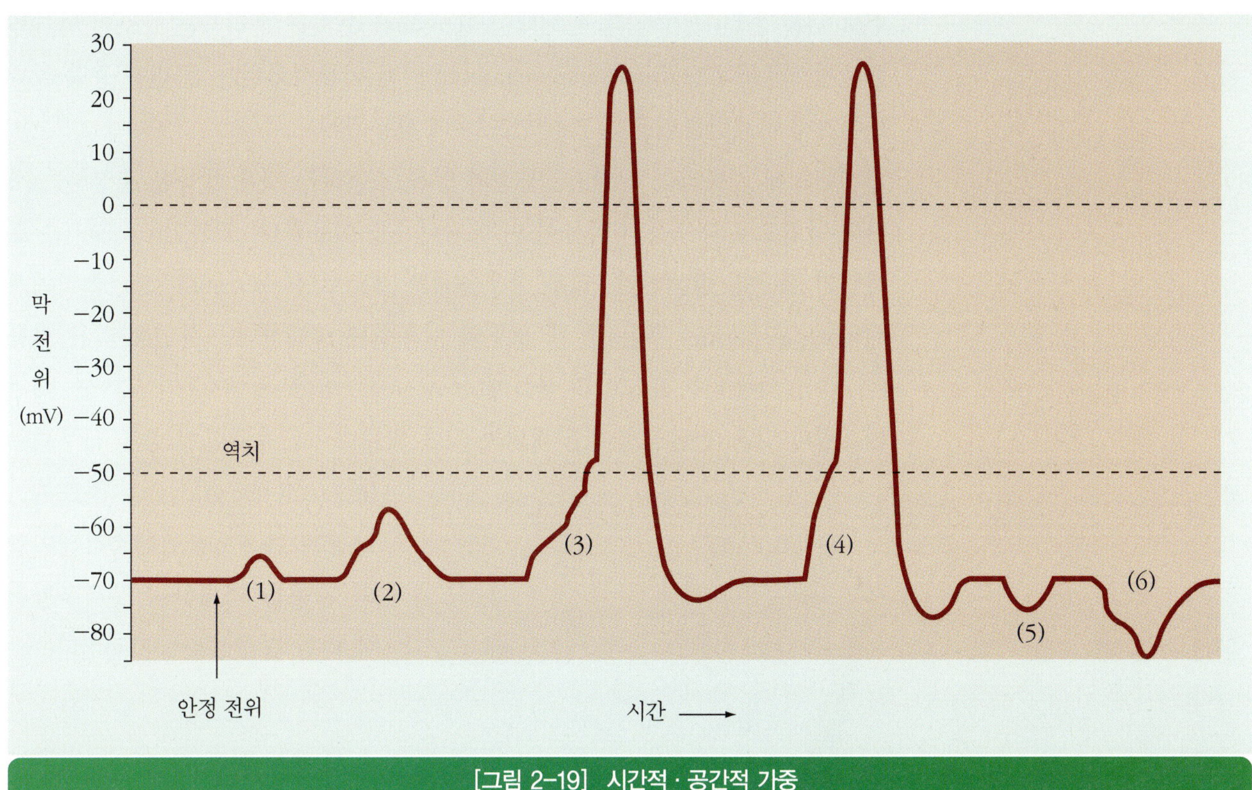

[그림 2-19] 시간적 · 공간적 가중

(1) 하나의 EPSP, (2) 두 개의 EPSP의 시간적 가중, (3) 세 개의 EPSP의 시간적 가중이 역치에 도달한다. (4) EPSP의 공간적 가중이 역치에 도달한다. (5) 하나의 IPSP, (6) 두 개의 IPSP의 시간적 가중

예시되어 있다. 시간적 가중의 효과도 비슷하다.

뉴런은 다수의 입력을 합할 수 있기 때문에 단순한 정보 전달을 능가하는 역할을 한다. 즉, 이 뉴런은 정보의 통합자다. 정보를 이용하여 발화할지의 여부를 결정한다. 따라서 신경계는 단순히 수많은 전화선이라기보다는 컴퓨터에 더 가깝다. 다음 장에서는 우리가 어떻게 보고, 배우고 정신질환에 취약한지를 이해하는 데에 시냅스가 얼마나 중요한지를 이해하게 될 것이다.

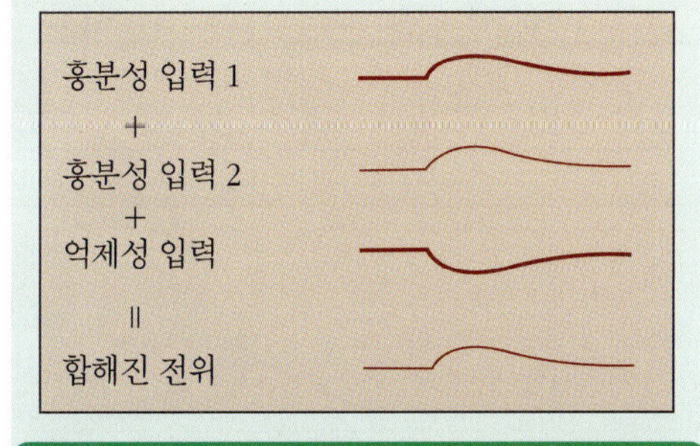

[그림 2-20] 흥분성과 억제성 전위의 공간적 가중

억제성 전위가 동일한 크기의 흥분성 전위를 상쇄시킨다(반대의 경우도 마찬가지다).

시냅스 활동의 종료

신경전달물질의 이야기는 수용기를 활성화시키는 데에서 끝나지 않는다. 보통, 전달물질은 자주 반응해야 하는 회로를 잠그어 버리거나 다른 시냅스로 새어 들어가 그곳의 기능을 방해하는 것을 방지하기 위해서 비활성화되어야 한다. 일반적으로 전달물질은 재흡수(reuptake)라는 과정에 의해 축색 종말로 돌아가는데, 소낭에 재포장되어 다시 사용된다. 일부 시냅스에서는 시냅스 간극에 있는 전달물질은 교세포에 의해 흡수된다. 한편, 신경전달물질인 아세틸콜

린(Ach)은 콜린(choline)과 아세테이트(acetate) 분자를 분리하는 효소인 아세틸콜린에스터레이즈(acetylcholinesterase)에 의해 비활성화된다. 콜린은 종말로 되돌아가서 아세틸콜린을 더 많이 만드는 데 사용된다.

시냅스에 잔류하는 신경전달물질의 양을 조절하는 것은 행동을 조절하는 하나의 방법으로 대부분의 약물이 이 메커니즘을 이용한다. 코카인(cocaine)은 도파민의 흡수를 방해한다. 일부 항우울제는 세로토닌(serotonin), 노르에피네프린(norepinephrine) 혹은 두 개 모두의 재흡수를 방해한다—반면에 다른 약물(예, MAO 억제제)은 모노아민 산화제(monoamine oxidase: MAO)가 도파민, 에피네프린과 같은 전달물질이 분해되는 것을 막는다—근육질환인 중증 근무력증(myasthenia gravis)을 치료하는 약물은 아세틸콜린에스터레이즈의 활동을 억제하여 아세틸콜린에 대한 접근성을 증가시킨다.

? 시냅스 활동을 조절하는 세 가지 방법은 무엇인가?

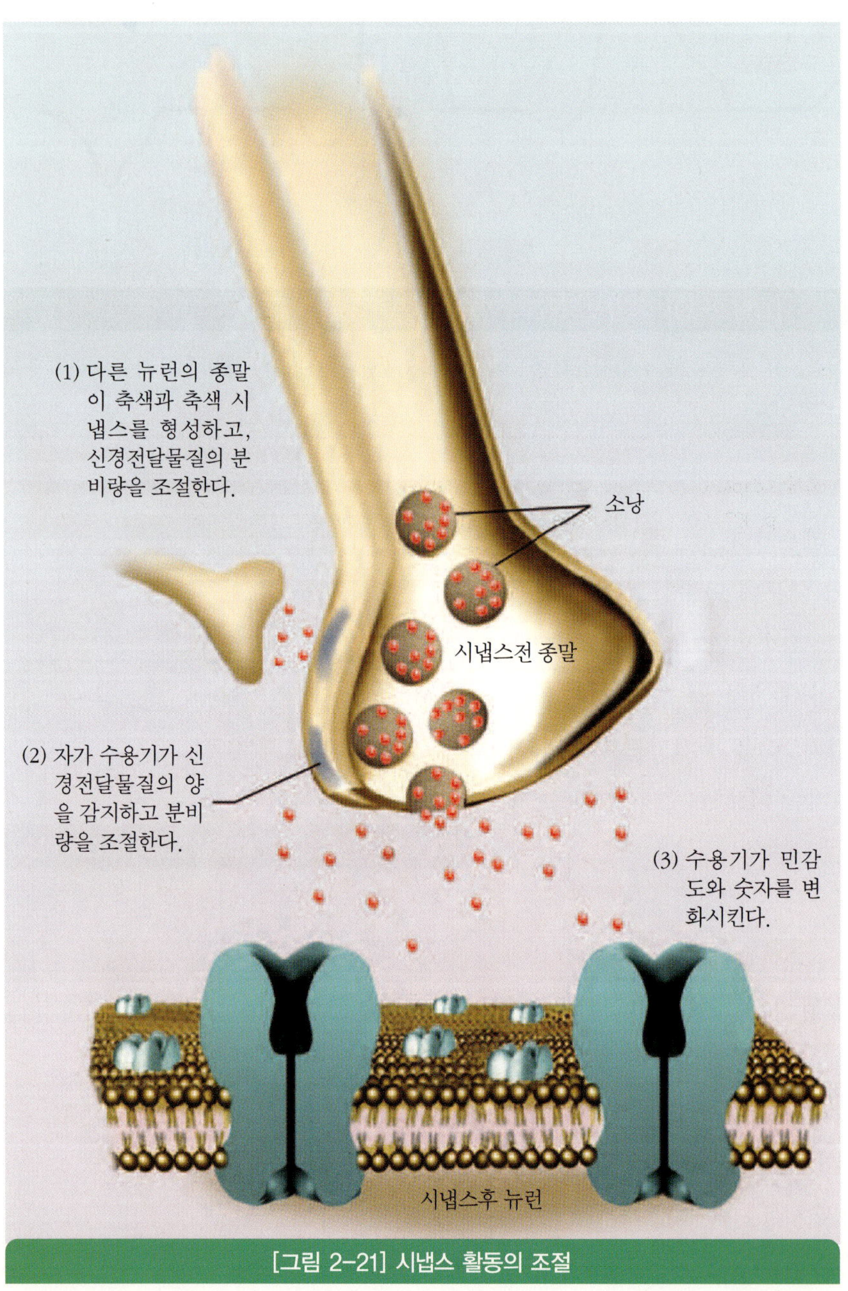

[그림 2-21] 시냅스 활동의 조절

시냅스 활동의 조절

지금까지는 뉴런 A가 뉴런 B를 자극하고, 뉴런 B가 뉴런 C를 자극하는 정도의 단순한 시스템을 설명하였다. 그러나 그런 단순한 체계는 수학문제 풀기, 관현악 작곡, 아기 돌보기와 같은 복잡한 정보를 전달할 수 없다. 뿐만 아니라 단순한 시스템에서는 정보는 뉴런에서 뉴런으로 흐르고, 뇌 활동은 조절할 수 없게 된다—어떤 활동은 사라지는 반면, 다른 활동은 뇌 전체를 삼킬 듯이 증폭시킨다. 복잡한 행동을 통제하는 신경계는 여러 가지 방법으로 그 활동을 통제한다.

하나의 방법은 축색과 축색의 시냅스를 통한 것이다. 지금까지 기술한 시냅스는 축색-수상돌기와 축색-세포체의 시냅스인데, 여기에서의 표적은 수상돌기와 세포체다. 축색-축색 시냅스에서는 제3의 뉴런이 전달물질을 시냅스전 뉴런으로 분비한다([그림 2-21]의 (1)). 그 결과로 시냅스전 뉴런이 시냅스후 뉴런에 보내는 신경전달물질이 각각 늘거나 줄어서 시냅스전 흥분과 억제를 가져온다. 축색-축색 시냅스가 시냅스전 종말의 활동을 조절하는 하나의 방법은 신경전달물질의 분비를 유발하는 칼슘이 종말로 들어가는 양을 조절하는 것이다.

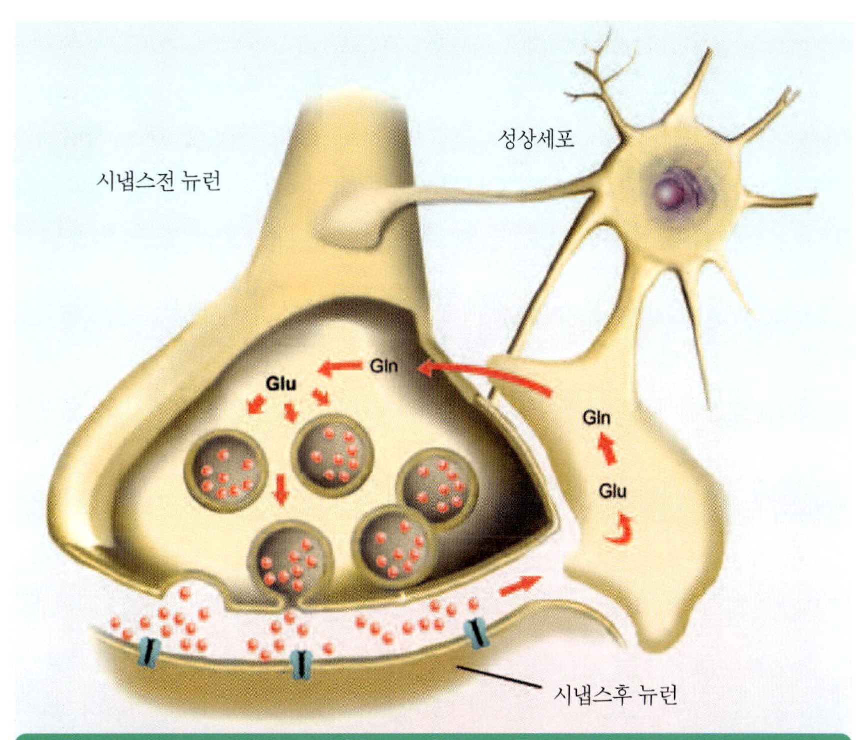

[그림 2-22] 시냅스에서 뉴런과 상호작용하는 교세포

교세포의 하나인 성상세포는 시냅스 간극에서 신경전달물질인 글루타메이트(Glu)를 흡수한다. 이 교세포는 Glu를 재활용하여 이의 전구물질인 글루타민(Gln)으로 전환한다. 그런 후에 재사용을 위해 시냅스전 종말로 돌려보낸다. 교세포는 신경전달물질을 흡수하거나 그렇지 않거나 또는 시냅스에서 전달물질을 분비하게 하여 시냅스 활동에 영향을 준다.

출처: Adapted with permission from P. J. Magistretti et al., "Energy on Demand," *Science, 283*, p. 497, 1999. Copyright © 1999. Reprinted with permission from AAAS.

뉴런은 두 가지 방법으로 시냅스 활동을 조절한다. 시냅스전 종말의 자가수용기(autoreceptor)는 시냅스 간극에 있는 전달물질의 양을 감지한다—전달물질의 양이 과도하면 시냅스전 뉴런은 분비를 줄인다([그림 2-21]의 (2)). 시냅스후 뉴런도 시냅스 활동을 조절한다. 신경전달물질이 과도하게 증가하거나 감소하면, 시냅스후 수용기는 민감도를 변화시키든가 더 나아가 보상하기 위해 수용기의 수를 변화시킨다([그림 2-21]의 (3)). 다음 장에서 여러분은 수용기의 변화가 정신분열증과 같은 심리 장애에 두드러진 역할을 한다는 것을 볼 것이다. 우리는 교세포도 시냅스 활동을 조절하는 역할을 한다는 것을 배웠다. 교세포는 시냅스를 둘러싸고 신경전달물질이 다른 시냅스로 퍼지는 것을 막는다. 더 중요한 것은 교세포가 종종 시냅스 틈에 있는 신경전달물질을 흡수하여 뉴런이 이를 재사용하게 해 준다([그림 2-22])—신경전달물질의 흡수를 허가하거나 보류하여 시냅스 전달에 영향을 준다(Oliet, Piet, & Poulain, 2001). 교세포는 심지어 시냅스의 전달물질 수준에 반응하여 글루타메이트(glutamate)라는 신경전달물질을 분비하기도 한다—이는 시냅스전 종말을 자극하여 전달물질의 분비를 증가시키거나 감소시킨다(Newman, 2003).

? 시냅스가 정보의 복잡성을 증가시키기 위한 두 가지 부가적 방법은 무엇인가?

신경전달물질

〈표 2-2〉는 화학 구조에 따라 여러 신경전달물질을 구분지어 놓은 것이다. 이것은 축약된 표이며, 이외에 알려져 있거나 추정되는 신경전달물질과 아직 발견되지 않은 물질들도 있다. 이 요약표는 신경전달물질의 종류와 주요한 물질의 기능을 익히기 위함이다. 이후의 장에서 다시 여러 행동에 관여하는 대부분의 신경전달물질에 대해 살펴볼 것이다.

여러 종류의 신경전달물질의 존재는 시냅스에 의한 효과를 다양하게 만든다. 수용기에 서로 다른 세부 종류가 있다는 것은 복잡성을 더한다. 예를 들어, 아세틸콜린을 감지하는 수용기에는 두 가지가 있다. 니코틴(nicotine)에 의해 활성화되는 니코틴성 수용기와 버섯에서 파생된 무스카린성(muscarinic) 수용기다. 니코틴성 수용기는 흥분성이며, 주로 근육에서 발견되며 뇌에는 소량이 존재한다. 무스카린성 수용기는 뇌에서 더 많이 발견되며 어떤 부분에서는 흥분성이고 다른 부분에서는 억제성 효과를 지닌다. 다른 전달물질의 경우에 아세틸콜린보다 더 많은 세부 종류의 수용기들이 있다.

수십 년 동안, 신경생리학자들은 뉴런이 단지 한 가지만의 신경전달물질을 사용할 수 있다는 데일의 원리(Dale' s principle)라고 불리는 잘못된 믿음하에서 연구를 하였다. 우리는 아주 최근에 많은 뉴런이 2~4개, 또는 더 많은 수의 신경전달물질을 사용한다는 것을 알게 되었다. 그 이후로, 대부분의 연구자는 하나의 빨리 작용하는 '전통적인' 신경전달물질과 하나 이상의 천천히 활성화되는 신경펩타이드(주요 전달물질의 효과를 증진시키거나 연장시키는 역할을 함)의 조합으로 이루어져 있다고 생각해 왔다(Hokfelt, Johansson, & Goldstein, 1984). 펩타이드는 아미노산의 연쇄다(더 긴 연쇄는 단백질로 불린다). 신경펩타이드는 물론 신경전달물질로 작용한다.

최근의 연구에 따르면, 일부 뉴런은 두 가지의 빠르게 작용하는 신경전달물질을 분비한다(Reckling, Funk, Bayliss, Dong, & Feldman, 2000). 이보다 더 놀라운 것은 동일한 뉴런이 흥분성 전달물질과 억제성 전달물질 모두를 분비한다는 것이다(Duarte, Santos, & Carvalho, 1999; Jo & Schlichter, 1999). 이 두 유형의 전달물질이 다른 종말에서 분비되는 것 같다(Duarte et al., 1999; Sulzer & Rayport, 2000). 이런 공동 분비는 한 뉴런이 양방향 스위치로 작동할 수 있음을 의미한다(Jo & Schlichter, 1999). 한 가지 예는 눈에 있는 세포에서 찾을 수 있는데, 시야에 있는 물체가 한 방향으로 움직이면 흥분성 효과를, 반대 방향으로 움직이면 억제성 효과를 나타낸다(Duarte et al., 1999).

〈표 2-2〉 주요 유형의 뉴런

신경전달물질	기 능
아세틸콜린 (Acetycholine)	근육에서의 전달물질 뇌에서는 학습 등에 관여
모노아민(Monamines)	
세로토닌 (Serotonin)	기분, 수면, 각성에 관여 공격성, 우울증, 강박 장애와 알코올 중독에 관여
도파민 (Dopamine)	운동 통제 중독성 약물, 음식 및 성의 강화 효과를 증진시킴 정신분열증과 파킨슨병에 관여
노르에피네프린 (Norepinephrine)	스트레스 시 분비되는 호르몬. 뇌에서는 외부 환경에서 일어나는 사건에 각성과 주의를 증가시키는 신경전달물질로 기능 우울증에 관여
에피네프린 (Epinephrine)	노르에피네프린과 관련된 스트레스 호르몬 뇌에서 신경전달물질로의 역할은 작음
아미노산(Amino Acids)	
글루타메이트 (Glatamate)	뇌와 척수에서 주요 흥분성 신경전달물질 학습과 밀접한 관련 있음 정신분열증에 관여
Gamma-aminobutyric acid (GABA)	주요 억제성 신경전달물질. 수용기는 알코올과 벤조디아제핀이라는 안정제에 반응. GABA 또는 이의 수용기의 부족이 간질의 한 원인임
글라이신 (glycine)	척수와 뇌 하부에서 억제성 전달물질. 스트리크닌(strychnine) 독이 글라이신의 활동에 영향을 주어 경련과 죽음을 초래
펩타이드(Pepticles)	
엔도르핀 (endorphins)	통증을 완화시키고 강화를 증가시키는 신경조절물질
물질 P (Substance P)	통각에 반응하는 전달물질
신경펩타이드 Y (Neuropeptide Y)	섭식을 시작하게 하고 신진대사의 변화를 초래
기체(Gas)	
산화질소 (Nitric Oxide)	일산화질소와 함께 기체 전달물질의 하나 역행성 전달물질로 시냅스전 뉴런의 신경전달물질의 분비에 영향을 줌 비아그라(Viagra)는 혈관을 확장시키고 성기를 확장시키는 산화질소를 증가시켜 남성의 발기를 증가시킴

응용 실생활에서의 효능제와 길항제

신경전달물질만이 전달물질에 영향을 주는 유일한 물질은 아니다. 다른 복합제와 다수의 약물은 신경전달물질의 효과와 유사하게 작용하거나 그 효과를 증가시키므로 효능제(agonist)라 불린다. 신경전달물질의 효과를 감소시키는 물질을 길항제(antagonist)라 한다. 사실상 심리적인 효과를 미치는 모든 약물은 신경전달물질과 상호작용을 하며, 다수의 약물은 신경전달물질의 효과를 차단하거나 유사하게 작용한다(S. H. Snyder, 1984).

아마존 원주민이 식물성 신경독인 큐라레를 화살촉에 바르고 있다.
출처: © Jack Fields/Corbis.

아세틸콜린의 효과는 두 가지 수용기에서 니코틴과 무스카린에 의해 작용함을 이미 보았다. 헤로인(heroin), 모르핀(morphine)과 같은 아편제(opiate)는 몸에서 아편성 수용기를 자극하는 효능제로 작용한다. 날록손(naloxone)은 아편성 수용기를 차지하지만 활성화시키지 않기 때문에 아편 길항제로 작용한다. 따라서 날록손은 아편제의 과량 복용을 상쇄시키는 데 사용할 수 있다.

식물성 독인 큐라레(curare)는 근육에서 아세틸콜린 수용기를 차단하여 마비를 초래한다(Trautmann, 1983). 남아메리카의 아마존 강에 사는 원주민은 그들의 화살을 큐라레에 집어 넣어 사냥감을 무력화시킨다(사진 참조). 합성 큐라레는 더 안전하고 효과적인 약이 만들어지기 전에는 수술 동안에 근육 이완제로 사용되었다(Goldberg & Rosenberg, 1987). 모순적이지만, 큐라레는 심지어 다른 신경독에 의해 야기된 턱 경련(tetanus or lockjaw)을 치료하기 위해서 사용되어 왔다—이 치료를 받고 있던 환자는 회복이 될 때까지 질식되는 것을 막기 위해서 인공호흡을 받아야 했다.

컴퓨터 모델과 신경망

우리는 뉴런의 역할을 이해하면 그에 따르는 행동을 설명할 수 있으리라는 가정하에서 논의를 이끌어 왔다. 그러나 간단한 뉴런들의 연쇄적 연결에 한정해서만 논의하면 이 전제는 유용하지가 않다. 연구자들은 학습, 시각과 운동에 관여하는 신경들의 연결이 좌절할 만큼 복잡하다는 것을 발견하였다. 컴퓨터 프로그램으로 뇌 활동을 모델링하려는 초기의 시도는 별 성과를 내지 못했다. 현재 연구자들은 행동을 모사하려는 대신에 뇌 자체의 구조를 복사하기 위한 방향으로 연구를 하고 있다.

인공 신경망(artificial neural networks)은 인지적인 기능을 수행하며, 시행착오 학습을 통해 우리가 하듯이 과제를 수행하는 방법을 학습하는 가상적인 뉴런들로 이루어져 있다. 인공망은(말하자면, 키보드나 비디오카메라로부터) 입력을 받는 하나의 층과 그 처리가 일어나는 한 개 이상의 '감추어진' 층과 프린터, 로봇 팔 또는 다른 장치로 출력을 보내는 층으로 이루어져 있다. 이 감추어진 층은 입력층 및 출력층과 연결되어 있을 뿐만 아니라 서로에게 모두 연결되어 있는 '뉴런들'을 모사한다([그림 2-23]). 연구자는 일련의 입력을 제시하고 자체 출력과 비교하기 위한 정확한 출력을 주어 망을 '훈련'시킨다. 보통 망은 한 층 위로 피드백을 보내고 뉴런 사이의 연결 강도를 조절한다. 처음에는 망의 수행이 무작위적이지만, 연습에 의해 향상된다. 예를 들면, 넷토크(NETtalk; Sejnowski & Rosenberg, 1987)는 영어를 읽고 말하게 설계되었는데, 초기에는 무작위 소리를 내지만, 그 후 웅얼거림과 유사 단어들로 대체된다. 약 10번의 훈련을 마친 후에는, 말은 알아들을 수 있는 어린아이의 말 정도로 된다. 인공 신경망은 뇌와 공통된 다른 특징을 지닌다. 정보가 엄격하게 국소적으로 보내지기보다는 망 전체로 분산되므로, '손상'은 광범위해지기 전까지는 거의 해를 끼치지 않는다. 하지만 한 뉴런이 여러 가지 기능에 참여하기 때문에, 분산된(정보) 저장소는 해당 뉴런들을 모두 사용하지는 않는다. 이 효율성은 넷토크가 단지 300개의 뉴런으로 기능할 수 있게 해 준다. 이는 두뇌가 가지는 무한정의 저장 능력을 상기하게 한다.

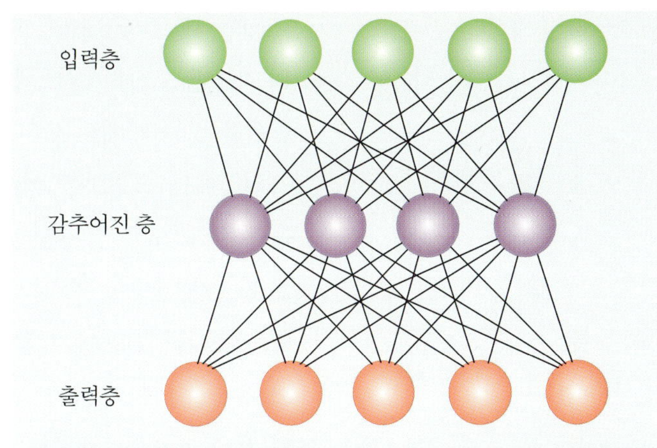

[그림 2-23] 간단한 신경망을 표상하기 위한 다이어그램

이들 망은 인간과 동물의 행동을 놀라울 정도로 잘 모사한다. 어떤 프로그램은 쥐가 탁한 수면 아래에 숨겨져 있는 도피대를 찾는 학습 상황을 모사하였다(Brown & Sharp, 1995). 그 도피대가 프로그램에서 삭제되었을 때 그 가상 쥐는 도피대의 원래 위치를 지나쳐 헤엄치고는 다른 방향으로 돌아왔다. 신경망 덕분에, 로봇은 인간과 같은 발걸음으로 여러 다양한 지형을 걷는 것을 배우고(Manoonpong, Geng, Kulvicius, Porr, & Worgotter, 2007), 일본의 안드로이드(인간의 모습을 한 로봇)는 단지 인간 모델을 '지켜보기' 만 해도 인간의 몸짓과 표정을 놀랍게 배운다([그림 2-24], Matsui,

[그림 2-24] 실제 같은 안드로이드

오사카 대학의 히로시 이시구로는 사람 모델을 관찰하여 실제와 같은 얼굴 표정과 행동을 나타내는 안드로이드를 인공신경망을 통해 만들었다. 실제 히로시는 왼쪽에 있다.

출처: Everett Kennedy Brown/epa/Corbis.

Minato, MacDorman, & Ishiguro, 2005). 인공 지능망은 시각 장면을 분석하는 뇌의 기능을 모사하는 데에도 쓰이고(Lau, Stanley, & Dan, 2002), 공간에서 소리의 근원을 찾는 데에도 쓰인다(Furukawa, Xu, & Middlebrook, 2000).

결국에는 신경망은 뇌가 이들 과제를 어떻게 수행하는가를 이해하는 데에 도움이 될 것이다. 실제망은 아주 복잡하고 접근하기 어렵지만, 인공망은 실험적으로 가설을 검증할 수 있게 해 준다. 그리고 연구자들은 감춰진 층에서 뉴런의 배열을 조사하여 망이 어떻게 문제를 해결하는지를 배울 수 있다. 예를 들면, 로봇이 주변을 돌아다닌 후에 로봇의 망을 조사하여, 쥐의 뇌에 존재하는 장소 세포와 같은 기능을 행하는 특화된 뉴런을 자발적으로 발달시키는 것을 발견하였다(Fleischer, Gally, Edelman, & Krichmar, 2007).

우리가 실제 신경망에 대해 아주 조금만 알고 있지만, 이것은 정신 과정을 이해하는 데 실마리를 제공한다. 자신의 혀끝에서 맴돌고 있는 어떤 사람의 이름을 기억해 내려고 시도하고 있는 다음 순간에, 누군가가 여러분이 찾고 있는 그 이름을 말해 줄 때까지는 여러분의 뇌가 한 신경망의 개개 구성 요소를 활성화시키고 있는 것을 상상해 보라. 어떤 이의 얼굴을 단서로 시각화하면, 그 얼굴의 이름과 이미지가 동일한 또는 관련이 있는 망에 저장되어 하나의 기억이 활성화되면 다른 기억도 활성화되는 것을 상상해 보라. 기억을 산출하기 위해서 시냅스 연결이 어떻게 형성되는가는 제12장에서 논의할 것이다.

개념 확인

- 시냅스에서 정보는 어떻게 전달되는가?
- 통합 과정이 뉴런들을 전화선에서 컴퓨터로 변환시켰다고 말할 수 있다. 그 이유는 무엇인가?
- 시냅스에서 활성을 조절하지 않는다면 어떤 차이가 나타날까?
- 데일의 원리는 무엇이며, 어떤 점이 부정확한가?
- 인공 신경망이 인간의 두뇌 활동을 얼마나 성공적으로 가상화하였는가? 이것은 인공망이 두뇌와 동일하게 작동하는가를 의미하는 것인가?

전 망

뉴런의 능력과 한계를 이해하지 않고서는 뇌와 행동을 이해하는 것은 불가능하다. 비록 시냅스에서 복잡성이 더해지지만, 단순한 끄고 켜는 장치인 뉴런이 우리의 정교한 능력과 행동의 기초가 된다. 그러나 개개의 뉴런에서 발생하는 것이 인간의 행동을 설명하는 데에 충분하지 않다. 어떤 학자들은 뉴런이 어떻게 사고, 기억, 정서와 의식을 만들어 내기 위해 협동하는지 이해하기 위해 인공 신경망을 이용한다. 다음 장에서 뉴런의 상호 연결에 의해 형성되는 두뇌의 기능적인 구조에 대해 배울 것이다.

요 약

우리를 우리로 만드는 세포

- 뉴런은 운동 뉴런, 감각 뉴런과 개재 뉴런의 세 가지가 있다. 역할은 다르지만, 동일한 기본 요소를 가지며 동일한 방식으로 작동한다.
- 신경 세포막은 전기적으로 분극화되어 있다. 이 극성이 안정 전위로 농도와 전기 기울기에 의한 힘과 나트륨-칼륨 펌프에 의해 유지된다.
- 분극화는 뉴런의 자극에 대한 기본적인 반응으로 등급 전위와 활동 전위의 형태를 띤다.
- 뉴런의 발화율은 절대 불응기와 실무율에 따라 자극의 강도에 반응하는 능력에 의해 제한된다. 더 강한 자극은 상대적인 불응기 동안에 뉴런이 더 일찍 발화하게 하여 자극의 강도를 부호화하는 방법을 제공한다(비율 법칙).
- 교세포는 수초를 제공하여 뉴런이 크기가 작으면서도 전도 속도를 높여 준다. 또한 뉴런의 활동을 조절하는 것을 도와주고 뉴런의 기능을 보조해 준다.

뉴런이 어떻게 서로 정보를 주고받는가

- 척추동물에서 뉴런 간의 교신은 일반적으로 화학적인 방법에 의존하는데, 이에는 시냅스후 뉴런의 수상돌기와 세포체에 있는 수용기로 분비되는 신경전달물질을 포함한다.
- 신경전달물질은 흥분성 시냅스후 전위를 일으켜서 시냅스후 뉴런이 발화할 가능성을 높이든지, 아니면 억제성 시냅스후 전위를 일으켜서 발화의 가능성을 감소시킨다.
- 시간적 · 공간적 가중을 통해 시냅스후 뉴런은 다수의 흥분성과 억제성 입력을 통합한다.
- 다른 뉴런으로부터의 축색-축색 시냅스, 자가수용기를 통한 전달물질의 조절과 시냅스후 수용기 수의 변화 등을 통해 시냅스의 활동이 조절된다.
- 잔여 신경전달물질은 파괴되거나 시냅스전 종말로 재흡수되거나 교세포에 의해 흡수된다.
- 인간의 신경계는 아주 많은 신경전달물질을 가지며, 이보다 더 많은 종류의 수용기가 있다. 하나의 뉴런은 두 개 또는 그 이상의 신경전달물질의 조합을 분비한다.
- 인간 두뇌의 여러 기능은 컴퓨터에 의해 시뮬레이션된다. 그리고 인공 신경망은 우리가 두뇌의 신경망을 이해하는 데에 도움이 된다.

핵심 용어

감각 뉴런(sensory neuron)
개재 뉴런(interneuron)
공간적 가중(spatial summation)
과분극(hyperpolarization)
교세포(gial cell)
길항제(antagonist)
나트륨-칼륨 펌프(sodium-potassium pump)
농도 기울기(concentration gradient)
뉴런(neuron)
대사성 수용기(metabotropic receptor)
데일의 법칙(Dale' s principle)
도약 전도(saltatory conduction)
등급(점진)전위(graded potential)
랑비에 결절(node of Ranvier)
분극(polarization)
비율 법칙(rate law)
상대적 불응기(relative refractory period)
세포체(cell body)
소낭(vesicle)
수상돌기(dendrite)
수초(myelin)
슈반 세포(Schwann cell)
시간적 가중(temporal summation)
시냅스 간극(synaptic cleft)
시냅스전 억제(presynaptic inhibition)
시냅스전 흥분(presynaptic excitation)
시냅스전(presynaptic)
시냅스후(postsynaptic)
신경(축색)종말(terminal)
신경독(neurotoxin)
신경전달물질(neurotransmitter)
실무율(all-or-non law)
안정 전위(resting potential)
억제성 시냅스후 전위(inhibitory postsynaptic potential: IPSP)
운동 뉴런(motor neuron)
이온(ion)
이온성 수용기(ionotropic receptor)
인공 신경망(artificial neural network)
자가수용기(autoreceptor)
재흡수(reuptake)
저분극(감분극)(hypopolarization)
전기 기울기(electrical gradient)
전압(voltage)
절대 불응기(absolute refractory period)
축색(axon)
핍돌기 교세표(oligodendrocyte)
활동 전위(action potential)
효능제(agonist)
흥분성 시냅스후 전위(excitatory postsynaptic potential: EPSP)

Chapter

3

신경계의 기능

중추신경계

전 뇌

중뇌와 후뇌

척 수

중추신경계 보호하기

말초신경계

뇌신경

자율신경계

신경계의 발달과 변화

발달의 단계

경험이 어떻게 신경계를 변화시키는가

중추신경계의 손상과 회복

이 장에서 배울 내용

- 신경계의 주요 구조물과 기능은 무엇인가?
- 신경계는 어떻게 발달하며 경험에 따라 어떻게 변하는가?
- 손상된 뇌와 척수, 그리고 장애를 고치기 위한 전략은 무엇인가?

두뇌는 하늘보다 넓다.
그 둘을 나란히 두면,
하나는 하나를 포함하고
쉽게 당신을 옆에 두고
- Emily Dickson

캐런은 대학을 졸업한후 상당한 책임감을 요구하는 직업에 종사했다. 그녀는 결혼을 하였고, 가끔 간질 발작을 일으키기는 했지만 정상적인 생활을 하였다. 그녀의 의사들이 발작의 원인을 찾기 위해 뇌영상 촬영을 했을 때 그들은 놀랐다. 정상인의 뇌는 표면에 많은 주름이 있어서, 호두와 같이 주름이 져 있다. 그런데 캐런의 뇌는 완전히 평평했다. [그림 3-1]에서 보듯이, 정상 뇌와 비교하여 그녀의 뇌가 얼마나 다른가를 알 수 있을 것이다. 그녀 뇌의 중앙에 위치한 어두운 부분이 확장되어 있는데, 이는 그녀의 뇌 조직의 양이 부족함을 말해 준다. 그녀와 같은 문제가 있는 사람들은 뇌회결손(lissencephaly-글자 그대로, '평평한 뇌'를 의미함)을 가지고 있는데, 그들은 캐런과 같이 간질 증상이 있지만 지능 발달이 심하게 늦다(Barinaga, 1996; Eksioglu et al., 1996). 캐런을 담당한 의사들을 놀라게 한 것은 그녀의 뇌가 얼마나 비정상인가가 아니라, 그녀가 정상적으로 기능을 하고 있으며, 그 기능도 평균 이상이라는 것이다. 우리는 일부 사람들이 어떤 이유로 치명적인 발달 장애의 영향에서 벗어날 수 있는지를 어떻게 설명할 수 있을까? 대답은 우리가 아직 모른다는 것이다. 이것은 뇌의 놀라운 회복력을 이해하기 위해서 신경과학자들이 풀어야 할 미스터리 중의 하나다.

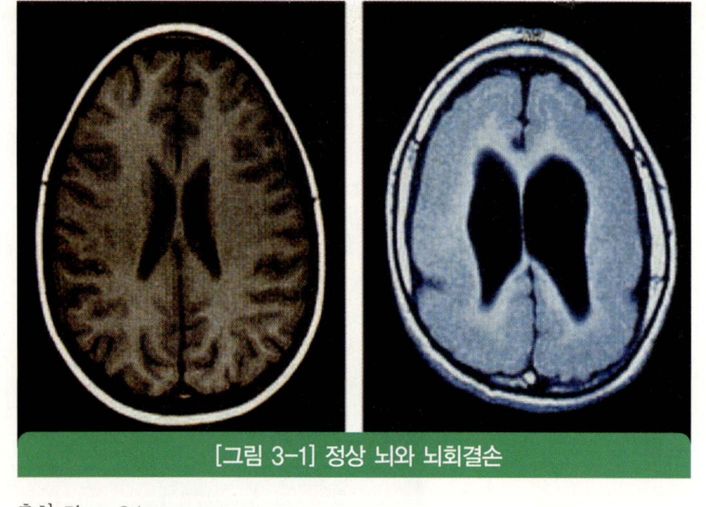
[그림 3-1] 정상 뇌와 뇌회결손

출처: Photo Science.

독자들은 이제 뉴런들의 기능과 그것들이 어떻게 상호작용하는지를 잘 알게 되었다. 다음 단계는 어떻게 뉴런들이 신경계를 이루는 기능적 요소로 묶이는가를 이해하는 것이다. 다음 몇 쪽에 걸쳐 신경계의 물리적 구조에 대하여 살펴보면 차후에 더 자세하게 다룰 연구에 대한 로드맵을 갖게 될 것이다. 그리고 주요 기능에 대한 개관을 통해 다음 장들의 내용에 대해 준비하게 될 것이다. 우리는 먼저 중추신경계를 본 후에 말초신경계와 신경 발달에 대해 공부하게 될 것이다.

중추신경계

신경계는 두 개의 하위 부분으로 나눌 수 있다. 먼저 중추신경계(central

nervous system: CNS)는 뇌와 척수를 포함한다. 두 번째 부분은 말초신경계(peripheral nervous system)로 이 장의 뒷부분에서 다룰 것이다. 더 나아가기 전에, 몇몇 용어를 정확히 이해할 필요가 있다. 신경계에 대해 이야기할 때, 신경(nerve)과 뉴런(neuron)을 혼동하지 않도록 주의하자. 뉴런은 하나의 단일 신경세포이며, 신경은 여러 개의 전선 가닥들로 구성된 축색의 한 다발이다. 그러나 신경이란 용어는 말초신경계에서만 사용하며, 중추신경계에서는 축색의 다발을 신경로(tracts)라고 한다. 대부분의 뉴런의 세포체는 또한 그룹으로 같이 무리지어 있다. 세포체들의 한 그룹을 중추신경계에서는 핵(nucleus)이라고 하고, 말초신경계에서는 신경절(ganglion)이라고 한다. 〈표 3-1〉에 요약된 내용은 이들 용어를 분명하게 사용하는 데에 도움이 될 것이다.

〈표 3-1〉 신경계에서 축색들과 세포체들에 대한 용어

	말초	중추
축색 다발	신경	신경로
세포체 집단	신경절	핵

[그림 3-2]는 사람 뇌의 사진이다. 중추신경계는 속이 빈 관 모양의 구조물에서 시작하여 그 모양을 유지하며 발달한다는 사실을 이해하면, 뇌의 여러 구조물을 시각화하기가 쉽다([그림 3-3]). 관의 위 끝부분은 세 개의 부풀어 오른 부분으로 발달하는데, 나중에 전뇌, 중뇌와 후뇌가 된다. 관의 아래 부분은 척수로 발달한다. 전뇌는 커지면서 하부 구조물 위에 앉아 있는 것처럼 보이며, 그 후에는 전체를 덮는다. 이 네 개의 그림을 비교하면 성숙한 전뇌는 나머지 하부 구조물의 대부분을 가려 버림을 알 수 있다. 이 감추어진 구조물에 대해서는 뇌의 내부에 대해 살펴볼 때 더 자세히 알게 될 것이다.

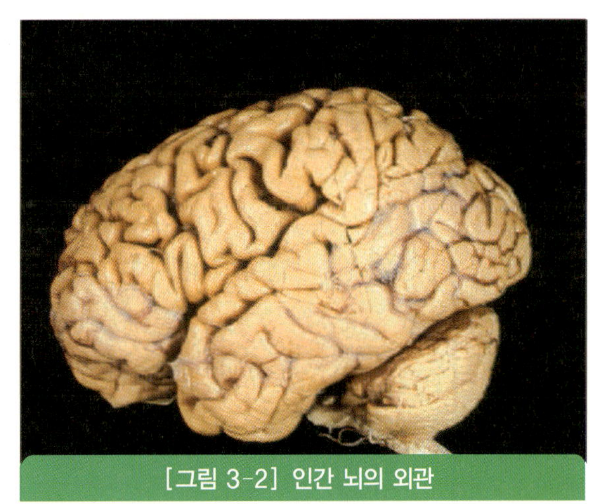
[그림 3-2] 인간 뇌의 외관

출처: © Dr. Fred Hossler/Visuals Unlimited.

전 뇌

전뇌의 주요 구조물은 두 개의 대뇌 반구(cerebral hemisphere), 시상(thalamus)과 시상하부(hypothalamus)다. 반구의 외부층은 피질(cortex)이며, 여기에서 가장 고차원적인 정보 처리가 일어난다.

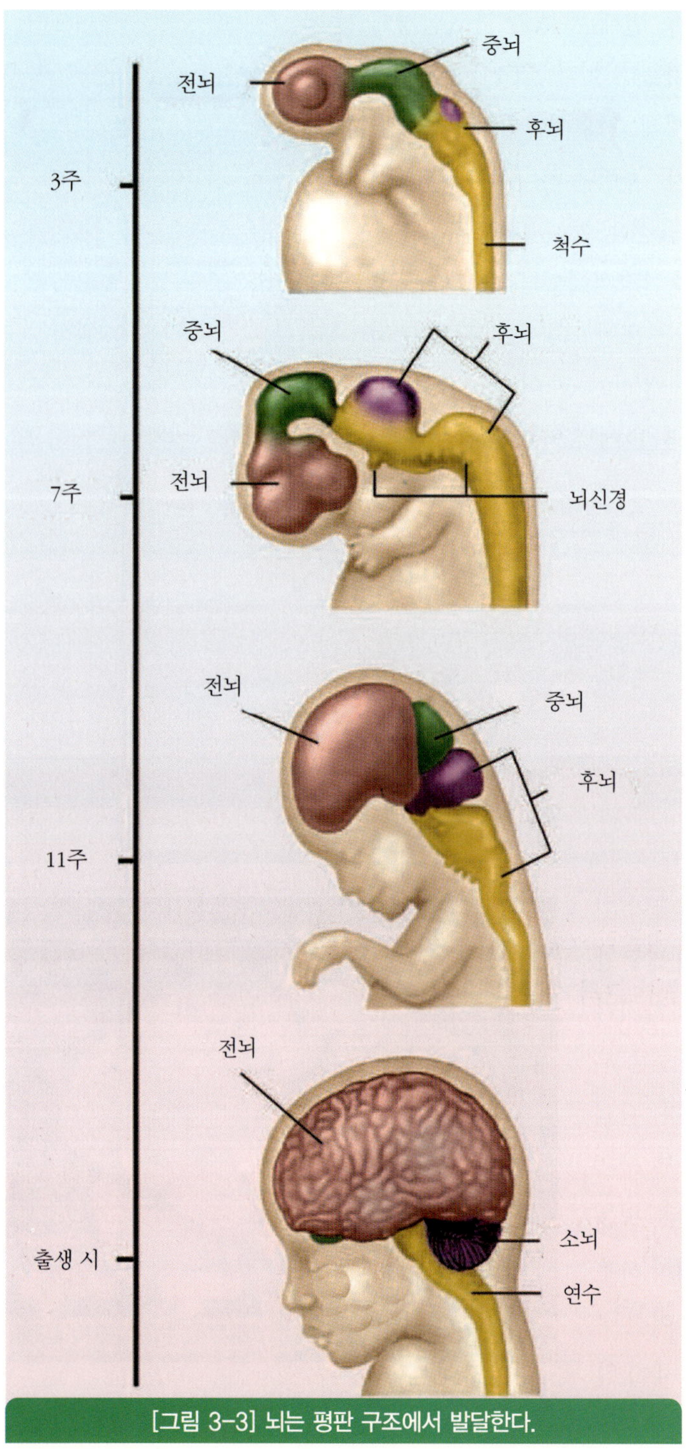

[그림 3-3] 뇌는 평판 구조에서 발달한다.

> 신경계의 핵심 전략 중의 하나는 기능의 편재화다. 특정 형태의 정보는 특정 지역에서 처리된다.
>
> - Eric Kandel

대뇌 반구

크고 주름 잡힌 대뇌 반구는 뇌 모양을 결정한다([그림 3-4]). 사람의 대뇌 반구는 나머지 뇌 부분에 비해 크기도 하지만, 다른 영장류에 비해 비율에 맞지 않게 크다(Deacon, 1990). 종열(longitudinal fissure)은 뇌의 길이만큼 길며 두 대뇌 반구를 구분하는데, 두 반구는 서로 거울상처럼 닮았다. 대부분 각 반구의 동일한 부분은 기능이 같지만 항상 그렇지는 않다는 것을 알게 될 것이다. 간단한 형태의 비대칭성(asymmetry)은 각 반구가 신체의 반대 방향에서 대부분의 감각 정보를 받아들이고(청각과 시각의 경우엔 반대편에서 오는 자극을) 신체의 반대 방향을 통제한다.

[그림 3-2]와 [그림 3-4]를 다시 보자. 뇌 표면은 주름져 보이는 수많은 이랑과 홈으로 이루어져 있다. 우리는 이를 둘둘 말려 있다(convoluted)라고 표현한다. 각 이랑은 회(gyrus)라 불리며, 두 개의 이랑 사이의 공간, 즉 홈은 구(sulcus) 또는 큰 홈은 열(fissure)이라 불린다. [그림 3-5]에서 회가 어떤 구조로 되어 있는지 뇌의 단면에서 알 수 있다. 피질(글자 그대로, 껍질)의 외부 표면은 대부분 뉴런의 세포체로 이루어져 있다. 세포체는 수초화되어 있지 않으며, 피질은 회색빛을 띠므로 회백질(grey matter)이라 불린다. 뉴런에서 정보 처리는 뉴런이 다른 뉴런의 세포체와의 시냅스를 통해서 수행되므로 피질이 왜 중요한지 알 수 있다. 피질은 단지 1.5~4mm 정도의 두께지만, 주름으로 인해 대뇌의 양이 표면적의 세 배가 된다. 주름지지 않는 경우에 비해, 주름은 피질이 발달할 때 축색이 세포체에 더 쉽게 접근하게 해 준다. 축색들은 각 대뇌회의 중심으로 모이고 수초화되기 때문에 해당 영역이 흰색을 띠게 된다. 각 대뇌회의 백질(white matter)이 어떻게 주변의 백질과 결합하여 뇌에서 커다란 축색의 띠(이들 중 두개는 대뇌 반구를 연결함)를 이루어 통신의 통로를 만들어 주는가를 주목하라.

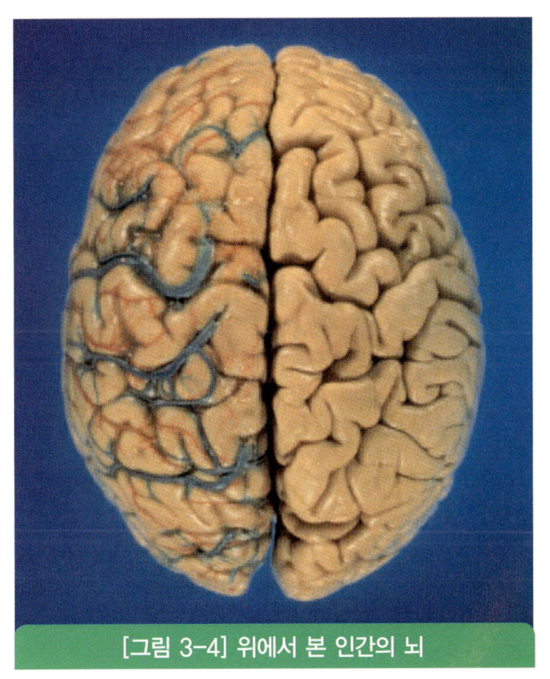

[그림 3-4] 위에서 본 인간의 뇌

이 사진은 대뇌 반구와 종열을 보여 준다. 우반구의 혈관은 제거되었다.

출처: Photo Researchers.

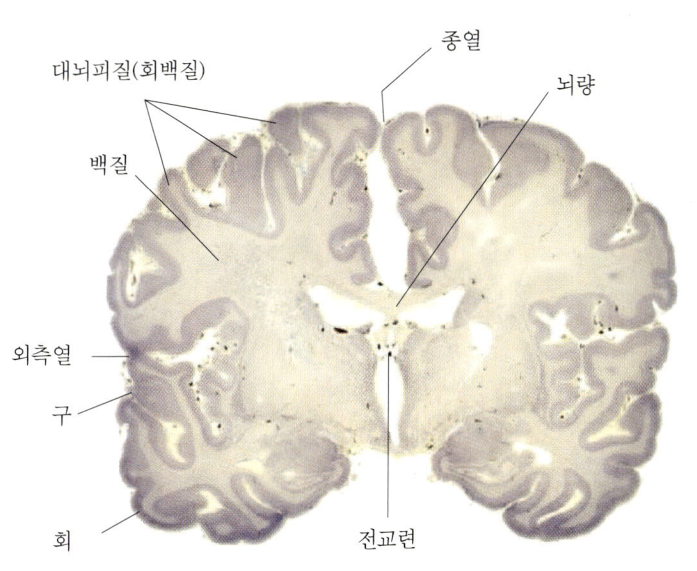

[그림 3-5] 회와 구를 보여 주는 인간 뇌의 단면

출처: Courtesy of The Brain Museum. www.brainmuseum.org

학생들이 종종 왜 똑똑한 사람들의 뇌가 크냐고 질문한다. 19세기의 유명한 유럽의 해부학자인 비쇼프(Bischoff)는 남자의 뇌가 평균적으로 여자보다 무겁기 때문에 남자가 지적으로 더 뛰어나다고 주장하였다. 그의 사후에 그의 뇌는 시신에서 분리되어 유언에 따라 자신의 수집품에 추가되었다. 역설적으로, 그의 뇌의 무게는 1,245g으로 여자 뇌의 평균인 1,250g보다 작았다("Proof?", 1942). 큰 뇌를 가진 사람들이 더 똑똑한 경향이 있지만(Willerman, Schultz, Rutledge, & Bigler, 1991), 그 관계성은 매우 작고 변이가 많다. 이것은 뇌의 크기 외에 더 중요한 요소가 있음을 의미한다. 비쇼프에 의하면 여자는 남자에 비해 덜 똑똑하지만, 우리는 이것이 사실이 아니라는 것을 다른 연구를 통해 알 수 있다. 지능과 관련되는 장에서 뇌의 크기에 대해 더 자세히 들여다보면, 우리는 아인슈타인(Einstein)의 뇌가 비쇼프의 것보다 훨씬 작다는 것을 배울 것이다.

? 왜 주름진 뇌가 평평한 뇌보다 나은가?

여러 종을 비교해 보면, 뇌의 크기는 지능보다는 몸의 크기와 더 관계가 깊다. 코끼리와 향유고래의 뇌는 인간보다 5~6배 정도 더 크다. 지능을 결정하는 것은 뇌의 크기라기보다는 복잡성이다. [그림 3-6]에 있는 뇌들과 [그림 3-2]에 있는 사람의 뇌를 비교해 보라. 더 복잡하고 진화된 뇌와 덜 복잡한 뇌를 구분할 수 있는 두 가지 특징을 찾을 수 있을 것이다. 하나는 복잡한 뇌에는 주름이 더 많다는 것이다. 대뇌회가 더 많다는 것은 피질이 더 많다는 의미다. 또 다른 특

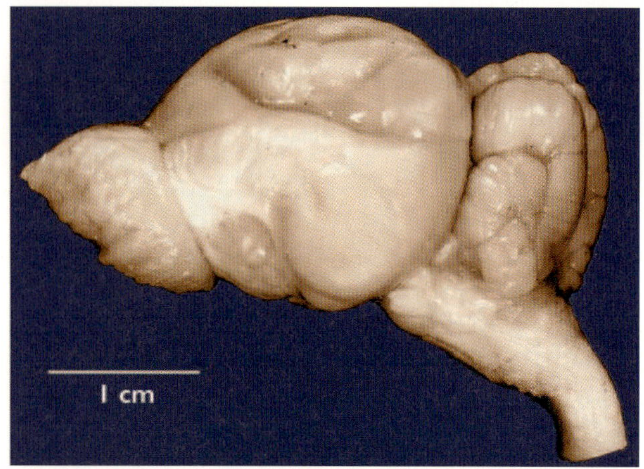

(a) 아모딜로의 뇌

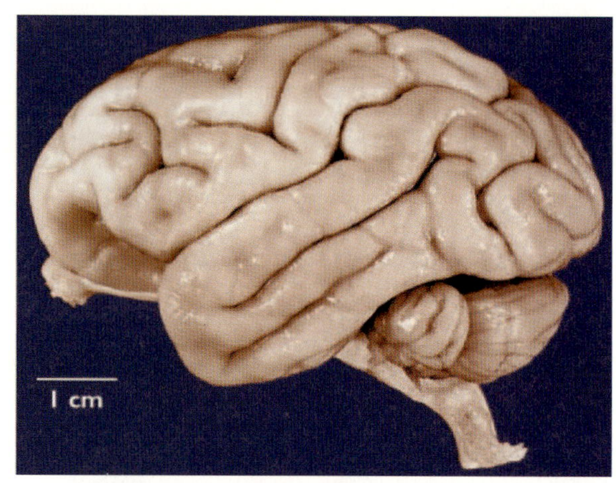

(b) 원숭이 뇌

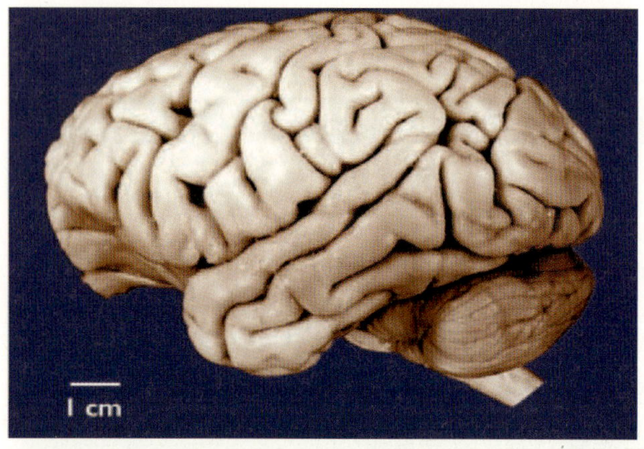

(c) 침팬지 뇌

[그림 3-6] 종이 다른 세 개의 뇌

출처: The Brain Museum. Brainmuseum.org/NSF.

징은 대뇌피질이 다른 뇌 부위에 비해 더 크다는 점이다. 대뇌피질이 뇌의 다른 부위와 척수 위에 위치하는 것은 우연이 아니다. 중추신경계에는 위계적으로 배열되어 있다. 척수에서 후뇌와 중뇌를 거쳐 전뇌로 올라갈수록, 뉴런의 구조물들은 더 복잡해지고 이들이 통제하는 행동도 그렇게 된다.

네 개의 엽

대뇌 반구는 전두엽(frontal lobe), 두정엽(parietal lobe), 후두엽(occipital lobe)과 측두엽(temporal lobe)의 네 개의 엽으로 구분되는데, 이 명칭은 각 부위를 덮고 있는 두개골의 이름을 딴 것이다. [그림 3-7]에는 각 엽의 위치와 주요 기능이 예시되어 있다. 이런 구분은 임의적이지만, 구조물과 기능의 위치를 파악하는 데에 도움이 된다. 따라서 여기서도 이 구분에 따라 논의를 할 것이다. 때때로 우리는 구조물의 위치를 더 정확히 파악할 필요가 있는데, 이를 위한 표준용어

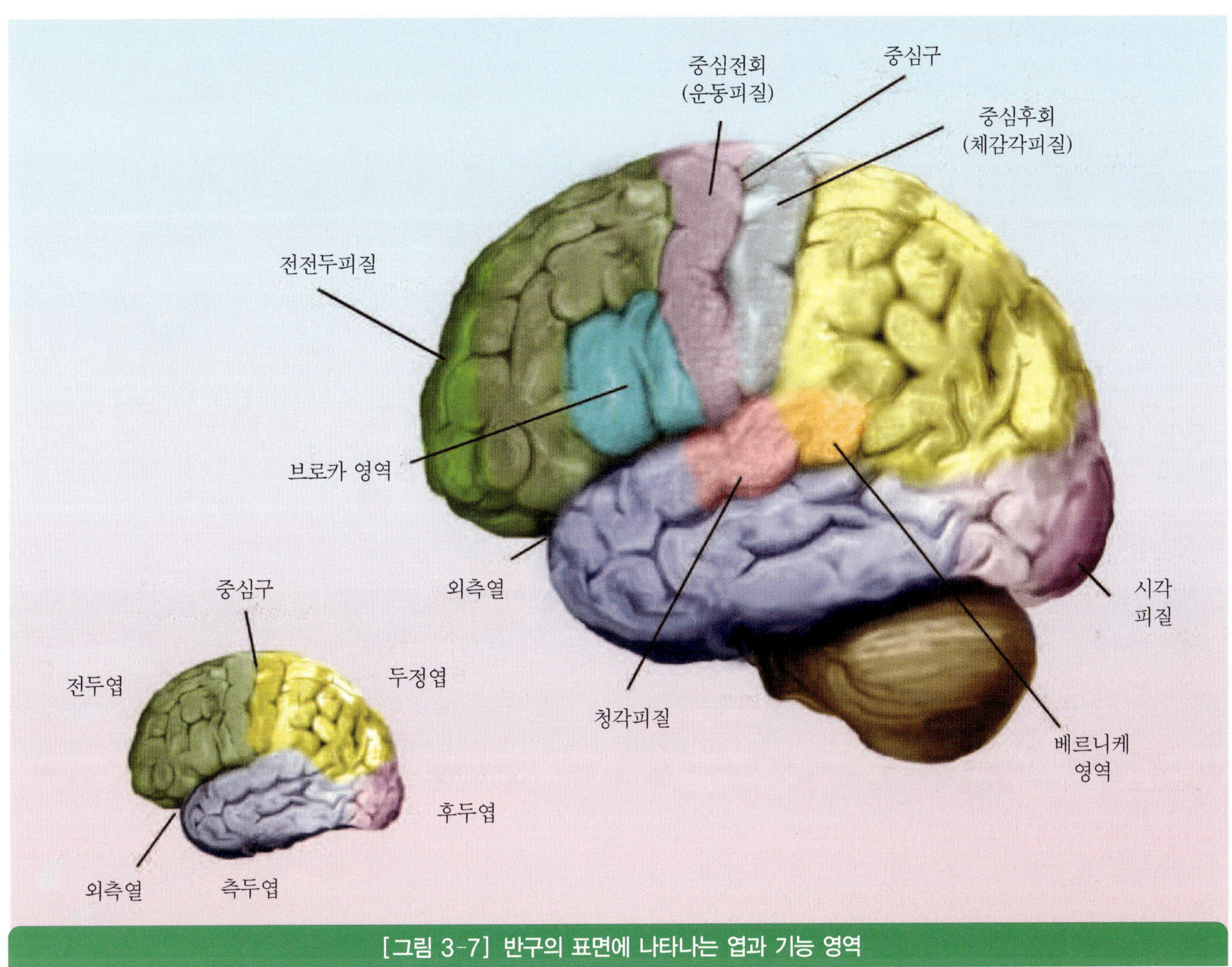

[그림 3-7] 반구의 표면에 나타나는 엽과 기능 영역

를 살펴볼 것이다. 가장 중요한 용어들을 [그림 3-8]에 나타낸다.

전두엽은 중심구(central sulcus)의 전측(anterior, 앞부분)과 외측열(lateral fissure)의 상부(superior–위쪽)에 위치한다. 이 영역의 기능은 복잡하며, 인간의 가장 고차적인 능력들의 일부를 포함한다. 전두엽의 상당한 부분은 운동을 통제하는 데에 관여한다. 전두엽의 뒷 경계에 일차 운동 영역이 위치하기 때문에, 우리는 여기에 대해 논의를 시작할 것이다.

? 전두엽의 밝혀진 기능은 무엇인가?

중심전회(precentral gyrus)는 중심구의 길이만큼 뻗쳐 있는데, 이는 자발적(비반사적) 운동을 통제하는 일차 운동피질의 위치다. 한쪽 대뇌 반구의 운동 영역은 몸의 다른 쪽을 통제하며, 몸의 동일한 쪽은 덜 통제한다. '난쟁이'를 의미하는 호먼큘러스(homunculus–일반적으로 '신체-뇌 지도'라고 의역됨)의 형태로 각 대뇌 반구에 각 신체 부분의 운동 부위를 나타낼 수 있다. 이는 예를 들면 손의 근육을 통제하는 세포들이 팔의 근육을 통제하는 세포들과 인접해 있고, 또한 이 후자의 세포들은 어깨를 통제하는 세포들과 인접해 있음을 의미한다([그림 3-

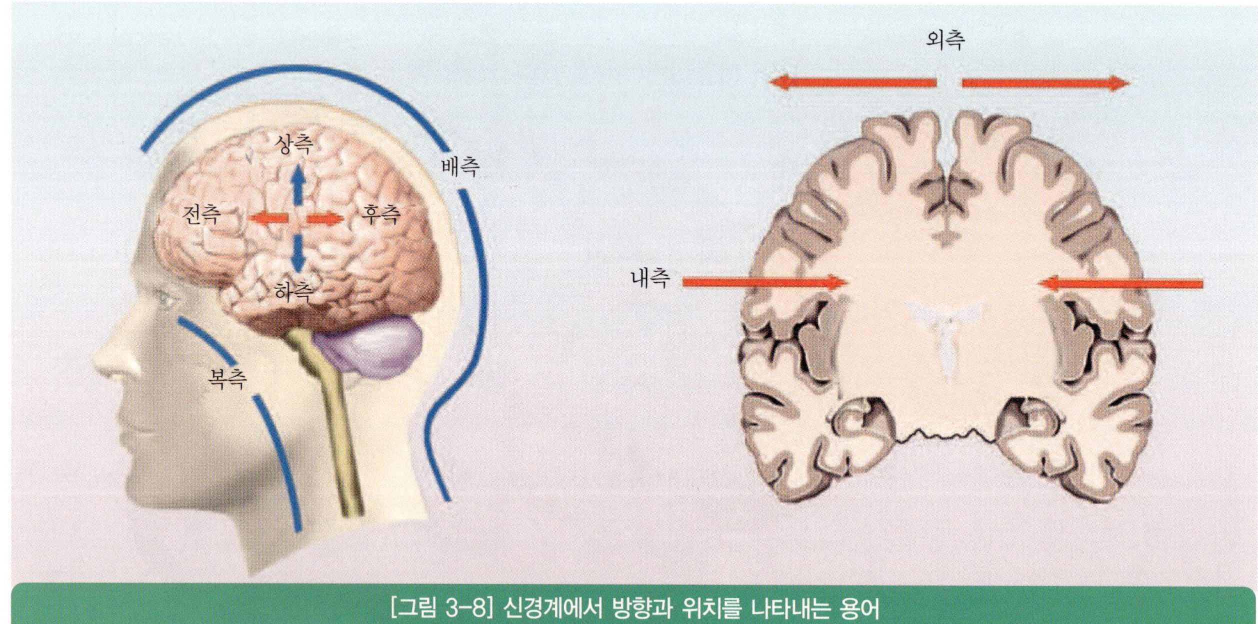

[그림 3-8] 신경계에서 방향과 위치를 나타내는 용어

배측(Dorsal)은 등을 의미하고, 복측(ventral)은 복부를 나타낸다. (이 용어들이 다른 동물에서 나왔지만, 인간이 얼굴을 정면으로 향하고 네 발로 기어다닌다고 가정하면 뜻이 더 잘 통한다.) 전측(anterior)은 '앞쪽으로'를, 후측(posterior)은 '뒷쪽으로'를 뜻한다. 외측(lateral)은 '바깥쪽으로'를, 그리고 내측(medial)은 '중심으로'를 의미한다. 상측(superior)은 어떤 구조물의 윗부분이고, 하측(inferior)은 그 구조물의 아랫부분이다.

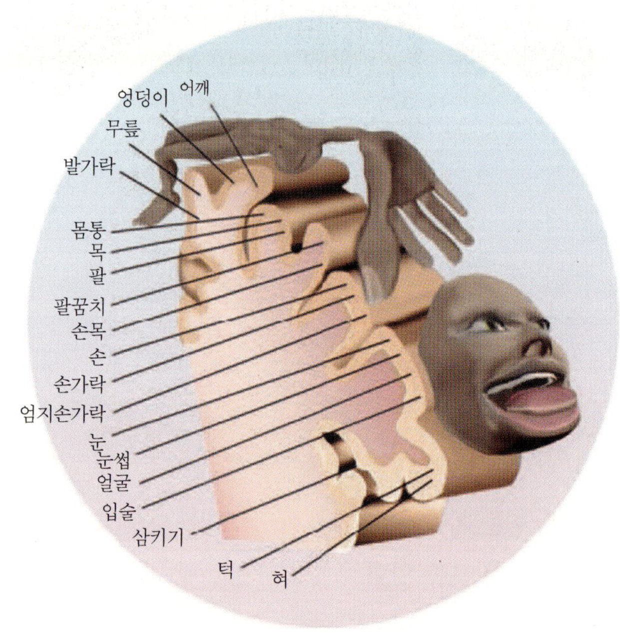

[그림 3-9] 운동피질

출처: Adapted from *The Cerebral Cortex of Man* by W. Penfield and T. Rasmussen. Copyright 1950. Reprinted with permission of Gale, a division of Thomson Learning: www.thomsonrights.com.

9]). 하지만 호먼큘러스의 모양은 왜곡되어 있는데, 손과 손가락처럼 섬세한 운동 통제를 받는 신체 부분은 피질의 더 큰 부분을 차지한다. 우리는 이 영역을 일차 운동 영역이라고 부르는데, 뇌의 다른 기능 영역들처럼 인접한 이차 영역과 조화를 이루어 기능을 수행하기 때문이다. 이차 운동 영역은 일차 운동 영역의 바로 전측에 위치한다. 기저핵(basal ganglia)과 같은 피질하(피질 아래의) 구조물 또한 운동을 수행하는 데에 기여한다.

[그림 3-7]을 다시 보면, 브로카(Broca) 영역은 운동 영역의 전측에, 그리고 외측열을 따라 위치한다. 브로카 영역은 발화(speech production)를 통제한다. 즉, 이 영역은 발화(speech) 및 문법 구조와 관계되는 운동에 기여한다. 이 영역이 손상된 환자에게 치과 약속에 대해서 물었다. 그는 멈칫하며, "네…… 월요일…… 아빠와 딕…… 수요일 9시

……10시 ……의사들과…… 치아"(Geschwind, 1979)라고 하였다. 읽기와 쓰기에도 이와 비슷한 문제가 발생했다. 반구 비대칭의 다른 예로, 언어 능력은 열 명 중 아홉 명이 좌반구에 있다.

전두엽의 더 전측의 부분—[그림 3-7]에서 전전두피질(prefrontal cortex)—은 기능적으로 복잡하다. 이 영역은 인간의 뇌에서는 가장 크며, 침팬지의 2배 정도이고, 전체 피질의 29%를 차지한다(Andreasen et al., 1992; Deacon, 1990). 전전두피질은 계획, 조직, 충동 조절, 보상 및 처벌에 대한 행동의 조절, 그리고 일부 형태의 의사결정에 관여한다(Bechara, Damasio, Tranel, & Damasio, 1997; Fuster, 1989; Kast, 2001). 전전두피질의 손상에 따르는 증상은 다양한데, 이는 어느 부분이 손상되었는가에 따라 다르다(Mesulam, 1986). 하지만 기능 장애는 흔히 우리가 가장 인간적이라고 여기는 능력들에서 두드러진다. 예를 들면, 정신분열증과 우울증은 전전두피질의 기능 장애와 관련되어 있다.

전전두피질이 손상된 사람들은(정상인이라면 하지 않을) 문제가 될 수 있는 행동을 자주 한다. 임상 면담을 해 보면, 그들은 사회적·도덕적인 지식이 결핍되어 있고 행동의 결과를 이해하지 못한다. 그들은 우정을 키우거나 애정 관계를 유지하거나 직무의 어려움을 해결하는 타당한 방법들을 고안해 낼 수는 있지만,

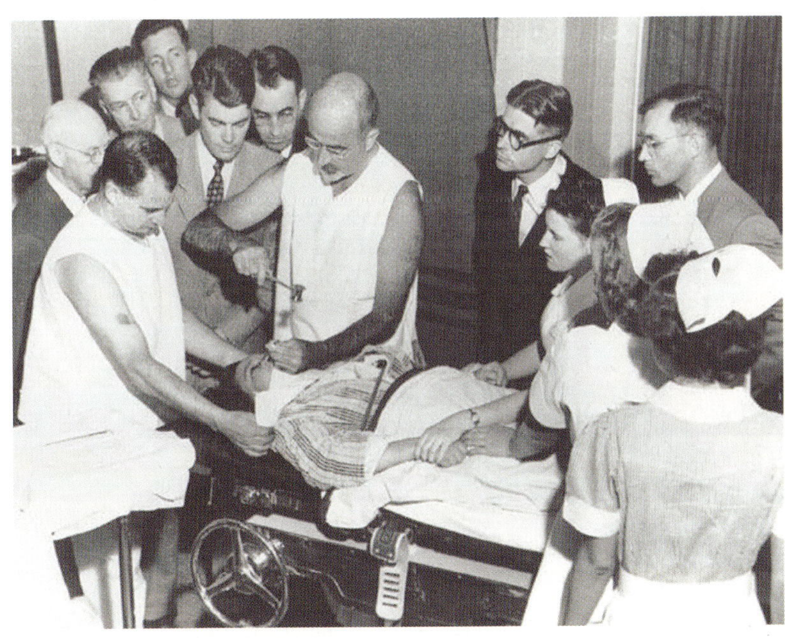
(a)

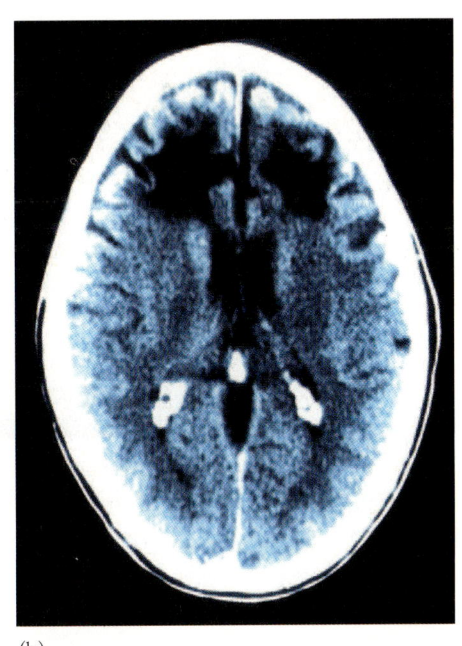
(b)

[그림 3-10] 전두엽 절제술의 절차와 절제된 뇌

(a) 월터 프리먼(Walter Freeman)이 기구를 눈과 눈꺼풀 사이에 집어 넣고 앞뒤로 움직여서 전전두엽과 뇌의 나머지 부분들과의 연결을 끊는다. (b) 절제술에 의해 생긴 공간을 보여 주는 뇌 표본

출처: (a) Bettmann/Corbis. (b) 2007 Photo Researchers, Inc. All Rights Reserved.

응용 피니어즈 게이지의 사례

1848년 버먼트(Vermont) 주의 캐번디쉬(Cavendish) 시에서, 25세의 철도 건설 노동자인 피니어즈 게이지(Phineas Gage)는 화약을 폭발 구멍에 집어넣고 있었다. 이때 화약이 미리 폭발하여 약 1미터 길이의 화약 장전 막대가 그의 왼쪽 뺨을 뚫고 들어가서 두개골 윗부분으로 관통하였다. 게이지는 즉시 의식을 회복하고, 말도 할 수 있었고, 동료들의 도움으로 걸어 다닐 수 있었을 뿐만 아니라, 언어, 운동 능력, 학습과 기억 및 지능에 아무런 문제가 없이 생존했다. 그러나 그의 성격은 극적으로 변하였다. 그는 불손하고 불경해졌다. 예전에는 철도회사에서 가장 능력이 있는 사람이었지만, 그 이후 그는 더 이상 믿을 만한 사람이 아니었으므로 퇴직해야만 했다. 그는 약 12년 동안 방황했고, 혼자서 독립할 수 없었으므로 가족의 보살핌 아래 지내다 사망하였다.

한 세기 반 후에, 해나 다마시오(Hanna Damasio)와 동료들은 그의 두개골을 검사하였다(Damasio et al., 1994). 두개골로부터 얻은 측정치들과 컴퓨터에 의해 제공된 3차원적 뇌 영상을 조합하여, 그들은 금속 막대가 게이지의 뇌를 통과한 경로를 재구성할 수 있었다(아래 그림 참조). 그들은 그 사고가 정서를 처리하고 개인적 · 사회적 문제에 이성적인 결정을 내리는 양쪽 전두엽의 일부를 손상시켰다고 결론지었다. 게이지의 사고 당시 생리학자들은 뇌의 다른 부분들이 특정 기능을 행하는지, 아니면 이들의 기능이 동일한지 논쟁 중이었다. 게이지의 사례는 기능의 편재화에 무게를 실어 주는 중요한 역할을 했으며, 1998년 전 세계의 과학자들은 캐번디쉬에 모여서 그 사건의 150주년을 기념하였다(Vogel, 1998).

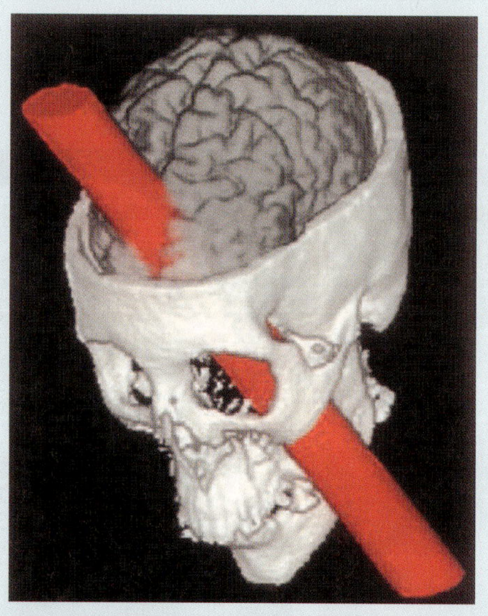

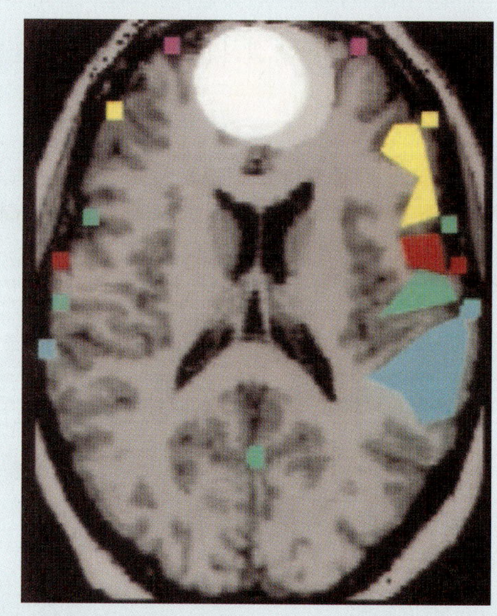

피니어즈 게이지의 뇌손상의 재구성

오른쪽의 그림의 색은 손상되지 않은 운동, 언어와 체감각 영역을 표시한다.

출처: Reprinted with permission from H. Damasio, T. Grabowski, R. Frank, A. M. Galaburda, and A. R. Damasio, "The Return of Phineas Gage: Clues About the Brain From a Famous Patient," *Science, 264*, pp. 1102-1105. © 1994. Reprinted by permission from AAAS.

실제 상황에서 이들 중 하나를 선택하는 데에는 어려움이 있다. 실생활에서 그들은 친구를 잃거나 재정적 위기에 빠지거나 이혼을 하게 된다(Damasio, 1994). 전전두피질이 손상되면 환자는 보상과 처벌에 따라 학습하는 능력과 충동을 조절하는 능력이 저하된다(Bechara et al., 1997).

전두엽 손상의 영향에도 불구하고, 1940~1950년대에 외과 의사들은 전전두 피질을 뇌의 다른 부분과 분리시키는 전두엽 절제술(lobotomy)을 수만 번 시행하였다. 시초에 수술은 심각한 정신분열증 환자만을 대상으로 행했지만, 이후에는 이 수술법에 매료된 의사들이 증상이 훨씬 양호한 환자들에게도 수행하였다. [그림 3-10]에 나오는 월터 프리먼(Walter Freeman)은 미국에서 행한 4만 건의 전두엽 절제술 중 상당수의 수술을 맡았으며, 이 수술법을 열성적으로 다른 정신과 의사들에게 가르쳤다(Valenstein, 1986). 수술은 불안한 환자를 진정시켰지만, 효과에는 큰 희생이 따랐다. 환자들은 감정적으로 무뎌졌고, 주의가 산만해졌으며 어린애 같은 행동을 하였다. 환자들에 대한 후속 연구에 의하면, 49%는 여전히 병원에 입원해 있었고, 그들 중 4분의 1만이 독립적으로 생활할 수 있었다(A. Miller, 1967). 전두엽 절제술의 낮은 성공률과 1950년대의 향정신성 약물의 도입으로 이 수술 방법은 거의 사용되지 않게 되었다. 이제 인지 및 정서 장애를 외과적으로 치료하기 위한 정신외과적 수술은(종양을 제거하기 위한 뇌수술 외에는) 더 이상 환영받지 못하고 있다. 〈응용〉에 나오는 예는 사고에 의한 전두엽 절제술의 가장 유명한 사례다.

두정엽은 외측열 위에, 그리고 중심구와 후두엽 사이에 위치한다. 일차 체감각피질은 중심후회(postcentral gyrus)에 있으며, 피부 감각(촉각, 따스함, 차가움과 통각)과 신체의 위치와 움직임에 대한 감각을 처리한다([그림 3-7]). 운동피질처럼 신체의 반대편을 주로 담당한다. 체감각피질도 호먼큘러스로 조직되어 있으며, 이 경우 각 영역의 크기는 신체의 특정 부분의 민감도에 따라 정해진다. 시각과 청각에 대해서는 나중에 살펴보겠지만, 이런 지도화가 뇌 조직화의 원리다.

? 두정엽의 밝혀진 기능은 무엇인가?

또한 이는 뇌의 감각 영역들이 흔히 '체감각 투사 영역(somatosensory projection area)'과 같이 투사 영역들(projection areas)이라고 언급된다는 예로 삼기 위해 지적되는 적절한 부분이다.

각 대뇌엽은 일차 영역 이상의 정보를 처리하는 연합 영역을 포함하고 있는데, 이들 연합피질은 흔히 다른 감각들의 정보를 통합한다. 두정 연합 영역들은 체감각과 시각 정보를 받는다—촉각으로 물체를 확인하고, 사지의 위치를 결정하고, 공간에서 물체의 위치를 찾아낸다. 후두정엽(posterior parietal cortex)의 손상은 손상이 일어난 뇌의 반대편 신체 방향의 사물, 사람과 움직임을 무시하는 장애를 가져온다. 이 현상은 후두정엽이 손상되었을 때 더 자주 나타난다. 이런 환자는 왼쪽 얼굴을 면도하지 않거나 화장하는 것을 잊어버리기도 한다. 어떤 경우에는 마비된 팔이나 다리에 아무 문제가 없다고 얘기하거나, 심지어는

? 측두엽의 밝혀진 기능은 무엇인가?

다른 사람의 팔이나 다리라고 주장하기도 한다.

외측열은 측두엽을 전두엽 및 두정엽과 분리시켜 준다. 측두엽은 청각 투사 영역, 시각 및 청각 연합 영역과 부가적 언어 영역을 포함한다([그림 3-7]). 청각 피질은 귀에서 소리 정보를 받아들이며, 측두엽의 상회(superior gyrus)에 위치하며, 외측열에 숨겨져 있다. 청각피질의 바로 뒷부분이 베르니케 영역(Wernicke' s area)인데, 이곳은 인근의 청각 및 시각 영역들에서 도달한 언어 정보를 해석한다—이곳은 또한 브로카 영역(Broca' s area)을 통해 구어(spoken language)를 생성하고, 운동피질을 거쳐 문어(written language)를 생성한다. 베르니케 영역이 손상되면, 구어나 문어를 이해하는 데에 어려움을 겪는다. 또한 당사자는 여전히 말을 할 수는 있지만 대부분 의미 없는 말을 한다. 브로카 영역과 마찬가지로, 이 구조물은 대부분의 사람은 좌반구에 존재한다.

하측두피질(inferior temporal cortex)은 이름이 시사하듯이 측두엽의 아래 부분으로 물체를 시각적으로 확인하는 데 중요한 역할을 한다. 이 영역이 손상된 사람은 눈으로 보는 물체에 대해 자세히 기술할 수는 있지만 익숙한 물체를 인식하는 데에는 어려움을 겪는다. 그들은 동일한 물체를 촉감으로 인식하는 데는 아무런 문제가 없다. 그들은 목소리로는 사람들을 구별할 수 있지만, 가족이나 친구의 얼굴을 (시각적으로) 인식하지는 못한다. 신경학자인 올리버 새크스(Oliver Sacks, 1990)는 주차 미터기를 아이들로 생각하고 이야기하는 환자에 대해 기술하였다. 그의 기이한 행동에도 불구하고 그의 지능에는 아무런 손상이 없었다. 이 사례와 마비된 다리가 자신의 것이 아니라고 하는 환자의 예를 읽으면, 인간의 능력들이 뇌의 다른 부분에 의존하기 때문에 이들이 서로가 다소 독립적이라는 사실을 이해할 것이다.

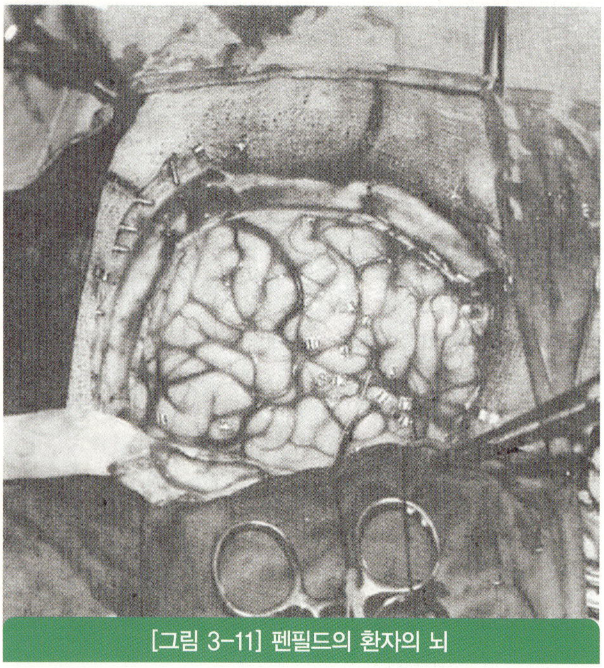

[그림 3-11] 펜필드의 환자의 뇌

펜필드(Penfield)는 환자의 반응들과 관련이 있는 뇌의 영역에 번호표를 붙여 놓았다.

출처: Wilder Penfield, *The Excitable Cortex in Conscious Man*, 1958. Courtesy of Dennis Coon and LIverpool University Press, Liverpool, UK © 1958. Used with permission.

신경외과 의사인 월더 펜필드(Wilder Penfield, 1955)가 환자의 측두엽을 자극했을 때, 그는 환자들에게 종종 시각 및 청각적 경험과 관련된 기억을 떠올리게 했다. 펜필드는 간질 발작을 일으키는 조직을 제거하기 위해 수술을 하고 있었다. 수술 전에 그는 약한 전류로 일부 영역을 자극하고 그 영향을 관찰하였다. 이런 방법으로 건강하고 중요한 기능을 담당하는 조직과 제거해야 할 병이 든 조직을 구분할 수 있었다([그림 3-11]).

환자들은 이 지도화를 위해서 말을 해야 했기 때문에 깨어 있었다. 뇌에는 통각 수용기가 없으므로, 환자들은 수술을 위해 국부 마취를 하였다. 일차 감각 영역의 자극은 따끔함, 빛이나 웅웅 소리와 같은 비조직화되고 의미 없는 감각만을 유발하였다. 그러나 그가 측두엽의 연합 영역을 자극하였을 때, 25%의 환자들은 음악이나 익숙한 목소리가 들리거나, 때로는 익숙한 사건을 다시 체험했다고 보고하였다. 한번은 환자가 '듣고 있는' 음악을 따라 콧노래를 부르기도 했으며, 간호사는 곡을 알아듣고 같이 노래를 불렀다(이것은 영국 영화인 몬티 파이튼 Monty Python의 한 장면, 즉 뇌수술 동안에 노래 따라 부르기 같지 않는가?). 측두엽에 간질이나 뇌손상을 가진 사람들은 가끔 익숙한 곡을 듣는다. 작곡가인 쇼스타코비치(Shostakovich)는 그가 고개를 한쪽으로 기울일 때 미세한 포탄의 조각이 그의 측두엽에서 이동하기 때문에, 음악을 듣는다고 반복적으로 이야기하였다. 그는 그 조각을 제거하기를 거부했으며, 작곡할 때 그 멜로디를 사용하였다고 말했다(Sacks, 1990). 불행히도 펜필드는 자극에 의한 기억이 실제인지 전기적으로 유도된 꿈인지를 확인하려고 하지 않았다. 그러나 우리는 제12장에서 기억과 관련하여 측두엽의 중요한 역할을 볼 것이다.

마지막으로 후두엽은 시각 정보가 처리되는 시각피질이다([그림 3-7]). 이 일차 투사 영역은 각 엽의 후측(posterior) 끝 부분이다. 이 일차 영역의 전측(anterior)에는 색깔, 움직임과 형태 같은 장면의 개별 구성 요소를 감지하는 네 개의 이차 영역이 있으며, 이들은 다시 연합 영역에서 합쳐진다. 체감각 및 운동 영역들이 신체의 모습을 반영하듯이, 시각피질은 시각 공간의 지도를 가지고 있다. 눈 뒷부분에서 인접한 수용기들이 시각피질의 인접한 세포들로 뉴런을 보내기 때문이다.

? 후두엽의 밝혀진 기능은 무엇인가?

이제 네 개의 주요한 대뇌엽과 그 피질에 위치한 일부 기능에 익숙해졌으니, 피질 아래 부분의 구조물에 대해 살펴보자.

시상과 시상하부

? 시상과 시상하부는 어떤 기능을 수행하는가?

뇌의 심부에 시상(thalamus)은 측뇌실(lateral ventricle) 바로 아래에 위치하며, 후각을 제외한 모든 감각계의 정보를 받아들이고 해당하는 피질의 투사 영역에 정보를 보낸다([그림 3-12]는 본절에서 설명하는 구조물들을 보여 주기 위해 정중선에서 절편된 뇌의 내부의 모습을 나타낸다). 시상의 다른 많은 뉴런은 대뇌피질 전반으로 분산되어 투사되며, 적절한 때에 대뇌피질의 각성을 돕는다. 이 뒷장들에서 시상의 부가적인 기능을 보게 될 것이다. 사실, 좌우 두 개의 시상이 나란히 놓여 있다.

시상하부(hypothalamus)는 시상의 바로 아래에 있는 더 작은 구조물로, 감정과 먹기, 마시기와 성행동 같은 동기화된 행동을 통제하는 중요한 역할을 한다

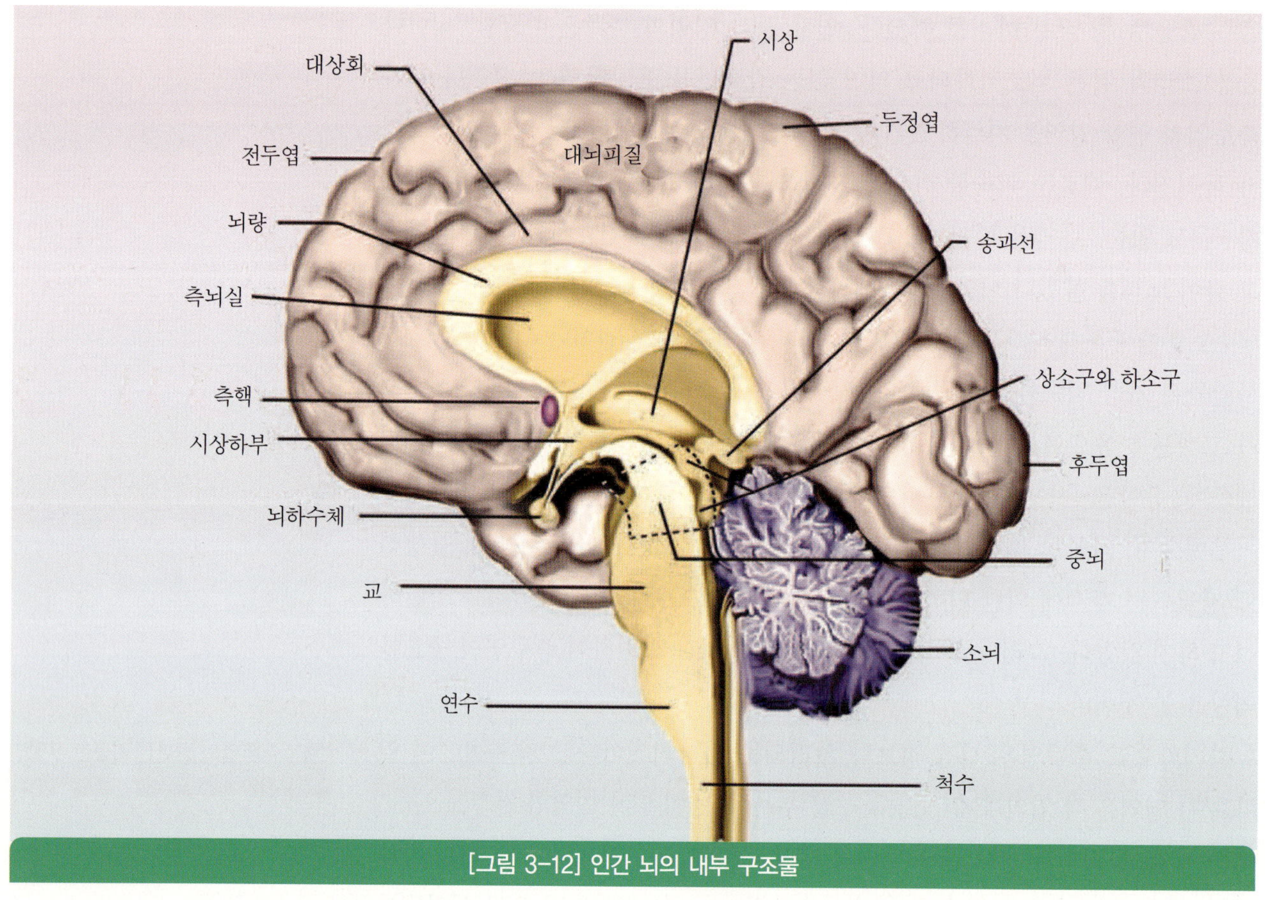

[그림 3-12] 인간 뇌의 내부 구조물

중뇌 위의 모든 구조물은 전뇌다. 아랫부분은 후뇌다.

([그림 3-12]). 시상하부는 자율신경계를 조절하여 이런 영향을 미치는데, 이에 대해 자세히 알아볼 것이다. 시상하부는 뇌하수체(pituitary gland)를 통제하여 신체의 호르몬에 영향을 준다. [그림 3-12]에서 뇌하수체는 시상하부의 바로 아래 줄기에 매달려 있는 것처럼 보인다. 뇌하수체는 신체의 다른 분비선(gland)을 통제하기 때문에, 주 분비선(master gland)이라고 알려져 있다. 시상처럼 쌍을 이루고 있는 시상하부는 뇌 전체에서 행동에 중요한 핵들 중에서 가장 큰 밀도의 핵을 포함하는 것 같다.

시상의 바로 후측에는 송과선(pineal gland)이 있다. [그림 3-12]를 보면, 하나의 쌍을 이루지 않은 구조물이 대뇌 반구의 바로 아래의 줄기에 달라붙어 있는 구조물이다. 데카르트가 왜 이 부분을 영혼이 자리하는 곳이라고 생각했는지 알 것이다(제1장 참고). 사실, 송과체는 수면을 유도하는 호르몬인 멜라토닌(melatonin)을 분비한다. 그것은 동물에서 계절의 주기를 조절하고 인간에서는 다른 구조물과 함께 일주기 리듬(daily rhythm)을 조절하는 역할을 한다.

뇌량

대뇌 반구 사이의 종열(longitudinal fissure) 내부를 보면, 반구가 서로 명확히 구분되어 있음을 알게 된다. 두뇌 표면의 4~5센티미터 아래에, 종열은 대뇌 반구 사이의 정보를 전달하는 집적된 섬유의 띠인 뇌량(corpus collosum)으로 끝난다. 뇌량은 [그림 3-12]에서 보인다. 다른 각도에서 보면 더 작은 띠의 교차 섬유인 전측 교련(anterior commissure)과 함께 뇌량을 볼 수 있다([그림 3-5]). 두 대뇌 반구는 다소 다른 기능을 수행한다. 따라서 그 둘은 정보를 통합하기 위해서 항상 서로 통신을 해야 한다. 더하여, 정보는 흔히 한쪽 대뇌 반구로만 들어온다. 시야의 한쪽의 시각 정보는 신체의 한쪽의 정보가 그렇듯이 다른 쪽의 뇌반구로 전달된다. 이 정보는 교차하는 섬유들, 특히 양에 의해 다른 반구와 공유된다. 여러분의 왼쪽에 차가 너무 가까이 오면 정보는 우반구에 등록된다. 그러나 오른손으로 차를 조정하고 있다면, 반응해야 할 반구는 좌반구다.

가끔 약물로는 통제되지 않는 간질 발작을 줄이기 위해서 뇌량을 수술로 절제해야 한다. 수술의 목적은 한쪽 반구의 통제 불가능한 신경 활동이 다른 반구로 퍼지는 것을 막는다. 수술 이후에 환자는 간질 발작 동안에 의식을 유지할 수 있고 정상 생활을 할 수 있다. 이런 환자들의 경우, 자극이 한쪽 반구로만 전달되고 정보가 다른 반구와 공유되지 않기 때문에, 두 반구의 기능 차이를 연구하는 데 유용하다. 이런 환자들을 대상으로 한 연구는 좌반구가 우반구보다 언어에 더 특화되어 있다는 것과 우반구는 좌반구보다 공간 과제에 더 능숙하고 얼굴을 더 잘 인식한다는 사실을 확립하는 데에 도움이 되었다(Gazzaniga, 1967; Nebes, 1974). [그림 3-13]에 한 예가 나와 있다. 마지막 장에서 의식에 대해 논의하면서 이 문제에 대해 더 자세히 알아볼 것이다.

[그림 3-13] 물체를 손으로 만져서 알아내고 있는 뇌량이 절단된 환자

손에서 들어온 정보가 들어가는 우반구가 언어를 담당하는 좌반구와 연결이 끊어져서 물체가 무엇인지 말하지 못한다. 시각 자극을 제시하든, 청각 정보를 제시하든 결과는 유사하다.

뇌실

발달 과정에서 신경계의 움푹한 내부는 뇌에서 뇌실(ventricle)이라 불리는 공간으로, 척수에서는 중심관(central canal)으로 발달한다. 뇌실은 혈관으로부터 중추신경계로 물질을 이동하고 노폐물을 반대방향으로 이동시킨다. 측뇌실

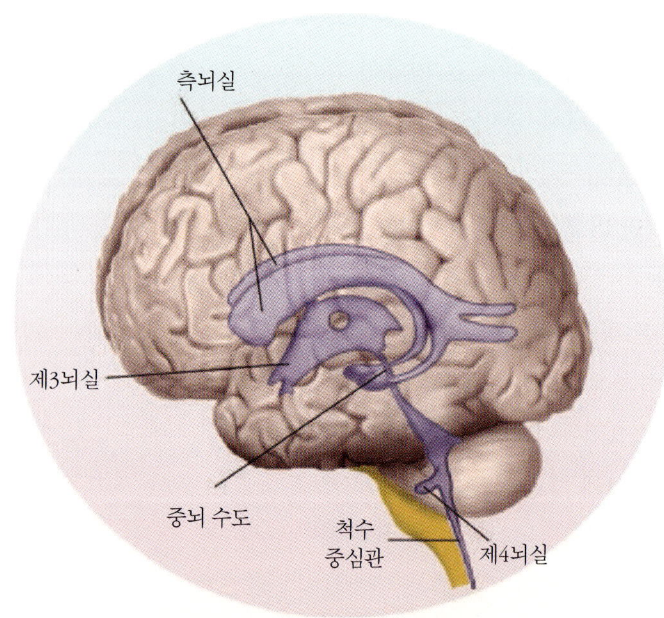

[그림 3-14] 뇌실

(lateral ventricles)은 전두엽으로 깊숙이, 측두엽으로 휘어지기 전에 반대 방향으로 두정엽까지 연장된다([그림 3-12]와 [그림 3-14]). 측뇌실의 아래에 연결된 제3뇌실이 있다. 두개의 시상과 두 반쪽의 시상하부가 뇌실의 벽을 이루며 이 구조물들 사이에 제3뇌실이 존재한다. 제4뇌실은 전뇌에 있지 않으므로, 나중에 알아볼 것이다.

중뇌와 후뇌

중뇌(midbrain)는 시각, 청각과 운동(movement)에 이차적인 역할을 하는 구조물들을 포함한다([그림 3-12]와 [그림 3-15]). 예를 들어, 상소구(superior colliculi)는 눈의 움직임과 시선의 고정을 돕고, 하소구(inferior collicluli)는 소리의 방향을 찾아내는 데에 도움을 준다. 운동에 관련된 다른 구조물 가운데에 하나는 흑질(substantia nigra)이다. 이것은 기저핵(basal ganglia)으로 신경을 투사시켜 운동들을 통합한다. 이 구조물의 도파민 분비 세포가 약화되면 파킨슨병(Parkinson' s disease)이 생긴다(제11장). 다른 하나는 복측 피개야(ventral tegmental area)로 제5장에서 자세히 다룰 것이다. 이는 음식, 성, 약물 등의 보상적 효과에 중요한 역할을 한다. 중뇌는 다음에 설명할 망상체(reticular formation)를 포함한다. 중뇌를 가로지르는 것은 중뇌 수도(cerebral aqueduct)로 제3뇌실과 제4뇌실을 연결한다([그림 3-14]). [그림 3-15]를 보면 중추신경계의 기원을 생각나게 하듯이 관 모양을 하고 있다. 이 구조물들의 모양과 대뇌 반구가 위에 위치하는 모습을 고려하면, 이 부분의 뇌를 뇌간(brain stem)이라 부르는 이유를 알 수 있다.

후뇌(hindbrain)는 교(pons)와 연수(medulla), 소뇌(cerebellum)로 구성되어 있다([그림 3-12]와 [그림 3-15]). 교는 망상체(reticular formation)의 일부로 수면과 각성에 관여하는 중심부들을 포함하고 있다. 망상체는 후뇌와 중뇌 사이를 가로지르는 많은 핵의 집합체다. 수면과 각성에 관련된 역할 외에 주의와 운동에 기여한다. 'Pons' 라는 단어는 라틴어로 다리를 의미하는데, 감각 뉴런이 이곳을 통해 시상으로 지나가며 운동 뉴런도 이곳을 통해 대뇌피질과 소뇌 사이를 지나간다. 연수는 후뇌의 아래 부분으로, 그 핵은 심맥의 활동과 호흡 같은 생명에 필수적인 조절에 관여한다.

소뇌는 뇌에서 두 번째로 특징적인 구조물이다([그림 3-2], [그림 3-7], [그림 3-12]와 [그림 3-19]). 뇌간의 뒷부분 위에 있으며, 주름져 있고, 작은 뇌라는 이름처럼 대뇌 반구 같이 중간으로 나뉜다. 소뇌의 가장 분명한 기능은 운동의 속도, 강도 및 방향을 통제함으로써 운동피질에 의해 개시된 운동을 정교하게 해 주는 것이다. 소뇌가 손상된 사람은 운동의 자동적인 패턴이 손실되기 때문에, 정교하게 (목표에) 이르는 데에 어려움을 겪고, 걷는 데에도 어려움이 있다. 소뇌가 손상된 사람은 걸음이 조직화되어 있지 않아서 술에 취한 듯이 보이기 때문에 경찰에 의해 체포되는 경우가 빈번하다. 소뇌는 또한 운동 학습에 중요한 역할을 하며, 다른 인지 과정과 정서에도 관여한다(Fiez, 1996). 뇌 전체 뉴런의 70%가 주먹 크기만 한 소뇌에 있기 때문에, 소뇌가 많은 비밀을 가지고 있다는 것은 그리 놀랍지 않다.

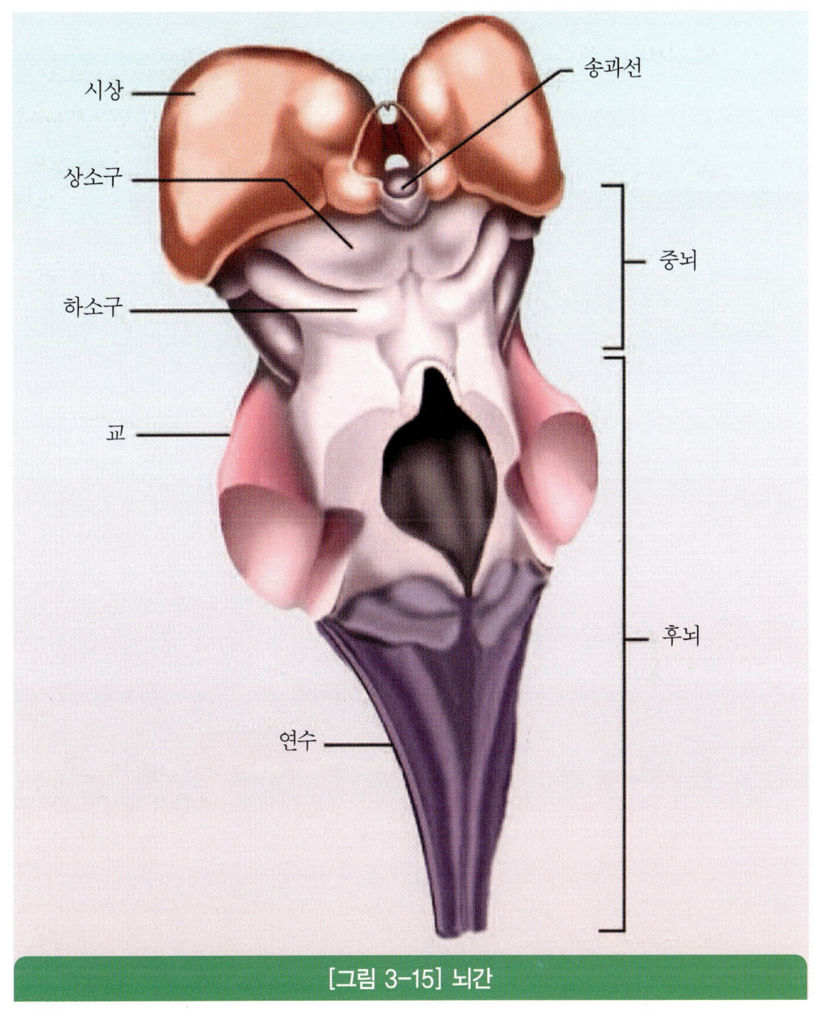

[그림 3-15] 뇌간

뇌간은 전뇌의 후측 부분(시상, 시상하부 등)과 중뇌 그리고 후뇌를 포함한다. 소뇌는 다른 구조물들을 보여 주기 위해 생략되었다

우리는 많은 수의 구조물을 살펴보았다. 〈표 3-2〉에 그 구조물들의 기능을 요약해 놓았다. 이 기능을 다시 살펴볼 때, 행동이 뇌의 단 한 부분에 의해 발생한다는 제1장의 편재화에 대해 기억하고, 이보다는 구조물들 간의 전체 네트워크의 결과임을 명심하자.

척수

척수(spinal cord)는 뇌에서 근육과 기관으로 명령을 전달하고 감각 정보를 뇌로 전달하는 손가락 굵기의 뉴런 케이블이다. 척수의 역할은 그것보다 더 복잡하다. 척수는 뜨거운 난로에서 손을 재빨리 떨어지게 하고, 걷기와 같은 틀에 박힌 행동의 통제를 돕는 패턴 발생기를 가지고 있다. [그림 3-16]에 척수의 내부

〈표 3-2〉 뇌의 주요 구조물과 기능

구조물	주요 기능
전뇌	
전두엽	
운동피질	수의적 운동을 계획하고 수행
기저핵	운동피질에 의해 개시된 운동을 원활하게 함
브로카 영역	구어 통제, 문법 추가
전전두피질	계획에 관여, 충동 조절
두정엽	
체감각피질	신체 감각에 대한 투사 영역
연합 영역	공간에서 신체와 물체의 위치 찾아냄
측두엽	
청각피질	청각 정보의 투사 영역
베르니케 영역	의미와 관계된 언어 영역
하측두피질	사물의 시각적 확인
후두엽	
일차 시각피질	시각 정보의 투사 영역
시각 연합피질	시각 정보의 구성 요소에 대한 처리
량	양반구 간의 교신
뇌실	뇌척수액 포함
시상	감각 정보를 피질로 전달
시상하부	정서와 동기 기능 조절
중뇌	
상소구	안구 운동과 같은 시각적 역할
하소구	소리의 위치 파악과 같은 청각적 역할
송과체	하루와 계절의 리듬 통제
흑질	운동 통합
복측 피개야	섭식, 성행위 및 약물의 보상의 효과에 기여
후뇌	
연수	생명 과정을 반사적으로 조절
교	수면과 각성에 관여하는 중추
망상체	수면, 주의와 일부 운동 기능에 관여
소뇌	운동의 속도, 강도와 방향 조절

모양이 그려져 있다. 백질이 밖에 있고, 회백질이 내부에 있어 뇌와 반대로 배열되어 있다. 외부의 백질은 뇌로 올라가는 감각 통로와 근육과 장기로 내려가는 근육 통로의 축색들로 이루어져 있다.

감각 뉴런은 각 척수신경의 후근(dorsal root)을 통해 척수로 들어간다. 감각 뉴런은 단극성이며, 후근 신경절(dorsal root ganglion)에 세포체가 모여 있어서 후근이 확장되어 있다. [그림 3-16]에 나와 있는 감각 뉴런은 길이가 1미터 정도까지 길며, 다른 끝 부분은 손가락이나 발가락에 이른다. 척수 중앙의 H모양 구조는 대부분 수초화가 없는 세포체로 이루어져 있다. 운동 뉴런의 세포체는 전각(ventral horn)에 위치하므로 전각이 확장되어 있다. 운동 뉴런의 축색은 전근(ventral root)을 통해서 척수 밖으로 나온다. 전근과 후근은 척수의 같은 쪽에서 척수신경(척추의 열린 공간을 통해 척수를 빠져 나옴)을 형성하기 위해 합쳐진다.

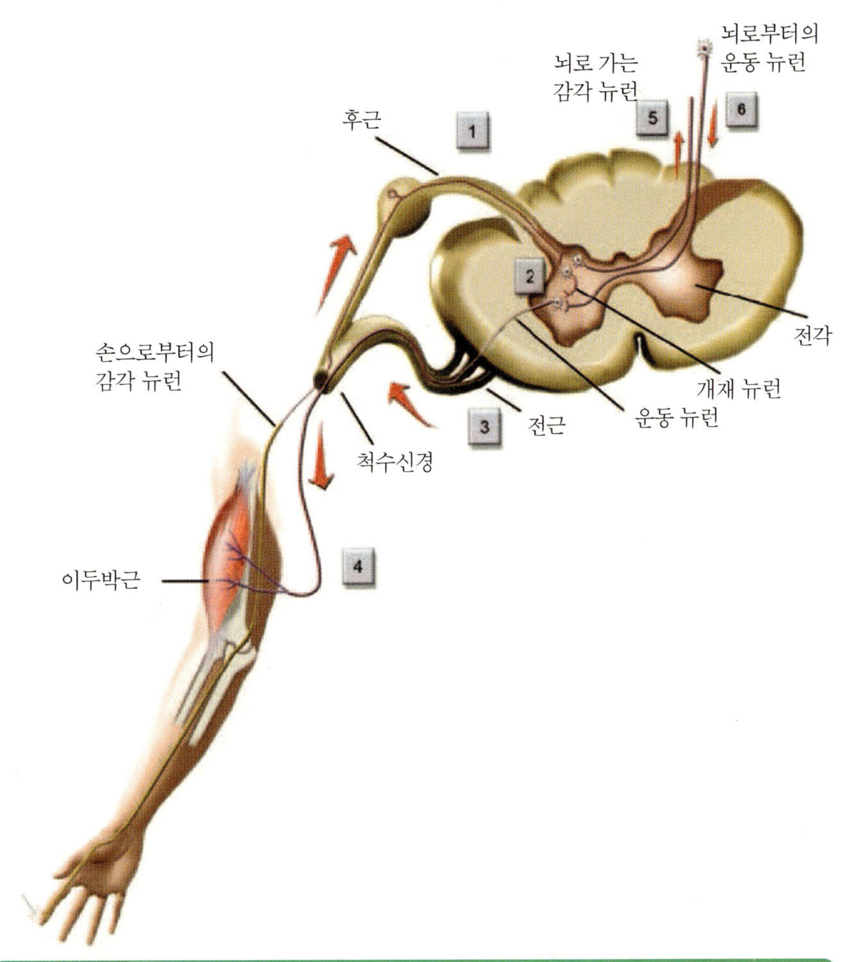

[그림 3-16] 반사에 관여하는 척수의 단면

손에서 나오는 감각 뉴런이 (1) 척수의 후근(dorsal root)을 지나 척수로 들어가서, (2) 운동 뉴런과 반사궁을 형성하고 (3) 전근으로 나와, (4) 손을 철수시키기 위해 이두박근을 활성화시킨다. 감각 정보는 (5) 뇌로 올라가서 감각을 만든다. (6) 뇌로부터 오는 운동 뉴런은 전각(ventral horn)의 운동 뉴런과 연결한다. 이는 부가적으로 느리지만 수의적으로 근육을 활성화시킨다.

대부분의 운동 뉴런은 뇌에서 정보를 받는데, 운동피질이나 내부 기관의 활동을 조절하는 핵으로부터 받는다. 하지만 [그림 3-16]에서 보듯이, 일부의 경우에 후측 감각 뉴런은 직접적으로 개재 뉴런을 통해 운동 뉴런과 연결된다. 이 통로는 자극에 반응해서 반사(reflex)라고 불리는 단순하고 자동적인 운동을 발생시킨다. 예를 들어, 불이 붙은 성냥에 손을 대면 정보는 척수를 거쳐 반사적인 철수 반응을 일으키기 위해 팔 근육에 신호를 보낸다. 많은 사람은 어떤 사람이 분명한 사고 없이 취하는 행동을 일컫을 때 반사라는 용어를 사용하는데, 이는 옳지 않다. 이 용어는 직접적인 감각-운동 연결에 의해 통제되는 반응에만 국한된다. 척수에서처럼 뇌에서도 반사가 일어나는데, 예를 들어, 혈압이 너무 올라가면 혈압을 줄이는 역할을 하는 것처럼 반사도 내부의 환경에 영향을 준다.

? 척수는 어떤 구조를 띠는가?

중추신경계 보호하기

뇌와 척수는 섬세한 기관으로 충격, 흔들림과 독, 그리고 과도한 신경전달물질에 의해 손상받기 쉽다. 이 두 구조물은 뇌척수막(meninges)이라 불리는 세 겹

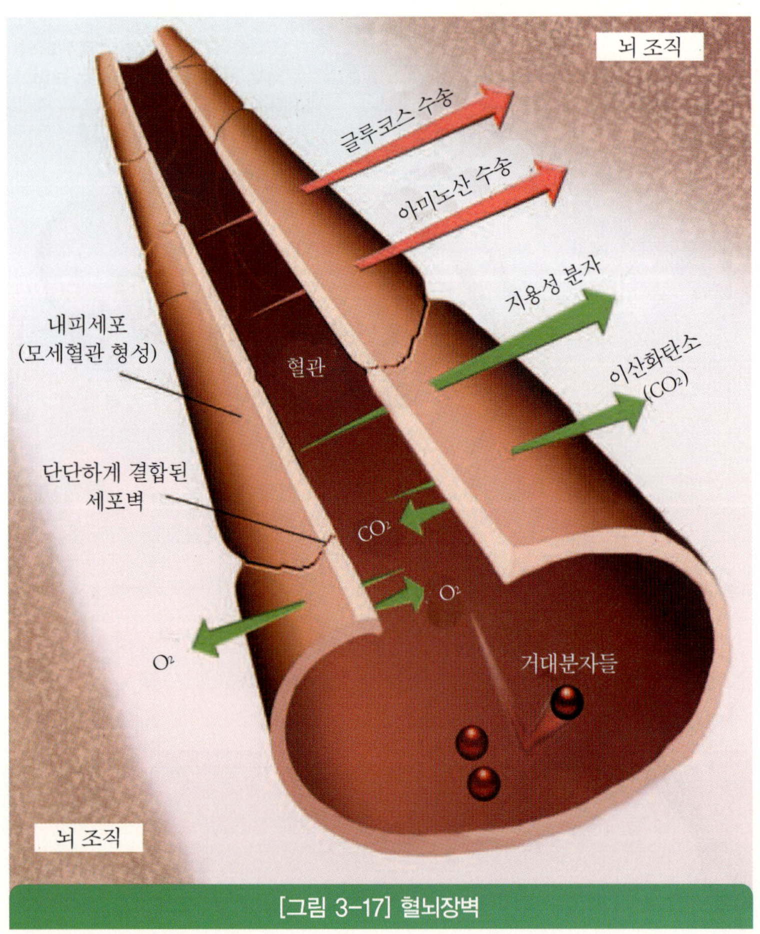

[그림 3-17] 혈뇌장벽

단단하게 접합된 모세혈관의 벽은 거대분자가 뇌로 들어가는 것을 막는다. 산소와 이산화탄소 같은 작은 분자는 대부분의 약물과 같은 지용성 물질이 그렇듯이, 자유롭게 통과한다. 아미노산 및 글루코스 같은 수용성 물질은 이 벽을 통과해 수송되어야만 한다.

의 보호막으로 덮여 있다. 뇌척수막과 중추신경계 사이의 공간은 급작스러운 움직임이나 충격으로부터 신경 조직을 완충시켜 주는 뇌척수액(cerebrospinal fluid)으로 채워져 있다. 뇌와 척수는 글자 그대로 뇌척수액에 떠 있어서, 1,200~1,400g의 뇌의 무게가 실제로 100g 미만으로 줄어든다. 단단한 뇌척수막과 뇌척수액은 뇌를 일시적인 충격에서 보호해 주고, 혈뇌장벽(blood brain barrier)은 뇌와 혈액 사이의 통로를 막아서 독성물질이나 혈액 속에 흐르는 신경전달물질(예를 들어, 스트레스를 경험할 때 증가하는 노르에피네프린)로부터 뇌를 항상 보호해 준다.

뇌의 밖에서는 모세혈관의 벽을 이루는 세포들은 대부분의 물질이 자유롭게 드나들 수 있는 공간이 있다. 뇌에서는 이 세포들은 매우 조밀하게 모여 있어서 이산화탄소나 산소 또는 모세혈관의 지방질에 녹는 물질만이 통과할 수 있다([그림 3-17]). 지용성이 치료 약물이나 중독성 약물의 효과를 설명해 준다. 뇌에 필요한 대부분의 물질은 수용성이며 스스로 혈뇌장벽을 통과하지 못한다. 그래서 포도당, 철분, 단백질을 만드는 아미노산과 대부분의 비타민은 특화된 수송체에 의해 이 벽을 지나서 운반되어야 한다.

하지만 뇌의 모든 부분이 혈뇌장벽에 의해 보호되지는 않는다. 뇌실 주변의 뇌구조물이 특히 그렇다. 그중 하나는 최후야(area postrema)다. 만약 여러분이 과도한 양의 알코올과 같은 독성물질을 섭취하면, 그 물질은 혈액의 흐름을 따라 최후야로 들어간다. 최후야는 구토를 유발하기 때문에, 이 독성물질이 해를 많이 끼치기 전에 위가 재빨리 비워 낸다.

✎ 개념 확인

- 주름진 대뇌피질의 구조물이 주는 장점은 무엇인가?
- 정신외과적 수술(psychosurgery)은 어떤 운명에 처해졌는가? 과거의 어떤 경험으로부터 의사들은 전두엽 절제술이 바람직하지 못한 결과를 가져온다고 생각했는가?
- 대뇌피질의 한 엽, 중뇌 또는 후뇌를 선택하고 그 안에 위치하는 구조물들과 기능들에 대해 설명해 보자.
- 반사의 경로를 설명하고, 관여하는 뉴런들과 척수의 부분들을 확인해 보자.

말초신경계

말초신경계(peripheral nervous system)는 뇌의 아래에서 들어오고 나가는 뇌신경(cranial nerves)과 각 척추에서 척수의 측면들과 연결되는 척수신경(spinal nerves)으로 이루어진다. 기능적 관점에서 보면, 말초신경계는 체성신경계(somatic nervous system)와 자율신경계(autonomic nervous system)로 구분된다. 체성신경계에는 신체를 움직이는 골격근을 작동시키는 운동 뉴런과 신체와 외부의 정보를 중추신경계로 보내는 감각 뉴런이 있다. 자율신경계는 신체의 전반적인 활동 수준을 조절하고, 위, 혈관 등의 평활근(smooth muscle), 내분비선, 심장과 같은 기관을 통제한다. [그림 3-18]의 도식은 말초신경계를 구분하고 중추신경계와의 관계를 이해하는 데에 도움을 준다. 앞서 척수에 대해 논의하였을 때, 척수신경에 관하여 다루었다. 그리고 체성신경계에 대해서도 언급했다. 지금 우리는 뇌신경과 자율신경계에 대해서 집중하겠다.

뇌신경

뇌신경은 뇌의 복측 부분으로 들어오고 나간다. 척수신경이 신체 내의 감각과 운동에 전적으로 관여하는 반면, 뇌신경의 일부는 감각 정보를 외부 환경으로부터 뇌로 보낸다. 이들 중 후신경(olfactory nerves)과 시신경(optic nerves)은 뇌의 일부로 인식되는 특별한 경우다. 그 이유 중 하나는 후구(olfactory bulb)와 망막(retina)이 뇌처럼 복잡하기 때문이고, 다른 이유는 발달 동안에 이들의 수용기들이 뇌에서 발원하여 최종 목적지로 이동하기 때문이다. 이런 결과로, 우리는

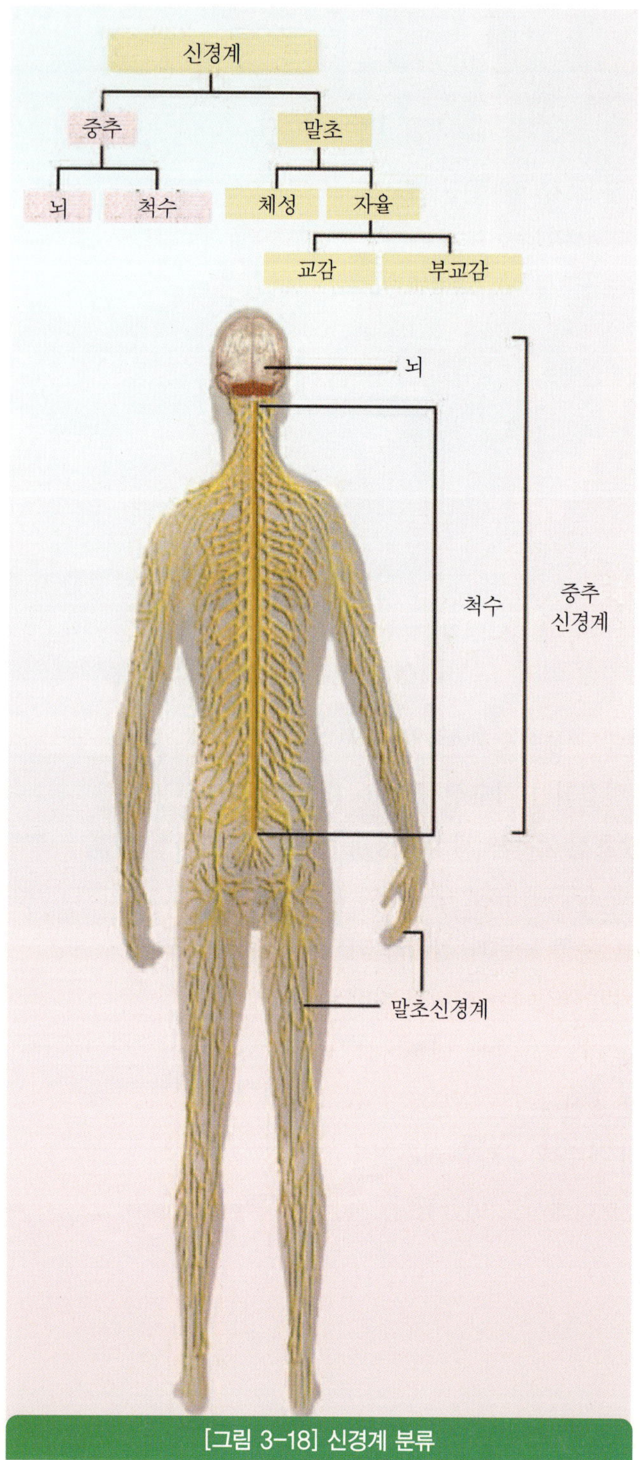

[그림 3-18] 신경계 분류

가끔씩 후신경과 시신경을 각각 후신경로(olfactory tract)와 시신경로(optic tract)라고 지칭하는 것을 볼 수 있다.

자율신경계

자율신경계의 기능은 주로 운동이다. 그 감각로는 자율신경계 자신의 작동을 조절하기 위하여 내부 정보를 보낸다. 교감신경계(sympathetic nervous system)는 정서적 스트레스와 신체적 응급 상황에 대처하기 위해 신체를 활성화한다. 여러분(학생)의 가장 큰 응급 상황은 중요한 시험날 늦잠을 잔 것일 것이다. 교실로 달려갈 때, 심장과 호흡이 몸에 필요한 자원을 공급하기 위해 빨라진다. 혈압도 증가하고, 말초 혈관이 수축하여 뇌를 포함한 내부 기관에 더 많은 혈액을 공급한다. 근육은 싸우거나 도망치기 위해 긴장하고, 땀샘은 과열되는 몸을 식히기 위해 땀을 흐르게 한다. 이 모든 활동이 교감신경계의 작용이다. 부교감신경계(parasympathetic nervous system)는 에너지를 보존하기 위해 대부분의 기관 활동을 느리게 하고, 에너지를 생산하기 위해 소화를 촉진한다.

교감신경 분파는 척수의 중간 부분, 즉 흉부(thoracic)와 요부(lumbar)에서 시작된다([그림 3-20]). 대부분의 교감신경의 뉴런들은 척수의 양쪽에 걸쳐 있는 교감 신경절 연쇄(sympathetic ganglion chain)를 통과한다. 이들 뉴런은 이 연쇄에서 척수신경에 다시 합류하는 시냅스후 뉴런과 시냅스를 형성하고 근육이나 분비선으로 나온다(다른 뉴런들은 시냅스하기 전에 체내 공간에서 신경절로 바로 지나간다). 대부분의 교감신경절은 교감신경절 연쇄에서 강하게 상호 연결되어 있기 때문에, 이 시스템은 하나의 단위로 반응하는 경향이 있다. 따라서 여러분이 시험장에 달려갈 때, 신체 전체가 초 광속으로 달려간다. 그림에서 보듯이, 부교감신경 분파는 말초신경계의 말단, 즉 뇌신경과

? 자율신경계의 기능은 무엇인가?

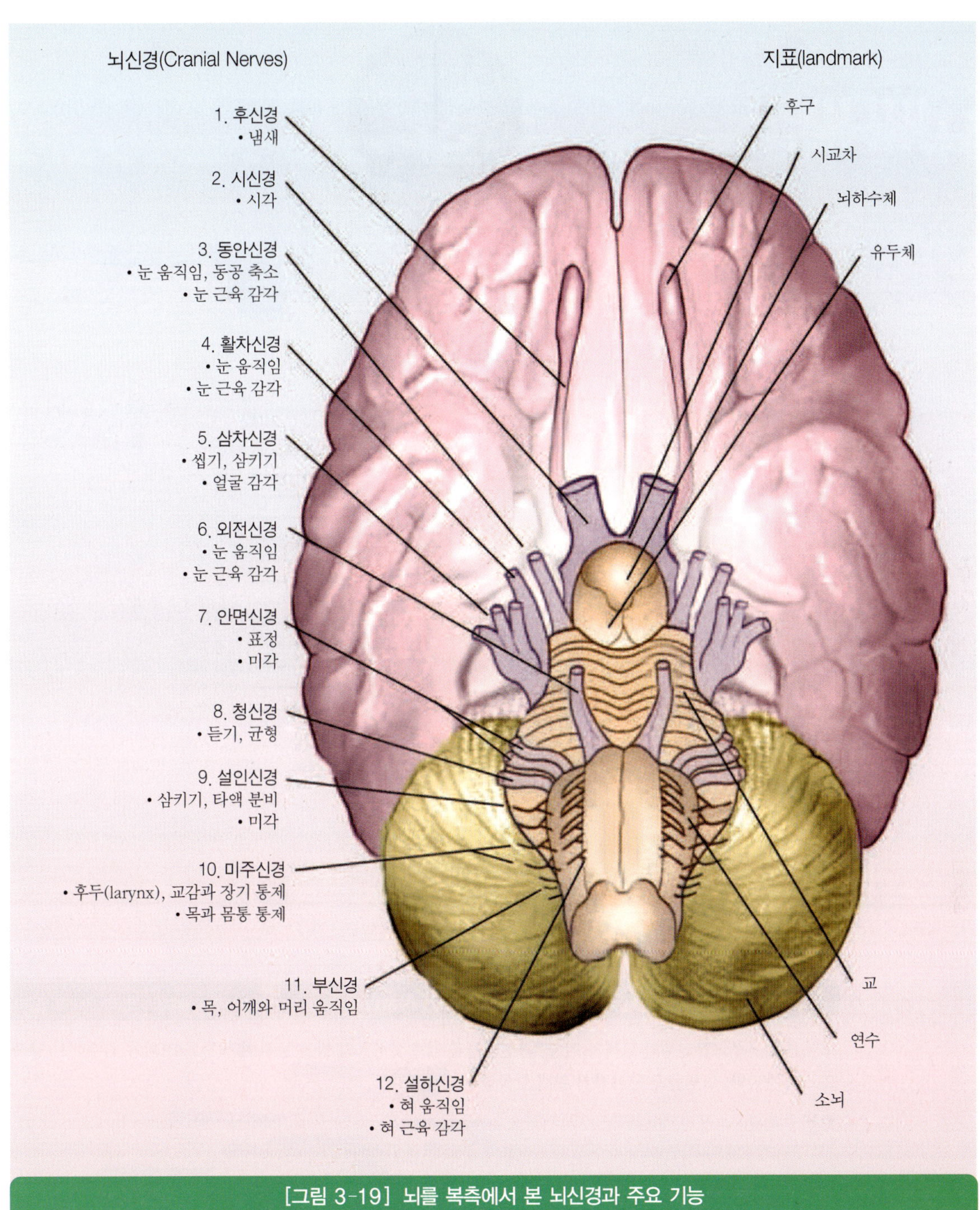

[그림 3-19] 뇌를 복측에서 본 뇌신경과 주요 기능

신경을 알아보기 쉽게 뇌에 지표를 붙였다.

척수의 가장 아래 부분(천부 sacral)의 척추신경에서 발원한다. 부교감신경절은 상호 연결되어 있지 않고, 통제 대상의 근육이나 분비선 근처에 위치한다. 결과적으로 부교감신경계의 구성 요소는 교감신경계보다 더 독립적으로 작동한다.

기관들은—교감신경의 활동과만 관계되는 땀샘, 부신(adernal gland), 그리고

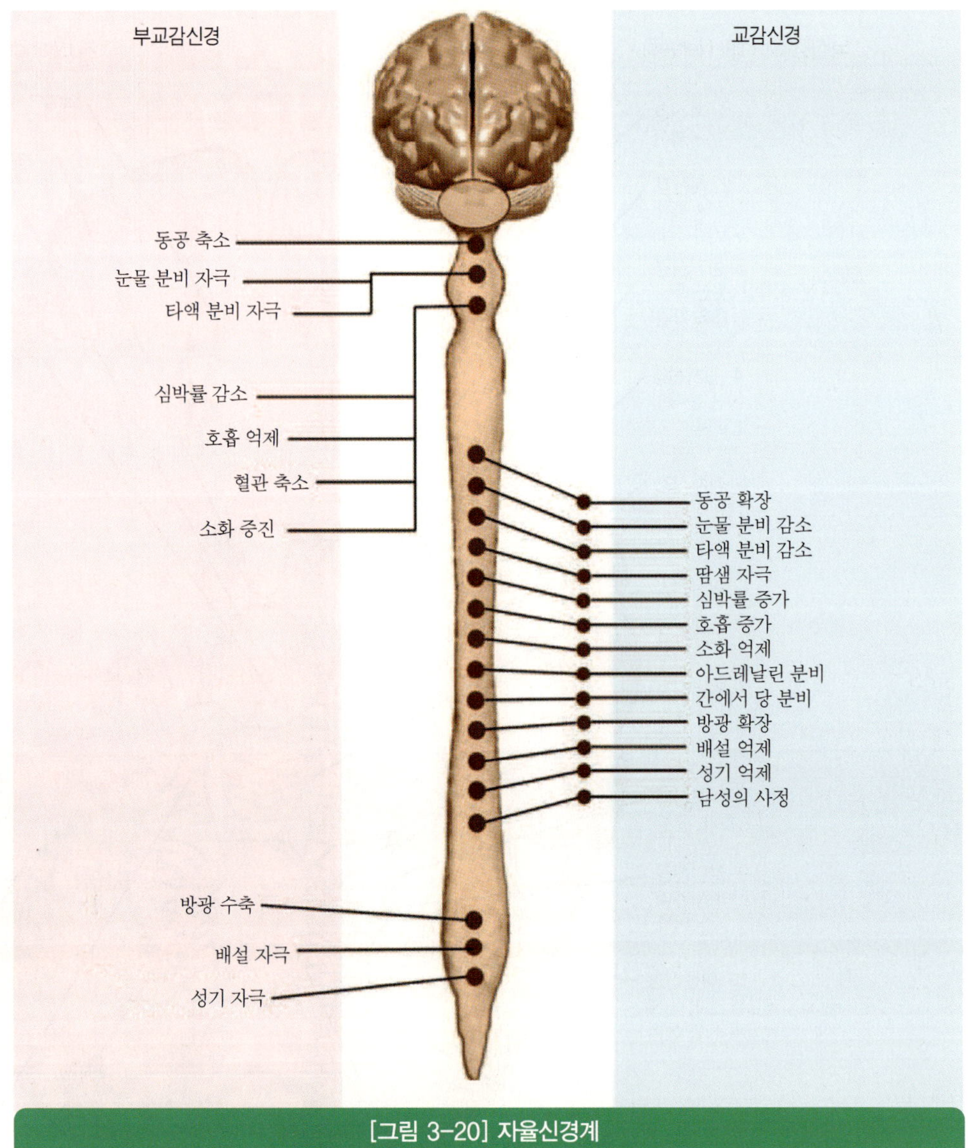

[그림 3-20] 자율신경계

교감신경과 부교감신경의 도해와 기능. 뇌신경들과 척수신경들의 쌍을 통하여 신경들이 뇌와 척수에서 양쪽으로 나가지만, 그림을 단순화하기 위해 한쪽만 나타내었다.

출처: *Introduction to Psychology, Gateways to Mind and Behavior* (with InfoTrac) 9th edition by Coon, 2001. Reprinted with permission of Wadsworth, a division of Thomson Learning.

혈관을 수축하는 근육을 제외하고는—자율신경계의 양 분파의 신경 지배를 받는다. 어느 한 분파가 활성화되면 다른 쪽이 완전히 꺼진다고 가정하는 것은 정확하지 않다. 이보다는 둘 다 항상 어느 정도로 활성화되어 있고, 신체의 전반적인 활동은 교감신경과 부교감신경 자극 간의 균형을 반영한다.

개념 확인

- 어느 뇌신경들이 종종 신경로라고 불리는가? 그 이유는?
- 왜 교감신경계는 부교감신경계보다 더 하나의 단위로서 작동하는가?
- 자율신경계의 분파들은 내부의 활동을 조절하기 위해서 어떻게 상호작용하는가?

신경계의 발달과 변화

뇌보다 더 복잡한 것은 없으며, 따라서 뇌의 발달은 상상할 수 있는 가장 놀라운 건설 프로젝트다. 발달 동안에 85억 개의 뉴런이 뇌와 척수에서 목적지를 향해 길을 찾아야 한다. 그러고 나서 각기 평균 수천 개의 목표 세포와 정확히 연결해야 한다(Tessier-Lavigne & Goodman, 1996). 어떻게 이것이 가능한지는 신경학의 가장 흥미로운 질문이지만, 이 수수께끼는 한 번에 조금씩 풀리고 있다.

발달의 단계

이미 알고 있듯이 신경계는 움푹한 튜브 모양에서 시작해서 뇌와 척수가 된다. 배아의 표면이 홈(groove)을 이룰 때 신경계의 발달은 시작한다([그림 3-21]). 이 홈의 모서리가 모여 튜브가 될 때까지, 모서리는 구부러져 올라간다. 그 후 신경계의 발달은 세포 증식(cell proliferation), 이주(migraton), 회로 형성과 회로 가지치기의 네 단계를 거친다.

증식 기간 동안에 뉴런이 될 세포들은 초당 25만 개의 비율로 분화하고 증가한다. 증식은 나중에 뇌실과 중뇌 수도가 될 움푹한 튜브를 둘러싸는 영역인 뇌실 지대(ventricular zone)에서 시작한다. 새로 형성된 뉴런은 뇌실 지대에서 최종 목적지로 이동한다. 방사신경 교세포(radial glial cell)가 이런 이동을 돕는다. 여기서 (앞부분에서 사례로 나온) 캐런의 뇌 발달이 길을 잃어버린 것이다. 뉴런은 단지 절반 정도만 이주한 채로 그녀의 피질을 형성하였다. 분명히 이런 현상은 뉴런이 방사신경 교세포의 비계(scaffold)를 어디에 내려야 하는지를 전해주는 유전자의 기능 이상 때문에 발생한 것이다(J. W. Fox et al., 1998). 이제 왜 그녀의 사례가 놀라운 것인지를 이해할 것이다.

? 뉴런은 어떻게 목적지를 정확히 찾아가는가?

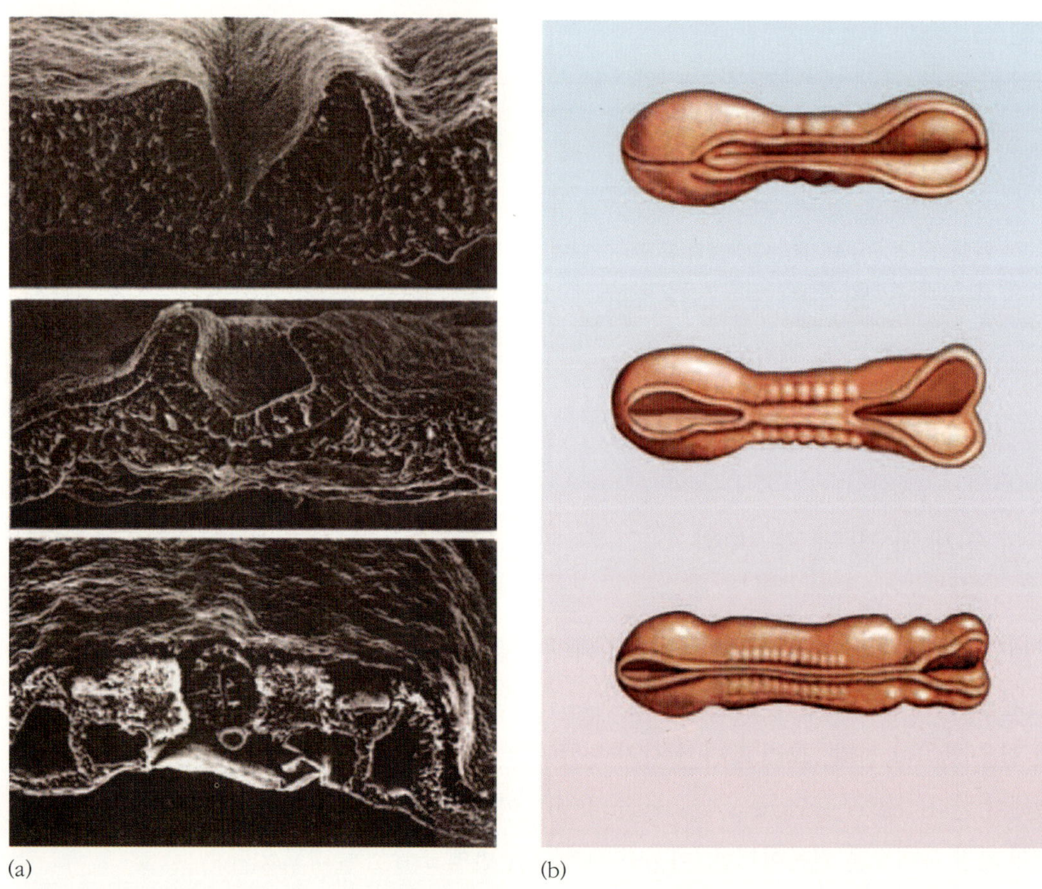

(a) (b)

[그림 3-21] 신경관의 발달

(a) 배아의 표면에 홈이 형성되고 나중에는 관을 형성하기 위해 닫히는 뉴런의 발달 과정에 대한 사진, (b) 다른 각도에서 본 뉴런의 발달 과정 도해

출처: Photos by Kathryn Tosney.

뉴런의 기능은 그 위치와 생성 시기에 의존할 것이다. 태아의 다른 발달 단계 동안에 다른 구조물들이 형성된다. 그러나 출생 이전과 그 후 한동안 뉴런은 상당한 기능적 유연성을 가진다. 사실 태아의 뇌 조직은 성인 뇌의 다른 부분으로 이식될 수 있고, 이식된 뉴런은 시냅스를 형성하고 새로운 위치에서 기능할 것이다.

회로 형성 기간 동안에 발달하는 뉴런들의 축색들은 목적지의 세포들을 향해 자라서 기능적으로 연결된다. 예를 들어, 운동 뉴런들의 축색들은 척수를 향해 자라고, 안구 망막의 세포들은 시상으로 축색을 보내어 거기에서 다른 뉴런들과 시냅스를 형성한다. 길을 찾기 위해 축색은 그 끝에 성장추(growth cone)를 형성하여 방향에 대한 단서를 찾기 위해 환경을 검사한다. 화학적 · 분자적 이정표는 길을 따라 오는 축색을 끌어당기거나 밀어낸다(Tessier-Lavigne & Goodman, 1996). 밀고, 당기고, 모서리에서 뉴런을 감싸며, 화학적 · 분자적 힘은 뉴런을 중간 역으로 안내하고, 부적절한 목표를 지나서 마지막 종착역까지 도달하게 한다.

발달하는 축색들이 목적지로 가는 길은 반드시 직접적일 필요는 없으며, 유전자 조절 덕분에 가는 도중에 방향을 바꿀 수 있다. 이는 목적지가 정중선의 반대 방향인 축색에서 나타난다. 유전자 로보 1(Robo1)의 통제 아래서 축색은 정중선의 화학물질에 의해 밀려나서 정중선과 평행하게 자라난다. 그러나 적절한 위치에서 유전자 로보 3(Robo3) 유전자가 활성화되고 축색은 정중선으로 끌리다가 이 선을 돌아서 들어간다. 그 부분에서 로보 3 유전자는 그 수가 감소하는데, 그 결과로 축색은 다시 밀려나고 같은 방향으로 계속 나아간다. 그러다가 이 축색은 정중선을 빠져나와서 다시 가로지르지는 않는다(C.G. Woods, 2004).

[그림 3-22] 교세포의 비계를 따라 이동하는 뉴런

(a) 미숙한 뉴런이 태어난 내부층으로부터 목적지인 외부층으로 이동한다. (b) 뉴런이 교세포의 방사상을 따라 올라가는 모습의 확대

출처: Adapted from illustration by Lydia Kibiuk © 1995.

뇌는 목적지에서 일어나는 오류를 보상하기 위해 여분의 뉴런들을 만든다. 이런 뉴런의 과생성은 사소한 정도가 아니다. 원숭이의 시각피질은 출생 시에 성인기에 비해 35% 더 많은 뉴런을 가지고 있다. 이 시기에 뇌량을 건너는 축색들의 수는 성장 이후보다 4배나 많다(LaMantia & Rakic, 1990; R. W. Williams, Ryder, & Rakic, 1987). 뉴런 발달의 다음 단계는 회로 가지치기 단계인데, 이때는 과도한 수의 뉴런들과 시냅스들이 제거된다. 목적지를 찾지 못하거나 늦게 도착한 뉴런들은 죽는다. 원숭이의 뇌량만 해도 태어난 후 첫 3주 동안 하루에 8백만 개의 뉴런을 잃는다.

무엇이 시냅스의 생존을 결정하는가?

회로 가지치기의 두 번째 단계에서 신경계는 그 구조를 다듬고, 많은 수의 여분의 시냅스를 제거함으로써 오류를 수정한다. 예로, 다 자란 포유류에서 좌우 눈의 뉴런들은 시각피질의 교차적인 층들로 투사하는데, 발달하는 동안에는 이런 연결은 구별되지 않는다. 시냅스는 시냅스전 뉴런과 시냅스후 뉴런이 동시에

발화할 때 강해지거나 약해진다. 하나의 단일 뉴런만으로는 다른 뉴런을 발화시킬 수 없기 때문에, 인접 뉴런들이 동시에 발화하고 서로 겹치는 축색종말들을 통해 입력들이 합해져야 시냅스의 강도가 변한다. 뉴런이 인접 뉴런과 동시에 발화하지 않으면, 아마 근처의 다른 뉴런과 잘못 연결될 것이다. 시냅스후 뉴런은 시냅스전 종말에 뉴로트로핀(neurotrophin)이라는, 뉴런의 발달과 생존을 증가시키는 화학물질의 형태로 피드백을 보낸다.

시각계에서 감각 자극은 뉴런을 활동화시켜 신경회로를 정교화하는 데에 기여한다. 그러나 시냅스의 가지치기가 시각계의 일부분에서는 태어나기 전부터 시작된다. 시각 입력이 없는데 어떻게 이런 자극이 일어날 수 있을까? 해답은 자발적인 뉴런의 발화파가 태아의 망막을 휩쓸고 지나가며, 이 활동이 어떤 시냅스가 살아 남고 그렇지 않을지를 결정한다(Katz & Shatz, 1996; Meister, Wong, Baylor, & Shatz, 1991). 레서스(rhesus) 원숭이의 생애 처음 몇 년 동안에 일차 시각피질에서 시냅스의 40% 정도가 제거되는데, 초당 5천 개의 놀라운 속도다(Bourgeois & Rakic, 1993). 나중에 사라질 시냅스를 만드는 과정이 낭비처럼 보이지만, 뉴런의 목적지로 더 정확히 보내는 것은 복잡한 화학적 · 분자적 암호가 필요하다. 나중에는 이들 시냅스에서의 이런 가소성(plasticity)은 줄어든다. 실제적인 예로, 뇌의 언어 영역에 대한 손상으로부터 회복되는 것이 성인기에는

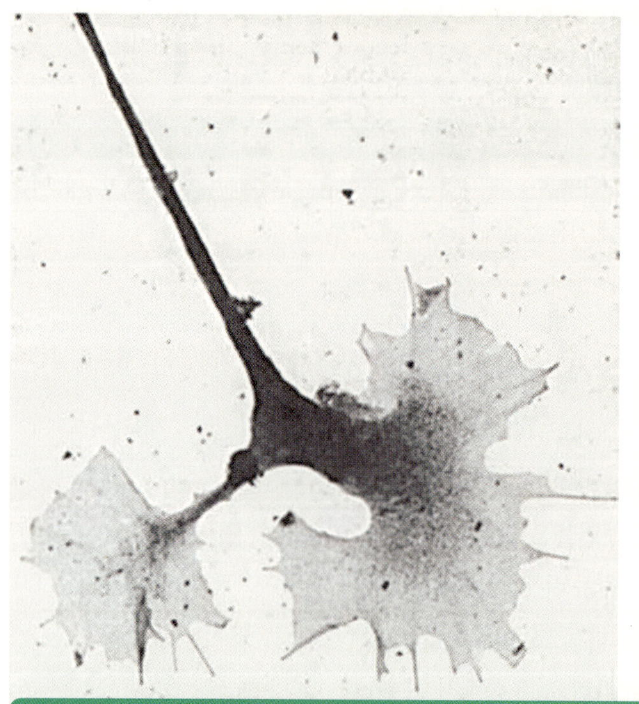

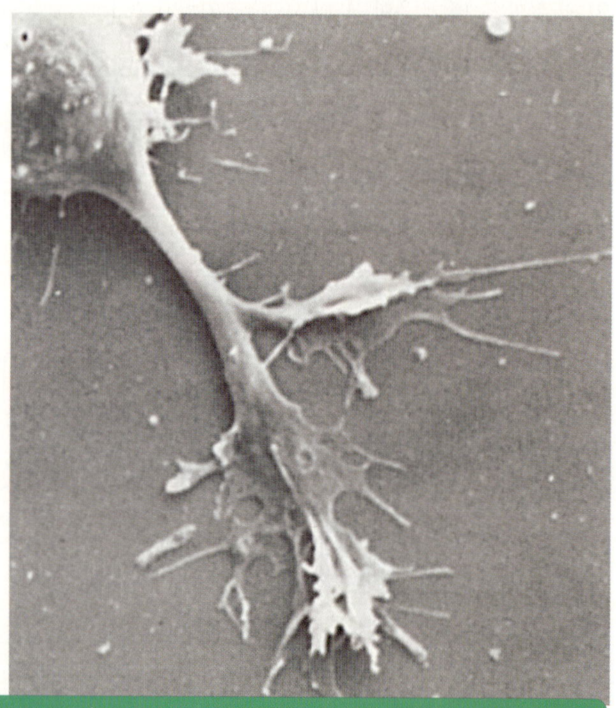

[그림 3-23] 성장추(growth cone)를 가진 뉴런

출처: Steven Rothman, MD.

상당히 어렵다. 그러나 피질의 연합 영역에서의 시냅스들은 가소성을 유지할 가능성이 더 높아서 나중에 경험, 즉 학습에 의해 변화될 수 있다(Kandel & O'Dell, 1992; Katz & Shatz, 1996; W. Singer, 1995).

뇌가 발달 기간 동안에 스스로 조직화하는 능력을 가지고 있다는 것이 인상적이지만, 여러 이유로 오류도 발생한다. 이 장의 시작 부분에 나온 캐런이 가졌던 문제인 뇌실 주변에서의 이소성[heterotopia－기관 등이 이상 위치로 전위(轉位)되는 현상]은 뉴런의 이주에 영향을 준다고 믿어지는 X염색체의 유전자가 변이되기 때문에 발생한다. 태아 알코올 증후군은 흔히 정신지체를 일으키는데, 산모가 뇌 발달의 아주 중요한 시기에 술을 마셔서 생긴다. 흔히 태아 알코올 증후군에 걸린 사람의 뇌는 작고, 기형적이며, 뉴런들은 제 위치를 찾지 못한다([그림 3-24]). 이주하는 동안에 많은 수의 피질 뉴런은 정상적인 층들로 정렬되지 못하는데, 이것은 방사상 교세포들이 미성숙해서 일반적인 교세포로 변하기 때문이다. 다른 뉴런들은 피질의 일반적인 경계를 넘어서 계속 이주한다(Clarren, Alvord, Sumi, Streissguth, & Smith, 1978; Gressens, Lammens, Picard, & Evrard, 1992; Lewis, 1985). 핵폭발 사고나 핵폭탄에 의한 이온화 방사능에 노출되면 세포의 증식과 이주가 방해되어 정신 지체가 유발된다. 일본의 히로시마와 나가사키 원폭 투하, 체르노빌 원전 사고 당시에 8주에서 15주 상태의 임산부의 태아들이 방사능의 영향을 가장 많이 받았는데, 이때가 증식과 이주가 가장 많이 일어나는 시기이기 때문이다(Schull, Norton, & Jensh, 1990).

신경계가 완전히 성숙하기 위해서는 '수초화'라는 하나의 단계가 더 필요하다. 뇌에서 이 단계는 하부 구조물에서 시작하여 대뇌피질로 이어지고, 후두엽으로부터 전두엽으로 나아간다. 수초화는 태아 발달의 마지막 3단계(trimester)에서 시작하지만, 청소년기 후반이나 그 이후에야 끝이 난다(Sowell, Thompson, Holmes, Jernigan, & Toga, 1999). 이런 느린 진행은 행동적인 함의를 가지는데, 예를 들어 청소년기에 걸쳐 전두엽을 필요로 하는 인지 과제를 향상시키는 데에 도움을 준다(H. S. Levin et al., 1991). 전전두피질의 기능과 이 영역이 가장 늦게 발달이 끝난다는 사실을 고려하면, 부모가 사춘기 자녀의 행동에 당황하는 것이 놀랍지 않다.

경험이 어떻게 신경계를 변화시키는가

개인의 일생 동안에 자극은 끊임없이 시냅스의 형성과 재구조를 일으킨다. 예를 들어, 쥐를 대상으로 미로를 헤쳐 나아가도록 훈련시키든가 복잡한 환경에 노출시키면 피질에서 시냅스의 가지가 증가한다(Greenough, 1975). 인간은 뉴

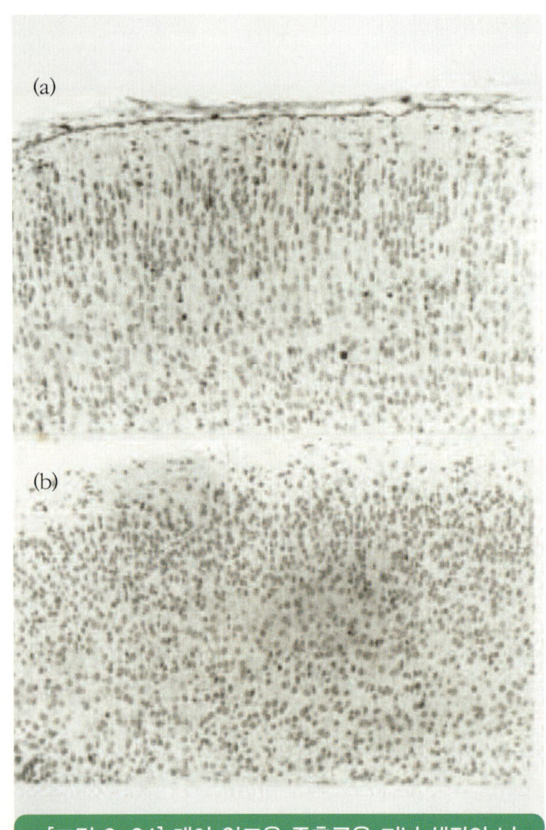

[그림 3-24] 태아 알코올 증후군을 지닌 생쥐의 뇌

(a) 정상적인 뇌에서 뉴런(어두운 점)은 수직 방향으로 줄을 선다. (b) 알코올에 노출된 뇌에서 뉴런은 무작위로 배열한다.

출처: P. Gressens, M. Lammens, J. J. Picard, & P. Evrard, "Ethanol Induced Disturbances of Gliogenesis and Neurogenesis in the Developing Murine Brain: An *in vitro* and an *in vivo* Immunohistochemical and Ultrastructural Study," *Alcohol and Alcoholism, 27,* 219-226. © 1992. Used by permission of Oxford University Press.

런을 상실하기도 하지만, 나이가 듦에 따라 경험에 의해 더 많은 시냅스를 발달시킨다(Buell & Coleman, 1979).

성숙한 뇌에서 경험에 의해 생겨나는 많은 변화는 뇌의 한 영역의 기능을 변화시키는 연결에서의 변경인 재구조화(reorganization)를 포함한다. 예를 들면, 점자를 읽는 맹인들은 검지손가락(글을 읽는 데에 사용됨)에 대한 정보를 처리하는 뇌의 공간이 동일한 손의 다른 손가락들에 대한 뇌의 영역이 줄어드는 것에도 불구하고 증가한다(Pascual-Leone & Torres, 1993). 뇌영상 연구에 따르면, 소리의 위치를 잘 파악하는 맹인들은 이 과제를 풀기 위해 사용하지 않는 시각피질을 이용한다(Gougoux, Zatorre, Lassonde, Voss, & Lepore, 2005). 이런 변화는 아주 빨리 일어나는데, 이는 손가락이 서로 붙어 있는 아이들(syndactyly)의 연구에서 잘 관찰된다. 이들은 손가락의 사용이 심하게 제한되어 있어서, 이들에 대한 체감각피질에서의 표상은 서로 겹치는 부분에 나타난다. [그림 3-25]에서 보듯이, 수술 후 단지 7일 만에 피질에서 이들 손가락의 표상들이 구분되고 분명해졌다(Mogilner et al., 1993).

19세기 철학자이며 심리학자인 윌리엄 제임스(William James)는 의사가 시신경과 청각신경을 바꾸어 놓으면, 천둥을 보고 번개를 들을 것인가라고 의문을 던졌다(James, 1893). 제임스는 받아들이는 자극에 관계없이 각 감각 투사 영역이 독특한 경험을 만들어 낸다는 요하네스 뮐러(Johannes Müller)의 '특수한 신경 에너지설'을 반세기 전에 피력하였다. 이것은 우리가 롤러 블레이드를 타다가 넘어져서 시각피질이 위치하는 머리의 뒤통수가 바닥에 닿을 때 왜 번쩍 별을 보는가를 설명해 준다.

? 경험에 따라 뇌에서 어떤 변화가 일어나는가?

하지만 이런 뇌 작동의 기본 원리도 발달 초기의 재구조화에 의해 달라진다. 태어날 때부터 맹인인 사람들은 시각피질이 소용이 없어 결과적으로 체감각으로의 일부가 이 영역을 차지하게 된다. 그 결과, 이 사람들에서 촉각에 의해 시각피질이 활성화된다. 그러나 시각피질이 여전히 촉각에 의해 시각적 경험을 만들어 낼 것인가를 알아보기 위해서 연구자들은 맹인의 후두엽 위의 두개골에 전자기장을 가하여 시각피질을 자극하였다(L. G. Cohen et al., 1997). 정상인은 이것이 시 지각을 손상시켰지만, 맹인은 촉각과 점자를 읽어 내는 능력이 손상되었다. 분명히 그들의 시각 영역이 촉각에 대한 정보를 의미 있게 처리하고 있음

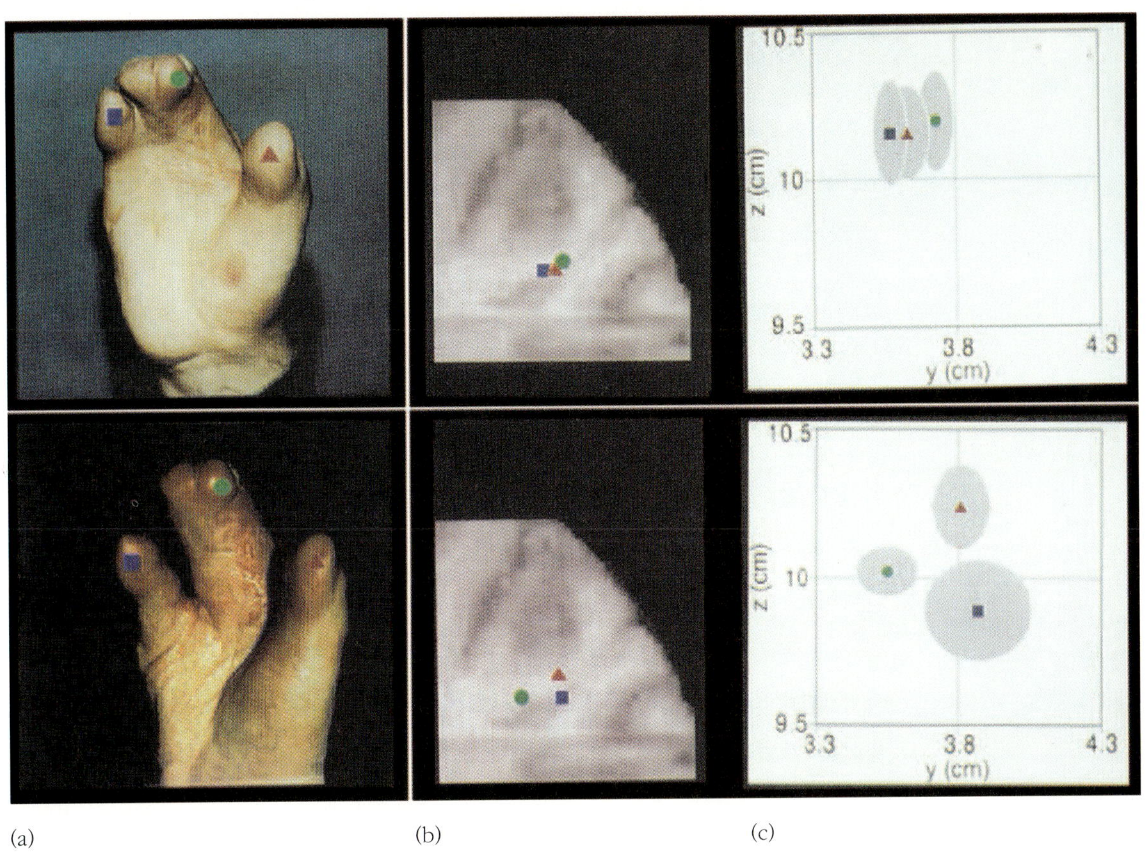

(a) (b) (c)

[그림 3-25] 합지증 수술 후에 체감각 영역의 변화

(a) 수술 전(위)과 수술 후(아래)의 손, (b) 수술 전후에 손가락 자극에 반응하는 뇌 영역들을 보여 주는 영상, (c) 반응 영역의 상대적인 크기와 위치

출처: "Somatosensory Cortical Plasticity in Adult Humans Revealed By Magnetoencephalography," by A. Mogilner et al., 1993, *Proceedings of the National Academy of Science, 90*, pp. 3593-3597.

을 보여 준다.

재구조화가 항상 이로운 결과만을 가져다주는 것은 아니다. 새끼 고양이들이 수직이나 수평의 띠만 있는 공간에서 자라면, 그들은 커서 다른 방향의 물체에 대해 반응하는 능력을 잃어버린다. 예를 들어, 수직 띠만 있는 공간에서 자란 고양이는 수직봉만을 가지고 놀며 수평봉은 무시한다. 뇌의 전기 활동을 기록하면, 다른 방향에 반응했던 시각피질 세포들은 제한된 자극에 반응하여 그 연결을 재구조화하였다. 제11장에서는 사지가 일부 절단된 사람들이 사라진 사지에서 환상통(phantom pain)을 자주 경험함을 볼 것이다. 이는 근처의 신체 부위로부터의 감각 뉴런들이 사라진 사지의 체감각 영역으로 들어가 자라기 때문에 일어나는 현상으로 보인다(Flor et al., 1995).

중추신경계의 손상과 회복

> 성인의 중추신경계에서의 신경로는 고정되어 있어서 변하지 않는다. 모든 것은 죽고, 아무것도 재생되지 않는다. 미래의 과학이 가능하면 이런 가혹한 법칙을 변화시킬 것이다.
>
> - Santiago Ramon Cajal, 1928

신경과학자들이 신경계의 발달에 관심이 있는 이유 중의 하나는 신경계가 사고, 질병이나 발달 장애로 손상되었을 때 이를 치료하는 방법을 찾고자 함이다. 뇌 장애에 따른 손실을 평가하기는 힘들지만, 〈표 3-3〉에 나온 엄청난 금전적 손실은 우리에게 시사하는 바가 있다.

회복의 한계

? 중추신경계가 회복되는 데에는 어떤 한계가 있는가? 어떻게 하면 회복을 도울 수 있는가?

신경계의 회복은 일부의 종, 특히 양서류의 경우에서는 문제가 되지 않는다. 예를 들어, 스페리(Sperry, 1943, 1945)가 개구리의 시신경을 절단했을 때, 눈이 뇌와 다시 기능적으로 연결을 회복하였다. 심지어 끊어진 눈이 뒤집히거나 다른 안와(eye socket)에 이식했을 때도 뇌와 연결을 회복하였다. 잘려진 축색이 재생하는 것은 말초신경에 국한되지만 포유류에서도 나타난다. 롤러 블레이드를 타다가 넘어져서 팔을 심하게 다쳐 신경이 끊어지면 끊어진 축색은 죽지만, 세포체와 연결되어 있는 축색은 살아남아 다시 자란다. 수초가 뉴런의 절단된 끝부분이 자라도록 안내관을 제공하므로(W. J. Freed, de Medinaceli, & Wyatt, 1985), 이 뻗쳐나는 축색은 목적지로 안내된다(Horner & Gage, 2000).

그러나 포유류의 중추신경계에서는 손상된 뉴런이 처한 환경이 좋지 않다. 롤러 블레이드 사고 시에 척수를 다쳤다면, 절단된 축색은 새로 성장하지만, 그전의 목표 지점에 도달하는 것은 거의 불가능하다. 한 가지 이유는 다 자란 포유류의 중추신경계는 뉴런의 성장을 자극하고 안내하는 화학적·분자적인 조건을 만들지 않기 때문이다. 게다가 교세포에 의해 만들어지는 상처 조직은 원래의 통로를 막으며, 교세포는 또한 축색 성장 억제제를 만들고, 면역세포가 그 자리로 이동하여 재성장을 방해한다(D. E. Schneider, Martinou, & Tonegawa, 1997;

〈표 3-3〉 미국에서 뇌손상과 장애로 인해 지출되는 연간 비용

손상 또는 장애	비용(10억 달러)
정신질환(정신분열증, 우울증, 불안 장애)	192.85
머리와 척수 손상	94.91
뇌졸중	27.03
알츠하이머병	170.86
약물 중독	544.11
합계	1,029.26

출처: Uhl and Grow (2004).

NOTE: Includes direct costs of care and treatment and indirect costs such as crime, lost wages, and so on.

Horner & Gage, 2000; Thallmair et al., 1998).

신경계가 스스로를 치유하는 다른 방법은 신경 발생(neurogenesis), 즉 새 뉴런이 태어나는 것이다. 성인 포유류의 뇌는 새로운 뉴런을 만드는데, 우리가 알고 있는 한 그 부위는 단지 두 곳뿐이다. 한 부위는 해마이고, 다른 부위는 후구로 가는 측뇌실 부근이다(Gage, 2000). 뉴런이 새 뉴런으로 교체되는 것을 방해하면 냄새를 구별하는 데 지장이 있고(Gheusi et al., 2000), 해마를 필요로 하는 학습을 저하시킨다(Shors et al., 2001; S. Snyder, Kee, & Wojtowicz, 2001). 따라서 뉴런의 교체가 이 구조물들의 정상 기능을 지원하지만, 이 신경 발생이 손상 뒤에 뇌를 회복시키는 데 도움이 되는지는 알 수 없다. 다른 한편, 뉴런의 전구세포들(precursor cells)은 실험을 통해 뇌졸중을 입은 쥐의 뇌에서 손상된 부분으로 이동하여 손상된 세포를 대체하는 것 같다(Parent, 2003). 더 나아가, 알츠하이머병(Alzheimer' s disease)이나 헌팅턴(Huntington' disease)병에 걸린 환자들의 손상된 뇌 부위에서 신경 발생이 증가함을 관찰할 수 있었다(Curtis et al., 2003; Jin et al., 2004). 이 결과들은 신경 발생을 증가시킬 수 있다면 이것이 자가 회복의 방법을 제공할 수 있음을 시사한다. 한편, 〈뉴스에서〉의 일부 연구자들은 뇌의 인공 보형물(prosthesis)에 대한 실험을 하고 있다.

보상과 재조직화

? 인간의 중추신경계에서는 어떤 형태의 회복이 가능한가?

축색은 재생되지 않고 뉴런이 대체되는 것은 매우 제한적이지만, 손상된 포유류의 중추신경계에서 기능적인 회복은 상당한 정도로 일어난다. 이런 기능 회복의 많은 부분은 본질적으로 비뉴런적이며, 부기가 가라앉고 교세포가 죽은 뉴런들을 제거함에 따라 나타난다(Bach-y-Rita, 1990). 가장 단순한 뉴런적 회복은 손상되지 않은 조직이 잃어버린 뉴런들의 기능을 대신해서 떠맡는 보상(compensation)이다. 게다가 통상적으로는 그 영역에서 잠잠히 있던 다른 뉴런들의 가지들이 손상되기 시작하고 몇 분 안에 활성화된다(Das & Gilbert, 1995; Gilbert, 1993). 이런 시냅스의 변화는 학습 중에 발생하는 변화와 유사하다. 이것은 뇌 손상 후에 수행되는 물리(재활) 치료가 효과적일 수 있는 이유를 설명한다.

더 극적인 신경 회복은 다른 뇌 영역들의 재구조화와 관련이 있다. 특별히 재구조화는 뇌 손상이나 뇌 수술로 인한 실어증(aphasia–언어 손상)의 회복에서 볼 수 있다. 대부분의 경우에 그 기능을 근접한 뇌 영역들이 떠맡지만, 좌반구에 대규모의 손상이 있을 때는 우반구가 언어 기능을 대체한 경우도 있다(Guerreiro, Castro-Caldas, & Martins, 1995). 때로는 질병 때문에 한쪽의 대뇌 반구 전체를 제거해야만 하는 경우도 있다. 수술 후에 환자들은 일반적으로 정상

뇌의 인공보형물이 생체 조직 검사를 통과하다

샌디에이고에서 열린 신경과학학회에서 L.A.의 남가주대학교(Univresity of Southern California)의 시어도어 버어거(Theodore Berger)와 동료들은 자신들이 뇌 손상으로부터의 회복에 큰 진전을 가져왔다고 발표하였다–그들은 손상된 해마 조직의 기능을 대체하기 위하여 이식이 가능한 미세 전자칩을 사용했다. 처음에 그들은 쥐의 해마의 일부분에서 뉴런의 신호를 기록한 후 수학적 모델로 변환하였다. 그리고 그 모델을 2mm 크기의 사각형 칩에 프로그램하였다. 이 칩은 첫 시험을 통과하였다. 이 연구자들은 이 칩에 신호를 전달해서 얻은 출력과 해마 조직의 절편으로부터 기록한 출력을 서로 비교하였는데, 이 마이크로칩으로부터의 신호와 해마 조직으로부터의 신호가 서로 일치하였다.

나중에 이 마이크로칩은 살아서 움직이는 해마의 손상된 부분을 대체할 것이다(그림 참조). 모든 것이 잘 진행되면, 알츠하이머병과 같은 인간의 뇌손상을 치료하기 위해 사용될 것이다. 이 칩이 쥐에게 이식되려면 아직 3년이 남았다. 하나의 장벽은 중추신경계의 재생을 방해하는 교세포와 면역세포가 유입되는 문제다. 이 문제를 해결하기 위해서, 이들은 원하지 않는 세포들을 무력하게 할, 건강한 조직을 모방할 단백질로 코팅된 특수한 전극을 개발하고 있다.

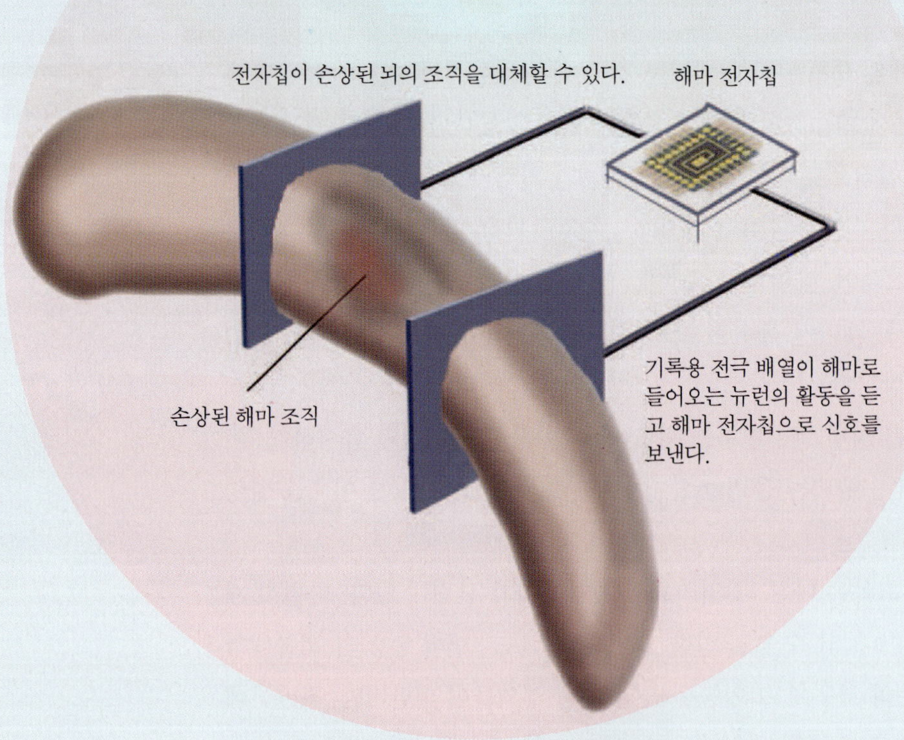

자극용 전극 배열이 뇌의 나머지 부분에 적절한 전기 출력을 보낸다.

출처: "Electrodes on the Go," by Duncan Graham-Rowe, *New Scientist*, 13, November 2004. © New Scientist, 2004.

적인 수준까지는 아니지만, 언어 능력, 다른 인지 기능과 운동 통제를 놀라울 정도로 회복한다(Glee, 1980; Odgen, 1989). 이 경우들에서 제거된 대뇌 반구가 보이는 기능 장애는 유아기까지 거슬러 올라간다. 이에 재조직화는 수술 시점인 청소년기 후반이나 성인기 초반보다는 이 시기(유아기)에 시작되는 것 같다.

사람들이 실어증과 뇌실 주변의 이소성으로부터 회복되는 사례들은 우리가 뇌의 작동 방법에 대해서 얼마나 이해하고 있는지에 대해 의문을 던진다. 수두증(hydrocephalus)은 또 하나의 그런 예를 제공한다. 수두증은 뇌척수액의 흐름이 막히고, 이 액이 축적되어 뇌의 성장을 방해할 때 발생한다. 이는 심각한 정신 지체를 가져온다. 빨리 발견되면 과도한 액의 흐름을 혈류로 돌리는 배수구를 설치함으로써 치료할 수 있다. 그러나 어떤 사람들은 치료를 받지 않고도 손상을 입지 않는다. 영국의 신경학자인 존 로버(John Lorber)는 뇌실과 뇌의 외표면 사이의 대뇌 벽이 1mm 미만(정상 수준은 45mm임)인 26세의 수두증 환자에 대해 기술하였다. 그럼에도 불구하고, 그는 IQ가 126이었고, 수학과를 우등으로 졸업했으며, 정상적인 사회생활을 하였다(Lewin, 1980). 심각한 뇌손상에도 불구하고 어떻게 일부의 사람들이 정상적으로 생활할 수 있는지는 확실치 않다. 분명한 것은 어딘가에 있을 놀라운 가소성이 뇌 기능에 대한 새로운 비밀의 열쇠라는 것이다.

중추신경계의 재생 가능성

1995년 슈퍼맨 역을 통해 널리 알려진 영화배우 크리스토퍼 리브(Christopher Reeve)는 시합 중에 말에서 떨어져서 목 아래가 마비되었다([그림 3-26]). 그의 척수는 4분의 3이 부상당한 부분에서 손상되었다(J.W. McDonald et al., 2002). 그는 운동 통제 능력을 잃었으며, 목 아래 부분의 감각을 거의 완전히 잃었다. 그와 유사한 부상을 입은 환자들의 90%가 그렇듯이 그 후 그는 수년 동안 아무런 기능적 회복이 없었다.

[그림 3-26] 크리스토퍼 리브(Christopher Reeve, 1952~2004)

출처: Steve Liss/Liaison Agency.

라몬 카할(Ramon y Cajal)은 중추신경계는 재생하지 않는다고 선언했지만, 한 세기 후에 리브와 같은 손상을 입은 환자들에게 자가 치료를 도입하기 위해서 연구자들은 여러 가지 책략을 찾고 있다. 이들에는 뉴런 성장 촉진제의 사용, 재성장을 억제하는 힘의 상쇄, 그리고 축색들이 따라갈 안내 튜브나 비계의 제공과 같은 방법이 있다(Bonner, 2005; Horner & Gage, 2000). 예를 현대 신경과학에서 불가능이란 단어는 없다.

- Pasko Rakic

들어, 축색의 성장을 억제하고 상처를 만드는 한 유전자 산물(EphA4)을 차단하면, 실험적으로 척수 손상을 입은 생쥐에서 뉴런이 재성장하고 기능이 회복되었다(Goldshmit, Galea, Wise, Bartlett, & Turnley, 2004). 다른 연구에서, 쥐의 한쪽 대뇌 반구에 뇌졸중을 일으키는 뉴런 성장 촉진제를 주입하였다. 3주 후에 연구자들은 손상되지 않은 측의 운동 및 체감각피질로부터 중뇌와 척수 안으로 축색들이 보상적으로 성장하는 것과 쥐의 운동 능력이 회복되는 것을 관찰하였다(P. Chen, Goldberg, Kolb, Lanser, & Benowitz, 2002). 유사하게 후각 영역으로부터 발원하는 교세포가 척수의 절단된 양 끝부분 사이의 3~4mm 틈에 비계로서 제공되었을 때 축색은 재성장하고 쥐는 다리를 다시 사용할 수 있게 되었다(Lu, Feron, Mackay-Sim, & Waite, 2002). 연구자들은 이 기술을 척수가 손상된 환자들에게 시험하고 있다(Feron et al., 2005).

가장 흥미로운 연구는 줄기세포(stem cells)를 이용해서 손상된 뉴런을 대체하는 것이다. 줄기세포는 뉴런, 근육 또는 혈액 등의 특화된 세포로 발달할 수 있는 분화되지 않은 세포다. 또한 태아의 줄기세포([그림 3-27])는 다양하게 분화할 수 있으므로 신체의 어떠한 세포로도 분화할 수 있다. 발달하는 세포의 운명은 특정 유전자를 켜거나 끄는, 환경으로부터의 화학 신호에 의해 결정된다. 그 이후에 줄기세포는 유연성을 잃고 피부, 창자나 (혈액세포를 만드는) 골수와 같은 세포가 매우 자주 바뀌는 영역에 제한된다. 뇌에서 줄기세포는 해마와 후구에서 끊임없이 뉴런을 만드는 신경 발생을 담당한다. 태아의 줄기세포를 성인의 신경계에 넣으면, 그 주입 영역에 맞는 뉴런으로 분화한다. 이 줄기세포는 쥐의 손상된 기저핵에서 도파민을 생산하는 뉴런을 대체한다. 결과적으로 쥐는 인간의 파킨슨병과 유사한 운동 결함으로부터 회복되었다(Ben-Hur et al., 2004). 부분적으로 마비된 쥐의 손상된 척수에서 운동 뉴런들이 손상된 운동 뉴런들을 대체하기 위해 연구자들은 재성장을 막는 장애물을 극복하고 뉴런들이 목표 근육으로 이동하게 하는 여러 단계의 전략을 사용하였다.

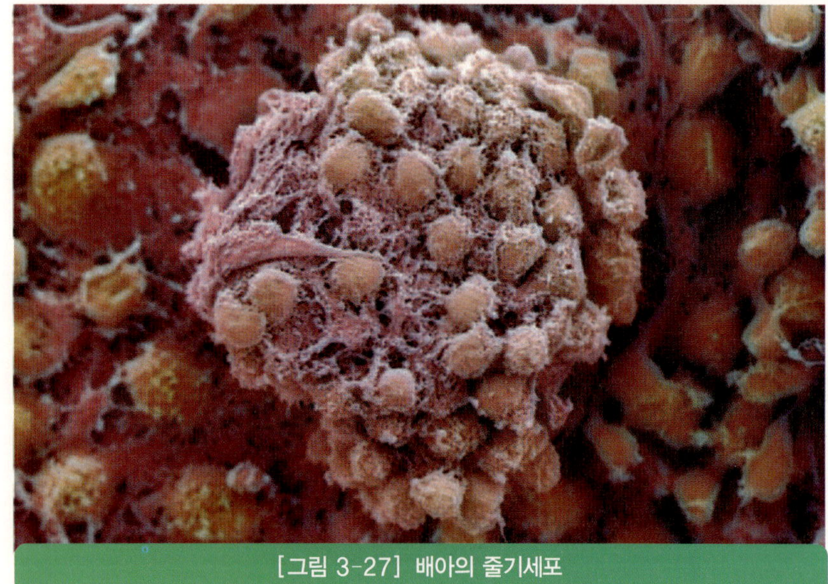

[그림 3-27] 배아의 줄기세포

줄기세포는 어떤 세포로도 분화가 가능하기 때문에 임상 치료에 엄청난 가능성을 제공한다.

출처: Professor Miodrag Stojkovic/Photo Researchers, Inc.

신경과학학회 연설 중에 리브는 자신이 가끔은 실험용 쥐가 되고 싶다고 농담을 하였다. 그는 이른바 활동 기반적 회복이라는 집중 재활 프로그램을 시작하였다(J. W. McDonald et al., 2002). 이 치료는 전기 자극을 사용하여 중요한 근육을 운동시키는 것이다. 예를 들어, 각 다리의 세 개의 근육에 전극을 위치시키고 순차적으로 자극하여 운동용 자전거의 페달을 움직이게 하는 것이다. 이 노력은 성과가 없는 것처럼 보였다. 리브의 사고 이후 5년이 지났으나 어떤 척수 손상 환자도(손상이 가장 심한) A등급으로부터 2년 후에 한 등급도 회복된 적이 없었다. 그러나 이 치료를 한 지 3년 후에 그의 터치 감각의 2/3가 돌아왔으며, 치료용 수영장에서 걷고, 팔로 수영 동작을 할 수 있었다. 결과적으로 그는 C등급으로 재분류되었다. 리브는 그의 목표인 혼자 걷기를 다시 할 수 있었을지도 모르지만, 2004년 10월 심장마비로 사망하였다. 크리스토퍼 리브 마비 재단(Christopher Reeve ParalysisFoundation)은 라몬 카할의 선언을 극복하기 위해 노력을 계속하고 있다.

개념 확인

- 신경계 발달의 네 번째 단계와 다섯 번째 단계인 성숙화를 설명하시오.
- 경험으로 인한 뇌의 변화에 대한 세 가지 예를 들어 보자.
- 중추신경계의 손상으로부터 회복하는 데에 어떤 장애물이 있으며, 이를 극복하기 위한 전략들은 무엇인가?

전 망

필자는 우리가 뇌와 그 기능에 대해 얼마나 아는가에 대해 이야기하면서 이 장을 끝낼 수 있다. 또는 우리가 얼마나 모르고 있는가를 이야기할 수도 있다. 이 중 어느 관점이라도 옳다. 이것은 유리잔에 물이 반쯤 차 있다고 말할지 아니면 반쯤 없다고 말할 것인지와 같은 고전적인 비유와 같다. 제1장에서 말했듯이 우리는 지난 세기 동안 놀랄 만한 진전을 이루어왔다. 우리는 뇌의 대부분 영역들의 기능을 알고 있다. 우리는 뇌가 어떻게 발달하고 뉴런이 어떻게 목적지를 찾고 기능적으로 연결되는지 알고 있다. 그리고 우리는 뉴런이 어떻게 복잡한 회로를 형성하고 뇌의 작업을 수행하는가를 이해하기 시작했다.

그러나 우리는 뇌가 널리 퍼져 있는 여러 영역에서 일어나는 활동을 어떻게 통합하여 행동, 결정이나 경험을 만드는지는 아직 모른다. 우리는 사고가 무엇인지 모른다. 우리는 손상된 뇌를 어떻게 고칠지도 모른다. 그러나 아직은 희망적이다. 다음 장들에서 우리는 우리의 지식이 방대하다는 것과 현재의 10년 안에 커다란 진전을 이루어 낼 단단한 기초를 가지고 있음을 알게 될 것이다.

요 약

중추신경계

- 중추신경계는 뇌와 척수를 포함한다.
- 중추신경계는 위계적으로 정열되어 있는데, 상부 구조물일수록 더 복잡한 기능을 수행한다.
- 대뇌피질은 가장 복잡한 기능을 하는 곳이다. 주름진 구조의 대뇌 반구는 면적이 최대가 되도록 한다.
- 〈표 3-2〉에는 뇌의 주요 구조와 기능이 나와 있다.
- 비록 편재화가 뇌의 중요한 기능적 원리이지만, 대부분의 기능은 여러 구조물의 상호작용에 의존한다.
- 척수는 목 아래 부분의 신체와 뇌의 연결 통로이며, 감각-운동의 반사를 수행한다.
- 뇌척수막과 뇌척수액은 뇌를 충격에서 보호해 준다. 혈뇌장벽은 독성물질과 혈액에서 생성되는 신경전달물질이 뇌로 들어가는 것을 막아 준다.

말초신경계

- [그림 3-18]은 신경계를 구분한 요약이다.
- 말초신경계는 뇌신경 및 척수신경 또는 체성신경계 및 자율신경계를 포함한다.
- 체성신경계는 감각신경과 골격근을 통제하는 신경을 포함한다.
- 자율신경계의 교감신경 분파는 활동을 위해 신체를 준비시킨다. 부교감신경 분파는 에너지를 보존하고 새로 만든다.
- 교감신경절 연쇄의 상호 연결은 교감신경계가 부교감신경계와는 달리 전체로서 기능하는 경향이 있음을 말해 준다.

신경계의 발달과 변화

- 태어나기 전의 신경계의 발달은 다음을 포함한다.
  ① 증식: 분화에 의한 뉴런의 증가
  ② 이주: 뉴런이 표적지로 이동하는 것
  ③ 회로 형성: 표적을 향한 축색의 성장과 이곳으로의 연결
  ④ 회로 가지치기: 과도하게 많은 뉴런과 잘못된 시냅스들의 제거
- 수초화는 청소년기를 지나 그 이후까지 지속되며, 최상위의 뇌 영역이 가장 늦게 마무리된다.
- 경험은 뇌의 구조와 기능에 변화를 준다.
- 포유류의 중추신경계에서 어느 정도의 회복은 일어나지만, 뉴런 발생이나 재생에 의해 손상된 것이 복구되는 일은 드물다. 복구를 증가시키는 것이 연구의 주요 쟁점이다.

핵심 용어

가소성(Plasticity)
교(Pons)
교감신경계(Sympathetic nervous system)
교감신경절 연쇄(Sympathetic ganglion chain)
구(Sulcus)
내측의(Medial)
뇌량(Corpus callosum)
뇌신경(Cranial nerves)
뇌실(Ventricle)
뇌척수막(Meninges)
뇌척수액(Cerebrospinal fluid)
뉴런(Neuron)
뉴로트로핀(성장 호르몬의 일종)(Neurotrophins)
대뇌 반구(Cerebral hemispheres)
대뇌열(Fissure)
두정엽(Parietal lobe)
말초신경계(Peripheral nervous system)
망상체(Reticular formation)
무시하다(Neglect)
반사(Reflex)
방사상 교세포(Radial glial cells)
배측의(Dorsal)
베르니케 영역(Wernicke' s area)
보상(Compensation)
복측의(Ventral)
부교감신경계(Parasympathetic nervous system)
브로카 영역(Broca' s area)
상(위)의(Superior)
상소구(Superior colliculi)
성장추(Growth cone)
소뇌(Cerebellum)
송과선(Pineal gland)
수두증(Hydrocephalus)
시각피질(Visual cortex)
시상(Thalamus)
시상하부(Hypothalamus)
신경 발생(Neurogenesis)
신경(Nerve)
신경로(Tract)
신경절(Ganglion)
연수(Medulla)
연합 영역(association area)
외측열(Lateral fissure)
외측의(Lateral)
운동피질(Motor cortex)
일차 체감각피질(Primary somatosensory cortex)
자율신경계(autonomic nervous system)
재구조화(Reorganization)
재생(Regeneration)
전근(Ventral root)
전두엽 절제술(Lobotomy)
전두엽(Frontal lobe)
전전두피질(Prefrontal cortex)
전측의(anterior)
정신외과술(Psychosurgery)
종열(Longitudinal fissure)
줄기세포(Stem cell)
중뇌(Midbrain)
중심구(Central sulcus)
중심전회(Precentral gyrus)
중추신경계(central nervous system)
증식(Proliferation)
척수신경(Spinal nerves)
척수(Spinal cord)
청각피질(auditory cortex)
체성신경계(Somatic nervous system)
측두엽(Temporal lobe)
태아 알코올 증후군(Fetal alcohol syndrome)
피질(Cortex)
하소구(Inferior colliculi)
하측두엽(Inferior temporal cortex)
하측의(Inferior)
핵(Nucleus)
혈뇌장벽(blood brain barrier)

회(Gyrus)
회로 가지치기(Circuit pruning)
회로 형성(Circuit formation)
후근(Dorsal root)
후두엽(Occipital lobe)
후측의(Posterior)

Chapter 4

연구 방법과 윤리

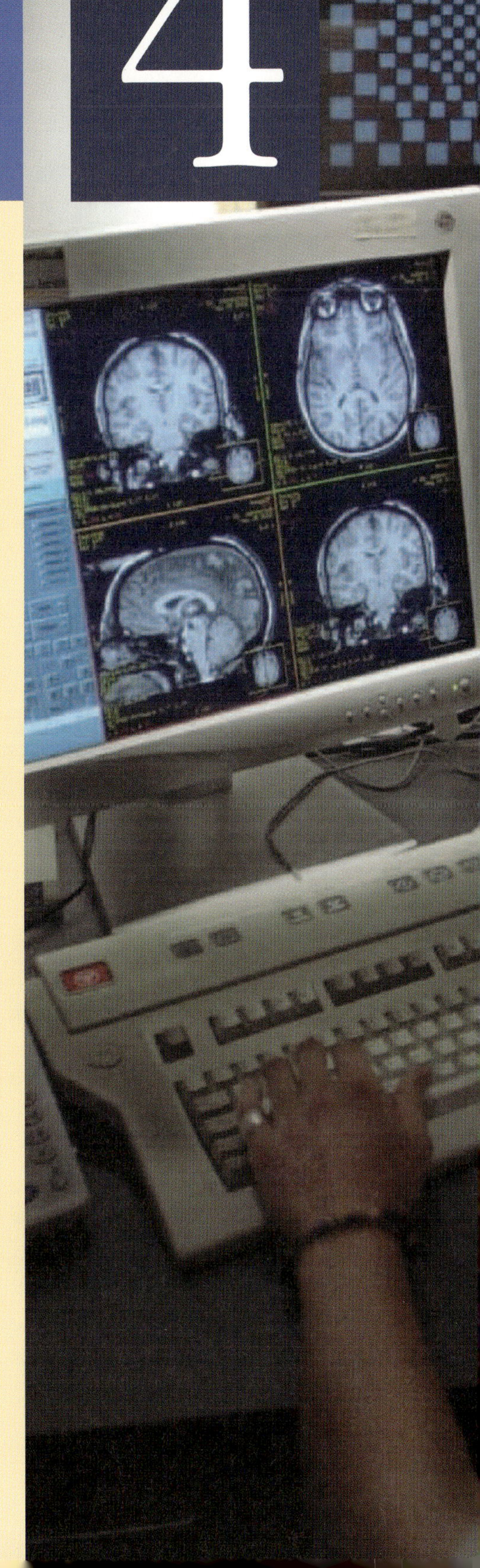

과학, 연구와 이론
과학의 이론과 가설
실험 연구와 상관 연구

연구 기법
뉴런 염색과 영상 기법
광학 및 전자현미경 검사법
뇌 활동의 측정과 조작
뇌영상 기법
유전에 대한 연구

연구 윤리
표절과 조작
연구 참여자의 권익 보호
유전자 치료
줄기세포 치료

이 장에서 배울 내용
- 과학 이론의 가치와 실험 및 상관관계 연구의 상대적 장점은 무엇인가?
- 생물심리학자들이 연구하는 방법은 무엇인가?
- 왜 생물심리학에서 윤리적 문제가 생기는가?

애샨티 디실버(Ashanthi Desilva)는 태어난 지 이틀 후에 처음으로 감염이 되었다. 두 살 때, 그녀는 그녀의 잦은 병치레와 느린 성장이 중증 복합형 면역부전증(severe combined immunodeficiency: SCID)에 기인한다고 진단받았다. 이 병은 '풍선소년병(bubble-boy disease)'으로 알려져 있는데, 초기의 환자가 살균된 플라스틱 텐트 안에서 살았기 때문에 그런 이름이 붙었다([그림 4-1]). 그녀의 면역계는 너무 약해서 자주 감염되었고 몸무게도 아주 천천히 증가하였다. 전통적인 효소 치료법으로는 부족해서 그녀의 부모는 네 살인 그녀가 혁신적인 실험 치료를 받게 하였다. SCID는 잘못된 유전자에서 기인하므로, 의사들은 건강한 유전자를 그녀의 면역세포에 주입하였다(Blaese et al., 1995). 애샨티는 이제 어른이 되었고, 클리블랜드의 교외에서 정상적인 생활을 하고 있다(Springen, 2004). 그녀의 건강과 정상적인 면역성은 유전자 연구의 힘을 조용히 증언하고 있다.

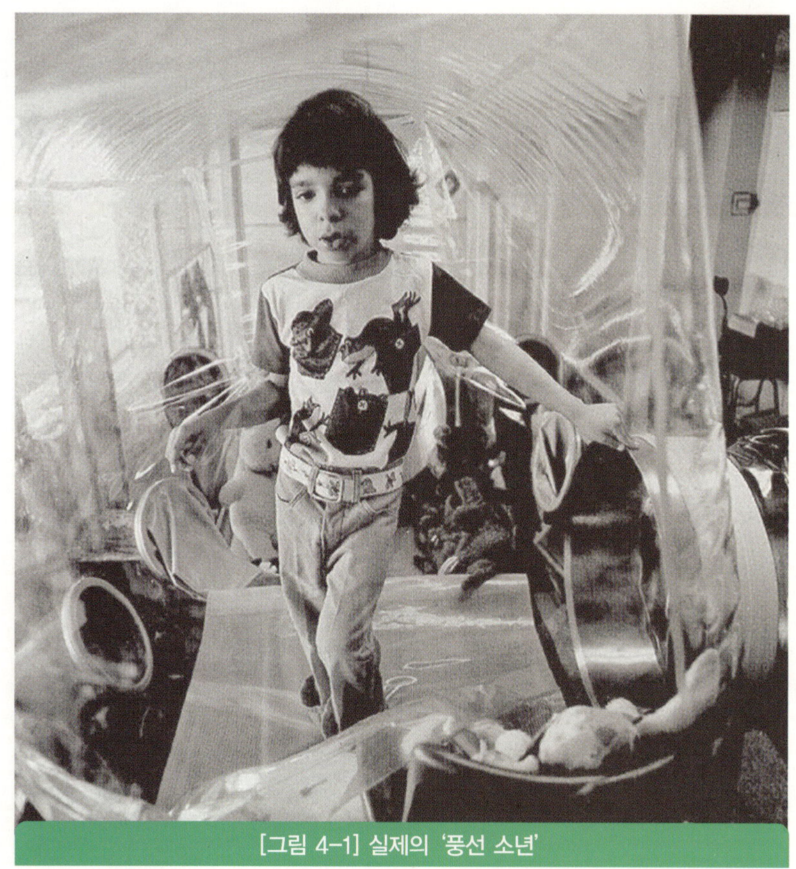

[그림 4-1] 실제의 '풍선 소년'

SCID로 가장 널리 알려진 환자로, 사소한 감염도 치명적이어서 살균된 텐트 안에서 살아야 했다. 연구의 진전으로 현재는 유전자 조작에 의해 치료가 가능하다.

출처: AP Photo/File.

몇 년 전만 해도 애샨티의 치료, 유전자 치료, 그리고 이후에 보게 될 줄기세포를 이용한 치료는 기적과도 같은 일이었다. 이 돌파구는 전 세대의 축적된 지식을 바탕으로 의학자와 신경과학자들이 만든 재능의 결과다. 이 성과는 또한 실험 디자인 기법과 같은 더 우수한 연구 방법의 결과다. 이는 생물심리학에서 연구 방법이 중요한 역할을 수행한다는 것을 시사하지만, 우리의 진보한 기술로 인한 윤리적인 문제도 포함한다. 먼저 연구에 대한 중요한 몇 가지를 살펴보겠다. 이에 대해서는 예전에도 보았겠지만, 생물심리학의 관점에서 다시 강조할 필요가 있다.

과학, 연구와 이론

과학(science)은 그 지식이 아니라 지식의 습득 방법에 따라 구별된다. 제1장에서 배운 것처럼 과학자의 주된 연구법은 경험(empiricism)이다. 직관, 전통이나 논리에만 의존하기보다는 정보의 관찰(observation)에 의존한다는 것이다. 데카르트는 영혼이 있다는 전통적인 가정에서 출발하여, 영혼이 뇌를 통제하는 논리적인 장소처럼 보이는 송과선에 영혼이 있다고 주장하였다. 아리스토텔레스는 동일한 논리를 사용하여 심장이 생명에 필수적이므로 영혼이 심장에 위치한다고 주장하였다(그는 뇌의 기능이 혈액을 식히는 데 있다고 생각하였다). 관찰은 지식을 습득하는 데에 있어서 다른 대안적인 방법보다 더 객관적인 방법이다. 두 관찰자들이 직관이나 논리를 사용하는 두 사람들보다는 관찰한 것에 대하여(꼭 해석할 필요는 없음) 동일한 결론을 내릴 가능성이 더 높다.

생물심리학자들과 과학자들은 관찰과 다른 모든 (과학적) 방법론에 대한 확신이 높다. 그러나 여러분은 과학 논문에서 "~처럼 보인다." "아마 ~"와 "결과는 ~ 제안한다." 같은 문장을 자주 볼 것이다. 따라서 여러분은 왜 과학자들이 항상 조심스럽게 주장을 하는 것인지 의아할 것이다.

과학의 이론과 가설

하나의 이유는 이 분야가 매우 복잡해서 연구에 오류가 있든지 아니면 새로운 결과가 나와서 예전의 결과를 해석하는 방법을 바꿀 가능성이 항상 존재하기 때문이다. 두 번째 이유는 전체 대상에서 일부의 데이터와 피험자를 대상으로 결론을 내리기 때문이다. 아주 잘 설계된 실험에서도 확률의 법칙에 따르면, 비정상적인 피험자가 존재하거나 우리가 연구하는 변인과 상관 없는 것으로 경미하지만 중요하게 결과가 달라지는 경우도 생기기 때문이다.

과학자들은 지식이 빨리 변하며, 오늘 중요하게 여겼던 생각이 내일 쓸모없게 될 수 있다는 것을 알고 있다. 한 가지 예로, 최근까지 손상된 축색이 재성장한다는 것, 또는 영장류의 중추신경계에서 신경 발생이 일어난다는 사실을 아무도 믿지 않았다(Rakic, 1985). 과학자들이 '진실'과 '증명' 같은 단어를 거의 사용하지 않는 것은 그 용어들이 확정적인 사실을 의미하기 때문이다. 이런 불확실성이 불편할지도 모르지만, 수세기에 걸친 경험은 진실에 대한 확실성도 완전히 겁내지 않는다면 불편할 수 있음을 보여 왔다.

? 과학자들은 왜 그렇게 조심스러운가?

연구자들이 모호함에서 벗어나는 하나의 방법은 이론(theory)을 통하는 것이다. 이론은 어떤 현상을 설명하기 위해 다양한 관찰을 통합하고 해석하는 것이다. 예를 들어, 정신분열증을 연구하는 학자들은 암페타민을 과다 복용한 사람들이 환각과 망상을 보이며 응급실에 들어왔을 때 그들을 정신분열증 환자로 잘못 진단할 수 있다는 것을 알고 있다. 그들은 또한 암페타민이 신경전달물질처럼 도파민을 분비하는 뉴런의 활동을 증가시킨다는 것을 알고 있다. 이 사실들을 바탕으로 연구자들은 정신분열증이 뇌에서 도파민의 과다한 활동으로 인한 것이라고 제안하였다.

이론은 현존하는 사실을 설명하고, 또한 앞으로의 연구로 안내하는 가설(hypothesis)을 세우게 한다. 도파민 이론에서 나온 하나의 가설은 도파민 활동을 감소시키는 약물이 정신분열증의 증상을 완화시킬 것이라는 것이다. 이 가설은 검증될 수 있는데, 이것은 좋은 이론의 필요조건이다. 이 가설은 대부분의 정신분열증에서 입증이 되었지만, 그렇지 않은 경우도 있었다. 따라서 지금의 우리는 도파민 가설이 정신분열증에 대한 완전한 설명이 되지 못한다는 것을 알고 있다. 그러나 오류가 있는 이론조차도 차후의 연구에 영감을 불어넣어서 더 많은 지식과 또 다른 가설을 만들게 한다. 하지만 가장 좋은 이론도 여전히 이론일 뿐이다. 이론과 경험론은 자가 수정과 변화와 새로움에 대한 열린 가능성을 보여 주는 과학의 기초다.

이제 우리는 가장 복잡하게 얽힌 연구 문제 중 하나를 살펴보고자 한다. 이 책 전반에 걸쳐 논의되는 연구의 근거를 평가하기 위해 생각해 보아야 할 것이다.

실험 연구와 상관 연구

관찰은 과학에서 넓은 의미를 가진다. 어떤 생물심리학자는 남자아이와 여자아이의 차이를 보기 위해 놀이터에 있는 아이들의 공격적 행동을 관찰하거나(자연관찰 연구, naturalistic observation), 자동차 사고로 뇌 손상을 입은 후에 난폭해진 환자에게 양전자방출단층촬영법(positron emission tomography: PET)으로 뇌를 스캔해서 보고하거나(사례 연구, case study), 생리 전에 일부 여성들이 더 공격적이 되는지를 설문조사하거나(조사 연구, survey), 아니면 뇌의 일부를 전기자극하여 어떤 부분이 공격적인 행동을 조절하는지를 살펴볼지도 모른다(실험 연구, experiment). 이런 여러 연구 방법론이 실험 연구(experimental study)와 상관 연구(correlational study)의 넓은 범주 안에 들어간다.

? 실험 연구가 상관 연구에 비해 더 나은 장점은?

실험은 연구자가 피험자의 행동 변화(종속 변인, dependent variable)를 야기할 것으로 기대되는 조건(독립 변인, independent variable)을 조작하는 하나의 연구다. 실험자는 또한 행동에 영향을 주는 가외 변인(extraneous variable)을 제거하거나 피험자들 간에 이 변인의 영향을 균질화한다. 예를 들어, 환경적인 방해 요인을 제거하기 위해 피험자들에게 카페인이나 다른 자극제를 복용하지 않게 하고 동일한 시간에 실험을 하는 것이다. 상관 연구에서 연구자는 독립 변인을 통제하지 않고 두 변인이 서로 연결되는지를 관찰한다. 우리가 PET를 사용하여 폭력범들의 전두엽의 활동이 더 자주 손상되었는지를 보는 것은 상관 연구다. 만일 우리가 손상(독립 변인)을 일으키고, 이것이 폭력(종속 변인)을 일으키는지를 관찰한다면, 우리는 실험을 하는 것이다.

[그림 4-2]는 공격적 행동에 대한 상관 연구와 실험 연구의 차이를 나타내고 있다. 폭력범들이 흔히 전두엽의 기능이 손상되었다는 관찰을 바탕으로, 우리는 손상된 개인의 대규모 집단을 (PET를 사용하거나 행동이나 인지 검사를 통해) 확인하고, 그들이 폭력 범죄의 기록을 가지고 있는지를 조사해 볼 수 있다. 우리는 그들이 그렇게 행동한다는 것을 찾아낼 수 있겠지만, [그림 4-2a]에 따르면 해석에 문제가 나타날 수 있다. 알다시피, 개인의 뇌 손상이 범죄 행위를 하는 동안에 발생했을 수도 있다. 또는 전두엽 손상과 범죄 행위가 어린 시절의 신체적 학대나 장기간의 약물 사용 등의 제3의 변인에 의한 것일 수도 있다. 이런 변인들은 서로 혼입되어 있을 가능성이 있어서 우리는 이들의 효과를 분리할 수 없다. 다시 말하면, 상관 연구에서는 원인과 결과에 대해 결론을 내릴 수 없다.

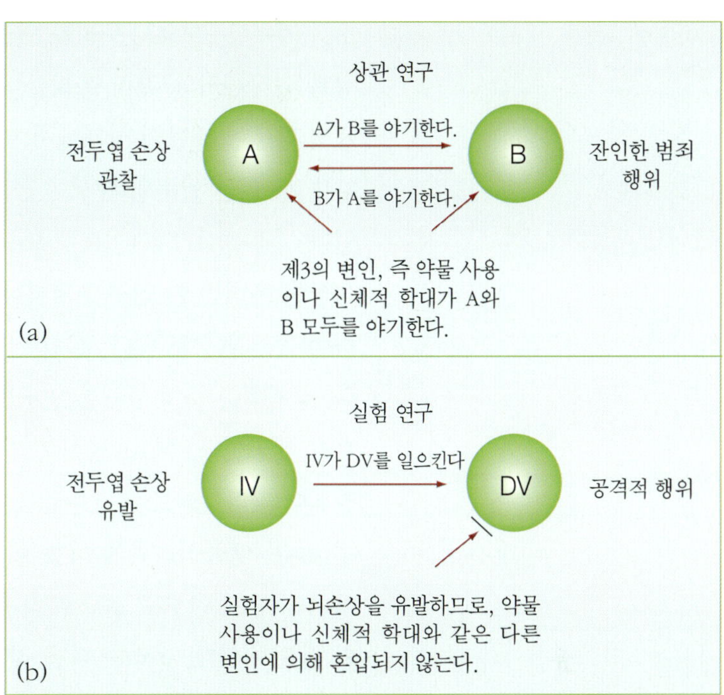

[그림 4-2] 상관 연구와 실험 연구

(a) 상관 연구에서는 A가 B에 영향을 주는지, B가 A에 영향을 주는지, 아니면 제3의 변인이 두 개 모두에 영향을 주는지 알 수 없다. (b) 실험 연구에서 연구자는 독립 변인을 조작하여 종속변인에 변화를 야기하여 인과관계를 검증한다. (빨간 화살표는 가능한 인과적 해석을 보여 준다.)

이 연구를 실험으로 하면 어떨까? 윤리적 이유로, 물론 인간 피험자에게 뇌 손상을 일으킬 수 없다. 그러나 제3장에서 보면 연구자들이 전자기장을 이용하여 맹인들의 시각피질의 활동을 교란시켰다. 이제 경두개 자기 자극법(transcranial magnetic stimulation)을 이용하여 가상 지원자의 전두엽을 일시적으로 마비시켜 보자. 우리는 실험실에서 폭력적인 행동을 볼 수는 없을 것이다. 그러나 정서에 대한 다른 장에서 다룰 유사한 기법을 이용할 수 있다. 우리는 다른 가상의 피험자에 의해 전기 충격이 통제된다고 위장하고 해당 피험자에게 경미한 전기 충격을 몇 번 줄 것이다. 그리고 이 피험자가 보복으로 되돌려 주는 전기 충격의 강도를 기록할 것이다. 우리가 연구 참가자를 선택하고 뇌손상을 일으켰기 때문에 상관 연구에서와 같이 우리를 괴롭히는 혼입 변인을 제거하였다. 피험자의 전두엽 활동이 교란된 상태에서 이 피험자가 더 강한 전기 충격을 가하는 것을 본다면, 우리는 전두엽 손상이 공격 행동을 증가시키는 원인이 된다고 확신할 수 있다.

물론 우리는 이 연구가 얼마나 실제 뇌손상과 공격행동을 잘 반영하는지에 관하여 논쟁할 수도 있다. 실험 연구에서 통제를 더 많이 할수록 더 인공적일 것이다. 실험법은 가장 강력한 연구법이지만, 상관 연구 또한 특별하고 가치 있는 정보를 제공한다. 예로, 정신분열증을 앓는 부모의 아이들이 정상적인 가정에 입양되어 자라더라도 정신분열증이 생길 확률이 높다는 정보는 상관 연구로 얻을 수 있다. 생물심리학에 대한 이해를 증가시키기 위해서 우리는 실험 연구뿐만 아니라 상관 연구도 필요로 하지만, 이들에 대한 결과를 해석하는 데에도 조심할 필요가 있다. 우리는 다음 절의 연구 기법과 후속 장에서 제공할 연구를 살펴볼 때 이 점을 명심해야 하겠다.

개념 확인

- 경험론의 가치는 무엇이며, 이론의 가치는 무엇인가?
- 한 과학자가 학생들에게 '나는 내 연구가 진실을 찾을 것이라고 기대하지 않는다.' 라고 말할 때, 그 이유는 무엇인가?

연구 기법

뇌는 비밀을 쉽게 알려 주지 않는다. 시계를 상자에서 꺼내어 톱니가 돌아가고 스프링이 늘어나는 것을 관찰하면, 시계가 어떻게 시간을 측정하는지를 이해할 수 있을 것이다. 그러나 두개골을 열어 보더라도 뇌가 어떻게 작동하는지는 여전히 수수께끼다. 여기에 과학자들이 접근 가능한 관찰의 범위를 넓히기 위해 연구 기법이 필요하다. 이 책의 나머지 부분의 내용과 해당 정보의 제한점을 이해하기 위해서는 연구자들이 어떻게 결론에 도달하는지를 알 필요가 있다. 주요 연구 기법에 대한 다음의 개관은 축약되어 있지만, 이것은 이 책의 나머지 부분을 이해하는 데에 도움이 될 것이다. 우리는 나아가면서 다른 연구법을 추가할 것이다.

뉴런 염색과 영상 기법

신경계를 육안으로 볼 가능성이 별로 없다는 것을 알아차리는 데는 그리 오래 걸리지 않았지만, 현미경의 발달은 선구자들이 육안 해부학에서 발견한 것을 넘어서게 해 주었다. 하지만 뉴런은 서로 복잡하게 얽혀 있어서 확대해도 서로 구분하기란 쉽지 않다. 골지 염색법(Golgi stain)은 뉴런의 5% 정도를 무작위로 염색하여 복잡한 뉴런의 배경에서 일부를 눈에 띄게 해 준다([그림 4-3a]). 제2장에서 보았듯이 이탈리아의 해부학자인 카밀로 골지(Camillo Golgi)는 이 기법을 1875년에 개발하였고, 곧이어 스페인의 산티아고 라몬 카할(Santiago Ramon y Cajal)이 이 기법을 사용하여 뉴런들이 별개의 세포들임을 발견하였다. 골지와 카할은 이 공헌으로 1906년에 생리학과 의학 분야에서 노벨상을 공동 수상하였다.

? 골지 염색이 가져온 주요 발견은 무엇인가?

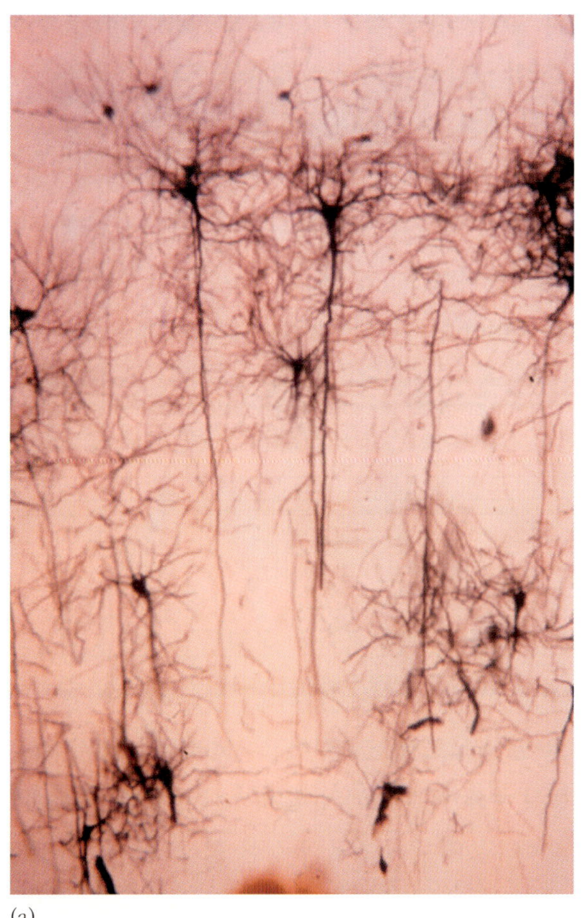
(a)

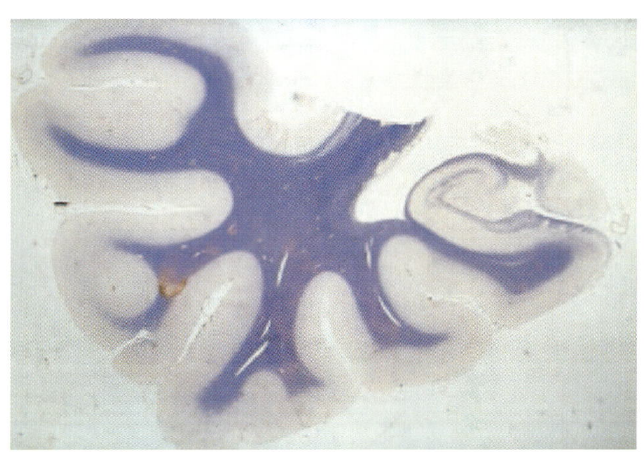
(b)

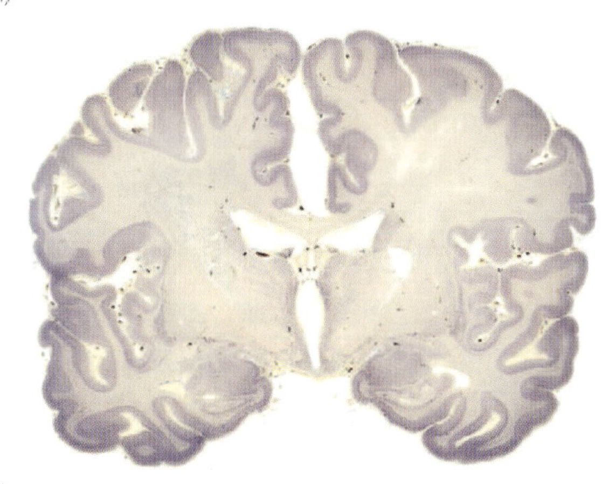
(c)

[그림 4-3] 세 가지 염색 기법

(a) 골지 염색은 개개의 뉴런을 무작위로 염색한다. (b) 수초 염색은 백질을 강조하여 신경 연결로들을 보여 준다(파란색 부분). (c) 니슬 염색은 뉴런의 세포체를 염색한다(어둡게 염색된 부분).

출처: (a) Dr. John D. Cunningham/Visuals Unlimited. (b) Photo Researchers. (c) brainmuseum.org/NSF.

다른 염색법들도 연구자들이 신경계를 연구하는 데 중요한 수단을 제공하였다. 수초 염색(myelin stain)에서는 축색을 감싸고 절연시키는 지방질인 수초가 특정의 염색물질을 흡수한다. 이 염색은 신경로들을 확인하는 데에 쓰인다. [그림 4-3b]에서 뇌 조직의 절편은 여러 신경로가 만나는 내부는 짙게 염색되고, 세포체가 위치하는 부분은 연하게 염색되거나 전혀 염색이 되지 않음을 보여 준다. 니슬 염색(Nissl stain)은 이와 반대로 작용하며, 뉴런의 세포체를 확인하는 데에 쓰인다([그림 4-3c]).

다음 세대의 염색법은 뉴런의 근원이나 목적지를 알기 위해 신경로를 추적하는 데에 쓰인다. 즉, 이것은 뇌의 어느 부분이 다른 부분과 교신하고 있는지를 알기 위해 쓰인다. 이런 방법은 뉴런이 끊임없이 축색을 따라 물질을 위아래로 이동시킨다는 사실을 이용한 것이다. 예를 들어, 화학물질인 플루어로골드(fluorogold)를 뇌의 일부분에 주입하면, 뉴런의 종말에 의해 흡수되어 세포체로 이동한다. 이 때 적절한 파장의 빛을 쪼이면 플루어로골드는 빛을 발하는 형광을 띠기 때문에 현미경을 사용하여 주입된 뇌 부위의 입력을 어느 뇌 영역이 받는지를 확인할 수 있다. 구체적인 예로, 쥐의 상소구에 주입된 플루어로골드는 며칠 뒤에 눈의 뒷부분에 있는 뉴런에서 나타날 것이다.

? | 자가방사 기록법의 장점은 무엇인가?

이런 염색과 추적 방법은 세부적인 뇌 구조를 밝혀 주지만, 기능에 대해서는 아무것도 알려 주지 못한다. 자가방사법(autoradiography)은 염색처럼 뉴런을 눈에 띄게 할 뿐만 아니라 어떤 뉴런이 활성화되는지를 드러내며, 이 정보가 동물이 행하는 행동과 연결되어 있음을 보여 준다. 이 방법에서 동물은 포도당의 한 종류인 2-탈산 포도당(2-deoxyglucose: 2-DG)과 같은 방사성 물질을 주입받는다. 그런 후에 연구자는 시각 자극을 제시하거나 학습 과제를 주어 동물을 자극시킨다. 활성화된 뉴런은 더 많은 포도당을 흡수하게 된다. 2-DG는 포도당과 유사하기 때문에 이 활성화에 관여하는 뉴런들은 방사적으로 표지된다. 제10장에서 이 기법의 예를 볼 것인데, 시각 연구자들이 눈에서 빛에 반응하는 세포가 시각 피질에 어떻게 투사되는지를 지도화하였다(Tootell, Silverman, Switkes, & De Valois, 1982). 원숭이에게 2-탈산 포도당을 주입하고 기하학적인 시각 자극을 제시하였다. 이 동물은 희생된 후에 피질 조직의 절편이 사진 필름에 올려졌다. 필름에 방사성 영역이 노출이 되고, 원래 자극의 상이 형성되었다. 이것은 체감각 투사 영역이 신체에 대한 지도를 가지고 있는 것과 똑같이 시각 피질이 시각적으로 민감한 망막과 시각 세계에 대해서 지도화함을 확증해 준다([그림 4-4a]).

이 방법의 다른 목적은 특정 약물이나 신경전달물질에 대한 수용기의 양이나 위치를 측정하는 것이다. 캔데이스 퍼어트(Candace Pert)는 통증을 완화시켜 주

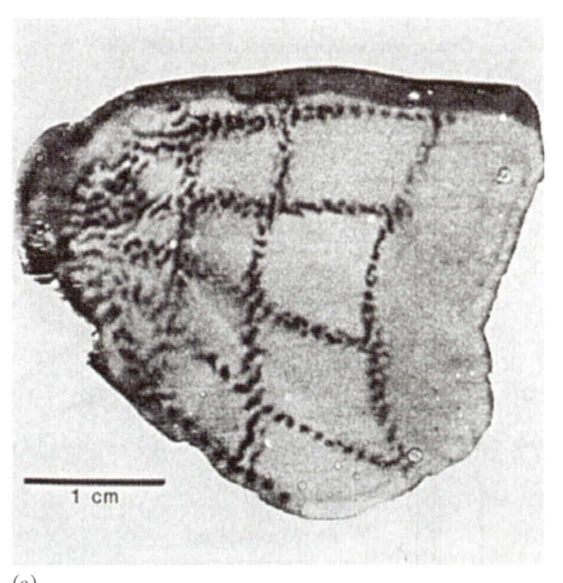

(a)

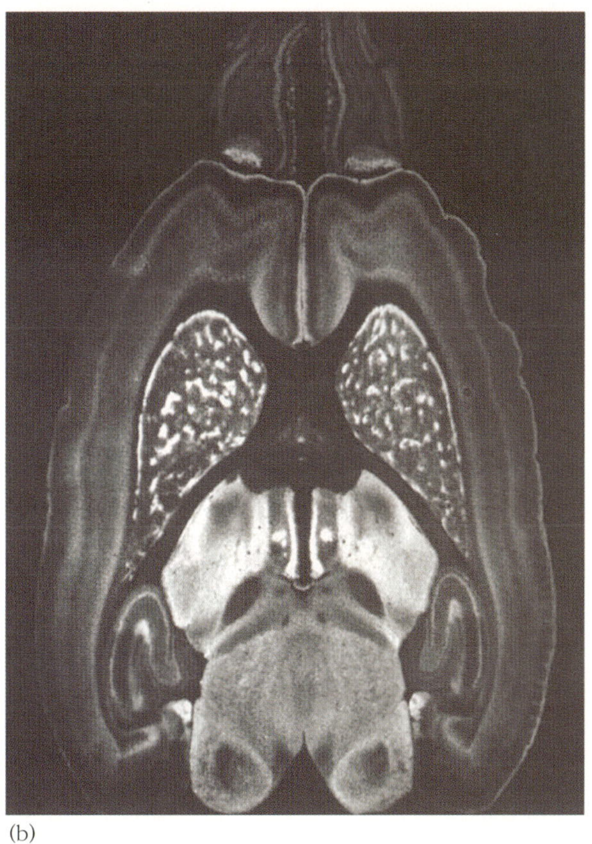
(b)

[그림 4-4] 자가방사 기록법

(a) 기하학적 자극을 보여 주기 전에 원숭이에게 방사선 2-DG를 주입하였다. 원숭이가 희생된 후에 뇌 절편을 필름 위에 올린다—방사능의 활동 패턴이 사진에서와 같이 나타난다. (b) 방사성 날록손(아편제의 길항제)에 담근 쥐의 뇌에서 얻은 수평 절편에 대한 자가방사적 기록이다. 흰색 부분이 아편 수용기의 분포를 가리킨다. 절편은 시상 수준에서 얻었다. 그림의 윗부분이 뇌의 앞부분이다.

출처: (a) Reprinted with permission from R. B. H. Tootell et al., "Deoxyglucose analysis of retinotopic organization in primate striate cortex," *Science, 218*, pp. 902-904. Copyright 1982 American Association for the Advancement of Science (AAAS). (b) Herkenham, M. A., & Pert, C. B. (1982). Light microscopic localization of brain opiate receptors: A general autoradiographic method which preserves tissue quality. *Journal of Neuroscience, 2*, 1129-1149.

는 약물의 효과를 설명하는 아편약물(아편, 몰핀과 헤로인 등)의 수용기가 뇌에 있는지를 찾기 위해서 이 방법을 사용하였다(Herkenham & Pert, 1982; Pert & Snyder, 1973). 먼저 그녀는 쥐의 뇌를 방사성 날록손(naloxone)에 담구어 두었다. 날록손은 아편제의 효과를 상쇄하므로, 예상되는 수용기를 차단할 것이다. 그 후에 뇌를 필름에 올려놓았다. 아편 수용기의 위치를 강조하면서 뇌의 모양이 필름에 나타났다([그림 4-4b]). 이 절차는 단지 한 가지의 아편 수용기만을 확인할 수 있었지만 이 수용기가 존재한다는 것을 보여 주었고, 뇌가 스스로 아편을 만든다는 것을 의미하기 때문에 중요한 출발점이었다.

방사능 대신에 면역세포 화학법(immunocytochemistry)은 수용기, 신경전달물질이나 효소와 같은 세포 성분을 확인하기 위해서 항체를 염료에 부착하여 사용

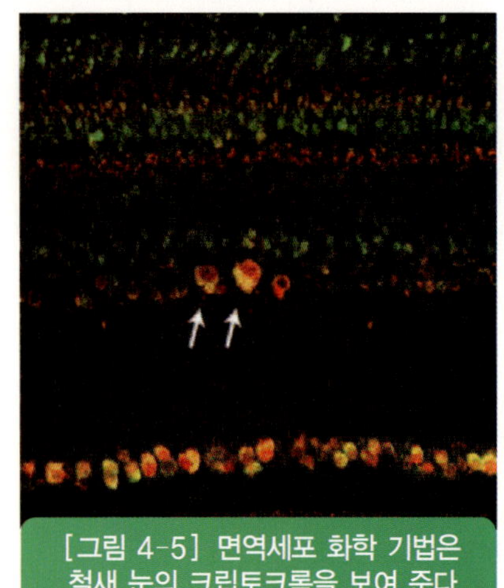

[그림 4-5] 면역세포 화학 기법은 철새 눈의 크립토크롬을 보여 준다

크립토크롬을 가진 뉴런은 오렌지색으로 염색된다. 화살표로 표시된 큰 뉴런들은 자기장 자극에 반응하는 뇌 영역으로 투사한다.

출처: H. Mouritsen et al., "Cryptochromes and Neuronal-Activity Markers Colocalize In the Retina of Migratory Birds During Magnetic Orientation," *PNAS, 101*, pp. 14294-14299. © 2004 H. Mouritsen. Used with permission.

한다. 이 기법은 신체에서 외부 침입자를 공격하는 항체가 세포의 특정 요소에 맞게 디자인될 수 있다는 사실을 활용한다. 보통 형광을 띠는 염료는 조직을 떼어내어 현미경으로 보면 항체의 목표물을 보이게 한다. 야간 철새는 지구의 자기장을 이용하여 여행을 하는데, 그 새의 자기장 측정기는 망막의 일부 뉴런에서 발견되는 분자인 크립토크롬(cryptochrome)으로 추정된다. 독일의 헨릭 모우리첸(Henrik Mouritsen)과 그의 동료들(2004)은 이것을 증명하는 증거를 찾았다. 면역세포 화학법을 이용하여 정원 솔새(garden warbler)와 금화조(zebra finch)는 모두 낮 시간에 크립토크롬이 망막에 많이 존재했지만, 밤에는 정원 솔새의 크립토크롬은 거의 사라졌다. 하지만 야간 철새인 금화조의 눈에서 크립토크롬이 증가하였다([그림 4-5]).

그러나 이 연구를 시작할 수 있기 전에는 모우리첸의 팀은 CRY1 또는 CRY2 중에서 어느 종류의 크립토크롬에 집중해야 할지 결정해야 했다. 그래서 그들은 특별한 유전자들(이 경우, cry1 유전자와 cry2 유전자)이 어디에서 활성화되는지를 결정하는 또 하나의 강력한 연구 기법을 사용하였다. 제1장에서 배운 유전자가 단백질의 생산을 조절한다는 것을 기억하자. 세포의 핵에서 세포질로 DNA 한 가닥의 복제인 전령 RNA(messenger

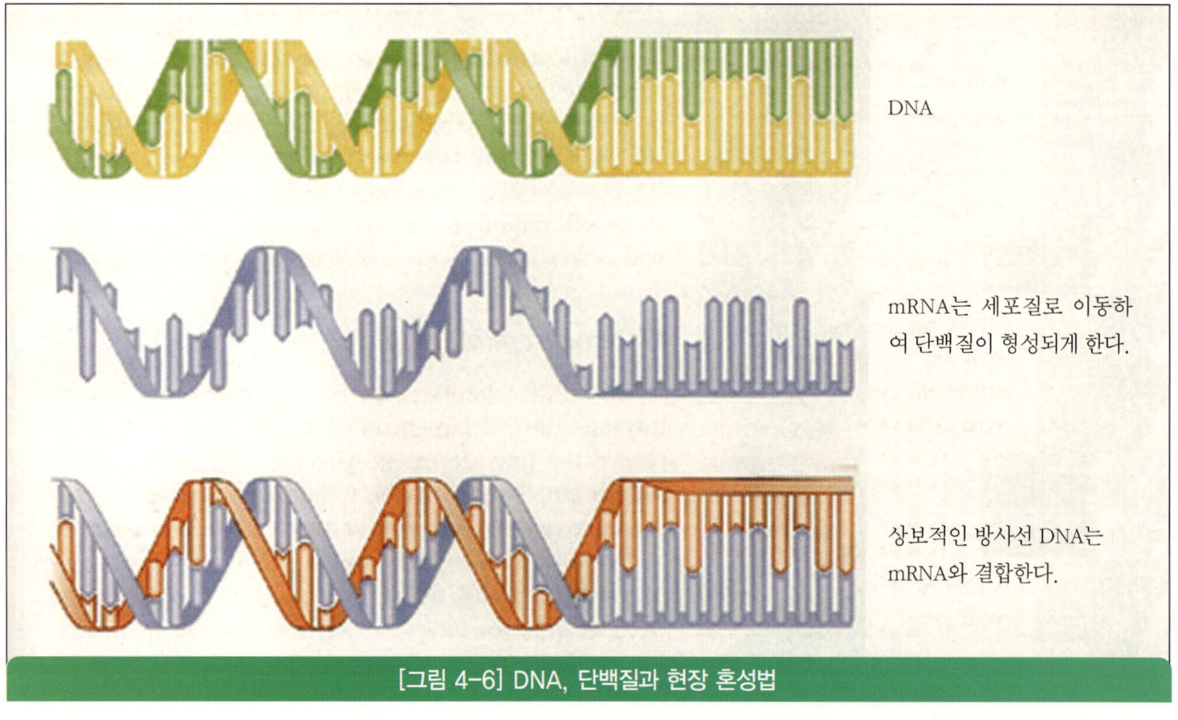

[그림 4-6] DNA, 단백질과 현장 혼성법

mRNA는 DNA의 한 가닥을 복사하고, 단백질의 발달을 조절하는 세포질로 이동한다. 연구자들은 상보적인 방사선 DNA를 이용하여 유전자 활동의 위치를 추적한다.

ribonucleic acid: mRNA)에 의해 단백질 생산에 대한 지시가 내려진다. 따라서 특정의 전령 RNA의 위치를 알면 우리는 그 장소에서 그 유전자가 활성화된다는 것을 알 수 있다. 이는 현장 혼성화(in situ hybridization)에 의해 가능하다. 현장 혼성화는 전령 RNA에 부착되는 상보적인 DNA의 끈을 만드는 것이다. 이 상보적인 DNA가 방사능을 띠게 만들기 때문에 이후에 유전자 활동의 위치를 결정하기 위해서 자기방사 기록법(autoradiography)을 사용할 수 있다([그림 4-6]). 연구자들은 CRY2는 세포핵에서 그리고 CRY1은 핵 외부에서 만들어진다는 것을 발견하였다. 자기장 수용기는 핵 외부에서 기능할 가능성이 더 높으므로, 연구자들은 이 크립토크롬(즉, CRY1)에 연구를 제한하였다.

광학 및 전자현미경 검사법

3세기에 걸쳐 생물학의 진보는 광학현미경(light microscope)의 발달과 밀접한 관계가 있었다. 현미경은 물방울을 확대경으로 사용했던 초보적인 장비에서 하나의 렌즈만을 가진 단순한 현미경을 거쳐 여러 개의 렌즈를 가진 복잡한 현미경으로 진화되었다. 이것만으로도 연구자들은 뉴런의 세부적인 모습, 즉 세포체, 축색, 수상돌기 등을 볼 수 있었다. 그러나 광학현미경은 렌즈 제조업자의 기술보다는 빛이 가지는 성질 때문에 한계가 있다. 1500배 이상 확대를 해도 더 이상의 정보를 거의 얻을 수가 없다.

전자현미경(electron microscope)은 이와는 달리 25만 배까지 확대할 수 있고 1cm의 1/10,000 정도의 작은 것까지도 구분할 수 있다. 전자현미경은 전자빔이 얇은 조직의 절편을 투과해 사진 필름에 이르게 한다. 조직의 서로 다른 부분들은 전자를 다른 각도로 차단하거나 통과시켜서 전자가 필름에 대상물의 이미지를 만든다. 전자현미경의 고배율은 축색 종말의 시냅스 소낭과 같은 작은 구조물도 볼 수 있게 해 준다. 엔지니어들은 주사형 현미경(scanning electron microscope)을 만들어서 이 기술을 확장시켰다. 전자빔은 표본 자체가 전자를 방출하도록 유도하고, 재래식 현미경이 반사된 빛을 모으듯이 전자를 포착한다. 재래식 전자현미경처럼 많이 확대되지는 않지만, 주사형 현미경은 삼차원적 영상을 제공한다. 이런 특징은 세부적인 내용을 가시화하는 데 매우 유용하다. [그림 4-7]과 [그림 2-17]은 주사 현미경의 이미지다.

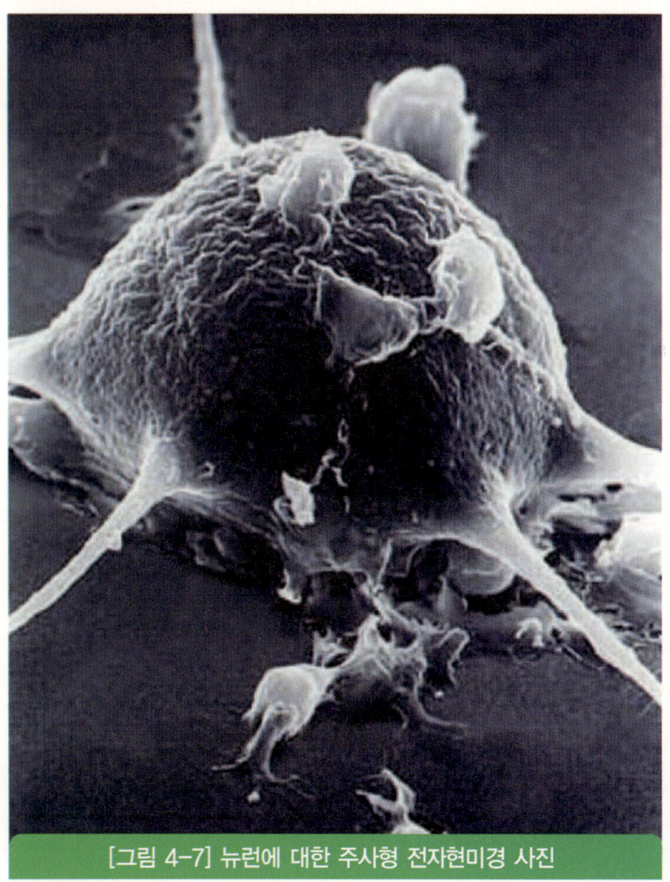

[그림 4-7] 뉴런에 대한 주사형 전자현미경 사진

이런 초확대 영상이 제공하는 깊이감과 세밀함을 확인하자. (세포체 주변의 하얀 구조물은 교세포들이다.)

출처: Dr. Robert Berdan, 2007.

뇌 활동의 측정과 조작

이전 장에서 우리는 뇌 표면을 쉽게 전기 자극하여 운동, 감각 그리고 심지어는 분명한 기억을 산출할 수 있다는 것을 배웠다. 우리는 또한 뇌 표면에서 또는 두피에서도 전기 활동을 측정할 수 있다. 더 깊이 있는 구조물을 연구하기 위해서는 더 창의적인 기법이 요구되는데, 이에 대해서는 뇌파 기록법(electroencephalography)에 관해 논의한 후에 살펴보겠다.

뇌파 기록법

1929년 독일의 정신과 의사인 한스 버거(Hans Berger)는 뇌파 기록법을 발명하고, 그의 아들에게서 첫 뇌파를 기록하였다. 그 이후에 이 기법은 간질과 뇌종양과 같은 뇌질환을 진단하는 데 필수적인 수단이 되었다. 또한 수면에서 학습까지 여러 가지 활동 중에 나타나는 뇌 활동을 기록하는 데 중요한 수단이 되었다. 뇌파 기록(electroencephalogram: EEG)은 관심 분야의 두피 위에 놓인 두 개의 전극에 의해 기록된다. 전기적 신호 증폭기가 두 전극 사이에 있는 모든 뉴런의 결합된 전기적 활동([그림 4-8])을 탐지한다. 보통 연구자들은 여러 개의 전극을 사용하여 동시에 뇌의 여러 영역에서 측정을 한다.

? EEG와 유발 전위로 알 수 있는 것은 무엇인가?

EEG는 시간 해상도(temporal resolution)가 가장 좋다는 것이 장점이다—천분의 일 초 간의 사건을 기록할 수 있어서 빠르게 변하는 사건의 뇌 활동을 기록할 수 있다. 그러나 뇌의 어떤 부분에서 신호가 발생하는지를 정확하게 탐지하는 능력인 공간 해상도(spatial resolution)는 떨어진다. 두개골의 간섭을 제거하기 위해 뇌에 직접 전극을 심으면 이 문제는 다소 줄어든다. 물론 이것은 동물이나 수술 중인 사람에게만 사용할 수 있다. EEG는 상대적으로 총체적인 측정치들을 제공하기는 하지만, 시간 해상도가 높고, 사용하기가 쉬우며, 다른 영상 기법에 비해 비용이 적게 든다는 장점이 있다.

EEG는 [그림 4-8]에서처럼 각성의 변화를 탐지하는 데에 가장 유용하다. 그러나 발화된 단어와 같은 순간적인 자극에 대한 반응을 탐지하는 데에는 좋지 않다. 시간 해상도는 적당하지만 뇌의 다른 활동으로부터의 소음이 그 반응의

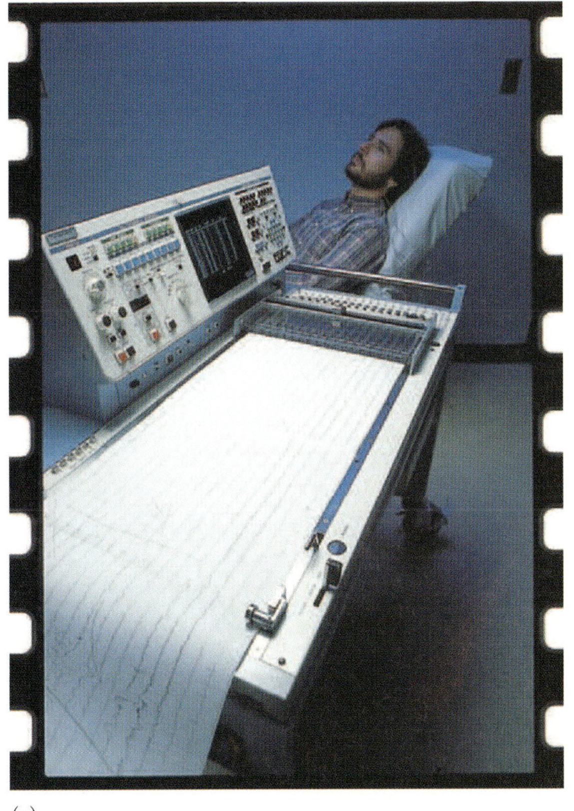
(a)

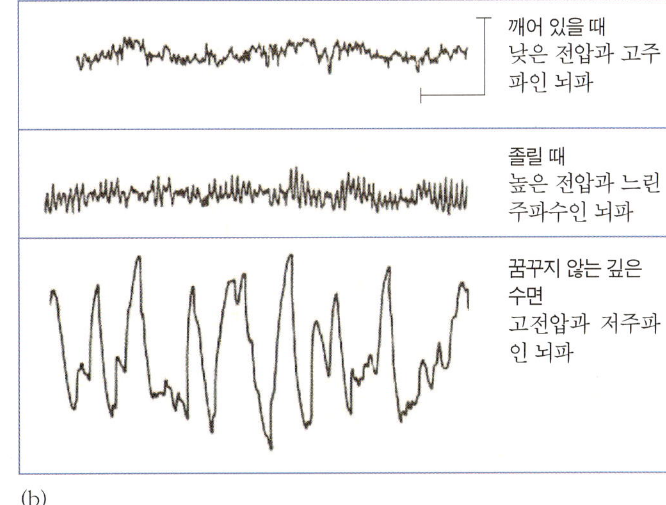

(b)

[그림 4-8] 뇌전도(EEG)와 그 예

그림 (a)에 나오는 장비가 두피용 전극을 이용하여 뇌의 전기적 활동을 기록한다. 전기적으로 작동하는 잉크 펜이 빠르게 이동하는 종이에 기록해 시간과 전압의 변화를 측정한다. 그림 (b)는 사람이 깨어 있을 때부터 잠들 때까지 뇌전도의 변화를 보여 준다.

출처: (a) Charles Gupton/Stock Boston. (b) From Current Concepts: The Sleep Disorders, by P. Hauri, 1982, Kalamazoo, MI: Upjohn.

측정을 어렵게 만들기 때문에 [그림 4-8]에서처럼 뇌파는 깨어난 상태와 비슷하게 보인다. 그러나 연구자들은 컴퓨터의 도움으로, 여러 번 자극을 제시하고 그에 대한 EEG의 평균을 내어서 [그림 4-9]와 같은 유발 전위(evoked potential)를 얻을 수 있다. 많은 시행에 걸쳐 (EEG의) 평균을 구하면 진행되는 소음은 상쇄되고 자극에 대한 고유한 반응만이 남는다. 이 예에서 셜리 힐(Shirley Hill, 1995)은 저음정의 신호음(tone)을 피험자들에게 반복적으로 제시했는데, 가끔씩 고음정의 신호음을 그 사이사이에 끼워 넣었다. 평균을 냈을 때, 이 새로운 고음정의 자극에 뒤따라 전위가 크게 내려가는 현상이 나타났다. 다음 장에서 이런 전위 하강 현상이 알코올 중독자가 그렇지 않은 사람에 비해 작다는 것을 볼 수

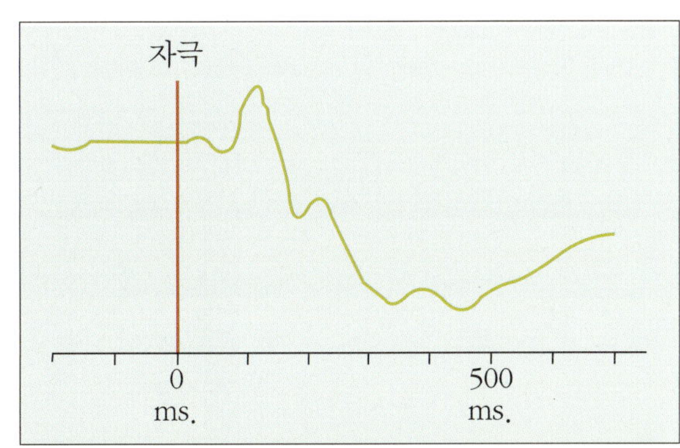

[그림 4-9] 낯선 신호음에 의한 유발 전위

연구 참가자는 낮은 신호음들 사이에 간간이 들려오는 고음과 같은 낯선 자극에 큰 폭으로 떨어지는 유발 전위에서의 반응을 보인다. 전체 자극에 대한 평균을 내지 않으면, 유발 전위는 [그림 4-8]에서의 '깨어 있을 때'와 같은 EEG 반응을 보일 것이다.

있다. 알코올 중독자의 자녀에게서도 유사한 반응이 나타났는데, 이는 알코올 중독에 대한 취약성이 유전됨을 보여 준다. 다른 예는 생물심리학자들이 발화된 언어가 우반구에서보다는 좌반구에 더 큰 반응을 산출함을 확인하기 위해서 이 기법을 사용했다는 것이다.

입체정위 기법

관심 부위가 뇌 피질 아래에 위치할 때, 연구자들은 뇌의 깊은 곳을 관통하는 탐침을 사용해야 한다. 두 가지가 이것을 쉽게 만든다. 첫 번째는 입체정위 지도(stereotaxic atlas)라고 부르는 뇌지도다. 여기에는 많은 수의 뇌절편이 아주 얇은 수직면으로 절단되어 있고, 각 절편마다 뇌 구조의 평균 위치를 그림으로 나타낸다. [그림 4-10]은 쥐 뇌의 입체정위 지도의 한 부분이다. 각 그림은 뇌 절편의 전측/후측의 위치를 나타내기 위해 번호가 매겨져 있다. [그림 4-10]의 옆과 아래에는 눈금자가 있는데 이는 연구자가 중앙에서 얼마나 멀리 또는 깊이 탐침을 넣어야 하는지를 알려 준다.

입체정위 기구(stereotaxic instrument)는 전극이나 다른 기구를 뇌에 정밀하게 위치시키는 데에 필요한 기구다. [그림 4-11]은 쥐를 위한 입체정위 기구다. 기구는 마취된 쥐의 머리를 고정하고, 연구자가 두개골의 작은 구멍을 통해 탐침

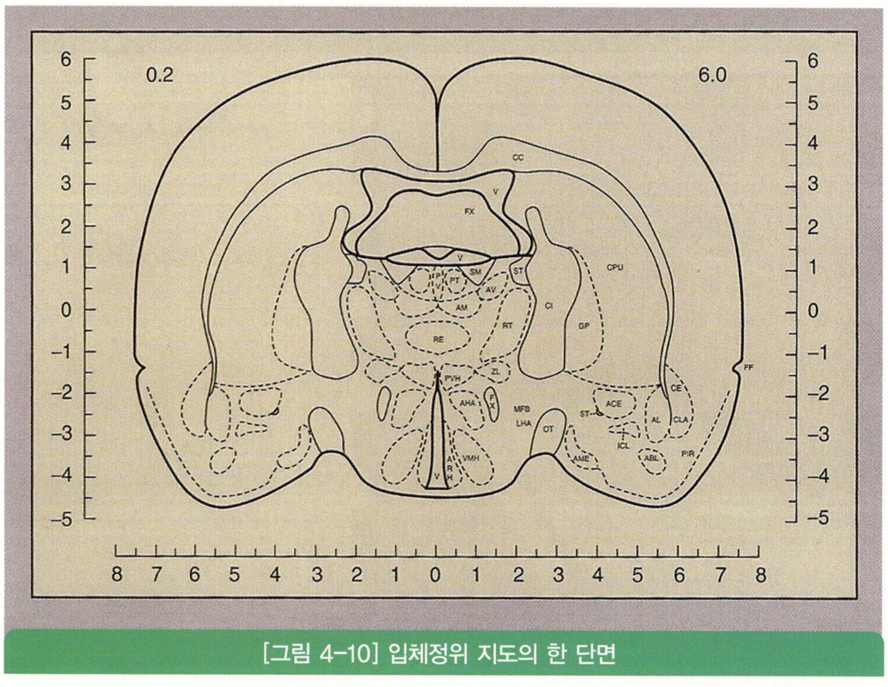

[그림 4-10] 입체정위 지도의 한 단면

출처: L. J. Pellegrino, A. S. Pellegrino, and A. J. Cushman, "A Stereotaxic Atlas of the Rat Brain," 2nd edition, Kluwer Academic/Plenum Publishers. © 1979, Plenum Publishers. Reprinted with permission.

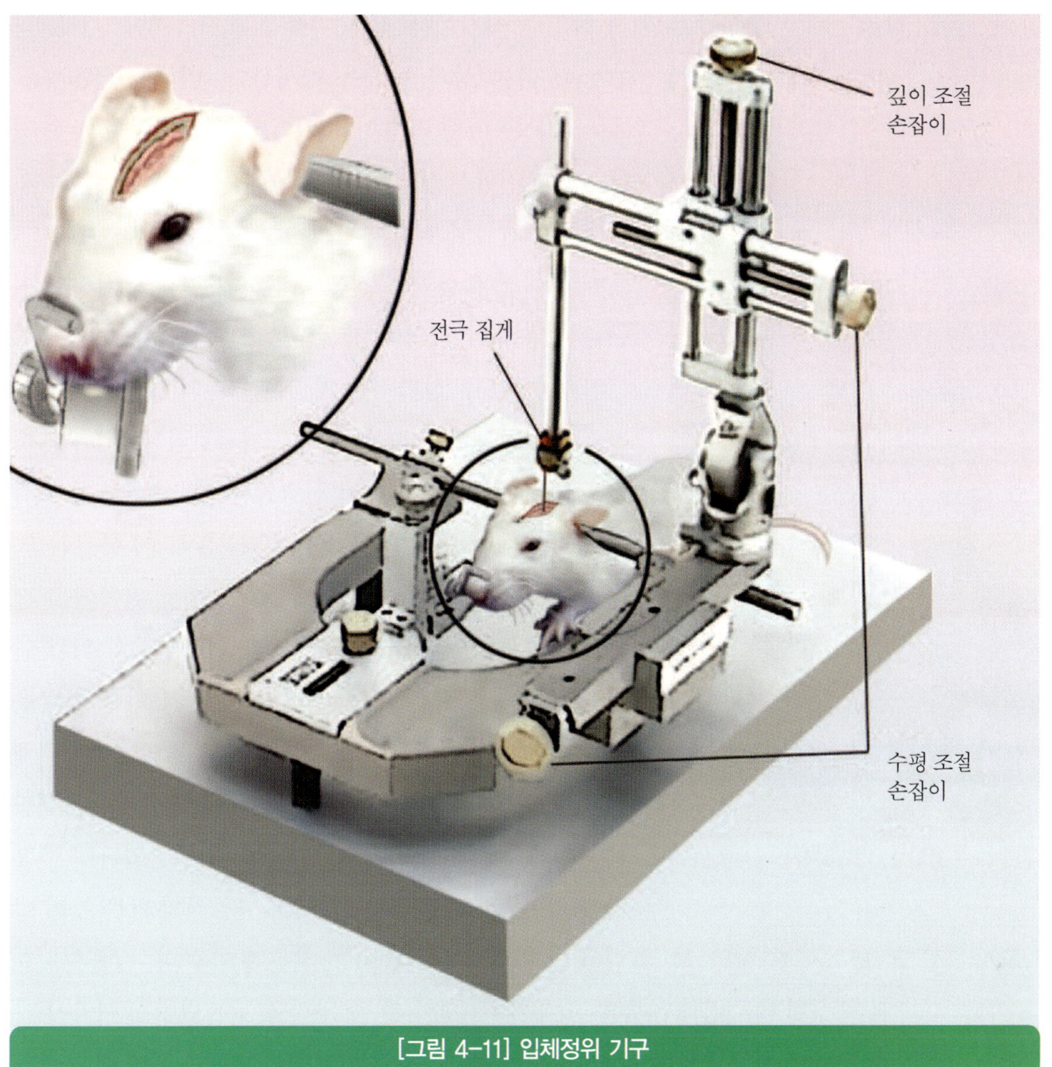

[그림 4-11] 입체정위 기구

이 장비로 연구자는 전극을 정확히 수평과 수직으로 동물의 뇌에 위치시킬 수 있다. (쥐가 눈은 뜨고 있지만, 완전히 마취된 상태다.)

을 지도에 표시된 정확한 위치와 깊이에 집어넣는 것을 도와준다. 흔히 탐침은 가는 전선인데, 끝부분을 제외하고는 전기적으로 절연되어 있으며 아주 낮은 전압의 전기로 구조물을 활성화시키기 위해 사용된다. 마취된 동물의 뇌가 자극되는 동안, 연구자는 다른 뇌 부분이나 몸의 반응을 기록할 수 있다. 동물이 자극의 효과를 시험하는 동안에 깨어 있어야 하면, 전극은 두개골에 부착할 수 있다. 수술 후에는 상처를 봉합한다. 며칠의 회복 기간 후에 자극하는 동안에 쥐의 행동을 관찰할 수 있다. 제5장에서 쥐가 자신의 뇌의 일부에 전기 자극을 하기 위해 지렛대를 누르는 행동에 대한 연구를 볼 것이다.

? 입체정위 기구를 사용하는 다양한 방법은 무엇인가?

뉴런의 활동을 기록하기 위해 이와 유사하게 전극을 마련한다. 생물심리학자들은 적절한 뇌의 위치에서 뉴런의 활동을 기록하는 동안에 동물이 과제를 배우

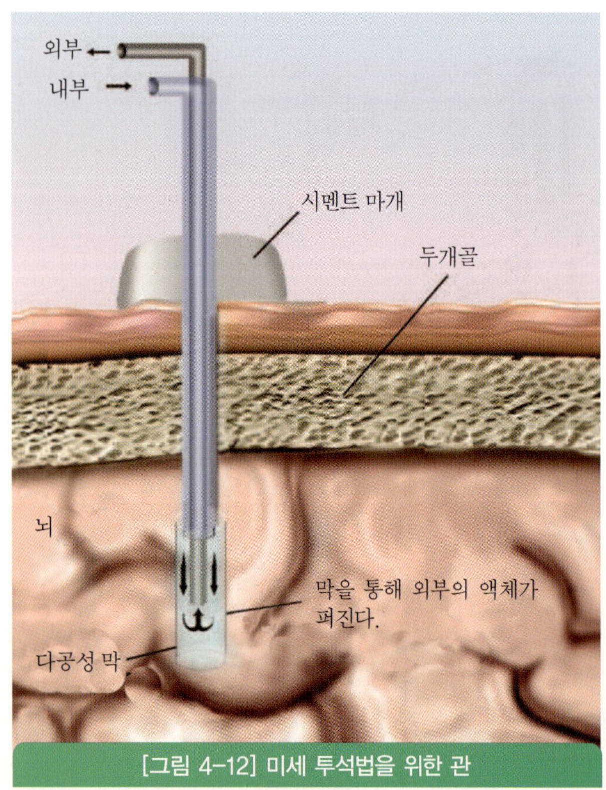

[그림 4-12] 미세 투석법을 위한 관

주변의 액체에 있는 신경화학물질이 다공성 막을 통해 관으로 흡수된다. 액체가 외부의 관을 통해 주입되고, 신경화학물질은 내부의 관을 통해 밖으로 추출된다.

게 하거나 시각이나 청각 자극을 제시하거나 (수컷이나 암컷의) 다른 성의 동물을 제시한다. 미세 전극(microelectrode)은 아주 작아서 뉴런의 내부에 위치시킬 수 있다. 미세 전극은 움직이는 동물에는 사용하지 않는데, 움직임이 전극의 위치를 변화시킬 수 있기 때문이다.

전극 대신에 화학 물질을 주입하기 위해 입체정위 기구를 이용하여 직경이 작은 튜브인 캐뉼라(cannula)를 삽입할 수 있다. 화학적인 자극은 뉴런의 세포체와 수상돌기에만 작용하기 때문에 전기 자극보다 유리하다. 이것은 연구자가 시냅스에서 신경전달물질의 효과를 모사하거나 억제할 수 있음을 의미한다. 흔히 이 튜브는 약물을 전달하기 위해 사용되기보다는 특정 위치에 고정되어서 약물 전달용의 작은 캐뉼라를 삽입하기 위한 안내관으로 사용된다. 이는 여러 번에 걸쳐 약물 자극을 하는 데에 유용하게 사용된다. 동일한 기법이 뇌의 액체를 뽑아내어 분석하는 미세 투석법(microdialysis)에도 사용된다. 이 경우는 더 정교한 두 개의 삽입관이 필요하다. [그림 4-12]는 뇌의 액체가 다공질의 막을 통해 삽입관 안으로 스며들어 가는 것을 보여 준다. 생물학적으로 중성인 (바닷물에 가까운) 액체가 두 개의 관 중 하나로 펌프되어 들어가서 다른 하나의 관으로 뇌의 액체를 밀어 낸다. 이렇게 채취된 액체는 차후에 분석된다. 다음 장에서 연구자들이 쥐의 뇌에 약물을 주입하거나 동물에게 약물을 주입한 후에 뇌에서의 신경전달물질의 변화를 측정할 때에 이 두 기법으로 얻은 결과를 볼 것이다.

절제와 손상

역사적으로 보면 가장 유익한 뇌 연구는 뇌손상(brain damage) 환자에 대한 연구와 관련되어 있다. 뇌손상은 총상, 뇌의 타격, 종양, 감염, 독성물질이나 뇌졸중 등 여러 가지 원인에 의해 생긴다. 이런 자연적인 실험이 신경과학자들에게는 매우 가치가 있지만, 주요 문제점 또한 있다. 가장 중요한 것은 뇌손상이 기능적 영역과 완전히 일치하게 발생하지는 않는다는 것이다—이것은 더 작은 영역에 영향을 주거나 다른 기능 영역들과 겹치기도 한다. 다행히도 뇌손상의 양상이 환자마다 다양하다. 따라서 많은 수의 환자를 대상으로 연구하면, 동일한 문제점이 있는 사람들의 공통된 손상의 위치를 확인하는 것이 가능할지도 모른다.

뇌손상 환자에 대한 연구의 이런 저런 어려움으로 인해 연구자들은 흔히 동물에게 손상을 일으켜 연구를 한다. 어떤 경우는 뇌의 대부분을 제거하기도 한다. 뇌 조직을 제거하는 것을 절제(ablation)라고 하는데, 절제는 수술용 칼로 할 수 있다. 그러나 흡입(aspiration)은 더 정교한 기법으로, 뇌의 더 깊숙한 구조물을 손상할 수 있다. 두개골을 연 후에 진공 펌프에 연결된 가는 유리관으로 신경 조직을 빨아들인다. 하지만 일반적으로 손상(lesions—신경 조직에 대한 손상)이 절제보다 손상(damage)의 크기를 더 정밀하게 조절할 수 있기 때문에 더 많이 사용된다. 이런 손상은 입체정위 기구를 이용하여 전류, 열 또는 신경독의 주입에 의해 산출되거나, 수술용 칼을 사용하거나 두 부분의 연결을 끊기 위한 미세 전선을 사용하여 유발될 수 있다. 뇌의 일부를 차갑게 하거나 특정 화학물질을 이용하여 가역적 손상을 유발할 수도 있다. 이 기법을 이용하면 처치 전과 후 또는 회복 후의 동물 행동의 변화를 관찰할 수 있다.

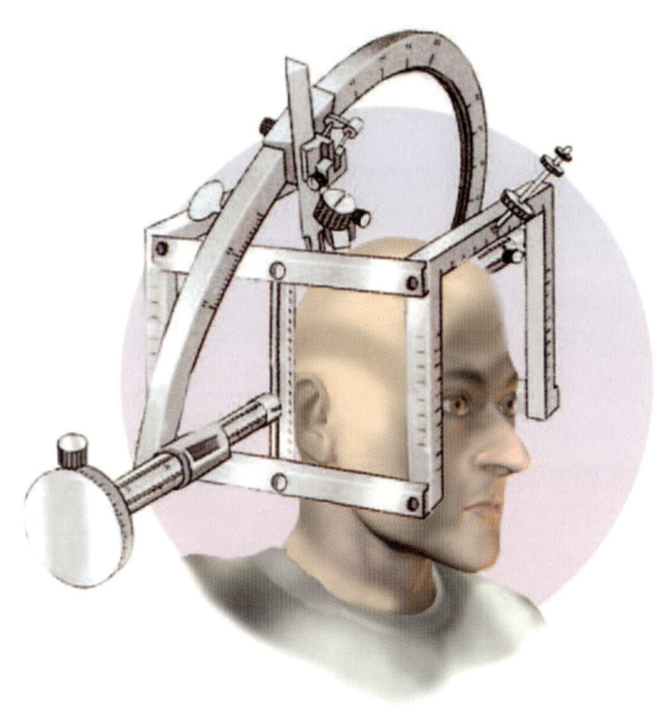

[그림 4-13] 사람용 입체정위 기구

때로는 사람의 뇌에 캐뉼라 또는 전극을 삽입해야 할 때가 있다. 예를 들어, 뇌수술을 하기 전에 전기 활동을 기록하여 기능적 영역을 파악하고자 할 때, 간질 환자의 기능에 장애가 있는 조직을 제거하고자 할 때, 또는 파킨슨병 환자의 뇌를 자극하고자 할 때와 같은 임상적인 상황(〈응용〉에서 더 자세한 내용을 다룰 것이다)에서 이 기법을 사용할 수 있다. 이런 목적을 위해 사람의 뇌에 관한 입체정위 지도가 출판되어 있다. [그림 4-13]에서와 같이 사람의 머리를 고정시키기 위한 입체정위 기구가 디자인되어 있다.

뇌영상 기법

브로카가 연구하던 시절부터 최근까지 연구자들은 손상의 부위를 정확히 알기 위해서는 뇌손상 환자가 사망할 때까지 기다려야만 했다. 환자가 연구자보다 더 오래 살거나 환자가 사망 시에 시신에 접근할 수 없는 상황에서는 환자의 행동을 철저하게 연구하는 것은 어려웠다. 이 모든 것은 살아 있는 뇌의 손상 위치를 사진으로 보여 주는 영상 장비의 개발로 인해 변했다.

? 영상 기법이 제공하는 장점은 무엇인가?

응용 이동하는 뇌 이식 장치

루게릭 질병(Lou Gehrig disease: amyotrophic lateral sclerosiss-근위축성 축색 경화증) 환자들은 결국에는 움직이거나 말을 할 수 없게 된다. 환자들은 정신적으로는 깨어 있지만, 움직이지 못하는 몸에 갇혀 있다. 과학자들은 루게릭 환자들과 정상인들이 소통할 수 있는 방법을 찾고 있다. 최근에 뇌에 전극을 삽입하여 일부 환자가 성공적으로 기계 팔을 조작하거나 컴퓨터 키보드를 칠 수 있었다. 하지만 이런 전극은 몇 달 후에는 전극의 신호가 사라지기 때문에 결국 쓸모가 없게 된다. 전극이 혈압 또는 충격으로 인해 이동하거나 주변의 뉴런이 죽기 때문이다.

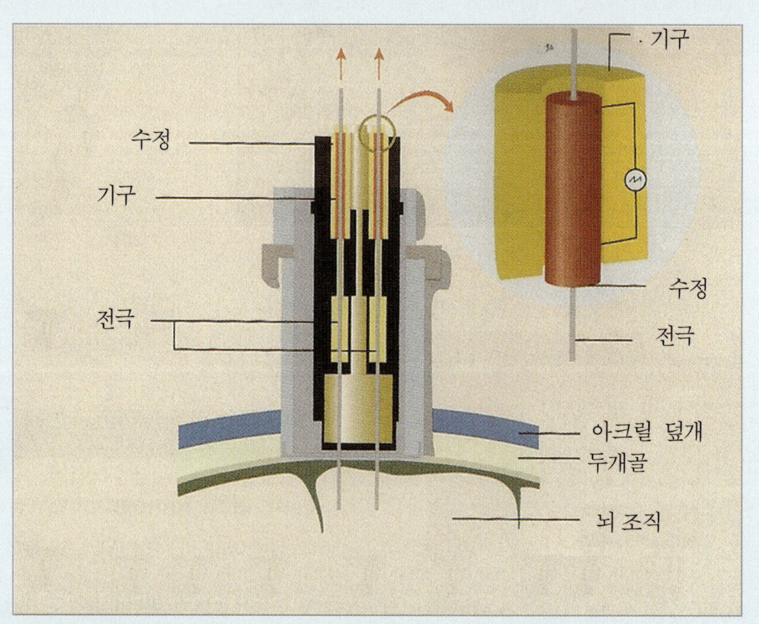

출처: D. Graham-Rowe, "Brain Implants That Move," New Scientist, Nov. 13, 2004.

캘리포니아 공과대학의 리처드 앤더슨과 조얼 버어딕은 더 큰 신호를 찾기 위해 네 개의 전극을 개별적으로 조절할 수 있는 미세한 장치를 개발하였다(Anderson et al., 2004; Graham-Rowe, 2004a). 개별 전극은 특수한 형태의 수정(crystal) 안에 위치한다. 약한 신경 신호는 회로가 전기파를 수정으로 보내도록 회로를 활성화한다. 이것은 수정이 약간 팽창하게 만들어서 수정의 모서리가 전극을 한 번에 1마이크로미터씩(뇌의 가장 작은 축색의 직경보다 작음) 내려가게 한다. 전극이 강한 신호를 만나면 이런 움직임이 멈춘다. 전극은 연결된 장비에 신호를 보낸다. 버어딕과 앤더슨은 원숭이를 대상으로 이 움직일 수 있는 전극을 성공적으로 검사하였으며, 마비된 인간 환자에게 이 장비를 이식할 계획이다.

1970년대 초반에 최초의 의료용 영상 장비가 실용화되었다. 컴퓨터 단층촬영(computed tomography: CT)은 여러 각도에서 엑스선(X-ray) 영상을 찍는 기법이다. 연구자들은 컴퓨터를 이용하여 연속된 2차원의 수평 절편들의 영상을 얻은 후에 이들을 결합하여 3차원 영상을 보듯이 전체 기관을 살펴볼 수 있다([그림 4-14]). 뇌와 같은 연한 조직을 찍기 위해서는 엑스선에 나타나는 염료를 주입하여야 한다. 이 염료는 아주 작은 뇌혈관들을 통해서 퍼져 나가기 때문에, 영상이 만들어지는 실제의 대상은 바로 밀도가 다른 뇌혈관들인 것이다. 초기 기기의 주요 단점은 굉장히 느리다는 것이다. 최근의 CT스캐너는 빠르고 세밀한 영상을 제공한다. 〈뉴스에서〉 에서는 CAT 촬영으로 더 널리 알려진 CT 촬영의 새로운 사용법에 대해서 기술할 것이다.

또 다른 영상 기법은 자기공명영상기법(magnetic resonance imaging: MRI)으

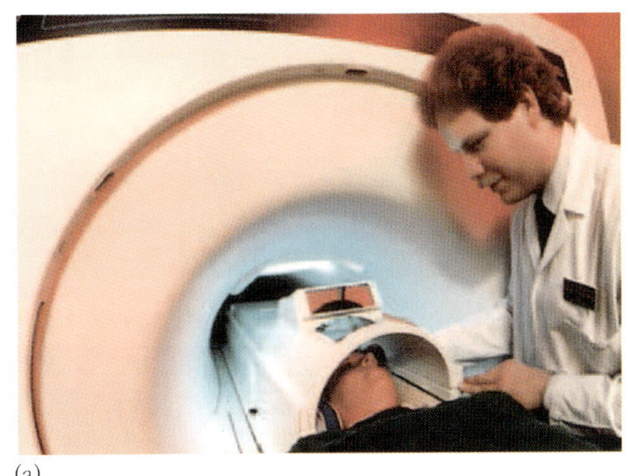
(a)

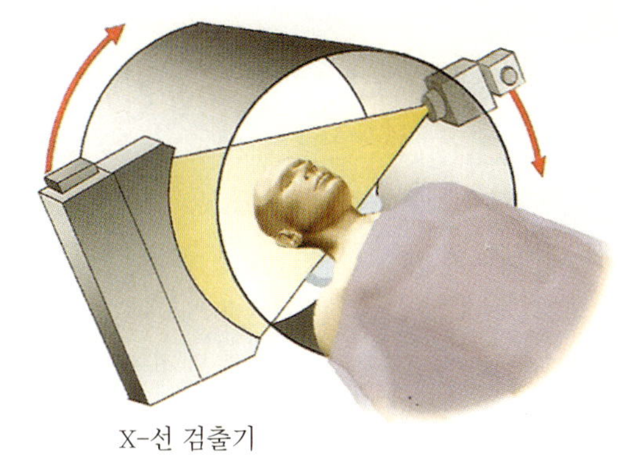

(b)

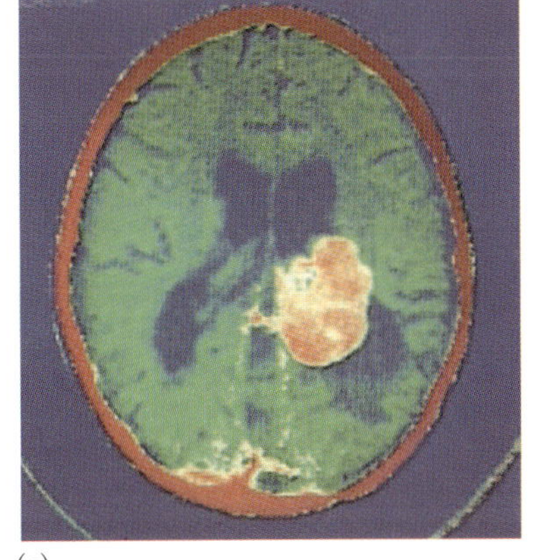
(c)

[그림 4-14] 컴퓨터 단층촬영(CT) 절차

(a) 환자의 머리가 큰 원통에 들어간다. (b) 엑스선 빔과 엑스선 검출기가 환자의 머리 주변을 회전하며 여러 장의 수평 절편을 찍는다. (c) 컴퓨터가 엑스선 영상을 합성하여 뇌의 수평 단면을 만든다. 영상은 뇌의 오른쪽에 종양이 있음을 보여 준다.

출처: (a) Alvis Upitis/The Image Bank, (c) Dan McCoy/Rainbow.

로 수소 원자들이 아주 강한 자기장을 만날 때 방출되는 고주파의 파장(radio-frequency waves)을 측정함으로써 영상을 만든다. 서로 다른 구조물은 수소 원자의 밀도가 서로 다르기 때문에, 전자파는 뇌의 세부적인 영상을 형성하는 데에 사용할 수 있다([그림 4-15]). MRI는 상당히 빠르며 작은 부분도 촬영할 수 있다. 최근의 더 강력한 기기들은 나트륨, 인, 탄소, 질소, 산소와 같은 수소 이외의 다른 원소들을 탐지함으로써 더 다양한 영상을 얻게 한다. 미래의 MRI 기기는 휴대가 가능할 정도로 작아질 것이고, 그 가격도 수백만 달러에서 수천 달러로 저렴해질 것이다.

양전자사출단층촬영법(positron emission tomography: PET)은 혈관에 주입된 방사성 물질이 뇌 부위의 활동성에 따라 다르게 흡수되는 원리를 이용하는 기법이다. PET 스캐너를 사용해 방사성 물질에 의해 방출되는 양전자를 측정하여 상대적인 활동의 정도를 색깔로 표시하는 영상을 형성한다([그림 4-16]). 방사성 2-DG가 흔히 사용되는데, 그 이유는 2-DG의 흡수의 증가가 대사 활동을 반영하는 측정이기 때문이다. 혈류나 산소의 흡수를 측정하기 위해 다른 방사성 물

뉴스에서 투트 왕에 대한 영상 검사

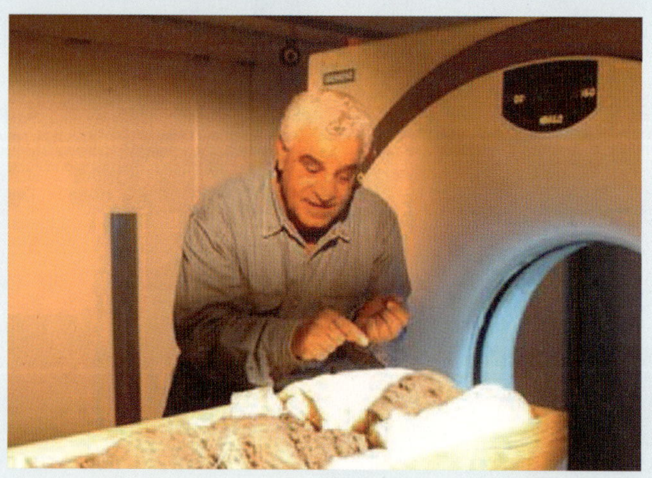

출처: © AP Photo/Saedi Press

2005년 1월, 3,000년 전의 이집트의 파라오인 투탄카문(Tutankhamun) 왕이 80년 만에 왕의 계곡의 무덤에서 벗어났다. 그의 미라는 근처의 자동차로 옮겨졌는데, 그가 열아홉 살에 왕가 내부의 살인에 의해 죽었는지를 확인하기 위해 CT촬영이 수행되었다.

30년 전에 무덤에서 행한 엑스레이 검사에서는 두개골 내부에서 그의 두개골 뼛조각들이 발견되었는데, 이런 증거는 그가 살해되었다는 것을 뒷받침해 주는 것 같았다. 하지만 그 왕이 머리에 가해진 타격으로 사망했다면, 그 뼛조각들은 방부처리용 재료에서 발견되었어야만 했다. 오히려 그 영상 촬영의 결과에 따르면 그 뼛조각들은 두개골과 굳은 방부액 사이에 박혀 있었다. 1922년에 그 무덤을 발견한 고고학자인 하워드 카터(Howard Carter)가 단단히 굳은 수지에 의해 두개골에 붙어 있는 황금 마스크를 떼어 낼 때 두개골이 손상되었을 가능성이 더 높았다. 그 영상 결과는 또한 뼈 내부에서 일부 독성 물질이 남길 수 있는 어떤 광물질도 찾아내지 못했다. 가장 유력한 증거는 그가 죽기 얼마 전에 다리 골절을 당했는데 죽을 때까지 회복이 되지 않았다는 것이다. 그의 골절은 개방창(open wound)을 야기할 정도로 심각했다. 따라서 이 왕의 죽음은 감염에 의한 것으로 보인다.

출처: "Press Release: Tutankhamun CT Scan," www.guardians.net/hawass/press_release_tutankhamun_ct_scan_results.htm

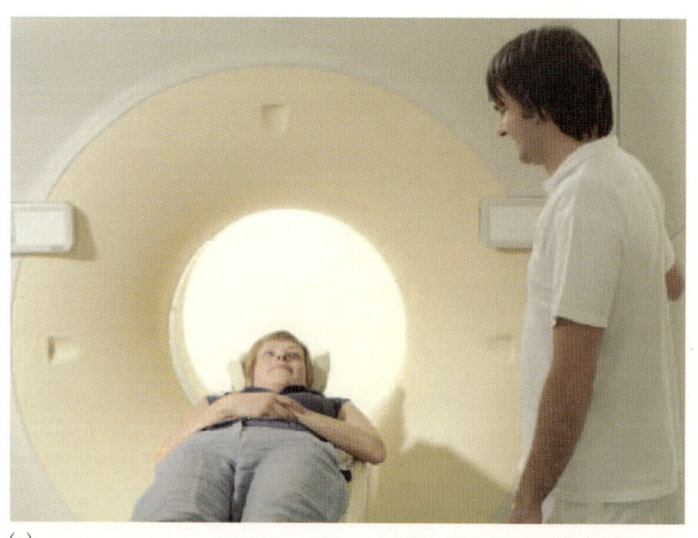

(a)

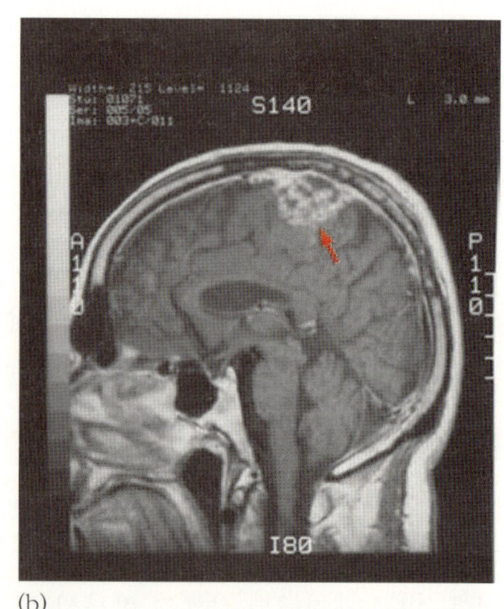

(b)

[그림 4-15] 자기공명영상(MRI) 장비

(a) 사람이 장비 안으로 들어간다. (b) 표본 영상. 빨간 화살표로 표시된 부분이 종양이다.

출처: (a) Rayman, (b) Huntington Magnetic Resonance Center Digital Vision.

(a)

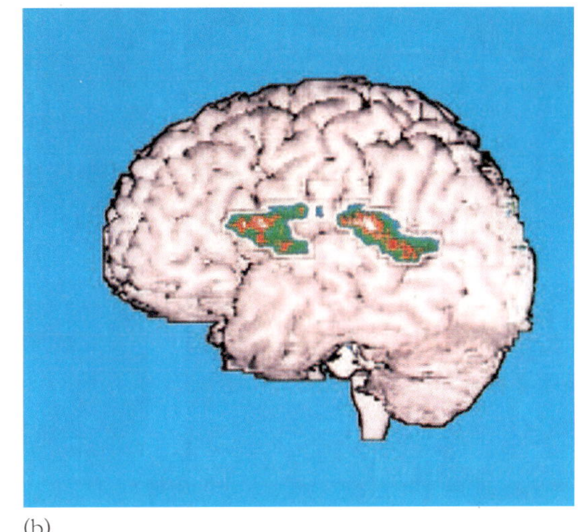
(b)

[그림 4-16] 양전자사출단층촬영법(PET)

(a) 장비가 활동량이 많은 부분의 방사능의 농도를 측정한다. 컴퓨터가 (b)와 같은 색채를 띄는 영상을 만든다. 일반적으로, 빨간색은 활동이 가장 많은 부분을 나타내며, 노란색, 녹색 그리고 파란색으로 갈수록 활동이 줄어듦을 표상한다. 피험자는 구어 과제를 수행하였고, 언어 처리와 관련된 부분이 활성화되었다.

출처: (a) Burt Glinn/Magnum, (b) Photo Researchers.

질을 사용하기도 한다. 신경전달물질이 방사능을 띠면 그 전달물질의 수용기의 수나 위치를 측정할 수 있다. 일반적으로 연구자들은 실험 조건 동안에 발생한 뇌 활동으로부터 통제 조건 동안에 발생한 뇌 활동을 제하는 '차이 영상'을 산출한다. 이런 영상은 뇌 활동의 증가나 감소를 보여 주기 위해 색상 띠를 사용한다.

PET 장비는 비싸고, 숙련된 기사가 작동해야 한다. 또한 이 설비는 방사성 물질을 만드는 사이클로트론(cyclotron)이 주변에 있어야 하는데, 아직 그 수가 많지 않다. 이러한 제한점에도 불구하고 PET의 장점은 뇌에서 발생하는 활동성 변화를 추적할 수 있다는 것이다. 하지만 그 속도는 생물심리학자들이 원하는 정도가 아닐 수 있다. 45초 미만으로 짧게 발생하는 행동의 변화는 PET로는 직접 탐지하기가 어렵기 때문이다. PET는 또한 뇌의 조직을 직접 촬영하지 않기 때문에 MRI 같은 다른 기기로 찍은 뇌 영상 위에 겹쳐야만 그 결과를 알 수 있다.

최신 MRI 영상 기법은 산화된 혈액이 산소를 세포에 넘겨 준 혈액과 자기장 성질이 다르다는 점을 이용한다. 이른바 기능성자기공명영상법(functional magnetic resonance imaging: fMRI)은 활동이 많은 뇌 부분에 산소의 농도가 증가하는 것을 측정하여 뇌의 활동을 측정한다([그림 4-17]). MRI와 fMRI는 PET이나 CT와는 달리 방사능을 사용하지 않기 때문에 반복해서 검사를 해야 하는 연구에 적합하다. 더하여 fMRI는 PET처럼 뇌의 활동을 측정하며, MRI보다 나은 공간 해상도의 뇌 영상을 제공한다. 연구자들은 시각피질에서 1mm 너비의 뉴런

? PET와 fMRI가 CT와 MRI에 비해 가지는 장점은 무엇인가?

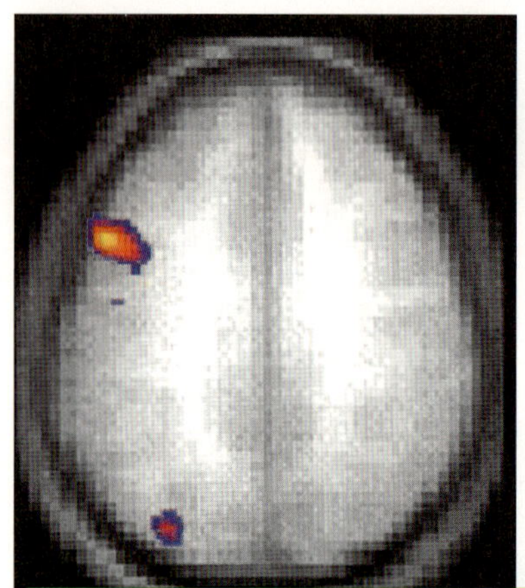
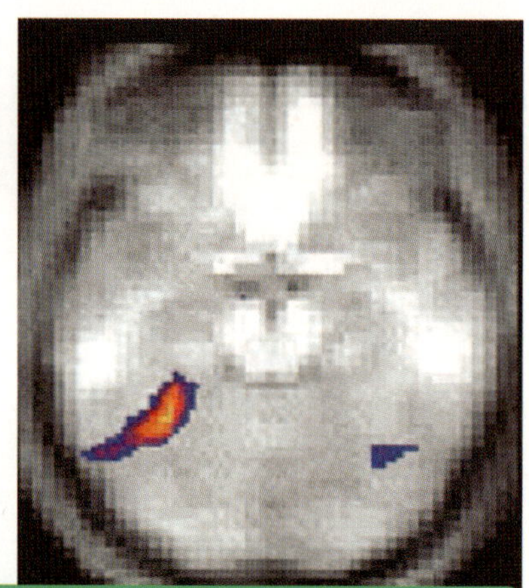

[그림 4-17] 기능자기공명영상법(fMRI)

채색된 부분은 참가자가 나중에 기억하지 못한 단어들보다는 나중에 기억한 단어들을 처리할 때 더 활성화되었다.

출처: Reprinted with permission from Wagner et al., "Building Memories: Remembering and Forgetting of Verbal Experiences As Predicted By Brain Activity," *Science, 281*, pp. 1188-1191. © 1998 American Association for the Advancement of Science. Reprinted by permission from AAAS.

집단들의 활동을 볼 수 있게 되었다(Barrinaga, 1997). 그러나 fMRI 기기는 매우 비싸다는 단점이 있는데, 이런 이유 때문에 연구에 대한 유용성이 떨어진다.

뇌의 활동을 영상화하는 기법이 뇌 절제 기법, 뇌손상 기법, 그리고 뇌손상 환자에 대한 연구를 쓸모 없게 만들기보다는 이 오래된 절차들을 보완하는 것으로 여겨진다(Rorden & Karnath, 2004). 지난 20여 년 동안 그랬듯이, 뇌영상 기법은 앞으로도 신경과학의 발전에 중요한 역할을 할 것이다. 뇌영상 기법을 개발한 다섯 명의 연구자들이 노벨상을 탔다는 것은 영상 기법이 중요함을 시사한다(Raichle, 1994). 지금까지 기술한 기법들이 〈표 4-1〉에 요약되어 있다.

〈표 4-1〉 EEG와 뇌영상 기법들의 비교

기 법	설 명	해상도	
		시간	공간(mm)
EEG	두 전극 사이 뉴런들의 전기적 활동의 합 빠르게 변하는 뇌 활동을 측정하지만, 공간적인 정보가 부족하다.	1ms	10~15
CT	뇌 단면의 엑스선 영상을 조합하여 3차원 뇌 영상을 형성하며, 구조나 손상된 부위를 촬영한다.	〈1ms	0.5
MRI	뇌 조직 간의 수소 농도의 변이를 측정하며, 구조물이나 손상된 부위를 촬영한다.	3~5s	1~1.5
PET	주입된 방사능 물질의 방사능을 측정하여 영상을 만들며, 활동의 변화를 추적하거나 수용기를 탐지하는 등의 기능이 가능하다.	45s	4
fMRI	신경 활동 동안에 산소의 증가를 측정하여, 활동의 변화를 추적한다.	1s	1~2

유전에 대한 연구

우리는 제1장에서 행동을 조형하는 데에 유전과 환경의 상호작용을 살펴보았다. 이제 우리는 과학자들이 유전을 연구하는 데에 쓰는 여러 가지 기법에 대해서 알아볼 필요가 있다. 행동이 유전될 수 있다는 생각은 오래전부터 있었지만, 유전자 연구를 가능하게 하는 방법은 겨우 30~40년 전에서야 나타났거나 완성되었다. 그전까지의 연구는 가족 간의 특징을 관찰하는 수준 이상으로는 복잡하지 않았다.

하나의 가장 중요한 장비는 여전히 연구자 자신의 뇌다……. 이 모든 영상 장비가 돌아감에도 현재 우리에게 가장 필요한 것은 우리가 관찰하고, 보고, 측정하고 궁금해하는 것이 무엇인지를 이해하는 것이다.

- Endel Tulving

유전적 유사성: 상관적 접근

특성이 친척 간에 얼마나 강하게 공유되는지를 보여 주는 가족 연구에서, 우리는 보통 똑똑한 부모의 아이들이 똑똑하다는 것을 발견한다. 그러나 어떤 연구자는 "케이크 요리법은 가문에 전해 내려오지만, 이것은 유전자 때문이 아니다."라고 말한다(Goodwin, 1986, p. 3). 이것은 상관 연구에서 볼 수 있는 문제점의 좋은 예다. 비슷한 유전자를 가진 사람들은 흔히 비슷한 환경에서 살아가므로, 유전의 영향은 환경의 영향과 섞여 있다. 하지만 가족 구성원 간에 비슷한 특성이 있다는 사실은 비용이 많이 들고 더 복잡한 연구 책략들일지라도 연구자들에게 이들을 추구할 가치가 있게 해 준다. 유전이 환경과 혼입될 가능성을 줄이는 방법들을 살펴보겠지만, 먼저 그 결과를 정량화하는 방법이 필요하다.

정량화는 정신분열증같이 나타나거나 그렇지 않거나 하는 특징처럼 단순한 문제다. 예를 들어, 정신분열증의 비율은 일반 인구에서는 약 1%이지만, 정신분열증을 가진 부모의 자녀들이 발병할 비율은 약 13%로 증가한다고 말할 수 있다(Gottesman, 1991). 키와 지능지수 같이 수치적 척도로 측정되는 변인들에서 우리는 상관계수(correlational coefficient)라는 통계치로 그 관계성을 나타낸다. 상관(correlation)은 두 변인 간의 관계성의 정도를 말하며, 0.0~±1.0의 척도로 나타난다. 관계성의 강도는 상관이 1.0 또는 −1.0에 얼마나 가까우냐에 따라 절댓값으로 나타낸다. 높은 정적 상관은 한 변인이 커질 때 다른 변인도 커짐을 의미한다. 부적 상관은 하나의 값이 커지면 다른 하나의 값이 작아지는 반대의 경향을 나타내지만, 상관이 작아지는 것을 의미하지는 않는다. 예를 들어, 여러 연구를 통해 얻은 자료로부터 부모와 자녀의 IQ 상관은 평균적으로 .42이고, 같은 가족 내의 형제 간에는 약 .47이다(T. J. Bouchard & McGue, 1981). 이제 어떻게 환경의 영향으로부터 유전의 영향을 분리할지를 생각해 보자.

? 입양아 연구와 쌍생아 연구가 가계 연구에 비해 가지는 장점은 무엇인가?

입양아 연구는 가족 연구에서 나타나는 유전과 환경 간의 혼입의 정도를 많이 제거해 준다. 이 연구는 입양된 아이들이 생물학적인 부모에 대하여 갖는 유사성과 그들이 입양한 부모에 대하여 갖는 유사성을 비교한다. 이런 연구를 흔히 자연적 실험(natural experiment)이라고 하지만, 이에서는 우리가 입양 변인을 통제하지 못하기 때문에 실제적인 실험 통제는 행하지 않는다. 결과적으로, 환경적인 혼입 요인은 여전히 존재한다. 예를 들어, 입양에 의해 분리되어야만 하는 가족들은 (정상적인) 통제 가족과 중요한 측면에서 다를 수가 있다. 그럼에도 불구하고, 이 기법은 매우 가치 있는 정보를 제공해 왔다. 한 예로, 생물학적인 부모와 떨어진 아이들의 지능에 대한 상관계수는 .42에서 .22로 떨어졌다 (Bouchard & McGue, 1981). 상관계수가 떨어지는 것은 여전히 유전의 영향이 남아 있지만 환경적인 영향이 존재함을 뜻한다.

쌍생아 연구는 쌍생아들이 어떤 특성에서 얼마나 비슷한지를 평가한다. 일란성 쌍생아들의 유사성은 쌍생아가 아닌 형제나 이란성 쌍생아와 비교할 수 있다. 이란성 쌍생아는 두 개의 서로 다른 수정된 난자에서 태어나고, 일란성 쌍생아들은 하나의 수정란이 두 개로 분화되어 생긴다는 점을 명심하자. 이란성 쌍생아는 쌍생아가 아닌 형제처럼 유전자의 1/2만을 공유하고, 일란성 쌍생아는 100% 동일한 유전자를 가진다. 쌍생아 연구에서는 환경적 유사성을 통제하면서 두 수준의 유전적 유사성을 비교할 수 있다. 일란성 쌍생아와 이란성 쌍생아가 동일한 환경에서 자라기 때문에 어떤 특성에서 일란성 쌍생아의 유사성이 더 큰 것은 그들의 유전적인 유사성이 (환경적 유사성보다) 더 크기 때문일 것이다. (제1장에서 일란성 쌍생아의 유사성과 이란성 쌍생아의 유사성 간의 비교는 유전으로 인한 변산의 배분위인 유전성을 산정하는 데 기초가 된다고 한 것을 기억하자.) 물론 우리는 동일한 성의 이란성 쌍생아를 선택해야 하는데, 일란성 쌍생아가 성이 같기 때문이다. 쌍생아 연구에 대한 비판은 (부모나 다른 사람들이) 일란성 쌍생아를 이란성 쌍생아보다 더 동일하게 대한다는 것이다.

지능과 정신분열증에 대한 연구는 쌍생아 연구의 좋은 예다. 이란성 쌍생아의 지능지수의 상관은 .60이고, 일란성의 경우는 .86으로 증가한다(T. J. Bouchard & McGue, 1981). 질병에 있어서 유전의 영향을 측정하는 유용한

[그림 4-18] 끔찍한 네 쌍생아(Genain quadruplets)

일란성 네 쌍생아 자매들은 나중에 모두 정신분열증을 나타내었다. 네 명의 무관한 일반인이 모두 정신분열증에 걸릴 확률은 백만분의 일이다. 'Genain'은 그리스어로 '끔찍한 유전자'를 의미하는 단어에서 나온 별명이다.

출처: AP Photo.

것은 일치율(concordance rate)로, 이는 가족이나 친척이 어떤 특성에서 서로 닮는 정도다. 이란성 쌍생아 중의 하나가 정신분열증을 앓고 있을 때, 다른 쌍생아 또한 정신분열증에 걸릴 확률은 17%이다. 일란성 쌍생아의 경우는 그 일치율이 3배로 뛰어 48%가 된다([그림 4-18], Gottesman, 1991). 일란성 쌍생아조차도 그 상관은 1.0보다 작으며, 일치율도 100% 미만임을 주목하라. 심지어 일란성 쌍생아도 지능지수가 좀처럼 같지 않고, 정신분열증 환자의 다른 일란성 쌍생아가 정신분열증을 피할 가능성이 52% 정도다. 유전적 영향이 불완전하다는 것은 환경적 영향 또한 작용하고 있음을 의미한다. 〈표 4-2〉는 가족, 입양과 쌍생아 연구를 비교해 놓았다.

〈표 4-2〉 관계성 연구의 비교

가족 연구	입양아 연구	쌍생아 연구
• 한 특성이 얼마나 강하게 친척끼리 공유되는지를 보여 준다. • 특성이 가계도를 따르는지를 보여 준다. • 유전과 환경의 영향이 혼입될 수 있다.	• 입양아들과 그들을 입양한 부모들 및 그들의 생물학적인 부모들과 비교한다. • 입양에 대한 변인이 통제되지 않으므로, 혼입변인이 발생할 수 있다.	• 일란성 쌍생아들의 유사성과 이란성 쌍생아들의 유사성을 비교한다. • 두 수준의 유전적 유사성을 비교할 수 있다.

유전공학: 실험적 접근

입양아 및 쌍생아 연구가 혼입의 정도를 줄여 주지만, 여전히 상관 연구의 단점을 공유하고 있다. 유전공학(genetic engineering)은 유기체의 유전자와 기능을 직접적으로 조작할 수 있다. 현재 유전공학은 생쥐에게 주로 사용되는데, 이 동물의 유전자 구성이 잘 알려져 있고 배아를 조작하기가 쉽기 때문이다.

? 유전공학이 입양아 연구와 쌍생아 연구에 비해 가지는 장점은 무엇인가?

어떤 유전자가 어떤 영향을 미치는지를 알아보는 확실한 방법은 유전자를 없애고, 동물에 미치는 영향을 알아보는 것이다. 유전자 삭제법(knockout)에서 하나의 분리된 유전자를 기능하지 못하게 돌연변이시키고, 배아에 그 유전자를 주입한다. 여러 번의 교배 후에 양쪽 염색체들에서 변경된 유전자를 가진 생쥐들을 선택하여 연구에 사용한다. 다른 방법은 한 유전자의 mRNA를 방해하여 그 유전자를 무력화하는 것이다. 안티센스 RNA(antisense RNA)는 mRNA가 단백질 합성에 참여하는 것을 차단한다. 이것은 유전자의 mRNA에 결합하는 상보적인 RNA의 가닥들을 동물에게 주입함으로써 이뤄진다([그림 4-19]). 세포는 이 새롭게 형성된 분자를 비정상적인 것으로 인지하고, 해당의 RNA를 파괴하는 효소를 분비한다.

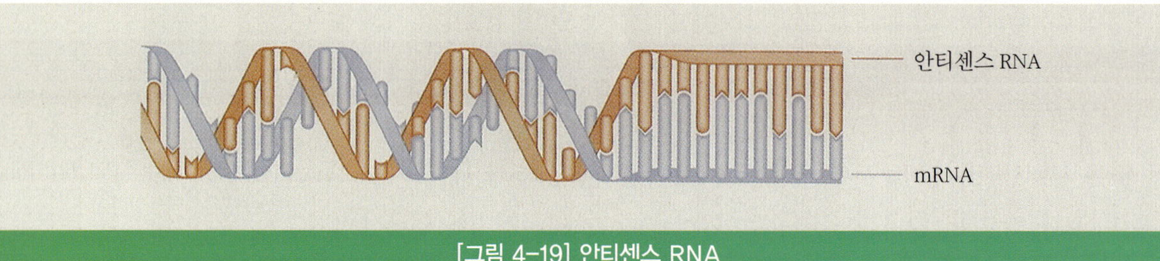

[그림 4-19] 안티센스 RNA

안티센스 RNA는 특정 mRNA에 상보적인 RNA 가닥이다. 두 RNA는 서로 결합하여 이 mRNA를 불능화시켜 단백질의 형성을 막는다. 연구자들은 해당 유전자의 기능을 결정하기 위해 동물에서 그 차이를 관찰한다.

> 앞으로 50년 안에 유전자에 기반을 둔 치료로 모든 질병을 치료할 수 있을 것이다.
>
> - W. French Anderson

유전자 이식(gene transfer)은 동물의 세포에 유전자를 주입하는 방법이다. 유전자 이식(transgenic) 동물을 만들기 위해서는 유전자를 배아에 주입한다. 유전자는 일부의 세포에게서만 나타난다. 그러나 이 동물들이 서로 교배를 하면 유전자는 정자와 난자를 비롯한 모든 세포로 통합된다. 연구자들은 이식된 유전자를 물려받은 동물을 관찰하여 유전자의 기능을 정한다. 또한 유전자 이식을 인간의 질병을 치료하기 위한 수단으로 가능성을 찾고 있다. 건강한 유전자가 질병이 든 조직에 들어가서 다음 세대가 아니라 그 개인을 즉각적으로 치료하게 된다. 이 유전자는 세포를 감염시키는 무해한 바이러스 내부로 이식된다.

유전공학은 현실적인 치료 수단이 되고 있다. 1999년과 2005년 사이에 유전자 치료로 최소한 17명의 SCID질환(애샨티가 걸린 질환)의 아이들이 치료되었다("Gene Therapy Notches Another Victory", 2005). 제12장에서 살펴볼 내용으로, 의사들이 유전자 이식으로 알츠하이머병을 성공적으로 치료하기도 한다. 제약회사들은 에이즈 환자에게 안티센스 약물(antisense drug)을 사용할 수 있는 허가를 받았고, 암, 다발성 축색경화, 당뇨와 다른 질병을 치료하기 위해 임상 실험을 하고 있다("Isis Clinical Development Pipeline," n.d.). 의료 연구자들은 일종의 가역적 안티센스 RNA 방법을 사용하여 유년기에 급격하게 노화가 진행되는 선천성 조로증(progeria)을 유발하는 유전 정보의 결함을 고치기 위해 노력하고 있다. 문제는 세포핵에서 단백질을 만드는 일환인 (DNA의) 전사 과정에 오류가 있다는 것이다. 연구자들은 이상이 있는 RNA에 짧은 핵산 조각(patch)을 도입함으로써 배양된 피부 세포들에서 선천성 조로증의 비정상성을 바꾸어 버렸다(Scaffidi & Mistelli, 2005). 이런 결과들은 유망해 보이지만, 유전자를 조작하는 능력은 엄청난 위험을 가지고 있으며 윤리적인 문제를 제기한다.

개념 확인

- 배운 것을 정리해 보자. 염색과 표지 기법, 그 기능을 표로 만들자.
- 뇌의 한 부분의 기능을 파악하기 위해 어떤 방법을 사용할 수 있는가?
- 수용기를 확인하기 위해 사용할 수 있는 세 가지 방법을 말해 보자.
- 실험 연구와 상관 연구의 장점과 단점은 무엇인가?
- 이 장에서 논의한 여러 유전자 조작 기법에 대해 설명해 보자.

연구 윤리

? 연구의 진실성과 관련된 주요 문제는 무엇인가?

연구 윤리는 중요한 주제지만, 과학의 성과와 유망한 치료법에 대한 기대심 때문에 보통 뒷전으로 물러난다. 윤리를 우선으로 하기 위해, 주요 과학 및 의학 기구들은 연구를 수행하고, 피험자를 다루며 연구 결과를 보고하는 데에 엄격한 기준을 정하고 있다(예, American Psychological Association, 2002; "NIH Human Subjects," n.d.; "Public Health Service Policy on Human Care and Use of Laboratory Animals," 2002).

표절과 조작

질문에 대답하고 문제를 해결하는 연구의 성공은 실험을 설계하고 자료를 수집하는 능력뿐만 아니라 결과를 보고하는 정확성과 완전성에 의존한다. 불행히도, 가끔 연구의 결과가 고의적으로 잘못 전해지기도 한다. 연구에서 두 가지 가장 큰 죄는 표절(plagiarism)과 자료의 조작(fabrication)이다.

표절은 다른 사람의 연구나 아이디어를 훔치는 것이다. 표절은 그 연구에 대해 인정받아야 할 연구자들의 공로를 부인하고 연구자 공동체의 신뢰를 훼손하는 것이다. 표절은 단순히 인용이나 참고문헌에 언급하지 않는 것처럼 단순할 수도 있지만, 가끔 연구자가 다른 이들의 연구를 문자 그대로 훔치는 것도 있다. 가장 노골적인 표절의 예는 폴란드의 의과대학 교수 안드르제이 젠드릭츠코(Andrzej Jendryczko)의 경우로, 그는 40편이 넘는 논문에서 다른 사람들의 연구를 표절하였다(Marshall, 1998; Wronski, 1998). 그의 대부분의 논문은 학술지 편집장에 의해 철회되었고, 그는 부소장으로 있던 연구소와 대학에서 물러나야 했다.

조작은 항상 과학적 기록을 부패시키는 것이므로 가장 심각하다. 거짓된 정보가 과학으로 합법화되면, 이것은 과학에 대한 범죄이며, 사실 전 인류에 대한 범죄다.

- David Crowe

조작 또는 위조는 과학적 지식 체계에 거짓 정보를 도입한다는 점에서 표절보다 더 심각하다. 결과적으로 조작은 연구 자원의 낭비와 더 가치 있는 연구로부터 연구자들을 벗어나게 한다. 더 중요한 것은 임상 연구에서의 조작은 치료 과정을 느리게 하거나 생명을 위협할 수 있어서, 대학과 기관에서는 연구 사기에 대해 심각하게 다룬다. 최근에 에릭 포울먼(Eric Poehlman)은 논문에서 의학적 연구 자료를 조작하여 2백9십만 불의 연구비를 받았다. 그는 18만 불의 연구비를 되돌려 주었고, 출판된 논문을 정정하거나 철회하는 것에 동의하였으며, 1년의 징역을 선고받았다("Poehlman Sentenced to 1 Year of Prison", 2006; "Press Release: Dr. Eric Poehlman," 2005).

비록 이런 예는 드물기는 하지만(E. Marshall, 2000c), 과학과 의학 연구의 신뢰를 무너뜨린다. 흥미롭게도 이를 염려하는 정부기관에서 연구 윤리에 대해 연구자들을 교육하게 되었으며(R. Dalton, 2000), 연구의 진실성을 유지하기 위한 연구에 백만 불의 연구비를 책정하였고(E. Marshall, 2000d), 회사의 제품을 시험하는 과학자들와 그 회사 간의 그릇된 연대를 약화시키려고 노력하고 있다(Agnew, 2000).

연구 참여자의 권익 보호

연구에 살아 있는 생물을 이용하는 모든 과학 분야는 사람이나 동물 모두에 대해 인간적인 대우를 해야 하는 엄격한 규정을 적용하고 있다. 사람을 대상으로 연구할 때의 피험자에 대한 구체적인 대우와 관련하여, 그리고 심지어는 동물 연구의 적법성에 대해서는 아직도 논쟁 중에 있다. 이 문제는 추상적인 것이 아니다. 학생으로서 독자는 인간과 동물 연구에서 나온 지식을 소비하며, 의학적 · 심리학적인 진보로부터 개인적인 도움을 받기 때문에 독자 여러분은 중립적인 관찰자 이상이다.

인간 연구

1953년에 심리학자 앨버트 액스(Albert Ax)는 과학적인 결과만큼이나 윤리적으로 중요한 실험을 하였다. 그는 모든 정서가 동일한 신체의 각성을 가져오는지 아니면 각각의 정서가 독특한 패턴의 활동을 야기하는지를 알아보려고 하였다. 이를 위해서, 그는 정서적 각성에 민감한 심박 수, 호흡, 피부 온도 등의 여러 가지 신체의 변인을 피험자가 화가 났을 때와 공포에 떨 때 측정하였다. 만일 액스가 참가자들에게 실험 동안에 어떤 일이 일어날지를 말했다면 그것은 그들의 행동을 변화시켰을 것이므로, 그는 혈압을 측정하는 실험을 한다고 말하였다.

‘화’가 난 경우를 가정해 액스의 조교는 피험자에게 그가 실험에 별로 적합하지 않는 피험자라고 오랫동안 불평함으로써 그를 모욕하였다. ‘공포’ 조건의 경우는 더 심하였다. 신체 반응을 기록하는 동안에 피험자들은 근처에 있는 장비에서 전기 스파크가 튀고 있는 동안에 기록용 전극을 통해 약한 전기 충격을 받았다. 실험자는 경고하듯이 고압 전기회로가 합선되어서 위험하다고 설명하였다. 실험이 끝난 후 인터뷰를 통해 두 조건이 모두 성공했음을 알았다. 액스(1953)의 보고에 따르면, 한 참가자는 공포 조건 동안에 “(내게서) 전선을 떼어주세요. 제발 좀 도와주세요.”라며 계속 애원하였고, 다른 참가자는 화가 난 조건에서는 “그 사람의 코를 주먹으로 치려고 했어요.”라고 말하였다(p. 435). 액스의 연구 결과에 대해서는 제8장에서 보게 될 것이다. 그동안에는 그의 연구와 관련된 실험 동의와 속임수에 대한 문제에 대해 알아보자.

종종 연구에는 고통, 불편이나 위험이 따른다. 연구를 하기 전에 현재의 기준은 연구자가 참가자의 동의서를 받아야 한다. 고지에 의한 동의(informed consent)는 피험자는 실험 동안에 일어날 수 있는 위험, 불편 또는 해로운 경우에 대한 정보를 들은 후에 자발적으로 실험에 참여한다는 의미다. 그러나 때때로 연구의 특성상 피험자에게 연구의 정확한 목적을 말하지 않거나 일부러 다른 정보를 주는 등의 속임수를 써야 할 때가 있다. 미국심리학협회(American Psychological Association: APA)에 따르면, 속이는 것은 연구의 가치가 정당화되고, 다른 대안이 없으며, 피험자가 실험 후에 정확히 연구에 대해 설명을 받을 때에만 허용된다. APA의 기준은 피험자가 신체적 고통이나 심한 정서적 고통을 받는 연구에 대해 속여서는 안 된다는 것을 명시하고 있다(American Psychological Association, 2002). 일부의 연구자들과 피험자들의 권익을 옹호하는 사람들은 속임수는 절대로 정당화될 수 없다고 주장한다. 액스의 연구는 현대에는 허용되지 않을 것이지만, 제8장에서 우리는 이런 종류의 실험에 관한 대안적인 방법을 연구자들이 발견했다는 것을 볼 것이다.

? 인간 연구에서 주요 윤리적 염려는 무엇인가?

동물 연구

심리학과 의학 연구자들에게 실험용 동물보다 더 중요한 연구 수단은 없을 것이다. 미국의학협회(American Medical Association) (1992)는 “항생제와 백신으로부터 항우울제 및 장기 이식에 이르기까지 20세기 의학의 모든 진보는 직접 또는 간접적으로 동물 실험을 통해서 이루어진 것이다(p.11).”라고 결론 내렸다. 심리학자들은 행동, 노화, 통증, 스트레스 그리고 학습 및 지각과 같은 인지 기능을 연구하기 위해 동물을 사용하고 있다(Blum, 1994; F. A. King, Yarbrough, Anderson, Gordon, & Gould, 1988; N. F. Miller, 1985). 이런 목적에는 사람이 가

? 동물 연구에 대한 반대 견해는 무엇인가?

장 좋은 피험자처럼 보이지만, 동물은 통제된 환경에서 자라고 유사한 경험을 하고, 수명이 훨씬 짧기 때문에 더 유용하다. 게다가 연구자들은 고통스럽거나 신체적 · 심리적으로 위험한 과정을 사용하는 데 사람보다 동물을 사용하는 것이 더 윤리적이라고 생각한다. 결과적으로 1980년대 중반 미국의 과학자들은 매년 2천만 마리의 동물을 사용했다. 그중 90%는 생쥐와 쥐 등 설치류이고, 약 3.5%는 원숭이와 침팬지 등의 유인원이었다(U. S. Congress Office of Technology Assessment, 1986).

인간 피험자보다는 인간이 아닌 동물에게 괴로움이나 위험을 가하는 것을 선호하는 것은 인간의 고통보다는 동물의 고통이 더 허용적이라는 전제에 바탕을 둔다. 동물 보호론자들은 이런 윤리적 이중 잣대를 인종차별(racism)과 비슷하게 종차별(speciesism)이라고 부른다(H. A. Herzog, 1998). 일부 보호론자들은 연구자들과 손잡고 연구용 동물의 환경을 개선하기 위해 노력하고 있지만, 일부의 과격한 동물 보호론자들은 실험실에 침입하여 장비과 기록을 파괴하고 동물들을 풀어 준다(결국은 동물의 죽음을 초래하는 것이 일반적이다). 유럽과 영국에서는 보호론자들이 연구자들을 공격하고, 협박하며, 연구의 주제를 바꾸도록 강요하기도 한다(Koenig, 1999; Schiermeier, 1998). 영국에서는 극에 달하여 보호론자들이 캠브리지 대학교의 유인원 연구 빌딩을 폐쇄하게 하고, 옥스퍼드 대학에서는 연구 시설의 건설을 중단시키기도 하였다(Proffitt, 2004).

> 생체 해부를 받는 고통을 당하면서도 자신을 수술하던 사람의 손을 핥던 개에 대하여 들어 보았을 것이다. 이 사람이 돌처럼 차가운 심장을 가지고 있지 않았다면, 그는 생의 마지막 순간에 양심의 가책을 느꼈을 것이다.
>
> - Charles Darwin, The Descent of Man, and Selection in Relation to Sex, 1871

동물 연구의 지침은 인도적인 동물 사육, 건강 관리, 연구하는 동안의 고통과 스트레스의 최소화에 대한 기준을 제공한다(American Psychological Association, 2002; "Guidelines for Ethical Conduct in the Care and Use of Animals", n.d.; Policies on the Use of Animals and Humans in Neuroscience Research," n.d.). 그러나 일부에서는 연구자들이 종종 그들의 전문 기관의 기준을 준수하지 않는다고 비판한다. 메릴랜드 주의 실버 스프링에 있는 행동생물연구소에서 뇌에서 일어나는 재구조화를 연구하기 위해서 원숭이의 한쪽 팔에 있는 신경을 절단한 후에 나타나는 변화를 연구하였다. 이 연구소에서의 공헌은 많은 신경과학자의 칭찬을 받았으며, 뇌손상으로 사지의 고통을 받는 사람들의 회복을 돕는 운동을 고안하는 데에 도움을 주었다. 그러나 1981년, 여름방학 동안에 고용된 한 학생이 동물 학대라고 경찰에 신고하였고, 경찰이 미국 연구소 사상 처음으로 현장을 단속하였다("Brighter Day for Edward Taub," 1997; Orlans, 1993). 소장인 에드워드 토브(Edward Taub)는 수술 후의 처치를 제대로 하지 않았다는 동물 학대 명목으로 유죄 선고를 받았지만, 그 주에서 미연방이 지원하는 과학 연구소에 대한 사법권이 부족하여 이 유죄 판결은 뒤집어졌다. 국립보건원은 토브의 연구비를 취소하고, 국회는 더 강화된 동물 보호법을 통과시켰다. 이런 논란에도 불구하고, 토브는 미국심리학회로부터 윌리엄 제임스(William James)상을 받았다. 그러나 그는 상을 받은 연구를 더 이상 할 수 없다고 지적하고, 국회에서 통과한 동물 복지법이 그가 실험 대상의 원숭이의 뇌를 더 이상 측정하지 못하도록 했다고 말했다.

동물 보호와 동물 실험의 필요성의 충돌은 단순한 문제가 아니며, 양쪽이 강하게 대립하고 있다([그림 4-20]). 심리학자와 신경과학자들도 실험용 동물을 학대하는 것을 용납하지는 않지만, 대부분의 경우에 동물 실험으로 인한 혜택 덕분에 동물이 실험용으로 사용되는 것이 정당화된다. 2000년 생리학 및 의학 분야의 노벨상은 세 명의 신경과학자들에게 주어졌다. 아비드 칼슨(Arvid Carlsson)은 뇌에서 신경전달물질로 작용하는 도파민의 역할을 규명한 공헌으로, 폴 그린가드(Paul Greengard)는 도파민이 그리고 이와 관련된 신경전달물질들이 어떻게 뉴런에 영향을 주는지를 발견한 공로로, 그리고 에릭 켄델(Eric Kandel)은 학습 동안에 뇌에서 일어나는 분자적인 변화에 대한 연구로 노벨상을 수상하였다. 이 세 명의 노벨상 수상자의 연구는 동물 실험에 크게 의존하였다.

(a)

(b)

[그림 4-20] 동물 연구에 대한 논쟁

(a) 포스터와 (b) 시위는 동물 연구에 대한 상반된 견해를 보여 준다.
포스터 해석: "우리가 만약에 동물 연구를 그만둔다면, 누가 진짜 살인자들을 멈추게 할 것인가?"

출처: (a) Foundation for Biomedical Research, (b) PhotoEdit.

동물 연구가 극단적인 동물 애호가들이 주장하는 것처럼 금지되지는 않을 것이지만, 동물 보호와 사용에 대한 지침이 강화되고, 외부의 감시가 증가하며, 주 정부에서 더 강화된 법이 통과되고 있다. 게다가 연구자들은 동물의 복지에 더 신경을 써서 더 인도적인 방법으로 동물을 다루고, 일부의 조직을 떼어내어 사용하거나 가능하면 컴퓨터를 사용하는 시뮬레이션에 의존하고 있다. 1970년부터 2000년 사이의 주요 생물의학 학회지의 논문을 조사해 보면, 동물을 이용한 연구가 삼분의 일로 줄어들었고, 동물을 사용한 연구에서도 평균 동물의 숫자가 반으로 줄어들었다(Carlsson, Hagelin, & Hau, 2004).

사람에 대한 연구는 동물 연구만큼 논쟁을 불러일으키지 않는데, 이는 과학자들이 사람을 대상으로 사용할 수 있는 방법에는 더 많은 제한이 있고, 사람들은 실험에 참가하기를 거부하거나 소송을 걸 수 있기 때문이다. 한편 사람 연구에 대한 염려는 특별히 유전자 연구와 관련이 있다.

유전자 치료

? 유전자 연구와 유전자 치료의 문제점은 무엇인가?

유전자를 조작해서 질병을 치료하는, 이른바 유전자 치료(gene therapy)는 인간의 장애와 치명적인 질병을 치료할 수 있다는 잠재력 때문에 언론의 주목을 받아 왔다. 그러나 1999년에 치료 참가자인 18세의 제스 겔싱어(Jesse Gelsinger)가 처음으로 유전자 치료가 직접적인 원인이 되어 죽고 나서 이 연구에 찬바람이 불었다(Lehrman, 1999; Marshall, 2000b). 이 연구는 유전적으로 간효소가 결핍되어 있는 것을 교정하기 위해서 일반적인 감기를 유발하는 비활성화된 아데노바이러스(adenovirus)를 이용하여 간에 유전자를 이식하는 실험이었다. 겔싱어는 이 아데노바이러스에 면역 반응이 일어나서 결국 사망하였다.

[그림 4-21] 인간 피험자를 더 보호하기

우려가 고조될수록 인간 연구는 더 엄격한 규제를 받게 된다.

출처: Andrew Birch, 2007. Used with permission.

연구를 관장하는 미국식품의약청은 연구자들이 실험 참가자들의 대부분이 경미한 부작용을 나타내는 것을 보고하지 않았다는 점과 과량의 아데노바이러스를 주입받은 두 마리의 원숭이가 죽었다는 것을 연구 참가자들에게 알리지 않았다는 것을 질책하였다("US Government Shuts Down Pennsylvania Gene Therapy Trials," 2000). 그 대학은 백만 불의 벌금형을 받고, 세 명의 책임 연구자들은 2010년까지 인간 연구를 하지 못하도록 제재를 받았다(Check, 2004). 이 사건은 미국 전역에 걸쳐 유전자 치료 연구를 늦추었지만, 인간 연구에 대한 감독을 더 강화하는 긍정적인 결과를 가져왔다([그림 4-21]).

유전자 조작은 생식세포에 영향을 주어, 다음 세대에서 생존이 위태

롭지 않다면 총체적인 유전자의 변경을 유발할 수도 있으므로 추가적인 염려를 더해 준다. 결과적으로, 미국과학진보협회(American Association for the Advancement of Science, 2000)는 다음 세대로 유전 가능한 변경을 일으키는 연구에 대해서는 활동 정지(moratorium)를 요청하였다. 기술이 안정화되고 믿을만해져도 중요한 문제는 여전히 남아 있다. 사생활에 대한 우려로 영국의 국회의원들은 개인의 동의 없이 DNA를 분석하는 것을 불법으로 규정하였다("Sneaky DNA Analysis to Be Outlawed," 2004). 또한 유전자 치료는 매우 비싸기 때문에 우리 사회에서 가진 자와 그렇지 못한 자의 불평등을 더 심화시킬 수 있다. 유전자 치료의 응용은 질병이나 장애를 교정하는 데에 그치지 않고, 부유한 부모가 자식의 외모, 체력과 지능을 향상시키는 데에도 사용할 수 있다. 공상과학영화인 〈가타카〉(GATTACA-영화 제목은 유전자 코드인 네 철자를 이용해 만들어졌다)는 유전자 조작을 통해 더 우수해진 개인만을 위해 특권과 기회가 보장되어 있는 사회를 묘사하고 있다. 유전자 조작 연구를 비판하는 사람들에게 〈가타카〉에서 나오는 사회가 실제로 실현될 가능성은 매우 높다(Vogel, 1971). 〈뉴스에서〉 절에서 우리가 이미 이런 길로 접어들고 있음을 볼 수 있다. 다행히도 미국 의회는 현명하게도 인간 게놈 프로젝트에 대한 예산의 5%를 윤리적이고 합법적이며 사회에 도움이 되는 유전자 연구를 지원하기 위하여 따로 비축해 놓았다(Jeffords & Daschle, 2001).

줄기세포 치료

이전 장에서 여러분은 배아의 줄기세포(stem cell)는 분화되지 않은 세포이기 때문에 신체의 어떤 세포로도 발전할 수 있는 잠재력이 있다는 것을 배웠다. 줄기세포는 쥐에서의 척수 및 뇌손상을 성공적으로 치료하는 데에 사용되어 왔다(J. W. McDonald et al., 1999; Ren et al., 2000). 이 세포는 또한 생쥐의 뇌종양을 추적하여 인터루킨(interleukin) 12를 전달하는데, 이렇게 되면 면역세포가 이 종양을 더 쉽게 죽일 수 있게 된다(Ehtesham et al., 2002). 사람을 대상으로 울혈성 심부전을 가진 환자에게 줄기세포를 주입하면 심장 기능이 향상되었다(Patel et al., 2004). 의학 연구자들은 줄기세포가 장기 이식을 위해 실험실에서 인간의 장기들로 키워지기를 바라고 있다. 또한 그들은 유전학 연구자들이 환자들로부터 거슬러 해당 유전자를 찾기보다는 유전자가 어떻게 질병을 가진 장기를 만드는가를 찾기 원한다. 대략 2천8백만 명의 미국인이 줄기세포 치료에 의해 치료될 수 있는 질환을 가지고 있다고 추정된다(Perry, 2000).

? 줄기세포가 유망한 이유는 무엇인가?

줄기세포가 그렇게 놀라운 잠재력을 가지고 있다면, 왜 윤리적인 문제로 논란이 되는가? 줄기세포를 추출하는 것은 배아를 죽이므로, 태아가 태어날 권리를

뉴스에서 유전자 도핑과 스포츠

유전자 치료법의 선구자들은 이 방법이 심각한 질병들을 치료한다고 확신하지만, 이 기법은 스포츠계에서 차세대의 주요 스캔들이 될 수 있다. 생쥐와 쥐를 대상으로 한 유전자 이식은 근육의 크기와 강도를 50%까지 증가시켰다. 이 연구의 동기는 증가하고 있는 노년층의 삶의 질을 위협하는 근력의 약화다. 중년의 생쥐가 치료를 받고 나서, 노화에 따른 일반적인 약화가 줄어들었다. 근육 질환을 앓고 있는 환자를 대상으로 임상 실험이 계획 중에 있다. 스포츠 관계자는 운동선수들이 유사한 치료를 받는 것은 시간 문제라고 우려하였다.

운동선수의 기량을 향상시키는 약물을 테스트하는 세계의 약물 사용 반대 협회는 유전자 향상을 이미 금지하고 있다. 문제는 약물이 혈액에 단서를 남기는 것과는 달리, 유전공학은 명백한 단서를 남기지 않는다는 것이다. 이에 협회는 과학자들에게 유전자 치료가 가장 최신의 형태의 도핑이 되지 않도록 해 달라고 당부해 왔다.

출처: Adapted from H. L. Sweeney (2004) and Crenson (2004).

주장하는 사람들은 인간의 배아를 이용하는 것에 반대한다. 비록 대부분이 불임치료로부터 얻은 여분의 배아들로 버려지게 되어도 말이다([그림 4-22]). 미국의 연방정부는 2001년 8월 이후에 나온 세포계(cell line)를 이용한 연구에 연구비 지원을 거부하고 있다. 생쥐의 세포에서 자란 초기의 세포계는 인간의 세포를 죽일 수 있는 면역 반응을 일으키는 산을 포함하고 있기 때문에(M. J. Martin, Muotri, Gage, & Varki, 2005), 인간 줄기세포 연구에 연방정부의 연구비가 사라졌다. 이 공백을 메우기 위해 몇몇 주에서는 캘리포니아의 주도로 10년에 걸쳐 30억 달러를 지원하는 새로운 세포계를 이용한 연구에 연구비를 주기 시작했다(Kalb, 2004). 게다가 연구자들은 다른 줄기세포의 근원을 찾고 있다. 예를 들어, 심장병 환자를 치료하기 위한 줄기세포는 그 환자의 골수에서 추출할 수 있다.

일부는 제스 겔싱어(Jesse Gelsinger)의 경우를 포함하여 유전자나 줄기세포 치료를 적용하는 데에는 시간이 더 필요하다고 비판한다. 최근에 세 명의 아이가 SCID를 치료하기 위해 유전자 치료를 받았는데 모두 백혈병에 걸렸고 이 중 한 명은 사망하였다("Therapy setback," 2005). 분명히 유전자를 이식하기 위한 레트로바이러스(retrovirus)가 세포 분화와 관련된 유전자를 활성화시켜 백혈병을 일으켰다. 비판자들은 이외에도 알려지지 않은 위험이 있다고 제안한다. 예를 들어, 가끔 동물에게 주입된 줄기세포는 신체의 조직으로 들어가는 길을 찾으며, 이 모든 것이 가져올 결과를 우리는 아직 모르고 있다고 한다. 심장질환 치료를 받은 환자의 경우, 줄기세포가 환자의 심장을 낫게 했는지 아니면 골수 추출 시에 사용하는 화학물질과 같은 다른 요소가 치료에 도움이 되었는지는 확실하지 않다(Check, 2004). 대부분의 과학자는 줄기세포 치료의 위험과 효과에

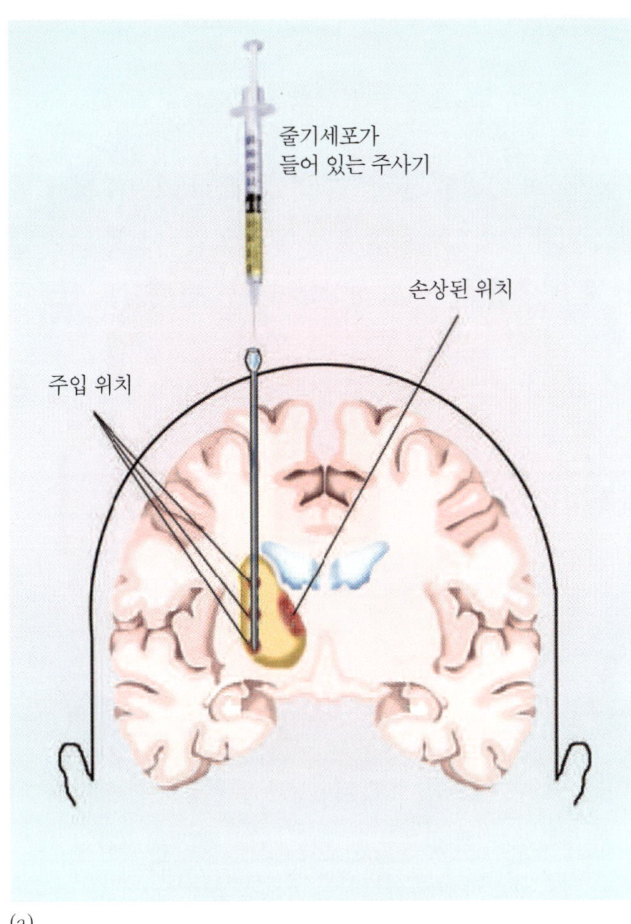

(a)

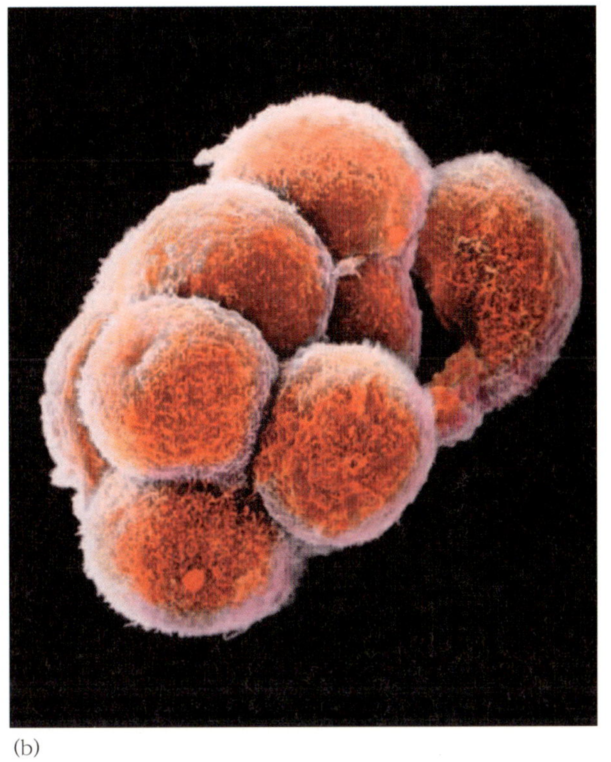

(b)

[그림 4-22] 손상된 뇌에 세포 주입하기

(a) 그 절차는 장래가 유망하지만, (b) 어디에서(보통, 인간의 배아에서) 세포를 가져오느냐를 두고 논쟁 중이다. (b) 인간 배아들.

출처: (b) Motta.

대한 정보가 많이 쌓일 때까지 대규모로 임상에 적용하는 것을 주저한다. 줄기세포 연구의 영향이 지대하기 때문에 이에 대한 규제도 열정과 헌신만큼 가치가 있다.

개념 확인

- 부정직한 연구가 미치는 영향은 무엇인가?
- 연구자들은 어떻게 동물 연구를 정당화하는가?
- 인간의 줄기세포가 가지는 윤리적인 문제는 무엇인가? 어떻게 이를 해결할 것인가?

전 망

초기의 심리학과 생물심리학의 진전은 선구적인 연구자들의 기지와 땀에 의존하였다. 지금은 정교한 장비와 방법으로 예전엔 볼 수 없었던 속도로 많은 발견이 이루어지고 있으며, 몇 세기 전에는 거의 상상할 수 없었던 분야도 연구가 진행 중이다.

지식은 힘이며, 힘에는 책임이 따른다. 행동을 연구하는 과학자들에게는 지식의 원천을 제공하는 사람들과 동물들에 대한 연구를 통해 얻은 새로운 치료에 의해 치료가 되거나 손해를 입은 사람들에 대한 책임이 있다.

요 약

과학, 연구와 이론

- 연구자들은 불확실성을 중요시하며 연구와 이론을 사용하여 그것을 줄이려고 한다.
- 많은 연구 전략 중에서 생물심리학자들은 실험적 접근을 선호하는데, 그 이유는 (변인들에 대한) 통제가 쉽고 인과성을 결정할 수 있기 때문이다.
- 상관 연구도 가치가 있는데, 특히 연구자가 상황을 통제할 수 없을 때 유용하다.

연구 기법

- 염색과 표지 기법은 뉴런이 더 잘 보이게 하고, 세포체나 축색을 뚜렷하게 해 주며, 장소들 간의 신경로를 확인하게 해 주며, 활동적인 영역들 또는 수용기와 같은 특정 구조물들을 확인하게 해 준다.
- 광학 현미경은 아주 유용하지만, 전자현미경은 더 세부적인 정보를 제공한다. 주사형 전자현미경은 3차원적인 정보를 제공한다.
- EEG는 두 전극 간의 신경 활동을 종합하여 각성 수준을 측정하고 뇌손상과 일부 뇌 질환을 탐지하는 데에 도움을 준다. 유발 전위는 순간적인 자극에 대한 평균적인 반응을 측정한다.
- 뇌 기능은 뇌 손상 환자에 대한 관찰, 전기 및 화학적 자극(입체정위 기구를 이용), 신경 조직의 손상(절제와 손상)과 뇌의 화학물질에 대한 미세투석(microdialysis)을 이용하여 연구할 수 있다.
- CT와 MRI를 이용한 뇌영상 기법은, 예로 뇌 손상을 평가하기 위한 구조의 변화를 측정할 수 있고, PET과 fMRI는 활동을 측정할 수 있다.
- 가계 연구, 입양아 연구, 쌍생아 연구 등은 유전성을 조사하는 상관적 전략이다. 가계 연구는 가족 간에 어떤 특징이 전달되는지를 결정하며, 입양아 연구는 입양아가 입양한 부모를 닮는지 아니면 생물학적인 부모의 특징을 닮는지를 평가한다. 쌍생아 연구는 일란성 쌍생아들의 유사성과 이란성 쌍생아들의 유사성을 비교한다.
- 유전 공학은 유전자 이식법과 유전자 불능 기법

(유전자 제거와 안티센스 RNA의 사용)을 포함하는 실험적 접근법이다.

연구 윤리

- 생물심리학의 주요 우려는 연구의 진실성을 유지하는 데에 있다. 표절과 자료 조작은 특히 심각한 위반사항이다.
- 대중 및 과학계는 동물과 인간 피험자의 복지에 대해 더욱 우려하고 있다. 피험자의 복지를 위한 여러 가지 기준이 마련되고 있지만, 더 많은 규제와 교육이 필요하다.
- 줄기세포 기법은 뇌와 척수의 손상 및 여러 질환을 치료하는 데에 유망한 방법이지만, 배아를 파괴시켜야 줄기세포를 얻을 수 있으므로 논란 중이다. 유전자 치료는 전망이 있지만, 위험이 따르고 잘못 사용될 수 있다.

핵심 용어

가계 연구(family study)
고지에 의한 동의(Informed consent)
골지 염색(Golgi stain)
기능자기공명영상법(functional magnetic resonance imaging: fMRI)
뇌파(electroencephalogram: EEG)
니슬 염색(Nissl stain)
면역세포 화학법(Immunocytochemistry)
상관 연구(correlational study)
상관(correlation)
속임수(deception)
손상(Lesion)
수초 염색(myelin stain)
실험(experiment)
쌍생아 연구(Twin study)
안티센스 RNA(antisense RNA)
양전자방출단층촬영법(Postiron emission tomography: PET)
유발 전위(evoked potential)
유전공학(gentic engineering)
유전자 삭제법(Knockout)
유전자 이식(gene transfer)
유전자 치료(gene therapy)
이론(theory)
일치율(concordance rate)
입양아 연구(adoption study)
입체정위 기구(Stereotaxic instrument)
자가방사 기록법(autoradiography)
자기공명영상법(magnetic resonance imaging: MRI)
전령 RNA(messenger ribonucleic acid: RNA)
전자현미경(electron microscope)
절제(ablation)
조작(fabrication)
컴퓨터단층촬영법(computed tomography: CT)
현장 혼성법(In situ hybridization)

PART II

동기와 정서
-우리를 행동하게 하는 것-

Chapter

5

약물, 중독 그리고 보상

향정신성 약물
- 아편제
- 억제제
- 자극제
- 환각제
- 마리화나

중 독
- 중독의 신경적 기초
- 도파민과 보상
- 도파민이 지닌 다른 역할들
- 약물 중독 치료

중독에서 유전자의 역할
- 유전적 영향과 환경적 영향의 구분
- 무엇이 유전되는가
- 알코올 중독 연구의 영향

이 장에서 배울 내용
- 약물들의 분류와 주된 효과는 무엇인가?
- 중독 동안에 뇌에서는 무슨 일이 일어나는가?
- 약리학적으로 중독을 어떻게 치료하는가?
- 유전은 중독에 어떻게 영향을 미치는가?

너 횃불처럼 타오르는 자여
그 마음의 열기와 불꽃으로
눈부신 널 태워 버리네
나는 보았네
솟구치는 정력에
칠흑같이 검은 머리털
그리고 검버섯으로 뒤덮인 살갗
커다란 손과 볼링핀 같은 두 다리
그런 인간에게나 딱 맞을
무시무시한 짐승 같은 방법으로
- Balzac(1839/1996)

발자크(Honor'e de Balzac; [그림 5-1])은 20년 동안 45편이라는 방대한 양의 소설을 써냈다. 이러한 장기간의 저작 동안에 그는 엄청난 양의 자극제를 사용했는데, 그 효과가 너무 좋아 다른 사람들에게도 적극 권할 정도였다. 발자크는 51세의 이른 나이로 죽었는데, 이런 무분별한 자극제의 사용이 일부 원인이었다. 그의 작가로서의 성공과 때 이른 죽음에도 공헌(?)했던 그 강력한 약물은 다름 아닌 커피였다. 그의 주치의에 의하면 발자크의 죽음은 졸음을 쫓기 위해 남용했던 커피가 그의 심장질환을 악화시켜 일어난 것이라고 했다("French Roast", 1996, p. 28).

카페인도 중독성 약물로 분류될 만한 근거가 충분하다. 커피가 콜롬비아에서 만들어지는 다른 약물들에 비해선 그 효과가 약하지만, 약물 효과의 강도나 그 약물 사용의 적법성이 중독성을 결정하는 기준은 못된다. 앞으로 보겠지만, 특정 약물이 뇌에 미치는 영향은 뚜렷한 특징을 지닌다. 그래서 이러한 독특한 효과에 따라 약물들을 나누고, 앞서 살펴본 뇌 구조물들 및 신경 기능, 특히 시냅스(신경 연접)의 기능과 함께 살펴볼 것이다.

[그림 5-1] 발자크(Honor'e de Balzac)

출처: Hulton Archive.

향정신성 약물

약물이란 우리 신체에 흡수되어 신체 혹은 신체의 기능을 변화시키는 물질이다. 약물은 특정 신경전달 시스템(transmitter system)에 미치는 효과에 따라 크게 두 가지로 나뉜다. 제2장에서 살펴보았듯이, 효능제(agonist)는 신경전달물질처럼 작용하거나 수용기에 대한 신경전달물질의 작용을 촉진 또는 전달물질의 재흡수 및 분해를 차단함으로써 신경전달물질의 효과를 흉내 내거나 증폭시킨다. 한편 길항제(antagonist)는 수용기에 대한 작용은 없이 그냥 들러붙어 신경전달물질의 결합과 작용을 방해하거나 또는 시냅스전 종말에서 전달물질의 생산이나 방출을 감소시킴으로써 가용한 신경전달물질의 양을 줄인다.

향정신성 약물(psychoactive drug)은 불안 해소나 환각처럼 심리적인 효과를 일으키는 약물을 말한다. 제5장에서 살펴볼 원리 중 많은 것이 일반적인 경우에도 적용할 수 있는 것들이지만, 이 장에서는 향정신성 약물의 남용에 대해서만 다룰 것이다. 정신치료 약물들에 관해서는 정신질환을 다루는 14장에서 살펴볼 것이다. 약물 남용의 효과는 너무나 다양한데, 각성을 일으키든 이완을 일으키든 또는 의식을 또렷하게 하든 멍하게 하든지 간에 중독성 약물들의 효과는 어떤 식으로든 쾌감을 일으키는 것에서 시작된다. 중독성 약물들은 공통적으로 또 다른 효과들도 지니는데, 이들 효과를 살펴보기 위해선 약물의 작용 방식과 관련된 용어를 알아야 한다.

대부분의 약물 남용은 중독(addiction)을 일으키는데, 중독 여부는 어떻게 하든 약물 구하기에만 집착하고, 결국엔 결과가 안 좋은데도 불구하고 약물을 상습적으로 사용하며, 약물 사용을 중단한 이후에도 매우 쉽게 재발하는 경향성 등으로 판단한다. 많은 경우의 약물 남용은 또한 금단 증상을 일으킨다. 금단(withdrawal)은 약물 사용이 중지될 때 나타나는 부정적인 반응이다. 금단 증상의 원인 중 일부는 신경계가 그 약물 효과에 적응된 결과이며, 따라서 통상적으로 금단 증상은 약물이 일으키는 효과와는 반대되는 증상들이다. 예를 들어, 헤로인이 일으키는 이완, 변비, 한기, 좋은 기분 등의 효과는 조바심, 설사, 고열, 우울 등과 같은 금단 증상으로 대체된다.

또한 대부분의 약물 남용은 내성(tolerance)을 일으키는데, 내성이란 사용하던 약물에 대한 반응성이 떨어지고 예전과 같은 효과를 보려면 더 많은 양을 사용해야 하는 것을 뜻한다. 금단 증상과 마찬가지로, 내성은 신경계의 보상적 적응에 의해 일어나는 것인데, 주로 수용기 수의 감소나 민감성의 저하로 매개된다. 내성은 약물 과다 복용을 일으키는 원인 중 하나다. 한편 내성은 같은 약물이라 하더라도 그 약물이 지니는 효과 중 일부에 대해서는 일어나고 다른 일부에 대해서는 일어나지 않을 수 있다. 따라서 헤로인 남용자의 경우 예전과 같은 황홀감을 경험하기 위해 더 많은 양의 헤로인을 사용할 때 졸음이나 호흡 발작을 일으키는 경향성은 줄어들지 않아 결국 피할 수 없는 약물 과다 복용으로 치명적인 결과를 맞이할 수밖에 없게 된다.

아편제

? 아편제 사용이 합법적일 수 있는가?

아편제(opiates)는 양귀비에서 추출된 약물들을 일컫는다([그림 5-2]). 아편제는 다양한 효과를 지니는데, 통증을 제거하는 진통제(analgesic)나 졸음을 오게 하는 최면제(hypnotic)로도 쓰이며, 한편 행복감이나 황홀감 등이 극도에 이르는 희열(euphoria)도 일으킨다. 나쁜 점은 중독성을 지니고 있다는 것이다. 양귀비(opium)는 기원전 4,000년경부터 사용되어 왔다(Berridge & Edwards, 1981).

[그림 5-2] 양귀비

출처: SERDAR YAGCI/iStockphoto.

처음엔 입으로 먹었는데, 미국 대륙 개척과 함께 인디언 원주민이 파이프를 이용해서 담배를 피우는 것을 보고 이것이 본국에 소개(?)되면서 아편도 그와 같이 사용하기 시작했다. 모르핀(morphine)은 1800년대 초에 양귀비에서 추출되기 시작해서 수술이나 전쟁에서의 부상 그리고 암과 같은 경우의 통증을 치료하는 진통제로서 매우 유용하게 사용되어 왔다. 헤로인(heroin)은 1800년대 말에 모르핀으로부터 인공적으로 합성된 것인데, 19세기 초엔 헤로인의 위험성이 알려지기 전까지 독일의 바이엘사(Bayer Drug Company)가 처방전 없이도 살 수 있는 진통제로 출시하기도 했다. 지금은 헤로인이 미국에선 불법 약물이지만, 캐나다나 영국에서는 임상용으로 사용할 수 있다(Cherney, 1996). 아편의 또 다른 성분인 코데인(codeine)은 기침 억제제로 사용되고 있으며, 또 다른 성분(laudanum, paregoric)의 묽은 아편 용액은 설사를 멈추기 위해 사용된 적이 있었고 어린 아이에게조차 처방된 적도 있었다. 모르핀의 경우 아직도 암환자에게 사용되고 있고, 좀 더 약한 통증에서는 모르핀이 점진적으로 방출되게만 하면 사실상 중독의 위험 없이 안전하게 사용할 수 있다. 하지만 주로 아편제들은 더 안전한 합성 진통제로 대체되고 있다.

모든 아편제는 남용될 가능성이 있다. 그중 헤로인의 경우는 가장 심각한데, 그 효과가 강력하기 때문이다. 몇 초 내에 극도의 오르가슴과 같은 느낌 그리고 이후에 따라오는 나른한 이완감과 만족감 같은 것을 경험할 수 있다. 헤로인은 기름에 잘 녹는 지용성이므로 혈뇌장벽(blood-brain barrier)을 쉽게 통과하는데, 이러한 빠른 작용이 헤로인의 중독 가능성을 더 높인다. 헤로인 사용이 위험한 것은 주로 과다 복용에 있는데, 계속 증가하는 내성에도 불구하고 같은 효과를 보려고 하거나 평소보다 더 순도가 높은 것을 모르고 사용하는 경우다. 33년 동안 581명의 남성 헤로인 중독자들을 살펴본 결과, 연구가 끝날 때 즈음 49%가 평균 나이 46세를 일기로 사망했다(Hser, Hoffman, Grella, & Anglin, 2001). 그중 거의 25%는 주로 헤로인 과다 복용으로 사망했고, 19.5%는 살인, 자살, 사고 등으로, 나머지 15%는 만성 간 질환으로 사망했다. 한편 생존자 중 50%는 여전히 헤로인을 사용하고 있었고, 사용을 중지한 지 5년 이상이 지나더라도 다시 사용할 가능성이 너무 높아 헤로인 중독이 평생을 가는 문제임을 시사했다. 영화 같은 데서 헤로인으로 인한 금단 증상의 심각성이 무시무시할 정도로 묘사되는 데도 불구하고, 흔히 심한 독감 정도로 생각되는 것을 볼 때 금단 증상에 대한 두려움 자체가 헤로인을 끊지 못하게 하는 주된 원인은 아닌 것 같다.

특정 약물에 대한 내성은 약물을 사용하는 주변 환경이나 상황과 연합될 수 있는데, 이와 같이 학습된 또는 조건화된 내성(conditioned tolerance)은 새로운 환경에 완전하게 일반화되지 않는다. 그래서 생소한 장소에서 약물을 사용하면 평상시 사용하던 양이 약물 과다를 일으킬 수 있다(Macrae, Scoles, & Siegel, 1987; S. Siegel, 1984). 헤로인은 특히 그러한데, 실험용 쥐에게 주사했을 때 익숙한 장소일 경우보다 낯선 장소에서 주사했을 때 동일한 양으로 두 배나 더 많은 쥐들이 약물 과다로 죽는 것을 관찰했다. 익숙한 장소에선 치사율이 32%인 반면, 낯선 장소에서는 64%나 되었다(S. Siegel, Hinson, Krank, & McCully, 1982).

수년 동안 연구자들은 아편제의 진통 효과에 대해 궁금해했는데, 아편제에 대한 특정 수용기가 뇌 안에 존재할 것으로 추측해 왔으나 직접적인 증거가 없었다. 앞 장에서 소개한 Candace Pert의 연구 중 Solomon Snyder와 함께한 연구에서 그들은 뇌 조직을 날록손(naloxone)에 배양했다. 이때 날록손은 방사능 처리된 것이었다. 날록손은 임상에서 아편제의 효과를 억제하기 위해 사용되는 길항제다. 배양된 뇌 조직은 잘 씻은 후에도 방사성을 띠고 있었는데, 이는 날록손이 아편 수용기에 결합되어 있다는 것을 의미한다. 왜 뇌 안에 아편제에 대한 수용기가 존재할까? 그 답은 우리 몸 안에 자연적으로 생성되는 아편제와 같은 물질이 있다는 것이다. 그래서 아편제가 엔도르핀(endorphin)이라고 부르는 우리 몸 안의 내인성 아편제(endogeneous opiate)를 흉내 냄으로써 그 효과를 발휘하는 것이다. 엔도르핀의 효과 중 하나가 진통 작용이다. 진통에 관해선 제11장에서 살펴볼 것이다. 그래서 엔도르핀에 대한 수용기를 자극하는 것이 아편제가 지니고 있는 일부 바람직한 효과를 일으키게 되는 것이다. 한편 아편제가 지니는 일부 다른 긍정적인 효과는 도파민 경로의 간접적인 활성화를 통해 일어날 수 있다.

억제제

억제제(depressant)란 중추신경계의 활동을 감소시키는 약물을 말한다. 억제제에는 침착하게 만드는 진정제(sedative), 불안을 줄여 주는 항불안제(anxiolytic) 그리고 최면제 등이 있다. 물론 알코올은 가장 일반적이며 가장 많이 남용되는 억제제다.

? 억제제의 유용한 점과 해로운 점은 무엇인가?

알코올

에탄올 또는 알코올은 과일이나 곡류 또는 열매의 발효를 통해 만들어지는 약물이다. 알코올은 뇌 안에서 많은 부위에 작용하며 기분을 좋게 하고, 불안을 감

> 한 잔 할 땐 잠시나마 마음이 따스하고 내가 매력적이며 사랑받고 있는 듯한 기분이 들어요.
>
> – Gloria, 알코올 중독에서 회복 중

소시키며, 진정 효과 및 운동 부조와 인지 저하 등도 일으킨다(Koob & Bloom, 1988). 알코올은 남용되는 약물 중에는 가장 오래된 것인데, 그 기원은 알려져 있지 않지만 아마도 원시인들이 자연 상태에서 발효된 과일을 먹고는 기분이 좋아지는 것을 알게 된 것 같다. (코끼리도 종종 나무 아래에 모여 떨어진 열매가 발효된 것을 먹는데 취할 때까지 먹곤 한다!) 역사적으로 볼 때 알코올은 축하나 예식에서 하나의 문화로서의 역할을 했다. 종교적인 희열을 맛보기 위한 수단으로 사용되기도 하고, 특히 원시 사회에서는 적개심이나 성적으로 부정한 행동에 일시적으로 빠져들 수 있는 사회적으로 공인된 수단이 되기도 했다. 현대 사회에서는 이런 집단적인 통제된 음주보다는 개인적으로 통제되지 않은 알코올 남용으로 바뀌어 가고 있다.

알코올은 적당히 사용하면 유익할 수 있는데, 불안을 감소시켜 주는 효과 때문에 사람들과의 관계에 어색함을 없애 주고 윤활제와 같은 역할을 하기도 한다. 다른 많은 약물들처럼 알코올의 효과도 복잡한데, 한두 잔의 적은 양은 평소에 우리의 행동을 억제하는 대뇌피질의 작용을 제거하므로 자극제로서 역할을 한다. 조금 더 마시면 이제 알코올은 진정제처럼 작용해서 최면 효과까지도 일으키며 느슨해지다 못해 졸음이나 의식 불명까지도 일어난다. 나중에 술자리가 끝나고 나면 알코올은 대사 과정을 통해 분해되고, 따라서 혈액 내 농도가 낮아지는데, 이때 다시 자극제로서의 효과를 일으킨다. 그래서 저녁 시간에 한두 잔 마시는 것은 밤에 잠드는 데 도움이 되지만 나중에 다시 깨어나는 일이 일어나는 것이다.

알코올이 판단력뿐만 아니라 인지 기능 및 운동 기능까지도 저하시키기 때문에 자동차 사고의 반 이상이 음주와 관련된 것들이다(Julien, 2005). 혈중 알코올 농도가 0.08%가 되면 미국과 캐나다에선 법적으로 운전을 할 수 없는 상태로 판단한다. 잘 알다시피, 알코올은 폭력 범죄와도 밀접한 연관이 있는데, 실제로 폭력으로 인한 수감 중 40%가 알코올과 관련된 것이다(Julien, 2005). 게다가 알코올은 판단력에 영향을 미칠 뿐만 아니라 평소에 공격성을 억제하는 불안 또한 감소시킨다(Pihl & Peterson, 1993).

알코올은 많은 건강상의 문제도 일으킨다. 어떤 억제제도 양이 지나치면 뇌간의 활동을 멈추게 할 수 있는데, 그렇게 되면 혼수상태가 되거나 목숨을 잃게 된다. 혈중 알코올 농도가 0.5%가 되면 이러한 위험에 처할 수 있다. 만성 알코올 중독이 낳는 일반적인 결과는 간경변인데, 간경변도 심하면 목숨을 잃을 수 있다. 게다가 만성 알코올 중독에 수반되는 비타민 B_1의 결핍은 뇌손상과 코르사코프 증후군을 일으킨다. 코르사코프 증후군 환자는 심각한 기억상실 및 감각과 운동상의 장애를 보인다([그림 5-3]). 알코올 중독자에게는 금주조차 위험할 수 있다. 알코올 중독자에게 금단은 떨림, 불안, 정서적 혼란, 수면 장애 등과 같은 증상을 일으킬 수 있으며, 더 심한 경우에는 섬망(delirium tremens)이라고 알려진 증상도 일으킨다. 섬망은 환각, 망상, 혼란, 극단적인 경우에는 발작과 죽음까지도 일어날 수 있는 증상이다.

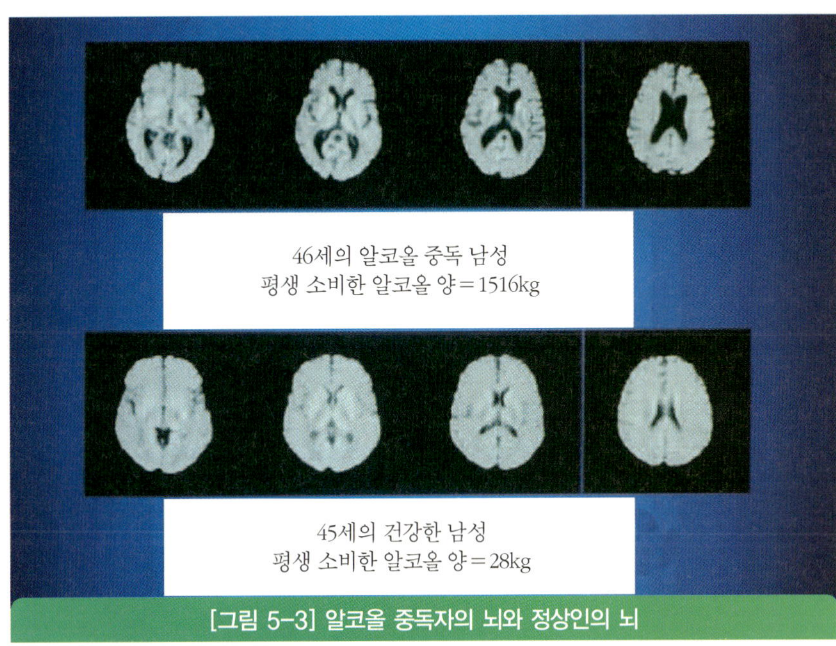

[그림 5-3] 알코올 중독자의 뇌와 정상인의 뇌

알코올 중독자의 뇌에서 구(sulcus)가 깊이 패어 있고, 뇌실(ventricle)이 커져 있는 것을 주목하라(두 사람 간의 뇌 스캔 위치는 상이하다).

출처: Barlow & Durand, *Abnormal Psychology*, 2nd ed., credits: Dr. Adolf Pfefferbaum, Stanford U., with the support from the National Institute on Alcohol Abuse and Alcoholism and the Department of Veteran Affairs.

건강상의 위험, 폭력, 가정 파탄, 생계 곤란 등의 문제를 생각할 때, 알코올은 다른 어떤 불법 약물보다도 사회적인 손실이 더 크다고 하겠다. 이런 점에서 1961년 정신과 의사와 내과 의사들이 모인 학술 토론회에서 "가장 안전하고 가장 쉽게 구할 수 있는 안정제가 알코올"이라는 의견에 일치를 보였다는 것은 놀라운 일이다("Paean to Nepen the," 1961, p. 68).

알코올은 많은 수용기—신경전달물질 체계에 작용한다. 첫째, 알코올은 글루타민산염의 방출을 억제한다(Hoffman & Tabakoff, 1993; Tsai, Gastfriend, & Coyle, 1995). 제2장의 〈표 2-1〉에서 보았듯이 글루타민산염은 가장 널리 분포되어 있는 대표적인 흥분성 신경전달물질이다. 글루타민산염의 방출 감소는 진정 효과를 일으킨다. 이때 보상적인 기제에 의해 글루타민산염 수용기의 수가 늘어나는데, 아마도 이러한 수용기 수의 증가가 금단 시에 종종 나타나는 발작의 원인인 것 같다. 그리고 알코올은 감마 아미노낙산(gamma-aminobutyric acid: GABA)의 방출을 증가시키는데, GABA는 가장 널리 분포되어 있는 억제성 신경전달물질이다(Wan, Berton, Madamba, Francesconi, & Siggins, 1996). 이들 두 수용기를 통해 일어나는 복합된 효과는 진정 작용과 불안 감소, 근육 이완, 인지적 기량과 운동 능력의 저하 등으로 나타난다. 알코올은 또한 아편 수용기(아편 수용기의 자극은 도파민의 방출을 증가시킨다), 세로토닌 수용기, 카나비노이드 수용기(마리화나에 의해 자극되는 수용기; Julien, 2005) 등에 작용하는데, 이러한 작용이 아마도 음주가 가져다주는 좋은 기분을 설명하는 원인인 것 같다.

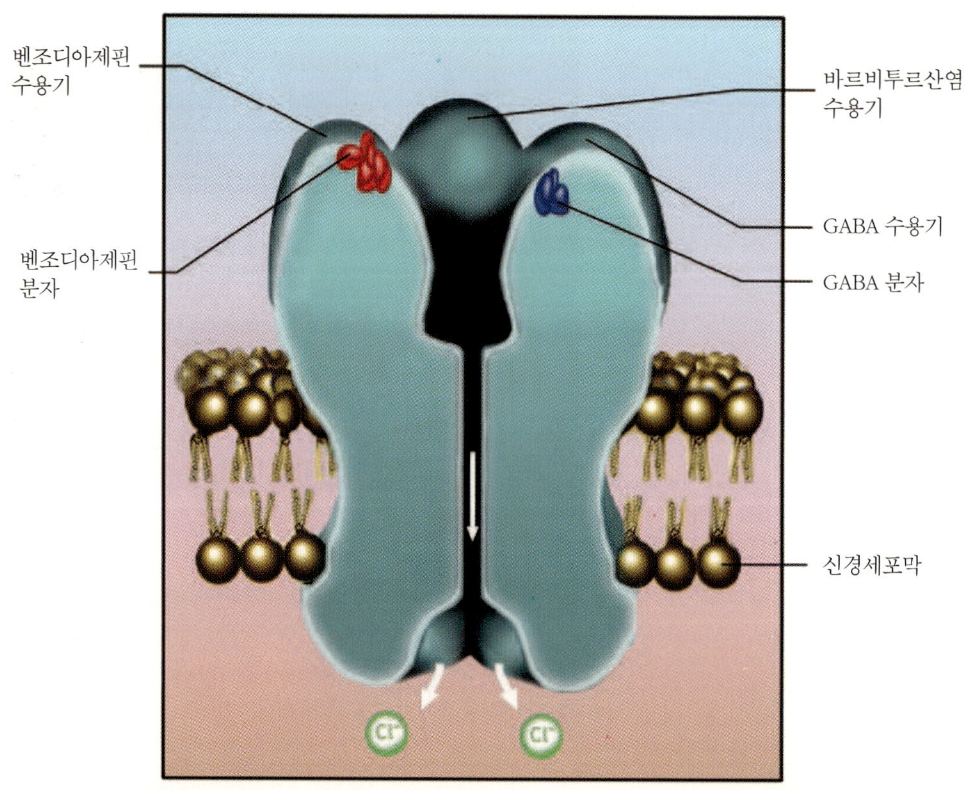

[그림 5-4] GABA$_A$ 수용기 복합체

이 수용기 복합체에는 GABA, 바르비투르산염, 벤조디아제핀, 알코올에 대한 수용기가 각각 존재한다.

특히 알코올은 A type GABA(GABA$_A$) 수용기에 작용하는데, GABA$_A$는 다른 약물들의 작용에도 중요하기 때문에 주목할 필요가 있다. 사실 GABA$_A$ 수용기는 최소한 다섯 종류의 수용기로 이루어진 수용기 복합체다([그림 5-4]). 물론 그 중 하나는 GABA에 반응하는 수용기다. GABA$_A$ 수용기의 활성화는 수용기에 있는 염소 이온 통로를 열고, 염소 이온의 유입은 신경세포를 과분극화한다. 이 GABA$_A$ 수용기 복합체에 있는 다른 수용기들은 각각 알코올 및 바르비투르산염(barbiturates) 또는 벤조디아제핀(benzodiazepines)에 반응하는데, 이들 약물은 GABA가 수용기에 결합하는 것을 촉진시켜 결국 염소 이온 통로가 더 잘 열리도록 만든다. 그래서 왜 알코올과 바르비투르산염 또는 벤조디아제핀을 함께 사용하는 것이 그렇게 위험한지 그 이유가 여기에 있다.

? 알코올이 태아에게 미치는 영향은 무엇인가?

알코올은 태반을 잘 통과하기 때문에 산모의 혈중 알코올 농도가 그대로 태아의 혈중 알코올 농도가 된다. 제3장에서 보았듯이 태아가 알코올에 노출되면 태아 알코올 증후군(fetal alcohol syndrome: FAS)이라는 문제를 일으킬 수 있다([그림 5-5]). 이 장애는 서구 사회에서 정신지체를 일으키는 주된 요인이다(Abel &

Sokol, 1986). 정신지체뿐만 아니라 FAS 어린이는 쉽게 흥분하며 주의를 집중하는 데 문제가 있다. 임신부가 상습적으로 알코올을 남용하는 경우가 아니더라도 이러한 장애는 일어날 수 있다. 어떤 연구에서 FAS 어린이를 가진 엄마가 정상적인 자녀를 가진 엄마보다 평균적으로 음주량이 더 많은 것은 아니었지만 가끔씩 한 번에 다섯 잔 또는 그 이상의 음주를 한 적이 있음을 알아냈다(Streissguth, Barr, Bookstein, Sampson, & Olson, 1999). 임신 중에 한 번 정도 세 잔이나 그 이상의 음주를 하는 것도 그 자녀가 성인이 되어 음주와 관련된 장애를 겪을 위험을 두 배 이상 높였다(Alati et al., 2006). 임신 동안에는 어떠한 음주도 안전할 수 없으므로 전문가들은 완전한 금주를 주장한다([그림 3-24]에서 FAS가 생쥐의 뇌 발달에 미치는 영향을 참조하시오).

[그림 5-5] 태아 알코올 증후군을 지닌 아이

보는 바와 같이 FAS는 정신지체뿐만 아니라 안면 기형 또한 수반한다.

출처: George Steinmetz.

바르비투르산염과 벤조디아제핀

알코올처럼 바르비투르산염은 소량으로도 상위피질 중추들, 특히 행동 억제와 관련된 부위에 선택적으로 작용하는데, 적은 양은 사람을 수다스럽게 만들고 인간관계를 더 잘하게 해 주며, 더 많은 양으로는 진정 효과와 최면 효과가 일어난다. 바르비탈(barbital)이나 페노바르비탈(phenobarbital) 같이 작용 시간이 긴 바르비투르산염은 불안을 감소시키거나 간질 환자의 경련을 막는 데 유용하다. 작용 시간이 짧은 바르비투르산염은 불면증을 해소하고, 극히 짧은 바르비투르산염의 경우에는 수술 시 초기 전신 마취제로 사용한다. 바르비투르산염이 통증을 줄여 주진 않지만, 통증으로 인한 불안 감소에는 효과적이다.

임상에서 사용되는 양 정도로는 중독이 일어나지 않지만, 내성이 생기면 사용량을 증가하게 되고, 결국 더 많은 양을 사용하면 중독이 일어나는데, 그 증상들이 알코올 중독의 경우와 유사하다. 바르비투르산염의 경우 만성적으로 사용하다가 갑자기 사용을 중지하면, 이때 나타나는 금단 증상은 아편제의 경우보다 훨씬 더 심각하다. 바르비투르산염은 알코올과 함께 사용할 때 특히 위험한데, 알코올과 함께 사용하거나 지나치게 많은 양을 사용하면 중추신경계와 호흡계를 억제해서 혼수 상태에 빠지거나 죽을 수도 있다.

또한 알코올과 마찬가지로 바르비투르산염은 글루타민산염의 작용을 낮추고 GABA의 활동을 증가시켜 그 효과를 발휘한다. 하지만 바르비투르산염은 알코올이 작용하는 수용기와는 다른 종류의 글루타민산염 수용기에 작용하며(Hoffman

& Tabakoff, 1993), $GABA_A$ 수용기 복합체에선 바르비투르산염 수용기 부분에 작용해서 그 효과를 낸다([그림 5-4]). 한편 고농도에선 GABA가 있든지 없든지 관계없이 바르비투르산염만으로도 염소 이온 통로를 열 수 있다(Julien, 2005).

몇십 년 전만 하더라도 바르비투르산염은 불안 치료나 진정 효과가 필요한 다른 처치에 사용되던 약물이었다. 그런데 안 좋은 점이 중독을 일으키거나 우연 혹은 고의로 너무 많은 양을 사용할 수 있게 된다는 것이다. 그래서 벤조디아제핀계 약물들로 대체되었는데, 이 약물들은 불안 감소와 진정 작용, 그리고 근육 이완 등의 효과를 낳는 약물이다(Julien, 2005). 벤조디아제핀 약물들에 대한 수용기 또한 $GABA_A$ 수용기 복합체를 이루는 수용기다. 벤조디아제핀 약물들은 변연계(limbic system)의 활동을 억제함으로써 항불안 효과를 낸다. 변연계는 제8장에서 정서를 다룰 때 자세히 살펴볼 것인데, 뇌 구조물들로 이루어진 네트워크를 일컫는 말이다. 벤조디아제핀의 작용으로 인한 대뇌피질의 활동 감소는 인지 기능의 저하를 가져오고, 뇌간에서의 억제 작용은 진정 효과와 근육 이완을 일으킨다(Julien, 2005).

몇 가지의 벤조디아제핀 약물 중에 가장 잘 알려진 것은 발륨(Valium; 다이아제팜, diazapam), 재낵스(Xanax; 알프라졸람, alprazolam), 핼시온(Halcion; 트라이어조플람, triazoplam) 등이다. 벤조디아제핀 약물들은 중독성이 있고 정신착란을 일으킬 수 있기 때문에 많은 경우에 새로 개발된 약물들로 대체되어 왔다. 벤조디아제핀계 약물 중 하나인 로힙놀(Rohypnol; 루피스, roofies 혹은 로피스, rophies)은 데이트 상대를 성폭행하는 데 이용되는 약물로 악명이 높은데, 미국에선 아니지만 유럽에선 상품으로서의 판매가 허락된 약물이다.

자극제

자극제(stimulant)는 중추신경계를 활성화시켜 각성을 일으키고 정신을 더 또렷하게 하며 기분을 고양시킨다. 자극제에는 코카인부터 카페인까지 광범위한 약물들이 포함되며, 위험한 정도도 각기 상이하다. 가장 위험한 요인은 약물들을 어떻게 사용하는가 하는 것이다.

코카인

코카인(cocaine)은 남아메리카산 코카(coca) 나무에서 추출되는데, 희열감을 일으키고 정신을 또렷하게 하며 피로감을 덜어 주는 반면 식욕을 떨어뜨리기도 한다. 코카인은 염산으로 처리되어 염산 코카인이 되는데, 흔히 말하는 백색 분말에 해당하는 것으로 코로 흡입하거나 물에 타서 주사로 사용한다. 순정 코카인은 염산 코카인에서 염산을 화학적으로 제거해 만들 수 있는데, 순정 코카인을 기화시켜 연기를 흡입하면 혈액으로 들어간 코카인은 혈류를 타고 뇌로 쉽게 들어간다. 좀 더 간단한 화학적 방법으로 크랙(crack)이라 부르는 흡연용 코카인을 만들 수 있는데, 덜 순수하긴 하지만 기화시키면 순정 코카인이 만들어진다. 크랙의 값이 싸기 때문에 예전에는 코카인을 구입할 수 없었던 도시 빈민가에서 사용이 늘고 있다.

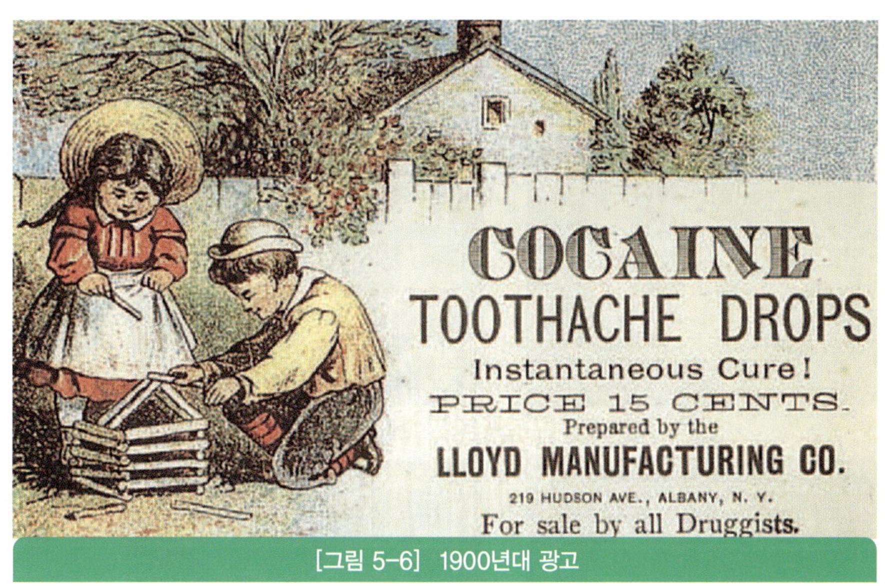

[그림 5-6] 1900년대 광고

출처: The National Library of Medicine.

코카인이 늘 위험한 약물로 여겨져 왔던 것은 아니다. 남아메리카 인디언들은 몇 세기 동안 고난과 궁핍을 견뎌내는 수단으로 코카 나뭇잎을 씹었었다. 1800년대 말 코카인을 추출할 수 있게 되었을 때 처음엔 국소 마취제로 사용되었고, 그 당시에 가용한 유일한 마취제였다(Julien, 2005). 그러나 곧 코카인은 처방전 없이도 구입할 수 있는 약품이 되었고([그림 5-6]), 1906년까지 코카콜라의 청량감을 높이기 위해 한 사람 분의 음료 양에 60mg의 코카인이 첨가되기도 했다(M. S. Gold, 1997). 정신 분석의 창시자 프로이트는 코카인 사용을 옹호했는데, 자기 애인에게도 주며 여동생들, 친구들 그리고 동료들에게도 주었으며, 그의 환자들에게 처방도 해 주었다. 코카인의 장점을 찬미하는 노래라고 자신이 이름 붙인 수필을 쓰기도 했다. 마침내 코카인 사용이 위험하다는 것을 알았을 때 그는 개인적으로도 직업적으로도 코카인 사용을 중지했다(Brecher, 1972).

? 모든 자극제가 지닌 효과와 관련된 신경전달물질 시스템은 무엇인가?

코카인은 시냅스에서 도파민 또는 세로토닌이 재흡수되는 것을 막아 이들 신경전달물질의 효과를 증폭시킨다. 도파민은 보통 억제 효과를 내는데, 코카인으로 인해 뇌의 많은 부위에서 활동이 감소하게 된다. [그림 5-7]에서 양전자방출단층촬영(positron emission tomography: PET) 결과를 볼 수 있다(London et al., 1990). 코카인은 희열과 흥분을 유발하는데, 이는 도파민이 평상시에 하위 뇌 구조물들을 억제하던 대뇌피질의 억제 작용을 제거하기 때문인 것으로 짐작된다. 대뇌피질의 활동 감소는 벤조디아제핀, 바르비투르산염, 암페타민, 알코올, 모르핀 등의 희열을 일으키는 약물들의 전형적인 결과다. 종종 전두엽에선 국소적으로 증가된 활동이 관찰되기도 한다(R. Z. Goldstein & Volkow, 2002; S. Grant

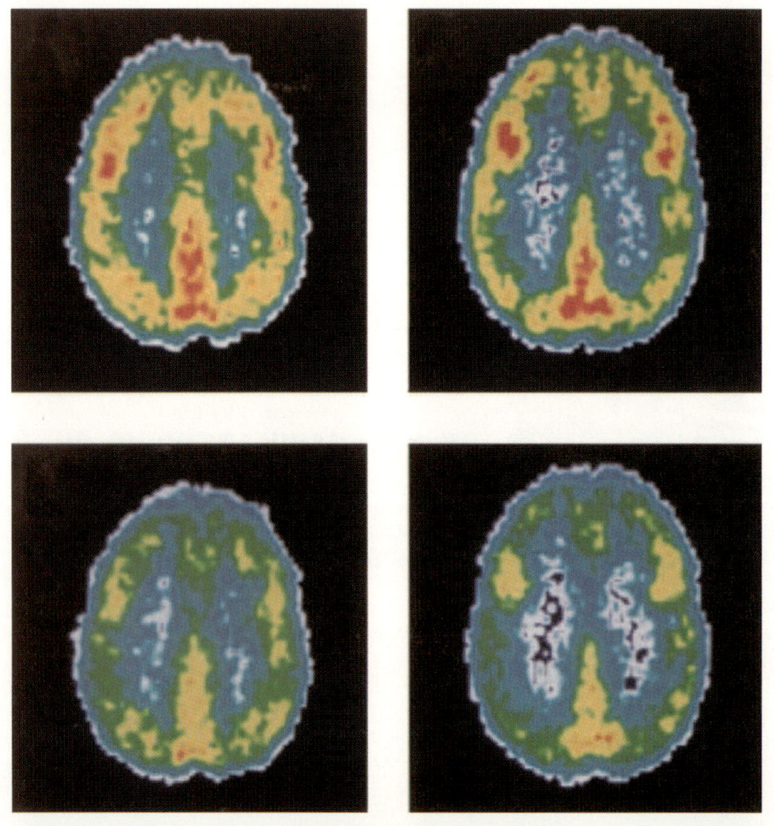

[그림 5-7] 코카인에 노출되기 전과 후의 뇌 활동

위에 있는 사진 두 장은 코카인에 노출되기 전의 뇌 활동을 보여 주고, 아래 두 장은 코카인에 노출된 후의 뇌를 보여 준다. 뇌 활동이 활발하다가 감소하는 것에 주목할 필요가 있다. 빨간색과 노란색은 활발한 활동을, 녹색과 파란색은 저조한 활동을 의미한다. 방사성 포도당을 사용해 PET 스캔한 것이다.

출처: "Cocaine-Induced Reduction of Glucose Utilization in Human Brain," by E. D. London et al., 1990, *Archives of General Psychiatry, 47*, pp. 567-574.

et al., 1996; Volkow et al., 1991, 1999).

코카인을 주사하거나 기화 형태로 흡연하면 즉각적이고 강렬한 희열을 경험할 수 있는데, 이는 코카인의 중독 가능성을 한층 증가시킨다. 코카인을 하고 나면 우울과 불안에 빠져들게 되고, 다시 코카인을 갈망하게 되어 사용하게 된다. 금단으로 인한 영향은 일반적으로 심각하진 않은데, 불안, 동기 결여, 지루함, 즐거운 기분 상실 등으로 나타난다. 30년 전에 중독 개념이 약물 금단 증상을 일으킬 수 있는지에 따라 정의됨으로 해서 금단 증상이 상당히 약한 코카인은 중독성이 있다고 여겨지지 않았다(Gawin, 1991). 코카인 사용자 수가 늘어나면서 코카인이 실제로 가장 중독성 강한 약물 중 하나라는 인식이 생겨났다(Julien, 2005). 코카인은 효과가 강해서 치료가 매우 어려운데, 아직 성공적인 치료로 널리 알려진 것이 없다. 코카인 중독자들이 재활하기 어려운 이유는 중독자들이 보통 다른 약물들도 남용하고 있으며, 또한 우울, 불안, 양극성 장애, 외상 후 스트레스 장애 등을 포함한 심리 장애를 지니고 있는 경우가 매우 많기 때문이다. 수반되는 심리적 장애들을 치료함으로써 코카인에 대한 의존을 감소시키려는 시도가 성공했다는 보고도 있고 그렇지 않다는 경우도 있다(Julien, 2005).

코카인 사용은 미약한 뇌손상을 일으킬 수도 있는데, 상대적으로 많은 양을 장기적으로 사용하면 정신 질환과 유사한 증상들을 일으킨다. 과량을 사용할 경우 발작과 죽음으로 이어질 수도 있다. 코카인은 내성이 선택적으로 일어난다는 것을 보여 주는 좋은 예인데, 원하는 심리적 효과를 경험하기 위해선 양을 점점 더 늘여야 하는 반면, 발작을 일으키는 효과에 대해선 아주 민감해진다. 다른 약물에 비해 코카인의 위험성은 과소평가되기도 했는데, 한 실험에서 쥐들이 레버를 누르면 헤로인이나 코카인이 혈액 내로 주입되게 했을 때, 한 달 후 코카인이 주입된 쥐들은 90%가, 헤로인의 경우에 36%가 약물 과다로 죽었다(Bozarth &

Wise, 1985).

알코올처럼 코카인도 태반을 쉽게 통과해서 태아의 발달을 방해한다. 알코올이나 코카인이 아이의 발달에 미치는 영향은 가난이나 종종 볼 수 있는 가정에서의 방치로 인한 영향과 구별하기가 쉽지 않은데, 동물 연구들을 통해 태내에 알코올이 노출되면 뇌손상이 일어날 수 있고(Gressens et al., 1992), 코카인의 경우에는 도파민 뉴런들 간의 회로가 비정상적으로 형성된다(L. B. Jones et al., 2000)는 실험적 증거가 있다. 게다가 태내에서 코카인에 노출되었던 26명의 입양아들을 대상으로 환경으로부터의 영향을 통제한 연구에서, 엄마의 지능지수와 사회경제적 위치가 유사한 경우의 정상아들과 비교했을 때 코카인에 노출된 아이들이 더 낮은 지능지수와 언어 발달상의 저하를 보였고 주의가 더 산만한 것으로 나타났다(Nulman et al., 2001).

암페타민

암페타민(amphetamine)은 희열을 유발하고 자신감과 집중력을 높이는 효과를 지닌 인공 합성 약물을 일컫는다. 이들 약물에는 암페타민 황산염(상품명: 벤제드린), 3~4배 정도 더 강력한 덱스트로암페타민 황산염(상품명: 덱세드린) 그리고 훨씬 더 강력한 메탐페타민(세간에선 meth, speed, crank, crystal로 알려진) 등이 있다. 코카인과 마찬가지로 암페타민도 순정으로 만들 수 있는데, 순정 암페타민은 ice라고도 불리며 기화 형태로 흡연할 수 있다. 암페타민이 식욕을 떨어뜨리고 피로를 해소하며 정신을 또렷하게도 하기 때문에 체중 감량제로, 또는 트럭 운전사나 비행기 조종사, 학생들이 졸음을 쫓기 위해서 사용하기도 했다. 한편 암페타민은 낮 동안에 걷잡을 수 없는 졸음을 일으키는 수면 발작과 같은 질병을 치료하는 데 유용하게 사용되기도 했다.

암페타민은 노르에피네프린이나 도파민의 방출을 증가시킨다. 도파민 방출의 증가는 곧 시냅스 소낭에 저장된 신경전달물질의 고갈을 일으키는데, 암페타민 사용 후에 한동안 우울증이 따라오는 이유가 여기에 있다. 암페타민을 주사하면 그 효과가 코카인의 경우와 매우 흡사해서 둘 간의 차이를 구별하지 못할 정도다(Cho, 1990).

암페타민 남용은 환각과 피해망상 등을 일으키는데, 편집증적 정신분열증이 보이는 증상들과 아주 비슷해서 훈련받은 전문가들조차 차이점을 발견하지 못하기도 한다(그래서 실수로 응급실에서 잘못 처치되기도 한다). 실험을 통해 암페타민을 1~4일 정도 사용하고 나서 정신병 환자가 보이는 증상들을 관찰했는데, 한 연구에서 암페타민을 처치받은 실험 참가자는 천정에 매달린 커다란 진동기가 자기의 생각을 조종하고 있다고 했으며, 또 다른 경우에는 전 부인이 암살자를 고용해서 자기를 죽이려 한다거나 자신이 문 앞을 지키고 서 있는 동안 의사가 창문을 호위하고 있지 않으면 불안해하곤 했다(Griffith, Cavanaugh, Held, & Oates, 1972; S. H. Snyder, 1972). 암페타민으로 인한 정신이상이 사라지고 나면 약물에 대한 민감성은 영구적인 증가를 보이는데, 몇 년 후에 소량의 암페타민으로도 다시 그러한 정신병적 증상을 일으킬 정도가 되어 버린다(Sato, 1986).

니코틴

니코틴(nicotine)은 담배의 주된 향정신성 그리고 중독성 물질이다. 담배는 흡연으로, 또는 씹거나 코로 들이마시는(이 경우 미세 분말 형태로) 등으로 사용된다. 니코틴은 니코틴만의 거의 유일한 효과를 지니고 있는데(Schelling, 1992), 담배를 흡연할 경우 얕게 마시면 자극 효과가 나타나고 깊게 들이마시면 진정 효과를 내거나 억제 효과를 낸다. 많은 양의 니코틴을 사용하면 욕지기나 구토 그리고 두통 등을 유발할 수 있다. 실험동물에게 아주 많은 양을 처치할 경우 경련이나 죽음까지 일으킬 정도로 강력하다.

흡연자들이 흔히 담배를 끊었다 다시 피웠다 하기 때문에 금단 증상에 대해서는 잘 알려져 있다. 가장 눈에 띄는 증상은 신경과민, 불안, 졸림, 머리가 어찔어찔하거나 두통과 같은 것들이다. 매년 영국과 미국에선 금연의 날(영국의 경우 No Smoking Day, 미국은 Great American Smokeout)을 정해 놓고 지킨다. 이날만큼은 하루 동안 사람들이 자발적으로 금연을 하는데, 직장에서는 금단 증상으로 보이는 사고가 7%까지 증가하는 결과를 낳기도 한다(Waters, Jarvis, & Sutton, 1998). 금연을 시도하는 사람들은 흔히 담배를 잠깐 끊었다가 다시 피우는데, 금연 시도 중에 단지 20%만이 2년 후까지 성공한다. 공공장소나 직장에서 금연이 실시되기 전에는 남성 흡연자들 중 약 80%가, 그리고 여성의 경우엔 2/3 정도가 수면을 제외하고 한 시간에 적어도 한 개비의 담배를 피웠다(Brecher, 1972).

담배는 다른 약물에 비해 더 연달아 사용되기 때문에, 건강에 미치는 위험의 정도가 특히 높다. 만성 흡연자는 호흡 곤란, 기침, 기관지 감염, 폐렴, 기관지염(폐의 세기관지에 생기는 만성 염증), 폐기종(폐의 탄력성이 감소) 등을 종종 앓는다. 이것들을 포함해서 흡연이 지닌 건강상의 다른 위험들은 니코틴으로 인한 것이 아니라 담배 연기에 포함되어 있는 4,000종의 화합물 중 일부에 의한 것이다. 예를 들어, 벤조피렌(benzo-apyrene)의 대사산물은 암을 억제하는 유전자에 손상을 입히는데, 그 결과로 폐암이 발생할 수 있다(Denissenko, Pao, Tang, & Pfeifer, 1996). 흡연으로 인한 다른 암들로는 후두, 입 안, 식도, 간, 이자 등에 생기는 암이 있다. 흡연은 또한 버거병(Buerger' s disease)을 일으키기도 한다. 버거병은 혈관이 협착되는 병인데, 이로 인해 하지 말단의 조직이 썩는 괴저가 생겨 계속해서 잘라 내야 하는 일이 발생한다. 금연을 하면 이 질병의 진행을 거의 멈출 수 있지만, 그래도 환자들은 두세 번의 절단 이후에도 입원 중에 여전히 흡연을 하는 경우가 드물지 않다고 의사들은 말한다(Brecher, 1972). 니코틴 중독은 미연에 방지할 수 있는 사망 원인 중 가장 큰 비중을 차지하는데, 연간 미국에선 438,000명, 전 세계적으론 4백만 명이 니코틴 중독으로 인해 사망하며, 미국의 경우 건강과 생산성의 손실로 인한 부담액은 1,670억 달러에 달한다(Centers for Disease Control and Prevention, 2005; Tapper et al., 2004).

담뱃갑에 쓰인 임신부에 대한 경고 문구는 단지 정치적인 허위 선전이 아니다. 흡연은 신체뿐만 아니라 행동에까지 유해한 영향을 미친다. 예를 들어, 엄마가 임신 동안 흡연한 경우의 아이들은 그렇지 않은 경우의 아이보다 사회경제적 지위와 양육상의 결함 등을 통계적으로 제거한 후에도 수행상의 장애를 보이는 사례가 두 배나 더 높았다(Fergusson, Woodward, & Horwood, 1998). 흔히 수행장애는 충동 통제의 어려움을 수반한다. 출생 전 태아가 흡연에 노출되는 것으로 인한 또 다른 악영향은 남자의 경우 폭력 범죄나 그 밖의 범죄로 체포되는 빈도가 엄마가 얼마나 많이 흡연했는가와 관계있다는 것이다(Brennan, Grekin, & Mednick, 1999).

제2장에서 보았듯이, 니코틴은 니코틴성 아세틸콜린 수용기를 자극한다. 말초에선 니코틴이 근육을 활성화시켜 연축(twitching)을 일으키고, 중추적으로는 정신을 또렷하게 하며 외부 자극에 대해 빨리 반응할 수 있게 해 주는 효과를 지닌다. 도파민을 방출하는 뉴런들은 니코틴성 수용기를 지니는데, 이 뉴런들이 활성화되어 기분이 좋아지는 효과를 낳는 것이다(Svensson, Grenhoff, & Aston-Jones, 1986).

카페인

카페인(caffeine)은 커피의 유효성분으로 각성을 일으키고 정신을 또렷하게 하며 졸음을 억제하는 효과를 지닌다. 발자크의 경우에서도 보았듯이 카페인도 남용될 수 있으므로 암페타민이나 코카인처럼 거의 마약이라 할 수 있다. 카페인은 신경조절물질인 아데노신(adenosine) 수용기를 차단함으로써, 도파민 또는 아세틸콜린의 방출을 증가시킨다(Silinsky, 1989; S. H. Snyder, 1997). 아데노신이 진정 작용과 억제 효과를 지니고 있기 때문에 아데노신 수용기의 차단은 각성을 일으키는 데 한몫한다. 금단 증상으로는 두통, 피로 그리고 염려와 불안 및 카페인에 대한 갈망 등이 나타나며, 일주일 정도 지속된다. 금단 문제는 크게 심각하지 않은데, 그 이유는 어디서든 커피를 쉽게 구할 수 있기 때문이다. 커피를 지나치게 즐기는 사람의 경우에는 밤새 마시지 못해서 생기는 두통으로 잠에서 깨어날 수도 있다. 미국인의 80%가 커피를 마시기 때문에, 수술 후 회복 중인 환자에게도 금단으로 인한 두통을 막기 위해 카페인을 정맥 투여하도록 권고한다("Caffeine Prevents Post-Op Headaches," 1996).

환각제

환각제(Psychedelic)란 지각상의 왜곡을 일으키는 화합물을 일컫는다. 이 용어는 그리스어의 psyche('mind', 마음)라는 말과 delos('visible', 볼 수 있는)라는 말에서 만들어진 것이다. 'Visible mind'는 약물 사용자가 경험하는 확장된 감각들과 통찰력이 증가된 듯한 느낌을 의미한다. 환각을 유발한다고 해서 종종 헐루서너제닉(hallucinogenic)이라고 불리기도 하지만, 지각상의 왜곡을 일으키는 것으로 가장 잘 알려져 있다. 이러한 왜곡에는 빛이나 색깔, 세세한 부분이 과장되어 보이거나 사물의 모양이 달라 보이고, 소리가 시각적 경험으로, 또는 빛이 청각적 감각으로 느껴지는 것 등이 있다. 환각제는 시간에 대한 감각뿐만 아니라 자기 지각(self-perception)도 왜곡시키는데, 몸이 둥둥 떠다니는 것 같고 몸의 크기와 모양 그리고 정체감마저도 달리 느껴진다. 이러한 왜곡은 흔히 황홀감과 함께 일어난다.

가장 잘 알려진 환각제인 리세르그산 디에틸아미드(lysergic acid diethylamide: LSD)는 1960년대 학생평화운동에서 대중화되었다. LSD의 구조가 세로토닌과 비슷해서 세로토닌 수용기를 자극하는데(Jacobs, 1987), 이러한 작용이 환경으로부터 부적절한 입력을 걸러 내는 뇌간 기능을 방해하는 것 같다(Julien, 2005). 세로토닌과 유사한 다른 환각제로는 실로시빈(psilocybin), 사일로신(psilocin) 등이 있는데, 둘 다 멕시코산 버섯(Psilocybe mexicana)에서 추출된다. 이 버섯을 먹으면 LSD와 비슷한 효과를 내는데, 실로시빈과 사일로신이 내는 효과는 LSD에 비하면 강도가 1/200정도밖에 안 된다(Julien, 2005). 페요테(peyote)는 페요테라는 선인장 끝에 붙은 단추 모양의 꼭지 같은 것으로, 미국 원주민들이 종교적 목적으로 사용하는데, 미국 연방정부와 미국 내 많은 주에서 사용을 허용해 주고 있다. 페요테의 유효 성분인 메스칼린(mescaline) 또한 세로토닌 수용기를 자극함으로써 그 약물이 지닌 환각 효과를 발휘하는 것으로 보인다(Monte et al., 1997). 제5장 후반부와 이후 몇몇 장에서 보겠지만, 세로토닌은 매우 다양한 심리적 기능들과 관련된다.

황홀감을 뜻하는 '엑시터시(Ecstasy)'라는 말은 체중 감량을 위해 개발된 약물인 메틸렌 디옥시 메탐페타민(methylene dioxy-methamphetamine: MDMA라고 부르는)의 속칭이다. 젊은이들 사이에 널리 사용되는 약물이며, 특히 댄스

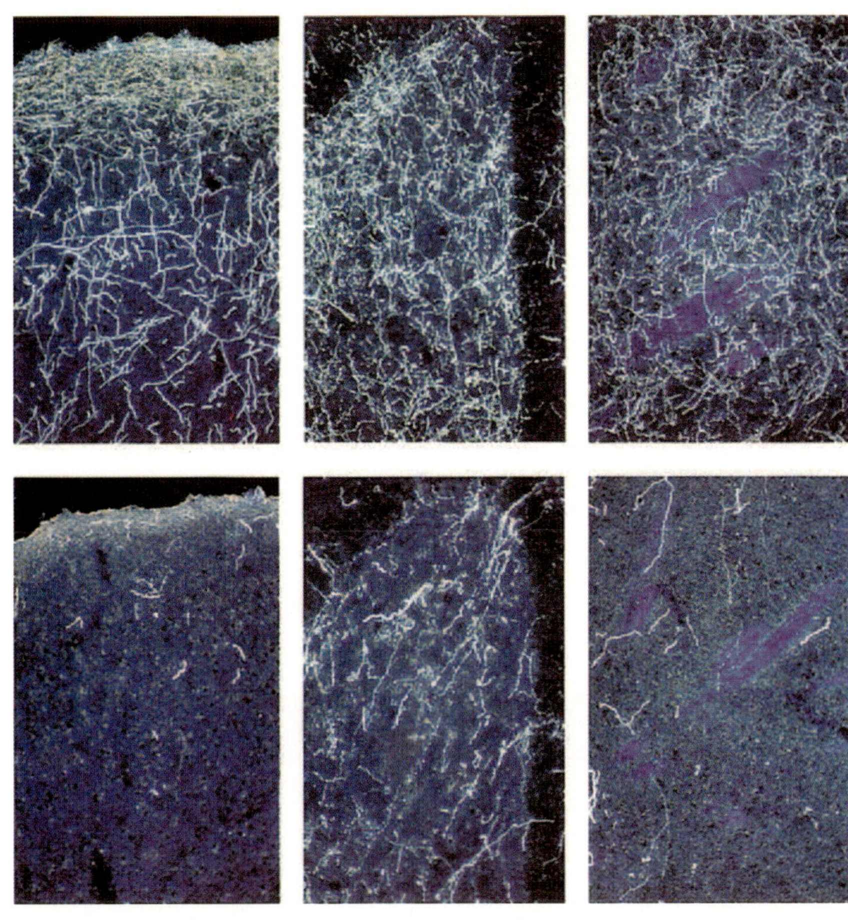

[그림 5-8] 약물 엑시터시(Ecstasy)로 인한 뇌손상

뇌 절편들을 화학물로 처리하여 세로토닌을 지니고 있는 뉴런들이 희게 보이도록 염색했다. 위쪽에 있는 세 개는 정상 원숭이의 뇌 절편들이고, 아래쪽 세 개는 1년 전에 MDMA를 투여한 원숭이의 뇌 절편들이다.

출처: "Long-Lasting Effects of Recreational Drugs of Abuse on the Central Nervous System," by U. D. McCann, K. A. Lowe, & G. A. Ricaurte, 1997, *The Neuroscientist, 3*, 399-411.

클럽이나 라브(rave)라 하는 광란의 파티에서 흔히 사용된다. MDMA의 구조가 암페타민과 유사해서 소량으로도 정신운동 자극제(psychomotor stimulant)로 작용하는데, 에너지 및 사회성 그리고 성적 각성을 증대시켜 준다. 더 많은 양에서는 LSD처럼 환각을 유발하는 효과도 있다. MDMA는 도파민의 방출을 자극하는데, 도파민의 기능 중 하나가 정신 운동 자극제와 같은 것이 있다. MDMA는 또한 세로토닌의 방출도 아마 이러한 자극이 환각을 유발하는 원인인 것 같다(Liechti & Vollenweider, 2000). 한편 MDMA가 세로토닌성 뉴런을 파괴한다는 것이 원숭이에게서 관찰되었다([그림 5-8]; McCann, Lowe, & Ricaurte, 1997). PET를 이용한 연구에서도 사람의 대뇌피질에 있는 세로토닌성 뉴런의 기능이 줄어든다는 것이 관찰되었는데, 이러한 기능 감소는 MDMA 사용을 끊은 지 1년 내에 깨끗하게 사라진 반면, 언어와 관련된 기억상의 결함은 여전히 남아 있었다. 한편 이러한 결과는 해석하기가 쉽지 않은데, 이는 과거에 MDMA를 사용했던 사람들 대부분이 또 마리화나를 사용하여, 언어 기억상의 문제가 무엇으로 인한 것인지 알 수 없기 때문이다(Reneman et al., 2001). 펜시클리딘(phencyclidine: PCP)은 수의사들이 사용하는 마취제로 사람에게는 사용이 금지되는데, 정신분열증 증상과 유사한 지남력의 상실(disorientation)이나 환각을 일으키기 때문이다(Julien, 2005). PCP는 엔젤더스트(angel dust)라는 이름으로 기분 전환을 위해 널리 사용된다. 사람들이 PCP에 대해 강박적인 탐닉을 보이는 것은 물론이고, 원숭이와 쥐들도 PCP에 대해 자가 투여(self-administer) 반응을 보이는 것은 PCP가 중독성을 지니고 있다는 증거다(Carlezon & Wise, 1996; Julien, 2005). PCP는 도파민성 경로의 활동을 증가시키는데, 쥐에게서 도파민의 활동을 차단하면 쥐의 PCP 자가 투여를 막을 수 있다. 자가 투여와 같이 행동을 동기화하는 PCP의 특성은 부분적으로는 특정 종류의 글루타민산 수용기에 작용하는 억제 효과 때문으로 보인다(Carlezon & Wise, 1996; E. D. French, 1994).

과학자들은 20세기가 시작되는 즈음부터 환각제에 관심을 갖기 시작했는데, 이는 환각제가 지닌 효과 중 일부가 정신병이 보이는 증상들과 많이 닮아 있기 때문이었다. 이러한 사실은 화학적인 불균형이 아마도 정신병의 원인임을 시사하는 것이었다. 그래서 과학자들은 실험적 방법으로 연구할 수 있는 정신병 모델을 만들어 내려고 애썼지만, 이러한 접근이 성과가 없는 것으로 드러났다. 하지만 PCP의 효과는 다시 과학자들의 흥미를 불러일으키고 있다(Jentsch & Roth, 1999).

마리화나

? 마리화나 사용을 두고 벌어지는 두 가지 논쟁은 무엇인가?

마리화나(marijuana)는 카나비스 사티바(cannabis sativa)라는 인도산 대마의 잎과 꽃을 말려 잘게 부순 것을 말한다([그림 5-9]). 대마는 제2차 세계대전 중에 미국에서 로프를 만드는 재료로 사용하기 위해 엄청나게 많이 재배했는데, 아직도 가끔씩 미 중서부를 잇는 도로를 따라 야생 대마가 자라고 있는 것을 볼 수 있다. 마리화나는 주로 흡연을 통해 사용되는데, 음식에 섞어서 먹을 수도 있다. 주된 향정신성 성분은 델타나인 테트라하이드로카나비놀(delta-9-tetrahydrocannabinol: THC)이다. THC는 특히 대마의 말린 수지에 농축되어 있는데, hashish라고 불린다.

[그림 5-9] 대마초

출처: Tina Lorien/iStockphoto.com.

THC는 일종의 카나비노이드(cannabinoid)인데, 카나비노이드란 내인성 카나비노이드인 아난다미드(anandamide)와 2-AG(2-arachidonyl glycerol) 등을 포함하는 화합물의 총칭이다(Devane et al., 1992; di Tomaso, Beltramo, & Piomelli, 1996; Mechoulam et al., 1995). 카나비노이드 수용기는 축색종말에서 발견되는데, 카나비노이드가 시냅스후 뉴런에서 방출되어 역행성 신호 전달자와 같은 역할을 함으로써 시냅스전 뉴런의 신경전달물질 방출을 조절한다(R. L. Wilson & Nicoll, 2001). 이들 수용기는 뇌와 척수 전반에 걸쳐 널리 분포되어 있는데, 아마도 이것이 마리화나가 행동상에 다양한 효과를 일으키는 원인인 것 같다. 기분이 좋아지는 것은 도파민의 수준을 증가시켜서 그럴 가능성이 높다(Tanda, Pontieri, & Di Chiara, 1997). 전두엽에 있는 수용기들은 인지 기능의 저하 및 시간 감각과 감각 지각의 왜곡 등과 관련이 있는 것 같고, 한편 해마에 있는 수용기는 기억을 손상시키며, 기저핵과 소뇌에 있는 수용기들은 움직임과 운동 협응을 손상시킨다는 보고가 있다(Herkenham, 1992; Howlett et al., 1990; Julien, 2005; Ong & Mackie, 1999). 이즈음에서 한 가지 지적해야 할 점이 있는데, 약물이 뇌 기능에 관해 많은 것을 알 수 있게 해 주지만 흔히 약물이 뇌에서 작용하는 양식은 통상적인 뇌 기능과 같지 않다는 것이다. 약물은 뇌의 넓은 부위에 걸쳐 무차별적으로 작용하지만, 정상적인 뇌 활성화는 좀 더 부분으로 나뉘어 국소적으로 일어나는 경향이 있다.

마리화나가 사용자에게 미치는 영향은 과거에 생각했던 것 이상일 수 있다. 한 연구에서 9~12세 이후의 IQ 점수가 마리화나 사용량이 적거나 전혀 사용하지 않는 젊은 성인의 경우에는 높아진 것에 반해, 일주일에 다섯 번이나 그 이상 마리화나를 피우는 사람들의 경우엔 평균 4점씩 낮아졌다는 것을 관찰할 수 있었다(Fried, Watkinson, James, & Gray, 2002). 마리화나가 출생 전 발달에 미치는 영향에 대해선 사람들이 별 관심을 두지 않았는데, 이는 출생 전에 마리화나에 노출된 아기들에게서 코카인이나 알코올의 경우처럼 뚜렷한 장애가 발견되지 않았기 때문이다. 한 전향적 연구(prospective study)에서 출생 전 마리화나에 노출되었던 어린이들을 태어날 때부터 시작해서 몇 년간 추적 조사해 본 결과, 첫 3년 동안은 문제가 없었지만 4년째 이후로 행동상 그리고 시지각 과제의 수행 및 주의 집중, 기억, 언어 이해 등과 관련된 문제들이 나타났다(Fried, 1995). 이러한 결함들은 전전두 영역의 기능 손상과 일치하는 것이다.

마리화나 사용을 둘러싼 합법화 문제는 뜨거운 논쟁거리로, 마치 너무나 다른 두 진영 간에 벌어지는 전투와 같은 양상이다. 마리화나의 약한 효과 때문에 많은 사람은 마리화나 사용이 규제되지 말아야 한다고 주장한다. 일부에선 마리화나가 통증이나 화학 치료에 수반되는 메스꺼움 그리고 녹내장 등을 경감시켜 준다는 이유로 의사의 처방하에 사용할 수 있어야 한다고 생각한다. 한편 의학적 주장에 관해서도 논란이 있다. 왜냐하면 주장의 근거로 들고 나오는 연구들이 대체로 적절하게 통제되지 않은 상태에서 행한 연구 결과들이기 때문이다. 다음의 〈뉴스에서〉에서 이 문제가 얼마나 사회적 분열을 초래하고 있는지 확인할 수 있다.

또 다른 논쟁은 마리화나가 중독성이 있느냐에 관한 것이다. 이러한 논쟁이 중요한 의미를 지니는 이유는 중독이라는 용어의 정의와 관련되어 있기 때문이다. 전통적으로 중독은 약물이 금단 증상을 일으킬 수 있느냐와 같은 의미였기 때문에, 코카인이 중독 약물로 분류된 이후에도 오랫동안 마리화나는 중독성이

뉴스에서 의료용 마리화나 사용에 대한 뜨거운 논쟁

약물 사용은 생물심리학만의 화젯거리가 아니라 사회정치적으로 큰 파장을 일으킬 수 있는 쟁점 사안이다. 의료용 마리화나 사용의 합법화에 대한 논쟁만큼 확연히 드러나는 사안은 없을 것이다. 대마초를 치료약으로 사용했다는 최초의 기록은 기원전 2800년 중국으로 거슬러 올라간다. 오늘날에는 세계 많은 곳에서 전통 의학의 일부로 사용되고 있다. 서양에서는 통증이나 메스꺼움, AIDS와 화학 요법에 수반되는 식욕 감퇴 그리고 다발성 경화증으로 인한 근육 경직 등의 치료에 마리화나가 효과적이라는 주장에 대해 회의적인 경향이지만, 캐나다에서는 마리화나의 의학적 사용이 허용되고 있으며 영국에선 제약 승인이 검토 중이다.

합성 THC는 10년이나 넘게 사용이 가능해 왔지만 마리화나보다 효과가 덜했다. 반면에 마리화나의 효과는 천차만별이며 마리화나를 흡연할 경우에는 건강에 해를 가져다준다. 최근 영국 제약사에서 Sativex라는 혓바닥 밑에 뿌리는 제품을 개발했는데, 다발성 경화증의 통증 감소에 꽤 효과적이다. 캐나다에선 이 제품을 2005년 6월에 승인한 바 있다.

미국에선 10개 주가 연방법의 불허에도 불구하고 마리화나의 의학적 사용을 합법화했다. 2002년 미국 마약 단속국이 캘리포니아의 어느 가정에서 의료용으로 재배하던 마리화나를 압수한 일이 있었는데, 당사자와 또 다른 환자가 연방정부를 상대로 소송을 낸 적이 있다. 2005년 6월 미국 대법원에서 의료용 마리화나의 사용자도 기소 대상임을 결정했고, 며칠 뒤 마약 단속국은 의료용 마리화나를 조제하는 세 곳을 급습했다.

출처: Biskupic (2005), Koch (2005), "U.S. Supreme Court Appears Split Over Marijuana Use" (2004), Van Derbeken, Goodyear, & Gordon (2005), and C. Wilson (2005).

없는 약물로 여겨 왔다. 마리화나에 대한 강박적 탐닉은 심리적인 의존 때문이라고 생각했다. 심리적 의존이란 니코틴이나 카페인처럼 심각한 금단 증상을 일으키지 않는 약물들의 습관적 사용을 설명하는 개념이다.

카나비노이드는 체지방에서 분해된 후 서서히 배출되기 때문에 그 금단 증상들이 심각하지 않다. 그런데 원숭이들이 레버를 눌러 THC를 자가 투여할 수 있게 해 준 경우, 사람들이 마리화나를 흡연할 때와 비슷한 정도의 혈액 내 농도를 유지할 만큼 원숭이들이 레버를 누르려 하는 것을 관찰했다(Tanda, Munzar, & Goldberg, 2000). 연구자들은 이처럼 동물에게서 일어나는 자가 투여 현상은 심리적 의존이 아니라 중독 때문이라고 생각한다. 앞서 중독을 정의할 때 약물이 금단 증상을 일으킬 수 있는가와는 무관하게 사용자가 약물에 얼마나 의존하는가라는 관점에서 정의했다. 다음에서 이러한 관점을 취하는 이유를 살펴볼 것이다.

개념 확인

- 어떻게 내성이 약물 사용의 위험을 높이게 되는가?
- 왜 알코올이 바르비투르산염 사용의 위험을 높이게 되는가?
- 암페타민과 코카인이 지닌 효과가 시냅스에서 어떻게 비슷한가? 또 어떻게 다른가?

중독

중독은 약물 사용자들이 금단 증상을 피하기 위한 요구에 의해 생겨난다는 가설에는 중요한 몇 가지 오류가 있다. 첫째, 중독이 될 때까지 약물을 사용하도록 부추기는 것은 무엇인지 설명하지 못한다는 것이다. 둘째, 많은 중독자가 꽤 자주 금단을 이겨 낸다는 것이다. 이렇게 함으로써 내성 정도를 다시 낮추어서 적은 양으로도 견뎌 나갈 수 있고 비용도 줄일 수 있도록 한다는 것이다. 셋째, 왜 많은 사람이 오랫동안 약물을 사용하지 않았고 또 금단 증상이 수그러든 지 오랜 후에도 다시 약물을 사용하게 되는지를 설명하지 못한다. 마지막으로 약물이 지닌 중독성은 금단 증상의 심각성과 무관하다는 것이다(Leshner, 1997). 이점에 있어서 코카인이 좋은 예인데, 코카인의 경우 중독성은 높지만 금단 증상은 미약하다. 반면에 천식용 흡입 약제나 코 막힘 완화제 그리고 고혈압과 협심통 치료제 등의 많은 약물은 중독성을 지니고 있진 않지만 금단 증상을 일으킨다.

? 왜 중독의 원인을 금단 증상의 회피로 설명하지 못하는가?

중독의 신경적 기초

연구를 통해 중독과 금단은 각기 다른 뇌 부위에 의해 매개되며, 서로 무관하다는 것이 관찰되었다. 보자르스와 와이즈(Bozarth &Wise, 1984)는 쥐가 레버를 눌러 복측 피개야(ventral tegmental area)에 직접 모르핀을 주입할 수 있도록 해 주면([그림 5-10]), 쥐들이 꾸준히 레버를 눌러 댄다는 것을 관찰했는데, 이러한 현상은 복측 피개야 부위가 중독과 관련됨을 시사하는 것이다. 한편 연구자들은 금단 증상을 일으키기 위해 아편성 수용기를 차단하는 날록손을 같은 부위에다 주입했는데, 금단 증상의 징후는 나타나지 않았다. 대조적으로 복측 피개야 부근에 있는 뇌실 주변 회백질(periventricular gray)이라 불리는 부위에다 모르핀을 자가 투여하는 경우에는 쥐들이 레버를 누르려 하지 않았는데, 이것은 이 부위가 중독에 관여하지 않음을 의미하는 것이다. 그러나 뇌실 주변 회백질에다 연구자들이 지속적으로 모르핀을 주입하고 난 뒤 날록손을 주입하면, 쥐들이 딱딱거리며 이를 맞부딪치거나 심한 경련 그리고 실험 장치에서 빠져 나가려는 등의 전형적인 금단 증상의 징후를 보였다. 이처럼 중독과 금단 증상이 서로 무관하다는 것은 약물 중독자들이 금단 증상을 피하기 위해 약물을 사용하는 것이 아니라는 것을 의미하며, 금단 증상이 중독을 일으키는 필요조건도 아니며 금단 증상의 회피가 중독을 설명해 주지도 못한다는 것이다. 중독은 다른 무언가에 의한 것이며, 그 무언가가 바로 보상(reward)이라는 가설이 있다.

그건 마치 약물이 원래 뇌 안에 있는 동기조절회로를 장악하는 것과 같다.
- Alan Leshner

보상은 약물이나 음식, 성적 접촉 또는 따듯함과 같이 사물이나 조건이 행위자에게 가져다주는 긍정적인 결과를 일컫는다. 보상은 주로 행동에 영향을 미치는데, 일반적으로 만족감에 수반되는 것이다. 연구자들은 전통적으로 중뇌변연피질 도파민계(mesolimbocortical dopamine system)를 주된 약물 보상 체계가 자리한 곳으로 생각해 왔다(Wise & Rompre, 1989). 중뇌변연피질계라는 이름은 신경섬유가 중뇌에서 시작해서 변연계와 전전두피질로 입력된다는 것에서 지어졌다. [그림 5-10]에 나와 있듯이 가장 중요한 부위가 측핵(nucleus accumbens)과 내측 전뇌속(medial forebrain bundle) 그리고 복측 피개야다. 쥐들은 이들 부위에 대한 약물 자가 투여 반응을 보였고(Bozarth & Wise, 1984; Hoebel et al., 1983), 반면 측핵을 손상하면 많은 약물의 경우에 보상 효과가 줄어들었다(Kelsey, Carlezon, & Falls, 1989).

도파민과 보상

아편제, 바르비투르, 알코올, THC, PCP, MDMA, 니코틴, 카페인 등을 포함한 거의 모든 남용 약물은 측핵에서 도파민 수준을 높인다(Di Chiara, 1995; Grigson, 2002). 도파민 수준의 증가가 중독에서 중요한 역할을 한다는 상당한 증거가 있다. 예를 들어, 도파민의 활동을 차단하는 약물로 처치된 쥐들에게선 암페타민이나 코카인을 자가 투여할 수 있는 레버 누르기가 조건화되지 않았다. 레버를 눌러 자가 투여하는 것을 사전에 배운 쥐들의 경우에는 도파민 차단제가 처치되고 나면 레버 누르기를 더 이상 하지 않았다(Wise, 2004). 사람을 대상으로 한 PET 스캔 연구에서 측핵 전반에 걸쳐 도파민이 가장 많이 증가한 경우에 가장 강한 황홀감을 경험한다는 것이 보고되었고(Volkow, Fowler, & Wang, 2003), 또 다른 연구에서는 코카인이 측핵에서 도파민 재흡수 부위를 47% 정도

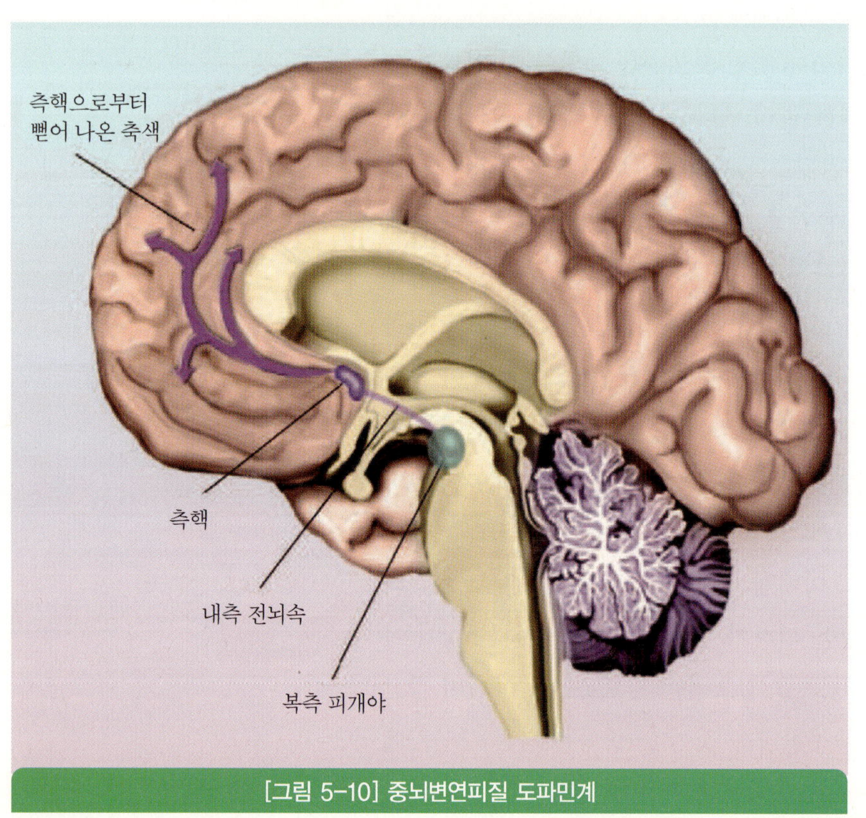

[그림 5-10] 중뇌변연피질 도파민계

차단했을 때 참가자들이 황홀감을 느끼기 시작했다고 보고했다(Volkow et al., 1997).

많은 전문가는 중뇌변연피질 도파민계, 특히 측핵이 보편적인 보상 체계의 일부라고 생각한다. 미세투석(microdialysis) 연구를 통해 음식이나 물 그리고 성적 자극 등도 측핵에서 도파민 수준을 높인다는 것을 관찰했다(Carelli, 2002; Damsma, Pfaus, Wenkstern, & Phillips, 1992). 동일한 효과가 전기 자극에 의해서도 일어나며(Fibiger, LePiane, Jakubovic, & Phillips, 1987), 도파민 차단제를 처치하면 이러한 전기 자극을 받을 수 있는 레버 누르기 행동의 조건화가 방해되었다(Wise, 2004). 뇌 전기 자극법(electrical stimulation of the brain: ESB)으로 전기 자극이 보상 효과를 일으키는 뇌 부위에다 약한 전기 자극을 줌으로써 동물은 물론이고 종종 사람에게서도 전기 자극을 받을 수 있는 레버 누르기 행동을 조건화할 수 있다. ESB는 보상과 관련된 정상적인 신경 처리 과정을 반영한다고 여겨진다. 왜냐하면 효과적인 자극 부위들이 실험자가 인위적으로 자극해서 먹기나 성행동을 일으킬 수 있는 영역 안에 흔히 위치하며, 한편 후측 시상하부(posterior hypothalamus)에다 자기 자극을 할 수 있도록 한 경우에 실험자가 유발한 성적 동기화에 따라 자기 자극 반응률이 변한다는 현상 때문이다(Caggiula, 1970). 자극에 대해 가장 민감하게 반응하는 부위들은 도파민성 뉴런들이 가장 많이 밀집되어 있는 부위, 특히 내측 전뇌속에 위치한다(Corbett & Wise, 1980).

? 중독을 설명하는 보상 가설은 무엇인가?

전기 자극과 약물 둘 다 행동을 유발하는 데 있어 특별히 강력한 동기를 부여한다. 동물들은 뇌 자기 자극에 푹 빠져서 먹이나 물도 먹지 않고 혹은 고통스러운 전기 충격조차 아랑곳하지 않고, 자기 자극을 받기 위해 한 시간에 수천 번 레버를 누르는 경우도 가끔씩 있다. 사람들의 경우에는 오직 약물을 구하거나 사용하는 것만을 위해 직업이나 사람들과의 관계 혹은 목숨조차 포기하기도 한다. 음식이나 성관계가 측핵에서 도파민의 수준을 50~100%까지 높이는 반면, 약물이나 전기 자극은 양이나 강도에 따라 3~6배 더 큰 효과를 낼 수 있다(A. G. Phillips et al., 1992; Wise, 2002). 많은 연구자가 약물과 전기 자극에 관심을 두는데, 이는 이들을 이용해 뇌의 동기화 체계를 보다 직접적으로 연구할 수 있기 때문이다.

> 남용 약물은 매우 유익한 것이 왔다라는 거짓 신호를 뇌에서 만들어 낸다.
>
> – Randolph Nesse and Kent Berridge

한편 도파민 연구와 관련해서 아주 흥미로운 역설적인 현상이 있는데, 만성 약물 사용자들에게서 도파민 방출과 도파민 수용기의 수가 줄어들어 있다는 것을 PET 영상 연구를 통해 관찰했다는 것이다([그림 5-11]; Volkow, Fowler, Wang, & Swanson, 2004). 이와 같은 도파민 활동의 감소는 만성적인 약물 남용으로 인한 결과가 아닌 듯한데, 약물 남용자가 아니더라도 코카인과 유사한 효

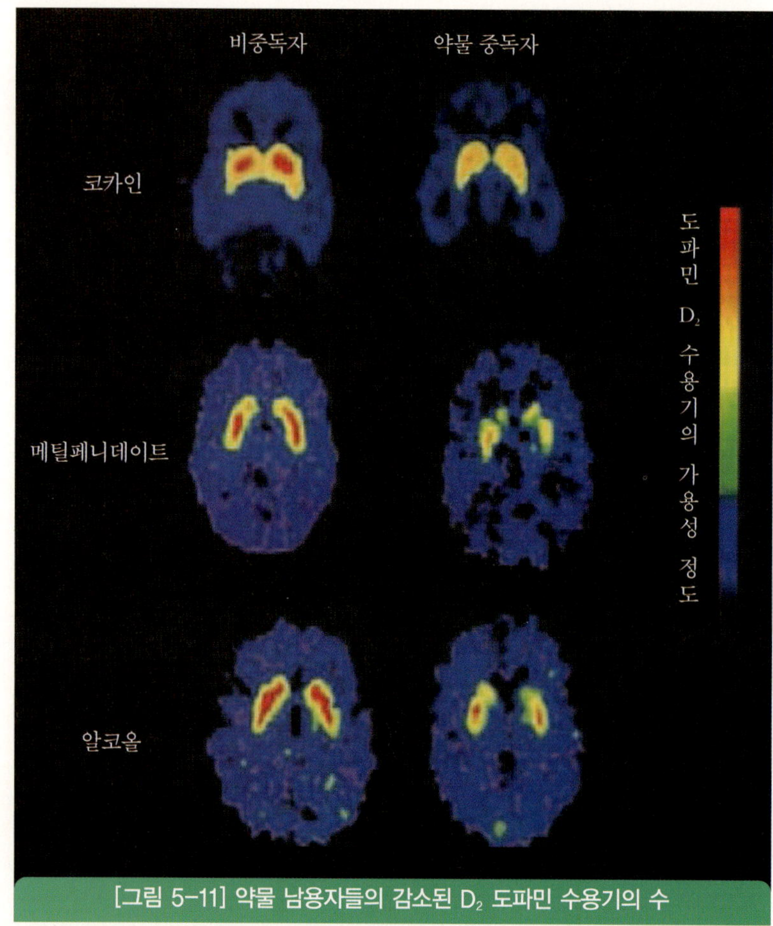

[그림 5-11] 약물 남용자들의 감소된 D_2 도파민 수용기의 수

PET를 이용해 뇌 영상과 D_2 도파민 수용기와 결합된 물질의 영상을 기록했다. 약물 남용자의 뇌 스캔에서 붉은색 대신에 노란색이 주를 이루는 것은 정상인에 비해 D_2 도파민 수용기의 수가 감소되어 있음을 가리킨다.

출처: N.D. Volkow et al., "Role of Dopamine, the Frontal Cortex, and Memory Circuits in Drug Addiction: Insight From Imaging Studies," *Neurobiology of Learning and Memory, 78*, 610-624. © 2002 Nora Volkow. Used with permission.

과를 지닌 메틸페니데이트(methylphenidate; 리탈린, Ritalin)에 가장 민감한 반응을 보인 경우에 D_2 도파민 수용기의 수가 적었고, 반면에 약물의 효과가 혐오적으로 느껴졌던 사람들에게선 D_2 도파민 수용기가 가장 많이 발견되었다(Volkow et al., 2002). 아마도 약물 중독자가 될 사람들은 약물 사용 이전에 이미 적은 수의 도파민 수용기를 지니고 있는 것 같다. 흔히 약물 중독자들은 보상에 대해 낮은 반응성을 보이는데(Volkow et al., 2003), 이러한 현상을 설명하는 보상 결핍 증후군(reward deficiency syndrome)과 약물 남용의 원인이 적은 수의 도파민 수용기에 있는 것 같다. 이러한 생각이 실험적으로 증명되었다. 타노스(Thanos)는 쥐들을 조건화시켜 알코올을 자가 투여하도록 하고 난 뒤 바이러스를 이용해 D_2 수용기의 유전자를 쥐의 측핵에 집어넣었는데, 이러한 처치는 도파민 수용기의 수를 증가시켰으며 쥐들의 알코올에 대한 선호도와 섭취량을 감소시켰다(Thanos et al., 2001).

? 도파민이 지녔다고 생각해 온 보상 이외의 다른 역할은 무엇인가?

이 시점에서 주의할 점이 하나 있는데, 남용되는 약물들 대부분이 도파민의 방출을 야기하지만 도파민이 보상과 관련된 모든 것을 설명하진 못한다. 예를 들어, 알코올이 지니고 있는 보상 효과는 아편성 수용기에 의해 일부 매개되는데, 사실 날록손이나 날트렉손(naltrexone) 같은 아편성 수용기 차단제는 알코올 중독의 재발을 방지하는 데 효과적이다(Garbutt, West, Carey, Lohr, & Crews, 1999). PCP는 글루타민산염 수용기를 차단함으로써 보상 효과를 일으키는데, 이러한 보상 효과는 도파민성 뉴런으로부터도 입력을 받는 동일한 측핵 세포를 매개로 일어날 가능성이 높다([그림 5-12]; Carlezon & Wise, 1996). 와이즈(Wise, 2004)에 따르면 도파민은 아편제, 니코틴, 대마초, 알코올 등이 효과를 일으키는 데는 결정적인 역할을 하지만, 벤조디아제핀, 바르비투르산염, 카페인 등의 경우에는 그 역할이 분명하지 않다고 한다

(중독에 대해 좀 더 넓은 관점을 제시하는 〈응용〉 부분을 참고하시오).

도파민이 지닌 다른 역할

대부분의 연구자는 보상이 약물 사용 초기에 관여하는 필수적인 요소라는 것에는 동의한다. 하지만 보상이 장기간의 약물 남용을 유지하는지에 관해서는 의문이다(Volkow & Fowler, 2000; Wise, 2004). 사실 실험실에서 학습이 진행됨에 따라 보상 효과를 일으키던 자극은 더 이상 도파민 방출을 야기하지 않는다. 대신에 보상 효과를 일으킬 수 있는 가능성은 보상물을 선행하는 자극들로 옮겨간다. 레버를 누르면 보상을 받을 수 있다는 것을 신호하기 위해 소리음을 사용하는 경우 보상 효과를 일으킬 수 있는 가능성은 보상물에서부터 소리음으로 옮겨가는 것이다. 하지만 도파민은 보상물이 제공되지 않더라도 보상물이 기대되는 그때 분비된다. 사람을 대상으로 한 기능적 자기공명영상(functional magnetic resonance imaging) 연구에서 도파민계는 보상이 예측 불가능하게 주어질 때 반응한다고 시사되었다. 물방울을 예측할 수 없게 제공하면 측핵 내 세포의 활동이 증가했고, 주스와 물을 10초마다 번갈아 가며 규칙적으로 제공하면 그러한

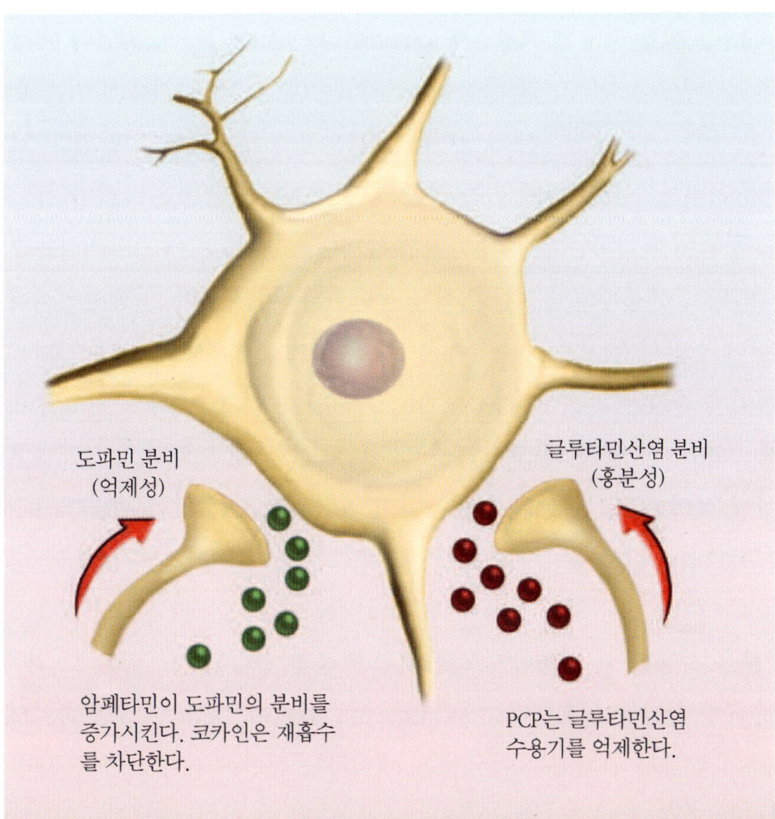

[그림 5-12] 측핵으로 입력되는 도파민성 뉴런과 글루타민산염 뉴런은 동일한 측핵 세포와 시냅스를 맺는다.

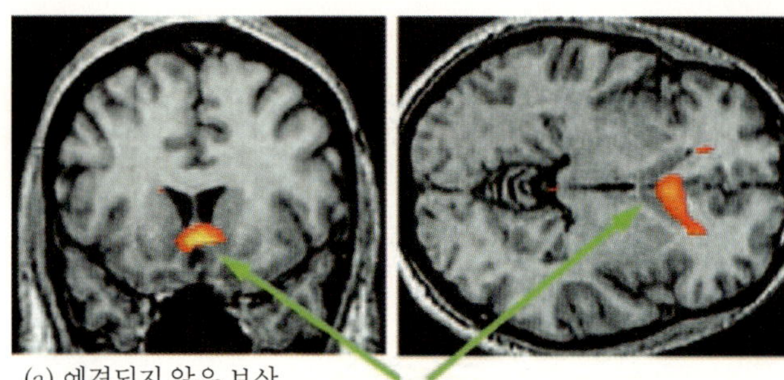

(a) 예견되지 않은 보상

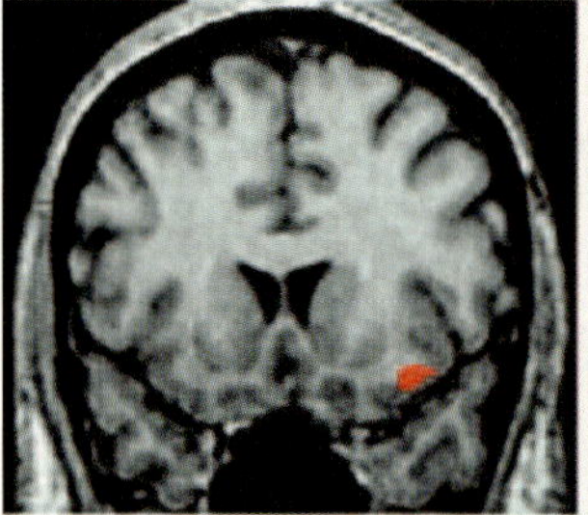
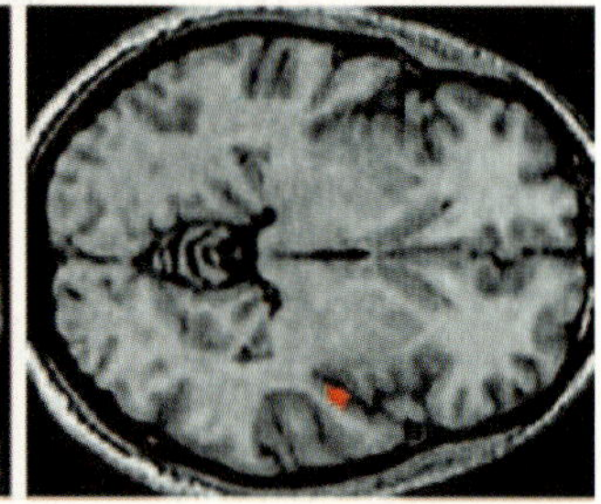

(b) 예견된 보상

[그림 5-13] 예견된 보상과 예견되지 않은 보상에 대한 뇌 반응

fMRI 스캔을 이용해 보상을 예측할 수 없게 주면 측핵(NAC) 부위의 활동이 증가하고(a), 매 10초마다 보상을 주면 측두엽의 반응이 줄어드는 것(b)을 관찰할 수 있다.

출처: Berns et al., "Predictability Modulates Human Brain Response to Reward," *Journal of Neuroscience, 21*, pp. 2793-2798, fig. 3. ? 2001 Society for Neuroscience. Used with permission.

세포 활동성의 증가가 발견되지 않았다([그림 5-13]; Berns, McClure, Pagnoni, & Montague, 2001).

이러한 관찰들을 통해 도파민 뉴런은 보상을 신호하는 것이 아니라 예측의 오류를 신호한다라는 가설이 제안되었다(Schultz, 2002). 지금의 학습이론에 따르면 학습은 기대하지 않았을 때 보상이 주어지거나 보상이 기대보다 더 좋을 때 혹은 기대한 보상이 없을 때나 기대보다 못할 때에만 일어난다고 한다. 그러므로 예상에 있어 오류를 잘 찾아내는 능력은 학습에 결정적이다. 일부 이론가들은 도파민 뉴런이 혐오적인 자극에 대해서도 신호한다고 주장한다. 그런데 어떤 연구에서 바로 그러한 뉴런이 도파민 뉴런이 아니라는 것이 드러났고, 오히려 도파민 뉴런은 억제되는 것이 관찰되었다(Ungless, Magill, & Bolam, 2004). 중독에 대한 이론가들의 관심이 도파민이 학습에서 하는 역할 쪽으로 옮겨갔기 때문에, 주관적인 만족을 함축하는 보상이라는 용어보다 좀 더 중립적인 단어인 강화물(reinforcer)이라는 용어가 선호되었다. 강화물이란 반응률을 높이는 대상이나 사건을 일컫는데, 이러한 대상이나 사건은 반응에 뒤따라 수반된다. 예를 들어, 쥐가 레버를 누르고 받게 되는 약물은 레버 누르는 행동을 강화한다.

학습 동안에 변화하는 것은 행동만이 아니다. 학습은 뇌에서 일어나는 가소성 중 한 형태로, 신경상의 중요한 변화를 동반한다. 예를 들어, 암페타민이나 코카인을 쥐에게 만성 투여하면 측핵과 전전두피질에 있는 세포 수상돌기의 길이와 복잡성이 증가한다(T. E. Robinson, Gorny, Mitton, & Kolb, 2001; T. E. Robinson & Kolb, 1997). 단 한 번의 코카인 주입으로도 측핵 내 도파민 뉴런과의 시냅스 흥분성이 적어도 5일 이상이나 증가되어 있었다(Ungless, Whistler, Malenka, & Bonci, 2001).

약물로 야기된 조건화는 약물에 대한 갈망을 일으키는 데 강력한 힘을 발휘한다. 약물을 사용할 때 이용한 용품들처럼 약물과 연합된 자극들은 그 자체로도 약물에 대한 갈망을 일으킨다(Garavan et al., 2000; S. Grant et al., 1996; Maas et al., 1998). 약물과 관계있는 자극들을 제시하는 동안에 PET 스캔을 하면 학습 및 정서와 관련된 뇌 부위들의 활동 증가를 볼 수 있다(Goldstein & Volkow, 2002; Grant et al., 1996; [그림 5-14]). 해마는 학습에 중요한 부위인데, 약물을 사용할 때의 주변 환경처럼 특히 환경상의 자극과 연합된 학습에 중요하다. 더 이상 약물이 공급되지 않아 레버 누르기를 포기한 쥐들도 해마에 전기 자극을 받으면 레버 누르기를 다시 시작한다(Vorel, Liu, Hayes, Spector, & Gardner, 2001). 연구자들은 이와 같은 현상이 해마 자극 이후에 나타나는 측핵 내 도파민의 장기적인(30분 동안) 분비에 의한 것이라고 생각한다. 많은 연구자는 학습은 뇌 안에서 변화를 일으키는데, 이러한 변화가 왜 마지막으로 약물을 사용한 지 몇 년이 지나도 약물이 여전히 증폭된 반응을 일으키며, 또 왜 어떤 중독은 평생 지속되는지 설명할 수 있다고 한다.

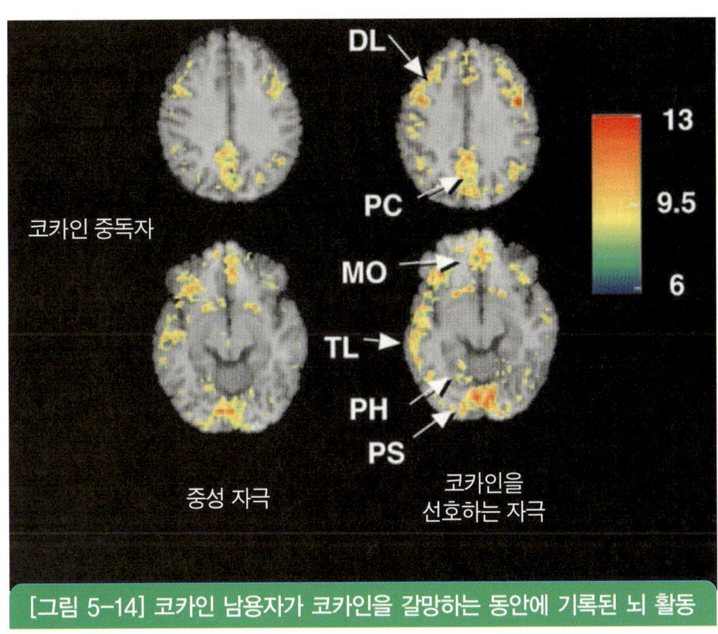

[그림 5-14] 코카인 남용자가 코카인을 갈망하는 동안에 기록된 뇌 활동

PET 스캔을 통해 뇌 아래쪽 심층 부위가 기록되었으며, 코카인과 관련된 자극들이 제시될 때 증가된 뇌 활동이 관찰되었다. 전두 부위(DL, MO)와 측두 부위(TL, PH)가 학습과 정서에 관련된다.

출처: "Activation of Memory Circuits During Cue-Elicited Cocaine Craving," by S. Grant et al., 1996, *Proceedings of the National Academy of Sciences, USA, 93*, pp. 12040-12045.

중독자의 뇌에서 일어나는 변화나 이와 함께 일어나는 행동상의 변화 모두를 학습으로 설명할 수 있는 것은 아니다. 약물로 인한 변화 중 일부는 신경병리학적으로 더 잘 설명된다. 로빈슨(Robinson, 2001)은 코카인 중독 쥐들의 전전두피질에서 기형으로 생긴 수상돌기들을 발견했는데, 이것이 코카인 중독자에게서 일어나는 판단이나 의사결정상의 결함 같은 전두엽 기능 장애의 원인일 수 있음을 시사한다. 전전두엽의 기능 손상은 약물 중독자가 약물을 완전히 끊고 싶은 생각이 있어도 그러지 못하는 행동 통제력 상실의 원인일 수 있다(Volkow et al., 2003). PET 영상 연구를 통해서는 안와 전두피질의 기능 장애가 증명되었는데, 이 부위는 강화물의 상대적인 가치를 평가하는 부위로서 강박증 환자들의 경우 이 부위에서 병리학적 이상이 관찰되기도 한다(Volkow et al., 2003; Volkow & Fowler, 2000). 볼코우(Volkow)에 따르면 정상적으로 통제된 약물 사용이 강박적인 약물 섭취로 변하는 것에는 전전두피질과 측핵 사이의 정보 전달에 병리학적인 변화들이 일어나는 것과 관련된다고 한다(Kalivas, Volkow, & Seamans, 2005). 약물 중독자의 경우에 스트레스나 약물과 관련된 자극에 노출되면 전전두피질에서는 도파민의 분비가, 그리고 측핵에서는 글루타민산염의 분비가, 많아지는데, 이때 재발이 일어난다. 여기서 도파민의 증가는 다른 강화물이 있음에도 불구하고 약물에만 강박적으로 집중하도록 만들고, 글루타민산염의 증가는 욕구를 증가시켜 약물을 찾아 나서도록 만든다.

응용 강박적 도박은 중독인가

강박적인 음식 섭취, 성행동, 도박, 컴퓨터 사용 등이 흔히 행동상의 중독(behavioral addiction)이라고 일컬어지고 있다. 이러한 표현이 단지 전문용어의 남발에 불과한 경우가 많지만, 문제 도박과 약물 중독 사이에 흥미로운 유사점이 발견되고 있다. 예를 들어, 강박적인 도박꾼들은 알코올이나 약물을 남용하는 경우도 매우 많다(Ramirez, McCormick, Russo, & Taber, 1983). 도박꾼의 친인척들이 다른 사람들에 비해 약물과 관련된 문제들을 더 많이 갖고 있다는 점은 약물 중독과 도박이 유전적으로 연관되어 있음을 시사한다. 유전 연구들을 통해서 문제 도박자들이 도파민과 세로토닌 수용기에 대한 특정한 종류의 유전자를 공유하고 있다는 것이 발견되기도 했다(Ibanez, Blanco, Perez de Castro, Fernandez-Piqueras, & Saiz-Ruiz, 2003). 한편 특정 약물 중독자들이 그 약물과 연합된 자극들에 노출되거나 비슷한 약물을 한 번 사용하고 나면 약물에 대한 갈망이 불일 듯 일어나는 것처럼, 강박적인 도박꾼들도 잠시 한 번 도박에 참여하거나 암페타민을 한 번 사용하고 나면 도박에 대한 갈망이 증가하는 것을 볼 수 있다(Zack & Poulos, 2004).

도박이 일종의 중독이라면, 도박이 약물 중독의 경우와 일부 동일한 뇌 기제를 공유할 것으로 여겨진다. 아편성 길항제들이 도박을 치료하는 데 효과적인데, 이는 엔도르핀과 관련된 보상 작용이 관여한다는 것을 시사한다(J. E. Grant, Kim, & Potenza, 2003). 한편 더 많은 연구를 통해 도파민 체계도 관련되어 있다고 여겨진다. 도박꾼이든 도박꾼이 아니든 간에 도박에서 잃었을 때보다는 땄을 때 도파민 신경로들이 더 활동적이라는 것이 관찰되었고(Breiter, Aharon, Kahneman, Dale, & Shizgal, 2001), 반면에 약물 중독자의 경우와 마찬가지로 강박적인 도박꾼에게서도 도파민 신경로뿐만 아니라 충동 통제에 관여하는 전전두 영역의 활동도 감소된 것이 관찰되었다(Reuter et al., 2005). 정말 놀라운 사실은 상당히 많은 수의 파킨슨 질환자들이 증상 치료를 위해 도파민 효능제를 사용하면 강박적인 도박꾼이 된다는 것이다(Dodd et al., 2005). 환자들은 종종 강박적인 음식 섭취, 쇼핑 그리고 하루에도 몇 번씩 성관계를 요구하는 등의 경험을 하기도 한다. 이러한 증상은 약을 다른 종류로 바꾸면 깨끗이 사라진다.

강박 장애에 효과적인 약물들은 병리학적 도박을 치료하는 데에도 효과적이다(J. E. Grant et al., 2003). 이러한 관찰과 도박 행위의 특성을 살펴볼 때 도박이나 과식 같은 행동을 중독이라는 개념적 틀에다 끼워 맞출 것이 아니라, 약물 중독을 강박 행동의 일종으로 다루는 한편 일상적인 행동을 강박적이게 하는 뇌의 변화에 주목할 필요가 있다고 시사된다.

약물 중독 치료

> 재발 경향성은 마지막 약물 사용 이후에도 몇 달에서 몇 년까지 지속되는 뇌 기능상의 변화 때문이다.
>
> \- Charles O'Brien

헤로인과 그 밖의 다른 약물 중독을 치료하기 위한 거주 공동체인 시나논(Synanon)에서는 연 200,000달러를 들여 음식, 옷, 그 외 생필품은 물론이고 1970년까지는 담배도 거주민에게 나누어 주었다(Brecher, 1972). 이 공동체의 창립자이자 책임자인 Charles Dederich는 자신의 흉부 엑스레이 사진에서 폐 부위에 구름이 낀 듯한 흐린 곳을 발견하고는, 또 공동체 내에서 15세밖에 안 된 어린 젊은이들이 자신이 보는 가운데서 흡연을 배워 가고 있다는 것을 깨닫고는 자신이 담배를 끊고 공동체 내에서의 담배 공급과 사용을 금지했다. 금연이 거주민에겐 생각만큼 쉽진 않았는데, 첫 6개월 동안 약 100명의 거주민이 담배 없이 지내지 못하고 공동체를 떠났다. 담배를 끊은 거주민 중 일부는 자신이 다른

(a)

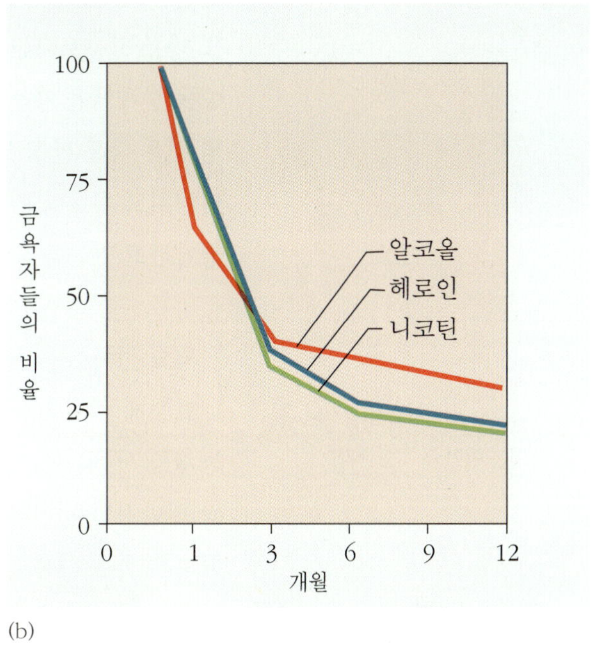

(b)

[그림 5-15] 지그문트 프로이트와 담배 중독의 재발

도표에서 헤로인과 합법화된 두 약물 간의 동일한 재발률을 주목하라.

출처: (a) Bettmann/CORBIS; (b) Adapted with permission from "Nicotine becomes Addictive," by R. Kanigel, 1988, *Science Illustrated*, Oct/Nov, pp. 12-14, 19-21. © 1988 Science Illustrated.

약물로 인한 금단 증상은 1주일도 안 되어 이겨냈지만, 담배로 인한 금단 증상은 적어도 6개월 동안은 지속된다는 것을 알게 되었다. 한 거주민이 말했듯이 헤로인보다 담배 끊기가 더 어려웠다.

프로이트 또한 비슷하게 힘든 경험을 했다([그림 5-15]). 그는 하루에 20개의 시가를 피우기도 했는데, 담배 생각 때문에 하는 일이 방해받을 정도라고 스스로 말했다. 프로이트는 코카인은 겉으로 보기엔 쉽게 끊었지만, 담배는 끊으려고 시도할 때마다 실패하고 다시 피우게 되었다. 그의 입과 턱에 암이 생겼고 33번의 수술을 받았지만, 여전히 계속 담배를 피웠다. 턱을 인공 턱으로 바꾼 후에도 비록 통증이 계속 있고 가끔 말을 못하거나 씹거나 삼키지는 못하더라도 담배는 여전히 피웠다. 1939년 그가 암으로 죽고나서야 그는 담배를 끊게 되었다(Brecher, 1972).

약물을 끊는 데 있어 첫 단계는 중독 치료다. 이것은 약물 사용을 중지하고 우리 몸이 스스로 남아 있는 약물 성분을 씻어 내도록 하는 것을 의미한다. 니코틴이나 아편제의 경우엔 이것이 쉽지 않다. 한편 알코올의 경우에는 금단으로 인해 목숨을 잃을 수도 있기 때문에, 의학적으로 벤조디아제핀을 처치해 금단 증상을 억제할 필요가 있다(O' Brien, 1997). 금단이 수월하진 않지만 재발 이후의 또 다른 고통보다는 낫다. 중독 치료에 실패하는 것은 어쩌면 당연할 수 있는데, 중독은 평생을 가는 만성질환이 될 수 있고 재발률도 고혈압, 천식, 제2형 당뇨병 같은 다른 만성질환만큼이나 된다(McLellan, Lewis, O' Brien, & Kleber, 2000). 다행히도 치료법들이 많아지고 있는데, 이것은 중독의 작용 방식에 대한 지식이 증가하고 있음을 의미한다.

치료 전략

? 중독을 치료하는 약물학적 방법에는 어떤 것이 있는가?

효능제 처치(agonist treatment)는 중독된 약물 대신에 비슷한 효과를 내는 효능제를 사용하는 것이다. 이 방법은 약물에 대한 갈망이나 재발을 방지하는 가장 일반적인 것이다. 니코틴 껌이나 패치는 흡연이 지닌 위험 없이 제한된 양만큼의 약물을 사용할 수 있고, 시간이 지남에 따라 사용량을 체계적으로 줄여 나갈 수 있다. 아편제 중독에는 흔히 합성 아편제인 메타돈(methadone)이 사용된다. 이 처치는 단지 하나의 중독에서 또 다른 하나의 중독으로 옮겨 가는 것이라고 해서 말이 많다. 하지만 메타돈은 상대적으로 순하고 안전한 약물이며, 약물 사용을 위해 범죄를 저지르는 일은 일어나지 않는다. 부연하면 메타돈은 제2차 세계대전 때 독일에서 만들었다. 사용이 불가능한 모르핀 대신 진통제로 이용되었는데, 아돌프 히틀러의 이름을 따서 아도르핀(adolphine)이라고 불렀다(Bellis, 1981).

길항제 처치(antagonist treatment)는 이름이 의미하듯이 중독 약물의 효과를 차단하는 약물을 이용하는 것이다. 아편성 수용기를 차단하는 약물은 아편 중독과 알코올 중독에 처치되어 약물이 지니는 쾌락적인 효과를 감소시킨다. 이 처치가 일으킬 수 있는 극적인 효과가 [그림 5-16]에 예시되어 있다(Suzdak et al., 1986). 하지만 길항제 처치는 효능제 처치와는 구별되는 단점이 있는데, 길항제 처치가 중독된 약물이 가져다주는 쾌락적인 효과를 대체해 주지 않기 때문에 처치의 성공 여부는 중독자가 약물을 끊고자 하는 동기에 전적으로 달려 있다.

[그림 5-16] $GABA_A$ 수용기 차단제의 효과

두 마리의 쥐가 동일한 양의 알코올을 섭취하고, 그중 오른쪽에 있는 한 마리는 알코올이 $GABA_A$ 수용기에 작용하는 것을 막는 약물을 처치받았다.

출처: Photo courtesy National Institute of Mental Health/Jules Asher.

또 다른 방법으로는 도파민 보상 체계를 억제하는 것이다. 바클로펜(baclofen)은 복측 피개야에서 도파민 뉴런에 있는 $GABA_B$ 수용기를 활성화시켜 도파민의 활동을 감소시킨다. 바클로펜은 사람에게서 코카인에 대한 갈망을 감소시키고, 쥐의 경우에는 코카인, 메탐페타민, 헤로인, 알코올, 니코틴 등에 대한 자가 투여 반응을 줄여 준다(Paterson, Froesti, &

Markou, 2005). 카나비노이드 수용기를 차단함으로써 도파민 신경로를 억제하는 리모나밴트(rimonabant) 또한 여러 약물 중독에 사용할 수 있는 치료제로서 전망이 밝다(Le Foll & Goldberg, 2005).

약물의 효과를 차단하는 대신에 그 약물을 사용해서 혐오스러운 반응이 유발되게끔 하는 혐오 치료(aversive treatment)가 있다. 안타부스(antabuse)는 알코올 대사를 방해해서 술을 마시면 병이 나게 한다. 유사한 방법으로 질산은을 첨가한 껌이나 캔디는 담배 맛을 나쁘게 만든다. 길항제 처치에서와 마찬가지로 성공 여부는 약물 중독자의 동기와 처치를 얼마나 잘 따르는가에 달려 있다.

결국 중독도 다른 질병처럼 치료와 예방을 위한 다각도의 접근이 요구되는 유전적 · 환경적 · 심리사회적인 요인들의 복합물로 다루어야 한다.

- Eric Nestler and George Aghajanian

약물에 대한 백신 사용은 아직 무리가 있지만 머지 않아 현실화될 수도 있다. 쥐의 경우라면 당장에라도 니코틴이나 코카인에 대한 백신을 사용해 볼 수 있다. 약물 방지용 백신(antidrug vaccine)이란 약물을 닮은 합성 분자로서 면역계를 자극하여 약물에 대한 항체를 생성하게 하는 것이다(Landry, 1997). 이런 백신들은 뇌까지 도달하는 약물의 양을 감소시키는데, 코카인의 경우에는 80%(Carrera et al., 1995), 니코틴의 경우에는 65%(Pentel et al., 2000) 정도 감소시켰다. 이러한 방법은 뇌에 있는 수용기에 작용함으로써 생길 수 있는 부작용을 피할 수 있게 해 준다. 또 다른 장점으로는 항체가 몇 주에서 몇 년까지도 유지될 수 있다는 것이다. 따라서 치료의 성패가 매일 약물 중독 치료제를 먹어야 할지 말아야 할지 결정해야 하는 중독자에게 달려 있지 않다는 것이다. 그리고 적어도 한 번의 약물로 담배를 끊을 수 있는지 임상 장면에서 시도해 볼 수도 있다.

다음 화제로 넘어가기 전에 두 가지 더 추가할 점이 있는데, 그중 하나가 세로토닌 활동의 감소가 다른 다양한 장애뿐만 아니라 몇몇 중독에서도 공통적으로 발견된다는 점이다. 그래서 세로토닌의 수준을 높여 주는 약물들은 흡연 치료(S. M. Hall et al., 1998)나 알코올 중독의 한 형태인 Type 1 알코올 중독 치료(Julien, 2005)에 상당히 효과적이다. 세로토닌 수준을 증가시키는 약물들의 효과 중 일부는 세로토닌이 중뇌변연피질 도파민계의 활동을 조절하는 데 관여한다는 것과 관련이 있다(Melichar, Daglish, & Nutt, 2001). 이러한 사실은 나머지 한 가지, 즉 다양한 신경전달물질 시스템들이 서로서로 밀접하게 연결되어 있다는 것을 의미하는데, 이것은 우리의 관심 대상이 되는 신경 기제를 또 다른 방식으로 조절할 수 있는 가능성을 제공해 주며, 좀 더 효과적인 약물이나 부작용이 덜 한 약물을 찾을 수 있게 해 준다. 〈표 5-1〉에는 현재 주요 중독 치료에 사용이 인정된 약물들이 나열되어 있다.

〈표 5-1〉 미국 식품의약국에서 인정한 약물 중독 치료제

중독 약물	치료제	치료제 작용
알코올	디술피람(Disulfiram) 안타부스(Antabuse)	알데히드 탈수소 효소(aldehyde dehydrogenase)를 억제한다. 혐오 치료에 사용된다.
	날트렉손(Naltrexone)	아편성 수용기 길항제로서 치료 효과는 의문시 되지만, 보상 효과를 차단하는 것으로 여겨진다.
	Acamprosate	GABA 효능제 및 글루타민산염 길항제로서, 약물에 대한 갈망과 금단으로 인한 불쾌한 영향을 줄여 준다.
	Topiramate	Acamprosate와 비슷하다.
니코틴	니코틴 껌, 니코틴 패치	니코틴을 대체한다.
	부프로피온(Bupropion)	도파민, 노르에피네프린, 세로토닌의 재흡수를 차단한다. 니코틴의 보상 효과는 감소시켜 금단 증상을 줄여주는 반면, 그 외 전반적인 보상 효과를 증가시킨다.
헤로인/아편제	날트렉손(Naltrexone)	아편성 수용기 길항제로서 수용기 결합 부위에서 아편제와 경쟁한다.
	메타돈(Methadone)	수용기에서 아편제를 대체한다.
	부프레노르핀(Buprenorphine)	수용기에서 아편제를 대체한다.

출처: Julien (2005) and Volkow & Li (2004).

약물학적 치료의 효과와 승인

약물학적 치료는 중독 치료의 효과를 극적으로 증가시킨다. 헤로인 중독자를 대상으로 행동 관리 프로그램만을 사용했을 때는 약물 사용을 중지하는 경우가 10~30%인 반면, 상담 치료와 함께 메타돈을 사용하면 60~80%에 이른다(Landry, 1997). 이러한 사실이 약물학적 치료만을 옹호하는 것은 아닌데, 약물 중독은 환경상의 문제나 마음의 상처와 같은 정서적인 문제에 거의 뒤따라 일어난다. 그리고 중독을 순전히 생물학적 문제 또는 환경의 문제로만 다루면 치료가 성공적이지 않다(Volkow et al., 2003).

> 과학은 앞으로 마음과 신체의 문제 및 심리적인 문제를 의지나 가치관의 문제로 보는 견해를 해결해야만 한다.
> - Maia Szalavitz

중독 치료에서 가장 문제시 되는 것은 중복이환(comorbidity)이라고 해서, 정신적 또는 정서적 성격 장애들이 함께 공존한다는 점이다. 이러한 사실은 약물 남용자의 재활을 어렵게 하는 또 다른 문제가 있다는 것을 뜻한다. 43,000명의 사람을 대상으로 한 연구에서 알코올 남용자의 경우에는 29%가, 약물 남용자의 경우에는 거의 절반에 이르는 48%가 적어도 한 가지씩 성격 장애가 있는 것으로 나타났다(B. F. Grant et al., 2004). 이러한 문제들이 중독으로 인해 생긴 결과일 수도 있지만, 약물 남용 자체가 다른 장애 때문에 일어날 수도 있다. 예를 들

어, 도피의 수단으로 약물을 사용하거나 어떤 증상을 없애기 위한 치료약으로 사용하는 경우다. 한편 중독과 성격 장애가 하나의 동일한 유전적·신경학적 또는 환경적 원인으로 인해 생겨날 수도 있다.

중독을 약물학적으로 치료하는 것이 성공 가능성이 있음에도 불구하고, 약물을 사용해서 약물 중독을 치료한다는 것이 일부 사회에선 논란의 여지를 낳는다. 어떤 사람들은 중독에서 회복한다는 것은 의지를 요하는 것이어야 하고, 그러한 회복은 쉽지 않아야 한다고 생각한다. 그래서 안타부스 같은 약물은 치료가 실패했을 때 재발로 인한 고통이 뒤따르기 때문에 사용해도 되지만, 메타돈 같은 약물은 약물 사용이 가져다주는 쾌감을 여전히 유지할 수 있기 때문에 사용해선 안 된다고 생각한다(Szalavitz, 2000). 이에 반대하는 입장에선 약물 치료의 적용 기준은 효과의 유무에 있어야 한다고 주장한다. 중독으로 인한 손실이 미국에서만 연간 5,440억 달러로 추정된다(Uhl & Grow, 2004). 치료에 1달러를 투자하면 중독 약물과 치료의 종류에 따라 적게는 4달러에서 많게는 12달러까지 아낄 수 있다(O' Brien, 1997).

개념 확인

- 중독을 금단과 관련해서 정의할 때 무엇이 문제인가?
- 중독을 보상과 관련된 가설로 설명할 때 무엇이 문제인가?
- 중독을 약물학적으로 치료할 때 치료 방법에 따라 어떤 장단점이 있는가?

중독에서 유전자의 역할

사람들을 중독자로 만드는 것이 무엇인지 밝히려는 대부분의 연구는 다른 약물들보다 알코올 중독에 관한 것들이 많았다. 그럴 만한 이유가 있는데, 알코올 중독은 우리 사회에 만연해 있는 문제이고, 알코올 사용이 합법화되어 있어 알코올 중독자를 연구 대상으로 삼기가 수월하기 때문이다. 지금은 다른 약물들에 관해서도 유사한 종류의 지식들이 축적되고 있는 중인데, 알코올 중독에 관한 연구는 다른 유의 중독을 연구하는 데 좋은 모델이 된다.

유전적 영향과 환경적 영향의 구분

중독에 관한 유전성은 알코올 중독에서 처음으로 밝혀졌다. 하지만 오랫동안 알코올 중독에서 유전의 역할에 관해선 의견이 분분했는데, 그 이유는 연구 결과가 일치하지 않았기 때문이다. 한 가지 이유는 연구자들이 알코올 중독을 흔히 하나의 단일한 질환으로 취급한 것이다. 예를 들어, 입원해 있는 알코올 중독자를 대상으로 연구를 한 경우가 있는데, 모든 중독자를 동일한 사례로 취급해서 일반화시켜 버렸던 것이다. 로버트 클로닝거(Robert Cloninger)는 862명의 남자와 913명의 여자를 대상으로 한 연구에서 아주 중요한 획기적인 발견을 했는데, 대상자들은 1930년에서 1949년 사이에 스웨덴의 스톡홀름에서 평균 4개월 정도 되었을 때 입양되었던 사람들이었다(Bohman, 1978).

? 두 종류의 알코올 중독에 유전과 환경은 각기 어떤 식으로 다른 영향을 미치는가?

연구자들은 알코올 중독자들을 그들의 음주 행동과 성격에 따라 두 집단으로 나누었다(〈표 5-2〉). Type 1 알코올 중독자는 보통 25세 이후부터, 그리고 동료들과의 점심에서 술을 마시는 것과 같이 술을 권하는 사회적 관계를 오랫동안 지속해 온 후에 문제 음주 행동이 시작된 경우다. 이런 경우를 만발성 알코올 중독자(late-onset alcoholic)라고도 부른다. 이런 사람들은 장기간 금주를 할 수도 있지만, 술을 마실 때는 절제하지 못하고 폭음을 하며, 또 자신의 음주 행위에 대해선 죄책감을 느끼기도 한다. 이들의 경우 신중하며 정서적으로 의존적이게 만드는 관련 성격 특성을 지니고 있다. Type 2 알코올 중독자들은 어린 나이에 음주를 시작한다. 그래서 조발성 알코올 중독자(early-onset alcoholic)라고 불린다. 이들은 자주 술을 마시며, 자신의 음주 행동에 대해 죄책감을 거의 느끼지 않는다. 한편 이들은 반사회적 행동을 보이는 경향이 있고, 술집에서 종종 싸움

〈표 5-2〉 알코올 중독을 구분하는 특성

특성	알코올 중독의 종류	
	Type 1	Type 2
알코올과 관련된 문제들		
발생 시기(나이)	25세 이후	25세 이전
저절로 일어나는 알코올에 대한 갈망	드물다	빈번하다
음주 때 싸움이나 체포된 경험	드물다	빈번하다
심리적인 종속(통제력 상실)	빈번하다	드물다
알코올 중독에 대한 죄책감과 두려움	빈번하다	드물다
성격 특성		
새로움을 추구하기(Novelty seeking)	낮다	높다
해를 두려워하여 피하기(Harm avoidance)	높다	낮다
보상에 대한 의존성(Reward dependence)	높다	낮다

출처: Cloninger (1987).

에 휘말려 들거나 난폭 운전으로 잡혀들어 가기도 한다. 이들은 흔히 충동적이며 언행에 거리낌이 없고 자신만만해하며, 사회적 · 정서적으로 무심하다. 다르게 표현하자면 그들의 행동은 반사회적 성격 장애(antisocial personality disorder)의 경우와 비슷하다. 성격 특성이란 일찌감치 나타난다고 하는데, 6~10세 사이에 새로움을 추구하며 해를 두려워하지 않는 경우에 청소년이 되면 약물 사용이나 음주를 할 수 있다고 한다(Mâsse & Tremblay, 1997). 조발성 알코올 중독자들은 남자가 거의 전부이며, 알코올 중독으로 입원해 있는 남자의 경우는 모두 조발성 알코올 중독에 해당한다.

클로닝거의 연구 대상자들을 종합해서 생각해 보면, 알코올 중독자의 가정에서 양육된 것이 알코올 중독의 가능성을 높이진 않는 것으로 나타난다. 따라서 환경적인 영향은 무시해도 되는 것처럼 보인다. 하지만 두 집단을 각각 따로 놓고 본다면 이전 연구들과는 다른 발견을 할 수 있다. 조발성 알코올 중독자의 자녀들은 양육 환경에 의해 영향을 받지 않지만, 만발성 알코올 중독자의 자녀들은 알코올을 남용하는 가정에서 양육된다면 알코올 중독자가 될 가능성이 높다. 유전적 영향과 환경적인 영향을 구별하기 어려운 또 하나의 이유는 환경과의 상호작용의 결과가 매우 변화무쌍하며 상호 모순적인 경우조차 있다는 것이다. 예를 들면, COMT라는 유전자의 한 형태인 Met158은 염려하고 예민하며 신중한 성격과 관련이 있는데, 유럽의 백인 남성들은 휴식의 수단으로 매일 어울려 술 마시기를 즐기며, 그들이 지니고 있는 Met158은 그들을 만발성 알코올 중독자가 되게 한다. 반면에 북미 대초원에서 생활하는 인디언들은 과음을 하는 경향이 있는데, 이들 문화에선 Met158의 대립 유전자에 수반되는 더 많은 염려와 신중함이 알코올 중독으로부터 그들을 보호해 준다는 것이다(Enoch, 2006).

무엇이 유전되는가

쌍둥이나 입양된 경우를 대상으로 한 연구에서 알코올 중독의 유전 가능성은 50~60% 정도 된다고 한다(Kendler, Heath, Neale, Kessler, & Eaves, 1992; Kendler, Prescott, Neale, & Pedersen, 1997). 환각제의 경우에는 50%, 코카인은 72% 정도 된다(Goldman, Oroszi, & Ducci, 2005). 중독에서 유전이 그렇게 중요하다면 도대체 무엇이 유전되는 것일까? 중독에 대한 유전 연구의 대부분은 신경전달물질 시스템이 관련되어 있다고 시사한다. 예를 들어, 글루타민산염 신경전달물질의 활동을 조절하는 호머(Homer)라는 두 개의 유전자 중 하나를 제거한 생쥐의 경우 코카인에 의한 보상 효과에 훨씬 더 민감한 반응을 보였다(Szumlinski et al., 2004). 수면과 각성 주기를 조절하며 복측 피개야에서 도파민의 방출을 증가시키는 유전자인 Clock이 제거된 생쥐들도 코카인의 효과에 민감했다(McClung et al., 2005). 사람의 경우 α4 니코틴성 아세틸콜린 수용기의 유전자는 니코틴 중독을 결정하는 데 관여하는 것으로 보인다(Tapper et al., 2004). Homer와 같은 일부 유전자들의 영향은 특정 약물에 국한되어 있지만, 사람의 경우 전반적으로 약물에 취약한 경향이 흔히 유전되기도 하는데, 약물 중독자의 약 60~70%의 경우가 세 가지나 그 이상의 약물을 남용한다(Cadoret, Troughton, O' Gorman, & Heywood, 1986; S. S. Smith et al., 1992).

도파민은 정상적인 행동과 중독 행동을 구분하는 요인 중 하나다. D_2 도파민 수용기의 발달을 결정하는 유전자의 대립 유전자들(alleles)이 몇 개 존재하는데, D_2 수용기의 다양한 대립 유전자들은 알코올 중독, 코카인 중독, 자극제 남용, 둘 이상의 약물에 대한 중독 등과 관련되어 있다(Kreek, Bart, Lilly, LaForge, & Nielsen, 2005). 알코올을 많이 섭취하도록 교배 번식된 쥐들은 상대적으로 더 적은 수의 D_2 수용기를 지니는데, 이들 쥐의 측핵에다 도파민 D_2 수용기의 유전자를 처치했을 때 수용기의 수가 52% 증가했으며 알코올 섭취는 64% 감소했다(Thanos et al., 2001). D_2 수용기 유전자의 대립 유전자인 A_1을 지닌 사람들은 D_2 수용기의 수가 적을 뿐 아니라 알코올 중독자가 될 가능성도 더 높다(Noble, Blum, Ritchie, Montgomery, & Sheridan, 1991; [그림 5-11] 참조). 도파민 수용기 수의 감소는 왜 알코올 중독자가 역설적이게도 알코올에 대해 민감하지 않은지 설명해 주는 것 같다. 흔히 알코올 중독자는 맨 처음 술을 마셨을 때도 음주량이 많았음에도 별 효과가 없었다고 보고한다. Schuckit(1994)은 10년 동안 남자 대학생들을 연구했는데, 덜 취하고 음주로 인한 운동 장애가 덜한 경우에 10년 후 알코올 중독자가 될 확률이 2배나 되었고, 부모도 알코올 중독자인 경우에는 확률이 4배나 되었다.

아마도 알코올에 덜 민감한 사람이 취하려면 더 많이 마셔야 하고 음주로 인한 부작용을 경험하지 않았기 때문에 중독되는 경향이 더 높은 것 같다. 이러한 해석은 아시아인이 술을 마시면 새빨갛게 되고 메스꺼우며 심박률이 증가하는 등으로 인해 덜 마시고 알코올 중독자가 되는 경우도 드물다는 사실에 의해 지지된다(T. E. Reed, 1985; Wall & Ehlers, 1995). 이러한 이유가 간에서 알코올의 대사산물인 알데히드를 제거하는 알데히드 탈수소 효소(ALDH)의 결핍 때문이다. 알코올로 인한 건강상의 문제를 일으키는 장본인은 바로 알데히드인데, 이것은 간, 근육, 심장, 뇌 등을 손상시키며, 또한 심장마비, 알츠하이머병, 암과도 관련될 수 있는 물질이다(Melton, 2007). ALDH가 부족한 사람은 마치 안타부스를 처치받은 알코올 중독자와도 같은데, 그들은 음주 후에 몸이 안 좋거나 병이 나곤 해서 결국 ALDH가 이들에겐 알코올 남용을 막아 주는 역할을 하게 된다.

이러한 결핍은 인종 간의 차이를 보이는데, 백인과 미국 원주민에게는 드물고 일본인 사이에서는 알코올 중독이 아닌 경우에는 50%, 알코올 중독인 경우엔 단지 2% 정도다(Harada, Agarwal, Goedde, Tagaki, & Ishikawa, 1982). 그리고 이러한 결핍이 가벼운 음주를 즐기는 유대인과 과음을 일삼는 유대인 간의 알코올 소비량에 있어 20~30%의 차이 또한 낳는다(Enoch, 2006). 니코틴의 경우에도 이와 유사하게 대사와 관련된 유전적 결함이 일부 사람들에게 니코틴 중독을 방지해 준다(Pianezza, Sellers, & Tyndale, 1998).

세로토닌은 정서, 성행동, 공격성, 신체 리듬 및 음식과 물 섭취를 조절하는 데 관여할 뿐만 아니라 대체로 약물 남용과도 관련된다. 세로토닌의 기능은 유전적으로 차이가 날 수 있는데(Doria, 1995), 알코올 중독자(Pihl & Peterson, 1993)나 알코올 소비를 많이 하는 쥐(Gongwer, Murphy, McBride, Lumeng, & Li, 1989; J. M. Murphy, McBride, Lumeng, & Li, 1987)의 경우 정상인 경우보다 그 기능이 떨어진다. 알코올은 세로토닌 신경로를 자극하고(Gongwer et al., 1989; K. A. Grant, 1995) 일시적으로 세로토닌 기능을 높여(Pihl & Peterson, 1993) 기분을 고양시킨다. 5-HT_3 세로토닌 수용기를 차단하는 약물들은 알코올에 대한 갈망, 알코올 소비 그리고 개개인이 주관적으로 느끼는 알코올의 효과 중 일부를 감소시킨다(K. A. Grant, 1995; Johnson & Cowen, 1993). 이들 약물은 알코올이 지닌 기분을 고양시켜 주는 효과와 보상 효과를 방해하는 것으로 보인다.

약물을 사용해 본 모든 사람이 그 약물에 중독되는 것은 아니다. 코로 흡입하는 약물의 경우에는 4%, 마리화나는 9%, 알코올은 15%, 코카인은 17%, 헤로인은 23%, 담배는 32% 정도가 중독되지 않는다(Anthony, Warner, & Kessler, 1994). 중독을 야기하는 유전자들은 행동과 성격도 변화시킨다. 약물을 사용해 본다든지 중독이 되는 것과 관련된 성격 특성에는 충동성, 모험심, 새로움의 추구, 스트레스에 대한 반응성 등이 있는데, 이들 각각은 약물 중독과 관련 있는 유전자뿐만 아니라 도파민, 세로토닌, 아편제, GABA 시스템들과 관련된 유전자들과도 연관이 있다(Dalley et al., 2007; Kreek, Nielsen, Butelman, & LaForge, 2005; Sinha et al., 2003).

이 유전자들은 행동과 성격을 변화시킬 수 있는데, 이들은 뇌의 작동 방식을 바꿀 수 있기 때문이다. 이러한 뇌의 변화를 보여 주는 지표 중 하나가 고주파수의 EEG가 알코올 중독자에게 더 많이 나타난다는 것이다. 이것은 알코올이 지닌 독성 때문이라고 생각할 순 없는데, 알코올 중독자들의 자녀에게서도 동일한 현상이 나타나기 때문이다(Edenberg et al., 2004). 한편 알코올 중독자들에게 EEG의 반응성이 감소되어 있는 것을 볼 수 있다. 예를 들어, 새로운 자극에 대한 반응성이 그러하다. 낮은 음을 연이어 들려주는 중에 높은 음을 제시하면 제

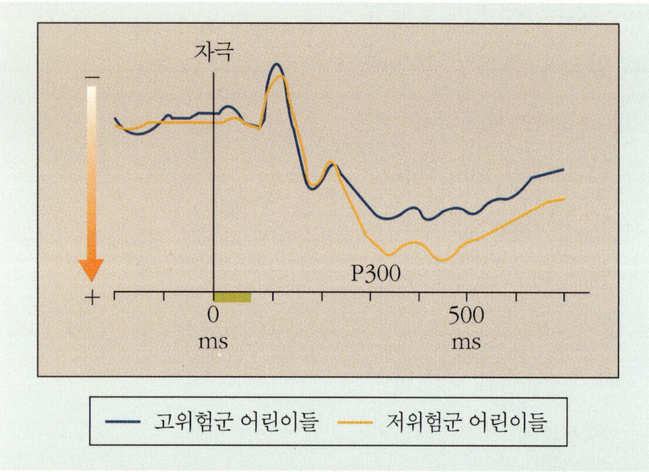

[그림 5-17] 알코올 중독의 위험이 높은 어린이들과 그렇지 않은 경우의 유발전위들

유발전위들은 저음들 사이에서 제시된 고음에 의해 발생되었다. P300의 크기가 고위험군 어린이들의 경우 감소되어 있다.

출처: Reprinted by permission of Elsevier Science from S. Y. Hill, D. Muka, S. Steinhauer, and J. Locke. "P300 Amplitude Decrements in Children From Families of Alcoholic Female Probands," *Biological Psychiatry, 38*, pp. 622-632. © 1995 Society of Biological Psychiatry.

시 후 약 300ms에 유발전위(evoked potential)상에 깊은 골이 생기는데, 이를 P300 wave라고 부른다. 알코올 중독자의 경우에 P300이 더 작고 더 늦게 유발되는데, 절주 중에도 그러하다. 따라서 이러한 반응이 알코올 중독에 대한 유전적 지표로 사용되는데, 알코올 중독자의 자녀에게서도 동일한 것이 관찰된다([그림 5-17]; S. Hill, 1995). 알코올이 지니고 있는 효과 중 많은 것이 $GABA_A$ 수용기 복합체를 매개로 일어난다. 따라서 $GABA_A$ 수용기 복합체를 구성하는 수용기 중 하나에 해당하는 유전자가 알코올 중독과 그에 따른 고주파 EEG의 출현에 관여한다는 것은 당연한 것이라 하겠다(Edenberg et al., 2004).

알코올 중독 연구의 영향

약물 남용과 중독에 관한 연구들은 사회적으로도 물론이지만, 그 외 다른 이유로도 중요한 의미를 지닌다. 특히 행동의 대물림에 있어 유전 가능성과 그 원리에 관한 실마리를 제공한다는 점에서 그러하다. 예를 들어, 알코올 중독은 전적으로 유전으로만 또는 전적으로 환경의 영향으로만 일어나는 것이 아니라, 둘 간의 상호작용으로 일어난다. 이 둘 간의 영향력은 알코올 중독의 종류에 따라 그리고 문화적인 차이에 따라 달리 나타나는데, 이러한 사실은 행동이 그 자체로도 결코 단순하지 않으며, 또 간단히 설명되는 것도 아니라는 것을 보여 준다. 만약 유전과 환경의 상대적인 역할을 안다고 하더라도 더 복잡해질 수 있다. 왜냐하면 신경전달물질, 수용기, 신경로, 효소 그 밖에도 여러 가지 것에서 이들을 구성하는 개별 요소에 관한 각각의 기제들까지 이해해야만 하기 때문이다. 끝으로 중독자의 행동 수정을 단순히 의지력의 문제로 보아서도 안 된다. 이제까지 중독에 대해 간략하게나마 살펴본 것이 인간의 다른 행동 및 비행의 이면에 있는 생리학적 기전을 탐구하는 데 좋은 초석이 될 것이다.

개념 확인

- 두 종류의 알코올 중독이 있다는 것을 몰랐을 때, 어떤 식으로 알코올 중독에 미치는 유전과 환경 및 성역할(gender)의 영향에 대한 오해가 생겨나게 되었는가?
- 약물에 덜 민감한 것이 어떤 식으로 중독 가능성을 높이는가?
- 어떤 사람은 선천적으로 알코올 중독의 가능성을 타고 난다는 증거 두 가지는 무엇인가?

전 망

약물 남용으로 말할 수 없는 큰 고통과 건강 및 생명 그리고 생산성의 상실, 또 치료와 수용에 드는 수십억 달러의 비용의 손실 등이 뒤따른다. 약물 남용에 대한 연구가 가져다주는 좋은 점이라면 시냅스 및 뇌 연결망의 작동 방식을 알 수 있다는 것이고, 또 생물학적 조건이 우리의 행동을 형성하는 데 강력한 영향을 미친다는 것을 깨닫게 해 준다는 것이다. 이러한 지식은 이 책에서 다룰 행동 장애를 포함한 다른 행동들의 이해와 치료 약물의 개발에 도움을 준다.

요 약

향정신성 약물

- 남용되는 약물의 대부분은 중독을 일으키는데, 항상은 아니지만 대체로 약물을 끊었을 때 금단 증상이 뒤따른다.
- 내성은 약물이 지니는 위험을 증가시킬 수 있는데, 왜냐하면 생명에 위협적인 효과에 대해선 내성이 안 일어날 수 있기 때문이다.
- 아편제와 결합하는 수용기들이 존재하는데, 평소에는 이 수용기들이 내인성 아편제인 엔도르핀에 반응한다.
- 아편제는 특히 중독성이 강하고 위험하다.
- 억제제는 신경계의 활동을 감소시킨다. 일부 억제제는 중요하게 사용되는 반면 남용되기가 매우 쉽다.
- 자극제는 신경계의 활동을 증가시킨다. 자극제는 가장 광범위한 효과를 지니고 있는데, 담배와 관련해서 대표적인 중독 물질인 니코틴이 여기에 포함된다.
- 환각제는 지각에 미치는 영향과 환각을 초래한다는 점에서 흥미로운 약물인데, 이러한 효과들은 그 구조가 신경전달물질과 유사하다는 점 때문에 일어나는 것이다.
- 마리화나는 논쟁의 대상이 되는 약물인데, 법적인 문제뿐만 아니라 기존의 중독에 대한 우리의

생각에 의문을 제기한다는 점에서도 논쟁거리다.

중 독

- 일련의 연구를 통해 중뇌변연피질 도파민 시스템이 약물 중독, 섭식, 성행동 그리고 다른 여러 행동과 관련된 보상에 중추 역할을 한다는 것이 관찰되었다.
- 도파민은 학습 과정 중에 신경 기능의 수정을 통해 중독에도 관여한다.
- 중독 치료는 매우 어려운데, 효과적인 치료가 되려면 심리학적 접근과 함께 효능제 처치, 길항제 처치, 혐오 치료, 약물을 이용한 백신 등 약물학적 방법을 병행해야 한다.

중독에서 유전자의 역할

- 중독은 부분적으로 유전될 수 있으며, 유전된 취약성은 특정 약물에만 국한된 것이 아닐 수 있다고 시사된다.
- 유전 연구를 통해 적어도 두 종류의 알코올 중독이 존재하며, 이들은 상이한 유전적 · 환경적 특성과 연관되어 있다고 밝혀졌다.
- 알코올 중독자에게서 흔히 도파민이나 세로토닌과 관련된 비정상이 발견되는데, 아마도 이것이 쉽게 중독되게 만드는 원인인 것 같다. 일부 알코올 중독자는 유발전위상에 결함을 보이는데, 이 또한 유전되는 것 같다.

핵심 용어

강화물(reinforcer)
금단(withdrawal)
길항제 치료(antagonist treatment)
내성(tolerance)
내인성(endogenous)
내측 전뇌속(medial forebrain bundle)
니코틴(nocotine)
대립 유전자(allele)
마리화나(marijuana)
만발성 알코올 중독(late-onset alcoholism)
메타돈(methadone)
바르비투르산염(barbiturate)
벤조디아제핀(benzodiazepine)
보상(reward)
복측 피개야(ventral tegmental area)
아편제(opiate)
알데히드 탈수소 효소(aldehyde dehydrogenase: ALDH)
알코올(alcohol)
암페타민(amphetamine)
약물 방지 백신(antidrug vaccine)
약물(drug)
억제제(depressant)
엔도르핀(endorphins)
자극제(stimulant)
조발성 알코올 중독(early-onset alcoholism)
중뇌변연피질 도파민 시스템(mesolimbocortical dopamine system)
중독(addiction)
진전 섬망증(delirium tremens)
진정제(sedative)
진통제(analgesic)
최면제(hypnotic)
측핵(nucleus accumbens)
카페인(caffeine)
항불안제(anxiolytic)
향정신성 약물(psychoactive drug)
헤로인(heroine)
혐오 치료(aversive treatment)
환각제(psychedelic drug)
효능제 치료(agonist treatment)
희열(euphoria)

Chapter 6

동기와 내적 상태의 조절

이 장에서 배울 내용

- 동기를 바라보는 심리학자들의 일부 관점은 어떠한가?
- 추동과 항상성 개념이 신체의 내적 상태를 조절하는 방식은 무엇인가?
- 미각이 안전하고 영양 많은 먹거리를 고를 수 있게 해 주는 방식은 무엇인가?
- 식사량이 조절되는 방식은 무엇인가?
- 비만을 일으키는 일부 원인은 무엇인가?
- 거식증과 폭식증에 관해 알려진 것은 무엇인가?

난 오랫동안 먹을 수 있지만, 결코 배 부르진 않아.

- Christopher Theros

크리스토퍼가 태어났을 때 뭔가 잘못되었다는 게 분명해 보였다(Lyons, 2001). 그는 축 늘어져서 팔다리를 쭉 뻗은 채 죽은 것처럼 침대에 누워선 울지도 않았다. 의사는 그가 걷지도 말하지도 못할 것이라고 생각했지만, 프레리-윌리 증후군(Prader-Willi syndrome)으로 진단받은 초등학교 입학 전까지는 모든 게 정상적인 것처럼 보였다. 이 질병은 아버지의 15번 염색체 중 일부가 수정 동안에 복사되지 않아서 생기는데, 이들 유전자가 정확히 어떻게 이 질병을 일으키는지는 모르지만 그 증상들은 잘 알려져 있다. 크리스토퍼의 경우 그는 거의 모든 증상을 보이는 경우였다. 그는 160cm에서 성장을 멈추었고, 배우는 데 어려움이 있었을 뿐만 아니라 충동을 통제하는 데에도 문제가 있었다.

무엇보다도 그는 자기 자신이 충분히 먹었다는 것을 전혀 알지 못하기 때문에 계속 먹어댔다. 그는 형의 신문 배달료를 훔쳐 동네 구멍가게에서 과자를 사먹기도 했고, 학교에선 식당 쓰레기통을 뒤져 먹기도 했으며, 반 친구들은 음식 조각을 쓰레기통에 던져 크리스토퍼가 찾아 먹는 것을 보며 조롱하기도 했다. 크리스토퍼와 같은 사람을 지켜 주는 유일한 방법은 부엌문을 잠그는 것부터 시작해서 보호 시설에 수용하는 등 그의 삶을 완벽하게 관리해 주는 것이다. 크리스토퍼의 경우 그의 지능이 자신을 관리하지 못할 정도로 낮지 않았기 때문에, 법이 요구하는 기준에 맞지 않아 보호 시설을 이용할 수 없었다. 그래서 대여용 수용 시설을 이용했는데, 그의 질병이 지닌 특성인 반항과 폭력 때문에 다른 사람들과 어울리지 못하게 고립 수용되었다. 그가 28세의 나이로 죽을 때 몸무게가 227kg이나 되었다([그림 6-1]).

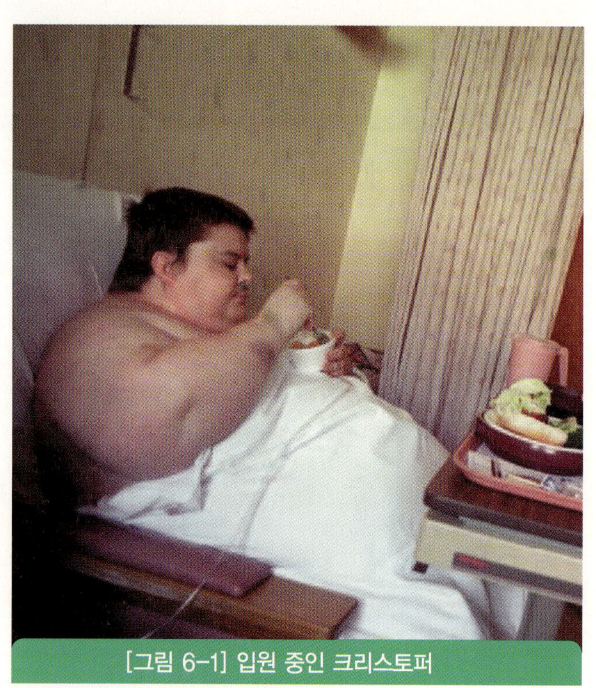

[그림 6-1] 입원 중인 크리스토퍼

출처: Jayson Mellom /San Luis Obispo Tribune.

앞 장에서 왜 사람들이 자신에게 해로운데도 계속해서 약물을 사용하는지 그 이유를 생각해 보았다. 이젠 왜 사람들이 말 그대로 자기 자신이 죽을 때까지 먹을 정도로 통제력을 잃어버리곤 하는지 궁금하게 되었다. 왜 사람들이 그들이 하고 있는 행동을 하는지를 묻는 것은 그들의 동기에 관해 묻는 것이 된다.

동기와 항상성

말 그대로 동기는 '움직이게 하다.' 는 뜻으로 행동을 시작하게 하고 유지시키며 행동을 지휘하는 일단의 요인을 가리킨다. 동기라는 말은 심리학자들이 외부 자극만으로는 행동을 설명할 수 없는 상황에서 만들어진 개념이다. 배고픔이나 성취욕과 같은 다양한 종류의 동기를 가정하면 동일한 환경하에서도 왜 반응이 다른지를 설명할 수 있게 된다.

동기라는 말이 심리학자들에 의해 만들어지고 행동에 적용한 개념이긴 하지만 뇌 안에 단일한 '동기 중추' 가 있다든지 주된 기능이 동기인 신경망이 있다고 생각되진 않는다. 종종 동기를 정서와 같은 행동상의 다른 측면과 구분하기가 힘든 것은 이 용어가 얼마나 임의적일 수 있는지를 보여 준다. 그럼에도 불구하고 행동의 원인에 대한 설명을 체계화하는 데 유용한 개념으로 쓰일 수 있다.

동기와 관련된 문제들에 관한 심리학적 관점 중 일부를 간략하게 살펴보고, 다음 장에서 다룰 성행동 그리고 제8장의 정서와 공격 등의 주제를 다루기 전에 체온 조절, 갈증, 배고픔 등과 같은 동기의 예를 자세히 살펴보겠다.

동기에 관한 이론적 접근

그리스 사람들은 인간의 행동을 본능(instinct)으로 설명했다. 본능은 복잡한 행동으로 배우지 않아도 저절로 일어나며 같은 종의 모든 동물이 공유하는 행동이다. 이주를 한다든지 어미 역할을 하는 등의 행동은 본능적인 행동의 전형적인 예다. 초기 본능 이론가에 따르면 인간도 본능에 따라 행동하는데, 공격 본능 때문에 전쟁을 하며 모성 본능 때문에 자녀를 돌보는 등의 행동을 한다는 것이다. 언뜻 보면 이런 설명이 그럴 듯하다. 하지만 사람들이 전쟁을 하는 것이 공격 본능 때문이라고 설명하면, 무엇이 사람들로 하여금 싸우게 만드는지에 관해 더 알 수 있는 것이 거의 없다. 소위 공격 본능이라는 것을 분석할 수 없다면, 단지 설명을 회피하는 것일 뿐이다.

현대에 와서 인간의 동기를 본능으로 설명하는 것은 심리학자 윌리엄 맥두걸(McDougall, 1908)에 의해 널리 알려졌다. 그는 생식, 사교성, 부모 역할 등과 같은 인간의 행동들을 본능적인 것으로 제안했다. 만약 문헌에서 본능이라 이름 붙일 수 있는 것을 찾자면 1만 개 정도 찾는 데 그리 오래 걸리지 않을 것이다. 결국 이 말은 우스갯소리로 본능을 설명하는 본능이 있어야 하는 상황을 낳는다(Bernard, 1924). 본능을 이용한 설명은 너무 많은 이론가에게 빠져나갈 구멍을 마련해 주었고, 인간을 본능에 의해 설명하는 것은 비판을 받게 되었다. 행동을 연구하는 현대의 학자들은 엄격한 조건을 갖춘 증거들을 사용하여 귀소 본능이나 모성 본능과 같은 동물들이 지닌 몇몇 본능을 설명해 왔다. 하지만 대부분의 심리학자는 인간의 경우 진화해 오는 동안 본능이 도태되거나 약화되었다고 생각한다. 어쨌든 본능이라는 용어를 사용할 때 어떤 식으로 사용할지 매우 조심해야 하며, 설명하기 어려운 행동은 본능이라는 식으로 이름 붙이려고 해서는 안 된다.

추동(drive) 이론은 본능 이론보다는 훨씬 더 나은데, 배고픔, 갈증, 체온 등과 같은 신체적인 조건과 관련된 동기를 설명할 때 그러하다. 추동 이론에 따르면 신체는 항상성(homeostasis)을 유지하는데, 항상성이란 특정 시스템이 균형(balance)이나 평형(equilibrium) 상태에 있는 것을 말한다(Hull, 1951). 영양분의 고갈이나 체온 저하 등과 같이 항상성에서 벗어난 어떠한 경우도 각성된 상황 또는 추동을 일으키고, 이 추동은 개체로 하여금 먹기, 마시기, 따뜻한 곳을 찾기 등과 같은 행동을 하도록 만든다. 신체의 요구가 만족되면 추동 및 추동과 관련된 각성이 사그라진다. 물론 항상성은 일시적인 상태이며, 곧 배가 고프거나 갈증이 생기고 다시 추워지는 등의 순환은 계속된다.

? 항상성과 추동은 무슨 뜻인가?

추동 이론을 비판하는 사람들은 이 이론이 모든 종류의 동기를 다 설명하지 못하는 점을 지적한다. 많은 경우의 동기화된 행동은 신체 조직의 요구를 만족시켜 주는 것과는 무관한 듯하다. 예를 들어, 학생들은 학점에 의해 동기화되고, 어떤 사람들은 명예를 얻기 위해 싸우며, 또 어떤 사람들은 필요 이상의 의식주를 위해 더 많은 돈을 벌려고 오랜 시간 동안 일을 한다. 유인가 이론(incentive theory)은 사람들이 내적 요구뿐만 아니라 외부 자극에 의해서도 동기화된다는 것을 인정한다(Bolles, 1975). 이러한 점에서 돈이나 학점은 유인물(incentive) 역할을 한다. 유인물은 생리적 동기와 관련된 것들도 포함하는데, 예를 들어 초콜릿 쿠키를 굽는 냄새나 성적 매력이 있는 사람을 보거나 하는 것 등과 같은 것이 미치는 영향이 그것이다.

최근에 저자의 아내가 고공 낙하의 스릴을 만끽하려고 비행기에서 떨어져서는 마지막 순간 낙하산을 펼 때까지 지상으로 내리 곤두박질하는 것을 즐겼는데, 이러한 행동에는 그 어떤 신체 조직상의 결핍이나 눈에 띄는 추동이란 것이 없다. 이와 같은 관찰을 통해 각성 이론(arousal theory)이 생겨나게 되었는데, 이는 사람들이 각자 자기가 원하는 수준의 각성을 유지하려는 방향으로 행동한다는 것이다(Fiske & Maddi, 1961). 사람에게는 각자 자신에게 가장 적당한 수준의 각성 상태가 있으며, 그래서 어떤 사람들은 다양한 경험이나 모험이 가져다주는 스릴 등을 원하는 것 같다(Zuckerman, 1971). 감각적인 것을 추구하는 것

(sensation seeking)은 여행, 독특한 의상, 스카이다이빙, 약물 사용, 무장 강도, 복어를 먹는(제2장 참고) 등 어떤 형태로든 표현할 수 있다.

추동 이론에 대해 의문시하면서 심리학자들은 추동이라는 것을 신체 조직상의 조건이 아니라 뇌의 상태라는 측면에서의 추동을 강조하는 쪽으로 옮겨 갔다(Stellar & Stellar, 1985). 이러한 접근은 성행동의 경우에 잘 맞아 떨어졌는데, 성행동은 신체 조직상의 결핍과 관련된 것이 아니므로 추동 이론가들을 골치 아프게 했던 행동이다. 섭식 행동도 뇌 상태의 결과로 보는 것이 더 잘 이해된다. 배고픔은 보통 체내의 부족한 영양분이 뇌 활동을 촉발시켜 일어난다. 하지만 그릴 위의 스테이크 냄새와 같은 유인물도 배고프게 만들 수 있는데, 신체 조직상의 결핍이 일어날 때 활성화되는 뇌 기제와 동일한 뇌 기제의 활성화를 통해 일어나는 것으로 여겨진다. 게다가 사람은 영양분이 신체 조직에 도달하기 훨씬 전에 만족을 느끼고 그만 먹는다. 유사하게 만약 뇌가 만족되지 않으면 얼마나 많이 먹었느냐는 것은 문제가 되지 않는다. 달리 말하면 영양분이 초과되었다는 정보가 뇌에 전달되지 못하거나 전달되더라도 뇌에 정상적으로 작용하지 못하면, 크리스토퍼와 같이 비만이 될 정도로 먹고도 여전히 배고프다고 느낄 것이다. 이후로 체온, 체액량, 에너지 공급 등의 조절을 추동과 항상성이라는 관점에서 살펴볼 것이다.

항상성 유지를 위한 단순한 추동

생명을 유지하기 위해선 체온, 체액량, 에너지 저장과 같은 수많은 조건이 아주 좁은 범위 내에서 유지되어야 한다. 이를 위해서 통제 시스템(control system)이 필요한데, 적절한 비유가 될 만한 기계적 통제 시스템이 가정의 냉난방 시스템이다. 통제 시스템에는 설정점(set point)이라는 것이 있는데, 이는 시스템이 맞추어져야 할 평형 상태의 값을 의미한다. 냉난방 시스템의 경우에 설정점은 온도 조절 장치에 맞추어 놓은 온도가 된다. 이 설정점으로부터 실내 온도가 벗어나는 것이 추동에 해당한다고 하겠다. 실내 온도가 설정점을 벗어나면 온도 조절 장치는 작동을 개시하고 난로나 에어컨을 켠다. 그리고 실내 온도가 다시 설정점 수준으로 돌아가면, 이 시스템은 비유적으로 '만족되었다' 라고 표현할 수 있다. 항상성이 회복되면 그다음에 또 실내 온도가 설정점에서 벗어날 때까지는 시스템이 좀 더 조용한 상태로 접어들게 된다.

체온 조절

? 체온은 어떻게 조절되는가?

체온 조절은 냉난방 시스템과 겉으로 유사할 뿐만 아니라 그만큼 단순하기도 하다. 모든 동물은 생존을 위해 특정 범위 내에서 체온이 유지되어야 하는데, 훨씬 더 좁은 범위 안에서 더 효과적으로 작동하며, 이것이 동물들의 설정점에 해당하는 것이다. 하지만 항상성에서 벗어날 경우 동물들이 어떻게 반응할 것인지는 냉난방 시스템이 작동하는 것보다는 훨씬 다양하다. 뱀이나 도마뱀 같은 변온 동물들은 체온이 신체 내부에서 자동으로 조절할 수 없으므로, 볕이나 그늘을 찾거나 굴을 파고 들어가는 식으로 해서 체온을 조절한다. 포유류와 조류를 포함한 항온 동물들도 일부 동일한 방법을 쓰지만, 집을 짓거나 온도 조절 장치를 높이거나 옷을 껴입는 등 기능적으로도 유사한 다른 방법들도 쓴다. 하지만 항온 동물은 변온 동물과는 달리 에너지를 저장해서 체온을 거의 일정하게 자동으로 유지할 수도 있는데, 항온 동물의 경우 더운 날씨에는 체온 조절 시스템이 땀을 내거나 대사 작용을 감소시키며 말초 혈관을 넓혀 몸의 열을 떨어뜨리고, 추운 날에는 몸을 떨거나 대사율을 높이고 말초 혈관을 좁혀 체온을 유지한다. 우리가 덥거나 춥다고 느끼기 때문에 이와 같은 조절을 한다고 말한다면, 이는 이들 조절 반응이 의도적으로 일어난 행동이라는 뜻이 된다. 하지만 실제로는 그렇지 않다. 그렇다면 이러한 행동은 과연 어떻게 일어나는가?

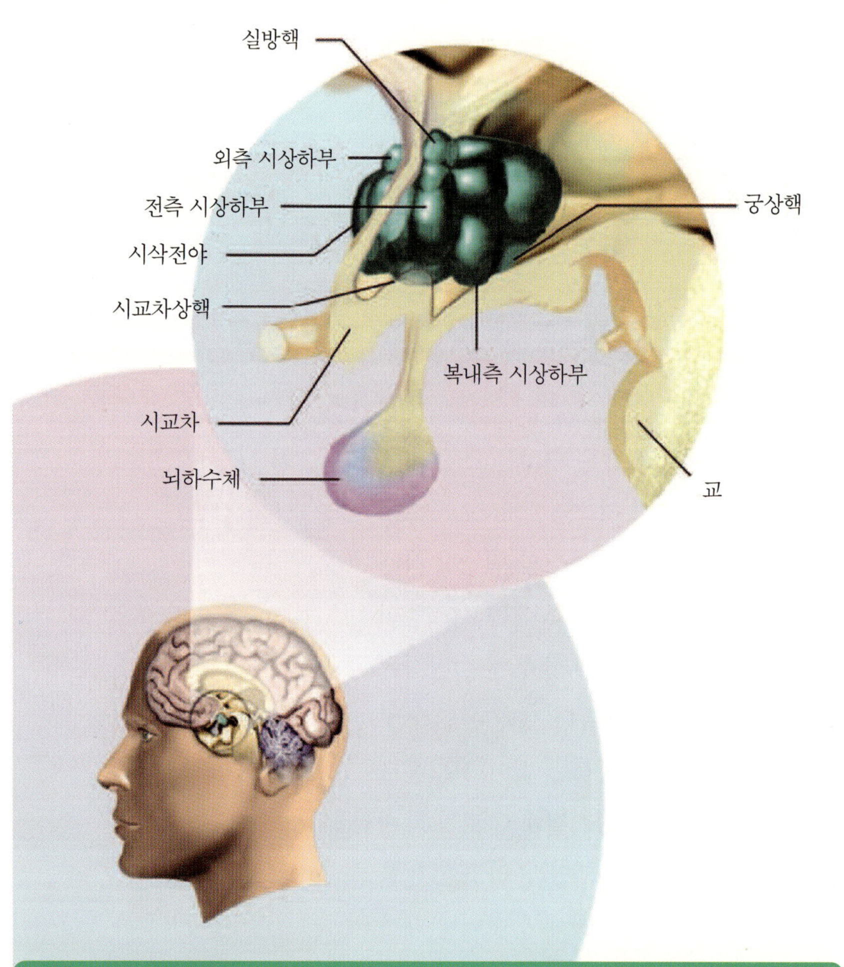

[그림 6-2] 시상하부의 일부 신경핵

그림은 오른쪽 시상하부를 보여 주고 있다. 시상하부는 좌우 양쪽으로 대칭을 이루는 뇌 구조물이다. 양쪽은 제3뇌실에 의해 분리된다. 뇌하수체, 시교차, 교 등은 위치 파악을 위한 기준이 된다.

출처: Adapted from Nieuwenhuys, Voogd, & Van Huijzen (1988).

포유류에서 온도 조절 장치에 해당하는 것은 시상하부의 시삭전 영역(preoptic area)에 위치하는데, 이 부위에는 따뜻한 것에 민감한 세포들과 차가운 것에 민감한 세포들이 각각 존재한다([그림 6-2]; Nakashima, Pierau, Simon, & Hori,

1987). 이들 뉴런 중 일부는 이 부위를 통과하는 혈액의 온도에 직접 반응하며, 다른 일부는 피부를 포함한 다른 신체 부위에 있는 수용기들로부터 체온에 대한 신호를 받는다. 시삭전 영역은 이 두 종류의 신호를 통합해서, 헐떡이거나 땀을 흘리며, 또는 몸을 떠는 것과 같은 체온 조절 반응이 일어나게 한다(Boulant, 1981; Kupferman, Kandel, & Iversen, 2000). 제6장에서 시상하부의 신경핵에 대해 다룰 것인데, [그림 6-2]를 자주 참조하기 바란다.

갈증

? 몸의 수분양은 어떻게 조절되는가?

몸의 70%가 물이다. 따라서 수분의 균형을 유지하는 것이 생명에 결정적이라는 것은 자명해 보인다. 물은 세포를 살리고 피가 혈관을 통해 흐를 수 있게 해주며 음식을 소화시키는 데 필수적이다. 안 먹고는 몇 주간을 버틸 수 있지만 물 없이는 단지 며칠밖에 살 수 없다. 수분은 땀이나 배설을 통해 지속적으로 몸에서 빠져나간다. 그냥 안면에 구멍만 두 개 뚫려 있었을 수도 있었을 텐데 코가 만들어진 모양을 보면 신체가 수분을 보존하기 위해 어떻게 되어 있는지 알 수 있다. 숨 쉴 때 수분이 밖으로 빠져나가는데, 훨씬 더 온도가 낮은 코를 통해 숨을 쉬면 수분 중 일부가 응결되어 재흡입된다. 추운 날 콧물이 흘러나오는 것을 보면 얼마나 많은 수분이 코를 통해 재흡입되는지 알 수 있다.

입이나 목이 마르다고 느낄 때 물을 마시게 되는 것은 당연하다. 하지만 목이나 입이 마른 것은 기껏해야 언제 물을 마실지를 결정해 줄 뿐 얼마나 많은 양을 마실지는 결정해 주지 않는다. 갈증에는 두 종류가 있다. 하나는 세포 내 수분의 양에 의해 생겨나는 것과 다른 하나는 혈액 내 물의 양에 의해 생기는 것이다.

따라서 물을 마시지 못하면 두 종류의 결핍을 일으키는데, 두 부위에서의 수분양은 서로 독립적으로 달라질 수 있으므로 뇌도 이 두 부위의 수분양을 각각 따로 관리, 조절한다. 삼투성 갈증(osmotic thirst)은 세포 내에 물의 양이 부족할 때 생기는 갈증이다. 세포 안의 물이 부족해지는 현상은 보통 음식 섭취에 상응하는 충분한 물을 마시지 않아서 혈액이 평소보다 걸쭉해지면 일어나는데, 짠 음식을 먹는다면 그 영향은 더 크고, 결과적으로 삼투압에 의해 물이 세포를 빠져나와 혈액으로 들어가게 되는 것이다. 저혈량성 갈증(hypovolemic thirst)은 세포 외액의 손실로 인해 혈액량이 감소할 때 일어나는 갈증으로 땀이나 구토 그리고 설사 등으로 일어날 수 있다. 물론 혈액 손실로도 일어나는데, 그래서 헌혈을 하면 갈증이 생기는 것이다.

삼투성 갈증을 일으키는 세포 내 물 부족은 먼저 제3뇌실 경계 부위에 위치하는 종말 맥관판 기관(organum vasculosum lamina terminalis: OVLT; [그림 6-3] 참조)에서 감지된다. 식염수를 혈액에 주입하면 물이 세포를 빠져나오고, 이것이

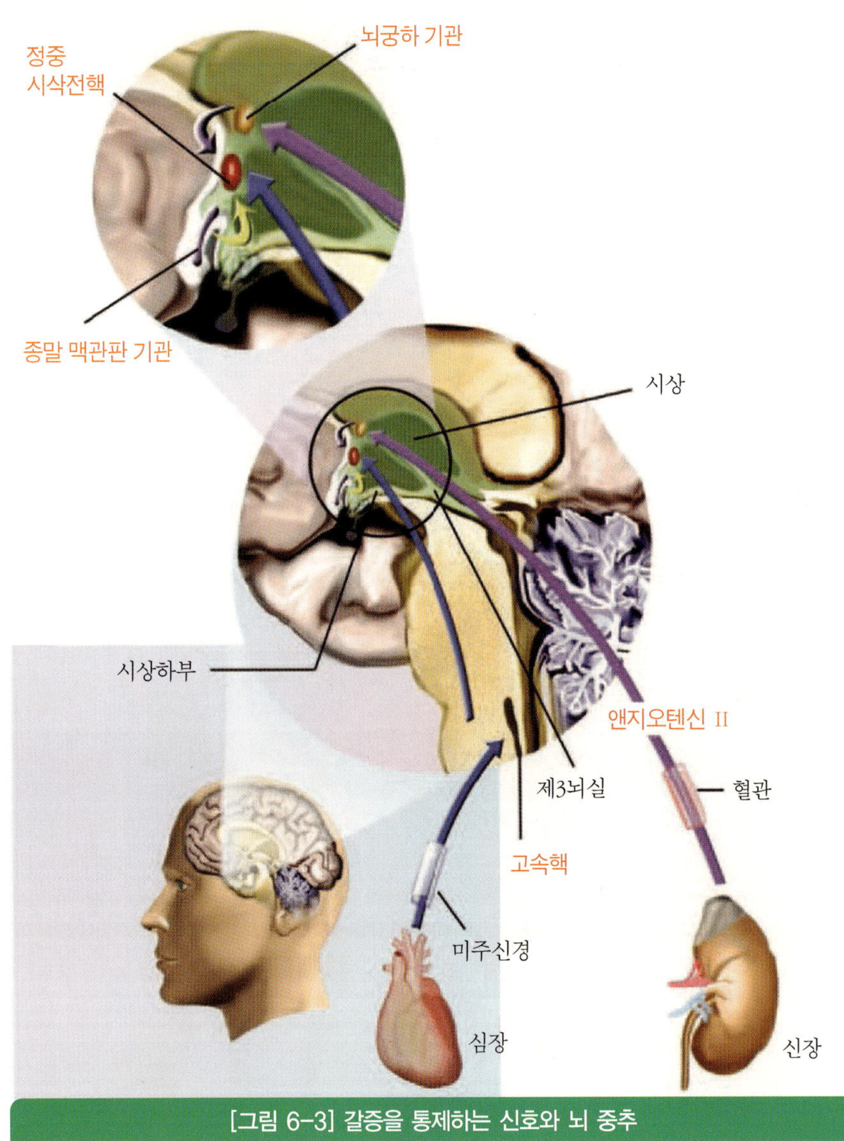

[그림 6-3] 갈증을 통제하는 신호와 뇌 중추

물 마시기를 유발하는데, OVLT를 미리 손상시키면 이러한 현상이 급격하게 줄어든다(Thrasher & Keil, 1987). OVLT는 물 부족에 관한 정보를 시상하부에 있는 정중 시삭전핵(median preoptic nucleus)에 전달하고, 이는 물 마시기를 일으킨다.

저혈량증은 심장의 심방으로 들어가는 큰 정맥에 위치하는 수용기들에서 감지되는데, 이들 수용기는 지나가는 혈액량에 의해 혈관벽이 늘어나는 것을 감지하게 된다(Fitzsimons & Moore-Gillon, 1980). 저혈량증으로 인한 심장 내 혈액량의 감소는 미주신경을 통해 연수에 있는 고속핵(nucleus of the solitary tract: NST)으로 신호되고, 여기서 시상하부의 정중 시삭전핵으로 전달된다([그림 6-3]; Stricker & Sved, 2000).

줄어든 혈액량은 신장에 있는 수용기에서도 감지되는데, 수용기가 반응하면 레닌(renin)이라는 호르몬이 분비되고, 레닌은 앤지오텐신 II(angiotensin II)라는 호르몬의 생성을 증가시킨다. 혈액 내의 앤지오텐신 II는 뇌에 혈액량이 감소했다는 것을 알리는데, 뇌궁하 기관(subfornical organ: SFO)을 자극한다. 이 부위는 혈뇌장벽이 없는 곳 중의 하나로 제3뇌실의 경계를 이루는 구조물이다([그림 6-3]). 앞서와 마찬가지로 정중 시삭전핵에 의해 물 마시기가 또한 유발된다(Fitzsimons, 1998; Stricker & Sved, 2000). SFO에 앤지오텐신을 주입하면 물 마시기가 증가하고, SFO를 손상하면 앤지오텐신의 효과가 차단된다. 하지만 삼투성 갈증으로 인한 물 섭취에는 아무런 영향을 못 준다(Simpson, Epstein, & Camardo, 1978).

갈증은 난로를 작동시키거나 체온을 조절하는 것보다는 훨씬 복잡한데, 이것은 물을 마시는 것과 수분이 신체 조직에 흡수되는 것 사이에 상당한 시간이 걸리기 때문이다. 따라서 물을 마실 때 조직에 필요한 만큼 충족되기 전에 그만 마셔야 한다. 포만에 관한 기제는 잘 알려져 있지 않다. 물이 들어 있다는 것을 감지하는 수용기가 위장에 있다는 증거(Rolls, Wood, & Rolls, 1980)가 있고, 또 물이 간으로 흡수되면 물 마시는 행동이 줄어드는데, 이는 물에 대한 수용기나 또는 압력에 대한 수용기가 존재한다는 것을 시사한다(Kozlowski & Drzewiecki, 1973). 포만에 대한 것은 배고픔과 관련해서 더 잘 알 수 있는데, 이후에 이것에 관해 다룰 것이다.

개념 확인

- 체온 조절과 갈증은 어떤 의미에서 항상성과 관련된 추동의 일종으로 볼 수 있는가?
- 수용기들은 특정한 종류의 자극에 대해서만 반응하도록 전문화되어 있기 때문에 각각의 고유한 기능을 수행할 수 있다. 지금까지 살펴본 수용기들의 전문화에는 어떤 것들이 있는가?

배고픔: 복잡한 추동

배고픔을 체온 조절이나 갈증과 마찬가지로 추동과 항상성이라는 견지에서 설명할 수도 있지만, 이들 간의 유사성보다는 상이한 점이 더 크다. 배고픔은 여러 측면에서 훨씬 더 복잡하다. 음식을 먹는 것은 활동을 위한 에너지, 체온 유지를 위한 연료, 그리고 성장과 신체 조직의 보수에 필요한 물질 등을 공급한다. 게다가 설정점이 매우 가변적이어서 아예 없는 것처럼 보이는데, 설정점이 변화무쌍한 것은 당연하다. 왜냐면 운동, 스트레스, 성장 그 외의 것에 의해 음식에 대한 우리 몸의 요구가 달라지기 때문이다. 물론 설정점이 변하는 예는 배고픔에만 해당하는 것은 아니다. 예를 들어, 체온의 경우 설정점은 매일 변하는데, 수면 동안에는 설정점이 낮아진다. 시차가 있는 지역으로 여행을 할 경우에도 현지에 적응할 때까지는 원래 수면 시간에 해당하는 시간 동안에 설정점이 낮아진다. 한편 아플 때는 설정점이 높아지는데, 이렇게 함으로써 열이 나서 우리 몸을 침입한 박테리아를 죽일 수 있다. 배고픔과 관련해서 특이한 점이라면 설정점이 극적으로, 그리고 장기간에 걸쳐 달라질 수 있다는 것이다. 예를 들어, 비만의 경우가 그러하다.

또 다른 차이점이라면 체온 조절과 갈증의 경우에 결핍을 보이는 것은 온도 차이나 수분과 같이 단일한 대상에 대해서지만, 배고픔과 관련해서는 부족한 경우가 다양한 종류의 각기 다른 영양소에 대해서 일어난다. 어떤 음식을 먹을지 선택하는 것은 언제 먹을지, 언제 그만 먹을지를 아는 것보다 더 어려운 문제일 수 있다.

미각의 역할

당신이 먹는 것이 당신이다.
- 유명한 격언

먹을 수 있는 음식을 선택한다는 것은 어떤 동물들에게는 문제가 안 된다. 일부 초식동물은 한 가지만으로도 그들이 필요로 하는 모든 영양소를 섭취할 수 있다. 예를 들어, 코알라의 경우 유칼립투스 잎만 먹고, 자이언트 판다는 죽순 외에는 아무것도 먹지 않는다. 육식동물 또한 다소 용이한데, 먹잇감에 따라 균형 잡힌 영양소의 섭취가 가능해진다. 우리 인간은 잡식인데, 다양한 채소와 육류를 통해 필요한 영양소를 섭취할 수 있다. 거의 모든 것을 먹을 수 있다는 것은 자유로울 수 있지만 동시에 한편으론 그만큼 문제가 될 수도 있다. 우리는 반드시 먹을 수 있는 것과 못 먹는 것 그리고 영양가가 있는 것과 없는 것을 구별해야만 한다. 우리 몸이 필요로 하는 모든 영양소를 보충하기 위해 제한된 범위 안에서 다양한 식단을 마련해야 한다. 적절한 음식을 적당하게 먹는다는 것은 사실 어려운 일일 수 있다.

영양소 섭취에 관한 지침서를 참고로 식단을 이리저리 꾸밀 수도 있지만, 보통 어려서부터 가족과 먹어 온 대로 먹기가 더 쉽다. 즉, 무슨 음식을 어떻게 같이 섞어서 적당한 식사거리를 만들지는 문화 내에서 학습된 것이다. 혹 이러한 전통이 어디에서 유래하였는지 생각해 본 적이 있는가? 또 신세대가 다른 전통적인 관습에 대해선 그렇게 거부하는 데도 왜 음식에 대한 전통은 사라지지 않고 남아 있는가? 사람이 비타민, 미네랄, 단백질, 탄수화물 등이 필요하다는 것을 알기 훨씬 전에 생존과 번식을 위한 균형 잡힌 먹거리의 선택은 우리 몸이 가르쳐 주는 지혜에 따랐다. 이러한 지혜가 그 문화의 전통적 음식에 반영되어 있어 보통 균형 잡힌 식생활을 가능케 해 준다(Rozin, 1976). 가끔은 유충이나 소의 피 등과 같은 역겨운 것을 먹게 해서 균형을 맞추기도 한다. 알게 되겠지만, 균형 잡힌 식생활을 가능케 해 주는 이러한 내적인 힘은 통상 선택한다는 용어가 암시하는 것보다 훨씬 더 자동적으로 작용한다. 이러한 내적 힘은 감지하기도 힘들고 영양보다는 맛을 강조하는 현대의 음식에 의해 쉽게 그 힘을 발휘하지 못하게 된다.

음식 선택에 있어 가장 단순한 경우가 영양가 있고 안전한 것과 불필요하거나 위험한 것을 구별하는 것이다. 이러한 구별에 미각이 관여한다. 사람의 경우에 모든 맛은 다섯 가지 미각 신맛, 단맛, 쓴맛, 짠맛, 상대적으로 보다 최근에 발견된 우마미(umami)의 결과다(Kurihara & Kashiwayanagi, 1998). 처음 네 가지 맛은 설명이 필요 없겠다. 우마미라는 맛은 흔히 '고기 맛이 나는' 또는 '풍미 있는' 이라고 묘사된다. 이 다섯 가지 감각이 주된 미각이고, 복합된 맛은 이들 미각의 조합으로 만들어진다.

왜 이와 같은 특정한 민감성을 지닌 수용기들이 진화해 왔는지 쉽게 생각할 수 있다. 왜냐하면 우리가 섭취해야 할 필요가 있는 것과 관련해서 딱 들어맞기 때문이다. 우리는 단맛이 나는 음식은 선뜻 잘 먹는다. 예를 들어, 많은 경우에 영양가가 높은 음식이나 과일 같은 것은 단맛을 지닌다. 약간 짠맛이 나는 음식도 좋아하는데, 소금은 세포의 기능과 신경전달에 필요한 나트륨과 염소 이온을 공급해 준다. 마운틴고릴라는 필요한 나트륨의 95%를 썩어 가는 나무를 먹어 보충한다. 같은 나무라할지라도 썩지 않은 것은 나트륨 함유량이 적어 먹지 않는다(Rothman, Van Soest, & Pell, 2006). 우마미 수용기는 육류에 포함되어 있는 글루타민산염, 치즈, 콩 제품, 인공 조미료 원료로 쓰이는 화학물질인 글루탐산소다(MSG) 등을 포함하는 아미노산에 반응한다. 이 수용기에 대해서는 거의 알려진 바가 없지만, 아마도 단백질을 함유하고 있는 음식을 고르는 데 중요할 것으로 여겨진다. 맛으로 우리에게 필요한 음식을 선호하게 되는 것처럼 먹지 말아야 할 음식도 마찬가지다. 몹시 신 음식은 상한 것일 수 있고, 쓴 것은 독이 있을 가능성이 높다. 왜 그런지 알 필요도 없고 그것에 대해 거의 생각하지 않더라도, 이는 신경학적 원리에 의해 모르는 사이에 작동하는 것이다.

미각 수용기는 미뢰(taste bud)에 위치하며, 미뢰는 혓바닥에 있는 젖꼭지 모양의 작은 돌기인 유두(papilla) 표면에 있다([그림 6-4] 참조). 미각 신경세포는 시상을 거쳐 도피질(insula)로 가는데, 도피질은 전두엽에 있는 일차 미각피질이다. 한편 미각 신경세포는 중간에 연수에 있는 NST도 거치는데, 이것은 NST가 물 마시기뿐만 아니라 먹는 행동에도 중요함을 알 수 있다. NST는 물 마시기와 관련해서 [그림 6-3]에서 확인할 수 있다. 미각은 기본적인 맛에 대한 정보를 제공하는 것뿐만 아니라 음식 선택에 세 가지 추가적인 방법으로 관여한다. 그 세 가지가 감각-특정적 포만, 학습된 미각 혐오, 학습된 미각 선호 등이다.

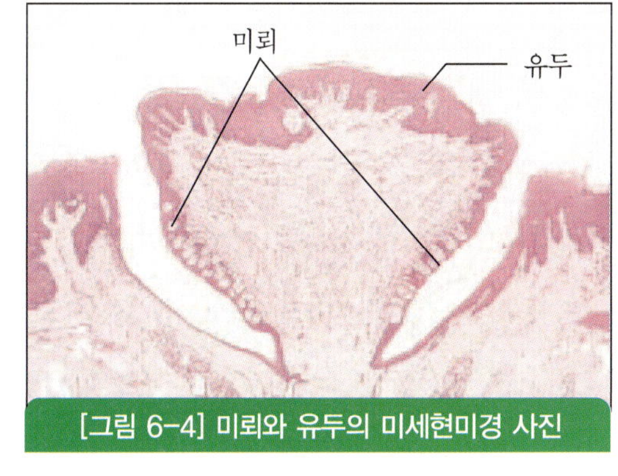

[그림 6-4] 미뢰와 유두의 미세현미경 사진

출처: SIU/Peter Arnold, Inc.

감각-특정적 포만: 선택을 바꾸게 한다

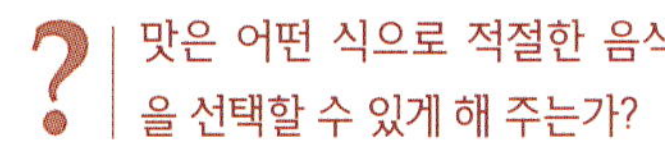

? 맛은 어떤 식으로 적절한 음식을 선택할 수 있게 해 주는가?

저자가 어렸을 때 어느 날 이웃집 아이가 우리 식구와 함께 점심을 먹었는데, 식사 끝에 그 아이는 엄마가 만든 사과 파이를 한 접시 먹었다. 그리곤 또 한 접시를, 또 한 접시를, 세 번째 먹는 도중에 그 아이는 세 번째 것이 처음만큼 맛있지 않다며 얼떨떨해서 말했다. 이러한 현상을 감각-특정적 포만(sensory-specific satiety)이라 한다. 감각-특정적 포만이란 한 가지 음식을 먹으면 먹을수록 맛이 못해지는 것을 뜻한다. 사람은 특정 음식을 다 먹고 나면 그 음식에 대해 덜 좋게 여긴다. 그리고 한 가지 음식 대신 여러 음식을 먹으면 훨씬 더 많이 먹는다(Rolls, Rolls, Rowe, & Sweeney, 1981).

이러한 효과를 하찮게 여길 수 있지만, 실제로는 그렇지 않다. 감각-특정적 포만은 뇌가 우리로 하여금 다양한 음식을 선택하도록 해 주는 방법이고, 균형 잡힌 식생활을 위해서 필수적이다. 1920년대에 Clara Davis(1928)는 갓 젖을 뗀 세 명의 유아를 대상으로 약 20가지의 음식 중에서 먹고 싶은 것을 골라 먹을 수 있게 하고 이를 관찰했다. 유아들은 보통 한 번 먹을 때 2~3가지의 음식만 골라 먹었으며, 약 일주일 동안은 똑같은 음식만을 계속해서 골랐다. 그러고 나서 다음 일주일 동안은 또 다른 2~3가지의 음식만을 골라 먹곤 했다. 유아 스스로가 선택한 식단이 6개월 동안 어떠한 결핍이나 부족도 없이 적절한 것이었다.

감각-특정적 포만은 NST에서 발생한다. 쥐의 혓바닥에 포도당을 조금 떨어뜨리면, NST에서 신경 반응이 유발된다. 그러나 포도당을 먼저 쥐의 혈액에 주입하면, 혓바닥에 떨어뜨린 포도당은 NST에 영향을 덜 미친다(Giza, Scott, & Vanderweele, 1992). 뇌가 자동으로 우리를 동기화해서 새로운 맛이나 다른 영양소를 선택하도록 하는 것이다.

학습된 미각 혐오: 위험한 음식 피하기

질병이나 영양이 없는 음식과 연합된 음식물을 회피하는 학습된 미각 혐오는 쥐의 미끼 기피성(bait shyness)을 연구하다가 발견되었다. 농부들은 쥐약이 든 미끼를 헛간에다 놓아 두면 처음에 몇 마리만 먹고 죽을 뿐 살아남은 쥐들은 금방 그 미끼를 먹지 않는다는 것을 알았는데, 이를 미끼 기피성이라 한다. 쥐는 새로운 먹을거리의 경우 조금만 먹어 보는데, 이 때문에 쥐는 독이 든 음식을 먹고 죽지 않고 아프기만 할 가능성이 많다. 그러면 쥐는 곧 그 음식에 대해 회피하게 된다. 학습된 혐오는 쥐에게 특정 음식을 주고 염화리튬이나 엑스레이 방사선으로 메스껍게 하는 방법으로 실험실에서 연구되는데, 이렇게 하면 쥐는 나중에 그 특정 음식을 먹지 않는다.

학습된 미각 혐오는 야생동물과 원시시대 인간들이 위험한 음식을 피할 수 있도록 도왔다(다음의 〈응용〉 부분을 참고하라). 현대의 인간도 학습된 미각 혐오를 경험한다. 특정 음식에 대해 강한 혐오를 지닌 사람들을 대상으로 연구해 본 결과, 89%가 싫어하는 그 음식을 먹고 아팠던 것을 기억했고, 대부분이 흔히 6~

12세 사이에 일어난 일이었다(Garb & Stunkard, 1974). 하지만 문명화된 사회에서 학습된 혐오는 위험한 음식을 구별하는 데 거의 유용하지 않다. 대신에 음식을 먹고 아픈 경우가 흔히 음식을 냉장고에 넣지 않고 오래 두어서이거나, 공교롭게도 위장염에 걸렸기 때문일 수 있다. 학습된 미각 혐오는 화학치료를 받는 환자에게서 나타나는 식욕 감퇴의 원인 중 하나다. 화학치료를 받기 전에 특정한 맛의 아이스크림을 먹은 아이 중 79%가 나중에 그러한 맛이 나는 아이스크림을 먹으려 하지 않았고, 보통의 아이스크림을 치료 전에 먹었던 아이는 그 특정한 맛에 대해 거부 반응을 보인 경우가 33% 정도였다. 이러한 효과는 4개월 후에도 여전히 강하게 남아 있었다(Bernstein, 1978).

학습된 미각 혐오는 현대인에게는 위험한 음식을 피하는 데 그리 유용한 것 같지 않다. 그러나 영양가가 없는 음식을 구별하는 데에는 도움이 될지도 모르겠다. 쥐는 티아민(thiamine: vitamin B)과 같은 특정한 영양소가 부족한 음식을 먹으면 그 음식에 대해 혐오를 보이기 시작한다. 쥐는 그 음식을 덜 먹거나 쏟아버리는데, 여전히 철사로 된 우리의 벽을 씹어대는 등 배가 고프다는 행동을 보이는데도 그렇게 한다(Rozin, 1967). 그러한 결핍이 보상된 이후에도 쥐들은 이전에 영양소가 결여되었던 음식을 먹기보단 차라리 굶기를 선호한다. 이러한 기능을 한다 하더라도 영양소가 결여된 음식에 대한 혐오는 영양가가 높은 음식을 고르는 행동에 있어 첫 단계에 불과하다.

학습된 미각 선호: 영양가 높은 음식 고르기

쥐 그리고 아마도 사람도 소금, 설탕, 지방 등을 맛으로 직접 구별할 수 있을 것이지만(Beck & Galef, 1989), 다른 필수 영양소가 함유된 음식을 구별하는 것은 배워야만 한다. 이것은 학습된 미각 선호가 생성되어야 함을 의미하는데, 이러한 선호는 특정 영양소 자체에 대한 선호가 아니라, 그 영양소를 함유하고 있는 음식의 맛에 대한 선호다. 초기 연구에서 쥐들은 티아민, 리보플라빈(riboflavin), 피리독신(pyridoxine)과 같은 세 가지 비타민 중 하나가 부족한 음식을 먹었는데, 나중에 부족했던 그 비타민을 풍부하게 함유하고 있는 음식을 선호하는 것을 관찰했다. 선호하게 된 음식이 지닌 특정한 맛은 감초와 비슷한 맛이 나는 아니스(anise)라는 향료의 맛이었는데, 아니스 향료를 비타민이 부족한 음식에다 첨가하니 쥐들이 그 음식을 먹게 되었다(Scott & Verney, 1947). 아마도 동물들은 맛을 선호하는 걸 배우는 것 같다. 왜냐하면 동물들의 몸을 더 좋게 하는 것은 영양소이기 때문이다. 영양소가 고르지 못한 음식을 먹은 쥐는 한 번에 한 가지씩 간격을 두고 음식을 먹고 부족한 특정 영양소가 보충되는 시간을 둠으로써 어떤 음식이 그들에게 유익한지 학습하는 것을 효율적이게 한다(Rozin,

응용 학습된 미각 혐오를 이용한 포식 동물 통제

출처: Janet Haas/Rainbow.

학습된 미각 혐오는 포식 동물을 통제하는 것과 같은 생각지 못한 상황에 실용화할 수 있다. 늑대나 코요테가 양을 잡아먹지 못하도록 하기 위해 몰살시키는 것보다 새롭고 잔혹하지 않은 방법인데, Gustavson과 동료들은 생포한 포식 동물에게 염화리튬이 처리된 죽은 양을 먹이로 주었다(사진 참조). 늑대나 코요테는 이것을 먹고 아프게 되었고, 나중에 양을 우리에 넣어 주어도 잡아먹기는커녕 도리어 피했다. 그중 코요테 한 마리는 양 냄새만 나도 도망갔으며, 늑대 두 마리는 그들을 좇아다니는 양을 피해 도망 다녔다(Gustavson, Garcia, Hankins, & Rusiniak, 1974; Gustavson, Kelly, Sweeney, & Garcia, 1976). 한편 썩은 미끼 조각을 양 우리 근처에 두었더니, 코요테가 양을 잡아먹는 경우가 예전에 비해 60%나 줄어드는 것을 관찰했다.

1969). 앞서 Davis가 관찰한 유아들의 음식 선택 행동과 어떻게도 닮았는지 놀랄 일이다.

사람의 경우에 이러한 능력을 얼마나 이용하는지는 분명하지 않지만, 흔히 건강에 좋은 음식보다 해로운 음식을 선택할 때가 분명히 있다. 이것은 좋은 음식을 선택할 수 있는 능력이 부족해서 자연에는 존재하지 않는 맛 좋고 고칼로리의 먹을 것에 유혹된 것이 아니다. 쥐도 계피나 코코아 향이 나는 음식이 있으면 자기에게 더 좋은 먹이를 선택하는 데 곤란을 겪는다(Beck & Galef, 1989). 한편 사람이 먹는 인스턴트 음식이나 패스트푸드를 먹이면 쥐도 비만이 된다(Rolls, Rowe, & Turner, 1980). 우리 몸이 지니고 있는 지혜가 감자 튀김이나 아이스크림 등의 유혹을 만나면 무능한가 보다.

소화 그리고 대사의 두 단계

이제는 항상성과 추동을 온도 조절 장치에 비유했던 것이 소화와 관련해서는 부적절하다는 것을 말해야겠다. 온도를 일정하게 유지하기 위해서는 온도 조절 장치가 난로를 수시로 껐다 켰다만 해 주면 된다. 어떤 유의 동물들은 난방 장치처럼 작동해서 몸이 필요로 하는 영양소를 일정하게 공급하기 위해 수시로 먹어야 하지만, 사람은 그렇지 않다. 우리는 몇 끼의 식사를 하고, 그 사이에는 음식을 먹지 않는다. 이렇게 함으로써 우리는 우리의 시간을 다른 일에 사용할 수 있다. 하지만 이럴 경우에는 영양분을 저장했다가 먹지 않는 동안에는 저장된 영양분을 필요에 따라 할당할 수 있고, 또 저장량을 지속적으로 측정해서 다음에는 얼마나, 언제 먹을지를 결정하는 복잡한 시스템이 필요하다.

소화 과정

소화는 입에서부터 시작되는데, 음식은 잘게 부수어지고 침과 섞인다. 침은 음식을 매끄럽게 하며 분해를 시작하는 효소를 지니고 있다. 소화는 위장에서 계속 진행되는데, 음식은 염산과 펩신(pepsin)으로 구성된 소화액과 섞인다. 그러고 나서 일부 소화된 음식은 조금씩 위장에서 소장으로 보내지고, 이젠 소장이 그 역할을 하게 된다([그림 6-5]는 소화계를 구성하는 소화기관들을 보여 준다).

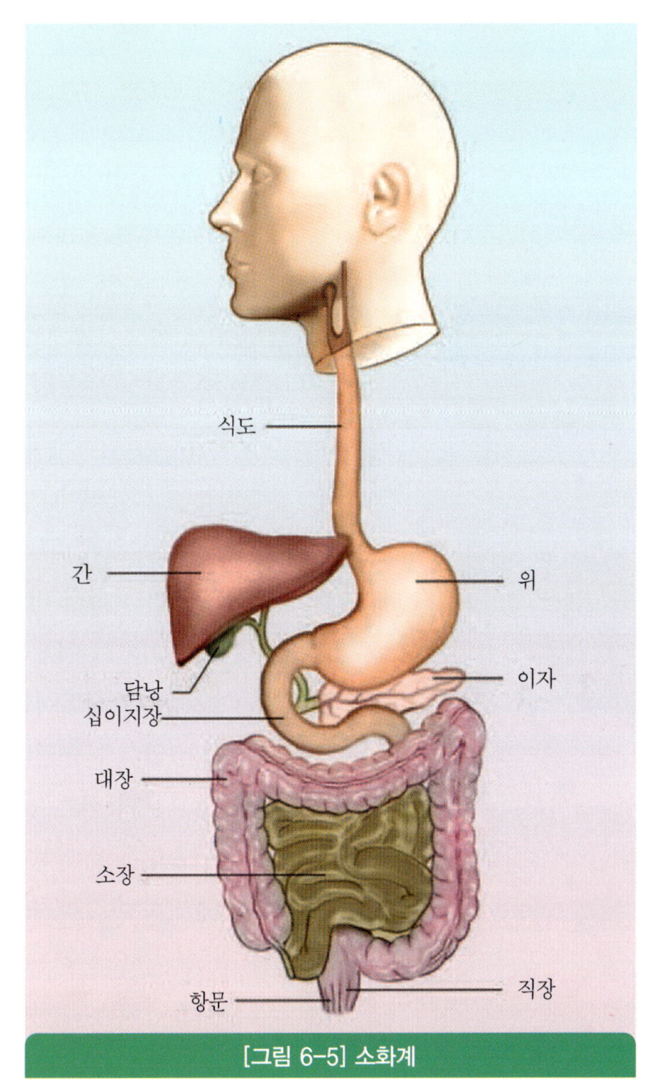

[그림 6-5] 소화계

위장에서 맛을 통해 걸러 내지 못한 유해한 음식이나 변한 음식을 한 번 더 가려 내는데, 그러한 음식이 위벽을 어느 정도 자극하면 위는 거기에 반응해서 음식을 게워 낸다. 어떤 독소는 위를 자극하지 않고 혈액으로 흡수되기도 하는데, 그런 일이 일어나면 뇌가 이러한 문제를 해결한다. 최후야(area postrema)라고 부르는 부위는 뇌에서 혈뇌장벽이 없는 곳 중 하나인데, 혈액 내의 독소가 이 부위를 자극하면 구토가 일어난다. 그 효과는 놀랄 정도로 확실하기도 한데, 내뿜어져 나오는 구토는 대개 몸에 아주 해로운 뭔가가 있었다는 증거다. 한편 대학생들 사이에 이러한 적응적인 반응을 갖고 'boot tag'라 부르는 술 마시기 게임을 한다. 어떻게 하는지 자세한 것은 상상에 맡기겠다.

소화는 주로 소장에서 되는데, 특히 십이지장이라 불리는 소장의 처음 25cm 부위에서 된다. 음식은 우리 몸이 이용할 수 있는 형태로 분해된다. 탄수화물은 단당의 형태로, 특히 포도당으로, 단백질은 아미노산으로 바뀐다. 지방은 장이나 간에서 지방산과 글리세롤 형태로 바뀐다. 이렇게 소화된 것은 장벽을 통해 흡수되어 혈액으로 옮겨지고 간문맥(hepatic portal vein)을 통해 간으로 운반된다. 소화가 되려면 음식이 반액체 상태로 되어야 하는데, 필요 이상으로 수분이 몸 밖으로 빠져 나가는 것을 막기 위해 대장이 적당량의 수분을 흡수한다. 이것이 대장이 하는 주된 업무다.

이러한 모든 과정은 자율신경계의 지배하에 이루어지는데, 잘 알다시피 그래서 소화가 스트레스나 흥분 등에 의해 영향을 받는 것이다. 위에서 너무 많은 위산이 분비되면 학교에서 시험을 칠 때 속이 쓰릴 것이고, 음식이 소화계를 너무 천천히 통과하면 변비에 걸릴 것이다. 반대로 너무 빨리 통과해서 정상적으로 물이 재흡수되지 않으면 시험 보는 중간에 화장실로 뛰쳐 나가야 할 것이다. 설사를 하면 몸으로부터 수분을 빼앗기므로, 탈수증을 막기 위해 평소보다 더 많은 물을 마셔야 할지도 모른다. 설사를 하면 우리 몸의 세포와 뉴런에 필요한 이온을 지니고 있는 전해물질도 빠져나가므로, 의사들이 물 대신에 이온 음료인 스포츠 드링크를 권하곤 하는 이유가 여기에 있다.

흡수기

? 흡수기와 단식기 동안에 무슨 일이 일어나는가?

순환적으로 반복되는 음식 섭취는 흡수기와 단식기, 두 단계로 나뉜다. 식사 후 몇 시간 동안 우리 몸은 소화계에서 흡수된 영양분으로 살아간다. 이러한 기간을 흡수기(absorptive phase)라고 한다. 음식을 먹고 나면 우리 몸의 주된 에너지원인 포도당의 혈중 농도가 높아진다. 높아진 포도당의 농도가 뇌에서 감지되면, 뇌는 자율신경계를 교감신경계가 주로 활발하던 상태에서 부교감신경계가 주로 활동하는 상태로 전환시킨다. 그 결과로 이자가 인슐린을 분비하기 시작한다. 인슐린은 우리 몸의 세포가 포도당을 흡수해서 에너지로 사용하거나 저장하게 하는 호르몬이다. 실제로는 조건화로 인해 음식을 보거나 냄새만 맡아도 인슐린과 더 많은 침 그리고 위장으로 소화액들이 분비되기 시작한다. 이와 관련해서 유인가 이론을 기억하기 바란다.

신경계 이외의 세포들에는 인슐린에 반응하는 수용기가 있는데, 이 수용기들은 수송체를 활성화시켜 포도당을 세포 내로 운반한다. 신경계 세포에는 이러한 수용기가 없이 인슐린이 부족하면 포도당 수송체가 직접 반응해서 작동한다. 이렇게 함으로써 뇌가 최우선적으로 포도당을 사용할 수 있게 된다. 당뇨병은 이자가 인슐린을 충분히 만들어 내지 못해서 생기는 Type 1 당뇨병이 있고, 우리 몸의 조직이 인슐린에 잘 반응하지 못해서 생기는 Type 2 당뇨병이 있다. 당뇨병 환자의 경우 음식을 먹으면 혈중 포도당 수준은 높아지지만 체세포들이 포도당을 사용하지 못해 늘 배가 고프게 된다.

흡수기 동안에는 이후의 단식기에 대비해서 영양소 중 일부를 저장하느라 우리 몸이 바쁘다. 포도당 중 일부는 글리코겐(glycogen)으로 바뀌어 간과 근육에 짧은 기간 동안 저장된다. 남는 포도당은 모두 지방으로 바뀌어 지방 조직이라고 알고 있는 지방 세포에 저장된다. 소화계에서 흡수된 지방이 곧장 세포에 도달하고 또한 저장되는 것이다. 포도당과 지방의 저장 둘 다는 인슐린에 의해 통제된다. 소량의 아미노산이 몸에 필요한 단백질과 펩티드를 만드는 데 사용되고, 나머지는 지방으로 전환되어 저장된다.

단식기

종국에는 혈중 포도당의 수준은 떨어지게 마련인데, 그렇게 되면 이제 우리 몸은 저장된 에너지에 의지하게 된다. 이러한 기간을 단식기(fasting period)라고 한다. 이제 자율신경계는 다시 교감신경계의 활성화 쪽으로 기우는데, 이자는 인슐린 분비를 중지하고 글루카곤(glucagon)이라는 호르몬을 분비하기 시작한다. 이 호르몬은 간이 저장된 글리코겐을 다시 포도당으로 되돌린다. 이제는 인슐린 수준이 낮기 때문에 포도당은 신경계에만 가용하게 된다. 따라서 몸에 필요한 추가분의 포도당을 조달하기 위해 글루카곤이 저장된 지방을 분해해서 지방산과 글리세롤이 되게 한다. 지방산은 근육과 기관에서 사용되는 한편, 글리세롤은 간에서 더 많은 포도당으로 바뀌어 뇌에서 사용된다. 기아 상태에서는 근육을 구성하는 단백질이 아미노산으로 분해되고, 분해된 아미노산은 간에서 포도당으로 전환된다. 이들 두 대사 단계가 [그림 6-6]에 요약되어 있다.

먹기와 굶기가 번갈아 일어나고 그에 따른 대사 단계가 바뀌는 것의 대부분은 시상하부에 위치하는 두 부위에 의해 조화롭게 통제된다. 외측 시상하부(lateral hypothalamus)는 먹기를 시작하게 하고, 대사 반응뿐만 아니라 음식 섭취 행동의 여러 측면을 통제한다. 이 부위는 뇌간 부위와의 신경 연결을 통해 씹기와 넘기기를, 그리고 침과 위산 분비, 인슐린 생산은 연수와 척수에 있는 자율신경계 통로와의 연결을 통해, 보행과 음식을 찾을 가능성을 높이는 피질 각성 등을 통제한다(Currie & Coscina, 1996; Saper,

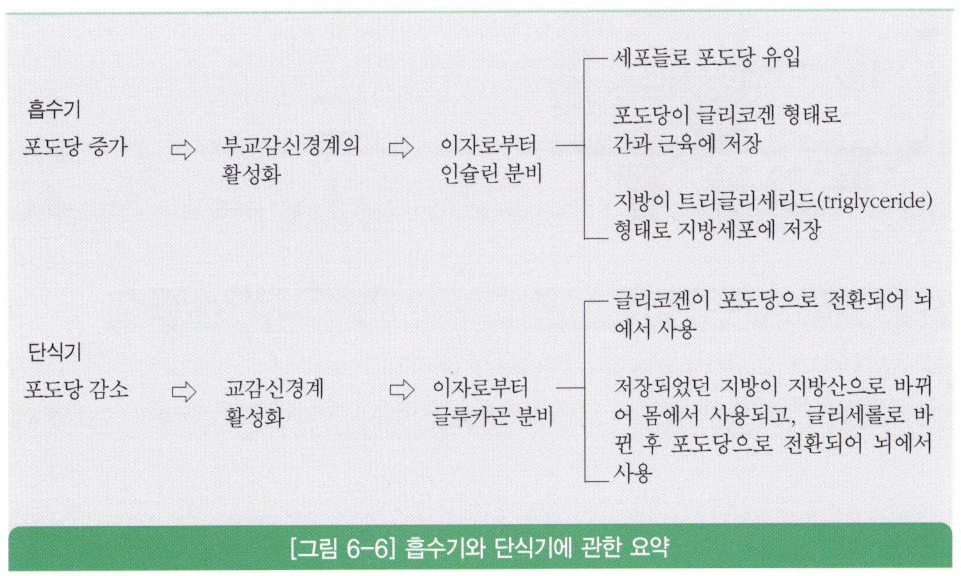

[그림 6-6] 흡수기와 단식기에 관한 요약

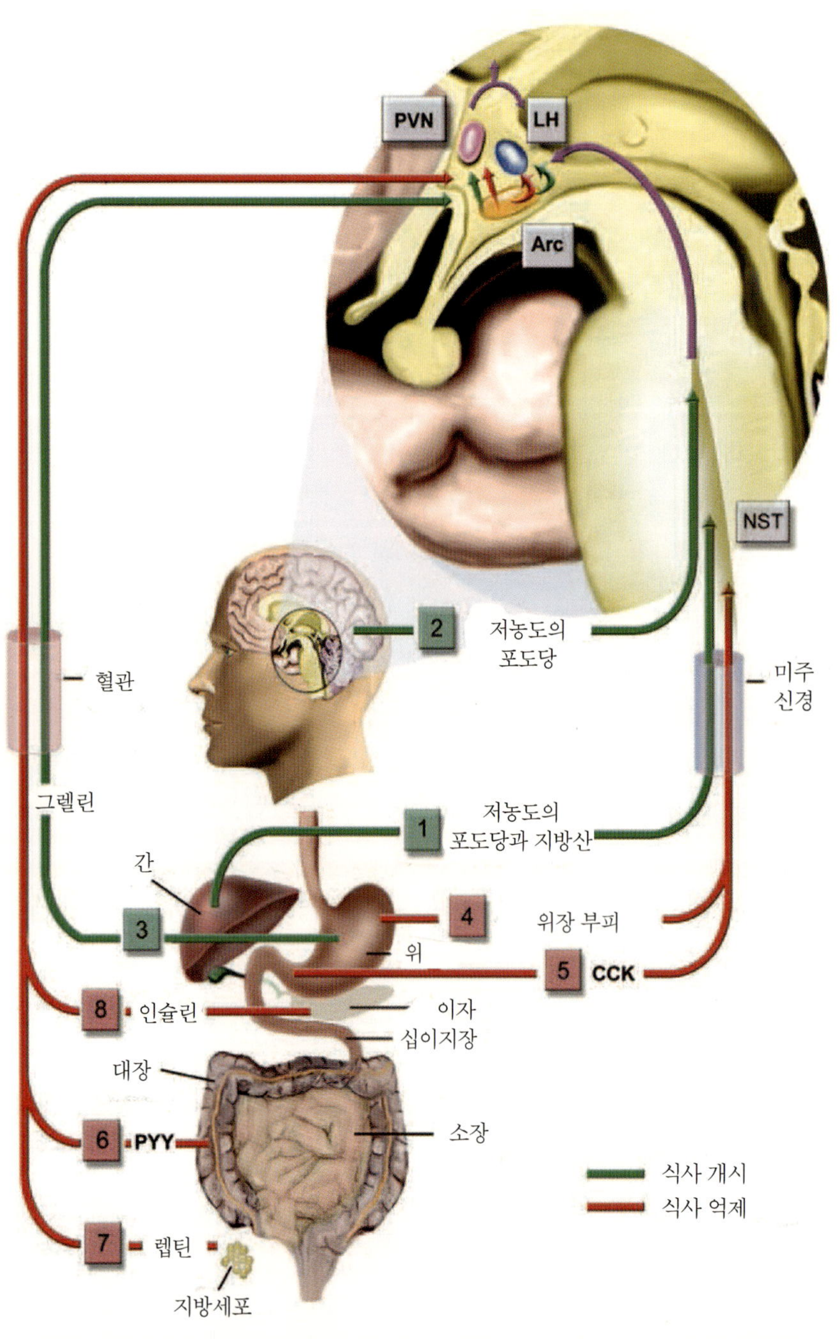

[그림 6-7] 배고픔을 통제하는 신호와 뇌 중추

출처: NOTE: PVN = paraventricular nucleus; LH = lateral hypothalamus; Arc = arcuate nucleus; NST = nucleus of the soitary tract.

Chou, & Elmquist, 2002; Willie, Chemelli, Sinton, & Yanagisawa, 2001). 실방핵(paraventricular nucleus: PVN)은 외측 시상하부보다는 덜 효과적이지만 먹기를 시작하게 하고, 체온, 지방 축적, 세포 대사와 같은 대사 과정을 조절한다(Broberger & Hökfelt, 2001; Sawchenko, 1998). [그림 6-7]에서 이들 구조물이 뇌에서 어디에 위치하는지 볼 수 있다. [그림 6-7]은 앞으로 논의에서 계속 참조될 것이다.

몸에 저장된 것을 사용하기 시작한 후 몇 시간이 지나면, 줄어든 영양분의 수준이 뇌에 신호를 보내어 다시 먹어야 할 시간임을 알려 준다. 하지만 그 전에 벌써 우리는 뇌 중추에서 보낸 신호보다는 시각을 보고 점심을 먹으러 가고 있는 중일 것이다. 매우 조직화된 현대 사회에서는 생리적인 동기가 사회적인 관습들과 합쳐져서 각각의 영향이 어디서 시작되고 끝나는지 구분하기가 어렵다. "무엇이 사람들로 하여금 먹게 하는가?" "사람들은 그만 먹어야 할 때를 어떻게 아는가?" "사람들은 어떻게 체중을 조절하는가?" 등과 같은 질문에 대한 답을 연구를 통해 알아볼 것이다. 질문에 대한 답을 간략하게 요약했지만, 그 내용이 간단하지 않다.

식사를 시작하게 하는 신호

? 어떤 자극이 먹기를 시작하게 만드는가?

학생들에게 배고프다는 것이 무엇을 의미하는지 물어보면, 가장 많은 대답이 위가 비어 있는 느낌이라고 답한다. 우리는 배가 고플 때 흔히 위가 비어 있다고 느끼지만, 위를 채우기 위해 먹는 것은 아니다. 위는 배고프다는 것을 느끼는 데 필수적인 것이 아니다. 암으로 인해 위를 제거한 사람도 여전히 배고프다는 것을 느끼고, 비록 식사량은 적어야겠지만 여전히 다른 사람들만큼 먹는다(Ingelfinger, 1944). 그렇다면 도대체 무엇이 우리로 하여금 배고프다고 느끼게 하는가?

배고픔을 알리는 주된 신호에는 세 가지가 있다. 하나는 포도당의 공급이 줄어든 것을 뇌에 알리는 것(glucoprivic hunger)이고, 두 번째는 지방산의 부족을 알리는 신호(lipoprivic hunger)다. 간은 소장에서 흡수되어 간문맥을 통해 지나가는 혈중 포도당 수준과 지방산을 모니터한다([그림 6-7] 참조). 토끼의 간문맥에다 2-deoxyglucose(2-DG)를 주입해 봄으로써 혈중 포도당 수준이 모니터되고 있다는 것을 확인해 보았다(Novin, VanderWeele, & Rezek, 1973). 제4장에서 보았듯이, 2-DG는 포도당과 유사해서 세포에 흡수되어 포도당을 대신한다. 그러나 에너지를 만들진 못하기 때문에 포도당 결핍이 일어난다. 2-DG를 주입 받은 토끼는 10분 안에 먹기 시작했으며, 식염수를 주입받은 토끼보다 3배 더 먹었다. 지방산의 대사를 차단하는 화합물인 mercaptoacetate 또한 먹는 양을 증가시킨다(S. Ritter & Taylor, 1990). mercaptoacetate를 간문맥에 주입하면 뇌에다 신호를 보내는 미주신경의 활동이 증가한다.

[그림 6-7]의 1에서 볼 수 있듯이, 포도당과 지방산의 부족을 알리는 신호는 미주신경을 통해 간에서 연수의 NST로 전해진다. NST가 손상되거나 미주신경이 절단되면, 포도당이나 지방산이 부족해져도 더 이상 음식 섭취에 영향을 못준다(S. Ritter & Taylor, 1990). 이러한 경우에도 2-DG를 주입하면 3시간 후 즈음 섭식 행동이 증가하는데(Novin et al., 1973), 이는 뇌 자체가 제4뇌실 부근에 포도당 수용기를 지니고 있기 때문이다(R. C. Ritter, Slusser, & Stone, 1981). 이러한 사실은 연수가 뇌를 제외한 다른 신체 부위의 영양소 수준은 미주신경을 통해서 확인하며, 뇌에 공급되는 포도당은 직접 모니터한다는 것을 시사한다([그림 6-7]의 2).

하지만 에너지 시스템의 주된 조절자 역할을 하는 것은 시상하부다. 포도당과 지방산의 수준에 대한 정보는 NST에서 시상하부에 있는 궁상핵(arcuate nucleus)으로 전해지는데, 궁상핵은 우리 몸의 영양소 상태를 모니터하는 매우 중요한 부위다([그림 6-2], [그림 6-7], [그림 6-8]; Saper et al., 2002; Sawchenko, 1998). 궁상핵은 PVN과 외측 시상하부로 축색을 내보내고, 거기서 두 종류의 신

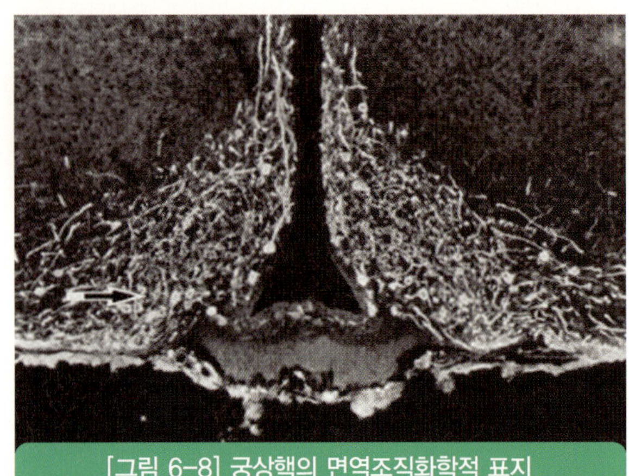

[그림 6-8] 궁상핵의 면역조직화학적 표지

궁상핵의 NPY 분비세포들은 PVN과 외측 시상하부로 축색을 내보내는 한편, 섭식 행동을 억제하는 궁상핵 내 다른 세포들을 억제하기도 한다. 발광성 항원이 NPY 수용기와 결합해서 사진에서처럼 흰색으로 나타나는데, 이 덕분에 궁상핵의 형태를 확인할 수 있다. 양쪽 궁상핵 사이의 검은 부분은 제3뇌실이다.

출처: Figure 1 of "Hypothalamic and Vagal Neuropeptide Circuitries Regulating Food Intake," by C. Broberger & T. Hokfelt, 2001, *Physiology and Behavior, 74*, p. 670.

경전달물질을 분비해서 섭식 행동을 촉진하고 대사를 조절한다. 이들 신경전달물질 중의 하나인 신경펩티드 Y(NPY)는 섭식 행동을 극적으로 증가시키는 반면 대사를 감소시킨다(Horvath & Diano, 2004).

쥐를 대상으로 실방핵(PVN)에 NPY를 주입하면, 섭식 행동이 2배나 빈번하게 나타나고 체중 증가율은 6배나 빨라진다(B. G. Stanley, Kyrkouli, Lampert, & Leibowitz, 1986). 음식에 대한 욕구가 너무 강해져서 혀에 전기 충격이 가해져도 참고 먹이를 먹어 댄다. 퀴닌이라는 쓴 물질을 우유에 섞어놔도 잘 마신다(Flood & Morley, 1991). 먹이 섭취보다 체중 증가율이 3배 더 큰 것은 NPY가 먹고자 하는 욕구는 증가시키는 반면 대사는 감소시킨다는 것을 시사한다. 계속해서 음식을 먹지 못하면 종국에는 NPY가 체온을 떨어뜨리거나(Billington & Levine, 1992) 성적 욕구를 억제(J. T. Clark, Kalra, & Kalra, 1985)해서 좀 더 에너지가 보존되게 한다. 생각해 보면 성행위가 먹이를 비축해야 하는 경우에는 특히 불필요할 수 있다. 왜냐하면 성행위 자체가 에너지를 소모하며 새끼를 낳으면 부족한 먹이를 두고 경쟁해야 하기 때문이다. NPY 분비세포에서 분비되는 두 번째 신경전달물질은 아구티(agouti)라는 유전자와 관련된 단백질인데, 이것에 관해서는 〈뉴스에서〉에 소개되어 있다.

섭식행동을 일으키는 세 번째 물질은 그렐린(ghrelin)이라는 펩티드로, 위장에서 만들어져서 음식을 먹지 않는 동안에 분비된다. 쥐를 대상으로 그렐린을 뇌실에 주입하면 더 많이 먹게 되고 식염수를 주입한 경우와 비교해서 4배나 더 빨리 체중이 늘어난다(Kamegai et al., 2001). 사람의 경우 혈중 그렐린의 수준이 식사 전에는 약 80% 증가하지만, 먹고 나면 급격하게 떨어진다([그림 6-9]; Cummings et al., 2001). 그렐린은 크리스토퍼의 경우와 같은 통제 불가능한 식욕을 일으키는 원인일 수도 있는데, 프레리-윌리 증후군(Prader-Willi syndrome)을 지닌 경우 마른 사람에 비해 그렐린의 수준이 2.5배, 비슷하게 뚱뚱한 사람에 비해선 4.5배 더 높다(Cummings et al., 2002). 비교집단이 된 뚱뚱한 사람의 경우엔 그렐린의 수준이 감소되어 있다. 면역세포화학적 표지를 통해 그렐린이 궁상핵에 있는 NPY 분비세포를 자극해 NPY의 분비를 증가시킨다는 것을 알 수 있었다([그림 6-7]의 3; Kamegai et al., 2001). 혈액을 통해 그렐린이 궁상핵에 다다르는데, 이는 그렐린이 혈뇌장벽을 쉽게 통과할 수 있기 때문이다(Broberger & Hökfelt, 2001; Sawchenko, 1998).

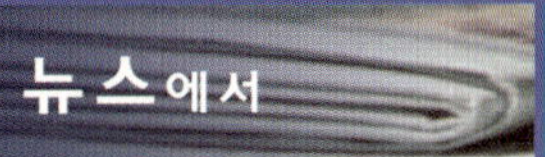

뉴스에서 당신 엄마의 식습관이 당신이다

누구나 '자신이 먹는 것이 곧 자신이다.' 라는 말을 이해할 수 있을 것이다. 그런데 당신을 임신한 동안 엄마의 식습관이 당신에게 영향을 줄 수도 있다면 꽤 놀랄 것이다. 이러한 생각에 대한 관심이 듀크대학 의료센터의 Randy Jirtle의 연구로 증가했다. 그는 임신한 생쥐에게 엽산(folic acid), 비타민 B_{12}, 그 외 일반적인 두 종류의 영양소를 먹였는데, 임신한 쥐들은 아구티라는 유전자상에 돌연변이를 지닌 특별한 생쥐들로, 이러한 돌연변이로 인해 노란색 털을 지녔다. 이와 같은 영양소 공급은 이들에게서 태어난 새끼들의 털 색깔을 보다 정상에 가깝게 만들었는데, 이외에도 관심을 더욱 끌 만한 뭔가가 있었다. 돌연변이를 지닌 생쥐는 대개 아주 심한 비만이 되었는데, 이것은 아구티 유전자가 식욕을 촉진하는 신경전달물질인 아구티 유전자 관련 단백질의 생성을 결정하기 때문이다(Broberger & Hökfelt, 2001). 하지만 이와 같은 영양소를 섭취한 어미에게서 태어난 새끼들은 비만이 되는 경우가 덜했고, 당뇨병에 걸릴 확률도 낮았다. 아구티 유전자는 털 색깔 이외에도 식욕과 대사를 촉진하는 신경전달물질을 통제하는데, 이 신경전달물질은 궁상핵에 있는 NPY 분비세포에서 NPY와 함께 분비된다. 털 색깔과 이 전달물질은 어미의 특별한 식습관이 새끼의 유전자 기능을 방해할 수 있다는 증거가 된다.

출처: Courtesy of Duke University Medical Center.

연구자들은 이러한 결과를 어떻게 설명할까? 연구자들이 선택한 식품 보조 영양소들은 메틸기라고 부르는 분자를 공급해 주는 것이다. 메틸기는 메틸화 반응 과정 중에 유전자에 들러붙어 유전자 발현을 막아 버린다. 메틸화 반응은 바이러스 감염, 특정 약물, 심각한 기아 등과 같은 다양한 요인에 의해서 일어날 수 있다. 특별한 영양소를 섭취한 어미의 새끼들을 살펴본 결과, 그들의 아구티 유전자가 메틸화 반응 처리되었다는 것을 확인할 수 있었고, 이것은 처음으로 식습관의 변화와 같은 미묘한 영향들로 인해 메틸화 반응이 일어날 수 있다는 것을 증명했다.

메틸화 반응은 DNA를 변화시키지는 않지만, 그 영향이 후성적 유전(epigenetic inheritance)이라는 과정에 의해 후대로 전달될 수 있다는 것을 보여 주는 증거가 있다. 후성적 영향에 대해선 의견이 분분한데, 어떤 경우에는 가능하다고 알려져 있다. 예를 들면, 제2차 세계대전 중 허기를 겪은 네덜란드 여인들이 체중 미달 아이들을 낳았고, 그 아이들이 살면서 거의 정상적인 식사를 했음에도 불구하고 나중에 체중 미달의 아이를 낳았다는 것이다. Jirtle는 후성적 유전이 자폐와 천식의 발생률을 증가시키는 원인일 수 있다고 말했다. 사실 최근 연구에서 천식의 발병률이 할머니 대에서 임신 중에 담배를 피운 경우, 그 자녀가 담배를 피우지 않더라도 손자 대에서 거의 2배가량 높게 나타났다(Li, Langholz, Salam, & Gilliland, 2005).

Jirtle이 발견한 결과에 대한 설명이 어떻든, 그의 발견은 임신부는 두 사람을 위해서 먹는다는 말에 완전히 새로운 의미를 부여했다. 반면에 장기간의 식품 보조제 사용이 어떤 영향을 미칠지 모르는 상태에서, 식품 보조제 사용을 권장한다는 것은 또 다른 우려를 낳는다.

출처: "You Are What Your Mother Ate," by Philip Cohen, 2003, *New Scientist*, August 9, p. 14.

식사를 마치게 하는 신호

물 마시기에서와 마찬가지로 영양분이 신체 조직에 도달하기 전에 식사를 마치게 하는 포만 기제가 존재한다. 배가 부르다고 느낄 때 그만 먹는 것이 당연해 보이고 또 일부 맞는 대답이기도 하다. 필립스와 포올리(R. J. Phillips & Powley, 1996)는 쥐를 대상으로 위장과 장이 연결되는 부위에 차단 장치를 설치하고, 위로 포도당을 주입하면 쥐가 먹는 양이 줄어든다는 것을 관찰했다. 한편 식염수를 주입하더라도 포도당과 마찬가지 결과를 낳았는데, 이것은 위장에서는 영양가가 아니라 양이 중요하다는 것을 의미하는 것이다. 위장이 차면 위가 늘어나는 것을 감지하는 수용기가 활성화되고, 이 신호는 미주신경을 타고 NST로 전달된다([그림 6-7]의 4; Broberger & Hokfelt, 2001; B. R. Olson et al., 1993).

? 어떤 자극이 그만 먹게 만드는가?

그러나 배만 가득 찬다고 해서 그 자체로 포만감을 느낄 수 있는 것은 아니다. 만약 그렇다면 물만 마셔도 포만감을 느낄 수 있을 것이다. 사람을 포함한 동물은 음식의 영양가에 따라 먹는 양을 조절할 수 있는데, 여기에 입과 경험으로 인한 학습이 작지만 영향을 미친다. 고칼로리의 죽을 위로 주입할 때보다는 입으로 마실 때 허기를 훨씬 더 줄여 준다. 입으로 먹는다 하더라도 저칼로리보다는 고칼로리의 음식이 더 포만감을 느끼게 한다(S. E. French & Cecil, 2001).

최상의 포만감은 입, 위, 장들의 상호작용으로 생겨난다. 필립스와 포올리가 차단 장치를 열어 위에 있는 음식이 장으로 흘러들어 갈 수 있게 했을 때, 음식이 지닌 영양분의 차이가 상이한 효과를 낳았다. 포도당의 경우엔 식염수보다 이후에 먹는 양을 더 많이 줄였고, 포도당의 농도가 높으면 그 효과가 더 크게 나타났다([그림 6-10] 참조). 위와 장은 음식에 반응해서 펩티드를 분비하고, 이 펩티드를 통해 뇌가 영양소에 대한 모니터링을 하게 된다. 약 12가지의 펩티드가 이러한 기능을 하는데, 탄수화물, 지방, 단백질 또는 이들 영양소의 혼합에 반응해서 각기 다른 펩티드들이 분비된다. 이들 펩티드는 이자, 간, 담낭 등이 각각의 영양소

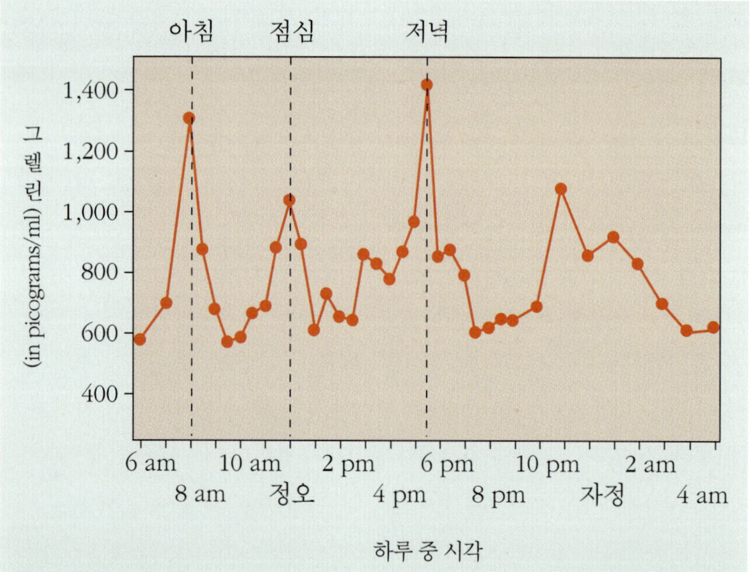
아침
점심
저녁
1,400
1,200
1,000
800
600
400
그렐린 (in picograms/ml)
6 am
8 am
10 am
정오
2 pm
4 pm
6 pm
8 pm
10 pm
자정
2 am
4 am
하루 중 시각

[그림 6-9] 24시간 동안 인체의 그렐린 수준

그렐린 수준이 평소 식사 시각 직전에 증가하기 시작해서, 식사 시각이 되었을 때 가장 높았다.

출처: D.E. Cummings et al., "A preprandial rise in plasma ghrelin levels suggests a role in meal initiation in humans," *Diabetes, 50,* (2001), p. 1716, fig. 2A. © 2001 American Diabetes Association. Reprinted with permission from the American Diabetes Association.

를 소화시킬 수 있는 해당 효소들을 십이지장으로 분비케 한다. 한편, 이들 펩티드 중 일부는 미주신경이나 혈류를 통해 뇌에 신호를 보내어 필요한 영양소 중 어느 영양소가 채워졌는지를 알려 준다(S. C. Woods, 2004).

이러한 포만 관련 신호 중 가장 잘 알려진 것이 콜레키스토키닌(cholecystokinin: CCK)인데, 이것은 십이지장으로 음식이 통과할 때 분비되는 펩티드 호르몬이다. CCK는 지방을 감지해서 담낭으로 하여금 십이지장으로 쓸개즙을 분비케 하고, 쓸개즙은 지방을 분해해서 흡수될 수 있게 해 준다. 사비에르 피-수니에르(Xavier Pi-Sunyer)는 CCK를 비만인의 혈액에 주사하고, 이로 인해 다음 식사량이 줄어드는 것을 관찰했다(Pi-Sunyer, Kissileff, Thornton, & Smith, 1982). CCK는 미주신경의 수용기를 자극하고, 미주신경은 그 신호를 NST로, 그 다음엔 NST에서 시상하부로 전해진다([그림 6-7]의 5; S. C. Woods, 2004).

하지만 CCK가 체중 감량제로 시판될 것이라고는 기대할 수 없는데, CCK를 며칠에 걸쳐 쥐에게 주사하면 먹는 양은 줄어들지만, 더 자주 먹어서 체중이 그대로 유지된다(West, Fey, & Woods, 1984). 이러한 사실은 식사량을 결정하는 단기적인 통제 외에도 음식 섭취에 영향을 주는 부가적인 기제가 있음을 의미한다. 다음으로 음식 섭취에 영향을 주는 장기적인 통제에 관해 알아보자.

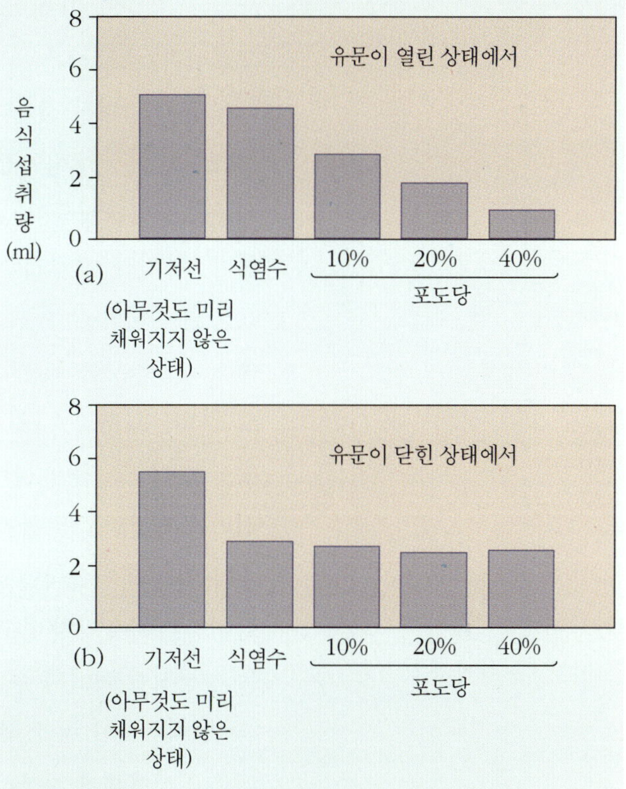

[그림 6-10] 영양분의 농도가 이후 식사량에 미치는 영향

기저선을 제외한 모든 시행에서, 위를 먼저 5ml의 식염수나 포도당 용액으로 채우고 난 뒤 포도당 용액을 마실 수 있게 했다. 위와 소장 사이의 유문(pylorus)에 차단 장치를 설치했다. (a) 유문이 열린 상태에서 마신 양은 영양가가 높을수록 줄어들었다. (b) 유문이 닫힌 상태에선 영양가의 차이는 아무런 영향이 없었다.

출처: Adapted with permission from R. J. Phillips & T. L. Powley, "Gastric Volume Rather Than Nutrient Content Inhibits Food Intake," *American Journal of Physiology, 271*, pp. R766-R799. © 1996 American Physiological Society. Used with permission.

장기적인 통제

또 다른 식욕 억제 펩티드 호르몬으로는 음식물에 반응해서 장에서 분비되는 펩티드 YY_{3-36}(PYY)라는 것이 있다. PYY는 혈액을 통해 궁상핵으로 가서, 궁상핵에 있는 NPY 분비세포를 억제한다([그림 6-7]의 6, Batterham et al., 2002). CCK와는 달리 PYY의 경우엔 뉴런을 통해 신호가 뇌까지 전해지는 것이 아니므로, PYY의 효과가 작용해서 지금 당장 먹고 있는 식사량을 통제하기에는 너무 느리다. 대신에 이후 12시간에 걸쳐 칼로리 섭취를 약 1/3가량 줄이게 해 준다. 그래서 이 호르몬은 비만 방지 약물로 신중하게 고려되고 있는 중인데, 나중에 이에 관해 살펴볼 것이다.

12시간 이상의 장기간에 걸친 섭식 행동 조절에 있어서 사람과 동물은 자신의 체중을 모니터링해서, 더 정확하게 말해서 체지방을 모니터링해서 먹기를 조절한다. 하지만 어떻게 체지방의 수준을 감지하는지는 늘 분명하지 않았었다. 1952년에 허비(G. R. Hervey)가 두 마리의 쥐를 수술로 붙여서는 매우 소량의 혈액을 공유하도록 했는데, 이와 같이 결합된 동물을 부생체(副生體; parabiotic)라고 한다. 그러고 나서 그는 그중 한 마리의 복내측 시상하부(ventromedial hypotha-lamus)를 손상시켰다. 이러한 손상은 미주신경의 부교감성 활동을 증가시켜 인슐린의 분비를 촉진시키는데(Weingarten, Chang, & McDonald, 1985), 그 결과 일종의 지속적인 흡수기와 같은 상태가 되어 섭취되는 대부분의 영양분이 에너지로 사용되지 않고 저장되어 버린다. 따라서 복내측 시상하부가 손상된 쥐는 정상적인 에너지 수준을 유지하기 위해 많이 먹을 수밖에 없다. 그러한 쥐들은 비만이 되어 원래 체중의 3배까지 되곤 한다([그림 6-11] 참조). Hervey가 복내측 시상하부를 손상한 쥐도 예상대로 많이 먹고 비만이 되었다. 하지만 그 짝을 이루는 쥐는 먹는 양이 감소하여 체중이 줄어들기 시작했는데, 결국에는 굶어 죽었다. 이것이 의미하는 바는 비만이 된 쥐의 혈액으로부터 생성된 신호가 짝이 된 다른 쥐에게는 먹는 것을 억제했지만, 복내측 시상하부가 손상된 자신에게는 효과를 일으키지 못했음을 가리킨다.

? 어떤 신호가 체중 조절에 관여하는가?

[그림 6-11] 복내측 시상하부가 손상된 쥐

출처: Neal Miller, Yale University.

그 신호가 무엇인지 수수께끼였는데, 최근에 지방세포가 음식 섭취를 억제하는 렙틴(leptin)이라는 호르몬을 분비한다는 것을 발견했다. 혈중 렙틴의 양은 체지방에 비례하는데, 비만인 경우 그렇지 않는 경우보다 약 4배 정도 더 높다(Considine et al., 1996). CCK처럼 렙틴도 식사량 조절을 돕지만, 음식에 함유되어 있는 영양소에 반응하는 것이 아니라 장기적으로 저장된 지방에 반응해서 식사량 조절에 관여한다. 인슐린의 수준 또한 저장된 지방의 양에 비례한다(M. W. Schwartz & Seeley, 1997).

렙틴과 인슐린은 궁상핵에 있는 억제성 뉴런을 활성화시키는데, 이들 뉴런은 NPY 세포를 억제하며 동시에 PVN과 외측 시상하부로 억제성 신호를 내보낸다([그림 6-7]의 7과 8; Elmquist, 2001; M. W. Schwartz & Morton, 2002). 저장된 지방이 많으면 궁상핵이 음식 섭취를 활성화시키는 신호에 반응을 덜 보인다. 반면 저장된 지방이 줄어들면 이러한 억제 또한 줄어들어 NPY

세포가 다시 그렐린과 같은 음식 섭취를 촉진하는 자극에 반응할 수 있게 된다(S. C. Woods, Schwartz, Baskin, & Seeley, 2000). 한편 복내측 시상하부를 손상하면 이 부위를 지나가는 신경섬유 또한 손상하게 되는데, 허비의 복내측 시상하부 손상은 궁상핵에서 PVN으로 가는 연결을 절단했을 것이다([그림 6-2] 참조).

〈표 6-1〉에 지금까지 살펴본 배고픔과 음식 섭취에 영향을 주는 요인들이 요약되어 있다.

지금까지는 모든 것이 정상적일 때, 음식 섭취와 체중이 잘 조절되는 경우를 살펴보았다. 하지만 많은 경우에 사람들은 너무 많이 먹기도 하고, 몸에 이로울 것이 없는 것을 먹기도 하며, 너무나 적게 먹기도 한다. 이후로 살펴볼 이와 같은 행동들은 단지 개인적인 선호나 기이한 습관이 아니라, 대부분의 경우 건강을 위협하는 장애에 해당한다.

〈표 6-1〉 섭식 신호 요약

신호의 종류	신호 기시 부위	신호 전달 경로
식사 시작 신호		
1. 포도당, 지방산	혈중 영양소가 고갈되면 간에 의해 탐지된다.	미주신경을 통해 NST로 전해진 다음, 시상하부에 있는 궁상핵으로 간다.
2. 포도당(뇌에서)	제4뇌실 부근에 있는 포도당 수용기에 의해 저혈당이 감지된다.	아마도 연수에서 궁상핵으로 전달되는 것 같다.
3. 그렐린	단식기 동안에 위에서 분비되는 펩티드다.	혈류를 따라 순환해서 궁상핵에 도달한다.
식사 종료 신호		
4. 위장 부피	위에 있는 신장 수용기가 음식 섭취로 늘어난 부피를 감지한다.	미주신경을 통해 NST로 전해진 다음, 시상하부에 있는 궁상핵으로 간다.
5. CCK(그리고 그 외 다른 영양소들과 관련된 지표들)	위와 장에서 펩티드들이 분비되어, 소화를 돕고 뇌에 특정 영양소의 존재를 알린다.	CCK를 비롯한 다른 펩티드들이 미주신경을 자극하고, 이 신호는 NST를 거쳐 시상하부로 전달된다. 일부는 혈액을 통해 순환해서 뇌에 도달하기도 한다.
장기적인 신호		
6. PYY	장에서 분비된다.	혈액을 통해 궁상핵에 도달한다. NPY 뉴런을 억제한다.
7. 렙틴	지방세포에서 분비된다.	혈액을 통해 궁상핵에 도달한다. NPY 뉴런을 억제한다.
8. 인슐린	이자에서 분비된다.	혈액을 통해 궁상핵에 도달한다. NPY 뉴런을 억제한다.

출처: NOTE: Numbers refer to items in Figure 6.7 and in text. NST = nucleus of the solitary tract; CCK = cholercystokinin; PYY = peptide YY3-36 NPY = neuropeptide Y.

✎ **개념 확인**

- 식사와 식사 사이에 저장되어 있는 영양분을 사용할 수 있다는 것은 어떤 장점을 지니고 있는가?
- 섭식 행동을 조절하는 데 속이 비어 있거나 차 있는 느낌이 얼마나 중요한지 설명하시오.
- 오랫동안 아파서 체중이 준 상태에서 지금 식욕이 막 돋는다면, 당신의 포도당, 지방산, 그렐린, 인슐린, 렙틴의 수준은 어떨까?

비 만

미국민건강영양상태조사(National Health and Nutrition Examination Survey)에 따르면, 미국의 성인 비만율이 1980년 이후 2배로 증가했다(National Center for Health Statistics, 2004). 현재 성인의 2/3가 과체중이고, 10명 중 3명이 비만이다. 청소년의 경우에는 과체중이 훨씬 적지만, 그 비율은 같은 기간 동안 3배나 증가했다. 이러한 현상은 미국만의 문제가 아니다. 비만은 대부분의 나라에서도 심각한 수준으로 증가하고 있어, 세계보건기구에서도 전 세계적인 문제로 공표했다. 역사상 처음으로 세계 인구 중 필요 이상으로 많이 먹고 과체중인 사람의 수와 굶주리고 저체중인 사람의 수가 같아졌다([그림 6-12]; G. Gardner & Halweil, 2000). 하지만 영양 불균형인 경우는 영양 부족의 거의 2배 정도 되는데, 이것은 과체중인 사람 중 많은 사람이 칼로리는 높지만 영양가가 낮은 인스턴트 식품을 먹기 때문이기도 하다.

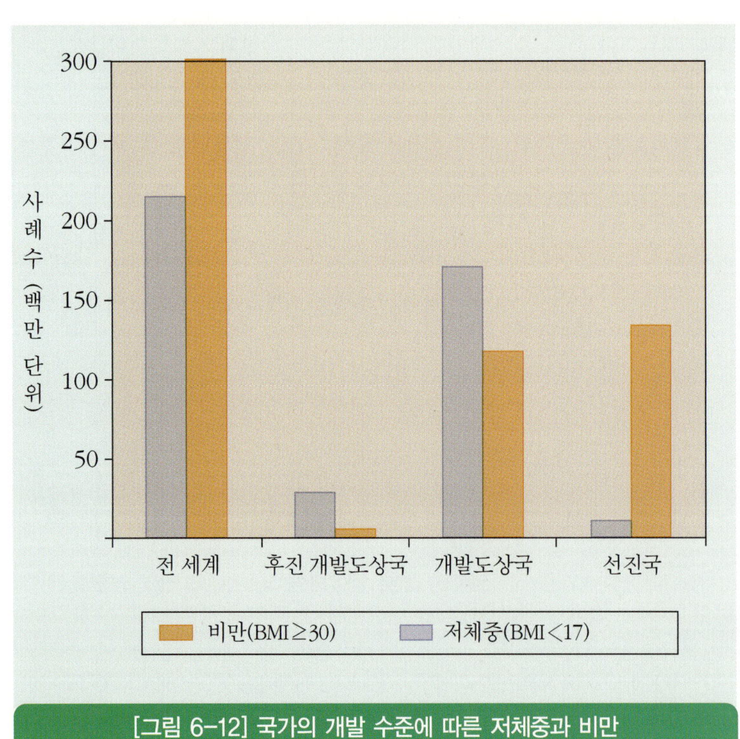

[그림 6-12] 국가의 개발 수준에 따른 저체중과 비만

출처: "Controlling the Global Obesity Epidemic," by World Health Organization, 2003.

대부분의 연구자는 세계보건기구에서 제공하는 BMI(body mass index: BMI) 지표를 이용해서, 비만인지 말랐는지를 판단한다. 체질량 지수(BMI)는 체중을 키의 제곱으로 나눈 값이 된다. [그림 6-13]에는 미터법에 익숙하지 않는 사람을 위한 BMI가 제공되어 있다. BMI값이 25~29인 사람(〈표 6-12〉

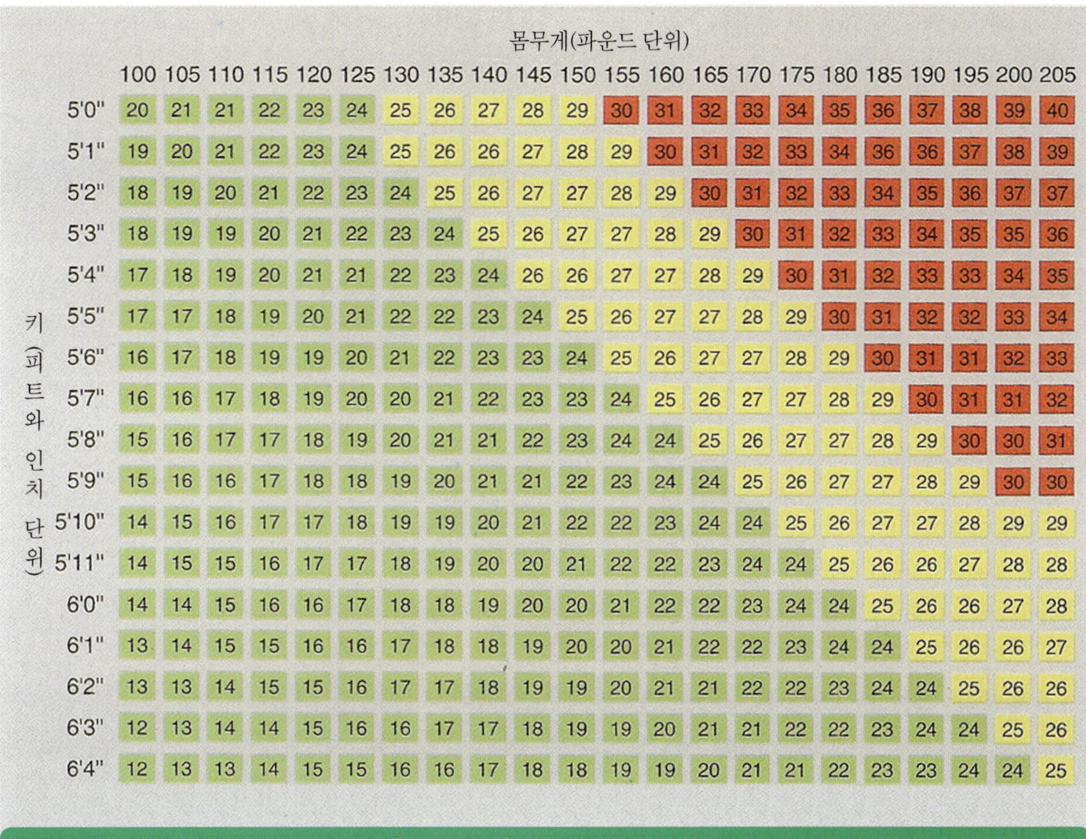

몸무게(파운드 단위)

키(피트와 인치 단위)	100	105	110	115	120	125	130	135	140	145	150	155	160	165	170	175	180	185	190	195	200	205
5'0"	20	21	21	22	23	24	25	26	27	28	29	30	31	32	33	34	35	36	37	38	39	40
5'1"	19	20	21	22	23	24	25	26	26	27	28	29	30	31	32	33	34	36	36	37	38	39
5'2"	18	19	20	21	22	23	24	25	26	27	27	28	29	30	31	32	33	34	35	36	37	37
5'3"	18	19	19	20	21	22	23	24	25	26	27	27	28	29	30	31	32	33	34	35	35	36
5'4"	17	18	19	20	21	21	22	23	24	26	26	27	27	28	29	30	31	32	33	33	34	35
5'5"	17	17	18	19	20	21	22	22	23	24	25	26	27	27	28	29	30	31	32	32	33	34
5'6"	16	17	18	19	19	20	21	22	23	23	24	25	26	27	27	28	29	30	31	31	32	33
5'7"	16	16	17	18	19	20	20	21	22	23	23	24	25	26	27	27	28	29	30	31	31	32
5'8"	15	16	17	17	18	19	20	21	21	22	23	24	24	25	26	27	27	28	29	30	30	31
5'9"	15	16	16	17	18	18	19	20	21	21	22	23	24	24	25	26	27	27	28	29	30	30
5'10"	14	15	16	17	17	18	19	19	20	21	22	22	23	24	24	25	26	27	27	28	29	29
5'11"	14	15	15	16	17	17	18	19	20	20	21	22	22	23	24	24	25	26	26	27	28	28
6'0"	14	14	15	16	16	17	18	18	19	20	20	21	22	22	23	24	24	25	26	26	27	28
6'1"	13	14	15	15	16	16	17	18	18	19	20	20	21	22	22	23	24	24	25	26	26	27
6'2"	13	13	14	15	15	16	17	17	18	19	19	20	21	21	22	22	23	24	24	25	26	26
6'3"	12	13	14	14	15	16	16	17	17	18	19	19	20	21	21	22	22	23	24	24	25	26
6'4"	12	13	13	14	15	15	16	16	17	18	18	19	19	20	21	21	22	23	23	24	24	25

[그림 6-13] 체질량 지수 계산표

출처: Adapted with permission from I. Wickelgren, "Obesity: How Big a Problem?" *Science, 280*, pp. 1364-1367. Copyright 1998 American Association for the Advancement of Science. Reprinted with permission from AAAS.

에서 노란색으로 표시)은 과체중에 해당하며, 건강상에 어느 정도 위험이 있는 경우다. 30 이상(빨간색으로 표시)인 경우는 비만에 해당하는데, 건강 상태의 악화나 사망률의 증가 등과 관련 있다(Wickelgren, 1998). BMI는 어떤 사람에겐 정확한 지표가 되지 못하는데, 왜냐하면 근육은 지방보다 무겁기 때문에 건강하고 근육질의 운동선수 같은 경우엔 BMI 수치가 높게 나온다. 체지방을 측정하고 허리와 엉덩이 둘레의 비율을 계산하면 좀 더 정확한 분석을 할 수 있다.

비만은 건강에 미치는 위험 때문에 매우 중요한 문제다. 과체중과 비만이 증가하면, 당뇨병, 심장질환, 고혈압, 뇌졸중, 대장암 등 다양한 질병의 발생도 증가한다(Field et al., 2001; Must et al., 1999). 비만은 또한 인지 능력의 저하와도 관련 있고, 알츠하이머병의 위험 요인이기도 하다. 스웨덴 연구자들이 평생 동안 비만인 여성들을 대상으로, BMI 수치가 1점 증가할 때마다 측두엽이 세포 사멸로 인해 부피가 줄어들 위험이 13~16% 증가한다는 것을 발견했다(Gustafson, Lissner, Bengtsson, Björkelund, & Skoog, 2004). 이러한 변성은 뇌로 혈액 공급이 잘 되지 않거나 스트레스 호르몬인 코르티솔이 과다 분비되어 일어난 결과일 수 있다. 미국에선 비만과 관련된 의료비만 1년에 약 750억 달러가 소비된다(Finkelstein, Fiebelkorn, & Wang, 2004).

더 심각한 문제는 사망할 위험이 BMI가 30~34일 때는 20%, 35 이상일 땐 80% 증가한다는 것이다(Flegal, Graubard, Williamson, & Gail, 2005). 24년 동안 진행된 추적 연구에서 40세의 과체중 비흡연자의 경우 정상 체중에 비해 약 3년 정도 일찍 사망하고, 비만인 경우에는 6~7년 더 일찍 사망한다는 것을 관찰했다(Peeters et al., 2003). 몇몇 연구자들은 빠르게 증가하는 비만율을 저지할 조치가 마련되지 않으면, 지난 세기 동안 극적으로 증가해 온 기대 수명은 2050년이 되면 더 이상 증가하지 않을 것이며, 감소할 수도 있을 것이라고 경고하고 있다(Olshansky et al., 2005).

비만에 관한 허구

? 비만은 의지가 약해서 되는 것인가?

비만이 건강에도 위험하지만, 사회적으로, 직업상으로 차별의 원인이 될 수도 있기 때문에, 왜 과체중이 되며, 왜 비만율이 극적으로 증가하는지 그 이유를 아는 것은 중요하다. 추측되는 원인들을 입증하는 것이 쉽지는 않지만, 대부분의 전문가들은 전 세계적으로 비만이 증가하는 이유는 단순하다고 생각한다. 즉, 사람들이 더 많이 먹고 더 영양이 풍부한 음식을 먹는 대신, 운동은 더 적게 한다는 것이다(J. O. Hill & Peters, 1998; J. O. Hill, Wyatt, Reed, & Peters, 2003). 따라서 비만의 원인은 간단해 보인다. 즉, 들어오는 에너지가 나가는 에너지보다 많다는 것이고, 그래서 결국 체중이 느는 것이다. 그러나 단지 사람들이 많이 먹고 싶은 유혹을 뿌리치지 못해 비만이 된다고 생각한다면 그건 명백한 오산이다. 연구가 보여 주는 결과는 흔히 생각하는 식으로 비만은 전적으로 자신의 의지로 통제할 수 있다거나(Volkow & Wise, 2005) 또는 충동을 잘 통제하지 못하고 즉각적인 만족만을 원하며 식습관이 부적응적이기 때문이라는(Rodin, Schank, & Striegel-Moore, 1989) 것과는 다르게 나타났다. 사실 강박적인 음식 섭취와 약물 남용은 스트레스에 대해 유사한 반응성을 보이고, 보상과 무언가에 대한 갈망은 동일한 뇌 부위들과 관련되며, 비만인 사람은 약물 중독자만큼이나 D_2 수용기를 적게 지니고 있다(Wang et al., 2001).

> 대부분의 비만이 먹을 것만 보면 주체할 수 없는 식욕이나 의지가 약해서 되는 것이 아니라, 체중을 통제하는 시스템의 한 군데 이상 생화학적 결함이 있기 때문이다.
>
> \- Michael Schwartz and Randy Seeley

? 비만은 유전인가?

흔히 하는 또 다른 오해는 비만 어린이가 가정에서 지나친 탐닉을 배운다는 것이다. 비만은 가족력을 보인다. 가족 사이에 체질량 지수나 다른 측정치들 간의 상관이 어느 정도 나타나는데, 환경의 영향보다 유전적인 영향이 더 중요하다는 증거가 일관적이다(Grilo & Pogue-Geile, 1991). 물론 환경에 영향을 받기도 하지만, 놀랍게도 집 밖에서의 환경에 영향을 받는 것으로 나타났다.

유전의 영향

입양 연구나 쌍생아 연구를 통해 체중이 유전에 의해 영향을 받는다는 것이 입증되었다. 입양된 아이들의 경우, 그들의 생물학적 부모의 체중과 BMI 수치 상에 어느 정도 상관이 있었다. 하지만 양부모와는 거의 또는 전혀 상관이 없었다(Grilo & Pogue-Geile, 1991). 총 75,000명에 달하는 연구들을 모아 본 결과, BMI의 상관이 일란성 쌍생아는 .74, 이란성 쌍생아는 .32 정도였다(Maes, Neale, & Eaves, 1997). 일란성 쌍생아들이 따로 양육되더라도 그들 간의 상관이 .62나 되었는데(Grilo & Pogue-Geile, 1991), 이 값은 이란성 쌍생아가 함께 자란 경우의 거의 2배가 된다([그림 6-14] 참조). 유전이 BMI 수치에 미치는 영향력은 적어도 50%, 최대 90%까지도 가능하다(de Castro, 1993; Maes et al., 1997).

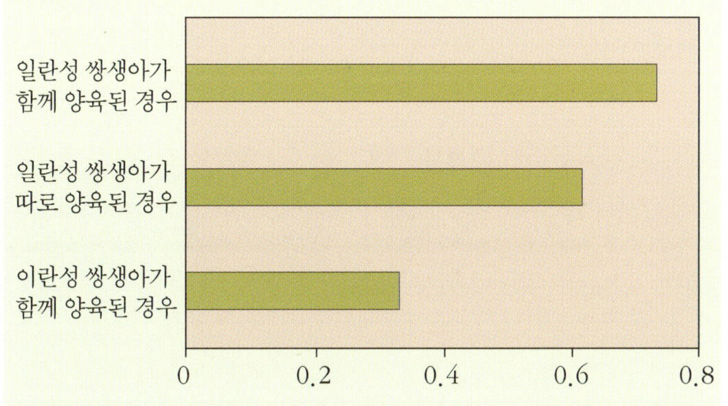

[그림 6-14] 쌍생아 간의 체질량 지수의 상관

일란성 쌍생아는 따로 양육되고 이란성 쌍생아는 함께 양육된 경우에도, 일란성 쌍생아의 상관이 이란성 쌍생아의 경우보다 높다.

출처: Based on data from Grilo and Pogue-Geile (1991).

체중 조절은 식욕, 포만, 에너지 관리 등과 관련되어 있으므로 간단하지가 않다. 따라서 연구자들이 찾아낸 비만과 관련될 것이라고 여겨지는 유전자의 수가 한두 개가 아닌 것은 놀랄 일이 아니다. 사실 200여 개의 유전자가 연루되어 있고, 그중 24개 이상의 유전자가 사람의 비만과 확실하게 연관되어 있다(Chagnon, Perusse, Weisnagel, Rankinen, & Bouchard, 1999; Comuzzie & Allison, 1998). 실례로 2개의 유전자에 관해 좀 더 자세히 살펴보자.

30년 전, 생쥐를 대상으로 6번 염색체의 소위 비만 유전자(obesity gene)라 불리는 유전자와 4번 염색체에 있는 당뇨 유전자(diabetes gene)가 비만을 일으킨다고 알려졌다. 생쥐가 열성 비만 유전자의 동형 접합체(*ob/ob*)를 지녔거나 열성 당뇨 유전자의 동형 접합체(*db/db*)를 지닌 경우 많이 먹고, 비만이며, 당뇨병에 쉽게 걸리는([그림 6-15] 참조) 증상을 보였다. 어떻게 해서 이들 두 유전자가 이러한 증상을 일으키는지 알아보기 위해, 콜맨(D. L. Coleman, 1973)은 이들 두 종류의 생쥐들과 정상 생쥐들을 가지고 부생체(副生體,

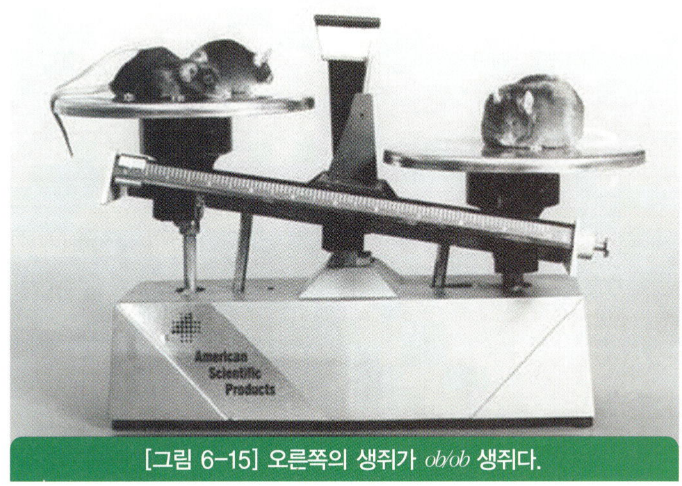

[그림 6-15] 오른쪽의 생쥐가 *ob/ob* 생쥐다.

출처: "Positional Cloning of the Mouse Obese Gene and Its Human Homologue," by Y. Zhang et al., 1994, *Nature, 335*, pp. 11-16. Reprinted by permission of Nature, copyright 1994.

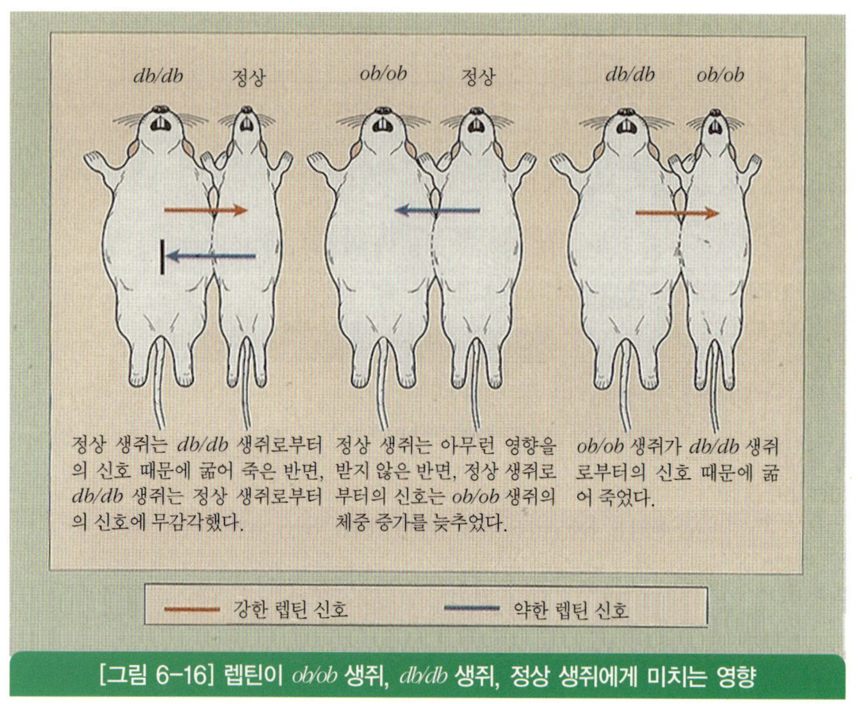

[그림 6-16] 렙틴이 *ob/ob* 생쥐, *db/db* 생쥐, 정상 생쥐에게 미치는 영향

출처: Based on the results of Coleman (1973).

parabiotic)를 만들었다([그림 6-16]). *db/db* 생쥐와 정상 생쥐가 짝이 되었을 때, 정상 생쥐는 굶어 죽었다. *ob/ob* 생쥐가 *db/db* 생쥐와 짝이 되었을 때, *ob/ob* 생쥐가 굶어 죽었다. 이러한 결과는 *db/db* 생쥐가 지방과 관련된 신호를 만들어 내지만, 정작 그들 자신은 그 신호에 민감하지 않다는 것을 시사한다. 한편 *ob/ob* 생쥐는 정상 생쥐에게 아무런 영향을 끼치지는 않았지만, 체중 증가율이 낮았다. *ob/ob* 생쥐는 지방 관련 신호에 민감해 보였고, 또 그러한 신호도 만들어 내지 않았다. 그 후 20년 뒤에 허비와 콜맨이 연구한 지방 관련 신호가 렙틴이라는 것이 밝혀졌다. 렙틴이 발견된 이후 Coleman의 가설이 검증되었는데, *ob/ob* 생쥐에게 렙틴을 주입하면 2주 만에 체중이 30% 줄었던 반면, *db/db* 생쥐에게는 아무런 영향이 없었다(Halaas et al., 1995).

하지만 이들 유전자는 사람에게는 흔하지 않아 비만에 영향을 주는 경우가 상대적으로 거의 없다. 반면에 *FTO* 유전자의 대립 유전자인 A는 사람들에게 흔한데, 과체중의 13%, 비만인 경우의 20%가 이 대립 유전자와 관련 있음이 밝혀졌다. 이 대립 유전자의 동형 접합체를 지닌 사람은 A 대립 유전자를 갖고 있지 않은 사람에 비해 비만이 될 확률이 70%나 높게 나왔다(Frayling et al., 2007). 안타깝게도 아직 이 대립 유전자가 어떻게 그러한 효과를 발휘하는지 아무도 모른다. 어떤 유전자들이 비만에 영향을 주는지 아는 바가 거의 없지만, 유전이 식사량 및 빈도, 에너지 흡수, 활동 수준, 대사 수준, 단백질이나 지방 그리고 탄수화물 등의 섭취량에 영향을 준다는 것은 알려져 있다(C. Bouchard, 1989; de Castro, 1993). 이들 중 대사 수준에 관한 연구가 가장 많이 되었는데, 다음에서 살펴볼 것이다.

비만과 대사 저하

다이어트 한 이야기를 들어 보면 거의가 실패로 끝나는데, 눈에 띄는 체중 감소는 없이 철저한 규정식만 맹목적으로 따르다 말거나, 체중이 감소하긴 했지만 몇 년 내에 다시 늘어나는 식이다. 이렇게 실패하는 이유 중 하나는 의도하든 아니든 자신이 들인 노력에 대해 잘못된 진술을 한다는 것이다. 다이어트 효과가 없었던 비만인의 경우 그들이 섭취한 음식의 양을 47%나 낮추어 보고하는가 하면, 신체 활동의 경우에는 51%나 확대 보고했다(Lichtman et al., 1992).

한편 체중 감량을 어렵게 만드는 또 다른 요인은 개인마다 다른 에너지 소모율이다. 주로 앉아서 생활하는 보통 성인의 경우, 하루 에너지 소비의 약 75%가 기초 대사(basal metabolism)에 쓰인다. 기초 대사란 뇌를 비롯한 다른 기관들 및 체온을 유지하기 위해 쓰이는 에너지를 뜻한다. 그 외 나머지 에너지는 신체 활동과 음식물을 소화시키는 데 거의 비슷하게 사용된다(Bogardus et al., 1986).

기초 대사에서의 차이가 체중의 차이를 낳는 핵심 요인일 수 있다. 체중을 도저히 줄일 수 없다고 호소하는 29명의 여성들을 따로 불러 식사를 1,500kcal로 제한하고 면밀히 살펴본 결과, 19명은 체중이 감소했지만 나머지 10명은 그렇지 않았다(D. S. Miller & Parsonage, 1975). 체중 감량에 실패한 10명은 기초 대사율(basal metabolism rate: BMR)이 낮은 것으로 판명이 났다. 이러한 기초 대사율의 차이는 40% 정도가 유전에 의한 것이라고 한다(C. Bouchard, 1989). 일란성 쌍생아들을 대상으로 3개월 동안 매일 1,000kcal씩 필요 이상으로 많이 먹여 보면, 늘어난 체중의 차이가 쌍생아 형제 간의 경우 쌍생아 쌍들 간에 비해 1/3 수준밖에 안 되었다(C. Bouchard et al., 1990).

반면에 한 개인의 대사는 체중이 늘어나거나 줄어듦에 따라 변할 수 있다. 실험적으로 비만인 사람과 그렇지 않은 사람을 데려다가 체중이 줄어들거나 늘어나게 해 보았다(Leibel, Rosenbaum, & Hirsch, 1995). 체중이 줄어든 사람은 에너지 소모(휴식할 때와 활동할 때 모두 포함해서)가 감소하는 쪽으로 변했고, 체중이 늘어난 사람은 에너지 소모가 증가하는 쪽으로 변했다. 이러한 결과는 예상했던 것인데, 체중은 움직일 때는 물론이고 앉아 있거나 서 있을 때에도 얼마만큼의 에너지가 필요할지 결정하는 데 영향을 미친다. 그런데 에너지 소모량의 변화는 체중 변화에 의해 요구되는 변화 그 이상으로 변화의 폭이 큰데, 이것은 우리의 몸이 원래 체중을 유지하게끔 방어하는 기제를 갖고 있음을 시사한다(Keesey & Powley, 1986 참조).

그렇다면 왜 우리 몸이 지닌 이러한 방어 기능이 비만이 되는 것을 막지 못하는가? 한 가지 이유는 우리 몸이 체중이 줄어드는 것보다 늘어나는 것에 대해서는 덜 방어적이라는 것이다(J. O. Hill, Wyatt, Reed, & Peters, 2003; J. O. Hill & Peters, 1998). 종종 식량이 부족한 환경에서 진화해 온 인간의 경우에, 우리 몸이 먹을 것이 풍부할 때는 초과분의 영양분은 비축하고, 기근 동안에는 저장된 영양분은 유지할 수 있도록 되어 있다는 것은 쉽게 이해될 듯하다. 이러한 시스템은 인간이 자연의 혜택에 의존해서 살 경우에는 적응적이라 할 수 있지만, 지금과 같은 현대식 농업과 전 세계적인 수송 체계로 인해 필요 이상의 음식이 일정하게 공급되는 상황에서는 골칫거리일 수 있다.

식량 부족에 적응하는 우리 몸이 지닌 지혜가 현대 사회에선 바보스러운 것이 되었다.
- Xavier Pi-Sunyer

두 번째 이유로는 사람들 간에는 방어 반응의 정도가 완전 딴판일 수 있는데, 어떤 사람은 다른 사람들보다 훨씬 더 쉽게 과체중이 될 수 있다. 지원자를 대상으로 하루 1,000kcal씩 먹여 본 결과, 초과된 칼로리의 평균 40%만이 지방으로 저장되고, 초과분의 나머지 60%는 늘어난 에너지 소모량을 충당하는 데 사용되었다(Levine, Eberhardt, & Jensen, 1999). 한편 어떤 사람은 에너지 소모량이 덜 증가하는데도, 다른 사람들에 비해 체중이 10배나 더 늘어나는 경우도 있었다. 에너지 소모량의 증가분 중 2/3는 평소의 걷기, 꼼지락거리기, 저절로 일어나는 근 수축, 자세 유지 등과 같은 특별한 운동이 아닌 신체 활동에 할당되었다. 따라서 비만을 막는 데에는 기초 대사만큼 이와 같은 자연스러운 신체 활동이 중요한다는 것을 알 수 있다.

장기적인 체중 증가 상태는 실제로 설정점을 더 높은 수준으로 재설정해 놓을 수 있다. 쥐들에게 아주 맛있는 고칼로리의 인스턴트 식품(초콜릿칩 쿠키, 감자 튀김, 치즈 크래커)을 90일 동안 먹여 살을 찌운 다음에는, 놀랍게도 평소에 먹던 실험 동물용 먹이를 다시 먹어도 체중이 줄지 않았다(Rolls et al., 1980). 이 살찐 쥐들의 늘어난 체중은 연구가 수행되는 중에 4개월 동안이나 유지되었는데, 비교집단의 쥐들과 동일한 양의 먹이를 먹는데도 그러했다. 이것은 새롭게 설정된 설정점을 유지하려는 것으로 보인다. 연구자들은 먹이의 종류, 살찐 기간, 운동 부족 등이 모든 쥐가 원래 체중을 유지하지 못한 이유가 될 것이라고 제안했다. 늘어난 체중을 빼는 것이 쉽지 않다는 것을 고려할 때, 어떤 비만 연구자는 정상 체중으로 돌아오는 것이 합리적인 목표가 아니라, 현재 몸무게에서 10% 줄이는 것이 더 현실적이라고 제안한다(Pi-Sunyer, 2003).

비만 치료

비만은 인류가 당면한 가장 위험한 유행병임에도 불구하고, 그것에 대한 대처가 비교적 안 되어 있는 병이다.
- George Yancopoulos

체중 감량이 얼마나 어려운지를 보여 주는 사례보다 더 심각한 것도 없을 것 같다. 체중을 줄이기 위해 턱을 못 벌리도록 묶는가 하면, 위장을 꿰매거나 풍선을 집어 넣어 부피를 줄이기도 하고, 영양소가 덜 흡수되도록 장 접합 수술이나 지방 조직을 제거하기도 한다. 흔히 이러한 방법은 효과적이지 않거나 생각지 않은 부작용을 낳기도 하고, 일단 치료가 끝나면 빠진 만큼 다시 살이 찌기도 한다(Mitka, 2006 참조).

비만을 치료하는 방법의 표준은 역시 먹는 것을 제한하는 것이다. 하지만 이미 보았듯이 우리 몸은 체중이 줄어드는 것에 대해 방어 반응을 보이고, 다이어트를 시도한 사람들은 대체로 좌절하게 된다. 운동을 통해 지방을 줄일 수 있지만, 단지 몇백 칼로리만 줄이려고 해도 상당한 노력을 들여야 한다. 하지만 다이어트 동안에 운동을 하면, 기초 대사율이 증가하거나 감소하는 것을 방지할 수 있다(Calles-Escandón & Horton, 1992). 그래서 다이어트를 하면서 운동하는 것이 그냥 다이어트만 하는 것보다 체중을 더 많이 줄일 수 있다(J. O. Hill et al., 1989). 과거에 비만이었던 여성을 대상으로 한 연구에서, 줄어든 체중을 그대로 유지하고 있는 경우 90%가 운동을 하고 있었고, 다시 살이 찐 여성이 운동을 하고 있는 경우는 34% 정도였다(Kayman, Bruvold, & Stern, 1990).

? 비만은 어떻게 치료할 수 있는가?

비만을 치료하는 또 다른 방법으로는 약물을 사용하는 것인데, 특별히 기대할 만한 대안이 아니다. 충분한 효과가 없다는 것이 한 가지 문제다. 약물은 대사 및 다른 중요한 신체 시스템에 영향을 주기 때문에 흔히 안 좋은 부작용을 일으킨다. 덱스펜플루라민(dexfenfluramine)은 1996년 처음으로 미국식품의약국(Food and Drug Administration: FDA)의 승인을 받은 비만 치료 약물인데, 딱 일 년 만에 시판 중인 덱스펜플루라민을 제약사가 회수했다. 이 약물이 심장 판막에 문제를 일으킨다는 보고가 있었기 때문이었다(Campfield, Smith, & Burn, 1998). 2007년 6월, 미국식품의약국에서는 리모나반트(rimonabant, 상표명 Zimulti)의 승인을 취소했다. 이 약물은 마리화나 중독과 관련된 내인성 카나비노이드 수용기를 차단하는데, 5% 정도의 체중 감량 효과가 있다. FDA 자문위원회는 이 약물이 자살을 비롯한 정신 의학적 문제들의 증가와 관계있다는 보고 때문에 우려하고 있었다. 현재 승인되어 있는 약물 두 종도 문제가 있다. 오르리스타트(Orlistat, Xenical)은 수분 흡수를 차단하기 때문에 많은 환자에게서 경련과 심한 설사를 일으킨다. 시부트라민(Sibutramine, Meridia)은 심혈관 문제로 인한 많은 사망 사고와 연루되어 왔다(Gura, 2003).

회수된 두 종의 약물처럼 시부트라민도 노르에피네프린과 세로토닌 재흡수를 억제함으로써 식욕 억제제와 같은 작용을 한다. 세로토닌은 체중 조절에 흥미로운 역할을 한다. 탄수화물 조절은 되먹임 고리에 의해 이루어지는데, 탄수화물을 먹으면 세로토닌의 수준이 높아지고, 높아진 세로토닌은 탄수화물에 대한 식욕을 억제한다(Leibowitz & Alexander, 1998). 이러한 억제는 NPY의 활동 감소를 통해 일어나는 것으로 보인다(Dryden, Wang, Frankish, Pickavance, &

Williams, 1995). 세로토닌의 재흡수를 막는 약물들은 탄수화물의 섭취를 줄이는데, 탄수화물이 주를 이루는 식사를 하는 사람이나 탄수화물을 아주 좋아하는 비만인에게서만 그러하다(Lieberman, Wurtman, & Chew, 1986; J. J. Wurtman, Wurtman, Reynolds, Tsay, & Chew, 1987). 세로토닌은 어떤 사람에게선 기분을 고조시키기도 하는데, 체중 조절을 유지하는 게 힘든 사람은 흔히 속상할 때 먹으면 기분이 좋아지는 음식을 찾는다고 말한다(Kayman et al., 1990). 탄수화물이 풍부한 음식도 기분을 좋게 할 수 있는데, 탄수화물을 몹시 즐기는 사람만 그러하다. 사실 탄수화물을 즐기지 않은 사람에게는 오히려 기분을 가라앉게 하며, 피로감을 느끼게 하는가 하면 졸리게도 한다(Lieberman et al., 1986). 세로토닌의 비정상적인 조절은 비만에 중요할 수 있다. 하지만 일부에게서만 그러하다.

다른 약물들은 지방 차단제 같은 작용을 하는데, 실험 중에 있는 C75라는 약물은 지방산을 산화해서 지방의 축적을 감소시키고, 동시에 NPY 생산도 방해해 식욕을 떨어뜨린다(Thupari, Landree, Ronnett, & Kuhajda, 2002). 이 약물로 처치된 생쥐들은 똑같은 양을 먹은 다른 생쥐들보다 체중 감량이 50%나 더 되었다([그림 6-17]). FDA 승인 약물인 orlistat은 다르게 작용하는데, 지방 흡수를 30%가량 줄인다.

혹 "왜 우리 몸이 지닌 호르몬을 체중 감량에 사용해 보지 않나?" 하고 질문해 볼 수 있는데, 이 방법은 현재 수행되고 있는 연구 방향 중 하나다. 일례로 영국의 연구자들이 12명의 비만인들에게 PYY를 주사한 결과, 식염수를 주사받은

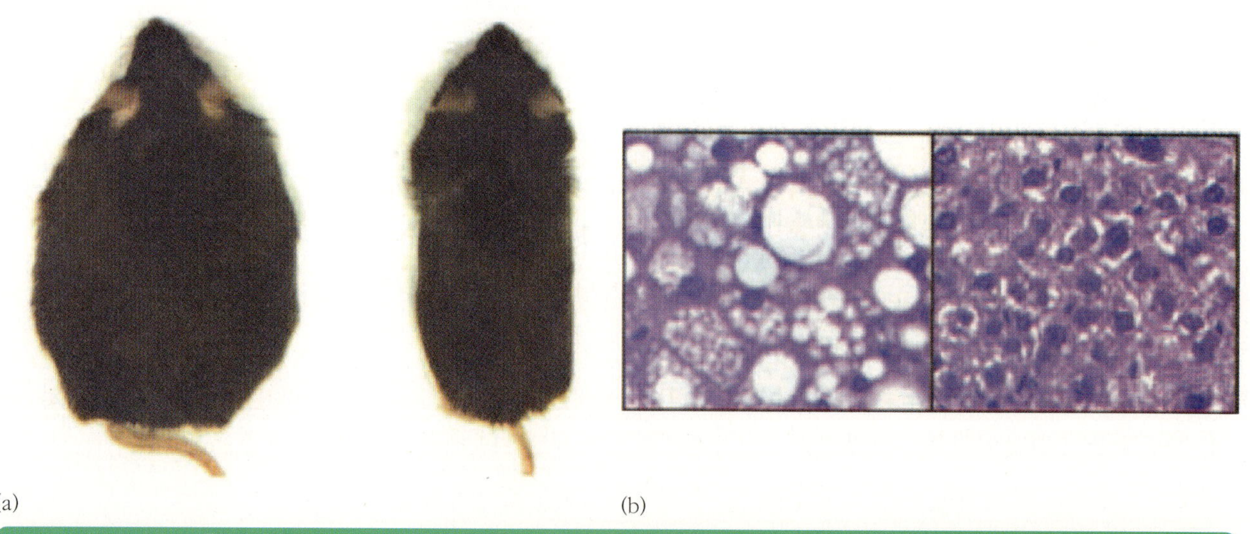

[그림 6-17] *ob/ob* 생쥐를 대상으로 한 C75의 체중 감량 효과

(a) 비교 집단의 비만 생쥐와 이전에 비만이었지만 C75로 처치된 생쥐, (b) 각각에 해당하는 생쥐의 간 지방세포의 현미경 사진

출처: Reprinted with permission from T. M. Loftus et al., "Reduced Food Intake and Body Weight in Mice Treated With Fatty Acid Synthase," *Science, 288*, pp. 2379-2381. © 2000 American Association for the Advancement of Science.

날에 비해 주사 이후 셀프서비스식의 가벼운 점심 식사에서 칼로리 섭취가 30% 정도 줄었고, 그 후 12시간 동안에는 26%가량 감소했다(Batterham et al., 2003). 나스텍(Nastech) 제약회사가 코에다 뿌리는 신개발 PYY를 사람에게 사용해 보았는데, 예비 실험에서 식욕과 칼로리 섭취를 감소시켰다(Brandt et al., 2004).

주목받는 다른 체중 조절 호르몬으로 렙틴이 있다. 렙틴은 비만을 연구하는 사람들에게는 특별한 관심의 대상이 된다. 왜냐하면 렙틴이 음식 섭취에는 영향을 주지 않고 대사만 증가시키는데(N. Levin et al., 1996), 지방을 제외한 다른 체질량은 그대로 남겨 둔 채 지방에만 작용하기 때문이다(P. Cohen & Friedman, 2004). *ob* 유전자상의 돌연변이로 렙틴 생성이 전혀 없는, 심각한 비만 아동 3명을 대상으로 10~15개월 동안 매일 렙틴을 주사했다(Farooqi et al., 2002). 그 결과 이들의 몸무게가 치료를 마치기까지 감소했는데, 성장으로 인해 지방을 제외한 체 질량은 증가했지만 지방은 98% 이상 감소했다. [그림 6-18]은 그 효과가 얼마나 극적이었는지를 보여 주는 예다.

하지만 렙틴 처치가 전 세계적인 비만 문제를 해결할 수 있을 것 같지는 않다. 비만인의 약 5~10%만이 렙틴이 결핍된 경우이고 나머지는 렙틴의 효과가 없는데(Maffei et al., 1995), 이는 바뀔 수도 있는 상황으로 아마도 고지방 식사 그 자체로 인한 결과다(Berthoud, 2005; Enriori et al., 2007). 그래서 어떤 사람은 렙틴 처치로 15~20kg씩 체중을 감량하는 반면, 전혀 효과를 못 보는 사람도 있다(Heymsfield et al., 1999). 이러한 결과와 렙틴이나 렙틴 수용기가 부족한 사람과 동물에게서 나타나는 주체할 수 없는 식욕 등을 볼 때, 렙틴 결핍이 음식 섭취를 일으키는 강력한 자극임을 알 수 있다(Barsh & Schwartz, 2002). 비만을 연구하는 많은 사람은 현재 렙틴의 주된 역할이 먹을 것이 풍부한 시기에 체중을 느는 것을 막는 것보다 오히려 먹을 것이 없을 때 체중이 줄어드는 것을 방지하는 데 있다고 생각한다(Marx, 2003).

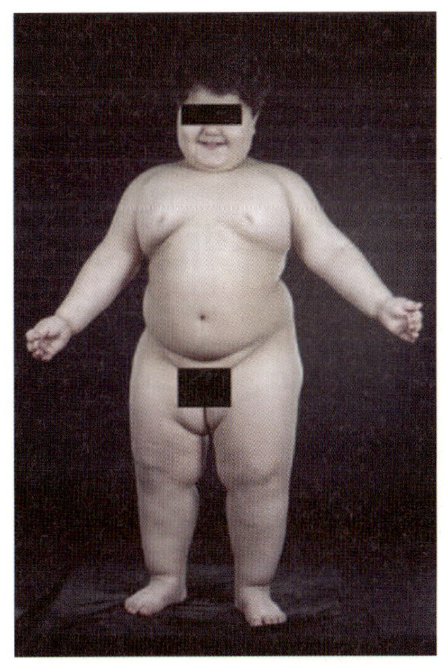
(a)

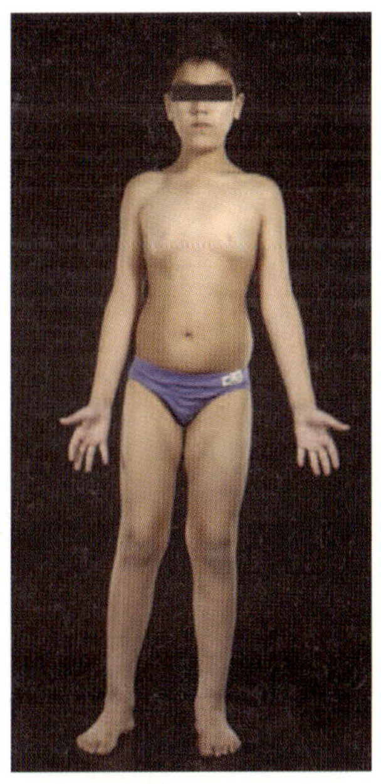
(b)

[그림 6-18] 렙틴 결핍 소년의 처치 전후

(a) 처치를 시작한 3.5세 때, (b) 정상 체중인 8세 때

출처: Marx, "Cellular Warriors at the Battle of the Bulge," *Science*. Courtesy of Sadaf Farooqi and Stephen O' Rahilly, University of Cambridge.

몸무게를 줄이는 것은 비만을 치료하지 못한다. 제5장에서 본 약물 남용의 경우처럼 이전에 비만이었던 사람은 대개 다시 살이 찌는데, 치료가 끝나면 1년 안에 원래 몸무게로 되돌아간다(Bray, 1992). 이상적인 약물이라면 굶어야 하는 불편함이나 부작용 없이 지방만 제거하고, 줄어든 체중을 유지하는 데 도움이 되어야 한다. 하지만 그러한 특효약이 개발될 조짐이 아직은 보이지 않는다.

한편 음식 섭취와 관련해서 장애를 지닌 모든 사람이 과체중이나 비만의 경우만은 아니다. 어떤 사람은 너무 심하게 체중을 조절해서 건강 유지에 필요한 양 이하로 먹거나 정상적으로 혹은 많이 먹으면 토해 내거나 완하제를 먹어 체중이 느는 것을 막는다. 이후에 살펴보겠지만, 거식증(anorexia)과 폭식증(bulimia)은 비만만큼이나 연구자에겐 해결하기 어려운 문제이고, 이러한 증세를 겪고 있는 많은 사람들에겐 비만만큼이나 치명적인 문제다.

개념 확인

- 비만의 원인은 무엇인가? 그리고 현재 비만이 늘고 있는 이유는 무엇인가?
- 체중 증가에 대한 신체의 방어기제가 어떤 식으로 비만에 기여하는가?
- 비만 치료의 문제점들은 무엇인가?

거식증과 폭식증

? 거식증 그리고 폭식증이란 무엇인가?

약 3%의 여성이 일생 동안 신경성 거식증과 폭식증을 앓는다(Walsh & Devlin, 1998). 남자도 있지만, 여자가 10배 더 많다. 이것은 의학과 정신의학 분야에서 남녀 간의 성차를 보이는 것 중 가장 큰 경우다(A. E. Anderson & Holman, 1997). 남자 환자가 극히 드물기 때문에 여성을 대상으로 한 연구에 관해서만 살펴보자.

신경성 거식증(anorexia nervosa)은 '굶어 죽는 병'으로 알려져 있는데, 먹는 것을 제한해서 건강에 위험할 정도로 체중을 조절하기 때문이다([그림 6-19] 참조; Walsh & Devlin, 1998). 그러한 사람은 체중을 조절하려고 매일 몇 시간씩 운동을 하거나 아니면 구토를 해서 체중을 조절하려고 한다. 거식증 환자는 두 부류로 나눌 수 있는데, 체중을 조절하기 위해 먹는 양을 줄이는 경우가 있고, 또 한 부류는 칼로리 섭취를 제한할 뿐만 아니라 구토나 완하제를 사용해 먹은 것을 제거하는 경우도 있다. 거식증이 너무 오랫동안 계속되면, 배란이 멈추고, 근육 양이 줄어들며, 심장에 손상이 오기도 하고, 골밀도도 감소한다. 거식증 환자의 뇌를 스캔해 보면 회백질의 부피가 정상인보다 작고, 이러한 현상이 저체중

일 때뿐만 아니라 몸무게를 회복한 후 23년까지도 나타났다(D. K. Katzman, Zipursky, Lambe, & Mikulis, 1997; Lambe, Katzman, Mikulis, Kennedy, & Zipursky, 1997). 논리적으로 이러한 결함이 안 먹어서 생겨난 결과라고 여겨지지만, 거식증 증세가 나타나기 전에 그들의 뇌를 살펴보지 않는 이상 무엇이 원인이고 결과인지 구분하기가 어렵다. 여성에게서 거식증 환자의 사망률은 정신질환자의 사망률의 2배 이상이다. 사망의 절반은 합병증으로 인한 것이고, 1/4은 자살한 경우다(Sullivan, 1995).

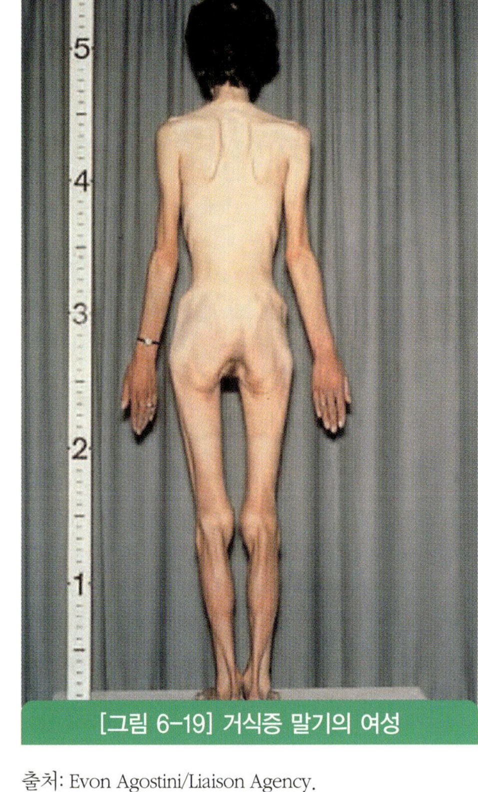

[그림 6-19] 거식증 말기의 여성

출처: Evon Agostini/Liaison Agency.

거식증 환자들이 먹으려고 하지 않는 것이 반드시 배가 고프지 않다는 것을 의미하는 것은 아니다. 거식증 환자는 NPY 수준도 높고(W. H. Kaye, Berrettini, Gwirtsman, & George, 1990), 렙틴 수준도 낮다(Mantzoros, Flier, Lesem, Brewerton, & Jimerson, 1997). 게다가 맛있는 음식을 보면 인슐린 수준이 마른 사람보다 더 증가한다(Broberg & Bernstein, 1989). 마른 사람들은 먹을 것을 보면 먹지만, 거식증 환자들은 밤새 아무것도 먹지 않았는데도 배고프지 않다며 먹지 않는다.

신경성 폭식증(bulimia nervosa)도 체중 조절과 관련된 것인데, 그 행동이 엄청 많이 먹고는 게워 내거나 약으로 배설해 버리는 식으로 나타난다. 폭식증 환자가 굶는다 하더라도 단지 며칠뿐이며, 그러고 나서는 폭식과 구토 및 배설을 일삼는다. 폭식증 여성의 경우 정상인보다 더 적은 칼로리를 섭취하는 경우는 실제로 19%밖에 안 되지만, 많이 먹는 경우는 44%에 달한다(Weltzin, Hsu, Pollice, & Kaye, 1991). 거식증 여성과는 달리 대부분의 폭식증 여성은 정상 체중이다(Walsh & Devlin, 1998). 하지만 거식증 여성들처럼 배고픈 것을 참는지도 모른다. 그렐린의 수준을 보면 식사 전에는 정상인보다 1/3 더 높고, 식사 후에는 덜 감소한다. 게다가 PYY 수준도 식후에 정상만큼 증가하지 않는다(Kojima et al., 2005). 거식증처럼 폭식증도 위험한 장애인데, 〈뉴스에서〉에 이에 관한 내용이 있다. 거식증과 폭식증 둘 다 치료가 어렵다. 폭식증의 3/4, 거식증의 1/3이 8년 정도 치료를 받으면 완전히 회복되는 것 같은데, 그중 1/3은 재발한다(D. B. Herzog et al., 1999).

환경과 유전의 영향

? 거식증과 폭식증에 사회적 요인과 유전적 요인이 영향을 준다는 증거로는 어떤 것이 있는가?

거식증 환자들과 폭식증 환자들은 그들의 체중과 신체 모양에 온통 생각이 사로잡혀 있다. 날씬하고 예쁜 것을 강조하는 문화와 함께 거식증과 폭식증도 증가하는 듯한데, 어떤 연구자들은 이 장애의 원인이 사회적이라고 생각한다. 남녀 간의 차이가 이러한 생각을 지지해 주는데, 여자는 날씬해야 한다는 생각이 더 많은 반면, 남자는 근육질이어야 한다는 것이다. 이러한 현상은 서구 산업화된 나라에서 더 일반적인데, 배우, 모델, 광고인 등과 같은 경우에는 터무니없을 정도로 날씬한 것을 원한다. 하버드 의대의 앤 베커(Anne Becker)는 1988년부터 태평양 피지섬의 식습관에 대해 연구해 왔다(Becker, Burwell, Gilman, Herzog, & Hamburg, 2002). 전통적으로 그곳에선 여자 남자 할 것 없이 건장하고 근육질의 몸을 좋다고 여겨왔는데, 1995년 위성 TV가 들어오고 난 뒤부터 비버리힐스(Beverly Hills) 90210과 같은 쇼 프로그램의 길고 늘씬한 배우들이 피지섬 십대의 새로운 역할 모델이 되어 버렸다. 1998년까지 젊은 소녀들의 74%가 자신은 너무 크고 뚱뚱하다고 생각하게 되었다. 실제로는 더 뚱뚱하지 않은데도 그렇게 생각한 것이다. 집에 TV가 있는 소녀들은 TV가 없는 경우보다 음식 섭취와 관련된 문제를 갖고 있는 경우가 3배나 더 많았다. 17세 소녀 중 11%가 체중 조절을 위해 구토한 적이 있다고 했는데, 이는 TV가 처음 들어온 1995년의 3%와 비교되는 수치다.

사회적인 영향이 거식증과 폭식증에 기여한다는 것은 거의 의심의 여지가 없다. 하지만 서구화되지 않은 사회에서도 이러한 장애가 알려져 있지 않은 것도 아니고, 또 문화가 날씬한 것을 중요하게 생각하기도 훨씬 전에 300년 동안이나 거식증이 보고된 바도 있다. 사회문화적인 설명만으로는 너무 단순화시킨 것이라는 증거는 몇몇 연구를 통해 유전적인 영향이 발견되었다는 사실이다. 환자들의 친인척은 이들 장애에 걸린 확률이 더 높고, 일란성 쌍생아의 경우가 이란성 쌍생아의 경우보다 이들 장애를 함께 겪을 확률이 훨씬 더 높다. 거식증의 경우 각각 44%, 12.5%이고, 폭식증의 경우에는 22.9%와 8.7%이다(Kendler et al., 1991; Kipman, Gorwood, Mouren-Simeoni, & Ad'es, 1999). 거식증과 관계있는 유전자 하나가 발견된 적이 있지만(Vink et al., 2001), 실제 환자의 경우 이 유전자와 관련된 경우는 일부에 지나지 않았다.

거식증이나 폭식증 환자는 그들의 친인척과 여러 가지 다른 장애도 흔히 공유하는데(Lilenfeld et al., 1998), 이들 장애들이 신경전달물질상의 비정상성과 관계가 있고, 또 부분적으로 유전에 의한 것들이라, 섭식 장애와 이들 장애가 함께 발생한다는 것은 섭식 장애의 생물학적 원인에 대한 또 다른 증거가 된다. 우울증은 섭식 장애와 함께 가장 빈번하게 일어나는 것인데, 당연히 연구자들은 우울증에 대해 알려진 바를 거식증이나 폭식증을 이해하고 치료하는 데 적용하려고 애쓰고 있다.

폭식증이 낳은 비극

최근에 테리 시아보(Terry Schiavo)가 죽었을 때, 그녀의 죽음을 두고 논란이 많았다. 많은 논란으로 인해 그녀가 과거에 겪었던 아픔에 대해선 알려진 바가 없었는데, 고등학교 졸업반 때 테리는 113kg도 훨씬 더 나갔고, 친구도 거의 없었다. 그래서 그녀는 단기간에 집중적으로 다이어트를 해서 무려 45kg이나 뺐다. 매력 있고 자신감에 찼던 그녀는 마이클 시아보를 만나 결혼하게 되었다. 그들이 새로운 가정을 이루기로 결정할 무렵 그녀는 몸무게를 50kg까지 줄였다. 그런데 그녀는 임신하는 데 문제가 있었고, 담당 부인과 의사는 그녀에게서 칼륨 결핍 현상이 진행되고 있다는 것을 전혀 몰랐다. 가까운 친구들은 칼륨 결핍으로 인해 나타나는 현상을 단지 잦은 폭식으로 인한 구토나 설사 때문이라고 생각했다. 칼륨이 결핍되면 심장 근육이 제대로 수축할 수 없게 되는데, 실제로 1990년 2월 25일 그녀는 심장마비를 일으켰다. 이로 인해 뇌에 잠시 동안 산소가 공급되지 않아 대뇌피질 세포가 죽는 바람에 그녀는 기침이나 얼굴을 찡그리는 정도의 몇몇 반사만 할 수 있는 상태에 빠져 버렸다.

8년 후인 1998년 남편은 "아내가 의식이 있을 때 인위적으로 생명을 연장하고 싶지 않다는 뜻을 분명히 밝혔다."며 플로리다 주법원에 테리의 급식 튜브를 제거할 수 있도록 허락해 달라는 진정을 올렸다. 그러나 테리의 부모는 딸이 회복될 것이라며 반발했다. 2003년 플로리다 주법원이 테리의 급식 튜브를 제거하자, 부시 대통령의 동생인 젭 부시 플로리다 주지사가 '테리의 법'을 제정해 튜브를 다시 끼우면서 이 문제는 미국 사회의 진보 대 보수 간의 정치적 논쟁으로까지 번졌다. 이로써 미국민들의 분열과 플로리다 입법부, 미 의회, 로마 교황청을 포함한 많은 단체 간의 싸움을 일으키게 하는 7년간의 법정 소송이 시작되었다.

겉으로 보기엔 그녀는 미소를 짓고 눈도 깜박이는 등 의식이 있는 것처럼 보였다. 생명의 권리를 옹호하는 사람들은 그녀의 사진을 보고, 정신이 있고 반응도 할 수 있는 기미가 보인다고 생각했다. 하지만 의학 전문가들은 그와 같은 반응들은 단지 뇌간 수준에서 일어나는 반사일 뿐 실제로는 두뇌 활동을 상실해 회복이 불가능하다고 평가했다. 대부분의 사람들도 그녀가 의식을 회복할 가망성은 실제로 없는 것으로 생각했다.

중재자들의 이런 저런 모든 선택도 2005년 3월로 끝이 났다. 7년간의 법정 공방 끝에 마이클은 주대법원으로부터 '테리의 법'이 무효라는 승소 판결을 받아냈다. 테리의 급식 튜브는 결국 제거되었고, 13일 뒤 그녀는 숨을 거두었다. 그녀의 죽음은 법적·도덕적 논쟁거리를 남겼고, 섭식 장애로 인한 또 하나의 비극으로 기록되었다.

세로토닌의 역할

세로토닌이 우울증뿐만 아니라 섭식이나 비만에도 관여하기 때문에, 연구자들은 거식증과 폭식증 환자의 세로토닌 활동이 정상에 비해 낮은 것이 아닌가하고 생각해 왔다. 폭식증의 경우 세로토닌의 대사산물인 5-하이드로옥시인들초산-요(5-hydroxyindoleacetic acid: 5-HIAA)의 뇌척수액 내 농도가 낮은데(5-HIAA는 세로토닌의 활동을 알아보는 지표로 이용되는 물질이다), 증상이 없는데도 지속적으로 농도가 감소되어 있는 것을 보면, 이러한 감소가 영양 부족의 결과로 인한 것은 아닌 듯하다(Weltzin, Fernstrom, & Kaye, 1994). 폭식증은 우울증뿐만 아니라 높은 불안 수준, 알코올이나 다른 약물의 남용, 절도나 성행위 등을 포함

? 세로토닌은 거식증과 폭식증에 어떤 역할을 하는가?

하는 강박적 행동 등을 보인다. 이러한 모든 특징은 세로토닌의 낮은 활동과 관련이 있다(Kendler et al., 1991; Weltzin et al., 1994; Wiederman & Pryor, 1996; 5, 8, 14장 참조). 연구를 통해 세로토닌의 활동을 높이는 항불안제들이 적어도 조금은 폭식을 감소시킨다는 것을 확인했고, 또 어떤 연구는 우울증과 음식에 대한 집착을 포함한 다른 증상들을 호전시킨다는 것을 보여 주었다(W. H. Kaye, Klump, Frank, & Strober, 2000). 하지만 폭식증적 증상들의 감소와 기분이 좋아지는 것 사이에는 거의 관계가 없는 것 같고, 우울 증세가 없는 폭식증 환자에게도 항불안제가 효과가 있다는 것은 약물의 작용 방식이 서로 독립적이라는 것을 시사한다고 하겠다.

인지행동적 방법과 영양 상담은 거식증 환자의 체중 증가에 도움이 되지만(W. H. Kaye et al., 2000), 항불안제 처치는 일관된 결과를 낳지 않았다(W. H. Kaye, 1997; Walsh & Devlin, 1998). 거식증 환자의 세로토닌 활동은 저체중일 때는 낮은 것 같은데, 아마도 영양실조 때문인 듯하다(W. H. Kaye, Ebert, Gwirtsman, & Weiss, 1984). 사실 세로토닌 수준이 낮다는 것이 왜 플루옥세틴(fluoxetine, 상표명: Prozac, 가장 흔히 처방되는 항불안제)이 거식증 환자의 체중이 회복된 후에만 효과가 있는지를 설명해 줄 수 있는데, 즉 이 약물은 세로토닌의 재흡수를 차단해서 그 효과를 발휘하기 때문에 시냅스 내에 가용한 세로토닌이 거의 없어서일지도 모른다는 것이다(Kaye et al., 2000).

어떤 연구자들은 먹지 않는 거식증은 구토나 설사로 먹은 것을 제거해 버리는 거식증과는 상이한 신경화학적 기제를 지닐 것이라고 제안해 왔다. 먹지 않는 거식증 환자는 체중을 회복한 후에는 정상보다 높은 세로토닌 활동을 지닌다(W. H. Kaye et al., 1984). 높은 세로토닌 활동은 강박 장애를 지닌 사람에게는 전형적인 것이다. 정말로 많은 거식증 환자와 그들의 친인척들은 강박 장애의 증상을 지니는데, 완벽주의이고, 엄격하며, 작은 것에 집착하는 한편, 정리정돈과 청결의 욕구 등을 나타낸다. W. H. Kaye(1997)는 일부 비만인들에게서 음식 섭취가 세로토닌 수준을 높이고 기분을 좋아지게 하는 것처럼, 굶는 것이 세로토닌 수준을 낮게 유지해서 거식증 환자들이 강박적인 염려에서 벗어나게 도와준다고 제안한다. 반면에 먹은 것을 제거해 버리는 거식증 환자들은 충동적이고, 인간관계에서 외향적이며, 정서적으로 민감하고, 성적으로 왕성한 경향이 있는데, 이것들 모두 세로토닌의 활동이 낮은 사람에게서 볼 수 있는 전형적인 특징들이다. 이들은 체중이 늘어나면 5-HIAA 수준이 정상 수준까지만 증가한다(W. H. Kaye et al., 1984). 흥미롭게도 세로토닌을 감소시키는 시프로헵타딘(cyproheptadine)은 먹지 않는 거식증을 호전시켰고, 먹은 것을 제거하는 거식증의 경우에는 치료를 방해했다(Halmi, Eckert, LaDu, & Cohen, 1986).

개념 확인

- 거식증과 폭식증의 그럴듯한 원인들은 무엇인가?
- 거식증 환자와 폭식증 환자는 얼마나 유사하며 또 얼마나 상이한가(두 부류의 거식증 환자가 있음을 잊지 마시오)?

전 망

체온 조절, 갈증, 배고픔 등은 추동과 항상성 그리고 전반적인 생리적 동기를 보여 주는 좋은 예들이다. 이것들은 추동 이론으로 가장 잘 설명할 수 있지만, 결국엔 동기화된 행동들을 결정하는 뇌 중추 부위들에서의 균형 또는 불균형의 문제라는 점을 또한 보여 준다.

특히 배고픔과 관련해서는 동기화된 행동의 모든 측면을 항상성 하나만으로 설명할 수 없다는 것을 보여 준다. 예를 들어, 음식을 보거나 냄새만 맡는 것으로도 흡수기와 관련된 생리적 과정을 개시하기에 충분하다는 것을 보았다. 이것은 이와 같은 유인 자극들이 생리적인 기제들을 통해 작동되며, 사실상 이것들 자체가 생리적인 것들임을 시사한다. 또한 사회적인 영향이 무엇을, 얼마나 먹느냐에 중요하고, 어떤 사람들은 센세이션을 일으키려고 복어를 먹어 보거나 즐기기도 한다는 것을 알았다.

우리의 섭식 행동을 결정하는 대부분의 요인은 결과적으로 유전자의 영향 아래 있다. 우리가 먹는 것이 우리 자신이라는 게 사실이라면, 우리가 무엇을, 얼마나 먹느냐는 것은 우리가 누구냐는 것의 결과라는 것도 사실이다. 하지만 이 책 전체에 걸쳐 유전은 운명이 아니며, 우리는 유전적 경향성과 환경 간의 끊임없는 상호작용의 산물임을 되풀이해서 확인하게 될 것이다.

치명적인 결과를 낳을 수 있는 섭식 장애가 없다면, 배고픔이라는 동기에 관한 우리의 관심은 주로 이론에만 머물 수 있다. 하지만 그 중요성에도 불구하고 비만, 거식증, 폭식증의 원인이 무엇인지, 또 무엇이 가장 좋은 치료법인지 확실치 않다. 우리는 배고픔이라는 동기 그 자체가 단순하지 않은 것처럼, 이들 장애 또한 복잡하고 많은 원인을 지니고 있다는 것을 알게 되었다.

이 장에서는 동기에 의해 발생하는 행동을 개관했다. 다음 두 장에서는 성 정체성, 정서, 공격성 등을 통해 이러한 논의가 확장된다.

요 약

동기와 항상성

- 항상성과 추동 이론은 생리적 동기를 이해하는 데 핵심이 된다. 그러나 그것만으로는 충분하지 않다.
- 체온은 설정점에 맞춰지도록 통제하는 단순한 기제에 의해 조절된다.
- 갈증은 조금 더 복잡한데, 세포 내 수분 부족(삼투성 갈증)과 세포 외 수분 부족(저혈량성 갈증) 둘 다를 보충하는 추동이다.

배고픔: 복잡한 추동

- 배고픔은 좀 더 복잡한 동기인데, 여러 가지 영양소들과 장단기적인 영양 공급의 조절이 관여되어 있기 때문이다.
- 미각은 영양가 있는 음식을 고르고, 해로운 것은 피하도록 도우며, 또한 식습관을 바꾸기도 한다.
- 섭식 주기는 섭취한 영양분에 의존하는 흡수기와 저장된 영양분에 의존하는 단식기로 구성된다.
- 음식 섭취는 간에 의해 포도당과 지방산의 낮은 혈중 농도가 탐지되면 시작되는데, 그 신호는 연수로, 그리고 시상하부의 실방핵으로 전해진다. 시상하부는 신경펩티드 Y를 분비해 음식 섭취를 시작하게 한다.
- 음식 섭취는 위가 늘어났다는 것과 간에서 높아진 포도당 농도 그리고 십이지장에서 분비되는 콜레키스토키닌 등이 포만을 신호하면 멈추게 된다.
- 식사 때 얼마나 많이 먹느냐는 것도 저장된 지방의 양에 의해 조절되는데, 지방의 양은 렙틴과 인슐린 농도에 의해 표시된다.

비 만

- 비만은 영양실조 및 여러 질병과 연관되어 있다.
- 다양한 요인이 비만에 기여하는데, 이들 요인 중 우리가 통제할 수 없는 것들이 대부분이다.
- 비만은 부분적으로 유전된다. 한편 비만에 영향을 주는 환경적인 요인은 가정 밖에서 기인한다.
- 칼로리 섭취가 줄어들수록 체중 감소를 막으려는 대사 작용이 감소한다.
- 비만은 치료하기가 어렵다. 하지만 세로토닌 활동을 증가시키는 약물들과 렙틴 그리고 실험 중인 C75 약물들은 기대가 된다.

거식증과 폭식증

- 거식증에는 체중을 줄이기 위해 음식 섭취를 제한하는 경우와 가끔씩은 폭식 후에 구토나 완하제로 먹은 것을 제거하는 경우가 있다. 폭식증은 엄청나게 많이 먹는 병인데, 구토나 설사로 먹은 것을 제거하거나 운동 등으로 체중을 조절한다.
- 사회적 영향과 유전 둘 다 거식증과 폭식증에 중요한 것으로 보인다.
- 세로토닌의 농도가 폭식증 환자의 경우 일부 비만인들처럼 낮은 것 같고, 먹은 것을 제거하는 부류의 거식증 환자의 경우에도 그런 것 같다. 하지만 먹는 것을 제한하는 부류의 거식증 환자의 경우에는 높은 듯하다.

핵심 용어

organum vasculosum lamina terminalis(OVLT): supraoptic crest
각성 이론(arousal theory)
감각-특정적 포만(sensory-specific satiety)
고속핵(nucleus of the solitary tract: NST)
궁상핵(arcuate nucleus)
그렐린(ghrelin)
글루카곤(glucagon)
글리세롤(glycerol)
글리코겐(glycogen)
기초 대사(basal metabolism)
뇌궁하 기관(subfornical organ: SFO)
단식기(fasting phase)
당뇨병 유전자(diabetes gene)
당뇨병(diabetes)
동기(motivation)
렙틴(leptin)
본능(instinct)
비만 유전자(obesity gene)
삼투성 갈증(osmotic thirst)
설정점(set point)
시삭전야(preoptic area)
신경성 거식증(anorexia nervosa)
신경성 폭식증(bulimia nervosa)
신경펩티드 Y(neuropeptide Y: NPY)
실방핵(paraventricular nucleus: PVN)
십이지장(duodenum)
아미노산(amino acids)
앤지오텐신 II(angiotensin II)
외측 시상하부(lateral hypothalamus)
유인가 이론(incentive theory)
인슐린(insulin)
저혈량성 갈증(hypovolemic thirst)
정중 시삭전핵(median preoptic nucleus)
지방산(fatty acids)
체질량 지수(body mass index: BMI)
최후야(area postrema)
추동 이론(drive theory)
추동(drive)
콜레시스토키닌(cholecystokinin: CCK)
펩티드 YY_{3-36}(peptide YY_{3-36}: PYY)
포도당(glucose)
포만(satiety)
학습된 미각 선호(learned taste preference)
학습된 미각 혐오(learned taste aversion)
항상성(homeostasis)
흡수기(absorptive phase)

Chapter 7

생물학적 성과 심리학적 성

이 장에서 배울 내용

- 성욕은 다른 추동과 어떤 점이 유사하고 또 다른가?
- 호르몬과 뇌 구조물은 성적 발달과 성행동을 어떻게 통제하는가?
- 남녀 간의 차이점과 이러한 차이를 낳는 원인은 무엇인가?
- 비정상적인 성적 발달이 어떻게 신체와 뇌 그리고 행동에 영향을 미치는가?
- 출생 전 발달이 이성애와 동성애를 설명하는 데 어떻게 도움이 되는가?

14세 소녀 얀은 쉰 목소리가 나아지지 않아 가정의를 찾아갔다. 병원을 찾는 사람들이 종종 자신이 걱정했던 부분이 아닌 다른 부분에서 이상을 발견하는 것처럼 얀 또한 검사를 통해 다른 우려할 점이 드러났다. 얀은 사춘기 때, 가슴이 커지지 않았고 월경도 하지 않았다. 대신 그녀의 목소리는 굵어졌고 몸은 남자처럼 되어 갔다. 자신이 사내아이처럼 말괄량이라는 것에는 익숙하지만, 이제는 자신의 모습과 점점 남자 같아지는 말투와 행동에 당황스러웠다. 얀은 또래들을 피하게 되었고 학업 수행도 어렵게 되었다. 사춘기 때 훨씬 더 심각한 변화가 있었는데, 클리토리스가 자라기 시작해서 의사에게 검사받을 때에는 길이가 4cm나 되었고, 게다가 음순은 일부가 붙어 음낭처럼 보였다. 자신은 물론 모두가 놀랍게도 얀은 배 안에 난소 대신 두 개의 고환을 지니고 있었고, 얀의 성염색체는 XX가 아니라 XY였다. 즉, 얀은 유전자상으로 여자가 아니라 남자였던 것이다.

정신과 검사 이후, 얀의 부모와 의사들은 얀이 남자의 성 정체성을 가질 수 있도록 하기로 결정했다. 얀은 곧장 집으로 달려가 남자 옷으로 갈아입고, 소년처럼 머리를 잘랐다. 얀의 가족은 모르는 동네로 이사를 갔고, 새로운 학교에서 이제 잭이 된 얀은 뛰어난 운동선수가 되었다. 또래들과도 잘 어울렸으며 소녀들이랑 데이트도 하기 시작했다. 수술을 통해 음순은 봉합되었고 배 안에 있던 고환은 만들어진 음낭에 옮겨졌다. 잭은 183cm의 남자다운 사내가 되었고 굵은 목소리에 짙은 턱수염도 지니게 되었다. 25세 때 잭은 결혼을 했고, 잭과 그의 아내는 성적 관계에 대해 서로가 만족스럽다고 말했다(Imperato-McGinley, Peterson, Stoller, & Goodwin, 1979).

인간은 세상을 흑 아니면 백으로 나누는 이분법적 판단을 몹시 좋아하는 경향이 있다. 인간 존재에 있어 남자와 여자만큼이나 중요한 의미를 지닌 양분화는 없을 것이다. 한 사람의 성(性)은 흔히 그 사람이 어떻게 행동해야 하고, 무엇을 할 자격이 있으며, 누구를 사랑해야 하는가를 결정하는 근거가 된다. 남녀 간의 차이에 대한 대부분은 사회에 의해 그들에게 부과된 것일 뿐만 아니라 얀의 경우가 시사하듯이 사람을 남자나 여자로 규정하는 것이 생각하는 것만큼 단순하거나 타당한 것이 아닐 수도 있다. 남성 아니면 여성이라는 생각과 그에 따른 기대에 대해 비평적인 눈을 가진다면, 우리는 이후 논의에서 훨씬 더 애매한 사례를 만날 것이다. 먼저 성욕이 다른 추동들과 어떤 점에서 비슷하고 어떤 점에서 다른지 살펴봄으로써 동기에 대한 논의부터 시작해 보자.

동기의 일종으로서 성

성욕도 배고픔과 같이 동기화된 행동이라는 것은 말할 필요도 없다. 그러나 이론적으로 성욕을 다른 생리적 추동과 동일한 것으로 분류한다는 것은 어려운 일인데, 왜냐하면 조직의 항상성 결여라는 반응 양식과는 부합하지 않기 때문이다. 만약 먹지 못하고 또는 일정 범위 내에서 체온을 유지하지 못한다면, 당신은 죽을 것이다. 하지만 성욕의 경우는 다르다. 당신이 성관계를 못한다고 해서 죽진 않는다. 성은 종의 보존을 위해선 필요하지만, 개체에게 있어선 그렇지 않다.

? 성욕은 다른 추동들과 어떤 점이 비슷하고 또 다른가?

하지만 배고픔이나 갈증과 같은 다른 추동들과 유사한 점이 몇 가지 있다. 이러한 유사점에는 각성과 만족, 호르몬의 관여 그리고 뇌의 특정 부위에 의해 통제된다는 점 등이다. 이후 논의에서 일부 차이점뿐만 아니라 이들 유사점에 대해서도 살펴볼 것이다.

각성과 만족

각성과 만족이 반복되는 것은 성적 동기와 다른 동기화된 행동들 사이의 가장 뚜렷한 유사점이다. 1960년대에 윌리엄 마스터스(William Masters)와 버지니아 존슨(Virginia Johnson)은 처음으로 인간의 성적 반응에 관해 연구를 수행했다. 이전 연구들은 동물의 성적 행동을 관찰하거나 사람의 경우엔 면담하는 정도에 그쳤다. 마스터스와 존슨(1966)은 312명의 남자와 382명의 여자를 대상으로, 실험실에서 이루어진 10,000 사례의 성적 활동을 통해 그들의 생리적 반응을 기록했다. 이런 유의 연구는 그 시대엔 전무한 것이었으며, 사실 연구자들은 그들의 연구 결과를 실어 줄 과학 잡지를 찾느라 애를 먹었다.

마스터스와 존슨은 4단계의 성적 반응이 있음을 알아냈다([그림 7-1]). 흥분 단계(excitement phase)는 각성과 성교를 위한 준비 기간이다. 이 기간 동안 남녀 모두에게서 심박률, 호흡률, 혈압, 근육 긴장 등이 증가한다. 음경은 충혈로 발기되고, 클리토리스도 발기하며 음순은 부어올라 벌어진다. 질은 분비물로 젖게 되고 가슴은 커지며 유두는 단단해진다.

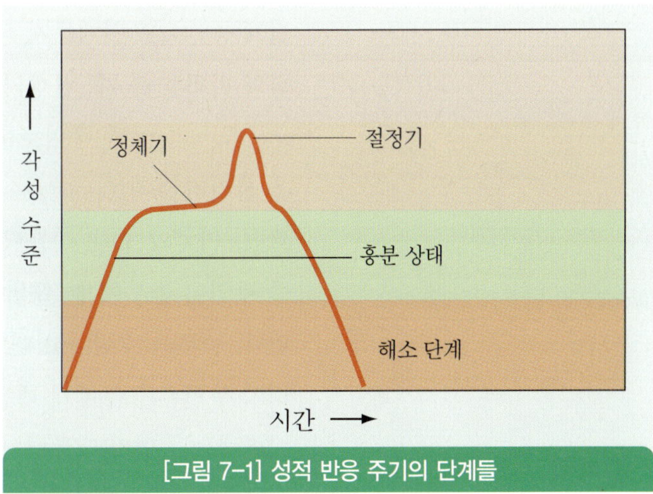

[그림 7-1] 성적 반응 주기의 단계들

이 그림은 남성의 전형적인 반응 단계다. 여성의 경우에 여러 번 절정을 경험하는 것이 가능하다.

출처: *Psychology: The Adaptive Mind*, 2nd ed. by Nairne. 2000. Reprinted with permission of Wadsworth, a division of Thomson Learning.

배고픔은 대체로 식사 이후에 경과된 시간에 의해 결정된다. 그러나 성적 각성은 노골적인 대화나 성적 매력 대상과 같은 성적 자극들, 그리고 성교의 기회 등에 의해 더 영향을 받는다. 다른 많은 종에서 성적 각성은 호르몬 분비에 의해 일어나는 고정적인 반응이다. 성욕과 다른 추동들 간의 또 다른 차이점은 다른 추동들의 경우엔 통상적으로 배고픔, 갈증, 체온 변화 등을 줄이기 위해 행동이 동기화되지만, 성욕의 경우엔 그렇지 않고 오히려 더 성적 각성을 원하게 된다. 하지만 이러한 차이가 성욕에만 국한된 것은 아니다. 예를 들어, 저녁을 잘 먹기 위해 우리는 점심을 굶기도 한다.

정체기(plateau phase)에는 성적 각성이 더 이상 증가하지 않고 몇 초에서 몇 분 정도 높은 수준에 머문다. 물론 이 기간은 더 길어질 수도 있는데, 이때 고환은 사정에 대비해서 음낭 위쪽으로 올라가고 질은 더 매끄러워지는 한편 질 입구는 음경을 조이게 된다. 절정기(orgasm)에 음경은 리드미컬한 수축을 하면서 사정을 하게 되고, 비슷한 수축이 질에서도 일어난다. 이 기간은 단지 몇 초이지만 강렬한 쾌감을 동반한다. 해소 단계(resolution)는 각성의 감소와 함께 일어나며 신체는 원래의 상태로 돌아간다.

절정은 식후에 또는 아주 추울 때 따뜻함에서 느끼는 쾌감과 유사하지만 그 강도는 특별하다. 절정 이후의 해소는 다른 추동들에서 나타나는 항상성 회복 이후의 안정기에 해당한다고 하겠다.

남성은 불응기(refractory phase)를 가지는데, 이 동안에는 성적으로 다시 각성할 수 없고 개인과 환경에 따라 다르지만 다음 절정을 경험할 수 있기까지는 몇 분에서 몇 시간 혹은 며칠이 걸릴 수도 있다. 여성에겐 불응기가 없는데, 해소 단계 동안에도 언제든지 절정을 더 느낄 수 있다. 성적 추동을 다른 종류의 동기화와 비교해 볼 때, 남성의 불응기는 제6장에서 배운 감각 특정적 포만(sensory-specific satiety)과 흥미로운 유사점을 지닌다. 성적 추동과 관련된 이러한 현상을 쿨리지 효과(Coolidge effect)라고 한다. 지어낸 듯하지만 유명한 이야기에 따르면, 미국의 30대 대통령이었던 캘빈 쿨리지와 그의 부인이 농장을 여행하던 중 부인이 농부에게 "수탉 한 마리가 혼자서 모든 암탉을 상대하느냐?"라고 물었다. 농부는 그렇다고 대답하면서, "하루에 수십 번도 할 수 있다."고 했다. 쿨리지 부인은 농부에게 대통령께 그걸 좀 말해 주라고 했고, 이야기는 계속되어 이번에는 쿨리지 대통령이 농부에게 물었다. "매번 상대가 다른 암탉으로 바뀌느냐?"고. 역시 농부가 그렇다고 말하자, 쿨리지 대통령은 그 점을 쿨리지 부인에게 좀 전해 달라고 대꾸했다고 한다. 이 이야기가 사실이든 아니든 쿨리지 효과, 즉 성교의 대상이 새로운 상대로 바뀌면 성적 각성이 더 빨리 다시 일어난다는 것이 다양한 종에서 발견되었다. 이 현상에 대해선 나중에 간략하게 다시 다루기로 하겠다.

테스토스테론의 역할

? 성적 행동에서 테스토스테론은 어떤 역할을 하는가?

아이러니하게도 인간에게 섹스가 중요한데 반해, 섹스에 관해 알려진 것 중 상당 부분이 다른 종을 대상으로 한 연구에서 나왔다. 그러한 이유 중 하나는 인간의 성행동에 대한 연구가 오랫동안 금기시 되어 왔고, 연구비를 받기도 어려웠다. 또 다른 이유는 성행동은 다른 동물을 대상으로 연구하기가 더 용이하다는 것이다. 쥐들은 하루에 20회나 섹스를 할 수 있으며, 또 실험자들이 관찰한다고 해서 성행동이 전혀 방해받지 않는다. 게다가 인간에게는 비윤리적일 수 있는 방식을 사용해 동물들의 성행동을 조작할 수 있다. 특히 다른 동물을 대상으로 해서 호르몬을 통제하는 연구는 훨씬 더 빈번하게 행해지는데, 그 이유는 동물들의 성행동에 호르몬이 다른 무엇보다도 뚜렷한 역할을 하기 때문이다.

성선(性腺: 고환이나 난소)을 제거하는 거세는 호르몬의 영향을 연구하는 방법 중 하나인데, 성 호르몬이 주로 성선에서 분비되기 때문이다. 사람을 제외한 포유동물에서 거세된 수컷과 암컷은 성적 동기화를 상실하는데, 그렇더라도 성적 행동이 완전히 사라지지 않을 수도 있다. 왜냐하면 부신선(adrenal gland)에서 성선보다는 적은 양이지만 남성 호르몬과 여성 호르몬 모두를 생산하기 때문이다. 성적 동기가 줄어드는 시간 경과를 보면, 수컷 쥐의 경우 몇 주에서 5개월까지 다양한데(J. M. Davidson, 1966), 몇몇 종에서 성적 경험이 있는 동물은 감소의 정도가 가장 적었고, 또한 가장 느리게 일어났다(Hart, 1968; Sachs & Meisel, 1994). 인간의 경우는 다른 동물보다 호르몬의 수준 변화에 영향을 덜 받는다. 그러나 암과 같은 이유로 사람의 경우도 거세되면 성적인 관심이나 기능이 남녀 모두에게서 줄어드는데(Bremer, 1959; Heim, 1981; Sherwin & Gelfand, 1987; Shifren et al., 2000), 쥐들의 경우보다는 그러한 감소가 더 느리다. 하지만 그 감소율은 쥐들처럼 다양하다.

남자의 경우 일부 범죄자에게서 공격성과 성폭행을 통제할 수 있으리라는 기대와 때로는 좀 더 짧은 형량을 대가로 거세가 행해진 적이 있다. 거세는 너무 극단적인 조치이고, 안드로겐(androgen—남자의 특징과 기능 중 많은 부분을 결정짓는 호르몬을 뭉뚱그려 일컫는 용어)의 효과를 상쇄할 수 있는 약물을 사용하는 것이 더 나은 대안이 될 수 있겠다. 남자의 주된 성호르몬인 테스토스테론의 생산을 막는 조치들은 성적 환상과 충동뿐만 아니라 노출증 및 소아기호증과 같은 비정상적인 성적 행동을 제거하는데 80~100%까지 효과가 있었다(A. Rösler & Witztum, 1998; Thibaut, Cordier, & Kuhn, 1996). 거세가 지니는 효과를 볼 때, 테스토스테론은 남성의 성행동에 필수적임을 알 수 있다. 한편 남성의 성행동에 요구되는 테스토스테론의 양은 고작해야 최소 수준이며, 매우 낮은 농도의 테스토스테론을 지닌 남성이라 할지라도 다른 남성들만큼 성적으로 활동적일 수 있다(Raboch & Stárka, 1973).

성적 활동의 횟수는 개인마다 테스토스테론의 수준에 따라 다르다. 그런데 테스토스테론의 증가는 성적 활동의 원인이라기보다는 결과인 것처럼 보인다. 예를 들어, 남자의 테스토스테론 수준은 성교가 일어나기 전이 아니라 끝날 즈음에 높다(J. M. Dabbs & Mohammed, 1992; Kraemer et al., 1976). 일화적 증거라 결론을 내리긴 어렵지만, 한 사례를 보면 단지 섹스를 예상하는 것만으로도 테스토스테론의 수준을 증가시킨다는 보고가 있다. 외딴 섬에서 혼자 연구를 하던 한 남자가 턱수염이 자라는 것과 테스토스테론 수준 간에 상관이 있는 것을 알고 매일 면도한 턱수염의 양을 측정했는데, 턱수염이 아내가 있는 집으로 돌아갈 일이 있기 전에는 더 많이 자란다는 것을 알아냈다(익명의 사례 보고, 1970)!

대부분의 종에서 암컷은 배란이 일어나고 성호르몬의 수준이 높아지는 발정기를 제외하고는 쉽사리 섹스를 하려고 하지 않는다. 여성을 포함한 영장류의 암컷은 발정기에 관계없이 생식 주기 전반에 걸쳐 섹스를 하는데, 여성을 대상으로 한 섹스 빈도에 대한 연구는 배란기에 뚜렷한 증가가 있다는 것을 발견하지 못했다. 한편 여성의 성적 동기와 관련해서 여성이 기꺼이 섹스하기를 원하느냐보다는 여성이 성적 활동을 이끄느냐가 더 좋은 지표인데, 여성은 월경 주기의 중간 즈음에 더 빈번하게 성적 활동을 주도하며, 이즈음이 배란이 일어나는 때다([그림 7-2]; Adams, Gold, & Burt, 1978; Harvey, 1987). 연구자들은 이러한 현상이 에스트로겐(estrogen) 때문이라고 생각한다. 왜냐하면 에스트로겐이 월경 주기의 중간 즈음에 가장 많이 분비되기 때문이다. 에스트로겐이란 여성의 특징과 기능 중 많은 부분을 결정하는 호르몬들을 총칭하는 용어다. 피임약을 복용하는 여성의 경우에는 성적 활동상에 이러한 증가가 없다. 피임약이 여성의 주기 동안에 분비되는 에스트로겐의 수준을 일정하게 만들어 버리기 때문이다.

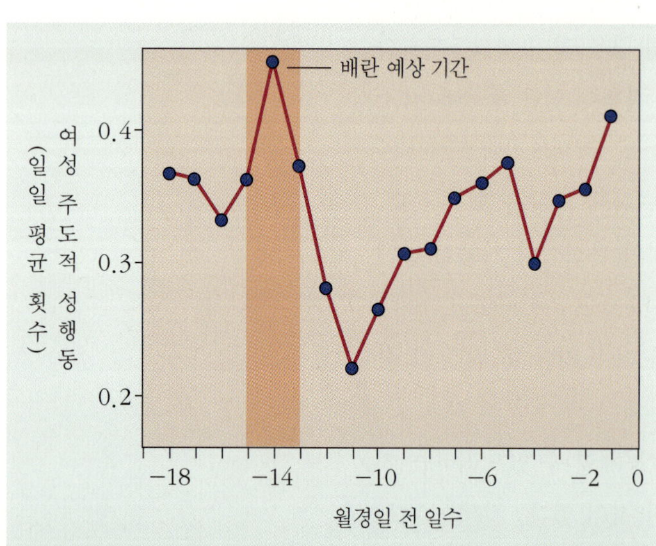

[그림 7-2] 월경 주기와 여성의 주도적 성행동

여성이 이끄는 성적 활동은 월경 주기의 중간 즈음에 가장 많이 일어나는데, 이때가 배란이 일어나는 시기다.

출처: figure 2 from "Rise in Female-Initiated Sexual Activity at Ovulation and Its Suppression by Oral Contraceptives," by D. B. Adams, A. R. Gold, & A. D. Burt, 1978, *New England Journal of Medicine, 299*(21), pp. 1145-1150.

테스토스테론도 같은 시기에 가장 많이 분비되는데, 주기 중에 일어나는 성교 횟수를 보면 여성의 테스토스테론 수준과 일치함을 알 수 있다(N. M. Morris, Udry, Khan-Dawood, & Dawood, 1987). 폐경기엔 에스트로겐과 테스토스테론 수준이 모두 줄어드는데, 테스토스테론 수준이 성교의 횟수와 가장 일정한 상관을 보인다(McCoy & Davidson, 1985). 이러한 관찰 결과는 어떻게 해석해야 할지 모호하다. 왜냐하면 남자의 경우처럼 여자의 경우도 성적 활동의 결과로 테스토스테론이 증가하기 때문이다([그림 7-3]; J. M. Dabbs & Mohammed, 1992). 그런데 테스토스테론의 수준을 실험적으로 조작할 수 있었던 연구들에서, 테스토스테론도 여성의 성행동에 영향을 미치는 것으로 나타났다. 여성에게 에로 영화를 보는 동안 테스토스테론을 처치하면 성적 각성이 더 증가했다(Tuiten et al., 2000). 게다가 난소가 제거된 여성의 경우에도 테스토스테론을 처치하면 성적 각성, 성적 공상, 성교 횟수 등이 증가되었다. 그러나 에스트로겐 처치는 그렇지 않았다(Sherwin & Gelfand, 1987; Shifren et al., 2000).

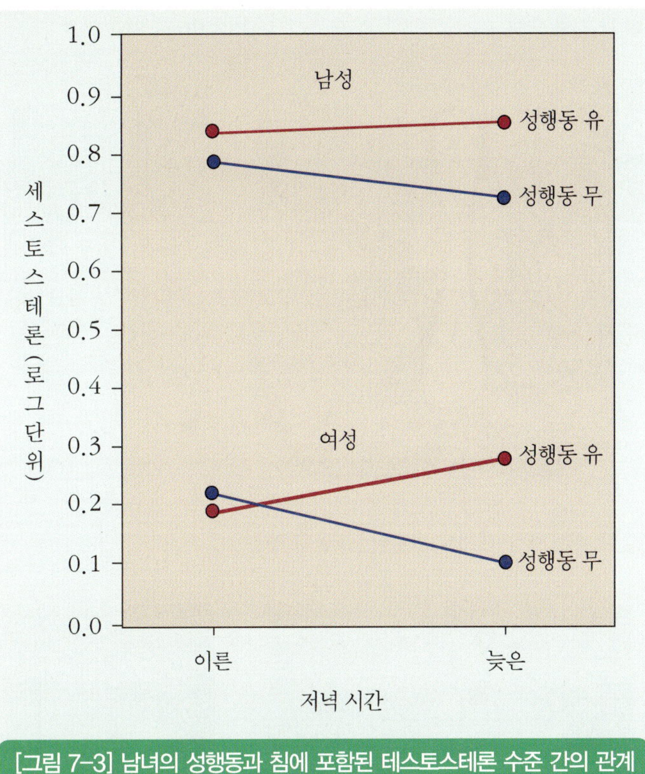

[그림 7-3] 남녀의 성행동과 침에 포함된 테스토스테론 수준 간의 관계

출처: J. M. Dabbs, Jr., & S. Mohammed, "Male and Female Salivary Testosterone Concentrations Before and After Sexual Activity," *Physiology and Behavior, 52*, pp. 195-197, Fig. 1. © 1992 Reprinted with permission from Elsevier Science.

뇌 구조물과 신경전달물질

? 어떤 뇌 구조물이 성적 행동과 관계가 있는가?

신경과학자들에 의해 여러 뇌 구조물의 역할이 더 분명하게 밝혀져 감에 따라, 동기를 연구하는 사람들도 추동을 세포 조직 수준의 결핍이 아니라 특정 뇌 부위의 상태로 다루기 시작했다. 다른 추동 및 행동처럼 성적 활동도 뇌 구조물 간의 네트워크와 관련이 있다. 그럴 수밖에 없는 것이 성적 활동은 다양한 자극에 대한 반응과 몇몇 생리학적 시스템들의 활성화 및 자세 잡기 반응 그리고 운동 반응, 보상 경험 등등을 포함하기 때문이다. 우리는 아직 성행동과 관련된 신경 네트워크 전체가 어떻게 작동하는지 모르지만, 이것을 구성하는 일부 시스템들의 기능에 대해선 좀 알고 있다. 이번 논의 부분에서는 앞 장에서 배운 시상하부 구조물들의 이름을 접할 것이다. 그리고 뇌 기능의 중요한 원리라고 할 수 있는, 즉 크기는 매우 작지만 특정 뇌 영역이 흔히 여러 가지 기능을 하는 것에 대한 예를 볼 것이다.

시상하부의 내측 시삭전 영역(medial preoptic area: MPOA)은 수컷과 암컷의

(a) 다 자란 수컷

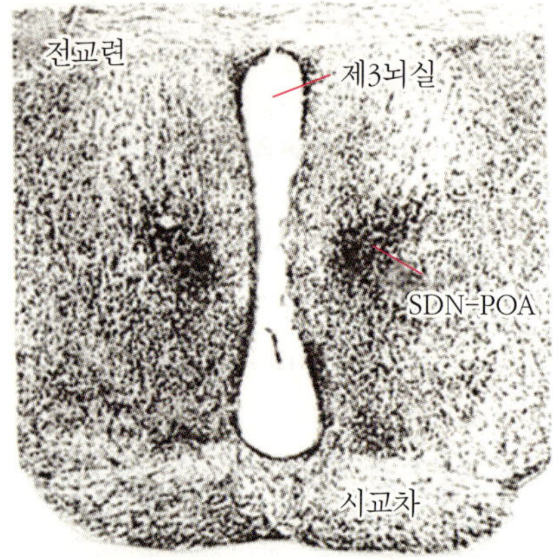

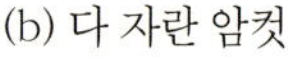
(b) 다 자란 암컷

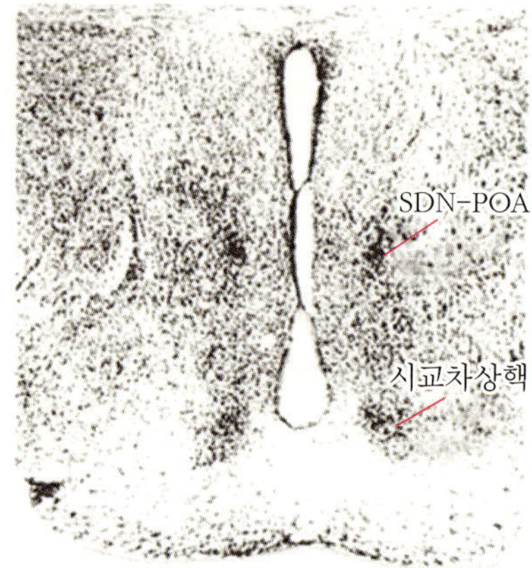

(c) 다 자란 암컷: 테스토스테론에 노출된 경우

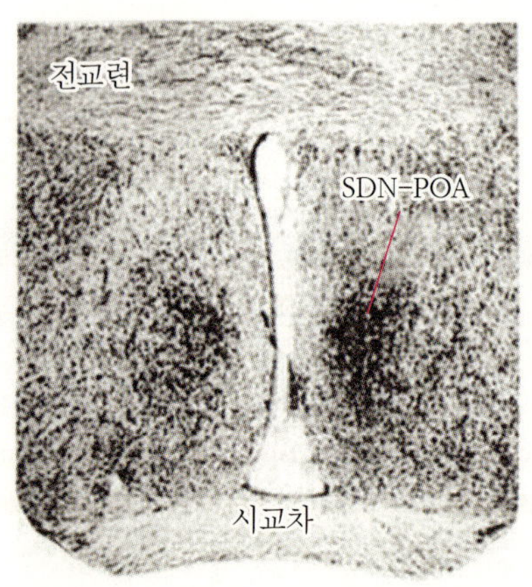

다이에틸스틸베스트롤(Diethylstilbestrol)에 노출된 경우

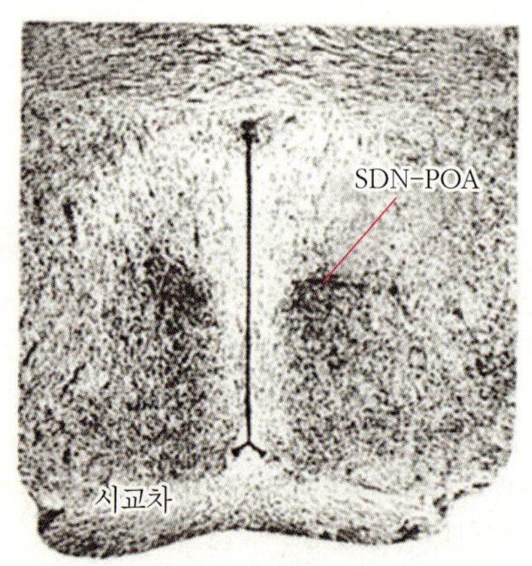

[그림 7-4] 쥐의 자웅이형핵

(a) 수컷의 SDN은 (b) 암컷보다 크다. (c) 두 종류의 남성화 호르몬 처치가 암컷의 SDN에 미치는 효과를 보여 준다.

출처: "The Neuroendocrine Regulation of Sexual Behavior," by Gorski in G. Newton and A. H. Riesen (Eds.) *Advances in Psychobiology* (Vol. 2), 1974, New York: Wiley.

성행동과 관련된 중요한 뇌 구조물 중에 하나다. 시삭전 영역의 위치는 제6장의 [그림 6-2]에 나와 있다. 쥐를 대상으로 MPOA를 자극하면, 암수 모두에서 성교가 증가한다(Bloch, Butler, & Kohlert, 1996; Bloch, Butler, Kohlert, & Bloch, 1993). 쥐들이 자발적으로 성교할 때도 MPOA가 활성화되는 것을 볼 수 있다(Pfaus, Kleopoulos, Mobbs, Gibbs, & Pfaff, 1993; Shimura & Shimokochi, 1990). MPOA는 동기화보다 교미의 수행에 더 영향을 미치는 것으로 보인다. 수컷 원숭이의 MPOA를 손상시켰더니, 더 이상 교미를 시도하지 않고 대신에 암컷에 노출되면 자위를 하곤 했다(Slimp, Hart, & Goy, 1978).

내측 편도체(medial amygdala)라고 알려진 편도체 부위 또한 암수 쥐 모두의 성적 활동에 관여한다. 좌우 측두엽 측뇌실 근처에 위치한 편도체는 성적 행동뿐만 아니라 공격성 및 정서와도 관련된다. 쥐의 내측 편도체는 교미하는 동안 활성화되고(Pfaus et al., 1993), 이 부위를 자극하면 MPOA 내에서 도파민이 분비된다(Dominguez & Hull, 2001; Matuszewich, Lorrain, & Hull, 2000). 내측 편도체의 역할은 교미 상대와 같은 성적 흥분 자극에 반응하게 하는 것으로 보인다(de Jonge, Oldenburger, Louwerse, & Van de Poll, 1992).

수컷 쥐의 경우 실방핵(paraventricular nucleus)은 성교의 수행에 중요한데, 특히 음경 발기에 중요하다(Argiolas, 1999). MPOA 내에 위치하는 자웅이형핵(sexually dimorphic nucleus: SDN)은 수컷에겐 특히 중요하다(de Jonge et al., 1989). 수컷 쥐의 SDN은 암컷 쥐보다 5배나 더 큰데([그림 7-4]; Gorski, Gordon, Shryne, & Southam, 1978), 수컷의 성적 활동 수준이 이 SDN의 크기와 관련 있

다. SDN의 크기는 출생 전에 테스토스테론에 의해 결정된다(R. H. Anderson, Fleming, Rhees, & Kinghorn, 1986). SDN이 손상되면 수컷의 성적 활동이 줄어든다(de Jonge et al., 1989). 성과 관련된 뇌 부위들이 SDN과 연결되어 있는 것을 보면, SDN이 감각 신호와 호르몬 신호를 통합해서 성적 감각 단서에 대한 행동 반응과 생리적 반응을 협응시키는 것으로 생각된다(Roselli, Larkin, Resko, Stellflug, & Stormshak, 2004).

시상하부의 복내측핵(ventromedial nucleus)은 암컷 쥐의 성행동에 중요하다([그림 6-2]에 위치가 나타나 있다). 교미 동안에 이 부위의 활동은 증가하고(Pfaus et al., 1993), 이 부위가 손상되면 수컷의 접근에 대해 반응하는 것이 감소한다(Pfaff & Sakuma, 1979).

사람의 경우엔, 앞서 말한 이유 때문에, 어떤 뇌 구조물이 성행동과 관련되는지 훨씬 덜 밝혀져 있다. 남녀 간의 몇몇 뇌 구조물의 크기가 서로 다르다는 정도만 알 뿐이다. 이들 뇌 부위가 성행동과 어떻게 관련되는지 분명하지 않고 또 크기의 차이로 이성애자와 동성애자가 구별될 수 있기 때문에, 이들 뇌 구조물에 대한 논의는 성적 지향을 다룰 때 하겠다.

몇 가지 신경전달물질이 성행동과 관련된다. 제5장에서 측핵 내의 도파민 수준이 성적 활동 중에 증가한다는 것을 이미 배웠다. 이 장에선 앞서 내측 편도체를 자극하면 MPOA 내에 도파민이 분비된다는 것을 보았다. 약물 주입이나 미세투석법을 이용한 연구를 통해 MPOA 내의 도파민 활동은 몇몇 종에서 암수 모두의 성적 동기화와 관계있고, 특히 수컷의 성적 행동 수행에 결정적인 역할을 한다는 것이 밝혀졌다(E. M. Hull et al., 1999). 수컷에서 처음 소량의 도파민은 D_1 수용기를 자극하여 부교감신경계를 활성화시키고 사정을 늦추는 반면, 성적 동기와 발기를 증가시킨다. 한편 도파민의 수준이 높아지면, D_2 수용기가 자극되어 교감신경계의 활성화 쪽으로 자율신경계의 균형이 옮겨져 사정을 하게 된다. 그리고 D_2 수용기의 활동은 발기를 억제하는데, 아마도 이것이 성적 불응기를 설명하는 원인 중 하나인 것 같다. 파킨슨 질환에서 사용되는 것과 같은 도파민 수준을 높이는 약물들은 사람의 성적 활동을 증가시킨다(Meston & Frolich, 2000). 흥미로운 점은 도파민의 분비가 쿨리지 효과 동안에 성행동과 함께 변한다는 것이다. [그림 7-5]에 나타난 것처럼 수컷 쥐의 측핵 내 도파민은 암컷이 있을 때 높아졌다가 성적 흥미가 줄어들면 기저선으로 떨어지고, 또 다른 암컷에게 노출되면 다시 증가한다(Fiorino, Coury, & Phillips, 1997). 수컷과 암컷 사이에 투명한 칸막이를 해 보았더니, 여전히 이런 식의 변화 양상이 계속 나타났다. 따라서 이는 도파민의 수준이 성적 활동의 결과가 아니라 수컷의 성적 관심과 관계있음을 가리킨다고 하겠다.

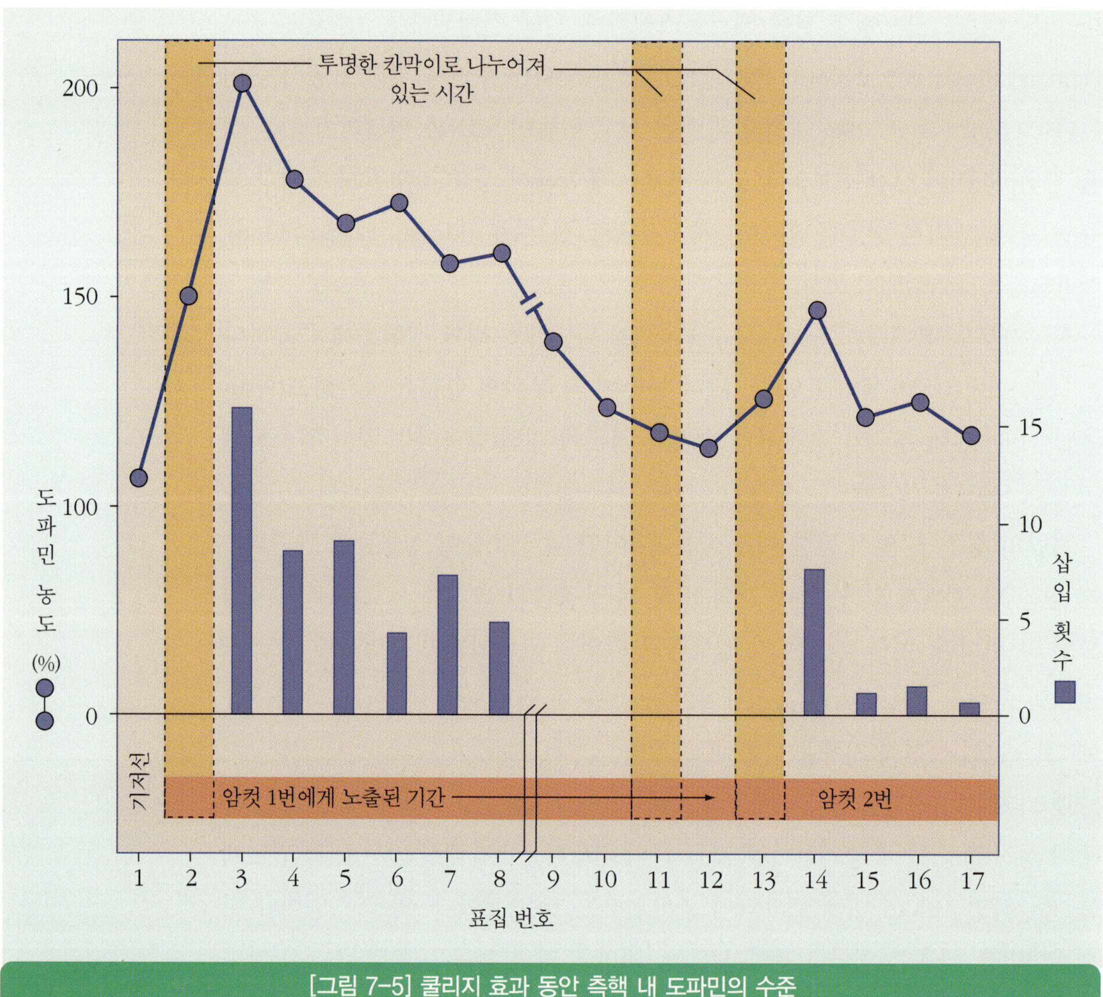

[그림 7-5] 쿨리지 효과 동안 측핵 내 도파민의 수준

수컷의 성적 활동을 수컷이 암컷 1번에게, 그리고 그다음으로 암컷 2번에게 성적 흥미를 잃을 때까지 기록했다. 주황색 표시는 수컷과 암컷이 투명한 칸막이로 나누어져 있는 기간을 나타낸다. 절선 도표는 도파민의 수준을 나타내고, 막대 도표는 삽입의 횟수를 나타낸다.

출처: "Dynamic Changes in Nucleus Accumbens Dopamine Efflux During the Coolidge Effect in Male Rats," by D. F. Fiorino, A. Coury, & A. G. Phillips, 1997, *Journal of Neuroscience, 17*, p. 4852. © 1997 Society for Neuroscience. Reprinted with permission.

사정은 외측 시상하부에서 세로토닌의 증가와 함께 일어나는데, 세로토닌의 증가가 불응기를 설명하는 또 다른 기전으로 보인다(E. M. Hull et al., 1999). 세로토닌의 재흡수를 억제하는 약물을 외측 시상하부에 주입하면, 수컷 쥐가 다시 교미를 하려고 하기까지 더 오랜 시간이 지나야 하고, 교미를 다시 하더라도 사정하는 데 어려움이 따른다. 우울이나 불안 등을 포함하는 여러 가지 이유로, 흔히 이러한 약물을 복용하는 사람들은 남녀 모두 그들의 성기능에 문제가 생겼다고 호소한다. 세로토닌 재흡수 억제제로 처치된 수컷 쥐에게 소량의 옥시토신을 투여하면 사정이 억제되는 것을 되돌릴 수 있는데, 세로토닌이 옥시토신의 분비를 줄이는 것으로 보인다(J. Cantor, Binik, & Pfaus, 1999).

옥시토신은 민무늬근을 수축시키는 호르몬이다. 예를 들면, 수유모에게서 모유가 나오도록 한다. 그리고 시상하부 뉴런에서는 전달물질로서 성행동에 관여한다. 사람 이외의 동물들에게선 수컷의 성행동과 암컷의 수용성에 관계한다(Argiolas, 1999). 그리고 초원들쥐(prairie vole)의 일자일웅(monogamy) 습성을 설명할 수 있는 원인일 것으로도 보인다(Insel & Shapiro, 1992). 사람의 경우 남녀 모두 자위를 통해 절정에 이를 때, 혈액 내 옥시토신의 양이 급격하게 증가한다(M. S. Carmichael et al., 1987). 날록손은 남자에게서 절정 동안에 옥시토신의 증가를 차단하고 느낄 수 있는 성적 각성과 쾌감을 감소시킨다(M. R. Murphy, Checkley, Seckl, & Lightman, 1990). 옥시토신의 증가는 아마도 절정에서 남성의 사정 및 여성의 질 수축과 관련된 근육 수축을 일으키는 것 같다. 그래서 수유 중인 여성이 절정을 느낄 때 젖이 나오기도 하는 이유가 그것이다. 옥시토신은 또한 'sociability molecule' 이라고도 불리는데, 사람 이외의 동물에게는 사회적 행동과 유대 관계에 영향을 준다(Insel, O' Brien, & Leckman, 1999). 따라서 옥시토신은 아마도 사람들 사이에서도 성적 상대에게 느끼는 친밀한 유대감 형성에 관여하는 것 같다.

성행동에서 감각 자극

성행동은 내적 상태, 특히 호르몬 수준과 외부 자극 사이의 상호작용의 결과다. 성적 자극들로는 밝고 화려한 의상이나 매력적인 신체에서 어떤 특정한 냄새에 이르기까지 어떤 것도 될 수 있다. 앞서 언급했듯이 외부 자극들은 다른 추동들보다 인간의 성행동에 보다 더 중요하다. 이제부터 특별히 연구자들의 관심을 끄는 자극 중 몇 가지를 살펴보자.

성적 기관으로서 코

사람마다 유전적으로 고유한 냄새를 풍기는가 하면(Axel, 1995), 우리는 가족이 입었던 옷과 낯선 사람이 입었던 옷을 단지 냄새만으로도 구별할 수 있다(Porter & Moore, 1981; Schaal & Porter, 1991). 다른 포유동물처럼 사람도 냄새로 가족을 구별하고 그들과 친밀한 유대를 형성하는가 하면, 배우자를 선택하는 데에도 냄새가 영향을 미친다는 증거가 있다. 여자는 지배적인 남성의 냄새를 선호하는데, 월경 주기 중 임신 가능한 시기에만 그렇다고 한다(Havlicek, Roberts, & Flegr, 2005).

냄새가 유전적으로 가까운 근친과 짝을 이루는 것을 피하도록 한다는 증거도 있다. 여자들은 자신과 다른 주조직적합성복합체(major histocompatibility complex: MHC)를 지닌 남성이 풍기는 냄새를 더 좋아하게끔 되는데, 이 MHC는 면역계 기능에 관여하는 유전자 그룹이다(Wedekind, Seebeck, Bettens, & Paepke, 1995). MHC가 유사한 남녀는 임신이 잘 안 되고 자연유산이 더 쉽게 일어난다. 여자들에게서 나타나는 이러한 선호는 실제 생활에서 선택에 영향을 미치는데, 좋아하는 냄새를 맡으면 지금 사귀는 남자나 예전에 사귀었던 남자들이 떠오른다고 한다.

실제적인 자극은 냄새일 수 있지만, 흔히 작용하는 장본인은 페로몬이다. 페로몬은 공기 중에 방출되는 화학물질로서 같은 종의 개체에게 생리적으로 또는 행동에 영향을 미친다. 페로몬은 매우 강력한데, 알다시피 집에 있는 암고양이가 발정기가 되면 동네에 있는 수고양이란 고양이는 다 집 주위로 몰려들 정도다. 암컷 집시 나방은 3Km나 떨어진 곳에서도 수컷을 유인할 수 있다(Hopson, 1979).

페로몬의 작용을 이해하기 위해 먼저 후각 시스템에 대한 기초적인 지식이 필요하다. 후각은 미각과 함께 두 가지 화학적 감각 중 하나다. 공기 중의 방향 물질은 콧구멍을 통해 비강으로 들어가서 후각 수용기 세포를 덮고 있는 점막에 녹아든다. 그러고 나서 이 방향물질은 후각 수용기 세포를 자극하고 수용기 세포의 수상돌기에 있는 수용기와 결합한다([그림 7-6]). 후각 수용기 세포의 축색은 두개골 바닥 쪽에 나 있는 구멍을 통해 후구로 들어간다. 후구는 비강 바로 위에 위치한다. 여기서부터 후구에 있는 뉴런의 축색인 후신경은 측두엽 아래 표면에 위치하는 후각피질로 간다.

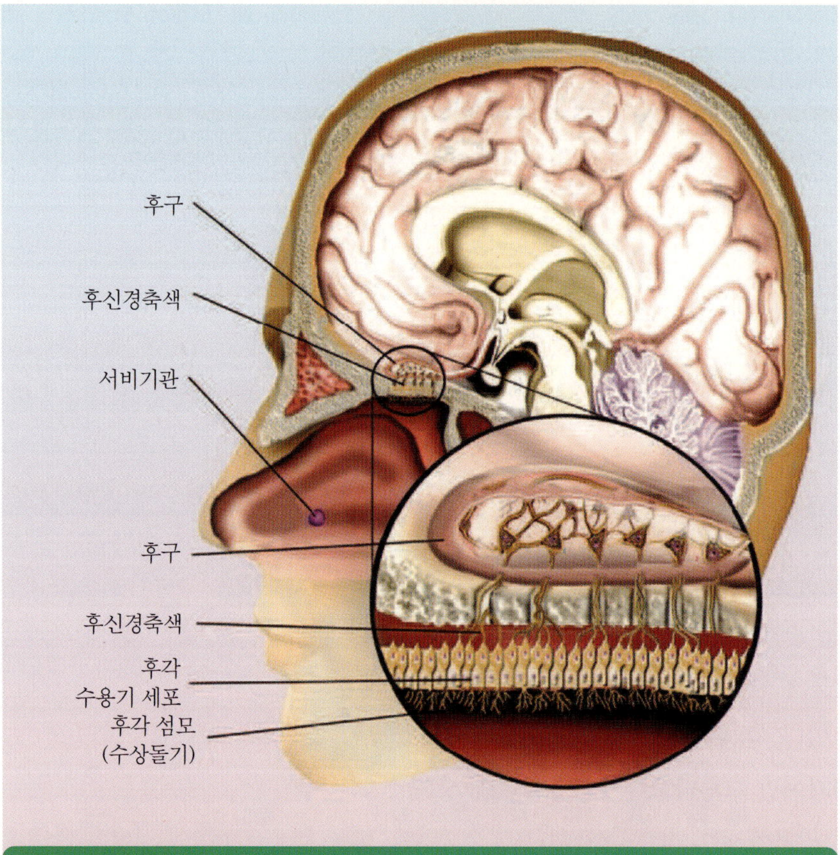

[그림 7-6] 후각계와 서비계

사람은 약 10,000가지의 냄새를 구별한다. 그러나 각각의 냄새에 대한 개별적인 수용기를 갖고 있지 않다. 그렇다고 해서 하나의 뉴런이 그렇게 많은 종류의 자극을 구별할 수 있는 다양한 신호를 만들어 낼 수도 없다. 연구자들은 최근 약 10,000개의 유전자가 쥐와 생쥐에서 같은 수의 후각 수용기 타입을 만들어 낸다는 것을 발견했다. 사람은 500~750개의 후각 수용기 유전자를 지니고 있는데, 이들 중 단지 1/4~3/4만 기능하는 것으로 보인다(Mombaerts, 1999). 개별 뉴런은 한 종류의 후각 수용기만을 지닌다. 우리 뇌는 냄새로 활성화되는 뉴런들의 조합을 통해 냄새를 구별해 낸다.

한편 〈응용〉에 나와 있듯이, 과학자들은 후각 수용기가 냄새를 맡는 것 이외에도 다른 기능을 한다는 것을 밝혀내고 있다.

대부분의 페로몬은 서비 기관(vomeronasal organ: VNO)에서 탐지되는데, 수용기들이 모여서 된 서비 기관도 비강에 위치한다([그림 7-6]). 후각계와 서비계는 별개의 시스템이다. VNO의 수용기들은 다른 종류의 유전자 집단에 의해 만들어진다(P. J. Hines, 1997). 당연히 동물에서 VNO는 그 신호를 편도체뿐만 아니라 시상하부의 MPOA와 복내측핵으로도 보낸다(Keverne, 1999).

사람에게 미치는 페로몬 효과에 대한 최초의 객관적인 증거는 1980년대에 대학 기숙사에 함께 살고 있는 여대생들의 월경 주기가 동일한 것이 페로몬과 같은 신호와 관련 있는지를 궁금해하면서 드러났다. 연구자들은 다른 곳에 살고 있는 여성의 겨드랑이를 닦아 낸 헝겊을 매일 피험 여성의 코 바로 아래 윗입술에다 갖다 대었는데(Preti, Cutler, Garcia, Huggins, & Lawley, 1986; Stern &

? 인간의 성행동에 페르몬이 관여한다는 증거는 무엇인가?

응용 후각 수용기가 냄새만을 맡기 위한 것은 아니다

신경과학을 공부하면서 잊지 말아야 할 중요한 한 가지는 신체는 매우 효율적인 기계와 같아서 제한된 자원을 가지고도 다른 부위에서 놀라운 방식으로 쉽게 활용한다는 것이다. 하찮아 보일 수도 있는 후각 수용기를 예로 들어 보면, 이 수용기들이 코에만 있는 것은 아니다. 이들은 후구 뉴런의 축색 종말에도 있는데, 감각과 관련된 수용기가 뉴런의 끝에 위치한다는 것은 뭔가 잘못된 듯하다. 하지만 이 경우 이 수용기들은 엄밀하게 말해서 냄새를 맡기 위한 것이 아니고, 자라나는 뉴런이 자신의 목표 지점을 찾도록 돕기 위한 것이다(Barnea et al., 2004). 이것이 바로 비강 위쪽에 무작위로 흩어져 있는 무수히 많은 종류의 뉴런이 종국에는 후구 내에서 어떻게 같은 종류끼리 서로 모이는지를 설명하는 것이다.

또 다른 부위에서도 후각 수용기를 찾아볼 수 있는데, 바로 사람의 정자 표면이다. 정자는 후각 수용기를 이용해서 수정할 난자를 찾아가는 것이다(Spehr et al., 2004; Vosshall, 2004). 동일한 종류의 수용기가 사람의 코에서도 발견되는데, 두 가지의 방향 물질이 이 수용기와 결합한다. 그 두 가지 물질은 은방울꽃과 같은 냄새의 부르지오날(bourgeonal)과 아교 같은 냄새의 언디캐날(undecanal)이다. 그런데 언디캐날을 먼저 냄새 맡고 나서 부르지오날 냄새를 맡으면, 부르지오날 냄새를 더 이상 맡을 수 없다. 유사한 일이 정자의 경우에도 일어나는데, 부르지오날은 정자를 유인한다. 그러나 언디캐날이 이 수용기를 장악하고 나면 부르지오날의 효과는 차단되어 버린다. 정자를 유인하는 물질이 난자나 나팔관에서 분비될 것이라는 점은 이치에 맞지만, 이 수용기의 차단 물질의 기능에 대해선 모호하다. 아마도 스트레스나 기아 상태에서 여성의 몸으로부터 이러한 차단제가 분비되어 생식을 연기시키는 역할을 하는 것이 아닌가 한다. 어쨌든 연구자들은 새롭게 발견된 이 물질들이 각각 수정 촉진제와 피임제로 사용될 수 있을지 고대하는 중이다.

McClintock, 1998), 피험 여성은 용매로 쓰인 알코올 냄새 이외에는 아무런 냄새를 맡지 못했다고 말했지만, 시간이 지남에 따라 피험 여성의 월경 주기가 그 타 지역의 여성과 동일해지는 것을 발견했다. 남성의 겨드랑이를 닦아 낸 것을 사용하자 피험 여성의 월경 주기가 더 규칙적으로 변했다(Cutler et al., 1986). 이것은 아마 매주 남성과 성교를 하는 여성이 더 규칙적인 월경 주기를 가지는 이유를 설명해 줄 수 있을 것이다. 월경 주기는 황체형성호르몬에 의해 통제되는데, 황체형성호르몬의 분비는 시상하부에서 조절된다. 후속 연구에서 남녀의 겨드랑이에서 분비되는 물질이 황체형성호르몬의 분비 횟수를 변화시킨다는 것이 밝혀졌다(Preti, Wysocki, Barnhart, Sondheimer, & Leyden, 2003; Shinohara, Morofushi, Funabashi, & Kimura, 2001).

몇몇 연구를 통해 인간의 페로몬이 성적 매력과 성행동을 촉진한다고 보고되었다. 남성 페로몬에 해당하는 화합물이 섞인 애프터셰이브 로션을 쓰는 남성은 보통의 애프터셰이브 로션을 사용하는 남성보다 더 자주 섹스를 한다는 보고가 있다(Cutler, Friedmann, & McCoy, 1998). 젊은 여성의 경우에도, 여성의 겨드랑이 분비물에서 추출된 화합물이 섞인 향수를 사용한 후 성교가 늘어났다고 보고했고(McCoy & Pitino, 2002), 평균 57세의 폐경 여성을 대상으로도 키스와 애무 같은 육체적 애정 표현이 증가했다(Friebely & Rako, 2004). 그러나 이들 집단에서 누구도 자위행위가 늘어난 경우는 없어서, 섹스에 대한 동기가 촉진되어 그러한 결과가 나왔다고는 설명할 수 없었다. 스톡홀름에 있는 카롤린스카(Karolinska) 연구소에서 PET 뇌 영상 기법을 이용해 알아본 결과, 소위 페로몬에 해당하는 화합물이 전측 시상하부 영역을 활성화시켰는데, 이 부위는 동물의 성행동에 중요한 구조물들이 위치해 있는 곳이다(Savic, Berglund, Gulyas, & Roland, 2001).

이런 결과가 사람에게서 서비계가 기능한다는 증거가 될 수 있는지는 논쟁거리다. 1,000명을 대상으로 검사해 봤을 때 거의 모두에게서 VNO를 찾아볼 수 있었지만, 분명 사람의 VNO는 현미경으로 살펴봐야 할 만큼 크기가 작다(Garcia-Velasco & Mondragon, 1991). 그럼에도 불구하고 소위 페로몬 물질을 전문적으로 생산하는 제약회사의 연구원들은 그들이 만든 화합물들이 후각 수용기들은 자극하지 않고 VNO에서 전위를 발생시킨다고 주장했다(Monti-Bloch, Jennings-White, Dolberg, & Berliner, 1994). 어떤 연구자들은 색채 시각이 진화적으로 발달하면서, 새의 깃털이나 비비원숭이의 크고 빨간 엉덩이처럼 시각을 통한 성적 신호들이 페로몬을 대체함으로써 VNO의 기능이 소멸하게 되었다고 생각한다(I. Rodriguez, 2004). 한편 로드리게즈(Rodriguez)가 지적했듯이 토끼, 돼지, 양 같은 일부 포유류는 VNO가 아닌 후각계를 통해 중요 페로몬에 반응하는 것으로 알려져 있다. 따라서 앞서 살펴본 효과들이 사람에게 VNO 기능의 유무와 관련해서 흥밋거리로 남아 있다.

신체 대칭성, 건강, 생식력

아름다움은 문화마다 다를 수 있지만, 일부 연구자들은 일반적으로 매력적이라고 여기는 몇 가지 특징이 있다고 생각한다. 이 특징들은 신체적인 건강 및 생식력과 관련이 있는 것으로 보인다. 예를 들면, 신체 좌우가 비슷한 정도인 신체 대칭성(body symmetry)은 건강과 선천적으로 우수한 체격과 관계있는데 (Thornhill & Gangestad, 1994), 신체 대칭성이 높은 배우자는 생식력이 더 좋고 좋은 부모로서의 자질도 더 잘 갖추고 있는가 하면, 좋은 유전자를 자식에게 물려 주곤 한다. 동물에서 대칭성이 더 높은 수컷은 암컷에게 더 매력적으로 보이거나 다른 수컷들과의 경쟁에서 더 우수하기 때문에 비대칭적인 수컷보다 교미하는 기회를 더 많이 가지게 된다. 중미 카리브해에 면한 벨리즈라는 나라에선 대칭성이 높은 남성이 더 많은 자녀를 가졌으며, 치명적인 질병을 지닌 경우가 더 적다는 것이 확인되었다(Waynforth, 1998). 미국 대학생을 대상으로 한 연구에서도 대칭성이 높은 남자는 더 매력적으로 여겨졌고, 또 대칭성이 높은 남녀는 더 많은 섹스 파트너가 있는 것으로 나타났다(Thornhill & Gangestad, 1994). 또 다른 연구에서 여성들은 대칭성이 높은 남자가 입었던 셔츠의 냄새를 더 좋아했는데, 월경 주기 중에 배란이 일어날 즈음에만 이러한 선호가 나타났다 (Gangestad & Thornhill, 1998). 아마도 더 건강한 것과 관계있는 외모상의 특징에 끌리는 것은 생물학적으로 결정되어 있는 성향인 것 같다.

이러한 결과가 의미하는 바가 잘 알려져 있는 사회적 영향이 성적으로 끌리는 것과 배우자를 선택하는 데 있어 아무런 역할도 하지 않는다는 것은 아니다. 우리는 섹스 파트너를 고르는 데 있어 성격이나 머리카락 색깔 또는 사회적 지위 등에 의해 끊임없이 영향을 받는다. 그러나 이러한 사회적 요인만이 작용하는 것이 아니라는 것과 또 생각했던 것보단 우리가 우리와 가까운 동물들과 좀 더 비슷하다는 것을 곧 알게 될 것이다.

✎ 개념 확인

- 어떤 생각이 연구자들로 하여금 성욕이 다른 생물학적 추동과 비슷하다고 여기게 하는가?
- 에스트로겐과 테스토스테론은 인간의 성행동에 어떤 역할을 하는가?
- 감각 자극은 어떤 식으로 성행동에 영향을 주는가?

성별의 생물학적 결정

자, 이제 성별 간의 차이점에 대해서 알아보고, 또 성별에 있어 비정상적인 경우에 대해서도 살펴보자. Sex란 용어는 사람을 포함한 동물들을 여성과 남성으로 구분하는 생물학적 특징을 일컫는 말이다. Gender란 말은 남자다움 또는 여자다움과 관련된 행동상의 특징을 가리키는 것이다. 우리의 논의에 맞게 두 가지를 더 구별하자면, 성 역할(gender role)은 사회적으로 생물학적 성(sex)에 걸맞다고 여겨지는 행동들을 말하는 것이고, 반면에 성 정체성(gender identity)은 자신이 남자나 여자라고 느끼는 주관적인 생각을 일컫는 것이다. Sex라는 용어가 이들 각각의 개념과 항상 일치하는 것은 아니기 때문에, 이들 모든 개념을 sex라는 말 하나만으로 대신할 수는 없다. 간혹 남녀를 구분한다는 것이 쉬운 일이 아닐 때도 있다. 아마 염색체를 가지고 성별을 구별하는 것이 가장 확실한 방법이라고 생각하겠지만, 그것도 생각처럼 단순한 일이 아니다.

염색체와 호르몬

제1장에서 세포가 분열하여 생식세포가 만들어질 때, 염색체 쌍들이 반으로 나뉘어져 정자나 난자에 23개씩 할당된다는 것을 배웠을 것이다. 이것은 생식세포가 두 개의 성 염색체 중 단지 하나만을 지니고 있다는 뜻이다. 난자는 항상 X 염색체 하나만을 지니지만, 정자는 X 염색체나 Y 염색체 중 하나만 지닌다. 출산과 관련해서 성교가 지니는 기능이란 남자의 정자와 여자의 난자가 서로 만날 수 있도록 해 주는 것이다. 남자가 여성의 질 안으로 사정을 하면, 정자는 꼬리처럼 생긴 편모를 이용해 자궁을 지나 배란이 일어나는 나팔관까지 거슬러 올라간다. 일단 한 개의 정자가 난자 안으로 들어가면, 난자의 막은 더 이상 정자가 들어오지 못하도록 변해서 들어온 그 정자만이 난자와 수정하게 한다. 정자는 난자의 핵으로 가고, 거기서 각각의 염색체가 결합하여 23개의 완전한 염색체 쌍을 이루게 된다. 일단 수정이 일어나면, 난자는 분열하기 시작하여 수십억 개의 세포가 되고, 태아를 만들게 된다. 난자와 수정된 정자가 X 성 염색체를 지니고

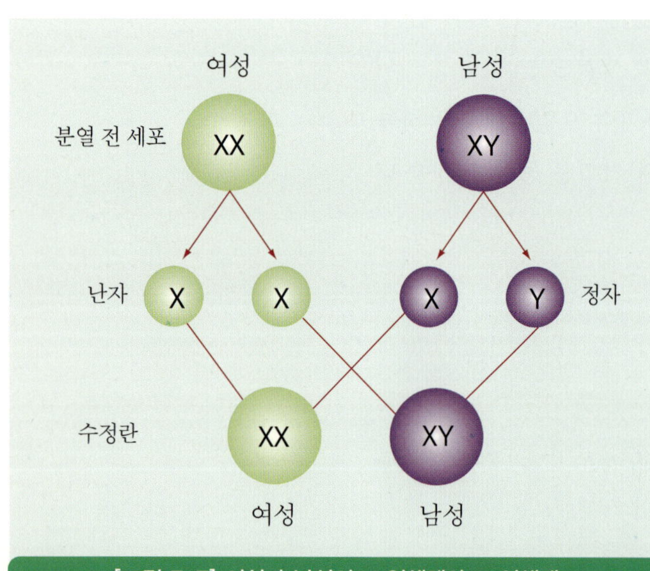

[그림 7-7] 여성과 남성의 X 염색체와 Y 염색체

있으면 태아는 여자아이가 되고, Y 성 염색체를 지니고 있으면 남자아이가 된다([그림 7-7]).

? 무엇이 한 사람을 여자나 또는 남자로 만드는가?

첫 달 동안에는 XX를 지닌 태아나 XY를 지닌 태아가 서로 다르지 않다. 이후에, 주요 생식 기관인 고환이나 난소가 될 원시 생식선이 XX 태아에게선 난자를 만들게 될 난소로 발달하게 된다. 뮐러관(Müllerian duct)이라 불리는 구조물은 발달하여 자궁, 나팔관 그리고 질의 안쪽 부위를 형성하고, 반면 남자의 생식 기관이 될 볼프관(Wolffian duct)은 퇴화하여 없어진다([그림 7-8]). 아직 분화되지 않은 외생식기는 클리토리스, 질의 바깥쪽 부위, 그리고 질 입구를 일부 덮게 될 음순이 된다([그림 7-9]).

태아가 아버지로부터 Y 성 염색체를 받았다면, Y 염색체에 있는 SRY 유전자가 원시 생식선이 정자를 생산하는 고환으로 발달하게 한다. 그리고 고환은 두 종류의 호르몬을 분비하기 시작한다(Haqq et al., 1994). 뮐러 억제 호르몬(Müllerian inhibiting hormone)은 뮐러관을 퇴화시켜 태아가 탈여성화되게 한다. 안드로겐 호르몬 중에 가장 중요한 테스토스테론은 내생식기를 남자의 것으로 만든다. 볼프관은 정액을 저장하는 정액낭(seminal vesicle)과 고환에서 음경까지 정액을 나르는 수정관(vas deferens)이 된다. 테스토스테론의 파생물질인 다이하이드로테스토스테론(dihydrotestosterone)은 외생식기를 남성화한다. 여성의 클리토리스와 음순이 될 동일한 구조물이 음경과 음낭이 되고, 아이 동안에 복부에 있던 고환이 음낭 속으로 내려온다.

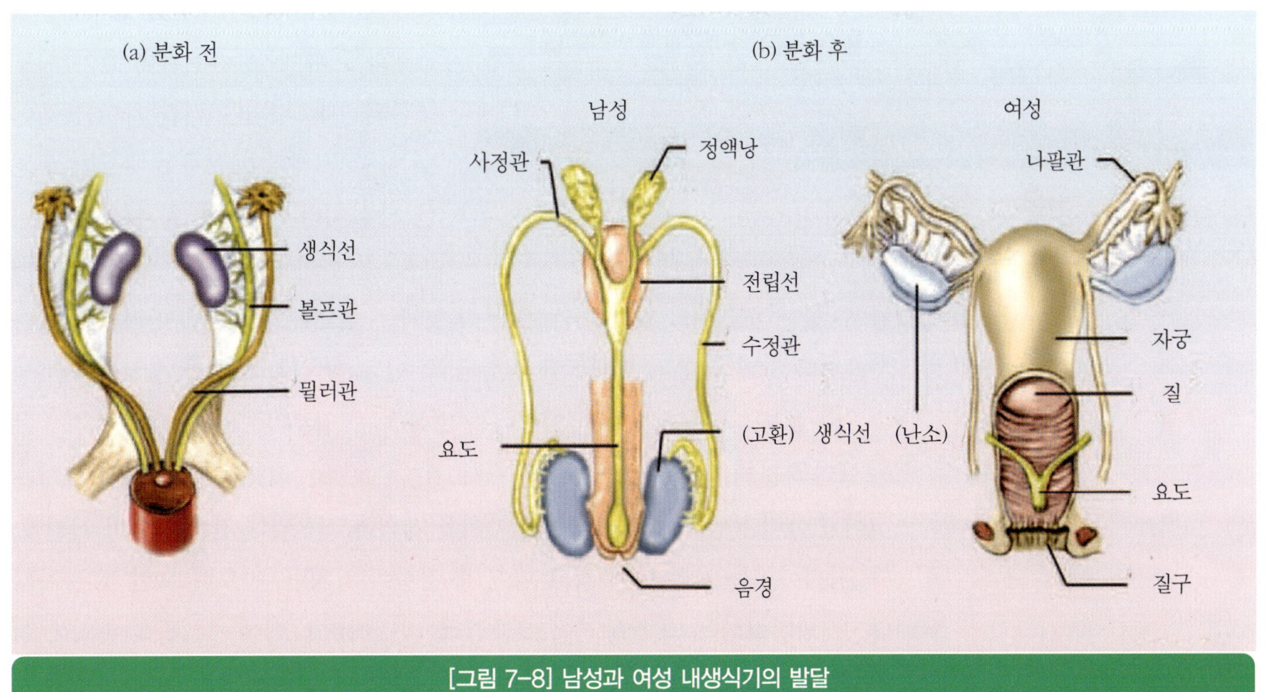

[그림 7-8] 남성과 여성 내생식기의 발달

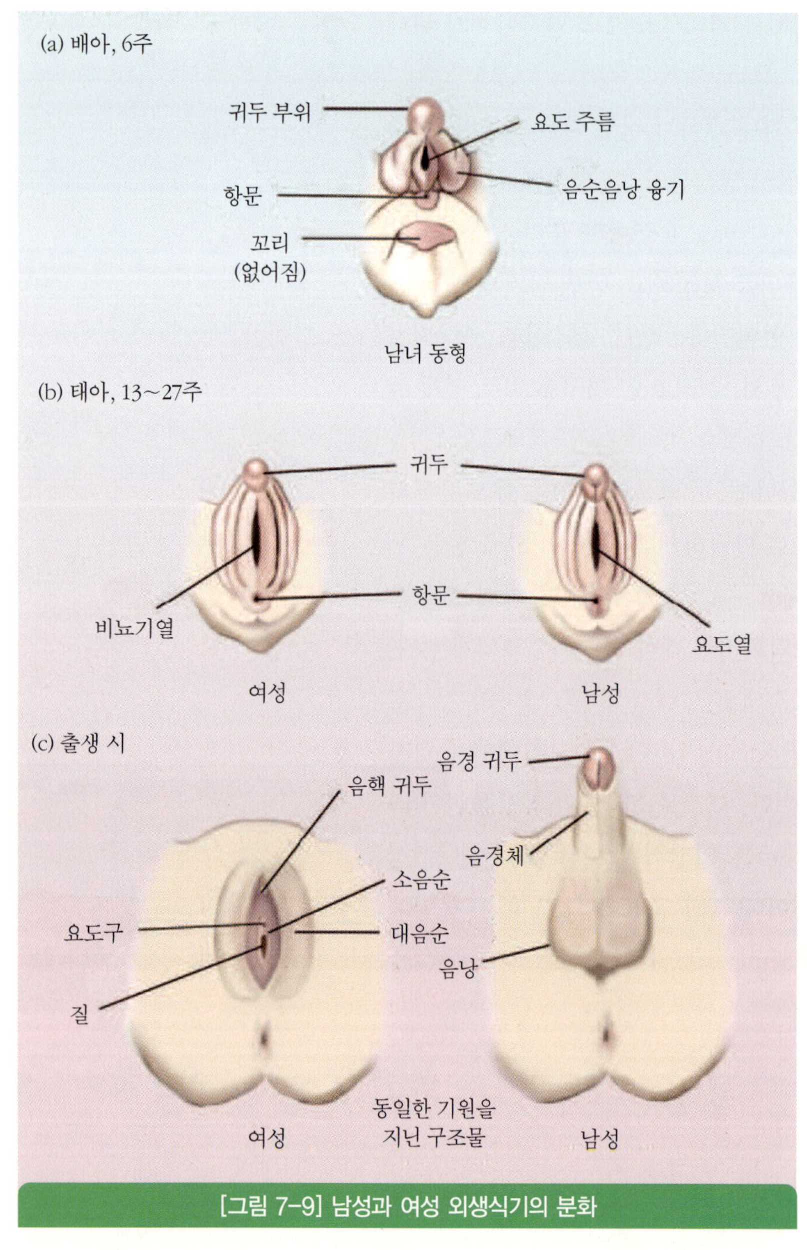

[그림 7-9] 남성과 여성 외생식기의 분화

출처: Based on Netter (1983).

테스토스테론이 작용하지 않으면, XX 태아의 원시 생식선은 난소로 발달하게 되어 있다. 즉, 난소가 생식선을 분화시키기 위해 에스트로겐을 만들어 낼 필요가 없다. 다시 말하면 아무런 호르몬도 작용하지 않으면 여성화되는 것이다. 자궁, 질, 클리토리스, 음순 등이 발달하는 데는 호르몬의 작용이 필요 없다. 그렇다고 호르몬이 남자와 여자를 전적으로 결정하는 것도 아니다. 고환과 난소는 각각 양은 다르지만 안드로겐과 에스트로겐 둘 다를 분비한다. 부신선도 두 호르몬을 소량 분비한다.

지금까지 살펴본 호르몬의 영향을 조직화 효과(organizing effect)라고 부른다. 조직화 효과는 대부분 출생 전과 출생 후 잠시 동안 일어난다. 이러한 효과는 구조에 영향을 주며, 사실상 그 효과가 평생을 간다. 조직화 효과는 생식 기관에만 국한된 것이 아니다. 이 조직화 효과에는 뇌의 남녀 간 차이도 포함되는데, 뇌의 이러한 차이는 적어도 사람을 제외한 포유류에서는 분명한 사실이다. 활성화 효과(activating effect)는 살아 있는 동안 언제든지 일어날 수 있는 호르몬의 효과를 말하며, 이 효과는 호르몬의 수준에 따라 나타났다 사라졌다 하거나 또는 오랫동안 지속될 수 있는 것이다. 하지만 결국엔 뒤바뀔 수 있는 효과다. 사춘기 동안 일어나는 변화들 중 일부가 활성화 효과에 해당하는 예가 되겠다.

어린 아이 동안에는 외생식기의 차이를 제외하고는 남녀 간에 차이가 거의 없다. 남자아이는 보통 더 무겁고 힘이 센 경향이 있지만, 반드시 그런 것은 아니다. 또 남자아이는 더 활동적이고 공격적이며, 어린 나이에는 그들의 관심이 여러 군데로 쏠리는 경향이 있다. 아이들이 사춘기에 접어들 즈음, 보통 사춘기 직전에 현저한 차이가 나타나기 시작한다. 사춘기에는 난소로부터는 에스트로겐이 고환으로부터는 테스토스테론이 쏟아져 나와 태내에서 시작된 성적 분화 과정을 마치게 된다. 조직화 효과로 인해 외생식기가 성숙되고 키가 변한다. 활성화 효과는 소녀에게선 가슴을 발달시키고, 소년에게선 근육이 늘어나고 턱수염이 자라게 한다. 게다가 소녀는 배란과 월경을 시작하게 된다. 소년은 고환에서 정자가 만들어지기 시작하고, 사정을 할 수 있게 된다. 행동에서 더 중요한 것은 성에 대한 관심이 급격하게 증가하고, 대부분의 경우에 성적 행위에 대한 관심과 함께 동성보다는 이성에 끌리기 시작한다.

출생 전 호르몬과 뇌

? 성별 간 뇌의 차이가 낳는 결과는 무엇인가?

일부 특징과 행동은 전형적인 남자의 것으로, 또 다른 특징과 행동은 전형적인 여자의 것으로 구별할 수 있다. 하지만 이러한 표현이 어떤 행동은 그 각각의 성별에 어떤 식으로든 더 적합한 것이 있다는 의미가 아니라, 단순히 그런 행동들은 다른 성별보다는 한쪽 성별에서 더 자주 나타난다는 의미다. 따라서 이러한 차이들은 절대적인 것이 아니다. 예를 들어, 쥐의 전형적인 성행동을 살펴보면, 수컷은 암컷 뒤에서 올라타고 암컷은 등을 활처럼 휘어 엉덩이를 내밀어 척추 전만(lordosis)이라 불리는 자세를 취한다. 하지만 암컷도 간혹 다른 암컷을 올라타기도 하며, 수컷도 다른 수컷이 접근해 오면 때때로 척추 전만 자세를 취하기도 한다.

생식선과 외생식기를 결정하는 동일한 호르몬의 영향이 행동에도 작용한다. 수컷을 출생 후 얼마 되지 않아 거세하거나, 안드로겐의 효과를 차단하는 물질을 출생 바로 전과 출생 후 잠시 동안 처치하면 수컷도 척추 전만 자세를 취하며 다른 수컷을 받아들인다. 마찬가지로 암컷도 이와 같은 결정적인 시기에 테스토스테론으로 처치되면 정상적인 다른 암컷보다 훨씬 더 많이 암컷을 올라타는 행동을 보인다([그림 7-10]; Gorski, 1974). 이러한 행동은 테스토스테론이 몇몇 뇌 구조물의 크기와 기능에 영향을 준 결과로 보인다. 달리 말하면, 테스토스테론은 일부 뇌 구조물을 남성화시킨다. 표현이 약간 오해의 소지가 있는데, 에스트로겐 호르몬 중 주된 호르몬인 에스트라디올(estradiol)이 남성화 과정의 최후 단계에 관여하기 때문이다. 테스토스테론이 뉴런 안

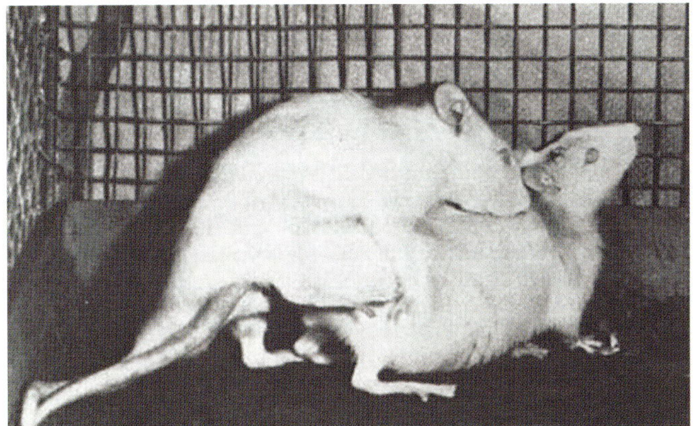

[그림 7-10] 수컷을 올라타고 있는 암컷

출처: G. Dörner, "Sex-Hormone-Dependent Brain Differentiation and Sexual Functions," in *Endocrinology of Sex* (pp. 30-37).

으로 들어가면, 방향족화(aromatization)라고 불리는 화학 과정에 의해 에스트라디올로 바뀐다. 뇌의 남성화가 일어나는 결정적인 시기에 방향화 효소(aromatase)는 남성화될 영역의 수를 증가시킨다(Horvath & Wikler, 1999).

최근까지도 뇌의 여성화는 생식기의 경우처럼 단지 테스토스테론이 없기만 하면 된다고 생각했다. 하지만 이제 에스트라디올이 필요하다는 것을 알게 되었다. 유전자 조작으로 에스트라디올이 만들어지지 않도록 한 암컷 생쥐의 경우, 에스트로겐을 처치해 줘도, 성숙한 정상 생쥐들에 비해 수컷이나 암컷에게 성적 관심과 수용을 덜 보였다(Bakker, Honda, Harada, & Balthazart, 2002, 2003). 수컷의 뇌가 남성화되어야 하고 암컷의 뇌가 여성화되어야 하는 것처럼 수컷의 뇌도 반드시 탈여성화 과정을 거쳐야 한다. 다시 한 번 말하지만 에스트로겐은 꼭 필요하다. 유전자 조작으로 에스트로겐 수용기가 없이 태어난 수컷 생쥐는 정상적인 수컷 생쥐의 성행동을 보였지만, 다른 수컷의 접근에 대해서도 수용적인 반응을 보였다(Kudwa, Bodo, Gustafsson, & Rissman, 2005).

뇌가 성별에 따라 달라지는 것은 행동의 차이로 나타나는데, 성적 행동뿐만 아니라 노는 것이나 공간의 활동, 학습 수행 등에도 차이를 낳는다(Collaer & Hines, 1995). 호르몬이 사람에게도 비슷하게 작용할까? 이제부터 이 물음에 답해 보자.

개념 확인

- 태아의 성별은 어떻게 결정되는가? 무엇이 출생 전과 후의 성적 발달에 영향을 미치는가?
- 성 호르몬이 뇌와 행동의 성별 간 차이에 어떤 영향을 주는가?

심리학적 성(gender) 관련 행동과 인지상의 차이점

존 그레이(John Gray, 1992)의 유명한 책 『화성에서 온 남자, 금성에서 온 여자』에서 남자와 여자는 마치 그들이 다른 행성에서 와서, 다른 언어를 사용하는 것처럼 다르게 생각하고, 느끼고, 지각하며, 또 대화하고, 반응하며, 사랑하고, 필요로 한다고 이야기한다. 남자와 여자는 어떻게 다른가? 답하기 쉬운 질문은 아니지만, 관련 연구가 없진 않다. 하지만 연구 결과들이 모호하고 상반되는데, 그 이유 중 하나가 연구자들이 동일한 특징에 대해서 서로 상이한 방식으로 측정했다는 것이다. 또 연구에 사용된 사례 수가 너무 적어서 신뢰할 만한 결과를 얻지 못했고, 대체로 피험자들이 정확히 전체를 대표할 수 있는 방법으로 표집되지 않았다는 것이다.

일부 증명된 남녀 간의 차이점

1974년 엘리너 매코비(Eleanor Maccoby)와 캐럴 잭린(Carol Jacklin)은 성별 간의 차이를 측정한 2,000개의 연구 결과를 검토한 후, 인지적 수행에서 세 가지 차이점과 사회적 행동에서 한 가지 차이점에 대한 확실한 증거가 있다고 결론을 내렸다. 그 네 가지를 살펴보면 다음과 같다. 첫째, 여자가 남자보다 언어 능력이 뛰어나다. 둘째, 시공간 능력은 남자가 월등하다. 셋째, 남자가 수학 능력이 더 좋다. 넷째, 남자가 여자보다 더 공격적이다. 하지만 이것이 모든 여자는 남자보다 언어 능력이 더 뛰어나며, 또 모든 남자는 여자보다 더 공격적이라는 것은 아니다. 남녀 간에는 상당한 중첩이 있는데, 한쪽 성별에서 낮은 점수를 받은 사례가 다른 쪽 성별의 평균값을 넘어서는 경우도 많았다. 이외에도 연구를 통해 증명된 차이점들이 더 있긴 하지만, 이 네 가지 특징이 더 관심을 끈다. 그 이유는 매코비와 잭린이 제안했듯이, 이들 차이가 부분적으로 생물학적 요인에 의한 것이기 때문이다.

매코비와 잭린의 이러한 결론은 연구를 통해 대부분 증명되었는데(Daly & Wilson, 1988; Hedges & Nowell, 1995; Hyde, 1986; Voyer, Voyer, & Bryden, 1995), 인지적 차이에서는 다소 제한적이라는 것이 밝혀졌다. 예를 들어, 여자는 구어의 유창성과 글쓰기는 더 뛰어났지만, 독해와 어휘에서는 그렇지 않았다(Eagly, 1995; Hedges & Nowell, 1995). 또 3차원의 대상을 심적으로 회전시키는 과제에서는 남자가 대부분의 여자보다 잘 했지만([그림 7-11]), 다른 공간 과제에서는 더 못했다(Hyde, 1996). 한편 여자들이 계산은 더 잘 했지만, SAT에 포함되어 있는 것과 같은 전반적인 수학 능력 검사에서는 남자들이 더 나았다(Hyde, 1996).

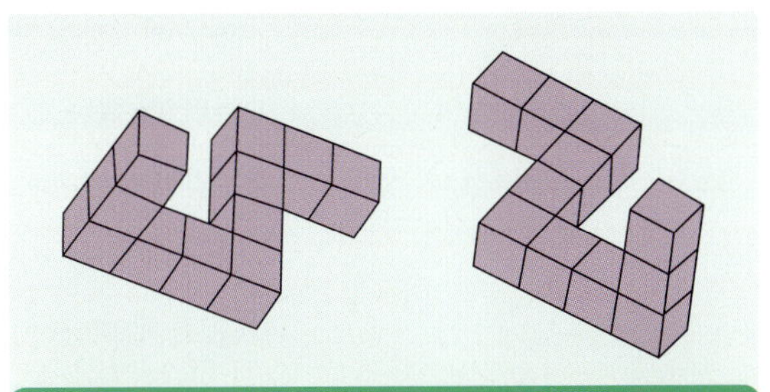

[그림 7-11] 공간 회전 과제

위와 같은 그림 쌍을 보여 주고, 첫 번째 것과 두 번째 것이 같은 것인지 맞추는 과제다. 이와 같은 과제는 일반적으로 여자보다 남자가 더 잘 했다. 이 예의 경우, 답은 '다르다' 다.

남녀 간 차이의 기원

남녀 간의 이러한 차이가 생물학적 영향인지 아니면 단지 경험으로 인한 것인지는 논쟁의 대상이다. 이러한 질문은 이론적으로도 그렇지만, 실제로도 중요한 문제다. 만약 이러한 차이가 경험으로 인한 것이라면, 우리 아이들을 다른 식으로 키우길 원할지도 모를 일이다. 어른들은 남자아이와 여자아

어미가 된다는 것은 삶을 바꾼다

엄마가 된다는 것은 단지 생활에만 변화가 일어나는 것이 아니라, 뇌에도 변화를 가져다준다. Craig Kinsley가 신경과학회에서 보고한 내용을 보면, 새끼를 낳은 어미 쥐는 한 번도 새끼를 낳아 본 적이 없는 쥐들에 비해 물건이 있는 장소를 훨씬 더 잘 기억한다고 한다. 일리가 있는 말인데, 새끼를 가진 어미 쥐는 보금자리를 떠나 먹이를 구하고 새끼들을 먹이기 위해 집으로 돌아오는 일을 해야 하기 때문이다. 어미 쥐는 먹이를 구하는 데도 더 뛰어난데, 새끼를 낳아 본 적이 없는 암컷 쥐와 새끼를 기르는 어미 쥐를 각각 따로 쥐 장에 넣고 귀뚜라미를 잡아먹는 데 5분의 여유를 주면, 새끼를 가진 적이 없는 암컷은 귀뚜라미를 한 마리 잡는 데 거의 5분을 다 쓴 반면 어미 쥐는 70초밖에 걸리지 않았다. 수컷 쥐에게서는 이러한 변화가 없었다. Kinsley는 다른 아기보다 자기 아기의 울음소리에 더 민감하게 반응하는 아기 엄마의 경우도 뇌의 변화로 인한 것이라고 생각한다.

출처: McClatchy-Tribune Information Services.

이를 매우 다르게 대한다. 예를 들어, 실험실에서 어른들이 자기 아이나 남의 아이들을 대하는 것을 보면, 여자아이들이 도움을 원할 때는 더 긍정적으로 반응하는 반면, 남자아이들에게는 더 독립적이도록 부추긴다(Culp, Cook, & Housley, 1983; Fagot, 1978; Frisch, 1977; C. Smith & Lloyd, 1978).

? 남녀 간에 언어 능력과 공간 능력의 차이를 낳는 원인은 무엇인가?

앞서 말한 인지적 차이들이 경험에 의해 달라질 수 있다는 것을 보여 주는 가장 좋은 증거는 이 차이가 해가 지남에 따라 줄어든다는 것인데, 아마도 심리학적 성 역할이 변하기 때문인 것 같다(Hedges & Nowell, 1995; Hyde, 1986, 1996; Voyer et al., 1995). 또한 나라마다 큰 차이를 보이는 살인율은 공격성도 문화의 영향을 강하게 받는다는 것을 시사한다. 예를 들어, 아이슬란드의 살인율은 한 해에 백만 명당 2.4명이고, 미국은 86명, 필리핀은 460명이다(Daly & Wilson, 1988; Triandis, 1994). 하지만 성별 간의 이러한 차이가 어떤 생물학적 원인에 있다는 증거도 못지않게 많다. 수학적 수행의 차이는 해가 지날수록 줄어들었고(Hyde, 1996), 다른 차이점에 대해서는 아직 생물학적 원인이 밝혀지지 않았기 때문에, 생물학적 원인에 대한 논의는 언어와 공간 능력 그리고 공격성에 대해서만 하겠다.

레비(J. Levy, 1969)는 여자가 언어적인 문제를 풀 때 주로 좌반구보다는 좌우 반구 모두를 사용할 수 있기 때문에, 일부 언어 검사에서 남자보다 수행이 더 좋다고 제안했다. 이러한 생각에 반론이 많지만, 여성의 뇌량팽대(splenium)가 더 크다는 일부 연구 결과와 맞아떨어지는 것이다. 뇌량팽대는 뇌량(corpus callosum)의 후측 부위를 일컫는 것으로([그림 3-12]), 이 부위가 클수록 두 반구 사이의 소통이 더 유리할 수 있다(de Lacoste, Holloway, & Woodward, 1986; de Lacoste-Utamsing & Holloway, 1982; M. Hines & Green, 1991). 한 연구에서 여자들의 언어 능력이 뇌량팽대의 크기와 상관있다는 것을 발견했다(M. Hines, Sloan, Lawrence, Lipcamon, & Chiu, 1988). 뇌량팽대의 크기 차이에 관한 사안 또한 논쟁거리인데, 이를 증명하지 못하는 연구들이 종종 있어 왔기 때문이다(Bishop & Wahlsten, 1997). 한편 에스트로겐이 여성의 우월한 언어 능력에 영향을 줄지도 모른다. 실제로, 자신이 여자라고 느껴서 성전환을 한 남자들 중에 에스트로겐을 처치받는 사람들이 에스트로겐 처치를 받지 않는 사람들보다 언어 학습 검사에서 더 높은 점수를 받는다(C. Miles, Green, Sanders, & Hines, 1998). 〈뉴스에서〉에서 호르몬이 암컷 쥐의 역량을 촉진시킨다는 또 다른 예가 소개되어 있다.

반면에 테스토스테론은 공간 능력에 중요한 것으로 보인다. 성장기에 테스토스테론의 분비가 적은 남자아이는 나중에 공간 능력에 문제가 생긴다(Hier & Crowley, 1982). 그리고 나이 든 남성에게 테스토스테론을 처치하면 공간 능력이 향상된다(Janowsky, Oviatt, & Orwoll, 1994). 남자의 공간 능력이 우월한 또 다른 이유는 X 염색체상의 유전자다. 왜 X 염색체이냐 하면, 남자아이의 공간 능력은 아버지보다 엄마의 공간 능력과 더 높은 상관이 있고 남자의 X 염색체는 엄마로부터만 받을 수 있기 때문이다(Bock & Kolakowski, 1973).

실험실에서 관찰된 남녀 간에 공격성의 차이는 다소 작고 또 상황에 따라 다르지만, 실제 상황에서는 그 차이가 더 커진다(Hyde, 1986). 예를 들어, 남성은 여성보다 30배나 더 살인을 일삼는다(Daly & Wilson, 1988). 한 연구에서는 소년들과 소녀들이 싸운 것에 대해 똑같은 벌을 받았다는 것을 발견했는데(Maccoby & Jacklin, 1974), 공격성의 차이가 사회적으로 남자의 공격성에 대해 더 수용적이기 때문은 아닌 것 같다. 남자의 공격성은 부분적으로는 유전에 의한 것이다. 유전의 효과는 공격성 정도의 차이를 약 50% 설명하고, 일란성 쌍생아의 경우 서로 따로 떨어져 자라도 중간 정도의 상관을 보인다(Rushton, Fulker, Neale, Nias, & Eysenck, 1986; Tellegen et al., 1988). 테스토스테론 수준이 공격적인 남자에게서 더 높지만, 테스토스테론 수준이 더 높다고 해서 더 공격적으로 되는지는 분명하지 않다. 운동 경기에서 이기면 테스토스테론 수준이 증가할 수 있고, 지면 줄어든다(Archer, 1991). 공격성의 원인은 다루기에 복잡한 주제인데, 다음 장에서 좀 더 자세히 살펴보기로 하겠다.

성별 간의 이러한 차이들을 연구하는 이유는 어느 쪽이 더 영리하거나 더 공격적인지를 알려고 하는 것이 아니라, 각각의 특징이 어떻게 생겨나는지를 알고자 하는 것이다. 육체적인 힘의 차이나 공격성에 차이가 있을 수도 있는 것을 제외하고는 남녀 간의 차이란 작다는 것을 염두에 두어야 하고 또 사회에서나 일터에서 이러한 차이를 이용해 성차별을 합리화해서는 안 된다는 것도 명심해야 한다. 남녀 간에는 다른 점보다는 비슷한 점이 훨씬 더 많기 때문에 opposite sex 대신에 other sex라는 표현을 쓰는 이유가 여기에 있다. 실제적인 차이가 존재하긴 하지만, 그러한 차이의 원인을 이해하는 것은 지적 발전을 촉진하고, 폭력을 줄이는 데도 도움을 줄 수 있다. 과학적 견지에서도 그러한 지식은 뇌가 어떻게 발달하는지 이해하는 데 도움이 된다. 다음 두 절에서도 뇌의 발달에 대해 더 살펴보도록 하겠다.

개념 확인

- 남녀 간에 언어 능력과 공간 능력의 차이를 낳는 원인은 무엇인가?
- 남녀 간에 인지적 능력과 행동의 차이를 낳는 환경적 원인과 생물학적 원인에 대한 논쟁은 무엇인가?

성적 기형

몇십 년 동안 성 연구자들은 무엇이 성 정체성(gender identity)을 결정하는지 논쟁을 해 왔는데, 일부 연구자들은 외생식기의 모양과 양육 방식의 조합에 의해 생애 첫 몇 년 안에 결정된다고 생각하고(Money & Ehrhardt, 1972), 일부는 호르몬과 염색체가 더 중요하다고 주장한다(M. Diamond, 1965). 무엇이 한 사람을 남자나 여자로 만드는지 밝혀내기 위해 사람의 발달 과정을 임의로 조작할 수 없기 때문에 자연적 실험법이라 할 수 있는 경우의 사람들을 살펴볼 필요가 있다. 이 경우 진정한 의미의 실험법이 지닌 통제가 가해지지 않았지만, 그래도 요긴한 정보를 준다. 성별의 결정에서 XY와 XX 염색체가 미치는 효과에 대한 앞선 논의는 아주 단순화한 것이다. 실제로는 발달 과정이 종종 생각지도 못한 방향으로 진행될 수도 있다. 곧 알게 되겠지만, 성적 기형의 예들은 누가 남자이고 여자인지를 정의하는 우리의 기준을 혼란스럽게 만든다. 그러나 한편으론 심리학적 성(gender)에 미치는 생물학적 영향에 대해 많은 것을 가르쳐주기도 한다.

남성 가성반음양자

이 장 시작에서 소개한 잭이 된 쟌은 남성 가성반음양자(pseudohermaphrodite, 역주-외부 생식기가 한쪽 성의 생식기와 비슷하나 생식선은 반대되는 성의 것인 환자)

라고 불린다. 반음양자(hermaphrodite)는 남녀 양쪽의 성적 특징을 모두 지닌 사람이나 동물을 말한다. 진짜 반음양자는 그리 많지 않은데, 왜냐하면 별개의 두 생식선이 되었든, 두 생식선이 결합된 난소 고환(ovotestis)이 되었든 난소 조직과 고환 조직을 둘 다 지니고 있어야 하기 때문이다(J. M. Morris, 1953). 그러나 진짜 반음양자라 하더라도, 몇몇 단순한 동물들의 경우처럼 성적으로 남자와 여자의 역할을 모두 할 수 있는 것은 아니다. 좀 더 흔한 가성반음양자들의 경우에는 내생식기와 외생식기의 형태가 애매하지만, 그들의 생식선은 염색체와 일치하는 것들이다. 가성반음양은 여러 가지 이유로 생겨날 수 있다. 얀과 같은 특이한 경우의 발달은 테스토스테론을 다이하이드로테스토스테론(dihydrotestosterone)으로 바꿔 주는 효소인 17α-하이드록시테로이드(17α-hydroxysteroid)의 결함으로 인한 것이다. 다이하이드로테스토스테론은 태어나기 전에 외생식기를 남성화시키는 호르몬이다. 사춘기 때 분비된 많은 양의 테스토스테론이 얀의 몸을 부분적으로 남성화시킬 수 있었던 것이다.

> 성별을 한마디로 정의할 수 있는 생물학적 준거는 없다.
>
> - Eric Vilain

? 다양한 가성반음양자들이 지닌 특징은 무엇인가? 그리고 그 원인은 무엇인가?

유사한 기형이 또 다른 효소인 5α-환원효소(5α-reductase)의 결함으로도 생겨난다. 이러한 결함은 유전에 의한 것이며, 근친결혼이 반복되면 생겨날 가능성이 매우 높다. 18명의 남성 가성반음양자가 도미니카 공화국에서 확인되었는데, 모두 여자처럼 길러졌고 사춘기를 지나서는 한 명을 제외하고 모두 남성으로 성 정체성을 바꾸었다. 그중 15명은 여성과 함께 살았거나 살았던 적이 있었다(Imperato-McGinley, Peterson, Gautier, & Sturla, 1979). 그들은 7~12세 사이에 자신이 여자아이들과 다르다는 것을 알게 되었고, 자신의 성별에 대해 이상하게 생각하기 시작했다고 한다. 이들의 성 정체성 전환을 통해 성 정체성이 유전자와 호르몬에 의해 결정된다는 생각은 잠정적일 수밖에 없게 되었다.

[그림 7-12]의 여성을 보라. 전혀 이상해 보이지 않을 것이다. 다른 여자들처럼 좁은 어깨에 넓은 엉덩이, 그리고 큰 가슴과 정상적인 외생식기의 모양 등등. 그러나 이 여자는 XY 염색체를 지녔으며, 두 개의 고환도 있다. 남성 가성반음양의 한 종류인 남성 호르몬 불감 증후군(androgen insensitivity syndrome)은 유전자상의 문제로 안드로겐 수용기가 없어, 결국 안드로겐 호르몬에 신체가 반응하지 못해서 발생하는 것이다. 난소는 뮐러 억제 호르몬에 의해 발달되지 않지만, 안드로겐이 작용하지 못하므로 고환이 아래로 내려오지 못하고 외생식기는 여성의 것처럼 발달하는 것이다. 질이 있지만 한쪽이 막힌 주머니와 같은 형태다. 이 경우 외생식기가

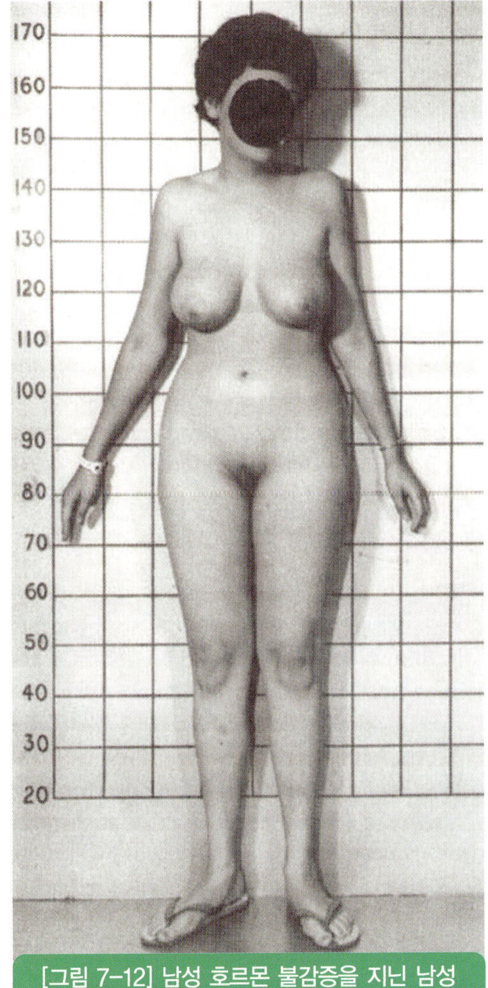

[그림 7-12] 남성 호르몬 불감증을 지닌 남성

출처: J. Money and A. A. Ehrhardt, Man & Woman, Boy & Girl, Baltimore: Johns Hopkins University Press. © 1972. Used by permission of Johns Hopkins University Press.

거의 여성에 가깝다면 여자아이로 길러지게 되고, 사춘기가 되면 고환과 부신에서 에스트로겐이 분비되어 신체가 더 여성스러워질 것이다. 흔히 에스트로겐 보조제를 사용하기도 한다. 사춘기가 되어 월경이 없거나 불임으로 인해 정밀 검사를 하다가 그때서야 이러한 증후군을 발견하게 되는 수가 있다. 테스토스테론의 작용이 없이 안드로겐에 반응하지 않는 사람은 잘 발달된 가슴과 흠잡을 데 없는 외모를 지니는 경향이 있는데, 이러한 외모와 가늘고 긴 다리 때문에 여성 패션모델 중에 안드로겐 불감 남성이 거듭 발견되곤 한다(J. Diamond, 1992).

여성 가성반음양자

태아의 발달 중에 안드로겐이 과다하면 여자아이인 태아가 부분적으로 남성화될 수 있는데, 그 결과로 여성 가성반음양자가 된다. 내생식기는 여성인데, 이는 뮐러 억제 호르몬이 분비되지 않기 때문이다. 그러나 외생식기는 어느 정도 남성화된다. 즉, 남자의 외생식기 모양을 좀 띠게 된다. 심한 경우에는 클리토리스의 크기가 신생아 남아의 음경 정도 되고, 외음순이 일부 또는 완전히 합쳐져서 음낭처럼 보인다.

[그림 7-13]은 거의 남성화된 예를 보여 준다. 여성 가성반음양의 원인 중 하나는 선천성 부신비대증(congenital adrenal hyperplasia: CAH)인데, 이것은 태아 발달 동안은 물론이고 출생 후에도 부신에서 다량의 안드로겐이 만들어지게 하는 효소의 결함 때문이다. 출생 후의 호르몬 수준은 부신피질 호르몬(corticosteroids)을 투여해 정상으로 만들 수 있고, 클리토리스의 크기와 음순은 수술로 여성의 모양으로 만들 수 있다. 남성화가 훨씬 더 심하다면, 남자아이로 키우기로 결정하고 수술을 통해 합쳐진 음순을 음낭으로 만들고 가짜 고환을 집어 넣어 남성의 모양에 더 가깝게 만들 수 있다.

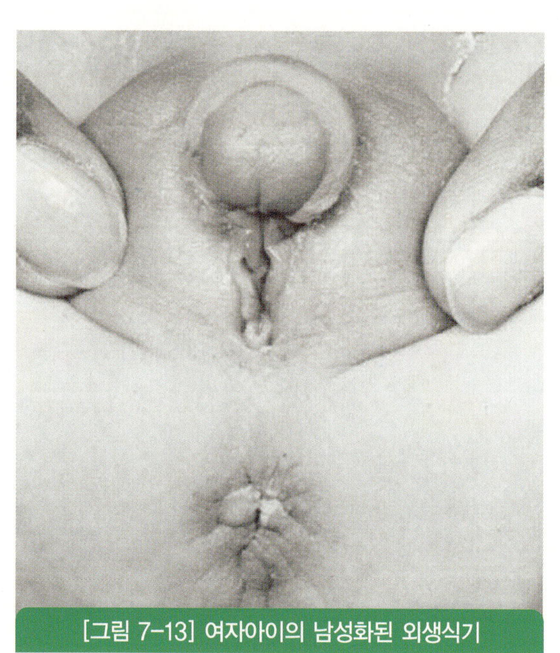

[그림 7-13] 여자아이의 남성화된 외생식기

임신부가 테스토스테론과 유사한 효과를 지닌 유산 방지 호르몬제를 사용한 경우다.

출처: Man & Woman, Boy & Girl by J. Money & A. A. Ehrhardt, 1972, Baltimore: Johns Hopkins University Press. © 1972. Used by permission of Johns Hopkins University Press.

분명 성별이란 항상 남자와 여자로 확연히 나뉘는 것은 아니다. 일부 전문가들은 남성성과 여성성 사이의 다양성을 포함하기에는 남녀로 구분하는 것이 충분하지 않다고 생각한다. 안네 파우스토-스텔링(Anne Fausto-Sterling, 1993)은 적어도 다섯 가지의 성별 분류를 주장하는데, 남성과 여성 사이를 중성(intersex)이라고 부른다. 중성에 해당하는 경우 그들의 특이한 신체적 특징이 문제시되기 쉬운데, '무엇이 한 사람을 여자 또는 남자로 만드는가?'라는 질문이 〈응용〉에서 다

응용 올림픽과 성별

Renee Richards

출처: © AP Photo/DavePickoff.

무엇이 성별을 결정하는가에 대한 지식이 무관해 보이는 운동 분야에까지 영향을 미치고 있다. 세계육상경기를 주관하는 국제육상연맹(International Amateur Athletic Federation: IAAF)은 1966년 여자 운동선수들을 대상으로 성별 검사를 도입했다. 이는 남자가 여자로 가장해서 여자 경기에 출전하는 것을 막기 위한 것이었다. 검사 절차는 매우 간단하다. 입 안쪽을 긁어 세포 몇 개만 표집해서 성 염색체가 XX인지 XY인지만 결정하면 되는 것이었다. 1968년 국제올림픽위원회(International Olympic Committee: IOC)도, 일부 동유럽 국가들이 남자들을 여자 경기에 출전시킨다는 소문을 듣고, 성별 검사를 하기 시작했다. 그 후에 테니스 선수 리차드 라스킨(Richard Raskin)이 성 전환 수술을 받고 르네 리차드스(Renee Richards)가 되었을 때, 테니스 경기를 주관하는 일부 조직들에서도 염색체 검사를 도입해 리차드스가 여자 경기에 출전하지 못하도록 했다.

올림픽에서 남자가 여자 종목에서 경기한 것이 확인된 경우는 단 한 번밖에 없는데, 1936년 독일 선수로 여자 선수를 상대로 세 번 패했었다(Grady, 1992). Y 염색체를 지니고 있다는 이유로 많은 선수가 경기에 출전하지 못하고 있다. 그 수가 어느 정도인지 짐작할 수가 없는데, IOC의 경우 개인 정보 보호를 이유로 자료를 공개하지 않기 때문이다. 추측컨대, 여자 선수들 중 500명당 1명꼴이 될 것으로 생각한다(Ferguson-Smith & Ferris, 1991).

염색체 검사는 성별과 남성이 지닌 이점을 결정하는 것이 무엇인지에 대해 너무 단순하게 생각하는 데서 비롯된 것이다. 리차드스의 경우 그는 실제로는 오히려 자신이 불리한 입장이라고 호소했다. 왜냐하면 자신은 더 이상 테스토스테론의 효과를 보지 못하는데도 검사에서는 여전히 남성을 판별하는 데 사용하는 기준을 자신에게 적용한다는 것이었다(Grady, 1992). XY 염색체를 지닌 안드로겐 불감증의 경우에도 테스토스테론의 영향을 받지 않는데도 성별 검사에서 탈락된다. 1985년 올림픽 선수 마리아 파티노(Maria Patiño)는 XY 염색체를 가졌다는 판정을 받고 출전이 금지되었다. 스페인으로 돌아온 후 그녀는 장학금과 자신의 모든 경기 기록 그리고 선수권을 박탈당했고, 선수촌에서도 쫓겨났으며, 남자 친구와 많은 친구들도 잃어버렸다. 3년 후 그녀는 IOC를 상대로 승소했는데, 그녀의 변호인으로 지목된 유전학자 알버트 드 라 차펠(Albert de la Chapelle)에 의해 그녀의 염색체상의 문제는 신체에 어떤 이점도 주지 않는다는 것이 밝혀졌기 때문이었다(A. Carlson, 1991).

IAAF는 1991년에 염색체 판정을 철회하고, 지금은 신체검사에 의존하고 있다. 이러한 신체검사는 남녀 선수 모두에게 해당되는 것이다. IOC는 계속 염색체 검사를 하고 있는데, 그 이유가 몸을 샅샅이 살펴보는 것이 많은 문화권에서 허용되지 않기 때문이다. 일부에선 신체검사가 염색체 검사보다 더 좋은 방법이라고 비판한다. 신체검사를 통해서는 여자로 가장한 남자 선수를 가려 낼 수도 있고, 출생 전에 안드로겐에 의해 남성화되어 안드로겐의 효과가 근육상에 나타나는 XX 여성의 경우도 가려 낼 수 있다는 것이다.

룰 주제와 이후 논의에 관한 것이다.

성적 기형과 뇌

앞서 언급한 대로, 출생 전 발달 중에 성 호르몬의 균형을 뒤바꾸는 것은 뇌에 변화를 가져오고, 나중에는 행동에도 변화를 초래한다는 것이 다른 동물에서 확인되었다. 사람에게서도 발달 중인 뇌의 남성화와 여성화가 남녀 간의 행동상에, 그리고 인지적 능력에서의 차이를 설명할 수 있을까? 만약 설명할 수 있다면, 출생 전 발달 동안 안드로겐의 과다나 결핍으로 인해 염색체상의 성별과는 일치하지 않는 경우인 성적 기형들의 행동과 인지 능력이 어떠할지 예상할 수 있을 것이다.

어느 정도 양쪽의 성 역할과 성 정체성 둘 다 영향을 받게 된다. CAH를 지니고 태어난 여자는 어린 시절 말괄량이(tomboy)로 불렸을 것이고(Berenbaum & Hines, 1992; M. Hines, 1982; Money & Ehrhardt, 1972), 결혼보다는 자신의 경력을 쌓는 것에 더 관심을 가지며, 다른 여성에 비해 여성의 성 역할에 대해 덜 만족스러워 한다(M. Hines, 1982). 통상 여성이 다른 여성과 성적 접촉을 하는 경우가 10% 정도인 것에 비해, 수술로 치료를 받은 CAH 여성의 경우엔 22%가 다른 여성들과 성적 접촉을 하는 것으로 드러났다(Money, Schwartz, & Lewis, 1984). 안드로겐 불감증의 남성은 전형적인 여성의 행동을 보이고, 아기를 갖고 싶어 하는 욕구도 강하며, 이성을 좋아하는 것도 단연코 여성의 형태를 띤다(M. Hines, 1982; Money et al., 1984; J. M. Morris, 1953).

성 정체성이 출생 전 뇌에 미치는 영향으로 인한 것이라면, 인지적 능력의 양상도 우리가 상상할 수 있는 것과 동일하다. 안드로겐 불감증의 남성은 여성과 같이 언어 능력이 공간의 수행 능력보다 더 좋고, 공간적 수행 능력은 다른 남성들보다 뒤떨어진다(Imperato-McGinley, Pichardo, Gautier, Voyer, & Bryden, 1991; Masica, Money, Ehrhardt, & Lewis, 1969). CAH 여성은 남성처럼 다른 여성보다 더 뛰어난 공간 능력을 지닌다(Resnick, Berenbaum, Gottesman, & Bouchard, 1986). CAH 여자아이들은 그림을 그려도 보통 남자아이들의 그림보다 더 전형적인 남자아이의 그림을 그리는데, 어두운 색깔을 사용하며 사람은 그리지 않고 기계와 같은 대상을 그려 넣는다(Iijima, Arisaka, Minamoto, & Arai, 2001).

일부에선 인간은 태어날 땐 성적으로 중성이며, 성 정체성과 행동은 배우게 되는 것이라고 비판한다. 이들은 앞서 살펴본 인지와 행동상의 그러한 결과는 외생식기의 모양 때문에 그것에 맞게 여자아이로 키운다든지 또는 이도 저도 아닌 애매한 양육 방식으로 인해 일어난 것이라고 생각한다(자연적 실험법이 지니고 있는 결함을 확인할 수 있는 부분이다). 하지만 발견들 중의 일부는 환경의 영향이라는 관점에서 설명하기 어려운 것들도 있다. 예를 들어, 안드로겐 불감증의 남성은 정상인 여자 형제이나 정상인 다른 여성보다 공간적 수행 능력 검사에서 더 낮은 점수를 받는다(Imperato-McGinley et al., 1991). 이러한 결과는 전적으로 안드로겐에 대한 무반응성 때문이지, 여자로 길러졌기 때문이라고 설명할 수 없다.

설명하기 쉽지 않은 또 다른 문제는 외생식기가 멀쩡한데도 종종 행동이 남자처럼 되는 경우가 있다는 것이다. 1950~1960년대에 수백만 명의 임신부들이 유산을 막기 위해 합성 호르몬을 처치받았는데, 이들 호르몬 중 일부가 100명 중 18명꼴로 여자아이들의 외생식기를 남자아이처럼 만들어 버렸다. [그림 7-13]에서 그러한 이유로 해서 외생식기가 남성화된 예를 보여 주고 있다. 준 라이니시(June Reinisch, 1981)는 엄마가 그들을 임신했을 때 유산 방지 호르몬을 사용했지만 외생식기가 정상으로 태어난 6~17세의 여자아이 17명을 대상으로, 여러 가지 갈등 상황에서 그들이 어떻게 행동할지를 묻는 질문에 답하도록 했다. 이 소녀들이 신체적 공격에 대해 평가한 점수가 그러한 호르몬에 노출되지 않았던 여자 형제들의 경우보다 거의 2배나 더 높게 나왔다. 이러한 결과는 이 여자아이들의 외생식기 모양이나 양육 방식에서 원인을 찾을 수 없다. 반면 임신 중에 유산 방지 호르몬에 노출된 남자아이 8명의 경우에도 점수가 2배 정도 증가했다는 사실은 한편으론 호르몬의 효과를 지지하는 결과다.

> 지금까지 축적된 증거들을 볼 때, 성 호르몬이 발달 중인 뇌와 이후의 행동에 영향을 준다는 것은 사람에게도 예외가 아님을 시사한다.
>
> - Anke Ehrhardt and Heino Meyer-Bahlburg

? 가성반음양자의 행동은 어떻게 다른가?

음경 절단: 자연적 실험법

출생 시에는 중성이라고 주장하는 이론가들은 염색체상의 성별과는 반대로 양육된 사람들의 경우 대부분 그들이 길러진 대로 자신의 성별을 받아들인다고 주장한다. 그리고 이것이 성 역할 행동에 염색체나 호르몬보다 양육 방식이 더 중요하다는 것을 입증하는 것이라고 생각한다(M. Diamond, 1965). 태어날 때 이미 성적 차이가 있다는 생각을 지지하는 다이아몬드는 "애매한 외생식기를 지닌 경우에 그들이 양육된 대로 심리학적 성(gender)을 수용하게 되는 것은 선택된 생물학적 성(sex)이 주로 외생식기의 모양에 의해 결정되기 때문인데, 결국 외생식기의 모양이란 출생 전 호르몬의 영향이 어느 정도였는지를 보여 주는 것"이라고 주장한다. 다이아몬드는 생물학적 성과 반대로 길러져서 성공한 경우를 보고하는 문헌은 한 사례도 없다고 했다. 한편 그를 포함한 다른 연구자들(Money, Devore, & Norman, 1986)은 양육된 성과는 달리 나중에 염색체와 생식

> 성 정체성은 태어날 때 완전하게 구분되어 있지 않다. 그래서 유전적으로는 남자아이라도 성공적으로 여자아이로 키울 수 있다.
>
> - John Money
>
> 광범위한 문헌 연구를 해 봐도 생물학적으로 애매한 부분이 없는 남자나 여자가 그들의 성과는 다르게 양육된 성 역할을 받아들이는 경우는 없었다.
>
> - Milton Diamond

선에 부합하는 성으로 성공적으로 전환한 몇몇 사례를 발견해 왔다. 이러한 발견은 생애 첫 몇 년 동안에 성 정체성이 형성된다는 머니(Money)의 생각이 철회되고 한참만에 일어난 일이었다. 애매한 외생식기를 지닌 경우에 성 정체성을 예견하는 것이 용이하지 않자, 북아메리카 중성인 단체(the Intersex Society of North America)와 함께 몇몇 전문가들은 아이 자신이 동의를 표할 수 있을 때까지나 혹은 그들이 어떤 성(gender)을 선호하는지 분명히 나타날 때까지 기다려야 한다고 주장하였다. 그러나 일부에선 어중간한 외모로 인해 아이들이 겪게 될 사회적 어려움을 보고만 있을 수는 없다고 주장한다.

1967년 8개월된 한 남자 아기가 성 역할에 대한 이러한 논란과 관련해서 불행히도 가장 유명한 사례가 되었다. 전기를 이용해서 포경 수술을 하던 중 의사가 실수로 전압을 너무 높여 음경이 타 버린 것이다. 그 당시엔 만족할 만한 재건성형이 가능하지 않았기 때문에, 몇 달에 걸친 상담과 고민 끝에 남자 아기 브루스의 부모는 외생식기를 여자로 만들기로 결정했다. 태어날 땐 중성이라는 생각이 그 당시에 널리 받아들이고 있던 때라, 심리학자 존 머니(John Money)가 부모를 설득해 아이가 여자아이의 성 정체성을 받아들일 수 있을 거라고 생각하게 한 것이다(M. Diamond & Sigmundson, 1997). 브루스는 브렌다가 되었고, 여자아이로 길러졌다. 이 사례 연구는 두 가지 이유에서 자연적 실험법의 좋은 예가 되는데, 하나는 아이가 사고 전에 정상이었다는 것이고, 다른 하나는 그 아이에게 정상인 일란성 쌍생아 형제가 있다는 것이다.

그 후 몇 년 동안 머니(1968; Money & Ehrhardt, 1972)는 브렌다가 여자아이로 커가고 있으며, 드레스와 여자아이의 머리 모양을 좋아하며, 쌍생아 남자 형제가 밖에 나가 놀기를 좋아하는 반면, 브렌다는 집 안에서 엄마를 도와주는 것을 좋아한다고 보고했다. 그러나 브렌다의 발달은 머니가 생각했던 것처럼 순조롭게 진행되지 않았다(M. Diamond & Sigmundson, 1997). 브렌다는 사실은 거칠고 나뒹구는 운동과 싸움을 좋아하고 자신의 인형보다는 남자 형제의 장난감과 트럭을 더 좋아하는 말괄량이였다. 브렌다의 외모는 여자였지만, 행동은 그렇지 않았다. 학급 아이들이 브렌다를 원시인(caveman)이라고 부를 정도였다. 브렌다가 종종 서서 오줌을 누는 바람에 여자아이들이 여자 화장실에 못 들어오게 하면, 브렌다는 남자 화장실에 가곤 했다. 브렌다는 초등학교 2학년이 되면서 자신의 성별에 대해 의심하기 시작했고, 11세가 되어서는 스스로 자신은 남자라고 생각하게 되었다. 14세가 되었을 때 브렌다는 남자로 살아가기로 결정하게 되었는데, 아버지로부터 자신에게 있었던 일을 듣게 된 것이다. 그때 브렌다는 이렇게 말했다. "모든 것이 분명해졌어. 처음부터 난 남자였어. 왜 내가 지금까지 그렇게 행동했는지 이제야 알겠어."

브렌다는 자신의 이름을 데이비드(David)라고 바꾸고, 테스토스테론 처치를 받았으며, 에스트로겐 처치로 커진 가슴을 제거하는 한편 음경 재건 수술을 받았다. 주위로부터 따돌림 받고 놀림감이 되었던 여자아이가 잘 어울리고 인기 있는 남자아이가 되었으며 여자 친구도 사귀게 된 것이다. 25세 되던 해에 그는 자녀가 셋 있는 제인(Jane)이라는 여자와 결혼했다. 물론 성행위에는 한계가 있었지만, 그는 제인과 성적 유희를 즐겼으며 가끔씩은 성교도 했다.

그러나 삶은 생각처럼 되어 가지 않았다. 그는 자신의 어린 시절을 곱씹으며 종종 화를 내거나 우울해했고, 14년이 지난 후에는 제인이 그와 헤어지길 원했다. 한편 그의 어머니는 데이비드의 과거와 현재에 대한 고민으로 자살을 시도했으며, 그의 아버지는 알코올 중독자가 되었고, 그의 일란성 쌍생아 형제는 항우울제 과다복용으로 죽었다. 2004년 봄 어느 날, 데이비드 레이머(David Reimer)는 자살하고 말았다([그림 7-14]; Colapinto, 2004).

유아기에 음경이 절단되는 경우는 드문데, 여자아이로 길러진 사례가 두 건 더 문헌상에 보고된 것이 있다. 하나는 14세에 다시 남자아이로 돌아간 경우이고(Ochoa, 1998), 또 다른 예는 어른이 되어서까지 여자라는 정체성을 의심해 본 적이 없는 경우였다(Bradley, Oliver, Chernick, & Zucker, 1998). 이 경우와 같은 성공적인 결과는 아주 어릴 때 성 역할을 선택하고, 또 가족이 선택된 성 역할에 대해 확실한 태도를 취하는 등의 많은 요인 중 어떤 것 때문일 수 있다. 하지만 이 경우에도 여성의 역할은 하지만 어린 시절에는 말괄량이였으며, 어른이 되어서는 전통적으로 남자의 일이라고 여겨지는 육체 노동을 직업으로 가졌다. 26세가 되어서는 그녀의 성적 행동은 반은 남자 같았고 반은 여자 같았으며, 성적 공상은 주로 여자를 대상으로 한 것이었다. 메이어 바흘부르그(Meyer-Bahlburg, 1999)은 어느 한쪽의 성 정체성은 그것에만 고정된 성 역할만을 수용할 수 있는 것은 아니라고 지적한다. 다음 절에서 성 정체성과 성 역할이 확연히 분리될 수도 있다는 것을 볼 것이다. 앞의 세 가지 사례를 통해 우리는 확실한 결론을 내릴 수도 없고, 또 성 역할이 주로 양육에 의해 결정된다고 할 수도 없다.

[그림 7-14] 데이비드 레이머(1965~2004)

출처: Reuters, Inc.

✎ **개념 확인**

- 성적 기형의 예들은 남자와 여자라는 개념에 대해 어떤 식으로 다시 생각해 보게 하는가?
- 성적 기형인 경우의 뇌는 염색체상의 성별과는 반대로 남성화 또는 여성화되어 있다고 생각할 수 있는 이유는 무엇인가?

성적 지향

성 연구자들은 많은 시간을 들여 왜 어떤 사람은 동성에게 매력을 느끼는지를 설명하려고 애쓴다. 한편으로 우리가 그 이유를 알든 모르든, 왜 대부분의 사람은 이성애자인지도 궁금해한다. 이 질문에 대한 대답은 명백할 것 같지만, 어떤 행동 방식이 거의 일반적이고 널리 받아들인다고 해서 설명이 필요 없을 만큼 이유가 분명하다는 것을 뜻하진 않는다. 동성에게 매력을 느끼는 사람을 통해 동성애뿐만 아니라 일반적인 성적 지향성에 대한 원인에 대해서도 알 수 있다.

남자 동성애자를 흔히 게이(gay)라고 부르고, 여성 동성애자를 레즈비언(lesbian)이라고 한다. 동성애자나 이성애자로 확연히 나뉘지 않는 경우를 양성애자(bisexual)라고 한다. 이성애자가 아닌 경우의 대부분은 동성애자다. 양성애자는 게이보다는 레즈비언 중에 더 많다(Pillard & Bailey, 1998). 동성애라는 용어는 지속적인 행동이나 계속해서 선호를 보이는 경우에 통상적으로 사용되는 말이다. 엘리스와 에임스(Ellis & Ames, 1987)의 지적대로 동성 간의 성 경험은 꽤 흔한데, 특히 사춘기 때나 이성과의 접촉이 불가능한 상황에서는 더 그렇다. 동성 간에 성 경험을 한 것이 동성애자가 될 가능성을 더 높이는 것은 아니다.

얼마나 많은 사람이 동성애자인지는 분명하지 않다. 3,432명의 미국인을 대상으로 한 조사에서 남자 중 9%, 여자는 4% 조금 넘는 수가 사춘기 이후 최소한 한 번은 동성과 섹스를 해 본 적이 있다고 했다(Michael, Gagnon, Laumann, & Kolata, 1994). 약 2.8%의 남자들과 1.4%의 여자들은 자기 자신이 동성애자 또는 양성애자라고 생각한다고 했다. 미국이나 다른 나라에서 행한 여타 연구들은 그 비율이 더 낮다고 시사했다(Billy, Tanfer, Grady, & Klepinger, 1993). 흥미롭게도 약 1%의 사람들은 섹스에 전혀 관심이 없는 것으로 나타났다(Bogaert, 2004). 무성(無性, asexuality)도 성적 선호에 있어 세 번째 정식 분류 항목으로 인정하는 추세가 늘고 있다.

게이는 모두 여자 같고, 레즈비언은 모두 남자 같다는 생각은 틀렸다는 것이 연구를 통해 밝혀졌다. 게이 중 44%만이, 그리고 레즈비언 중에는 54%만이 그러했다(Bell, Weinberg, & Hammersmith, 1981). 게다가 그들은 흔히 자신의 생물학적 성별과 일치하는 정체성을 지니고 있다. 따라서 성 정체성과 성적 지향성은 별개라는 것을 알아야 한다. 동성애자 중에 성 정체성이 뒤바뀐 경우는 극히 드문데, 1,000명 중에 1~5명 정도로 추정한다(Collaer & Hines, 1995). 또한 성 전환자라고 해서 반드시 동성애자인 것도 아니다. 성 전환자들은 바뀐 성별에 맞게 옷도 입고 생활도 그렇게 하고 외모도 바꾸려고 수술도 하지만, 성적 지향은 바뀐 성별이 아니라 본래의 생물학적 성별과 일치하는 경우가 종종 있다(Dorner, 1988). 따라서 성 역할(gender role), 성 정체성(gender identity) 그리고 성적 지향(sexual orientation)은 서로 간에 다소 독립적이며, 아마도 각기 다른 원인을 가지고 있는 것 같다.

동성애의 원인이 무엇인지는 분명하지 않은데, 즉 이성애의 원인이 무엇인지 모른다는 것과 같은 의미다. 생물학적 영향이 성적 지향에 영향을 준다는 증거가 상당히 많으므로 여기서 다룰 텐데, 한편 사회적 영향이 더 중요하다고 생각하는 경우도 많기 때문에 먼저 살펴보고 가겠다.

사회적 영향 가설

동성애는 부모의 영향이나 초기 성 경험에 의한 것이라고 생각된 적이 있다. 벨과 동료 연구자들(Bell et al., 1981)은 979명의 게이와 남성 477명의 이성애자들을 대상으로 이러한 생각을 확인하려 했다. 그러나 흔히 생각했던 더 나이 많은 남성으로부터의 성적 유혹이나 강한 엄마와 유약한 아버지 등과 같은 환경적 영향을 지지해 주는 증거를 찾지 못했다.

성장 과정 중의 몇 가지 경험이 동성애자로 만드는 것 같기도 한데, 이러한 경험이 사회 학습 가설을 지지하는 증거들로 여겨졌다(Van Wyk & Geist, 1984). 어린 시절에 이성 동무들과 많이 놀았다든지, 자위행위를 처음 동성이 자신에게 해 줘서 배웠다든지, 18세 전에 동성과 성적 접촉을 했다든지 하는 것과 같은 경험들이 일찍이 나타난 동성애적 성향을 반영하는 것으로 해석될 수 있다. 사실 벨과 동료들(1981)은 성인의 동성애는 단지 초기의 동성애적 행동과 느낌의 연장이며, 이러한 행동과 느낌은 성인기의 동성애를 매우 정확하게 예견한다고 결론내렸다. 그런데 한편으로 그들은 양성애가 학습에 의한 것이라는 증거를 오히려 더 많이 발견하게 되었는데, 이는 동성애적 성향이 약하더라도 경험에 의해 최종적인 결정이 이루어질 수 있듯이, 생물학적 영향도 그 정도에 있어 다양할 수 있음을 시사한다.

동성애자의 70%는 4~5세경에 벌써 자기 자신에 대해 다르게 느꼈다고 기억한다(Bell et al., 1981; Savin-Williams, 1996). 이들의 말을 있는 그대로 평가하는 것은 곤란한데, 과거의 기억이란 현재의 조건에 따라 얼마든지 왜곡될 수 있으며, 또 비교 대상이 되는 이성애자들이 얼마나 그와 같은 식으로 느끼는지 모르기 때문이다. 어쨌든 동성애자는 성장하는 동안 성적 불일치(gender nonconformity)를 경험하는 비율이 높다. 성적 불일치는 성장 동안 이성의 친구나 또래에게 이례적인 선호를 보이거나 보통 이성이 선호하는 활동을 하는 경향성을 일컫는다(Bell et al., 1981). 성적 지향에 대한 생물학적 가설을 생각하고 있다면, 그것이 어떻게 형성되고, 또 어떻게 변할 수 있는지 타당한 설명을 제시할 수 있어야 한다. 이러한 질문에 답할 수 있는 세 가지 생물학적 접근을 소개하겠다. 유전과 호르몬 그리고 신경계다.

유전과 성적 지향

? 동성애의 생물학적 근거를 지지하는 증거는 무엇인가?

성적 지향의 생물학적 원인에 대해 가장 증거가 많고 가장 일관된 증거를 보이는 것이 유전 연구다. 동성애는 동성애자의 형제자매에게서 2~7배 더 많다(J. M. Bailey & Bell, 1993; J. M. Bailey & Benishay, 1993; Hamer, Hu, Magnuson, Hu, & Pattatucci, 1993). 일란성 쌍생아는 이란성 쌍생아나 보통 형제자매들보다 같이 동성애자인 경우가 더 많다([그림 7-15; J. M. Bailey & Pillard, 1991; J. M. Bailey et al., 1993; Whitman, Diamond, & Martin, 1993). 유전율이 여자의 경우는 50~60% 정도이고, 남자에게선 30% 정도로 추정된 적이 있다(Kirk et al., 2000). 이란성 쌍생아보다 일란성의 경우에 환경이 좀 더 비슷하기 때문에, 함께 자란 쌍생아도 있고 헤어져서 자란 쌍생아도 있으면 이상적인 조건의 연구를 할 수 있다. 하지만 그런 경우도 드물고, 그런 연구를 한 적이 있다고 하더라도 그 수가 적고 또 연구의 대상이 되었던 쌍생아의 수도 너무 적어 결론을 이끌어 낼 수 없었다.

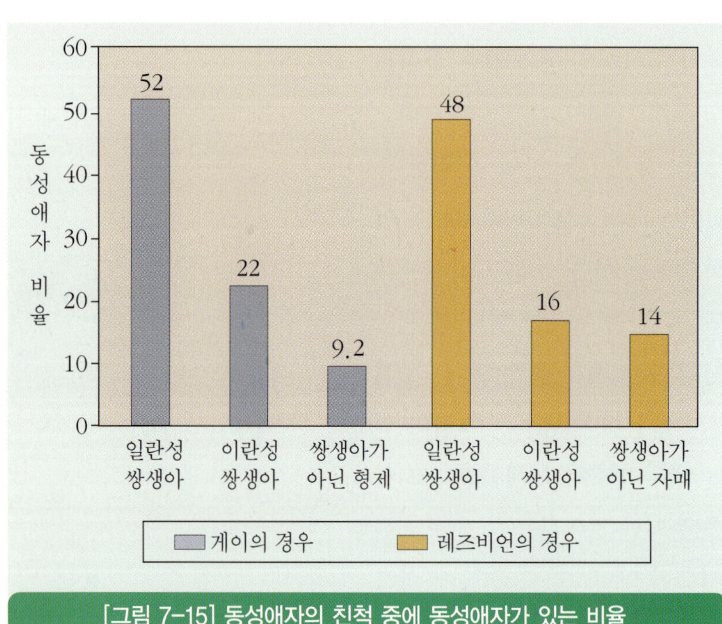

[그림 7-15] 동성애자의 친척 중에 동성애자가 있는 비율

출처: Based on data from Bailey and Pillard (1991) and Bailey et al. (1993).

하메르와 동료들(Hamer et al., 1993)은 게이의 친척 중에 게이인 경우가 부계보다 모계 쪽으로 더 많다는 것을 발견했다. 아들은 X 염색체를 엄마로부터만 받기 때문에, 하

[그림 7-16] 게이 유전자라고 여겨지는 유전 물질의 위치

게이 형제들 중에서 많은 경우에 X 염색체 끝에 있는 유전물질이 형제간에 동일했다.

출처: Introduction to Psychology, 5th ed. by Plotnik. 1999. Reprinted by permission of Wadsworth, a division of Thomson Learning.

메르는 동성애를 일으키는 유전자를 X 염색체에서 찾으려 했다. 하메르는 모계를 통해 전해 내려오는 유전자의 위치를 좀 더 쉽게 찾기 위해, 모계 쪽으로 게이 친척이 있는 40쌍의 게이 형제들을 대상으로 연구를 실시했다. 40쌍의 형제들 중 64%에서 X 염색체의 한쪽 끝에 위치해 있는 유전물질이 형제간에 동일한 것을 발견했다([그림 7-16]). 아마도 이 물질은 동성애를 일으키는 유전자를 하나나 그 이상 포함하고 있을 것이다. 유전 연구를 통해 확신을 갖기는 어렵지만, 또 다른 연구가 이러한 결과를 지지해 주었다(Hu et al., 1995). 다른 결과를 보여 주는 연구도 있었는데(Rice, Anderson, Risch, & Ebers, 1999), 하메르는 표본의 크기가 작아 모계보다 부계 쪽에 게이 친척이 있는 게이의 경우가 부각되어 있다고 비평했다(Hamer, 1999). 좀 더 최근에 인간의 게놈 전체를 검토해 본 결과, 하메르의 발견은 그 당시 연구 대상이 되었던 가족에게만 국한된 것이라는 것이 확인되었다. 그러나 다른 가족을 대상으로 한 연구에서 게이 형제들 간에 앞의 염색체와는 다른 세 개의 염색체에서 DNA가 연장되어 있는 것을 기대 이상으로 많이 발견했다.

동성애를 유전자로 설명할 수 있다는 증거는 진화론과는 상충되는 것이다. 즉, 동성애 유전자가 동성애자들을 통해서는 후손에게로 전해질 수 없는데, 어떻게 동성애가 사라지지 않을 수 있었는가 하는 것이다. 흥미로운 가설이 있는데, 동성애자들이 가족이 생존하고 후손을 남기는 데에는 도움이 되었을 가능성이 더 높다는 것이다. 하지만 이러한 생각을 지지해 주는 연구는 아직 없었다. 이탈리아 연구자들이 그럴싸한 대안을 제시한 적이 있다. 남성 동성애자의 가족을 보면 출생률이 모계 쪽 여자들에게서 더 높게 나타나는데, 이는 X 염색체상의 유전자들이 동성애와 여성의 출산율 둘 다를 증가시키며, 이는 동성애자의 생식 결여를 보상하기 위한 것이라고 주장했다(Camperio-Ciani, Corna, & Capiluppi, 2004).

또 다른 제안은 동성애를 일으키는 유전적 영향은 자연 선택의 결과가 아니고 아마도 후성적(epigenetic) 유전으로 인한 것이라는 생각이다. 여성에게서 각각의 세포마다 X 염색체 쌍 중 하나는 활성화되지 않는데, 두 개의 X 염색체 중 어느 쪽이 불활성화될 것인지는 대개 세포마다 무작위적으로 달라진다. 하지만 게이의 엄마를 보면, 불활성화되는 X 염색체의 선택이 덜 무작위적이다(Bocklandt, Horvath, Vilain, & Hamer, 2006). 90%의 세포에서 동일한 염색체가 불활성화되는 것을 기준으로 살펴봤을 때, 게이 자녀를 두지 않은 엄마의 경우 단 4%의 여성만이 여기에 속했고, 동성애자를 둔 엄마는 13%나 되었다. 두 명 이상의 동성애자를 둔 경우는 그 값이 23%로 늘어났다.

호르몬의 영향

유전이 성적 지향에 영향을 준다면, 반드시 어떤 생리적 기제를 통해 일어날 것이며, 그것은 분명 성 호르몬을 통한 작용일 것이다. 초기에 의사들은 남성의 동성애를 테스토스테론으로 바꿔 보려고 시도했었다. 그러나 그러한 처치는 성적 선호에 영향이 없었고 오히려 동성애적 행동의 수준을 높여 놓는 경우가 많았다(Kinsey, Pomeroy, Martin, & Gebhard, 1953 참조). 나중에 연구를 통해 동성애자와 이성애자 사이의 호르몬 수준을 비교해 본 결과, 동성애자의 경우 성 호르몬이 결핍되어 있거나 과다할 것이라는 증거를 찾지 못했다(Gartrell, 1982; Meyer-Bahlburg, 1984).

그래서 만약 동성애와 관련해서 호르몬이 영향을 미친다면, 출생 전에 일어날 가능성이 높다고 여겨져 그 실마리를 찾기 위해 동물 연구에 관심을 두게 되었다. 쥐, 햄스터, 흰담비, 돼지, 금화조(錦花鳥)를 대상으로 초기에 호르몬을 조작하면 나중에 동성에 대한 선호가 일어나는 것을 발견했다(LeVay, 1996 참조). 이러한 결과는 거의 의미가 없다고 비평하는 사람도 있는데, 동물은 이성이 없을 경우 자연스럽게 동성애적 행동이 나타나므로 이러한 결과가 성적 지향이 변한 것을 가리키는 것은 아니라고 주장한다.

하지만 수컷 양의 10% 정도는 성적 대상으로 수컷을 선호하고, 일부는 지속적으로 짝을 맺어 지내면서 서로 번갈아 가며 올라타고 항문 교미를 한다고 한다(Perkins & Fitzgerald, 1992). 또 캘리포니아 해변 쪽에 있는 산타 바바라(Santa Barbara) 섬에서 발견된 소수의 암컷 갈매기들은 암컷과 짝을 이루고 사는데, 서로 구애 행동을 하는가 하면 가끔은 구애 행동 후 교미를 시도하려고 하기도 한다. 이 녀석들은 번갈아 가며 보금자리를 지키고 앉았는데, 품고 있던 알들 중 일부가 부화를 하면(간혹 수컷과의 교미로 인해 수정되어), 마치 수컷과 암컷이 짝을 이루고 있는 것처럼 두 마리의 암컷이 번갈아 가며 부화된 새끼들의 아비 노릇을 한다(Hunt & Hunt, 1977; Hunt, Newman, Warner, Wingfield, & Kaiwi, 1984). 이들 암컷의 행동은 수컷이 없어서 일어나는 일종의 반응으로 생각할 수도 있지만, 대부분의 경우에 한 철만 이렇게 짝을 이루어 지내는 것이 아니다. 따라서 대개 수컷이 없을 때 나타나는 우발적인 동성애와는 다르다.

사람의 동성애가 태어나기 전에 생긴 호르몬 불균형 때문이라는 직접적인 증거는 없는데, 이는 아마도 사람을 대상으로 출생 전에 호르몬 환경이 어땠는지 알아내기가 무척 어렵기 때문일 것이다. 한편 수컷 생쥐에서 에스트로겐 수용기의 결핍이 암컷과 같은 성적 행동을 낳는다는 것이 발견되었는데(Kudwa et al., 2005), 이는 동성애 연구에 대한 새로운 가능성을 제시한다. 즉, 이러한 발견은 뇌의 구조와 기능적 차이에 원인이 있음을 시사하는 것으로, 적어도 인간을 제외한 동물들은 뇌의 구조와 기능이 출생 전과 출생 후 초기의 호르몬에 의해 결정되기 때문이다.

뇌 구조물

? 남성 동성애자의 경우 어떤 뇌 구조물이 다른가?

게이와 이성애자 사이에 크기가 달라 보이는 세 개의 뇌 구조물이 발견되었다. 사이몬 리베이(Simon LeVay, 1991)는 전측 시상하부의 제3간재핵(third interstitial nucleus of the anterior hypothalamus: INAH3)이 남성 이성애자에 비해 게이나 여성 이성애자가 반밖에 안 된다는 것을 발견했다([그림 7-17]; 전측 시상의 위치는 [그림 6-2]에서 확인할 수 있다). 이러한 차이를 양에게서도 발견했다(Roselli et al., 2004). 그러나 사람을 대상으로 한 또 다른 연구에서는 동일한 결과를 얻지 못했다(Byne et al., 2001). 한편, 시교차상핵(suprachiasmatic nucleus: SCN)이 남성 이성애자보다 게이의 경우 더 크고, 바소프레신(vasopressin) 호르몬을 분비하는 시교차상핵 세포의 수가 거의 두 배가량 많다는 것이 발견되었다(Swaab & Hofman, 1990). SCN의 위치도 [그림 6-2]에서 확인할 수 있는데, 그 이름이 의미하듯이 시교차 바로 위에 위치한다. 세 번째로 전교련(anterior commissure)이 남성 이성애자보다 게이와 여성 이성애자의 경우 더 컸다([그림 3-5]; Allen & Gorski, 1992).

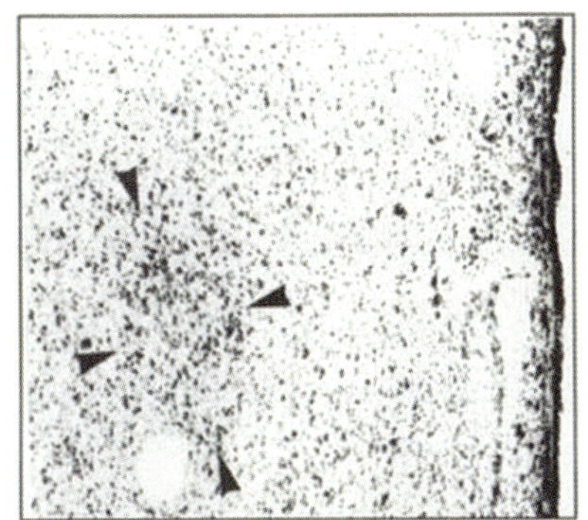
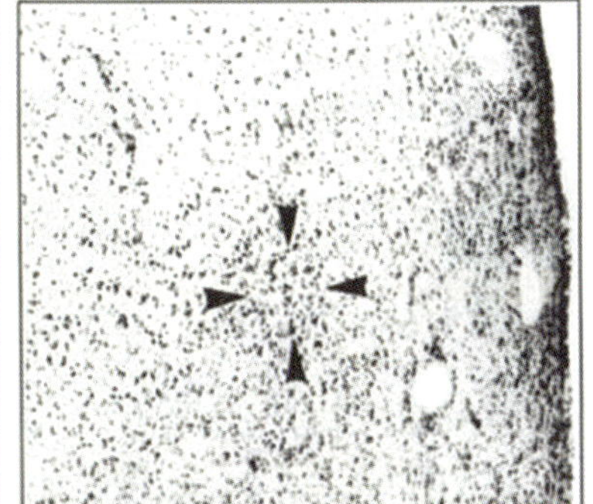

[그림 7-17] 남성 이성애자(왼쪽)와 남성 동성애자(오른쪽)의 INAH3

화살표는 INAH3의 경계선을 가리킨다. 동성애자의 INAH3가 더 작은 것을 눈여겨 보라.

출처: Reprinted with permission from S. LeVay, "A Difference in Hypothalamic Structure Between Heterosexual and Homosexual Men," Science, 253, pp. 1034-1047. © 1991, American Association for the Advancement of Science (AAAS).

이러한 차이가 무엇을 의미하는지는 분명하지 않다. INAH3이 동물의 성행동과 관련된 뇌 부위에 위치해 있고, 다양한 연구를 통해 이 구조물이 암컷보다 수컷에서 더 크다는 것을 확인해 왔지만, 사람에게서 이 구조물의 기능은 아직 알려져 있지 않다. SCN은 암컷 쥐에서 생식 주기를 조절하며, 쥐와 사람의 일주기(daily cycle)를 통제한다. 테스토스테론의 효과를 차단하는 물질을 수컷

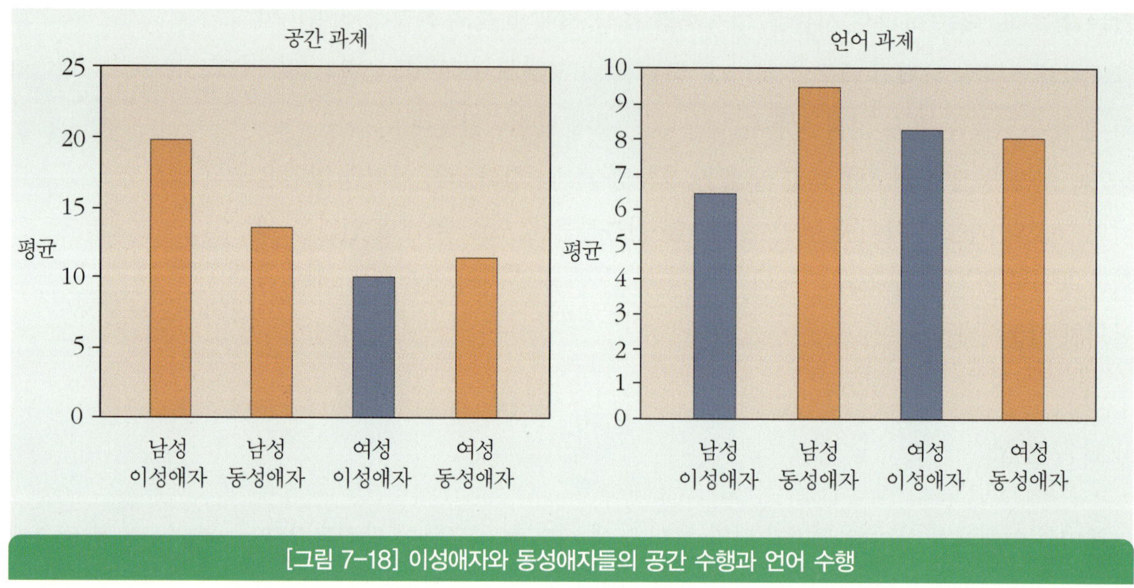

[그림 7-18] 이성애자와 동성애자들의 공간 수행과 언어 수행

출처: Reprinted from N. Neave, M. Menaged, & D. R. Weightman, "Sex Differences in Cognition: The Role of Testosterone and Sexual Orientation," *Brain and Cognition, 41*, pp. 245-262. © 1999, with permission from Elsevier Science.

가장 강력한 성적 기관은 다리 사이가 아니라 귀와 귀 사이이다.

- Milton Diamond

쥐에게 출생 전에 그리고 출생 후 첫 5일 동안 처치하면, 바소프레신을 분비하는 SCN 세포가 많아진다(Swaab, Slob, Houtsmuller, Brand, & Zhou, 1995). 이러한 처치를 받은 수컷 쥐를 발정난 암컷 쥐나 성적으로 활발한 수컷 쥐와 함께 두면 수컷 쥐와 많은 시간을 보내며, 척추 전만 자세도 하고 수컷이 올라타는 것을 받아들이기도 한다. 전교련의 크기가 어떤 의미를 지니는지도 분명하지 않은데, 만약 남성 동성애자의 뇌가 여성화된 것이라면, 상상컨대 더 큰 전교련이 좌우 대뇌반구의 정보 교환을 더 효율적으로 만들 수 있을 것이다. 실제로 게이들은 몇몇 인지 검사에서 여성과 비슷한 수준의 수행을 보이며, 언어 과제에서는 남성 이성애자보다 더 높은 점수를, 그리고 공간 과제에서는 더 낮은 점수를 받는다([그림 7-18]; C. M. McCormick & Witelson, 1991; Neave, Menaged, & Weightman, 1999; Wegesin, 1998).

대부분의 연구가 남성 동성애자의 뇌에서 안드로겐 작용과 남성화의 결함에 초점을 맞춘 데 반하여, 오히려 많은 수의 게이들은 남성 이성애자보다 더 남성적으로 보인다. 이런 과잉 남성화(hypermasculinity)의 경우 외생식기가 더 크고 왼손잡이인 경우가 더 많다(S. J. Robinson & Manning, 2000). 또 다른 특징이 있는데, 여자보다 남자의 경우 검지보다 약지가 상대적으로 더 길다. 그런데 남성 동성애자의 경우 이 길이 차이가 훨씬 더 크다는 것이다. 남성 동성애자는 남성 이성애자에 비해 형들이 많은데, 이를 보고 윌리엄과 동료들(T. J. Williams et al., 2000)은 나중에 태어난 형제들일수록 태내에서 더 많은 안드로겐에 노출된다는 가설을 세웠다. 과잉 남성화(overandrogenization) 가설은 문제에 봉착하게 되는데, CAH 남성이 높은 수준의 동성애적 경향성을 보이지 않는다는 것이다(Cohen-Bendahan, van de Beek, & Berenbaum, 2005). 또 왜 연이어서 남자아이를 낳으면 안드로겐의 수준이 높아지는지 모른다는 것이다. 레이 블랜차드(Ray Blanchard, 2001)는 다른 설명을 제안했는데, 남자아이를 낳을 때마다 엄마의 몸에서 남자아이만 지니는 특정 단백질에 대한 면역력이 점점 더 강해져서 뇌 발달을 변화시키는 항체가 생겨나게 된다는 것이다. 블랜차드는 남성 동성애자가 과잉 남성화되는 경우, 과잉 남성화는 동성애의 원인이 아니라 단지 항원이 지닌 탈남성화 효과를 보상하기 위한 뇌의 작용으로 인한 결과라고 생각했다. 하지만 이러한 면역 가설에 대한 직접적인 증거는 없다. 한편 형들이 있다는 것이 환경적 요인으로 작용할 수도 있는데, 안토니 보게르트(Anthony Bogaert, 2006)는 이러한 생각을 갖고 연구해 보았지만, 단지 형들(생물학적으로 친형이 아닌)이 있다는 것이 성적 지향에 영향을 주지 않는다는 것을 확인했다.

아직 우리는 왜 대부분의 사람이 이성을 선호하며, 일부는 동성을 선호하는지 모른다. 부분적인 이유는 사람 뇌에 대해 우리가 알고 있는 것의 대부분은 죽은 사람의 뇌를 연구한 데서 비롯됐다는 것이다. 영상 기법이 발전하면서 경험이나 노화, 약물, 질병 등이 뇌에 영향을 주기 전에 살아 있는 뇌를 연구할 수 있는 기회를 가지게 되었다. 그 한 예로 최근에 페로몬이라 여겨지는 물질이 뇌에 어떤 효과를 낳는지 연구한 것이 있다(Savic, Berglund, & Lindström, 2005). 남성의 땀에서 발견한 안드로겐 파생물질(여기선 AND라고 부르겠다)과 여성의 오줌에서

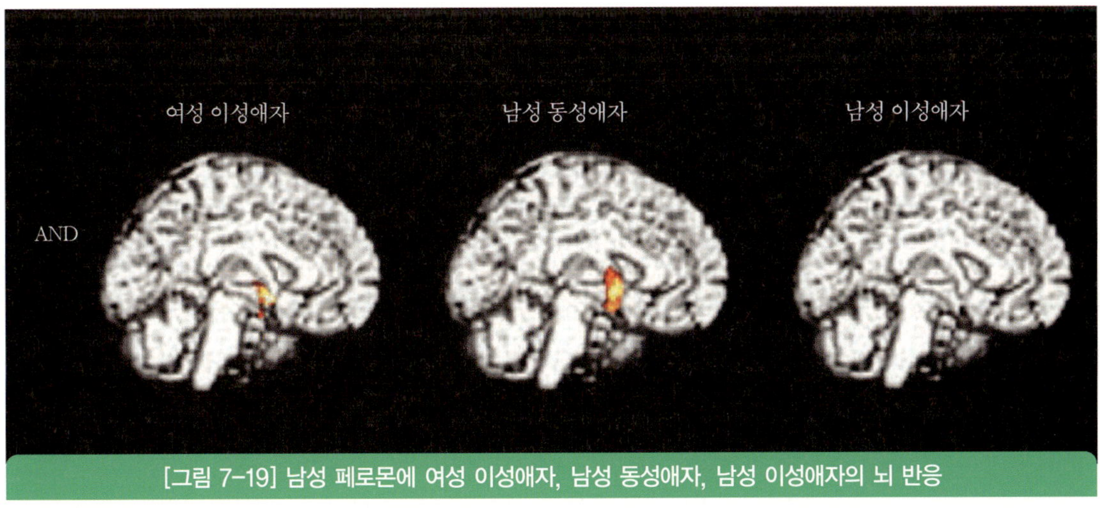

[그림 7-19] 남성 페로몬에 여성 이성애자, 남성 동성애자, 남성 이성애자의 뇌 반응

여성 이성애자와 남성 동성애자의 경우 전측 시상하부의 MPOA가 테스토스테론의 파생물질인 AND에 반응했다. 남성 이성애자는 반응을 보이지 않았다.

출처: Savic et al., "Smelling of Odorous Sex Hormone-Like Compounds Causes Sex-Differentiated Hypothalamic Activations in Humans," Neuron, 31, 661-668, fig. 1. © 2002. Reprinted by permission.

발견된 에스트로겐과 유사한 화합물(여기선 EST라고 부르겠다)이 연구에 사용되었다. 이성애자의 경우 AND는 여성에게서만 시삭전 영역(preoptic area)과 복내측핵(ventromedial nucleus)을 활성화시켰고, EST는 남성에게서만 실방핵(paraventricular nucleus)과 배내측핵(dorsomedial nucleus)을 활성화시켰다. 남성 동성애자는 EST에 반응하지 않았고, 대신 AND에 여성 이성애자와 같은 반응을 보였다([그림 7-19]). 후속 연구에서 레즈비언들은 AND와 EST에 여성 이성애자들보다는 남성 이성애자와 더 유사한 반응을 보였다(Berglund, Lindström, & Savic, 2006). 우리는 성적 지향이 뇌에서 기인되는 현상이라는 걸 알게 되었기에, 이제는 뇌 구조물이 어떻게 성적 지향에 영향을 주는지만 알면 되겠다.

여성 동성애에 관한 난제

? 여성 동성애자에 대해 알려져 있는 것은 무엇인가?

지금까지는 주로 게이에 대해 논의했는데, 이는 레즈비언의 생물학적 · 행동적 특성에 대한 연구가 상당히 드물고, 또 다음 연구로 이어질 만한 발견도 거의 없기 때문이다. 예를 들어, CAH 여성에 대한 연구를 제외하고, 레즈비언의 뇌가 출생 전 발달 동안에 남성화되었는지에 대한 증거가 거의 없다. 게다가 레즈비언은 언어 검사와 공간 검사에서 여성 이성애자와 유사한 수행을 보인다(다시 [그림 7-18]을 보라; Neave et al., 1999; Wegesin, 1998). 그러나 여성의 동성애가 유전이라는 것을 보여 주는 예들이 많아 여성 동성애의 생물학적 원인을 밝히려는 연구는 계속되고 있다. 사소한 것 같지만 두 가지 흥미로운 신체적 특징이 레즈비언과 이성애자 사이에 차이가 있는 듯하다. 첫째는 약지와 검지의 길이 차이가 레즈비언과 남성 이성애자가 비슷하다는 것이다(T. J. Williams et al., 2000). 두 번째는 내이가 자극될 때 내이에서 나오는 독특하고 희미한 소리(click-evoked otoacoustic emissions라고 부른다)의 차이인데, 여성 이성애자의 경우가 레즈비언이나 남성 이성애자 그리고 게이보다도 더 크다는 것이다(McFadden & Pasanen, 1998). 이러한 차이가 지니는 의미는 두 특징 모두 출생 전 발달 동안에 테스토스테론의 수준에 영향을 받는다는 것이다.

출생 전 테스토스테론이 공간 능력과 언어 능력에는 영향을 미치지 않고, 하나 또는 그 이상의 뇌 구조물과 이 두 신체적 특징을 남성화시키면서 여성의 성적 지향을 바꿀 수 있을까? 만약 인지 능력의 남성화가 발달 중 다른 시기에 일어난다면, 또는 더 높은 수준의 테스토스테론을 필요로 한다면 가능할 수도 있다. 하지만 이는 전적으로 추측이며, 어떠한 결론을 내리기에는 시기상조다. 분명 여성의 성적 지향에 대한 연구가 더 많이 필요하다.

생물학적 모델의 사회적 영향

대개 그렇듯이 지금까지 논의한 연구는 사회적으로 중요한 의미를 지닌다. 만약 동성애가 일부 게이들이 주장하듯이 선택의 문제라면, 시민의 평등권에 대한 미연방법은 동성애자에게 적용되지 않는다. 왜냐하면 소수 집단에 대한 보호는 불변의 타고난 특성에만 기준을 두는 것이기 때문이다(Ernulf, Innala, & Whitam, 1989). 만약 동성애가 경험으로 인한 결과라면, 아마도 차별과 그 외의 골칫거리를 원하지 않는 동성애자들은 심리치료, 행동 수정, 종교적 개조를 통해 변할 수도 있을 것이다.

? 왜 동성애에 대한 생물학적 원인을 연구하는 것이 사회적 관심거리가 되는가?

나 자신이 동성애자라는 것에 대해, 난 선택의 여지가 있다고 생각해 본 적이 없다. ……난 그저 나일뿐, 그 이유는 모른다.

- 미 하원의원 Barney Frank

하지만 일부 동성애자들은 선택할 수 있는 것이 아니라고 말한다. 매사추세츠 하원의원인 바니 프랭크(Barney Frank, [그림 7-20])는 자신의 성적 지향을 바꾸는 것이 가능하다고 생각해 본 적이 있느냐는 질문에 그것이 가능할 수 있길 소망했지만 가능하지 않았다고 대답했다. 그리고 1953년도에 열세 살짜리가 모든 사람이 싫어하고, 실제로 살아가는 데 제약이 있는 동성애자가 되는 것을 좋아했을 거라고 생각할 사람은 아무도 없을 것이라고 말했다(Dreifus, 1996, p. 25).

동성애자의 약 75%는 동성애는 타고난 것이라고 생각한다(Leland & Miller, 1998). 일부 게이들은 이러한 생각이 퍼져나가는 것이 자신에게 이롭지 않다고 한다. 생물학적 관점이 동성애를 질병으로 생각하던 과거의 의학적 견해와 너무나 밀접하게 연결되어 있다는 것이다. 그들은 동성애자가 무슨 결함이 있는 것으로 낙인찍히는 것을 두려워한다. 하물며 과학이 태아의 동성애적 성향을 확인할 수 있는 방법을 발견하는 것도, 그래서 부모가 유전적 조작을 통해 태아를 고치려 하거나 낙태를 하는 등의 문제를 겪는 것을 염려하는 것이다. 이와 관련해서 일부 동성애자들은 감정이 너무 상한 나머지 네덜란드 게이 운동의 일원들이 암스테르담에서 성 연구가 딕 스웨브(Dick Swaab)에게 신체적 공격을 가한 적이 있다. 이들 동성애자들은 스웨브의 생물학적 원인들의 발견으로 인해 위협을 느끼고 있었던 것이다(Swaab, 1996).

[그림 7-20] 미 하원의원 바니 프랭크

허브 모세스와 함께한 지 1998년이면 11년이 된다.

출처: Photo by Burk Uzzle.

또 다른 일부 게이와 레즈비언 인권운동가들은 생물학적 발견을 환영하는데, 생물학적 원인에 의한 것이라는 생각이 대중 사이에서 동성애에 대한 인정을 높여 줄 것이라는 것이다. 자신이 게이이기도 한 성 연구자 사이먼 라베이(Simon LeVay)는 이들의 생각을 지지한다. 30~50%의 대중도 동성애는 타고난 것이라고 생각하고 있다(Ellis & Ames, 1987; Ernulf et al., 1989; Leland & Miller, 1998; Schmalz, 1993). 또 동성애에 생물학적 근거가 있다고 생각하는 사람은 경험이나 본인의 선택에 의한 것이라고 생각하는 사람보다 동성애자에 대해 긍정적인 태도를 지니고 있다(Ernulf et al., 1989; Schmalz, 1993). 동성애와 관련된 논쟁이 조만간에 끝날 것 같진 않는데, 대부분의 연구자는 동성애와 이성애의 원인을 유전, 호르몬, 신경계 그리고 경험의 조합으로 생각한다(LeVay, 1996).

✎ **개념 확인**

- 사회적 영향 가설은 동성애를 어떤 식으로 설명하는가?
- 동성애에 생물학적 원인이 있다는 증거는 무엇인가?
- 배운 것을 정리해 보라. 남성 이성애자, 여성 이성애자, 동성애자 사이에 차이가 나는 뇌 구조물에는 어떤 것들이 있으며, 서로 간에는 어떻게 다른지, 그리고 그 구조물의 기능이 밝혀져 있다면 각각의 기능이 무엇인지 정리해 보라.

전 망

성욕이 세포 조직의 어떤 결핍으로 동기화되는 것이 아니기 때문에, 연구자들은 뇌에서 그 원인을 찾으려 했다. 연구자들이 발견한 것은 뇌와 관련된 추동에 대한 모델이지, 영양소, 수분 등이 부족하거나 온도가 떨어진 세포 조직과 관련된 것들이 아니었다. 이러한 관점은 생물학적 동기화에 대한 접근 방식을 바꾸었고, 또한 성 정체성과 성 특정적 행동 및 능력을 모두 뇌 수준에서 설명할 수 있을지도 모른다는 의미였다.

사람의 성적 외양, 성 정체성, 행동 등이 서로 불일치하거나 염색체와 맞지 않는 경우가 종종 있기 때문에, 성별이란 규정하기 힘든 개념이다. 연구를 통해 우리는 성별 간의 많은 차이점이 문화의 영향이며, 또 선택의 문제라고 생각했던 많은 것이 생물학적 원인에 의한 것이란 걸 알게 되었다. 따라서 성별, 성적 외양, 성적 지향을 근거로 구별할 수 없다는 생각이 서서히 사회에 퍼져 가고 있다. 이러한 사안은 감정적으로 다룰 수 있는데, 배후에 중요한 문제들이 관련되어 있기 때문이다. 왜 우리는 바로 그 사람에게 끌리는가? 왜 우리는 동성이나 이성에게 끌리는가? 왜 우리는 스스로 남자라고, 여자라고 느끼는가? 이러한 문제에 감정이 개입하면 중요한 점을 놓칠 수 있는데, 답은 뇌에서 찾아야 한다. 그래서 어떤 사람들은 뇌가 바로 가장 주된 성적 기관이라고 말한다.

요 약

동기의 일종으로서 성욕

- 세포 조직의 결핍 같은 것은 없지만, 성욕도 다른 추동들처럼 각성과 만족이 있으며, 호르몬과 신경계의 통제도 받는다. 다른 추동들처럼 성욕도 뇌의 작용으로 이해할 수 있다.
- 인간의 성적 행동에 중요한 요소들로는 테스토스테론, 시상하부에 있는 뇌 구조물들 그리고 신체적 특징들이나 페로몬과 같은 감각 자극들이 있다.

성별의 생물학적 결정

- 남자나 여자로 나뉘는 것은 X 염색체와 Y 염색체의 조합과 테스토스테론의 유무에 달려 있다.
- 테스토스테론은 남녀의 외생식기와 내생식기뿐만 아니라 뇌의 분화 역시 통제한다.

심리학적 성(gender) 관련 행동과 인지상의 차이점

- 여자가 언어 능력에서 남자보다 앞서고, 남자가 여자보다 더 공격적이며 시공간 능력이나 수학 능력에서 우월하다는 증거들이 있다.
- 수학 능력은 예외일 수도 있지만, 성별 간의 이러한 차이들은 적어도 일부는 뇌와 호르몬의 차이로 인한 것으로 보인다.

성적 기형

- 성적 기형의 예들은 남녀에 대한 기존 개념에 이의를 제기한다.
- 성적 기형에서 인지 능력과 바뀐 성적 선호를 통해 뇌가 출생 전에 남성화 또는 여성화된다는 것을 알 수 있다.

성적 지향

- 성적 지향이 전적으로 경험에 의한 것이라는 생각은 잘못된 것이다.
- 동성애뿐만 아니라 이성애도 유전자, 출생 전 호르몬 작용, 뇌 구조물 등에 의해 결정된다는 증거들이 있다.
- 동성애의 생물학적 견해와 관련해서 동성애자들 사이에 논란이 있지만, 대부분의 경우에는 생물학적 원인 규명이 동성애에 대한 사회적 수용을 조장해 준다고 생각한다. 실제로 그렇다는 것이 시사되고 있다.

핵심 용어

가성반음양자(pseudohermaphrodite)
거세(castration)
게이(gay)
고환(testes)
난소(ovary)
남성 호르몬 불감 증후군(androgen insensitivity syndrome)
내측 시삭전 영역(medial preoptic area: MPOA)
내측 편도체(medial amygdala)
다이하이드로테스토스테론(dihydrotestosterone)
레즈비언(lesbian)
뮐러 억제 호르몬(Müllerian inhibiting hormone)
뮐러관(Müllerian duct)
발정(estrus)
복내측핵(ventromedial nucleus)
볼프관(Wolffian duct)
서비기관(vomeronasal organ: VNO)
선천성 부신 비대증(congenital adrenal hyperplasia: CAH)
성 역할(gender role)
성 정체성(gender identity)
성선(gonad)
성욕, 성별, 섹스(sex)
성적 불일치(gender nonconformity)
시교차상핵(suprachiasmatic nucleus: SCN)
심리학적 성(gender)
안드로겐(androgen)
양성애자(bisexual)
에스트로겐(estrogen)
옥시토신(oxytocin)
자웅이형핵(sexually dimorphic nucleus: SDN)
전교련(anterior commissure)
전측 시상하부의 제3간재핵(third interstitial nucleus of the anterior hypothalamus: INAH3)
조직화 효과(organizing effect)
주조직 적합성 복합체(major histocompatibility complex: MHC)
쿨리지 효과(Coolidge effect)
테스토스테론(testosterone)
페로몬(pheromone)
편도체(amygdala)
활성화 효과(activating effect)

Chapter 8

정서와 건강

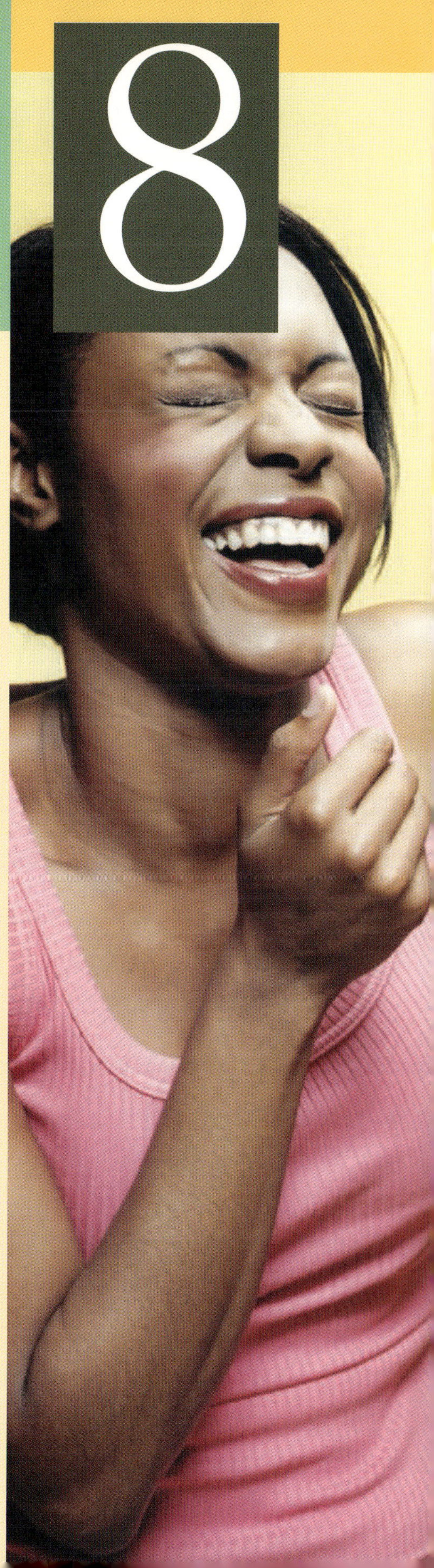

정서와 신경계

정서와 관련된 자율신경계와 근육
변연계
전전두피질
편도체
대뇌 반구의 전문화

스트레스, 면역, 건강

적응적 반응으로서의 스트레스
스트레스가 지닌 부정적인 영향
사회적 · 성격적 변인
적응적 정서로서의 통증

공격성의 생물학적 근원

호르몬과 공격성
공격성에서 뇌의 역할
세로토닌과 공격성
유전과 환경

이 장에서 배울 내용

- 뇌를 포함한 신체는 어떻게 정서와 관련되는가?
- 스트레스가 어떤 방식으로 건강과 면역 기능에 영향을 주는가?
- 통증은 왜 감각일 뿐만 아니라 정서인가?
- 공격성에서 호르몬, 뇌 구조물, 유전의 역할은 무엇인가?

제인(Jane)은 15개월이 되었을 때 자동차 사고를 당한 적이 있었다. 크게 다치지 않은 것 같았고, 사고 후 며칠 안에 완전히 회복된 것처럼 보였다. 그런데 세 살이 되었을 때, 제인의 부모는 제인이 야단을 맞거나 매를 맞아도 그것에 대해 무관심하다는 것을 알아차리게 되었다. 제인의 행동은 점차 다른 아이들에게 지장을 주었고, 열네 살이 되었을 때는 처음으로 치료 시설에 수용되었다. 제인의 지능은 정상이었지만, 학교 숙제를 못해 가는 경우가 흔했다. 제인은 다른 아이들을 말로, 그리고 신체적으로 학대했으며, 가족의 물건을 훔치고 종종 가게 물건도 훔치곤 했다. 한편 일찍이 위험한 성행위를 시작했고, 결국은 열여덟 살에 임신도 하게 됐다. 제인은 죄책감이나 후회하는 기색을 거의 보이지 않았다. 공감하는 능력이 없었는데, 이러한 공감력의 부재는 자신을 유아기적 욕구에 위험할 정도로 무감각하게 만들었다. 제인의 행동이 그녀 자신을 신체적으로도, 금전적으로도 늘 위험한 상황에 빠뜨리게 했으므로, 제인은 전적으로 가족과 사회기관에 의존하여 금전적인 도움과 자신의 사적인 일들을 해결해 나가야만 했다.

MRI 결과를 통해 제인은 전전두피질(prefrontal cortex)에 손상이 있다는 것이 드러났다. 전전두피질은 행동과 그 행동이 낳을 결과에 대한 판단을 하는 데 필수적인 부위로 알려져 있다. 나이가 들어서 이 부위에 손상을 입은 사람은 설정된 상황에서는 도덕적 · 사회적 규칙을 잘 알고 있는 듯하지만, 실제 상황에서는 이러한 규칙을 적용하지 못했다. 그래서 자주 금전적 손실이나 친구 또는 가족과의 관계가 깨어지는 결과를 낳는 선택을 한다(Bechara, Damasio, Damasio, & Lee, 1999). 제인처럼 유아 때 손상을 입은 사람은 설정 상황에서조차 언어적으로라도 그러한 규칙을 표현할 수 없으며, 그들의 도덕적 발달은 단지 처벌을 피하려는 동기 수준밖에 안 된다. 그들은 그들 자신의 삶뿐만 아니라 절도와 같이 다른 사람에게도 피해를 주는 행동도 하게 된다(S. W. Anderson, Bechara, Damasio, Tranel, & Damasio, 1999).

> 내 머리는 내가 가장 이해할 수 없는 기계 같아. 항상 윙윙거리는가 하면 흥얼거리고, 높이 치솟아서는 아우성치다가 곤두박질쳐서는 진흙 구덩이에 처박히곤 해. 도대체 왜? 이러한 격정이 일어나는 걸까?
>
> \- Virginia Woolf

정서는 말 그대로 우리의 삶을 "윙윙거리고 또 흥얼거리게도 하며, 그런가 하면 또 높이 치솟아서는 아우성치게도 하는" 등 변화무쌍하게 만든다. 정서는 또한 우리의 행동을 동기화시키기도 한다. 즉, 분노는 우리 자신을 보호하려는 행동을 더 강하게 만들어 주고, 공포는 싸움을 더욱더 부추기며, 행복은 행복하게 하는 행동을 더 하게 한다. 정서는 뇌에서 처리되면서 경험을 더 인상 깊게 만들어 더 잘 기억나게 해 준다(A. K. Anderson & Phelps, 2001). 따라서 우리는 즐거움을 낳는 행동은 반복하게 되고, 위험이나 고통을 낳는 행동은 피하게 된다. 제인은 지능에 있어서는 문제가 없었지만, 뇌손상 때문에 자신의 정서적 경험을 통해서는 아무것도 배울 수 없었다. 안토니오 다마시오(A. Damasio, 1994)는 정서가 없는 이성은 우리 삶을 안내하는, 아니 실제로는 우리 삶을 이루는 그러한 의사결정을 할 수 없다고 말한다.

정서와 신경계

정서(emotion)가 무슨 뜻이냐고 묻는다면, 아마 맨 먼저 우리가 감정(feeling)이라고 부르는 행복, 흥분, 공포, 슬픔과 같은 느낌을 생각할 것이다. 그러고는 웃는 동안에 올라가는 입 꼬리, 분노로 찌푸린 이맛살과 붉은 얼굴 등과 같이 감정과 함께 나타나는 얼굴 표정들을 생각할지도 모르겠다. 그다음으론 도망가거나 싸우거나 또는 껴안는 등으로 정서를 표현하는 것을 생각할 수도 있다. 정서는 이러한 모든 것을 포함하는 것이고, 또 그 이상이다. 실제적인 의미의 정서를 정의하자면, 정서란 정서를 특징짓는 감정 및 흔히 특징적인 행동이나 얼굴 표정 등과 동반되는 생리적 활동의 증감이라고 정의된다. 왜 주세프 루드(Joseph LeDoux)가 우리가 정서를 정의해 보기 전에는 우리 모두가 정서가 무엇인지 잘 알고 있다고 생각한다라고 말한 이유를 이해할 수 있겠는가? 앞으로 정서의 이런 각기 상이한 측면을 공격성과 건강의 관계와 같은 몇몇 실제적인 영향에 관한 논의와 함께 다룰 것이다.

정서와 관련된 자율신경계와 근육

? 자율신경계는 정서 상태에서 어떤 효과를 낳는가?

신경과학자들에게 정서와 관련해서 교감신경계의 활성화보다 더 뚜렷한 정서 반응은 없다. 제3장에서 배운 것을 기억할 것이다. 교감신경계는 각성 동안에 우리의 신체를 활성화시킨다. 심박률과 호흡률 그리고 땀 분비선의 활동을 증가시키고 소화를 억제하는 한편, 말초 혈관을 수축시킨다. 말초 혈관의 수축은 혈압을 높이고, 혈액이 내장 기관과 뇌로 많이 흘러가도록 한다. 스트레스에 관한 논의에서 알게 되겠지만, 교감신경계는 또한 부신선을 자극하여 여러 가지 호르몬, 특히 코르티솔(cortisol)을 분비케 한다. 각성 끝에는 부교감신경계가 대부분의 신체 활동을 억제하게 되는데, 소화계는 예외로 활성화된다. 달리 말하면, 교감신경계는 싸우거나 도망가기(fight or flight) 위해 몸을 준비시키는 반면에 부교감신경계는 전반적으로 활성화를 감소시키고 에너지를 보존, 저장한다([그림 8-1]).

물론 근육의 활성화는 웃거나 고함치고, 송곳니와 발톱을 드러내고, 도망가

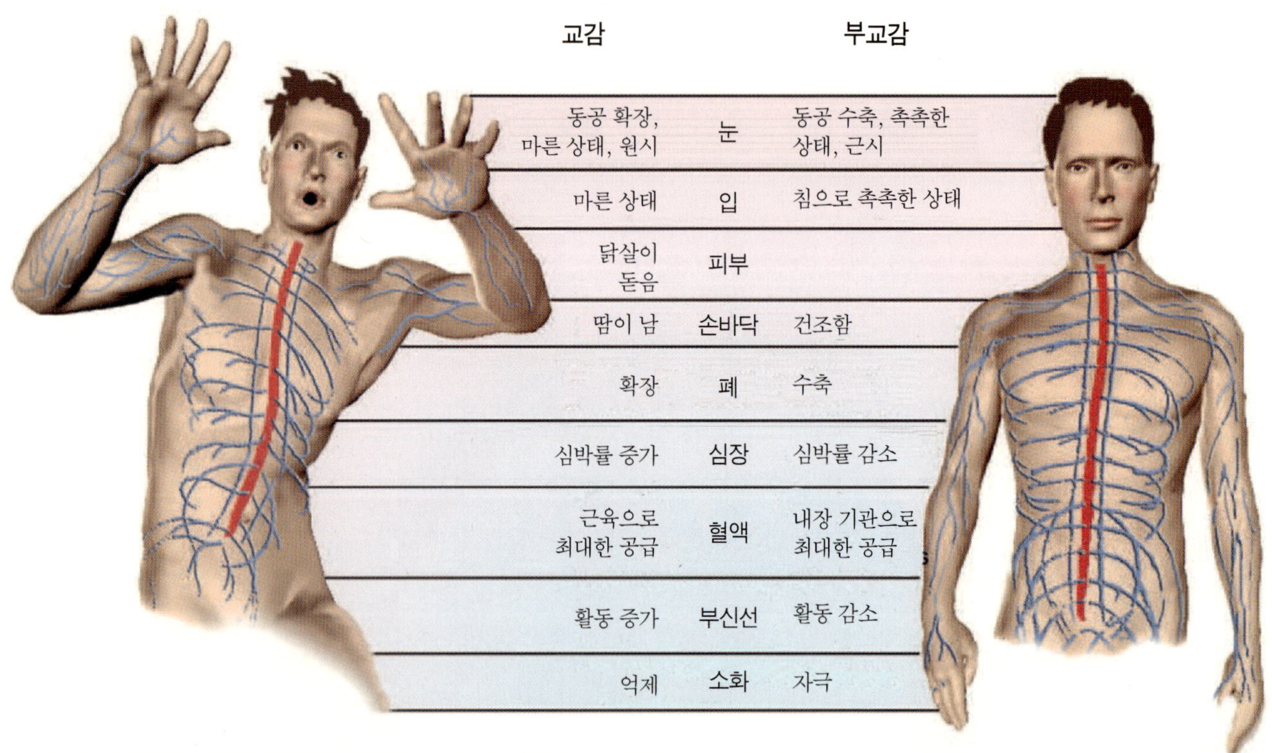

[그림 8-1] 정서적 각성 상태에서 교감신경계의 활동과 이완 상태에서 부교감신경계의 활동 비교

출처: *Psychology: Themes and Variations*, (with InfoTrac) 5th ed., by Weiten. 2001. Reprinted with permission of Wadsworth, a division of Thomson Learning.

고, 공격하는 것과 같이 정서를 겉으로 드러내기도 하고, 조치를 취할 수 있도록 몸을 긴장시키는 것처럼 덜 뚜렷한 정서 반응을 일으키기도 한다. 한편 이와 같은 근육의 긴장은 두통과 근육통을 일으킬 수 있는데, 내일 제출해야 할 과제를 밤새 하느라 긴장해 있을 때가 이 경우에 해당한다. 자율신경계와 근육의 활성화는 적응적인데, 왜냐하면 위급 상황에 신체를 준비시켜 적절한 반응을 할 수 있도록 돕기 때문이다. 자율신경계와 근육의 활성화는 정서 자체를 구성하는 매우 중요한 일부분이기도 하다. 자율신경계와 근육의 활성화가 정서에 기여하는 바가 무엇인가라는 것은 논쟁의 대상이 되어 왔는데, 이후 논의에서도 알 수 있겠지만 오히려 이러한 논쟁이 정서에 대한 연구와 과학적 진보를 꾀하는 추진력이 되었다.

두 개의 경쟁 이론

정서를 연구하는 사람들의 관심을 끌어온 문제 하나는 생리적 각성과 정서 표현 간의 관계에 대한 것이다. 정서 연구자들은 대체로 상반된 두 이론 중 하나를 따랐는데, 최종적인 연구는 획기적이었고 그 결과들은 오히려 기이할 정도다.

첫 번째 이론은 윌리엄 제임스(William James, 1893)와 덴마크 생리학자인 카를 랑게(Carl Lange)의 이론이다. 비록 두 사람이 독자적으로 연구한 것이지만. 제임스-랑게(James-Lange) 이론에 의하면, 정서 표현은 정서 표현에 앞서는 생리적 각성의 결과이며, 상이한 정서는 상이한 각성 패턴의 결과물이라는 것이다. 이에 경쟁하는 이론은 70년 뒤 스탠리 샤흐터와 사전트 싱어(S. Schachter & Jerome Singer, 1962)가 제안했다. 샤흐터와 싱어의 인지 이론(cognitive theory) 대로라면, 생리적 각성은 정서의 강도에만 기여할 뿐 어떤 정서에 해당하는지는 상황에 대한 인지적 평가를 근거로 이루어진다는 것이다. [그림 8-2]에 두 이론이 비교되어 있다.

? 제임스-랑게 이론과 인지 이론은 어떻게 다른가? 각각의 이론을 지지하는 증거는 무엇인가?

제임스가 그의 생각을 표현한 대로 하면, 당신이 곰을 보면 몸이 먼저 반응하고 그러고 나서 당신은 두려움을 느끼게 된다는 것이다. 그는 자신의 생각이 직관과는 반대라는 것을 알았지만, 당신이 교차로에서 다른 차가 당신의 차를 거의 부딪칠 뻔한 경우를 생각해 보면, 당신은 한 블록 즈음 지나서 전율이 당신을 덮치고 몸에 힘이 쑥 빠진 뒤에서야 진짜로 섬뜩함을 느꼈다는 것을 기억할 수

우리는 떨기 때문에 두려워하고, 싸우기 때문에 분노하며, 울기 때문에 슬픔을 느낀다.

- William James, 1893

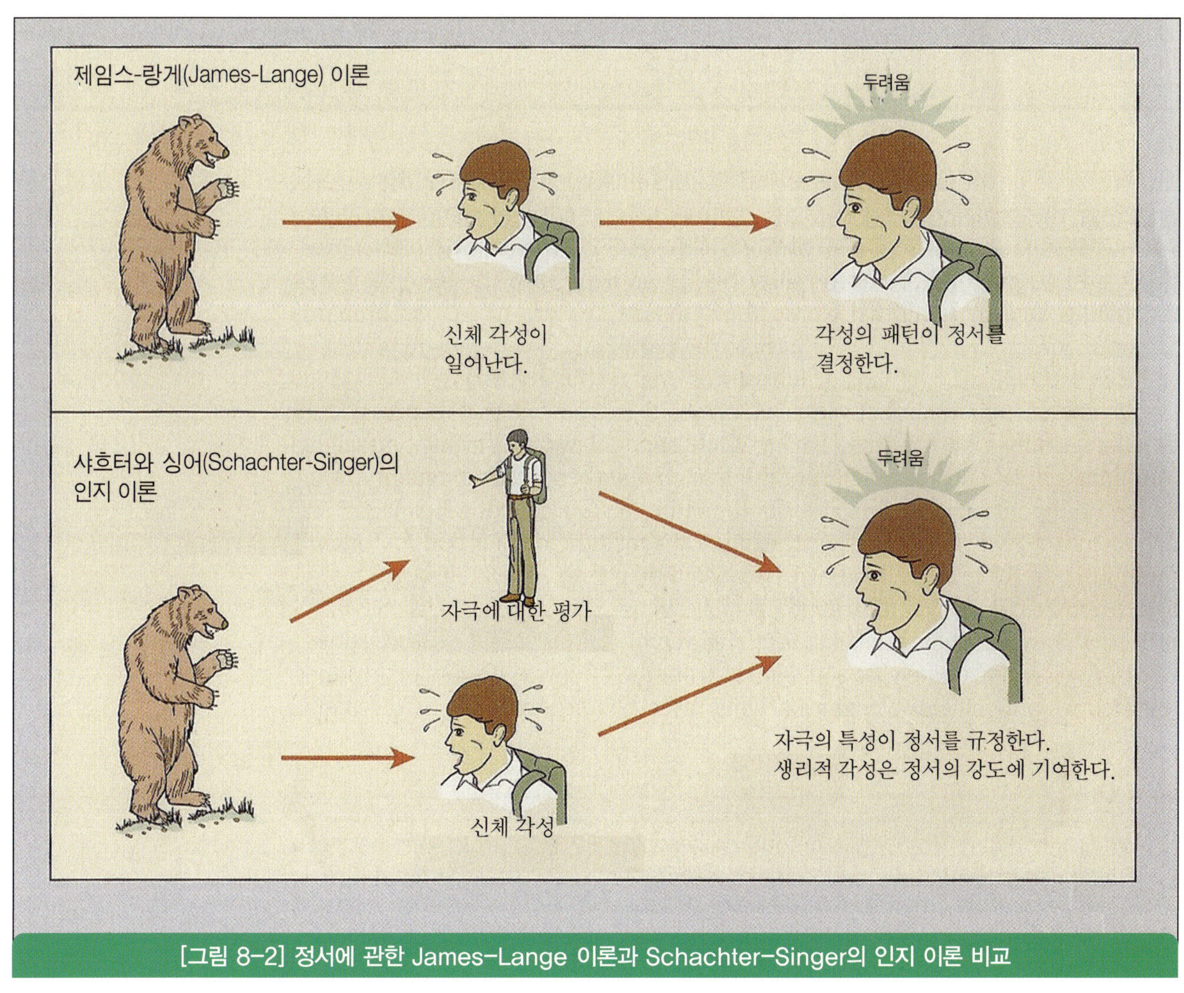

[그림 8-2] 정서에 관한 James-Lange 이론과 Schachter-Singer의 인지 이론 비교

있을 것이다. 이 이론은 몇몇 재미난 증거에 의해 지지도 받았다. 제4장에서 논의한 윤리에 관한 연구도 이를 지지하는 것인데, 그 연구에서 알버트 액스(Albert Ax, 1953)는 피험자들을 모욕하여 화나게 하거나 전기 충격으로 위협해서 두렵게 하면서 몇 가지 생리적 변인들을 측정했다. 제임스-랑게 이론이 예언하듯이, 이 두 가지 정서는 상이한 생리적 패턴을 낳았다. 몇몇 다른 연구들도(Levenson, 1992 검토) 분노, 공포, 슬픔에 해당하는 각각의 특정적인 패턴을 관찰해 왔다. 분노, 공포, 슬픔 이 세 가지 정서는 모두 공통적으로 심박률을 높이지만, 분노, 공포만이 행동을 활성화한다. 한편 혈압은 분노 시에 더 많이 높아지고, 손의 온도는 공포를 느낄 때 더 많이 떨어진다.

얼굴 표정을 연구한 결과들도 제임스-랑게 이론을 지지해 왔다. 이 연구를 위해서는 다음과 같이 연구자들이 묘안을 내야만 했는데, 실험 참가자에게 웃거나 얼굴을 찡그리라고 직접 말하면, 연구자가 어떤 정서를 의도하는지 실험 참가자가 눈치챌 수 있기 때문이다. 대학생을 대상으로 이빨 사이에 펜을 물고 만화를 보게 하면, 입술로 펜을 물고 보는 경우보다 만화가 더 재미있다고 느낀다는 것을 관찰했다. 왜냐하면 이빨로 물고 있으면 웃는 모습에 가까운 표정이 되고, 입술로 물고 있으면 얼굴을 찡그리게 되기 때문이다(Strack, Martin, & Stepper, 1988). 또 다른 연구에서는 피험자에게 특정 부위의 얼굴 근육을 수축시켜보게 했다([그림 8-3]; Levenson, Ekman, & Friesen, 1990). 예를 들면, 화난 표정을 만들 경우에는 양 눈썹을 내리깔거나, 눈을 치켜뜨거나 또는 아랫입술을 추켜올려 입술을 꽉 다물게 했다. 이처럼 행복, 공포, 분노, 혐오, 슬픔, 놀람 등의 표정을 만들어 보면, 각각에 해당하는 의도된 정서를 경험하게 되고 또 각각 상이한 생리적 각성 패턴도 일어났다. 〈응용〉에 정서 표현과 관련된 정보가 더 소개되어 있다.

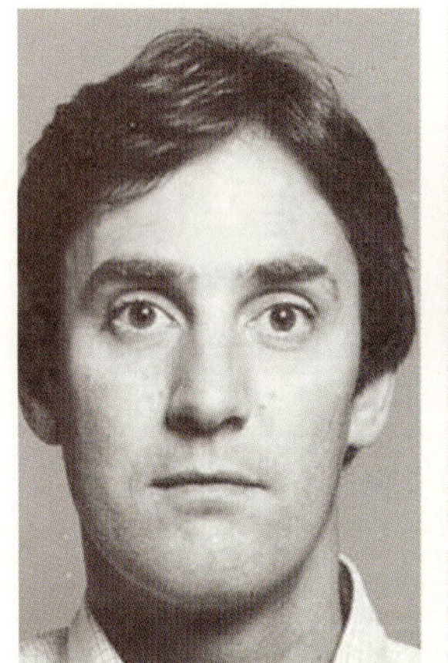
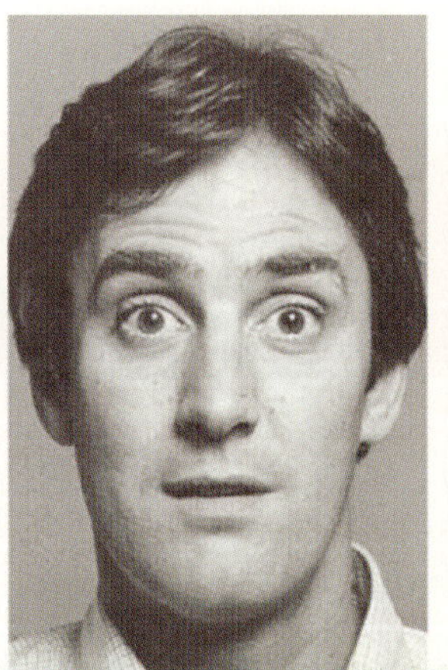

[그림 8-3] Ekman의 지시에 따른 정서 표현들

출처: Don Francis/Mardan Photography.

샤흐터와 싱어(1962)는 자신들의 인지 이론을 확인하기 위해 실험 참가자에게 에피네프린을 주사하고 질문지에 답을 하도록 했다. 그런데 실험 참가자 중에는 연구자와 공모한 가짜 참가자가 있었는데, 종이비행기를 접어 날리는 등의 아주 기분 좋은 듯한 행동을 하거나 또는 질문에 대해 불평하다 결국에는 질문지를 찢어 버리는 화난 듯한 행동을 했다. 나중에 피험자들에게 물어봤을 때, 에피네프린 주사로 손이 떨리고 심장이 빨리 뛰게 될 것이라는 것을 미리 알고 있었던 사람은 정서적 각성이 없었다고 하고, 그런 말을 듣지 못한 피험자들은 가짜 피험자가 보인 정서와 동일한 정서를 느꼈고, 공모자와 함께 같은 행동을 하곤 했다. 더턴과 아론(Dutton & Aron, 1974)은 좀 더 자연스러운 상황에서 실험을 했다. 매력적인 여자 연구원이 젊은 남성 피험자를 면담했는데, 강 위로 70m 상공에 매달려 흔들거리는 다리([그림 8-4]) 위를 건너가며 면담하거나 다리를 건넌 뒤 10분 후에 면담을 했다. 다리를 건너며 면담을 한 경우에 네 배나 많은 남성 피험자가 연구에 대해 좀 더 알려 주겠다는 여자 연구원의 제안을 받아들여 여자 연구원이 준 전화번호로 전화를 해 왔다. 그리고 애매한 그림을 보고 쓴 그들의 글에는 성적인 내용이 더 많이 포함되어 있었다. 이 두 연구에서 실험 참가자들은 자신의 생리적 각성을 상황에 맞게 공포, 분노, 성적 각성 등으로 해석한 것이다.

[그림 8-4] Capilano 강 위의 다리

출처: Ron Watts/CORBIS.

우리가 알게 된 것은 무엇인가

정서 경험이 주로 신체에서 오는 되먹임에 의존하는지 아니면 상황에 대한 인지적 평가에 의존하는지는 아직 해결되지 않았지만 연구가 헛된 것만은 아닌데, 노력의 결과로 밝혀진 것들은 정서란 것이 얼마나 복잡하며 정서를 이해하기 위해서는 정서가 지닌 모든 측면을 고려해야 한다는 것이다. 연구들을 통해 생리적 되먹임이 단지 정서 경험을 강하게 만들어 주는 것 이상이라는 게 발견되긴 했지만, 꼭 필요한 것이 아닐 수도 있다. 사고로 척수가 절단된 사람의 경우에도 정서가 약화되긴 했지만, 여전히 모든 종류의 정서를 경험한다(Hohmann, 1966). 그런 사람 중 한 사람이 이렇게 말했다.

> 이젠, 난 몸이 움직인다는 느낌이 없어요. 그래서 그런지 화를 낸다는 건 김빠진 맥주 같아요. 종종 불의를 보면 화가 나는데, 그건 화난 척하는 것밖에 안 돼요. 사람들이 당신을 이용할 것이란 걸 알기 때문에, 당신이 그렇게 안 하더라도 난 소리치고 욕하고 항의하게 돼요. 그런데 예전처럼 화가 나지 않아요. 전혀 실감이 안 나요. 그건 그냥 생각만 화가 난 것 같아요.

응용 거짓말쟁이를 찾아내는 카메라

열 감지 카메라로 거짓말하는 사람을 가려낼 수 있을지 모르겠다(Pavlidis, Eberhardt, & Levine, 2002). 하니웰 연구소와 마요 임상센터의 과학자들은 20명의 자원자를 대상으로 열 감지 카메라를 시험해 봤다. 이들 중 8명을 무작위로 선발해 마네킹을 대상으로 칼로 찌르고 20달러를 훔치게 했다. 큰 소리로 사람을 깜짝 놀라게 하면 혈압이 높아져 눈 주위로 많은 피가 흐르게 된다. 그래서 연구자들은 열 감지 카메라로 거짓말로 인한 정서적인 각성도 탐지해 낼 수 있으리라 생각했다. 20명의 자원자가 강도짓에 대해 아는 바가 없다고 말할 때, 열 감지 카메라로 20달러를 훔친 8명 중에 6명을, 그리고 나머지 12명 중의 11명을 정확히 누가 거짓말을 하고 누가 참말을 했는지 가려냈다.

동일한 20명을 거짓말 탐지기로 검사했을 때보다 정확성이 못하지 않았다. 거짓말 탐지기는 혈압, 호흡률, 땀 분비 등의 여러 신체 반응을 측정하는데, 훈련된 전문가도 필요하고 많은 시간이 소요된다. 하지만 열 감지 카메라는 전문가의 도움 없이도 쉽게 사용할 수 있다. 연구자들은 이 기술을 이용하면 공항 검색대에서 테러리스트들을 즉각 잡아낼 수 있을 거라고 제안했지만, 실효성이 있을지 모르겠다. 시간에 맞춰 가까스로 탑승장에 도착하느라 불안해할 사람들이 카메라에 탐지되는 숫자를 본다면, 아마 공항 검색대는 기겁을 할 것이다.

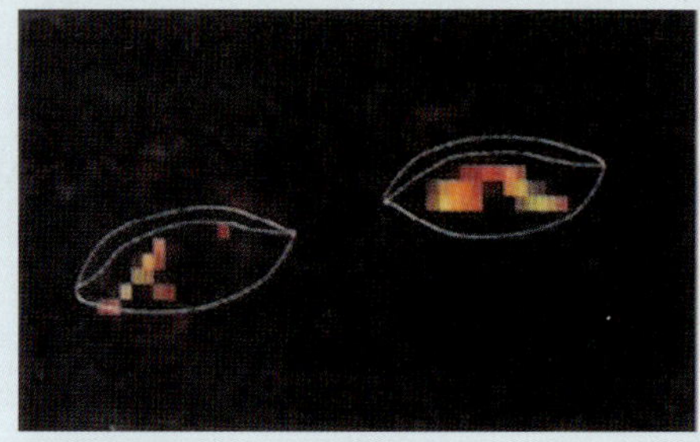
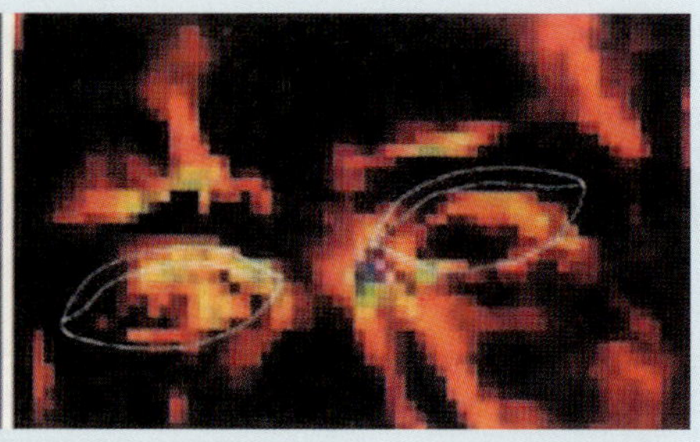

죄책감을 느끼는 피험자의 얼굴을 열 감지 카메라로 찍은 모습
왼쪽은 "20달러를 훔쳤나?"라는 질문에 거짓 대답을 하기 전의 사진이고, 오른쪽은 대답 후의 사진이다. 빨강, 주황, 노란색은 높은 온도를 표시한다. 흰색 선은 눈의 위치를 표시하는 것이다.

출처: Pavlidis et al. (2002). Reprinted by permission of Nature. Copyright 2002.

한편, 정서가 생겨나는 데는 의식적인 평가가 필요하지 않다. 생리적인 정서 반응은 일어나는지도 모르게 일어나고, 또 행동에 영향도 줄 수 있다. 이 장 후반부에서 전두엽의 기능을 논의할 때, 이러한 현상에 대한 좋은 예를 하나 보게 될 것이다.

만약 의식적인 평가도, 생리적 되먹임도 정서 경험에 필수적인 것이 아니라면 과연 이것들이 중요하긴 한 것일까? 대답은 물론 '중요하다'이다. 생리적인 되먹임은 적응적인 행동을 일으키는 필요한 동기를 강하게 하고, 정서에 대한 의식적인 평가와 규정은 지식과 경험을 바탕으로 어떻게 반응할지를 계획하고 실행할 수 있도록 해 준다. 정서 상태에서 나타나는 상이한 패턴의 신체적 각성은 우리가 정서를 어떻게 규정하느냐와는 별개로 적응적인 기능을 지니고 있는 것 같다. 찰스 다윈(Charles Darwin, 1872/1965)이 지적한 대로, 얼굴 표정이나 자세는 우리의 정서 상태를 다른 사람에게 전달한다. 내부적으로는 혈압 상승은 화가 나는 일이 생겼을 때 우리 몸의 신체적 반응을 돕고, 공포를 느낄 때 말초 혈관의 수축은 우리의 손을 차갑게 해서 상처를 입더라도 출혈을 줄여 준다. 따라서 정서란 단지 진화 과정의 사치스런 부산물이 아니라 우리의 생존과 승패를 좌우하는 주요 핵심 요소다. 지금부터는 정서에 중요한 뇌 구조물을 살펴볼 것이다.

변연계

1930년대 말과 1940년대에 연구자들은 정서는 변연계(limbic system)에서부터 생겨난다고 제안했다. 변연계는 상위 뇌간 주위를 둘러싸고 있는 뇌 구조물들의 연결망을 일컫는다([그림 8-5]). 이 변연계 내 상호 연결 회로들이 복잡함에도 불구하고 우리는 이것에 대해 너무 단순하게 알고 있다. 정서는 전전두 영역부터 해서 뇌간에 이르기까지 모든 수준의 뇌 구조물과 관련되어 있다(Damasio et al., 2000). 한편 변연계에 속하는 구조물 중에는 정서와는 무관한 기능에 더 밀접하게 관련되어 있는 것도 있다. 예를 들면, 해마와 유두체는 학습에서 주된 역할을 한다. 변연계라는 개념 자체는 정서가 어떻게 작동하는지 설명하는 데는 그리 중요하지 않고, 오히려 여러 방향으로 엄청난 양의 연구를 낳게 했다는 점에서 의의가 크다. 이 다양한 연구에 대해선 다음 몇 쪽에 걸쳐 살펴볼 것이다.

? 정서와 관련된 뇌 구조물들은 무엇이며, 그것들의 기능은 무엇인가?

정서에서 뇌 역할에 대해 우리가 알게 되는 상당 부분은 동물을 대상으로 한 손상이나 자극 연구를 통해 밝혀지는 것들이다. 따라서 동물을 대상으로 한 연구는 제한적일 수밖에 없는데, 왜냐하면 우리는 동물이 무엇을 경험하는지 모르기 때문이다. 로버트 히스(Robert Heath)는 1964년에 사람을 대상으로 변연계와 관련된 최초의 연구를 했는데, 간질, 수면 장애, 통상적인 방법으로는 치료가 되지 않는 통증 등을 치료하기 위해 환자의 뇌에 전극을 심었다. 연구자들은 동물 연구를 통해 주로 시상하부가 자율신경계를 통제하며, 위협을 느낀 고양이가 내는 쉿쉿 하는 소리와

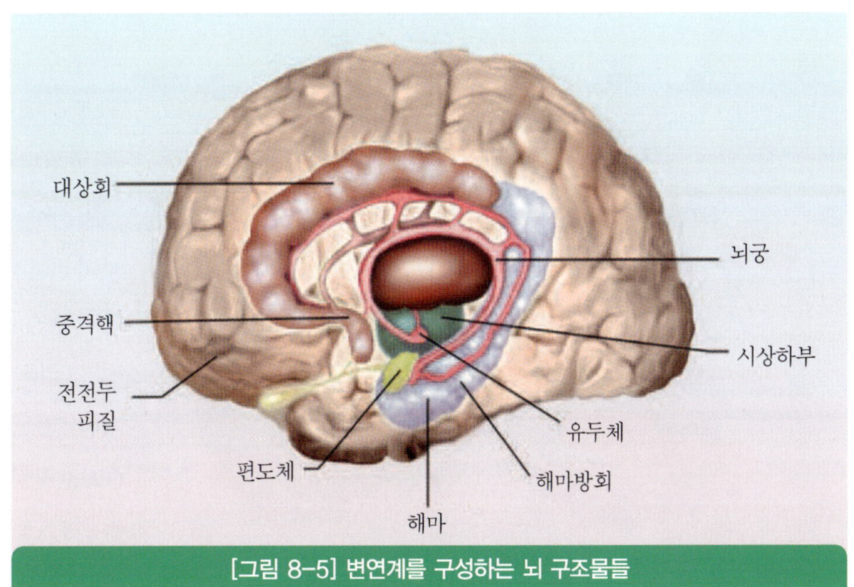

[그림 8-5] 변연계를 구성하는 뇌 구조물들

이빨과 발톱을 드러내는 것과 같은 다양한 정서 표현을 일으킨다는 걸 알게 되었다. 히스는 환자들을 대상으로 시상하부를 자극해서 자율신경계의 전반적인 활성화와 심장이 두근거리며 따듯한 느낌이 드는 등의 감각을 일으켰다. 그리고 시상하부에 전극이 꽂힌 위치에 따라 공포, 격노 혹은 쾌감 등의 감정도 유발했다. 중격을 자극해도 쾌감을 일으킬 수 있었는데, 이때에는 쾌감이 성적 상상 및 각성과 함께 일어났다. 중격 자극으로 어떤 남자 환자는 아버지의 병환에 대해 이야기하다 말고 눈물을 그치곤 환하게 웃으면서 어떻게 여자 친구를 불러내고 유혹할지 말하기 시작했다. 왜 이야기의 내용이 바뀌었냐고 묻자, 그는 그냥 그런 생각이 떠올랐을 뿐이라고 대답했다.

현대의 연구자들은 정서를 담당하는 뇌 중추를 연구하는 데 주로 뇌 영상 기법을 사용한다. 일반적으로, 자기공명영상(MRI) 기법을 이용해 정서에 결함이 있는 환자의 손상 부위를 찾거나, 정상적인 피험자들을 대상으로 정서적 경험을 상상하게 하거나 얼굴에 나타난 정서 표현을 알아맞히는 동안 또는 감정을 자극하는 영화를 볼 때 양전자방출단층촬영(PET)이나 기능성 자기공명영상(fMRI) 기법을 이용한다. 뇌와 정서 사이의 관계와 관련해서 가장 신뢰할 만한 두 가지 예는 공포와 관련된 편도체의 역할과 혐오와 관련된 도피질 및 기저핵에 관한 것이다(F. C. Murphy, Nimmo-Smith, & Lawrence, 2003; Phan, Wager, Taylor, & Liberzon, 2002). 편도체에 관해선 나중에 좀 더 자세히 다룰 것이다. 도피질은 제6장에서 확인한 바 있는데, 미각에 관한 정보가 투사되는 피질이다. 많은 저자들이 미각과 혐오가 동일한 뇌 영역을 공유하며, 혐오(dis-gust)라는 말의 의미가 '맛이 안 좋다(bad taste)' 라는 뜻을 내포한다고 말해 왔다. [그림 8-6]에 도피질의 위치를 볼 수 있다. 제3장에선 기저핵이 운동 기능과 관계있다는 것을 배웠다. 흥미롭게도 기저핵 이상과 관련된 헌팅턴 질환과 강박충동 장애는 얼굴이 혐오스러운 표정을 짓는 것을 알아보는 데 문제가 있다(Phan et al., 2002). [그림 11-18]에서 기저핵의 위치를 확인할 수 있다.

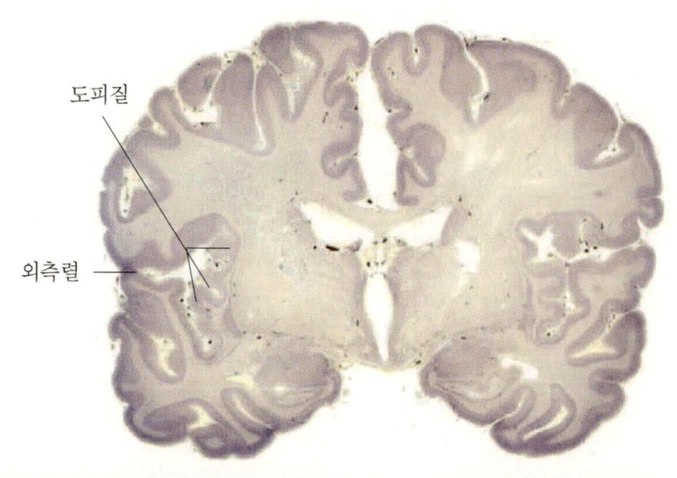

[그림 8-6] 도피질의 위치

정서에서 또 다른 중요한 구조물은 전측 대상피질(anterior cingulate cortex)이다. 전측 대상피질은 정서뿐만 아니라 주의, 인지 처리 과정 그리고 아마도 의식에도 중요하리라 여겨지는 대상회의 앞쪽 일부를 가리키는 말이다([그림 8-5]). 전측 대상피질은 정서 및 주의와 관련된 정보들 그리고 신체로부터 되먹임되는 정보들을 통합하여 의식적인 정서 경험을 생성하는 부위로 생각된다(Dalgleish, 2004). 따라서 이 부위는 경험하는 정서의 종류와는 관계없이 정서적 활동과 관련된다. 한편 몇몇 연구들은 이 부위 중 일부는 슬픔과 행복 같은 특정 정서와 연결된다고도 한다(F. C. Murphy et al., 2003; Phan et al., 2002). 흥미로운 점은 MRI 연구를 통해 위해 회피(harm avoidance) 검사에서 높은 점수를 받는 사람의 경우 오른쪽 전측 대상피질이 더 크다는 것이 발견되었다. 이 회피 검사는 일어날지도 모를 문제에 대한 염려, 불확실로 인한 두려움, 낯선 사람에 대한 수줍음 등을 포함하는 것이다([그림 8-7]; Pujol et al., 2002).

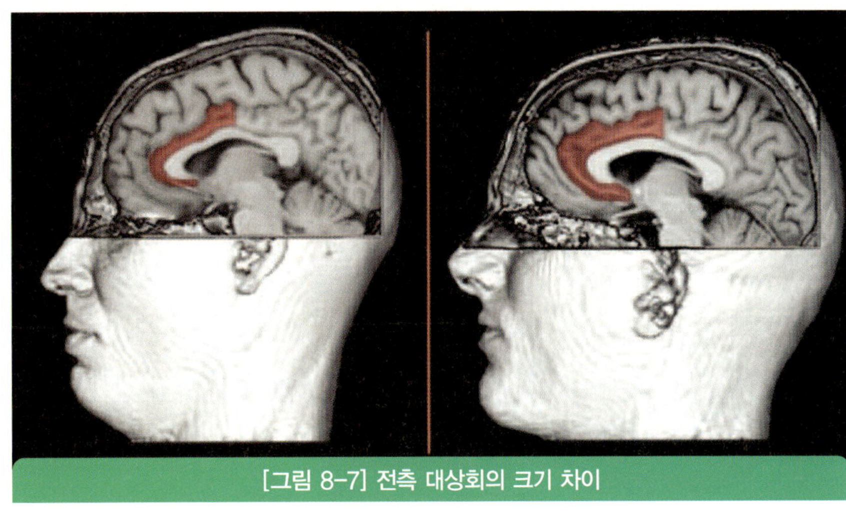

[그림 8-7] 전측 대상회의 크기 차이

더 큰 전측 대상회(붉은색으로 표시된 부분)는 더 높은 수준의 위해 회피 성격 특성과 관계있다.

출처: J. Pujol et al., "Anatomical Variability of the Anterior Cingulated Gyrus and Basic Dimensions of Human Personality," *Neuroimage, 15*, 847-855, fig. 1, p. 848. ? 2002 with permission from Elsevier, Ltd.

지금부터는 정서적인 경험과 행동에 특히 중요한 역할을 하는 전전두피질, 편도체, 오른쪽 대뇌 반구를 좀 더 자세히 살펴볼 것이다.

전전두피질

전전두피질([그림 8-5])은 정서와 관련된 정보 중 상당 부분의 정보가 행동으로 출력되기 전에 최종적으로 도달하는 부위다. 제3장에서 보았듯이 전전두 영역에 손상을 입거나 뇌의 나머지 부위와 연결이 끊어진 사람은 이성적인 판단을 내리는 데 문제가 있다. 이 장 뒷부분에서 배울 텐데, 전전두 영역에 결함이 있는 사람은 폭력적인 충동을 자제하지 못한다. 전전두 영역의 이상은 우울증과 정신분열증에서 뚜렷이 드러나는 특징이기도 하다. 이와 같은 결과는 부상, 감염, 종양, 뇌졸중, 발달상의 문제 등 다양한 원인에 의해 일어날 수 있다. 일반적으로 전전두 영역의 손상은 복내측피질과 안와전두피질을 포함하는 경우가 흔하다([그림 8-8]).

안토니오 베차라(Antoine Bechara)와 동료들은 복내측피질에 손상이 있는 환자들을 실험실로 데려와 도박 게임을 이용한 과제에서 어떻게 반응하는지 검사해 봤다(Bechara et al., 1999). 피험자는 네 개의 카드 묶음 중에서 카드를 고르게 되는데, 두 개의 카드 묶음은 많은 보상을 지닌 반면 많은 벌금을 내야 하는 카

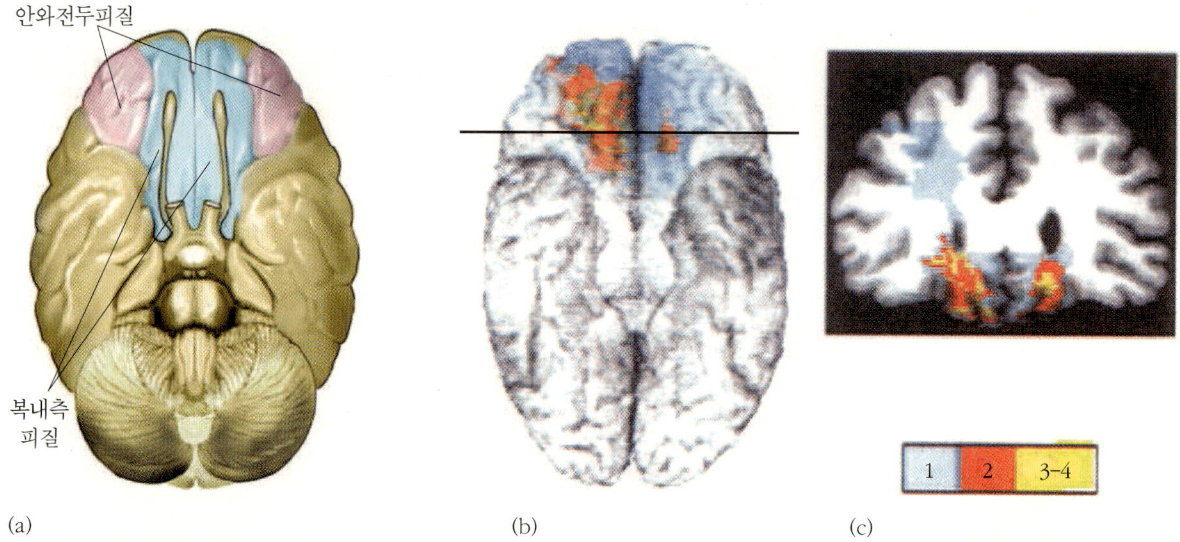

[그림 8-8] 정서를 바탕으로 한 의사결정에 문제를 야기하는 손상 부위

(a)는 복내측피질과 안와전두피질의 위치를 보여 준다. (b)는 판단을 내리는 데 문제가 있는 네 명의 환자들에서 손상된 부위의 위치를 보여 준다. 수평선은 (c)에 제시된 스캔 단면의 위치를 표시한다. (b)와 (c)에서 색깔은 해당 부위에 손상을 입은 환자의 수를 의미한다. 푸른색은 1명, 붉은색은 2명, 노란색은 3~4명을 의미한다. 모든 경우에 복내측피질에 손상이 있었고, 일부는 안와전두피질에도 손상이 있었다.

출처: "Different Contributions of the Human Amygdala and Ventromedical Prefrontal Cortex to Decision-Making," by A. Bechara, H. Damasio, A. R. Damasio, & G. P. Lee, 1999, *Journal of Neuroscience, 19*, 5473-5481.

드도 몇 장 섞여 있어서 전체적으로 손해를 보게 되어 있고, 다른 두 묶음은 보상도 적지만 벌금도 적어서 전체적으로는 이익이 되게끔 되어 있었다. 처음에는 환자나 정상적인 피험자나 둘 다 위험한 경우의 카드 묶음을 선호했는데, 점차 벌금을 내야 하는 카드를 뽑게 되자 정상인은 서서히 좀 더 이익을 가져다주는 안전한 카드 묶음을 선호했다. 하지만 환자들은 그렇지 않았다. 게임이 어떻게 이루어지는지 파악된 후에도 선택은 안전한 쪽으로 변하지 않았다([그림 8-9a]).

? 정서가 상실되면 어떻게 이성적인 의사결정에 문제가 생기는가?

환자들이 더 나은 선택을 하지 못하는 이유는 잘못된 선택에 대한 정서적 반응이 일어나지 않기 때문인 것으로 보인다. 연구자들은 정서 반응의 지표로 피부 전도 반응(skin conductance response: SCR)을 사용했다. 피부 전도 반응은 땀샘의 활성화, 즉 교감신경계의 활동을 측정하는 것이다. 이 기법은 피부를 통해 아주 적은 전류를 흐르게 하는 것인데, 각성 상태에서는 전류가 피부를 통해 더 잘 흐른다. 게임이 진행됨에 따라 정상인들은 위험한 선택을 할 때 예상되는 SCR을 보였다. 즉, 위험한 카드 묶음에서 카드를 뽑을 때는 뽑기 직전에 피부의 전도도가 높아졌다. 실제로 이러한 정서 반응은 카드 묶음에 대한 평가가 언어화되기 전, 즉 의식적인 평가가 이루어지기 전에 일어났다. 이것은 앞서 말했듯이 정서적 영향이 무의식적임을 보여 주는 예다. 반면에 환자의 경우엔 네 개의 카드 묶음 어느 것에 대해서도 SCR상에 차이가 나타나지 않았다([그림 8-9b]).

환자들은 학습이나 정서상의 능력에는 문제가 없었다. 정상인과 마찬가지로 큰 소리에 피부 전도도가 높아졌으며, 큰 소리와 짝지어진 적이 있는 중성적인 자극에도 피부 전도 반응을 보였다. 하지만 위험 부담이 있는 행동의 결과에 대해선 판단할 능력이 없는 것으로 나타났다.

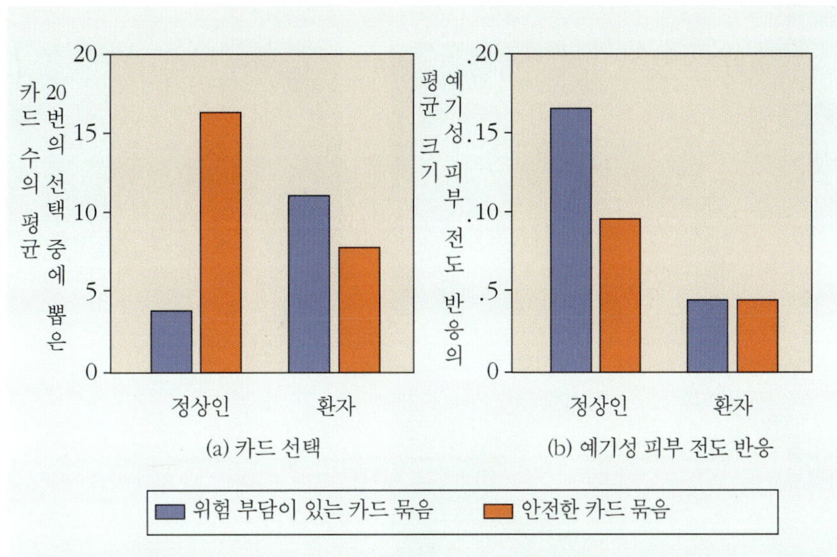

[그림 8-9] 도박 게임 과제에서 정상인과 전전두피질이 손상된 환자들 간의 행동 비교

(a) 정상인은 위험 부담이 있는 카드 묶음에서 안전한 카드 묶음으로 카드 선택의 선호가 바뀌었다. 그러나 환자들은 그렇지 않았다. (b) 또한 게임이 진행됨에 따라 정상인은 위험한 카드 묶음에서 카드를 뽑을 때는 뽑기 전에 피부 전도 반응(SCR)이 선행되어 나타났다. 마찬가지로 환자들에게선 그러한 반응이 없었다.

편도체

전전두 영역으로 들어오는 정서적인 정보 중 많은 부분은 편도체로부터 입력된다([그림 8-5]). 편도체는 변연계에 속하는 작은 구조물로 각각 좌우 측두엽에 위치하며 정서, 특히 부적 정서와 관련된다. 편도체는 다른 기능도 지니고 있는데, 제12장에서 편도체가 기억 형성, 특히 정서가 관련된 기억 형성에 관여한다는 것을 보게 될 것이다. 편도체는 행복한 얼굴의 사진이나 기분 좋은 회상 그리고 제7장에서 봤듯이 성적으로 흥분을 일으키는 자극에도 반응한다. 따라서 편도체의 역할은 대체로 정서적으로 유의미한 자극에 반응하는 것과 관련된 것으로 여겨진다(Phan et al., 2002).

편도체는 다른 정서들에도 관여하지만, 공포(fear) 및 불안(anxiety)과 관련된 역할이 가장 철저하게 연구되어 왔다. 공포는 구체적으로 당면한 위협에 대한 정서 반응이고, 불안은 미래의 어떤 막연한 사건에 대한 염려다. 좌우 양쪽 편도체를 손상시킨 쥐들은 얌전하도록 조치된 고양이에게 접근도 하고 등이나 머리에 기어오르기까지 한다(D. C. Blanchard & Blanchard, 1972). 그중 한 마리는 고양이의 귀를 물어뜯기까지 해서 공격하도록 만들었고, 고양이의 공격이 끝나자 다시 곧장 고양이에게 기어올랐다.

감염으로 양측 편도체에 손상을 입은 사람들이 있는데, 앞서 쥐들과 유사하게 이 사람들은 낯선 사람을 몹시 잘 믿는 경향이 있다(Adolphs, Tranel, & Damasio, 1998). 편도체를 자극하면 사람은 공포를 느끼기 때문에(Gloor, Olivier, Quesney, Andermann, & Horowitz, 1982), 낯선 사람에 대한 비정상적인 신뢰는 공포의 감

(a) 시상면

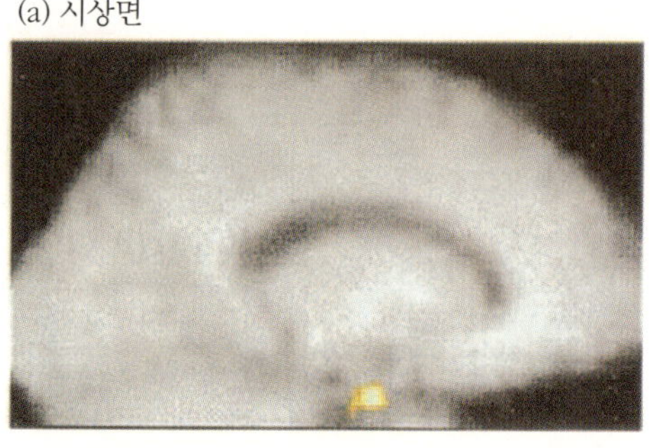

(b) 관상면

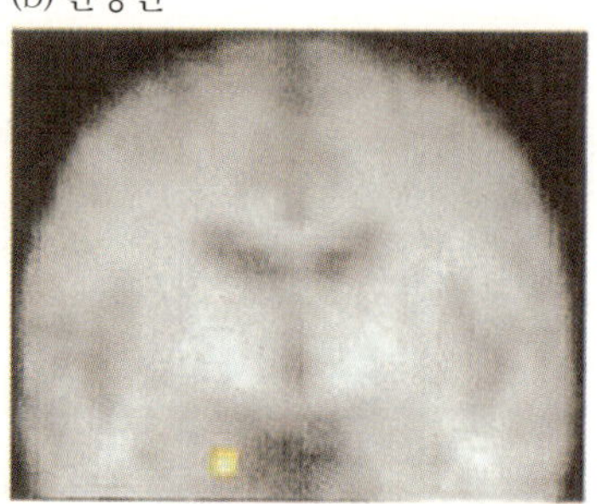

(c) 횡단면

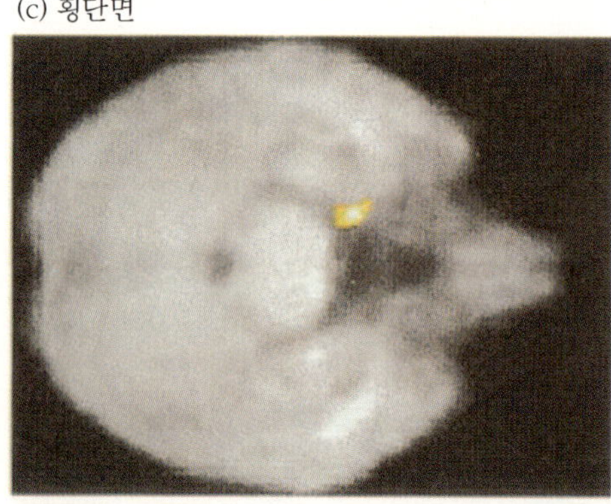

(d)

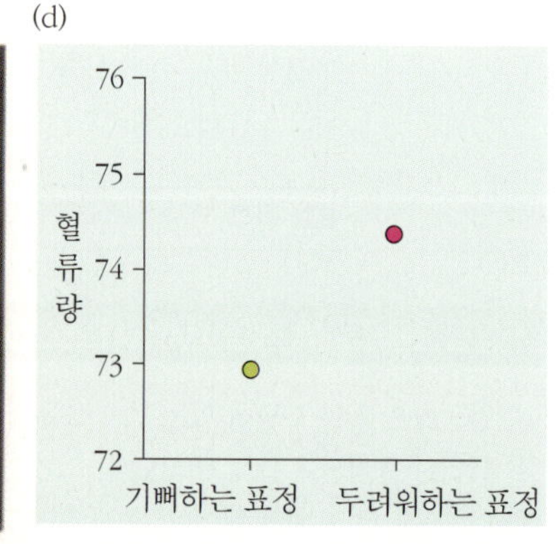

[그림 8-10] 두려워하는 표정을 보고 있는 동안 편도체의 활성화

(a)~(c) 두려워하는 표정을 보고 있는 동안 편도체(노란색과 빨간색으로 표시된 부분)의 활성화를 각기 다른 방향에서 기록하였다. (d) 기뻐하는 표정과 두려워하는 표정을 보고 있는 동안 편도체에 흐르는 혈류량의 평균값을 PET 스캔으로 측정했다.

출처: "A Differential Neural Response in the Human Amygdala to Fearful and Happy Facial Expressions," by J. S. Morris et al., 1996, *Nature, 383*, pp. 812-815.

소로 인한 것이라고 추정할 수 있다. 두려워하는 얼굴의 사진을 보는 것만으로도 편도체는 활성화되고([그림 8-10]; J. S. Morris et al., 1996), 편도체가 손상된 환자들은 다른 사람의 얼굴 표정에서 공포를 알아차리는 데 장애가 있다(Adolphs, Tranel, Damasio, & Damasio, 1995). 당연히 편도체는 항불안제가 효과를 발휘하는 부위 중 하나다. 편도체에는 벤조디아제핀과 아편제에 대한 수용기가 있고, 동물을 대상으로 다른 유의 약물을 직접 편도체에다 주입하면 공포와 불안에 대한 징후가 줄어든다(M. Davis, 1992).

베차라는 전전두 영역에 손상이 있는 환자들을 연구하면서 양쪽 편도체에 손상이 있는 환자들도 함께 연구했다(Bechara et al., 1999). 편도체에 손상이 있는 환자들은 전전두 영역에 손상이 있는 환자들과 여러 가지 면에서 닮아 있었다. 편도체 손상 환자도 역시나 카드 선택 과제에서 안전한 카드 쪽으로 선택이 바뀌지 않았고, 위험 부담이 있는 카드 선택에 앞서 SCR 반응이 나타나지 않았다. 하지만 큰 소리에 대해서는 SCR 반응을 보였다. 주된 차이는 정상인과 전전두 영역 손상 환자들은 돈을 잃거나 따면 피부 전도 반응이 증가했는데, 편도체 손상 환자들은 그렇지가 않았다. 보아하니 전전두 손상 환자는 보상이나 처벌에 대한 자신의 정서 반응과 관련된 정보를 이용할 수 없는 것 같고, 양쪽 편도체에 손상을 입은 환자는 우선 정서 반응 자체를 일으키지 못하는 것으로 보인다. 이 능력은 우리가 성공적으로 보상은 취하고 처벌은 면하는 데, 그리고 어떤 상황에서 보상 혹은 처벌이 일어나는지 구별하는 데 필요하다. 이러한 이유로 양쪽 편도체가 손상된 사람 대부분은 다른 사람의 보호하에서 생활해야만 한다(Bechara et al., 1999).

대뇌 반구의 전문화

대뇌 반구의 전문화는 다른 기능들에서뿐만 아니라 정서에 있어서도 그 전문화가 뚜렷하다. 양쪽 반구 모두 정서를 경험하는 데 관여하지만, 왼쪽 전두 영역은 긍정적인 정서를 경험할 때 더욱 활성화된다(R. J. Davidson, 1992). 흔히 좌반구에 손상이 있는 사람은 자신이 처한 상황에 대해 더 불안해하고 슬퍼한다. 반면에 우반구에 손상을 지닌 사람은 자기 팔이나 다리가 마비된다 하더라도 태연하거나 오히려 기뻐할 수조차 있다(Gainotti, 1972; Gainotti, Caltagirone, & Zoccolotti, 1993; Heller, Miller, & Nitschke, 1998). 왼쪽이나 오른쪽 경동맥에 바르비투르를 주입해서 좌우 대뇌 반구를 번갈아 일시적으로 마취시키면 마찬가지로 동일한 현상을 관찰할 수 있다(Rossi & Rosadini, 1967). 이러한 기법은 종종 뇌수술 전에 환자의 상태를 확인하기 위해 사용된다. 사실 우반구가 마취되면 피험자들은 자신의 인생에서 좋지 못했던 일에 대해선 말할 수 있다. 하지만 엄마의 죽음이나 배우자의 불륜 또는 자신을 죽이겠다는 아내의 위협과 같은 심각한 사건에 대해서조차 슬펐다거나 분노를 느꼈다거나 공포스러웠던 것에 대해선 기억하지 못한다(E. D. Ross, Homan, & Buck, 1994).

양쪽 반구 모두 정서를 경험하는 데 관련되지만, 우반구는 정서 표현에 좀 더 전문화되어 있다(Heller et al., 1998). 얼굴 표정이나 감동적인 장면과 같은 정서적 자극에 대한 자율신경계의 반응은 이러한 자극이 우반구에 제시될 때 더 크게 나타난다(제15장에서 소개될 기법을 이용해서; Spence, Shapiro, & Zaidel, 1996). 우반구 손상 환자에게서 볼 수 있는 정서적 억제는 많은 부분 자율신경계의 반응이 줄어든 것에 기인한다(Gainotti et al., 1993).

우반구가 손상되면 정서가 지닌 비언어적인 측면을 지각하는 데 장애가 생긴다. 예를 들면, 우반구 손상 환자는 흔히 얼굴 표정을 통해 다른 사람의 정서를 알아차리는 데 문제가 있다(Adolphs, Damasio, Tranel, & Damasio, 1996). 하지만 정서의 언어적인 측면과 관련해서는 문제가 없는데, "당신 팀이 경기 종료 1초를 남겨 놓고 골을 넣었다."와 같은 말로 표현된 정서에 대해선 이해할 수 있다. 그러나 "그녀의 눈에서 눈물이 흘러내렸다."나 "그는 주먹을 휘둘렀다."에 해당하는 얼굴 표정이나 몸짓으로는 정서를 알아맞히는 데 문제가 있다(Blonder, Bowers, & Heilman, 1991). 우반구 손상 환자는 말하는 사람의 목소리를 통해 정서를 알아차리는 데도 문제가 있고(Gorelick & Ross, 1987), 보통 그들 자신의 목소리에도 정서가 빠져 있다(Heilman, Watson, & Bowers, 1983). 그들에게 "그 소년이 그 가게로 갔다."와 같은 평이한 문장을 기쁘게 또는 슬프거나 화난 목소리로 말해 보라고 하면 그들은 같은 어조로 말하는 대신 흔히 문장에다, 예를 들면

"그래서 그는 슬펐다."와 같은 말을 첨가해서 나타내고자 하는 정서를 표현한다.

 **개념 확인**

- 정서에서 자율신경계의 역할을 설명하시오(구별 가능한 정서에 대해서).
- 이 절에서 정서와 관련된 주된 뇌 부위와 각각의 기능을 적어 보시오.
- 전전두 영역의 손상과 편도체 손상은 어떤 점에서 유사하고, 어떤 점에서 다른가?

스트레스, 면역, 건강

스트레스는 심리학적으로 두 가지 뜻을 지닌 좀 애매한 용어다. 스트레스는 유기체를 어렵게 하거나 힘들게 하는 위협, 실패, 사별 같은 외적 조건을 의미하기도 하며, 스트레스 상황에 대한 반응으로서 내적 상태를 뜻하기도 한다. 우리는 스트레스를 느끼기도 하고, 우리 몸이 여러 가지 방식으로 반응하기도 한다. 어떤 상황이 우리에게 스트레스냐 아니냐 하는 것은 상황을 어떻게 지각하느냐와 생리적으로 어떻게 반응하느냐에 대한 개인차의 문제다. 어떤 사람에게는 일상적인 일조차 스트레스일 테고, 어떤 사람은 일상적으로 도전할 거리가 없으면 오히려 스트레스를 느끼며 흥분된 일을 찾아 즐긴다. 달리 말하면, 이런 의미에서 스트레스는 보는 사람의 관점에 달려 있다고 할 수 있다.

적응적 반응으로서의 스트레스

? 스트레스가 지닌 긍정적인 효과에는 어떤 것이 있는가?

정상적으로는 스트레스 상황에 대한 신체의 반응은 긍정적이고 적응적인 것이다. 제3장에서 스트레스 반응에는 교감신경계의 활성화가 포함되는 것을 보았다. 교감신경계는 주로 시상하부의 통제하에 있다. 교감신경계가 활성화되면 심박률, 혈류, 호흡률 등이 증가해서 우리로 하여금 스트레스 상황을 해결할 수 있도록 돕는다. 또한 스트레스는 시상하부–뇌하수체–부신 축(hypothalamus-pituitary-adrenal axis)을 활성화시킨다. 시상하부–뇌하수체–부신 축은 신체가 스트레스를 극복할 수 있도록 돕는 일단의 구조물들이다. 시상하부는 뇌하수체를 활성화시키고, 이어서 뇌하수체는 호르몬을 분비해 부신을 자극한다. 자극받은 부신은 에피네프린, 노르에피네프린, 코르티솔(cortisol)과 같은 스트레스 호르몬을 방출한다. 에피네프린, 노르에피네프린은 심장의 활동을 증가시키고,

근육으로부터 포도당을 분해해서 추가적인 에너지로 사용되게 한다. 코르티솔도 단백질을 포도당으로 전환시키고, 지방의 가용성을 높이며 대사를 증가시켜 에너지 수준을 높여 준다. 코르티솔은 교감신경계가 하는 것보다 더 지속적으로 에너지를 방출케 해서 장기적인 스트레스에 대처하게끔 한다. 시상하부-뇌하수체-부신 축이 [그림 8-11]에 예시되어 있다.

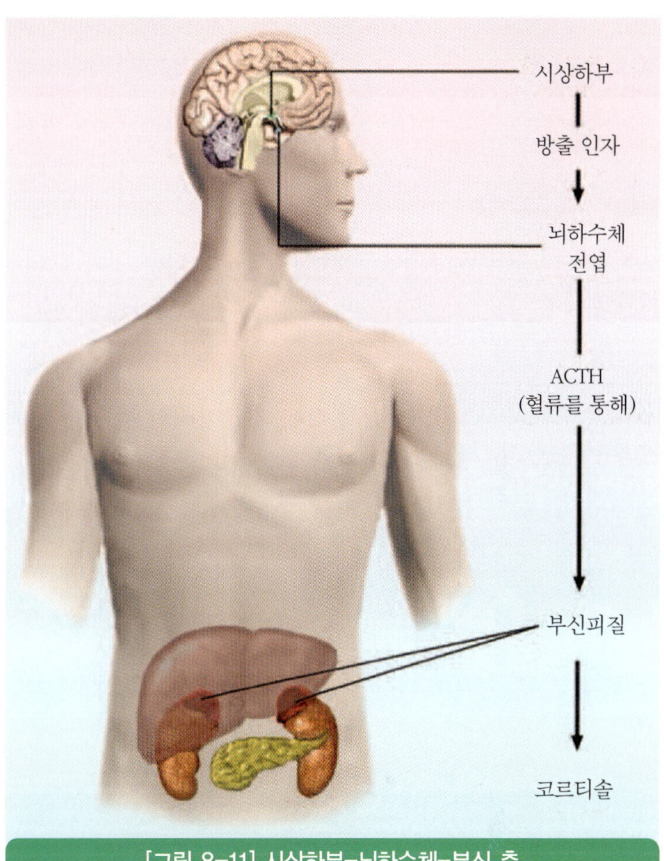

[그림 8-11] 시상하부-뇌하수체-부신 축

단기간의 스트레스는 면역계의 활동을 증진시킨다(Herbert et al., 1994). 면역계는 감염된 세포나 유해한 세포들을 제거하고, 신체를 박테리아나 바이러스 같은 외부 침입자들로부터 지켜 주는 세포 및 세포 생산물들로 이루어져 있다. 물론 스트레스에 대한 면역계의 반응은 매우 적응적인데, 왜냐하면 위험한 상황에서 일어날지도 모를 감염으로부터 우리를 보호해 주기 때문이다. 면역 반응에는 두 종류의 주요한 세포가 관여한다. 첫 번째가 백혈구(leukocyte)다. 백혈구는 모든 세포 표면에 있는 특정 단백질을 통해 침입자를 식별하고 제거한다. 이러한 단백질이 바로 우리가 항원(antigen)이라고 부르는 것이다. 백혈구의 한 종류인 거대 식세포(macrophage)는 침입자를 소화시켜 버린다([그림 8-12]). 그러고 나선 자신의 세포 표면에다 침입자의 항원을 드러낸다. 이렇게 되면 그 항원에만 특정적으로 작용하는 또 다른 종류의 백혈구인 T세포들이 모여들게 되고, 그 침입자들을 제거하게 된다. B세포 또한 백혈구의 한 종류인데, 이 세포는 특정한 세포들만 공격하는 항체(antibody)를 만들어 침입자들과 싸운다. 두 번째 주요 세포는 자연살상세포(natural killer cell)인데, 특정 종류의 암세포나 바이러스에 의해 감염된 세포들을 공격해서 파괴시켜 버린다. 이 세포는 T세포나 B세포만큼은 목표가 되는 침입자에 대해 특정적으로 작용하지 않는다. 〈표 8-1〉에 면역세포들의 특성이 요약되어 있다.

[그림 8-12] 박테리아를 삼켜 버리려고 준비하는 거대 세포들

출처: Manfred Kage/Peter Arnold, Inc.

어떤 항체들은 출생 전이나 출생 후 수유를 통해

〈표 8-1〉 주요 면역 세포들

거대 식세포	백혈구		자연살상세포
	T세포	B세포	
외부 침입자를 잡아먹고, 항원을 노출시킨다. 항원은 T세포를 유인하게 된다.	증식해서는 침입자를 공격한다.	침입자를 파괴할 항체를 만든다.	바이러스에 감염된 세포와 특정한 종류의 종양 세포를 공격한다.

고통에도 기쁨 못지않은 지혜가 담겨져 있다.

- Friedrich Nietzsche

모체로부터 태아에게로 전해지기도 한다. 하지만 대부분의 항체는, 예를 들면 홍역에 걸리는 것과 같이 침입한 세포들과의 직접적인 접촉에 의해 만들어진다. 예방 접종은 약화된 박테리아나 바이러스 같은 병원균을 주사해 B세포가 항체를 미리 만들게 함으로써 질병을 막는다.

지금까지의 설명은 모든 것이 정상적으로 잘 작동할 때의 말이다. 반면에 면역 결핍 질환인 AIDS(acquired immune deficiency syndrome)의 경우, T세포가 침입자를 가려내지 못해 환자는 다른 질병의 감염으로 죽는 것이다. 한편 자가면역 질환(autoimmune disorders)의 경우에는 면역계가 비정상적으로 작동하여 우리 자신의 세포를 공격하는 것이다. 예를 들면, 자가 면역 질환인 다발성 경화증(multiple sclerosis)은 면역계가 신경계의 수초를 파괴하는 질병이다.

스트레스가 지닌 부정적인 영향

우리는 만성적인 스트레스보다 일시적인 스트레스에 더 적응적이게끔 갖춰져 있다. 만성 스트레스는 기억을 방해하고, 식욕을 증가시키거나 감소시키며, 성욕과 성적 행동의 수행도 줄어들게 하며, 또한 에너지를 고갈시키고, 정서 장애를 야기하기도 한다. 일시적인 스트레스는 면역 활동을 촉진하지만, 만성 스트레스는 면역계를 위태롭게 한다. Three Mile Island 전기 발전소의 핵 사고 이후, 인근 주민들의 스트레스 증상 수준은 높아졌고, 집중을 요하는 과제들의 수행이 그 지역 바깥에 사는 사람들보다 못했다(Baum, Gatchel, & Schaeffer, 1983). 계속되는 방사능과 초기 노출이 지니는 장기적인 영향에 대한 우려 가운데 사고 이후 길게는 6년이 지나서까지 B세포, T세포, 자연살상세포들의 수가 감소했다(McKinnon, Weisse, Reynolds, Bowles, & Baum, 1989).

질병에 대한 증상들이 Three Mile Island에서는 측정된 바가 없지만, 다른 연구를 통해 스트레스로 인해 면역 기능이 손상되면 건강에 위협이 올 수 있다는 것이 관찰되었다. 의대 학생의 경우 다른 때보다 시험 기간에 면역 반응이 감소하고 감염 질환은 더 많아진다(Glaser et al., 1987). 최근에 과부가 된 여자들도 과부가 된 그다음 해에 면역력이 떨어지고 눈에 띄는 건강 악화가 나타났다(Maddison & Viola, 1968). 실험 연구에서 건강한 사람들에게 감기 바이러스가 들어 있는 액체를 코 안에 몇 방울 떨어뜨리고 격리시킨 후 감염을 관찰했는데, [그림 8-13]에 감기에 걸린 확률이 스트레스 수준에 따라 나타나 있다. 스트레스 수준은 질문지를 통해 실험을 시작할 때 측정되었다(S. Cohen, Tyrrell, & Smith, 1991). 후속 연구에서 스트레스가 한 달 이상 지속되는 경우에만 감염 위험이 높아진다는 것이 드러났다(S. Cohen et al., 1998).

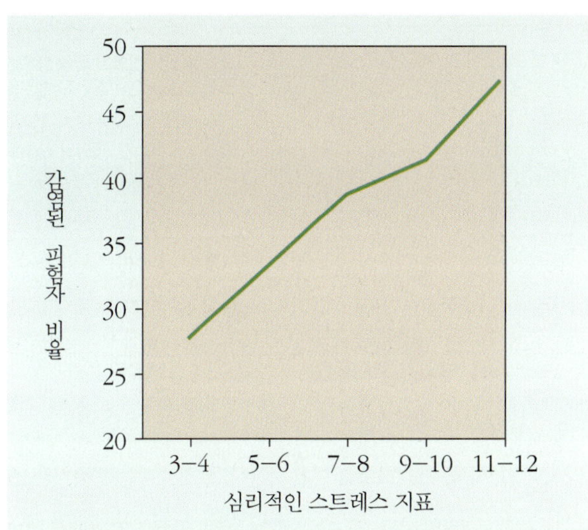

[그림 8-13] 스트레스와 감기에 대한 취약성 사이의 관계

출처: Adapted with permission from S. Cohen, A. D. Tyrrell, & A. P. Smith, "Psychological Stress and Susceptibility To the Common Cold," *New England Journal of Medicine, 325*, pp. 606-612.

심혈관계는 특히 스트레스에 취약하다. 스트레스는 혈압을 높이고, 지속적으로 높은 혈압은 심장에 손상을 주거나 뇌졸중을 일으킬 수 있다. 어떤 사람은 다른 사람보다 스트레스의 영향에 더 취약한 경우가 있다. 연구자들은 어린이들을 대상으로 한 손을 얼음물에 담그게 하고 혈압 상승을 측정해 이를 바탕으로 정상 반응자와 과 반응자로 분류했다. 45년 후에 과 반응자의 71%가 고혈압으로 나타났고, 정상 반응자의 경우는 19%가 고혈압이었다(Wood, Sheps, Elveback, & Schirger, 1984).

아주 심각한 스트레스로 죽을 수도 있는데, 몇십 년 전만 해도 이러한 사실은 널리 받아들이지 않았다. 특히 과학계와 의학계에서 그러했다. 1942년 월터 캐넌(Walter Cannon)은 공포나 사소한 부상으로 인한 스트레스로 사망한 듯한 몇몇 사례를 검토했다. 그는 이러한 보고들을 타당한 것으로 여겼을 뿐만 아니라 voodoo death 또한 스트레스로 인한 것이라고 제안했다. Voodoo death는 부두교 주술사가 저주한 사람은 몇 시간 내에 사망한다고 알려진 미신이다. 현재는 공포, 사랑하는 사람의 죽음, 굴욕감 혹은 극도의 기쁨조차도 심장에 문제를 일으켜 갑작스러운 죽음을 야기할 수 있는 것으로 알려져 있다. 심장으로 인한 돌연사(sudden cardiac death)는 스트레스가 교감신경계를 너무 심하게 활성화시켜 일어난 심장 세동이 원인이다. 심장 세동이 일어나면 심장이 너무 빨리 수축해서 오히려 혈액을 내보내지 못하게 된다. 1994년에 지금까지 기록된 지진 중에 가장 큰 지진이 북미 주요 도시 중 하나인 로스앤젤레스를 강

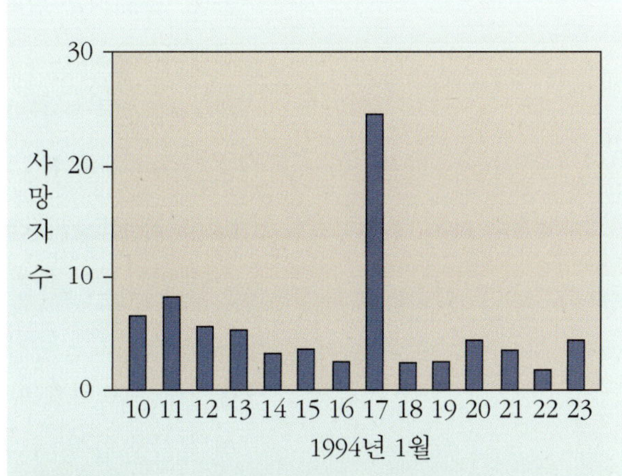

[그림 8-14] 지진이 있던 날 심장마비로 인한 사망의 증가

출처: Reprinted with permission from J. Leor, W. K. Poole, & R. A. Kloner, "Sudden Cardiac Death Triggered By an Earthquake." *New England Journal of Medicine, 334*, pp. 413-419.

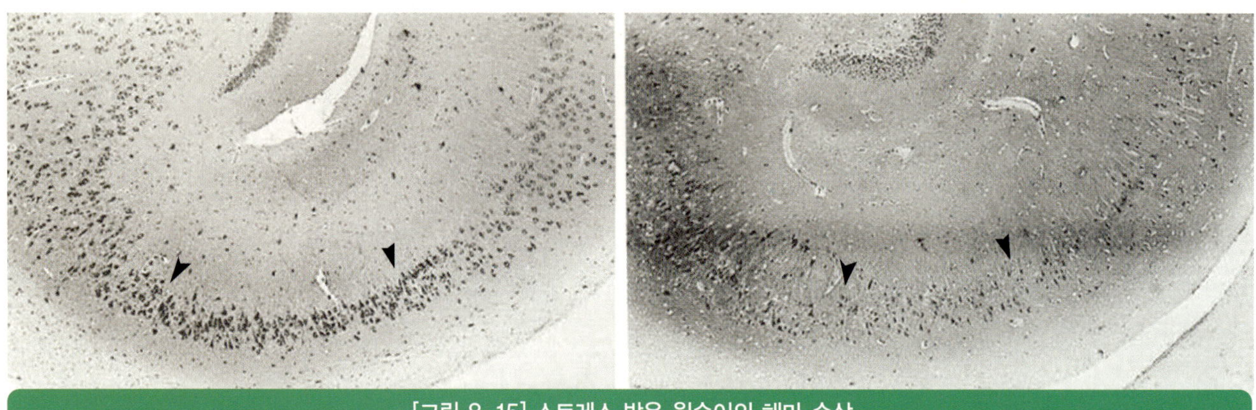

[그림 8-15] 스트레스 받은 원숭이의 해마 손상

정상 원숭이(a)와 스트레스로 인해 죽은 것으로 보이는 원숭이(b)의 해마. 두 화살표 사이에 있는 세포들의 수를 비교해 보라.

출처: "Hippocampal Damage Associated With Prolonged and Fatal Stress in Primates," by H. Uno, R. Tarara, J. G. Else, M. A. Suleman, & R. M. Sapolsky, 1999, *Journal of Neuroscience, 9*, 1705-1711.

타했을 때, 심장마비로 죽은 사망자의 수가 평소의 다섯 배에 달했었다([그림 8-14]; Leor, Poole, & Kloner, 1996).

과도한 스트레스는 뇌손상도 일으킬 수 있다([그림 8-15]). PTSD(posttraumatic stress disorder)를 앓는 베트남 참전 용사들(Bremner et al., 1995)이나 어린 시절 학대를 받은 피해자들(Bremner et al., 1997)은 해마의 부피가 작고, 또 고문을 당한 피해자들에게서도 피질 조직이 줄어들어 있는 경우를 발견했다(Jensen et al., 1982). 학대받은 사람들은 단기 기억에 문제가 있었고, 일부 고문 피해자들은 지능 손상도 약간 있었다. 이러한 손상이 코르티솔에 의한 것이라는 증거가 좀 있는데, 코르티솔 알갱이를 원숭이의 뇌에 심어 놓으면 해마가 손상되는 것을 발견했다(Sapolsky, Uno, Rebert, & Finch, 1990). 코르티솔의 수준이 5년에 걸쳐 높게 나타났던 노인의 경우 해마의 부피가 평균 14% 감소되어 있었다(Lupien et al., 1998). 반면에 PTSD 환자들은 오히려 코르티솔 수준이 낮았다. Yehuda (2001)는 PTSD 환자들도 코르티솔과 결합하는 글루코코르티코이드 수용기의 수와 민감성이 증가되어 있다고 지적하면서, PTSD는 코르티솔 수준의 증가보다 코르티솔에 대한 민감성의 증가와 관련된다고 제안한다. 이 경우 민감성의 증가로 코르티솔의 분비가 상보적으로 낮아지지만, 해마를 보호하기에는 여전히 적절한 양이 아니다.

몇몇 연구들은 스트레스를 줄이면 건강이 좋아질 수 있다고 시사한다. AIDS 환자들이 20시간 동안의 이완 훈련을 받고나서 T세포의 수가 많아졌다(Taylor, 1995). 유사한 훈련을 받은 것이 노인(C. N. Alexander, Langer, Newman, Chandler, & Davies, 1989)이나 암 환자들(Fawzy et al., 1993; Spiegel, 1996)에서 사망률의 감소와 상관이 있었는데, 이들 연구에서 생존율은 면역 기능의 향상과 관계가 있다는 대략적인 증거가 있다(Fawzy et al., 1993). 노인들과 암 환자들이 이 연구에 참가한 것이 그들의 생활 방식을 바꾸었을 가능성이 있다.

사회적 · 성격적 변인

스트레스가 건강에 나쁜 영향을 줄 수 있을지는 사회적 지지, 성격, 태도 등을 포함하는 다양한 요인에 의해 결정된다. 상이한 몇몇 집단을 대상으로 사회적 지지가 극적으로 낮은 사망률과 상관있다는 것이 관찰되었다(House, Landis, & Umberson, 1988). 스리마일섬(Three Mile Island) 주민을 대상으로도 사회적 지지는 낮은 스트레스 및 스트레스 호르몬 수준의 감소와 상관이 있었다(Fleming, Baum, Gisriel, & Gatchel, 1982). 적대적인 사람은 심장질환에 걸릴 위험이 더 크다(T. Q. Miller, Smith, Turner, Guijarro, & Hallet, 1996). 반면에 투지(fighting spirit)를 지닌 암 환자들은 병을 받아들이거나 절망적인 태도를 지니는 경우보다 더 오래 살기도 한다(Derogatis, Abeloff, & Melisaratos, 1979; Greer, 1991; Temoshok, 1987).

? 성격 특성이 어떤 식으로 면역 기능에 영향을 미치는가?

사회적 · 성격적 영향은 생리적 기제를 통해 작용하는데, 앞서와 같은 연구들은 아쉽게도 이러한 기제를 거의 고려하지 못했다. 한 가지 예외적인 경우라면 면역 반응에서 사람 간의 차이를 연구한 것이다. 긍정적인 정서는 왼쪽 전전두 영역과 부정적인 정서는 오른쪽 전전두 영역과 관련이 더 많다는 것을 앞서 배웠다. 지원자들을 대상으로 감기 예방 접종을 한 후 6개월 뒤에 왼쪽 전전두 영역에 더 큰 EEG 활동을 보이는 사람이 오른쪽 전전두 영역에 더 큰 EEG 활동을 보이는 사람보다 다섯 배나 많은 항체를 지닌 것이 관찰되었다([그림 8-16]; Rosenkranz et al., 2003). 다른 연구에선 HIV 바이러스에 양성 반응을 보이는 사람 중에 내성적인 사람은 외향적인 사람보다 여덟 배나 더 많은 HIV 바이러스를 지니는 것으로 나타났다(S. W. Cole, Kemeny, Fahey, Zack, & Naliboff, 2003). 치료 중에도 내성적인 사람의 경우엔 HIV 바이러스의 수준이 잘 떨어지지 않았고, T세포의 수준도 전혀 증가하지 않았다.

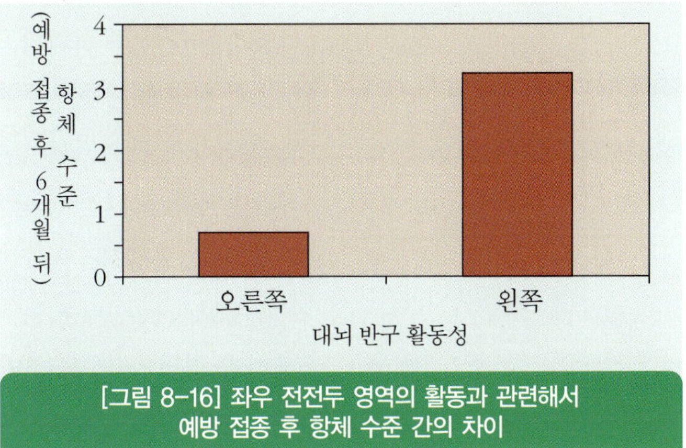

[그림 8-16] 좌우 전전두 영역의 활동과 관련해서 예방 접종 후 항체 수준 간의 차이

출처: M. A. Rosenkranz et al., "Affective Style and in vivo Immune Response," *PNAS, 100*, pp. 11148-11152. © 2003

물론 이 연구가 상관 연구이기 때문에 내향성이 두 집단 간의 차이를 설명한다고 생각할 수는 없다. 만약 내성적인 것이 부정적인 영향을 미친다

면, 내성적인 사람이 사회적 지지를 많이 받지 못해서일 수 있다. 또 다른 가능성이 내성적인 사람에게서 심박률, 혈압, 피부 전도도 등의 자율신경계 활동이 더 높다는 사실로 인해 제기된다. 내성적인 사람은 교감신경계를 활성화시키는 에피네프린과 노르에피네프린의 수준이 높다. 노르에피네프린은 실험실에서 HIV 바이러스의 증식률을 높이기 때문에 높은 수준의 노르에피네프린이 내향성과 높은 HIV 수준 둘 다를 설명할 수 있을지도 모른다. 만약 이러한 현상이 일반적인 것이라면, 생리적 변인이 원인이 되어 성격 특성 및 정서적인 상태가 특정한 건강 상태에 대한 지표가 될 수 있다.

적응적 정서로서의 통증

내과 의사를 찾는 경우의 80%는 적어도 일부는 통증을 줄이려는 목적에서 온다(Gatchel, 1996). 그리고 일 년에 몇십 억 달러를 통증 치료제에 쓴다. 이것만으로도 통증이 주요 보건 관련 문제 중 하나가 되기에 충분하다.

> 통증은 인류에게 죽음 그 자체보다 더 무시무시한 존재다.
> - Albert Schweitzer

통증이 없는 세상을 생각해 보면 아주 멋진 세상일 것 같지만, 통증이 가져다주는 고통에도 불구하고 통증은 적응적인 측면에서 유용하다. 통증은 우리에게 커피가 너무 뜨겁다든지, 신발이 작아 물집이 생길 수 있다든지 또는 초보자용 스키 슬로프에서 연습이 더 필요하겠다 등의 경고를 해 준다. 선천성 통증 불감증(congenital pain insensitivity)을 지닌 사람은 태어날 때부터 통증을 느끼지 못한다. 이런 사람들은 위험한 상황을 피하려는 동기가 없기 때문에 반복해서 다치게 되며, 맹장 파열과 같은 경우에 치료를 받지 않아 죽기도 한다. 약한 통증은 자주 자세를 바꾸게 해 주는데, 선천성 통증 불감증을 지닌 어떤 여성은 척추에 손상을 입었는데도 조치를 하지 못해 결국 합병증으로 죽었다(Sternbach, 1968).

통증은 감각 중 하나다. 제11장에서 더 자세히 다룰 것인데, 여기서는 다른 감각들과 비교해 통증만이 지니는 독특한 특징을 다루겠다. 통증은 정서와 너무나도 밀접하게 관련되어 있어 통증을 정서 반응의 하나로 다루는 것이 적절하다. 아팠던 경험을 다른 사람에게 이야기할 때 주로 우리는 어떤 정서 반응을 묘사하게 된다. 통증을 적응적이게 해 주는 것은 정서 반응이다.

비처(Beecher, 1956)는 "고통의 정도는 대체로 통증이 환자에게 어떤 의미냐에 따라 결정된다."고 했다. 우리 사회에선 출산을 고통스럽고 심신을 약화시키는 시련으로 여긴다. 다른 문화권에서는 출산을 일상적인 일로 여기며, 거의 출산 직후에도 다시 일터로 돌아가곤 한다. 제2차 세계대전 당시 연합군이 로마 남쪽의 항구 도시 Anzio에 상륙했을 때 부상병의 68%는 통증을 몰랐고 모르핀을 거부했다. 시민들의 경우엔 단지 17%만이 군인과 비슷한 정도의 부상으로 인한 통증에 용감하게 견뎠다(Beecher, 1956). 군인이 단지 통증에 무감각했던 것은 아니다. 왜냐하면 그들이 서툰 치료나 수혈에 대해선 아프다고 불평했기 때문이다. 안지오(Anzio)에서 외과 사령관이었던 비처의 말에 따르면, 수술이 시민에겐 심각한 골칫거리지만, 군인에게 부상은 전쟁터에서 살아나왔다는 것을 뜻하는 것이었다. 영적인 맥락 또한 통증의 의미에 강력한 영향을 줄 수 있다. 매년 봄 인도의 어떤 오지 마을에서는 남자 한 사람을 뽑아 등에 쇠바늘을 꿰어 줄로 연결해서는 환호하는 군중 머리 위에 매달아 놓는다. 그리고 그 남자는 아이들과 농작물을 축복한다. 이렇게 뽑히는 것은 영광이며, 선택된 사람은 통증을 느끼지 않는 것처럼 보일 뿐만 아니라 오히려 날아갈 듯이 기뻐하는 것처럼 보인다(Kosambi, 1967). [그림 8-17]은 이와 같은 문화적으로 허용된 고행의 예를 보여 준다.

[그림 8-17] 종교 의식에서 자의적으로 행하는 의례적 고문

문화적 가치에 의해 고통스러운 자극에 대한 반응이 달라질 수 있다.

출처: Alain Evrard/Photo Researchers.

? 무엇이 통증을 하나의 정서 반응으로 만드는가?

통증 신호를 전달하는 통로는 변연계와 많은 연결을 주고받는데, 통증은 변연계에서 하나의 정서적 현상이 된다. 체감각 영역 이외에도 통증은 전측 대상피질을 특히 활성화시키는데, 전측 대상피질은 변연계 다른 구조물과 밀접하게 연결되어 있다(D. D. Price, 2000; Talbot et al., 1991). [그림 8-18]의 뇌 영상은 뜨거운 열 자극으로 유발된 체감각 영역의 활동 증가 및 전측 대상피질의 활동 증가를 보여 주고 있다. 전측 대상피질이 통증에 대한 정서 반응에 관여하리라는 생각은 사람과 원숭이를 대상으로 한 미세 전극 기록법을 통해 하게 되었다. 이 부위의 뉴런 중 일부가 아픈 자극뿐만 아니라 통증에 대해 예상만 해도 반응을 보인다는 것이 발견되었다(Hutchison, Davis,

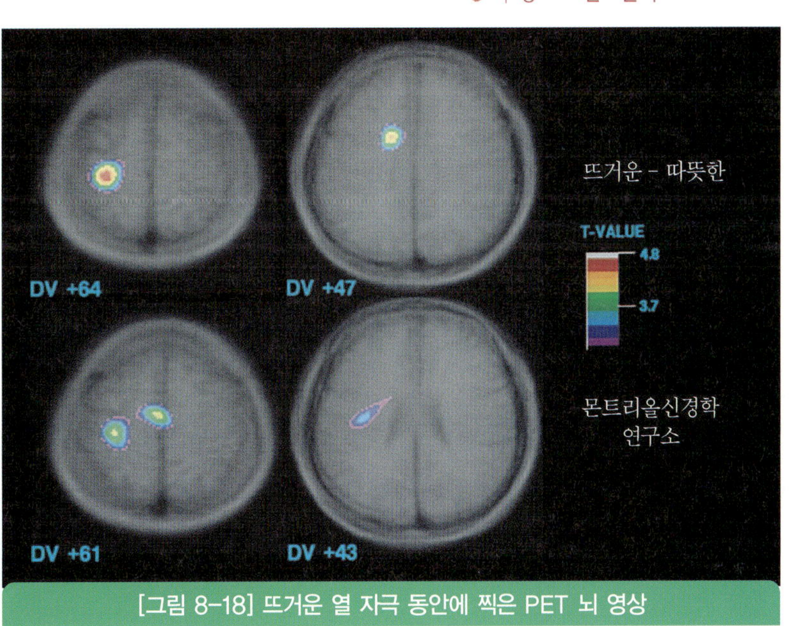

[그림 8-18] 뜨거운 열 자극 동안에 찍은 PET 뇌 영상

정중선 가까이에 있는 밝은 부분은 대상회이고, 왼쪽에 위치해 있는 것은 체감각 영역이다. 네 개의 영상은 동일한 뇌의 다른 깊이에서 동시에 찍힌 것들이다. 사진의 위쪽이 전두엽이다.

출처: Reprinted with permission from Talbot et al., "Multiple Representations of Pain in Human Cerebral Cortex," Science, 251, pp. 1355-1358. © 1991. Reprinted by permission of AAAS.

Lozano, Tasker, & Dostrovsky, 1999; Koyama, Tanaka, & Mikami, 1998).

하지만 어떻게 전측 대상피질의 활동이 통증이 지닌 정서적인 측면을 표상한다고 확신할 수 있을까? 다행히도 통증이 지닌 정서적인 영향과 통증 자체의 감각을 분리할 수 있다. 한 가지 방법이 아픈 자극을 연속해서 제시하면서 통증이 지닌 불쾌감이 증가하는 동안에 뇌 활동의 변화를 추적하는 것이다. 또 다른 방법은 최면을 이용해서 자극의 강도를 변화시키지 않고 통증이 지닌 불쾌감을 증가시키는 것이다. 이 두 가지 방법으로 전측 대상피질에서는 활동의 증가가 관찰되었는데, 체감각 영역에서는 활동의 증가가 없었다. 이는 전측 대상피질이 통증과 관련해서 감각보다는 정서에 관여한다는 것을 시사한다(D. D. Price, 2000; Rainville, Duncan, Price, Carrier, & Bushnell, 1997).

통증이 계속되면 전전두 영역에서도 활동이 일어나는데, 아마 이 영역에서 통증은 평가 과정을 거치고 고통스러운 상황에 대한 반응도 계획될 것이다(D. D. Price, 2000). 통증과 관련된 정서가 감각과는 별개의 뇌 구조물에 의해 매개된다는 사실은 두 부류의 환자가 각기 다른 경험을 하는 이유를 설명할 수 있다. 통증 불감증의 경우에 문제가 있는 부분은 통증 자체의 감각이 아니라 통증과 관련된 정서적 반응이다. 따라서 환자들은 아픈 자극을 재인하지 못하는 것이 아니라 단지 아픈 자극으로 인해 괴로워하지 않을 뿐이다(Melzack, 1973; D. D. Price, 2000). 도저히 어떻게 할 수 없는 통증을 해결하기 위해 과거에 전전두 절제를 받은 사람의 경우에도 마찬가지인데, 이들에게 물어보면 흔히 큰 통증은 사라지고 경미한 통증만 남아 있다고 대답하곤 한다.

✎ 개념 확인

- 스트레스가 지닌 긍정적인 효과와 부정적인 효과에 대해 설명하시오. 그리고 왜 그 효과들이 부정적인 것이 되는지 이유를 쓰시오.
- 통증이 지닌 정서적인 면에 대해, 관계있는 뇌 구조물과 관련지어 논의하시오.

공격성의 생물학적 근원

동기와 정서는 공격성이 발하는 동안에 최고조에 이른다. 공격성은 적응적일 수 있지만, 매년 엄청난 수의 목숨을 앗아가며 또 수많은 사람을 신체적으로, 정서적으로 불구로 만든다. 제2차 세계대전 당시 강제 수용소에서 행한 수백만 명에 달하는 조직적인 대량 학살과 세계무역센터를 폭파시킨 테러리스트의 공격 등은 대표적인 예라 하겠다. 이런 사건들에 비해 흔하긴 하지만, 사회 전반에 걸쳐 일어나는 일상적인 공격에 대해서도 관심을 기울여야 한다.

공격(aggression)은 의도적으로 해를 끼치려는 행동을 말한다. 연구자들은 종에 따라 공격의 형태가 다르다는 부분적인 이유로 공격에도 여러 종류가 있다고 생각한다. 하지만 상이한 공격 항목들에 대해서는 일치를 보이지 않는다. 동물 연구에 적용되는 유용한 구분의 예로 포식성 공격(predatory aggression)과 정동적 공격(affective aggression)이 있다. 포식성 공격은 동물이 먹잇감을 공격해 죽일 때 일어나는 것인데, 정서적 각성이 그 특징인 정동적 공격과는 달리 정서가 없는 냉정한 공격 행동이다. 정동적 공격은 여러 방식으로 더 세분화될 수 있는데, 여기선 공격을 위한 공격(offensive aggression)과 방어를 위한 공격(defensive aggression)으로 구분하겠다. 상대방의 도발이나 공격 같은 정당한 이유 없이 다른 동물을 공격하는 것이 공격을 위한 공격이고, 위협에 대한 반응으로 일어나며 공포에 의해 동기화된 공격은 방어적 공격 행동이 된다. 인간의 공격 행동은 동물에 비해 구분이 덜 명확한데, 인간도 포식성 공격을 하는지에 대해선 의견이 분분하고 또 인간의 경우엔 동기가 복잡해서 큰 범주로 유용하게 구분하는 것이 어렵다. 그럼에도 인간의 공격 행동 중 충동적 공격(impulsive aggression)만큼은 생물학적으로 구별되는 상이한 것임이 연구를 통해 확인되었다. 이에 관한 논의는 나중에 살펴보겠다.

호르몬과 공격성

? 어떤 뇌 부위들이 공격 행동과 관계있는가?

공격성이 환경에 영향을 받지만, 그와 같은 강력한 힘이 호르몬과 신경적 근거가 있다는 것도 놀랄 일이 결코 아니다. 호르몬은 적어도 쥐에게는 나머지 두 가지 공격보다는 공격을 위한 공격에 더 많은 영향을 미치는 것으로 보인다(D. J. Albert, Walsh, & Jonik, 1993). 비영장류에게 공격성은 수컷의 경우 테스토스테론에 의해 촉진되고, 암컷에서는 테스토스테론과 에스트로겐에 의해 촉진된다.

영장류에서 암컷 원숭이의 경우 공격성이 생리 전 일정 기간(premenstrual period) 동안 증가하는데, 이 기간은 에스트로겐과 임신을 유지시키는 호르몬인 프로게스테론의 수준이 가장 낮을 때다(Rapkin et al., 1995). 또한 이 기간 동안에 여성의 단순 범죄(K. Dalton, 1961)와 폭력 범죄(d' Orbán & Dalton, 1980)가 배가 된다는 연구 보고도 있다. 생리 전 기간 동안에 이유 있는 화를 내는 경우도 많아졌는데, 이 경우에는 생리 전 증후군(premenstrual syndrome: PMS)을 겪은 여성에게만 한정되어 나타났다(Van Goozen, Frijda, Wiegant, Endert, & Van

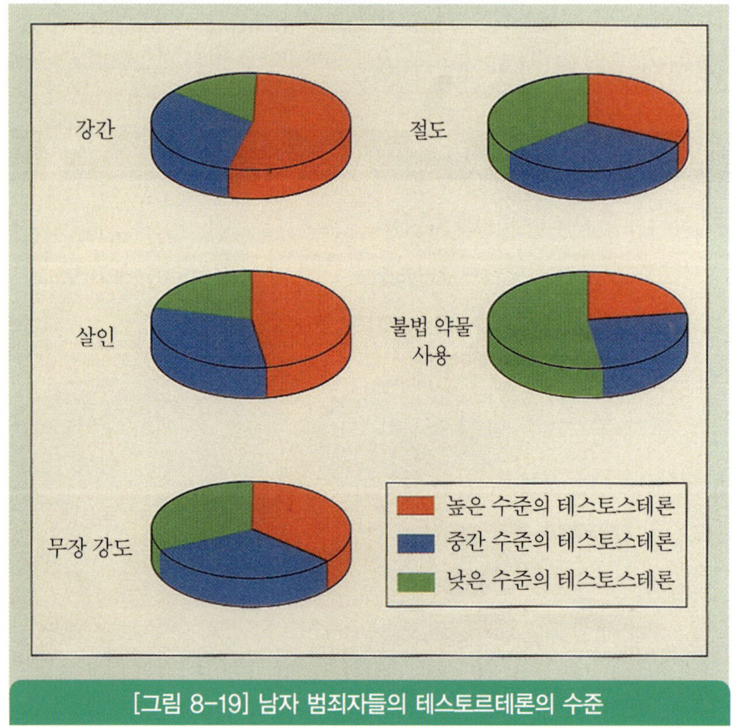

[그림 8-19] 남자 범죄자들의 테스토르테론의 수준

범죄의 폭력성이 증가할수록 테스토스테론 수준이 높은 재소자의 비율이 높아진다.
출처: Based on Dabbs et al. (1995).

de Poll, 1996). 프로게스테론은 PMS와 관련된 공격성을 줄이는 것으로 알려져 있고(K. Dalton, 1964, 1980), 일부에선 프로게스테론의 대사산물인 allopregnano-lone는 스트레스로 인한 여성의 불안을 감소시킬 수 있다고 제안한다(Monteleone et al., 2000; Rapkin et al., 1997).

어떤 연구들은 남자 재소자들에게서 테스토스테론과 폭력 간의 상관을 발견했다. 강간이나 살인 같은 폭력 범죄로 수감되거나 동료 재소자보다 난폭한 남자 재소자는 다른 재소자보다 테스토스테론의 수준이 더 높았다([그림 8-19]; J. M. Dabbs, Carr, Frady, & Riad, 1995; J. J. Dabbs, Frady, Carr, & Besch, 1987). 여성 재소자들조차 테스토스테론과 수감 중의 공격적인 지배 성향 간에 관계가 있는 것으로 나타났다(J. J. Dabbs & Hargrove, 1997). 이러한 결과는 직관적으로 봐서 말이 되는 듯하지만, 앞서 배운 성 행동에서의 테스토스테론의 역할처럼 인간의 공격성과 관련된 테스토스테론의 기능에 대해선 여전히 미해결 상태다. 이들 연구가 상관 연구이기 때문에 테스토스테론이 공격성의 원인이라는 것을 보여 줄 증거를 찾아야 한다. 인간의 공격성이 테스토스테론 수준의 조절이나 테스토스테론 수준을 높이거나 낮추는 질병에 의해 영향을 받는다는 분명한 증거가 아직은 없다(D. J. Albert et al., 1993). 이런 이유 때문에 비평가들은 오히려 공격적인 것이 테스토스테론을 증가시킨다고 주장한다. 현재까지 그들의 주장을 지지하는 연구들이 보고된 적이 있는데, 테스토스테론이 운동 경기에서 이기고 난 후에 증가하는가 하면(Archer, 1991; Mazur & Lamb, 1980), 이기고 있는 경기를 지켜보는 것만으로도 증가했으며(Bernhardt, Dabbs, Fielden, & Lutter, 1998), 의학 박사 학위를 받는 것조차도 테스토스테론을 증가시켰다(Mazur & Lamb, 1980).

공격성에서 뇌의 역할

쥐와 고양이를 대상으로 한 연구에서 방어를 위한 공격과 포식성 공격 사이에는 행동에서뿐만 아니라 신경적으로도 차이가 있었다(D. J. Albert et al., 1993; A.

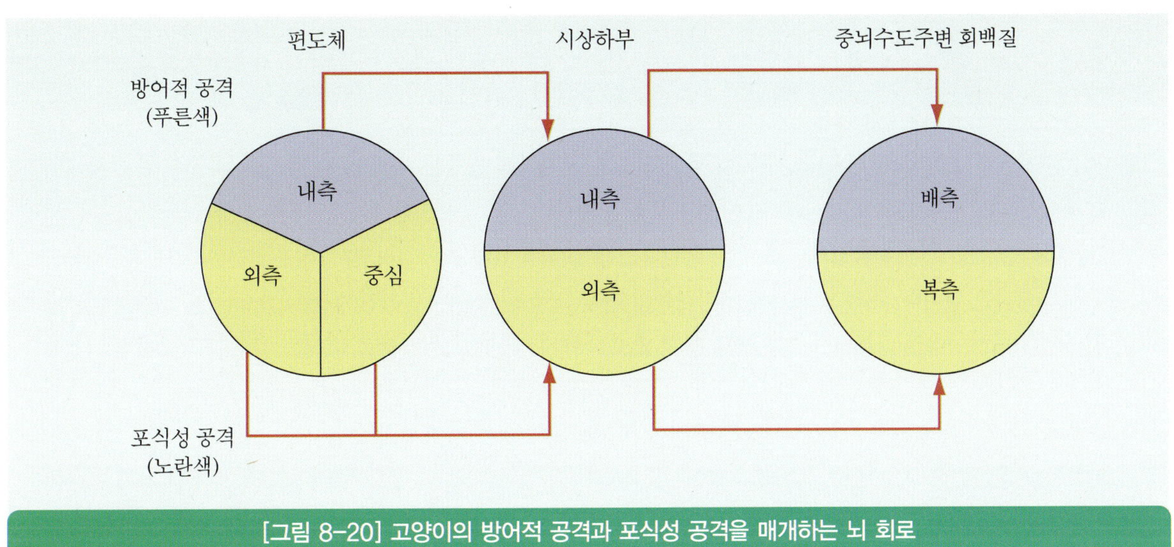

[그림 8-20] 고양이의 방어적 공격과 포식성 공격을 매개하는 뇌 회로

출처: Based on Siegel et al. (1999).

Siegel, Roeling, Gregg, & Kruk, 1999). 흔히 고양이가 활처럼 휘어진 등을 하고 털을 세우고선 쉿쉿 소리를 내는 방어적인 공격 행동에는 정서적 특징이 강한 반면, 먹잇감을 좇아가 잡아먹을 때는 정서적 특징 없이 냉정해 보이는 뚜렷한 대조를 이룬다. 다른 동물들보다 고양잇과 동물들의 공격 행동과 뇌 구조물 간의 관계에 대해서 더 많이 알려져 있는데, 두 종류의 공격 행동이 각기 별개의 신경로를 매개로 한다는 것이 [그림 8-20]에 대략적으로 그려져 있다. 방어적인 공격을 매개하는 신경로는 편도체의 내측핵에서 시작해서 내측 시상하부를 거쳐 뇌간의 중뇌수도주변 회백질의 배측 부위로 연결된다. 포식성 공격의 경우에는 편도체의 외측핵과 중심핵에서 시작해서, 외측 시상하부로, 그리고 중뇌수도주변 회백질의 복측 부위로 나아간다(A. Siegel et al., 1999). 한편 위협을 받는다고 해서 항상 공격 행동이 일어나는 것은 아닌데, 중뇌수도주변 회백질의 어떤 부위를 자극하면 싸움을 하게 할 수 있다(S. P. Zhang, Bandler, & Carrive, 1990).

인간의 공격성에 대한 연구는 당연히 쉽지 않지만, 그래도 사람에게서 공격성과 관련된 뇌 부위들이 확인되었다. 시상하부나 중격 부위에 종양이 생기면, 공격 행동이 일어날 수 있다(D. J. Albert et al., 1993). 편도체 영역의 발작적 활성화는 공격성을 증가시키는 반면, 편도체의 손상은 공격성을 감소시킨다. PET 영상 연구에서 살인자의 경우 오른쪽 편도체와 시상하부의 활동이 남녀 모두에게서 더 높게 나타났고(Raine et al., 1998), 이들 부위를 수술을 통해 손상시키면 억제할 수 없는 공격성이 70% 정도 완화되었다(Ramamurthi, 1988).

전전두피질은 다른 행동에서와 마찬가지로 공격 행동을 누그러뜨리는 데 결정적인 역할을 하는 부위다. 남자 피험자들을 대상으로 실험실에서 피험자는 모

뉴스에서 미국 대법원은 미성년자에게 대한 사형 선고를 폐지한다

최근에 미국 대법원에서 미국 전역에 미성년자의 사형 선고를 금지하는 법령을 내렸다. 여덟 곳의 의학 관련 기구에서 범행 당시 17세였던 피고인을 변호하기 위해 변론 취지서를 제출했다. 그 내용인즉, 많은 연구를 통해 충동적이지 않고 신중한 판단을 내리는 데는 전전두피질의 성숙이 요구된다는 것을 확인했다고 지적하면서, 사춘기는 아직 이 부위가 발달 중인 미숙한 상태라는 것이다. 시카고 노스웨스턴 대학의 법학 교수인 스티븐 드리진(Steven Drizin)은 "이와 같은 발달상의 차이 때문에 미성년자를 나무라는 것은 적절하지 않고, 따라서 극단적인 처벌을 내리는 것도 부적합하다."고 말한다.

판사들은 말하기를, 그러한 결정은 단지 사회적 규범을 바꾸어 놓으려는 생각에 뿌리를 두고 있을 뿐이라는 것이다. 그들은 그러한 결정을 내리면서 뇌 발달에 관한 구체적인 연구는 인용도 하지 않고, 그저 미성년자가 잘못된 결정을 내리면 성인처럼 나무랄 수 없다는 여론에만 주목하고 미성년자는 성숙하지 않기 때문에 책임감도 덜 발달되었다고만 생각한다는 것이다. 이런 결정으로 인해 범행 당시 미성년자였던 12개 주에 걸친 73명의 재소자들에게 사형 선고를 감형해야 할 판이다.

출처: Mary Beckman (2005, March 1). Science Now, www.sciencenow.sciencemag.org/cgi/content/full/2005/301/1

르게 가상의 상대와 어떤 게임을 하도록 했는데, 게임에서 피험자는 전기 충격을 받기도 하고 주기도 했다. 복수심에서 가장 높은 강도의 전기 충격을 주는 피험자들은 전전두피질의 기능 손상을 검사하는 인지 검사에서 가장 낮은 점수를 받는 피험자들이기도 했다(Pihl, Peterson, & Lau, 1993). 〈뉴스에서〉는 전두엽이 가장 늦게 성숙되는 부위라는 사실이 지니는 실제적인 의미가 강조되어 있다.

실제로 뇌 결함이 살인자에게 흔히 나타나는 특징으로 보인다(Blake, Pincus, & Buckner, 1995). PET 영상을 통해 살인자의 경우 남녀 모두 전전두피질의 활동 수준이 감소되어 있는 것이 밝혀졌다(Raine et al., 1998). 한편 이러한 뇌 결함은 사전에 계획된 것이 아니라 홧김에 살인을 저지른 살인자의 경우에 한하는 것이었다. 전전두 영역에 손상이 있는 사람은 본인의 충동을 억제하기가 쉽지 않은데, 이러한 것이 충동적인 살인으로 이어질 수 있다고 추측할 수 있다.

반사회적 성격 장애(antisocial personality disorder)를 가진 사람의 특징 중 하나가 충동적인 것이다. 재소자들 중 3/4 정도가 반사회적 충동 장애를 지닌 사람으로 추정된다(Widiger et al., 1996). 반사회적 성격 장애를 지닌 사람은 무모한 행동을 잘 하며, 사회적 규범을 무시하고, 폭력, 절도, 약물 사용, 성적 문란 등과 같은 반사회적 행동을 일삼는다. 본인의 행동에 대해 후회하는 법도 거의 없다. 이러한 특징이 이 장을 시작할 때 소개한 제인의 경우와 유사한 것은 우연이 아니다. 반사회적 성격 장애를 지닌 사람은 전전두 회백질이 줄어 있을 가능성이 높고(Raine, Lencz, Bihrle, LaCasse, & Colletti, 2000), 도박과 같은 과제를 잘 수행하지 못한다(Blair, Colledge, & Mitchell, 2001).

세로토닌과 공격성

우리는 이미 세로토닌이 동기화에 중요하다는 것을 봤다. 대개는 세로토닌의 역할이 동기화된 행동을 억제하는 것이다. 따라서 세로토닌의 활동이 적으면, 음식, 물, 섹스, 약물 등을 남용하려는 동기는 많아진다(Pihl & Peterson, 1993). 지금부터는 공격성과 관련해서 살펴보자.

공격성 억제

세로토닌은 공격성을 억제하는데, 아마도 편도체, 시상하부, 중뇌수도주변 회백질 그리고 전전두 영역에 미치는 효과를 매개로 일어나는 것 같다(Spoont, 1992; Vergnes, Depaulis, Boehrer, & Kempf, 1988). 연구자들이 쥐에서 외측 시상하부에 있는 세로토닌 생성 뉴런을 파괴하자 전뇌의 세로토닌 수준이 정상의 25%까지 줄어들었고(Vergnes et al., 1988), 이후에 쥐들은 훨씬 더 공격적으로 변했다.

사람의 경우 세로토닌의 활동은 대개 뇌척수액에서 세로토닌 대사산물인 5-하이드록시인돌아세틱산(hydroxyindoleacetic acid: 5-HIAA)의 양을 측정해서 평가한다. 세로토닌의 활동이 적은 것과 충동적인 공격성 간에는 뚜렷한 상관이 있다. 계획적으로 범행을 저지른 경우보다 충동적으로 저지른 폭력범의 경우에 5-HIAA가 더 낮게 나타났다(Linnoila et al., 1983). 제5장에서 남성의 폭력 범죄와 그 남성이 태내에 있을 때 엄마의 흡연 사이에 상관이 있음을 보았다([그림 8-21]; Brennan et al., 1999; Räsänen, Hakko, Isohanni, Hodgins, & Järvelin, 1999). 그러한 결과는 아마도 세로토닌의 부족과도 관련 있을 것이다. 임신한 쥐에게 니코틴을 주사하면 그 새끼들에게서 세로토닌의 재흡수가 증가하는 것을 볼 수 있다. 세로토닌 재흡수의 증가는 시냅스에서 가용될 수 있는 세로토닌의 감소를 의미한다(J. A. King, Davila-Garcia, Azmitia, & Strand, 1991). 세로토닌의 감소가 사람에게서 공격성을 야기할 수 있는지 확인하기 위해 묄러와 동료들(Moeller et al., 1996)은 남자들을 대상으로 세로토닌의 전구물질인 트립토판을 감

? 어떤 식으로 세로토닌이 공격성에 영향을 미치는가?

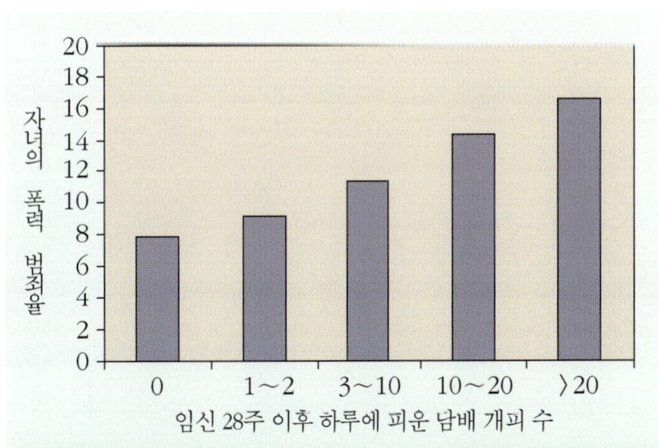

[그림 8-21] 남성의 폭력 범죄와 그 남성이 태내에 있을 때 엄마의 흡연 사이의 관계

흡연의 빈도가 증가할수록 자녀에게서 폭력 범죄의 위험도 높아진다.

출처: Figure 1 from "Maternal Smoking During Pregnancy and Adult Male Criminal Outcomes," by P. A. Brennan et al. 1999, *Archives of General Psychiatry, 56*, pp. 215-219. © 1999 American Medical Association. Reprinted with permission.

소시키는 아미노산 혼합물을 마시게 했다. 그리고 컴퓨터 게임을 하게 했는데, 어떤 반응을 하면 점수를 따고 또 다른 반응을 하면 다른 경쟁자에게서 점수를 뺏어 오는 것이었다. 점수대로 돈을 받을 수 있었고, 피험자는 몰랐지만 경쟁자는 실제로는 존재하지 않는 인물이었다. 게임 중에 무작위로 어느 때고 피험자가 딴 점수의 일부를 경쟁자가 뺏어간 것처럼 피험자가 보고 있는 스크린에 나타냈다. 트립토판을 고갈시키는 혼합물을 마신 이후에 피험자는 더 공격적이 되었고, 경쟁자의 점수를 더 많이 뺏어 왔다. 세로토닌의 수준이 낮은 것과 충동적인 것 사이에 상관이 있기 때문에 낮은 세로토닌 수준이 사람과 다른 동물들에서 공격성을 높이리라는 것은 그럴 듯하다.

알코올과 세로토닌

14개 국가를 대상으로 범죄를 연구한 결과, 폭력범의 62%는 술을 마시고 있었거나 직전에 술을 마신 경우였다(Murdoch, Pihl, & Ross, 1990). 이런 증거는 단지 알코올이 공격성과 상관만 있는 것이 아니라 오히려 공격성을 부추긴다는 일반적인 생각과 부합한다(Bushman & Cooper, 1990). 하지만 알코올은 세로토닌 수준이 낮은 사람에게서만 공격성에 영향을 주는 것으로 보이는데, 조발성 알코올 중독자들의 경우(제5장 참조) 세로토닌 수준이 낮고 이들은 충동적 공격 성향을 지니고 있다(Buydens-Branchey, Branchey, Noumair, & Lieber, 1989; Virkkunen & Linnoila, 1990, 1997).

낮은 수준의 세로토닌이 알코올 소비와 공격성 둘 다에 미치는 영향은 치명적 결과를 낳을 수 있다. 알코올은 초기에 세로토닌의 활동을 높였다간 이후엔 처음 수준 아래로 떨어뜨려 버린다(Pihl & Peterson, 1993). 알코올 남용자는 악순환에 빠지는데, 알코올 소비가 공격성을 높이고 더 많은 알코올을 원하도록 만들기 때문이다. 프로잭(Prozac)이라는 상표명의 항우울제 플루옥세틴(fluoxetine)처럼 시냅스에서 세로토닌 재흡수를 막는 약물은 알코올에 대한 욕구와 소비를 줄여 주고(Naranjo, Poulos, Bremner, & Lanctot, 1994), 적개심과 공격 성향도 감소시킨다(Coccaro & Kavoussi, 1997; Knutson et al., 1998).

세로토닌과 테스토스테론

? 결국에는 테스토스테론이 인간의 공격성을 증가시키는가?

일부 연구 결과는 테스토스테론이 인간의 공격성을 높일 수 있는 가능성을 제기해 왔다. Higley와 동료들(1996)은 높은 수준의 테스토스테론과 낮은 수준의 세로토닌이 상호작용해서 공격성을 낳는다고 제안한다. 야생의 수컷 원숭이를 대상으로 한 그들의 연구 결과가 이러한 생각을 지지해 주었다. 테스토스테론 수준이 높은 원숭이들은 우위를 점하기 위해 위협하거나 다른 원숭이의 위치를 빼는다든지 하는 공격 행동을 보이는 경향이 더 많았다. 5-HIAA 수준이 낮은 원숭이들은 충동적이었는데, 위험할 정도로 먼 나무 꼭대기 사이를 더 많이 건너뛰어 다녔고, 공격 행동을 할 때면 더 폭력적으로 빠져드는 경향이 높았다. 가장 난폭했던 원숭이의 경우 5-HIAA의 수준은 낮았고 테스토스테론의 수준은 높았다. 사람을 대상으로 한 연구 결과도 유사한 관계가 있음을 시사한다. 알코올 중독자이면서 폭력범인 경우 흔히 세로토닌의 수준이 낮고 테스토스테론의 수준이 높게 나타난다(Virkkunen, Goldman, & Linnoila, 1996; Virkkunen & Linnoila, 1993). 만약 테스토스테론이 인간의 공격성에 어떤 식으로든 인과적 영향을 미친다면, 혹시라도 그렇다면 공격 행동은 세로토닌이 공격성에 미치는 억제적 영향이 약해질 때만 잘 일어날 것이다.

유전과 환경

? 유전과 환경은 공격성에 어떤 역할을 하는가?

다른 많은 행동처럼 공격성은 유전의 영향을 받는다. 24개의 연구를 검토해 본 결과, 사람들 사이에서 공격성에 차이가 나는 것은 많게는 50%까지 유전에 의한 것으로 추정된다(D. R. Miles & Carey, 1997). 유전적 영향이 있다는 것은 반드시 공격성에 대한 유전자가 있다는 것을 의미하진 않는다. 유전적 영향이라는 의미는 훨씬 더 광범위한 것일 수 있는데, 실제로 적개심에 관한 질문지 검사에서 공격적인 적개심에 관한 점수가 높게 나오는 것이 세로토닌의 생산을 조절하는 트립토판 수산화 효소 유전자의 변종 형태와 상관이 있었다는 것이다(Hennig, Reuter, Netter, Burk, & Landt, 2005). 사람을 대상으로 하지 않은 범죄 같은 경우에도 유전적 특성이 있는 것으로 나타난다(DiLalla & Gottesman, 1991). 공격 행동과 재산에 관련된 범죄 둘 다 공통적으로 충동을 통제하는 능력이 약해서 일어나는 것일 수 있다. 세 종류의 세로토닌 수용기 유전자들이 충동적 공격을 통제하는 유전적 특성과 관련 있는 것으로 나타났다(Virkkunen et al., 1996).

공격성의 변산성 중 50%만이 유전으로 설명할 수 있기 때문에 환경이 영향을 미칠 수 있는 여지는 여전히 많다고 하겠다. 환경의 영향에 대한 연구도 수십 년 동안 되어 왔는데, 최근에 폭력 범죄율이 적절한 양육을 받지 못한 남녀 모두에게서 두 배 더 높다는 것을 발견했다(Hodgins, Kratzer, & McNeil, 2001). 마찬가지로 살인자들을 대상으로 전전두 영역에 결함이 없는 경우를 보면 그들이 어린 시절에 심리적으로 또 사회적으로 박탈감을 경험했을 가능성이 높다고 하겠다(Raine, Stoddard, Bihrle, & Buchsbaum, 1998).

하지만 환경적 조건이 미치는 영향도 유전적 조건과의 상호작용에 의해 결정된다. 먼저 유전적인 것부터 살펴보자. 공격성이 모노아민 산화 효소 A(MAOA)의 활동과 관련 있다는 증거가 늘고 있다. 모노아민 산화 효소는 시냅스에서 세로토닌, 노르에피네프린, 도파민을 불활성화시킨다. 예를 들면, 네덜란드의 한 가계에서 몇 명의 남자를 대상으로 한 연구에서 충동적인 폭력이 MAOA 유전자의 돌연변이 때문인 것으로 밝혀졌다(Brunner, Nelen, Breakefield, Ropers, & van Odst, 1993). 아마 당신은 그렇게 되면 세로토닌이 축적되어 공격성을 억제할 것이라고 생각할 것이다. 하지만 뇌는 세로토닌에 대한 민감성을 떨어뜨려 많아진 세로토닌의 양을 보상한다(Manuck, Flory, Ferrell, Mann, & Muldoon, 2000). 자, 이제 상호작용의 경우를 보자. 어린 시절에 학대받은 경험은 나중에 공격 행동과 범죄를 증가시키는데, 학대로 인한 영향은 MAOA의 활동에 따라 달라진다. MAOA의 활동은 X 염색체상의 유전자에 의해 결정된다(Caspi et al., 2002). MAOA의 활동 수준이 높은 남성은 반사회적 행동이나 폭력 범죄를 저지를 확률

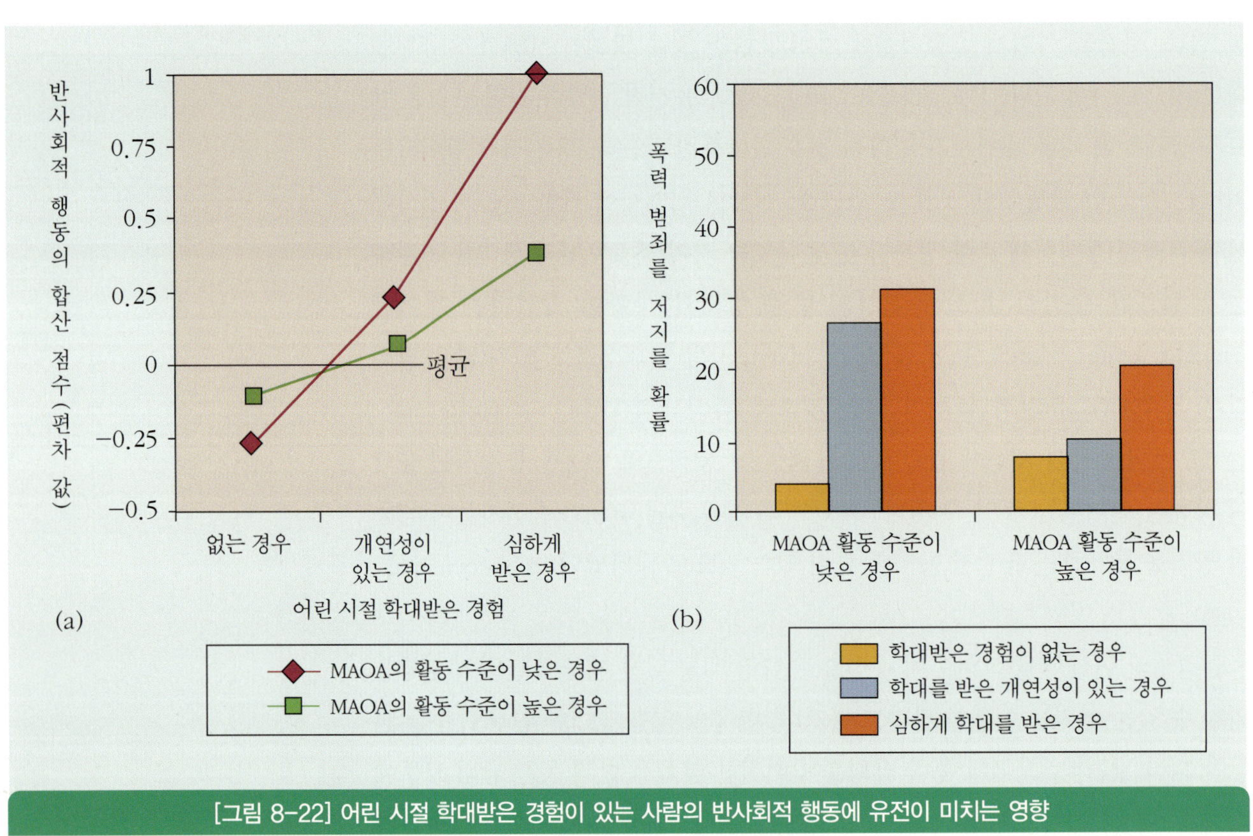

[그림 8-22] 어린 시절 학대받은 경험이 있는 사람의 반사회적 행동에 유전이 미치는 영향

(a) MAOA의 활동 수준을 높이는 유전자는 어린 시절 학대 받은 경험이 있는 남성들의 범죄 행위나 다른 반사회적 행동을 억제했다. 점수는 폭력으로 인한 유죄 선고, 폭력적인 기질, 반사회적 성격 장애, 행위 장애 등을 합쳐 놓은 것이다. (b) 같은 경우라도 MAOA의 활동 수준이 낮은 사람들은 폭력 범죄를 더 많이 저질렀다.

출처: Adapted from Figure 1 and 2b of "Role of Genotype in the Cycle of Violence in Maltreated Children," by A. Caspi et al., 2002, *Science, 297*, p. 852.

이 훨씬 낮다([그림 8-22]). 다시 한 번 말하지만, 앞에서도 보았고 이 책 전체에 걸쳐 반복되듯이 행동은 유전과 환경의 산물이다.

개념 확인

- 전전두피질이 공격성을 누그러뜨린다는 증거는 무엇인가?
- 세로토닌, 알코올, 테스토스테론이 어떤 식으로 상호작용하면 공격성을 증가시킬 수 있겠는가?

전망

정서는 신경과학자들이 다루기엔 쉽지 않은 문제였는데, 그 이유가 생리적으로도 꽤 복잡하고 정서의 상당 부분이 주관적인 경험의 문제이기 때문이다. 발전된 연구 방법들과 PET 같은 새로운 기술들로 인해, 뇌 구조물의 역할에 대한 오랜 질문에 드디어 답할 수 있게 되었다. 좋은 예로 통증이 지닌 정서적인 측면을 신경 수준에서 통증 감각과 분리할 수 있다는 것이다. 한편 정서가 건강에 미치는 영향에 대해서도 확인되고 있다. 이 주제는 사실 최근까지만 하더라도 심리학에서 중요하게 여기지 않았다.

주로 정서가 지닌 부정적인 측면에 대해서 다루어 왔는데, 이것은 연구자들의 관심 때문이고 또 부정적인 영향에 대해서 더 많이 알려져 있기 때문이다. 이러한 관심의 집중은 통증, 분노, 공격성 등이 진화론적으로 생존에 중요함을 인정하는 것이기도 하다. 하지만 이제는 이러한 정서가 가장 큰 짐이 되기도 한다. 사람들은 환경을 바꾸면 학교에서의 총격 사건이나 거리에서의 폭력 범죄 등을 줄일 수 있을까 하고 생각한다. 하지만 우리는 우울증에 빠져 자녀들을 모두 익사시킨 엄마가 과연 죄가 있는지 판단할 때 호르몬, 유전자, 뇌의 역할 또한 고려해야만 한다. 잠시나마 정서가 지닌 부정적인 측면 때문에 충격을 좀 받았다면, 이빨 사이에 펜을 물고 잠깐 한숨을 돌리고 싶을 게다. 하찮은 부분에서의 변화가 좋은 시작이 될 수 있다.

요 약

정서와 신경계

- 자율신경계는 정서 상태 동안에 신체의 각성 수준을 높이고, 그 이후엔 떨어뜨린다.
- 제임스-랑게 이론은 각각의 개별 정서는 상이한 패턴의 신체적 각성과 수반되며, 이러한 각성이 뇌로 되먹임되어 우리가 해당 정서를 구별할 수 있게 된다고 주장한다. 각각의 독특한 패턴이 존재한다는 증거가 있고, 또 얼굴 표정을 바꾸면 원하는 정서를 유발할 수 있다.
- 샤흐터와 싱어의 인지 이론은 자극 맥락에 따라 정서가 결정되며, 신체로부터의 되먹임은 정서의 강도에만 영향을 준다고 주장한다. 모호한 상황에서 우리는 자신의 정서 상태를 상황에 맞게 해석한다는 것이 연구를 통해 드러났다.
- 변연계란 정서에 관여하는 여러 뇌 구조물의 연결망이다. 지금은 뇌의 모든 수준에서 더 많은 뇌 구조물이 관여하는 것으로 알려져 있다.
- 편도체는 다양한 기능을 지니고 있는데, 공포와 관련된 기능이 가장 큰 주목을 받았다. 양쪽 편도체에 손상이 있는 사람과 쥐는 두려움이 없고, 흔히 자기 자신에게 가장 유리한 쪽으로 행동하지 못한다.
- 전전두피질은 다른 정보와 함께 정서와 관련된 정보를 결합시켜 의사결정을 내린다. 전전두피질에 손상이 있는 사람은 도덕적 규범이나 사회적 규칙을 따르는 데 어려움이 있다. 그리고 자신이 행동한 결과를 통해 뭔가를 배우는 능력에 문제가 있다.
- 오른쪽 대뇌 반구에 손상이 있으면 특히 정서에 둔감해지고, 얼굴이나 목소리를 통해 정서를 알아차리는 데 문제가 생긴다.

스트레스, 면역, 건강

- 스트레스는 적응적인데, 신체를 준비시켜 대처할 수 있도록 해 주며 면역계의 활동도 증가시킨다.
- 만성 스트레스는 정신적, 육체적, 정서적 기능을 방해하며, 면역계에 해를 주고, 뇌를 손상시키기까지 한다.
- 사회적 지지, 성격, 태도 등은 면역 기능, 건강, 암으로부터의 생존 등과 상관이 있다. 스트레스 호르몬의 수준과 같은 제3의 변인이 이러한 상관의 진짜 원인일 수 있다.
- 통증도 적응적인 반응이다. 통증은 우리에게 위험의 존재를 알려 주고, 통증에 수반되는 정서는 우리로 하여금 대처할 수 있도록 동기를 불러일으킨다.

공격성의 생물학적 근원

- 수컷의 공격성은 테스토스테론과 관련이 있고, 암컷의 경우엔 테스토스테론과 에스트로겐 둘 다와 관계가 있다. 하지만 사람의 경우에 테스토스테론과 공격성 간에 인과적인 관계가 있는지는 여전히 의문이다.
- 편도체와 시상하부는 인간 및 다른 동물들의 공격 행동과 관련하여 가장 중요한 뇌 부위로 보인다. 전전두피질은 공격 행동을 억압하는데, 이 부위의 결함은 폭력 행동과 연관이 있다.
- 세로토닌은 공격 행동을 억제하며, 낮은 수준의 세로토닌은 공격성과 상관이 있다. 알코올과 낮은 세로토닌 수준이 결합되면 공격성이 높아진다. 낮은 세로토닌 수준과 높은 테스토스테론 수준이 상호작용하여 인간의 공격성을 증가시킬 수 있다.

• 사람들 간에 나타나는 공격성 차이의 50%는 유전에 의한 것으로 여겨진다. 공격 행동과 관련된 두 가지 유전적 특징으로는 세로토닌 수용기와 세로토닌 대사에 관한 것이 있다. 공격성 간의 변산 중 반은 부적절한 양육과 같은 환경에 기인한다.

핵심 용어

B세포(B cell)
T세포(T cell)
거대 식세포(macrophage)
공격성(aggression)
공격을 위한 공격(offensive aggression)
면역계(immune system)
반사회적 성격 장애(antisocial personality disorder)
방어를 위한 공격(defensive aggression)
백혈구(leukocyte)
변연계(limbic system)
선천성 통증 불감증(congenital pain insensitivity)
스트레스(stress)
시상하부-뇌하수체-부신 축(hypothalamus-pituitary-adrenal axis)
심장으로 인한 돌연사(sudden cardiac death)
인지 이론(cognitive theory)
자가 면역 질환(autoimmune disorders)
자연 살해 세포(natural killer cell)
전전두피질(prefrontal cortex)
전측 대상피질(anterior cingulate cortex)
정동적 공격(affective aggression)
정서(emotion)
제임스-랑게 이론(James-Lange theory)
코르티솔(cortisol)
편도체(amygdala)
포식성 공격(predatory aggression)
피부 전도 반응(skin conductance response: SCR)

PART III

세상과 소통하기

Chapter 9

청각과 언어

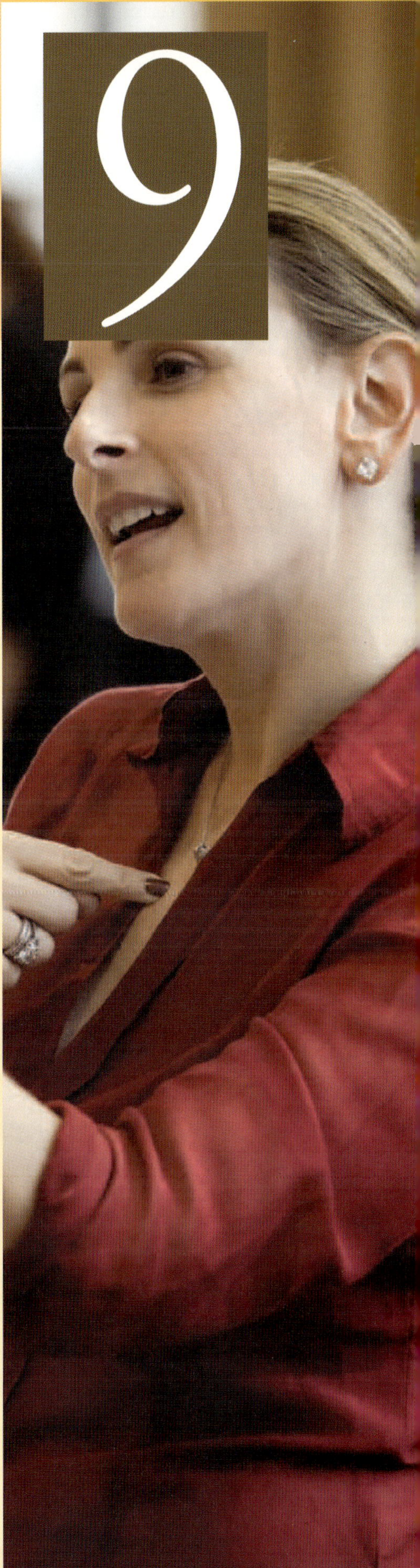

청각
- 청각 자극
- 청각 기제
- 주파수 분석
- 양이 단서로 소리의 위치 찾기

언어
- 브로카 영역
- 베르니케 영역
- 베르니케-게슈빈트 모델
- 읽기, 쓰기 그리고 이들과 관련된 장애
- 실어증으로부터의 회복과 관련된 기제
- 언어 생성의 기제
- 인간 이외의 동물들의 언어
- 신경적 · 유전적 선행성

이 장에서 배울 내용
- 청각 기제는 무엇으로 구성되어 있으며, 어떻게 작용하는가?
- 뇌는 순음으로부터 발화까지의 소리를 어떻게 처리하는가?
- 어떤 뇌구조물이 언어 능력을 설명하는가?
- 몇몇 주요 언어 장애의 원인은 무엇인가?
- 인간 이외의 동물들의 언어 능력에 관하여 우리가 알고 있는 것은 무엇인가?

듣을 수 없다는 것이 볼 수 없다는 것보다 더 고통스럽다.

- Helen Keller

뉴욕 양키 구단의 내야수였던 길 맥도걸드(Gil McDougald; [그림 9-1])는 1950년대에 8번의 월드 시리즈에서 경기를 치렀다. 1955년에 그는 타격 연습을 하는 동안에 라인 드라이브로 날아오는 볼에 머리를 맞았다. 이 부상으로 그의 청각 능력은 서서히 나빠지기 시작하다가 결국에 그는 거의 모든 청력이 상실되었다. 그는 소리는 들을 수 있었지만 발화(speech)를 이해할 수 없어서 가족과 이전의 팀원들로부터 사회적으로 고립되었다. 20년간의 청력 상실과 좌절의 생활 후에 그는 자신의 청각 능력을 회복시켜 줄 수도 있는 한 가지 방법에 대하여 알게 되었다. 이 방법은 발화 분석기(일종의 정교한 보청기임)에서 나오는 전극을 그의 청각계의 손상된 부분을 우회해서 청신경 바로 옆에 심는 일이었다. 길은 이 수술을 받았고, 6개월 후에 청각학자를 만날 수 있었다.

벳시는 이 장치를 활성화시키고는 길이 그녀의 입모양을 읽지 못하도록 하기 위하여 종이로 입을 가렸다. 그녀가 "Hello."라고 말하자 그는 "Hello."라고 대답했다. 그녀가 "내 말 들려요?"라고 하자, "아, 그럼요!"라고 그는 대답했다. 그녀는 "와, 흥미롭군요!"라고 말한 다음에 그에게 그녀가 말한 단어들을 반복하라고 요청했다. "Cowboy."라고 하자, 그는 "Cowboy."라고 대답했다. "Outside."라고 하자 이번에 그는 "Outside."라고 응답했다. 길의 두 눈에서는 눈물이 샘솟았다. 방 건너편에 있던 그의 아내는 간신히 말을 이어갔다. "이번이 처음이에요……. 믿을 수가 없어요." 나중엔 그의 친척들이 그를 방문하러 왔다. 루실은 "모든 사람이 할아버지가 듣는 것을 지켜보기 위하여 왔다."고 적고 있다(Berkow, 1995).

? 자극은 어떻게 뇌가 사용할 수 있는 정보로 전환되는가?

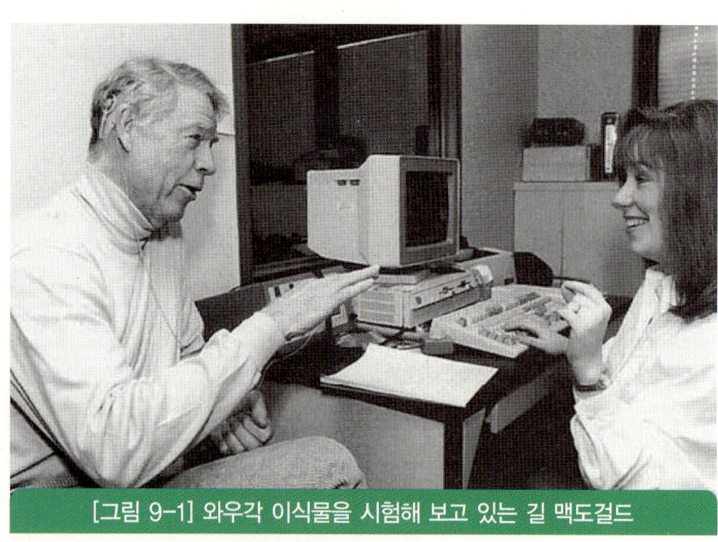

[그림 9-1] 와우각 이식물을 시험해 보고 있는 길 맥도걸드

출처: Chester Higgins, Jr., NYT Pictures.

청각 능력을 상실할 때 나타나는 영향만큼 청각의 가치를 잘 입증해 줄 수 있는 다른 어떤 것은 없다. 길의 경우처럼 (청각 능력을 상실한) 사람은 사회적 생활에 필수적인 담화의 많은 부분과 단절된다. 음악도, 새의 노래 소리도, 그리고 천둥 또는 자동차 경적의 경계음도 없다. 인생 만년에 갑자기 청력을 상실한 사람은 그 영향으로 너무 우울해져서 궁극적으로는 자살로 생을 마감할 수도 있다.

청각 및 언어에 대한 화제를 중심으로 이제 우리가 어떻게 세상과 지속적으로 소통하는가를 논의하고자 한다. 의사소통은 감각을 통한 정보 습득하기, 감각 정보 처리하기, 언어를 통한 의사소통하기, 세상 속에서 돌아다니기, 그리고 세상에 영향 미치기와 같은 행동을 포함한다. 우리는 이미 기아, 성행동 및 정서와 관련된 맥락에서 미각, 후각 그리고 통각에 대하여 언급했다. 부가적인 감각 능력들을 탐색하기 전에 몇몇의 기본적인 개념을 확립할 필요가 있다.

첫째, 하나의 감각계(sensory system)는 전문화된 (감각) 수용기(receptor)를 가지고 있어야 한다. 여기서 수용기는 세포를 말하는데, 흔히 이 세포는 소리와 같은 특별한 형태의 에너지에 반응하기 위하여 구조와 기능에 적절히 전문화된 하나의 뉴런을 일컫는다. 수용기의 기능은 이 에너지를 신경 반응으로 전환하는 것이다. 여러분은 이 장과 다음 장에서 두 종류의 수용기를 살펴볼 것이지만, 수용기들은 기능을 수행하기 위하여 형태가 다양하게 존재한다.

하나의 수용기가 제대로 작용하기 위해서는 적절한 자극이 또한 있어야 한다. 해당 수용기가 전문화되기 위해서는 적절한 자극은 에너지의 형태를 띠어야 한다. 수용기의 전문화가 불완전하기 때문에 다른 자극들도 자주 반응을 산출하는 경향이 있다. 예를 들면, 안구 위의 눈꺼풀의 한쪽을 누르면 한 개의 원형의 검은 점을 보게 될 것이다.

제3장에서 학습한 특정 신경 에너지에 대한 뮐러의 법칙(Müller' s doctrine)을 상기해 보면, 자극의 유형보다는 신경 기제가 우리가 갖게 될 감각 경험의 종류를 결정한다. 해당 자극이 부적절할지라도 하나의 감각계는 스스로 특유한 유형의 경험을 등록한다. 그렇기 때문에 신경외과의가 청각피질을 자극할 때 환자는 윙윙거리는 소리를 듣거나 심지어는 목소리 또는 음악을 듣게 된다. 그리고 롤러블레이드를 타다가 머리를 부딪칠 때는 실제로 '별들'을 보게 되는 것이다. 이 장과 다음 두 장에서는 감각 정보를 의미 있게 만드는 것이 바로 자극의 정형화(patterning of stimulation)라는 것을 배우게 될 것이다.

대부분의 사람은 청각과 시각이 가장 중요한 감각이라고 생각한다. 그 결과 이들 두 감각에 대하여 더 많은 연구가 진행되어 왔다. 이에 우리도 이들에 더 많은 관심을 기울이고자 한다. 청각은 시각보다 기계적인 감각 기제를 더 많이 활용하고 있기 때문에, 이를 바탕으로 감각 정보의 습득과 관련된 감각(sensation)과 감각 정보의 해석과 관련된 지각(perception)에 관하여 공식적인 논의를 시작해 보고자 한다.

? 감각과 지각의 차이는 무엇인가?

청각

청각 기제가 상대적으로 덜 복잡하다는 사실은 청각이 단순한 문제라는 뜻은 아니다. 청각 자극이 신경 충동으로 변환되는 장소인 와우각(cochlea; 달팽이관)은 100만 개의 가동부(moving parts)를 포함하고 있다. 우리가 들을 수 있는 가장 부드러운 소리로부터 고통을 경험하는 수준의 소리에 이르기까지 강도에 대해 우리가 느끼는 민감도의 범위는 극히 좁기만 하다. 저강도의 소리를 듣는 우리의 능력은 청각 기제 자체보다는 정맥 및 동맥을 통과하는 혈행의 소리에 의해 더 제약을 받는다. 게다가 우리는 약 20~20,000Hz의 주파수(frequency) 범위를 들을 수 있으며 단지 2~3Hz 정도의 주파수의 차이도 감지할 수 있다. 참고로 이들 주파수를 우리 실제 생활과 연결시켜 보면, 피아노의 주파수 범위는 약 27~4,000Hz다.

청각 자극

청각에 대한 적절한 자극은 전음 매개체(conducting medium) 내에서 진동을 일으킨다. 통상적으로 전음 매개체는 공기이지만 우리는 수중에서도 소리를 들을 수 있고 우리의 두개골을 통해 전달되는 소리도 들을 수 있다. 공기의 진동은 소리의 원천(예, 사람의 성대, 타종 또는 스테레오 스피커)이 진동해서 일어난다. 소리의 원천이 진동할 때 공기는 교대로 압축되거나 이완되는 것이다([그림 9-2]).

? 주파수와 음고의 차이는 무엇인가? 그리고 강도와 음강의 차이는 무엇인가?

소리를 전기적 신호로 변환하기 위해서 마이크로폰을 사용할 경우, 우리는 오실로스코프상에서 그 신호를 볼 수 있다. 오실로스코프는 압축과 이완된 파형의 그래프를 형성하게 되고 이를 토대로 우리는 해당 소리의 모양을 보게 된다. [그림 9-3]을 보라-(수 밀리 초에 거쳐) 오르내리는 구불구불한 선들은 서로 다른 소리들의 증감에 대한 압력을 나타내고 있다. 소리들이 서로 다른 한 가지 이유

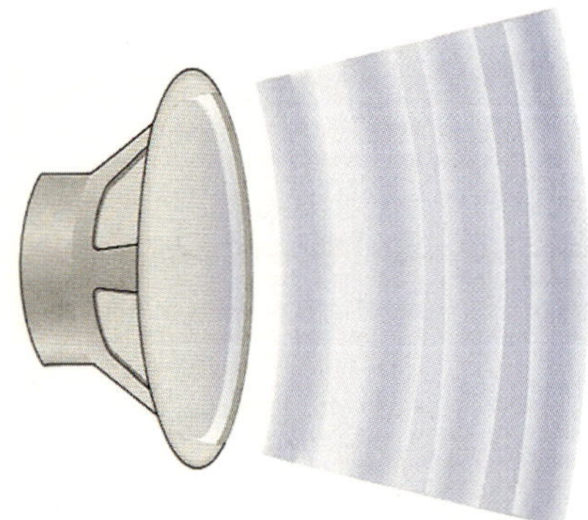

스피커의 표면이 진동함으로써 주변의 공기를 교대로 압축하고 이완시킨다. 짙은 영역은 고압력(고농도의 공기 입자들)을 그리고 옅은 영역은 저압력을 나타낸다.

출처: *Sensation and Perception*, 5th ed., by Goldstein. 1999. Reprinted with permission of Wadsworth, a division of Thomson Learning.

[그림 9-2] 소리 원천에 의해 교대로 공기를 압축하고 이완시키기

는 주파수가 서로 다르기 때문이다. 주파수(헤르츠, Hz로 표현됨)란 단일 초(second) 내에 발생하는, 진동 매개체의 압축 및 이완 주기들의 수 또는 파형의 수를 일컫는다. [그림 9-3]의 a와 b는 주파수가 같다. 따라서 우리는 이 두 소리를 음고(pitch)가 같은 것으로 또는 아주 유사한 것으로 듣게 된다. [그림 9-3]의 c와 d 또한 서로 같게 들릴 것이지만 [그림 9-3]의 a와 b보다는 음고가 더 높다. 음고는 소리의 주파수에 대한 우리의 경험을 말한다. 음고와 주파수는 관련이 있지만 청각계의 특성 때문에 정확하게 대응 반응을 보이지는 않는다.

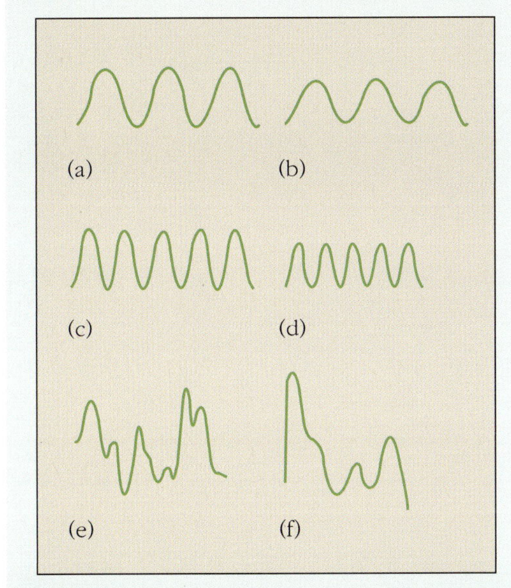

[그림 9-3] 순음과 복합음의 예

(a)와 (b)는 주파수는 동일하나 증폭이 다른 순음들이다. (c)와 (d)도 서로 간에 그렇다. (e)와 (f) 둘 다는 복합음(각각 소음과 클라리넷 소리)이다.

소리들은 진폭(amplitude)에서도 다르다. [그림 9-3]의 a와 c에서 보이는 소리들은 동일한 진폭(파형의 높이)을 가진다. 따라서 이들 소리는 시끄러운 정도가 거의 동일할 것이다. 한편, b와 d에서의 소리들은 (a와 c의 경우에 비하여) 덜 시끄럽게 들릴 것이지만 (b와 d 경우들 간에는) 시끄러운 정도가 서로 거의 같을 것이다. 증폭, 즉 강도(intensity)는 소리에 대한 물리적 에너지(데시벨, db로 측정됨)를 나타내는 용어다. 음강(loudness)은 소리 에너지에 대한 우리의 경험을 나타내는 용어다. 소리가 얼마나 시끄러운가는 그 소리의 강도뿐만 아니라 주파수에도 달려 있다. 예를 들면, 우리는 2,000~4,000Hz 범위의 소리(우리의 대부분의 대화는 이 범위 내에서 이뤄짐)에 가장 민감하게 반응하는 반면에 이 범위 밖에 있는 동일한 강도의 소리는 덜 시끄럽게 들리는 것과 같다. 마찬가지로 소리의 진폭은 음고에 대한 우리의 경험에 영향을 미친다. 물리적 자극과 심리적 경험이 항상 온전히 관련되어 있는 것은 아니므로 강도 대 음강과 주파수 대 음고의 용어를 조심스럽게 사용할 필요가 있다.

우리가 듣는 소리는 순음(pure tone) 또는 복합음(complex sounds)으로 분류할 수 있다. 예를 들어, 소리굽쇠(tuning fork)를 두들길 때 발생하는 순수한 음은 [그림 9-3]의 a에서 d까지의 그래프들 중에서 어느 하나와 같은 흔적을 만들어 낼 것이다. 이들 네 개의 파형이 사인파(sine wave)라고 일컫는 매우 규칙적인 모양을 가지고 있다는 점을 주목하자. 이들은 순음이다. 이들은 각각 단지 한 종류의 주파수만 가진다. [그림 9-3]의 e와 f의 그래프는 복합음을 나타낸다. 이들은 각각 몇 종류의 주파수들이 혼합된 형태를 보인다. e에서 보이는 무선적으로 조합된 주파수들은 아마도 대부분의 우리에게 '시끄럽다' 라고 느낄 수 있을 것이다. 주파수의 조합과 순서에 따라서 하나의 복합음은 마지막 파형(클라리넷에 의해 산출된 것임, [그림 9-3]의 f처럼 음악적으로 보일지도 모른다. 이들 두 파형은 여러분에게는 별 차이가 없어 보일지 모르겠지만 이들은 확실히 소리가 다르게 들린다. 감미로운 음악이라고 생각되는 것은 경험, 문화, 그리고 나이에 따라 다를 수는 있지만, 우리는 심지어 가장 이국적인 음악조차도 음악으로 인식하는 경향이 있다.

청각 기제

소리를 듣기 위해서는 해당 소리에 대한 정보를 청각피질까지 전달해야 한다. 이는 일련의 사건들을 요구한다. 즉, 소리를 포착하고, 증폭하며, 뇌가 사용할 수 있는 신경 충동으로 변환하는 과정이 여기에 포함되어 있다.

외이와 중이

통상적으로 귀라는 용어는 [그림 9-4]에서 보이는 모든 구조물을 말한다. 머리의 측면을 장식하는 덮개가 외이(outer ear), 즉 귓바퀴(pinna)다. 외이는 소리를 포착한다. 그런 후에 깔때기처럼 귓바퀴의 넓은 영역으로부터 이도(귓구멍)의 좁은 영역으로 소리를 이동시킴으로써 가볍게 증폭시킨다. 외이는 또한 뒤에

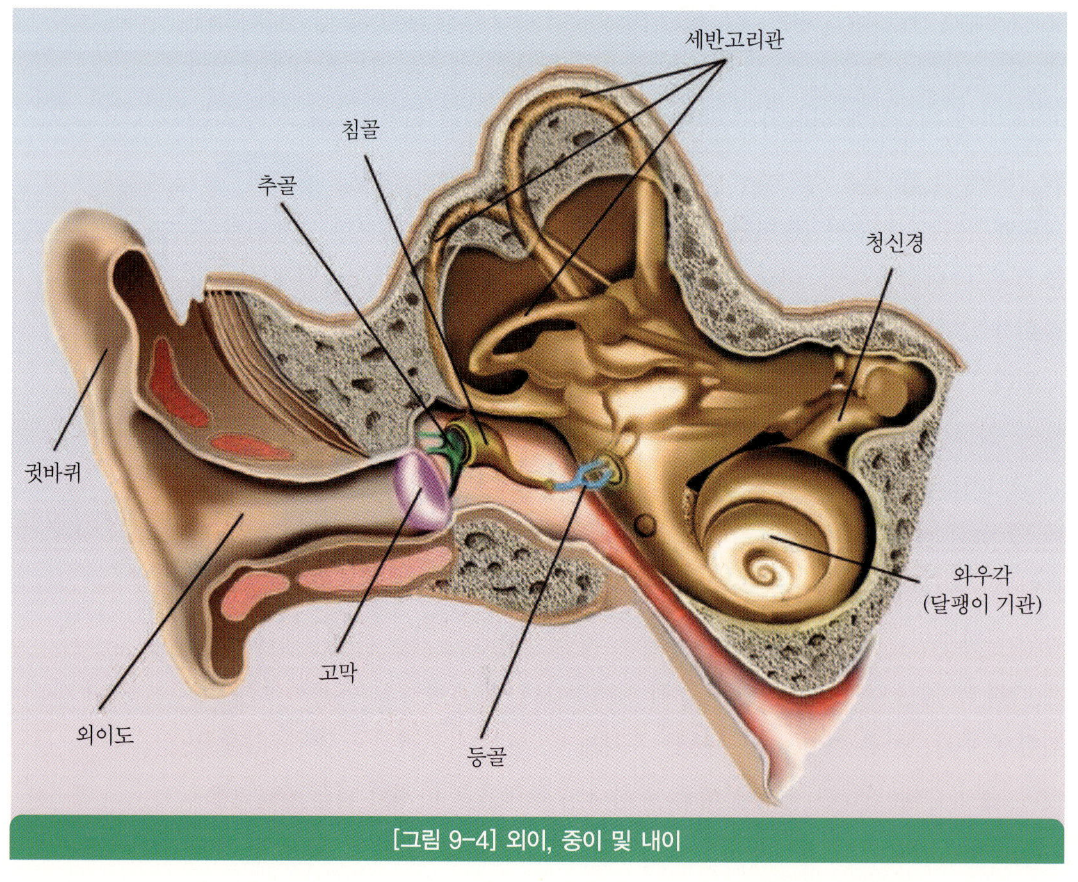

[그림 9-4] 외이, 중이 및 내이

서 오는 소리를 차단하면서 앞과 옆에서 오는 소리를 선택한다. 개와 고양이는 그들의 정면에 있지 않은 소리를 향하여 귀를 돌릴 수 있는 근육을 가지고 있다. 아마도 두 개의 근육을 씰룩거림으로써 귀를 조금은 꿈틀거릴 수 있을지 모르겠지만 소리의 방향을 감지하기 위해서는 (결국) 고개를 돌려야만 할 것이다.

중이(middle ear)의 첫 부위는 고막(ear drum 또는 tympanic membrane)인데, 이것은 이도 끝부분을 가로질러 뻗쳐 있는 매우 얇은 막이다. 이것이 진동하면 소리 에너지가 이소골(ossicles)로 전달된다. 고막장근(tensor tympani)이라 불리는 근육은 변화하는 소리 수준에 민감도를 맞추기 위하여 고막을 더 팽팽하게 늘리거나 이완시킨다. 윌스카(Wilska, 1935)는 기발하게도 인간의 고막에 하나의 작은 막대를 부착하고서 그 막대를 앞뒤로 진동시키기 위해 하나의 전자기 코일을 사용하였다. 그는 고막이 수소 원자의 지름만큼 조금 움직일 때 들을 수 있다고 결론지었다. 이 실험은 그 당시에 괄목할 만한 주목을 받았으며, 보다 정교한 장비를 사용하는 최근의 연구를 통해 당시 그의 측정이 놀라울 정도로 정확했음을 보여 주었다(Hudspeth, 1983).

중이의 두 번째 부분은 이소골인데, 이는 진동을 고막으로부터 와우각으로 전달하기 위하여 지렛대 형식으로 작동하는 아주 작은 뼈들이다. 추골(malleus 또는 hammer), 침골(incus 또는 anvil)과 등골(stapes 또는 stirrup)이라는 명칭은 그 모양을 따서 붙인 것이다. 이소골은 상대적으로 큰 고막으로부터 수집된 에너지를 훨씬 작은 등골(와우각의 끝 부분에 얹혀 있음)의 기저부로 집중시킴으로써 부가적인 증폭을 만들어 낸다. 이 증폭 작용은 수집된 진동이 밀도가 더 높은 와우각 내의 액체를 통과하는 과정에서 소실되는 에너지를 보상하기에 충분한 크기다.

내이

[그림 9-4]에서 내이를 구성하는 부위를 살펴볼 수 있다. 세반고리관(semicircular canals)은 전정 기관의 일부로서 청각과는 관련이 없다(전정 기관에 대해서는 제11장에서 다룬다). 달팽이 모양의 구조물을 와우각이라 하는데, 여기에 소리를 분석하는 구조물들이 위치한다. [그림 9-5]는 고배율의 모습을 보여 준다. 와우각은 사람의 경우에 약 35mm의 길이를 갖고 있는 튜브의 형태를 띠고 있으며 2.5번 정도 말려 있는 모양을 하고 있다. 와우각은 막에 의해 세 개의 관으로 분할되어 있는데 이들 내부에는 액체로 채워져 있다([그림 9-5b]). 그림에서 와우각의 끝 부분은 제거되었기 때문에, 기저부 끝에서 세 개의 관을 내려다보고 있는 모습을 하고 있다. 등골([그림 9-5a])은 전정관(vestibular canal 또는 scala vestibuli) 표면에 있는 얇고 유연한 막인 난원창(oval window)에 얹혀 있다. 전

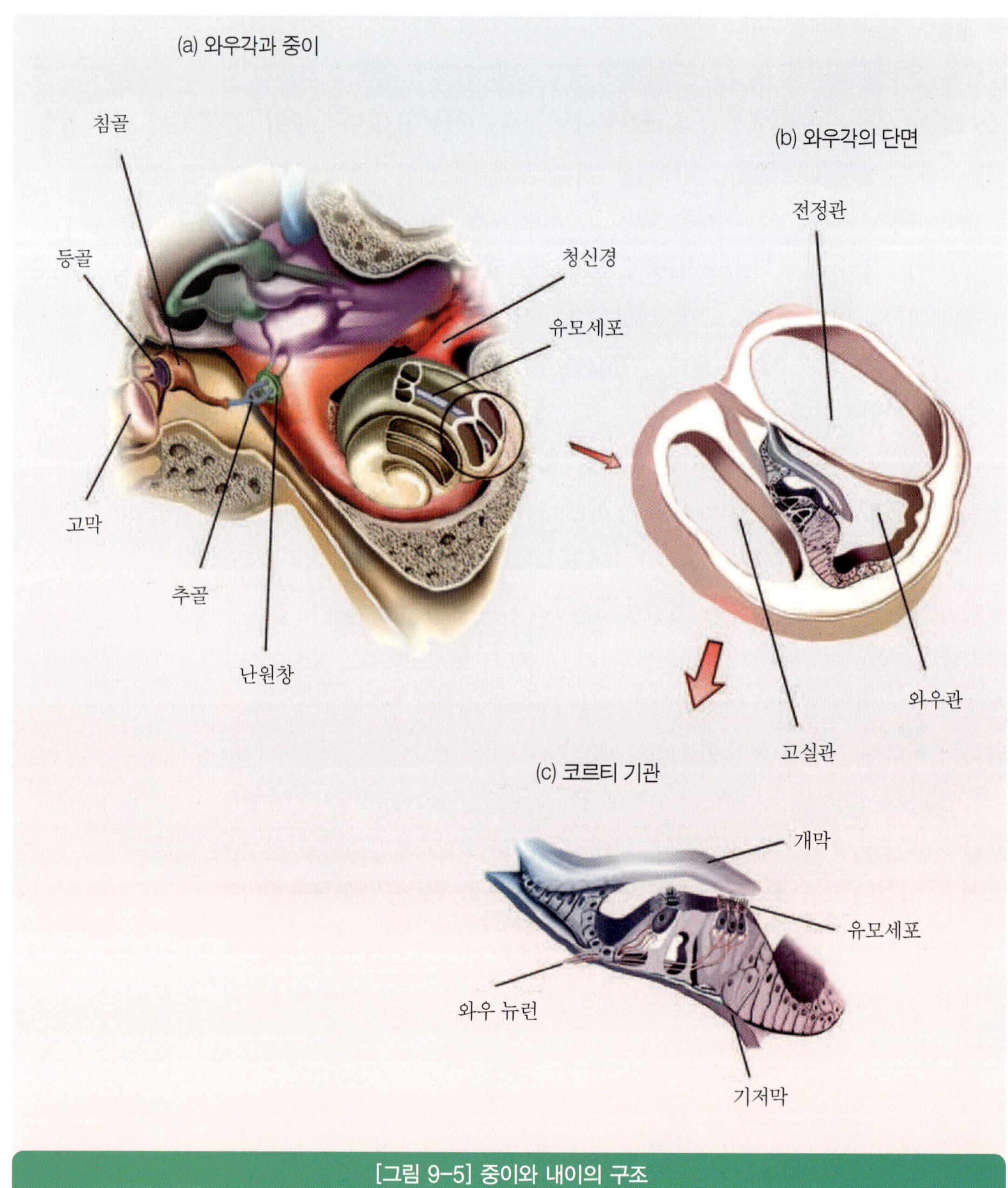

[그림 9-5] 중이와 내이의 구조

(a) 중이(고막과 이소골)와 내이(와우각), (b) 와우각의 단면, (c) 코르티 기관.

정관은 소리 에너지가 와우각으로 들어가는 지점에 위치한다. 전정관은 달팽이 구멍(helicotrema)이라 불리는 틈을 통해 와우각의 먼 끝 부분에 있는 고실관(tympanic canal)과 연결되어 있다. 이 달팽이 구멍은 압력파들이 와우각의 액체를 통과해서 고실관으로 보다 쉽게 퍼져 나아가게 해 준다.

? 청각 자극은 어떻게 신경 충동으로 변환되는가?

전정관과 고실관의 이러한 활동은 청각 수용기가 위치하고 있는 와우관(cochlear canal)을 온통 진동에 노출시키는 결과를 낳는다. 이 진동은 기저막(basilar membrane)에 얹혀 있는 소리 분석 구조물인 코르티 기관(Corti organ)으로 전달된다. 코르티 기관은 네 개 열을 이루는 유모세포(hair cell)라는 전문화된 세포, 이들의 지지 세포, 그리고 유모세포 위에 위치한 개막(tectorial membrane)으로 구성되어 있다([그림 9-5c]). 이들 구조물을 상상하기 위해서 하나의 긴 튜브를 내려다보고 있다고 가정해 보자. 4열의 유모세포들을 4열의 말뚝 울타리 또는 4열의 전신주들이라고 상상해 보자. 그리고 개막이 유모세포 위에 가로놓여 있고, 와우각의 길이를 따라 펼쳐져 있는 선반이라고 상상해 보자.

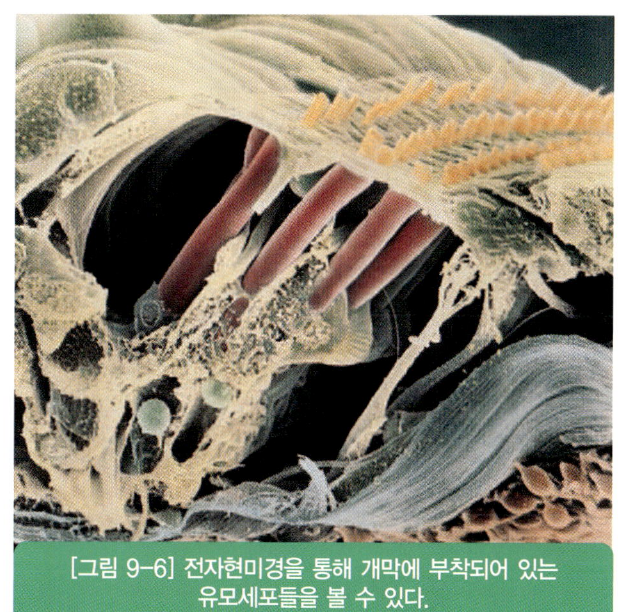

[그림 9-6] 전자현미경을 통해 개막에 부착되어 있는 유모세포들을 볼 수 있다.

(색깔은 인위적으로 넣은 것임)

출처: Dr. G. Oran Bredberg/SPI/Photo Researchers.

유모세포는 청각 자극에 반응하는 수용기다. 기저막과 와우각의 액체를 진동시키면 유모세포가 구부러지면서 칼륨 이온 통로가 개방된다(나트륨 통로의 개방이 아님에 주의할 것). 그 결과로 유모세포막이 감분극되고 유모세포에 연결되어 있는 청신경에서 신경 충동이 일어나게 된다. 이 유모세포가 반대 방향으로 움직이면 이완이 되며 칼륨 통로는 닫히게 된다. 유모세포는 매우 민감하다. 반응 산출을 위해 요구되는 움직임의 양은 에펠 탑이 10cm(강한 바람에 의해 이 탑이 흔들리는 거리 정도임)로 기울어지는 정도에 해당한다고 볼 수 있다(Hudspeth, 1989).

사람의 와우각은 세 개 열의 약 12,000개의 외부 유모세포와 한 개 열의 3,400개의 내부 유모세포를 지니고 있다([그림 9-6]). 수가 더 작은 내부 유모세포가 청각 뉴런들의 90~95%를 처리하며 청각 자극에 대한 정보의 대다수를 다룬다(Dallos & Cheatham, 1976). 돌연변이 유전자로 인해 내부 유모세포가 결여된 생쥐는 들을 수 없다(Deol et al., 1979). 외부 유모세포의 역할은 분명하지는 않지만 가능한 기능에 대하여 곧 생각해 볼 것이다.

청각피질

두 와우각에서 나온 뉴런은 청신경(제8번의 뇌신경)을 구성하며, 이 청신경은 뇌간으로 들어간다. 이 뉴런은 뇌간 핵들을 통해서 하소구(inferior colliculi)로, 시상의 내측 슬상핵(medial geniculate nucleus)으로, 그리고 마지막으로 각 측두엽 내의 청각피질(auditory cortex)로 이동한다([그림 9-7a]). 각 귀로부터 입력된 뉴런들은 양쪽 측두엽으로 전달되지만 동측의 연결보다는 대측의 연결이 더 많은 편이다. 이는 여러분의 우측에 있는 소리가 (배타적인 것은 아니지만) 주로 뇌의 좌반구에 등록된다는 것을 의미한다. 양반구의 기능적 차이에 관심이 있는 연구자들은 뇌의 한쪽을 자극해 보는 재미있는 전략을 사용해 왔다. 연구자들은

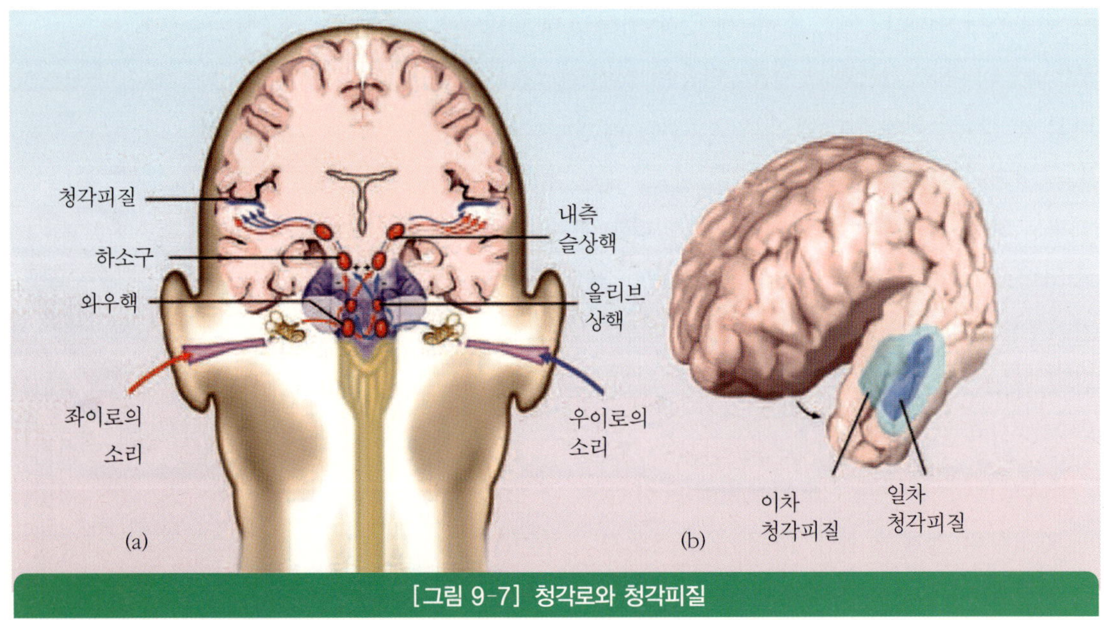

[그림 9-7] 청각로와 청각피질

(a)에서 각 귀로의 입력이 양반구의 청각피질로(주로, 대측 반구로) 이동하는 것을 볼 수 있다. (b)에서 안쪽 표면을 드러내기 위하여 측두엽이 바깥쪽으로 당겨져 있다.

한쪽 귀에는 헤드폰을 통해 청각 자극을 제시하고, 다른 쪽 귀에는 백색 소음(white noise-모든 주파수를 포함하며 라디오 잡음처럼 들림)을 제시한다. 이 기법은 대부분의 사람이 좌반구는 언어 영역이, 그리고 우반구는 멜로디 확인과 같은 다른 과제들이 우세하다는 것을 연구자들이 결정하는 데 도움이 되었다.

청각피질은 각 반구의 측두엽 상회(superior gyrus)에 위치해 있다. [그림 9-7b]에서 보는 것과 같이 일부분은 외측열(lateral fissure)의 안쪽에 숨겨져 있다. 이 영역은 지형학적으로 조직화되어(topographically organized) 있다. 이는 인근의 수용기 영역에서 나온 뉴런들이 청각피질 내의 인근 세포들 쪽으로 투사한다는 것을 의미한다. 제3장에서 체감각피질이 신체에 대한 지도를 포함하고 있다는 것을 살펴본 것과 같이, 이 경우에도 신경적 투사는 펼쳐진 기저막에 대한 일종의 지도를 형성해 준다(Merzenich et al., 1975). 우리는 다음 장에서 시각을 공부할 때 이런 조직화가 감각의 일반적 형태라는 것을 보게 될 것이다.

청각계의 작용에 대해서는 쉽게 끝마치기가 어렵다. 일차 청각피질 이외에도 부가적으로 처리해야 할 영역들이 있기 때문이다(어떤 포유동물은 이 영역들이 9개까지 있다). 이들 이차적인 영역들은 복합적인 소리를 처리하고 그 의미를 이해하는 일과 관련되어 있다. 예를 들어, 원숭이의 일차 청각 영역에 인접해 있는 몇몇의 세포들은 자기 종의 소리에 선택적으로 반응하고, 다른 몇몇의 세포들은 한 유형의 소리에만 반응을 보인다(Wollberg & Newman, 1972). 인간의 일차 청각피질은 그를 둘러싸고 있는 이차 영역을 가지고 있다([그림 9-7b]). 하지만 청각 정보는 또한 이들 영역 이외에 배측 흐름(dorsal stream)이나 복측 흐름(ventral stream)을 따라서 잘 이동해 간다(Alain et al., 2001; Rauschecker & Tian, 2000). 배측 흐름은 청각피질로부터 두정 영역을 통과해 흐르는데, 이 두정 영역에서 뇌는 소리 원천의 공간적 위치를 결정한다. 그런 후에 해당 정보는 전두엽으로 이동하는데, 여기에서 이 정보는 해당 소리의 원천 쪽으로 향하도록 눈의 움직임을 지시하고, 움직임에 대한 계획을 수립하는 데 사용할 수 있다. 복측 흐름은 개인이 소리를 서로 구분하고자 할 때 활성화된다. 원숭이의 청각계 가운데 소리에 전문화된 세포들은 바로 이 시스템의 일부에 해당한다. 이러한 전문적 속성 때문에, 복측 및 배측 흐름들은 청각의 '무엇(what)' 시스템과 '어디에(where)' 시스템이라는 별명이 붙었다. 이 두 신경로가 [그림 9-8]에 나와 있다. 다음 장에서 보겠지만 시각도 이와 유사하게 '무엇' 시스템과 '어디에' 시스템을 가지고 있다.

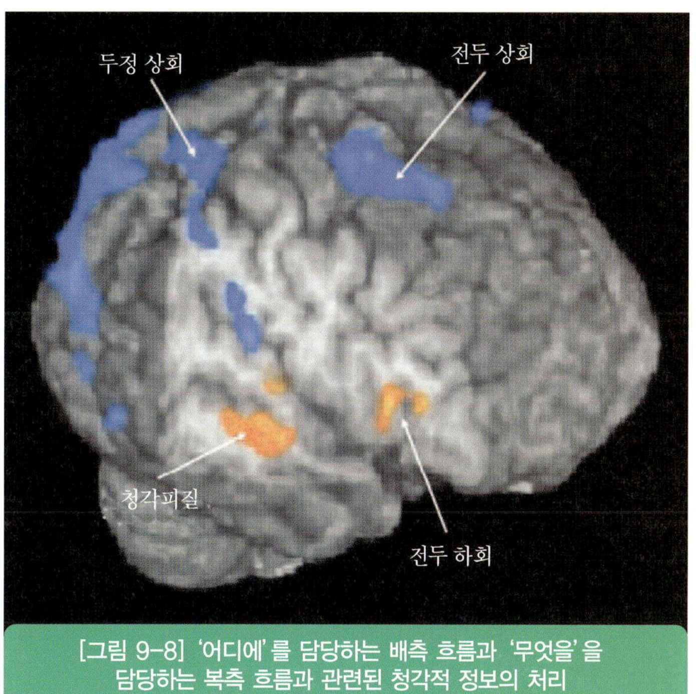

[그림 9-8] '어디에'를 담당하는 배측 흐름과 '무엇을'을 담당하는 복측 흐름과 관련된 청각적 정보의 처리

인간 피험자들이 소리의 위치를 결정할 때 활성화되는 영역들(청색). 두 개의 소리를 구별할 때 활성화되는 영역들(주황색). 화살표들은 청각피질로부터 전두 영역에 이르기까지 정보의 흐름을 나타낸다.

출처: Figure 2 of "'What' and 'Where' In the Human Auditory System," by C. Alain et al., 2001, *PNAS, 98*, p. 12304.

주파수 분석

발화와 음악처럼 중요한 소리들은 강도와 주파수에서 서로 많이 다르며, 이들 강도와 주파수를 빠르게 변화시킨다. 이들의 복합적인 양상을 분석하고 원래의 정보를 의미 있는 경험으로 전환하는 일은 와우각과 청각피질의 임무이기도 하다.

우리는 연구자들이 가장 큰 부분을 차지해 왔던 주파수 분석(frequency analysis)에 주의를 집중해 보고자 한다. 50여 년 전에 언스트 웨버(Ernst Wever, 1949)는 주파수 분석에 대하여 두 개의 주요 이론을 17개의 버전으로 기술하였다. 이는 사람들이 음고를 어떻게 경험하는지를 이해하는 일이 결코 쉽지 않다는 것을 시사해 준다. 이제 역사적으로 중시되어 왔던 몇 개의 버전에 대하여 논의를 해 볼 것이다. 두 개의 중요한 이론을 소개하는 것 이외에도, 청각 기제가 어떻게 작용하는지에 관하여 우리가 아는 바를 기술할 것이다. 그리고 최근에 얻은 증거와 더불어 이론이 어떻게 발달해 왔는지에 대한 생각을 여러분과 공유해 볼 것이다.

주파수 이론

주파수 이론과 장소 이론은 주파수 분석을 어떻게 설명하는가?

청각계가 주파수를 어떻게 분석하는지에 대하여 가장 명백하게 설명해 주는 이론이 주파수 이론(frequency theory)이다. 이 이론의 가정은 청각 기제가 실제의 소리 주파수를 청각피질까지 전달하여 여기에서 분석한다는 것이다. 윌리엄 루서퍼드(William Rutherford)는 1886년에 초기 버전을 내놓았다. 이 버전은 전화 이론(telephone theory)이라 불리었다. 이는 청신경에 있는 개별 뉴런들이 소리의 원천에서 나온 진동 비율과 동일한 주파수로 격발한다는 그의 믿음에 기인하였다. 반세기 후에나 전기적 기록으로 인해 이 이론에 대한 검증이 가능해졌다. 언스트 웨버와 찰즈 브레이(Ernst Wever & Charles Bray, 1930)는 과학 문헌에서 발견할 수 있는, 청각적 주파수 분석에 대한 가장 기발한 연구들 중의 하나를 수행하였다. 그들은 마취된 고양이의 청신경에 하나의 전극을 부착하고 난 후 다양한 소리로 이 고양이의 귀를 자극하는 동안에 이 신경으로부터 생성된 전기적 반응을 기록하였다. 그 당시 신경 활동의 기록에 사용된 이러한 단순한 장비로는 500Hz 이상의 주파수에 대한 반응이 불가능했으므로, 웨버와 브레이는 방음이 된 방에서 증폭된 신경 반응을 전화 수화기에 연결해서 그 산출량을 들어야만 했다. 호루라기 소리는 아주 잘 전달되었다. 어떤 사람이 고양이의 귀에 대고 말을 할 때는 그 발화(speech)를 이해할 수가 있었다. 심지어 이 연구자들은 누가 그 발화자였는지를 확인할 수도 있었다. 이 청신경은 '따라하고' 있었다. 즉, 이 신경은 청각 자극과 동일한 비율로 격발하고 있었다. 얼핏 보기에는 이 전화 이론이 옳은 것 같지만, 신경 기능에 대한 최근의 연구를 고려해 보면 그렇지 않다는 것을 알게 될 것이다.

웨버와 브레이는 단일 뉴런으로부터 기록을 한 것이 아니라 해당 청신경 주위에 놓인 갈고리 모양의 전극과 접촉하는 모든 뉴런에서 나온 반응을 기록하였다. 따라서 그들은 수백 개의 뉴런에 대한 결합된 활동성을 기록했던 것이다. 웨버는 차후에 그들의 발견을 연발 이론(volley theory)으로 설명했다. 이 이론은 여러 뉴런 집단이 더 높은 주파수에서는 하나의 소리에서 나온 주파수를 따르지만 단일 뉴런은 그렇지 못하다고 설명하고 있다(Wever, 1949). 한 집단의 뉴런은 서로 다른 뉴런이 교대로 격발하기 때문에 높은 주파수를 따라갈 수 있다. 연발(volleying)이라는 용어는 한 분대가 사격을 가한 후에 다른 분대가 사격을 가하고 다시 이 분대가 재장전을 하는 방식을 띠는, 말하자면 전장식 소총(muzzle-loading rifle)을 가진 병사들의 훈련에 비유할 수 있는 단어다. 연발의 원리가 [그림 9-9]에 예시되어 있다. 이 그림에서 각각의 뉴런들은 청각 신호(tone)의 음파에 맞추어 자신의 격발을 동시에 통합시킨다. 어떠한 단일 뉴런도 모든 음파를 불문하고 격발할 수는 없으나, 몇몇의 뉴런들은 각 음파마다 격발하는 경향이 있다. 이 이론에서 보듯이 많은 뉴런들로부터 들어온 정보를 조합해서 주파수를 결정하기 위해서는 뇌의 활동이 요구된다. 웨버와 브레이의 연구에서 보듯이 청신경이 연발하더라도 5,200Hz 이상의 소리 주파수를 따라잡기는 어려웠다(Rose et al., 1967). 따라서 연발 이론조차도 주파수의 추적(frequency following)은 우리가 듣는 주파수 범위의 1/4만을 설명할 수 있다고 할 수 있다.

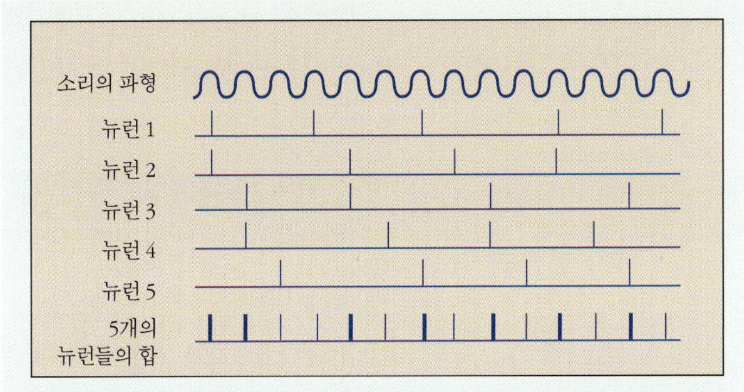

[그림 9-9] 연발하고 있는 뉴런들에 대한 예시

어떤 단일 뉴런도 해당 소리의 주파수를 따라갈 수 없으나 한 집단의 뉴런들은 이것이 가능하다.

장소 이론

19세기에 헬름홀츠(Herman von Helmholtz)는 기저막이 일련의 피아노 현들과 같다고 제안했다. 즉, 기저막이 막을 따라 내려가면서 거리가 증가할수록 점차로 더 느슨하게 뻗쳐 있다는 것이다. 이후 그는 어떻게 서로 다른 주파수를 구별하는가를 설명하기 위하여 공명(resonance)이라고 불리는 물리학적 원리를 언급했다. 공명이란 한 물체가 진동하는 또 하나의 물체와 동조하여 진동하는 현상을 말한다. 만일 여러분이 피아노 현 근처에서 진동하고 있는 소리굽쇠를 들고 있다면, 이 현이 가볍게 진동을 시작하는 것을 느끼게 될 것이다. 고주파의 소리굽쇠는 더 가늘고 팽팽하게 뻗어 있는 현이 다른 것들보다 더 많이 진동하게 한다. 반면에 저주파의 소리굽쇠는 더 두껍고 느슨한 현이 더 많이 진동하도록 한다. 헬름홀츠에 따르면, 기저막의 좁은 기저부 끝은 고주파의 소리에, 중간 부분은 중간 정도의 주파수의 소리에, 그리고 더 넓은 정점 부분은 저주파의 소리에 맞추어 더 많이 공명한다. 헬름홀츠의 제안은 어떤 소리가 갖는 주파수를 확인하는 것이 기저막에서 최대로 진동하는 위치에 달려 있다는 장소 이론(place theory)의 한 유형이다. 1.5세기 동안에 다양한 버전의 장소 이론은 주파수 분석에 대하여 가장 영향력 있는 설명을 제공해 왔다. 장소 이론은 누구나 받아들이는 지속적인 유일의 이론으로서 본보기가 된다.

한 세기가 지난 후에 부다페스트의 정보통신 기술자인 게오르크 폰 베케시(Georg von Békésy)는 자신에게 1961년의 노벨 생리학상을 수상하게 만든 일련의 획기적인 실험을 시작하였다. 베케시는 와우각에 대한 기계적인 모델을 구축하고서 사망한 사람이나 코끼리와 같은 피험 동물의 와우각을 가지고 기저막의 반응을 관찰하였다. 그는 진동용 피스톤으로 이 와우각을 자극해 보았다. 그는 현미경을 사용하여 진동이 기저막의 서로 다른 위치 속에서 최고조가 되었다는 것을 관찰할 수 있었다. 파도 모양의 봉우리는 주파수가 높을 때 기저부 근처에서 맴돌았고 (실험자가) 주파수를 낮추면 정점을 향해 옮겨가는 것이 관찰되었다 (Békésy, 1951). 하지만 기저막이 일련의 피아노 현과 같다는 헬름홀츠의 제안은 옳지 않았다. 베케시(1956)는 기저막의 주파수 선택성이 탄력성의 차이에서 기인한다는 것을 밝혀냈기 때문이다—등골 근처의 막은 정점 끝보다 100배나 더 뻣뻣하다.

[그림 9-10]은 주파수에 대한 민감성이 막의 길이를 따라 어떻게 분포하는지 보여 준다. 단일 청각 뉴런들로부터 나온 반응을 기록함으로써 주파수에 대한 장소 정보가 와우각으로부터 청각피질로 전달됨이 확인되었다. [그림 9-11]의 조율 곡선(tuning curve)을 통해 각 뉴런이 하나의 좁은 주파수 범위에서 가장 많

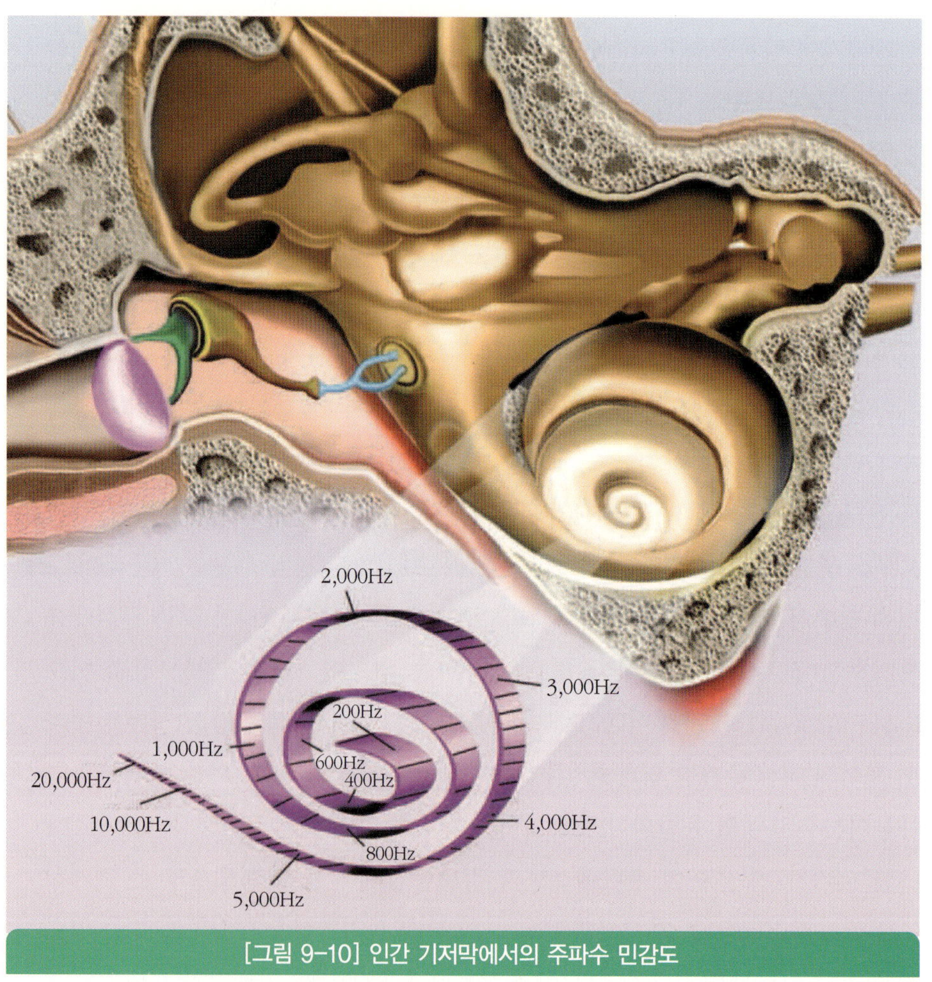

[그림 9-10] 인간 기저막에서의 주파수 민감도

기저막은 와우각의 기저부 끝에서 좁고 정점으로 갈수록 넓어진다(와우각의 형태와는 반대임).

이 반응한다는 것을 볼 수 있다(Palmer, 1987). 이는 해당 뉴런이 와우각에서 기원하기 때문에 그렇다. 청각피질이 지형학적으로 조직화되어 있기 때문에 이 피질은 연속적인 각 영역이 연속적으로 더 높은 주파수에 반응한다는 것을 의미하는 음위상 지도(tonotopic map)를 포함하고 있다([그림 9-12]; Scheich & Zuschratter, 1995).

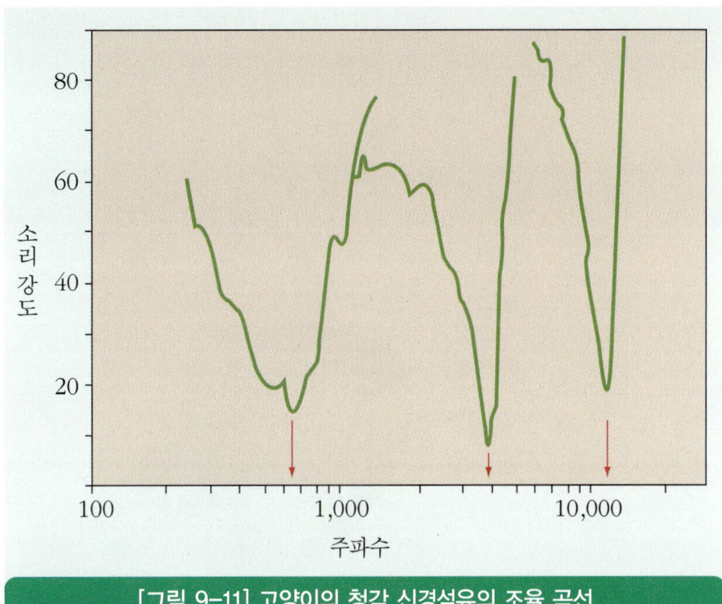

[그림 9-11] 고양이의 청각 신경섬유의 조율 곡선

곡선들은 고양이의 청각피질에 있는 세 개의 개별 뉴런에서 얻은 것이다. 한 곡선의 범위 내의 주파수들은 해당 뉴런을 활성화하지만, 하나의 반응을 산출하기 위해 요구되는 소리의 강도는 해당 뉴런에 의해 '선호되는' 주파수로부터 그 소리가 멀어짐에 따라 증가한다. 고주파수에서 조율은 훨씬 더 가파르다.

출처: Figure 11.31 from *Sensation and Perceptions* (5th ed.; p. 331) by E. Bruce Goldstein, 1999, Pacific Grove, CA: Brooks-Cole. © 1999. Reprinted by permission of Wadsworth, a division of Thomson Learning: www.thomsonrights.com. Fax 800-730-2215.

하나의 청각 신호(tone)가 기저막의 넓은 영역에 걸쳐 진동을 만들어 내기 때문에, 각 뉴런은 자신의 '주요' 주파수 영역을 중심으로 한 주파수 범위에만 반응한다. 그렇다면 이런 불완전한 변별을 하는 뉴런들이 2~3Hz의 민감성을 갖는 소리 주파수 정보를 어떻게 뇌에 알려 줄 수 있는가? 가장 가능성이 있는 설명은 뇌가 기저막상에 인접해 있는 장소들로부터 나온 뉴런들의 격발 비율을 비교해 본다는 것이다. 이와 같은 신경적 비교에 대한 예시들은 우리가 소리의 위치를 찾는 부분에 대한 논의와 함께 다음 장의 색채 수용기에 대한 논의에서 좀 더 구체적으로 다루게 될 것이다.

장소 분석(place analysis)은 우리가 골전도(bone conduction)를 통하여 어느 정도 분명하게 들을 수 있도록 해 준다. 골전도가 진행되는 동안에 진동들이 일어나고 이 진동은 난원창을 통해서라기보다는 다방면에서 나와 와우각으로 들어간다. 하지만 베케시(1951)가 밝혀낸 것에 의하면, 이러한 이동은 기저막의 음위상적 반응을 와해시키지 않는다. 그가 진동용 피스톤을 와우각의 기저부 주변에서 측면으로, 정점 부위로, 또는 다른 장소로 이동시킬 때, 진동의 최고점이 동일한 장소에 머물러 있었다는 것이 관찰되었다. 토머스 에디슨(Thomas Edison)은 거의 청력을 상실했지만, 그의 두 번째 유명한 발명품은 축음기였다. 그는 축음기에 있는 나무 상자의 가장자리를 이빨로 붙들고 골전도를 통하여 녹음된 소리를 들음으로써 자신의 상실된 청력을 보상하였다. 여전히 그의 자택과 실험실에 있는 박물관에서는 축음기들 중의 하나에 그의 이빨 자국이 있는 것을 볼 수 있을 것이다. [그림 9-13]은 또 다른 '물어서 듣기(bite-to-listen)' 장치를 보여 주고 있다. 〈응용〉은 의사들이 길(Gil)의 청력을 회복시키기 위해서 어떻게

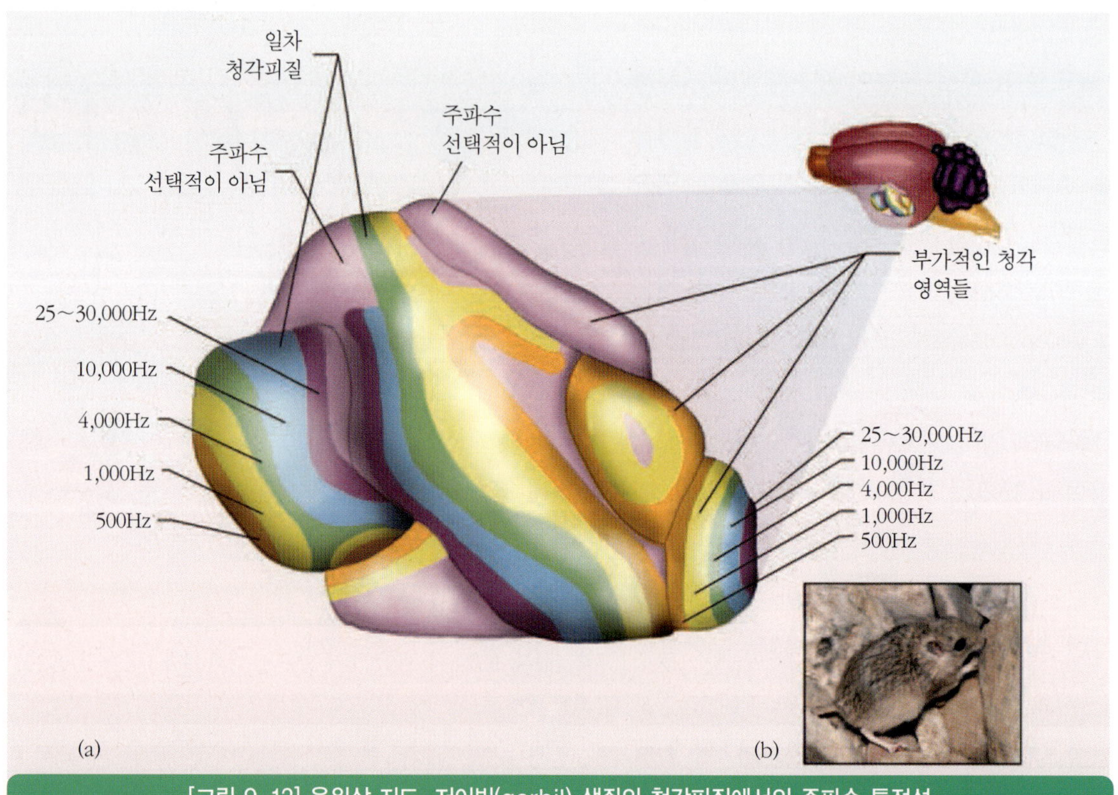

[그림 9-12] 음위상 지도. 저어빌(gerbil) 생쥐의 청각피질에서의 주파수 특정성

각 영역은 기저막에 대한 주파수 지도다. 그림에서 띠들의 중간점들을 표시하였다. 각 띠는 한 범위의 주파수를 포함하고 있다.

출처: (a) Adapted from "Mapping of Stimulus Features and Meaning in Gerbil Auditory Cortex With 2-Deoxyglucose and c-FOS Anitibodies" by Scheich & Zuschratter, *Behavioral Brain Research, 66*, pp. 195-205. © 1995, with permission from Elsevier Science. (b) Eric and David Hosking/CORBIS.

[그림 9-13] 골전도의 원리를 이용한 장난감 악기

이것은 막대사탕 손잡이 장난감 악기다. 여기에는 스피커나 귀에 꽂는 부분은 없지만 막대사탕을 입으로 물고 있으면 골전도와 장소 분석에 의해 음악을 들을 수 있다.

출처: Bob Garrett.

장소 분석을 활용했는지를 설명해 주고 있다.

낮은 주파수에서는 기저막 전체가 거의 같은 정도로 진동한다. 그래서 연구자들은 200Hz 이하의 주파수에 특정적인 뉴런을 발견할 수가 없었다(Kiang, 1965). 웨버(Wever, 1949)는 주파수-연발-장소 이론(frequency-volley-place theory)을 제안하였다—개별 뉴런들이 약 500Hz까지는 소리의 주파수를 따르고(해당 소리의 주파수만큼 같은 비율로 격발함), 500~5,000Hz에서는 주파수 원리가 연발 원리로 대치되며, 5,000Hz 이상에서는 장소 분석이 맡는다는 설명이다. 하지만 대부분의 연구자는 더 간단한 주파수-장소 이론에 동의한다—개별 뉴런의 주파수는 약 200Hz의 주파수까지만 설명이 가능하고, 그 이상의 모든 주파수는 활동성이 가장 큰 장소에서 표상된다는 것이다. 연발의 원리가 어떠한 역할을 하든지 상관없이, 장소 분석만으로는 청각적 주파수 분석을 적절하게 설명할 수는 없다.

다행히도 우리는 청각계가 강도 부호화를 다루는 현상을 훨씬 더 쉽게 관찰할 수 있다. 제2장에서 배운 것처럼 더 강한 자극은 뉴런을 더 높은 비율로 격발시킨다. 청각계는 서로 다른 강도를 갖는 소리를 구별하는 데에 이 책략을 필요로 한다. 하지만 이 책략은 격발률이 주파수를 부호화하는 수단인 낮은 주파수대에서는 불가능하다. 연구자들은 낮은 주파수대에서는 뇌가 다수의 뉴런에 의존한다고 믿고 있는데, 이 뉴런들은 자극의 강도가 증가하면서 점진적으로 보다 역치가 높은 뉴런을 활성화시킬 때 발화하게 된다.

? 청각계가 어떻게 복합음을 처리하는가?

복합음 분석하기

우리는 일상에서 순음을 들을 일이 별로 없다. 발화(speech), 음악, 소음과 같이 일상에서 중요한 소리는 대부분 여러 가지 주파수로 이루어져 있다. 하지만 우리의 청각계는 개별 주파수에 반응하도록 특화되어 있는 것처럼 보인다. 이 수수께끼에 대한 가설은 헬름홀츠가 장소 이론을 제안하기 이전에도 존재하였다. 40년 전에 프랑스의 수학자인 푸리에(Fourier)는 소리나 전기와 같은 복잡한 파형이 두 개 이상의 정현파(sine wave)로 이루어져 있다는 점을 증명하였다([그림 9-14]). 몇 년 뒤에 전기회로에서 옴의 법칙을 발견한 옴(G. S. Ohm)은 귀가 복잡한 소리에 대해서 푸리에 분석을 실행하고 각각의 주파수에 대한 정보를 피질로 보낸다고 제안하였다. 현재의 연구자들에 따르면, 기저막은 청각의 푸리에 분석기와 같이 작용하고 있는데, 이 막은 자신의 길이를 따라서 해당 소리의 구성 주파수들과 동시에 반응한다.

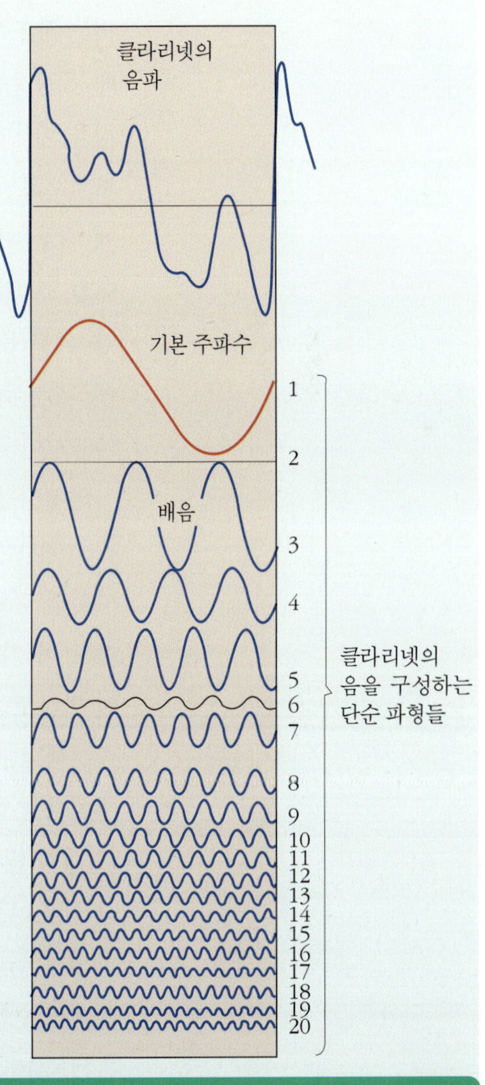

[그림 9-14] 클라리넷 음의 푸리에 분석

주요 요소는 상대적으로 고진폭과 저주파수의 정현파다. 다른 요소들은 저진폭의 점진적인 고주파들이다. 그림에서처럼 진폭이 다른 여러 정현파의 소리를 동시에 내고 오실로스코프로 소리의 파형을 보면 그림과 같은 파형이 나타나고, 결과적으로 클라리넷의 음과 같은 소리가 난다.

출처: P. Milner, "How Much Distraction Can You Hear?" *Stereo Review*, June 1977, pp. 64-68. © 1977. Reprinted by permission of Stereo Review.

실생활에서 우리는 순음을 거의 듣기 힘들며 복합음만을 듣지도 않는다. 파티에서 크게 흘러나오는 음악과 함께 우리는 주변을 둘러싸고 있는 사람들의 여러 대화를 동시에 듣는다. 와우각을 자극하는 수많은 복잡한 소리에도 불구하고 우리는 방 안의 다른 잡음으로부터 상대방의 소리를 구분할 수 있다. 우리는 사실 이보다 더 복잡한 것을 분리할 수 있다. 해당 음악을 충분히 즐길 수 있을 정도로 규칙적으로 다른 소리를 표집하면서 방 안 저편에서 이루어지는 대화 중에 나오는 우리의 이름을 들을 수도 있다. 이렇게 복잡한 배경 소리 중에서 의미 있는 청각 정보를 변별해 내는 현상을 칵테일 파티 효과(cocktail party effect)라고 한다.

칵테일 파티 효과는 주의(attention)에 대한 두 가지 측면의 예를 보여 준다. 우리는 강조가 필요한 경우에는 중요한 청각 정보를 선택해야 하고 뇌는 상관없는 배경 정보를 억눌러야 한다. 이것을 역순으로 생각하면 이러한 두 가지 처리 과정을 이해하는 것이 쉬워진다. 뇌는 감각 통로의 하위 수준인 와우각에 자극을 보냄으로써 부적절한 정보를 억제한다. 하행성 청각 뉴런을 전기 자극하면 소리에 대한 내부 유모세포의 반응이 감소한다(C. M. Brown & Nuttal, 1984; Xiao & Suga, 2002). 기이한 점은 이런 억제가 외부 유모세포에 의해 이루어진다는 것이다. 외부 유모세포가 전기 자극에 의해 감분극되면 이들의 길이가 줄어든다. 반면에, 과분극은 이들의 길이를 늘인다(Brownell, Bader, Bertrand, & de Ribaupierre, 1985). 이 효과는 무엇을 의미하는가?

외부 유모세포의 섬모는 개막에 박혀 있다. 브라우넬과 동료들(Brownell et al., 1985)은 외부 유모세포의 길이가 줄어들거나 늘어나는 것이 개막과 기저막 사이의 장력을 변화시켜서 코르티 기관의 경직성을 조절한다고 제안하였다. 아마도 이 기제는 특정한 소리에 주의를 기울일 때 주변 소리를 억제하여 국소적인 민감도 조절을 하는 것으로 생각된다(Xiao & Suga, 2002).

선택적 주의집중에는 주변 억제와 뇌로 전달되는 입력 중에 선택을 하는 두 가지의 조합 과정이 필요하다. 강조할 소리를 선택하는 것을 말하고자 할 때, 뇌가 청각 대상을 어떻게 구성하는지 생각해 보는 것은 도움이 된다. 청각 대상은 다른 소리들과 구별되는 정체를 가진 것으로 인식되는 소리다(이것은 소리의 근원 자체는 아닌데 일부 저자들은 이 두 가지를 혼동한다). 기저막을 따라서 소리의 근원에서 오는 진동은 다른 곳에서 오는 진동과 섞이기 때문에 근원의 소리를 구분해 내는 것은 쉽지 않은 과제다. 구분해 내는 방법은 수수께끼 같긴 하지만 우리는 정말로 청각 대상을 구분해 낸다. 다행히 다른 소리의 근원은 외부 환경의 다른 장소에서 나오므로, 소리의 위치를 파악하는 것은 여러 소리 대상을 구분하는 데 도움을 준다. 마지막 장에서 주의집중에 대해 다룰 때 선택적 주의집중이 실제로 감각피질의 한 부분의 활동을 증가시키고 다른 부분들의 활동은 감소시킨다는 사실을 보게 될 것이다.

양이 단서로 소리의 위치 찾기

소리의 위치를 찾는 가장 분명한 방법은 소리가 가장 크게 들리는 곳을 향해 머리를 돌리는 것이다. 그러나 방향을 찾기 전에 소리가 사라질 수 있으므로 이것은 별로 효과적이지 못하다. 머리를 돌리기에 시간이 너무 짧은 경우를 포함해 소리의 위치를 찾는 세 가지 효과적인 단서가 있다. 이 세 가지 단서는 양쪽 귀를 사용하는 것이다. 뇌는 두 귀로 들어오는 소리의 차이를 이용하여 소리의

응용 인공 청각을 위한 와우각의 이식

길 맥도걸드의 청력을 되살린 장치는 이른바 인공 와우각의 이식물이다. 청력을 손실한 사람들의 약 90%의 경우에서, 유모세포는 손상되었지만 청각 신경이 정상적인 경우에 이 방법은 효과적이다. 마이크로폰이 소리를 모으고 셔츠 주머니 크기의 발화 처리 장치로 정보를 보낸다. 다음으로, 귀 뒤의 송신기가 신호를 피부 아래에 이식된 수신기로 보낸다(그림 참조). 그곳에서 신호는 전선을 통해 와우각에 꿰어진 전극으로 보내진다. 현재 모델은 여러 채널을 이용하여 전극의 길이를 따라 다른 주파수를 다른 장소들로 보낸다. 다른 주파수에 의한 다른 뉴런의 활동은 정상인의 기저막과 유모세포의 활동을 모방한다. 다시 말하면 장소분석 이론의 원리에 의존한다.

인공 청각 이식물을 한 대부분의 사람은 80% 이상의 단어를 재인한다(National Institute of Health, 1995). 70% 이상의 재인율은 전화 통화를 하기에 충분하다. 대부분의 사람은 입술을 보고 말을 이해하는 데에 도움이 되고 사이렌과 자동차 경적과 같은 경고 신호를 들을 수 있게 된다. 이 이식물이 얼마나 잘 작동하는지는 그 사람이 얼마나 오래 귀가 멀었는지에 달려 있다. 이는 다른 감각 영역에서 발원하는 뉴런이 사용되지 않는 청각피질로 침범해 오기 때문이다. PET 스캔 영상에서 청각 장애자의 청각피질의 활동이 많다면, 시각이나 다른 감각이 청각피질을 이미 침범했기 때문에 와우각 이식을 해도 청력이 향상되지 않을 것이다(D. S. Lee et al., 2001). 성인의 경우 청각이 손실되기 전에 언어를 배웠는지가 관건이다. 어린이들은 이와는 달리 언어를 전에 배웠든지 그렇지 않았든지 간에 이 이식물을 사용할 수 있다(Francis, Koch, Wyatt, & Niparko, 1999).

와우각 이식물 이외의 다른 대체물들도 연구 중이다. 유모세포는 손상되면 다시 자라나지 않기 때문에 유전자 치료가 하나의 가능한 방법이다. 미시간 대학교의 연구자들은 유모세포가 손상된 기니피그에게 유모세포의 발달을 담당하는 ATOH1 유전자를 주입하였다. 이 치료는 새로운 세포가 자라게 하고 청력의 일부를 회복시켰다(Izumikawa et al., 2005). 두개 신경(cranial nerve)이 기능하지 않는 경우에 수술의들은 뇌간의 청각 통로에 8개까지의 전극을 이식하려고 노력한다(Kuchta, Otto, Shannon, Hiselberger, & Brackmann, 2004). 그러나 이 연구는 아직 걸음마 단계이며 해당 기법의 효용성은 아직 증명되지 않았다.

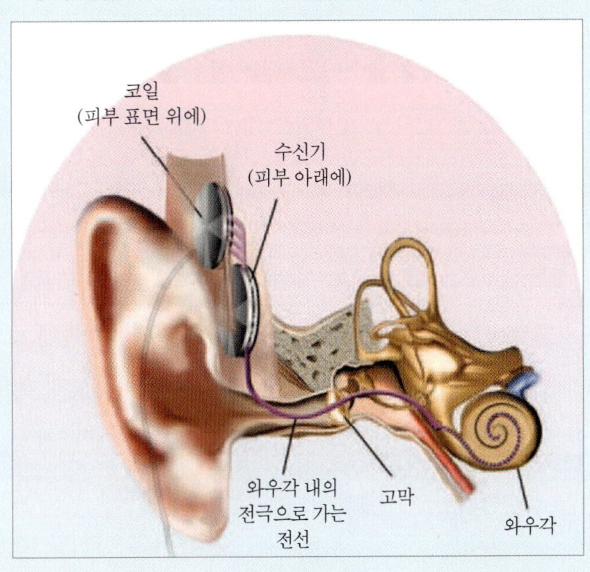

와우각 이식 장치

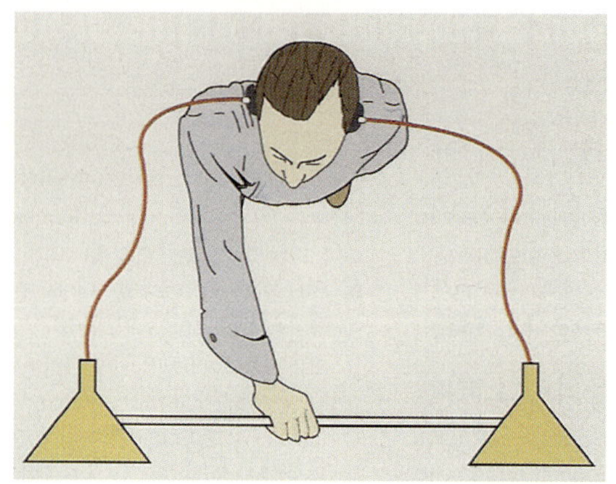

긴 막대기에 위치한 장치를 이용하여 그들은 두 귀 사이의 거리를 늘림으로써 양이 단서들의 효율성을 높였다.

[그림 9-15] 19세기 선원들이 사용한 소리 위치를 찾는 장치

위치를 결정한다. 이 단서는 소리가 양쪽 귀로부터 같은 거리를 둔 정중앙에서 오면 소용이 없지만 소리가 조금이라도 한쪽으로 치우치면 소리 자극은 두 귀 사이에서 다르게 들린다. 두 귀가 아주 근접해 있는 생쥐와 같은 동물은 두 귀에 도달하는 소리의 차이가 작기 때문에 소리의 위치를 정하는 데 어려움을 겪는다. 메뚜기나 귀뚜라미와 같이 머리가 작은 동물은 이것을 보상하기 위해 청각기관을 다리에 위치시켜 가능한 멀리 떨어지도록 한다. 19세기에 선원들은 안개 경보의 위치를 확인하기 위해 이 원리를 새롭게 응용하였다. 그들은 긴 막대기 양쪽 끝에 위치한 깔대기를 이용하여 소리를 들었다([그림 9-15]). 다음 단락에서 세 가지의 양이의 차, 즉 강도, 도달 시간과 위상에 관하여 기술해 볼 것이다.

양이 단서

? 뇌가 어떻게 소리의 위치를 결정하는가?

소리의 근원이 어느 한쪽에서만 나오면 머리는 소리 에너지의 일부를 차단한다. 이렇게 해서 산출되는 소리 그림자는 가까운 귀가 약간 더 큰 소리를 수신할 수 있도록 (소리의) 강도의 차이를 유발한다([그림 9-16]). 상올리브핵(superior olivary nucleus)의 일부 뉴런은 두 귀의 소리 강도의 차이에 반응한다. 저주파의 소리는 장애물 주변에서 굴절되기 때문에 이 단서는 소리가 2000~3000Hz 이상일 때 가장 잘 작동한다.

두 번째 소리 정위에 대한 양이 단서는 두 귀에 도달하는 소리의 시간적 차이다. 사람의 한쪽 귀에 도달하는 소리가 다른 쪽 귀로 추가로 더 진행해 도달하는 데 걸리는 시간은 약 0.5밀리세컨드(천분의 일초)다[([그림 9-16])—사람은 도달 시간에서의 차이를 작게는 10마이크로세컨드(백만분의 일초)까지도 감지할 수 있다(Hudspeth, 2000)]. 이는 우리가 머리의 거의 중앙에 도착하는 소리조차도 상당히 정확히 그 위치를 파악할 수 있다는 것을 의미한다. 물론 우리는 의식적으로 이런 좁은 간격을 구분해 낼 수는 없다. 이러한 정확성은 전문화된 회로에 의해

자동으로 처리되며 이에 대해서는 곧 다룰 것이다.

저주파에서는 신체의 한쪽 부분에서 나온 소리는 각각의 귀에 도달하는 소리의 파형과 위상이 다른데, 이를 위상차(phase difference)라고 한다([그림 9-17]). 결과적으로, 한쪽 고막이 눌려 있을 때 다른 쪽 고막은 당겨진다. 상올리브핵의 일부 청각 뉴런은 위상차에서만 반응한다. 1500Hz 이상의 주파수에서는 소리가 다른 귀에 도착할 때 새로운 파형을 만들어 내기 때문에 위상차는 단서로서는 쓸모가 없어진다.

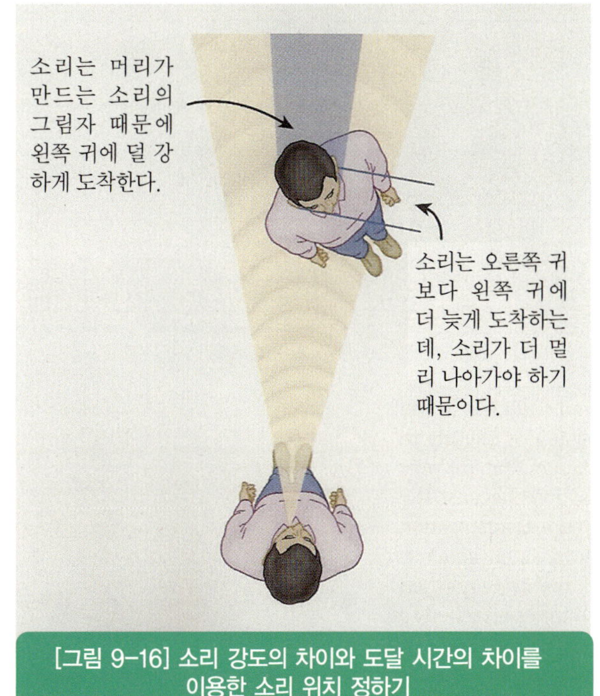

[그림 9-16] 소리 강도의 차이와 도달 시간의 차이를 이용한 소리 위치 정하기

소리는 강도가 줄어들고 멀리 있는 귀에 더 늦게 도달한다.

소리의 정위와 관련된 뇌회로

두 귀의 소리 정위에 관련되어 있는 뇌회로 중에서 도달 시간에 대한 회로는 가장 철저하게 연구되고 있는 분야다. 특히 외양간 올빼미의 뇌회로는 가장 잘 연구된 분야인데, 이 올빼미는 어둠 속 풀밭에서 바스락거리는 생쥐의 소리를 듣고 정확하게 위치를 파악할 수 있다. 이 회

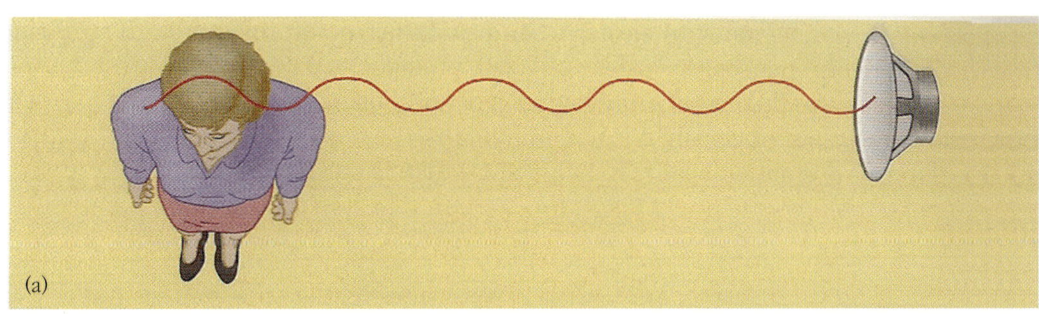

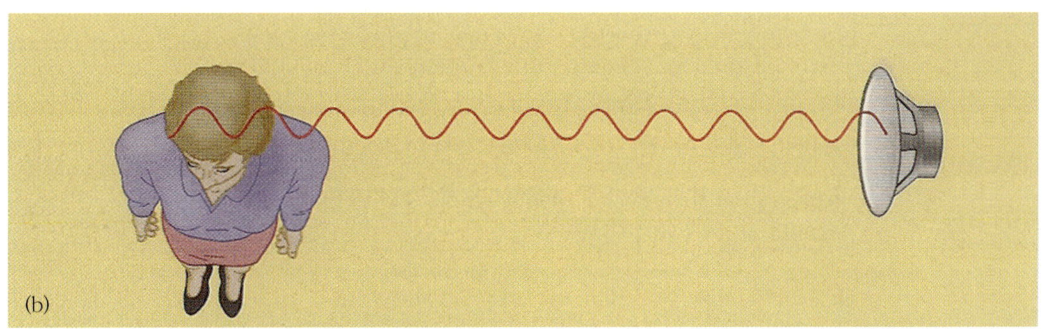

[그림 9-17] 위상차를 이용한 소리 정위

(a) 저주파에서 소리는 각각의 귀에 동일한 압력파의 다른 위상으로 도착한다. 두 귀를 다르게 자극하는 것으로 소리의 방향을 정위한다. (b) 고주파에서 소리는 두 번째 귀에 도착할 때 새로운 파형을 시작한다. 따라서 소리의 정위에 위상차는 쓸모가 없다.

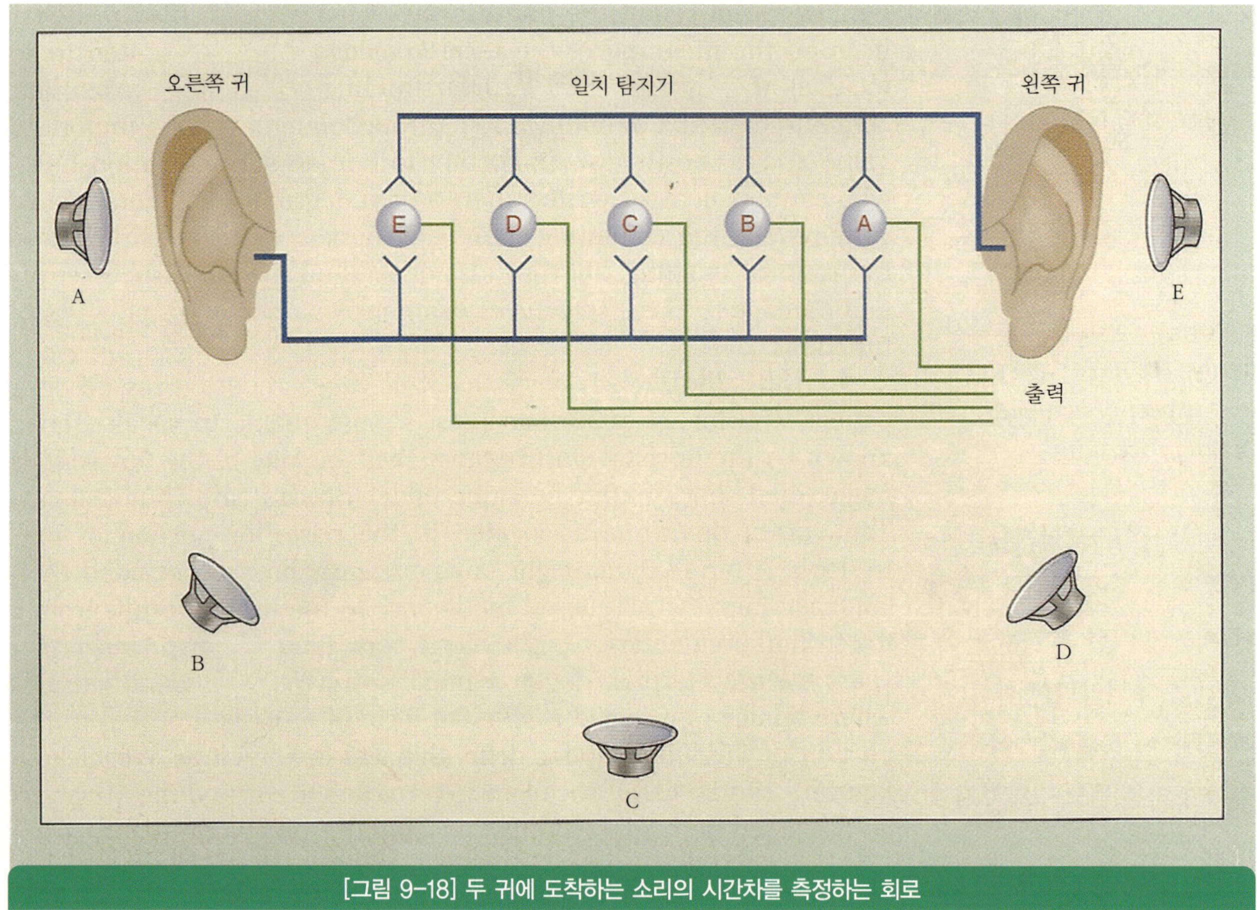

[그림 9-18] 두 귀에 도착하는 소리의 시간차를 측정하는 회로

회로는 더 멀리 있는 귀에 도달하는 소리의 전달 시간을 보상하기 위해 정렬되어 있다. 각각의 스피커에서 나오는 소리가 어떤 탐지기를 가장 많이 발화시키게 될지 알아보기 위해 회로를 따라 흐름을 그려 보자.

출처: Based on the results of Carr and Konishi (1990).

로는 포유류의 상올리브핵에 해당하는 조류의 구조물인 판상핵(nucleus laminaris)에 위치해 있다. 전기적 기록 연구를 통해 양쪽 귀로부터 동시에 입력을 받을 때 가장 많이 발화하는 뉴런으로 알려진 일치 탐지기(coincidence detectors)의 기능이 밝혀졌다(Carr & Konish, 1990). [그림 9-18]은 일치 탐지기 회로를 단순화시킨 모형이다. 그림의 왼쪽(스피커 A)으로부터 소리가 직접 출력되면 탐지기 A는 두 귀에서 동시에 자극을 받게 되고 다른 탐지기보다 더 높은 비율로 발화를 하게 될 것이다. 이는 오른쪽 귀에서 통로의 길이가 길어서 소리가 공기를 통해 왼쪽 귀에 도착하는 시간만큼 지연되기 때문이다. 마찬가지로 탐지기 B는 스피커 B에서 소리가 나올 때 가장 높게 발화하게 될 것이다. 소리의 근원이 두 귀에서 같은 거리에 있을 때 탐지기 C는 가장 활동적이다. 이런 원리로 소리가 관측자의 뒤, 위나 아래에서 나올 때 소리의 위치를 파악할 수 있게 되는 것이다. 초기에 언급한 것처럼 이 회로는 뇌가 여러 뉴런으로부터 나온 입력 신호들을 비교한다는 좋은 예를 보여 주고 있다.

이것이 청각에 대한 논의의 끝이라고 한다면 이 장을 매듭지어야 하겠지만, 분명히 그렇지는 않다. 사람의 경우 청각의 가장 정교한 처리 과정은 다음에서 언급하게 될 언어 영역이다.

개념 확인

- 귓바퀴에서 청각 뉴런으로 가는 청각 자극을 추적해 보자.
- 장소 이론을 참고하여 소리 주파수가 어떻게 암호화되는지 설명해 보자. 와우각이 어떻게 복합음을 처리하는가?
- 두 귀에 도달하는 소리의 도착 시간의 차이를 측정하는 회로를 설명해 보자.

언어

인간에게 청각의 가장 중요한 측면은 인간이 언어를 처리할 수 있다는 것이다.

- A. J. Hudspeth

인간의 행동에 있어 언어의 중요성을 의심하는 사람은 별로 없을 것이다. '언어' 라는 용어의 의미를 명확히 살펴보자. 그것은 발화(speech)에만 국한되지 않고 문자, 구어와 몸짓 등을 통한 소통의 발생과 이해 모두를 포함한다. 언어를 통한 소통은 생존에 중요할 뿐만 아니라 인간의 사회관계에 있어서도 헤아릴 수 없이 중요하다. 말할 수 없거나 쓸 수 없는 사람은 매우 고립될 수밖에 없다. 다른 사람의 소통을 이해할 수 없는 사람도 마찬가지다. 이런 능력은 학습을 필요로 하지만 뇌의 특정 구조물에 또한 의존하며 이런 구조물의 손상은 기능의 일부를 박탈하는 결과를 낳는다.

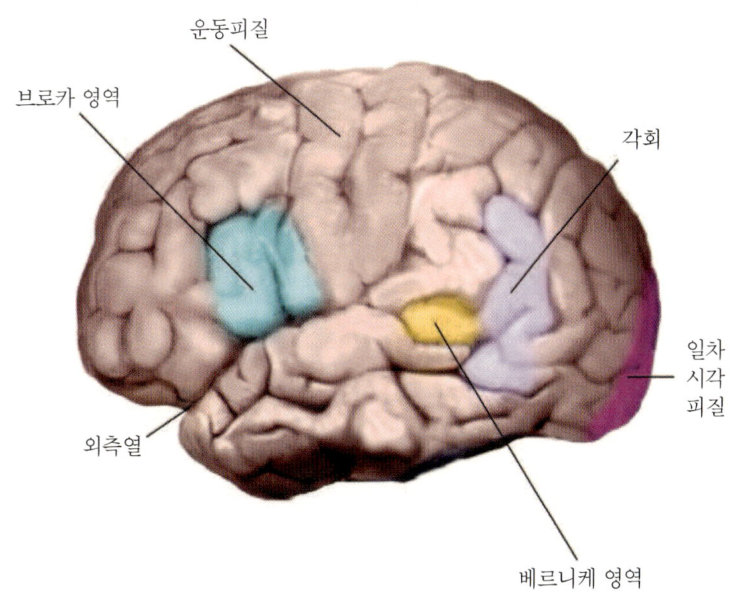

[그림 9-19] 언어에 관계된 피질 영역들

1861년 프랑스의 내과 의사인 폴 브로카(Paul Broca)는 21년 동안 거의 말을 할 수 없었던 환자를 관찰한 후 결과를 보고하였다. 그가 말할 수 있었던 몇 가지 소리 중의 하나가 '탠(Tan)' 이라는 이유로 병원 직원들은 그를 탠이라고 불렀는데, 이 사나이는 브로카의 진료를 받다가 얼마 되지 않아 사망하였다. 부검 결과에 따르면, 탠은 좌측 전두엽의 후측 부위에 뇌손상이 있음이 밝혀졌다. 8명의 다른 환자들을 연구한 후 브로카는 뇌손상으로 야기되는 언어 장애인 실어증(aphasia)이 현재 브로카 영역으로 알려져 있는 운동피질 전측의 전두 영역이 손상되었기 때문에 발생했다고 결론지었다. 9년 후에 독일의 의사인 카를 베르니케(Carl Wernicke)도 뇌손상에 의해 또 다른 형태의 실어증이 유발될 수 있는 두 번째의 뇌부위를 확인하였다. 이는 베르니케 영역으로 불리는데, 좌측 측두엽의 후측 부위다. [그림 9-19]에서 브로카와 베르니케 영역을 찾아보고 여기에서 다루고 있는 다른 구조물을 확인해 보자. 대부분 언어와 관계되는 뇌 구조물에 대한 이해는 뇌손상이 있는 개개인을 통한 연구에서 시작되었으므로 우리도 여기에서 살펴보고자 한다.

브로카 영역

브로카 실어증(Broca' s aphasia)은 브로카 영역과 그 주위의 피질 및 피질하 영역이 손상되어 일어난다. 증상은 뇌졸중(stroke)의 발화에 대한 연구에서 가장 잘 나타난다. 다음 인터뷰를 읽어 보면 왜 이 장애가 표현 실어증(expressive aphasia)이라고 불리는지 알게 될 것이다.

> 의사: 포드 씨, 왜 병원에 오셨죠?
>
> 포드: 팔 안 좋아. 말하기…… 말할 수 없어요……. 말해요. 봐요.
>
> 의사: 어떻게 말을 못하게 되셨죠?
>
> 포드: 머리, 이런, 떨어져, 나를, 안 좋아. 뇌…… 뇌…… 이런, 뇌졸중.
>
> 의사: 알겠습니다. 포드 씨, 병원에서 무엇을 하고 있는지 말씀해 주시겠습니까?
>
> 포드: 네, 물론. 저를 가요. 음, 아홉시, 말하기…… 두 번…… 읽고…… 쓰쓰으쓰고…… 연습하고…… 점점 나아지고……(H. Gardner, 1975, p. 61)

포드의 발화는 탠의 경우처럼 심하게 손상되지는 않았다. 그는 말을 할 수 있고 당신도 그의 말을 이해할 수 있지만 그는 브로카 영역의 손상과 연관되어 있는 고전적 증상을 보여 준다. 첫째, 그의 말은 유창하지 않다. 비록 그가 '네, 물론.' 과 같은 어구들을 쉽게 사용하지만, 그의 말은 단어 사이에 흐름이 많이 끊어진 상태다. 둘째, 그는 적절한 단어를 찾는 데 어려움을 겪는데, 이를 명칭 실어증(anomia)이라고 한다. 그는 발음을 정확히 하는 데 자주 어려움을 겪는다. 그는 'write' 라는 단어를 'rike' 라고 잘못 발음한다. 마지막으로, 그의 말은 문법에 맞지가 않다. 그의 말에는 내용 단어들(명사와 동사)은 있지만 문법이나 기능에 대한 단어들(관사, 형용사, 부사, 전치사 및 접속사)이 부족하다. 브로카 실어증에서 가장 반복하기 힘든 구절은 'No ifs, ands, or buts' 이다(Geschwind, 1972).

셀마(Thelma)도 비슷한 장애가 있었지만 저자는 그녀의 끊어진 말을 기꺼이 연결하고 이해가 불가능하면 웃으며 고개를 끄덕였고 그녀와의 대화를 즐기고자 하였다. 그녀는 한 번에 하나 또는 두 단어만을 사용할 수 있었다. 그녀는 그녀 부모님의 옛날 사진을 가리키며 "어머니…… 아버지"라고 말하였다. 좌절할 때마다 종종 "하나님의 거룩한 이름!"과 같은 말을 했던 탠과 같이 셀마도 종종 의미 있는 말을 불쑥 내뱉곤 했다. 그녀는 자기 자신을 효과적으로 표현하지 못하는 관계로 비서와 불화가 생긴 이후에 "그들은 원하는 말은 무엇이든 할 수 있어요. 나도 모두 이해하고 있지만 단지 말할 수 없을 뿐이에요."라고 말하기도 하였다. 브로카는 브로카 실어증이 단어들을 발성(vocalization)하는 운동 기능의 손상 때문에 발생한다고 믿었다. 그러나 포드는 해당 주의 요일과 알파벳 철자들을 말할 수 있었고, 'Home on the Range' 라는 노래도 부를 수 있었다. 셀마는 장애가 발생하기 전에 저녁식사 시간에 작곡한 노래를 사람들을 위해 부를 수 있었다. 따라서 발성에 장애가 생긴 것이 아니라 정보를 발화 형태로 해석하는 능력에 손상이 온 것이라고 볼 수 있다.

문제는 발화에만 그치지 않고 읽기와 쓰기에도 장애가 생긴다는 것이다. 문장의 의미가 문법 단어에 의존할 때는 이해에도 장애가 생긴다. 예를 들어, 환자는 "돌이 물에 뜨나요?"라는 질문에는 대답할 수 있지만, 내가 "호랑이가 사자를 죽였다."라고 말한 다음에 "어느 동물이 죽은 거죠?"라는 질문을 하면 그는 대답을 하지 못한다.

베르니케 영역

? 브로카 실어증과 베르니케 실어증의 차이는 무엇인가?

베르니케 실어증(Wernicke' s aphasia)은 구어와 문어를 이해하고 표현하는 데 어려움을 겪는 현상이다. 이것은 흔히 수용성 실어증(receptive aphasia)이라고 불리지만, 언어를 이해하는 데 있어서의 문제점이 그것을 표현하는 데에서도 나타나기 때문에 이는 잘못된 표현이다. 예를 들어, 이 환자는 발화는 유창하지만 의미 있는 내용이 없다. 엄마의 등 뒤에서 쿠키를 슬쩍하는 두 소년들에 대한 그림을 환자에게 묘사하도록 하면, 환자는 "엄마는 더 나은 삶을 위해 일을 하러 가서 여기에 없다. 하지만 다른 부분을 들여다보고 있는 두 소년들을 그녀가 보고 있을 때 그녀는 다른 시간에 일을 한다(Geschwind, 1979)."라고 말하였다. 이런 의미 없는 발화를 단어 샐러드(word salad)라고 한다.

베르니케 실어증 환자는 또렷하고 리듬 있게 말하기 때문에 보통 사람들에게 정상인 것처럼 들린다. 저자가 처음으로 베르니케 실어증 환자를 만난 것은 요양소에서 사회복지사로 일하고자 했을 때였다. 주민 중 한 명이 말하는 것을 이해하지 못했을 때 내가 정신이 없는 줄 알았다. 그러나 "다시 얘기해 주실래요?"라고 말하자, 그녀는 "그녀가 프림프람에 있어요."라고 대답을 하였고, 그제야 문제가 그녀에게 있다는 것을 깨달았다. 나는 즐겁게 대응하였고 그녀는 전형적인 단어 샐러드처럼 응답하였다. 오랜 대화를 나누었고 어떤 면에서는 셀마와 대화할 때처럼 즐거웠다. 차이점은 우리 중 누구도 서로의 대화를 이해하지 못했다는 점이지만 그것이 문제가 되지 않았다. 왜냐하면 그녀는 무언가가 잘못되었다는 것을 알아차리지 못하는 것처럼 보였기 때문이었다.

베르니케-게슈빈트 모델

? 베르니케-게슈빈트 모델이란 무엇인가?

베르니케가 제안하고 노르만 게슈빈트(Geschwind)가 이후에 정교화시킨 모델은 브로카 영역과 베르니케 영역이 언어를 생성하기 위해 어떻게 상호작용하는가를 설명해 준다(Geschwind, 1970, 1972, 1979). 이 모델은 [그림 9-20]과 다음의 예제에서 볼 수 있다. 구두 질문에 대답하는 것은 청각피질로부터 베르니케 영역으로, 그리고 브로카 영역으로 활동이 진행된다. 그런 후에 브로카 영역은 구두 발언을 계획하고 그 결과를 운동피질의 얼굴 영역에 보내어 발화가 일어나게 한다. 글을 쓰는 반응을 나타낼 경우에는 베르니케 영역은 시각적 형태를 유발하는 각회(angular gyrus)로 출력을 내보낸다. 사람이 소리내어 글을 읽을 때 시각 정보는 각회에서 청각 정보로 바뀌어 베르니케 영역으로 보내지고 반응이 형성되어 브로카 영역

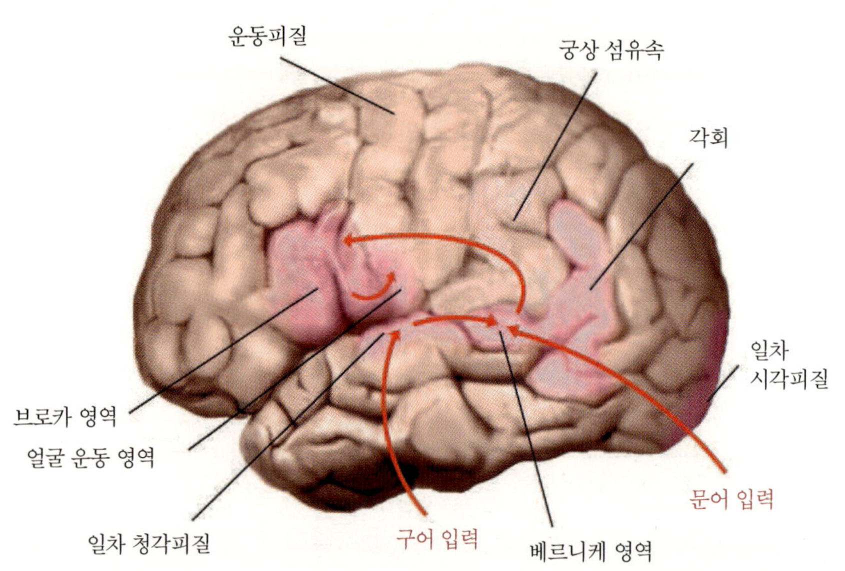

[그림 9-20] 베르니케-게슈빈트 언어 모델

구어 정보는 청각피질에 도착하고 해석을 위해 베르니케 영역에 도달한다. 문어 정보는 시각피질을 통해 여기에 도착한다. 구어 반응이 필요하면, 베르니케 영역은 반응의 조음을 위해서 브로카 영역으로 출력을 보내고 운동피질의 얼굴 영역이 발화를 산출한다.

출처: Adapted from "Specializations of the human brain," *Scientific American, 241* by N. Geschwind, 1979 (9), pp. 180-199.

으로 전달된다. 시각 정보가 청각 정보로 변환되어야 하는 것은 구어는 문어가 발명되기 훨씬 이전에 진화되었기 때문이며 베르니케 영역은 청각의 방식으로 작동하기 때문이라고 여겨진다.

이 시스템은 오랫동안 언어가 어떻게 작동하는지에 대한 기본 모델이 되어 왔다. 이는 상대적으로 간단해 보이고 여러 실어증을 설명할 수 있는 것처럼 보인다. 현대의 영상 기법을 통해 언어에 있어 브로카 영역과 베르니케 영역의 비중을 확인해 볼 수 있다. 한 연구에서 피험자가 글을 보고 구어 반응을 생성할 때 시각피질로부터 베르니케 영역으로, 그리고 브로카 영역으로 활동이 진전되는 것이 보고되었다(Dhond, Buckner, Dale, Marinkovic, & Halgren, 2001). 그러나 문제가 제기되었다. 하나는 언어의 기능이 브로카 영역과 베르니케 영역에만 국한되는 것이 아니라는 점이다. 기저핵, 시상 또는 피질하 백질이 손상될 때에도 실어증이 유발되기 때문이다(Hecaen & Angelerues, 1964; Mazzocchi & Vignolo, 1979; Naeser et al., 1982). 넓은 피질 영역들도 중요한 역할을 수행하는데, 이는 단지 정보의 저장소이기 때문일 것이다. 예를 들어, 명사를 사용할 때는(사물을 명명할 때는) 청각피질과 베르니케 영역의 바로 아래 부분이 활성화된다(Damasio, Grabowski, Tranel, Hichwa, & Damasio, 1996). 동사를 사용할 때는(그림에서 일어나는 것을 묘사할 때는) 운동피질로 출력을 보내는 좌측 운동전 영역이 손상되어 장애가 생긴다. 이 영역은 손을 사용하여 상상하거나 도구를 명명할 때도 활성화된다(Martin, Wiggs, Ungerleider, & Haxby, 1996). 분명히 도구의 이름을 학습할 때 이것은 행위를 일으키는 뇌구조물 근처에 저장이 된다고 할 수 있다.

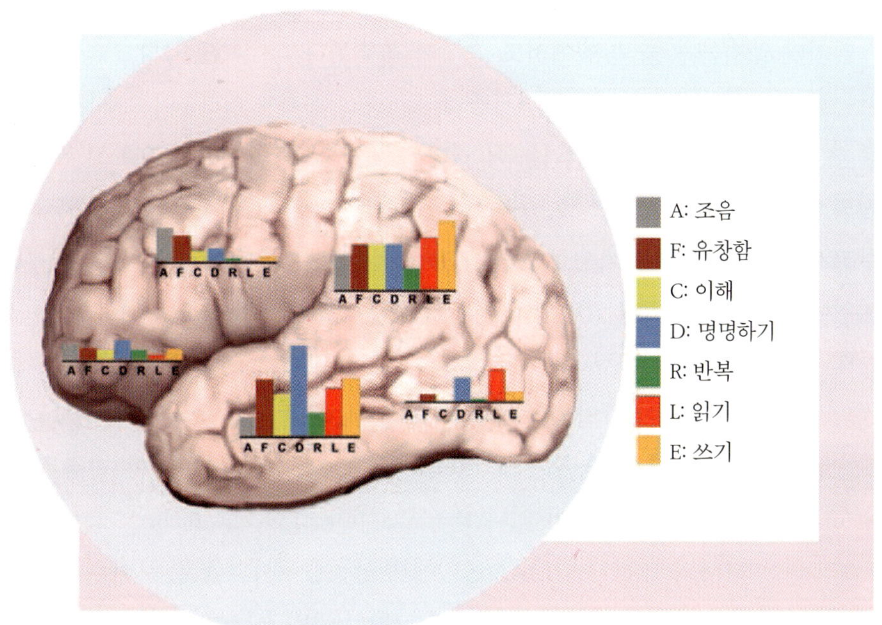

데이터는 언어 기능이 특정 영역들에 국한되지 않는다는 것을 분명히 보여 준다.

출처: Based on Hécaen and Angelergues (1964).

[그림 9-21] 각 엽의 손상에서 기인한 언어 장애의 빈도

전기 자극 연구(Mateer & Cameron, 1989; Ojemann, 1983)와 뇌손상 연구들(Hecaen & Angelergues, 1964) 또한 언어 기능의 다양한 요소가 네 개의 엽에 걸쳐 흩어져 있음을 보여 준다. 이것은 피질 영역이 전문화되어 있지 않다는 의미가 아니다. 특정 엽이 손상되면 다양한 증상이 나타나지만, 조음 오류(articulation error)는 전두엽의 손상에서 기인할 가능성이 훨씬 더 높은 것 같으며, 언어를 이해하는 문제는 측두엽의 손상에 기인하는 것으로 생각된다(Hecaen & Angelergues, 1964; Mazzocchi & Vignolo, 1979).

따라서 베르니케-게슈빈트의 개별 언어 영역들에 대한 견해는 너무 간단해 보인다. 하지만 이 이론은 여전히 언어를 이해하기 위한 좋은 출발점이 될 수 있다. 물론 한계도 있지만 이 이론은 연구자들이 언어에 대한 생각을 조직화하고 수많은 연구가 수행되는 데 도움을 주었다. 결국 이것은 우리가 세상을 과학적으로 이해하는 방식이기도 하다.

읽기, 쓰기 그리고 이들과 관련된 장애

? 난독증 환자들의 뇌에서는 무슨 문제가 발견되어 왔는가?

읽기와 쓰기도 실어증에 의해 영향을 받을 수 있지만 이들 기능은 다른 언어 능력과는 독립적으로 손상될 수 있다. 실독증(alexia)은 읽기 능력을 그리고 실서증(agraphia)은 쓰기 능력을 상실한 것을 말한다. 아마도 이들은 측두엽과 두정엽에 있는 청각 및 시각 연합 영역과 시각 투사 영역을 연결하는 각회(angular gyrus)의 신경로가 와해되었기 때문에 발생한 것으로 생각된다([그림 9-19]). [그림 9-22]에서 보이는 PET 영상은 읽기 과제를 수행하는 동안에 이 영역의 활동이 증가한다는 것을 보여 준다.

읽기와 쓰기는 학습 장애에서도 손상이 목격된다. 가장 흔한 학습 장애로는 난독증(dyslexia-읽기의 손상), 실서증(dysgraphia-쓰기에 어려움이 있음)과 계산불능증(dyscalculia, 계산이 어려움)이 있다. 난독증은 학습에서 중요하고 지금까지의 연구량도 많은 편이므로, 우리는 이 종류의 학습 장애에 주안점을 두고 다루고자 한다. 난독증은 뇌손상 때문에 발생할 수 있지만 더 흔하게는 이 장애의 기원이 발달과 관련되어 있다. 발달적 난독증은 부분적으로는 유전과 관련이 있는데 이 장애에 대한 추정 유전율은 0.40～0.60이다(Gayán & Olson, 2001). 몇 개의 유전자 위치들이 확인되었는데, 특별히 세 개의 유력한 유전자 후보들이 모습을 드러냈다. 이들 중 두 개인 ROB01과 DCDC2는 발달기의 신경 안내(neural guidance)와 관련되어 있다(Hannula-Juoppi et al., 2005; Meng et al., 2005). 다른 하나의 유전자는 KIAA0319인데 난독증에서의 역할은 아직 알려져 있지 않다(Cope et al., 2005). 난독증은 몇 가지의 원인을 갖는 복합적인 장애다.

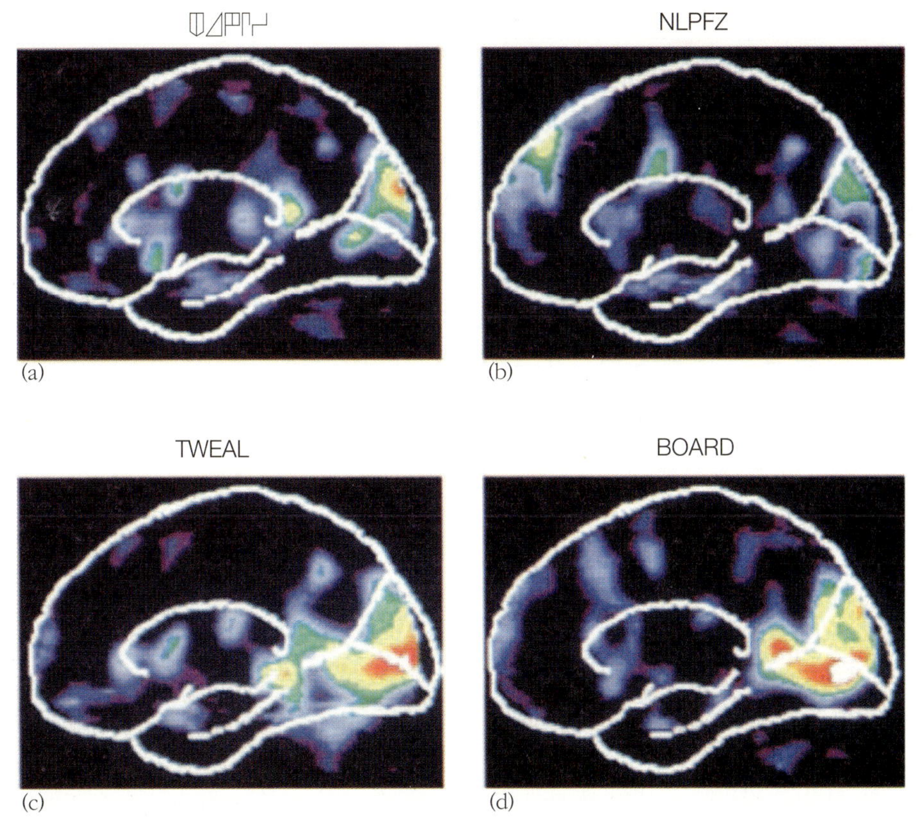

[그림 9-22] 읽기 동안에 기록한 PET 영상

철자를 닮은 형태들(a)과 일련의 자음들(b)을 볼 때는 일차 시각피질과 언어 영역들 사이의 영역이 활성화되지 않았다. 반면에 발음할 수 있는 비단어들(c)과 실제 단어들(d)을 읽을 때는 이 영역이 활성화되었다.

출처: Reprinted with permission from S. E. Petersen, P. T. Fox, A. Z. Snyderand M. E. Raichle, "Activation of Extrastriate and Frontal Cortical Areas By Visual Words and Word-Like Stimuli," Science, 249, pp. 1049-1044. © 1990 AAAS.

대부분의 사람은 베르니케 영역이 위치하고 있는 측두 편면(planum temporale)이 우반구에서보다 좌반구에서 일반적으로 더 크다. 그런데 난독증 환자들의 경우에는 이 영역의 크기가 좌우 반구가 동일하거나 우반구가 오히려 더 크다(Humphreys et al., 1990; Hynd & Semrud-Clikeman, 1989). 최소한 몇 명의 난독증 환자들의 뇌를 관찰한 결과, 좌측 측두 편면에 있는 많은 뉴런은 통상적으로 있어야 할 질서 있는 배열이 없었고, 이 뉴런들 중 일부는 가장 바깥층으로 이동한 것이 관찰되었다([그림 9-23]; Galaburda, 1993; Humphreys et al., 1990; Kemper, 1984). 이런 뉴런 배열에서의 결함은 태아기 알코올 증후군(fetal alcohol syndrome)의 영향을 받은 뇌에서 관찰되는 결함(제3장에서 살펴보았음)과 매우 유사하기 때문에 결론은 이런 발달적 오류가 배내기에 발생했다고 생각된다.

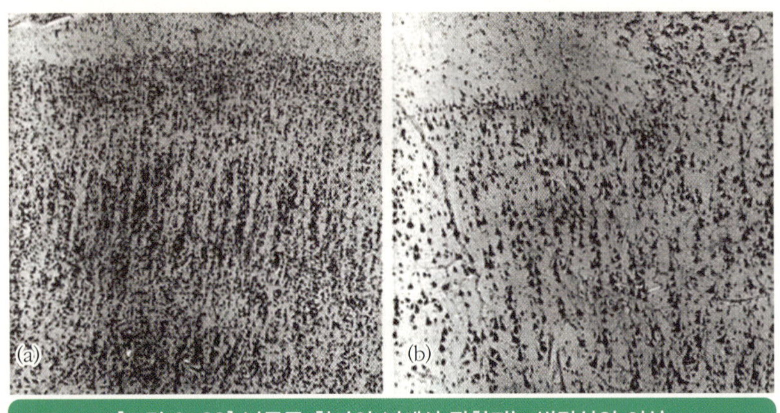

[그림 9-23] 난독증 환자의 뇌에서 관찰되는 발달상의 이상

(a) 정상인의 뇌에서 보이는 좌측 측두 편면 내의 세포들. (b) 난독증 환자의 뇌에서 세포들은 정상적으로 층들이 지지 않았으며 칼럼들로 정렬되지도 않았다. 일부 세포들은 표면층으로 이동을 했다(통상적으로는 그렇지 않음).

출처: Courtesy A. M. Galaburda, Harvard Medical School.

난독증의 가장 흔한 증상은 시각적 지각이 어렵다는 점이다. 해당 환자는 흔히 단어를 거꾸로 읽으며(예로, 'now'를 'won'으로 읽음), 거울상의 철자들을 혼동하며(예로, p와 q, b와 d), 인쇄된 단어에 (눈을) 고정시키기가 힘들다(단어들이 지면을 떠돌아다니는 것처럼 보임). 난독증 환자의 뇌는 (유발 전위로 측정할 때) (명암) 대비가 낮으며 빠르게 변화하는 시각 자극에 대한 반응이 느리다(Livingstone et al., 1991). 아마도 난독증 환자의 뇌는 눈이 뜻하지 않게 빠르게 움직이는 것을 탐지해서 교정하는 데 어려움이 있기 때문에, 단어들이 팔짝팔짝 뛰어다니고 철자들이 뒤바뀌는 것으로 생각된다. 이것은 독서 수행뿐만 아니라 읽기 학습에도 영향을 미친다. 많은 난독증 환자는 또한 철자 소리들을 구별하게 하는 주파수 및 증폭의 변화를 감지하는 데 어려움이 있다(Stein, 2001). 추정컨대, 이것은 읽기 학습을 할 때 성음(speech sounds)을 철자와 연합시키는 난독증 환자의 능력을 손상시키는 것 같다. 이것은 난독증 환자가 비단어를 읽을 때 속도가 느린 이유를 설명해 줄 수 있을 것 같다.

어떤 연구자들은 뇌에 있는 거대세포계(magnocellular systems)에 주의를 기울여 왔다. 다음 장에서 더 자세히 배우겠지만, 시각의 거대세포계는 시각적 대비와 빠른 운동을 담당하며 눈의 움직임을 탐지한다. 연구자들은 시상에 있는 시각적 거대 세포들이 사망한 난독증 환자들의 뇌에서 (그 크기가) 더 작다는 것을 발견하였다(Galaburda & Livingstone, 1993; Livingstone et al., 1991). 난독증에 관한 거대세포계 가설(magnocellular hypothesis)에 따르면, 청각 및 시각계에서 거대 세포가 결핍되어 있다는 사실만으로도 청각적 손상과 시각적 손상을 모두 설명할 수 있다(Stein, 2001).

대립되는 음운론(phonological theory)에 의하면, 근본적인 문제는 시각적 또는 청각적 처리에 달려 있는 것이 아니라 음소(phoneme) 처리의 손상과 관련되어 있다. 음소는 한 단어와 또 하나의 단어를 구별하게 하는 소리의 최소 단위다. 예를 들면, book, took 그리고 cook이라는 단어를 구별하게 하는 첫 음성 철자들(b, t 그리고 c)이다. 난독증을 가지고 있는 한 집단의 대학생을 대상으로 일련의 검사를 실시했을 때, 10명은 청각적 결함을 가지고 있었고 2명은 시각적인 거대세포계의 기능 결함을 가지고 있었다. 하지만 모든 16명의 학생들은 음운적 결함으로 고생하고 있다는 것이 관찰되었다(Ramus et al., 2003).

기능성 MRI 연구에 따르면, 단어들을 빠르고 자동적으로 재인하는 영역인 후두-측두 영역과는 달리 단어를 분석하는 기능을 맡고 있는 것으로 생각되는 후측 언어야(posterior language area)에 문제가 있다는 것을 시사해 준다(Shaywitz et al., 1998, 2003). 베르니케 영역과 각회의 활동성은 손상을 입지 않은 개인이 음운적인 요구가 증가하는 질문(예로, "T와 V는 운이 맞는가?" 대 "leat와 jete는 운이 맞는가?"와 같은 질문)을 읽을 때 점진적으로 증가하였다. 또 다른 연구에서는 음운적 결함이 있는 난독증 아이들이 다른 청각적 처리와 언어 처리 훈련[예로, 소리의 순서가 서로 다름을 변별하는 학습, 그리고 빠른 이행의 속도가 감소된 발화(speech)를 듣는 것]을 받고 있을 때 뇌 활동성이 수반된다는 것이 관찰되었다. 이 아이들은 약 45시간의 훈련 후에 정상적인 읽기 수준이 가능했을 뿐만 아니라 이전에 결함이 있었던 것으로 나타난 뇌 영역에서 활동성 또한 증가하였다([그림 9-24]; Temple et al., 2003).

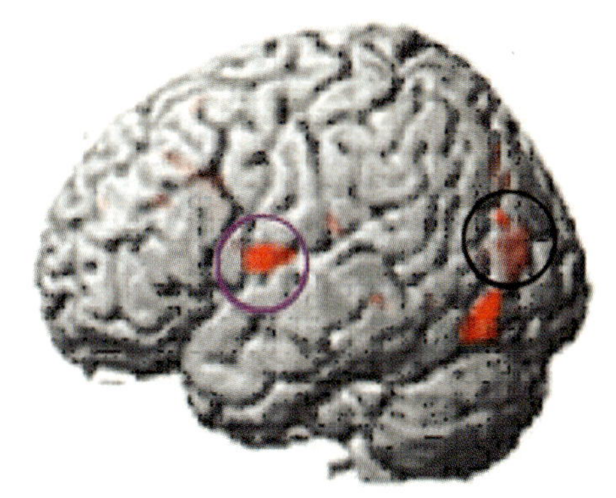

[그림 9-24] 난독증 어린이들의 뇌 활동성

음운 훈련 후에 난독증 어린이들의 뇌 활동성이 증가한 영역들이 나타나 있다. 원 안의 영역들은 활동성이 원래 통제 집단보다 낮은 곳이었다. 뇌를 스캔하는 동안 과제는 철자들의 쌍이 운이 맞는지를 결정하는 것이었다.

출처: E.Figure 1b (left) from "Neural Deficits in Children with Dyslexia Ameliorated by behavioral Remediation: Evidence From Functional MRI," by E. Temple et al., 2003, *PNAS, 100*, p. 2863.

실어증으로부터의 회복과 관련된 기제

보통 실어증을 수반한 후 1~2년 안에 어느 정도의 회복이 있을 수 있다. 이러한 경향은 베르니케 실어증의 경우보다는 브로카 실어증의 경우에서 더욱 그렇다(Martins & Ferro, 1992). 이렇듯 초기의 증상 호전은 어떤 신경학적 재조직화 때문이라기보다는 뇌손상에 흔하게 동반되는 부기가 감소하기 때문이다. 나머지의 회복이 어떻게 일어나는지는 잘 알려져 있지 않지만 이것은 뇌가 가소성을 가지고 있다는 사실에 대한 하나의 증거가 된다.

뇌손상이 생의 초기에 발생한다면, 좌반구가 손상되더라도 우반구가 언어 기능을 넘겨받을 수 있다. 어떤 두 살짜리 소녀는 좌반구에 뇌졸중을 갖게 되자 그녀의 언어 능력은 손상되었다. 하지만 그녀는 7세경에 정상적인 언어 능력을 발달시킬 수 있었다. 그 후 56세 때 그녀는 다시 우반구에 뇌졸중을 갖게 되었는데, 그 결과로 두 번째의 실어증에 시달리게 되었고, 이후 회복은 아주 미미한 수준에 그쳤다(Guerreiro et al., 1995). 이러한 우반구에 의한 언어 대체 기능은 선천적으로 좌반구의 언어 영역에 혈류 흐름이 미흡했던 5명의 피험자를 대상으로 수행한 fMRI 연구에 의해 확인되었다(Vikingstad et al., 2000). 라스무센과 밀너(Rasmussen & Milner, 1977)는 환자들을 대상으로 간질 발작을 유발했던 손상된 뇌 조직을 제거하기 전에 언어 통제의 위치를 규명하기 위하여 워다 기법(Wada technique)과 전기 자극법을 사용하였다[워다 기법은 각 경동맥 내에 (마취) 약물을 주입함으로써 한 번에 한쪽 반구를 마취시키는 방법이다. 이 약물이 언어에 우세한 반구에 주입될 때는 언어가 손상된다]. 5세 이전에 좌반구에 부상을 입은 개인은 우반구가 언어 통제 기능을 대체할 가능성이 더 커진다. 이는 우반구 보상 가설을 지지한다. 좌반구 손상이 인생 후반에 발생한 환자는 대체로 언어 통제 기능이 계속 좌반구에 위치하고 있다. 하지만 소수의 경우 언어 통제 기능이 두정엽의 경계 부위로 옮겨간다는 증거가 있다. 언어 기능이 좌반구에 넓게 흩어져 있기 때문에, 아마도 이런 보상 현상은 기능상의 영역을 새롭게 구축하는 것과 관련되어 있다기보다는 이미 존재하고 있는 해당 부위의 활동성을 향상시키는 것으로 생각된다.

우반구가 언어 기능을 담당할 수 있는 능력이 있다는 것은 우반구가 통상적으로 언어 처리와 관련하여 몇 가지 공헌을 한다는 사실에 부분적으로 근거하는 것 같다. 언어에 대한 가장 명백한 우반구의 역할은 운율(prosody)과 관련되어 있다—운율은 발화(speech)의 의미를 전달하기 위하여 억양, 강세 및 리듬을 사용하는 것을 말한다. 우리는 정서를 다루는 장에서 정서가 어조에 의해서 암시를 받을 때, 그리고 동일한 방식으로 정서가 실린 발화를 구사할 때, 우반구 손상을 입은 사람들이 정서를 이해하는 데에 어려움이 있다는 것을 살펴보았다. 한 fMRI 연구에서 개인은 단어의 억양으로부터 암시된 화난, 행복한, 슬픈 또는 중립적인 정서를 감지하게 될 때, 우반구의 활동성이 증가한 것으로 나타났다(Buchanan et al., 2000).

우반구는 또한 단어의 의미가 전반적인 담화를 통하여 추론되는 경우나 그 의미가 문자 그대로라기보다는 비유적인 의미를 담고 있는 경우, 해당 단어의 의미로는 전달되지 않는 함축적 언어 정보를 이해하는 데 특히 중요하다. 예를 들면, 어떤 비유를 이해할 때나 '팀은 깃털을 종이 누르개(paperweight)로 사용하였다.' 와 같은 진술이 그럴듯한지 결정할 때처럼(Bottini et al., 1994), 어떤 이야기에 대한 교훈을 해석할 때에도 우반구가 활성화된다(Nichelli et al., 1995). 흥미롭게도 이들처럼 모든 활동성과 관련된 우반구 영역은 보편적으로 좌반구의 언어 처리 능력과 관련하여 우리가 확인해 왔던 구조물과 흡사하다.

사람들은 본능적으로 말하려는 경향이 있다. 어린 아이들의 옹알이에서 보듯이…….

- Charles Darwin

언어 생성의 기제

다윈(Darwin)이 '우리는 본능적으로 말하려는 성향이 있다.' 고 제안했을 때, 이 의미는 유아는 언어에 참여할 준비가 아주 잘 되어 있고 최소한의 가르침으로도 그것을 배울 수 있다는 의미로 이해할 수 있다. 아이들은 6세 경에는 약 13,000개의 단어를 이해할 정도로 그리고 고등학교를 졸업할 때쯤에는 그들이 사용하는 어휘가 최소 60,000개에 이를 정도로 아주 민첩하게 언어를 배운다(Dronkers et al., 2000). 이는 깨어 있는 상태에서 아이들이 약 90분마다 새로운 단어 하나를 배운다는 의미이기도 하다. 청각 장애 부모를 둔 일반 아이들은 최소한의 학습 기회를 가지고 있음에도 불구하고 일반 부모를 둔 일반 아이들만큼 빨리 언어를 습득한다(Lenneberg, 1969). 사춘기 이전의 아이들은 특히 민감하게 언어를 잘 학습할 수 있을 뿐만 아니라 혼성어(creole language–두 가지 언어를 결합하여 해당 문화 간의 소통을 가능하게 함)를 발달시키는 데도 추진력이 있는 것으로 생각된다. 니카라과에서 수화를 가르치지 않는 농아 학교에 다니는 아이들은 독특한 몸짓과 문법을 갖는 그들 자신만의 수화를 고안해 냈다(Senghas et al., 2004).

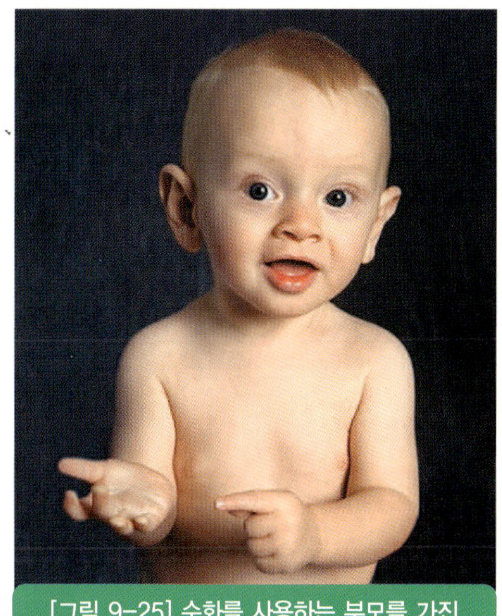

[그림 9-25] 수화를 사용하는 부모를 가진 유아들은 손으로 옹알이를 한다

다른 유아들의 의미 없는 손 움직임과는 달리, 그들의 옹알이는 자기 부모들의 수화와 유사하다. 옹알이를 하는 손의 움직임들은 상대적으로 느리며 해당 유아들의 몸 앞의 공간에 한정된다. 이들의 움직임은 어른의 수화 음절들의 율동적인 패턴에 해당한다.

출처: Petitto, Holowka, Sergio, & Ostry, 2001. Photo courtesy of Dr. Laura-Ann Petitto, University of Toronto.

놈 촘스키(Noam Chomsky, 1980)와 스티븐 핑커(Steven Pinker, 1994)는 학습뿐만 아니라 언어 통제를 전적으로 담당하는 언어 습득 장치(language acquisition device)가 뇌 속에 존재하기 때문에 아이들이 언어를 학습할 준비가 되어 있다고 주장했다. 모든 연구자가 동의하는 것은 아니지만, 대부분은 언어 습득이 매우 쉬운 데는 생물학적인 근거가 존재한다는 사실에 동의하고 있다. 여러 형태의 언어는 이러한 경향을 보여 준다. 예를 들면, 수화를 사용하는 부모들을 가진 일반 유아들과 들을 수 없는 유아들 모두 손을 움직여 옹알이를 한다([그림 9-25]). 들을 수 없는 유아의 옹알이는 일반 부모들의 아이들이 음성 언어를 배울 때와 동일한 단계를 거쳐, 그리고 거의 동일한 속도로 수화를 발달시킨다(Pettito et al., 2001; Pettito & Maretette, 1991). 이 연구자들에 따르면, 아이들이 언어 습득을 쉽게 하는 이유는 언어의 형태에 의존하는 민감성 때문이 아니라 율동적인 언어의 패턴에 대한 뇌의 민감성 때문이라는 것이다.

뇌의 선천적인 전문화

오른손잡이의 90% 이상은 언어의 우세성이 좌반구에 있다. 왼손잡이의 2/3 내지 3/4도 언어의 우세성이 좌반구에 있다. 나머지 사람들은 우반구 우세와 혼합형 간 동일한 비율로 나뉘어 있다(Knecht et al., 2000; Loring et al., 1990; Milner, 1974). 부검된 뇌를 살펴보면, 대부분 좌반구에서 (우반구에서보다) 브로카 영역이 더 크며(Falzi et al., 1982), 외측열과 측두 편면이 더 길다는 것을 알 수 있다

(Geschwind & Levitsky, 1968; Rubens, 1977; Wada et al., 1975; Yeni-Komshian & Benson, 1976). 이런 차이들은 (좌반구를) 더 많이 사용해서 생긴 결과가 아니다. 좌반구의 측두 편면은 임신 29주경에는 이미 (우측보다) 더 커져 있다(Wada et al., 1975; Wiltelson & Pallie, 1973). 생후 1주 정도가 되면 청각 신호음(tone)이나 소음에 대해 우반구가 더 활성화되는 반면에 구어적 자극(verbal stimuli)에 대해서는 좌반구에서 더 큰 유발 전위가 나타난다(Molfese et al., 1975).

다른 언어들의 위치

언어 습득 장치에 대한 부가적인 증거는 수화로 의사소통을 하는 개인을 대상으로 한 연구들에서 나왔다. 우반구보다는 좌반구가 손상될 때 수화 능력이 더 많이 악화된다(Hickock et al., 1996). 수화로 의사소통을 할 때 좌반구 영역들이 활성화되는데, 이들 영역은 전통적으로 청각 언어에 관여하는 것으로 알려진 영역들과 유사하다([그림 9-26]; Neville et al., 1998; Petitto et al., 2000). 이러한 현상은 청각 장애가 있는 수화자나 말을 구사하는 수화자 모두(이들 모두는 유아기부터 수화를 배웠음)에게서 볼 수 있다. 이러한 발견은 특히 청각 장애가 있는 개인의 입장에서 흥미로운 주제인데, 그 이유는 이러한 현상이 뇌가 청각적 언어에 의해 확립된 신경로를 단순하게 사용해서 생긴 결과가 아니기 때문이다. 베르니케 영역이 사실상 청각적이라는 것(문자 언어를 청각적인 형태로 전환하는 것을 요구함)도 전통적인 생각이었기 때문에 이 또한 흥미롭다. 후측 언어야(posterior language area)는 본질적으로 일부 이론가들이 생각해 왔던 것보다 더 다재다능하다든가, 아니면 유아기 동안에 이 영역이 시각적 언어를 다룰 수 있도록 재조직화의 과정을 거쳤을 수도 있다. 어느 쪽으로든 언어는 제한된 뇌 구조물의 하위 영역 속에서 전문화된 능력을 발휘하고 있는 것 같다.

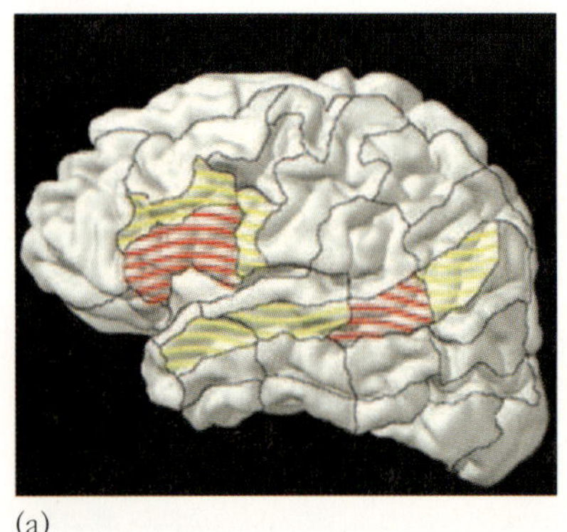

(a)

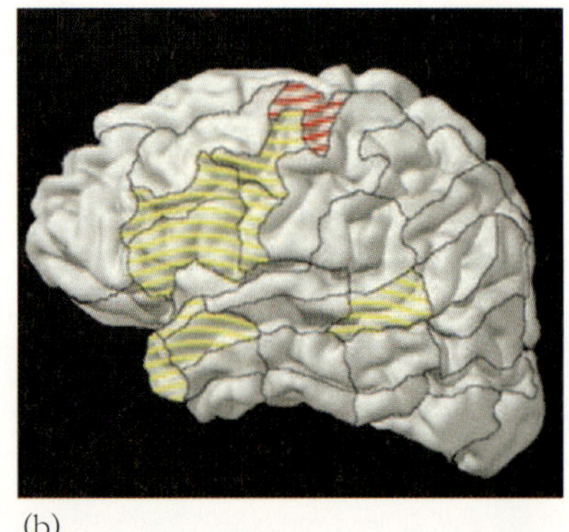

(b)

[그림 9-26] 들을 수 있는 개인과 들을 수 없는 개인의 언어 영역

(a) 들을 수 있는 피험자들이 필기된 영어를 읽는 동안의 fMRI 결과, (b) 출생 때부터 들을 수 없었던 피험자들이 수화 언어를 처리하는 동안 보여 주는 뇌 활동성.

출처: Reprinted with permission from H. J. Neville, et al., "Cerebral Organizations for Language in Deaf and Hearing Subjects: Biological Constraints and Effects of Experience," *Proceedings of the National Academy of Sciences, USA, 95*, pp. 922-929. © 1998 National Academy of Sciences, USA.

만일 뇌가 덜 유연한 아동기 이후에 제2의 언어를 배운다면 무슨 일이 발생할까? 이 새로운 과제를 다루기 위해 뇌는 다른 영역을 영입하는가? 두 개의 영상 연구에 따르면 어느 정도까지는 그렇다고 볼 수 있다. 첫 번째 연구에서 두 개의 언어를 구사할 줄 아는 개인은 각각의 언어를 사용하여 전날 발생한 사건들을 차분히 기술하였다. 이들 언어는 (중심이) 4.5~9mm 떨어져 있는(이 떨어진 거리는 개인 간에 차이가 있음) 독립적 전두엽의 영역을 활성화시켰다. 하지만 제2언어를 제1언어와 동시적으로 배운 피험자에게서는 동일한 효과가 관찰되지 않았다([그림 9-27]; Kim et al., 1997). 두 번째 연구에서도 피험자들은 각각의 언어로 단어를 듣거나 읽을 때 측두엽에서 유사한 결과가 산출되었다(Simos et al., 2001). 이러한 분리 현상은 너무 뚜렷해서 한 언어 능력이 손상되더라도 다른 한 언어 능력은 아무런 영향을 받지 않는다는 것을 보여 준다(Gomez-Tortosa et al., 1995; Schwartz, 1994). 레바논 출신이었던 한 동료는 내게 어머니에 대한 흥미로운 이야기를 들려주었다. 그녀는 미국에 살고 있다. 그녀는 원래 영어가 유창했는데 뇌졸중으로 영어로 말하는 능력이 손상되었으나 아랍어의 경우는 그 능력이 손상되지 않았다. 가까이 사는 그녀의 가족은 영어로만 말할 수 있어서, 그들이 그녀와 이야기할 필요가 있을 때는 다른 도시에 살고 있는 친척에게 전화를 해서 통역을 부탁해야만 했다. 이러한 관찰은 단일의 언어 습득 장치 가설과 일치하지 않는 것이 아니다—킴 및 동료들(Kim et al., 1997)의 연구와 사이모스 및 동료들(Simos et al., 2001)의 연구들도 모두 제2언어의 위치들이 각각 동일한 브로카 영역과 베르니케 영역 안에 자리 잡고 있다는 것을 보여 준다.

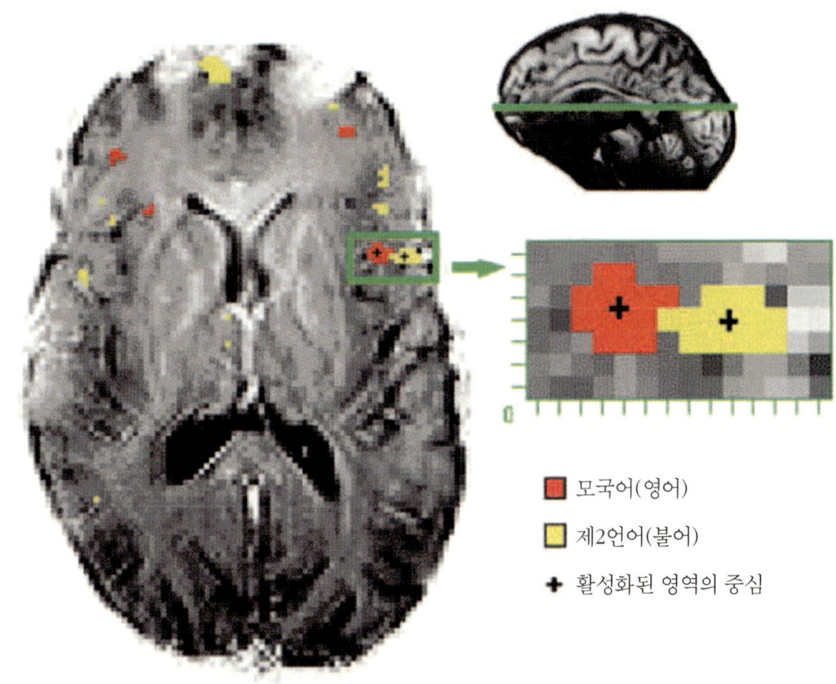

[그림 9-27] 두 개의 언어를 사용하는 개인에서 다른 언어에 의해 활성화되는 영역

왼쪽에 있는 fMRI 영상은 활성화된 뇌 영역들이 어디에 위치하는지 보여 준다. 오른쪽에 있는 뇌는 절편에서 나온 모습을 보여 준다. 오른쪽 가운데의 영상은 직사각형 내의 뇌 영역을 확대한 것이다. (뇌의 좌반구는 이 영상에서 우측에 위치한다.)

출처: Kim, Relkin, Lee & Hirsch, 1997. By permission of Nature, © 1997.

하지만 우리는 여전히 이 구조물들이 언어 기능을 담당하기 위하여 전문적으로 발달했다고 말할 수는 없다. 다음 절에서는 어떤 영장류들이 사람과 유사할 정도로 좌반구가 확장되어 있다는 것을 보겠지만, 그들이 언어를 소지하고 있다는 견해는 의심스럽다. 관련 자료들을 합리적으로 해석해 보면 이들 구조물이 빠르게 변화하는 정보를 다루고 세밀한 구별(정보의 다양한 형태 가운데에서 어느 언어가 요구되는가를 구별하는 것)을 하기 위해 발달 과정을 거쳐 왔다고 할 수 있다. 또 다른 견해는 언어 영역들이 주로 학습의 서로 다른 측면을 고려해 전문화되어 있다는 점이다—전두 영역은 문법의 규칙 및 동사의 시제와 동시에 발생하는 '절차적인(procedural)', 즉 방법적인 학습을 담당하고, 측두 영역은 '선언적인(declarative)', 즉 정보적인 학습뿐만 아니라 단어의 의미와 불규칙적인 단어의 형태에 대한 정보를 저장한다(Ullman, 2001). 언어는 이 구조물을 빌려 사용해 온 것이고 언어 습득을 위한 전담 장치에 대한 개념이 의미가 없을지라도, 인간의 뇌는 독특하게 언어를 학습할 뿐만 아니라 창출하는 데 매우 적합하게 발달되어 왔다. 우리는 이러한 언어적 능력에 대한 진화적 근원을 동물 언어의 맥락에서 탐색해 볼 것이다.

인간 이외의 동물들의 언어

연구자들은 도구의 사용, 도구 만들기 및 자기 재인(self recognition) 등을 포함하는 활동들이 인간의 유일한 영역이라는 대부분의 주장에 반대해 왔다. 인간만이 배타적으로 언어를 소유하고 있는지를 결정하는 것은 더 어려운 과제였다. 언어는 어떠한 화석도 남기지 않기 때문에 "언어에 대한 기원은 모든 손가락의 지문이 지워져 있는 일종의 수수께끼와 같다"(Terrence Deacon; Holden(2004a)에 의한 인용). 이처럼 증거가 없기 때문에 대안적으로는 인간 이외의 동물들의 행동과 뇌를 들여다볼 수밖에 없다.

동물을 대상으로 한 연구에서 부딪혀 온 주요 장애물은 언어의 의미를 결정하는 것이었다. 언어학자들은 먹이 또는 위험이 있음을 알리기 위해 동물들이 사용하는 발성(vocalization)이 신호(signal)에 불과하며 언어와는 거의 무관하다는 데 동의한다. 심지어는 걸음마 단계의 사람이 '우유!'라고 요구하는 것도 처음에는 배고픔을 나타내기 위한 학습된 신호에 불과한 것으로 생각되며 경고를 위한 원숭이의 부르짖음처럼 언어에 대한 이해도 없는 것으로 여긴다. 다음 논의에서 살펴보겠지만, 동물을 대상으로 한 언어 연구를 통해 얻은 몇 가지 결과는 해석하기가 어렵다.

? 언어 연구에서 침팬지는 어떤 기술 성취해 왔는가?

초기의 한 연구자는 집에서 기르는 침팬지 비키에게 말하는 것을 가르쳤는데, 6년 후에 비키는 단지 '엄마' '아빠'와 '컵'이라는 말만을 학습했다는 것을 발견하였다(Hayes & Hayes, 1953; Kellogg, 1968). 나중에 연구자들은 침팬지가 단어의 소리를 형성하는 데 필요한 후두가 없다고 결론지었으며, 침팬지들이 수많은 몸짓으로 의사소통하는 경향이 있음을 주지하고서는 미식 수화(American Sign Language)에 관심을 돌렸다. 4년에 걸쳐 학습을 수행한 침팬지 워슈는 132개의 수화를 사용할 수 있었다. 이 침팬지는 먹이를 요구할 수 있었고, 간지럼을 태울 수 있었으며, 게임도 할 수 있었다. 또한 누군가를 깨물었을 때 수화로 '미안해!' 라는 표현을 쓰곤 했다(Fouts et al., 1984). 하지만 비평가들은 어떤 침팬지도 문장을 형성하는 것을 배울 수 없다고 주장해 왔다. 그들은 'banana me eat banana' 와 같은 표현이 단지 단어의 연속적인 흐름에 불과하다고 결론지었다. 따라서 워슈가 앞에 있는 백조를 보고 '물새(water bird)' 라고 수화하는 것은 '물에서 서식하는 새' 를 창의적으로 묘사하는 것이 아니라 새와 물을 별개로 확인한다는 것이다(Terrace et al., 1979).

하지만 동물 언어 연구자들은 워슈와 세 마리의 개별적 훈련을 받은 침팬지들이 워슈의 양아들인 로울리스에게 47개의 수화를 가르치는 것을 보고서는 새로운 지지를 받았다. 침팬지들은 규칙적으로 수화를 사용하여 대화를 했고, 요구가 필요한 경우에는 포옹을 하거나 간지럼을 태우기도 하였으며, 미소를 수화로 표현하기도 하였다(Fouts et al., 1984). 마찬가지로 피그미 침팬지 무타타가 널빤지 위에 있는 부호들을 누름으로써 의사소통을 하도록 훈련받았을 때 아들인 칸지는 자발적으로 이 부호들을 사용하여 의사소통을 시작하였고 궁극적으로는 아무런 공식적 학습이 없이도 150개의 부호들을 배울 수 있었다([그림 9-28]; Savage-Rumbaugh, 1987; Savage-Rumbaugh et al., 1986). 칸지는 이 보드를 사용하여 특정의 먹이 항목을 요구하거나, 55에이커 크기의 연구용 보존지역 내의 특정 장소로 옮겨 가기도 하였고, 한 사람이 다른 한 사람을 따라가도록 요청하

(a)

(b)

[그림 9-28] 침팬지를 대상으로 한 언어 연구

(a) 한 연구자가 미식 수화를 사용해 침팬지와 대화를 한다. (b) 또 한 마리의 침팬지는 부호판을 통하여 의사소통을 한다.

출처: (a) Susan Kuklin/Photo Researchers, (b) Enrico Ferorelli.

기도 하였다. 그리고 칸지는 조련사가 지시한 유사한 요구들에 반응을 보였다. 그의 의사소통 기술은 두 살짜리 아이의 수준이라고 추정되었다(Savage-Rumbaugh et al., 1993). 아이린 페퍼버그(Irene Pepperberg, 1993)는 그녀의 회색 앵무새 알렉스를 통하여 개념 학습(concept learning)을 강조하였다. 발화(speech)를 사용하여 알렉스는 그의 조련사에게 얼마나 많은 항목을 그녀가 소지하고 있는가를 보여 주었고, 어떤 항목이 무슨 색깔인지, 또는 두 항목들이 모양이나 색깔에서 다른지 여부도 알려 줄 수 있었다. 그는 또한 '그 녹색 나무의 모양은 어떻지?'와 같은 복잡한 질문에도 응답할 수 있었다.

그렇다면 우리는 언어 능력을 동물과 공유할 수 있을까? 로울리, 칸지 및 알렉스와 같은 동물들의 행동은 인간의 독특성에 대한 우리의 가정을 다시 한 번 생각하게 만들지만, 지금까지 어떤 동물도 결정적인 언어 수행을 보여 주지는 못했다. 우리가 알고 있는 한 야생에서 생활하고 있는 어떤 동물도 진정한 의미의 언어다운 어떤 것도 발달시키지 못했다고 할 수 있다.

신경적 · 유전적 선행성

몇몇 연구자들은 다른 동물들도 인간의 언어와 연합되어 있는 뇌 조직의 일부를 함께 공유할 수 있는지의 여부를 밝히고자 하였다. 결과는 참 흥미롭다. 침팬지는 인간과 마찬가지로 우반구보다는 좌반구에서 외측열이 더 길고 측두 편면은 더 크다(Gannon et al., 4998; Yeni-Komshian, & Benson, 1976). 일본산 마카크 원숭이들은 녹음된 부르짖음이 헤드폰을 통해 왼쪽 귀로 전달될 때보다 오른쪽 귀로 전달될 때(곧, 이 소리가 주로 좌반구로 전달될 때) 자신의 종들이 부르는 소리에 가장 잘 반응하였다. 다른 원숭이 종의 (무의미한) 부르짖음에는 좌반구가 지니는 이점이 없다(Petersen et al., 1978). 돌고래와 럼보(Rumbaugh) 침팬지인 오스틴과 셔먼은 부호나 명령을 전달하는 몸짓이 좌반구 쪽에 제시될 때 더 빨리 반응하는 것으로 나타났다(Hopkins & Morris, 1993; Morrel-Samuels & Herman, 1993). 마지막으로, 좌뇌가 손상된 카나리아는 알아들을 수 없을 정도로 노래 능력이 와해되지만, 우뇌가 손상된 카나리아는 손상이 전혀 없는 카나리아만큼 노래를 잘 부른다(Nottebohm, 1977).

? 다른 동물들은 언어를 담당하는 우리의 뇌 구조물을 공유하는가?

그러나 다른 동물들이 유사한 뇌 구조물들을 가지고 있다고 해서 이들이 언어 생성을 위해 해당 구조물들을 사용한다는 것은 아니다. 이들의 기능에 대한 한 가지 생각은 초기의 언어가 손짓 또는 입술 다시기, 혀 다시기 및 이 맞부딪히기를 포함하는 몸짓이었다고 추정된다([그림 9-29]; Holden, 2004a; MacNeilage, 1998). 연구자들은 몸짓을 모방하는 능력이 사람의 언어 발달에 있어서 결정적이라고 믿는다. 실제 한 연구에 따르면, 아이들은 처음에는 소리가 아닌 입의 동작을 모방함으로써 발화를 배운다(Goodell & Studdert-Kennedy, 1993). 지금의 언어 이론가들은 거울 뉴런들(mirror neurons—우리가 특정 동작을 할 때나 타인의 동일한 동작을 관찰하고 있을 때 반응함)을 통해 언어에 대한 모방적 발달 기제를 확인할 수 있다고 생각한다.

[그림 9-29] 얼굴 및 손짓으로 의사소통을 하고 있는 침팬지들

출처: Nigel J. Dennis / Photo Researchers, Inc.

거울 뉴런들은 원숭이의 브로카 영역에 해당하는 뇌 영역에서 처음으로 발견되었다. 거울 뉴런들은 움직이는 동작을 수행하는 동안에 반응하며, 해당 원숭이가 다른 원숭이들의 동작들—손으로 무엇인가를 잡기 위한 움직임, 입술 다시기와 같은 의사소통적인 입의 제스처, 그리고 이전에 손의 움직임과 연합되어 왔던 소리(예, 땅콩 깨지는 소리)를 포함함—을 관찰하고 있는 동안에도 활성화된다(Ferrari et al., 2003; Kohler et al., 2002). 거울 뉴런들은 원숭이 뇌의 다른 장소들에서도 발견되었는데, 이는 인간의 뇌에서도 마찬가지다. 인간의 경우 이 뉴런들은 브로카 영역뿐만 아니라 베르니케 영역과 두정엽에서도 발견된다(Grézes et al., 2003; Holden, 2004a). 인간의 거울 뉴런들은 다른 사람의 움직임을 모방하는 동안에 훨씬 더 많이 활성화된다(Iacoboni et al., 1999). 이러한 관찰은 거울 뉴런들이 모방적 능력과 언어 발달에 아주 중요하다는 믿음을 강화시켜 주었다([그림 9-30]). 우리가 거울 뉴런들을 원숭이 및 침팬지와 공유한다고 하더라도 원숭이와 침팬지가 인간의 언어 능력을 공유할 수 있다는 의미는 아니다. 우리가 알고 있는 한 언어의 진화적 단서는 인간과 침팬지가 구분되는 종의 분리 이후에 언어 발달이 진행되어 왔다는 점이다(Holden, 2004a). 우리가 침팬지와 공유하는 언어 능력이 무엇이든지 간에 뇌는 확장을 통한 광범위한 정교화 작업을 필요로 한다. 이러한 정교화 작업에는 언어 영역을 포함하여 목 하부로의 후두의 이동(발성의 범위를 높여 줌)과 모방 능력의 발달이 포함된다. 인간이 아닌 영장류에서는 이와 같은 정교화 작업이 매우 미흡하다고 할 수 있다(Holden, 2004a).

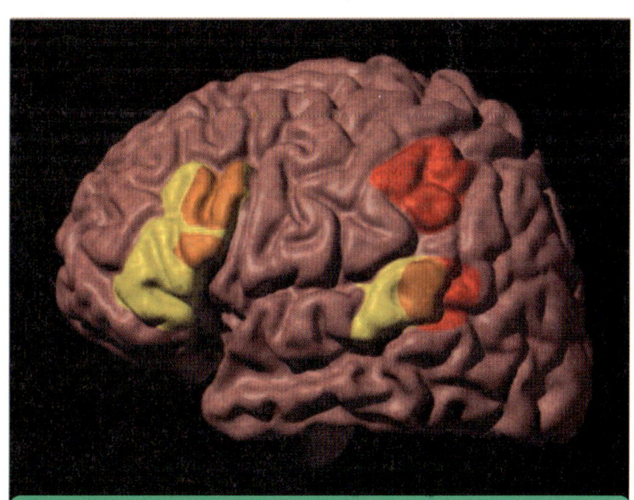

[그림 9-30] 언어 영역들과 모방과 관련된 영역들 간의 겹치는 부분

브로카 영역과 베르니케 영역은 인간의 뇌 모형에서 노란색으로 보인다. 겹치는 갈색 영역들은 타인의 동작을 모방하는 동안에 활성화된다. 적색 부분은 모방과 관련된 부가적인 영역들을 가리킨다.

출처: Image provided courtesy of Dr. Marco Iacoboni. From "The Origin of Speech," by C. Holden, 2004, Science, 303, p. 1318.

언어가 진화의 산물이라고 가정한다면, 여기에는

[그림 9-31] 언어는 유전적인가?

출처: Cartoonist: DuffV, Source: *The Des Moines Register*. Reprinted with Special Permission of the North America Syndicate.

유전자들이 관여한다는 의미다([그림 9-31]). 7번 염색체상의 FOXP2에 유전자 돌연변이가 일어나면 브로카 영역의 회백질이 감소한다. 그리고 발음(articulation)이 어렵게 되고, 기본적인 발화음을 확인하고 문법을 구사하는 데도 어려움이 생기며 문장을 이해하기도 어려워진다(Lai et al., 2001; Pinker, 2001; Vargha-Khadem et al., 2005). 이 유전자는 생쥐의 발성(vocalization) 활동과 연관되어 있고 새의 노래 학습 및 생성과도 연관되어 있다(Haesler et al., 2004; Shu et al., 2005). 우리는 이 유전자를 침팬지와 공유하고 있지만 이것은 두 개의 아미노산 배열에서 침팬지의 버전과 다르다. 추정해 보면, 이 유전자의 변형은 시간적으로 현대 인류의 출현 그리고 (몇몇 사람들이 믿는 것처럼) 언어의 발달에 의해 유인된 인구의 증가와 동시에 발생한 것으로 생각된다(Enard et al., 2002). 하지만 이런 변형 유전자 버전은 네안데르탈인의 뼈에 있는 DNA에서도 확인된 점을 근거로 할 때 언어 발달이 그 이전에 발생했다고 생각해 볼 수 있다(Krause et al., 2007). 연구자들은 이 유전자 변형이 인간의 발화(speech) 발달을 위한 분기점을 마련해 주었으리라고 짐작한다. 유전학자들이 사람과 동물의 유전체(genome)에 대한 정보를 상세히 알려 줌에 따라 인간의 언어 능력을 설명하기 위한 일환으로 다른 어떤 단서들이 출현할 것인가를 살펴보는 것은 흥미로운 일이 될 것이다.

✎ 개념 확인

- 어떤 측면에서 베르니케-게슈빈트 모델이 옳고 또 틀린가?
- 언어와 관련하여 좌 · 우반구의 기능적 차이점은 무엇인가? (이에 대한 대답의 일부를 위해서는 제8장을 보라.)
- 인간 언어의 가능한 기원을 찾기 위한 일환으로 동물 연구에서 어떤 단서들을 살펴볼 수 있는가?

전 망

이 장의 서두에서 여러분은 시각이 가장 중요한 감각이라고 말하고 싶어 했는지도 모른다. 아마도 지금 여러분은 헬렌 켈러가 자신이 듣지 못하는 것이 보지 못하는 것보다 더 큰 장애라고 생각했던 이유를 깨닫게 될 수도 있을 것이다. 청각은 우리로 하여금 위험에 대처할 수 있도록 해 주고, 우리에게 음악을 감상할 수 있도록 해 주며, 사람들을 서로 결속시키는 사회적 상호작용을 가능하게 해 준다.

청각은 언어의 혜택 여부와 상관없이 중요한 적응 기제들을 지니고 있다. 하지만 언어를 부여받은 인간으로서의 유리한 견해를 고려해 볼 때, 청각의 가장 중요한 역할이 언어를 처리하는 데 있다는 헛스페드(Hudspeth, 2000)의 주장은 쉽게 납득할 만하다. 말을 할 수 없는 사람은 분명 장애가 있다. 그런데 언어를 이해하지 못하고 표현할 수 없는 사람은 거의 속수무책이다. 놀랄 것도 없이 우리는 언어의 작용 기전을 이해하기 위하여 연구에 많은 노력을 기울이고 있다.

언어 연구가 추구해 왔던 가장 흥미로운 것 중 하나는 유인원과의 의사소통을 시도해 보는 것이었다. 유인원들이 언어 능력을 가지고 있는가의 여부는 우리가 언어를 어떻게 정의하느냐에 달려 있다. 우리 스스로 인간의 가장 특징적인 것이라고 생각하는 능력들(예: 언어와 의식)은 한편 정의 내리기가 가장 어렵다는 게 흥미롭기만 하다. 공교롭게도 유인원에 대해 연구하는 것은 우리 자신을 이해하는 데에도 도움이 된다.

요 약

감각은 특정한 종류의 자극에 전문화되어 있는 (감각) 수용기를 필요로 한다. 감각 이외에도 뇌는 지각이라고 불리는 더 심층적인 분석을 수행한다.

청각

- 청각 기제는 주로 공기를 통해 전달되는 진동에 반응하는데, 그 진동은 주파수와 강도에 있어서 다양하다.
- 소리는 외이와 내이에 의해 감지되고 증폭된 후 기저막의 유모세포들에 의해 신경 충동으로 변환된다. 그다음 이 신호는 뇌간과 시상을 경유하여 각 측두엽 내의 청각피질로 전달된다.
- 주파수 변별은 주로 기저막의 차별적 진동에 의존한다. 이로 인해 각 영역으로부터 입력된 뉴런들은 고유의 주파수 정보를 뇌로 운반하게 된다. 저주파수에서 뉴런은 소리 주파수와 동일한 비율로 격발한다—한편, 연구로 확인된 것은 아니지만 중간 주파수는 연발의 원리로 격발하는 뉴

런들에 의해 만들어지는 것으로 여겨진다.

- 와우각이 순음에 반응하도록 전문화되어 있음에도 불구하고, 기저막은 명백히 복합음들에 대하여 퓨리에 분석을 수행하여 해당 소리를 구성 주파수들로 세분화 할 수 있다.
- 서로 다른 소리들을 구분해야 할 때, 뇌는 유모세포들의 민감성을 조절해 다른 소리들을 희생하는 대신 하나의 소리만을 선택해 집중하도록 하는 역할을 수행한다. 선택적 주의 집중은 또한 피질 부위에서 차별적 활동이 나타나도록 한다.
- 소리의 위치를 파악하는 것은 우리가 소리의 원천에 접근하거나 이를 회피할 수 있도록 해 주며, 다른 소리들이 함께 공존하고 있음에도 불구하고 해당 소리에 주의 집중할 수 있도록 도와준다.
- 뇌는 양이의 강도, 도달 시간 그리고 위상 차이들에 대한 단서들을 탐지하는 데 필요한 전문적 신경회로를 가지고 있다.

언어

- 연구자들은 뇌에서 두 개의 주요 언어 영역을 확인하였다. 브로카 영역은 발화 생성 및 문법적인 기능을 담당하고 베르니케 영역은 이해와 관련이 있는 것으로 보고되었다.
- 뇌의 어느 한쪽 영역이 손상되면 실어증의 차별적 증상이 나타난다. 시각피질과 연결된 신경들이 손상되면 읽기 및 쓰기 능력에 장애를 가져온다. 발달적 난독증은 측두 편면의 이상, 후측 언어야의 활동성 감소 또는 청각로 및 시각로의 결함과 관련되어 있는 것 같다.
- 좌측의 전두엽 또는 측두엽이 손상되면 언어가 와해될 가능성이 더 높지만, 연구들에 따르면 언어의 다양한 요소를 통제하는 장소들은 네 개의 엽에 걸쳐 분포되어 있다는 것을 보여 준다.
- 어떤 동물들은 언어 영역을 닮은 뇌 구조물을 가지고 있고 간단한 방식으로 의사소통이 가능하도록 훈련을 받았지만, 이들이 진정한 의미의 언어를 가지고 있는가에 대해서는 아직 논쟁거리다.

핵심 용어

(감각) 수용기(receptor)
각회(angular gyrus)
감각(sensation)
강도(intensity)
강도의 차이(difference in intensity)
개막(tectorial membrane)
거대세포계 가설(magnocellular hypothesis)
거울 뉴런(mirror neurons)
고막(tympanic membrane)
귓바퀴(pinna)
기저막(basilar membrane)
난독증(dyslexia)
내부 유모세포(inner hair cell)
도착 시간의 차이(difference in time of arrival)
베르니케 실어증(Wernike' s aphasia)
복합음(complex sound)
브로카 실어증(Broca' s aphasia)
순음(pure tone)
실독증(alexia)
실서증(agraphia)
실어증(aphasia)
양이(binaural)
언어 습득 장치(language acquisition device)
연발 이론 volley(theory)
와우각(달팽이 기관)(cochlea)
와우관(cochlear canal)
외부 유모세포(outer hair cell)
운율(prosody)
위상 차이(phase difference)
음강(loudness)
음고(pitch)
이소골(ossicles)
일치 탐지기(coincidence detectors)
장소 이론(place theory)
적절한 자극(adequate stimulus)
전화 이론(telephone theory)
주파수 이론(frequency theory)
주파수(frequency)
주파수-장소 이론(frequency-place theory)
증폭(amplitude)
지각(perception)
지형학적 조직화(topographical organization)
청각 대상(auditory object)
측두 편면(planum temporale)
칵테일 파티 효과(cocktail party effect)
코르티 기관(organ of Corti)

Chapter 10

시각 및 시지각

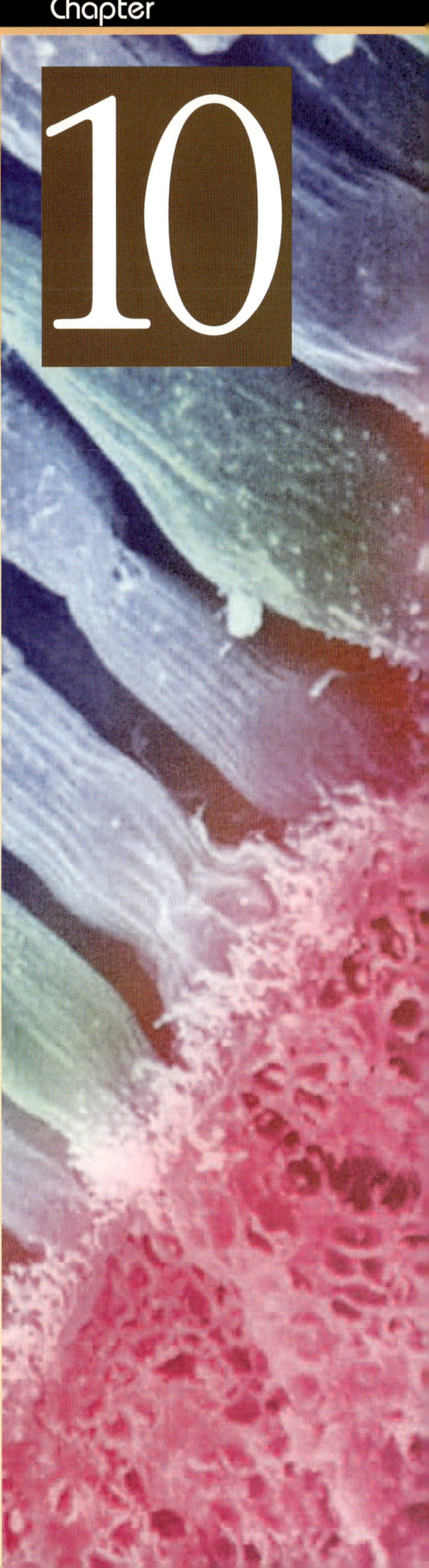

빛과 시각 장치
- 가시 스펙트럼
- 눈과 수용기
- 뇌로 가는 신경로

색채 시각
- 삼원색 이론
- 대립 과정 이론
- 결합 이론
- 색맹

형태 시각
- 대비 증가 및 모서리 탐지
- 허블과 비젤의 이론
- 공간 주파수 이론

사물, 색채 및 운동 지각
- 시각 분석의 두 신경로
- 시지각 장애
- 최종 통합의 문제

이 장에서 배울 내용
- 눈은 어떤 구조로 되어 있는가?
- 시각 정보는 뇌로 이동하기 이전에 눈에서 어떻게 처리되는가?
- 색과 형태 시각의 주요 이론에는 어떤 것이 있는가?
- 색상, 형태, 운동 및 공간 위치는 뇌에서 어떻게 처리되는가?
- 뇌손상에 따른 시각 장애와 뇌의 기능은 무엇인가?

조나단이 차 안에 있을 때 조그만 트럭이 와서 그의 차를 쳤다. 응급실에 간 그는 뇌진탕이 있다는 말을 들었다. 며칠 동안 그는 글자들이 그리스어처럼 보인다고 말하면서 글을 읽을 수 없었지만 다행히도 이러한 실독증(alexia)은 곧바로 사라졌다. 조나단은 명성 있는 조지아 오키프(Georgia O' Keeffe)에서 일을 해 온 성공적인 예술가로서 직장에 복귀하기를 열망하고 있었다. 작업실로 차를 몰고 갈 때, 그는 마치 안개 속으로 차를 몰고 가고 있는 듯 모든 사물이 회색과 안개로 가득 찬 것처럼 느껴졌다. 작업실에 도착했을 때 그는 자신의 현란한 유화 그림도 회색이 되어 생명력을 잃게 되었다는 것을 알게 되었다.

그의 세계는 모두 변했다. 사람들의 모습도 그에게는 혐오스럽게 느껴졌는데, 그 이유는 사람들의 피부가 '쥐색(rat colored)' 으로 보였기 때문이었다—이러한 이유로 그는 부인과의 성관계도 흥미를 잃게 되었다. 음식은 맛이 없었고, 그로 인해 검은색과 흰색의 음식(커피, 쌀, 요구르트, 검은색 올리브)을 선호하게 되었다. 음악을 즐기는 기쁨도 감소하였다. 사고 전 그는 공감각(synesthesia)을 경험하곤 했는데, 악조(musical tone)로 색상 변화에 대한 감각이 새록새록 돋아나는 기쁨을 느낄 수 있었지만, 이제 그러한 즐거움도 사라져 버린 것이다. 그가 지니고 있던 편두통조차도 그동안은 현란한 색상의 기하학적 환영을 수반해 오곤 했지만, 이제는 자신이 '멍한(dull)' 느낌이 들었다. 그는 머릿속에 생생한 이미지를 그대로 가지고 있었지만, 그것은 단지 색상이 없는 존재로 남아 있을 뿐이었다.

그 후 2년 동안 조나단은 한때 존재했던 색상에 대한 지각과 고양되었던 슬픔을 잊은 듯 보였다. 부인이 더 이상 쥐색으로 보이지 않았고 그래서 그들은 다시 성관계를 회복하였다. 그는 다시 그림을 그리고 조각하는 일상으로 돌아와 춤추는 사람과 경주마를 그렸고, 검은색과 흰색을 섞어 가면서 움직임과 생명력과 감각적인 그림으로 채워진 특징적인 작품들을 창작하였다. 그러나 그는 무색의 어둠의 세계를 선호하였고 거리를 방황하며 밤 시간의 절반을 보냈다(Sacks & Wasserman, 1987).

시각은 우리로 하여금 글을 읽고 방대한 양의 복잡한 정보를 수집할 수 있도록 도와준다. 시각은 우리가 세상을 항해할 수 있도록 방향키를 제공하며, 구조물을 건축하고 위험을 피할 수 있도록 도와준다. 색상은 배경으로부터 사물을 변별할 수 있도록 도와주고, 자연의 아름다움과 예술 작품을 즐길 수 있도록 해서 우리의 삶을 풍부하게 만들어 준다. 농(deafness)이 맹(blindness)보다 더 큰 난관에 직면한다는 헬렌 켈러의 믿음과는 조금 다를지라도, 감각들 가운데 시각이 가장 중요하다는 생각에 여러분도 공감할 것이라는 생각이 든다. 명백히 연구자들은 이러한 의견에 공감하고 있다. 왜냐하면 시각이 다른 감각기관보다 연구의 주제로 더 주목받고 있기 때문이다. 그 결과로 우리는 뇌가 어떻게 시각 정보를 처리하는지에 대해서 많이 이해할 수 있게 되었다. 게다가 시각에 관한 연구들은 복잡한 신경처리 과정을 이해하는 데에 귀중한 모델을 제공해 주고 있다.

빛과 시각 장치

> 망막에 투사되는 자극 형태를 보고 우리는 대상물의 속성을 인지하게 된다. 이 과정은 기적이라고 해도 과언이 아니다.
>
> \- Richard Gregory

시각이 지니고 있는 능력은 인상적이다. 인간의 눈에는 약 1억 2천6백만 개의 빛 수용기가 있고 이들을 서로 연결하거나 시신경으로 연결해 주는 복잡한 세포망을 가지고 있다. 청신경이 약 3만 개 정도인데 비해 시신경은 자체만으로도 수백만 개에 이른다. 눈으로 들어온 정보도 정보지만 이 정보를 뇌에서 어떻게 처리하는지도 놀라운 사건임이 분명하다. 시각과 시지각은 아주 흥미로운 주제이며, 고급 연구이자 복잡한 이론들 가운데 하나로서 과학자들은 평생을 이처럼 가장 놀라운 감각기관을 이해하는 데에 헌신해 왔다고 할 수 있다.

가시 스펙트럼

시각을 이해하기 위해서 우리는 청각에서와 마찬가지로 적정 자극(adequate stimulus)을 설명함으로써 첫 단추를 끼워야 할 것 같다. 시각적 자극은 빛이라고 말하는 것이 당연해 보이지만 중요한 것은 구체적인 설명이 있어야 한다는 점이다. 가시광선은 자기장 스펙트럼의 일부다. 전자기 스펙트럼은 다양한 형태의 에너지를 가지고 있는데, 그 범위는 주파수의 한 극단에 있는 감마선에서부터 다른 극단에 있는 교류전류 회로의 방사선까지 다양하게 걸쳐 있다([그림 10-1]). 우리가 볼 수 있는 전자기 스펙트럼 부분은 [그림 10-1]에서 색상으로 표시되어 있다.

가시적 스펙트럼 부분은 범위로 볼 때 단지 1/70에 불과하다. 스펙트럼에 존재하는 대부분의 에너지는 이미지를 만드는 데 유용한 것들이 아니다. 예를 들면, AM, FM 및 텔레비전 파형은 사물을 직접 투과해 지나간다. X-레이와 레이더와 같은 일부 에너지들은 이미지를 형성하는 데 유용할 수 있지만 이들은 강력한 에너지원과 이미지를 탐지할 수 있는 특별한 장비가 필요하다. 열을 방출하는 사물들은 적외선 에너지를 발산하는 데 야행성 동물은 어둠 속에서 먹이를 찾는데 이 에너지를 이용할 수 있다. 사람도 적외선 이미지를 볼 수 있지만 이때는 특별한 장비를 필요로 한다. 적외선은 군사적으로 유용하게 사용할 수 있고, 경찰이 사람들과 열을 방출하는 차량이나 야간에 무기를 탐지하는 데 사용할 수 있다. 그러나 적외선 이미지는 모서리들이 희미한 형태로 인식되고 흐릿한 모습으로 비친다. 우리가 감지할 수 있는 전자기 에너지들은 섬세한 이미지가 가능한데, 이는 왜곡을 최소화하면서 사물의 형상을 반영할 수 있기 때문이다. 우리는 낮 시간에 활동하는 삶에 적응해 왔고, 그래서 낮 시간 동안에 접하는 얼굴과 사물에 대한 뽀송뽀송하고 다채로운 이미지를 갖는 조건으로 밤에 볼 수 있는 능력을 희생시켜 왔다고 할 수 있다. 다른 말로 우리의 감각 장치는 우리에게 최적의 에너지를 탐색할 수 있도록 전문화되어 있는데, 이는 야간 사냥꾼인 사이드와인더 방울뱀이 먹이가 발산하는 적외선을 탐지할 수 있도록 전문화되어 있는 것과 마찬가지로 박쥐의 귀도 조그만 곤충들이 보내는 고주파 음을 탐지할 수 있도록 특화되어 있다는 것을 지적할 수 있을 것이다.

빛은 진동 에너지의 형태를 띠고 있으며 소리처럼 파형으로 이동한다. 여기에서는 소리 에너지와 마찬가지로 주파수의 형태로 가시광선(그리고 나머지 전자기 스펙트럼)을 세분화시켜 볼 수는 있겠지만, 그 수가 너무 많은 게 문제라면 문제다. 그래서 여기에서는 빛을 파장 형태, 즉 진동 에너지가 되돌아오기 전에 이동한 거리에 국한해 살펴보는 게 좋을 듯하다(소리의 경우에도 마찬가지로 적용해 볼 수 있을 테지만, 그 숫자는 곤란할 정도로 소수일 것이다). 측정 단위는 나노미터(nm)로 10억분의 1에 해당되며, 가시광선은 400에서 800nm에 걸쳐 있다. [그림 10-1]에서 볼 수 있듯이 각 파장들은 각기 다른 빛의 색상에 반응한다. 예를 들면, 500에서 570nm 사이에 있는 빛이 눈 안에 있는 수용기를 자극하면 우리는 일반적으로 초록색을 보고 있다고 얘기를 한다. 그러나 파장은 항상 우리가 보

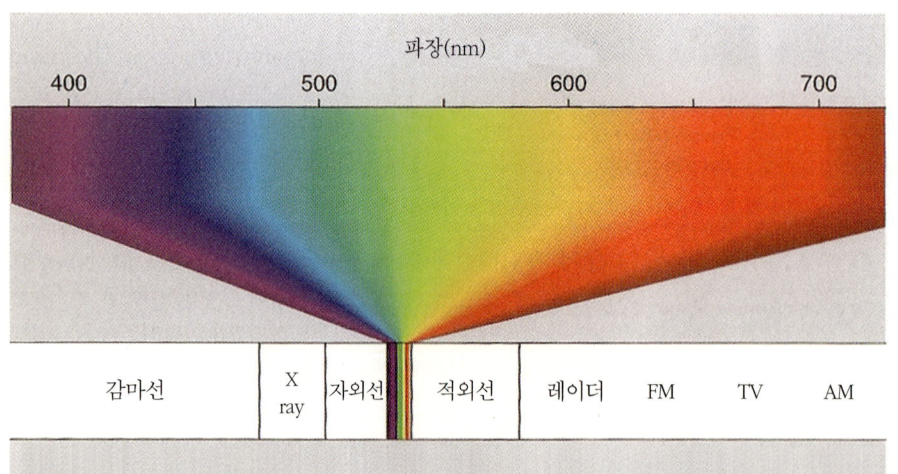

스펙트럼상에서 볼 수 있는 부위는 가운데(채색된) 부분이며 일반적으로 파장과 연관된 색채 경험을 보여 주기 위하여 확장된 것이다. 인간은 전자기장 스펙트럼의 1/70만을 볼 수 있다.

[그림 10-1] 전자기장 스펙트럼

고 있는 색상대로 늘 반응하고 있지는 않기 때문에 이 장의 후반부에서 해당 내용을 살펴볼 때 그 관련성을 좀 더 자세히 살펴보고자 한다.

눈과 수용기

눈은 투명한 용액으로 채워진 구형태의 구조다([그림 10-2]). 눈의 외부는 투명한 각막을 제외하고는 불투명한 채로 덮여 있다. 각막 뒤로는 렌즈가 위치해 있다. 렌즈는 가소성이 있는 조직이기 때문에 각막에 붙어 있는 근육들은 망막에서 원거리에 있는 사물의 이미지를 맞추기 위해서는 길게 늘어나 평평해지고, 근거리에 있는 사물 이미지에서는 반대로 이완된다. 렌즈는 망막에서 이미지(상)가 도치된다는 것을 주목하자. 렌즈는 부분적으로 홍채로 둘러싸여 있는데, 홍채는 눈에 색상을 부여하는 역할을 담당한다. 홍채는 실제 원형 근육의 형태를 띠고 있는데, 개봉구가 바로 동공이다. 동공은 밝은 빛에서는 반사적으로 수축하고 흐릿한 불빛에서는 이완함으로써 눈에 들어오는 빛의 양을 조절한다. 여러분도 방 안에서 빛의 밝기를 변화시키면서 거울 속에 비친 눈을 관찰해 볼 수 있을 것이다.

망막(retina)은 눈의 후면부에 위치한 빛에 민감한 구조로서, 두 유형의 광민감성 수용기 세포인 간상체(rods)와 추상체(cones)를 가지고 있으며 신경세포와 연결되어 있다. [그림 10-2]와 [그림 10-3]에서 볼 수 있듯이, 일반적으로 광수용기(photoreceptor)라고 불리는 이 수용기는 눈의 가장 뒤쪽에 위치해 있다. 빛이 광수용기들에 도착하기 위해서는 신경세포를 통과해야 하지만, 다행히 신경세포는 투명하기 때문에 아무런 문제가 없다. 이 수용기들은

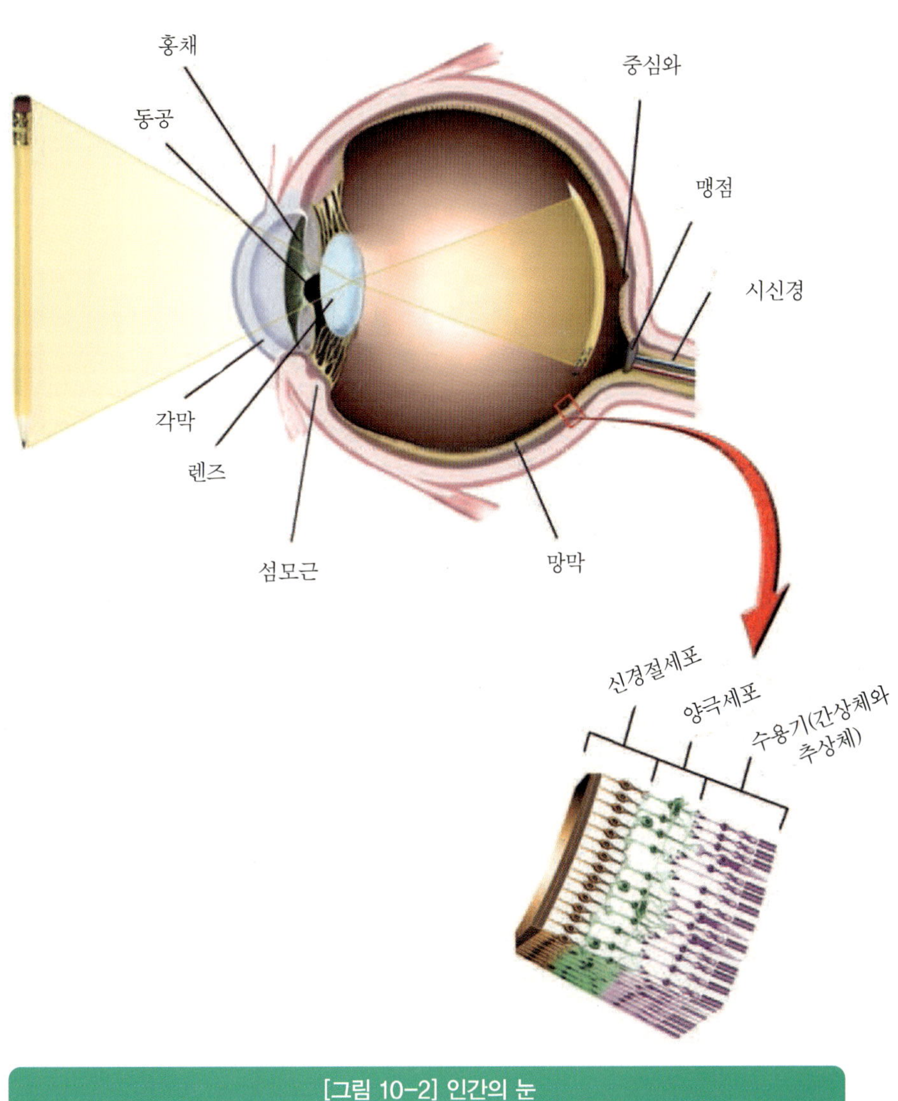

[그림 10-2] 인간의 눈

? 눈은 빛을 어떻게 감지하는가?

양극세포들(bipolar cells)과 연결되어 있고, 이 양극 세포들은 시신경을 형성하는 신경절세포들(ganglion cells)과 연결되어 있다. 광수용기들은 광색소(photopigments)로 불리는 빛에 민감한 화학물질로 채워져 있다. 광색소를 통과하는 빛은 일부의 이 분자들이 두 성분들로 쪼개지게 하고, 뒤따르는 화학 작용으로 인해 결국 신경 반응이 유발된다. 그다음에 이 두 성분들은 재결합하여 광색소를 계속 공급하게 된다. 후반부에서 제3유형의 수용기와 광색소를 살펴보고자 한다. 그러나 이들은 이미지 형성에 관여하기보다는 한 개인이 주·야간의 주기에 동기화(synchronizing)할 수 있도록 관여한다고 보는 게 좋을 것 같다.

간상체와 추상체는 모양을 본떠 이름이 지어졌는데 [그림 10-3]을 보면 알 수 있다. 인간의 눈은 약 1억 2천만 개의 간상체와 6백만 개의 추상체를 가지고 있다. 이처럼 두 종류의 수용기들은 각기 다른 광색소를 가지고 있다. 간상체와 추상체의 기능은 동일하지만, 이들의 화학적 내용과 신경 연결은 특정적인 기능에서 서로 다르다.

간상체의 광색소는 시홍소(rhodopsin)라고 불린다. 이 이름은 색상(라틴어의 rhodon, '장미')을 반영해 명명된 것이지 간상체 내의 위치를 고려해 명명된 것은 아니다. 시홍소는 추상체의 광색소보다 빛에 더 민감하다. 이러한 이유로 간상체는 추상체보다 침침한 불빛에 더 잘 반응한다. 사실 흐린 불빛에서 우리의 시력은 전적으로 간상체에 의존한다고 할 수 있다. 아주 밝은 불빛에서 시홍소는 대부분 분해되어 있기 때문에 기능을 잘 발휘하지 못한다. 어두운 영

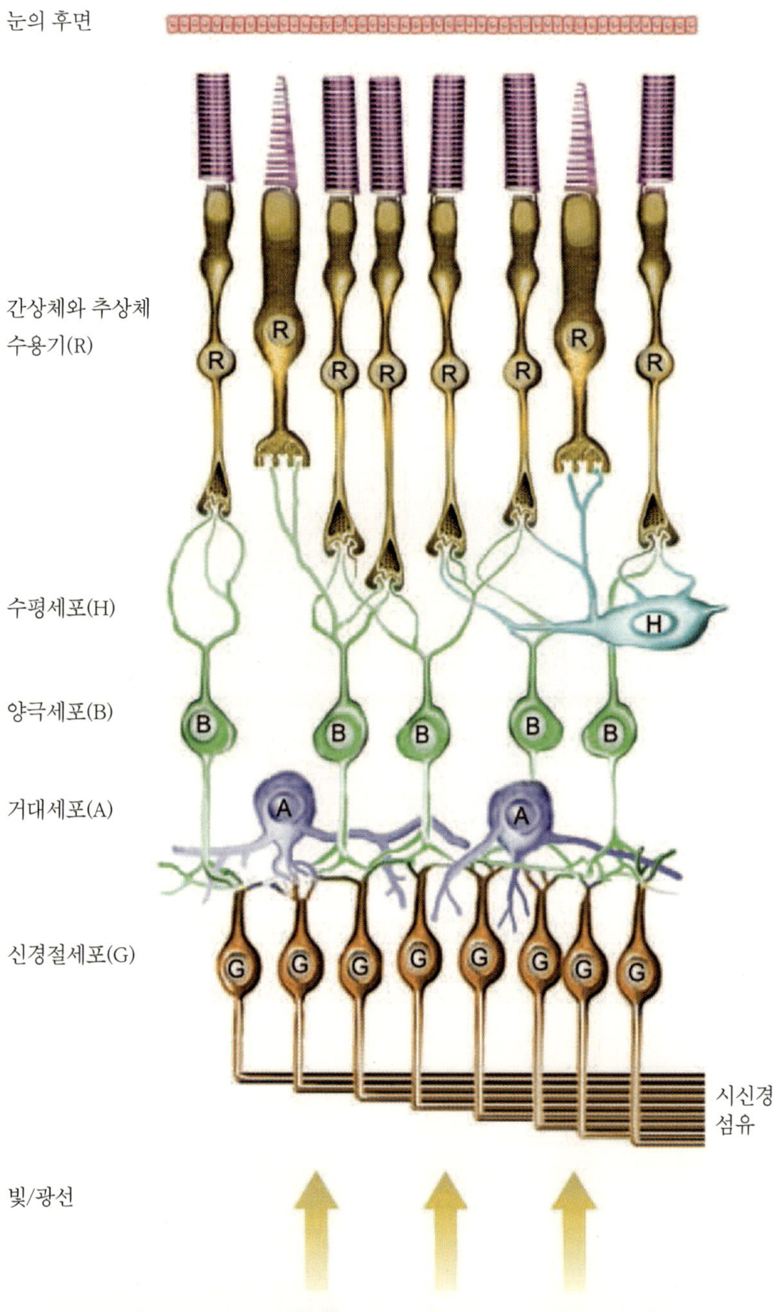

눈의 후면

간상체와 추상체 수용기(R)

수평세포(H)

양극세포(B)

거대세포(A)

신경절세포(G)

시신경 섬유

빛/광선

[그림 10-3] 망막세포들

출처: Adapted from J. E. Dowling and B. B. Boycott, "Organization of the Primate Retina," *Proceedings of the Royal Society of London, B166*, Fig. 23 on p. 104. © 1966 by the Royal Society. Used with permission of the publisher and the author.

화관에 적응하는 데 시간이 지연되는 것은 바로 이 시홍소가 재합성하는데 시간이 필요하기 때문이다. 추상체 광색소인 요돕신(iodopsin)이 제대로 기능을 발휘하기 위해서는 빛의 강도가 아주 높은 수준이 되어야 하기 때문에, 추상체는 흐린 불빛에서는 기능을 발휘하기 어렵고 주간 불빛에 잘 반응한다. 세 종류의 요돕신은 각기 다른 추상체에 위치해 있는데, 각기 다른 빛의 파장에 차별적으로 반응한다. 이 말은 추상체가 각기 다른 파장을 구분할 수 있는 반면에, 간상체는 각기 다른 수준의 빛과 어둠만 구분할 수 있다는 것을 의미한다(그래서 우리는 어두운 불빛에서 색상을 구분할 수 없는 것이다).

또한 간상체와 추상체는 위치가 다르고 상호 연결되어 있는 신경이 다르다. 추상체는 망막의 중심부에 1.5mm의 넓이를 가진 중심와(fovea)에 대부분 분포되어 있고 그 시점부터 거리에 따라 급격히 떨어진다. 간상체는 중심와에서 20도 정도의 위치에 대부분 분포되어 있다. 이 지점으로부터 간상체는 양방향으로 수가 감소하다가 중심와의 중심부에서 아예 0으로 떨어진다. 단지 1개 또는 2~3개의 추상체들만이 중심와에 있는 각 신경절세포들과 연결되어 있다. 반면 중심부에서 거리가 멀어질수록 숫자는 증가한다. 중심와의 추상체는 더 적은 신경절세포를 공유하고 있기 때문에 해상도는 더 좋다. 따라서 중심와는 사물을 변별해내는 더 높은 시각적 예민함 또는 능력을 가지고 있다고 할 수 있다. 많은 간상체들이 각각의 신경절세포를 공유하고 있다. 이러한 이유로 해상도는 감소하지만, 흐린 불빛에 민감한 원래의 기능은 더 향상된다. 망막 영역에서 신경절세포는 입력을 받는데 이를 세포의 수용야(receptive field)라고 한다. 그래서 수용야는 중심와에서 더 작고 주변부에서 더 크다고 할 수 있다. 〈표 10-1〉은 이들 두 시각계의 특징을 요약해 놓은 것이다.

빛에 대한 수용기의 반응은 우리가 생각해 온 것과는 다르다. 왜냐하면 수용기는 빛에 의한 자극이 없을 때 가장 활발한 반응을 보이기 때문이다. 어둠 속에서 광수용기의 나트륨 이온 통로와 칼슘 이온 통로가 열리면 이 이온들이 자유

〈표 10-1〉 추상체와 간상체의 특징 요약

	간상체	추상체
기능	• 침침한 빛에서 최적의 기능 수행. 밝은 빛에서는 거의 기능을 하지 않음 • 상세 시력 빈약 • 색상 변별 불가	• 밝은 빛에서 최적의 기능 수행. 침침한 빛에서는 거의 기능을 하지 않음 • 상세 시력 좋음 • 색상 변별 가능
위치	대부분 망막의 주변부	대부분 중심와 및 그 인근
수용야	• 큼(신경절세포로 수렴) • 빛의 민감도에 기여	• 작음(단일 신경절세포로 수렴) • 상세 시각에 기여

롭게 떠다니게 된다. 그래서 세포막이 부분적으로 감분극된다. 수용기는 글루타메이트(glutamate)가 지속적으로 유영할 수 있도록 하며 이는 양극세포의 활동을 억제시킨다. 빛이 광색소를 건드릴 때 발생하는 화학 반응은 나트륨과 칼륨 채널이 닫히는 결과를 낳고 빛의 양에 따라 글루타메이트의 방출을 감소시키는 것이다. 양극세포들은 더 많은 신경전달물질을 방출하고, 이는 신경절세포의 발화율을 증가시키는 결과를 낳는다(광수용기와 양극세포는 활동 전위를 유발하지 않는다).

[그림 10-3]을 다시 살펴보면, 간상체와 추상체는 수평세포(horizontal cells)와 밀접히 상호 연결되어 있다. 게다가 무축색세포(amacrine cells)는 여러 개의 신경절세포와 연결되어 있다. 이 사실은 망막이 광원에 대한 정보를 뇌로 전달하는 그 이상의 역할을 수행한다는 것을 의미한다. 또한 상당히 많은 정보 처리 과정이 망막 자체에서도 진행된다고 생각해 볼 수 있다. 이 두 가지의 내용들이 사실이라는 것을 곧 살펴볼 것이다. 이러한 복잡성으로 인하여 시각을 연구하는 대부분의 과학자가 망막을 뇌의 일부로 생각하고 시신경을 신경로(tract)로 언급하고 있다는 것은 그리 놀랄 만한 일이 아니다.

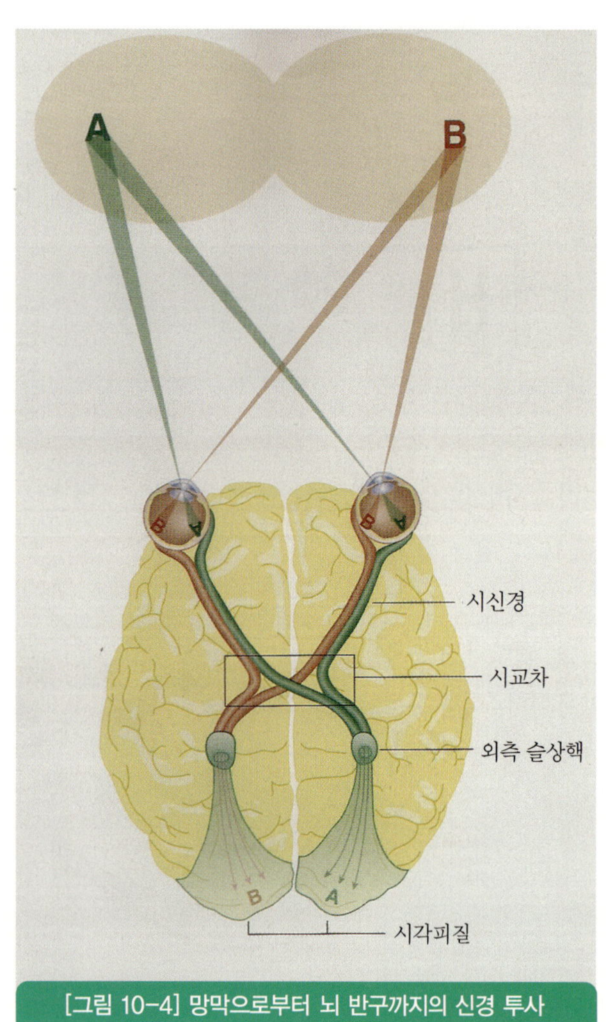

[그림 10-4] 망막으로부터 뇌 반구까지의 신경 투사

왼쪽 및 오른쪽 시야에 있는 사물의 이미지는 두 개의 망막 반대편으로 떨어진다는 것을 주목하자—두 눈으로부터 나온 시각 정보는 그다음 사물의 반대쪽 뇌 반구에 있는 시각피질로 이동해 거기에서 결합된다(두 외측 슬상핵 사이의 거리는 크게 과장되어 표시되어 있다).

뇌로 가는 신경로

신경절세포의 축색들은 함께 결합해 각각의 눈에서 벗어나 두 개의 시신경을 형성한다([그림 10-4]). 여기에서 시신경은 눈을 떠나 수용기가 없는 맹점(blind spot)에 이른다([그림 10-2] 참조). 두 눈에 있는 맹점들은 시각상의 다른 지점에 놓여 있기 때문에 어느 시각 세계라도 상실되어 있다고 느끼지 못한다. 게다가 우리의 뇌는 사라진 정보를 채우는 데 능통해서 시각계의 어느 조그만 부분이라도 손상이 되면 그것을 보완한다. 두 개의 시신경은 뇌하수체 바로 앞을 지나가는데, 여기에서 이 신경들은 짧은 거리를 두고 결합한 후에 다시 분리되어 시상의 외측 슬상핵(lateral geniculate nuclei)에 있는 첫 시냅스 지점으로 이동한다. 시교차 지점에서 두 눈의 비강 쪽에서 나온 축색들은 반대편을 가로질러 반대쪽 대뇌 반구에 있는 후두엽으로 이동한다. 두 눈의 바깥쪽 반으로부터 나온 신경들은 교차하지 않고 같은 쪽의 뇌로 이동한다.

두 대뇌 반구 사이에 있는 각각의 눈에서 나오는 출력이 나눠지는 것은 이미지를 왜곡시키는 것처럼 보일는지 모른다. 그러나 [그림 10-4]를 자세히 들여다 보면, 배열이 실제로 관련 정보를 함께 보존하고 있는 형태를 띠고 있다는 것을 볼 수 있을 것이다. 그림에서 글자 A는 한 개인의 왼쪽 시야에 나타나 있는데, 각 망막의 오른쪽의 절반 부위에 이미지를 투사하고 있다는 점을 주목해 보자. 시야(visual field)는 망막에 정보가 등록되고 있는 환경의 일부다. 각 눈의 우측 절반에서 나온 정보는 우측 대뇌 반구로 투사될 것이고, 우측 시야에 나타난 이미지는 마찬가지로 왼쪽 대뇌 반구로 투사될 것이다. 이와 같은 결과는 두 대뇌 반구의 기능적 차이를 연구하는 과학자들이 어떻게 시각 자극을 한쪽 대뇌 반구에 투사할 수 있는지를 보여 주는 예시가 된다. 연구자들은 해당 자극물을 정중선의 약간 오른쪽 또는 왼쪽에 제시하되 해당 피험자가 이 자극을 향해 눈을 움직이지 못할 정도로 아주 짧은 시간 동안만 노출시킨다.

? 오른쪽에 위치한 사물에 대한 정보는 어떻게 왼쪽 대뇌반구로 투사되는가?

우리가 두 개의 전면 응시(forward-facing) 눈을 가지고 있는 이유가 있다. 그것은 신화에 등장하는 카클롭스의 애꾸눈도 아니고 대부분의 동물에게서 볼 수 있는 머리 양쪽에 하나씩 가지고 있는 모습도 아니다. 대략 6cm 정도 떨어져 있는 눈은 망막 불일치(retinal disparity)를 유발시키는데, 이는 두 망막에 놓인 사물에 대한 이미지 부위가 불일치한다는 것을 의미한다. [그림 10-5]는 먼 거리에 있는 물체들의 이미지가 어떻게 비강 쪽의 망막으로 투사되고, 가까운 물체들이 측면의 절반 지점으로 자신의 이미지를 어떻게 투사하는지를 보여 준다. 망막 불일치는 시각피질에서 탐지되며 여기에서 각 뉴런들은 외측 변위(lateral displacement)의 양에 따라 발화하고 물체의 거리에 관한 정보를 뇌에 알려 준다. 삼차원적 입체 영화를 시청하는 사람들은 각 눈에 다른 각도에서 찍은 이미지가 놓이게 되고, 각 눈에서 이 차이를 자극해 삼차원적으로 볼 수 있도록 하는 것이다. 어린 시절에 갖고 놀던 뷰마스터(ViewMaster)는 바로 뇌의 망막 불일치 과정을 이용한 것인데, 놀라운 3D 효과를 유발한다. 매직 아이(Magic Eye)와 같은 인기 있는 무선점 입체도(random-dot stereogram)도 동일한 원리를 이용해 단일 그림으로부터 3D 효과를 유발할 수 있다.

? 망막 불일치는 우리가 3D를 인지하는데 어떤 도움을 주는가?

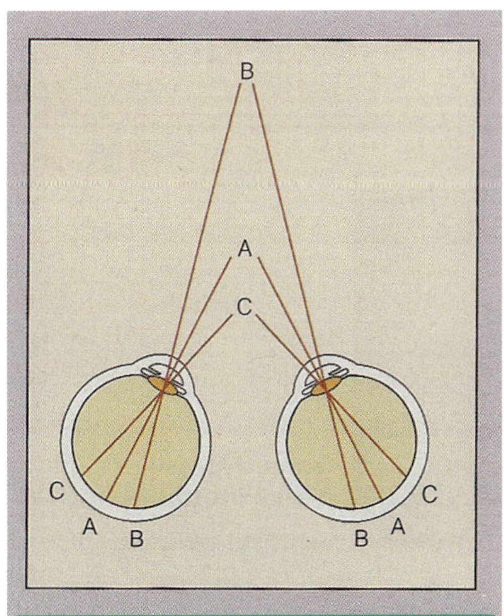

[그림 10-5] 망막 불일치(retinal disparity)

초점 사물의 이미지는 중심와로 떨어지는 반면, 더 멀리 있는 사물의 이미지(B)는 각 망막의 안쪽으로 이동하고 더 가까운 사물의 이미지는 바깥쪽으로 이동해 고정된다. 이 그림은 깊이 지각을 위해 뇌로 정보를 전달하는 과정을 보여 준다.

시각의 나머지 부분들을 얘기할 때, 시각계의 작동 원리를 이해할 수 있도록 다음 세 가지 주제, 즉 억제 과정, 모듈 과정 및 위계적 처리 과정을 향후 살펴보고자 한다. 신경 억제는 흥분과 마찬가지로 중요한 과정이다. 왜냐하면 흥분성 자체에만 의존하는 시각 체

응용 잃어버린 시각을 찾아서

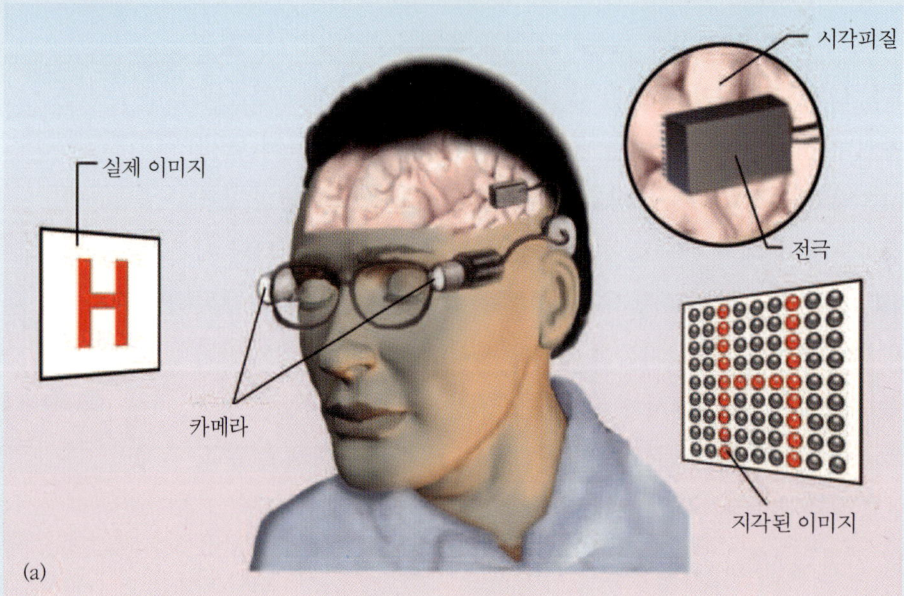

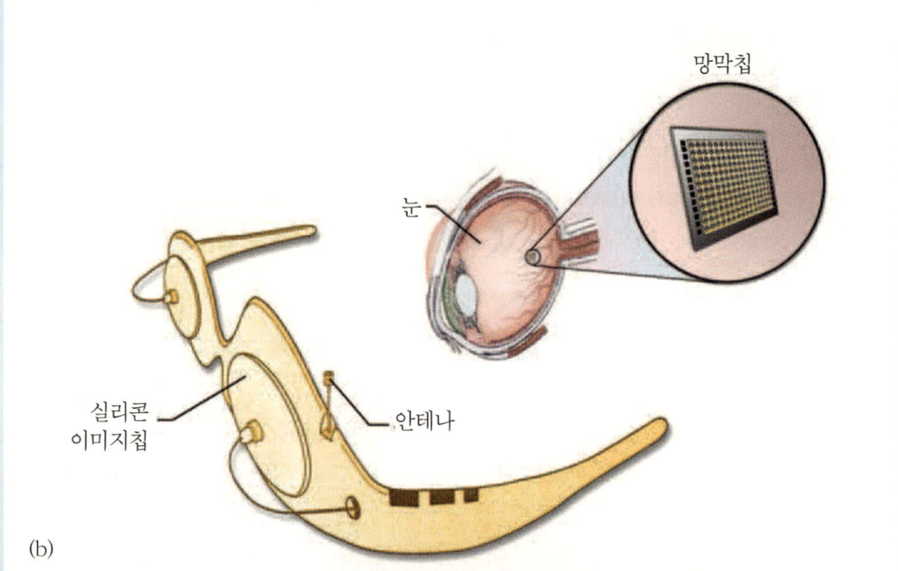

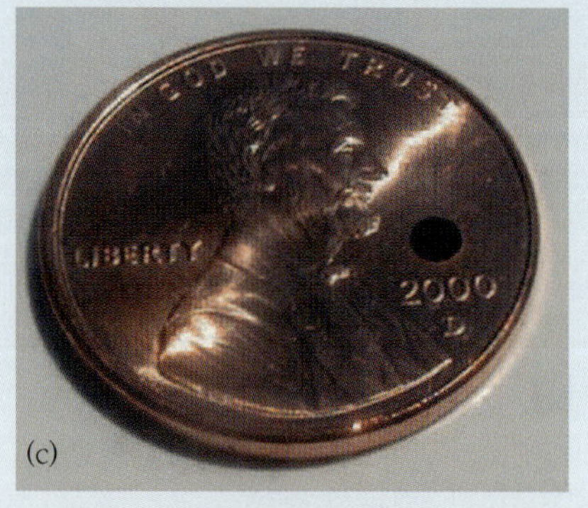

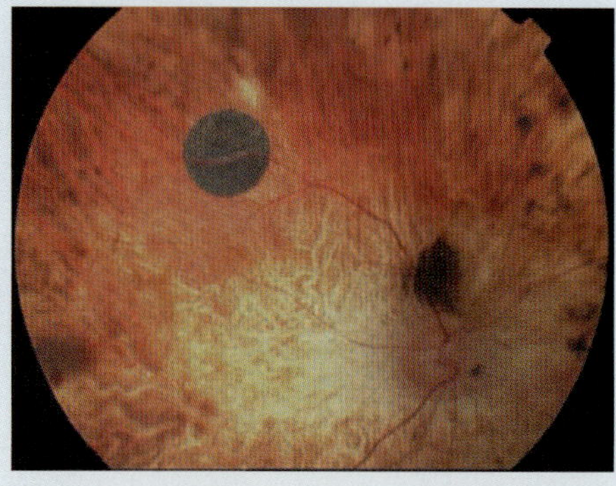

세 유형의 인공 시각 장치

출처: Optobionics.

시각 장애를 유발하는 데는 몇 가지 원인이 있으며 연구자들은 이 문제를 해결하기 위하여 혁신적인 시도를 하고 있다. 공상과학 소설처럼 들릴지 모르겠지만 한 가지는 인공 망막을 개발하기 위한 시도가 있었다는 점이다. 시각적 의안 장치는 그림에 제시되어 있다. (a)에서 소형 텔레비전 카메라는 컴퓨터를 통한 이미지를 시각피질 위에 놓여 있는 전극으로 보낸다(Dobelle, 2000; Normann, Maynard, Rousche, & Warren, 1999). 물론 이 기술은 눈에서 들어온 복잡한 입력 정보를 재생산할 수 없다. 할 수 있는 일은 빛처럼 번쩍거리는 느낌을 일으키는 것이다. 그러나 두 명의 환자들은 불빛의 패턴을 사용해 지팡이와 연필 같은 직선의 모서리를 탐지할 수 있고, 사람들의 형태를 구분할 수 있고, 게다가 주차장에 있는 자동차를 운전하는 것을 학습할 수 있었다(Dobelle, Antunes, Coiteiro, & Girvin, n.d.).

만약 광수용기가 퇴화되었고 광수용기가 아직 남아 있다면, 망막 이식이 더 적절한 선택일 수 있다. (b)에서 이식은 실리콘 이미지칩을 TV 카메라로 교체한 것이고 라디오 파형으로 해당 신호를 망막에 있는 전기칩으로 전달한다(Chase, 1999). 칩에 있는 전극들은 신경절세포를 자극하고 시신경을 통해 시각피질을 활성화시킨다.

이 장치들은 각각 약 백여 개의 점들로 구성된 정보를 처리할 수 있기 때문에 정보를 전송하는 능력은 제한되어 있다. 세 번째 장치는 5,000개의 점들을 생산할 수 있는 것이다. 인공실리콘망막(ASR)은 직경이 2mm(0.08인치), 두께도 0.025mm(1/1000인치)밖에 되지 않으므로 질환을 앓고 있는 망막과 눈의 후면(C) 사이에 삽입된다. ASR은 빛 지점을 등록하고, 시각 뉴런들을 자극하는 소형 태양광 전지들의 배열(집합체)로 이루어져 있다. 칩은 에너지원으로 눈에 들어온 빛을 이용한다. 두 개의 예시는 1센트 동전의 크기를 비교하고 있는 ASR과 눈에 이식한 이후의 모습을 보여 준다. 6개월에서 18개월의 시간이 지난 후, ASR 시술을 받은 여섯 명의 환자들은 다가오는 자동차를 탐지하는 능력에서부터 얼굴을 인지하고 지폐를 구분할 수 있을 만큼 그 효과를 증명해 보였다(A. W. Chow et al., 2004). 그러나 이식된 주변 영역의 시력은 향상되었지만 전기 자극을 실시해 본 결과 퇴화가 진행 중인 수용기들이 다시 회복되었다는 것은 또 다른 긍정적 결과였다.

이들과 같은 혁신적인 개발품과 마찬가지로 또 흥미로운 사실은 인공적인 환치보다 교정이 아마도 최적의 장기적인 전략이 될 수 있다는 점이다(Merabet, Rizzo, Amedi, Somers, & Pascual-Leone, 2005). 성숙한 쥐의 해마로부터 얻은 줄기세포를 질환이 있는 쥐의 망막에 주입시킨 결과 세포가 뉴런으로 성장해 시신경까지 연장되는 결과가 관찰되었다(Young, Ray, Whiteley, Klassen, & Gage, 2000). 이 뉴런들이 망막의 복잡한 신경 연결망을 재건할 수 있는 데까지 자랄 수 있는지 여부는 또 다른 얘기다. 펜실베이니아 대학교의 연구자들은 바이러스를 이용해 RPE65 유전자 복사제를 유전성 광색소 결손을 앓고 있는 개의 망막 속으로 주입시켰다(Acland et al., 2001). 후에 행동을 관찰한 결과, 처치 집단의 동물들은 책상과 의자로 가득찬 방에서 길을 찾아 나설 수 있었지만, 처치를 받지 않은 동물들은 장애물에 부딪쳐 어려움을 겪는다는 사실을 관찰하였다. 무엇보다 가장 극적인 결과들은 퇴화된 망막을 교체하기 위한 일환으로 태내망막세포층을 여섯 명의 환자들 눈 속에 이식한 후에 나타났다(Graham-Rowe, 2004b; Radtke, Aramant, Seiler, Petry, & Pidwell, 2004). 환자들 가운데 다섯 명은 우수한 처치 결과를 보여 주었고, 한 사람은 시력이 20 : 800으로 나올 정도로 아주 많이 향상되었다[다른 사람들이 800피트 거리에서 볼 수 있는 것을 당사자(그녀)는 20피트의 거리에서 볼 수 있다는 의미임]. 연구팀은 현재 태내 조직을 이용하는 데 따른 윤리적 문제를 고려하여 돼지에게서 얻은 망막 조직을 사용할 수 있게 되기를 희망하고 있다.

계의 처리 능력을 능가할 정도로 정보를 정교화하기 때문이다. 청각이나 언어처럼 시각계도 별개의 구체적인 구조들 혹은 모듈(modules)로 이루어져 있고, 정보를 상대방에 연속적이고 위계적인(hierarchical) 형태로 전달하며, 각각의 기능을 발휘하고 있다는 것을 알게 될 것이다.

개념 확인

- 인간의 시각은 어떠한 방식으로 환경에 적응해 왔는가?
- 간상체와 추상체는 차별적 과제들에 어떻게 특성화되어 있는가?
- 망막 불일치는 어떻게 우리로 하여금 3D를 볼 수 있도록 하는가?

색채 시각

[그림 10-1]에서 색상(color)과 파장(wavelength)은 서로 일치하는 점이 있다는 것을 살펴보았다. 이 사실은 색상이 사물로부터 반사된 빛의 영역이라는 것을 시사한다. 그러나 파장은 [그림 10-6]에 제시되어 있듯이, 항상 색상을 예견하는 것은 아니다. 왼쪽 원과 오른쪽 원은 정확히 동일한 파장들을 나타내지만, 그 색상들은 다르게 보인다. 청각에서 사용하는 용어인 음고(pitch)와 음색(tones)처럼 색상이란 용어는 사물의 특징이기보다는 관찰자의 경험을 의미한다. 따라서 빛이 빨갛다거나 책이 푸른색이라고 말하는 것은 엄밀히 말해 부정확한 말이다. 왜냐하면 빨강(red)과 파랑(blue)은 뇌가 부여한 경험이기 때문이다. 그러나 단순하게 말하자면, 우리가 '빨강'과 '파랑'이 사물의 특징을 반영하기보다는 경험 때문이라고 알고 있는 한, 향후 논의에서 이 점에 대해서 보다 자연스러워질 필요가 있다. 색상 경험을 이해하기 위해서 우리는 경험을 유발하는 신경장치들을 살펴보아야 한다. 색채 지각은 과거 2세기 동안에 두 경쟁 이론인 삼원색 이론과 대립과정 이론을 따라 발전해 왔다.

[그림 10-6] 파장과 색의 독립성

원이 동일한 형태임에도 불구하고, 배경과의 색상 대비로 인해 색상이 다른 것처럼 보인다.

삼원색 이론

프리즘을 통과하는 빛을 관찰한 후에 뉴턴은 1672년에 흰 빛이 일곱 개의 기초색들로 구성되어 있고, 이 색들은 자체로는 다른 색으로 변환되지 않는다고 제안하였다. 만약 일곱 개의 순수한 색상들이 존재한다면, 그것은 우리에게 다섯 가지의 미각이 존재하듯이 색상을 변별할 수 있는 일곱 개의 수용기와 뇌의 통로가 있다는 것을 시사해 준다. 1852년에 헬름홀츠(Herman von Helmholtz, 그의 장이론은 제9장에서 논의되었음)는 반세기 이전부터 영(Young)의 생각을 다시 세상에 내놓았다. 왜냐하면 빛의 삼원색으로 각기 다른 양을 결합해 어떠한 색상이라도 만들 수 있기 때문에 영과 헬름홀츠는 이 현상이 빛의 속성이기보다는 시각계의 속성임이 틀림없다고 생각했던 것이다. 그 결과 이들은 삼원색 이론(trichromatic theory), 즉 세 개의 색상 처리 과정이 우리가 변별할 수 있는 모든 색상을 설명할 수 있다는 주장을 하게 되었다. 이들은 빨강, 초록, 파랑을 원색으로 선정하였는데, 그 이유는 관찰자들이 이들 색상을 별개의 구성 요소로 전환할 수 없기 때문이었다. 우리가 TV를 볼 때, 그것은 세 가지 색이 혼합되어 생성된 색상을 보는 것이다. 스크린에 보이는 모든 색상은 아주 작은 빨강, 초록 그리고 파랑 빛의 점들로 구성되어 있다.

대립 과정 이론

? 어떻게 색상을 구분할 수 있는가?

삼원색 이론이 색상 지각에 대한 관찰을 잘 설명할 수 있는 반면, 노란색이 관찰자의 눈에 순수한 색상으로 나타나는지에 대한 이유를 설명하는 데는 한계가 있다. 헤링(Hering, 1878)은 노란색을 생리학적으로 독특한 색상들의 목록에 첨가함으로써 이 문제를 해결했다. 그러나 네 개의 수용기를 추정하기보다는 두 개의 수용기를 제안하였는데, 하나는 빨강과 초록 색상을 위한 수용기이고, 다른 하나는 파랑과 노란색을 위한 수용기였다. 대립 과정 이론은 대립하는 신경 처리 과정에 따라 색각을 설명하려고 한다. 헤링의 시각 이론에서 빨강-초록 수용기에 있는 광화학물질(photochemical)은 빨간 불빛으로 분해되고, 초록 불빛이 있으면 다시 생성된다. 두 번째 유형의 수용기는 노란색 불빛이 있으면 분해되고 파란색 불빛이 있으면 다시 생성된다.

헤링은 색상들이 서로 상쇄되어 중간색인 회색 또는 흰색을 만들어 내는 현상인 보색(complementary color) 현상을 설명하기 위해 이 같은 배열을 주장했다[이 용어의 철자를 주목하자. complementary는 'completing(완성하다)'을 의미한다]. [그림 10-7]에서 시각 스펙트럼은 원으로 표시되어 있다. 이러한 배열의 스펙트

[그림 10-7] 색상환(color circle)

서로 반대쪽에 있는 색상들은 상보적이다. 즉, 이 색상환에서 동일한 양의 빛은 서로 상쇄시켜 중립적 회색을 만든다.

럼은 상식적으로 타당해 보인다. 왜냐하면 스펙트럼상에 인접한 색상들이 서로 쉽게 섞이듯이, 스펙트럼의 한쪽 끝에 있는 보라색은 자연스럽게 다른 한쪽 끝에 있는 빨간색과 뒤섞이기 때문이다. 색상환이 타당한 다른 이유는 환에서 서로 대조색이 되는 어떠한 두 가지 색상들도 보색이 될 수 있기 때문이다. 색상환을 가로질러 동일한 양의 빛을 섞으면 명도에 따라서 흰색 계열의 뉴트럴 그레이(neutral gray) 색상의 느낌을 가져온다. 여기에도 예외가 있는데, 바로 빨강과 초록을 혼합하는 경우다. 이들을 섞으면 노란색이 되는데 그 이유는 곧 밝혀질 것이다.

보색을 시사해 주는 또 다른 예는 한 불빛으로 눈을 과도하게 자극하면, 보색 쪽으로 눈이 더 민감해진다는 점이다. 1분 동안 빨간색 불빛을 계속 응시하다 보면, 주변으로 초록색 모서리가 나타나는 것을 보게 될 것이다. 그다음 흰색으로 된 벽이나 종이를 바라보면, 원래 사물이 초록색으로 보인다는 것을 알게 될 것이다. 이러한 경험을 부적 색채 잔상(negative color aftereffect)이라고 부른다. 푸줏간 주인은 고기 상자 안을 파슬리(parsley)나 다른 초록색 채소로 장식하는데 이렇게 하면 고기가 더 붉게 보인다. 부적 색채 잔상은 헤링의 이론처럼 파장이 반대 방향에 있는 동일한 수용기에 작용을 하면 기대해 볼 수 있을 것이다. [그림 10-8]에 있는 국기는 보색들과 부적 색채 잔상을 보여주는 실험으로 아주 훌륭한 상호작용의 효과를 느끼게 해 준다.

[그림 10-8] 보색 및 부적 색잔상 효과

약 1분간 국기를 응시해 보자. 그다음 흰색 면을 쳐다보자. 여러분은 전통적인 빨간색, 흰색 및 파란색 깃발을 보게 될 것이다.

색채 혼합에 대한 이 논의가 기존에 여러분

이 이해하고 있는 것과 불일치하는 것처럼 느껴진다면, 그것은 아마도 여러분이 미술 시간에 배웠던 색채 혼합의 원리를 배웠기 때문일 것이다. 그때 논의의 주제는 색소의 혼합이었을 것이지만 우리가 빛의 혼합을 얘기하고 있다는 점이 다를 것이다. 한 사물이 우리에게 빨간색으로 지각되는 이유는 대부분이 긴 파장의 (빨강) 빛들을 반사시키는 반면, 다른 파장의 빛들은 흡수하기 때문일 것이다. 빛 혼합의 효과는 가색(additive)되는 반면, 색소 혼합은 감색(subtractive)된다. 빛을 섞으면 파장에 자극을 첨가하는 것이 되지만, 페인트를 섞으면 더 많은 파장이 흡수되는 것이다. 예를 들면, 모든 파장의 빛을 동일한 양으로 혼합하면, 흰색의 빛이 나오는 결과를 보게 될 것이다. 동일한 방식으로 페인트를 혼합하면 검은색이 나오는데, 이는 각각의 첨가된 색소들이 완전히 흡수되어 검은색이 될 때까지 첨가된 파장의 빛을 흡수하기 때문이다([그림 10-9]).

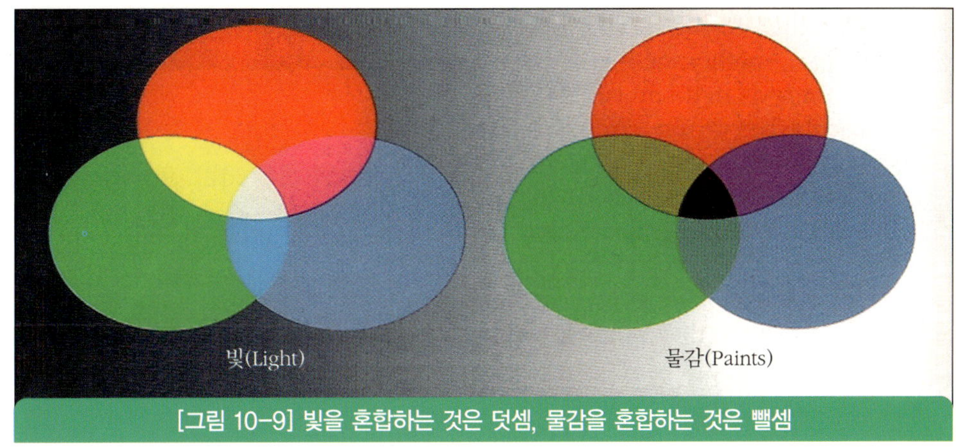

[그림 10-9] 빛을 혼합하는 것은 덧셈, 물감을 혼합하는 것은 뺄셈

빛의 삼원색을 결합하면 흰색이 된다. 동일한 색소를 혼합하면 검은색이 되며 무채색이다.

다시 색채 시각 이론으로 되돌아가 보자. 비록 헤링의 이론이 보색과 독특한 노란색을 설명하는 데 훌륭한 역할을 수행했음에도 불구하고 학계에서 별다른 지지를 얻지 못했다. 한 가지 이유는 연구자들이 헤링이 가정한 화학물질의 존재가 한 빛에 반응하기 위해서 분해되고, 다른 빛에서는 재생된다는 사실을 증명하는 데 어려움이 있었기 때문이었다. 그의 이론이 사실 이러한 오류를 가지고 있다는 건 사실이지만, 한 100년 정도 연구가 진전된다면 헤링의 사고가 다시 쟁점으로 떠오를 수도 있을 것이다.

결합 이론

삼원색과 대립 과정 이론들은 서로 모순되어 보인다. 때때로 이러한 결과는 한쪽이 잘못이고 다른 쪽이 옳다는 것을 의미하기도 하고, 각각의 경쟁 이론들이 부분적으로 옳지만, 이는 너무 간단해서 알려진 모든 사실을 수용하지 못한다는 것을 의미하기도 한다. 허비치와 제임슨(Hurvich & Jameson, 1957)은 타협을 통해 이와 같은 논쟁을 해결하였다. 이들은 세 유형의 색상 수용기들을 제안하였다. 이 수용기들은 빨간색에 민감한 수용기, 초록색에 민감한 수용기, 그리고 파란색에 민감한 수용기들로서 신경절세포에서 대립 과정의 형태로 서로 연결되어 있다.

[그림 10-10]은 결합된 색상 처리 전략이 어떻게 작동될 수 있는지 보여 주기 때문에 허비치와 제임슨의 생각을 살펴볼 수 있는 단면도이기도 하다. 그림에서 긴 파장의 빛은 '빨간색' 추상체와 빨강-초록 신경절세포를 흥분시켜 빨간색이라고 하는 감각을 전달한다. 중간 파형의 빛은 '초록색' 추상체를 흥분시키고 빨강-초록 세포를 억제시켜 발화율을 자발적 수준 이하로 떨어뜨려 초록색에 대한 신호를 뇌로 보낸다. 마찬가지로 짧은 파장의 빛은 '파란색' 추상체를 흥분시키고 노랑-파랑 신경절세포를 억제시켜 파란색의 감각을 느낄 수 있도록 한다. 빨강과 초록 추상체 사이의 민감한 부위에 위치한 중도의 빛은 양쪽의 추상체를 자극한다. 빨강-초록 신경절세포에서 발화율은 변화하지 않는데, 그 이유는 두 추상체에서 나온 동일한 자극과 흥분이 서로 상쇄될 수 있기 때문이다. 그러나 노랑-파랑 신경절세포에 연결되어 있는 추상체는 둘 다 흥분성이므로 이들이 혼합되면 노란색의 감각을 유발시킨다. 이 이론에 따르면 수용기에서 세 형태의 색상 처리 과정이 관여하고, 신경절세포 이후의 단계에서 네 가지 처리 과정이 관여한다.

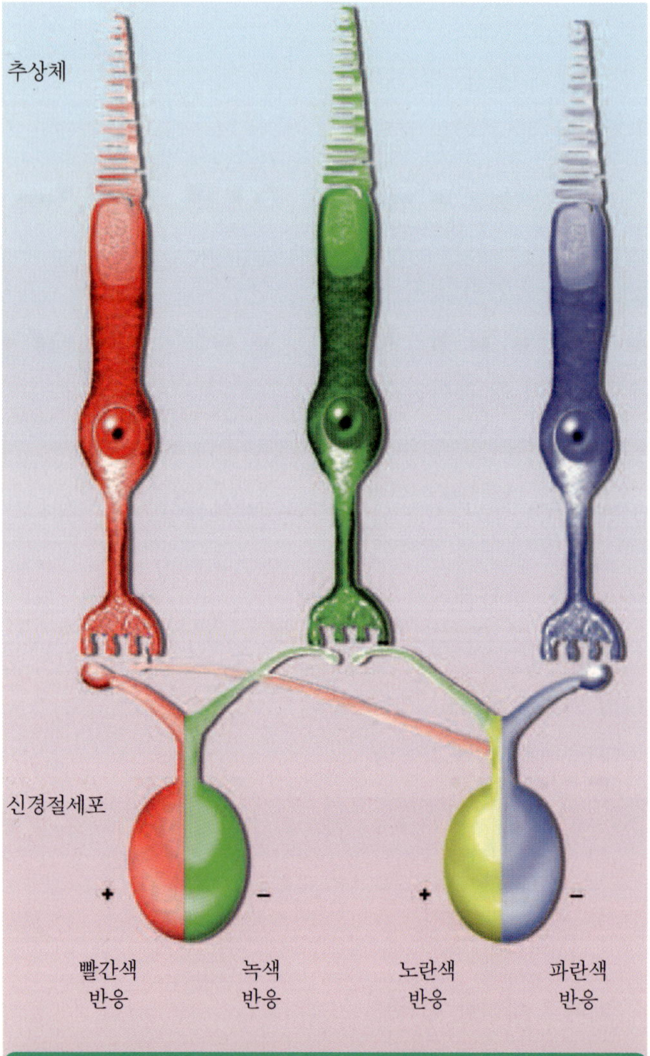

[그림 10-10] 네 개의 색상 반응과 보색을 제공하는 세 유형의 추상체들 간의 상호 연결망

수용기와 신경절세포를 연결하는 세포들은 그림에 나타나 있지 않지만, 설명의 편리성을 위해 +는 흥분성을 나타내고 −는 억제성을 나타낸다.

이러한 설계는 노란색이 어떤 이유로 빨간색, 초록색 및 푸른색처럼 순색으로 보이는지를 아주 잘 설명해 줄 수 있다. 그리고 어떤 색상의 결합들이 혼합색상을 유발하지 않고 보색이 될 수 있는지 쉽게 보여 준다. 예를 들면, 우리는 붉은색 계열의 파랑(보라색) 또는 초록색 계열의 노랑(연녹색)은 볼 수 있지만, 붉은색 계열의 녹색 또는 푸른색 계열의 노랑은 볼 수 없을 것이다. 부적 잔상은 과잉 자극으로 설명할 수 있는데, 한 방향으로 신경절세포의 반응을 계속 자극해 피곤하게 만들면, 반대 방향에서 반향이 일어나 대비 색상을 잠깐 경험하게 되는 현상이다. 어쨌든 이 현상은 우리가 망막에서 방금 살펴본 상호 연결망이 가져온 유의미성에 대한 첫 예시다.

삼원색 이론과 대립 과정 이론의 결합 이론에 대한 증거를 찾기 위한 노력은 근 10년 정도 걸렸는데, 그 이유는 보다 정확하게 측정할 수 있는 능력을 개발하여야 했기 때문이다. 결국 두 가지 형태의 증거가 제시되었다. 첫 번째 증거로 연구자들은 망막에서 세 가지 유형의 색상 수용기를 발견하였다(K. Brown & Wald, 1964; Dartnall, Bowmaker, & Mollon, 1983; Marks, Dobelle, & MacNichol, 1964). 연구자들은 의학적 이유로 제거되었거나 사후 직후 인간에 의해 제거된 눈을 가지고 개별 수용기에 직접 실험을 위해 선별된 파장의 빛을 비추어 보았다. 연구자들은 통과하는 빛을 측정해 어떤 파장이 흡수 과정을 통해 상실되는지를 결정하고자 하였다. 흡수된 파장들은 수용기의 광화학 물질에 민감하게 반응했던 것들이었다. [그림 10-11]은 이러한 유형의 연구 결과로 나온 결과물을 보여 준다. 허비치와 제임슨이 예상했듯이 세 개의 차별적인 색상 반응 곡선을 주목해서 살펴보자.

이러한 결과에 대해서는 여러분의 주의를 끌기에 충분한 세 개의 부가적 특징이 있다. 이전 장에서 보았던 주파수 전환 곡선처럼 이 곡선들은 그렇게 선명하지는 않다. 각 수용기는 민감 고조기가 있긴 하지만 반응의 범위는 넓고 인접 곡선과 중첩된다. 이와 같은 결과는 중간 파장 추상체들이 활발하게 움직일 수 있다는 것을 의미하는데, 그 이유는 외부 자극이 '초록' 빛이거나 이 추상체들이 강력한 '파랑' 빛으로 자극을 받고 있기 때문이다. 이 기전은 세 유형의 모든 추상체가 보여 주는 활동을 비교해서 어느 파장을 우리가 보고 있는지를 결정해야 하는 것이다. 이러한 '비교'는 자동적인 신경처리 과정이다(소리 위치 지정하기에서 일치 탐지기들을 고려해 보자). 이 과정은 자각 수준에서 일어나는 것이 아니다.

나머지 두 개 추가적 특징은 색채 지각의 진화 과정과 관련되어 있다. 중간 및 긴 파장 곡선들은 서로 아주 밀접히 붙어 있고 짧은 파장 곡선과는 아주 멀리 떨어져 있다는 점을 주목하자. 유전학적 연구에 따르면, 중간 및 긴 파장을 가진 추상체에 있는

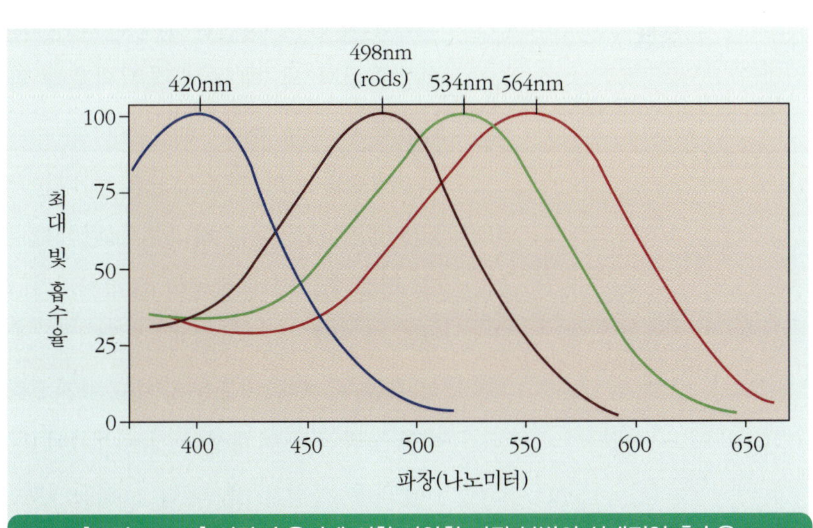

[그림 10-11] 시각 수용기에 의한 다양한 파장 불빛의 상대적인 흡수율

각 유형의 추상체는 다른 파장들에서도 반응을 보이지만, 무엇보다 파랑, 초록 및 빨강 빛과 일치하는 파장에서 최적의 반응을 나타낸다.

출처: Adapted from "Visual Pigments of Rods and Cones in Human Retina," by Bowmaker and Darthall, 1980, *Journal of Physiology, 298*, pp. 501-511. © 1980, with permission from Elsevier Science.

광색소는 공통의 전구물질 유전자에서 유래되었다는 사실이 비교적 최근에 밝혀졌지만(단지 3천 5백만 년 전), 짧은 파장의 추상체들과 간상체 수용기들은 훨씬 이전에 그들의 선구물질로부터 분리되어 나왔다. 사실 '빨강' 및 '초록' 유전자들은 X 염색체 상에서 서로 이웃이며, DNA 구조도 98%가 동일하다(Gegenfurtner & Kiper, 2003). 결국 최근에 '빨강'과 '초록' 유전자들을 분리해 보니 그들의 기능이 서로 유사하다는 결과를 얻었다. 비록 '빨강' 추상체들이 빨간색에 더 강하게 반응함에도 불구하고 민감 고조기는 실제로 오렌지색에 더 가깝다. 이러한 발견은 세 유형의 추상체를 언급하기 위해 간편하게 약칭을 사용하는 데 좀 더 주의를 기울일 필요가 있다.

삼원색 시력은 예술품을 감상하는 데 분명 유익하지만, 우리는 진화의 어떤 유익한 점이 시력의 발전에 도움을 주어 왔는지 물음에 답해야 한다. 시력의 분명한 이점은 우리의 향상된 능력으로 잘 익은 과일을 구분할 수 있고, 어리고 부드러운 잎사귀가 어디 있는지 알 수 있다는 사실이다. 유전학적 연구에 따르면 영장류들은 후각 및 페로몬 신호 대신에 다채로운 색상의 성적 신호들에 잘 반응할 수 있다는 것을 시사한다. 영장류의 게놈에 대한 비교 연구들은 삼원색에 관여하는 유전자 형태들 간 아주 흥미로운 유사성이 있고, 후각 및 페로몬 수용기 유전자들은 감소하고, 암컷 개코원숭이들과 구세계 원숭이들의 붉게 부풀어 오른 성기관(피부)처럼 시각적 신호들을 발전시켜 왔다는 점을 시사해 준다(Gilad, Wiebe, Przeworski, Lancet, & Pääbo, 2004; J. Zhang & Webb, 2003).

두 번째 주요 발전은 원숭이의 망막에서 색-대립 신경절세포와 시상의 외측슬상핵에서 색-대립 신경절세포를 발견했다는 점이다(De Valois, 1960; De Valois, Abramo, & Jacobs, 1966; Gouras, 1968). [그림 10-10]은 두 가지 유형의 대립세포를 보여 주고 있는데, 하나는 빨간색에 흥분되고 초록색에 억제되는 세포(R+G-)이고, 다른 하나는 노란색에 흥분되고 파란색에 억제되는 세포(Y+B-)다. 러셀과 그의 동료들(Russell De Valois et al., 1966)은 추가로 두 개의 세포 유형을 발견했는데, 이전에 발견한 두 개 유형의 세포들과는 정반대의 결과를 보여 주었다. 초록이 흥분성이고 빨간색이 억제성인 것(G+R-)과 파란색이 흥분성이고 노란색이 억제성인 것(B+Y-)이 바로 그것이다.

놀라운 사실은 색-대립 신경절세포들의 일부가 두 개의 동심원에 배열되어 있는 추상체에서 입력 신호를 받는다는 점이다(Gouras, 1968; Wiesel & Hubel, 1966). 중심부와 주변부에 있는 추상체들은 보색 민감성을 지니고 있다([그림 10-12] 참조). 물론 노란색 반응은 빨간색과 초록색 추상체들의 결합에 의한 결과로 일어난다(E. E. Goldstein, 1999). 이러한 대응으로 동심원 수용야는 대상물의 색상 대립에 관한 정보를 고양시킨다. 정보 정교화의 개념은 망막이 어떻게

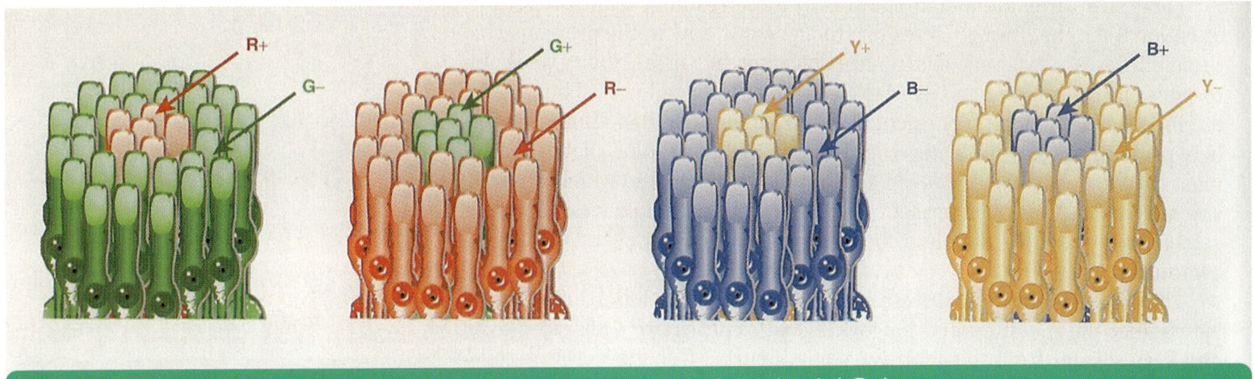

[그림 10-12] 색상 대립과 관련된 신경절세포의 수용야

중심에 위치한 추상체들과 주변부에 위치한 추상체들은 서로 보상되는 색상에 반응한다. 중심에 위치한 추상체들은 신경절세포를 흥분시키고, 주변부에 있는 추상체들은 억제시킨다.

Based on the findings of De Valois et al. (1966).

사물의 모서리를 구분하는지 살펴볼 때보다 명료해질 것이다.

이론이 성공적으로 간주되기 위해서는 이미 알려진 사실들과 일관성이 있어야 하고, 이러한 사실을 설명할 수 있어야 하고, 새로운 사실들을 예언할 수 있어야 한다. 삼색 이론 및 대립 과정 색상 이론은 공통적으로 다음과 같이 세 기준을 충족시킬 수 있다. 첫째, 색상은 빨강, 초록 및 파랑 빛을 사용해 유발된다는 관찰에 일관성이 있다. 둘째, 관찰자들의 눈에 빨강, 초록, 파랑 및 노란색이 어떻게 순색들로 간주되는지 이유를 설명할 수 있다. 또한 보색, 부적 잔상, 초록색 계열의 빨강처럼 불가능한 색상 경험을 설명할 수 있다. 셋째, 세 개의 광색소의 존재와 신경절세포에서 흥분성/억제성 신경들이 연결되어 있다는 발견을 예언했다는 점이다.

색 맹

색맹이 된다는 것은 어떤 느낌인가?

색맹(color blindness)은 아주 흥미로운 소재다. 무엇보다도 새로운 이론을 위한 영감을 제공하고 색 지각에 대한 이해를 발전시키는 데 있어서 매우 중요한 역할을 수행해 왔다. 완전히 색맹인 사람은 아주 극소수로 십만 명당 한 명꼴이다. 이들은 거의 추상세포가 유전적으로 부족하다. 간상체 시력이 제한적이고, 회색 명암을 인지할 수 있으며, 빛에 민감하고, 시력이 아주 빈약하다. 일반적으로 부분적 색맹이 많고 이는 추상체가 부족해서라기보다는 추상체 체계의 구성에 결손이 있기 때문이다.

색맹에는 두 개의 대표적인 유형이 있다. 적녹 색맹을 가진 자는 이들 색상들

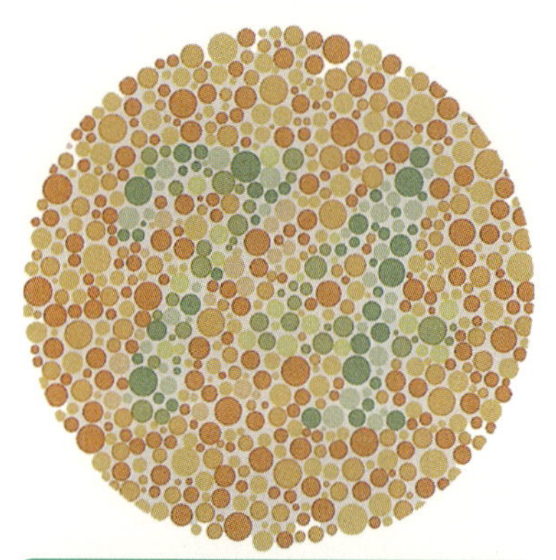

[그림 10-13] 색맹 검사

이 그림은 색맹 검사를 위한 이시하라 검사(Ishihara test)에서 발췌한 검사판 가운데 하나다. 대부분의 사람은 74라는 숫자를 볼 수 있지만 색 결손이 있는 사람은 숫자 21을 보게 될 것이다.

을 볼 수는 있지만 색상을 구분할 수 없다. 우리는 색맹을 가진 사람들의 경험을 통해 몇 가지 사실들을 확인해 볼 수 있는데, 이들이 어떤 색상을 혼란스러워하는지와 한쪽 눈만 색맹인 사람들을 연구해 봄으로써 가능하다. 이 연구자는 적녹 색맹을 가진 동료들이 색상 경험을 얘기할 때, 초록색 잔디가 땅콩버터와 같은 색을 가지고 있다고 얘기하는 것을 들었던 적이 있다! 땅콩버터가 그 친구에게 어떻게 보였는지 모르겠지만, 이 친구는 초록색과 나무가 "너무 아름답다."고 내게 확신에 찬 듯 말을 건넸다. 색맹을 가진 두 번째 집단은 파란색을 지각하지 못하는 경우다. 이 사람들에게 세상은 바로 적녹의 변형으로 지각된다. 대부분의 부분 색맹을 가진 사람들은 그들이 세상을 우리와 다르게 본다는 것을 잘 알지 못한다. 색시각의 결손 여부는 피검자들로 하여금 색상 자극물을 결합하거나 분류해 확인할 수 있고, [그림 10-13]에 제시되어 있는 검사물을 이용해 확인할 수도 있다.

적녹 색맹을 가진 사람들은 스펙트럼의 빨간색 끝부분 또는 초록색 부위에 결손이 있다는 것을 보여 준다. 이 사실은 적녹 색맹이 있는 사람은 적절한 추상체 또는 광화학물이 부족하다는 것을 시사해 준다. 어떤 사람들은 흔하지 않지만 녹색 불빛에 민감하고, 나머지 사람들은 적색 불빛에 민감했는데, 이 사실은 한편으로 적색에 민감한 추상체들은 녹색에 민감한 광화학물로 채워져 있고, 다른 한편으로 녹색에 민감한 추상체들은 적색에 민감한 화학물질로 채워져 있다는 것을 시사한다.

개념 확인

- 여기에 기술된 삼원색 시각 이론들을 요약해 보자.
- 색-대립 동심원 수용기의 이점은 무엇인가?
- 색맹을 유발하는 원인은 무엇인가?

형태 시각

청각피질이 와우각(달팽이관)에 관한 지도로 정리할 수 있듯이, 시각피질은 망막에 대한 지도를 포함하고 있다. 러셀과 그의 동료들은 [그림 10-14a]에서와 같이 방사성 2-탈산포도당(2-deoxyglucose: 2-DG)을 주입시킨 원숭이를 대상으

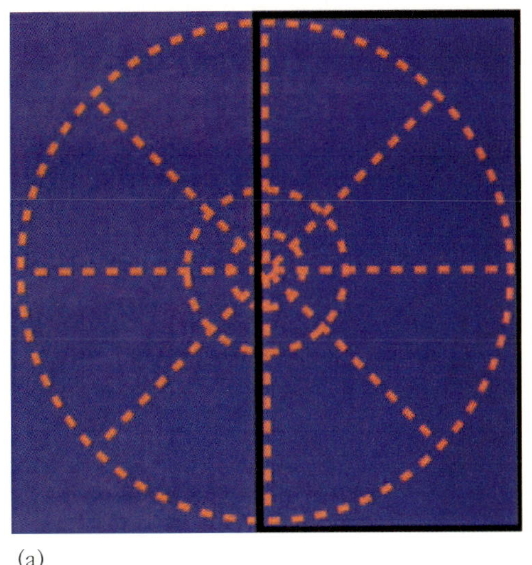
(a)

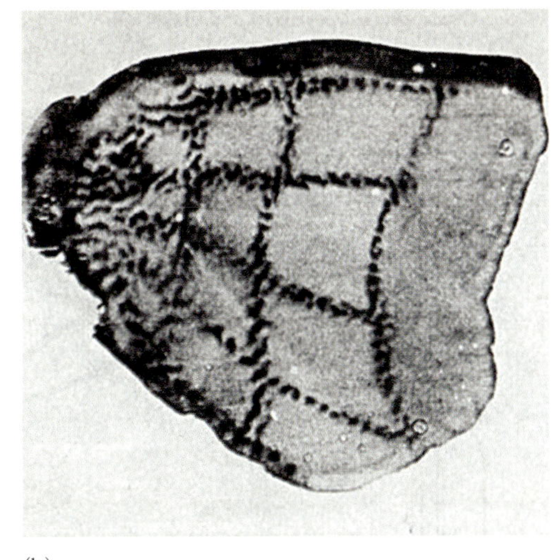
(b)

[그림 10-14] 시각피질 내 망막 지도를 보여 주는 탈산포도당(Deoxyglucose) 방사능 사진

원숭이들에게 방사성 2-탈산포도당을 주입한 후 보인 디자인은 (a)다. 희생된 원숭이들의 시각피질 조직의 절편을 방사성 필름으로 인화하였다. 인화된 필름은 디자인과 대등한 흥분 형태를 보여 주었다(b).

출처: Reprinted with permission from R. B. H. Tootell et al., "Deoxyglucose Analysis of Retinotopic Organization in Primate Striate Cortex," Science, 218, pp. 902-904. Copyright 1982 American Association for the Advancement of Science (AAAS).

로 실험을 하였고 해당 결과를 이미지로 보여 주었다. 동물들을 희생시킨 후 뇌를 사진기로 찍었다. 활동량이 많은 뉴런은 방사성 포도당을 더 많이 흡수하기 때문에 [그림 10-14b]에서 볼 수 있듯이 방사선 사진에서 더 어둡게 표현되었다. 이러한 결과는 자극에 대한 이미지를 표현한 것으로 원숭이의 후두엽 주변을 감싸고 있는 것처럼 보인다(Tootel et al., 1982).

이 결과는 청각피질 내 기저막의 음위상 지도(tonotopic map)에서 본 것과 같이 시각피질에서도 망막위상 지도(retinotopic map)를 가지고 있는데, 이 사실은 인접한 망막 수용기가 시각피질 내에 있는 인접 세포들을 활성화시킨다는 것을 의미한다. 그러나 이같은 결과는 어떻게 우리가 이미지를 구현하는지에 대해서는 알려 주지 않는다. TV 영상물처럼 사물의 이미지를 피질 쪽으로 전달한다고 해서 사물이 지각되는 것은 아니다. 사물 지각은 두 단계 과정이 관여한다. 여기에서는 형태 시각, 즉 사물의 경계와 특징(감촉과 같은)을 탐지하는 부분에 대해서 논의할 것이다. 두 번째 단계는 다음에 얘기할 것이다. 여기서 다룰 이야기는 지각 이상의 것이다. 뇌가 정보를 어떻게 처리하는지 이해할 수 있는 모델을 제시해 준다. 또한 피질에 대한 이야기를 하려는 게 아니라 망막 자체의 이야기를 하려는 것이다.

대비 증가 및 모서리 탐지

감각을 기만하는 것이 지각의 진실이다.

- Johames Purkinje

? 사물의 경계선을 어떻게 탐지할 수 있는가?

사물의 경계를 탐지하는 것은 형태 시각의 첫 단계다. 신경계는 종종 특별히 중요한 감각 정보를 확대해 처리한다. 경계선의 경우에 외측 억제(lateral inhibition)를 사용해 사물의 모서리를 결정해 주는 음영 대비를 고양시킨다. 이것을 실험하기 위해서 [그림 10-15a]에 나와 있는 헤르만 그리드(Hermann grid) 현상과 [그림 10-15b]에 보이는 마하 밴드(Mach band) 현상을 눈여겨 보자. 헤르만 그리드 현상은 둘 중 더 극적인 효과를 연출할 수 있지만, 마하 밴드 현상이 설명하기가 더 쉬우므로 후자에 초점을 맞추고자 한다. 마하 밴드상에 있는 각 막대는 너비를 통틀어 명암 대비에 일관성을 보이지만, 가운데보다는 왼쪽이

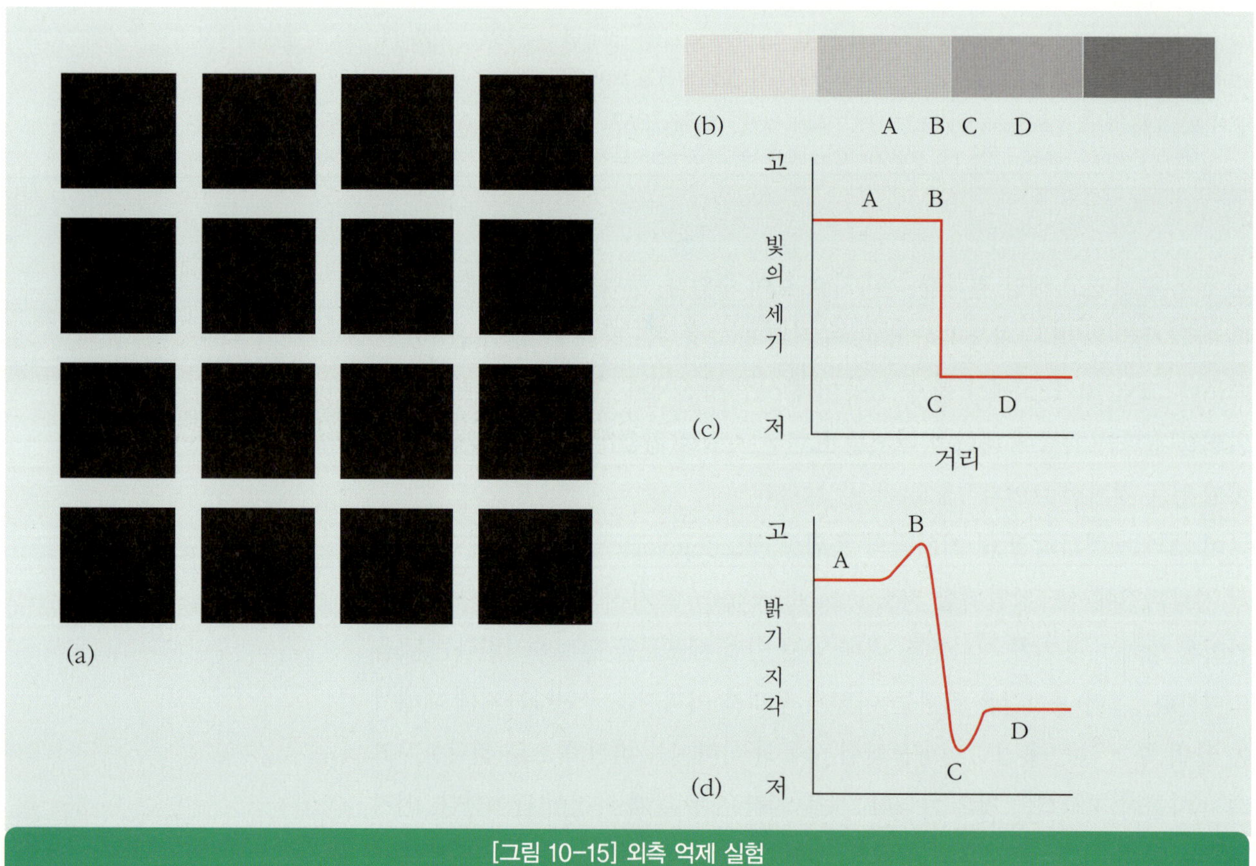

[그림 10-15] 외측 억제 실험

(a) 헤르만 그리드 현상에는 큰 사각형의 교차 지점에서 회색의 작은 점들이 보이는데, 이는 바로 외측 억제 때문이다. (b) 마하 밴드 현상은 또 다른 예다. 각 밴드는 빛의 강도 (c)를 나타내는 그래프에서 볼 수 있듯이, 넓이에서는 명암이 동일하다. 그러나 밴드들이 만나는 곳에서 여러분은 좀 더 밝은 쪽 밴드 모서리가 약간 더 밝아 보이고 좀 더 어두운 쪽의 밴드 모서리는 밝기가 감소한다는 것을 경험할 수 있을 것이다(예를 들면, B와 C 지점). 이 효과는 (d)에 그래프로 제시되어 있다. 모서리에서 명암 대비가 더 과장되어 보이는 것은 사물의 경계를 볼 수 있는 이점이 있다.

출처: (a) Based on Hermann (1870). (b) From Mach Bands: Quantitative Studies on Neural Networks in the Retina (fig. 3.25. p. 107), by F. Ratcliff, 1965. San Francisco: Holden-Day. © Holden-Day Inc.

좀 더 어두워 보이고 오른쪽이 약간 더 밝아 보인다. (모서리에서 이러한 차이를 발견하지 못했다면, 막대들이 약간 굴곡져 보일 수도 있다. 이와 같은 착시는 각 막대의 왼쪽에 미묘한 음영이 드리워져 있다는 것을 시사해 주기 때문이다.) 이와 같은 착시 현상은 단순히 지각 오류로 볼 수는 없고, 정상적 지각 과정이 과장된 것이라고 볼 수 있는데, 이는 지각을 연구하는 데 있어서 아주 유용한 과정으로 간주된다.

[그림 10-16]을 보면, 망막이 어떻게 착시(illusion)를 유발하는지 그 과정을 이해할 수 있을 것이다. 외측 억제에서 각 뉴런의 활동은 인접 신경들의 활동을 억제하고 다시 이러한 활동은 다른 뉴런들에 의해 억제된다. 이 경우, 억제 현상이 수평세포에 의해 양극세포를 가지고 있는 근처의 수용기 시냅스들로 전달된다. 그림에서 중요한 사실은 신경절세포 7과 8에 있다. 신경절세포 7은 신경절세포 1에서 6까지의 세포들보다 억제성이 덜하다. 그 이유는 오른쪽에 있는 수용기들이 너무 미약한 자극을 받고 낮은 수준의 억제를 유발하기 때문이다. 이처럼 억제성이 덜한 신경절세포 7은 경계선의 왼쪽에 좀 더 밝은 띠의 감각을 창출하게 되는데, 이에 관한 그림이 하단에 나와 있다. 마찬가지로 신경절세포 8은 인접 세포들보다 오른쪽이 더 억제되는데, 그 이유는 왼쪽에 있는 수용기들이 더 큰 자극을 받고, 그로 인해 억제가 더 유발되기 때문이다. 그 결과, 막대는 경계선의 오른쪽이 더 어둡게 보이는 것처럼 느껴진다.

실제로 이러한 얘기는 투구게(horseshoe crab)의 눈을 설명하면 더 적절하다. 투구게의 외측 억제의 작용은 원래 전기 자극법으로 확인되었다. 사실, [그림 10-15a]의 그림에 있는 그래프는 투구게 눈으로부터 나온 자료에 기초하고 있다(Ratliff & Hartline, 1959). 원리는 포유류의 눈에서 볼 수 있는 것과 동일하지만, 각 신경절세포의 수용야는 원형으로 정렬된 몇 개의 수용기들로 구성되어 있는데, 이는 우리가 이전에 본 것처럼 색 코드의 원형장과 유사하다(Kuffler, 1953). 원형장 중심부의 불빛은 주변부 불빛에서 들어온 신경절세포와는 정반대의 효과를 보인다. 중심부-켜짐 세포들(on-center cells)의 경우는 중심에 비친 불빛에 의해 신경 발화가 증가하고 주변부에 비친 불빛에 의해서는 안정 수준 이하로 발화량이 감소한다. 다른 신경절세포들은 중심부-꺼짐(off

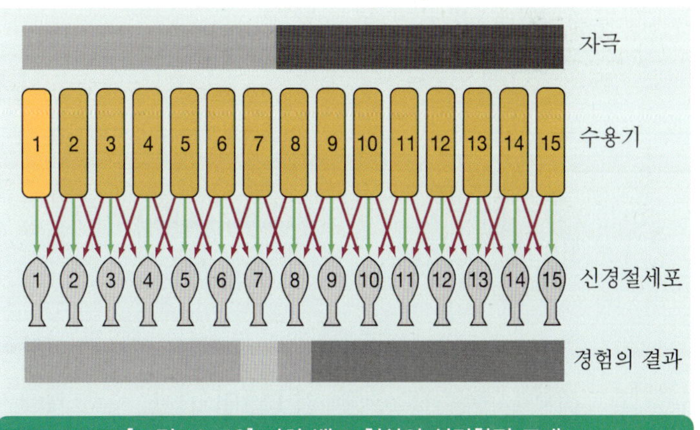

[그림 10-16] 마하 밴드 현상의 신경학적 토대

위에 있는 직사각형은 [그림 10-15] 가운데에 위치한 두 개의 밴드를 나타낸다. 신경절세포 7은 신경절세포 1~6보다 덜 억제받는다. 왜냐하면 오른쪽에 있는 수용기들은 매우 활동적이지 않기 때문이다. 그래서 신경절세포 7은 왼쪽에 있는 인근 세포들보다 더 밝은 명암이 등록되는 것이다. 마찬가지로 신경절세포 8은 오른쪽에 있는 인근 세포들보다 밝기가 덜한 것으로 등록되는데, 이는 왼쪽에 있는 수용기들로부터 더 많은 억제를 받고 있기 때문이다. (상호 연결 세포들은 간결함을 위해 이 그림에서 생략되었다. 또한 여러분은 실제 점진적인 대비 효과를 볼 수 있는데, 이는 억제가 인접 세포보다 더 연장되어 있기 때문이다.)

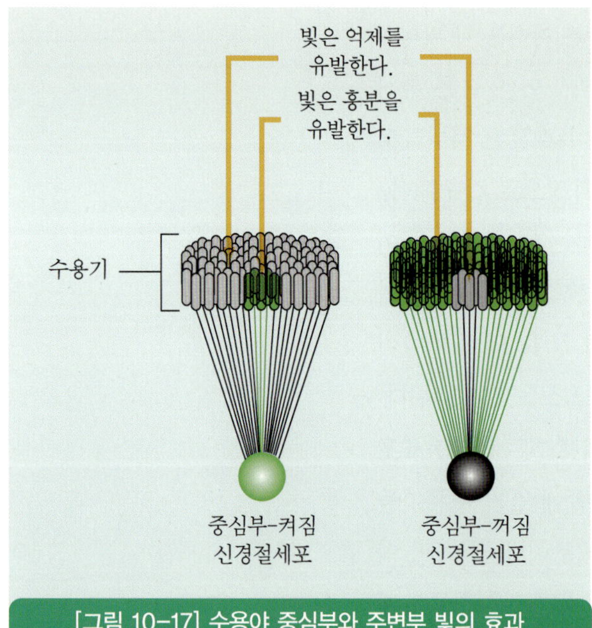

[그림 10-17] 수용야 중심부와 주변부 빛의 효과

수용야와 신경절세포는 횡단면으로 제시되었다. 수용야와 신경절세포 사이에 있는 연결세포는 간결함을 위해 생략되었다.

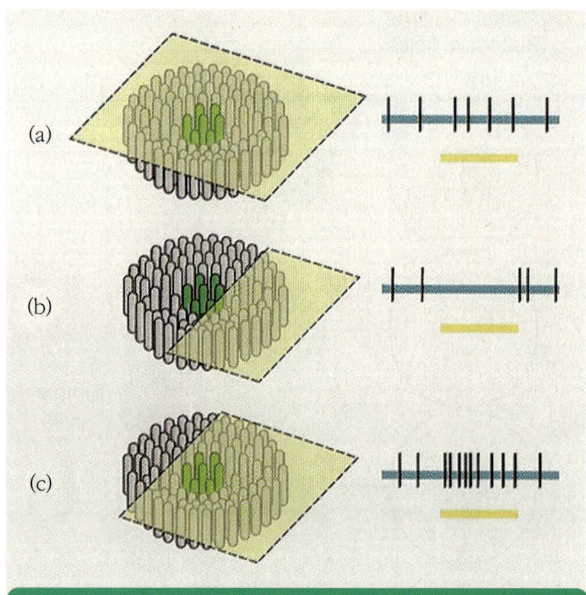

[그림 10-18] 중심부 신경절세포에 나타난 발광 경계 효과

짙은 가로 막대 위에 수직으로 표시된 막대는 신경 반응을 나타내고, 그 밑에 있는 노란 선은 빛이 들어왔다는 것을 나타낸다. 빛이 신경절세포의 중심부 전역에 떨어질 때 가장 왕성한 활동이 일어나고, 주변에 떨어질 때 활동량이 덜하다는 사실에 주목하자.

center) 및 주변부-켜짐(on surround)의 양식을 갖는다. [그림 10-17]은 두 가지 유형의 신경절세포를 나타낸다.

이제 망막의 상호 연결 효과에 관한 또 다른 예를 들기 위해서 이 신경절세포의 길항적 배열이 어떻게 이 세포들을 빛-어둠 대비 탐지기로 전환시키는지 살펴보기로 하자(Hubel, 1982). [그림 10-18]에 제시되어 있는 세 가지 사례를 살펴보자. 전 영역에 투사되는 불빛은 신경절세포의 발화에 아무 효과가 없거나 있더라도 극히 미약한 수준인데, 그 이유는 흥분성과 억제성이 서로 상쇄시키게 되기 때문이다([그림 10-18a]). 오직 주변부-꺼짐(off surround)에 투사되는 불빛은 신경절세포의 발화를 억제시키게 될 것이다([그림 10-18b]). 그러나 신경절세포의 발화는 [그림 10-18c]에서 보듯이 불빛 자극이 중심부-켜짐(on center)의 모든 영역에 투사되고 주변부-꺼짐(off surround)의 일부분으로 투사될 때 최고조에 이르게 될 것이다. 빛과 어둠의 대비 기제는 다음 장에서 그 중요성과 관련하여 살펴볼 것이다.

허블과 비젤의 이론

외측 슬상핵에 있는 세포들은 신경절세포와 마찬가지로 둥근 수용기를 가지고 있다. 그러나 피질에 있는 시각 뉴런들의 수용기는 놀랍게도 다르다는 것이 발견되었다. 허블과 비젤(Hubel & Wiesel, 1959)은 고양이 앞에 놓인 스크린 위로 시각 자극을 제시했던 것처럼 마취 상태인 고양이의 시각피질을 탐침하고 있었다. 전극이 청각증폭기에 연결되어 있었기 때문에 그들은 활동세포들의 출현 여부를 들을 수 있었다. 어느 날 그들은 프로젝터의 슬라이드 글라스 위에 검은 점을 새겨 넣은 후, 다음과 같은 상황에서 모호하고 일관성 없는 반응들만을 선별할 수 있었다.

오디오 모니터에 갑자기 세포가 마치 기관총처럼 발사되었을 때였다. 몇 번 야단법석이 난 후에 우리는 무슨 일이 벌

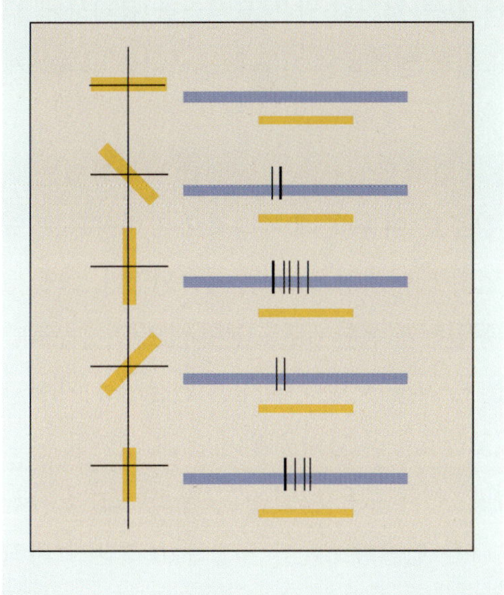

수직 막대는 신경 반응을 나타내고, 그 밑에 있는 노란 선은 자극이 발생했다는 사실을 나타낸다. 가장 높은 반응은 선이 세포의 선호 방향(수직선)에 가장 가깝게 다가설 때 일어나고, 가장 낮은 반응은 선의 방향이 가장 모순될 때 일어난다. 마지막 예에서 반응이 감소되는 이유는 자극이 신경절세포 전역을 커버하지 못했기 때문이다.

출처: D. H. Hubel and T. N. Wiesel (1959), "Receptive Fields of Single Neurons In the Cat' s Striate Cortex," *Journal of Physiology, 148*, pp. 574-591, Fig 3. © 1959 by The Physiology Society. Reprinted by permission.

[그림 10-19] 수직선에 특화된 단순세포에서 일어나는 다양한 선 방향에 대한 반응

어지고 있었는지 알게 되었다. 그 반응은 검은 점과 관련이 없었다. 슬라이드 글라스를 넣었을 때 밝은 배경을 뒤로 하고 모서리가 망막 위로 희미하게 투사되었으나 흐릿한 그림자의 검은 직선 형태로 투사되었다(Hubel, 1982, p. 517).

그다음 허블과 비젤은 스크린 위로 불빛 막대를 비춤으로써 피질세포의 수용기를 탐색해 나가기 시작하였다. 그들은 활발하게 반응하는 세포는 자극이 다른 곳으로 이동하거나 약간 다른 각도로 회전할 때 반응을 감소시킨다는 것을 발견하였다. [그림 10-19]는 자극의 방향을 달리했을 때 한 세포에서 일어나는 반응의 변화를 보여 준다. 단순세포(simple cell)는 망막 이미지에서 구체적인 방향과 구체적인 장소를 가리키는 선 또는 모서리에 반응한다.

그렇다면 우리는 어떻게 피질세포에서 관찰할 수 있는 특화된 변화를 설명할 수 있을까? 직선으로 배열되어 있는 몇몇 대비-탐지 원형장(contrast-detecting circular fields)을 상상해 보자([그림 10-20]). 그다음에 신경절세포의 출력을 허블과 비젤이 언급한 단순세포들의 하나인 피질 내의 단일세포에 연결해 본다. 이제 여러분은 단순히 빛과 어둠의 대비에 따른 장소를 탐지하는 게 아니라, 배경보다 밝거나 어두운 사물의 경계선에 있는 것처럼, 모서리의 음영 대비를 탐지하는 기제를 이해하게 될 것

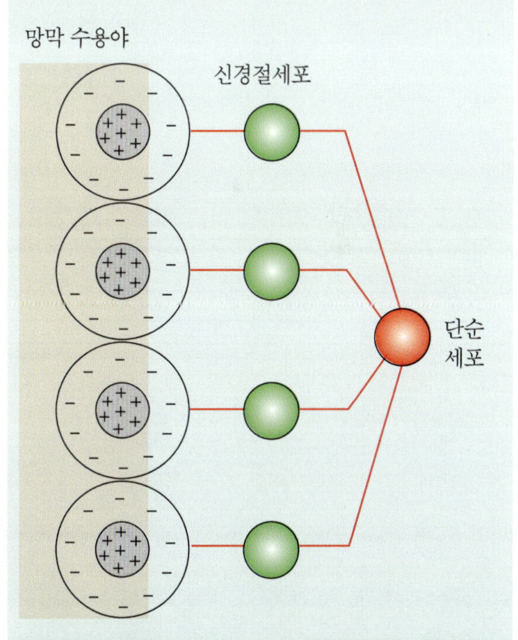

[그림 10-20] 단순세포의 반응에 대한 허블과 비젤의 설명

이 위치에 모서리가 있을 때, 둥근 각 수용야에 있는 신경절세포들은 발화율을 증가시킨다. 신경절세포들은 동일한 단순세포와 연결되어 있고 발화율을 증가시키는데, 이는 모서리가 탐지되었다는 것을 의미한다. 이러한 특별한 배열은 수직 형태의 빛 가장자리에 특화되어 있다고 할 수 있다.

이다. 중심부에 있는 영역들은 그림에 있는 것처럼 밝은 모서리를 탐지하게 되고 중심부를 벗어난 곳에 있는 일련의 원형 영역들은 어두운 모서리를 탐지하게 될 것이다.

? 허블과 비젤의 기제는 어떻게 작용하는가?

피질의 다른 층에서 허블과 비젤은 복합세포(complex cells)를 발견하였는데, 이 세포들은 선 또는 모서리가 다른 장소로 이동할 때 지속적으로 반응을 하였고, 이러한 효과는 원래의 장소에서 멀리 떨어지지 않는 한 지속되었다. 그들은 단순세포의 민감성을 설명했던 것과 동일하게 복합세포도 본질적으로 지속적인 반응 능력을 가지고 있다고 설명하였다. 그들은 방향에 대한 민감성을 가지고 있는 동일한 복합세포가 몇몇 단순세포들로부터 입력을 받지만 그 영역들은 망막에서 서로 인접해 있다고 가정하였다. 이와 같은 배열은 [그림 10-21]에 나와 있다. 모서리가 수평으로 움직일 때 다른 단순세포들이 역할을 물려받게 되지만, 그와 동시에 복합세포도 지속적으로 반응한다는 것에 주목하자. 그러나 만약 모서리가 다른 방향으로 회전을 하면 이 복합세포는 반응을 멈출 것이고, 이러한 방향성에 구체화된 또 다른 복합세포가 역할을 이양받을 것이다. 몇 개의 단순세포들을 단일 복합세포에 연결하면 복합세포가 움직일 때 모서리를 계속 추적할 수 있도록 할 뿐만 아니라 그 움직임을 탐지할 수 있도록 도와준다.

이러한 종류의 배열이 실제 실행이 가능한지는 실제 흥미로운 소재거리로 인공신경망을 연구하는 사람들의 지지를 받아 왔다. 로와 동료들(Lau et al., 2002)은 신경망 훈련을 시킨 후 출력 뉴런들이 막대 형태의 자극물에 대하여 동일한 반응을 일으켰다고 보고하였는데, 이는 원숭이를 대상으로 복합세포상에서 기록된 산출물과 동일하였다. 그 다음 그들은 숨겨진 층을 조사하였고 그 속에 있던 뉴런들이 연결을 재정비해서 단순세포들에 근접시키고, 수용기에 있는 켜짐(on)-꺼짐(off) 영역뿐만 아니라 방향에 대한 민감성에서도 보완적 기능을 수행한다는 것을 발견하였다. 이전 연구에서 신경망은 훈련을 통해 곡선의 시각 대상물을 인지하게 된다는 것을 학습하였다(Lehky & Sejnowski, 1990). 뉴런들은 자발적으로 막대나 빛의 모서리에 대한 민감성을 발달시켰는데, 그것은 이전에 동일한 자극에 노출된 적이 없었

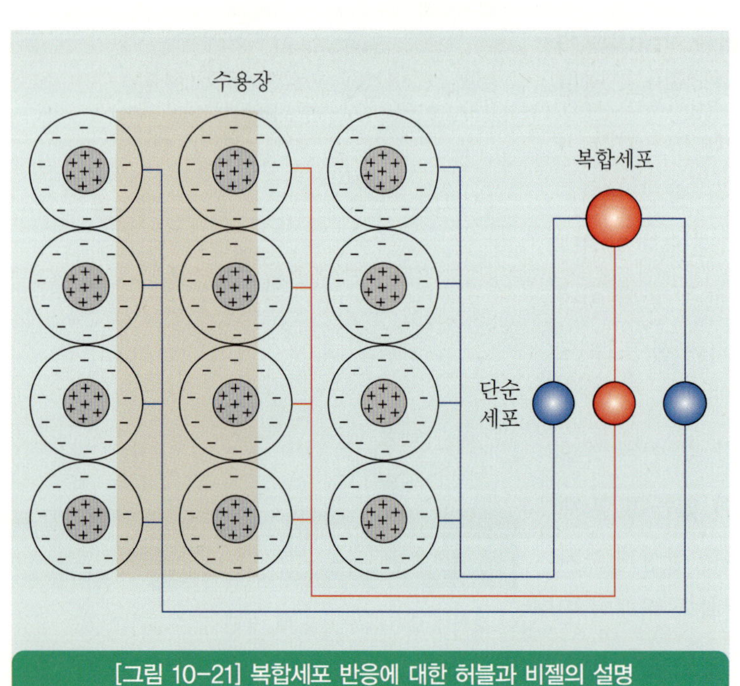

[그림 10-21] 복합세포 반응에 대한 허블과 비젤의 설명

복합세포는 몇 개의 단순세포들로부터 입력 신호를 받고, 각 단순세포는 둥근 수용야의 집합체를 구성하는 일원이다. 결과적으로 복합세포는 막대형 불빛이 왼쪽에서 오른쪽으로 이동할 때 계속 반응하게 된다.

음에도 불구하고 나타났다. 이 사실은 허블과 비젤 모델이 매우 호소력 있다는 것을 말해 준다.

허블과 비젤은 그들의 연구로 1981년 노벨상을 받았다. 그러나 그들의 모델은 일부에서 한계점이 언급되고 있다. 하나는 이 모델이 경계선 탐지 기능에 대하여 설명하고 있지만 모서리 탐지 세포들이 이미지의 깊이와 특성을 부여하는 표면의 세부적인 내용들을 처리할 수 있는지의 여부에 대해서는 아직 의문이 남아 있다는 점이다.

공간 주파수 이론

일부 피질세포들은 모서리에 가장 잘 반응하고 있음에도 불구하고(Albrecht, De Valois, & Thorell, 1980; De Valois, Thorell, & Albrecht, 1985; von der Heydt, Peterhans, & Dürsteler, 1992), 다른 세포들은 명백하게도 그렇게 제한이 있는 것은 아니다. 밝기에 갑작스런 변화 혹은 고주파 변화를 가져오는 모서리의 경우를 생각해 보자. 대상물의 표면을 가로질러 밝기가 점진적으로 변화하는 것은 저주파의 변화로 볼 수 있다. 드 발루아(De Valois)에 따르면, 일부의 복합세포

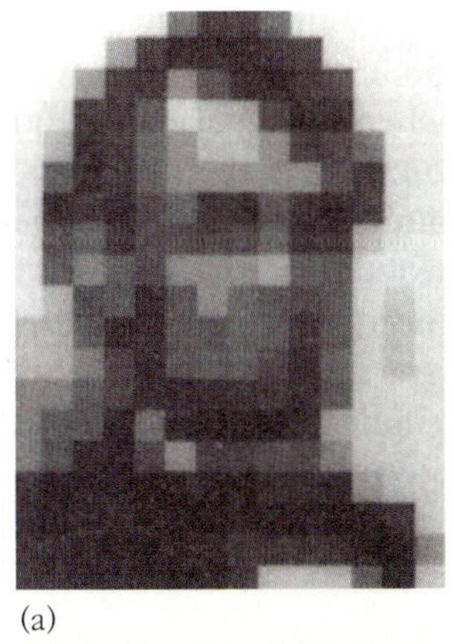
(a)

(b)

(c)

[그림 10-22] 시각 장면에서 고주파수와 저주파수의 예

(a) 명암의 갑작스런 변화에 국한된 이미지는 고주파수와 저주파수를 함께 지니고 있는 정보를 담은 이미지(b)와 달리 큰 의미가 없다. (b) 그림은 언저리가 흐릿하게 보이는 것을 제외하고는 (a)와 이미지가 동일하다. (c)는 Salvadore Dali의 1976년 작품이다(지중해를 조롱하고 있는 Gala로 20미터 뒤에서 보면 아브라함 링컨의 이미지가 된다. 자세히 들여다보면 Dali의 부인이었던 Gala로 보이기보다는 그림 (a)로 보일 것이다. 다시 눈을 가늘게 뜨고 보면 그림 (b)로 보일 것이다.

출처: (a and b) Reprinted with permission from L. O. Harmon and B. Julesz, "Masking in Visual Recognition: Effects of Two-Dimensional Filtered Noise," *Science, 180*, pp. 1194-1197. Copyright 1973 American Association for the Advancement of Science (AAAS). (c) *Gala Contemplating the Mediterranean Sea Which at Twenty Meters Becomes the Portrait of Abraham Lincoln-Homage to Rothko* (Second version). 1976. Oil on canvas. 75.5 x 99.25 inches. © Salvador Dalí. Fundacón Gala-Salvador Dalí, (Artist Rights Society), 2006. Collection of the Salvador Dalí Museum, Inc., St. Petersburg, FL, 2006.

? 공간 주파수 이론이 보다 합리적인가?

들은 대상물의 경계선에서 발견된 고주파에 반응할 수 있도록 맞추어져 있는 반면, 다른 세포들은 저주파에 반응할 수 있도록 맞추어져 있다(De Valois et al., 1985). 일부 세포들은 선과 모서리에 대한 반응에서 볼 수 있는 것보다 교차하고 있는 밝고 어두운 막대들의 쇠창살—여기에는 공간 주파수의 특별한 결합을 포함하고 있음—에 더 잘 반응한다. 공간 주파수 이론(spatial frequency theory)에 따르면, 시각피질 세포들은 전경에서 발광 변형에 대한 푸리에(Fourier) 주파수 분석을 실행한다(제9장의 Fourier 분석을 참조). 이러한 관점에 의하면, 각기 다른 시각피질세포들은 단지 모서리만을 탐지하는 데 필요한 세포들의 형태가 아니라 다양한 민감성세포들을 지니고 있다는 것을 의미한다(Albrecht et al., 1980; De Valois et al., 1985).

몇 개의 사진을 통해 공간 주파수가 의미하는 게 무엇인지 이해를 도울 수 있고, 저주파수의 중요성에 대해서도 마찬가지일 것이다. [그림 10-22a]의 그림은 컴퓨터를 통해 사진에 보이는 큰 부위로 비쳐지는 빛의 양에 대한 평균값을 구해서 얻은 것이다. 결과는 수많은 고주파 전이가 있었고 이미지가 그렇게 의미 있는 수준이 아니라는 점이다. [그림 10-22b]에서는 컴퓨터로 고주파를 거른 후에 빛과 어둠(저주파수) 사이에 점진적인 변화가 유발되었다는 것을 볼 수 있다. 이미지를 흐릿하게 만들면 그것이 무엇인지 더 인지할 수 있도록 고무시키지만,

(a)

(b)

(c)

[그림 10-23] 시각에서 고주파와 저주파의 역할

원래의 그림(a)을 저주파수로 삭제된 그림(b)과 고주파수로 삭제된 그림(c)과 비교하였다. 이러한 조작은 정확한 시각을 형성하기 위한 공간 주파수의 범위가 얼마나 소중한지를 보여 준다.

출처: M. Bar, "Visual Objects in Context," *Nature Reviews Neuroscience, 5*, 617-629, figure in box 2, p. 621. © 2004 Moshe Bar. Used with permission.

이미지를 흐릿하게 처리하는 것은 결국 선명한 경계선이 없어진다는 것을 의미하므로 역설적인 것처럼 보인다. [그림 10-22a]에서도 동일한 효과를 얻을 수 있는데, 이는 멀리서, 또는 눈을 가늘게 뜨고 대상 그림을 바라보는 것이다. [그림 10-22c]에서 스페인의 예술가인 살바도르 달리(Salvadore Dali)는 그의 유명한 그림 중 하나에 착시 효과를 새겨 넣었다. [그림 10-23]에서 보이는 실생활의 예는 만약 우리가 막대와 모서리의 고주파수에 한정되어 있다면 시각적인 세상이 어떻게 보이게 될지 시사점을 전해 준다.

지금까지 우리는 시지각의 가장 단순한 측면만을 다루었다. 그러면서 우리는 어떤 대상물을 또 다른 대상물로 인지할 수도 있고, 다양한 불빛 상황 속에서 색상을 부여하고, 해당 움직임을 탐지할 수도 있다. 시력의 이러한 능력을 설명하려는 시도는 이 장의 나머지 부분을 다루는 데 있어서 충분히 도전할 만한 가치가 있을 것이다.

개념 확인

- 신경절세포 영역에 대한 대립 배열이 어떻게 음영 대비를 향상시키는지 설명해 보시오.
- 허블과 비젤은 모서리 탐지, 모서리 혹은 선의 방향, 그리고 위치를 변화시키는 모서리 혹은 선을 탐지하는 우리의 능력을 어떻게 설명했는가?
- 허블과 비젤의 이론과 공간 주파수 이론은 어떻게 다른가?

사물, 색채 및 운동 지각

시각계에서 더 흥미로운 특징 가운데 하나는 한 이미지를 다양한 구조물 형태로 어떻게 분리시키고, 이들을 각기 다른 뇌 부위에서 분석하는가 하는 점이다. 망막에서 시각 정보에 대한 분리가 시작되고, 네 개의 엽(lobes)을 지나면서 정보에 대한 분리는 더 증가한다. 그리고 이때 뇌의 각 위치 내에서 분리가 진행되면서 색, 운동 및 시각 장면의 다른 특징에 대한 분석이 함께 수행된다. 따라서 이전에도 언급했듯이 시각 처리 과정이 어떻게 모듈식이고 위계식인지 살펴보게 될 것이다. 모듈식 처리 과정(modular processing)은 처리 과정의 다양한 요소를 각기 다른 부위로 분리하는 것을 의미한다. 위계적 처리 과정은 좀 더 하위 수준의 신경계가 정보를 분석한 후 그 결과를 좀 더 고차 수준으로 넘겨 부가적 분석을 실행하는 것을 의미한다.

몇몇 신경심리학자들은 모듈식 개념을 거부하면서 어떠한 시각 기능이라도 분산될 수 있다고 주장한다. 이 주장은 시각 기능이 상대적으로 넓은 뇌 부위를 통해 일어난다는 것을 의미한다. 한 연구에 따르면 얼굴의 민감성을 담당하는 부위는 측두엽의 넓은 영역에 분포되어 있었다(Haxby et al., 2001). 지금까지의 연구 결과는 모듈-분배 논쟁(module-distributed controversy)에 대해서 해결되지 않은 채 남아 있고, 어느 관점을 지지하는지는 학자들의 논쟁거리였다(J. D. Cohen & Tong, 2001). 시각은 언어 영역에서 본 배열처럼 모듈과 분배적 기능을 잘 융합하고 있다고 볼 수 있다. 이러한 모호성이 있음에도 불구하고, 나의 관점은 시각 처리 과정은 구성 요소들이 한 군데 이상의 부위가 관여함에도 불구하고 모듈식 과정으로 고려할 수 있다고 본다. 이 관점은 해당 활동 양상이 다른 처리 과정들과 합리적으로 구분되는 한 유지될 수 있다고 생각한다. 물론 이러한 논쟁거리를 간과할 수는 없지만, 이제 시각계의 통로와 기능적 위치를 살펴보기로 하자.

시각 분석의 두 신경로

? 소세포계와 거대세포계는 어떤 역할을 담당하는가?

시각 정보는 뇌를 지나 망막에서 두 개의 통로를 지나는데, 바로 소세포계(parvocellular system)와 거대세포계(magnocellular system)다(Livingstone & Hubel, 1988; Schiller & Logothetis, 1990). 소세포계 신경절세포는 대부분 망막의 중심와에 몰려 있다. 이들은 조그맣고 색상 대립의 특징을 지니고 있는 원형 수용기를 가지고 있는데, 이 수용기는 정교한 사물의 특징과 색상을 변별할 수 있는 소세포의 전문적 특징에 적합한 기능을 수행하고 있다. 거대세포계는 먼저 제9장에서 난독증을 논의할 때 언급한 적 있다. 거대세포계 신경절세포는 큰 원형 수용기를 가지고 있는데 명도 대비 효과가 있고, 자극에 대해 단지 간단한 반응만을 보일 뿐이다. 그 결과 거대세포계는 명도 대비와 움직임에 특화되었다.

[그림 10-24]는 이들 두 개 체계의 특화된 속성을 흥미롭게 보여 주는 예라고 할 수 있다. [그림 10-24a]에서 자전거는 색상 면에서는 배경과 다르지만 명암 면에서는 그렇지 않기 때문에 자전거의 이미지는 대부분 소세포계를 자극한다. [그림 10-24b]에 나와 있는 자전거는 명암 면에서 배경과 다르지만 색상에서는 그렇지 않기 때문에 대부분 거대세포 체계를 자극한다. 여러분은 첫 번째 자전거에서 모든 세부사항을 선별할 수 있다. 왜냐하면 이것이 바로 소세포계의 능력 가운데 하나이기 때문이다. 두 번째 그림에서는 깊이 감각을 느낄 수 있지만 첫 번째 그림에서는 아니다. 왜냐하면 깊이 지각은 거대세포계의 능력이 영향력을 행사하기 때문이다.

우리는 또한 일상생활 속에서 두 체계가 차별적으로 작용한다는 증거를 볼 수 있다. 가장 간단한 예는 먼지 속에서 빛에 대한 민감성은 증가하지만 색상이나 특징을 볼 수 있는 능력은 상실된다는 점이다. 이러한 상태에서는 신문을 읽을 수 없거나 내일 입을 옷을 준비하기 위해 색상을 조합하는 과제를 수행할 수 없게 될 것이다. 왜냐하면 고해상도의 색상에 민감한 소세포계가 거의 작동하지 않기 때문이다. 움직임에 대한 거대세포계의 민감성은 말초 시각에서 가장 분명히 나타난다. 앞을 똑바로 바라보는 동안 옆으로 팔을 벌려 보자. 그다음 손가락을 움직이면서 손을 서서히 앞쪽으로 움직여 보자. 그리고 손가락이 움직이는 것을 보았을 때, 멈추어 보자. 아마도 손가락이 움직이는 것을 가까스로 볼 수 있었을 테지만, 여러분은 움직임에 매우 민감해져 있을 것이다.

(a)

(b)

[그림 10-24] 시각계를 차별적으로 자극하는 색상 대비와 명암 대비

(a) 이미지는 색상 대비를 보여 주기 때문에 소세포계를 자극하게 되고 그래서 구체적인 그림을 볼 수 있는 것이다. 명암 대비가 없으면 우리는 그림의 깊이를 느끼지 못하게 될 것이다. (b) 이 그림에서 깊이가 명백한 이유는 명암 대비가 있고 거대세포계를 자극하기 때문이다.

출처: Reprinted with permission from M. Livingstone and D. Hubel, "Segregation of Form, Color, Movement, and Depth: Anatomy, Physiology, and Perception," *Science, 240*, pp. 740-749. © 1988 American Association for the Advancement of Science (AAAS).

? 복측 흐름과 배측 흐름은 어떤 기능을 담당하는가?

소세포와 거대세포 신경로들은 외측 슬상핵을 지나 V1으로도 알려진 일차시각피질로 이동한다. 두 체계들은 상호 아주 밀접히 연결되어 있음에도 불구하고 소세포계는 복측 흐름(ventral stream)을 지배해서 시각피질 부위에서 측두엽을 지나간다. 그리고 거대세포계는 배측 흐름(dorsal stream)을 지배하여 시각피질 부위에서 두정엽으로 이동한다([그림 10-25]). 두 개의 청각 통로가 지니고 있는 기능들과 마찬가지로, 복측 흐름은 시각 처리 과정의 '무엇(what)'에 해당하는 속성들을 함축하고 있다면, 배측 흐름은 '어디(where)에서' 라는 속성들에 관여한다고 볼 수 있다. 이러한 주제에 대한 대부분의 연구는 원숭이를 대상으로 수행되었지만 인간의 경우 PET 스캔을 통해 두 개의 통로가 확인되었다(Ungerleider & Haxby, 1994).

V1 이외에 복측 흐름은 V2 부위를 지나 V4 영역으로 들어가는데, 이곳은 대

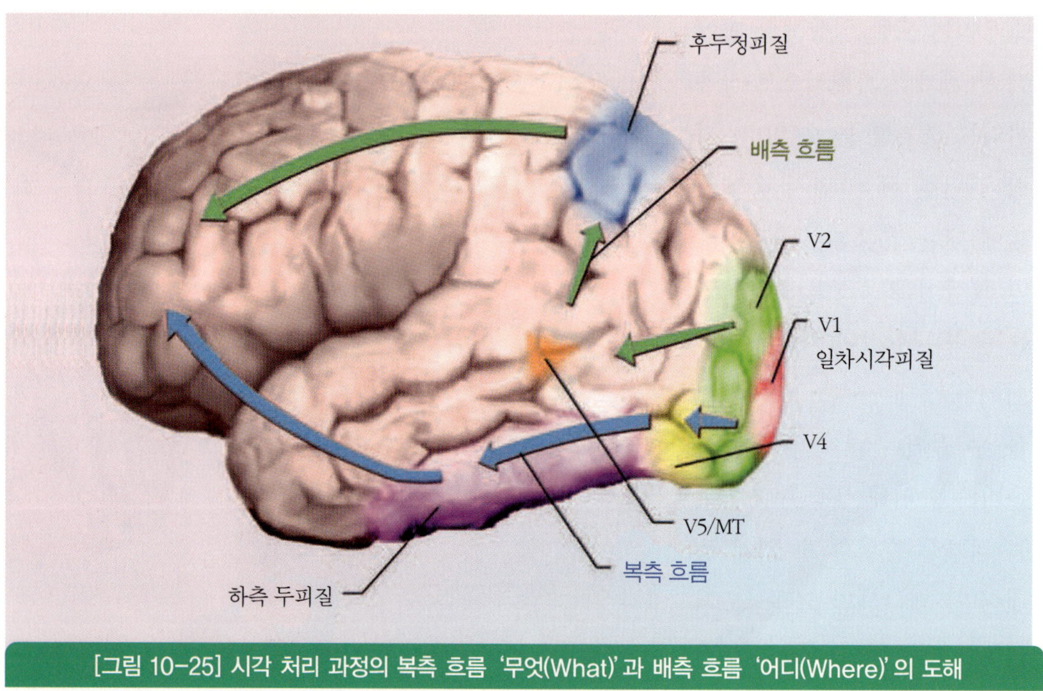

[그림 10-25] 시각 처리 과정의 복측 흐름 '무엇(What)'과 배측 흐름 '어디(Where)'의 도해

부분 색채 지각에 관여하는 부위다. 그다음 측두엽의 낮은 쪽 경계선인 하측두피질로 투사한다. 이 부위는 대상물을 인지하는 데 아주 탁월한 기능을 발휘하는데, 곧 자세히 다룰 것이다.

거대세포 뉴런들은 방향, 움직임 및 망막 불일치에 반응하는 영역들 속에 있는 V1 부위에 도착한다(Poggio & Poggio, 1984). 배측 흐름은 그다음 V2를 지나 V5로 이동하는데, V5는 원숭이의 중측두회에 위치하고 있다고 하여 MT로 불리기도 한다. 여기에 있는 뉴런들은 방향에 대한 민감성이 강해서 움직임을 지각하는 데 기여도가 큰 부위다. 그다음 배측 흐름은 체감각피질 영역의 바로 뒤에 위치해 있는 후두정피질로 이동하는데, 이 부위의 역할은 일차적으로 공간에 있는 대상물을 파악하는 데 있지만, 해당 기능에 대한 행동학적인 함축성은 훨씬 중요하다.

운동 지각은 모듈-분배 논쟁을 촉발시키는 아주 좋은 예다. V5/MT와 근처에 있는 영역은 MST(내측 상측두 영역, medial superior temporal lobe)로 알려진 MT에서 입력을 받는데, 움직임을 지각하는 데 가장 중요한 부위인 것으로 보인다. 이들은 대부분의 입력을 거대세포 신경로에서 받는데 여기에는 움직임에 민감한 복합세포들이 포함되며 움직이는 동안 활동이 활발하다. 또한 이들의 반응은 운동선수의 사진 속에서 움직임이 느껴질 때 혹은 테이블에서 떨어지는 컵에 관한 그림을 보게 될 때만 반응한다[Culham, He, Dukelow, & Verstraten(2001)의 연구에서 언급됨]. 동시에 특별한 종류의 움직임에 전문화된 각기 다른 많은 영역이 존재하고 있다. 인체 혹은 관련 기관의 움직임을 관찰하는 것은 V5/MT/ MST에 인접한 배측 흐름을 활성화하고, 이 기전은 두정엽과 전두엽 및 복측 흐름의 양쪽에 있는 측두엽 부위에서도 마찬가지다(Vaina, Solomon, Chowdhury, Sinha, & Belliveau, 2001; Wheaton, Thompson, Syngeniotis, Abbott, & Puce, 2004).

이미지가 눈을 움직일 때마다 망막을 통해 계속 움직이고 있음에도 불구하고 여러분은 주위에서 움직이는 세상을 볼 수 없을 것이다. 이는 MT와 MST에 있는 움직임에 민감한 세포들의 활동이 안구 운동이 진행되는 동안 억제되어 있기 때문이다(Thiele, Henning, Kubischik, & Hoffmann, 2002). 이 세포들은 특별한 방향을 지닌 움직임에 민감하고, 일부 세포들은 선호하는 방향의 움직임과 거꾸로 움직여 실제 움직이는 대상물에 지속적으로 반응할 수 있도록 한다. 뇌의 움직임을 관장하는 영역은 전정기관을 통해 들어온 입력 신호를 분석하는 영역 근처에 위치하고 있어 몸의 움직임을 관찰하게 된다(Thier, Haarmeier, Chakraborty, Lindner, & Tikhonov, 2001). 지나가는 물체를 아주 가까이서 바라보거나 움직이는 차 안에서 책을 읽으려고 할 때, 어지러움이나 구토를 느끼는 것은 아마도 과도한 시각적 움직임이 있기 때문일 것이다.

복측 및 배측 흐름의 기능은 바로 이 두 곳이 손상된 환자들을 비교해 보면 아주 좋은 예가 될 것이다. 측두피질(복측 흐름)에 손상이 있는 사람들은 시각적으로 사물을 확인하는 데 어려움을 겪을 수 있지만 물체가 있는 쪽 혹은 그 주변으로 걸어갈 수도 있고, 정확하게 목적지까지 도달할 수도 있다(Kosslyn, Ganis, & Thompson, 2001). 배측 흐름이 손상된 사람들은 정반대의 문제를 수반하게 된다. 그들은 사물을 확인할 수는 있지만, 눈의 초점을 사물에 맞추고 정확히 손을 뻗은 후 시각적 단서를 이용해 사물을 움켜쥐는 데 어려움이 있다(Ungerleider & Mishkin, 1982). 그래서 배측 흐름은 행동 실행에 중요한 '어떻게' 영역이라고 할 수 있다.

두정엽과 측두엽으로부터 배측과 복측 흐름은 모두 전전두피질로 이동한다. 전전두피질의 기능 중 하나는 앞에서 언급한 두 개의 통로에 달려 있는 기능을 수행하는 동안 정보를 기억 체계 속에서 관리하는 일이다(Courtney, Ungerleider, Keil, & Haxby, 1997; Wilson, ÓScalaidhe, & Goldman-Rakic, 1993). 한 예로서 우리는 전전두피질이 신체에 관한 정보와 움직임을 설계하는 동안 주변의 사물에 관한 정보를 함께 통합하는 역할을 담당하고 있다는 것을 제11장에서 살펴보게 될 것이다.

시지각 장애

시각계는 다소 모듈식이기 때문에 고차 영역 가운데 한 곳이 손상되면 다른 부위는 정상적인 기능을 발휘하지만, 시지각의 일부는 손상을 입을 수 있다. 이러한 종류의 결함은 실인증(agnosia)이라고 불리는데, 이 말은 '알고 있는 것이 없음'이라는 의미다. 시각계의 장애는 고차적 시지각의 신경학적 토대를 이해할 수 있다는 점에서 특별한 기회를 제공해 주기 때문에, 시지각에 관한 논의는 장애를 둘러싸고 있는 사물, 색, 움직임 및 공간 위치에 관한 지각을 중심으로 살펴보고자 한다.

사물 실인증

사물 실인증(object agnosia)은 사물을 인지하는 능력이 손상되었다는 것을 의미한다. 제3장에서 색스(Oliver Sacks)의 연구를 통해 실인증 환자를 언급한 적이 있었는데, 이 환자는 주차장 요금기의 위쪽을 쓰다듬으면서 그것이 마치 어

군중 속에 있는 얼굴이 재인되지 않을 때

토마스 그뤼터(Thomas Grüter)는 상모 실인증(얼굴 인식 불능증)을 가지고 있다. 그는 뇌졸중에 걸렸거나 감염을 앓았던 적이 없고, 사고로 뇌를 다치지도 않았다. "내가 상모 실인증을 가지고 있다는 것을 아주 오래전 학교에 다닐 때부터 알았다."고 그는 회상했다. 그뤼터는 독일의 뮌스터(Münster)에 있는 인간유전학연구소에서 일하고 있는데, 상모 실인증이 가족력이 있다는 근거 없는 소리를 듣곤 했기 때문에 직접 조사해 보기로 맘을 먹었다. 그리고 실제 그가 발견한 것은 놀라운 것이었다.

연구팀은 그뤼터의 친척을 포함해 상모 실인증 지지 모임 회원들을 선발하였다. 설문지를 돌리면서 연구팀은 7개 가족들로부터 상모 실인증을 가지고 있는 38명의 사람들을 선발하였다. 이 사람들은 유명 연예인의 그림을 보고 이름을 말하는 과제를 수행하는 데에 있어서는 일반인에 비해 반 정도의 성공률을 보였으며, 심지어는 사진 속에 있는 자신의 가족 구성원 중 30% 정도를 인식하지 못하는 것으로 나타났다. 가계도 상황을 점으로 표시해 보았을 때, 유전 형태가 단일 우세 유전자와 일치하는 것으로 나타났다. 단지 유전자 하나만 일치하더라도 안면 인식 불능을 가져왔다는 것이다. 그뤼터가 뮌스터에 있는 576명의 생물학 전공 학생들에게 설문지를 나누어 주었을 때, 상모 실인증이 얼마나 만연해 있는지를 보고 놀라지 않을 수 없었다—2%가량의 학생들이 해당 증상을 가지고 있는 것으로 나타났다.

다음으로 그뤼터는 증상을 발현하는 해당 유전자를 찾고자 하였다. 한 가지 이유는 상모 실인증이 있는 아동들은 때때로 자폐아로 잘못 진단될 수 있고, 유전학 검사는 이러한 운명을 바꿀 수 있는 길이라는 믿음이 있었기 때문이었다. 다행스러운 일들이 종종 부끄럽고, 은둔자가 되고, 사교적 상황에서 겁을 내게 되는 일을 수반할 수 있기 때문에 그는 초기 상모 실인증을 진단하는 것이 자신의 장애를 이해하는 데에 도움을 줄 수 있을 것이라고 믿고 있다[전체 연구보고서는 Grueter 등(2007)의 연구에서 찾아볼 수 있다].

출처: "When They' re All Faces in the Crowd," March 26, 2005, New Scientist, 185, p. 12.

린 아이의 머리라고 생각했었다는 내용을 보았다. 그는 또한 가구의 조각된 손잡이가 그의 다정한 인사에 화답하지 않았다는 것을 보고 놀라워했다. P박사는 지적인 능력에는 문제가 없었다. 그는 음대 교수로서 성공적으로 업무를 수행했고, 여러 주제를 놓고 생동감 있는 대화를 나눌 수 있었다. 사물 실인증을 가진 환자들은 사물을 볼 수 있고 사물의 내용을 자세히 기술할 수 있고 손으로 만져 확인할 수 있다. 그러나 그들은 육안으로 사물이 무엇인지 확인할 수 없거나 방금 기억에서 추론 또는 복사한 사물을 인지할 수는 없다(Gurd & Marshall, 1992; Zeki, 1992).

P박사처럼 다수의 사물 실인증 환자들은 또한 상모 실인증(얼굴 인식 불능증, prosopagnosia)이라는 어려움을 수반하는데, 이 증상은 시각적으로 친숙한 얼굴을 인식하지 못하는 경우다. 이는 기억에 문제가 있는 것은 아니다. 왜냐하면 환자들은 목소리 또는 태도로 개인을 확인할 수 있기 때문이다. 또한 시력이 손상된 것도 아니다. 얼굴 표정, 성별 및 연령을 인지하는 데 크게 어려움이 없기 때문이다(tranel, Damasio, & Damasio, 1988). 그러나 그들은 친구들과 가족 구성원들의 얼굴 혹은 심지어 거울 속에 비친 자신의 얼굴조차도 인지하지 못할 수도 있다(Benton, 1980; A. R. Damasio, 1985).

상모 실인증 환자들은 그들이 인지할 수 없는 친숙한 얼굴의 사진을 보게 되면 정서적인 반응을 보이는 것을 관찰할 수 있는데, 이는 EEG의 유발전위와 피부전도반응에 의해 기록이 가능하다(Bauer, 1984; Renault, Signoret, Debruille, Breton, & Bolger, 1989; Tranel & Damasio, 1985). 이 사실은 확인과 인지는 뇌에서 독립적인 과정이라는 것을 시사한다. 이와 같은 '숨겨진 지각(hidden perception)' 은 선행 학습 없이는 불가능한 것이다. V1 영역에 손상을 입은 실명환자들은 맹시(blindsight)로 불리는 놀라운 능력이 있음을 보여 준다. 그들은 사물의 위치를 파악할 수 있고, 움직임을 추적할 수 있고, 색상을 변별할 수도 있는데, 시종 추측을 토대로 주장을 펼친다(Zeki, 1992). 하나의 가설은 맹시는 외측 슬상핵으로부터 V1 이외의 시각 영역에 이르기까지 직접 연결되었지만 약한 연결의 효과로 나타날 수 있다는 점이다(Crick & Koch, 1992; Hendry & Reid, 2000).

사물 실인증과 상모 실인증의 원인은 복측 흐름을 구성하는 하측두피질의 손상이다([그림 10-25] 참조). 이 두 증상을 각기 다른 장애로 볼 것인지 아니면 한 장애에 따른 증상으로 볼 것인지는 아직 논쟁거리다. 그러나 상모 실인증 하나만 가지고 있는 환자의 사례가 우연히 발견되었고(Benton, 1980), 그래서 다음 몇몇 구절에서 얼굴에 반응하는 하측두피질에 있는 세포들이 사물에 반응하는 세포들과는 다르다는 것을 알게 될 것이다. 얼굴에 반응하는 뉴런들은 사물에 반응하는 뉴런들과 종종 섞여 있는데도 불구하고, 측두엽의 아래쪽에 위치한 방

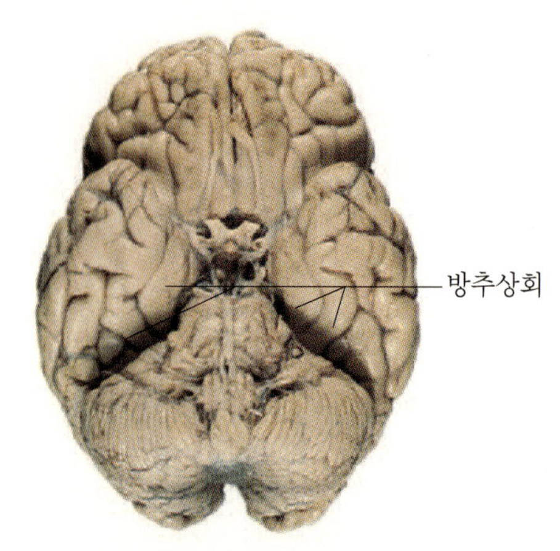

[그림 10-26] 방추상회를 보여 주는 인간 뇌의 하부 단면도

출처: Dr. G. Moscoso/Science Photo Library.

추상회의 일부로, 얼굴을 인식하는 데 매우 중요하며 방추상 안면야(fusiform face area)라고 불리기도 한다([그림 10-26] 참조; Gauthier, Skudlarski, Gore, & Anderson, 2000; Gauthier, Tarr, Anderson, Skudlarski, & Gore, 1999).

모서리, 공간 주파수, 재질 및 기타 등등에 관한 정보가 각기 탐지되면, 관련 정보들은 하측두피질에서 다시 제자리로 돌아오게 된다. 원숭이와 인간은 세포들이 모두 하측두피질에 위치해 있는데 기하학적인 그림, 집, 동물, 팔 혹은 얼굴에 선택적으로 반응한다([그림 10-27a] 참조; Desimone, Albright, Gross, & Bruce, 1984; Gross, Rocha-Miranda, & Bender, 1972; Kreiman, Koch, & Fried, 2000; Sáry, Vogels, & Orban, 1993). 이 세포들 가운데 일부는 프로파일에 있는 얼굴처럼 자극의 아주 세부적인 특징을 요구한다. 다른 세포들은 회전, 크기 및 색상에서의 변화가 없어도 지속적으로 반응한다([그림 10-27b]; Miyashita, 1933; Tanaka, 1996; Vogels, 1999). 이러한 복합적인 반응을 지니고 있는 세포들은 상대적으로 더 좁은 민감성을 띤 세포들로부터 입력 정보를 수신하

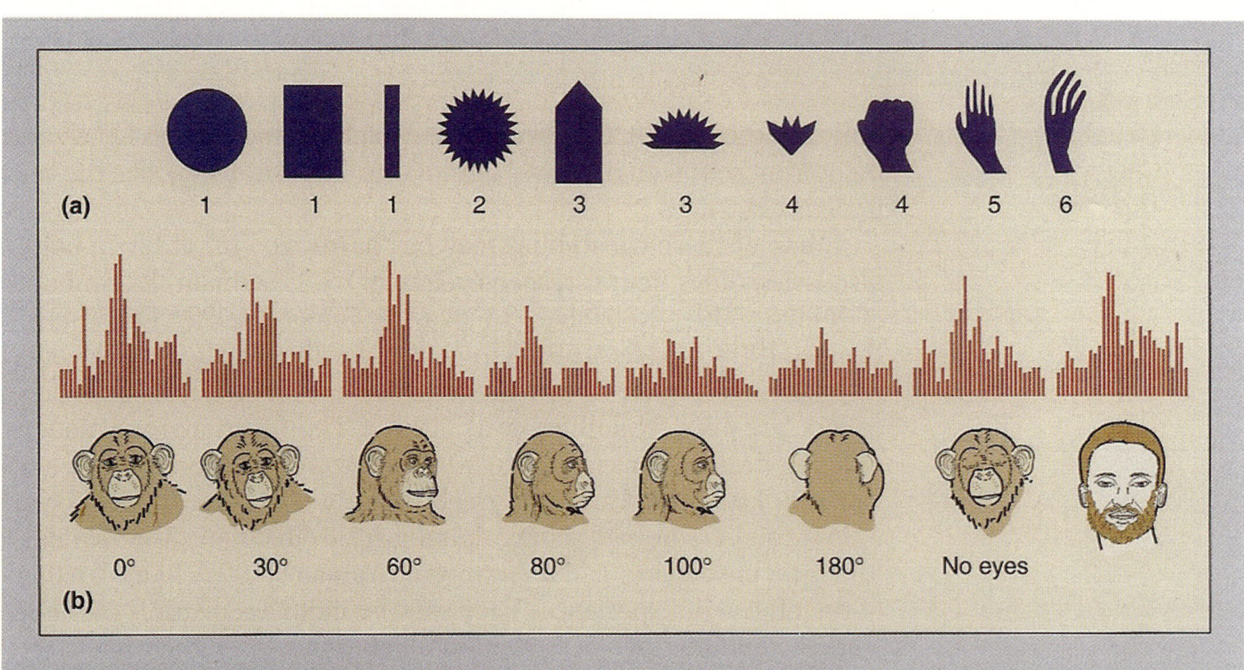

[그림 10-27] 원숭이를 대상으로 '손'에 대한 반응을 유발하는 데 익숙한 자극들과 '얼굴'에 민감한 세포들

(a) 자극은 손에 익숙한 자극을 되살리는 순서로 순위가 결정된다. (b) 얼굴에 민감한 세포에서 기록된 그래프는 아래의 자극에 대한 반응 정도를 나타낸 것이다.

출처: (a) From "Visual Properties of Neurons in Inferotemporal Cortex of the Macaque," by C. G. Gross et al., 1972, *Journal of Neurophysiology, 35.* Reprinted with permission. (b) From Stimulus-selective properties of inferior temporal neurons in the macaque by R. Desimone et al., p. 2057. in *Journal of Neuroscience, 4.* ©1984 Society for Neuroscience. Reprinted with permission.

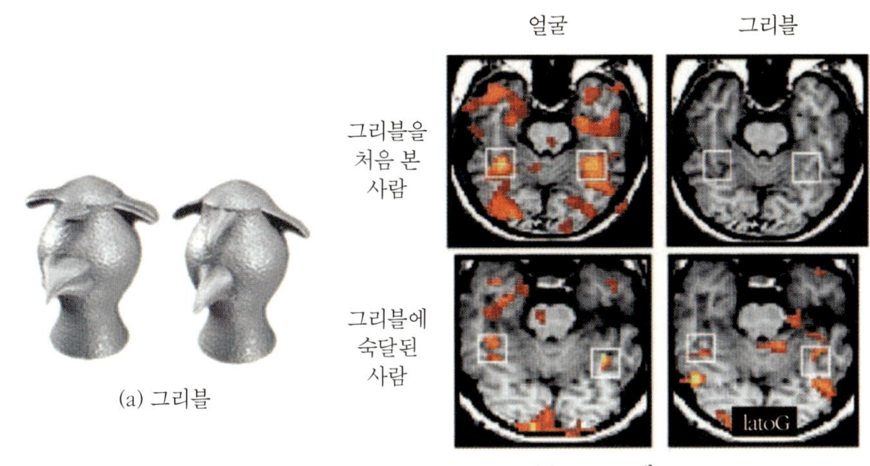

(a) 그리블

(b) fMRI 스캔

[그림 10-28] 얼굴과 그리블을 제시하는 동안에 방추상 안면야에서 일어나는 활동

그리블(greeble)에 초보자와 숙련자 모두에게 얼굴을 보여 주면 방추상회 일부가 활성화되는 것을 볼 수 있다. 피험자들은 모두 개별 그리블이 서로 다르다는 것을 이미 학습한 사람들이다. 그러나 그리블을 보여 주었을 때는 오직 그리블에 숙달된 사람들만이 방추상회가 활성화되었다.

출처: I. Gauthier et al., "Activation of the Middle Fusiform 'Face Area' Increases With Expertise in Recognizing Novel Objects," *Nature Neuroscience, 2*, 568-573.

는 경향이 있는데(Tanaka, 1996), 이는 모서리를 탐지하는 데에 관여하는 세포들과 유사하다.

이러한 능력들의 아주 일부는 태어날 때 고착되었을 수도 있겠지만, 경험 또한 신경 반응을 결정하는 요인이다(D. J. Freedman, Riesenhuber, Poggio, & Miller, 2001; Kobatake, Tanaka, & Tamori, 1992; Logothetis, Pauls, & Poggio, 1995; Vogels, 1999). 친숙성에 대한 변인을 통제하기 위하여 연구자들은 인간의 얼굴에 대한 반응들을 '그리블(greebles)'이라고 불리는 허구적 동물의 머리에 대한 반응과 비교하였다(Gauthier et al., 1999). [그림 10-28]에서 보여 주는 fMRI의 스캔은 얼굴 사진이 방추상 안면야를 활성화시킨다는 것을 보여 준다. 그러나 그리블은 개인이 개별 동물들을 구분하기에 충분한 친숙성을 지녔다고 하지 않는 한 방추상 안면야를 활성화시킬 수 없다. 영과 야마네(M. P. Young & Yamane, 1992)는 더 나아가 경험의 효과에 관한 증거도 발견하였다. 즉, 그들은 실험실 직원의 얼굴이 그려진 그림을 원숭이들에게 보여 준 결과, 원숭이들이 직원들에 대한 친숙도에 따라서 측두엽에 있는 뉴런들의 활동이 증가하였다는 것을 발견하였다.

색채 실인증

? 색상을 부호화하는 과정은 파장을 부호화하는 과정과 어떻게 다른가?

조나단의 삶의 역경이 서술되어 있는 이 장의 서두로 다시 돌아가 보자. 조나단의 문제는 색채 실인증(color agnosia)으로써 뇌손상으로 색상을 지각하는 능력을 상실하였다. 이 장애를 논의하기에 앞서 파장과 색상을 구분할 필요성이 있어 보인다. 나는 한 동료가 일하고 있는 사무실 문쪽을 지나간 적이 있다. 좁게 열려 있는 문틈으로 그의 얼굴이 확연히 초록색이었다는 것을 보고는 적잖이 놀랐다! 문을 열고서야 나는 이유를 알게 되었다. 책상 램프에서 나온 불빛이 그가 읽고 있었던 밝은 초록색의 책자를 반사시켰던 것이다. 그의 얼굴은 곧바로 정상적인 안색으로 보였다. 이렇듯 반사파장에도 불구하고 사물의 자연색을 깨닫는 능력을 색채 항등성(color constancy)이라고 한다. 만약 색체 항등성이 없었다면, 태양의 빛이 낮 주기를 지나면서 색이 변해 가거나 우리가 인공 빛이 있는 실내로 들어갈 때 색상의 변화를 계속 감지해야만 한다. 만약 색상이 계속 변해 간다면, 우리는 익은 과일을 확인함으로써 생존해 나갈 수 있다는 것을 떠올려 보자.

내가 동료의 피부색을 재해석할 수 있었던 것은 그의 얼굴이 초록 불빛 속에 스며들어 있었다는 것을 이해했기 때문이 아니었다. 원숭이는 색시각의 원칙을 이해할 수 없지만, 분명히 같은 경험을 하게 될 것이다. 제키(Zeki, 1983)가 빨강, 초록 및 파랑 조각들을 빨간 불빛으로 반사시켰을 때, 각 조각은 긴 파장의 빨간 불빛을 선호했던 V1 세포들을 발화시키기 시작했는데, 이러한 결과는 실제의 색상과 무관하게 진행되었다는 것을 발견했다. 그러나 V4에 있는 세포들은 해당 조각의 실제 색상이 세포의 색상 '선호도(preference)'와 꼭 일치할 때만 반응하였다. 따라서 제키는 V1에 있는 세포들은 파장에 부호화(wavelength coded)되는 반면, V4세포들은 색상에 부호화(color coded)된다는 결론을 내리게 되었다. 샤인과 데시몬(Schein & Desimone, 1990)은 V4세포들이 일반적인 반사 파장들을 걸러 냄으로써 사물의 실제 색상을 탐지하며, 이때 세포 수용기 주변으로 매우 넓게 분포되어 있는 정보를 활용한다는 것을 시사해 주었다. 내가 동료의 얼굴이 원래 분홍빛이라는 것을 알게 된 것은 반사되었던 초록색 때문이라고 하기보다는 V4세포가 있었기 때문이었다.

우리는 조나단의 손상이 어디에서 일어났는지 뇌 영상을 가지고 있지는 않지만 몇몇 신경학적인 탐색을 할 수는 있을 것이다. 분명히 그의 파장 분리는 그대로였지만 색상을 인지하지 못했기 때문에 손상이 V4 영역이라는 것을 시사해 준다고 할 수 있다.

운동 실인증

운동 실인증(movement agnosia)은 운동을 지각하는 능력이 없다는 것을 의미한다. 43세의 한 여성은 LM으로 문헌에 알려졌는데, 후두엽 손상으로 뇌졸중이 온 사람이었다. 결과적으로 그녀는 운동을 지각하는 데 어려움이 있었고 사물의 위치가 변해 갔다는 사실을 주목하고는 놀라워했다(Zihl, von Cramon, & Mai, 1983). 위치의 변화를 지각한다는 것은 움직임을 지각하는 것과 같은 일이라고 생각할 수 있지만, 그녀는 중간 위치에서 이동하는 사물에 대한 감각이 없었다. 그녀가 커피를 따를 때 액체가 컵 안에서 올라오는 것을 말할 수 없었고 그래서 컵이 넘쳐 흐를 때까지 계속 따르기만 했던 것이다. 그녀가 거리를 가로질러 갈 때도 자동차가 멀리 있는 것처럼 보였다가 갑자기 가까이 다가서 있는 것처럼 보이기도 했었다.

후속 연구에 따르면, LM으로 인한 운동지각의 상실은 선택적이라는 것을 보고하고 있다(Vaina, 1998). 특히 그것은 급격한 운동을 탐지하는 능력이 손상되었다는 것을 의미했다. 우리는 접근하고 있는 자동차의 이미지가 표면상 혹은 방사상으로 확장되어 나타날 때 방사적 운동(radial movement)을 경험한다. 방사형의 운동은 우리가 걷거나 운전을 할 때 어떤 사물에 다가서고 있다는 것을 알려 준다. 왜냐하면 중심점 주변으로 환경 속에 위치해 있는 모든 사물이 밖으로 움직이는 것처럼 보이기 때문이다. 이 효과는 우리의 방향(heading)에 관한 정보를 제공해 주며 이는 사적인 항해에 중요한 것이다. 방사형 운동을 지각하는 데 손상이 있는 환자는 그를 향해 던진 공을 잡는 데 어려움이 있고, 휠체어를 탄 채로 사람들 속으로 뛰어들기도 한다. 비록 LM은 유사한 손상을 가지고 있었지만, 그녀는 두 사람 이상이 아니라면 방 안에 있던 사람들의 움직임을 탐지할 수도 있었다(Vaina, 1998; Zihl et al., 1983). 피검자가 방사형 운동 혹은 방향 탐지를 포함하고 있는 과제를 수행하는 동안 스캔을 해 본 결과, MST와 두정피질이 과제에 관여하고 있는 것으로 나타났다(Peuskens, Sunaert, Depont, Van Hecke, & Orban, 2001; Vaina, 1998).

무시와 시각에서 주의의 역할

후두정피질은 시각, 청각 및 체감각 영역으로부터 들어온 정보를 결합하여 우리가 공간 속에 사물을 위치시킬 수 있도록 도와주고, 또한 환경 속에서 신체를 움직일 수 있도록 도와준다. 손상을 입으면 사물을 잡는 능력이 손상되지만, 한편으로는 자주 무시할 때도 있다. 이는 환자가 손상을 입은 반대쪽에 나타나는 시각, 촉각, 청각적 자극을 무시하는 현상을 말한다. 무시(neglect)라는 용어는 접시의 왼쪽에 놓인 음식을 먹지 않거나, 오른쪽 얼굴만 면도를 하거나, 신체의

"무시(neglect)"란 단어는 무엇인가 잘못되었다는 것을 뜻하는 일종의 의학용어라는 건 알았지만, 그 단어 때문에 전 힘들었었요. 왜냐하면 실제 존재하는 어떤 사물이 있을 때만 무시란 말을 할 수 있는 거잖아요. 안 그런가요? 아무것도 없는데 어떻게 무시가 가능하냔 말이에요?

- P. D. 무시환자

왼편에만 옷을 걸치지 않거나 하는 특별한 환자들에게 적합한 말처럼 보인다. 이러한 현상은 대개, 전적인 것은 아니지만, 시각적이며, 오른쪽 대뇌 반구의 손상에 따라서 신체의 왼편에서 증세가 자주 목격되는 경향이 있다.

무시는 시각 처리 과정의 결함에 기인하지 않고 오히려 주의(attention)에 결함이 있기 때문으로 생각된다. 주의가 손상되는 정도에서 보는 것과 같이 시각 기능도 마찬가지라는 사실을 보여 준다. 이러한 상태를 가진 두 명의 환자는 오른쪽 두정엽에 종양이 있었는데, 왼쪽과 오른쪽 시야에 동시적으로 단어들과 그림들을 제시한 후 그들이 같은지 아니면 다른지 보고하도록 요구받았다. 그 결과 그들은 해당 과제가 자신의 왼쪽 시야에 제시되지 않았기 때문에 어리석은 과제라고 말했음에도 불구하고 높은 수준의 정확성을 가지고 질문에 답할 수 있었다(Volpe, LeDoux, & Gazzaniga, 1979). 그들의 수행은 맹시 환자들의 과제 수행 결과보다 우세하였는데, 이는 무시 환자들이 한쪽 공간에 주의집중(attention)하는 능력이 손상되어 있었기 때문에 자극을 인식하지 못한다는 것을 시사해 준다.

[그림 10-29] 왼쪽 시야 무시 환자가 모사한 그림

출처: *Brain, Mind, and Behavior* (2nd ed.; p. 300), by F. E. Bloom and A. Lazerson. © 1988 W. H. Freeman & Co.

환자들의 데생과 그림은 그들이 무엇을 경험하고 있는지 우리가 이해할 수 있도록 도와준다. 데생을 따라 그려 보라고 요구받으면 환자들은 [그림 10-29]의 예에서 볼 수 있듯이, 다른 한쪽의 내용은 자세히 그릴 수 있지만, 한쪽 면의 내용은 무시할 것이다. [그림 10-30]에 있는 두 개의 사진은 라더샤이트(Anton Raderscheidt)의 작품으로 그가 오른쪽 두정엽의 손상으로 뇌졸중을 입은 후, 2개월에서 9개월 사이에 그린 것이다. 첫 번째 그림은 아주 적은 양의 정보를 포함하고 있는데, 이미지의 왼쪽 부분이 생략되어 있다는 것을 주목해 보자. 이후 그림에서 그는 캔버스를 사용했는데, 사진이 좀 더 정상적으로 보였다. 그러나 왼쪽 면이 여전히 오른쪽에 비해 덜 완성되어 있는 채로 안경과 얼굴이 애매모호하게 그려져 있다는 사실을 주목해 보자(Jung, 1974).

최종 통합의 문제

많은 연구자는 시각적 대상물에 관한 모든 정보가 어디에서 함께 모여 처리되고 있는지 궁금하게 생각했다. 어떤 사람이 여러분의 시야를 지나면서 걷고 있는 것을 바라보고 있다고 생각해 보자. 그 사람은 움직이면서 방향을 전환하고 있고 조도가 나무 그늘 아래서 밝아지기도 하고 감소하면서 외향이 변해 간다. 동시에 여러분이 그 사람이 있는 쪽으로 걸어 가고 있다. 그러나 여러분의 뇌는 실제 변해 가고 있는 그 사람의 이미지에 대한 크기와 당신 쪽을 향해 다가오고 있는 명백한 환경 속 사물들의 움직임에 쉽게 대처할 수 있다. 시각적 통로의 끝에 위치한 유일한 센터의 역할은 모양, 색상, 재질과 운동에 관한 모든 정보를 결합할 수 있고, 해당 이미지에 대한 지각을 동일한 사람으로 계속 업데이트하는 것이다. 즉, 결과는 완전하고 역동적인 지각이라는 것이다. 아마도 이 부위에 손상을 입으면 맹시와 유사한 증상을 유발할 수 있지만 거의 모든 자극에 영향을 미친다고 할 수 있다.

[그림 10-30] 왼쪽 시야 무시를 보여 주는 자화상

(a) 뇌졸중으로 오른쪽 두정엽 부위가 손상된 예술가가 발병 2개월 후 그린 자화상이다. 특히 캔버스의 왼쪽 면이 미완성인 채로 남아 있다. (b) 발병 9개월 후 그린 자화상으로 좀 더 완성된 모습을 보여 주고 있지만, 왼쪽 면은 아직도 생략된 채 섬세하지 못하다는 것을 볼 수 있다.

출처: Jung (1974). © Anton Raderscheidt. Photos provided by Ken Roth.

사물의 지각에 대한 우리의 최종적인 결론은 지각이 양쪽의 신경 통로로부터 입력을 받는 상측두회(superior temporal gyrus)의 한 부위 또는 뇌손상에 의해 무시가 일어나는 영역인 두정피질 부위에서 발생한다고 시사되어 왔다(Baizer, Ungerleider, & Desimone, 1991; Driver & Mattingley, 1998). 다른 연구자들은 양쪽의 통로들이 수렴되는 전두엽 부위를 염두에 두고 있다. 그러나 이러한 생각은 진정 추측에 근거한 것이고, 지각에 관한 모든 시각 정보를 통합해 지각을 일으킨다는 중추 영역에 대해서는 확실한 증거가 없는 상태다(Crick, 1994; Zeki, 1992). 시각적 인지는 시각에 관여하는 32개 영역의 피질 연계망과 그들의 305개 상호 연결 통로를 통하여 분배된다고 보는 것이 가능한 해석일 것이다(Van Essen, Anderson, & Felleman, 1992). 이제 우리는 마지막 장에서 의식을 얘기할 때 이 문제를 다룰 것이다.

개념 확인

- 사물의 자연색을 인지하기 위해서 고차적 처리 과정이 필요한 이유를 설명해 보시오. 어떻게 작동하는가?
- 뇌를 도해해 본 후, 두 개의 주요 시각 통로들을 보여 주는 선을 추가하고 다양한 영역에 명칭을 부여해 보자. 고차적 처리 과정 영역을 이해하기 위하여 이 기능들을 살펴 보자.

전 망

생물심리학에서 아주 극소수의 주제만이 그동안 연구자들이 공들여 왔던 흥미에 부합할 것이다. 그러나 결과적으로 우리는 어떤 신경계보다도 시각의 신경해부학과 기능에 관하여 더 많이 알게 되었다고 할 수 있다. 물론 시각 연구에는 아직도 많은 과제가 남아 있는 것도 사실이다.

연구자들이 시각에 매료된 것은 시각 자체의 문제만이 아니다. 시각계에 있는 뉴런과 구조의 네트워크에 대해 이해한다는 것은 이론을 개발하는 토대를 마련해 줄 수 있고, 복잡한 정보를 하나의 지각계로 통합할 수 있듯이 기타 기능들을 이해하는 데 도움을 줄 수 있다. 향후 어느 방향으로 연구가 진행되든 시각은 가장 중요한 주제 가운데 하나로서 지속적인 관심을 받게 될 것이 확실하다.

요 약

빛과 시각 장치

- 인간의 눈은 왜곡을 최소화하면서 사물에서 반사된 전자기 스펙트럼의 일부로 적응해 왔다. 파장은 불빛 색상과 관련되어 있지만 색상과 동의어는 아니다.
- 망막은 명암 변별에 전문화되어 있는 간상체를 포함하고 있고, 추상체는 구체적인 시각을 처리하고 색을 변별하는 데 전문화되어 있다. 망막세포들은 망막 수준에서 아주 밀접히 상호 연결되어 있고, 일부 과정을 실행하는 데 관여한다.
- 시신경은 두 대뇌 반구로 투사되기 때문에 오른쪽 시야로부터 들어온 정보는 왼쪽 시각피질 쪽으로 이동하고 반대의 경우도 마찬가지다.

색채 시각

- 세 유형의 추상체들이 있고, 각 유형은 전자기 스펙트럼의 각기 다른 부위에 가장 민감한 화학물질을 함유하고 있다.
- 추상체가 신경절세포에 연결되면 보색 작용을 일으키고 노란색을 지각할 수 있도록 한다.

- 부분 색맹의 가장 일반적인 원인은 광화학물질 가운데 하나가 부족하기 때문이다.

형태 시각

- 형태 시각은 모서리의 대비 향상으로 시작되며, 이는 빛-대립 원형장이 있는 신경절세포의 작용으로 일어난다.
- 이들 신경절세포들은 피질 기제의 작동에 영향을 미치며 모서리를 탐지하고(허블과 비젤의 이론) 전경의 푸리에 분석을 실행하는 역할(공간 주파수 이론)을 담당하고 있다.

사물, 색채 및 운동 지각

- 시각의 구성 요소들은 뇌를 통해 두 개의 분리된 통로를 따라 작동한다.
- 통로를 따라 이동하는 구조물은 각기 다른 기능에 전문화되어 있으며, 여기에는 색채, 운동, 사물 지각 및 안면 지각이 포함되어 있다.
- 우리는 시각의 구성 요인들이 어디에서 결합하여 단일 사물에 대한 지각을 형성하는지 잘 모르고 있다. 하나의 가능성은 이것이 분배된 기능일 수 있다는 점이다.

핵심 용어

거대세포계(magnocellular system)
공간 주파수 이론(spatial frequency theory)
광색소(photopigment)
단순세포(simple cell)
대립 과정 이론(pponcnt proccss thcory)
대상 실인증(object agnosia)
로돕신(rhodopsin)
망막 부등(retinal disparity)
망막 위상적 지도(retinotopic map)
망막(retina)
모듈 처리 과정(modullar processing)
무시(neglect)
배측 흐름dorsal stream()
보색(complementary colors)
복측 흐름(ventral stream)
복합세포(complex cell)
부적 색상 잔상 효과(negative color aftereffect)
분배된(distributed)
삼원색 이론(trichromatic theory)
상모 실인증-얼굴 인식 불능증(prosopagnosia)
색채 실인증(color agnosia)
색채 항상성(color constancy)
소세포계(parvocellular system)
수용야(receptive field)
시력(visual acuity)
시야(visual field)
외측 억제(lateral inhibition)
요돕신(iodopsin)
운동 실인증(movement agnosia)
위계적 처리 과정hierarchical processing()
중심와(fovea)
형태 시각(form vision)

Chapter 11

신체 감각 및 운동

신체 감각
고유수용 감각
피부 감각
전정 감각
체감각피질과 후두정피질
통증 감각

운 동
근 육
척 추
뇌와 운동
운동 장애

이 장에서 배울 내용

- 뇌는 신체와 연관되어 있는 대상물에 관한 정보를 어떻게 수집하는가?
- 통각을 유발하는 인자는 무엇이고 이를 감소시킬 수 있는 방법에는 무엇이 있는가?
- 뇌 구조물들은 운동을 유발하기 위해서 어떻게 협동하고 있는가?
- 운동 장애의 유형에는 무엇이 있고, 이 장애 유형들은 어떻게 운동에 영향을 미치는가?

그건 바로 개구리를 대상으로 시술한 것과 같은 게 아닌가요? 중심부를 도려내고, 척추를 도려내고, 뇌척수를 제거하고……. 저도 마찬가지예요. 개구리처럼 뇌척수가 제거된 것처럼 말예요.

- Christina

크리스티나는 27세의 건강하고 활동적인 여성이었다. 어느 날 그녀는 물건들을 떨어뜨리기 시작하였다. 당시 그녀는 서 있는데도 어려움을 보였고 심지어 똑바로 서 있는 것도 어려워했다. 곧바로 그녀는 침대에 의지한 채, 움직임도 없이 누워 아주 힘겹고 얕은 숨만을 몰아쉬면서 단조로운 목소리와 무표정한 얼굴로 있어야 했다. 척추를 건드려 본 결과 그녀가 신경 염증으로 고통을 받고 있다는 게 발견되었는데, 이 염증은 바이러스성 감염에 따라 신경에 염증이 수반되는 질환이었다. 신경학적 검사 소견에 따르면, 그녀는 마비가 있는 것처럼 보였지만 그녀의 운동신경은 약간 감염되어 있을 뿐이었다. 그녀는 움직일 수는 있지만, 움직임을 통제할 수 없었고 심지어 자세를 잡기조차 힘들어했다. 그녀가 자신의 손을 바라보지 못하게 되었을 때는 손이 아무런 생각 없이 흔들거렸다. 그녀는 자기수용 감각을 모두 상실했는데, 이 감각은 근육, 인대, 그리고 관절에 관한 정보를 수집하여 손이 어디로 향하는지, 다리와 발이 어떤 움직임을 만들어 내는지에 대해 알려 주는 기능을 수행한다.

신경염은 오래 지속되지 않았으나, 그동안 그녀의 신경에 손상을 주었고, 또 손상은 이미 돌이킬 수 없게 되었다. 한 달 동안 그녀는 봉제인형처럼 늘어져 있었다. 그녀는 똑바로 앉기 시작했지만 그 모습은 과장된 직립 자세의 형태를 취하고 있었고, 피드백은 오직 시각 정보만을 이용할 뿐이었다. 일 년간의 재활치료 훈련이 끝난 후 그녀는 병원을 나설 수 있었고, 걸어서 대중교통을 이용할 수 있었고, 컴퓨터 프로그래머로서 집에서 일할 수 있었다. 크리스티나는 신경계에 영향을 준 손상에서 결코 회복될 수는 없었지만, 그동안 괄목할 만한 보상 행동을 수행할 수 있었다(Sacks, 1990).

이전 두 장에서 우리는 청각 및 시각 감각계에 대하여 논의하였는데, 이들은 원거리에 있는 사물의 정보를 전달해 주는 감각기관들이다. 이제 우리의 신체와 직접 접촉하고 있는 사물에 관한 정보를 알려 주는 감각기관들과 우리의 몸이 어디에 위치하고 있고, 사지가 신체기관과 어떠한 연관성이 있는지에 대해 알려 주는, 그리고 우리의 신체기관 안에서는 무슨 일이 일어나고 있는지에 대한 감각기관들의 성격을 살펴보도록 하자. 크리스티나의 사례는 물리적으로 세상과 교통하기 위해서 이러한 감각기관의 정보가 얼마나 중요한지에 관한 예를 보여준다. 신체 감각의 가장 중요한 기능은 신체 운동에 기여하는 일일 것이다. 사실 신체 감각은 세상에서 움직일 수 있는 능력과 소위 감각운동계를 통제하는 능력과 아주 밀접히 연관되어 있다. 이러한 이유로 인하여 우리는 운동에 대한 주요 특징을 탐색하고 신체 감각의 기능을 함께 논의해 보고자 한다.

신체 감각

우리는 체감각계와 전정계로부터 신체에 관한 정보를 전해 받는다. 체감각이란 피부 감각인 자기수용 감각을 포함하고 있는데, 이 감각은 신체의 표면 상태와 우리 내부 기관의 감각 정보에 관여하는 내부 감각 수용기(interoceptive)에 관한 정보를 우리에게 알려 준다. 전정계는 위치와 운동에 관한 정보를 뇌로 전달해 준다. 내부 감각 수용계는 대부분 후면에서 활동하며 행동에 덜 직접적인 방식으로 관여하므로 다른 시스템에 주의를 국한시켜 해당 내용을 살펴보고자 한다.

고유수용 감각

? 고유수용 감각이란 무엇이고 왜 중요한가?

고유수용 감각[라틴어인 proprius는 '개인 자신(self)에 속해 있는'을 의미함]은 위치와 사지 및 신체 운동에 관한 정보를 우리에게 전달해 주는 감각이다. 이들 감각기들은 근육의 긴장도와 길이 그리고 사지 관절의 각도에 관한 정보를 우리에게 알려 준다. 고유수용 감각은 시각, 청각, 또는 심지어 촉각의 경우에서 보는 것처럼 화려한 감각은 아니지만, 이 감각이 없다면 우리는, 크리스티나의 경우에서도 보았지만, 자세를 유지하고 사지를 움직이며 물체를 잡는 데 아주 심각한 어려움에 처할 것이다. 이안 워터맨도 같은 증상이 있는 사람이었는데, 어떤 사람이 불을 끄기라도 하면, 균형을 잡지 못하고 바닥에 무기력하게 넘어지는 모습을 볼 수 있다(J. Cole, 1955). 다른 말로 고유수용 감각은 정보를 전달하는 것 이상으로 신체의 움직임을 통제하는 데 아주 중요하다고 할 수 있다.

피부 감각

? 수많은 피부 감각 수용기들이 존재하는 이유는 무엇인가?

피부 감각은 촉감, 온감, 냉감 및 통감과 같은 느낌을 말한다. 비록 그 범주는 우리 신체 표면에 국한되어 있지만, 그 변화는 종종 외부 자극에 따른 것이므로 피부 감각은 우리 신체와 주변 세계에 관한 정보를 우리에게 알려 준다고 할 수 있다(이 감각들은 신체 깊은 곳에서도 경험할 수 있지만, 그것은 가끔씩, 그리고 보다 덜 민감한 형태도 반응한다). 피부 감각 수용기는 [그림 11-1]의 피부 단면을 그린 예를 참조할 수 있다.

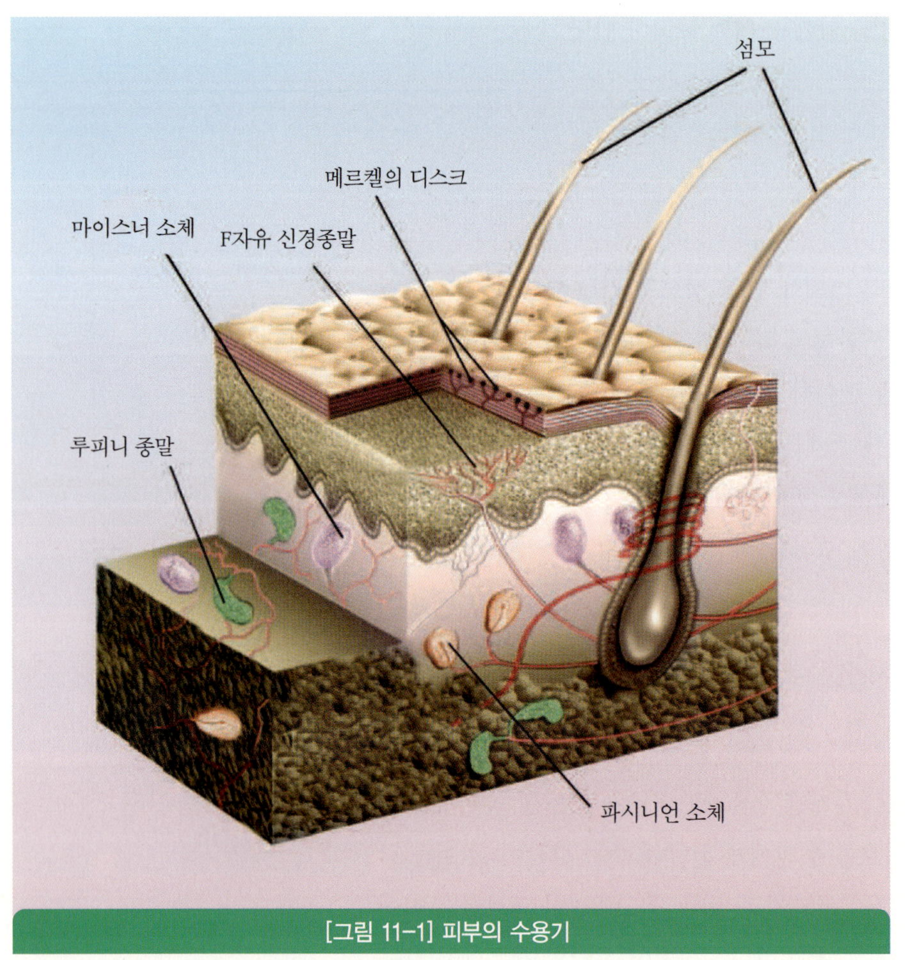

[그림 11-1] 피부의 수용기

각기 다른 수용기 종말은 다양한 전문성을 보여 주고, 세상과 교통하는 데에 필요한 많은 양의 정보를 뇌로 전달한다.

일반적으로 두 종류의 수용기가 있다. 자유신경말단(free nerve endings)은 단순히 신경 말단에서 일어나는 진행 과정을 말한다. 이들은 온감, 냉감 및 통감을 탐지한다. 기타 다른 수용기들은 포낭 수용기(encapsulated receptors)라고 불리는데, 막으로 둘러싸여 있는 복잡한 구조를 띠고 있으며, 촉감을 탐지하는 일을 한다. 단지 촉감을 위해서 그렇게 많은 수용기가 존재하는 이유는 무엇일까? 촉각은 몇몇 유형에 관한 정보를 전달하는 복합 감각이기 때문이다. 피부 표면층에 있는 마이스너 소체(Meissner' s corpuscles)는 짧은 신경 충동에 반응을 보이는 반면, 메르켈판(Merkel' s disks)은 보다 지연된 반응을 전달한다. 피부 표면에 위치하고 있는 이들은 사물의 질감과 섬세한 내용들을 탐지한다. 이들은 또한 운동을 탐지할 수 있고, 어떤 사물을 손으로 만져 확인할 때나 시각 장애인이 점자를 읽을 때도 그 기능을 발휘한다. 파시니 소체(Pacinian corpuscles)와 루피니 말단(Ruffini endings)은 더 깊은 피부층에 위치하고 있는데, 이곳에서 피부 스트레칭을 탐지하고 사물의 형태에 대한 모양을 파악하는 데 도움을 준다(Gardner, Martin, & Jessell, 2000). 피부 수용기의 밀도는 신체기관을 통틀어 다양하고, 민감도 역시 마찬가지로 많게는 10배 정도로 더 민감하다고 할 수 있다. 손가락과 입술은 가장 민감한 부위이며, 상지와 다리 종아리는 가장 둔감한 부위다(Weinstein, 1968).

신체 감각은 신경 분리에 있어서는 가히 놀랄 만하다. 감각 신경들은 분리된 통로들을 따라 이동하고 모두 피질에 도달한다. 외과의사는 척수에 있는 신경관을 조심스럽게 절단하여 각 감각 양상을 제거할 수 있는데, 이 시술법은 통증 치료를 위해 가끔 시행되어 왔다. 이러한 특수성은 특히 온감, 냉감 및 통감이 같은 유형의 수용기를 공유하게 될 때 놀라운 효과를 발휘하는 것처럼 보인다. 그러나 수용기들은 기능적으로 다르다. 냉수용기(cold receptor)는 피부 표면 근처에 위치해 있는데, 25도에서 발화율이 가장 높다. 온수용기(warmth receptor)는 피부 더 깊숙한 곳에 자리 잡고 있으며, 45도에서 가장 발화율이 높다(Gardner et al., 2000. Sinclair, 1981). 온수용기들은 50도가 되면 발화를 멈춘다. 추가로 온도가 상승하는 동안 감각은 통각 수용기(pain receptor)에서 생성되는데, 이 수용기들은 온수용기들과 차이가 있다. 고통스러운 열과 고통스럽지 않은 열은 체감각 피질의 다른 부위에서 활성화된다(Bushnell et al., 1999). 피부 감각의 분리를 실험하기 위해서 연필심의 끝을 천천히 얼굴을 가로질러 이동해 보자. 아마도 여러분은 꽤 지속적으로 연필의 촉감을 느끼게 될 것이다. 연필심은 때때로 차갑게 느껴질 수 있다. 왜냐하면 촉각과 냉각은 다른 수용기가 통제를 하기 때문이다.

전정 감각

제8장에서 와우각(달팽이관)은 특이하게 보이는 부속물인 전정 기관과 연결되어 있다는 것을 살펴보았다. 전정 감각은 우리가 균형을 유지할 수 있도록 도와주며 머리 위치와 운동에 관한 정보를 알려 준다. 이 기관들이 바로 세반고리관(semicircular canals), 난원낭(utricle), 그리고 구형낭(saccule)이다([그림 11-2a] 참조). 세반고리관의 신체적 배열은 머리와 신체의 움직임에 특히 잘 반응할 수 있는 형태를 띠고 있다. 각 관의 기저에는 평형 소모(cupula)라고 불리는 젤라틴 덩어리가 있는데, 이 덩어리는 관으로 튀어나온 섬모세포 다발을 가지고 있다([그림 11-2b]). 가속(운동률의 증가)이 있는 동안에는 용액이 세반고리관에서 움직여 배부의 위치를 변화시켜 놓는다. 한 방향으로 섬모세포를 구부려서 탈분극화를 유도하고, 다른 방향으로는 구부러진 유모세포들의 과분극을 유도하여 신경의 발화율을 증가 또는 감소시킨다. 감속도 동일한 효과를 나타낸다.

? 전정 감각의 기능은 무엇인가?

이와 같은 감각 체계는 가속에만 반응하고, 속도가 멈추면 그 반응이 멈춘다. 마치 신호등을 기다리던 차량이 출발할 때 커피가 컵 밖으로 철퍽거리다가 안정적인 속도가 유지되면 컵 속의 커피가 잔잔해지듯 세반고리관 속에 들어 있는 용액 또한 정상적인 위치로 되돌아온다. 그렇지 않다면, 여러분은 여행 일정 내내 운동을 감지해야만 할 것이고, 시간당 500마일로 나는 제트 여객기 안에서 심지어 더 악화될 수도 있을 것이다!

난원낭(utricle)과 구형낭(saccule)은 중력과 관련하여 머리의 위치를 통제한다. [그림 11-2c]에서 보듯, 감각 수용기들(유모세포들)은 젤라틴과 같은 물질로

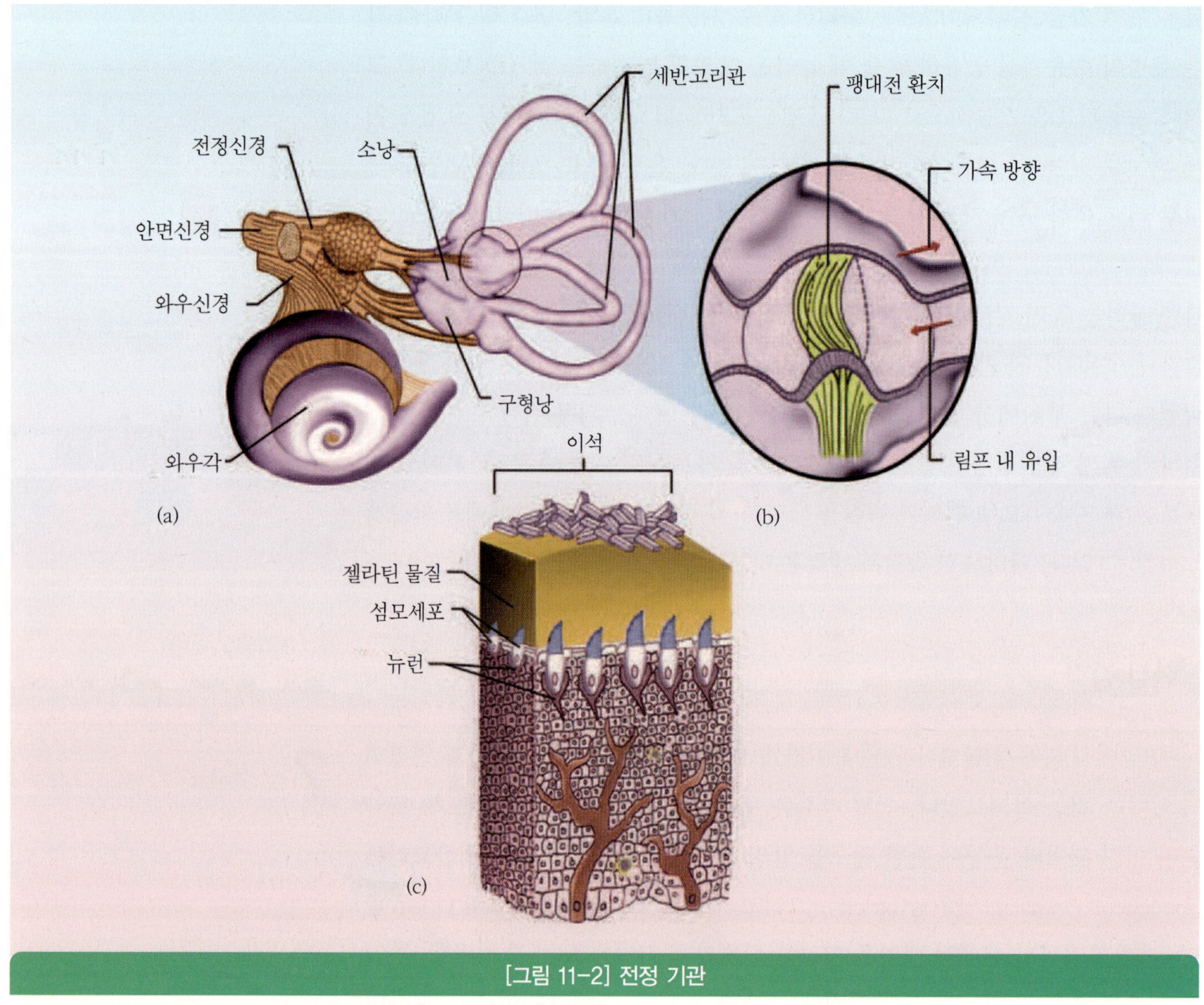

[그림 11-2] 전정 기관

(a) 와우각과 전정 기관을 보여 주는 내이. (b) 세반고리관에 있는 확대된 팽대정. 가속화가 진행되는 동안, 림프 내의 유입은 팽대정을 이탈시켜 신경 반응을 촉발시킨다. (C) 소낭과 구형낭 수용기. 머리를 기울이면 젤라틴 물질을 이동시켜 섬모세포들을 자극한다.

출처: (a) Iurato (1967), (b) Based on Goldberg and Hudspeth (2000). © 2000 McGraw-Hill, (c) Based on Martini (1988).

덮여 있다. 머리가 기울면 중력은 젤라틴 덩어리를 이동시키고 섬모세포들은 감분극화 또는 과분극화가 진행되는데, 이러한 변화는 기울어지는 방향에 달려 있다. 난원낭에 들어 있는 유모세포 수용기들은 수평 패치 형태로 배열되어 있는 반면, 구형낭 수용기들은 수직 형태의 장벽으로 배열되어 있다. 그래서 두 기관이 어느 방향으로 기울어져 있는지 탐지할 수 있는 것이다.

전정계가 없다면 무슨 일이 일어나게 될지 생각해 보자. 맥그레거(MacGregor)는 올리버 새크스(Oliver Sacks) 환자 중 한 사람이었는데, 파킨슨 질환으로 신경이 퇴화하여 전정 감각을 상실했다(Sacks, 1990). 그는 걸을 때, 몸이 왼쪽으로 비뚤어져 20도로 완전히 기울어졌다. 이상하게도 맥그레거는 몸이 기울어져 있다는 사실을 인지할 수 없었고, 그의 친구가 고꾸라질 것 같아 위험하다는 말을 전해 주었음에도 불구하고 이 사실을 전혀 알아차리지 못했다. 새크스가 그에게 비디오를 보여 주고 나서야 그는 겨우 해당 사실을 인정했다. 은퇴한 목수였던 그는 지니고 있는 전문기술을 일하는 데 활용하였다. 그가 낀 안경의 3인치 앞부분에 축소형 기포 수준기(수평을 맞추기 위한 장치로써 물체의 균형 정보를 알려 주는 기포가 들어 있는 유리관)를 매달았다. 그는 간간히 제작한 장치를 쳐다보며, 어떠한 기울어짐도 없이 걸을 수 있었고 몇 주 후에는 기울기를 점검하는 일도 아주 자연스러워져 행동을 전혀 의식하지 않게 되었다.

그러나 전정 감각은 몸의 위치를 단지 적응시키는 것만이 아니다. 물체를 잡을 때 우리는 그 물체가 어디에 있는지 알아야 할 뿐만 아니라, 우리 몸의 위치와 팔과 신체에 관련된 사항도 파악해야만 한다. 뇌는 전정 감각으로부터 입력된 정보와 물체의 공간 위치에 관한 입력 신호를 결합시키고, 고유수용 감각으로부터 들어온 정보를 다시 활용하여 어느 팔의 움직임이 필요한지를 말해 준다. 고유수용 감각은 또한 반사적 안구 운동을 촉발시켜서 머리를 돌릴 때나 걸을 때, 또는 신체가 일렁거릴 때, 응시하고 있는 장면을 계속 바라볼 수 있도록 유지시키는 기능을 한다. 그렇지 않다면 세상은 의미 없이 흐릿한 모습을 띠게 될 것이다.

전정계는 소뇌와 뇌간으로 신경이 연결되어 있다. 피질에는 또한 두정-도-전정피질(parieto-insular-vestibular cortex)로 불리는 통로가 있다. 이전 장에서 우리는 과도한 안구 운동을 일으키는 자극이 현기증과 구토를 일으킬 수 있다는 것을 살펴보았다. 과도한 신체 운동, 즉 거친 보트타기 놀이라든가 회전 놀이를 할 경우에도 마찬가지다.

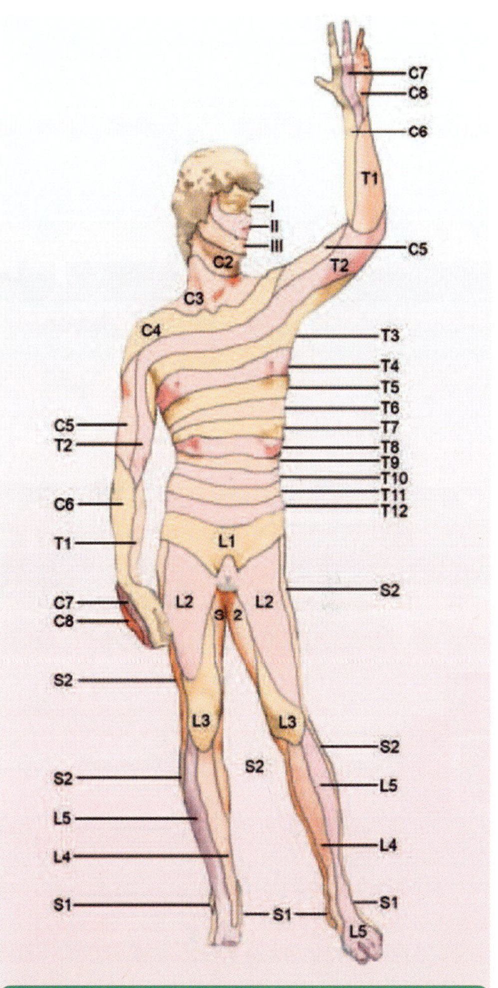

[그림 11-3] 신체의 피부절

감각에서 신체는 피부절이라 부르는 분절로 나뉘어 있고, 각 분절은 척추와 뇌신경의 영향을 받는다. 각 명칭은 신경을 의미한다. 글자는 척추 부위를 나타내고 이곳에 신경이 위치해 있다(경추, 흉추, 요추, 천추, 미추). 숫자는 해당 부위에 있는 신경의 위치를 나타낸다. 얼굴에 있는 I, II, III 영역은 삼차(5번째) 안면신경 줄기에 의해 영향을 받는다.

체감각피질과 후두정피질

신체는 피부절(dermatomes)이라 부르는 부분으로 나뉘어 있고, 각 피부는 [그림 11-3]에서 보듯이 척수신경의 지배를 받는다. 하위 영역은 예시되어 있는 것처럼 확연히 구분되지는 않는데, 이는 각 피부절이 옆에 붙어 있는 피부절과 반절 혹은 1/3가량이 겹쳐져 있기 때문이다. 이러한 이유로 신경 하나가 손상되더라도 모든 감각 기능이 상실되지는 않는다. 신체 감각 정보는 척수 신경을 통해 척추 또는 뇌로 들어가 시상에 연결된다. 이곳에서 신체 감각 신경들은 연결망을 갖춘 체감각피질(제1차 운동피질과 중심열 바로 뒤에 위치한 두정엽에 위치함)과 연결된다([그림 11-4a]). 청각계에서도 보았지만, 대부분의 신경은 신체의 한쪽이 반대 방향의 뇌로 교차하므로 오른손으로 잡은 물체에 대한 감촉은 대부분 좌반구에 기록된다. 물론 모든 신경계가 교차하는 것은 아니기 때문에, 사물을 만지는 것이 비록 약할지라도 우측 체감각피질을 자극할 수 있는 것이다.

감각계는 조직적 측면과 기능적 측면에서 유사성이 많다. 시각피질과 체감각

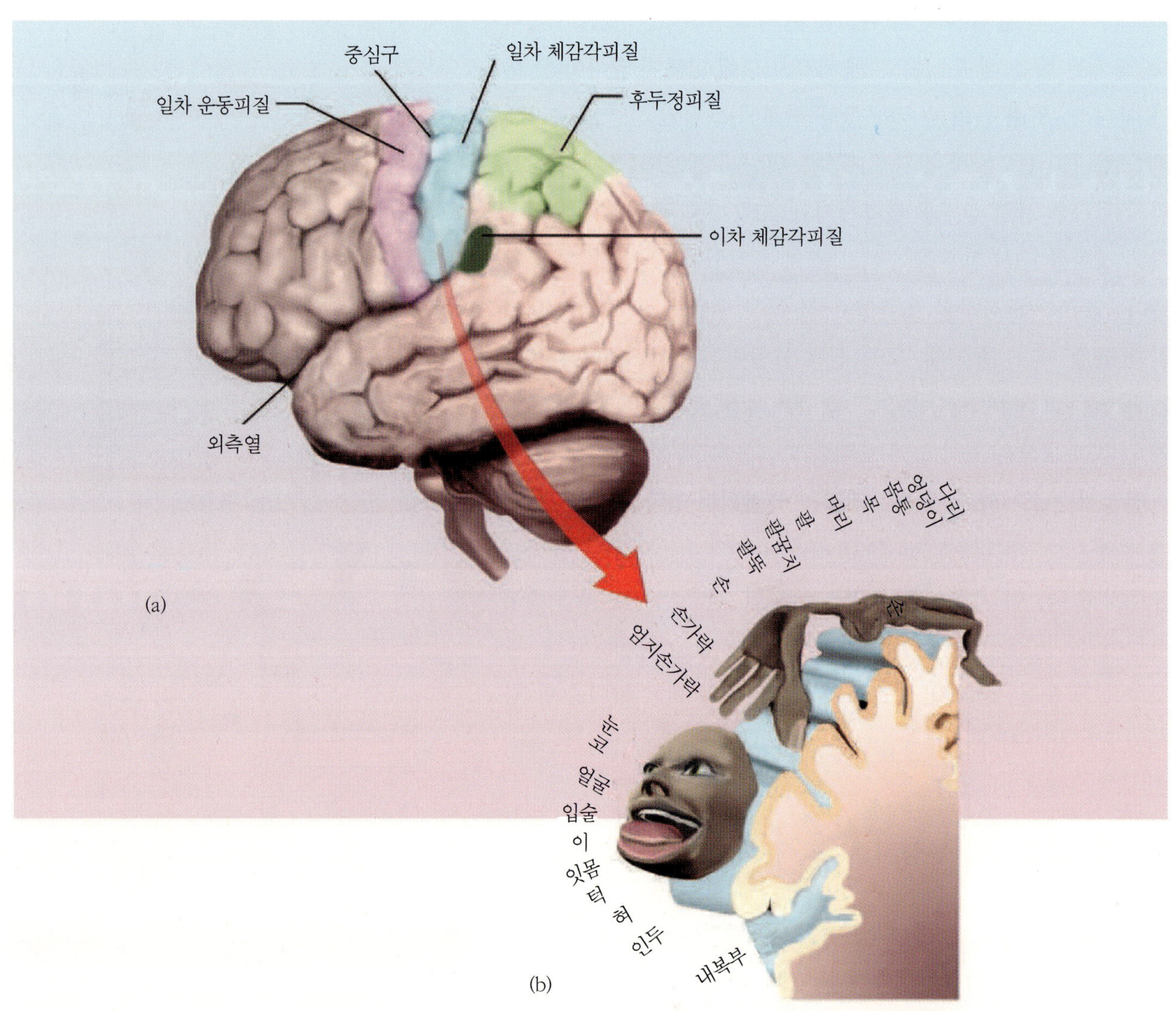

[그림 11-4] 일차 및 이차 체감각 영역

(a) 일차 및 이차 체감각피질과 후두정피질. 일차운동피질은 이정표로 제시되어 있다. (b) 체감각피질의 절편으로 체감각 조직을 보여 준다. 그림에서 신체 부위의 크기는 제시되어 있는 피질 영역에 비례한다.

출처: (b) Adapted from *The Cerebral Cortex of Man* (pg #) by W. Penfield and T. Rasmussen, 1950, New York: Macmillan. © 1950. Reprinted with permission of Gale, a division of Thomson Learning: www.thomsonrights.com. Fax 800 730-2215.

피질을 비교해 보면 이해가 용이하다. 우선 체감각계는 신체에 대한 지도를 가지고 있는데, 이는 시각피질이 망막에 대한 지도를 가지고 있고, 청각피질이 와우각에 대한 지도를 가지고 있는 것과 유사하다([그림 11-4b]). 둘째, 피질 세포들 가운데 일부는 피부에 복잡한 수용야(receptive fields)를 지니고 있다. 그들 가운데 일부는 우리가 시각계에서 보았듯이 흥분성 중심 영역(excitatory centers)과 억제성 주변 영역(inhibitory surrounds)을 가지고 있다(Mountcastle & Powell, 1959). 그들 중 일부는 [그림 11-5a]에서 볼 수 있듯이 아주 큰 형태를 띠고 있는 반면에 보다 작은 흥분-억제 영역들은 흥분성 피부의 위치를 선명히 파악하여 피부에 가해지는 두 지점에 대한 감각을 구분할 수 있도록 도와준다. [그림 11-5b]와 [그림 11-5c]에서 표시되어 있듯, 기타 복합야(complex fields)를 지니고 있는 다른 체감각 신경들은 바로 형태 탐지기들(feature detectors)이다. 이들은 오리엔테이션, 운동 방향, 형태, 표면 만곡, 또는 질감에 대해 민감하게 반응한다(Carlson, 1981; Gardener & Kandel, 2000; S. Warren, Haämaälaäinen, & Gardener, 1986). 분명히 이 신경들은 보다 단순한 기능을 수행하는 신경들로부터 온 입력 정보를 통합하는데, 이는 마치 복잡한 시각세포들이 동시 다발적 단순세포들의 입력 정보를 통합하는 것과 마찬가지다(Iwamura, Iriki, & Tanaka,

? 신체 감각과 시각은 어떻게 유사한가?

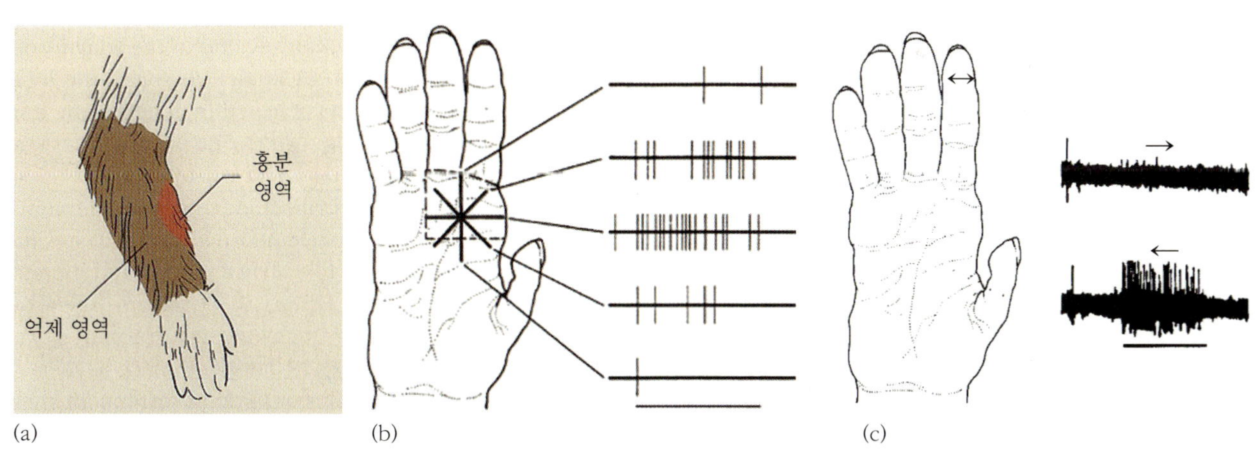

[그림 11-5] 원숭이의 체감각계에 있는 수용장

(a) 체감각피질에 있는 단일 촉각뉴런 수용장의 흥분성과 억제성 영역. (b) 수평 모서리에 가장 높게 반응을 한 체감각 뉴런의 수용장. 오른쪽에 있는 기록은 각기 다른 방향의 모서리에 대한 뉴런의 반응 강도를 나타낸다. (c) 한 방향으로 손가락 끝을 가로지르는 운동에 반응하는 뉴런의 수용장.

출처: (a) From V. B. Mountcastle and T. P. S. Powell. "Neural Mechanisms Subserving Cutaneous Sensibility, with Special Reference to the Role of Afferent Inhibition in Sensory Perception and Discriminiation," *Bulletin of the Johns Hopkins Hospital, 105* (1959), p. 224, Figure 14. © The Johns Hopkins University Press. Reprinted with permission of the Johns Hopkins University Press. (b) and (c) From J. Hyvärinen and A. Poranen, "Movement-Sensitive Cutaneous Receptive Fields in the Hand Area of the Post-Central Gyrus in Monkeys," *Journal of Physiology, 283*, pp. 523-537. © 1978, with permission.

1994). 한 유형의 수용야는 여러 개의 손가락을 포함하고 있다. 세포의 발화율은 얼마나 많은 손가락이 촉감을 느끼는가에 달려 있기 때문에 손에 든 물체의 크기를 알려 주는 지표가 된다.

세 번째 유사성은 체감각계의 처리 과정이 위계적이라는 점이다. 일차 체감각피질은 네 개의 영역으로 구성되어 있는데, 각 영역은 신체에 대한 지도를 가지고 있어서 신체에서 들어오는 감각 정보를 처리하는 역할을 담당한다. 시상(thalamus)은 이들 감각에 대한 출력 정보를 하위 영역들로 보내는데, 여기에서 필요한 일부 정보를 꺼내어 그 결과물을 다른 두 영역 쪽으로 보내고, 그들의 출력 정보를 이차 체감각피질로 보내게 된다.

이차 체감각피질은 좌우 일차 체감각피질에서 나온 입력 정보를 접수하고, 양 신체기관들로부터 들어온 정보와 다시 결합한다. 이 영역에 있는 뉴런들은 학습된 의미를 지니고 있는 자극에 특히 잘 반응하는데, 이는 보상을 연합시킴으로써 가능하다(Hsiao, O' Shaughnessy, & Johnson, 1993). 이차 체감각피질은 학습에 중요한 부위인 해마를 포함하는 측두엽 부위와 연결되어 있어 자극이 기억에 관여하는지의 여부를 결정하는 데 이바지하는 것처럼 생각된다(Gardner & Kandel, 2000).

접시 위에 한 줌의 사과 파이를 들어올리기 위해서는 뇌가 파이의 시각적 이미지를 받아들여야 할 뿐만 아니라, 신체 부위와 관련하여 팔과 손이 어디로 향해야 하는지도 알아야 하고, 머리는 어디로 향해야 하는지, 눈은 어디를 향할 것인지를 알아야 한다. 여기에서 후두정피질이 바로 해당 역할을 수행한다. 일차 체감각피질은 후두정피질뿐만 아니라 이차 피질로도 투사한다.

이전 장에서 살펴보았듯이 후두정피질은 신체 감각, 시각 및 청각을 통합하는 연합 영역이다(Colby & Goldberg, 1999; Hyvaärinen, 1981; Stricanne, Andersen, & Mazzoni, 1996). [그림 11-4]를 다시 살펴보면, 체감각피질과 관계된 후두정피질의 위치를 확인할 수 있다. 여기에서 뇌는 몸의 이동 방향, 사지의 위치, 그리고 촉각 자극, 시각 자극 및 소리 자극으로 탐지될 수 있는 사물의 공간적 위치를 결정한다. 다시 말하면, 신체를 주변 세계와 통합한다. 후두정피질은 몇 개의 하위 영역들로 구성되어 있다. 이 하위 영역들은 차별적인 감각 모델에 각자 반응하며 개인이 세계와 소통하는 데 차별적으로 기여한다. 어떤 세포들은 자기수용감각과 시각을 결합하여 특별한 자세에 관한 정보를 제공한다. 예를 들면, 팔과 손의 위치와 자세에 관한 것들이다(Bonda, Petrides, Frey, & Evans, 1995; Graziano, Cooke, & Taylor, 2000; Sakata, Takaoka, Kawarasaki, & Shibutani, 1973). 다른 세포들은 손을 뻗고 쥐는 운동에 관여하고 관심 있는 목표물을 따라가는 안구 운동에 관여하기도 한다(Batista, Buneo, Snyder, & Andersen, 1999;

Colby & Goldberg, 1999). 후두정피질의 기능은 순전히 감각적인 것만은 아니다. 왜냐하면 그 속에 있는 많은 뉴런이 운동을 실행하기 이전과 운동을 하는 동안에도 발화할 수 있기 때문이다. 자체적으로 움직임을 유발하지는 않지만 관련된 정보를 계속 전두 영역으로 보낸다(Colby & Goldberg, 1999).

통증 감각

제8장에서 우리는 통증의 정서적 측면과 행동을 동기화시키는 방법에 대하여 학습하였다. 이제 신체 감각의 측면에서 통증에 주의를 기울여 보고 감각 기제로서 통증이 어떻게 작용하는지를 살펴보고자 한다. 이전에 통각에 대하여 언급을 하였으나 아직 다루지 못한 부분이 남아 있다.

통각 탐지

통증은 어떤 자유신경말단이 강한 압력이나 온도로 자극을 받거나 피부 조직에 손상을 입게 되면 수반된다. 통각 수용기는 세 유형으로 분류할 수 있다. 열통각 수용기(thermal pain receptor)는 극단적인 열자극과 냉자극에 반응한다. 물리적 통각 수용기(mechanical pain receptor)는 꼬집거나 자르는 것 같은 강한 자극에 반응한다. 다양식 통각 수용기(polymodal pain receptor)는 열자극과 물리적 자극 둘 다에 의해 활성화될 뿐만 아니라, 조직이 손상될 때 방출되는 화학물질에 의해서도 활성화된다(Gardner et al., 2000). 통각에 관한 정보는 크고 수초화된 A-델타(A-delta) 섬유들과 작고 가벼우면서 수초화된 혹은 비수초화된 C-섬유가 있는 척추로 전달된다. A-델타 섬유들은 빨리 이동하기 때문에 손상을 입으면 거의 동시에 심한 통증을 느끼게 되며, 이후 지속적인 둔통(dull pain)을 느끼게 된다(Basbaum & Jessell, 2000). 심한 통각은 호의적 위협 신호를 만들어 빠른 조치를 취할 수 있도록 동기화시키지만, 둔통은 상처를 입었다는 사실을 오랫동안 상기시키며 몸 안에서 오랫동안 머문다.

? 통증을 유발하는 원인은 무엇인가?

척추에서 통증 뉴런들은 글루타메이트와 통증 신호에 관여하는 신경펩티드인 P물질(substance P)을 방출한다(De Biasi & Rustioni, 1988; Skilling, Smullin, Beitz, & Larson, 1988). 제2장에서 신경펩티드는 시냅스에서 신경전달물질의 효과를 촉진시킨다. P물질은 더욱 강한 통각 자극에만 방출된다. P물질에 반응하는 수용세포들이 부족하거나 P물질을 생산하는 능력이 부족한 쥐를 예로 들면, 보통 정도의 통증과 강한 통증에 대한 반응은 소실되지만, 약한 통각에는 별 영향을 받지 않는다.

통각 연구자들이 통각의 작용 기전을 알고 싶어 하는 한 가지 이유는 통각을 감소시키는 좋은 방법을 알고자 하기 때문이다. 흥미로운 발견 가운데 하나는 우리의 신체는 스스로 통각을 감소시키는 능력을 지니고 있다는 점이다.

통각 감소의 내부적 기제

뉴올리언스에서 봄 방학을 보내는 동안, 나(본 연구자)는 유명한 시민전쟁 시대의 잘 알려진 농장 저택 한 곳을 방문한 적이 있었다. 그곳에서 나는 농장 대지 위에서 발견된 유리 상자 속에 들어 있는 유물을 본 적이 있었다. 유물 가운데 특이했던 것은 납 총알의 잔해들이었는데, 그 안에 이빨 자국이 선명하게 나 있었다. 당시 부상을 당한 병사는 마취를 위해 위스키를 잔뜩 마시고 수술을 시행했어야 했는데, 이때 고통을 참기 위해서 무언가를 깨물 가죽 조각이나 비교적 부드러운 납 총알이 주어졌을 것으로 생각되었다(여러분도 아마 이러한 수술을 시행할 때 뒤따르는 환자의 일반적 표정을 상상할 수 있을 것이다).

여러분도 경험해 보았겠지만 유아기 때 무릎에 찰과상을 당하면 이를 악물고 상처가 난 부위를 문질렀던 행동을 생각해 볼 수 있을 것이다. 어린 시절의 지혜라고나 할까? 실제 이러한 행동은 납 총알이나 위스키가 없어도 실제 고통을 감소시키는 데 도움을 줄 수 있다. 이를 악무는 것과 무릎 주변을 비벼대는 행동은 단순히 통각으로부터 주위를 분산시킨다는 이점을 유추해 볼 수 있다. 멜잭과 월(Melzack & Wall, 1965)은 생각을 달리 했었다. 그들은 입출구 통제 이론(gate control theory)을 주장했는데, 뇌에 도달한 입력 신호는 척추로 이동하면서 억제 신호를 촉발시키고 통각 경로에 있는 신경 입출구(neural 'gate')를 차단한다고 가정하였다. 이들은 또한 이 입출구 기제가 정서적 통각의 증감에도 관여한다고 믿었다.

다음 두 가지 질문은 연구자들로 하여금 내부 통각기제를 이해하는 데 기여해 왔다고 할 수 있다. 즉, 사람들이 부상이 심한데도 불구하고 통각을 거의 느끼지 못하거나 아예 통각을 못 느끼는 이유가 무엇인가 하는 점이었다. 탐험가이면서 선교사였던 리빙스턴(David Livingstone, 1858/1971)은 나일강 입구를 찾았던 노력을 설명하면서 사자의 공격에 관한 이야기를 다음과 같이 설명한 적이 있다.

> 출발해서 주위를 반쯤 돌아보고 있는데, 사자가 내게 막 달려드는 것을 보았지요. 내가 뒤로 움찔하자 사자가 순식간에 뛰어오르며 내 어깨를 툭 쳤고 우리는 함께 땅에 떨어졌지요. 사자가 내 귀에 대고 위협적으로 으르렁대고 있을 때는 마치 개가 쥐를 궁지에 몰아넣는 것과 마찬가지 상황이었어요. 정말 충격적인 장면으로 인해 난 정신이 멍해졌는데, 그때의 기분이란 마치 고양이 앞에 놓인 쥐가 느끼는 공포와 흡사하지 않았을까 하는 생각도 들었지

요. 그 순간은 마치 꿈을 꾸고 있는 것처럼 몽롱한 느낌이 들었는데, 무슨 일이 일어나고 있는지 의식은 있었지만, 아무런 고통도 느껴지지 못했고, 무섭지도 않았어요. 그 느낌은 환자가 부분 마취 상태에서 진술하는 것과 유사한 느낌으로, 수술 과정을 지켜보고는 있지만 수술 시 통증을 느끼지 못하는 것과 같다고 볼 수 있어요(p. 12).

? 뇌는 어떻게 통증을 완화시키는가?

리빙스턴이 체험한 몽롱한 마취 효과는 상처를 입은 상태에서 흔하지 않은 것이 아니다. 사람들은 때때로 다른 사람이 주의를 줄 때까지 자신이 입은 상처조차 인지하지 못하는 경우가 있다. 이처럼 극적이고 신비한 통각 무감각 현상을 풀기 위해서는 두 번째의 질문, 즉 모르핀과 같은 아편 약물들이 강력한 마취 효과를 일으키는 원인이 무엇인가에 대한 해답을 구할 수 있어야 한다. 제4장에서 우리는 퍼어트(Candace Pert)와 그녀의 동료들이 아편계를 탐지하는 데에 전문화되어 있는 신경계 내 수용기들을 발견했다는 것을 다루었다(Herkenham & Pert, 1982; Pert & Snyder, 1973). 그러나 뇌가 약물에 특별한 수용기들을 진화시켜 온 이유는 무엇인가? 하는 질문에 답하기 위해서는 신경계가 아편물질과 유사한 화학물질을 생산하고 방출한다는 것을 확인할 수 있어야 한다. 연구자들은 '내인성(endogenous)' 이라는 단어와 '모르핀(morphine)' 이라는 단어를 합성해 '엔도르핀(endorphin)' 이라는 단어를 만들었다.

엔도르핀은 신경전달물질로서 그리고 호르몬으로 활동하고 있고, 여러 신경계 부위에 있는 아편 수용기에 작용한다. 통각은 여러 자극 가운데 하나로 엔도르핀을 방출하지만 특별한 상황에서만 그렇다. 피할 수 없는 전기 자극에 노출된 쥐들은 30분 후에는 통증이 아주 둔감화되었고, 정반응을 선택함으로써 회피할 수 있었던 쥐들은 통증에 대한 저항이 약간 증가했을 뿐이었다(S. F. Maier,

그는 엔도르핀 덕분에 사자의 공격에 따른 고통을 인내할 수 있었다.

출처: Credit: Hulton Archive; Livingstone, 1858/1971.

[그림 11-6] 사자에 의해 공격당하는 데이빗 리빙스턴

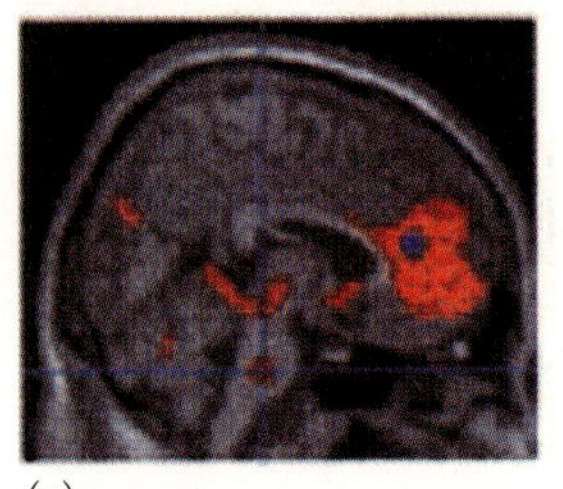
(a)

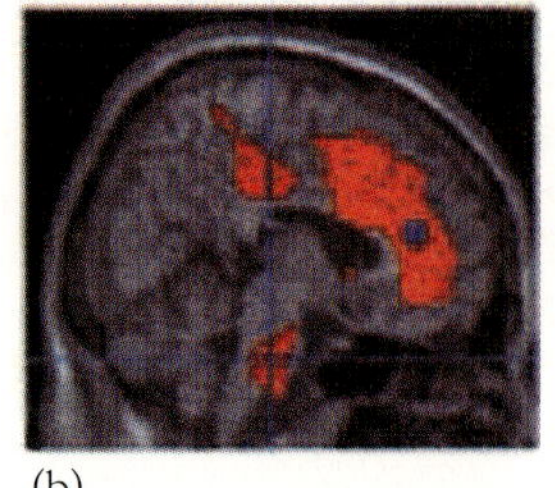
(b)

[그림 11-7] 플라시보 효과에 따른 뇌 아편계 수용기의 활성화 단면

(a) 통증 감소를 위해 아편계 약물 치료를 시행하는 동안 피질 및 뇌간의 활동 현황을 보여 준다. (b) 유사한 형태의 활동은 플라시보 통증 치료에서도 나타난다. 통증 자체는 이와 같은 결과를 유발하지 않는다. 푸른색 점은 전대상피질의 위치를 나타낸다.

출처: P. Petrovic et al., "Placebo and Opiod Analgesia?Imaging a Shared Neuronal Network," *Science, 295*, 1737-1740, fig. 4 a&b, p. 1739. © 2004. Reprinted by permission of AAAS.

Drugan, & Grau, 1982). 리빙스턴의 실험 예에서 볼 수 있듯이 학습된 무력감 상황에서는 통각이 사라지는 이점이 있고, 회피를 위한 동기로 작용할 때는 통각이 유지된다는 것을 확인할 수 있다. 아편 수용기를 차단하는 날록손을 주입하면 회피할 수 없는 전기 자극으로 유발된 무통각(analgesia)이 사라졌지만, 회피할 수 있는 조건의 약한 전기 자극에 대해서는 무통각 효과가 사라지지 않았다. 이런 사실은 회피할 수 없는 자극에 대한 무통각 효과가 엔도르핀에 근거하고 있다는 것을 시사해 준다. (여러분은 쥐가 통각에 대해 보이는 저항을 어떻게 알 수 있는지 의아해 할 수 있다. 왜냐하면 쥐는 통각에 대한 감각을 보고할 수 없기 때문이다. 한 가지 방법은 쥐의 꼬리를 열 전구 아래에 놓고 꼬리의 회피적 반응을 관찰하는 것이다.)

몇몇 종류의 자극들은 엔도르핀을 방출하여 통각을 완화시키는 결과를 낳았는데, 자극 방법들로는 신체적 스트레스(Colt, Wardlaw, & Frantz, 1981), 침술(Watkins & Mayer, 1982, 1982) 그리고 쥐(Komisaruk & Steinman, 1987)와 인간(Whipple & Komisaruk, 1988)을 대상으로 시행했던 자궁 전기 자극이 있다. 자궁 전지 자극법으로 유발된 무통각은 아마도 출산 또는 성교 시 통각을 완화시키는 작용을 하는 것으로 생각된다. 한때는 의사들이 통각은 실제가 아니라는 증거로 삼은 플라시보에 의한 통각 완화조차도 흔히 아편 수용기를 차단하는 날록손 및 PET 스캔 연구에서 볼 수 있었던 것처럼 엔도르핀의 결과로 볼 수 있을 것이다([그림 11-7] 참조; Amanzio, Pollo, Maggi, & Benedetti, 2001; Colloca & Benedetti, 2005; Petrovic, 2005; Petrovic, Kalso, Petersson, & Ingvar, 2002; Zubieta et al., 2005).

우리가 엔도르핀에 주의를 기울인 이유는 아편성 통증 완화가 어떻게 작용하고 있는지 알려 주기 때문이기보다는 엔도르핀에 대한 연구를 통해 통증의 작용 기제를 보다 잘 이해할 수 있다는 이점이 있기 때문이다. 멜작과 월(Melzack & Wall, 1965)이 제안했던 입출구 통제 기제를 보다 잘 이해할 수 있다는 점이 바로 좋은 예가 될 것이다. 통각 및 스트레스와 같은 자극들은 다수의 엔도르핀 시냅스를 가지고 있는 뇌간의 구조물인 중뇌수도 회백질에서 엔도르핀을 방출시킨다(Basbaum & Fields, 1984). [그림 11-8]에서 볼 수 있는 것처럼 엔도르핀을 방출하면 P물질(substance P)의 방출이 억제되어 척추에 있는 통각 입출문을 폐쇄시키는 결과를 낳는다. 확실히 인간을 대상으로 한 PET 연구들은 플라시보 효과로 유발된 통각 완화도 이와 같은 신경회로를 사용한다는 것을 시사해 준다

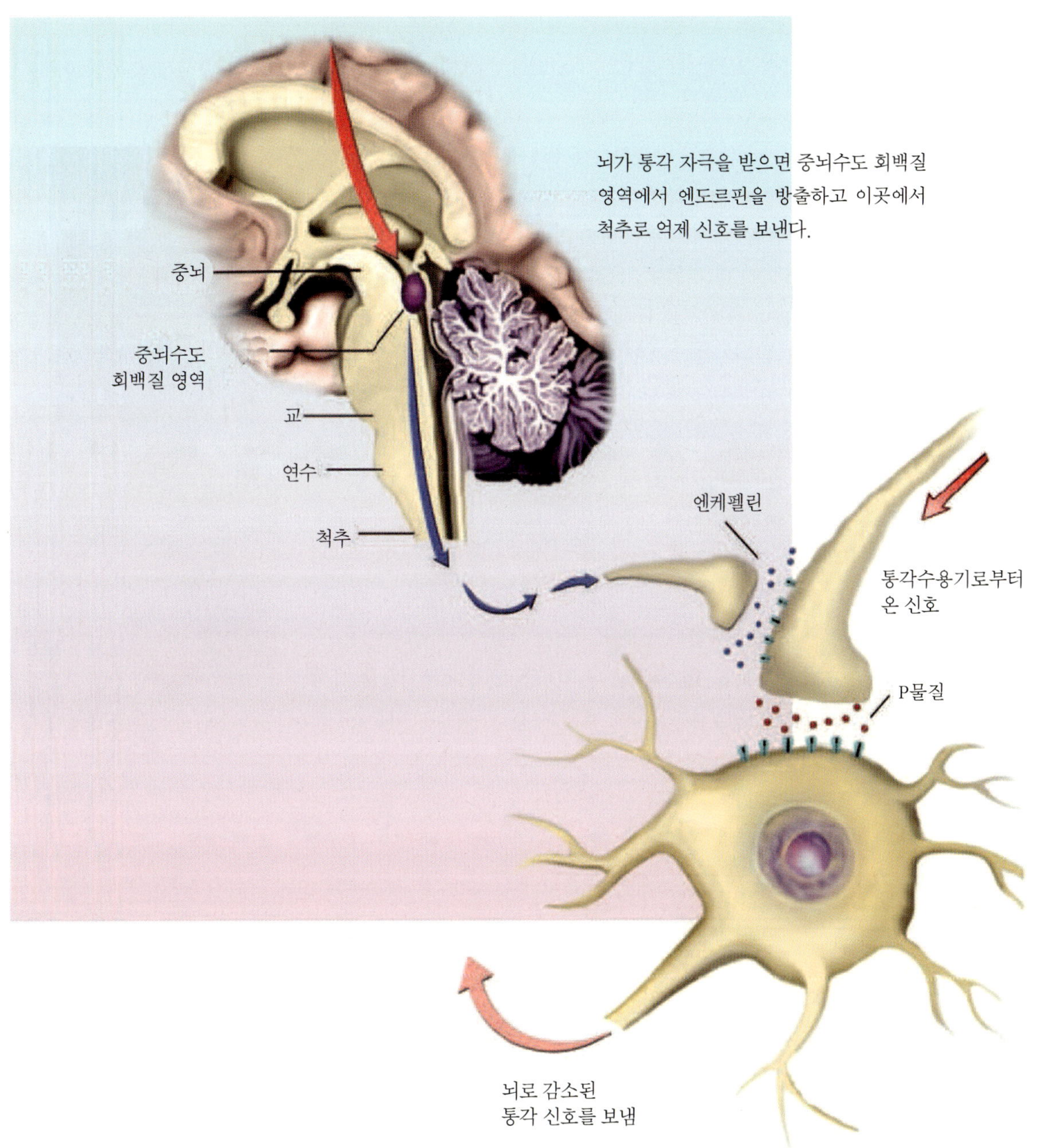

[그림 11-8] 하행성 통각 억제 회로

중뇌수도 회백질에서 방출되는 엔도르핀은 척추에 있는 통각신경에 의해 P물질의 방출을 억제한다. 이렇게 되면 뇌로 전달되는 통각 메시지가 감소한다.

(Petrovic, 2005; Petrovic et al., 2002). 엔도르핀 회로를 활성화시키는 데는 분명히 복합적인 신경 기전이 포함되어 있는데, 플라시보 무통각에는 대상피질이, 공포로 유발된 무통각에는 편도체가 관여한다(Petrovic, 2005). 후속 연구를 통해 우리는 통각 억제 기제에 대한 지식을 실용적으로 사용할 수 있을 것이다.

응용 통각 완화 회로에 대해서

하행성 통각 완화 회로에 관한 지식은 통각을 완화시키기 위해 전기 자극법을 실용적으로 적용시켜 온 계기가 되었다. 한 가지 방법은 뇌에 이식된 전극을 통해 직접 중뇌수도 회백질을 자극하는 것이다(Barbara, 1988). 전극의 선은 목을 지나 흔히 가슴피부 아래에 위치한 수신기로 연결된다. 환자는 수신기 바로 위에 있는 외부 건전지 트랜스미터로 자극을 통제할 수 있다(그림 참조). 일반적으로 환자는 15분씩 하루 4번 자극기를 사용할 수 있다. 중뇌수도 회백질을 자극하면 통증 환자들의 과반수 혹은 그 이상이 통증이 완화되는 경향이 있다고 보고되었고, 이는 어떤 통증 집단 구성원들이 자료 분석 과정에 참여했는지에 따라 영향을 받는다. 물론 이러한 효과가 엔도르핀 방출에 의한 것인지 아닌지는 불분명하지만, 아마도 척추에서 입출구가 닫혀 가능한 것으로 추측되고 있다.

단점이라면 중뇌수도 회백질을 자극하기 위해 뇌수술이 필요하다는 점이다. 뇌수술의 위험을 피하면서 환자에게 더 인정받는 대안은 바로 피질하 전기적 신경 자극(TENS)을 시행하는 것이다. 전기 자극은 피부의 통각점 또는 침술 지점 위에 있는 전극을 통해 가능하다. 이러한 절차를 시행하면 분명히 척추에 있는 통각 메시지를 차단할 수 있다(V. Kaye & Brandstater, 2002; Sjolund & Eriksson, 1979). TEN은 다양한 종류의 통각을 완화시킬 수 있고, 환자들의 70~80% 정도에서 효과적이지만 몇 달 사용 후에는 20~30%로 감소한다(De Angelis, Perrone, Santoro, Nofroni, & Zichella, 2003; V. Kaye & Brandstater, 2002; Oncel, Sencan, Yildiz, & Kurt, 2002; Osiri et al., 2005). TEN은 어떤 종류의 통증들, 예를 들면 허리의 통증 같은 데는 효과가 없지만, 침술용 바늘을 이용해 깊숙한 피부 조직에 전기 자극을 가하는 변형은 효과적일 수 있다(V. Kaye & Branstater, 2002).

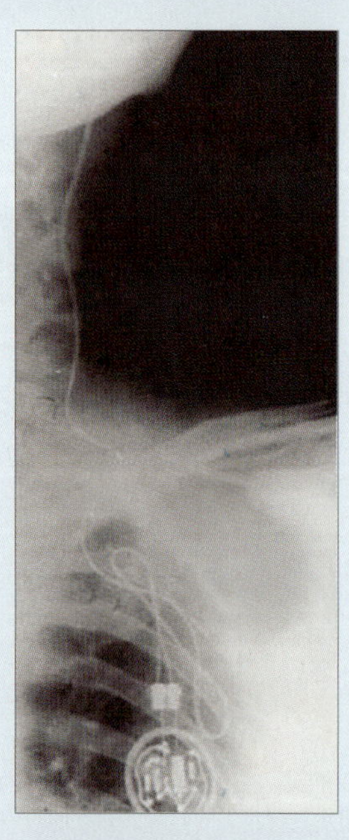

중뇌수도 회백질 자극기를 보여 주는 엑스레이

출처: "Studies of PAG/VAG Stimulation For Pain Relief in Humans," by N. M. Barbaro, 1988, Progress in Brain Research, 77, 165-173.

자극으로 유발된 통각을 완화시키는 데 항상 엔도르핀이 관여하는 것은 아니다. 예를 들면, 날록손은 최면의 무통각 효과를 감소시킬 수 있고(Watkins & Mayer, 1982), 또 통각 부위로부터 원거리에 삽입된 침술용 바늘로 유발된 무통각 효과를 방해하기도 한다(Watkins & Mayer, 1982). 중뇌수도 회백질의 자극으로 유발된 통각 완화 효과가 엔도르핀에 근거하고 있는지에 대한 여부도 어느 부위의 중뇌수도 회백질이 자극을 받았는지에 달려 있다고 할 수 있다(Barbaro, 1988). 중뇌수도 회백질에 있는 카나비노이드 수용기(마리화나의 활성화 성분에 반응)를 차단하면 발에 짧은 쇼크를 가해 유발된 무통각이 감소할 수 있지만, 날록손은 이런 무통각 효과를 감소시키지 못한다. 이 사실은 카나비노이드 또한 내부적인 통증 완화제라는 것을 시사해 준다(A. G. Hohmann et al., 2005).

통각 완화 향상시키기

이러한 내부적 통각 완화 기제들과 긴밀히 협조하는 데 있어서 그동안의 연구는 답보 상태였다. 한 가지 방법은 인간의 과민성 대장증후군을 치료하는 것이 목적이었는데, 특수한 장박테리아 계통을 구강으로 투여한 실험을 시행해 보는 것이었다. 이 연구 결과에 따르면, 쥐의 장에서 많은 아편계 및 카나비노이드 수용기들이 증가하였으며 대장이 팽창하는 동안에 통각 민감성이 감소하였다(Rousseauz et al., 2007). 프랑스에 있는 파스퇴르 연구소에서 근무하는 연구자들은 인간의 타액에서 펩티드를 발견한 후, 이를 오피오핀(opiorphin)으로 명명하였는데, 이 성분은 모르핀과 다른 아편물질들을 분해시키는 효소들을 차단하는 기능이 있다고 보고되었다. 오피오핀은 쥐를 대상으로 한 연구에서 모르핀과 마찬가지로 엔도르핀의 기능을 향상시킴으로써 통각을 감소시켰다(Wisner et al., 2006). 하지만 대부분의 연구는 내인성 통각완화제에 주안점을 두지 않고 있다. 어떤 신약은 델타 아편 수용기를 차단하는 반면에 다양한 뮤 아편 수용기들을 표적으로 삼고 있다. 쥐를 대상으로 한 실험에서 MDAN은 모르핀보다 50배나 더 높은 통각 완화 효과를 산출했지만, 이 약물은 중독 증상이나 내성을 발달시키지 않았다(Daniels et al., 2005). 아주 많은 통각 뉴런들에서 생성되는 일종의 나트륨 채널을 차단하면 또 다른 방식으로 통각을 완화시킬 수 있을지도 모른다. 이러한 가능성으로 인해 연구자들은 통각에 대한 선천적인 불감증을 가지고 있는 한 집단의 사람들을 대상으로 유전자 변형을 통해 실험을 실시하게 되었고, 그 결과에 따르면 이 채널이 비활성화되었다는 사실이 발견되었다(J. J. Cox et al., 2006). 가장 새로운 접근 방법은 오직 손상된 조직에서만 활성화되는 약물을 이용하는 것이다. 조직이 손상되면 산성화가 약간 진행된다. NP-A로 불리는 화합물은 글루타메이트 수용기들을 차단함으로써 통각을 완화시키며, pH 수준에 약간의 변화라도 감지되면 62배나 더 큰 통각 완화 효과를 가져온다(Khamsi, 2007).

환상통

앞서 오른쪽 두정피질이 손상되면 왼쪽 팔과 다리의 편마비 증상에 대한 인식을 상실할 수 있다는 것을 살펴보았다. 그렇다면 팔 또는 다리가 없어지면, 사지에 대한 의식이 모두 사라지는 것은 아닐까? 대부분의 사지절단 장애인은 상실된 사지에 대한 감각을 지속적으로 경험하는데, 기억으로써가 아니라 사실처럼 생생히 경험한다는 점이다(Melzack, 1992). 환상으로써의 다리 감각은 의자에 앉을 때, 굽혀지는 것처럼 느껴지고, 서 있는 동안에는 다리를 세우고 있는 것처럼 느껴진다. 환상의 팔 감각은 걷는 동안에 다른 팔과 보조를 맞추듯 함께 움직

? 환상통을 유발하는 원인은 무엇인가?

이고 있는 것처럼 느껴진다.

사지가 절단된 장애인의 70%가 환상통(phantom pain)을 경험하는데, 이 통증은 상실된 사지에서 느껴지는 감각이다. 환상통은 상실된 다리에서 실제 느껴지는 감각이며, 절단 이후 통증 관리에서도 주요 문젯거리다. 전통적인 설명은 절단된 신경 말단들이 자극을 유발하고, 이 자극은 한때 상실된 사지 감각에 관여했던 뇌 부위에 등록되어 있기 때문이라는 것이다. 외과의사들은 척추와 시상에 있는 통각 통로를 절단함으로써 신경이 전달되는 것을 차단하려고 했는데, 이는 통각 완화가 일시적인지 아닌지 여부를 발견하기 위함이었다. 다른 연구들도 환상통이 뇌에서 비롯된다는 것을 시사해 주었다. 한 연구에 따르면, 상체의 척추 윗부분이 부러진 사람들은 때때로 다리에 환상통을 경험한다고 하였고, 다른 연구에서는 일부 환상통 환자들의 경우 시상에서 흔하지 않은 고도의 자발적 흥분(spontaneous activity)이 관찰되었다고 보고되었다(Melzack, 1992).

얼굴 자극이 종종 팔 부위의 환상통을 유발한다는 단서를 토대로 독일에 있는 연구팀은 뇌 이미지 기법을 사용해 상지 절단 장애인의 얼굴과 손에 있는 체감각 부위를 확인해 보려고 하였다(Flor et al., 1995). 환상통을 호소하는 환자들의 경우 얼굴 부위에서 나온 신경들은 일반적으로 절단된 손의 입력 신호를 받는 부위를 침범한 것처럼 보였다([그림 11-9] 참조). 입술을 만져 활성화된 부위는 절단된 부위의 반대쪽 뇌에 평균 2.05cm 전이된 반면에 환상통이 없는 환자들의 경우에는 평균 0.43cm 전이된 것으로 나타나 5배 정도의 차이를 보여 주었다. 얼마나 외부 신경들의 '침입(intrusion)'이 영향력을 발휘하는지는 명확하지 않으며, 안면 자극은 절단된 후 24시간 이내에 팔의 환상통을 유발할 수 있는데,

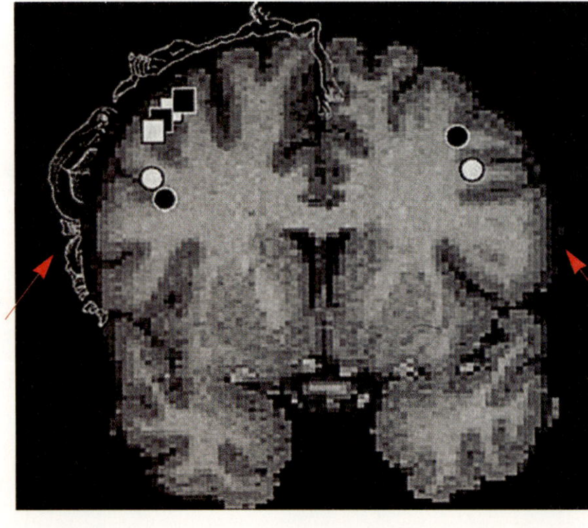

표시들은 손가락(사각형)과 입술(동그라미)의 접촉에 민감한 위치를 나타낸다. 검은색 표시들은 환상통이 있는 환자들로부터 얻은 지점이고 흰 표시들은 환상통이 없는 환자로부터 나온 영상물이다. 좌반구(정상 팔의 반대쪽)에 함께 겹쳐진 뇌지도를 살펴보면, 여러분은 동그라미와 사각형이 각자 정상 위치에 있다는 것을 알 수 있을 것이다. 우반구(절단된 손의 반대쪽)에서는 환상통(검은색 동그라미)이 있는 환자의 입술 민감성이 일상적인 손가락의 민감성에 기여하는 부위로 잘 이동되었다는 것을 볼 수 있다.

출처: Reprinted by permission of Nature. Copyright 1995.

[그림 11-9] 상지 절단에 따른 환상통 경험 환자들의 체감각피질의 재조직화 영상도

이러한 결과는 현존하지만 일반적으로 조용한 입력 자극도 있다는 사실을 시사해 준다(Borsook et al, 1998). 우리는 대개 신경 가소성을 적응성으로 간주한다. 신경 가소성은 때때로 오작동을 유발할 수 있고, 이 경우에서도 보았지만 정말 엉뚱한 결과를 가져오기도 한다.

개념 확인

- 세 유형의 신체 감각이 각자 기여하는 바는 무엇인가?
- 체감각피질과 시각피질은 어떤 방식으로 서로 유사하게 조직화되는가?
- 뇌는 어떤 상황에서 통각을 감소시키는가?

운 동

뇌가 가장 흥미롭게 느껴지는 것은 바로 생각하고, 학습하고, 언어를 구사하는 것처럼 고차적인 인지 과정의 중심에 서 있다는 점이다. 무엇보다 뇌가 놀라운 것은 운동을 계획하고 집행하는 데 헌신적이라는 점이다. 우리는 신체를 한 장소에서 다른 장소로 움직이는 이상의 것들을 이야기하고 있는 것으로, 의사가 섬세한 수술을 시행하는 동안 보여 주는 조화로운 손의 움직임, 아리아를 부르는 데에 필요한 입과 목의 근육 그리고 판막을 통제하는 능력, 또는 미식축구 선수가 놀라운 속도로 축구공의 탄도를 예측한 후 적시에 해당 장소에 도착해 공을 잡아내는 능력을 생각해 볼 수 있다. 운동을 통제하는 능력에 대한 연구들은 초기의 관심사를 뇌 구조와 기능에 맞추어 왔고, 이는 우리가 가장 흥미롭게 여기는 연구 주제이기도 하다. 본 주제를 다루기 전에 뇌의 장치를 먼저 이해하는 게 필요할 것이다.

근 육

우리는 세 가지 유형의 근육을 가지고 있다. 가장 친숙한 것은 골격근(skeletal muscles)으로 신체와 사지를 움직이는 기능을 맡고 있다—골격근은 가로무늬근(striated muscles)이라고도 불리는데, 이는 유선 모양으로 되어 있기 때문이다. 평활근(smooth muscles)은 내부 기관들의 움직임, 즉 소화 기관을 통해 음식을 이동시키는 것과 같은 기능을 담당한다. 심근(cardiac muscle)은 심장을 구성하

? 길항근은 어떠한 기능을 담당하는가?

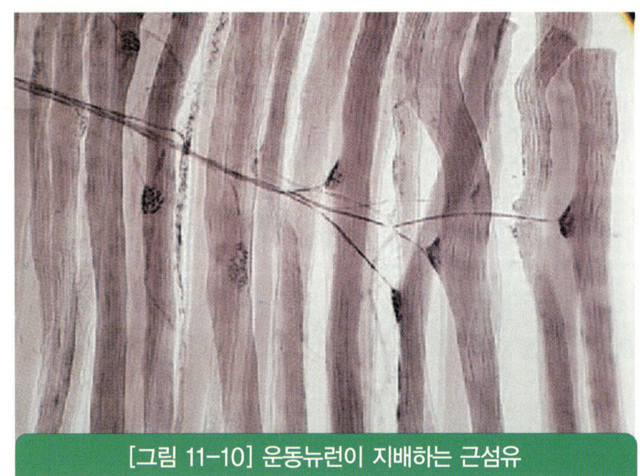

[그림 11-10] 운동뉴런이 지배하는 근섬유

출처: Ed Reschke/Peter Arnold.

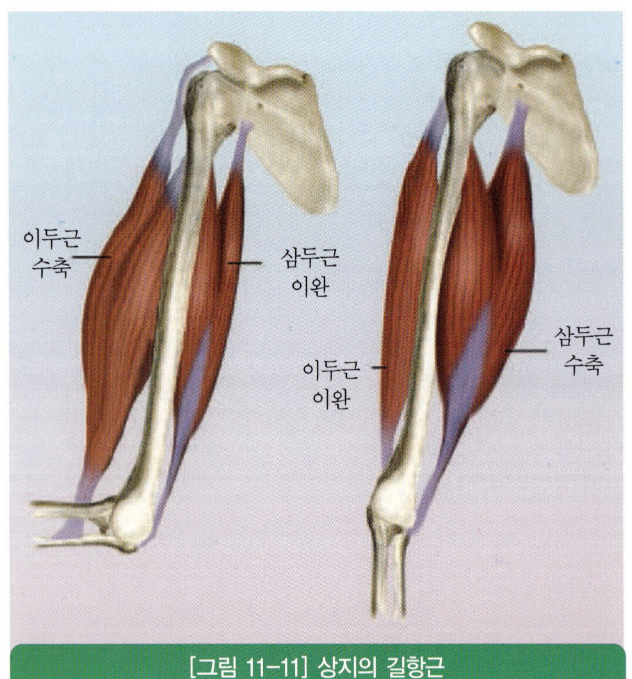

[그림 11-11] 상지의 길항근

이두박근이 수축되면 팔이 구부러지는 반면에(왼쪽) 삼두근이 수축하면 팔이 펴진다(오른쪽).

출처: Based on Starr and Taggart (1989).

는 근육이다. 여기에서는 운동이 주요 쟁점이기 때문에 골격근에 초점을 맞추고자 한다. 어쨌든 모양이 다름에도 불구하고 근육의 기능은 유사하다.

다른 신체 조직들과 마찬가지로 근육은 다수의 독립세포 또는 근섬유로 이루어져 있다. 근세포들은 신경근접합부(neuromuscular junction)에서 근세포와 결합하는 운동신경의 지배를 받는다([그림 11-10]). 단일 축색이 지배하는 수많은 세포들은 운동의 정확성을 결정한다. 이두박근은 축색당 백여 개 정도의 근섬유를 가지고 있지만, 그 비율은 대략 안근육의 3 대 1에 해당하며, 사물을 추적하는 데 있어서 아주 정확한 움직임을 실행할 수 있다(Evarts, 1979).

근섬유는 미오신필라멘트(myosin filament)와 액틴필라멘트(actin filament)로 이루어져 있다. 운동신경이 아세틸콜린을 방출하면, 근섬유는 감분극을 일으키고 칼슘 채널을 열게 한다. 칼슘이 유입되면 근육 수축에 관여하는 마이오신의 영향을 받아 일련의 활동을 유발하게 되는 것이다. 미오신필라멘트는 주위를 둘러싸고 있는 액틴필라멘트를 따라 오르는데, 이때 액틴에 붙어 있는 조그만 돌출부를 사용한다. 액틴필라멘트에 비해 미오신필라멘트의 움직임은 근섬유의 활동을 제한하고 근육을 수축시킨다.

골격근은 힘줄에 의해 뼈에 부착되어 있으며 연결 조직이 띠의 형태를 띠고 있다. [그림 11-11]에서 보듯, 뼈에 부착된 골격근을 끌어 당겨 움직임을 유발하는 레버처럼 사지를 움직일 수 있다. 또한 사지(limbs)는 두 개의 길항근(antagonistic muscles)으로 이루어져 있는데, 이 근육들은 관절에서 길항 운동(opposite movement)을 일으킨다. 이 경우에 이두근(biceps)은 팔을 이완시키고 삼두근(triceps)은 신장시킨다. 하나의 근육이 이완되고 다른 근육이 대신 모든 작업을 수행하기보다는 움직임을 유발하는 것은 양쪽 근육들로부터 반대쪽 근육의 수축을 유발하는 과정이 포함되는 것이다. 길항근이 동시에 수축하면 부드러운 움직임을 유발할 수 있고, 정교하게 멈출 수도 있으며, 최소한의 떨림만으로 자세를 유지할 수 있다. 서 있는 자세는 이처럼 다리에 있는 길항근의 역작용이 있어야 가능하며, 이 같은 효과는 몸통에 있는 근육들의 경우에서도 마찬가지다. 근육의 수축량은 움직이는 순간마다 다르기 때문에 두 개의 길항근 사이의 균형이 지속적으로 변화를 주면서 교정해 나가는 과정의 연속이라고 할 수 있다. 만약 반대쪽에 있는 한 쌍의 근육들과 균형을 유지하기 위해서 의식적이고 수의적인 운동이 요구된다면, 우리는 결코 정밀 사진을 찍기 위해 비디오카메라를 들 수 있을 정도의 힘도 없을 것이고, 앞뒤로 흔들림 없이 서 있기조차 힘들 것이다. 이 같이 빠른 적응 과정은 척추 수준의 반사에 의해 통제되어야만 가능한 것이다.

척추

제3장에서 척추 반사에 대해 소개하였다. 뜨거운 스토브에서 손을 데면 빨리 뗄 수밖에 없는 반사 효과에 대하여 잘 알고 있을 것이다. 그래서 날카로운 물체에 발을 디디면 반사적으로 발을 떼고 동시에 균형을 잡기 위하여 다양한 반사적 자세를 취하게 되는 것이다. 반사 행동의 장점은 우리가 적합한 적응 행동을 빨리 실행할 수 있도록 한다는 것이며, 이 같은 행동은 올바른 행동을 취하기 위하여 사태를 파악해야 하는 시간을 지체하지 않고 바로 수행할 수 있다는 장점이 있다.

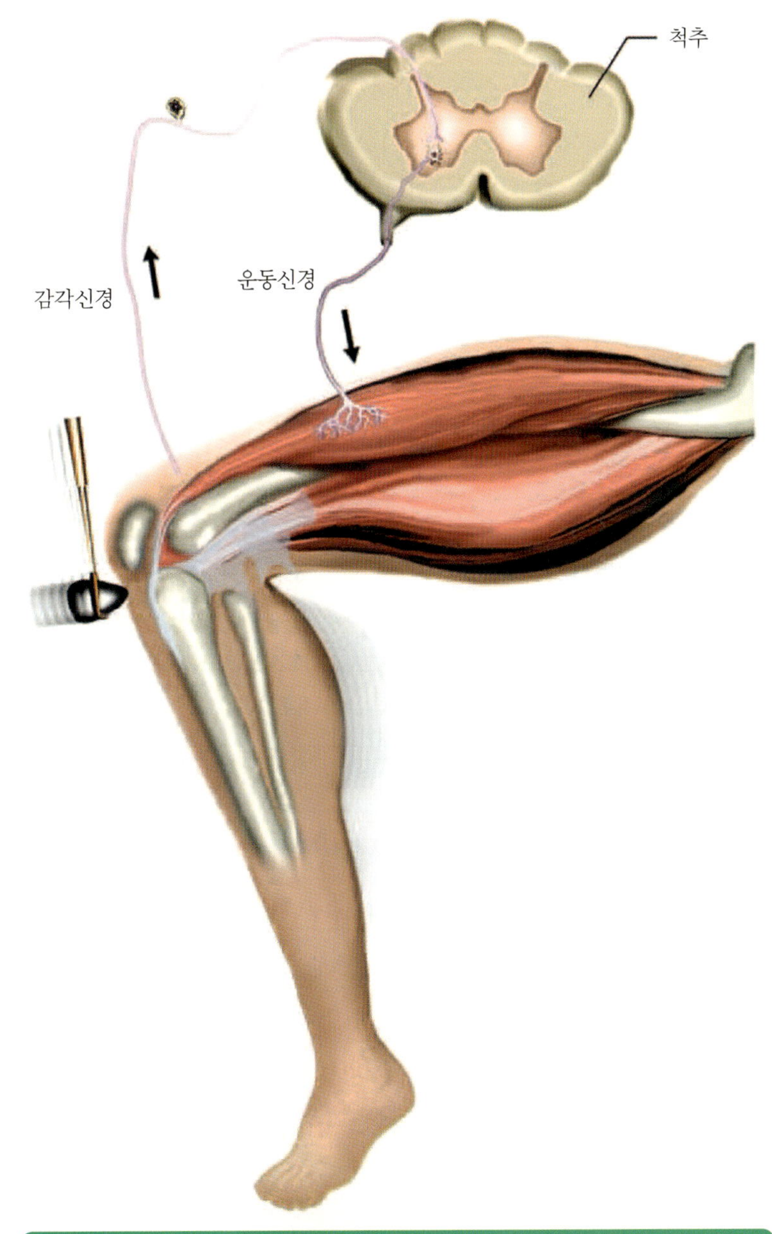

[그림 11-12] 신장 반사의 예로 제시된 슬개건 반사

반사에 관한 내용은 [그림 11-12]에 나와 있다. 병원에서 의사가 슬개건[사두근(quadriceps)을 아래쪽 다리뼈에 연결하는 힘줄]을 살짝 치는 것을 보았을 것이다. 이때 근육이 늘어나는데, 이 변화는 근방추(muscle spindle)라고 불리는 근신장 수용기(muscle stretch receptor)에 의해 탐지되어 척추로 중계되는 과정을 거친다. 여기에서 감각신경은 운동신경과 연결되고 다시 사두근으로 되돌아와 아래쪽 다리를 수축하고 늘리는 효과를 일으키는 것이다. 신장 반사의 기능은 의사를 즐겁

? 척추 반사와 중추 형태 발생기는 어떤 기능을 담당하는가?

게 하기 위한 기능이 아니다. 그것은 만약 길항적 파트너의 활동에 의해 근육이 스트레치되면, 빨리 견뎌 내어 균형을 잡을 수 있도록 도와주는 역할을 담당한다. 이러한 과정을 통해 우리는 자세를 똑바로 유지할 수 있는 것이다. 또한 근육을 외부의 과부하에서 빨리 반응할 수 있도록 하는데, 예를 들면 여러분이 한 묶음의 책을 들고 있을 때, 한 친구가 우연히 지나가다가 또 다른 책을 위에 올려 놓고 지나가는 상황을 생각해 볼 수 있을 것이다. 골지건기(Gogi tendon organ)는 근육의 긴장을 감지하는 수용기인데, 척추 반사를 촉발시켜 근육을 억제한다. 이러한 행동은 손상을 줄 수 있을 정도의 근육 수축을 억제하는 역할을 수행한다.

보다 복잡한 운동 형태들도 척추에서 통제된다. 척추가 절단된 고양이는 뇌와의 연결이 끊어진 상태지만, 쳇바퀴 위에 발을 묶어 놓으면 리듬감 있게 걷기 운동을 실행한다는 사실이 얼마 전에 밝혀졌다(Grillner, 1985). 이 운동은 중추 형태 발생기(central pattern generators)에 달려 있는데, 걷기, 수영하기, 날기 및 호흡하기와 같은 행동에서 볼 수 있듯이 리듬감 있는 운동의 형태들을 유발하는 신경망으로 볼 수 있다. 중추 형태 발생기는 척추 또는 뇌 속에 자리 잡고 있는 것처럼 보인다. 인간의 경우에 중추 형태 발생기는 한 살이 안 된 유아일 경우에 그 효과가 분명히 드러나는데, 쳇바퀴에 발을 고정시켜 놓으면 발을 내딛는 운동을 수행하는 것을 볼 수 있을 것이다(Lamb & Yang, 2000). 성인의 경우 중추 형태 발생기는 일상적인 운동에 대해 중요한 자동화 기전을 발휘하는 것을 볼 수 있다. 척추가 손상된 사람들의 경우에도 이 기능이 나타날 수 있는데(Dimitrijevic, Gerasimenko, & Pinter, 1988), 이 같은 사실은 마비가 일어난 후 중추 형태 발생기가 일부 기능을 회복시키는 데 유용하게 쓰일 수 있다는 것을 시사해 준다(Barbeau et al., 1999). 척추 반사는 빠르고 신뢰로운 반응을 유발하는 기능을 담당하고 중추 형태 발생기는 필요할 때만 뇌 기능이 수반되도록 기본적이고 일상적인 기능을 제공해 줌으로써 뇌가 보다 중요한 과제에 집중할 수 있도록 한다([그림 11-13] 참조). 그러나 단순 반사와 중추 형태 발생기는 모든 운동 능력을 담당할 수 없기 때문에 이제 운동에 있어서 뇌가 얼마나 중요한지에 대해 관심을 기울여 보고자 한다.

Basic lives

[그림 11-13] 중추 형태 발생기가 없는 삶은 어떤 모습일까?

뇌와 운동

운동계에서 우리는 전뇌, 뇌간 및 척추로 구성되어 있는 위계적 조직에 대하여 살펴보았다. 운동피질은 뇌간과 척추에서 활동을 조율하는 동안에 우리의 복잡한 움직임을 조직화하고 운동을 실행시킨다. 뇌간은 다시 척추의 활동을 조율한다(Ghez & Krakauer, 2000). 이제 피질에 대하여 좀 더 구체적으로 살펴보자.

운동피질은 일차 운동피질(primary motor cortex)과 두 개의 주요 이차 운동 영역들, 즉 보조 운동 영역(supplementary motor area)과 전운동피질(premotor cortex)로 구성되어 있다. 일차 운동 영역과 마찬가지로 이차 운동 영역도 신체 지도를 가지고 있으며, 상당량의 운동피질이 신체에 관여해 보다 정교한 움직임을 유발시킨다([그림 11-15] 참조). 운동피질에서 일어나는 일련의 처리 과정은 감각 영역에서 볼 수 있는 것과 정반대로 일어난다. 즉, 운동을 계획하는 것은 연합 영역에서 일어나고 일차 운동피질은 마지막 피질 운동 영역이기 때문이다. 이렇게 움직임은 체감각피질(somatosensory cortex), 후두정피질(posterior parietal cortex), 기저핵(basal ganglia) 및 소뇌(cerebellum)로부터 들어온 입력 신호로 조율되는 것이다. 다른 많은 기능과 더불어 두정엽은 집행 역할을 담당하고 있기 때문에 먼저 다루고자 한다.

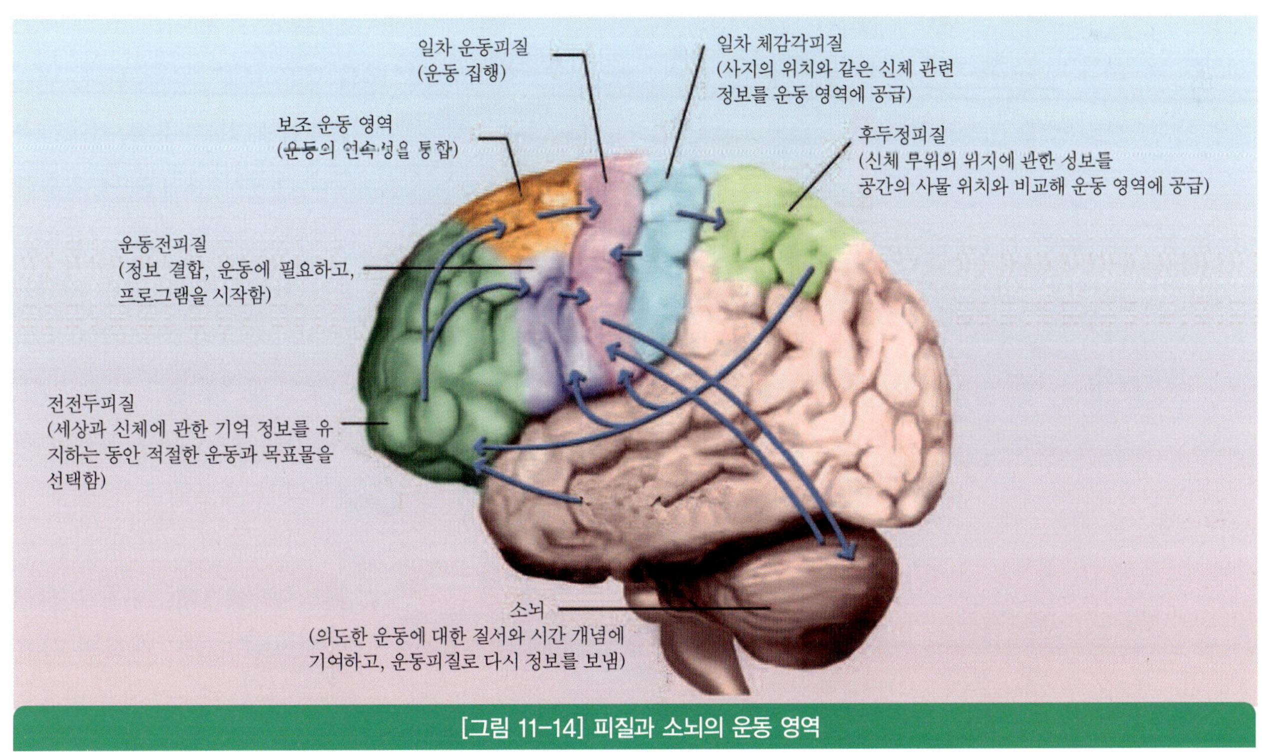

[그림 11-14] 피질과 소뇌의 운동 영역

일차 운동피질과 기저핵 사이의 연결망은 나타나 있지 않다.

전전두피질

움직임을 통제하는 데에 관여하는 전전두피질(prefrontal Cortex)이 두 가지 기능을 지니고 있다는 것은 이미 살펴보았다. 즉, 첫째는 결과에 따라서 운동을 계획하는 것이고, 둘째는 물체의 특징에 관하여 복측 시각 내로부터 들어온 정보를 입수하는 기능인데, 이는 흔히 운동(활동)의 목표를 확인하기 위한 것이다. 운동을 계획하는 데 있어 첫 단계로 전전두피질은 세상에서 일어나고 있는 시·청각에 대한 정보와 신체에 관한 정보(후두정피질로부터 입력된 정보)를 통합하고, 우리의 기억 속에 관련 정보를 저장하며, 적합한 운동과 목표로 하는 활동을 선택한다([그림 11-14] 참조). 이러한 활동을 고려할 때, 전전두피질의 역할은 운동을 계획하기보다는 운동을 위한 계획이라고 말하는 게 더 타당할 듯하다.

전전두피질의 기능에 관한 연구는 일반적으로 원숭이를 대상으로 실험을 실시하는데, 지연 표본 대응 과제(delayed match to sample task)를 변형시키는 것이다. 즉, 원숭이에게 시각 자극을 제시한다. 그다음 자극을 치우고 몇 초간 있다가 두 개 이상의 자극을 제시하여 원래의 자극을 선택하도록 하는 것인데, 이때 주스와 같은 보상을 제공한다. 전전두피질에 있는 몇몇 세포들은 처음 자극이 제시될 때 발화를 시작하고, 지연 학습 기간에도 발화되는데, 이와 같은 사실은 원래의 자극이 기억되고 있다는 것을 시사한다고 할 수 있다. 반응기에 있는 다른 집단의 전전두피질 세포들은 전운동 영역에서 운동이 시작되기 전 발화를 시작했는데, 이 같은 사실은 전전두피질이 행동의 목표를 선택하고 적절한 운동 반응을 선택하는 기능을 담당하고 있다는 것을 시사한다(Goldman-

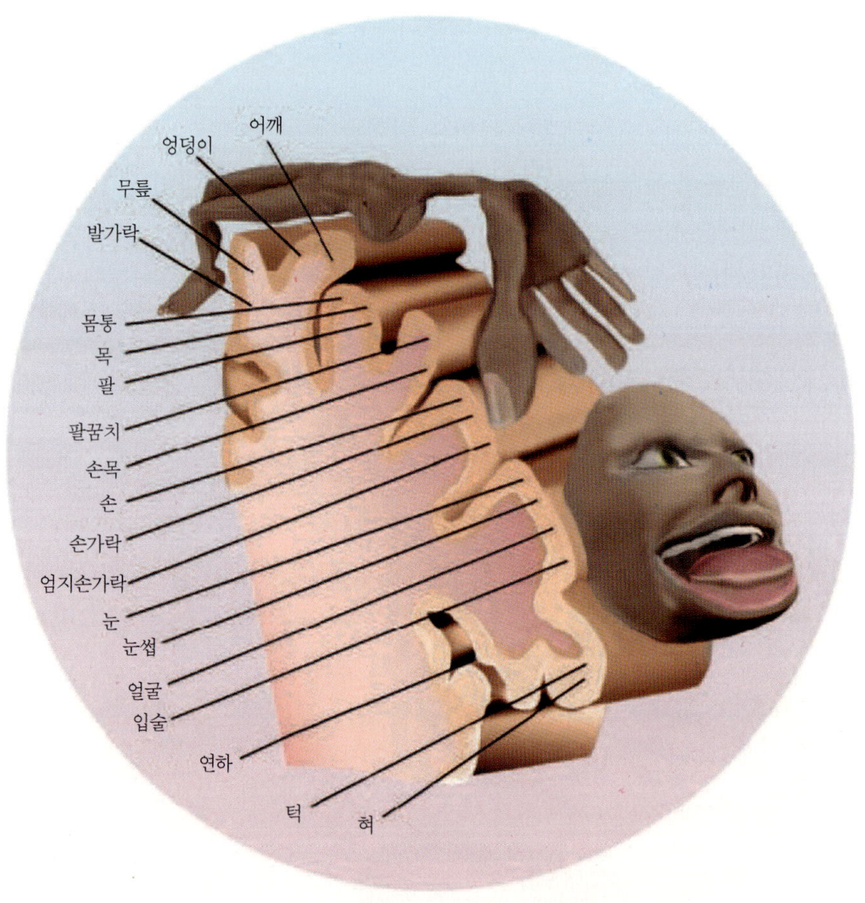

[그림 11-15] 일차 운동 영역

출처: Adapted from *The Cerebral Cortex of Man* by W. Penfield and T. Rasmussen 1950, New York: Macmillan. Copyright 1950. Reprinted with permission of Gale, a division of Thomson Learning: www.thomsonrights.com. Fax 800 730-2215. 신체-뇌지도는 신체의 다양한 부분을 대상으로 뇌의 상대적 기여 정도를 나타낸다.

Rakic, Bates, & Chafee, 1992; Hoshi, Shima, & Tanji, 2000; Rainer, Rao, & Miller, 1999).

이차 운동 영역

전운동피질은 전전두피질과 후두정피질로부터 들어온 정보를 결합하여 움직임을 프로그램화한다(Krakauer & Ghez, 2000). 좋은 예는 원숭이 실험을 한 연구에서 볼 수 있다. 즉, 각기 다른 위치에 놓인 A와 B 목표물 가운데 하나를 선택하기 위하여 원숭이들은 단서를 제공받게 되는데, 몇몇 실험에서는 왼손이 사용되었고, 또 다른 실험에서는 오른손이 사용되었다. 실험 결과, 일부의 전운동 뉴런들은 A목표물에 단서가 제공되었을 때에만 발화율이 증가하였고, 다른 뉴런들은 B목표물이 제시되었을 때에 선택적으로 반응하였다. 다른 세포들은 어느 팔이 사용되었느냐에 따라서 선택적으로 발화하였다. 또 다른 세포들은 처음 두 종류의 세포들이 지니고 있던 정보를 통합하기도 하였다. 즉, 특정 목표물에 단서가 주어지고 특정 팔이 사용되었을 때 발화를 보여 준 세포들이 있었다는 점이다(Hoshi & Tanji, 2000). 다른 두 개의 세포 유형들은 시각 및 체감각계 정보들을 결합하여 사물에 도달하고 사물을 조작하는 데 시각적인 도움을 제공해 준다. 첫 번째 세포는 [그림 11-16a]에 나타나 있듯이 신체의 특정 혹은 인근 부위의 시각적 자극에 대하여 반응을 하고 있다는 것을 보여 준다. 다른 세포는 시각

? 이차 운동 영역과 연합 영역은 어떤 관련성이 있는가?

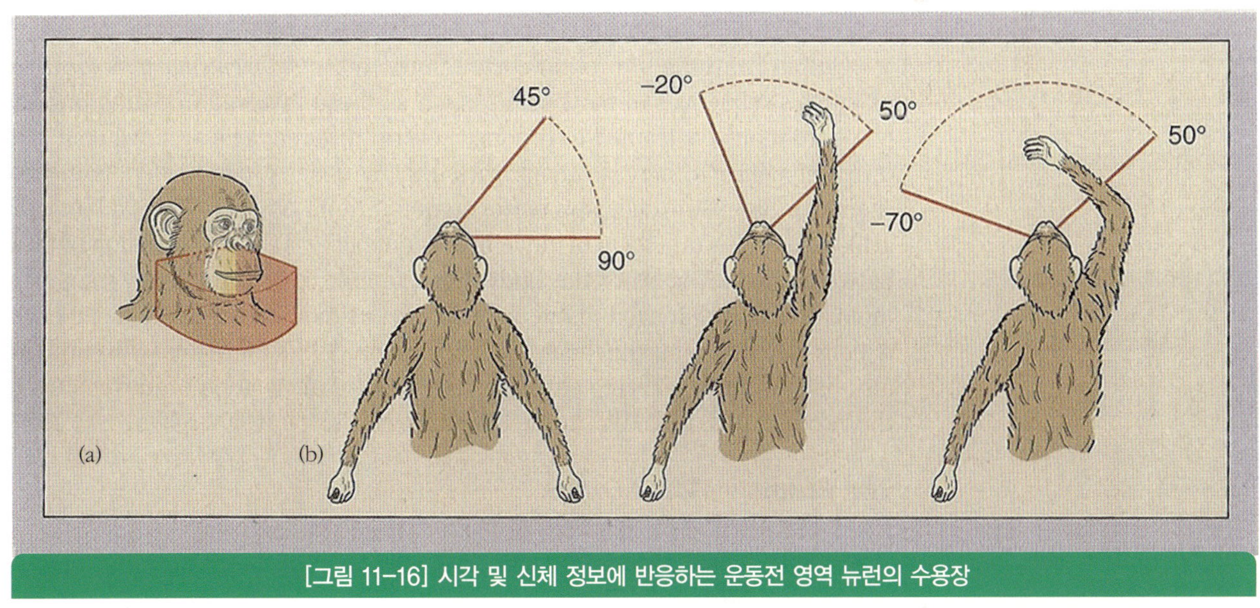

[그림 11-16] 시각 및 신체 정보에 반응하는 운동전 영역 뉴런의 수용장

(a) 시각 자극이 얼굴 근처의 윤곽이 그려진 영역에 있을 때 반응하는 세포의 수용장. (b) 팔이 시야에서 보이지 않을 때 나타나는 두 번째 유형의 뉴런 시야. 중간 및 오른쪽 그림은 원숭이가 팔을 앞쪽 혹은 가로질러 움직일 때 보이는 시야를 나타낸다.

출처: Adapted from Figure 1 in M. S. A. Graziano, G. S. Yap, & C. G. Gross, "Coding of Visual Space by Premotor Neurons," *Science, 266*, pp. 1054-1057. © 1979. Reprinted by permission of AAAS.

수용야의 위치를 이동시켜 원숭이가 움직이는 방향의 손의 위치와 일치시키는 것을 볼 수 있다([그림 11-16b] 참조; Graziano, Hu, & Gross, 1997; Graziano, Yap, & Gross, 1994).

이렇게 특화되어 있는 세포들이 보여 주는 흥미로운 역할은 '고무손 착각(rubber hand illusion)'으로 알려진 신비로운 현상을 보여 주는 실험에서 살펴볼 수 있다. 한 개인이 책상 위에 왼쪽 손을 가린 채 앉아 있다. 실험자가 붓으로 가려진 왼손을 치는데, 이와 동시에 가리지 않은 가짜 고무손을 붓으로 치는 실험이다([그림 11-17] 참조). 2~3초 후 감각은 마치 가짜 고무손으로부터 나온 것처럼 생각되는데, 실험 참가자들은 마치 고무손이 자신의 손처럼 느껴졌다고 보고하였다. 최근 한 연구에서는 fMRI를 이용하여 이러한 착각이 뇌의 어느 부위에서 일어났는지 확인해 보려는 시도가 있었다(Ehrsson, Spence, & Passingham, 2004). 연구 결과에 의하면 동 연구자들은 시각과 촉각에 관한 정보를 결합하는 후두정피질이 관여한다는 것을 발견하였는데, 손을 동시에 건드리든 그렇지 않든 무관하게 활동적이었다는 사실을 발견하였다. 한편, 전운동 영역은 붓 터치가 동시에 일어날 때, 그리고 피검자가 착각을 경험한 이후에만 활동적이었다는 사실이 보고되었다. 게다가 활동의 강도는 피검자가 보고한 착각의 강도와 비례하였다.

전전두피질로부터 온 출력 신호는 보조 운동 영역(supplementary motor area)으로 이동하는데, 여기에서는 섭식 행동 또는 피아노 연주에 관여하는 움직임처

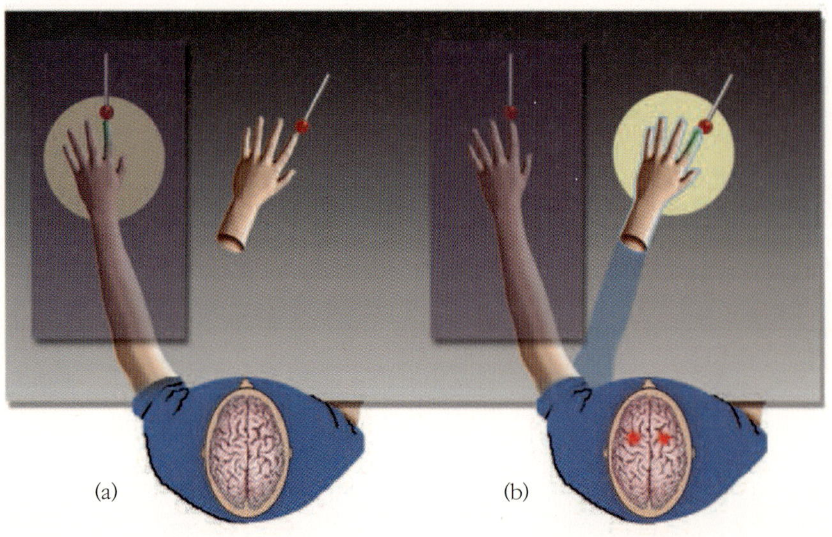

(a) 숨겨진 왼손을 피험자가 온전히 볼 수 있는 가짜 손(고무손)과 함께 건드린다. (b) 몇 초 후, 피험자는 느낌이 고무손에서 나온 것으로 고무손을 마치 자신의 손으로 착각하는 느낌을 받는다. 분명히 감촉 부분과 시야는 뇌에서 통합되어 왔다는 것을 알 수 있다(가늘게 파란색 윤곽과 노란색 원의 형태로 나타남). fMRI로 기록해 보면 운동전 피질이 이렇게 착각이 진행되는 동안에 활성화된다는 것을 보여 준다.

출처: M. Botvinick, "Probing the Neural Basis of Body Ownership," *Science, 305*, 782-783 unnumbered figure on page 782. Illustration copyright © 2004 Taina Litwak. Used with permission.

[그림 11-17] 운동전피질과 고무손 착각

럼 운동 순서를 조합하는 기능들이 자리 잡고 있다. 일부 다른 운동 순서를 유발할 수 있도록 훈련된 원숭이를 대상으로 한 실험에서는 어떤 순차적 행동이 단서로 제공되었느냐에 따라서 뉴런들의 발화율이 달랐다. 즉, 지연 시간 동안 발화율의 증가에 있어서 차이점이 발견되었다(Shima & Tanji, 2000; Tanji & Shima, 1994). 순차적 운동이 지니는 가장 중요한 형태는 신체 양쪽에서 일어나는 운동을 조합하는 기능이다. 예를 들면, 원숭이의 한쪽 대뇌 반구 내 보조 운동피질이 손상되면, 양손이 과제를 분담하는 대신 각자의 활동 영역을 그대로 복사하는 경향이 있다(C. Brinkman, 1984). 동일한 손상을 겪은 사람들은 양손의 움직임을 변경하는 시험 과제를 수행하는 데 어려움을 겪는다(Laplane, Talairach, Meininger, Bancaud, & Orgogozo, 1977).

일차 운동피질

일차 운동피질은 수의적 운동을 집행하는 데 관여한다. 세포들은 움직임이 일어나기 전보다 움직이는 동안 가장 발화율이 높다(G. E. Alexander & Crutcher, 1990). 각각의 운동피질 세포들은 특정 운동을 위해 예약된 기능을 펼치는 게 아니라 관련 행동의 영역 안에서 해당 기능을 발휘한다(Saper, Iverson, & Frackowiak, 2000). 일차 운동피질은 이러한 세포들의 활동을 조합하여 유용한 움직임을 연출하고 운동의 강도와 방향을 결정하는 데 관여한다(Georgopoulos, Taira, & Lukashin, 1993; Maier, Bennett, Hepp-Reymond, & Lemon, 1993). 이러한 조합은 특히 그랜지아노 등(Graziano, Taylor & Moore, 2002)의 연구를 통해 확인할 수 있다. 운동피질과 관련된 대부분의 전기 자극법 연구들은 대략 1/20초의 짧은 펄스를 사용해서 짧은 근육의 경련을 유발시켜 왔다. 연구자들이 지속 시간을 1/2초로 증가시켰을 때, 원숭이들이 손을 움켜쥐고, 손을 입에 대고, 입을 벌리는 행동과 같은 복잡하고 통합적인 반응을 유발시켰다는 것을 관찰하였다. 일차 운동피질은 이러한 복잡한 일련의 운동을 이차 운동 영역, 체감각피질, 그리고 후두정 영역으로부터 입력된 신호들의 도움을 받아 함께 통합시킨다([그림 11-14] 참조; Krakauer & Ghez, 2000). 아마도 체감각 및 후두정 영역에서 나온 정보들은 필요할 때마다 섬세한 움직임에 필요한 피드백을 제공해 주는 것으로 생각된다.

어느 누구도 운동 능력을 상실한 사람처럼 운동계의 정교함과 가용성에 감사를 보내지 않는다. 〈뉴스에서〉에서 언급했듯이 일부 과학자들은 뇌의 기능을 살펴보기 위하여 안을 직접 두드려 보기도 한다.

기저핵과 소뇌

? 기저핵과 소뇌의 기능은 무엇인가?

기저핵과 소뇌는 자체적으로는 운동을 유발하는 기능이 없다. 오히려 피질과 뇌간의 운동계 활동을 조율한다고 보는 게 좋다. 역할을 고려해 볼 때, 이들은 자세를 유지하여 자연스러운 운동이 가능하도록 도와준다(Ghez & Krakauer, 2000). 기저핵(basal ganglia)은 미상핵(caudate nucleus), 피각(putamen), 그리고 담창구(globus pallidus)로 이루어져 있는데, 일차 및 이차 운동 영역과 체감각피질로부터 들어온 정보를 활용해 운동을 통합하고 자연스럽게 만든다. 기저핵은 일차 운동피질과 보조 운동 영역에 직접 신호를 보내며 시상을 통해 전운동피질로 신호를 보내기도 한다. [그림 11-18]에서 보듯이 이들 구조물들은 시상과 경계를 이루고 있다. 이들은 명백히 시상에 촉진적이고 억제적 신호를 함께 보내면서 운동을 자연스럽게 만든다(DeLong, 2000). 기저핵은 또한 일련의 복잡한 운동을 실행하는 동안에 특히 활동적이다(Boecker et al., 1998). 기저핵은 연속적인 운동을 학습하는 데 관여하여 움직임을 단위로 실행될 수 있도록 도와주는 기능을 담당하고 있는 것으로 생각되고 있다(Graybiel, 1998). 사실 파킨슨 질환의 증상들 가운데 하나는 운동 기능이 관여되어 있는지 여부와 상관없이 학습 기능이 손상되어 있는 것으로 밝혀져 있다(Knowlton, Mangels, & Squire, 1996). 기저핵의 이상은 자세 불균형을 가져오고 이는 파킨슨 질환과 헌팅턴 질환에서 볼 수 있는 것처럼 불수의적 운동을 가져오는 결과를 낳는다.

소뇌는 의도된 움직임과 관련하여 운동피질로부터 필요한 정보를 입수하면, 근육이 수축되는 순서와 움직임에 필요한 정확한 시점을 결정하는 역할을 담당

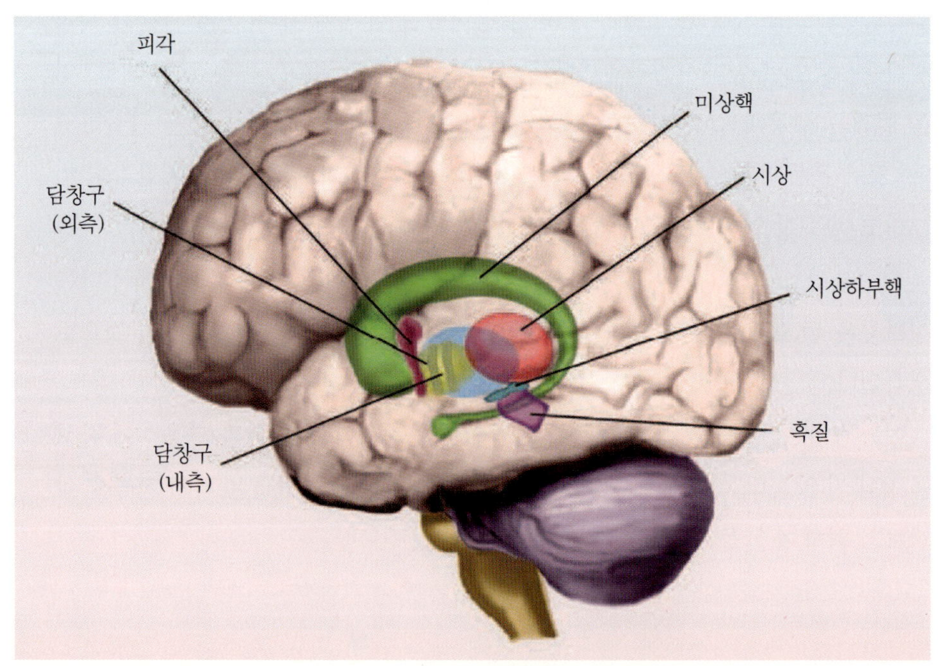

기저핵은 미상핵, 피각 그리고 담창구를 가지고 있다.

[그림 11-18] 기저핵

뉴스에서 생각으로 세상을 지배하다

매트 네이글(Matt Nagle)은 TV를 켤 수 있고 채널을 바꿀 수도 있다. 그는 이메일을 열고 읽을 수 있고, 컴퓨터에서 간단한 게임도 즐길 수 있다. 매트가 타인의 칼에 공격을 당한 후, 사지에 마비 장애가 왔고, 그에 따라 팔과 다리를 움직일 수 없다는 것을 깨닫게 될 때까지는 뭔가 특별해 보이는 것은 없어 보였다. 그는 의사가 운동피질 영역 표면에 부착한 아동용 아스피린 크기의 전자 칩 덕분에 TV를 통제할 수 있고 컴퓨터도 사용할 수 있다. 칩은 백 개의 작은 전극과 함께 한쪽에 부착되는데, 이 전극들은 간단히 피질 표면을 눌러 부착되어 있다. 동등한 크기를 지닌 백 개의 작은 선들이 두개골 내 천공을 통해 지나가서 컴퓨터에 연결된다. 매트는 어떻게 그가 장치를 작동시키는지를 다음과 같이 설명하였다. "전 생각을 이용하고 있지요. 내가 왼쪽으로 가고자 하면, 왼쪽으로 갈 수 있고, 내가 오른쪽으로 가려고 하면, 오른쪽으로 갈 수 있는 것이지요."

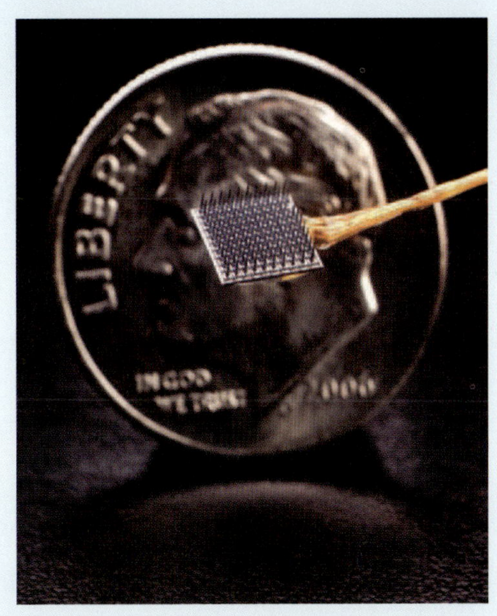

Brain Gate칩

작은 크기에도 불구하고 100전극을 가지고 있다.

출처: Courtesy of Cyberkinetics Neurotechnology Systems, Inc.

이 장치는 현재 FDA에서 승인된 임상적 실험을 진행 중인데, 환자들이 휠체어를 운전할 수 있고, 로봇 손을 작동시킬 수 있도록 도움을 제공해 왔다. 브라운 대학교의 신경심리학자인 존 도노휴(John Donoghue)는 "이 장치는 마치 루크 스카이워커(Luke Skywalker)와 같아요."라고 말한 바 있고, 이후에 브레인게이트(BrainGate) 칩을 만드는 데 기여하였다. 도노휴는 현재 브레인게이트를 케이스 웨스턴 리저브 대학교의 헌터 펙험(Hunter Peckham) 교수가 개발한 시스템과 결합시키려는 연구를 진행하고 있다. 이 장치는 전기 자극을 이용하여 사지의 운동을 유발할 수 있고, 사지가 마비된 여성이 휠체어에서 벗어나 걸을 수 있도록 도움을 준다. 연구자들은 이와 같은 결합 시스템이 마비 장애인의 자발적인 섭식 행동을 도와줄 수 있고, 휴대전화와 원격 통제기를 사용할 수 있게 되기를 기대하고 있다.

출처: Maney (2004), J. Ritter (2005), and "'Smart' Prosthetics" (2007).

한다. 또한 전정계의 정보를 활용하여 자세와 균형을 유지하고, 정교한 운동을 가능하게 하며, 머리의 움직임을 보상할 수 있도록 눈동자의 움직임을 통제한다(Ghez & Thach, 2000). 일단 의도된 움직임이 수정되면 소뇌는 다시 정보를 일차 운동피질에 보낸다. 우리는 소뇌가 손상될 때 일어날 수 있는 결손에 대하여 소뇌가 얼마나 중요한 기능을 담당하고 있는지 알 수 있다. 예를 들면, 우리는 목표물을 향해 팔을 이동하는 동안 물체를 움켜쥐기 위하여 손의 형태를 바꾸지만, 소뇌가 손상된 사람들은 손을 뻗고 쉬었다가 다시 손의 형태를 만든다. 일반 사람들은 단 한 번의 자연스러운 움직임으로 코를 만질 수 있지만, 소뇌가 손상되면 과장된 움직임이 일어나고, 그것을 교정하기 위하여 손짓을 반복하게 된

〈표 11-1〉 운동에 관여하는 주요 뇌 부위와 관련 기능

구조	기능
전전두피질	신체와 외부 정보를 결합하여 적절한 행동과 목표물을 선택
운동전피질	도달 방법, 위치 정보 파악, 손의 위치 및 사용하게 될 손과 같은 운동 프로그램에 필요한 정보를 결합함
보조 운동야	순차적 운동, 즉 섭식 또는 피아노 연구와 같은 순차적 운동을 결합. 신체의 양면에서 운동을 통합(예, 손을 함께 사용하는 과제)
일차 운동피질	비전문화된 세포의 활동을 조직함으로써 수의적인 운동을 집행하고 세기와 방향에 대한 통제를 추가함
기저핵	이차 운동 영역과 체감각피질로부터 입력된 정보를 사용하여 운동을 통합하고 부드럽게 수행함. 명백히 순차적 운동 학습에 관여함
소뇌	균형 유지, 정교한 운동 실행, 보상적 안구 운동 통제, 운동 기술 학습에 관여함

다. 사지 운동의 조정과 정교한 움직임에 있어서 소뇌가 손상되면 그것은 알코올을 복용한 효과와 유사하다고 할 수 있다. 경찰의 검문에 발각된 음주 운전자는 선을 따라 똑바로 걷거나 눈을 감고 한 발로 서 있거나 혹은 손가락으로 코끝을 만지는 행동에 어려움이 있다는 것을 볼 수 있다. 그래서 소뇌가 손상된 사람들이 보이는 행동은 흔히 술에 취해 일어난 행동의 결과로 종종 오해를 받곤 한다.

소뇌는 이름에서 볼 수 있듯이 '작은 뇌(little brain)'의 기능에 충실하며 다양한 과제를 통해 그 기능이 널리 알려져 있다. 운동 기술을 학습하는 데 소뇌가 필요하다고 한 연구(D. A. McCormic & Thompson, 1984)도 있지만, 비운동적 학습에도 관여하며(Canavan, Sprengelmeyer, Diener, & Homberg, 1994), 시·청각 자극들의 시간과 속도를 판단하는 데도 관여한다(Keele & Ivry, 1990). 또한 소뇌가 손상된 환자들은 시각적 주의를 다른 공간으로 이동하는 데 어려움을 겪는데, 일반 사람들이 0.1초 걸리는 데 비해 0.8초에서 1.2초로 그 이동이 지연되어 나타나는 것을 볼 수 있다(Townsend et al., 1999). 소뇌를 운동 기관으로 엄격히 제한해 이해하기보다는 일반적 기능으로 소뇌의 역할 및 기능을 생각해 보는 게 옳다는 생각이 든다.

〈표 11-1〉은 우리가 논의해 온 뇌의 구조들과 기능을 요약해 놓은 것이다.

운동 장애

? 운동 장애의 원인은 무엇이고, 결과는 어떠한가?

여러분은 운동계처럼 복잡한 어느 분야라도 이상 기능이 수반될 것이라고 생각할 것이다. 물론 그렇다. 그러나 운동 장애는 희생자들에게 치명적인 아픔을

수반하는 질환이라고 할 수 있다. 대표적 예로는 파킨슨 질환(Parkinson' s disease), 헌팅턴 질환(Huntington' s disease), 중증 근무력증(myasthenia gravis), 그리고 다발성 경화증(multiple sclerosis)이 있다.

파킨슨 질환

파킨슨 질환은 운동 경련, 경직성, 균형 및 조정 기능 상실, 그리고 운동 개시의 어려움으로 해당 특징을 설명할 수 있다(Olanow & Tatton, 1999; Youdim & Tiederer, 1997). 파킨슨 질환은 전체 인구의 약 2%에서 발생하고 있다(Polymeropoulos et al., 1997). 근육의 강도는 영향을 받지 않지만, 질환이 진행되면서 흔히 장애를 수반한다. 증상들은 흑질(substantia nigra)의 퇴행에 따른 것이다. 흑질에 있는 뉴런들은 도파민을 방출하는 축색을 선조체(striatum)로 보내는 기능을 담당하고 있는데, 선조체는 흑질의 미상핵, 피각(putamen) 및 측핵(nucleus accumbens)으로 구성되어 있다. 파킨슨 질환은 10% 이내로 가족력이 있는 것으로 알려져 있는데, 이는 일반 인구보다 질환이 있는 사람들의 친척들 간에 더 자주 발생한다는 것을 의미한다(Greenamyre & Hastings, 2004). 만약 51세 이전에 쌍생아 중 한 사람이 파킨슨 질환으로 진단받았다면, 다른 쌍생아 형제가 파킨슨 질환으로 진단받을 확률은 이란성 쌍생아보다 6배 정도나 높다(Tanner et al., 1999). 그러나 동 연구에서 늦은 나이에 증상을 보인 사람들은 유전적 영향이 관여되어 있다는 증거가 발견되지 않았다. 물론 비유전적 원인에 대해서도 짧게나마 살펴볼 것이다.

파킨슨 질환에 대한 최근의 전체 게놈(whole-genome) 연구는 질환에 관여하는 것으로 보이는 12개의 유전인자들을 밝혀냈다(Maraganore et al., 2005). 이들 중 어느 하나라도 지대한 영향력을 보여 주지 못했다는 사실은 이 유전자들이 환경적 원인과 상호작용하여 감수성을 보여 준다는 것을 시사해 준다. 이 중 두 개의 유전자들은 도파민-유발 뉴런들을 생성하고 계획된 소멸에 이르게 하는 데 관여하는 것으로 여겨지고 있다. 다른 두 개는 레비 소체(Lewy bodies)의 구성물질인 일탈 단백질을 생성하는데, 레비 소체는 뉴런 내에 생성되어 있는 비정상적인 단백질 뭉치를 말한다. 레비 소체는 파킨슨 질환을 앓고 있는 일부 환자들의 일부 뇌 부위에서 발견되며, 알츠하이머 질환인 레비 소체성 치매(dementia with Lewy bodies)를 가지고 있는 사람들에게서도 발견된다([그림 11-19] 참조; Glasson et al., 2000; Spillantini et al., 1997). 레비 소체는 아마도 인지적 결손과 우울증을 일으키는 데에 관여하는 것으로 보이며, 종종 파킨슨 질환을 수반하기도 한다.

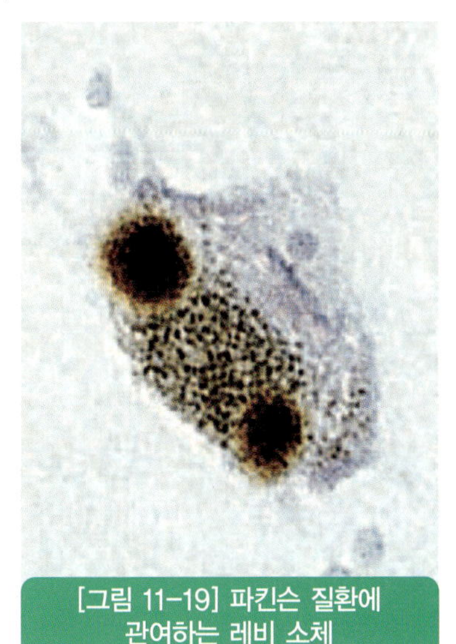

[그림 11-19] 파킨슨 질환에 관여하는 레비 소체

두 개의 염색된 레비 소체는 비정상적 단백질 덩어리를 가지고 있다.

출처: M. Grazia Spillantini et al., "α-Synuclein in Lewy Bodies," *Nature* 8/28/1997.© 1997. Used with permission.

파킨슨 질환에 환경이 영향을 미칠 수 있다는 것을 시사해 주는 몇몇 연구가 있다. 하나의 원인은 미세한 뇌손상인데, 부딪혀 무의식 상태를 한 번 경험하면 파킨슨 질환에 걸릴 위험은 32% 증가하고, 몇 번씩 무의식을 경험한 적이 있는 사람들은 위험성이 174%로 증가한다. 다양한 독소인 산업체 유기화학물질, 즉 이산화탄소, 제초제, 살충제 등이 원인을 제공할 수 있다는 다른 연구도 있다(Olanow & Tatton, 1999). 수많은 연구가 살충제 사용과 파킨슨 질환이 연관되어 있다고 보고하고 있지만, 이들의 관계성 유관성일뿐 인과관계를 설명하는 데는 부족한 실정이다('살충제 노출과 파킨슨 질환', 2006). 그러나 살충제 로테논을 몇 주 동안 쥐에게 주입한 결과, 경련, 레비 소체 및 도파민 뉴런 상실이 발견되었다(Betarbet et al., 2000). 일부 파킨슨 질환을 앓고 있는 환자들이 유전적으로 독소를 분해하는 능력이 감소되어 있다는 점에서 실마리를 찾을 수 있고(Bandmann, Vaughan, Holmans, Marsden, & Wood, 1997; C. A. D. Smith et al., 1992), 굳이 다시 말하자면 유전과 환경이 서로 상호작용한다고 하는 증거들이 있다는 점이다.

흥미로운 사실은 파킨슨 질환의 위험성이 커피 상용자들에게서는 많게는 80%나 감소되었다는 점이다(G. W. Ross et al., 2000). 이 같은 위험성은 흡연자의 경우에도 50%나 떨어지는 것으로 나타났다(Fratiglioni & Wang, 2000). 그러나 물론 흡연으로 인한 불이익은 그에 따르는 질환의 위험성을 능가한다고 할 수 있다. 어쨌든 쥐를 대상으로 한 실험에서 흡연은 신경 독소가 축척되는 것을 막을 수 있고(Soto-Otero, Méndez-Alvarez, Sánchez-Sellero, Cruz-Landeira, & López-Rivadulla, 2001), 카페인은 아데노신 수용기를 차단함으로써 신경 독소들의 작용을 감소시킬 수 있는데, 제5장에서 보았듯이 이는 도파민과 아세틸콜린의 방출을 증가시키는 결과를 가져온다(J. F. Chen et al., 2001).

파킨슨 질환은 일반적으로 레보도파(levodopa; L-dopa)를 주입함으로써 치료하는데, 이 물질은 도파민의 전구물질이다. 도파민은 혈뇌장벽을 통과할 수 없지만, L-dopa는 가능하고 뇌 안에서 도파민으로 전환될 수 있다. 도파민 작용약들도 유용하게 쓰일 수 있고, 플라시보 효과로도 도파민 방출이 증가한다(de la Fuente-Fernández et al., 2001). 그러나 이러한 치료 방법들은 뇌 전반에 도파민 방출량을 증가시켜 그에 따른 부작용이 발생할 수 있는데, 정서적 불안정, 불수의적 운동 및 망상에 이르기까지 다양하다. 신경이 더욱 감소되면 더 많은 약을 필요로 하게 되어 부작용이 그만큼 더 증가하는 결과를 낳는다. 제1장에서 우리는 태아기 뉴런 또는 줄기세포를 이식하면 신경퇴행성 질환을 치료할 수 있다는 점을 얘기한 적 있었다. 연구들에 따르면 이식된 신경들은 선조체 내에서 생존해 도파민을 생성한다는 사실을 입증해 보였다([그림 11-20]; C. R. Freed et al., 2001. Greene & Fahn, 2002). 그러나 증상이 향상되었다는 것은 임상적으로 유의

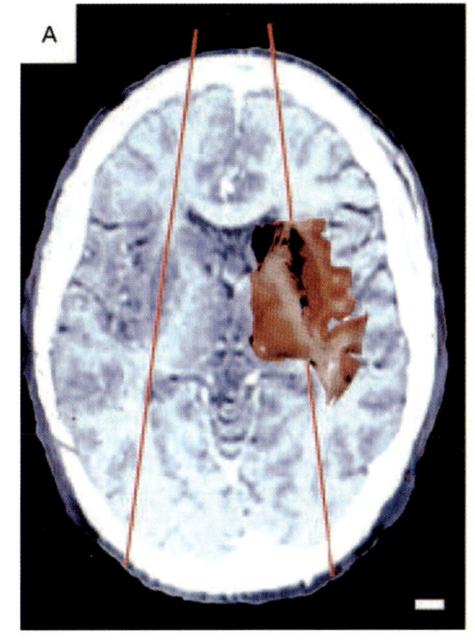

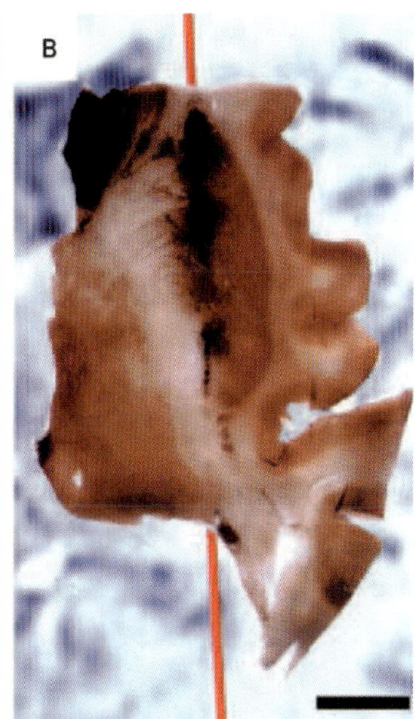

환자는 뇌수술 후 7개월만에 교통사고로 사망하였다. (a) 수술로 그녀의 오른쪽 피각(선조체 부분)을 제거하였고, MRI 촬영을 위해 위치시켰다. 붉은 선은 각도를 나타내며 바늘이 뇌 속에 삽입되어 태아 세포(뇌의 오른쪽)가 주입되었고, 왼쪽 뇌는 통제 절차로 비교를 위한 사진이다. 바늘이 지나간 통로를 따라 경막 위에 검게 표시된 부분은 새로운 도파민 세포들을 염색해서 그렇고, 축색들이 세포체에서 2~3 밀리미터 자라나 있다는 것을 보여 준다. (b)는 피각을 확대한 사진이다.

출처: C. R. Freed et al., "ransplantation of Embryonic Dopamine Neurons for Severe Parkinson' s Disease," *New England Journal of Medicine, 334*, 710-19, fig. 3a&b, p. 717.

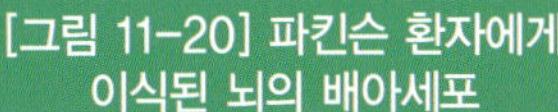
[그림 11-20] 파킨슨 환자에게 이식된 뇌의 배아세포

미한 수준이 아니었고, 환자의 대부분이 연장자들이었다는 점을 감안하면 그 효과가 더 미미했다는 점은 한계로 들 수 있다. 게다가 33명의 환자 가운데 5명은 문제가 될 만한 불수의적인 운동이 관찰되었고, 이는 명백히 국재화된 과다 도파민 방출에 따른 것이었다. 이러한 방법들은 물론 초보 수준이기는 하다. 그러나 초기 심장 이식 수술은 실패한 것은 사실이지만, 이제 환자들은 오늘날 평범한 일상생활을 누릴 수 있다는 사실은 기억할 필요가 있다.

치료적 대안에 대한 좌절로 인하여 한동안 파킨슨 치료 약물로 인해 등한시되었던 외과적 치료에 대한 관심이 다시 주목받게 되었다(Cosgrove & Eskandar, 1998). 시상하부핵과 담창구는 모두 흑질에 위치하는데, 전략적으로 특정 부위를 손상시킨 결과 도파민계 약물을 사용하는 데 어려움이 있었던 환자들이 어느 정도 진전을 보여 주었다는 사실이 발견되었다(Cosgrove & Eskandar, 1998). 이 두 개의 구조물들은 파킨슨 질환성 경련에서 볼 수 있는 리듬 활동과 유사한 리듬을 생성시키는데, 이는 분명히 선택적 손상이 어떻게 이 증상을 감소시키는지에 대하여 설명할 수 있는 근거를 제공한다(Perkel & Farries, 2000).

외과 수술은 인근 부위의 손상에 따라 신체 일부가 위약해지는 등 그 자체로 결손이 생길 수 있기 때문에 연구자들은 뇌 속에 전극을 삽입함으로써 전기 자극법을 시도해 보고 있다. 담창구와 시상하부핵에 전기 자극을 받은 환자들은 운동기능이 증가했고 전운동피질과 소뇌의 신진대사 기능도 향상되었다(Fukuda et al., 2001; Deep-Brain Stimulation for Parkinson' s Disease Study Group, 2001). 혹질에 있는 뉴런이 상실되면 이 부위로 도파민 유입이 감소한다. 그 결과로 흥분성인 글루타메이트 방출 뉴런이 그대로 남게 되어 목표물을 과잉 자극하는 결과를 가져오는 것이다. 어떻게 전기 자극이 뇌 속에서 작용하는지는 불분명하지만, 아마도 전기 자극이 뇌 안의 흥분적 균형을 재설정하는 게 아닌가 생각된다. 이 점이 바로 마이클(Michael)과 그의 동료들(2007)이 연구를 진행하게 된 목적이기도 하다. 동 연구자들은 환자들의 시상하부핵에 유전자를 하나 삽입한 후 관찰해 본 결과, 이 유전자가 억제성 신경전도체인 GABA의 생성을 증가시켰다는 사실을 발견하였다. 12주 말기에는 신경의 과잉 활동이 감소하였고, 12명 중 10명의 환자에게서 운동 기능이 향상되었다는 사실이 발견되었다.

헌팅턴 질환

> 이건 아주 무시무시한 일이에요. 진단 검사가 있긴 하지만……. 난 아직 검사를 받을 배짱이 없어요.
>
> - S. Martin의 헌팅턴 장애에 대한 위험에서

파킨슨 질환처럼 헌팅턴 질환도 선조체와 피질 내의 세포 상실을 포함하는 운동계의 퇴행성 장애다. 진단이 내리기 수년 전부터 헌팅턴 질환은 오류 수정이 손상된 데에 따른 경련성 움직임의 증상에서 시작되었다(M. A. Smith, Brandt, & Shadmehr, 2000). 이후로 불수의적인 움직임이 나타났는데, 처음에는 손을 꼼지락거림으로, 그다음에는 사지 움직임으로, 그리고 마지막으로는 신체의 몸부림과 안면 찡그림으로 증상이 발현되었다. 이 증상들은 때때로 춤추는 모습을 닮았다 하여 헌팅턴 무도병(Huntington' s chorea)으로도 불렸는데, 이 말은 그리스어의 코리어(choreia)에서 나왔으며, 이는 바로 춤을 의미하는 단어다. 환자는 일상생활을 수행하는 능력이 상실된다는 것은 말할 나위도 없다. 질병이 발생한 후, 15~30년 이내에 일반적으로 환자는 사망한다.

파킨슨 질환과 달리 인지적·정서적 결손은 헌팅턴 질환의 보편적 특징이다. 여기에는 판단력 결손, 인지 과제 수행의 어려움, 우울증 및 성격 변화가 포함되어 있다. 운동 증상은 선조체에 있는 신경이 퇴화되었기 때문에 일어난 것이며, 피질 내의 신경 결손 혹은 퇴행은 아마도 심리적 증상에 대한 단서를 제공해 줄 수 있을 것이다([그림 11-21]; J. B. Martin, 1987; Tabrizi et al., 1999).

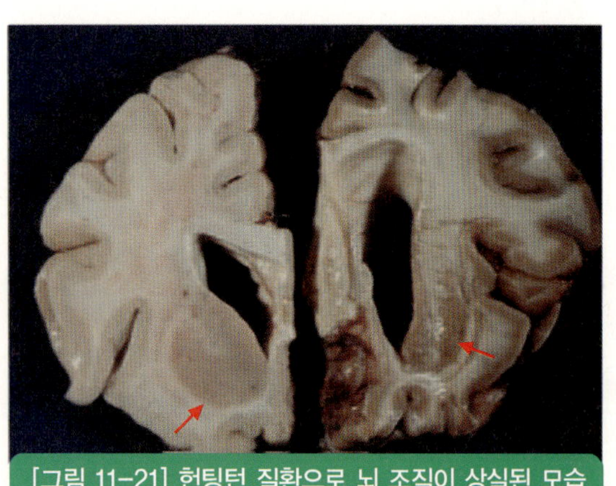

[그림 11-21] 헌팅턴 질환으로 뇌 조직이 상실된 모습

왼쪽 그림은 정상인으로부터 얻은 뇌 절편이다. 오른쪽은 헌팅턴 질환을 가지고 있는 사람으로부터 나온 절편이다. 질환을 앓았던 뇌 속에서 측뇌실이 커져 있는 것은 미상핵(화살표)에 있는 뉴런들이 상실되었기 때문이다.

출처: Courtesy of Robert E. Schmidt, Washington University.

헌팅턴 질환은 헌팅턴 유전자의 변형에 따른 것이다(Huntington' s Disease Callaborative Research Group, 1993). 뉴런의 상실은 아마도 헌팅틴(huntingtin)으로도 잘 알려진 유전자 단백질이 축척되었기 때문인 것으로 생각되지만 그 기능은 잘 알려져 있지 않다(DiFiglia et al., 1997). 일반 사람의 경우에 이 유전자는 시토신, 아데닌 및 구아닌 염기들이 10~

34회 정도 반복된다. 그러나 37회를 초과해 반복하면 해당하는 개인은 초기에 질환에 걸릴 가능성이 높아진다(R. R. Brinkman, Mezei, Theilmann, Almqvist, & Hayden, 1997). 이 유전자는 우성이기 때문에 헌팅턴 질환이 있는 부모를 둔 사람은 질환을 일으킬 확률이 50% 정도 된다. 하나의 유전자로 인해 장애가 유발된다는 것은 사람들의 경우 흔한 것은 아니다.

태아의 선조체 세포를 이식한다는 것은 헌팅턴 질환에 대한 치료 방법으로 효과적일 수 있다(Freeman et al., 2000). 이러한 임상적 절차를 환자들에게 시도하는 과정에서 한 사람의 뇌를 검사할 기회가 있었는데, 이 사람은 기타 원인으로 이미 사망 진단을 받은 사람이었다. 외과적 수술을 끝낸 지 18개월 후 이식된 세포들이 일반 선조체 양의 5~10%까지 늘어나도록 자라났고, 여러 부위로 신경세포들을 확장시켜 나가는 것이 관찰되었다. 증상의 호전이 약 2년간 지속되었고, 퇴화된 세포들이 4~6년 후에 회복되었다는 사실이 관찰되었다(Bachoud-Lévi et al., 2006). 이러한 치료 방법을 지속시켜 성공하려면 헌팅턴 질환이 뇌의 전 영역에 이르기까지 뉴런을 계속 퇴화시킨다는 점을 기억해야 한다. 이렇게 넓은 영역에 걸쳐 이식을 진행시킨다는 건 현실적으로 어려운 일이다.

자가 면역 질환

중증 근무력증은 아세틸콜린 수용기의 수 또는 민감성이 감소한 결과로 인해 근육이 나약해지는 장애를 말한다. 근육의 나약성이 매우 크기 때문에 환자는 인공호흡기의 도움을 받아야만 한다. 사실 25년 전의 중증 근무력증에 의한 사망률은 약 33%였다. 현재는 치료 방법이 향상되어 아주 소수의 환자만이 사망에 이르는 것으로 보고되었다(Rowland, 2000a).

수용기가 상실된 데 따른 결과는 흥미로운 방식으로 입증되었다. 다줄무늬 대만산 크레이트는 타이완에 사는 아주 독성이 강한 뱀인데, 아세틸콜린 수용기와 결합해 먹이를 마비시킨다. 뱀의 독을 방사성 동위원소로 분류하여 근조직의 표본에 주입한 다음, 아세틸콜린 수용기를 확인하면 그 수를 산출하는 게 가능하다. 환자들은 일반 사람들에 비해 70~90%까지 수용기가 더 적다는 사실이 밝혀졌다(Fambrough, Drachman, & Satyamurti, 1973). 아세틸콜린에스테라아제(acetylcholinesterase)의 활동을 억제하는 약물들은 중증 근무력증의 증상을 잠정적으로 완화시켜 준다([그림 11-22] 참조; Rowland, Hoefer, & Aranow, 1960). 아세틸콜린에스테라아제는 시냅스에서 아세틸콜린을 분해한다는 점을 기억하자. 이 억제성 인자들은 뉴런-근육 접합부에서 가용할 수 있는 신경전달물질의 양을 증가시킨다.

면역계 치료 방법이 가끔씩 사용되어 왔지만(Shah & Lisak, 1993), 흉선 절제

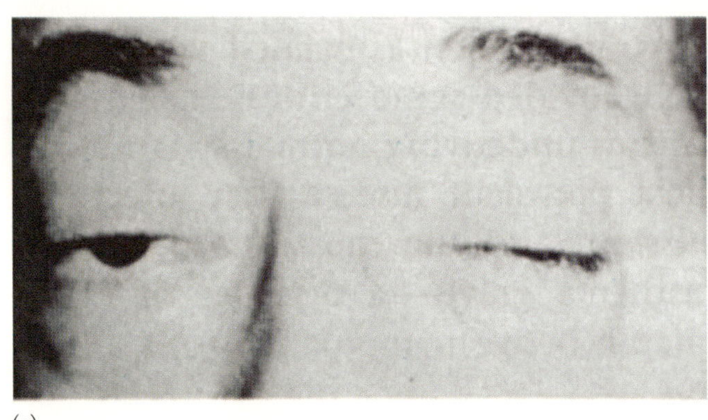

(a)

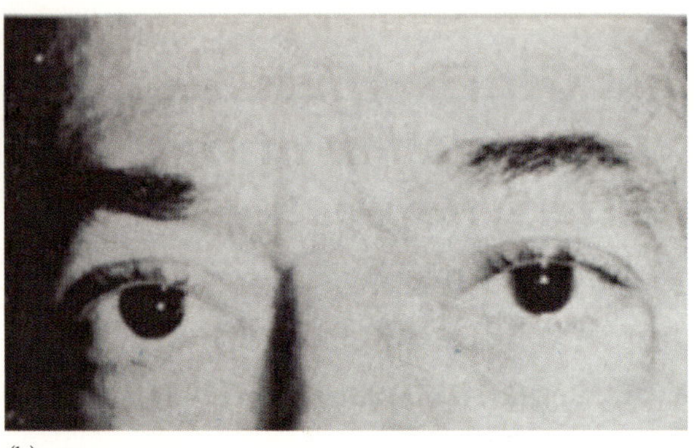

(b)

[그림 11-22] 중증 근무력증에 대한 아세틸콜린에스테라제 억제제의 효과

(a) 그림에서 보듯 환자들은 종종 눈꺼풀이 쳐져 있다. 이 환자도 측면을 보기 위해 필요한 눈을 움직일 수 없었다. (b) 동일한 환자에게 아세틸콜린에스테라제 억제제를 주입한 후 1분이 경과된 후 촬영한 사진이다. 눈이 열려 자유롭게 이동할 수 있다.

출처: "Mysathenic Syndromes," by L. P. Rowland, P. F. A. Hoefer, & H. Aranow, Jr., 1960, *Research Publications-Association for Research in Nervous and Mental Disease, 38*, 547-560.

(thymectomy)는 중증 근무력증에 대한 표준 치료법이 되었다(Rowland, 2000a). 흉선은 항체를 형성하는 주요 림프구의 원천이다. 호전되는 데에는 수년의 세월이 필요하지만, 흉선을 절제하면 80%가량의 환자들의 증세를 완전히 제거할 수 있고, 나머지 환자들은 13~17%까지 증상을 감소시킬 수 있다(Ashour et al., 1995; Jaretzki et al., 1988).

다발성 경화증(mutliple sclerosis)은 다양한 증상을 수반하는 운동 장애로 퇴행성 수초(즉, 탈수초화, demyelination)와 중추신경계의 신경 손실이 원인이다. 제2장에서 보았지만, 퇴행성 수초는 신경 충동을 지연시키거나 신경의 기능을 아예 상실시킨다. 그래서 수초에 퇴화가 일어나면 운동 속도와 강도가 감소하는 것이다. 퇴화 증상이 발현되기 이전이라도 신경 충동이 동시에 일어나야 하는데, 인근 뉴런으로 이동하는 신경 충동이 제각기 다른 수초 상실로 인해 비동기화(desynchronization)되는 것이다. 초기 장애의 신호는 신경 활동이 건반사와 떨림 감각처럼 동시적 발화가 요구되는 상황에서 기능이 상실된다(Rowland, 2000b). 질환이 진행될수록 비수초화된(unmyelinated) 뉴런들이 소멸되어 딱딱한 상처 조직처럼 경화(sclerosis) 부위를 남기게 된다([그림 11-23]). 결과적으로 환자는 근 쇠약, 경련, 신체 조정 능력 손상, 요실금 및 시각 문제를 수반하게 된다. 최근 연구에 따르면 신경 손상은 이전에 생각했던 것보다 중요한 발견의 결과물이며, 신경의 손상이 탈수초화와 더불어 퇴행 과정에서 비롯되었다고 하는 사실을 알려 준다.

중증 근무력증과 마찬가지로 다발성 경화증은 자가 면역 질환이다. 이종 수초

단백질을 동물의 뇌에 주입하면 다발성 경화증과 아주 유사한 증상이 나타나며(Wekerle, 1993), 수초단백질에 반응하는 T-세포들이 다발성 경화증 환자들의 혈액에서 발견되었다(Allegretta, Nicklas, Sriram, & Albertini, 1990). 광범위한 한 게놈 연구에 따르면, 다발성 경화증에 다양한 면역계 유전자들이 관여하고 있다는 사실이 밝혀졌지만(International Multiple Sclerosis Genetics Consortium, 2007), 수초의 면역계 공격을 촉발시키는 데에는 어느 정도 환경적 상황이 관여되어 있을 것으로 생각된다. 한 가지 가능성은 면역계가 초기 바이러스성 감염으로 민감화되어 있을 수 있다는 것이다. 예를 들면, 다발성 경화증 환자들에게서 엡슈타인-바르(Epstein-Barr) 바이러스의 항체가 발견되었고(H, J. Wagner et al., 2000), 청소년기 동안에 환자들이 볼거리(유행성 이하선염)와 홍역에 더 많이 걸렸다는 사실이 보고되었다(Hernan, Zhang, Lipworth, Olek, & Ascherio, 2001). 다발성 경화증 환자들에게 면역 활동을 증강시켜 주는 몇 가지 약물이 사용되고 있다. 이 약물들은 질환의 진행 속도를 늦추지만 이미 손상된 것들을 복원시킬 수는 없다. 더 효과적인 치료법에 대한 희망이 쥐를 대상으로 한 최근 연구를 통해 밝혀졌는데, 실험적으로 유도된 자가 면역 탈수질로 치료를 했다는 점이다(Pluchino et al., 2003). 즉, 연구자들이 성인 신경 줄기세포들을 쥐에게 주입했더니 세포들이 분화되면서 수초신경들이 재생되기 시작하였고, 신경 손상도 감소한 결과를 가져왔다.

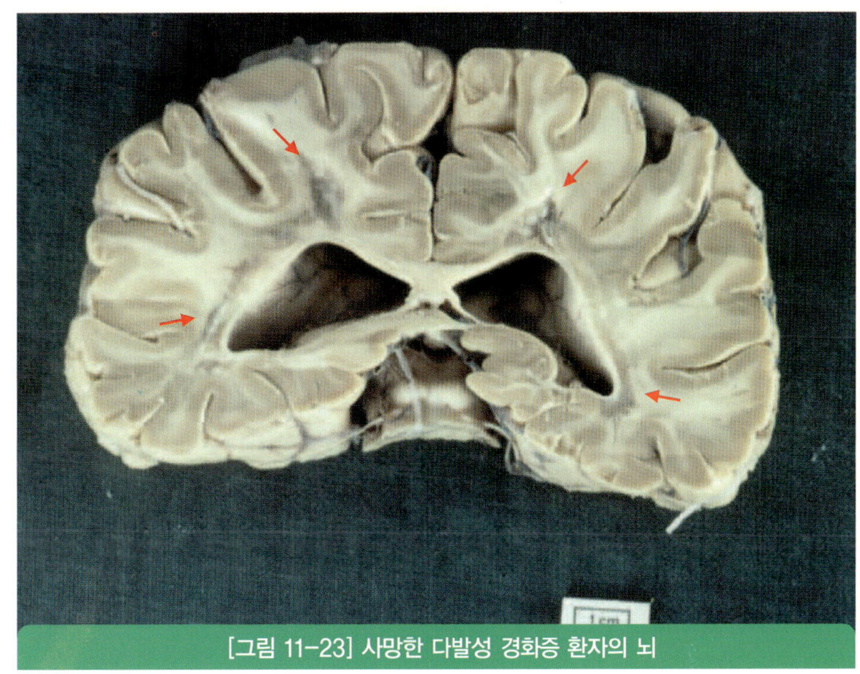

[그림 11-23] 사망한 다발성 경화증 환자의 뇌

화살표는 경화성이 있는 또는 딱딱한 손상 조직(어두운 면)을 나타낸다.

출처: Photo Researchers.

개념 확인

- 길항근과 척추 반사가 어떻게 자세를 유지하는지 설명해 보시오.
- 운동을 일으키는 데 있어서 각각의 피질 운동야가 어느 정도 기여하고 있는가?
- 여기에서 언급되어 있는 운동 장애의 유전적 · 환경적 원인은 무엇인가?

전 망

우리는 장애를 수반하지 않는 한 대개는 신체 감각과 운동 능력이 당연한 것으로 여기는 경향이 있다. 그러나 똑바로 서 있다는 것은 정말 놀라운 재주가 아닐 수 없다. 물론 기계적인 로봇도 쉽게 이러한 동작을 수행할 수 있지만, 그건 R2D2와 같은 경직된 신체 구조를 가졌을 때에 한해 가능하다. 만약 로봇이 우리처럼 운동에 대한 가연성과 자세를 지니고 있다고 가정해 보면, 로봇이 넘어지지 않도록 수천분의 1초 단위의 적응 능력을 위해 상당한 양의 컴퓨터 두뇌를 만드는 데 헌신해야만 한다. 그다음에는 또 다른 컴퓨터의 부속품들이 필요하게 되어 공간에서 시야에 보이는 사물을 위치시키고, 부드럽고 빨리 도달할 수 있도록 해야 하고, 손을 만들어 잡을 수 있도록 해야 한다. 이러한 일련의 일들이 진행되는 동안에 두 손을 사용할 것인지, 손가락을 사용할 것인지, 또 엄지를 사용할 것인지도 결정해야 하고, 게다가 사물을 잡기 위해 얼마만큼의 압력을 적용해야 할지 등등을 결정해야만 한다. 여러분은 생각을 가지고 있다. 차라리 인간이 수행하게끔 하는 게 나을 것이다. 왜냐하면 이처럼 현란한 기구들도 인간의 경우에는 기본 모델의 표준으로 함께 따라오기 때문이다.

이제 여러분은 뇌가 움직임에 대한 감각과 운동 요인에 얼마나 관심이 많은지 깨달았을 것이다. 아직도 뇌 연구 분야에 학습, 지능 및 의식에서 요구되는 과제들이 많이 남아 있어 의아할 수 있지만, 이제 곧 살펴보게 될 것이다.

요 약

신체 감각

- 신체 감각은 고유수용 감각을 포함하고 있어서 사지와 신체의 위치와 운동에 관한 정보를 우리에게 알려 준다. 피부 감각은 신체의 말초 기관의 상태에 관한 정보를 알려 준다. 전정 감각은 머리의 위치와 운동에 관한 정보를 전달하고 균형을 유지할 수 있도록 도와준다.
- 피부 감각(촉감, 따뜻함, 차가움 및 통감각)은 신체 표면의 상태에 관한 정보와 우리 신체가 접촉하고 있는 사물이 무엇인지에 관한 정보를 알려준다.
- 신체 감각은 일차/이차 체감각피질과 후두정피질에 있는 일련의 구조물 안에서 처리되며, 이 과정은 시각 처리 과정과 몇몇 유사성이 있다.
- 통각을 완화시키기 위한 보다 좋은 방법을 연구하는 과정에서 연구자들은 신경계가 어떻게 통각 자극을 탐지하는지 알게 되었고, 신체도 통각을 완화시키기 위한 자체 방어력을 지니고 있다는 것을 알게 되었다.

운동

- 근육에는 세 유형이 있다. 심근(심장), 평활근(내부 장기) 및 골격근이 있으며, 이들은 뼈에 부착된 근육을 잡아당김으로써 신체를 움직이게 한다.
- 척추 반사는 빠른 반사를 유발하고 자세를 유지할 수 있도록 돕는다. 중심 형태 발생기는 리듬감 있는 걷기 운동과 같은 일상적인 동작을 유지할 수 있도록 한다.
- 피질 운동야(cortical motor fields)는 공간 및 신체 정보를 평가하고, 일련의 뇌야로 정보를 전달해 운동이 일어나도록 한다.
- 기저핵과 소뇌는 운동피질에 의해 유발된 운동을 정교화한다.
- 많은 질환이 신체 여러 군데의 취약한 곳을 노려 운동계를 공격한다. 질환의 주요 원인들로 유전, 독소 및 자가 면역 질환이 있다.

핵심 용어

P물질(substance P)
고유수용 감각(proprioception)
골격근(skeletal muscles)
골지건기(Golgi tendon organs)
근방추(muscle spindles)
기저핵(basal ganglia)
길항근(antagonistic muscles)
다발성 경화증(multiple sclerosis)
레보도파(levodopa(L-dopa))
레비 소체(Lewy bodies)
보조 운동 영역(supplementary motor area)
선조체(striatum)
심근(cardiac muscles)
엔도르핀(endorphins)
운동전피질(premotor cortex)
이차 체감각피질(secondary somatosensory cortex)
일차 운동피질(primary motor cortex)
일차 체감각피질(primary somatosensory cortex)
입출구 통제 이론(gate contral theory)
전정 감각(vestibular sense)
중뇌수도 회백질(periaqueductal gray)
중심 형태 발생기(central pattern generator)
중증 근무력증(myasthenia gravis)
집안 내력의(familial)
체감각피질(somatosensory cortex)
파킨슨병(Parkinson' s disease)
평활근(smooth muscles)
피부 감각(skin senses)
피부절(dermatome)
헌팅턴 질환(Huntington' s disease)
환상통(phantom pain)
후두정피질(posterior parietal cortex)
흑질(substantial nigra)

PART IV

복합적 행동

Chapter 12

학습과 기억

기억의 저장으로서의 학습

- 기억상실증: 저장과 인출의 실패
- 응고화와 인출 기제
- 기억의 저장 장소
- 학습의 두 종류
- 작업기억

학습과 관련된 뇌의 변화

- 장기 상승 작용
- 시냅스의 변화
- 학습에서의 LTP의 역할
- 응고화에 대한 재고찰
- 기억 변경하기

학습 결함 및 장애

- 기억에 미치는 노화의 영향
- 알츠하이머병
- 코르사코프 증후군

이 장에서 배울 내용

- 기억은 뇌에서 어떻게, 그리고 어디에 저장되는가?
- 학습 동안에 뇌에서 어떤 변화가 발생하는가?
- 노화와 두 주요 장애가 학습을 어떻게 손상하는가?

HM은 7세 때 자전거에 치어 5분 정도 의식을 잃는 경미한 사고를 당했다. 이 사고로 인해 그의 인생은 완전히 바뀌었다. 3년 후에 그는 가볍게 발작을 시작했고, 16번째 생일에는 큰 발작을 처음 경험했다. 하지만 그의 청소년기 활동은 꽤 정상적이었다. 아이들이 발작 때문에 그를 놀려서 2년 동안 휴학을 한 것 외에는 학업, 과학 클럽 활동, 사냥하기 및 롤러스케이트 타기 등에 전념할 수 있었다.

> 인간과 다른 포유동물의 학습에 대한 물리적인 토대를 발견하는 것은 신경과학의 남아 있는 도전들 가운데서 가장 위대하다.
>
> \- Brown, Chapman, Kairiss, & Keenan, 1988

고등학교를 졸업한 후에 공장에서 일했지만 발작 때문에 그는 결국 일을 그만두어야 했다. 하루에 평균 10번 정도의 경미한 발작과 주당 한 번 정도의 큰 발작이 그에게 찾아왔다. 항경련 약물로는 발작이 제어되지 않아서 HM과 가족은 발작을 제거하기 위해서 외과적 수술을 받기로 결심했다. 그의 나이 27세인 1953년에 한 외과 의사가 발작의 근원지인 그의 양쪽 측두피질의 상당 부분을 절제했다. 수술은 대체로 성공적이었다. 약물의 도움으로 소발작(petit mal seizures)은 방해가 되지 않을 정도로 완화되었고, 주요 발작도 1년에 한 번 발생할 정도로 빈도 수가 감소했다. HM은 일상으로 되돌아와 부모와 함께 살게 되었다. 그는 집안일을 돕고, 잔디를 깎고, 여분의 시간을 어려운 크로스워드 퍼즐(crossword puzzles) 맞추기를 하며 보냈다. 나중에 그는 한 재활센터에서 카드보드 진열대에 흡연용 라이터를 쌓아 올리는 것과 같은 평범한 일을 했다.

그의 지적 능력은 그 수술로 인해 손상되지 않았다. 그의 IQ 검사 수행은 오히려 상승했는데, 아마도 그가 더 이상 발작의 방해를 받지 않았기 때문인 것 같다. 하지만 한 가지 중요하고 예기치 못한 부작용이 있었다. HM은 사적 · 공적 사건을 회상하고 어렸을 적에 배운 노래를 기억할 수는 있었지만, 새로운 정보를 학습하고 보유하는 데는 어려움이 있었다. 그는 잠깐 동안은 새로운 기억 정보를 보유할 수 있었지만, 주의가 분산되거나 몇 분이 경과하면 더 이상 그 정보를 회상할 수 없었다. 그가 재활센터에서 일했을 때, 그는 자신이 했던 일에 대해 기술할 수 없었다. 그는 자신이 1980년에 양로원으로 이사했다는 사실을 기억하지 못했으며, 심지어는 지난 식사에 무엇을 먹었는지도 기억하지 못했다. 매일 밤마다 텔레비전 뉴스를 보지만 그날의 뉴스 내용을 기억하지 못했으며, 당대의 대통령 이름도 회상하지 못했다(Corkin, 1984; B. Milner, Corkin, & Teuber, 1968).

그렇다고 HM이 새로운 기억을 전혀 형성할 수 없었던 것은 아니다. 그가 수술을 받은 후에 그의 가족은 이사를 했다. HM은 서너 구역만 떨어져 있어도 새

집을 찾아 들어가지 못했지만, 매일 여러 번 왔다갔다 하는 집 내부에 대한 평면도는 그려 낼 수 있었다(Corkin, 2002). 그는 또한 지난 수년 동안의 자신의 상태에 관해 알고 있었고, 이에 대한 통찰력이 높았다. 그의 표현을 빌리면,

> 매일 그 자체가 별개다. 내가 어떤 즐거움이나 슬픔을 경험했을지라도…… 바로 지금, 나는 내가 어떤 일을 잘못했거나 말했는지 궁금하다. 이 순간에는 모든 것이 명확해 보이지만 방금 전에 무슨 일이 일어났는지 몰라 걱정된다. 그것은 마치 꿈에서 깨어난 것과 같아서 나는 도무지 기억하지 못한다." (B. Milner, 1970, p. 37)

다음의 몇 쪽에 걸쳐 왜 많은 사람 학습에 대한 연구에서 HM의 외과적 수술을 가장 유의미한 유일한 사건으로 간주하는지를 알게 될 것이다.

기억의 저장으로서의 학습

어떤 단세포 동물들은, 예를 들면 이전의 전기 충격과 연합된 불빛을 회피해 수영하는 것을 아주 잘 '학습'한다. 이런 단순 유기체들은 신경계가 없기 때문에 이를 칭하는 데에 저자는 '학습'이라는 단어를 썼다. 그들의 행동은 쉽게 변한다. 그러나 이 동물들을 훈련시킬 경우 점심 휴식 후 다시 그 훈련으로 되돌아가면 모든 것을 처음부터 다시 시작해야 한다. 이런 일시적인 형태의 학습은 유기체에게 위험이 사라질 때까지 인진하지 못한 지역을 회피하도록 하거나 먹이가 더 풍부한 장소에 머무르도록 할 것이다. 그러나 만일 필요한 수준의 영구적인 기록을 할 수 없다면 여러분은 어떤 기술을 배울 수 없을 것이며, 경험은 여러분의 정체성을 형성하는 데에 도움이 되지 못할 것이다. 우리는 기억 저장과 관련된 문제를 살펴봄으로써 학습에 대한 화제를 소개하려 한다.

기억상실증: 저장과 인출의 실패

HM의 증후군은 순행성 기억상실증(anterograde amnesia)이라 불린다. 이는 새로운 기억의 형성이 손상되는 것을 말한다. HM의 기억 결함은 여기에만 국한되는 것은 아니다. 뇌 절제의 결과로 뇌손상 이전의 사건들을 기억하지 못하는 이른바 역행성 기억상실증(retrograde amnesia)도 야기되었다. 그의 역행성 기억상실의 시간적 범위는 어린 시절은 포함하지 않는다. 즉, (어린 시절로부터) 약

? 기억상실증에 관해 연구하는 것이 우리가 기억을 이해하는 데 어떻게 도움이 되는가?

16세까지의 기억은 남아 있었다. 이 나이 이후의 기억은 조금 남아 있었지만 그의 기억 결함의 정도는 심했다. 그는 제2차 세계대전이 끝났다는 것과 자신이 졸업을 했다는 사실을 기억하지 못했다. 또한 35번째 고등학교 동창회에 참석했을 때 그는 급우들 중 어느 누구도 알아보지 못했다. 최근에 경험한 사건들보다는 인생 초기에 경험한 사건들에 대해서 더 좋은 기억을 보일 것이라고는 단정할 수 없어도 HM과 유사한 뇌손상을 입은 환자들에게는 이런 경향이 보편화되어 있다. 역행성 기억상실의 시간적 범위가 얼마나 넓은지는 뇌손상의 범위와 어떤 구체적인 뇌 구조물이 손상을 받았는가에 달려 있다.

HM은 수술에 의해 해마(hippocampus)와 해마체(hippocampal formation)를 구성하는 주변 구조물, 그리고 편도체(amygdala)가 손상되었다. [그림 12-1]은

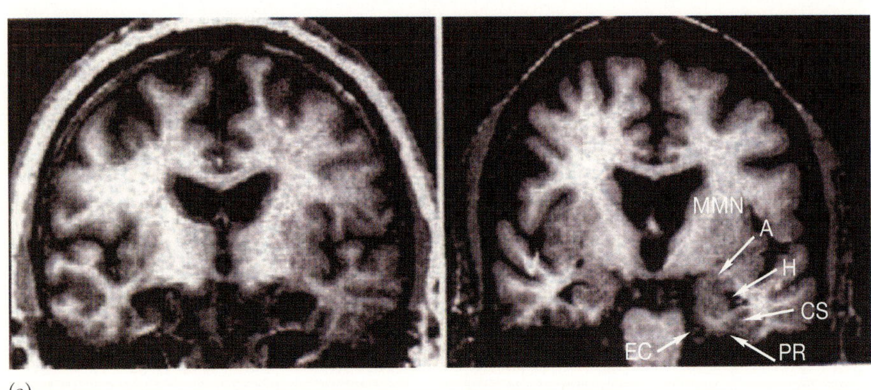

(a)

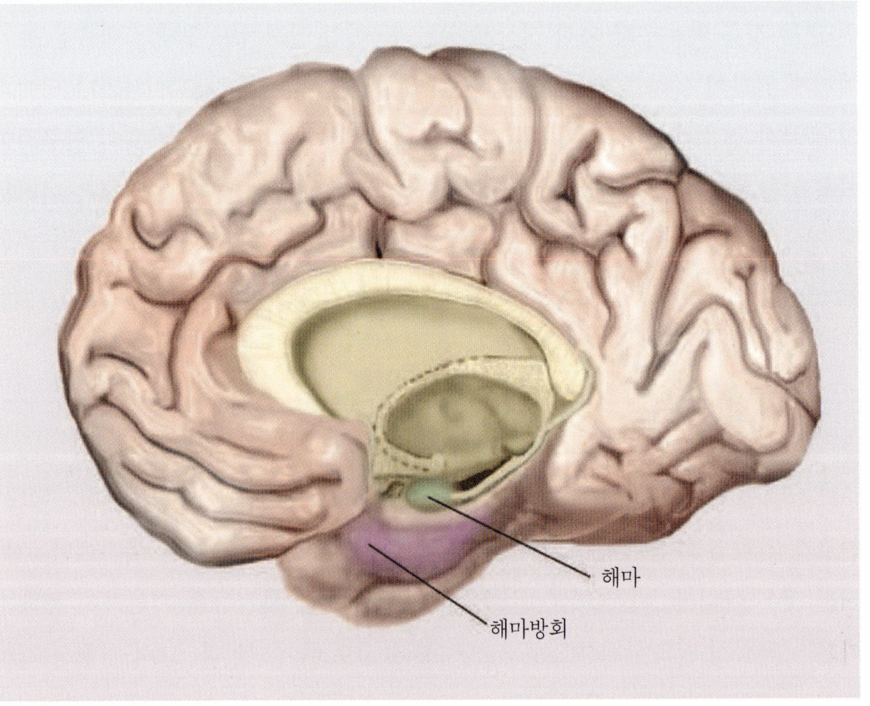

(b)

(a) HM의 뇌(좌)와 정상인의 뇌. 정상적인 뇌에서 보이는 편도체(A), 해마(H)와 다른 구조물들이 HM의 뇌에서는 부분적으로 또는 완전히 소실되어 있다. (b) 학습에 중요한 내측 측두엽의 구조물들(그림의 오른쪽이 전두엽임).

출처: (a) Corkin, Amaral, Gonzalez, Johnson, & Hyman, *Journal of Neuroscience*, 1997. Copyright ? 1997 by the Society for Neuroscience. Used with permission. (b) Adapted with permission from D. L. Schacter and A. D. Wagner, "emembrance of Things Past," *Science, 285*, pp. 1503-1504. Illustration: K. Sutliff. © 1999 American Association for the Advancement of Science. Reprinted with permission from AAAS.

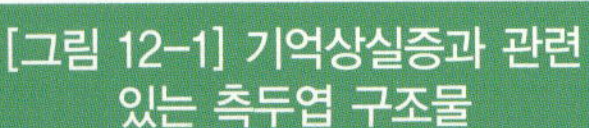
[그림 12-1] 기억상실증과 관련 있는 측두엽 구조물

이들 구조물의 위치를 보여 준다. 이들은 측두엽의 안쪽 표면 또는 그 주변에 위치해서 내측 측두엽(medial temporal lobe)의 일부를 구성한다. HM의 수술은 아주 광범위하게 이루어졌기 때문에, 잃어버린 기억 기능을 어느 구조물이 맡고 있었는지를 구별해 내기가 어렵다. 따라서 다양한 정도의 측두엽 손상을 갖는 환자들을 연구함으로써 기억 및 기억의 상실에 어느 뇌 구조물이 관여하는지를 결정할 수 있다.

해마는 기능이 각기 다른 여러 하위 구조물로 구성되어 있다. CA_1이라 알려져 있는 부분은 해마로부터 다른 뇌 영역들로 나가는 주요 출력부에 해당한다. 따라서 양측 해마에서 이 부분이 손상되면 중간 정도의 순행성 기억상실과 아주 경미한 정도의 역행성 기억상실이 유발된다. 나머지 부분의 해마도 손상되면 순행성 기억상실은 심해진다. 해마체 전체가 손상될 경우에는 역행성 기억상실이 15년 이상을 거슬러 올라간다(J. J. Reed & Squire, 1998; Rempel-Clower, Zola, Squire, & Amaral, 1996; Zola-Morgan, Squire, & Amaral, 1986). 알츠하이머병, 헌팅턴 무도병 및 파킨슨병에서 볼 수 있는 것과 같이, 대뇌피질의 기억 저장 영역들이 손상을 받기 때문에, 뇌손상의 범위가 커질수록 더 광범위한 역행성 기억상실이 발생한다(Squire & Alvarez, 1995).

응고화와 인출 기제

HM의 기억 손상은 두 가지의 문제, 즉 새로운 기억의 응고화와 (정도는 덜 하지만) 더 오래된 기억의 인출과 관련된다. 응고화(consolidation)는 뇌가 비교적 영구적으로 기억에 대한 물리적 표상을 형성하는 과정이다. 인출(retrieval)은 저장된 기억에 접근하는 과정인데, 달리 표현하면 이는 기억해 내는 행위다. 쥐가 먹이 알갱이를 얻기 위해 지렛대를 누르거나, 아이가 개에게 물리거나, 이 장의 표제들을 훑어볼 때, 이런 경험은 적어도 짧은 시간 동안은 유지된다. 금방 망각한 처음 걸어 본 전화번호처럼 하나의 경험은 반드시 영구적인 기억으로 전환되지는 않는다. 설령 그렇게 된다고 해도 그런 전환에는 시간이 걸린다. 기억은 응고화되지 않은 상태에서는 소실되기 쉽다. 새로운 기억은 단순한 다른 활동에 의해서도 손상될 수 있으며, 오래된 기억조차도 정서적인 외상 또는 (심한 우울증 환자를 대상으로 하는) 전기적 경련 충격 치료와 같은 격렬한 경험에 약하다. 연구자들은 기억을 두 단계, 즉 단기기억(short-term memory)과 장기기억(long-term memory)으로 구분한다. 차후에 보겠지만, 적어도 몇 종류의 학습에서 장기기억은 기간과 발생 장소가 다른 두 단계로 구분할 수 있다([그림 12-2], McGaugh, 2000).

사람과 와인처럼 대부분의 기억도 바로 숙성되지는 않는다. 대신에 그들은 응고화라는 과정을 통하여 점진적으로 안정화된다.

- Yadin Dudai

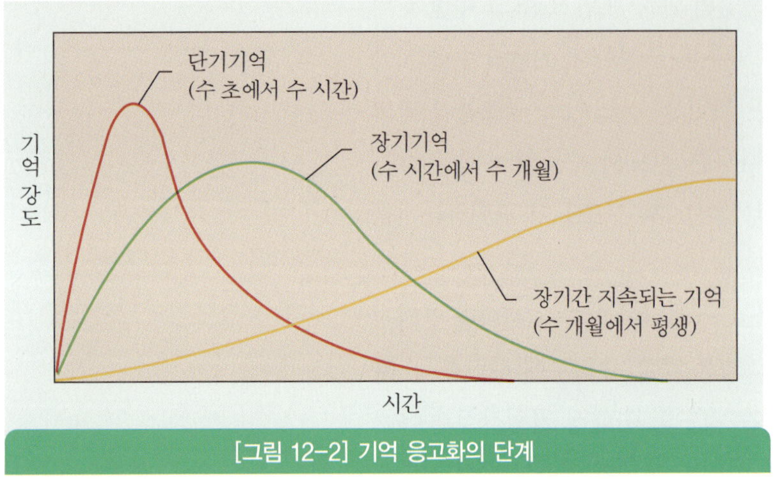

[그림 12-2] 기억 응고화의 단계

기억을 영구적인 것으로 만들기 위해서 다중의 단계와 다른 과정이 관여한다.

출처: Reprinted with permission from J. L. McGaugh, "Memory-A Century of Consolidation," *Science, 287*, pp. 248?251. Copyright 2000 American Association for the Advancement of Science.

뇌에서 일어나는 응고화를 지켜볼 수 있는 연구 기법들의 발달로, 해마가 응고화에 주요 역할을 함이 확인되었다. 이는 손상된 환자들이 새로운 자료를 학습하는 데에 어려움을 겪게 되는 까닭을 해마가 설명해 준다. 뇌영상 기법 및 유발 전위에 의한 연구들에서, 단어나 그림이 제시될 때 해마체, 특히 해마와 해마방회(parahippocampal gyrus)가 활성화되었다([그림 12-3], Alkire, Hair, Fallon, & Cahill, 1998; Brewer, Zhao, Desmond, Glover, & Gabrieli, 1998; Fernandez et al., 1999). 이후 검사에서 단어들이 얼마나 잘 기억될 것인가는 단어가 제시되는 동안 해마 주변 영역이 얼마나 많이 활성화되었느냐에 의해 예측 가능하다.

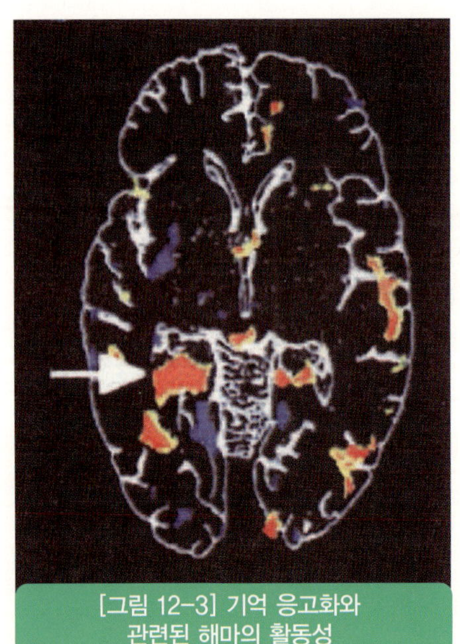

[그림 12-3] 기억 응고화와 관련된 해마의 활동성

화살표는 해마 영역을 가리키고 있다. 빨간색과 노란색은 기억 회상 시에 보이는 활동성이 정적 상관임을, 파란색은 부적 상관임을 나타낸다.

출처: Alkire et al., "Hippocampal, But Not Aymgdal Activity at Encoding Correlates With Long-Term Free Recall of Non-Emotional Information," *PNAS, 95*, pp. 14506-14510, fig. 1, lower left image, p. 14507.

한 동물 연구는 해마가 응고화에 관여함을 명확하게 보여 주고 있다. 쥐들은 뿌연 물로 채워진 탱크에서 수중 미로(water maze) 훈련을 받았다. 이 훈련에서 동물들은 수면 바로 아래에 잠겨 있는 도피처의 위치를 학습함으로써 쉽게 피할 수 있었다([그림 12-4], Riedel et al., 1999). 그런 다음, 7일 동안 이 동물들은 신경전달물질인 글루타메이트의 수용기를 차단하는 약물을 양측 해마에 지속적으로 주입받았다(이렇게 함으로써 해마의 기능을 일시적으로 정지시킬 수 있다). 이 동물들이 훈련 16일 후에 검사를 받았을 때 그들의 수행력은 저조하였다. 해당 약물의 영향이 없어져서 쥐의 신경계의 활성이 다시 원활해질 수 있을 정도로 충분한 시간이 경과한 후에 검사를 했으므로 수행 자체가 약물에 의해 방해받은 것은 아니다.

대신에 검사 시점에서 이 약물을 주입받은 동물들은 수중 미로에서의 기억 회상이 손상되었는데, 이는 해마가 기억 회상 기능을 가지고 있음을 시사한다. 연구자들은 해마가 인간의 기억 회상에도 관여함을 확인하기 위하여 PET 뇌영상 기록법을 사용해 왔다(D. L. Schacter, Alpert, Savage, Rauch, & Albert, 1996; Squire et al., 1992). [그림 12-5]는 연구 참가자들이 한 실험에서 학습한 단어들을 회상하고 있을 때 해마의 활동성이 증가하고 있음을 나타내고 있다. 해마와 기억 인출 간의 이런 연관성은 HM이 어린 시절의 기억을 인출할 수 있는 능력과는 일치하지 않는다. 그러나 해마 손상을 입은 환자들이 인출할 수 있는 기억은 뇌손상 전 최소 2년에 발생한 사건들에 대한 것이다. 많은 연구자는 해마의 기제가 시간 제한적으로 응고화와 인출을 담당한다고 결론지었다(이 점에 대해서는 곧 알아볼 것이다). 이와 같은 해마의 축소된 기능은 해마 손상 후에 더 오래된 기억이 최근의 기억보다 덜 악화되는 이유를 설명해 줄 수 있다.

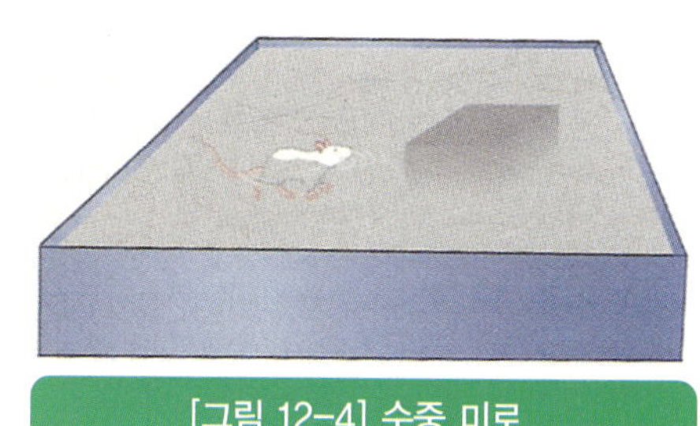

[그림 12-4] 수중 미로

쥐는 뿌연 수면 아래에 감춰져 있는 도피처를 발견함으로써 물을 도피하는 학습을 한다.

전전두 영역(prefrontal area)도 학습과 인출 동안에 활성화된다(Schacter et al., 1996; Squire et al., 1992). 하지만 이의 정확한 기능은 확실하지가 않다. 어떤 사람들은 전전두 영역이 인출 시에 요구되는 탐색 전략(search strategy)을 지시한다고 생각한다(Buckner & Koutstaal, 1998). 실제로 성공적인 인출 시에 해마가 활성화되는 반면 전전두 영역은 인출을 하려고 애쓸 때에 활성화된다([그림 12-5], Schacter et al., 1996). 우리는 작업기억과 코르사코프 증후군을 고려할 때 전두 영역의 기능을 다시 살펴볼 것이다.

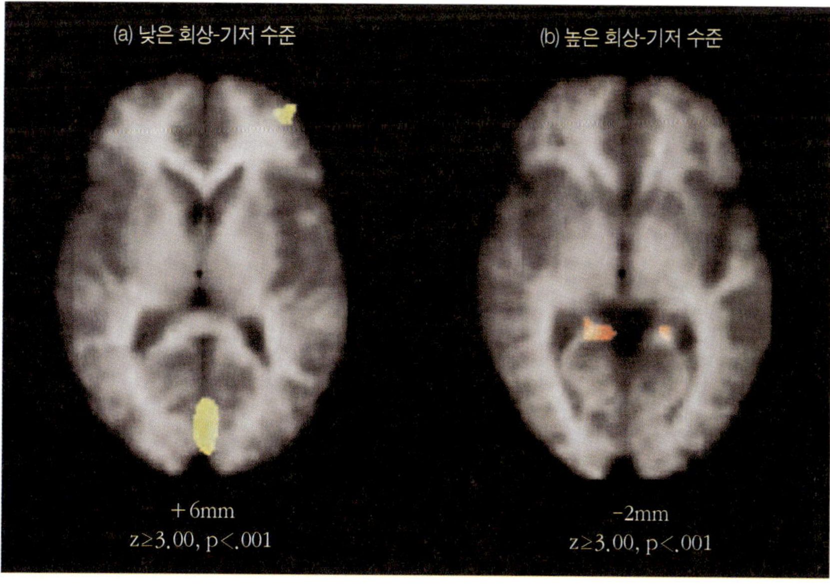

(a) 참가자들이 이전에 학습이 제대로 되지 않았던 시각적으로 제시된 단어들에 대하여 회상 시도를 할 때(35%의 회상률을 가짐), 전전두 및 시각 영역들의 활성이 높았지만, 해마는 그렇지 않았다. (b) 그러나 학습이 잘 된 단어들에 대하여 성공적으로 회상을 하는 경우에는(79%의 회상률을 가짐), 양측의 해마 영역을 활성화시켰다.

출처: Reprinted with permission from D. L. Schacter et al., "Conscious Recollection and the Human Hippocampal Formation: Evidence from Positron Emission Tomography," *Proceedings of the National Academy of Sciences, USA, 93*, pp. 321-325. Copyright 1996 National Academy of Sciences, USA.

[그림 12-5] 인출 시에 인간의 뇌에서 보이는 해마의 활동

기억의 저장 장소

? 기억이 저장되는 장소가 있는가?

해마는 기억의 영구적인 저장소가 아니다. 만일 이곳이 영구적인 저장소라면 HM과 같은 환자들은 뇌손상 전에 발생했던 그 어떤 것도 기억하지 못해야 한다. 대부분의 연구자에 따르면, 해마가 일시적으로 해마체에 정보를 저장한 후에 시간이 경과함에 따라 더 영구적인 기억은 뇌의 다른 곳에서 응고화된다. 공간 변별 과제를 학습한 생쥐에 대한 연구는 이런 가설을 지지했다. 즉, 25일 간의 기억 보유 검사에 걸쳐 대사 활동이 점진적으로 해마에서는 감소하고 대뇌피질 영역에서는 증가하였다(Bontempi, Laurent-Demir, Destrade, & Jaffard, 1999).

이 두 영역 간의 관계를 더 심층적으로 탐색하기 위해서 레몬데즈와 슈만(Remondes & Schuman, 2004)은 해마의 CA_1과 대뇌피질을 연결하는 신경로를 절단했다. 이런 처치는 훈련 동안이나 24시간 후에 측정된 수중미로에서의 쥐의 수행력을 손상하지 않았다. 그러나 4주 후에 쥐들은 이 과제에 대한 기억을 상실했다. 이 결과는 단기기억은 해마에 의존하나 장기기억은 대뇌피질과 시간 경과에 따른 이 두 영역 간의 상호작용을 요구한다. 기억의 취약 범위를 정확히 이해하기 위해서 연구자들은 훈련 후의 다른 시점에서 두 집단의 동물에게 추가적인 손상을 가했다. 훈련 24시간 후에 손상을 당한 동물들은 4주 후의 회상 검사에서 기억이 손상되었지만, 수술이 훈련 3주 후로 미뤄진 동물들은 통제집단의 동물만큼 수행이 좋았다. 따라서 여러분의 뇌는 불안정한 기억을 RAM으로부터 하드 드라이브로 전환할 때의 컴퓨터와 같이 작동한다.

제3장에서 펜필드(Wilder Penfield, 1955)가 수술 환자들을 대상으로 측두엽의 연합 영역을 자극할 때 기억으로 보이는 시각적 · 청각적 경험이 자주 유발됨을 살펴보았다. 우리는 기억이 거기에 저장될 것이라고 추정하는데, 소리에 대한 기억은 청각 영역을, 그리고 사진에 대한 기억은 후두 영역을 활성화시키는 것을 관찰한 최근의 연구는 이런 생각을 지지해 주었다([그림 12-6])(Wheeler, Petersen, & Buckner, 2000). 또한 제9장에서 새로운 언어를 배울 때 언어가 브로카 영역 근처에 저장됨을 보았다. 색깔에 대한 명명(이것은 기억을 요구함)은 색깔을 지각하는 장소의 인근 측두 영역을 활성화시킨다. 도구들의 사진을 확인하고 있을 때는 손 운동 영역과 운동(motion)에

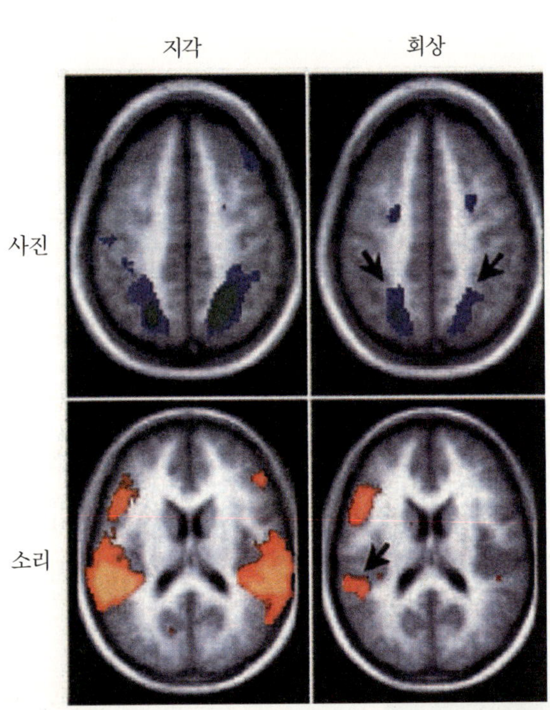

[그림 12-6] 지각과 회상 동안의 기능성 MRI 뇌영상

사진과 소리에 대한 기억은 원래 자극들과 동일한 영역들(화살표)에서 반응을 유발한다.

출처: M.E. Wheeler et al., "Memory's Echo: Vivid Remembering Reactivates Sensory-Specific Cortex" *PNAS, 97*, 11125-11129, fig. 1c, d, e, f, p. 11127. © 2000 National Academy of Sciences, USA.

의해, 그리고 동작(action)을 내포하는 단어에 의해 활성화되는, 좌측두엽의 한 영역이 활성화된다(Martin, Haxby, Lalonde, Wiggs, & Ungerleider, 1995; Martin et al., 1996). 그리고 공간 기억은 두정 영역에, 그리고 언어적 기억은 좌측 전두엽에 저장되는 것 같다(Rosler, Heil, & Henninghausen, 1995). 따라서 모든 기억이 단일 영역에 저장되는 것은 아니며, 각각의 기억이 뇌 전반에 걸쳐 분포되어 있는 것도 아니다. 오히려 토대를 두고 있는 정보가 어디에서 처리되었냐에 따라서 각기 다른 기억들은 다른 대뇌피질 영역에 위치한다.

학습의 두 종류

? 학습의 두 종류는 무엇인가?

학습 연구자들은 뜻밖에 HM이 어떤 종류의 과제들을 여전히 학습할 수 있음을 발견했다(Corkin, 1984). 한 가지가 거울 보고 그리기(mirror drawing)인데, 이 과제에서 개인은 거울에 비춰지는 작업대만을 의지하면서 연필을 사용해 어떤 형태 주변의 경로(path)를 따라 추적한다. HM은 3일에 걸친 훈련에서 거울 보고 그리기 능력이 향상되었다. 또한 그는 하노이 탑(Tower of Hanoi) 문제의 해결 방법도 학습할 수 있었다([그림 12-7]). 그러나 그는 이 두 과제의 어느 쪽도 학습했다는 사실은 기억할 수 없었다. 그는 각 연습 날짜에 이전에 그 탑 퍼즐을 보았다는 것조차도 부정했다(Cohen, Eichenbaum, Deacedo, & Corkin, 1985; Corkin, 1984). 이것은 두 범주의 기억 처리 과정—선언적 기억과 비선언적 기억—이 있음을 시사한다. 선언적 기억(declarative memory)은 우리가 말로 표현할 수 있는, 즉 선언할 수 있는 사실들, 사람들, 사건들에 대한 기억을 형성하는 학습을 포함한다. 예를 들면, 여러분은 오늘 수업에 참여했다는 것과 앉은 장소와 누가 거기에 있었는가와 어떤 내용들이 토론되었는가를 기억할 수 있다. 선언적 기억은 다양한 하위 종류를 포함하는데, 일화적 기억(episodic memory-사건에 대한 것), 사실적 기억(factual memory-사실에 대한 것), 자서전적 기억(autobiographical memory-자신의 정보에 대한 것) 그리고 공간적 기억(spatial memory-공간에서의 개인 또는 대상의 위치에 대한 것)이 이에 해당한다. 비선언적 기억(nondeclarative memory)은 행동(behaviors)에 대한 기억을 포함하는데, 이런 기억은 절차적(procedural) 또는 기술 학습(skills learning), 정서 학습(emotional learning) 그리고 자극-반응 조건화(stimulus-response conditioning)의 결과로 발생한다. 거울 보고 추적하기 학습 또는

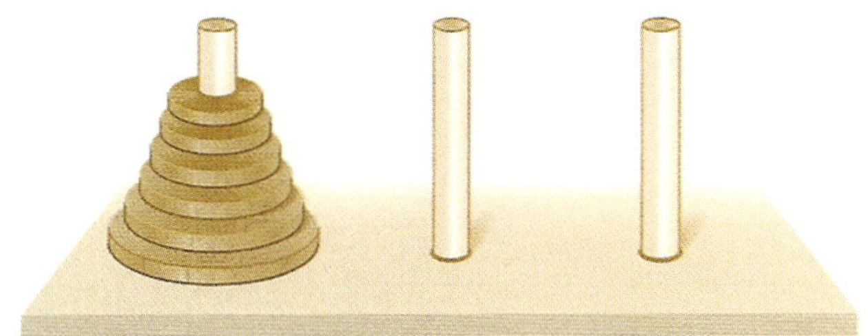

[그림 12-7] 하노이탑 문제

과제는 다른 막대에 고리를 순서대로 옮기는 것이다. 단, 한 번에 한 개씩 옮기며, 어떤 경우에도 더 작은 것 위에 더 큰 것이 놓여서는 안 된다.

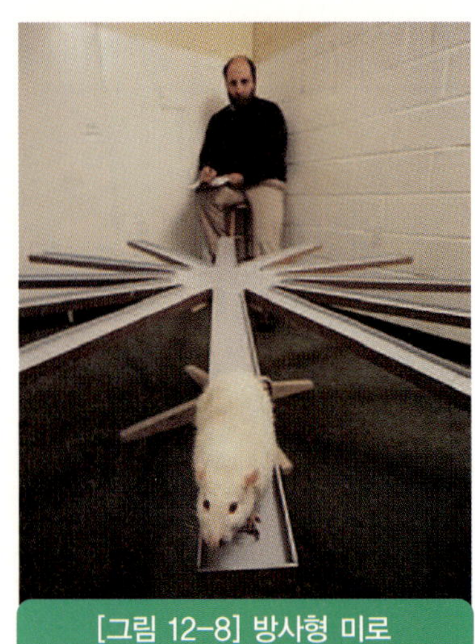

[그림 12-8] 방사형 미로

쥐는 어느 미로 가지에서 먹이를 발견할 수 있는지를 학습한다. 흔히 이 가지들은 벽으로 에워싸여 있다.

출처: Hank Morgan/Photo Researchers.

하노이 탑 문제의 해결 방법은 비선언적 학습, 더 자세히 말하면 절차적 또는 기술 학습에 대한 예들이다. 반면에 이들 과제에 대하여 연습을 했다는 사실을 기억하는 것은 선언적 기억을 포함한다. 너무 단순화시키는 측면은 있지만 이를 달리 표현하면 선언적 기억이 정보 제공과 관련되는 반면, 비선언적 기억은 행동 통제와 밀접하게 관련된다. 이것은 우리가 시각과 청각에서 '무엇'과 '어디'의 신경회로를 가지는 것과 똑같이 기억에서 우리는 '무엇'과 '어떻게'를 가진다.

두 종류의 학습을 구분하는 주요 이유는 뇌에서 이들의 기원이 다르기 때문이다. 이들을 연구함으로써 우리는 뇌가 자신의 과제들을 어떻게 수행하는가에 대해 어떤 것을 알 수 있게 된다. 수년 동안 우리의 연구는 매우 적은 수의 우뇌 손상을 입은 인간을 대상으로 이런 구분을 짓는 데에만 한정되는 것처럼 보였다. 이에 쥐의 경우에는 해마 손상이 학습에 영향을 미치지 않는 것처럼 보였다. 그래서 연구자들은 쥐는 선언적 기억에 상응하는 기억을 갖지 않는다고 생각했다. 그러나 이런 문제는 과제를 제대로 선택했는가에 달려 있었다. 맥도날드와 화이트(McDonald & White, 1993)는 방사형 미로(radial arm maze)—중앙의 플랫폼으로부터 방사형으로 뻗어 있는 여러 개의 팔 모양의 미로들로 구성됨—라는 기구를 사용했다([그림 12-8]). 양측 해마가 손상된 쥐는 먹이를 얻기 위해서 불이 켜져 있는 미로로 들어갈 수 있는 것 같이 단순한 조건화 과제는 학습할 수 있었다. 그러나 모든 미로에 먹이 미끼가 제공되면 쥐는 자신이 어느 미로를 방문했던가를 기억할 수 없어서 이미 먹이를 제공받았던 미로로 반복해서 들어갔다.

대조적으로, 선조체(striatum)를 손상받은 쥐는 어느 미로를 방문했는가를 기억할 수 있었지만 불이 켜진 미로로 들어가는 것을 학습할 수 없었다. 파킨슨병과 헌팅턴 무도병은 기저핵(basal ganglia-선조체를 포함함)을 손상하므로, 이 장애를 가진 사람들은 거울 보고 추적하기 또는 하노이 탑 문제의 해결을 학습하는 데 어려움을 가진다(Gabrieli, 1998). 그건 그렇고 '선언적'이라는 용어는 쥐에게는 적절하지 않는 것 같아서 연구자들은 흔히 '관계적 기억(relational memory)'이라는 용어를 선호한다. 이 용어는 개인이 단서들 간의 관계를 학습해야 함을 뜻하는데, 이런 생각은 인간과 동물에 동일하게 잘 적용된다.

편도체가 정서 행동에 중요하다는 것을 알고 있지만, 이것은 비선언적인 정서 학습에도 중요한 역할을 한다. 배차라(Bechara)와 그의 동료들(1995)은 양측 편도체가 손상된 한 명의 환자와 양측 해마가 손상된 또 한 명의 환자를 연구했다. 이 연구자들은 청색 슬라이드가 제시될 때는 큰 뱃고동 소리를 들려 주고 슬라이드가 다른 색깔일 때는 이 소리를 들려 주지 않음으로써 이들 환자의 정서 반응을 조건화하였다. 편도체가 손상된 환자는 이 큰 소음에 정서적으로 반응했는데, 그는 피부 전도 반응을 증가시켰다(제8장 참조). 그는 또한 어느 슬라이드 다음에 이 소음이 올 것인가는 알 수 있었지만, 그 청색 슬라이드에 의해 피부 전도의 증가가 유발되지는 못했다. 바꿔 말하면, 조건화는 없었다. 해마가 손상된 환자는 정서 반응과 조건화를 보였지만 큰 소음이 어느 색깔과 배쌍되는가를 알지 못했다. 선언적 학습과 비선언적 정서 학습 간의 이런 신경적 구분은 개인이 정서적 경험을 기억하지 못할지라도, 그 경험이 어떻게 한 사람의 행동에 오래 지속적으로 영향을 미칠 수 있는가를 잘 설명해 준다.

편도체는 학습 종류의 구분을 넘어서는 부가적인 기능을 가진다. 정적 및 부적 정서 둘 다 어떤 사건일지라도 그에 대한 기억 용이성을 향상시킨다. 편도체는 명백히 해마의 활동성을 증가시킴으로써 정서적 사건에 대한 선언적 기억들조차도 강화한다. 편도체를 전기 자극하면 해마가 활성화되며, 이런 자극은 선택 미로(choice maze) 과제와 같은 비정서적인 과제에 대한 학습을 증진시킨다(McGaugh, Cahill, & Roozendaal, 1996). 사람의 경우, 유쾌한 그리고 혐오스런(둘 모두의) 정서 자료에 대한 기억은 이 자료를 보고 있는 동안의 양측 편도체의 활성화 양과 관계가 있다(Cahill et al., 1996; Hamann, Ely, Grafton, & Kilts, 1999).

작업기억

뇌는 막대한 양의 정보를 저장한다. 하지만 단순히 저장만 되는 정보는 쓸모가 없다. 그것은 이용할 수 있어야 하는데, 인식 수준으로 회상될 때뿐만 아니라 뇌가 과제를 수행하기 위해 그것을 요구할 때도 그렇다. 작업기억(working memory)은 정보가 사용되는 동안에 그 정보를 위해 일시적인 등록기(register)를 제공한다. 작업기억은 전화를 걸때, 방금 보았거나 기억으로부터 회상한 전화번호를 유지한다. 그것은 또한 문제해결과 의사결정에 사용하기 위해 다른 정보와 통합되는 동안에 장기기억으로부터 인출된 정보를 유지한다. 작업기억이 없으면, 우리는 긴 나눗셈을 할 수 없으며, 서양장기를 둘 수 없고, 심지어는 대화도 할 수 없을 것이다.

? 작업기억이 왜 중요한가?

> 사람은 (전기) 충격 순간의 전체적인 상황, 즉 얼굴의 표정, 발언된 단어, 자세, 복장, 카펫의 형태 등을 거의 사진처럼 자세히 회상한다. 사람은 몇 년이 지나도 마치 어제 경험했던 것처럼 회상한다.
>
> – G. M. Stratton, 1999

컴퓨터 RAM에 견주어 작업기억을 생각해 보라. RAM은 정보가 처리되거나 사용되는 동안에 정보를 일시적으로 유지하지만, 그 정보는 하드 드라이브의 다른 어디에 저장된다. 그러나 우리는 비유할 때 너무 멀리 나아가서는 안 된다. 작업기억은 아주 제한적인 용량을 가지고 있으며(업그레이드는 없음), 작업기억의 정보는 수초 내에 사라진다. 그래서 새로운 전화번호를 다이얼해서 통화 중이라는 신호를 만난다면 여러분은 아마도 다시 한 번 그 번호를 들여다보아야 할 것이다. 지역번호를 기억해야 한다면 우선 그것을 적어 놓는 것이 좋을 것이다.

제11장에서 기술한 '지연된 샘플 일치 과제(delayed mach-to-sample task)' 는 작업기억을 연구하는 데 아주 좋은 수단을 제공한다. 지연 기간 동안에 측두엽과 두정엽 한 개 이상의 연합령에서 세포들은 자극의 속성에 따라 활성화된 채로 남아 있다(Constantinidis & Steinmetz, 1996; Fuster & Jervey, 1981; Miyashita & Chang, 1988). 이 영역에 있는 세포들은 명백히 자극에 대한 기억의 유지를 돕지만 그들은 작업기억의 위치는 아니다. 주의를 산만하게 하는 자극을 지연 기간에 도입하면 이 위치에서 변경된 격발이 갑자기 멈추지만 동물들은 여전히 옳은 선택을 할 수 있다(Constantinidis & Steinmetz, 1996; Miller, Erickson, & Desimone, 1996). 전전두피질의 세포들은 작업기억의 전문가로서 자신을 더 좋은 후보로 삼으려는 여러 속성이 있다. 그들은 지연 동안 격발을 증가시킬 뿐만 아니라 주의를 산만하게 하는 자극에도 불구하고 이런 증가를 유지시킨다(Miller et al., 1996). 어떤 세포들은 옳은 자극에 선택적으로 반응한다(Di Pllegrino & Wise, 1993; Miller et al., 1996). 다른 세포들은 옳은 자극에 반응하지만 이 자극이 시야의 특별한 위치에 제시될 때에만 그렇다. 그들은 명백히 단지 자극에만 반응하는 세포들로부터의 정보를, 위치에 반응하는 세포들로부터의 정보와 통합한다(Rao, Rainer, & Miller, 1997). 전전두엽 손상을 입은 사람은 지연 동안에 자극을 기억하는 능력이 손상된다(D' Esposito & Postle, 1999). 모든 이 발견은 전전두 영역이 작업기억에 중요한 역할을 한다고 제안한다.

전전두피질이 일시적인 기억 등록기의 역할을 한다고 하지만 명백히 그것의 기능은 신경적 칠판(neural blackboard)의 기능 이상이다. 제3장과 제8장에서, 전두엽이 손상되면 여러 가지로 사람이 자신의 행동을 통제하는 데에 어려움을 유발한다는 것을 배웠다. 많은 연구자는 학습에 전전두피질의 주요 역할이 중앙 집행적 기능과 관련이 있다고 믿고 있다. 즉, 그것은 어떤 종류의 행동 책략 및 의사결정을 관리하고 한 과제의 지각 및 반응 기능에 관여하는 뇌 영역에서의 활동을 조정해서 줄곧 작업기억에서 신경적 운행을 지휘한다(Wickelgren, 1997).

개념 확인

- 무엇이 기억상실의 증상과 증상들의 심각한 정도를 결정하는가?
- 두 종류의 학습과 이와 관련된 뇌 구조물에 대하여 기술하라.
- 작업기억은 학습 그리고 다른 기능에 기여한다. 어떻게 그러한가?

학습과 관련된 뇌의 변화

학습은 뉴런의 연결을 리모델링함으로써 행동을 변화시키는 한 형태의 신경적 가소성이다. 전문화된 신경 기제들은 이런 능력을 최대한으로 발휘하기 위한 방향으로 발전했다. 우리는 장기 상승 작용이라는 맥락에서 이들을 살펴볼 것이다.

장기 상승 작용

약 70년 전에 도널드 헵(Donald Hebb, 1940)은 "시냅스후 뉴런이 격발하는 동안에 시냅스전 뉴런의 축색이 활성화되면 이들 간의 시냅스가 강화된다."는 헵의 법칙(Hebb rule)을 진술했다. 우리는 이 원리가 신경계의 발달 동안에 작동하는 것을 보았다. 이 시기의 시냅스 강화는 어느 뉴런들이 살아남을 것인가를 결정하는 것을 돕고, 그런 가소성의 일부는 성장이 끝난 개인에서 유지가 된다. 학습을 생리학적인 과정으로 이해하기 위해서 연구자들은 뉴런 수준에서, 특히 시냅스에서 무엇이 발생하는가를 이해해야 한다고 오랫동안 생각해 왔다. 약 30년여 전에 장기 상승 작용(long-term potentiation: LTP)이 발견된 이후로(Bliss & Lømo, 1973), 이것은 학습 동안에 발생하는 신경적 변화를 설명하는 데 가장 좋은 후보가 되어 왔다.

? 어떻게 뉴런들이 학습 동안에 변화할 수 있는가?

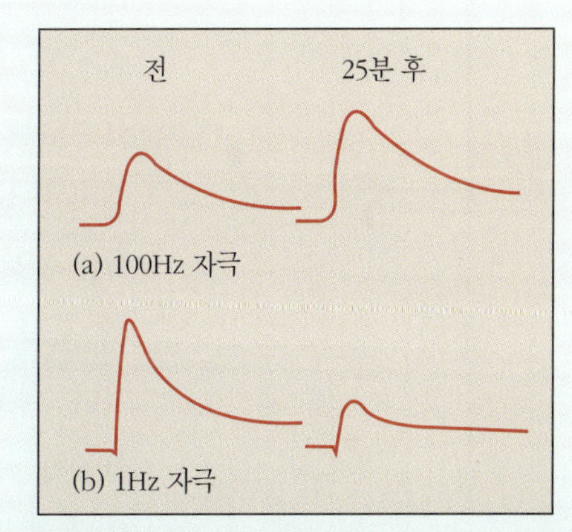

[그림 12-9] 인간 뇌에서의 LTP와 LTD

그래프는 검사 자극에 반응하여 발생한, 반복적인 전기 자극 전후의 흥분성 시냅스후 전위들을 나타낸다. (a) 100Hz 자극은 LTP를 산출한다. (b) 1Hz의 자극은 LTD를 산출하는데, 이는 이전에 확립된 상승을 차단한다.

출처: W. R. Chen, et al., "Long-Term Modifications of Synaptic Efficacy in the Human Inferior and Middle Temporal Cortex," *Proceedings of the National Academy of Sciences, USA, 93*, pp. 8011-8015. Copyright 1996 National Academy of Sciences, USA. Used with permission.

장기 상승 작용은 고주파의 전기 자극을 반복적으로 적용할 때 뒤따르는 시냅스 강화의 증가를 말한다. LTP를 유도하기 전에 연구자는 하나의 짧은 전기 펄스로 일군의 뉴런들을 흥분시키고서 시냅스후 뉴런에서 반응을 측정하여 기저 활동의 지표를 삼는다. 그런 다음 일 내지 수초의 기간에 걸쳐 여러 번의 고주파 전기 펄스로 시냅스전 뉴런들을 자극함으로써 LTP를 유발한다(Chen et al., 1996; Dudek & Bear, 1992). 또 한 번의 짧은 펄스의 자극이 검사 시에 적용되는데, 이때 시냅스후 뉴런들은 더 큰 흥분성 전위를 산출한다. [그림 12-9a]는 간질 치료를 위해 시행한 수술 시에 제거한 인간의 뇌 조직에서 LTP 유발 전후의 시냅스후 전위들을 비교하고 있다(Chen et al., 1996). LTP에 관하여 주목할 만한 것은 그것이 수분에서 몇 달 동안 지속될 수 있다는 점이다. LTP가 대부분 해마를 대상으로 연구되어 왔지만 그것은 시각, 청각 및 운동피질을 포함하는 여러 다른 영역에서도 발생할 수 있다(Aroniadou & Teyler,

1991; Iriki, Pavlides, Keller, & Asanuma, 1989; Weinberger, Javid, & Lepan, 1995). 따라서 LTP는 적어도 학습과 가장 밀접하게 관련되어 있는 영역에서 신경 조직의 많은 부분의 특성을 나타내는 것 같다.

하나의 유사한 절차는 현존하는 시냅스를 약화시킬 수 있다. 이런 시냅스의 약화는 전기 자극의 빈도를 낮추기만 하면 유발된다(Chen et al., 1996; Dudek & Bear, 1992). [그림 12-9b]에서 15분 동안 1Hz로 전기 자극을 하면 인간의 뇌 조직에서 유발되었던 상승이 차단된다. 그 결과로 원래보다도 훨씬 작은 시냅스후 전위가 생성된다. LTP를 유발하기 위해서 사용한 고주파의 전기 자극과는 달리, 시냅스전 뉴런을 저주파로 자극하면 시냅스후 뉴런에서 감분극이 거의 산출되지 않는다. 장기 저하 작용(long-term depression: LTD)은 시냅스의 강화가 감소하는 현상을 말하는데, 이는 시냅스후 뉴런이 감분극되어 있지 않는 동안에 뉴런의 축색이 활성화될 때 발생한다. LTD가 없다면 아마도 상승된 시냅스는 그대로 남아 있어서 새로운 연합에 참여하도록 수정되지 못할 수 있다. LTD는 뇌가 해마 영역에서 오래된 기억들을 지우고 새로운 정보를 위한 여지를 만들기 위해서 사용하는 기제일 가능성이 높다(Stickgold, Hobson, Fosse, & Fosse, 2001).

시냅스전 뉴런의 활동은 인근 시냅스의 민감성에도 영향을 미친다. 같은 시냅스후 뉴런에서 다른 시냅스가 강하게 자극되는 동안에 하나의 시냅스가 약하게 자극되면, 강한 시냅스는 물론 약한 시냅스도 강화된다. 이런 효과를 '연합적 장기 상승 작용(associative long-term potentiation)'이라 이른다([그림 12-10]). 강하고 약한 시냅스들은 강도가 다른 전기로 시냅스전 뉴런들을 자극함으로써 떼어 낸 뇌 조직에서 산출할 수 있다. 이들은 경험에 의해 자연스럽게 산출되기도 한다. 예를 들면, 청각 자극이 외측 편도체(lateral amygdala)에서 최소의 반응을 산출하는 반면에 전기 충격은 공포가 등록되는 이곳에서 강한 반응을 유발한다. 로건, 스토블리와 르두(Rogan, Stäubli, & LeDoux, 1997b)는 반복해서 청각 신호(tone)를 쥐의 발에 제시되는 전기 충격과 배쌍시켰다. 이와 같은 고전적 조건화 절차의 결과로, 청각 신호는 단독으로 정서적인 '동결(freezing)' 반응을 유발하게 되었다. 더하여, 이 청각 신호는 단독으로 편도체에서의 반응을 유의미하게 증가시켰다. 여러분은 [그림 12-10]이 고전적 조건화의 예시와 얼마나 유사한지를 알았을 것이다. 우리는 쉽게 '강한 자극'을 '전기 충격'으로, 그리고 '약한 자극'을 '청각 신호'로 명칭을 변경할 수 있다. 그리고 시냅스후 뉴런은 정서적 반응을 산출하는 출력을 나타낼 것이다. 연구자들은 연합적 LTP가 고전적 조건화의 기초가 된다고 믿고 있는데, 로건과 그의 동료들의 연구 결과는 이런 견해를 지지한다.

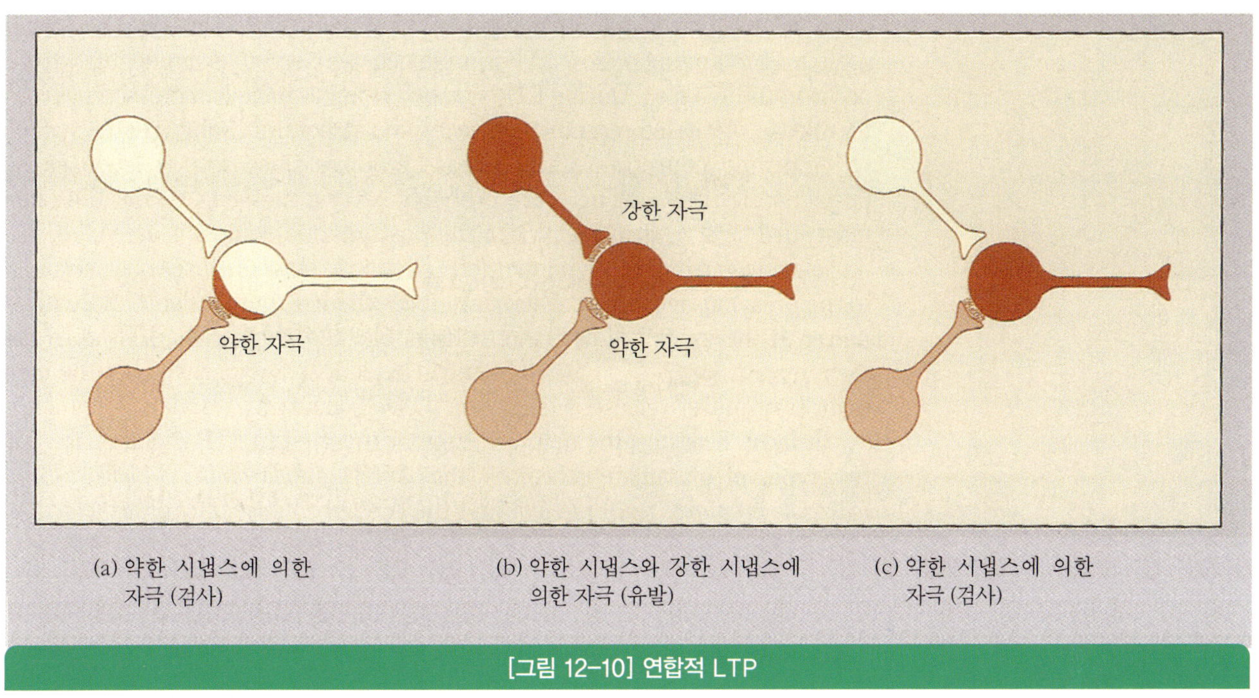

[그림 12-10] 연합적 LTP

(a) 처음엔 약한 시냅스는 매우 작은 흥분성 시냅스후 전위만을 산출한다. (b) 연합적 LTP는 이 약한 시냅스에서의 활성과 함께 강한 시냅스가 동시에 활성화될 때 유발된다. (c) 나중에 훨씬 더 큰 흥분성 시냅스후 전위는 이 약한 시냅스가 강화되었음을 시사한다.

우리는 연구자가 시냅스전 뉴런을 저주파로 전기 자극할 때 LTD가 산출됨을 보았다. 자연 상태에서는 하나의 뉴런이 다른 뉴런들과의 동기(synchrony)가 어긋난 상태에서 격발하기 때문에 LTD가 발생할 가능성이 더 높다(Debanne, Gähwiler, & Thompson, 1994). 연합적 장기 억제 작용(associative long-term depression)은 시냅스후 뉴런이 감분극되지 않을 때 활성화되는 시냅스의 약화와 관련이 있다. 이는 시냅스후 뉴런이 활성화될 때 비활성화되는 시냅스의 약화와도 관련이 있다. "함께 격발하는 세포들은 함께 엮인다."는 표현으로써 LTP, LTD, 연합적 LTP 그리고 연합적 LTD 모두의 의미를 요약할 수 있다.

LTP와 LTD를 유발하기 위해서 실험자들이 사용하는 일련의 긴 전기 자극은 뇌에서 통상적으로 발생하는 활동성과는 다를 것 같다. 나중에 연구자들은 유발 자극이 해마의 세타(theta) EEG 활동과 동시에 발생하면 상승 작용과 억제 작용이 더 빨리 유발될 수 있음을 발견했다(Hölscher, Anwyl, & Rowan, 1997). 세타 리듬(theta rhythm)은 3~7Hz의 주파수 범위를 갖는 EEG파다. 이 뇌파는 동물이 새로운 상황을 경험할 때(어떤 학습 상황일지라도 다소 새롭다. 그렇지 않으면 학습할 것은 아무것도 없을 것이다) 전형적으로 해마에서 발생하기 때문에 흥미를 일으킨다. 연구자들은 실험에서 세타파를 산출하기 위해서 저차원의 기술이지만 효과적인 수단을 사용한다. 즉, 쥐의 꼬리를 꼬집는다. 해마 자극이 적절하게 세타파의 정점과 함께 발생할 때 LTP는 단지 다섯 개의 자극 펄스만으로도 유발될 수 있다. 세타파의 저점과 함께 발생하는 자극은 30분 전에 유발되었던 LTP를 역전시켰다. 홀셔(Hölscher)와 그의 동료들은 세타 리듬이 새로운 상황들에 반응함으로써 뇌에 중요한 자극이라는 것을 두드러지게 하고 LTP와 LTD를 촉진할 것이라고 믿고 있다.

세타 리듬을 제거하면 학습이 방해될 수 있다. 이 중 교대 과제(double-alternation task)는 동물이 먹이를 얻기 위해 양자택일 미로(two-choice maze)의 교대 시행에서 반대 방향으로 가기를 요구한다. 이전의 방향을 기억하는 데는 작업기억이 요구된다. 마취제와 같은 약물로 해마의 세타파를 억제하면 쥐는 이 과제를 수행하지 못한다(Givens & Olton, 1990). 이는 세타 리듬이 적어도 몇 종류의 기억을 형성하는 데에 필요함을 시사한다.

시냅스의 변화

제3장에서 보았듯이 가소성은 신경계의 한 특징이다. 그리고 학습과 기억을 제외한 다른 어디에서도 더 명백한 가소성의 가치는 찾기 어렵다. 우리는 LTP가 어떻게 유발되는가를 어느 정도 이해하고 있으므로, 시냅스에서 무슨 변화가 일어나는지를 알아볼 필요가 있다. LTP 동안에 시냅스 변화는 신경전달물질 방출의 증가, 수용기 민감성의 증가 그리고 시냅스에서의 구조적 변화를 포함한다.

신경전달물질의 방출량 조절은 시냅스후 뉴런으로부터 어느 정도의 피드백을 요구한다. 몇몇의 메신저들이 있는 것으로 추측되지만 가장 확실한 것은 산화질소(nitric oxide)다. 시냅스후 뉴런이 활성화될 때 이 뉴런은 산화질소 가스를 시냅스 간격으로 분비한다. 산화질소는 시냅스 간격을 가로질러 시냅스전 뉴런으로 거슬러 올라가 거기에서 해당 뉴런으로 하여금 더 많은 신경전달물질을 방출하도록 유도한다. 산화질소의 합성이 화학적으로 차단되면 LTP는 발생하지 않는다(Schuman & Madison, 1991). 산화질소는 잠시 동안만 지속되나 신경전달물질의 방출의 증가는 오랫동안 지속된다(O' Dell, Hawkins, Kandel, & Arancio, 1991).

대부분의 장소에서 LTP에 관여하는 신경전달물질은 글루타메이트다. 두 종류의 글루타민성 수용기들이 있다. AMPA(alpha-amino-3-hydroxy-5-methyl-4-isoxazole propionic acid) 수용기와 NMDA(N-methyl-D-aspartic acid) 수용기가 그것이다. 시초에 글루타메이트는 AMPA 수용기를 활성화시키지만 NMDA 수용기를 활성화시키지 못한다. NMDA 수용기는 마그네슘 이온으로 차단되어 있기 때문이다([그림 12-11]). LTP 유발 동안에 처음 몇 펄스의 전기 자극으로

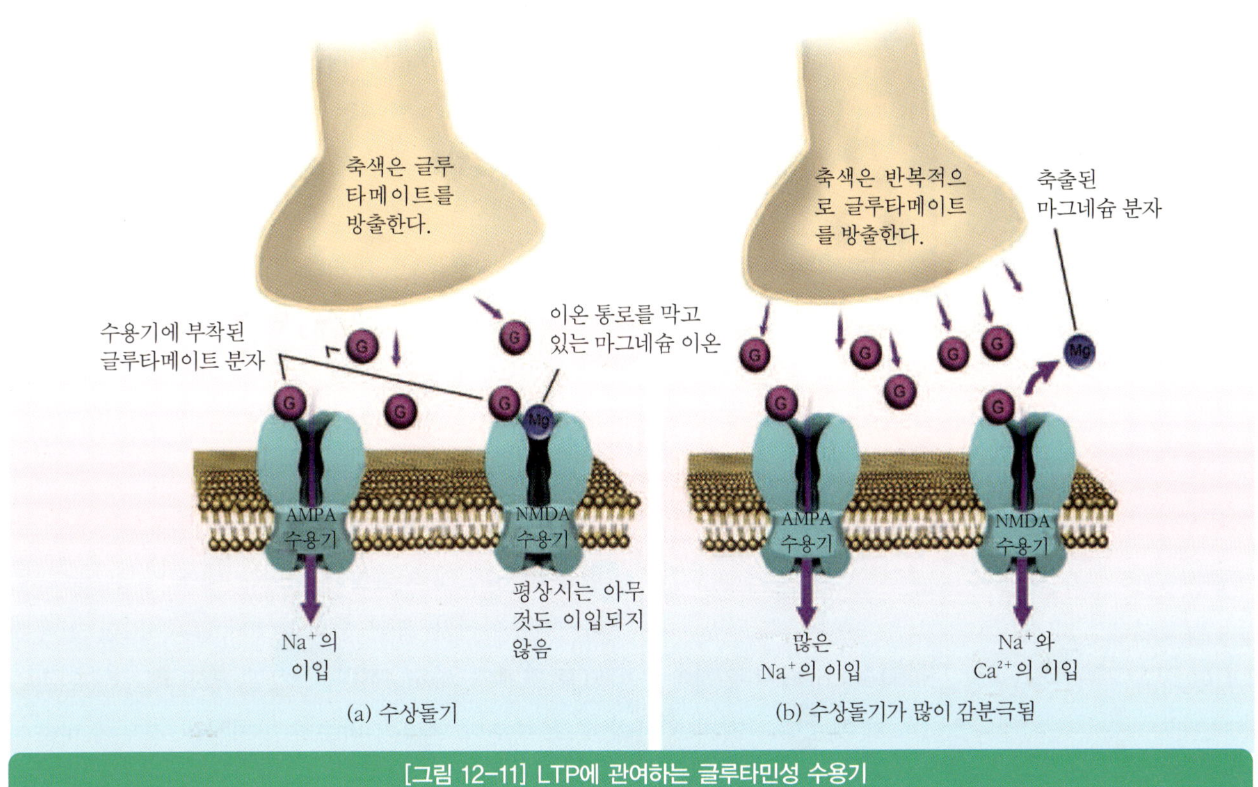

[그림 12-11] LTP에 관여하는 글루타민성 수용기

(a) 처음에 글루타메이트는 AMPA 수용기는 활성화시키지만, 마그네슘 이온에 의해 차단되어 있는 NMDA 수용기는 활성화하지 못한다. (b) 하지만 이런 활성화가 시냅스 후막을 부분적으로 감분극시킬 정도로 충분히 강하면 마그네슘 이온은 축출된다. 그러면 NMDA 수용기는 활성화되며 나트륨 이온과 칼슘 이온을 들여보낸다.

AMPA 수용기를 활성화시키면 세포막이 부분적으로 감분극되는데, 이렇게 되면 마그네슘 이온이 축출된다. 그때 NMDA 수용기가 활성화될 수 있는데, 그 결과로 나트륨 이온과 칼슘 이온이 이입된다. 이렇게 되면 뉴런은 더 많이 감분극될 뿐만 아니라, 칼슘은 LTP에 필요한 효소인 CaMKII(calcium/calmodulin-dependent protein kinase Type II)를 활성화시킨다(Lisman, Schulman, & Cline, 2002). CaMKII는 명백히 시냅스의 강도를 변화시키는 양방 스위치(binary switch)의 기능을 한다(O' Connor, Wittenberg, & Wang, 2005).

LTP의 마지막 단계는 유전자 활동과 단백질 합성의 변경을 포함한다(Bailey et al., 1996; Meberg, Barnes, McNaughton, & Routtenberg, 1993). 이 변화는 시냅스 강도가 오랫동안 증가하도록 하는, 수상돌기에서의 구조적인 수정을 담당한다. LTP 후의 30분 이내에 시냅스후 뉴런은 수상돌기 가시(dendritic spines-부분적으로는 시냅스 간격에서 교량 역할을 하고 시냅스가 더 민감해지도록 하는 수상돌기로부터 뻗어 나온 부분들)의 수를 증가시킨다([그림 12-12], Engert & Bonhoeffer, 1999; Maletic-Savatic, Malinow, & Svoboda, 1999). 더하여 현존하는 가시들은 더

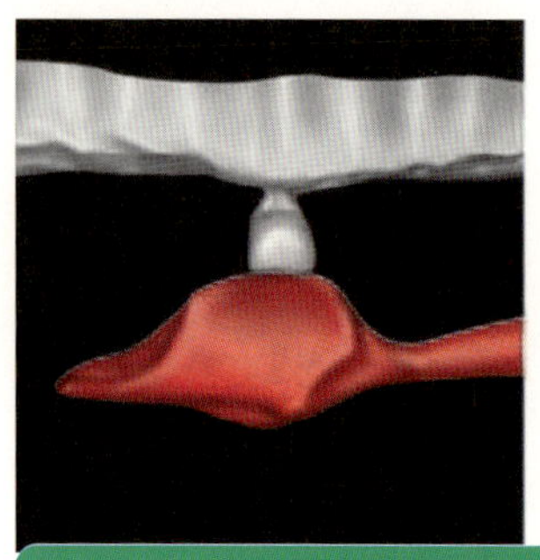
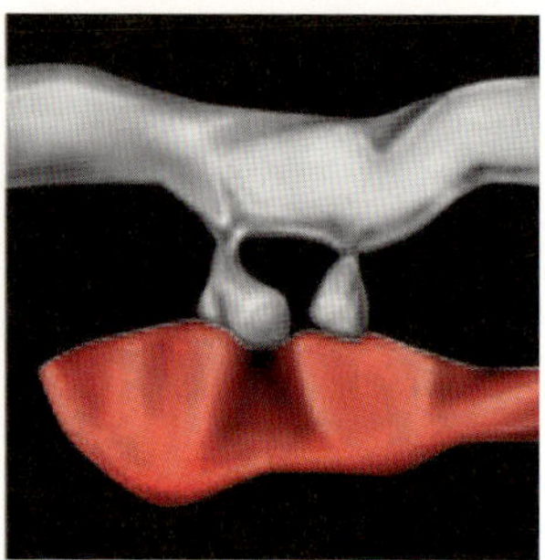

[그림 12-12] LTP에 뒤따르는 수상돌기 가시의 수적 증가

(a) 한 개의 수상돌기(흰색)와 한 개의 시냅스전 종말단추 위의 단일 시냅스 가시, (b) LTP 후에 동일한 시냅스 가시가 둘로 분리됨

출처: Based on Toni et al., "LTP Promotes Formation of Multiple Spine Synapses Between a Single Axon Terminal and a Dendrite," *Nature*, 402(6706) pp. 421-425. © 1999. Reprinted by permission of Nature Publishing Group.

커지거나 두 개의 가시들을 형성하기 위해서 중간이 갈라진다(Matsuzaki, Honkura, Ellis-Davies, & Kasai, 2004; Toni, Buchs, Nikonenko, Bron, Muller, 1999). 시냅스후의 강화는 부가적인 AMPA 수용기들이 수상돌기에서 가시로 운반됨에 따라 더 증가한다(Lisman et al., 2002; Shin et al., 1999).

이 모든 것이 커진다면 LTP에 관여하는 뇌 영역들의 부피가 어느 정도 증가하지 않을까 하고 생각할지도 모른다. 실제로 이것이 발생한다는 증거가 있다. 완전히 기억에 의존해서 도시의 복잡한 길들을 찾아다닐 줄 아는 런던의 택시 운전기사들은 택시운전 면허를 따기 전에 노선들을 익히는 데에 약 2년을 보낸다. 매과이어와 그의 동료들(2000)은 MRI를 이용해 16명의 택시 운전자들의 뇌를 스캔(scanning)했다. 그들은 공간적 운행과 관련된 것으로 알려진 해마의 후측 부분이 연령이 비슷한 남자들의 경우에 비하여 더 컸다. (해마의 전체적인 부피는 변하지 않았는데, 그들의 전측 해마는 더 작았다.) 가장 긴 시간 동안 운전해 왔던 택시 운전기사들에서 그 차이는 더 컸다. 이런 차이는 경험에 의해 야기되지 않았나 하는 추측을 하게 한다.

학습에서의 LTP의 역할

? LTP는 학습에 얼마만큼 중요한가?

최근의 연구는 LTP가 학습에서 근본적인 역할을 한다는 심리학자들의 믿음을 지지해 왔다. 유전적 조작이 생쥐에서 NMDA 수용기의 숫자를 감소시키기 위해서 사용되었다. 이 결과로 해마에서 LTP가 감소했으며 수중 미로에서의 학습도 손상되었다(Sakimura et al., 1995). 대조적으로, LTP를 향상시키면 학습도 향상한다. 연구자들은 AMPA 수용기가 열려 있는 시간을 증가시키는 합성물질인 앰퍼킨(ampakines)으로 LTP를 증가시킬 수 있음을 발견했다. 앰퍼킨 약물은 또한 미로 학습, 지연된 샘플일치 학습 그리고 공포 조건화를 향상시킨다(Rogan, Stäubli, & LeDoux, 1997a). 더하여 기억 과제에서의 인간의 수행은 LTP에 관여하는 단백질—예, 글루타메이트 수용기, CaMKII와 다양한 프로틴 카이네이즈(protein kinase) 효소들—을 담당하는 몇 가지 유전자들과 관련되어 있다(de Quervain & Papassotiropoulos, 2006).

단지 두 뉴런 간의 시냅스 연결을 강화시키는 것만으로는 기억이 형성되지 않는 것 같다. 기억이 뉴런들의 연결망(network)에 의존할 가능성이 더 높다

(Martinez & Derrick, 1996). 신경 연결망에 대한 기억을 상기시키자면, 두 가지 특성이 신경 연결망으로 하여금 학습된 정보를 저장하는 데에 잘 들어맞게 한다. 한 가지는 단일 신경망이 많은 다른 세트의 정보를 포함할 수 있다는 것이다. 둘째로는 정보가 신경망 전체에 걸쳐 분포되어 있기 때문에 이 정보는 상대적으로 손상의 효과에 영향을 받지 않는다는 것이다. 또한 기억하다시피 흥분성과 억제성 모두 기능하고 있는 신경 연결망을 형성하는 데 요구된다. 이런 점을 고려하면, LTP와 LTD는 신경 연결망의 발달에 한몫을 하는 믿을 만한 후보들이 된다.

명백히 LTP만으로 학습을 설명하는 데에는 부족함이 있다. 어떤 기억들은 평생에 걸쳐 유지되는 반면에 실험실에서의 LTP는 지속 기간이 한정되어 있다. LTP의 지속 기간에 대한 대부분의 연구는 해마를 대상으로 수행되어 왔다. 학습에 대한 해마의 관여 기간은 한정되어 있기 때문에, 우리는 이곳에서 LTP가 짧게 지속되리라고 예상한다. 대뇌피질에서의 LTP는 더 오래 지속될 가능성이 있다(Martinez & Derrick, 1996). 또한 행동을 하지 않는 동물을 대상으로 실험자가 전기적으로 유발시키는 LTP보다는 학습 경험 동안에 발생하는 LTP가 더 강력하다는 몇몇의 증거가 있다(Ahissar et al., 1992).

응고화에 대한 재고찰

단기기억은 현존하는 시냅스들의 연결 강도를 변경시키는 것을 포함한다. 이런 효과는 수초에서 수시간 유지된다. 한편, 장기기억은 새로운 (시냅스) 연결의 성장을 지지하기 위해 유전자의 활성화 및 소강 그리고 단백질의 합성을 포함한다(Kandel, 2001; Miller & Sweatt, 2007). 선언적 기억과 관련하여 장기기억은 내측 측두엽에서 발생한 후에 대뇌피질에서 더 영구적인 형태로 변환되어 가는 하나의 단계로 구성된다(이들 사건의 시간적 추이를 다시 보려면 [그림 12-2]를 참조하라). CaMKII 유전자 결함을 가진 생쥐 대상의 연구에서 이런 변환에 대한 세부적인 측면들이 어느 정도 드러났다(Frankland, O' Brien, Ohno, Kirkwood, & Silva, 2001). 동형 접합성(homozygous) 돌연변이를 가진 생쥐는 이 효소를 생성하지 못하게 되는데, 이 동물은 해마에서의 LTP는 물론 학습도 보이지 않는다. 이형 접합성 돌연변이(단지 한쌍의 유전자만 동일하지 않은 경우)를 가진 생쥐는 동형 접합성 돌연변이 생쥐보다는 더 많이 그리고 정상적인 생쥐보다는 더 적게 CaMKII를 생성한다. 이 생쥐의 경우에는 해마의 LTP는 영향을 받지 않았지만 대뇌피질은 원래부터 통상적으로 해마보다 CaMKII를 더 적게 가지고 있기 때문에 LTP는 더 이상 발생하지 않는다. 그 결과로서 해마 의존적인 과제 학습은

? 해마와 대뇌피질의 역할이 어떻게 다른가?

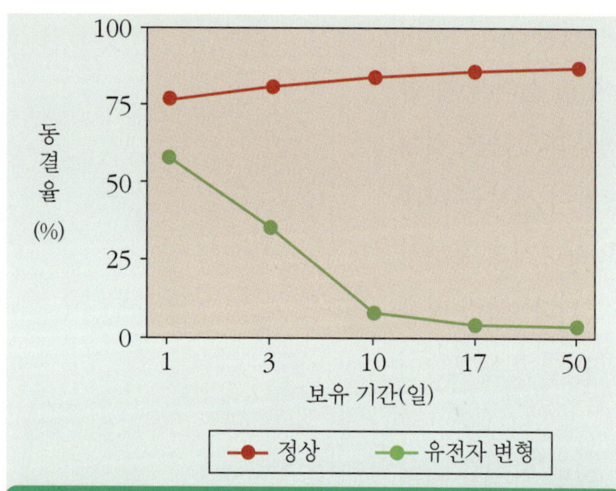

[그림 12-13] 시간에 따른 정상 생쥐와 CaMKII가 결핍된 생쥐의 기억 보유 양상

생쥐들은 조건화 상자에서 전기 충격을 세 번씩 발바닥에 받았다. 이 생쥐들의 하위 집단은 나중에 그 발바닥 전기 충격에 대한 기억 검사(정서적 동결 반응을 관찰함)를 받았다. 유전자가 변형된 생쥐들은 3일 후에 기억이 쇠퇴하기 시작하여 영구적인 기억이 형성되지 못했음을 주목하라.

출처: A. Frankland et al., "αCaMKII-Dependent Plasticity in the Cortex is Required for Permanent Memory," *Nature, 411*, 309-313, top left of fig. 1, p. 310. © 2001 Alcino Silva. Used with permission.

훈련 후의 1~3일 동안은 정상이지만 훈련 10일 후 또는 그 이상의 기간에서는 심하게 손상된다([그림 12-13]). 우리가 고려하는 기제가 선언적 기억과 관련되어 있음을 기억하라. 기간이 긴 응고화 과정이 비선언적 학습에서도 발생한다는 것에 대한 명확한 증거는 아직 없다(Dudai, 2004).

CaMKII가 LTP의 확립에 필수적이기는 하지만 장기기억 동안의 LTP의 유지는 프로틴 카이네이즈 엠 제타(protein kinase M zeta)로 알려져 있는 또 다른 효소에 의존한다는 증거가 있다. CaMKII의 억제가 LTP의 발달은 저지하지만, LTP가 일단 확립된 후에는 이에 영향을 미치지는 못한다. 한편, 프로틴 카이네이즈 엠 제타를 화학적으로 억제하면 확립된 조건 반응에 대하여 기억상실이 유발된다(Pastalkova et al., 2006). 실제로, 쥐를 대상으로 이 억제자를 도피질(the insula—맛과 미각 연합 학습에 관여하는 대뇌피질 영역)에 주입하면 조건화된 미각 혐오 반응이 없어졌다. 이런 처치 효과는 이 억제자를 훈련 25일 후에 투여해도 관찰되었다(Shema, Sacktor, & Dudai, 2007).

사건은 진행적인데 반해 해마는 '그때그때 보아 가며' 학습을 습득하는 능력을 가진다. 하지만 선언적인 기억을 대뇌피질에 장기적으로 저장하기 위해서는 더 긴 시간이 요구된다. 현재 많은 연구자는 해마가 덜 채워져 있는 동안에(예로, 수면 동안에) 정보가 해마로부터 대뇌피질로 옮겨간다고 믿고 있다(Lisman & Morris, 2001; McClelland, McNaughton & O' Reilly, 1995). 실제로, 인간은 중간에 연습이 전혀 없어도 훈련 2~4후에 시각 변별 과제에서의 수행이 향상된다. 하지만 이런 향상은 훈련 후 첫 30시간 이내에 잠을 잔 사람에게만 해당한다(Stickgold, James, & Hobson, 2000). 100개 이상의 유전자들은 수면 동안에 활동성이 증가하는데, 많은 유전자가 단백질 합성, 시냅스 수정 및 기억 응고화에 중요함이 확인되어 왔다(Cirelli, Gutierrez & Tononi, 2004). 수면 동안에 쥐의 해마 및 이와 연관된 대뇌피질 영역 내의 뉴런은 깨어 있는 상태에서의 학습 동안에 발생했던 격발 수순(firing sequences)의 패턴을 반복한다(Louie & Wilson, 2001; Qin, McNaughton, Skaggs & Barnes, 1997; Skaggs & McNaughton, 1996). 이런 재현은 해마의 쎄타파(theta waves)와 시간적으로 동기화된다(Stickgold et al., 2001). 아마도 이와 같은 오프라인(offline) 재현은 대뇌피질이 자신이 요구하는 느긋한 속도로 LTP를 겪게 하는 기회를 제공하는 것 같다(Lisman & Morris, 2001).

기억 변경하기

뇌는 기억들이 '영구적'이 되도록 하기 위해 열심히 일하지만, 이 기록들이 영구적으로 새겨지지는 않음을 아는 것은 여전히 중요하다. 가끔씩 잘못된 학습은 정정되어야 한다. 기억은 유용하게 쓰이려면 안정적일 필요가 있지만, 동시에 변하기 쉬운 채로 남아 있음이 틀림없다. 뇌가 이것을 달성하는 방법은 여러 가지가 있다.

소거

첫째, 소거(extinction)가 있다. 실험자는 여러분의 눈에 공기를 분사하기 직전에 신호음(tone)을 들려준다. 몇 차례 시행 후에 여러분은 이 신호음이 들린다는 이유만으로 눈을 깜박인다. 그런 후에 실험자는 여러 번 이 신호음을 들려주지만 더 이상의 공기 분사는 없다. 서서히 이 신호음은 여러분의 눈을 깜박이게 하는 힘을 잃게 된다. 기억은 사라지지 않는다. 즉, 실험자가 다시 공기를 분사하면 여러분은 그 연합을 다시 학습할 필요는 없지만 신호음을 들을 때마다 다시 눈을 깜박이게 될 것이다. 이것은 결코 망각의 예는 아니다. 오히려, 소거는 새로운 학습과 관련이 있다. 한 가지 표징을 말하자면 LTP처럼 소거도 NMDA 수용기의 활성화를 요구하며 이 수용기를 저지할 경우에는 사라진다(Santini, Muller & Quirk, 2001).

망각

대부분의 기억은 자주 사용되지 않으면 어느 정도는 시간이 흐름에 따라 소멸한다. 우리는 변함없이 망각(forgetting)에 의한 기억 소실을 결함으로 여기지만 연구자들은 정규적으로 회상되지 않거나 저장된 다른 기억들과 연결되어 있지 않는 정보로 인해 시냅스들이 포화되는 것을 방지하기 위해서 뇌가 능동적으로 쓸모없는 정보를 제거한다는 단서들을 찾고 있다. 뇌가 집을 청소하는 한 가지 명백한 방식은 단백질 포스파타아제 1(protein phosphatase 1: PP1)의 사용과 관련이 있다. PP1의 영향을 연구하기 위해서 연구자들은 특별하게 활성화되는 형태의 PP1 억제자를 위한 유전자를 갖는 이식 유전자(transgenic) 생쥐(제4장 참조)를 만들어 냈다(Genoux et al., 2002). 이 유전자들은 유도가 가능한데, 이는 연구자들이 어느 때라도 이들을 활성화시킬 수 있음을 의미한다. 생쥐들이 수중 미로에서 훈련을 받은 후에 이 유전자들이 이식 유전자를 가진 생쥐에서 활성화된다. 6주 후에 이 과제에 대한 통제 동물의 기억은 완전히 존재하지 않지만 이식 유전자 생쥐는 망각이 거의 일어나지 않았다. 여러분은 아마도 심리학 개론에서 대부분의 과제에서 연습 회기들을 분산하는 것(distributed practice)이 집중적으로 연습하는 것(massed practice)보다 더 좋은 학습의 결과를 가져온다는 것을 배웠을 것이다. 훈련 동안에 억제자 유전자들이 켜질 때 이런 이점은 사라졌다. 이런 관찰로부터 분산적 연습이 더 우수함의 이유는 PP1의 효과가 집중적 연습 시행에 걸쳐 축적된다는 것과 관련이 있음을 알 수 있다.

재응고화

응고화(consolidation)는 학습 시와 이후의 일정 기간 동안에 손상되기 쉽다. 효과적인 응고화 차단자의 예는 전기적 경련 자극(electroconvulsive shock)과 항생물질인 어니소마이신(anysomycin－단백질 합성을 방해함)이다. 수많은 연구는 기억이 인출될 때는 언제나 재응고화(reconsolidation)되며, 이 동안에 해당 기억이 다시 한 번 손상에 취약하다는 것을 보여 주고 있다(Dundai, 2004). 예를 들면, 네이더, 셰페와 르두(Nader, Schafe & LeDoux, 2000)는 생쥐를 대상으로 신호음(tone)을 발바닥에 대한 전기 충격(electric shock)과 배쌍함으로써 이 신호음에 대한 공포 반응(동결 반응, freezing)을 조건화하였다. 어니소마이신을 학습 직후에 주입하면 해당 공포 반응이 제거되지만 훈련 24시간 후에 주입할 경우에는 이런 효과가 관찰되지 않는다. 그런데 2주나 지났어도 어니소마이신은 연구자가 (전기 충격 없이) 해당 신호음을 다시 제시함으로써 기억 인출을 유도하면 공포 학습이 사라지게 했다. 아마도 왜 뇌가 응고화된 기억을 인출 동안에 보호하지 못하는가라고 의아해할 것이다. 명백히 기억의 재개(reopening)는 기억을 섬세하게 다듬으며 오차를 바로잡고 정서적 반응을 수정할 수 있는 기회를 제공한다.

물론 그 결과가 항상 적응적이라는 보장은 하지 못한다. 왜냐하면 오차 수정의 기회는 새로운 오차들을 불러들일 수도 있기 때문이다. 우리가 오랫동안 가져온 지식에 의하면 기억은 시간이 흘러감에 따라 다른 기억들과 혼합함으로써 재구성된다. 재구성(reconstruction)은 점진적인 사건이다. 증거에 따르면 심리치료 동안에 어린 시절에 대한 허위 기억(false memory)이 되살아나는 것은 치료자들이 연속적인 회기들에서 회상을 반복적으로 자극하기 때문인 것 같다. 실험실 연구에 의하면 실험자에 의해 주입된 기억들에 사람들이 동의하는 정도는 면접을 많이 할수록 증가할 수 있다(Loftus, 1997). 한 연구에서 연구자들은 변조된 사진들을 사용했는데, 세 번의 질문을 받은 후에 50%의 피험자들은 결코 발생하지도 않은, 열기구 풍선을 타고 있는 어린 시절을 묘사하고 있었다(Wade, Garry, Read & Lindsay, 2002). 보다 최근에 로프터즈와 그녀의 동료들(Bernstain, Laney, Morris & Loftus, 2005)은 음식 설문조사에서 피험자들의 반응에 대한 가짜 컴퓨터 분석 결과를 제공함으로써 그들의 음식 선호도를 변경시킬 수가 있었다. 예를 들면, 후속 설문조사에서 약 20%의 피험자들은 그들이 실제로 어렸을 때에 딸기 아이스크림을 먹고 아팠다는 분석에 동의했으며, 앞으로도 그것을 먹지 않을 것이라고 말했다.

개념 확인

- 학습 동안에 뉴런들에서 발생하는 변화들에 관한 목록을 작성하라.
- LTP, LTD, 연합적 LTP와 연합적 LTD에 관하여 기술하라.
- 응고화된 기억은 안정적이면서도 취약하다. 이에 관하여 설명하라.

학습 결함 및 장애

학습은 가장 복잡한 인간의 기능이다. 놀랄 필요도 없이 그것은 또한 가장 흔하게 손상되는 기능 중 하나다. 학습은 뇌 구조물들을 훼손하는 사고나 폭력에 의해 손상될 수 있다. 그러나 더 미묘하게 학습 능력을 위협하는 요인은 노화와 뇌 장애(예, 알츠하이머병과 코르사코프 증후군)로부터 온다.

기억에 미치는 노화의 영향

노　인: 아, 기억. 두 번째 관심사지.
젊은이: 그럼, 첫 번째 관심사는 무엇이지요?
노　인: 그걸 잊어버렸단 말이야.

? 뇌도 노화하는가?

여러분은 이 옛날 농담에서 유머의 의미를 헤아렸을 것이다. 노인에게는 기억 감퇴를 농담거리로만 삼고 넘기기 어렵다. 나이 많은 사람은 자동차 열쇠를 제자리에 두지 않거나 약속을 잊어 버리거나 차 주전자를 난로 위에 몇 시간 동안 올려놓을지도 모른다. 작업기억과 오랜 기억을 인출하고 새로운 기억을 생성하는 능력은 모두 영향을 받는다(Fahle & Daum, 1997; Small, Stern, Tang, & Mayeux, 1999). 기억상실은 단지 불편하고 당황스러운 것에 불과한 것이 아니다. 그것은 뇌의 변성을 시사하기 때문에 잠재적으로 위험하며 충격적인 것이다.

아주 최근까지 연구자들은 기억과 인지 능력의 감퇴가 노화의 필연적인 결과라고 믿어 왔다. 여러 종류의 인지적 결함이 노인기의 전형적인 특징이기는 하지만 이들은 필연적인 것은 아니다. 예를 들면, 60대의 대학교수들은 학습 및 기억에 관한 많은 검사에서 자신의 30대 시절만큼 수행 능력이 좋다(Shimamura, Berry, Mangels, Rusting & Jurica, 1995). 노인기의 적극적인 생활방식이 이와 같은 '성공적인 노화'와 관련이 있지만(Schaie, 1994), 그렇다고 해서 적극적으로 사는 것이 감퇴를 막아 줄 것이라고 말하기는 어렵다. 지속적인 정신적 각성은 사람을 적극적으로 만드는 이유가 될 수도 있다. 또는 건강이 좋은 기억과 높은 활동성 수준을 뒷받침해 주는 이유가 될 수 있다. 하지만 우리는 풍요로운 환경에서 양육된 쥐가 대뇌피질 뉴런들의 수상돌기와 시냅스의 숫자를 증가시킨다는 것을 잘 알고 있다(Sirevaag & Greenough, 1987). 또한 다음 장에서 인지적 기술 훈련이 노인에게 유의미하고 오래 지속적인 (인지적) 향상을 가져다준다는 것을 보게 될 것이다. 이는 경험이 개인의 인지적 안녕에 영향을 미칠 수 있음을 시사한다.

수년 동안 연구자들은 노인에게 발견되는 결함, 특히 대뇌피질과 해마에서 상당한 양의 뉴런이 소실되기 때문에 야기된다고 믿어 왔다. 그러나 이런 결론으로 이끈 연구들은 세포의 수를 추정하는 방법에 결함이 있었다. 보다 최근의 연구들은 해마 뉴런의 숫자가 노화된—심지어는 기억 결함이 있는—쥐들에서 감소하지 않음과 대뇌피질에서의 뉴런 소실이 비교적 경미함을 발견했다(Albert et al., 1999). 그리고 제3장에서 본 것처럼 인간의 경우 시냅스의 숫자는 나이가 듦에 따라 지속적으로 증가한다(Buell & Coleman, 1979).

한편, 해마에 있는 어떤 신경회로들은 실제로 동물이 노화됨에 따라 시냅스들과 NMDA 수용기들을 소실한다(Gazzaley, Siegel, Kordower, Mufson, & Morrison, 1996; Geinisman, de Toledo-Morrell, Morrell, Persina, & Rossi, 1992). 아마도 이 변화의 결과로서 LTP가 노화된 쥐에서 손상된다. 즉, (이 동물에서) LTP가 더 천천히 발달하고 더 빨리 줄어든다(Barnes & McNaughton, 1985). 쥐의 기억 능력은 LTP 손실과 관련있는데, (LTP의 손실로) 학습은 더 느려지고 망각은 더 빨라진다. 해마의 주요 입출력 영역인 후내피질(entorhinal cortex)에서의 대사 활동(metabolic activity) 또한 감소한다(de Leon et al., 2001). 노령의 정상 개인들에서 후내피질에서의 대사 활동은 3년 후의 인지적 손상 정도를 예견하게 해 준다. 학습 결함과 관련된 또 다른 가능성 있는 원인은 수초(myelin)의 손실이다(Jensen, 1998). 수초가 없으면 뉴런은 전도가 더 느려지며 다른 뉴런과의 활동을 방해한다.

최소한 원숭이에게 있어서 한 피질하 영역은 노화 동안에 상당한 양의 뉴런이 소실된다. 아세틸콜린성 뉴런들이 해마, 편도체 및 대뇌피질과 정보 교환을 하는 기저전뇌 영역(basal forebrain region)이 그곳이다(Smith, Roberts, Gage, & Tuszynski, 1999). 기저전뇌에서의 세포 소실은 알츠하이머병의 경우에 훨씬 더 크다. 하지만 이보다는 정상적인 노화 시에 발생하는 정도는 약하지만 뉴런 변성 또한 기억 결손과 관련이 있는 것 같다.

노인에게서 보이는 얼마간의 기억 결함은 전두엽이 손상된 환자의 경우와 유사하다(Moscovitch & Winocur, 1995). 한 연구에서 개별 노인들은, 제8장에서 기술한 것과 같이, 두 벌의 '안전한' 카드와 두 벌의 '위험한' 카드로부터 놀이용 카드를 선정하는 '도박 과제'에 참여했다. 전두엽 손상 환자들처럼 이 노인 참가자들의 35%는 위험한 카드를 피하는 것을 절대로 학습하지 못했으며, 또 다른 28%의 참가자들은 이를 실행하는 속도가 느렸다(Denburg, Tranel & Bechara, 2005).

노인들에게서 기억을 향상시킬 수는 없는가? 앞에서 우리는 쓸데없는 기억을 망각하는 것이 적응적이라고 제안하는 것을 보았다. 그러나 쓸모 있는 기억 또한 제거될 때는 망각은 결함이 되는 것이다. 앞에서 기술한 연구에서 제누와 그의 동료들(Genoux et al., 2002)은 노화된 생쥐가 연습 없이 하루만 지나도 해당의 학습 과제에서 수행이 손상됨을 발견했다. 그러나 그들은 PP1 억제자의 유전

드디어 기억을 증진시키는 알약

수십 년 동안 과학자들은 기억을 증진시키는 약물을 약속해 왔다. 노화를 겪고 있든지 아니면 퇴행성 질환으로 고생을 하고 있는 대중은 그런 돌파구를 간절히 기다려 왔다. 현재 과학자들은 그들의 약속을 거의 이행할 때가 된 것 같다.

이 약물 중 하나는 에릭 캔덜(Eric Kandel)이 군소(aplysia)라는 큰 바다 달팽이를 대상으로 학습에 대하여 발견한 것을 토대로 했던 MEM1414이다. 가장 가능성이 있는 다른 약물들처럼 MEM1414는 뉴런 수준에서 작용한다. 즉, 이 약물은 시냅스 발달을 향상시키는 CREB이라는 단백질의 활동성을 증가시킨다. 두 번째로 소개할 약물은 C105인데, 이는 훨씬 더 거슬러 작용한다. 이렇게 함으로써 이는 기억 형성에 필요한 단백질의 합성을 지시하는 신경전달물질에 영향을 미친다. 마지막으로, CX717은 앰퍼킨(ampakine)의 활동성을 증가시킴으로써 시냅스를 강화시킨다. 우리는 앞에서 앰퍼킨이 AMPA 수용기가 열려 있는 시간을 늘려서 장기 상승 작용을 증가시키고 다양한 종류의 학습을 증진시킨다는 것을 보았다.

"여러분이 이 부분을 읽고 있을 즈음에 약물 몇 종은 시장에 출시될 것으로 예상된다. 아마도 여러분은 길모퉁이 약국에서 구입할 이들 약물에 대한 처방전을 받을 수 있을지 궁금할 것이다. 동시에 연구자들과 윤리학자들은 누가 이 기억 촉진제를 사용해야 할지를 심사숙고하고 있다. 가장 먼저 알츠하이머병의 초기에 있는 사람, 그리고 아마도 노화중인 사람 그리고 항상 몰에서 자신의 차를 잃어버리는 사람일 것이다……. 하지만 SAT를 더 잘 치르기를 원하는 학생은?"

출처: H. Carmichael (2004).

자가 증가한 노화된 생쥐의 수행력은 4주 후에도 여전히 높음을 관찰했다. 〈뉴스에서〉에서 보도되는 약물 연구가 지속적으로 진행될 경우에 기억 손상을 입은 환자들이 '기억 향상용 알약(memory pill)'을 곧 이용할 수 있게 될지도 모르겠다.

알츠하이머병

노인들에게 보이는 상당한 정도의 기억 및 다른 인지적 능력의 상실을 노인성 치매(dementia)라고 한다. 노인성 치매의 가장 흔한 원인은 알츠하이머병(Alzheimer' s disease)인데, 이 장애의 특징으로 진행성 뇌 퇴화 그리고 기억 및 다른 정신 능력들의 손상을 들 수 있다. 19세기의 신경해부학자이면서 신경학자인 알로이스 알츠하이머(Alois Alzheimer)가 이 병에 대하여 최초로 기술했다. 이 병의 초창기의 가장 심각한 증상은 일반적으로 선언적 기억이 손상되는 것이다. 처음에는 전날 경험했던 사건들을 기억하는 데 어려움이 있으며, 사람들의 이름을 잊어버리고 대화에서 적절한 단어를 찾는 데 어려움이 있는 것과 같이 이 병의 증상은 더 일찍 시작되었을지도 모르지만 그의 전반적인 행동은 정상적인 노인과 별반 다르지 않다. 나중에 이 환자는 담화 동안에 같은 질문을 반복하고 동일한 이야기를 다시 말하게 된다. 시간이 흐르면서 병이 더 진행됨에 따라 이 환자는 종국에는 지인들은 물론 가족조차도 알아보지 못하게 된다. 알츠하이머병은 학습 장애일 뿐만 아니라 뇌 장애이기도 하다. 이에 궁극적으로는 대부분의 행동이 악화된다. 언어, 시·공간적 기능 및 추리력이 특히 손상을 입는다. 흔히 이 병의 환자는 공격적이 되고 집을 못 찾아 헤매는 등의 행동적인 문제를 가진다.

알츠하이머병은 꽤 젊은 나이에도 발생할 수 있을 가능성은 있지만 주로 노화와 관련된 장애다. 65세 이상의 10% 사람들이, 그리고 85세 이상의 약 절반이 이 병으로 고생한다(Evans et al., 1989). 알츠하이머병의 연구자인 자벤 카차투리안(Zaven Khachaturian, 1997)은 자기 어머니의 질병의 진행 상태를 생생하게 기술했다. "매일 밤마다 같은 집을 반복적으로 털어가는 도둑과 같이 이 질병은 뇌의 신경을 하나씩, 하나씩 조용히 약탈해 간다(p. 21)."

질환을 가진 뇌: 병변과 엉킴

? 무엇이 알츠하이머병을 발생시키는가?

알츠하이머병을 앓고 있는 사람의 뇌에는 이 질병에만 독특한 것은 아니지만 두 가지 주목할 만한 특징이 있다. 병변(plaques)은 축색종말에 무리지어 있으면서 신경전달을 방해하는 단백질의 일종인 아밀로이드(amyloid)의 무더기다([그

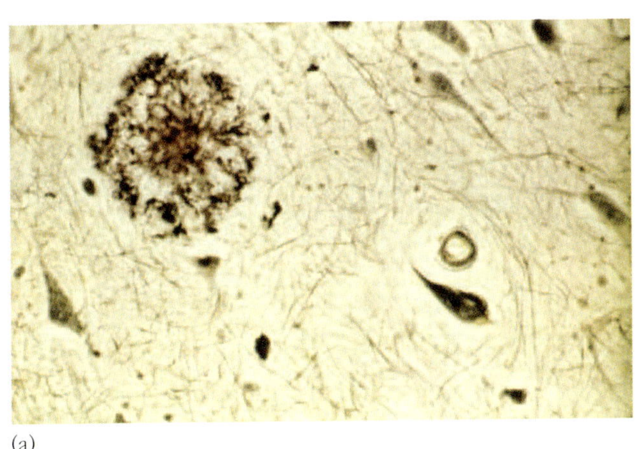
(a)

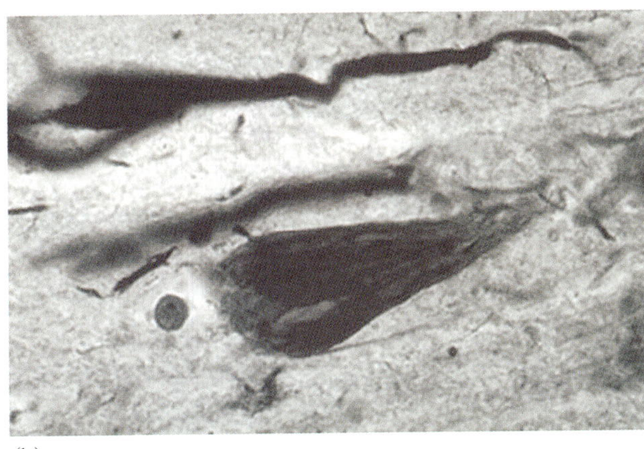
(b)

[그림 12-14] 알츠하이머 환자의 뇌에서의 신경적 이상

(a) 그림에서 둥근 무더기가 병변인데, 이것은 신경전달을 방해한다. (b) 뒤틀린 검은 형체들이 엉킨 신경섬유들이다. 이들은 뉴런의 사멸과 관련된다.

출처: Dr. M. Goedert / Photo Researchers, Inc.

림 12-14a]). 정상적인 뇌는 40개의 아미노산으로 구성된 Aβ40이라는 단백질을 생산한다. 알츠하이머의 뇌는 주로 42개의 아미노산을 갖는 Aβ42를 생산하여 병변 무더기를 쉽게 형성한다. 아밀로이드 침전물의 총 수는 인지적 손상과의 관련성이 중간 정도 되지만, 아밀로이드가 축적되면 결국은 세포를 죽게 하는 부가적인 단계가 시작되는 것 같다(Selkoe, 1997). 덧붙여 타우(tau) 단백질이 비정상적으로 축적되면 뉴런 내부에서 신경섬유들이 엉키게 된다. 이런 엉킴은 뇌세포의 사멸과 관련이 있다([그림 12-14b]).

[그림 12-15]는 알츠하이머병으로 사망한 환자의 뇌와 정상적인 뇌를 보여 준다. 이 질환에 걸린 뇌에서 회(gyri)의 크기가 감소해 있고 구(sulci)의 폭이 증가되어 있음을 주목하라. 내부에서는 뇌실들이 확장되어 있는데, 이 또한 뉴런이 심각하게 소실되었음을 말해 준다. 손상의 많은 부분은 측두엽에 위치하는데, 이는 해마가 자신의 입출력으로부터 격리되어 있음을 시사한다. 이런 특성은 초기의 기억상실이 왜 발생하는가를 부분적으로 설명해 준다(Hyman, Van Horsen, Damasio & Barnes, 1984). 하지만 병변과 엉킴은 전두엽도 공격을 하는데, 이는 주의 및 운동 장애는 물론 부가적인 기억 장애를 설명해 준다. 후두엽과 두정엽 또한 관련되어 있을 수 있다. 몇몇의 알츠하이머 환자를 괴롭히는 시각적 결함은 일차 시각 영역과 두정엽 및 측두엽의 시각 연합 영역 간의 정보 전달이 방해되기 때문에 발생한다고 설명할 수 있다.

최근에 연구자들은 기억상실을 유발할 수 있는 부가적인 원인 물질을 제안했다. 이로써 아밀로이드 침전물과 알츠하이머 증상들 간의 상관이 낮은 이유를

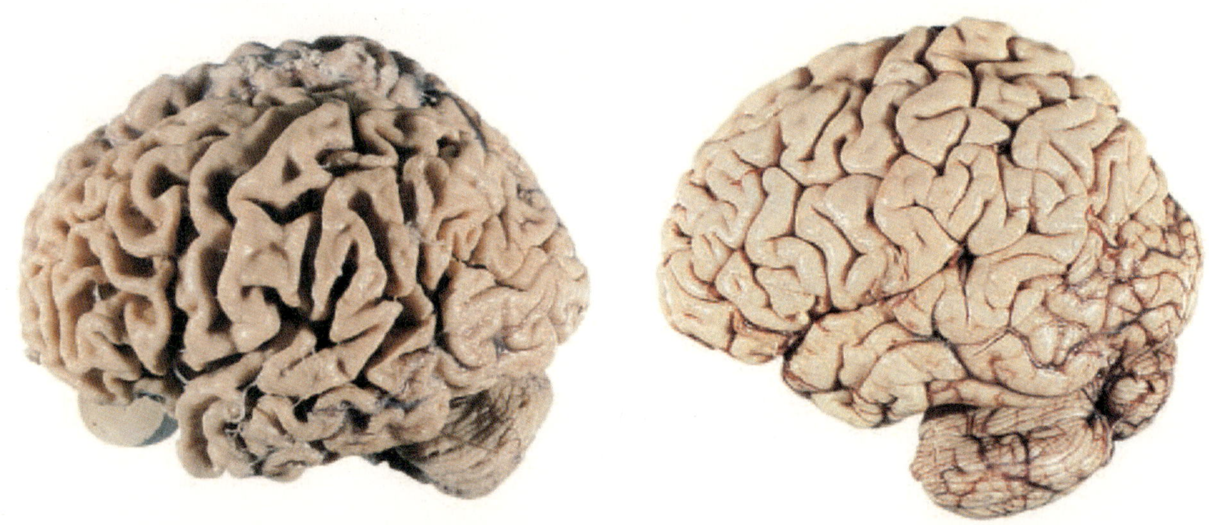

[그림 12-15] 알츠하이머 환자의 뇌(좌)와 정상인의 뇌(우)

사진은 두 뇌의 차이를 분명하게 보여 준다. 세포 손실에 의해 회의 크기는 감소되어 있고 구의 크기는 커져 있다.

출처: Photos courtesy of Dr. Robert D Terry.

설명할 수 있을지도 모른다. 이 병으로 사망한 환자의 뇌에서는 병변을 형성하는 데에 있어서 비용해성 형태보다 더 중요한 것으로 규명된 ADDL이라는 용해성 아밀로이드가 70배나 높게 증가되어 있다(Gong et al., 2003; Lacor et al., 2004). 인간의 뇌에서 ADDL은 뉴런의 수상돌기에 달라붙는다. 이 물질은 이식유전자를 가진 생쥐에서 기억 결함 및 시냅스 소실과 연관되어 있다. 그리고 실험실에서 이 물질 때문에 해마에서 LTP가 유발되지 못한다. 시간이 더 흐르면, ADDL이 얼마나 중요한지를, 그리고 어떤 치료를 선택하게 해 줄 것인가를 알게 될 것이다. 그동안에 척수액에서 ADDL을 측정하는 방법이 정확한 초기 진단 기법이 될 가능성이 있다(Georganopoulou et al., 2005).

알츠하이머병과 유전

유전은 알츠하이머병의 중요한 한 요인이다. 유전자 위치에 대한 첫 단서는 알츠하이머병과 다운증후군(Down syndrome) 간의 비교에서 나왔다(Lott, 1982). 다운증후군을 가진 사람들도 병변과 엉킴을 가지고 있다. 그래서 그들은 50세 정도 되면 예외 없이 알츠하이머병을 가지게 된다. 다운증후군이 여분의 21번째 염색체(extra chromosome 21)에 의해 야기되기 때문에 연구자들은 이 염색체에 모든 관심을 집중했다. 여기에서 그들은 아밀로이드 선구 단백질(amyloid precursor protein: APP) 염색체에 돌연변이가 있음을 발견했다(Goate

〈표 12-1〉 알츠하이머병과 관련 있는 유전자

유전자	염색체	개시 연령	사례(%)
APP	21	45~66	<0.1
Presenilin 1	14	28~62	1~2
Presenilin 2	1	40~85	<0.1
ApoE4	19	>60	>50

출처: Marx (1998) and Selkoe (1997).

et al., 1991). 노화된 쥐에서 병변을 증가시키는 AAP의 돌연변이를 유전공학적으로 유발하면 LTP와 공간 학습 둘 다가 손상되었다(Chapman et al., 1999). 알츠하이머병에 영향을 미치는 세 개의 부가적인 유전자들이 확인되었으며, 지금까지 발견된 모든 유전자는 뇌에서 아밀로이드의 생산 또는 침전에 영향을 미친다(Selkoe, 1997). 〈표 12-1〉에서와 같이 유전자들은 일찍(흔히 60세 이전) 개시하는 알츠하이머병과 늦게 개시하는 알츠하이머병으로 분류된다.

표에 소개한 네 개의 유전자들은 알츠하이머병의 절반 정도의 사례만을 설명하고, 환경적인 원인에 의한 영향은 거의 없는 것 같으므로 부가적인 유전자들이 포함되어야 한다. 알츠하이머병과 관련되는 유전자들을 확인한 후에 논박해 온 연구들이 너무 많으므로, 하버드의 연구자들은 789개 연구들의 결과를 통합하여 13개의 후보 유전자들로 구성된 목록을 만들어 냈다(Bertram, McQueen, Mullin, Blacker, & Tanzi, 2007). 알츠하이머병으로 사망한 환자들의 뇌를 대상으로 유전자 표현을 분석한 결과에 따르면, 편도체와 대상피질에서 31개의 유전자의 활동성은 증가하는 반면에 87개의 유전자들의 활동성은 감소했다(Loring, Wen, Lee, Seilhamer, & Somogyi, 2001). 만일 이 결과들이 정확하다면 이 병의 원인은 우리가 생각해 왔던 것보다는 훨씬 더 복잡할 것이다.

알츠하이머병의 치료

아세틸콜린을 생산하는 여러 뇌 부위에 있는 신경계는 주의(attention)와 학습을 포함하는 인지 기능에 대단히 중요하다(Everitt & Robbins, 1997). 도이치(Deutsch, 1983)는 쥐에서 아세틸콜린의 전달을 차단하면 해마의 세타파가 없어지고 학습이 손상됨을 관찰하였다. 사람들이 아세틸콜린 수용기의 차단제를 복용하면 학습 과제의 수행력이 떨어졌다(Newhouse, Potter, Corwin & Lenox, 1992). 그렇다면 당연히 알츠하이머병이 아세틸콜린을 분비하는 뉴런의 변성과 관계가 있다. 대부분의 치료는 아세틸콜린 기능의 회복에 초점을 맞춰 왔다. 현재 다섯 가지 약물을 알츠하이머병의 치료에 사용하도록 FDA(Federal Drug

Administration)가 승인하고 있다(Alzheimer' s Disease Education and Refferal Center, n.d.). 이 중 네 개는 시냅스에서 아세틸콜린의 파괴를 방지함으로써 아세틸콜린의 신경전달을 향상시킨다. 이 약물들은 경미한 알츠하이머병에는 기억 및 행동적 증상을 어느 정도 개선해 주지만(Krall, Sramek & Cutler, 1999), 이미 변성이 진행된 경우에는 별 도움이 되지 않는다.

메맨타인(memantine)—미국에서는 나멘다(Namenda)라고 광고하고 있음—이라는 다섯 번째 약물은 경증 및 중증의 환자에게 사용하도록 허가된 최초의 약물이다. 알츠하이머병 환자들에서 보이는 뉴런 소실의 일부는 죽어 가는 뉴런들이 흥분성 신경전달물질인 글루타메이트의 분비를 촉발할 때 발생한다. 과도한 글루타메이트는 NMDA 수용기들을 과잉 자극하여 뉴런들을 죽이는데, 이런 현상은 흥분독성(excitotoxicity)이라고 알려져 있다. 메맨타인은 글루타메이트에 대한 뉴런의 민감성을 제한하여 더 이상의 세포 사멸을 감소시킨다. 연구들에 따르면, 이 약물의 처방으로 증상의 악화가 어느 정도로 느려지고 증상은 개선된다(FDA는 알츠하이머병에 대하여 메맨타인의 사용을 허가하고 있다; Reisberg, et al., 2003).

항콜레스테롤 약물(Yaffe, Barrett-Connor, Lin & Grady, 2002)과 이부프로펜(ibuprofen)과 같은 비스테로이드성 소염제(Veld et al., 2001)가 어느 정도의 (치료의) 가능성을 보여 왔다. 알츠하이머병에 의한 신경 손상의 선행 과정이 염증 과정이라는 증거를 바탕으로, 연구자들은 유전공학적으로 생쥐들에서 과도한 양의 병변이 생성되게 했다. 이 동물들의 절반은 염증을 담당하는 EP2 프로스태글랜딘(prostaglanin) 수용기의 유전자가 뇌에서 제거되었다. 이 수용기가 없는 생쥐들은 통제 동물들보다 더 적은 양의 병변을 생성했다(Liang et al., 2005).

부가적인 가능성은 에스트로겐(estrogen)과 관련이 있는데, 알츠하이머병에 걸린 400만 명 미국인들의 3/4이 여자라는 점을 고려할 때 이런 점은 더 중요하다. 이런 성 불균형의 한 가지 이유는 여자들이 남자들보다 오래 살아서 이 병에 걸릴 가능성이 더 높아진다는 것이다. 다른 이유는 남자는 에스트로겐이 낮지만 지속적으로 생성되는 반면에 여자는 폐경에 이르면 이 호르몬의 수준이 감소한다는 것이다. 암컷 쥐들에서 해마에서의 수상돌기의 밀도는 혈중 내의 에스트로겐 수준에 따라 변화한다. 난소를 제거할 경우에는 수상돌기의 밀도가 감소하고, 에스트로겐을 투여하면 이런 감소 현상은 뒤바뀐다(Signh, Meyer, Millard & Simpkins, 1994; Woolley & McEwen, 1993). 폐경 후의 여자들 중 에스트로겐을 투여받은 사람들은 이 호르몬을 투여받지 않는 사람들보다 무스카린성 아세틸콜린 수용기의 밀도가 더 높게 유지되었으며(Norbury et al., 2007), 알츠하이머병 발병률이 1/3이나 더 낮았다(Slooter et al., 1999). 남자들에게 이런 치료의 효과는 불투명하지만, 알츠하이머병에 대한 유전적 위험 요소는 폐경 후 여자들에게는 에스트로겐 보충제를 투여할 것인가의 여부를 결정하는 한 요인이 될 수 있다.

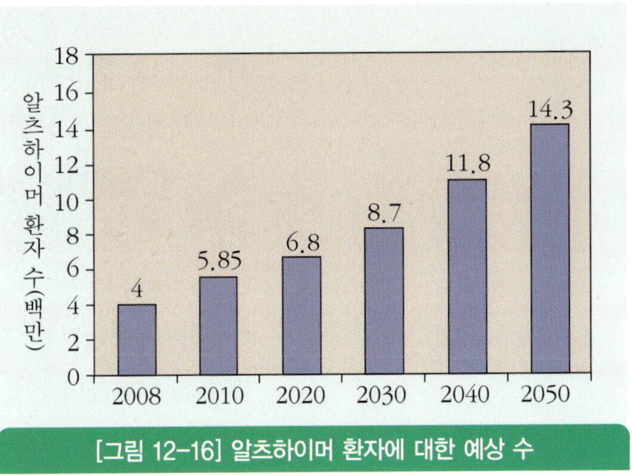

[그림 12-16] 알츠하이머 환자에 대한 예상 수

단위가 '백만' 임에 주의하라.

출처: Reprinted with permission from the Alzheimer' Association.

세계적으로, 알츠하이머병과 치매에 드는 연간 직접 비용은 1,560억 달러로 추정된다('치매의 비용', 2005). 요양원 입소를 한 달 늦추는 치료만 하더라도 연간 10만 달러, 그리고 5년을 늦추는 치료는 매년 500억 달러의 건강 관리 비용을 절약할 수 있다. 미래의 상황은 상당히 더 나빠질 것 같다. 2000년과 2050년 사이에 미국의 인구는 50% 가까이 증가하는 반면에 85세 이상의 인구는 6배가 증가할 것으로 예상된다(인구통계국, 2001). 이와 같은 불균형적인 증가는 더 나은 영양 상태 및 건강 관리 때문이기도 하지만 베이비 붐 세대의 노화 때문이기도 하다. 그 결과로 알츠하이머협회(2000)는 알츠하이머병 환자의 수가 350% 증가해서 1,430만 명이 될 것이라고 추정하고 있다([그림 12-16]).

수많은 연구에도 불구하고 시판되고 있는 약물들도 이 병 증상의 진행을 더디게 하는 것 외에는 아무것도 할 수 없다는 것은 놀랍다. 최근의 노력들은 이 병의 근본이 되는 병리적 측면을 제거하는 데에 주안을 두고 있다. 예를 들면, 뇌가 알츠하이머병에 대하여 면역력을 가지도록 아밀로이드를 주입한다. 아밀로이드 병변과 신경섬유의 엉김을 유선공학적으로 발달시키기 위해 사용된 유전자 이식 생쥐에 관한 연구들은 이 치료가 병변과 타우 단백질(엉킴의 주성분)을 제거할 수 있고 학습적 손상을 막을 수 있음을 보여 주고 있다(Janus et al., 2000; Morgan et al., 2000; Oddo, Billings, Kesslak, Cribbs & LaFerla, 2004).

해마에서 뉴런 생성을 유도하는 방법이 알츠하이머병을 치료하는 데에 도움이 될 수 있다(Jin et al., 2004). 새로 생성된 뉴런이 쥐에서 기억 형성에 오래된 뉴런보다 더 효과적이기 때문에, 그리고 이들이 알츠하이머병에 의해 야기된 손상을 치료할 수 있을 것이라고 생각되기 때문에, 연구자들은 이런 뉴런 생성의 향상 방법을 간절히 찾고 있다(Jin et al., 2004; Schmidt-Hieber, Jonas & Bischofberger, 2004).

다른 흥미로운 노력은 선구적인 유전학적 접근에 있다. 이 병과 관련되는 유전자를 조작하기보다는 연구자들은 신경 성장 인자(nerve growth factor: NGF-뉴런의 성장을 촉진시킴)의 유전자를 이식함으로써 죽어 가는 뉴런의 위축을 반전시키려는 시도를 하고 있다. 노화된 원숭이는 기저전뇌(basal forebrain)에서 아세틸콜린을 분비하는 뉴런이 43%(Smith et al., 1999), 그리고 전두엽과 측두엽에서 아세틸콜린성 뉴런의 종말단추가 25%(Conner, Darracq, Roberts, & Tuszynski, 2001) 적다. 코너와 동료들(Conner et al., 2001)은 인간의 NGF를 생산하도록 유전공학적으로 처리된 세포들을 노화된 원숭이들의 기저전뇌 영역에 이식하였다. 3개월 후에 멀리 있는 대뇌피질로 투사하는 아세틸콜린성 뉴런의 축색들 수가 젊은 원숭이들의 경우와 같아졌다([그림 12-17]). 인간의 알츠하이머병에 대한 유전적 접근의 예를 보기 위해서는 〈응용〉을 보라.

알츠하이머병에 대하여 어떤 치료법이 대두할지라도 그 비결은 상당한 정도의 뉴런 손실이 발생하기 전에 치료가 시작될 수 있도록 이 병을 일찍 탐지하는 것이다. 알츠하이머병으로 연계되는 변화는 증상이 나타나기 10년 전쯤에 시작되는 것 같다. 그래서 (이 병 환자들에 대한) 개입 시기의 범위는 넓은 것 같다. 그러나 알츠하이머병으로 진단받기 수년 전에 인지적 수행 능력이 낮을지라도

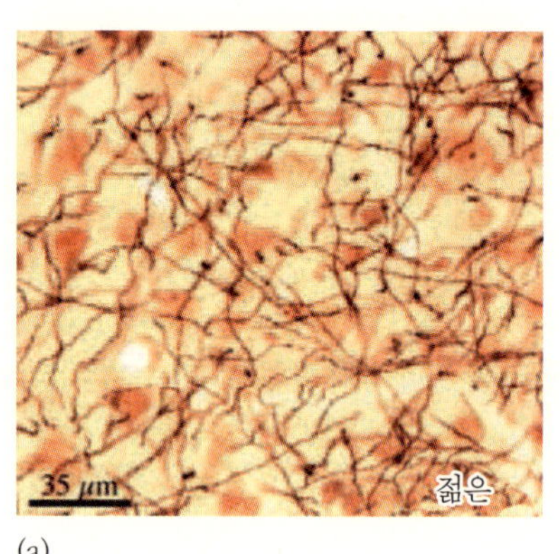

(a)

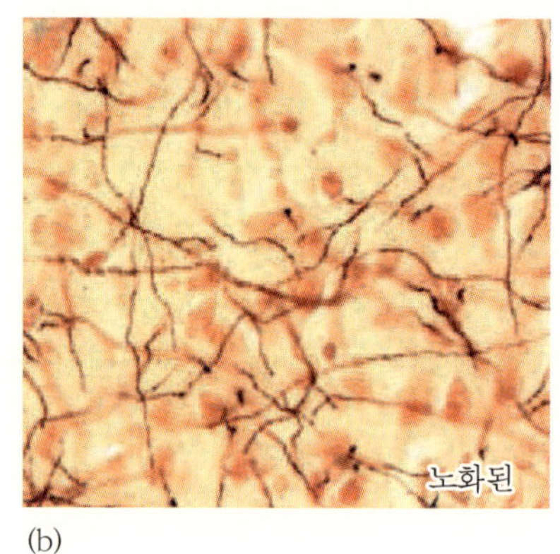

(b)

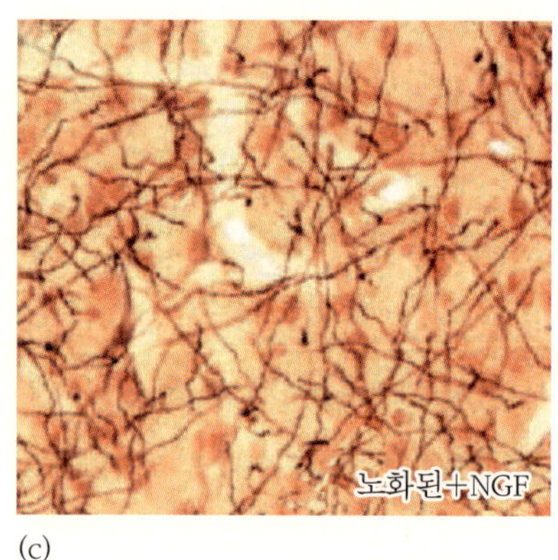

(c)

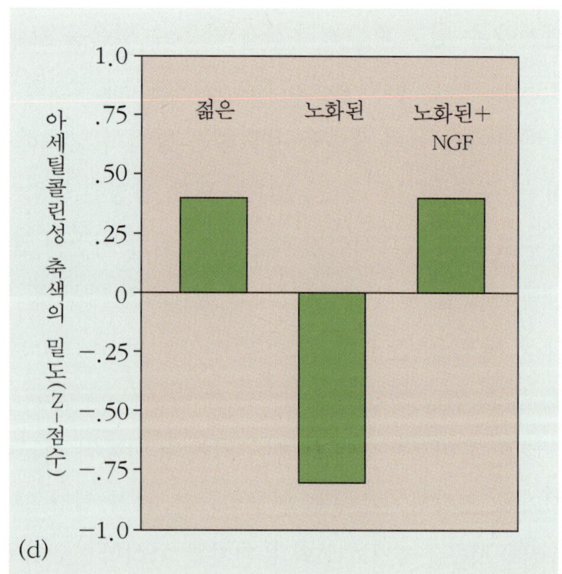

(d)

(a) 젊은 원숭이들과 (b) 노화된 원숭이들의 대뇌피질 조직에서 아세틸콜린의 활동성에 대한 표지자로 염색한 축색들의 밀도가 비교된다. (c) NGF 유전자 처치를 받은 노화된 원숭이들은 아세틸콜린의 활동성이 증가되어 있다. (d) 세 집단 간 대뇌피질의 아세틸콜린성 축색 밀도 비교.

출처: J. M. Conner et al., "Nontropic Actions of Neurotrophins: Subcortical Nerve Growth Factor Gene Delivery Reverses Age-Related Degeneration of Primate Cortical Cholinergic Innervation," *Proceedings of the National Academy of Sciences, 98*, pp. 1941-1946. Copyright 2001 National Academy of Sciences, USA. Used with permission.

[그림 12-17] NGF가 원숭이의 아세틸콜린성 축색에 미치는 영향

응용 알츠하이머병에 대한 유전적 개입

2001년, 샌디에이고의 캘리포니아 대학교 외과의들은 알츠하이머병 환자들을 신경 성장 요인(nerve growth factor: NGF)으로 치료하기 시작했다. NGF는 뉴런이 죽는 것을 예방하며 뉴런의 활동을 자극한다. 그러나 NGF가 뇌에 주입될 때는 다른 뉴런들도 자극하여 통각과 체중 감소를 유발한다. 이 대학교의 외과의들은 다른 접근법을 사용했다. 그들은 NGF의 생산을 통제하는 유전자로 증강된 세포를 주입했다.

이 수술 약 22개월 후에, 환자들은 인지 능력의 감퇴 현상이 84% 감소했다(Tuszynski et al., 2005). 일반적으로 알츠하이머병 환자들의 뇌 대사가 감소하는 반면에, 이 피험자들은 (뇌 대사가) 현저하게 증가하였다(그림 참조).

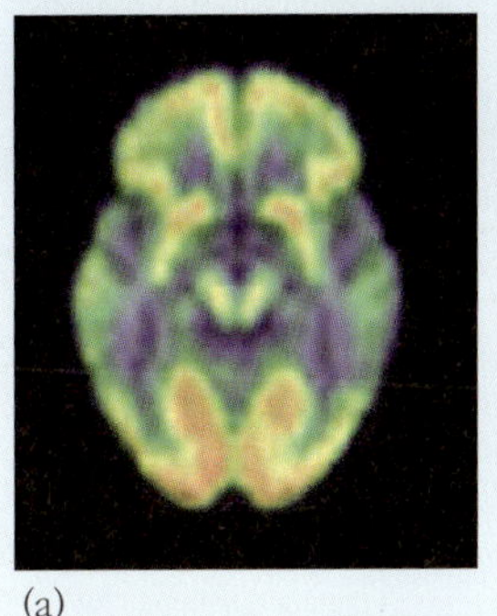
(a)

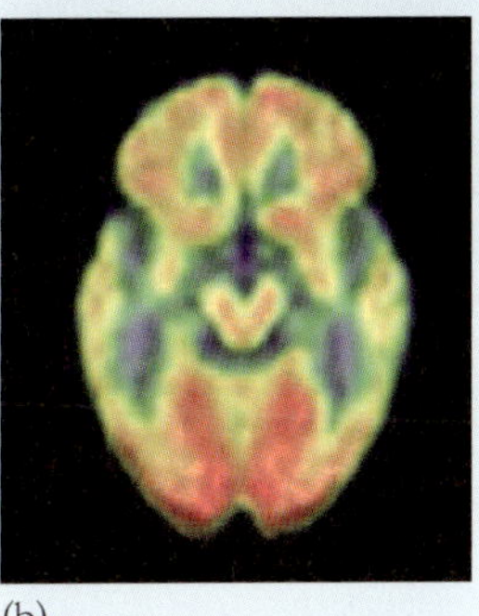
(b)

NGF의 생산과 관련된 유전자를 이식 받기 전(a)과 후(b)의 한 환자에 대한 PET 영상.

(b)의 영상에서 적색과 황색의 양이 많을수록 더 많이 증가한 대사량을 시사한다.

출처: M. Tuszynski et al., "A Phase 1 Clinical Trial of Nerve Growth Factor Gene Herapy for Alzheimer Disease," *Nature Medicine, 11*, 551-555, fig. 3, p. 553.

알츠하이머병 유전자를 가지고 있지만 아이를 갖기를 원하는 사람에게는 어떤 선택이 열려 있는가? 이것이 바로 치명적인 APP 유전자(이른 시기에 시작되는 알츠하이머병으로 그녀의 가족을 괴롭혔음)를 가진 한 30세 여자의 걱정이었다(〈표 12-1〉을 다시 보라). 그녀의 아버지는 42세에, 언니는 38세에, 그리고 오빠는 35세에 알츠하이머병으로 죽었다. 그래서 그녀는 자신의 난자 15개를 조사한 후에 APP가 없는 4개를 남편의 정자에 수정시켜서 자신의 자궁에 이식했다(Flam, 2002; Verlinski et al., 2002). 그녀의 아이는 어릴 때에 죽을 가능성이 높았지만, 그 아이는 그런 돌연변이가 없이 태어났다.

이 여자의 우려에 대하여 논쟁하기가 어렵기는 하지만, 윤리학자들은 질환의 유전학을 더 많이 알아갈수록, 그리고 이런 조사 절차가 더 발달함에 따라, 자식이 완벽할 것이라고 지나치게 기대할까 봐 걱정을 한다(Flam, 2002).

이런 조사가 자식을 질환으로부터 보호하는 것에 국한되지 않고, 〈가타카(Gattaca)〉라는 영화에서처럼 완벽에 가까운 자식을 얻으려고 유전자를 조작하지 않을까 걱정하는 사람들도 있다.

(Bäckman, Jones, Berger, & Laukka, 2005), 그 차이들은 너무 작아서 정상적으로 쇠약해 가는 노인들과 알츠하이머병 환자들을 구별하기가 어렵다. 지금은 뇌영상 기법 덕분에 적절한 시기에 개입할 수 있을 정도로 일찍 알츠하이머병을 발견해 낼 수 있다. 앞서 후내피질의 활동성이 저하되면 3년 후의 인지적 감퇴 정도를 예측할 수 있다는 연구에 대하여 언급했다(de Leon, 2001). 덧붙여 알츠하이머병이 진행된 네 명은 통제 집단의 사람들보다 해마의 전반적인 영역과 다양한 대뇌피질 영역에서 위축률이 더 높았다. 이런 차이는 증상이 나타나기 3년 또는 그 이전에 분간할 수 있었다(Fox et al., 2001).

물론 다른 대안으로는 예방이 있다. 육체적으로, 정신적으로 활동적인 생활방식이 알츠하이머병의 위험을 감소시키는 것과 연관이 있다는 발견은 물론 수많은 식이요법이 제안되어 왔다. 노화와 관련하여 생활방식에 대한 연구들은 상관적이다. 따라서 이들 연구는 우리에게 활동성이 정말로 유익한 것인지 아니면 알츠하이머병 유전자가 없는 사람들이 더 활동적인지를 말해 주지 못한다. 한 집단의 연구자들은 통상적으로는 아밀로이드 침전물을 발달시키는 유전자가 이식된 생쥐들이 자극을 제공하는 장난감들과 운동기구에 접할 수 있도록 사육해 왔다(Lazarov et al., 2005). 4개월 후에 그들은 통제집단의 생쥐들에 비하여 현저하게 적은 양의 아밀로이드 침전물을 가졌다. 더하여 그들은 아밀로이드를 분해하는 효소의 수준이 증가하였으며, 학습, 뉴런의 생성 및 세포의 생존과 연관되는 몇몇 유전자들의 수가 증가하였다. 이런 관찰을 풍요로운 환경을 제공받은 생쥐가 해마에서 뉴런 생성을 5배나 증가시킨다는 사실에 추가하라(Kempermann, Gast & Gage, 2002). 그리고 활동적인 생활방식을 유지하라는 충고가 근거가 충분하다는 점을 주목하라.

코르사코프 증후군

? 코르사코프 증후군의 증상은 무엇인가?

또 다른 형태의 치매가 코르사코프 증후군(Korsakoff's syndrome)이다. 이는 만성적인 알코올 중독자들에게 흔히 야기되는 뇌의 퇴화 증상이다. 이런 퇴화는 비타민 B_1(thiamine)의 결핍으로 야기되는데, 그 원인에는 두 가지가 있다. 첫째, 알코올 중독자는 적절한 식사 대신에 알코올의 형태로 많은 양의 칼로리를 소모한다. 둘째, 알코올은 위에서 티아민의 흡수를 감소시킨다. 가장 현저한 증상이 순행성 기억상실이지만 역행성 기억상실도 심하다. 단, 선언적 기억은 손상되지만 비선언적 기억은 온전하다. 해마와 측두엽은 영향을 받지 않지만, 유두체([그림 3-19]와 [그림 8-5] 참조)와 시상의 내측 부분은 크기가 감소하고, 구조적 · 기능적 기형이 전두엽에서 발생한다(Gebhardt, Naeser, & Butters, 1984; Kopelman, 1995; Squire, Amaral & Press, 1990). 한 기이한 사고에 의해 시상 영역과 유두체 영역에 한정된 손상이 있을 때 순행성 기억상실을 유발할 수 있음이 알려졌다. 즉, 룸메이트가 실수로 22세의 한 대학생 왼쪽 콧구멍을 장난감 펜싱 검으로 찔러 올렸는데, 그는 이 영역에 관통상을 입었다. 이 사고로 그는 주로 언어적 기억에 영향을 미치는 기억상실을 보이게 되었다(Squire, Amaral, Zola-Morgan. Kritchevski & Press, 1989). 티아민 치료법은, 만일 이 장애가 너무 많이 진행되지 않았다면, 코르사코프 증후군의 증상을 어느 정도 경감시킬 수 있다. 그러나 뇌손상 자체는 돌이킬 수가 없다.

어떤 코르사코프 환자들은 '작화증(confabulation)' 이라 불리는 특별히 흥미로운 행동 특징을 보인다. 즉, 그들은 자신의 기억에서 놓친 부분을 만회하기 위해 이야기와 사실을 조작한다. 비코르사코프 기억상실증자 또한 작화를 하며, 정상적인 사람도 자신의 기억이 애매할 때는 가끔 작화를 한다. 하지만 코르사코프 환자들은 이런 종류의 '창의적인 기억하기' 의 챔피언이다. 불안정한 초기에 그들의 증상이 막 활발해졌을 때 특히 그렇다. 우리는 무엇이 작화를 유발하는가에 대하여 곧 얘기할 것이다. 그동안에 작화가 의도적인 기만과 관련있다고 생각하지는 마라.

어떤 사람에게는 작화가 하나의 삶의 방식이다. 매리 프랜시스(Mary Francis)는 대학과 고등학교 영어 선생님으로 일했던 자신의 먼 과거에 관하여 유창하게 얘기할 수 있었다. 그리고 자신이 저작한 셰익스피어와 시를 암송할 수 있었다. 그러나 코르사코프 병으로 인해 최근의 기억을 빼앗겨 버리고는, 그녀는 꾸준히 자신의 양로원 환경에 대한 이야기를 지어냈다. 한 번은 그 양로원을 단지 '방문' 중이라고 말하면서, 오빠가 같이 플로리다로 자동차 여행을 가기 위해서 자기를 곧 데리러 올 것이라고 참을성 있게 앞 유리문을 통해 밖을 주시하고 있었다. 또 한 번은 자신이 낯선 장소에 갇혀 오도 가도 못하게 되었다고 불평하면서 자신의 (군대) 주둔지로 데려다 달라고 했다(사실 그녀는 제2차 세계대전 때 클라크 장군의 연설 작가로 군대에 있었다). 또 다른 경우에는 자신이 감옥에 갇혀 있다고 생각하면서(아마도 그녀가 실제로 전쟁포로였던 기억 때문에 그런듯함) 자신이 '무엇을 잘못했는가' 를 간호사에게 묻고 있었다.

작화는 명확히 전두엽의 비정상적인 활동과 관계있는데, 작화를 하는 환자들은 전형적으로 전두엽이 손상되어 있다(Schnider & Ptak, 1999). 벤슨과 그의 동료들(Benson et al., 1996)의 연구에 따르면, 한 코르사코프 환자는 전두엽 기능 손상에 민감한 인지 검사에서 수행력이 저조했으며, 뇌영상 자료도 간뇌(시상과 시상하부를 포함하는 전뇌의 아랫 부분)와 전두 영역에서 뇌 활동 수준이 감소함을 보여 주었다. 4개월 후에 그의 작화는 멈추었고 전뇌의 활동은 정상으로 되돌아갔다. 하지만 그의 기억상실과 간뇌의 활동성 결여는 계속되었다. 작화를 하는 기억상실증 환자들은 하지 않는 기억상실증 환자들보다 상관없는 정보를 억제하는 데 더 많은 어려움이 있었다(Schnider & Ptak, 1999). 결과적으로 벤슨과 동료들(1996)은 작화가 지금의 현실과 이전의 기억을 구분할 수 있는 능력이 부족하기 때문에 발생한다고 제안한다. 우리는 '수면과 의식' 장에서 이 화제를 다시 한 번 다룰 것이다.

개념 확인

- 노화 동안에 뇌에서는 어떤 변화가 일어나는가?
- 알츠하이머병에서 병변과 엉킴의 역할은 무엇인가?
- 알츠하이머병과 코르사코프 증후군의 유사점과 차이점은 무엇인가?

전 망

학습은 신경 가소성의 한 형태다. 그러나 이처럼 단순하게만 언급하면 학습을 특징짓는 다양한 복합적인 특성을 간과한다. 예를 들면, 학습은 할 수 있지만 이미 학습한 것을 회상하지 못하는 환자들에서 살펴본 것처럼 다른 종류들의 학습이 선택적으로 손상될 수 있다. 학습에 대한 우리의 탐구는 축약의 한 형태라고 할 수 있는데, 부분적으로는 해결을 기다리고 있는 미스터리들이 많기 때문이다.

학습 과정의 많은 부분을 알고 있기는 하지만, 우리에게는 이를 향상시키는 능력이 별로 없다. 연구자들은 블루베리가 노화된 쥐의 학습적 결함을 감소시킬 수 있고, 니코틴 패치를 착용하면 기억력이 향상될 수 있다고 말하고는 있지만, 실망스럽게도 그들은 알츠하이머 환자들을 거의 도울 수 없다. 오늘날 학습 장애를 치료하고 정상적인 학습 능력을 향상시키는 것은 열망에 지나지 않는다. 하지만 궁극적으로 미스터리들이 해결될 것이라고 생각하는 이유는 충분하다.

요 약

기억의 저장으로서의 학습

- 뇌의 부상은 새로운 기억의 저장(순행성) 또는 오래된 기억의 인출(역행성)을 손상시킴으로써 기억상실증을 유발할 수 있다.
- 해마는 기억 응고화와 인출 둘 다 관여한다. 전전두 영역은 집행 역할을 하는 것 같다.
- 기억은 자신이 토대를 삼고 있는 정보가 처리되는 영역 인근에 저장된다.
- 학습에는 적어도 두 종류가 있다. 해마에 의해 매개되는 선언적 기억과 선조체 및 편도체와 연관되는 비선언적 기억이 이에 속한다.
- 작업기억은 새로운 정보와 저장소로부터 인출된 정보를 유지한다.

학습에서의 뇌의 변화

- LTP는 시냅스 강도를 증가시키고 LTD는 이를 감소시킨다.
- 시냅스에서의 변화는 AMPA 수용기의 수 및 민

감도, 방출된 신경전달물질의 양과 수상돌기 가시의 수를 증가시키는 현상을 포함한다.

- LTP는 학습에 필요하다. 이것이 감소하는가 증가하는가에 따라 학습이 손상되거나 향상된다.
- 해마는 새로운 선언적 기억을 다루지만 이 기억은 나중에 대뇌피질로 옮겨간다.

학습 결함 및 장애

- 노화는 보통 일정 정도의 학습 및 기억 손상을 포함하지만, 정상적으로 노화되는 뇌에서는 뉴런과 시냅스의 실재적인 손실은 소수의 영역에 한정되어 있다.
- 알츠하이머병은 학습과 다른 뇌 기능을 손상시키는 유전적 장애인데, 주로 아세틸콜린성 뉴런의 파괴와 관련이 있다. 병변과 신경 엉킴 때문에 세포 사멸이 야기된다고 믿는다. 치료는 일반적으로 아세틸콜린의 가용성을 증가시키는 것을 포함하지만, 실험적 치료들은 다른 접근법을 취한다.
- 코르사코프 증후군은 알코올 중독에 따르는 비타민 B1의 결핍 때문에 야기된다. 순행성 기억상실증과 역행성 기억상실증이 그 영향이다.

핵심 용어

(기억) 응고화(consolidation)
병변(plaque)
비선언적 기억(nondeclarative memory)
선언적 기억(declarative memory)
수상돌기 가시(dendritic spines)
순행성 기억상실증(anterograde amnesia)
신경섬유 엉킴(neurofibrillary tangles)
알츠하이머병(Alzheimer' s disease)
역행성 기억상실증(retrograde amnesia)
연합적 장기 상승(associative long-term potentiation)
연합적 장기 하강(associative long-term depression)
인출(retrieval)
작업기억(working memory)
작화증(confabulation)
장기 상승(long-term potentiation: LTP)
장기 하강(long-term depression: LTD)
코르사코프 증후군(Korsakoff' s syndrome)

25

Chapter

지능과 인지 기능

13

이 장에서 배울 내용

- 지능을 정의하고 측정하는 데에 어떤 문제점이 있는가?
- 지능에 기여하는 몇몇의 신경적 특징은 무엇인가?
- 지능 형성과 관련된 유전과 환경의 역할은 무엇인가?
- 어떻게 노화, 정신지체, 자폐증과 주의력 결핍 및 과잉행동 장애가 지능에 영향을 미치는가?

[그림 13-1] 스티븐 호킹

컴퓨터 스크린상에서 커서를 움직여야만 의사소통할 수 있는 몸에 그의 대단한 지적 능력은 갇혀 있다.

출처: Matt Dunham/Reuters/Corbis.

어떤 사람들은 캠브리지의 이론 물리학자인 스티븐 호킹(Stephen Hawking)을 현존하는 사람들 중에서 가장 똑똑한 사람이라고 부르고 있다. 아인슈타인의 발자취를 따라서 그는 과학자들의 사고방식을 바꿔 놓는 우주의 기원에 대한 이론들을 발전시켜 왔다. 그는 영향력이 큰 물리학을 예리한 유머감각으로 다루면서 세계를 다니며 강연을 한다. 그는 루게릭병(Lou Gehrig' s disease)—근위축성 측색경화증(amyotrophic lateral sclerosis: ALS)이라고도 하는 퇴행성 질환인데 수의적 운동을 손상시킴—이 있음에도 불구하고 이 모든 것을 성취했다. 휠체어에 갇혀 있고 작은 운동만 할 수 있지만, 그는 목소리 합성기 장치가 되어 있는 컴퓨터의 화면상의 커서를 움직여서 글을 쓰고 말을 한다([그림 13-1]). 우리가 호킹과 같은 사람들을 생각할 때 무엇이 한 사람을 다른 사람보다 더 지적으로 만드는가에 대하여 궁금해하지 않을 수 없다. 그것은 유전, 양육, 근면 또는 기회인가? 그리고 극도로 총명한 뇌는 어떤 측면에서 다른가? 불행하게도 우리는 '누가' 더 똑똑한가에 대한 가정에 문제가 있다. 호킹이 아인슈타인보다 더 똑똑한가, 아니면 그는 단지 자신이 기반을 둔 더 많은 전임자의 성과물들의 덕을 본 것인가? 마릴린 사반트(Marylin vos Savant)의 남편은 의과대학에 진학하기 위해 시험을 잘 치러야 했는데 그렇지 못한 반면에, 마릴린 사반트는 10세 때에 지능검사에서 최고의 점수를 기록했다는 이유로 남편보다 더 똑똑하다고 말할 수 있는가(Yam, 1998), 아니면 그가 자비크 인공심장(Jarvik artificial heart)을 발명했다는 이유로 그녀의 남편이 (그녀보다) 더 똑똑하다고 할 수 있는가? 우리는 지능 측정 시의 한계를 이해하지 않고서, 또는 그것이 무엇인가를 정의하지 않고서는 지능의 생리학적인 토대를 알아보는 것은 의미가 없다.

지능의 본질

지능이 무엇인가에 대한 견해는 많다. 이것은 그것(지능)이 무엇인가에 대하여 우리의 의견 일치가 없다는 첫 번째 단서다. 많은 정의들은 지능이란 추론하고, 이해하며, 경험으로부터 이익을 얻는 능력이라고 말한다. 이것이 바로 우리가 생각하는 지능인 것이다. 우리가 이런 추상적인 정의를 지능의 존재를 나타내려는 행동으로 해석하려고 할 때 문제가 발생한다. 이것이 바로 우리가 지능을 측정하기 위해서 해야 할 것인데, 이는 지능의 생물학적 토대를 향한 첫 걸음이다.

지능이 의미하는 것은 무엇인가

우리는 실제로는 그 검사가 무엇을 측정하는가를 가지고 지능을 정의하고 있기 때문에, 지능을 어떻게 측정하는가를 이해하는 것은 매우 중요하다. 지능의 측정은 전형적으로 지능지수(IQ)로 표현된다. 이 용어는 어린이용으로 고안된 초기 지능검사의 점수화에서 유래한다. 검사들은 정신연령의 형태(이것은 아이들의 실제연령으로 나눠지며 100이 곱해짐)로 점수를 산출했다. 검사들은 해당 아이들의 실제연령 수준에서 평균적인 수행력을 보이는 아이가 100이라는 점수를 산출하도록 고안되었다. 채점 방식은 지금은 완전히 다른데, 이는 부분적으로는 검사들이 어른에게 확대되었기 때문이다. (어른은 해마다 지적 수행력이 꾸준히 증가하지 않는다.) 기저 점수는 여전히 100이다. 이 값은 임의로 선택되었으며, 전집 수행의 어떤 변경이라도 보정하기 위해서 가끔씩 조절함으로써 인위적으로 보존되고 있다. [그림 13-2]와 같이 대부분의 사람은 평균에 가깝고, 비교적 적은 사람들이 각 극단에 위치한다. 예를 들면, 전집의 2%만이 130점 이상 또는 70점 이하의 점수를 가진다.

첫 지능검사는 1905년에 알프레드 비네(Alfred Binet)에 의해 고안되었는데, 이의 목적은 특수교육이 필요한 프랑스의 학령 아동을 확인하기 위함이었다(Binet & Simon, 1905). 학업 수행력을 예측하는 것은 여전히 대부분의 지능검사가 역점을 기울이는 부분이며, 지능검사들을 가장 많이 사용해 온 곳이 학교다. IQ 점수와 학교 성적 간의 상관은 .40에서 .60의 범위다(Kline, 1991). IQ는

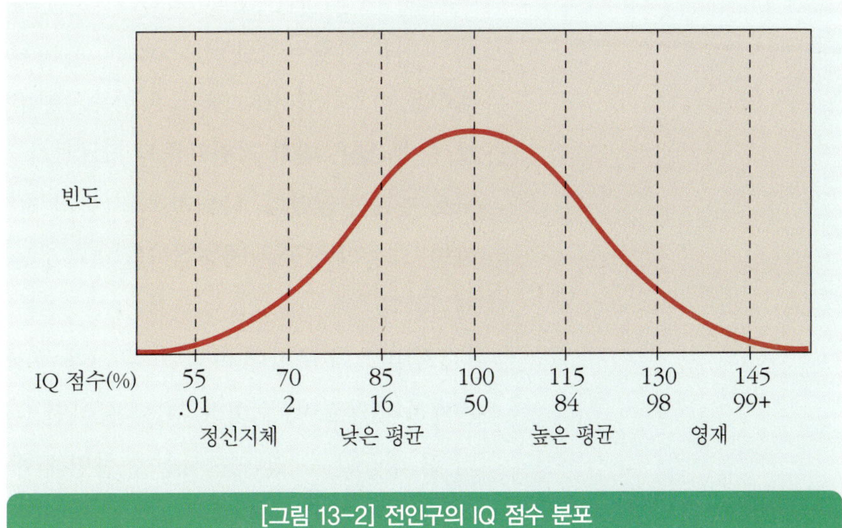

[그림 13-2] 전인구의 IQ 점수 분포

출처: *Psychology: The Adaptive Mind* (2nd ed.), by Nairne, 2000. Reprinted with permission of Wadsworth, a division of Thomson Learning.

? IQ 점수들은 얼마나 의미가 있는가?

또한 직무 수행력, 소득, 사회경제적 수준과 관련이 있으며, 청소년 비행과는 부적으로 관련되어 있다(Neisser et al., 1996). 흥미롭게도 전집 '내'의 개인 간의 유전적 변산은 집단 '간' 차이의 약 20배가 높다(Rosenberg et al., 2002).

비평가들은 전통적인 지능검사들에서의 점수들이 학업 수행력 및 더 높은 사회경제적 수준과 밀접하게 관련되어 있다고 믿는다. 주요 이유는 이 검사들이 바로 그런 종류의 성공을 반영하도록 고안되었기 때문이다. 이 비평들에 따르면, 이 검사들은 언어 능력, 교육 및 서양 문화를 지나치게 강조하고 있다. 레이븐 진행형 항렬(Raven Progressive Matrices)과 같은 소수의 검사들은 문화의 영향을 받지 않도록 설계되어 있다. 이 검사들은 주로 비언어적이고, 과제들은 특별한 문화에 대한 경험을 요구하지 않는다. 이들은 문화 또는 언어 배경이 매우 다른 또는 언어적 이해력을 상실한 사람을 검사하는 데에 확실히 유리하다. 몇몇 연구자도 이 레이븐 검사가 '순수한' 지능을 더 잘 표상한다고 믿는다.

진정한 지능은 검사가 측정하는 것을 훨씬 능가한다고 주장하면서, 이 비평가들은 흔히 실제적인 지능, 즉 '세상물정에 밝은 지혜(street-smarts)'가 전통적인 지능보다 더 위대하다고 자주 들먹인다. 예를 들면, 브라질의 젊은 노점 상인들은 자신이 교실에서는 수행할 수 없는 노점상에서의 계산을 능숙하게 잘 한다(Carraher, Carraher, & Schliemman, 1985). 다른 연구에서, 숙련된 경주트랙 도박자들은 경주 트랙 확률을 예언하는 7개의 변인을 포함하는 매우 복잡한 알고리듬을 사용했지만 그들의 수행은 자신의 IQ와는 관련이 없었다. 사실, 이들 가운데 네 사람의 IQ는 80점대 중간 정도로 낮았다(Ceci & Liker, 1986). 보다 최근에 로버트 스턴버그(Robert Sternberg, 2000)는 조지 부시(George Bush), 앨 고어(Al Gore)와 빌 브래들리(Bill Bradley) 등의 대통령 후보자들이 대학에 지원하기 위해서 치른 학업적성검사(Scholastic Aptitude Test: SAT)의 언어 영역에서 획득한 점수를 비교하였다(SAT의 많은 항목은 전통적인 지능검사의 항목들과 유사하다). 후보 중 두 명은 대학 지원자들의 평균보다 점수가 높긴 했지만 그렇게 뛰어난 정도로 높지는 않았다. 나머지 한 사람의 점수는 평균보다 낮았다. 스턴버그에 의하면, 그들의 성공은 지능검사들이 측정하는 대상의 범위가 좁다는 것에 의문을 제기한다.

스턴버그의 주장에 따르면, 우리가 통상적으로 생각하는 의미에서의 지능은 존재하지 않으며, 오히려 "지능은 어떤 사람이 그들의 환경에서 다른 사람보다 더 잘 성공할 수 있다는 사실을 설명해 주는 문화적 발명인 것(1988, p. 71)"이다. 마음과 같이 아마도 지능은 한 무더기의 과정을 기술하기 위해서 우리가 발명한 편리한 관념에 불과할지 모른다. 그렇다면 우리는 뇌의 단일 위치에, 심지어는 잘 정의된 뇌 구조물의 네트워크에 속해 있는 지능을 발견하기를 기대하지 말아야 한다. 그리고 지능과 직접 연관되어 있는 과정 또는 구조물들을 우리가 발견하는 정도까지는, 그들의 수행은 전통적인 지능검사에서의 점수들과 상관이 그리 높지 않은 것 같다.

지능의 구조

지능을 생물학적으로 이해하는 데에 결정적인 또 하나의 논쟁은 지능이 단일의 능력인지 아니면 여러 독립적인 능력들의 한 집합체인지다. 지능 이론가들은 병합파(lumpers)와 세분파(splitters)의 두 그룹 중 하나에 해당하는 경향이 있다. 병합파는 지능이 단일하고 통합된 능력이라고 주장한다. 이 능력은 보통 일반요인(general factor, 간단히 g요인이라 함)이라고 불린다. 일반 요인을 주장하는 이론가들은 한 개인은 강도가 다소 다른 별개의 능력이 있다는 것을 인정한다. 그러나 그들은 토대가 되는 g요인에 훨씬 많은 비중을 둔다. 그들은 하나의 인지적 기술이 높은 사람은 대체로 다른 것들에서도 높다고 지적한다. 따라서 그들은 g의 측정 자체가 한 사람의 지적 능력을 기술하기 위해 적절하다고 믿는다. 일반적 지능은 가끔씩 웩슬러 성인지능검사(Wechsler Adult Intelligence Scale-11개의 하위 검사들은 더 특정적인 능력을 측정함)와 같은 전통적 지능검사를 통해 얻은 전반적인 IQ 점수에 의해 평가된다. 그러나 많은 g 이론가들은 레이븐 진행형 항렬과 같은 다른 검사들을 사용하기를 더 좋아하는데, 이들이 추론과 문제 해결을 강조하고 있으며, 언어적 기술과 같은 특정 능력들로부터 오는 영향에서 상대적으로 더 자유로울 수 있기 때문이다.

한편, 세분파는 지능이 서로 다소 독립적인 여러 정신 능력으로 구성되어 있다고 주장한다. 따라서 그들은 표준적인 IQ 검사의 하위 검사 점수 또는 특정적인 인지 능력에 대한 검사로부터 얻은 점수에 더 많은 관심이 있다. 그들은 일반요인이 있다는 것에 동의할지 모른다. 그러나 그들은 한 개인의 별개의 능력들 또는 이들 간의 차이를 더 강조한다. 사람의 지능에 대하여 정확하게 기술하기 위해서 이 능력들의 모든 하위 검사에서의 점수들이 요구된다. 이 이론가들은 뇌손상의 경우를 들어 뇌손상 때에 다른 능력에 영향을 미치지 않고 한 가지 능력이 손상된다는 점과 단일 분야에 비범한 능력을 보이는 자폐증 환자의 경우를 지적했다. 하지만 세분파는 얼마나 많은 능력이 있는지에 대해서는 의견이 서로 일치하지 않는다. 지능검사에 대한 하나의 개관 연구에 따르면, 현재의 활용 가능한 검사들이 측정할 수 있는 능력이 70개가 넘음이 확인되었다(Carroll, 1993).

개념 확인

- 개인의 능력에 대하여 IQ 점수가 우리에게 말해 주는 것과 그렇지 못하는 것은 무엇인가?
- 지능이 실재하는 것인지 아니면 창안된 개념인지가 우리가 지능에 관한 생물학적인 토대를 찾는 데에 어떤 차이를 만들어 내는가?
- 병합파 대 세분파에 관한 논쟁이란 무엇인가?

지능의 생물학적 기원

이런 배경하에 우리는 이제 지능의 기원에 대하여 탐구할 것이다. 서론을 바탕으로 우리는 지능검사가 지능을 가장 잘 정의한다는 것과 지능이 단일의 실체라고 믿는 두 가지의 대중적인 가정은 피할 것이다. 대신에 지능의 부가적인 지표로서 수행과 성취를 고려할 것이다. 우리는 먼저 일반 요인의 생물학적 토대를 지지하는 증거를 알아보고, 다음으로는 뇌 구조물과 개인 능력 간의 관계성을 고려해 볼 것이다.

뇌와 지능

? 지적인 뇌는 어떻게 다른가?

나의 능력 및 업적에 대한 통속적인 추정과 현실 간의 대조는 그저 터무니없는 일이다.

- Albert Einstein

더 똑똑한 뇌가 다른 뇌들과 다르다는 것을 확인하는 방법이 있는가? 이런 질문을 하는 사람은 자연스럽게 알베르트 아인슈타인(Albert Einstein)의 뇌가 다른 사람들의 뇌와 어떻게 다른가 궁금해할 것이다. 다행스럽게도 이 유명한 과학자의 뇌는 보존되어 있으며 신경과학자들은 때때로 이를 사용해 왔다([그림 13-3]). 피상적인 검사에서 놀랍게도 그의 뇌는 놀랄 만한 것이 아님이 드러났다. 사실 그의 뇌의 무게는 1,230g인데 이는 일반인의 뇌의 평균 무게보다 거의 200g이나 덜 나갔다(Witelson, Kigar, & Harvey, 1997). 뉴런의 수는 정상인의 경우와 다르지 않았고, 뉴런들이 더 조밀하게 꾸려져 있다거나 대뇌피질이 더 얇은지에 대해서는 연구들이 일치하지 않았는데, 이는 아마도 표본들이 서로 다른 위치에서 추출되었기 때문이다(Anderson & Harvey, 1996; Kigar, Witelson, Glezer, & Harvey, 1997). 한 연구에서 좌측 두정엽에서 뉴런에 대한 교세포의 비율이 더 높음이 발견되었다(Diamond, Scheibel, Murphy, & Harvey, 1985). 비교 대상의 뇌들은 평균적으로 사망 시점에 있어서 아인슈타인의 경우보다 12년이 어렸으며, 우리는 교세포가 전생애에 걸쳐 계속 증식한다는 것을 알고 있다(Hines,

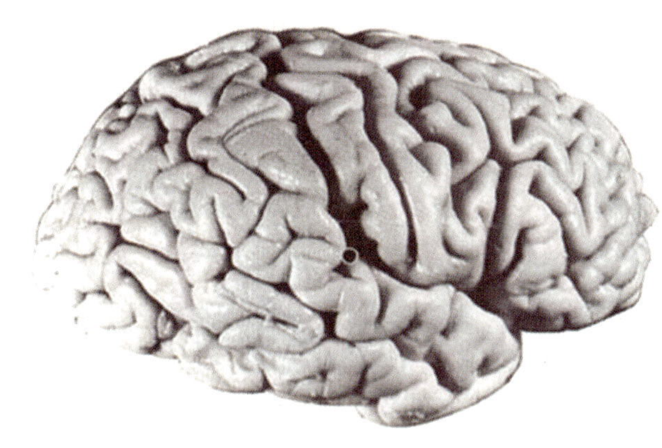

[그림 13-3] 알베르트 아인슈타인과 그의 뇌

이 천재의 뇌는 여러분의 것과 똑같아 보인다. 차이점을 발견하기 위해서 사려 깊은 연구가 진행되었다.

출처: Historical Pictures Services, Chicago/FPG, and Sandra F. Witelson.

1998). 그러나 교세포의 수가 아인슈타인의 우측 두정엽과 전두엽의 표본에서 증가되어 있지 않았다. 또 하나의 연구에서는 아인슈타인의 각 뇌반구는 더 큰 두정엽 때문에 비교 대상의 뇌들에 비해 1cm가 더 넓었다. 이처럼 두정엽이 확대되어 있다는 것은 특별히 관심을 끄는데, 이 영역은 수학적 능력과 시공간적 처리와 관련되어 있고 아인슈타인이 자신은 언어가 아닌 이미지로 수학적 사고를 수행한다고 말했기 때문이다. 그렇지만 제11장에서 본 것처럼 런던의 택시 운전자들의 해마가 확대되어 있지만 이 큰 해마가 그들이 왜 택시 운전자들이 되었는가를 설명해 주지는 못함을 기억하라. 아인슈타인의 큰 두정엽과 그의 강렬한 수학적 활동 중에서 어느 것이 먼저인가는 명확하지 않다. (하지만 양자가 서로 관련되어 있을 것이라 추정한다.)

아인슈타인의 뇌를 조사한 결과로 가장 강력한 발견이 전반적인 지능보다는 특정의 능력과 관련되어 있다는 것은 흥미롭다. 영국의 연구자인 존 던컨(John Duncan)과 동료들은 평범한 사람들의 뇌에서 일반적 지능의 위치를 찾으려고 노력했다. 그들은 추론을 요구하는 과제들과 어떤 특정의 능력 이상의 일반적 지능과 상관이 있는 것으로 알려진 과제들을 사용했다. 비록 언어와 공간 과제들이 활동 패턴이 다르지만, 전두엽은 이 두 과제에 대하여 공통적으로 활성화되었다([그림 13-4]). 이들 저자는 일반적 지능이 여기에 위치하는 것 같다고 결론을 내렸다. 이런 견해에 대해 찬성하는 사람들은 전두엽이 손상되면, 결정화

단어들과 언어는 내 사고 과정의 어느 한 부분에도 기여하지 않는 것 같다.
- Albert Einstein

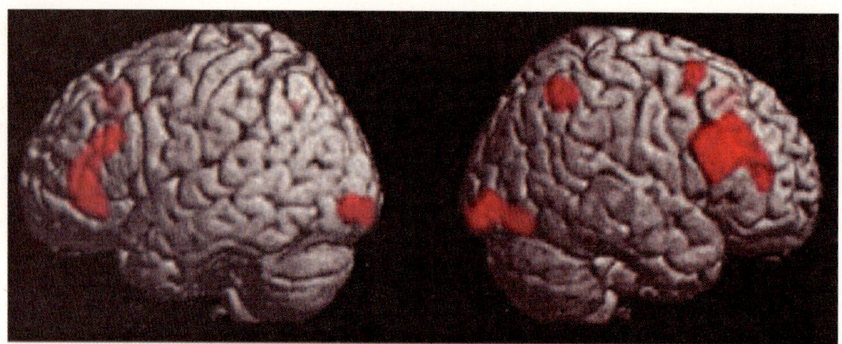

(a) 공간 과제

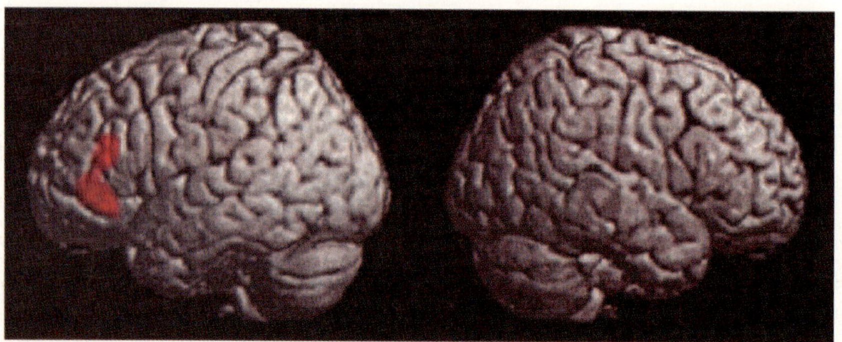

(b) 언어 과제

[그림 13-4] 일반 지능을 요구하는 과제 수행 동안의 활동성을 보여 주는 PET 영상

적색 부분은 높은 수준의 일반 지능을 요구하는 과제에 의해 가장 많이 활성화되는 영역을 표상한다. 두 타입의 과제에서 전두엽이 공통적으로 활성화됨을 주목하라.

출처: Reprinted with permission from J. Duncan, "A neural basis for general intelligence," *Science, 289*, pp. 457-460. © 2000 American Association for the Advancement of Science. Reprinted by permission of AAAS.

된 지능(crystallized intelligence-일찍이 학습된 기술 및 정보와 관련됨)을 강조하는 전통적 IQ 검사에서의 수행력보다는 일반적 지능이 더 많이 손상된다고 지적한다. 반면에 보다 후측이 손상되면 이런 효과는 나타나지 않는다(Duncan, Burgess, & Emslie, 1995; Gray & Thompson, 2004). 전두 영역이 작업 기억과 문제해결의 집행적 통제와 관련되어 있으므로 이 영역들이 일반적 지능에 기여하리라고 보는 것은 놀라운 일이 아니다. 이 영역이 배타적으로 중요한가의 문제는 연구를 더 하면 해결될 것이다. 그러는 동안에 유망한 부분을 알아보자.

뇌의 크기

뇌의 크기 그 자체는 지능을 결정하지 않는다. 코끼리의 뇌는 우리보다 훨씬 크지만 많은 사람은 이 동물이 더 똑똑하다고 생각하지는 않는다. 더 중요한 것은 몸 크기에 대한 뇌의 크기 비율이다. 이 비율은 몸을 운행하는 데에 필요한 뇌에 비례하여 조정되며, 지적 기능을 위해 얼마나 많은 양이 남아 있는가를 말해 준다. 예상하는 것과 같이 인간에서 이 비율은 가장 크다.

그렇지만 한 종 내에서 대답은 다소 다르다. 수많은 자기 공명 영상(magnetic resonant imaging: MRI) 연구들은 뇌의 크기와 지능 측정 간의 상관을 발견했다. 즉, 1,530명의 사람들을 포함하는 37개의 표본을 통합한 관찰에 의하면 (이 둘 사이에) 0.33이라는 낮은 수준의 상관이 있다(McDaniel, 2005). 이 상관계수를 제곱하면 이는 지능과 관련된 사람들 간의 차이의 약 11%가 뇌의 크기와 관련이 있음을 말해 준다. 물론 남자는 여자보다 뇌가 더 큰데, 우리가 가정한 것처럼 이는 남자의 몸의 크기가 더 크다는 것과 관련이 있다. 하지만 몸 크기에 대한 조정을 한 뒤에도 남자의 뇌 무게는 여자보다 평균적으로 118g이 더 무겁다

(Ankney, 1992). 추측컨대, 남자가 여자보다 더 똑똑한 것은 결코 아니다. 지능검사들이 성 편향을 피하도록 고안되었기 때문에 이것을 말하기가 실제로는 어렵다. 하지만 남자에게 더 많은 뇌의 물질이 부가적인 지능을 제공하지 못한다면 그것의 기능은 무엇인가? 두 가지의 믿을 만한 가설이 있다. 하나는 여자의 뇌가 더 효율적이라는 것인데, 그 이유는 여자의 뇌에서 뉴런의 밀도가 더 높으며(Witelson, Glezer, & Kigar, 1995) 백질에 대한 회백질의 비율이 더 크기 때문이다(Gur et al., 1999). 다른 가설은 남자의 우수한 공간적 지능이 더 큰 뇌의 용량을 요구한다는 것이다(Falk, Froese, Sade, & Dudek, 1999).

일란성과 이란성 쌍생아에 대한 MRI 연구들은 일반적 지능이 회백질의 양과 백질의 양, 둘 다와 상관이 있음을 발견했다(Posthuma et al., 2002; Thompson et al., 2001). 앞에서 언급한 발견들과 일치하게 전두엽의 회백질의 양이 일반적 지능에 특히 중요한 것 같다(Haier, Jung, Y대, Head, & Alkire, 2004; Thompson et al., 2001). 하지만 뇌의 크기 문제를 더 다루기 전에 한 가지 명심해야 할 것은 아인슈타인의 뇌가 평균적인 여자의 뇌보다 더 작다는 점이다(Ankney, 1992). 대체로 더 지적인 뇌는 더 큰 뇌이지만, 다른 요인이 지능을 결정하는 데에 중요함이 틀림없다.

뇌 크기에 대한 마지막 내용은 지능과 관련이 있을 것이라고 기대할 수도 있는 대뇌피질의 두께에 관한 것이다. 5~18세까지의 동일한 아이들을 추적한 연구는 다소 놀라운 결과를 보여 주었다(Shaw et al., 2006). MRI 연구는 7 내지 8세까지는 대뇌피질이 평균 지능을 가진 아이들에서 더 두꺼웠다. 이후에 우수한 지능을 가진 아이들은 빠른 대뇌피질의 성장기(약 11세경에 절정임)를 가졌으며, 지능과 대뇌피질 두께 간의 관련성은 정적인 것으로 바뀌었다. 그런 후에 두 집단은 양 집단 간의 차이가 없어질 때까지 대뇌피질의 두께가 얇아지는 기간을 거쳤다. 우리는 단지 이런 차이들이 시냅스 증가에 뒤따르는 신경 가지치기(pruning) 때문에 발생할 것이라고 추정할 뿐이다. 우리가 확신할 수 있는 것은 궁극적으로 지능이 대뇌피질의 두께보다는 느리거나 빠른 뇌 발달의 패턴과 관련이 있다는 점이다.

신경전도의 속도와 처리 속도

인지적 과정은 사람으로 하여금 감각기관에 도달하는 엄청난 양의 자극으로부터 의미 있는 항목들을 이해하고, 선택하며 주목하도록 한다. 그런 후에 사람은 기억으로부터 정보를 인출하고 이것에 새로운 정보를 관련지은 후에 이 결합된 정보를 정신적으로 표상한다. 이 모든 것은 시간이 걸린다. 1883년 프랜시스 갤톤(Francis Galton)은 더 높은 지능이 더 빠른 정신적 속도에 의존한다고 제안

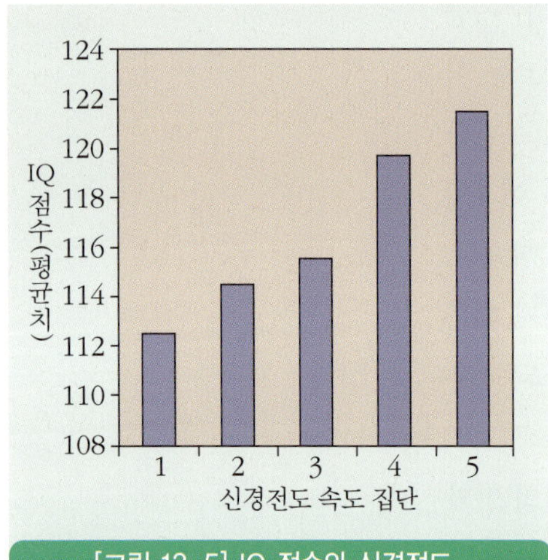

[그림 13-5] IQ 점수와 신경전도 속도 간의 관계성

연구 참가자들이 신경전도의 속도에 따라서 다섯 집단으로 나뉘어 있다. 집단 1은 가장 낮은, 그리고 집단 5는 높은 신경전도 속도를 보였다. 신경전도 속도는 안구와 뒤통수 간의 거리를 시각 자극과 시각적 유발 전위 발생 간의 경과 시간으로 나눔으로써 추산되었다.

출처: Adapted from T. E. Reed and A. R. Jensen, "Conduction Velocity in a Brain Nerve Pathway of Normal Adults Correlates With Intelligence Level," *Intelligence, 16*, pp. 259?272. Copyright 1992, with permission from Elsevier Science.

했다. 그 당시에는 지능검사가 전혀 없었기 때문에 그는 학과목 평점 등급 및 직업적 지위와 같은 지적 성취의 측정을 사람들의 반응시간에 관련지으려 했지만 어떤 관계성도 발견하지 못했다. 보다 최근에 수많은 연구자는 IQ 점수가 반응 사건과 정말로 상관이 있음을 보였다(Reed & Jensen, 1992). 이런 관계성은 대부분의 지능검사가 속도를 강조하고 있다는 사실 때문이라기보다는 IQ 검사에 시간 제한이 없을 때 반응 시간과 IQ 점수가 여전히 상관이 있다는 이유에서 기인한다(Jensen, 1998).

IQ 점수는 신경전도 속도(nerve conduction velocity)와도 상관이 있는데, 반응 시간보다 훨씬 더 상관이 높다([그림 13-5]; McGarry-Roberts, Stelmack, & Campbell, 1992; Vernon & Mori, 1992). 더하여 더 똑똑한 사람들은 자극이 지극히 짧은 간격으로 제시되는 과제에서, 그리고 선택을 요구하는 과제에서 뛰어나다(Jensen, 1998). 이들은 처리 속도가 중요한 과제인데, 이는 더 높은 신경전도 속도 때문에 똑똑한 사람들이 더 우수한 수행력을 보일 것이라고 추정하게 한다. 다음 절에서 보겠지만, 더 빠른 신경전도 속도는 처리 효율성의 향상을 통하여 그런 효과를 산출하는 것 같다.

처리 효율성

뇌가 더 높은 효율성을 달성하는 한 가지 방법은 뇌 뉴런들의 수초화(myelination)를 향상시키는 것이다(Jensen, 1998). 전도 속도를 향상시키는 것 외에 수초(myelin)는 서로로부터 뉴런들을 절연시킨다. 이것은 정확한 처리를 방해하는 혼선(cross-talk)을 감소시킨다. 인간은 회백질에 대한 백질(수초화된 돌기들)의 비율이 다른 동물들보다 더 높은데, IQ의 개인 간의 차이는 수초화의 정도에 달려 있다(Willerman, Schultz, Rutledge, & Bigler, 1994). 더하여, 수초화, 정보 처리 속도와 지능 모두는 곡선적인 시간 경로를 따르는데, 즉 어린 시절로부터 성인기까지는 증가하다가 노년기에는 감소한다.

어떤 이론가들은 단기기억이 인간의 추리 및 문제해결 능력에 대한 궁극적인 제한 과정이라고 믿는다. 사실, 단기기억은 반응 시간보다 IQ의 더 좋은 예측자다(Miller & Vernon, 1992). 상승된 신경전도 속도는 특별히 단기기억을 표명하는 작업 기억의 효율성을 향상시키는 것 같다(Jensen, 1998; Vernon, 1987). 일반적 지능과 똑같이 작업 기억 또한 백질과 회백질 둘 다와 상관이 있다(Posthuma et al., 2002). 작업 기억은 한정된 용량을 가지며, 이 내용들은 빠르게 소멸된다. 뉴런이 빠르게 전도하는 사람은 (정보의) 조작을 완성할 수 있어서 소멸이 일어나기 전에 또는 단기기억의 저장 용량이 넘치기 전에 정보를 장기기억으로 옮길 수 있다. 그러나 신경전도 속도가 느리면, 해당 정보는 소실되고 당사자는 이 과정을 다시 시작해야 한다. 이것은 별로 각성되어 있지 않을 때 어떤 문제를 해결하려고 했던 경험과 유사한데, 이때 여러분은 그 정보를 거듭하여 복습했을 것이다.

지능에서 신경 효율성의 역할에 대한 또 다른 증거는 IQ가 더 높은 개인은 뇌의 에너지를 덜 사용한다는 것이다. 이것은 테트리스(tetris)라는 컴퓨터 게임과 같은 도전적인 과제 수행 동안에 당대사율이 더 낮았다는 관찰에 의해 지지된다(Haier, Siegel, Tang, Abel, & Buchsbaum, 1992). [그림 13-6]에서 보는 것과 같이, 약한 정도(IQ 50~70)의 정신지체(retardation)를 가진 개인은 주의를 요구하는 과제 수행 시에 115 이상의 IQ를 가지는 개인보다 20%가 더 많은 신경 활동을 요구한다(Haier et al., 1995). 여러분은 더 똑똑한 뇌가 과제를 수행하는 동안에 더 활동적일 것이라고 생각할지도 모르지만 우리가 (지금) 효율성에 대하여 얘기하고 있다는 것을 기억하라.

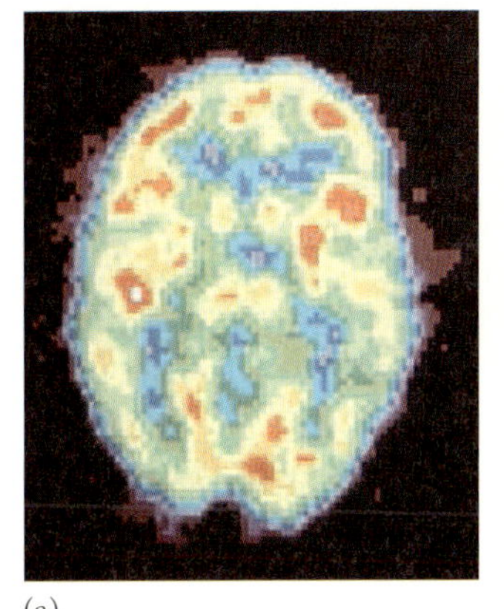
(a)

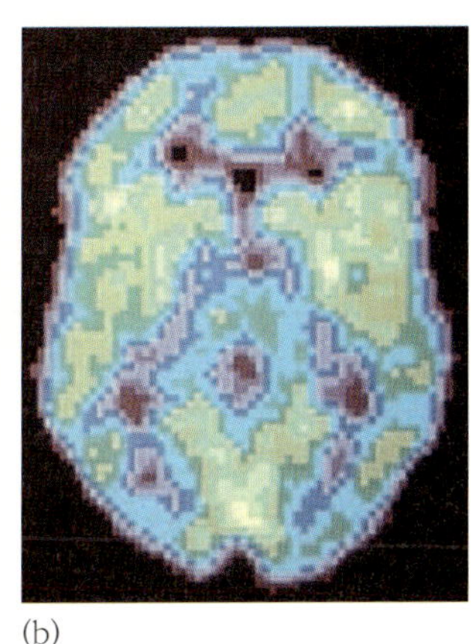
(b)

[그림 13-6] 지적 능력이 더 높은 뇌에서 효율성이 더 큼

PET 영상 자료에 따르면, 주의를 요구하는 과제를 수행하는 동안에 (a) 정신지체인의 뇌 활동이 (b) 평균 이상의 IQ를 가진 사람보다 20%(빨강과 노랑으로 표상된 영역)가 더 높았다.

출처: "Brain Size and Cerebral Glucose Metabolic Rate in Nonspecific Mental Retardation and Down Syndrome," by R. J. Haier et al., 1995, *Intelligence, 20*, 191-210.

특수한 능력과 뇌

? 지능에서 별개의 요소들은 있는가?

뇌의 크기, 속도 및 효율성이 일반적 지능의 주요 원인이라고 보는 것은 타당하다. 이제 우리는 지능의 개별적 구성 요소에 대한 증거를 살펴보겠다. 요인 분석(factor analysis)이라는 통계적 방법은 가능한 요소를 확인하는 데에 유용한 수단이 되어 왔다. 이 절차에는 지능과 관련될 가능성이 있는 능력을 측정하는 여러 검사를 한 집단의 사람들에게 시행하는 것이 포함된다. 이 검사들은 지능검사일 수도 있고, 아니면 언어적 기술 또는 반응 시간과 같은 보다 한정된 능력을 측정하는 것일 수도 있다. 그런 후에 다른 것들보다는 서로와 더 밀접하게 관련이 있는 능력들의 군집(clusters)을 확인하기 위해 이 검사들의 모든 조합을 대상으로 상관이 계산된다. 실제로 인지 능력에 대한 모든 검사에서의 수행은 다소 관련이 있는데, 이는 일반적 요인의 가설과 일치한다. 하지만 요인 분석에 의해 더 특정적인 능력의 군집들이 확인되어 왔다. 지난 50년에 걸쳐 세 능력—언어적 · 논리-수리적 · 공간적—이 지능의 주요 구성 요소로 자주 부각되어 왔다

(Jensen, 1998).

몇몇 저자들은 인지 능력의 각각이 그런 특별한 기능을 제공하기 위해서 발전해 온 뇌에서 복잡한 네트워크 또는 모듈에 의존한다고 주장해 왔다. 즉, 그들은 뇌가 수리 및 언어와 같은 기능을 수행할 목적으로 고정화되었다고 믿는다(Dehaene, 1997; Pinker, 1994). 우리는 이미 이전 장들에서 모듈적인 기능의 예들을 보았다. 언어적 모듈은 좌측 전두엽 및 측두엽에 주로 위치하는 구조들로 구성되어 있다. 공간적 기능은 체감각 및 시각 기능의 두정엽 구조들(주로 우반구)과의 상호작용에 의존한다.

사람의 수리적 능력은 별개의 두뇌 영역에 의존한다. 하나는 좌측 전두엽에, 그리고 다른 하나는 양측 두정엽에 위치한다(Dehaene, Spelke, Pinel, Stanescu, & Tsivkin, 1999). 개인이 정확한 계산을 수행할 때 활동성이 전두엽의 언어 영역에서 증가했다. 이곳은 명확히 기계적인 산술적 사실—구구단, 그리고 4+5=9와 같은 정보—이 저장되는 장소다. 연구 참가자들이 결과를 추산할 때만은 뇌의 활동성이 양측 두정엽의 일부에서 증가하였다([그림 13-7]). 이 두정 영역은 그림에서 예시하듯이 수학자들이 흔히 사용하는 주먹구구법(finger counting)과 수선(number line)의 예와 같이(이런 방법은 정확한 계산법에 대한 학습과 관련하여 가장 보편적인 단계에 가깝다), 양(quantity)에 대한 시공간적(visual-spatial) 표상을 담당하는 것 같다. 다섯 살짜리 아이들을 대상으로 한 EEG 유발전위와 관련된 연구에서 아이들은 숫자들을 추산할 때 어른과 동일하게 두정 영역을 사용하였다(Temple & Posner, 1998). 뇌손상에 대한 연구들도 이런 결과를 지지한다. 좌측 전두의 언어 영역이 손상된 개인은 숫자를 서열에 따라 나열하고 결과를 추정할 수는 있지만 정확한 계산은 수행할 수 없다. 반면에 두정엽이 손상된 환자는 반대 방향(곧, 역서열) 과제를 수행하지 못한다(Butterworth, 1999; Dehaene & Cohen, 1997). 아마도 산술 과제를 수행할 때 전두 및 두정 영역은 협력하는 것 같다.

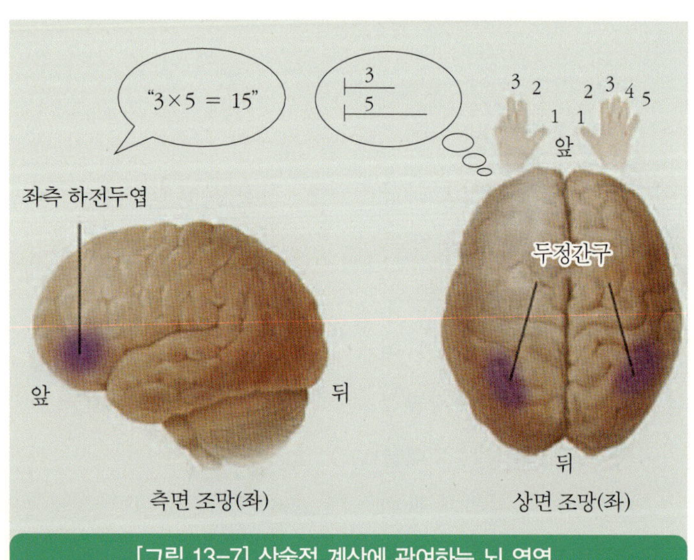

[그림 13-7] 산술적 계산에 관여하는 뇌 영역

정확한 계산은 좌측 전두엽의 활성, 추산은 양측 두정엽의 활성과 관련이 있다.

출처: Reprinted with permission from B. Butterworth, "A Head For Figures," *Science, 284*, pp. 928-929. Illustration: K. Sutliff. © 1999 American Association for the Advancement of Science. Reprinted by permission of AAAS.

이 영역의 어느 것도 오로지 수리적 기능만을 담당하지는 않는다. 이런 점은 언어 영역이 언어 처리에 전념하기보다는 자신을 해당 과제의 요구에 특별히 적합하도록 만드는 처리 책략들을 단순히 사용할지도 모른다는 제9장의 제안과 일치한다. 하지만 유아와 하등 영장류조차도 양을 추정할 수 있는 능력을 선천적으로 갖추고 있다는 증거를 바탕으로 윈(Wynn, 1998)은 뇌가 숫자에 대한 전문화된 기제를 가지고 있음을 주장한다. 그녀의 연구 대상이 된 유아들은 스크린 뒤에 한 번에 하나씩 놓인 두 개의 대상을 보았다. 스크린이 제거된 후에 기대하고 있었던 두 개가 아닌 세 개 또는 한 개의 대상을 보았을 때 이 아이들은 놀란 듯이 더 오랫동안 그 대상(들)을 바라보았다(Wynn, 1992).

야생의 상태에서 검사한 레서스 원숭이들도 이런 과제에 대하여 같은 반응을 보였다(Hauser, MacNeilage, & Ware, 1996). 또한 원숭이들은 컴퓨터 모니터상에 있는 대상들의 이미지를 만짐으로써 숫자가 다른 대상의 집단을 바른 서열로 나열할 수 있다(Brannon & Terrace, 1998). 연구자들이 제시 항목의 숫자를 늘릴 때 이들 원숭이는 계속해서 동일한 수준의 수행을 유지했다. 따라서 원숭이들은 자극을 단순하게 외운 것만은 아니었다. 연구자들은 묶음들의 공간적 크기를 조심스럽게 통제했다. 그래서 원숭이들은 공간에 맞추어 묶음들을 구분할 수가 없었다(동물의 지능에 대해 기술한 〈응용〉을 보라).

공정한 관찰자는 전반적 지능에 기여하는 특성에 대한 증거와 다소 독립적인 능력에 대한 증거도 있다고 말해야만 할 것이다. 양자택일적 입장은 이 시점에서는 정당화되지 않는다. 일반적인 지적 능력과 별개의 능력 둘 다에 대한 생물학적인 토대를 찾아가려는 양면적인 접근을 계속하는 것이 이치에 맞다.

유전과 환경

제1장에서 우리는 지능이 유전의 영향을 받는 행동 중에서 가장 많이 조사된다는 것을 보았다. 우리가 지능에 대한 유전적 토대를 이해하는 정도는 기울인 노력의 양에 비해 무척이나 미비하다. 그 이유는 지능이 너무 복잡해서 충분히 이해할 수 없으며, 많은 유전자가 관여하기 때문이다. 더하여 환경은 지능에서 개인차의 절반을 설명해 주지만 지금까지 환경적 영향은 명확하게 확인되지 않고 있다(Plomin, 1990).

지능의 상속 가능성

[그림 13-8]은 친척 간의 IQ 상관을 보여 준다. 이 수치들은 많은 연구와 수천 명의 사람들로부터 얻은 자료를 통합한 것이다. 더 가까운 사람들일수록 IQ가 더 유사하다는 것을 볼 수 있을 것이다(Bouchard & McGue, 1981). 이른 시기에 가족 구성원이 분리되어도 상관이 없어지지는 않는다. 실제로 서로 다른 곳에서 양육된 일란성 쌍생아들은 함께 양육된 이란성 쌍생아들보다 훨씬 더 많이 IQ

? 유전과 환경 중에서 어느 것이 더 중요한가?

응용 동물의 지능은 사람들에게 의의가 있는가

인간과 동물들이 표면상으로만 닮았다는 고정관념을 버린 이후로, 우리는 영리해 보이는 유인원의 행동에 매료되어 왔다. 흰개미는 끓는 아프리카 태양 아래에서 통기가 아주 잘 되어 시원하게 머무를 큰 흙무더기를 짓는다. 돌고래는 물고기 떼를 동료들의 입 속으로 몰아넣기 위하여 서로 협력한다. 칸지(kanzi)는 기호(symbols)를 사용하여 의사소통을 하며, 알렉스(alex)는 간단한 개념을 통달할 수 있으며, 원숭이와 침팬지는 숫자를 셀 수 있다.

침팬지는 작업에 맞는 도구를 선택하고 만든다.
출처: Gallo Images/Corbis.

특히 흥미를 자아내는 것은 그 가능성을 수십 년 동안 부정한 후에 우리가 다른 동물들이 도구를 사용한다는 사실을 발견했다는 것이다. 예를 들면, 왜가리는 씨앗, 꽃, 죽은 파리와 크래커를 물에 떨어뜨리고 인내를 가지고 지켜보다가 이따금씩 물고기를 잡았다(왜가리가 실제로 물고기를 미끼로 꾀는가를 확인할 길은 없지만 그랬다). 더하여, 자연주의자들은 최근에 콩고의 열대우림에서 흰개미집 주변에 카메라를 숨기고 가장 가까이에서 침팬지가 도구를 만들어 사용하는 것을 지켜보았다(Holden, 2004b). 이 침팬지는 개미집에 구멍을 내기 위해서 구멍을 뚫는 막대를, 흙무더기를 위해서는 짧은 막대를 그리고 땅 속의 개미집을 위해서는 긴 막대를 사용해서, 삽을 사용할 때처럼 발로 이것들을 땅속으로 쑤셔 넣었다. 연이어 이 동물은 작고 푸른 가지를 탐침으로 사용했는데, 흰개미들이 집을 방어하기 위해서 그것을 타고 올라오면 그들을 후루룩 먹어 버렸다. 카메라는 침팬지가 탐침을 빚어 만드는 장면을 포착했다. 암컷 한 마리는 더 많은 흰개미를 잡아 올리기 위하여 자신의 이빨을 사용해 그 작은 가지의 끝을 칫솔처럼 갈가리 찢었다.

그러나 그랑프리는 더그 레비(Doug Levey)와 그의 학생들이 현장 학습 동안에 우연히 발견한 굴파기 부엉이에게 돌아간다(Pain, 2005). 이 부엉이들은 자신의 굴 입구에 있었는데, 굴 주위를 싸고 있는 잡동사니(포일과 작은 플라스틱 조각들, 일부 물어뜯은 개구리와 지네, 그리고 쇠똥 덩어리)를 지키려고 수시간 동안 감시하는 것 같았다. 학생들이 쇠똥에 대한 설명을 요구하자, 더그는 똥을 수집하는 것은 굴파기 부엉이의 전형적인 행동이라고 대답했다. 또한 굴파기 부엉이는 쇠똥에 대한 소유욕이 강하며, 아무리 제거해도 다시 쇠똥을 그 자리에 채우나 그 기능은 밝혀져 있지 않다고 대답했다. 그와 두 학생들은 이 의문에 답하고자 한 실험에 착수했다. 그들의 행동이 알과 어린 새 냄새를 숨기기 위한 것인가를 알아보기 위해서, 그들은 메추라기 알들을 빈 굴에 놓고서 절반의 알 주변에는 똥을 흩어뜨려 놓았다. 똥이 있든 없든, 포식자들은 한 무더기만 제외하고 모든 알 무더기를 발견했다. 그들은 똥에 똥벌레들이 있음과 부엉이들이 남긴 먹이에 딱딱한 벌레 껍질이 포함되어 있음을 목격했다. 그들은 10개의 굴로부터 모든 똥과 벌레 조각들을 제거한 후에 이들 중 다섯 개의 굴 주위에 새로운 똥을 갖다 놓았다. 부엉이들이 똥을 교체하지 않고 견딜 수 있는 한도인 나흘 후에 그들은 남아 있는 벌레의 수를 셌으며, 굴들의 주변을 치우고선 나머지 다섯 개의 구멍을 대상으로 실험을 반복했다. 그 결과는 분명했다. 자신의 굴 주변에 똥이 있는 부엉이들은 똥이 없는 부엉이들에 비해 10배나 많은 벌레를 먹었다. 이 부엉이들은 그들의 저녁 먹잇감을 꾀기 위해 그들의 굴 주변에 똥을 놓고 있었다.

다른 동물들의 영리한 행동들을 연구할 때, 우리는 우리 자신의 행동을 설명할 때 사용하는 계획 능력과 추론을 상정하지 않는다. 마치 우리의 복잡한 움직임들이 부분적으로는 반사와 중추의 패턴 발생기에서 기인되는 것과 같이, 우리 자신의 지적인 행동은 아마도 우리가 다른 동물들에서 본 것처럼 더 단순한 기제들에 상당히 많이 의존하는 것 같다. 우리만큼 영리하지는 않지만 여전히 우리가 생각한 것보다는 더 똑똑한 동물들로부터 우리는 많은 것을 배울 수 있다.

가 유사하다. 흥미롭게도 친척의 유전적 영향은 나이에 따라 증가한다. 즉, 유아기에는 20%, 아동기에는 40%, 청소년기에는 50% 그리고 성인기에는 60%를 나타낸다(McClearn et al., 1997). 직관적으로 보면 형제들이 분리되어 살아가고 그들이 각기 다른 경험들을 함에 따라 환경은 점진적으로 유전적 영향을 따라잡는 것 같다. 하지만 그레이와 톰슨(Gray & Thompson, 2004)은 지능에 영향을 미치는 유전자들이 환경과 유전에 대한 개인의 선택에도 영향을 미친다고 제안한다.

	IQ 점수 상관
일란성 쌍생아들-함께(100%)	0.86
일란성 쌍생아들-따로(100%)	0.72
이란성 쌍생아들-함께(50%)	0.6
형제들-함께(50%)	0.47
부모/아이-함께(50%)	0.42
형제들-따로(50%)	0.24
부모/아이-따로(50%)	0.22

0 0.2 0.4 0.6 0.8 1
IQ 점수 상관

[그림 13-8] 친척 간 IQ 점수 상관

백분율은 유전적 관계성의 정도를, 그리고 '함께'와 '따로'는 관련 아이들이 같은 가정에서 양육되었는지의 여부를 나타낸다.

출처: Data from Bouchard and McGue (1981).

우리는 지능이 약 50%의 상속 가능성을 가진다는 것을 알고 있을 뿐만 아니라(Plomin, 1990), 연구자들의 기록에 의하여 작업 기억, 처리 속도, 그리고 선택 시의 반응 시간을 포함하여 지능에 기여하는 몇 가지 기능에 대한 유전적 영향도 있다(Ando, Ono, & Wright, 2001; Luciano et al., 2001; Posthuma, de Geus, & Boomsma, 2001)는 것을 알고 있다. 지능에 대한 중요 구조적 기여자들의 개인차 대부분은 유전적 요인으로 설명이 된다. 예를 들면, 한 쌍생아 연구에서 추정된 상속 가능성이 뇌의 용적에서는 90%, 회백질에서는 82% 그리고 백질에서는 88%였다(Baare et al., 2001, [그림 13-9] 참조). 또한 일반적 지능은 언어적 능력 및 공간적 능력 같은 더 특정적인 능력보다도 더 높은 상속 가능성을 가지고 있는데(McClearn et al., 1997), 이런 견해는 g에 대한 생물학적 토대에 관한 하나의 부가적인 논쟁거리다(Gray & Thompson, 2004).

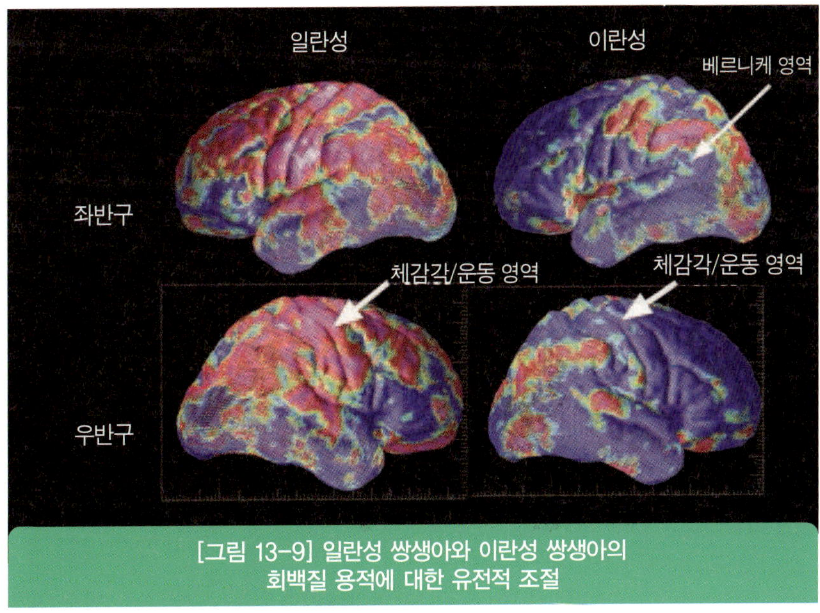

[그림 13-9] 일란성 쌍생아와 이란성 쌍생아의 회백질 용적에 대한 유전적 조절

적색은 회백질에서 쌍생아 간의 상관이 유의미한 영역들을 나타낸다. 녹색은 상관이 덜한 부분을, 그리고 청색은 통계적으로 상관이 전혀 없는 부분을 나타낸다. 일란성 쌍생아 간에 유사성이 현저하게 더 높음(짙은 적색 부분)을 주목하라.

출처: Paul M. Thompson et al., "Genetic Influences on Brain Structure," *Nature Neuroscience, 4*(12), pp. 1253-1258, 2001. © 2001 Nature Publishing Group.

특정 유전자들을 밝히는 것은 별개의 일이다. 최근의 연구는 수많은 유전자가 지능과 관련이 있음을 보여 왔으나, 이런 관련성을 신뢰하기는 아직 이르다(Gray & Thompson, 2004). 일련의 가능성 있는 후보들이 예로, 작업 기억과 집행 주의에서의 역할과 함께 제안되어 왔지만 지금까지 이들은 지능에서의 차이와 연결되는 것으로는 알려져 있지 않다. 추가로 두 개의 유력한 유전자가 제안되어 왔다. 즉, ASPM 유전자는 뇌 크기를 결정짓는 주요 인자이고(Zang, 2003), PACAP 선구 유전자(precursor gene)는 신경 생성과 신경 신호화 역할을 하며, 인간의 인지 능력 형성에 기여하는 것 같다(Wang et al., 2005). 한 문헌 개관에서 두 연구자들은 인지 능력의 몇 가지 측면에 영향을 미칠 수 있는 150개 이상의 후보 유전자에 대한 목록을 편찬했다(Morley & Montgomery, 2001). 어떤 유전자들이 다른 수준의 지능을 설명하는가를 정확히 밝히는 것은 그리 쉬운 일이 아닐 것이다.

유전과 관련된 논쟁

지능이 유전성이 높다는 결론을 아무 의문 없이 받아들이기는 어려운 것 같다. 지능의 유전성에 대해서는 다양한 측면에서 논쟁이 뜨겁다. 이들 논쟁은 유전적 영향에 대해 만연한 오해와 유전성과 연관된 질문에 대해 답하기 어렵다는 것과 관련이 있다. 비평가들은 지능의 유전성이 지능은 타고난 것이고, 변화될 수 없다는 것을 의미하지는 않는다고 주장한다(Weinberg, 1989). 와인버그가 지적한 것처럼 유전자는 행동을 고정시키는 것이 아니라 해당 개인이 변화할 수 있는 범위를 정한다. 예로서, 키는 90% 정도가 유전될 수 있지만 과거 20년 동안에 평균 키는 영양 상태가 나아짐에 따라 현저하게 증가했다. 유사하게 IQ 점수는 한 세대에 5~25점의 속도로 증가하고 있어서(Flynn, 1987), 검사 제작자들은 평균 100점을 유지하기 위해서 이따금씩 검사 규준을 조정해야 한다. 환경적 원인들이 확인되지는 않았지만, 이런 빠른 증가는 유전적 변화에 기인한 것 같지는 않다.

친척 간의 IQ 상관이 지능의 유전성을 뜻하지는 않는다고 주장하는 학자들이 있다. 그들은, 예를 들면 일란성 쌍생아들이 설령 따로 양육된다 할지라도 외모나 성격이 비슷하기 때문에 유사하게 다룰 수 있다고 제안한다. 결과적으로 이런 유사한 취급 때문에 지적 발달도 유사해진다는 것이다. 신체적 외양과 행동이 아이에 대한 다른 사람들의 반응 방식에 영향을 미치지만 이들 반응이 차례로 지능에 영향을 미친다는 증거는 거의 없다. 이런 가능성을 검증하기 위하여 연구자들은 부모에 의해 이란성 또는 일란성으로 옳게 또는 그르게 지각되어 온 쌍생아들의 IQ를 비교했다. 만일 유사한 환경적 취급과 관련하여 IQ가 유사해진다면, 쌍생아의 분류에 대한 부모의 지각이 쌍생아의 실제 유전적 분류보다 더 중요할 것이다. 결과적으로, 해당 연구들은 부모의 지각이 아니라 진짜 유전적 관계성만이 쌍생아 간의 IQ 유사성에 영향을 미침을 보여 주었다(Scarr & Carter-Saltzman, 1982).

또 하나의 논쟁에서, 인종 집단 간의 IQ의 차이가 유전적인 바탕을 두는지에 관한 토론이 1930년대 이래로 격렬하게 진행되어 왔다. 질문은 IQ 점수가 인종 집단 간에 다른가의 여부에 있기보다는 IQ의 차이가 얼마나 많이 유전과 환경에 기인하는가에 있다. 아서 젠슨(Arther Jensen, 1969)이 지난 35년 동안 주장해 온 것은 환경과 사회경제적 차이들이 집단 간 관찰되는 IQ의 차이를 설명하는 데에 부적절하다는 점이다. 그와 필립 러쉬튼(Philippe Rushton)이 인용하는 연구에 따르면, IQ의 차이는 전 세계에 걸쳐 일정하다. 예를 들면, 미국에 살든 아니면 아시아에 살든 동아시아인의 IQ 평균은 106점 정도이고, 백인은 약 100점, 아프리카계 미국인은 85점, 그리고 사하라 이남의 아프리카인은 약 70점 정도가 된다(Rushton & Jensen, 2005). 더하여 그들은 뇌 크기의 차이가 IQ의 격차와 부합한다고 말한다. 그들의 입장은 이론적일 뿐만 아니라 실제적인 함의를 가진다. 예를 들면, 극단적인 유전론들은 헤드 스타트(Head Start)와 같은 노력이 작용하지 않을 뿐만 아니라 작용할 수도 없다고 믿는다.

다른 지능 연구자들은 젠슨과 러쉬튼이 관련성 있는 대부분의 데이터를 간과하거나 오해하고 있다고 반론한다(Nisbett, 2005). 예를 들면, 순수 아프리카 조상에 더 가까운 아프리카계 미국인들은 인지 검사에서 혼혈계 조상을 가진 아프리카계 미국인만큼 점수가 높았다(Scarr et al., 1977). 또 다른 연구는 사회경제적 계층이 인종적 기반보다 더 중요하다고 제안한다. 연구 결과에 따르면, 가장 낮은 사회적 계층에 속하는 사람들의 IQ 점수가 가장 높은 사회적 계층 사람들의 경우에 비하여 약 20～30점이나 낮았다(Locurto, 1991). 아시아인이 지능 검사 결과에 항상 더 점수가 높은 것은 아니며(Naglieri & Ronning, 2000), 그들의 학업 성적이 더 높은 것은 보편적으로 문화적 · 동기적 차이에서 기인한다(Dandy & Nettelbeck, 2002). 지능 논쟁을 연구할 목적으로 미국 심리학회가 지명한 한 전담반은 아프리카계 미국인과 백인 간에 IQ 차이가 있을 것이라는 유전적 가설을 지지해 줄 수 있는 직접적인 증거는 별로 없다고 결론지었다(Neisser et al., 1996).

환경적 영향

대부분의 지능 연구자들은 지능이 유전과 환경의 공동 기여의 결과라는 데에 동의한다. 심지어는 지능이 둘 다 필요하기 때문에, 100% 유전적이며 100% 환경적이라고도 언급되어 왔다. 하지만 뇌손상을 야기하는 환경 조건을 찾는 것보다도 어떤 환경 조건이 지능에 영향을 미치는가를 확인하는 것이 예상보다도 훨씬 어려운 일이었다. 지능은 환경으로부터 유전을 가려내기 어려움을 설명하는 데 좋은 본보기이기 때문에, 우리는 평상시보다 여기에서 환경적 영향에 더 많은 관심을 기울일 것이다.

한 가지 문제는 특정 유전자들을 확인할 때 부딪혔던 문제와 유사하다. 즉, 환경적인 영향은 많으나 개별적으로 미치는 (환경의) 영향은 약하다(A. R. Jensen, 1981). 유아기와 아동기의 심각한 질병과 같은 주요 환경적인 사건들을 바라보았던 쌍생아 연구조차도 어떤 영향을 발견하지 못했다(Loehlin & Nichols, 1976). 한 가지 흥미로운 예외는 모유 수유가 IQ 점수의 상승과 연관이 있다는 발견이며, 이런 상승은 모유 수유 기간이 길수록 더 높다는 것이다(Mortensen et al., 2002). 모유가 많은 혜택을 가져다줄 수도 있겠지만, 엄마와 유아 간의 상호작용의 증가로 인해 이 결과가 산출될 가능성이 높다. 두 번째 문제는 환경적 영향이 유전적 영향과 자주 절망적으로 혼동된다는 점이다. 예를 들면, 사회경제적 수준 및 부모의 교육 수준과 같은 가족적 조건이 지능과 어느 정도는 관련되어 있다(Bouchard & Segal, 1985). 그러나 이 특성들 또한 부모의 유전적 측면을 반영하며, 이런 측면이 그들의 아이에게 전해진다.

환경적 영향을 증명하기 위한 가장 좋은 방법은 환경적인 개입(intervention)에 의한 것이다. 비록 헤드 스타트 프로그램이 수학, 학업 성적 및 직업적 성취 측면에서 장기적인 혜택을 산출할지라도, 통제 집단의 사람들에 비해 평균 7.42점 높은 IQ 점수는 궁극적으로는 사라졌다. 출생 시에 시작한 '초보자를 위한 프로젝트(Abecedarian Project)'는 헤드 스타트 프로그램과 비교하여, 2년 후엔 향후 10년만큼 강력한 IQ 상승을 산출했다(Ramey et al., 2000). 명백히 개입은 이른 나이에 수행해야 한다. 요즘의 새로운 '조기 헤드 스타트(Early Head Start)' 프로그램은 출생 직후로부터 5세의 아이들을 대상으로 한다. 아이에게 완전한 환경 변경을 가져다주기 때문에 입양은 지능에 대한 어떤 환경적인 영향도 검증해 볼 수 있는 좋은 기회를 제공한다(Scarr & Weinberg, 1976). 입양된 아이들의 IQ는 양부모의 지능보다는 그들의 생물학적 부모의 지능과 더 상관이 높다(Scarr & Weinberg, 1976; Turkheimer, 1991). 그러나 이것은 아이들의 IQ가 입양 환경에 따라 올라가거나 내려가지 않음을 의미하지는 않는다. 아프리카계 아이들이 가난한 집안에서 중류층 집안으로 입양되었을 경우, 6세경에는 자신이 살았던 지역의 아프리카계 미국인 아이들의 평균 IQ 점수인 90~106점으로 상승했다. 이런 유익한 효과는 10년 후까지 지속되었다(Scarr & Weinberg, 1976; Weinberg Scarr, & Waldman, 1992).

그렇다면 이것은 유전적 영향이 전혀 없었음을 뜻하는가? 아니다. 사실 이 아이들의 IQ와 그들의 생물학적 부모의 교육 수준 간의 상관이 10년 추적 기간에 걸쳐 실제로 상승한 반면에, 그들의 양부모의 교육 수준과의 상관은 감소했다 (Weinberg et al., 1992). 아마 여러분은 이 아이들의 IQ가 양부모의 범위로 옮겨갔다면, 그들의 IQ가 자신의 생물학적 부모의 지능과 어떻게 상관될 수 있는가에 대하여 어리둥절해 할지 모르겠다. 비록 통상적으로 상관이 점수들의 짝(예, 부모의 IQ와 아이의 IQ) 안에서의 유사성을 가리킨다고 생각할지 몰라도, 꼭 그런 의미만을 갖는 것은 아니다. 오히려 이것은 점수들이 자기 그룹에서 순위 서열(rank orders)이 유사함을 의미한다. 환언하면, 이것은 최고의 IQ를 갖는 부모는 최고의 IQ를 갖는 아이가 있으며, 두 번째로 높은 IQ를 갖는 부모는 두 번째로 높은 IQ를 갖는 아이가 있다는 것 등을 의미한다. 이는 신장력이 있는 고무줄에 비유할 수 있다. 고무줄은 IQ가 얼마만큼 변할 수 있는가에 영향을 미친다고 할 수 있다. 물론 이 비유에서 고무줄 역할을 하는 것은 유전의 영향이다.

개념 확인

- 일반적 지능에 대한, 그리고 지능의 별개 요소에 대한 가능한 신경적 토대는 무엇인가?
- 지능에 대한 유전과 환경의 상대적인 기여는 무엇인가? 환경적인 영향을 확인하는 것이 왜 그렇게 어려운가?
- 어떻게 입양아의 IQ가 그들의 입양 가정의 범위로 상승할 수 있으며, 그들 부모의 지능과 더 높은 상관을 가질 수 있게 되는가?

지능 결함과 장애

지능은 복잡한 만큼 망가지기도 쉽다. 지능을 손상시킬 수 있는 일련의 조건들은 인상적일 정도로 또는 울적할 정도로 많다. 우리는 노화에 대하여 제12장에서 배운 내용에 몇 가지의 생각을 더할 것이며, 정신지체(retardation)에 대하여 간단히 살펴볼 것이다. 그런 후에 신경과학자들의 연구 기술이 반세기 동안 지속적으로 도전받아 온 자폐증에 대하여 더 많은 부분을 할애할 것이다. 마지막으로는 주의력 결핍-과잉행동 장애에 대해 살펴볼 것이다.

지능에 미치는 노화의 영향

이전 장에서 우리는 가장 널리 알려진 노화와 관련된 인지장애, 즉 알츠하이

? 노화에 의해 얼마나 많은 능력이 소실되는가?

머병에 대하여 논의했다. 여기에서는 노화와 연관하여 어느 정도 정상적으로 감쇠하는 인지 능력에 주의를 한정시킬 것이다. 정상적인 감쇠의 한 가지 이유는 노화와 관련된 손상 때문에 장기 상승 작용 및 기억 저장과 관련된 수많은 유전자의 활동이 감소하기 때문이다(Lu et al., 2004). 글루타메이트 및 GABA 수용기들을 담당하는, 그리고 시냅스 소낭의 방출 및 재활용을 담당하는 유전자들을 포함하여 시냅스 기능 및 가소성과 연관된 유전자들이 특히 영향을 받는다. 일반적으로 노화와 함께 지능과 인지적 능력이 감쇠하지만 소실의 양은 과장되어 왔다. 한 가지 이유는 사람들이 자주 단어 목록 외우기와 같은 다소 의미 없는 과제 검사를 받는다는 것이다. 나이든 사람들은 이런 종류의 과제 수행에 별로 동기 부여되지 않는다. 노인들이 TV쇼 및 담화와 같은 의미 있는 자료의 내용을 대상으로 검사를 받을 때는 감쇠의 정도가 심하지 않다(Kausler, 1985). 이런 과대평가에 대한 또 하나의 이유는 초기의 연구들이 횡단적(cross-sectional)이었다는 것이다. 즉, 한 연령대의 사람들이 또 하나의 연령대의 다른 사람들과 비교된 것이다. 플린(Flynn)의 연구에서 배운 것처럼 이전 세대 사람들보다 최근의 세대들이 IQ 검사 수행 시에 더 유리하다. 비교가 종단적으로(longitudinally) 수행될 때는, 즉 노화 과정 내내 동일한 사람들을 추적할 경우에는 소실 양이 감소한다(Schaie, 1994). 셰이(Schaie)는 5,000명의 어른들을 35년 동안 추적했다. 지각 속도(perceptual speed)는 25세 이후로 줄곧 떨어졌으며, 수셈 능력(numeric ability)은 60세 이후에 다소 급격하게 떨어졌다. 하지만 귀납적 추리력(inductive reasoning), 공간 정향력(spatial orientation), 언어 능력 및 언어적 기억 등의 다른 능력은 중년기까지 증가한 후에 점진적으로 감쇠하다가 25세 수준보다 다소 낮아졌다.

명확히 수행 속도가 특히 노화 동안에 손상받기 쉬운데, 이런 소실은 중요한 의미를 가진다. 셰이(Schaie, 1994)는 검사 점수로부터 속도의 영향을 통계적으로 제거하자 개개 노인들의 수행상의 저조 현상이 유의미하게 감소함을 발견했다. 우리는 일찍이 작업 기억이 특히 지적 능력에 중요함을 보았다. 18~82세에 걸친 연령대의 사람들을 대상으로 한 연구에서 처리 속도는 작업 기억에서 나이와 관련된 차이의 약 1%만을 설명했다(Salthouse & Babcock, 1991).

또한 우리는 과제 수행 동안에 가벼운 정신지체를 가진 개인이 통제집단의 사람보다 뇌의 활동성이 20% 더 높다는 것을 보았다. 독서가 난독증(dyslexia)을 가진 사람의 뇌의 전두 영역을 활성화시킴도 살펴보았다(제9장). 유사한 결과가 노인에게도 발견되는데, 이는 우아하게 나이 들어가는 사람이 부가적인 신경적 노력을 통하여 자신의 입지를 고수하고 있음을 시사한다(Helmuth, 2002). 예를 들면, 한 기억 과제에서 수행력이 저조한 노인들은 그 과제에 의해 우측 전전두피질만 활성화되었지만(참고로, 젊은이들의 뇌도 이 영역만 활성화됨), 젊은이만큼 수행력이 좋은 노인들은 그 과제를 수행하기 위해서 양측의 전전두 영역을 사용하였다([그림 13-10]; Cabeza et al., 2002).

수행 결함의 어떤 측면은 신체적인 이유와 상관이 없는 데에서 비롯되므로 원상태로 되돌릴 수 있다. 예를 들면, 노인은 그들의 기술(skill)을 사용할 수 있는 기회가 부족하다. 한 연구에서 노인들은 기술에 대한 연습을 통하여 자신의 잃어버린 능력의 일부를 되찾을 수 있었으며, 이들 중 많은 수가 자신의 감퇴 이전의 수준까지 되돌아갔다. 그들은 통제 집단에 비해 향후 7년 동안을 더 유익하게 지냈다(Schaie, 1994). 또한 '지혜로운' '박식한' 그리고 '통찰력이 있는' 등과 같은 긍정적인 말로 노인 세대를 묘사하는 용어들을 그들에게 제시함으로써 그들의 자존감을 북돋을 때, 노인들의 기억검사 점수는 향상되었다(B. Levy, 1996).

신체적 기반을 가진 수행 결함은 반전되지 않을지라도 감소할 수는 있다. 식습관이 한 요인인 것 같다. 예를 들면, 65세가 넘은 사람들 6,000명을 대상으로 수행한 한 연구에서 주당 한 번 미만 생선요리를 먹은 사람들과 비교하여 두 번 이상 먹은 사람들의 인지적 감퇴는 13% 미만이었다(Morris et al., 2005). 이 연구와 다른 연구들로부터 얻은 증거에 따르면, 중요한 요인이 지방 섭취의 전반적인 양상임이 시사되었다. 다른 연구자들은 감각 및 운동 감퇴뿐만 아니라 인지적 감쇠가 부분적으로는 GABA 수용기에서의 억제성 활동 저하에 기인한다고 가설을 제기하였다. GABA 또는 GABA 효능제(뮤시몰, muscimol)를 시각피질에 주입하면, 나이든 원숭이들에서는 방향에 민감한 뉴런들의 선택성이 증가하였으나 젊은 원숭이들에서는 그렇지 못했다(Leventhal et al., 2003). 이 서사들은 GABA 활동성이 증가하면 노인의 다른 기능뿐만 아니라 인지적 기능도 향상시킬 수 있다고 제안한다.

흥미롭게도 성호르몬이 노화에 따르는 인지적 영향에 대항하여 어느 정도의 보호를 제공한다. 폐경기 여자에게 에스트로겐 대체 치료는 알츠하이머병의 위험성을 낮춰 줄 뿐만 아니라 언어 및 시각적 기억의 감퇴도 줄여 준다(Sherwin, 2003; van Amelsvoort et al., 2001). 에스트로겐의 중요성은 월경 주기 동안에 발생하는 파동에 의해 지지된다. 첫째, 제7장으로부터 상기하면, 여자는 몇 가지 타입의 언어적 과제에서 남자보다 우수하고, 남자는 보편적으로 공간적 능력을 묻는 과제에서 여자보다 수행력이 더 높다. 에스트로겐 수준이 높은 날짜 동안에 여자는 언어적 과제에서의 수행력이 더 높다. 그런 후, 에스트로겐 수준이 떨어지는 월경 동안에는 언어적 수행력도 떨어지지만 공간적 수행력은 향상된다(Kimura & Hampson, 1994; Maki et al., 2002).

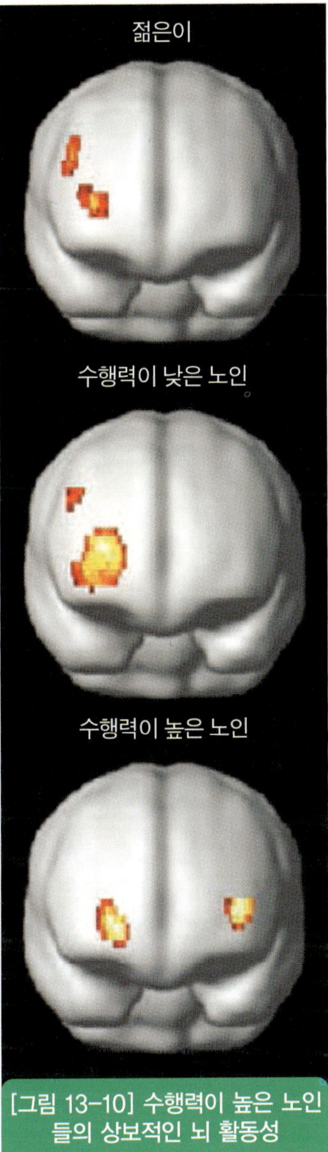

[그림 13-10] 수행력이 높은 노인들의 상보적인 뇌 활동성

기억 과제는 젊은이들과 수행력이 낮은 노인들의 우측 전전두 영역을 활성화시켰다. 젊은이들만큼 수행을 잘하는 노인들은 양측의 전전두 영역들이 활성화되었다.

출처: R. Cabeza et al., "Aging Gracefully: Compensatory brain activity in high-performing older adults," *Neuroimage* 17: 1394-1402, fig. 2, p. 1399. © 2002 Elsevier.

에스트로겐이 어떻게 이런 효과를 산출하는가? 확신할 수는 없지만 우리는 뇌에 분포하는 뉴런들이 에스트로겐 수용기를 가지고 있다는 것을 알고 있다. 월경 주기 동안의 에스트로겐 수준은 대뇌피질의 흥분(Smith et al., 1999), 포도당 대사의 증가(Reiman et al., 1996), 인지적 과제들과 연관된 영역에서의 혈류량(Dietrich et al., 2001) 그리고 아세틸콜린에 대한 반응성(기억 및 인지 기능에 중요함, O' Keane & Dinan, 1992)과 상관이 있다. 마지막으로, 에스트로겐 대체 치료를 받은 여자들보다도 이런 치료를 받지 않는 폐경기의 여자들이 작업 기억, 반응 전환 및 주의력 검사에서 더 저조하기 때문에, 에스트로겐이 특별히 전두엽 영역의 기능을 향상시키는 것은 분명하다(Keenan et al., 2001).

그렇다면 남자는 어떠한가? 50세 이후에도 지속적으로 테스토스테론을 생산할 수 있는 남자는 시각 및 언어적 기억과 시공간적 기능이 더 잘 보존되었다(Moffat et al., 2002). 대체 치료의 효과는 사용될 테스토스테론의 준비 방식에 따라 달라질 수 있다. 하지만 수많은 연구는 공간, 언어 및 작업 기억이 향상됨을 보여 왔다(Cherrier et al., 2003, 2005; Gruenewald & Matsumoto, 2003). 흥미롭게도 테스토스테론은 공간 기억만 향상시킨다. 기억이 더 향상되기 위해서는 방향족화(aromatization)라는 과정을 통하여 뇌에서 에스트로겐으로 전환되는 디하이드로테스토스테론(dihydrotestosterone)의 형태로 테스토스테론이 전달되어야 한다(Cherrier et al., 2003, 2005). 인지적 능력과 관련하여 우리는 에스트로겐을 묘약(wonder drug)이라고 이름하고 싶다.

소실의 양은 우리가 믿고 있는 것보다는 적으며, 그 양은 사람에 따라, 그리고 기술에 따라 다르다. 더하여 연습, 자존심의 고양, 그리고 적극적인 생활방식이 노화 동안에 인지적 감퇴를 느리게 할 수도 있다. 명백히 우리는 노인을 능력이 감쇠한 사람으로 고정관념화해서는 안 되겠다.

정신지체

정신지체(retardation)에 대한 기준은 임의적이고, 복잡한 세상에서 잘 지낼 수 있는 능력에 대한 판단에 기반을 두고 있다. 1994년에 미국 정신의학회(American Psychiatric Association)는 IQ가 70점 이하이고 자신을 돌볼 수 없을 정도로 일상생활이 어려운 경우를 정신지체의 기준으로 지정하였다. [그림 13-2]를 상기해 볼 때, 인구의 약 2%가 이 IQ 범위에 해당한다. 어떤 정의라도 임의적일 뿐만 아니라 상황적이고 문화적이다. 우리 사회에서 정신지체아로 생각되는 어떤 사람은 더 단순한 환경에서는 사리판단을 꽤 잘할 수도 있다. 많은 개인이 학업에 실패한 아동기로부터 성인기로 옮겨가 독립적인 삶을 사는 능력을 보이기 때문

〈표 13-1〉 정신지체의 범주

범 주	지능 지수	백분율 (%)	적응력
경 미	50~70	85	6학년 수준까지 교육 가능 성인이 되면 혼자 생활 가능할 정도가 됨
중 간	35~49	10	2학년 수준까지 교육 가능 가족과 함께할 경우엔 보호 시설 밖에서 살 수 있으며 생계를 도울 수 있음
심 함	20~34	4	언어적 의사소통과 직업 훈련으로부터 올 수 있는 혜택이 제한적임
심 각	20 미만	1	말을 거의 또는 전혀 하지 못함 지속적인 보살핌과 감독이 필요함

에 그런 명칭이 붙었다. 이런 사실은 정신지체가 상황적인 특성을 가짐을 말해준다.

정신지체는 〈표 13-1〉과 같이 네 범주로 분류된다. 보는 바와 같이 대부분의 정신지체아들은 '경미한(mild)' 범주에 들어간다. 이 범주의 사람들은 기능적인 장애를 가지고 있는데, 예를 들면 사실에 대한 이해 능력이 떨어지며 문제 해결 및 학습을 위한 전략이 부족하다(Campione et al., 1982). 놀랄 것도 없이 그들은 기억으로부터 정보를 인출하는 것과 같은 정신적 조작에서 수행 속도가 더 느리다.

? 정신지체의 원인은 무엇인가?

이 범주에 속한 대부분의 사람은 상대적으로 낮은 사회경제 계층의 가정 출신이고 정신지체를 겪는 친척이 적어도 한 명은 있었다(Plomin, 1989). 심리학자들은 그들의 정신지체가 환경적인 요인과 유전적인 요인이 결합하여 발생한다고 믿는다. 최근 네 개의 유전자 위치가 이 범주의 정신지체와 관련이 있을 것이라고 제안되었다. 각 위치는 지능의 차이가 발생하는 이유를 설명하기에는 미약했으나, 그들의 효과들은 누적되었다(Butcher et al., 2005). 약 25%의 사례가 정신지체를 야기하는 것으로 알려져 있는 200개 이상의 장애에서 기인하는 것 같다(Scott & Carran, 1987). 정신지체는 유아기에 겪은 뇌막염과 같은 질병에 의하거나 태아기에 풍진(또는 홍역) 바이러스에 노출됨으로써 발생할 수 있다. 제5장에서 살펴본 것처럼 요즘은 엄마의 알코올 중독이 정신지체의 주요 원인이 되고 있다. 다른 원인으로는 다운증후군(Down syndrome), 페닐케톤뇨증(phenylketonuria) 그리고 뇌수종(hydrocephalus)이 포함된다. 다음 절에서 우리는 이에 대하여 논의할 것이다.

다운증후군은 보통 21번째 염색체쌍에 존재하는 추가 염색체 때문에 발생하는데, 이 장애를 가진 개인은 보편적으로 IQ 점수가 40~55의 범위를 가진다

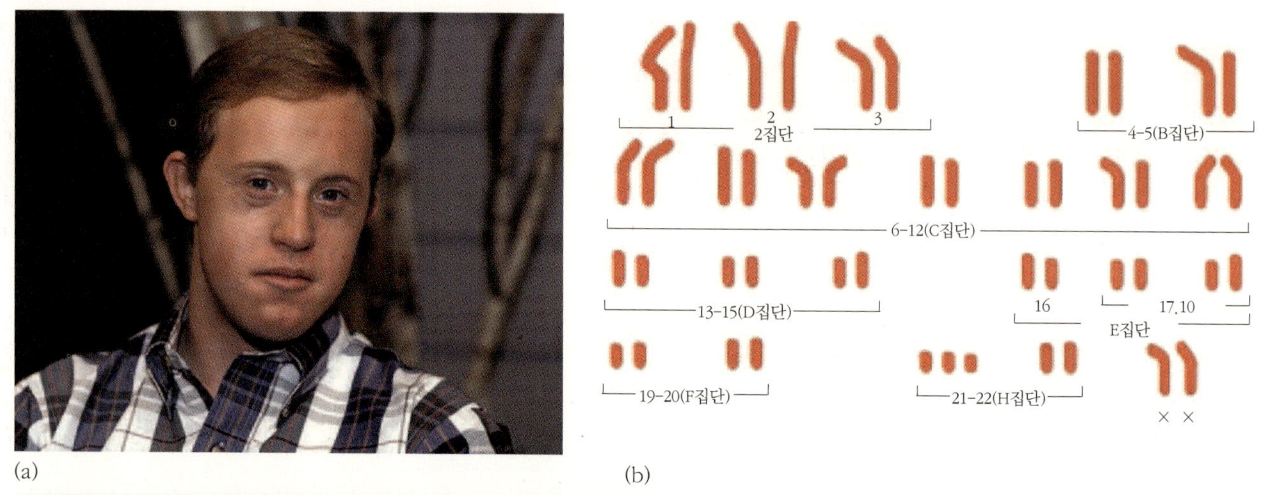

[그림 13-11] 크리스 버어크와 다운증후군

(a) 어떤 다운증후군 환자들은 다른 사람들보다 운이 좋다. 이런 장애에도 불구하고, 크리스 버어크는 〈인생은 계속되고(Life Goes On)〉라는 TV 연속극에서 주역을 맡았다. (b) 다운증후군 환자의 염색체(여자). 화살표는 21번째의 염색체가 세 개임을 가리킨다.

출처: (a) A. Ramey/PhotoEdit, Inc. (b) www.nads.org, 2007.

([그림 13-11]). 700명의 출생아들 중 한 명의 비율로 이 증후군이 나타나는 것은 이 장애가 가장 흔한 유전적 원인을 갖는 정신지체임을 말해 준다(Nelson & Gibbs, 2004). 알츠하이머병 초기에 관여하는 아밀로이드 선구단백질 유전자가 21번째 염색체에 위치한다는 사실과 다운증후군을 가진 개인도 아밀로이드 병변을 발달시키기 때문에 이 유전자가 발견되었음을 상기하라(Goate et al., 1991; Murrell et al., 1991). 다운증후군이 있는 사람의 95%는 완전한 형태의 추가 염색체를 가지고 있지만, 적은 사례에서는 끝부분만 존재하기도 하는데 이는 다른 염색체에 부착되어 있다. 그러나 다운증후군이 있는 모든 사람은 이 특별한 DNA의 확장을 공유한다. 그래서 30년 동안 연구자들은 이 '결정적인 지역'에 있는 33개의 유전자들 중에서 이 장애의 기원을 찾을 수 있다고 믿어 왔다. 이 장애에 대하여 정교한 유전 조작을 가능하게 해 줄 다운증후군에 대한 생쥐 모델의 개발은 매우 유용하다. 사람의 21번째 염색체를 생쥐의 배아에 삽입하면 다운증후군의 특징인 신경 가소성, 학습 및 기억에서 결함이 발생한다(O'Doherty et al., 2005). 하지만, 존스 홉킨스(Johns Hopkins) 의과대학의 연구자들이 이 결정적인 영역을 3번째로 복제한 생쥐를 생산했을 때는, 이 동물은 다운증후군이 없어졌다(Olson et al., 2004). 이는 이 장애의 원인이 우리가 믿어 왔던 것보다도 훨씬 복잡함을 의미하며, 이 병에 대한 치료는 예상보다는 더 늦어질 것이다.

페닐케톤뇨증은 아미노산의 일종인 페닐알라닌(phenylalanine)을 신진대사할 수 있는 능력이 유전적으로 부족하기 때문에 발생한다. 과다한 페닐알라닌은 (신경) 발달 동안에 수초 형성(myelination)을 방해한다. 갓난아이들은 통상적으로 소변이나 혈액 내의 페닐알라닌 양이 측정되는데, 페닐알라닌을 함유하는 음식을 피함으로써 정신지체를 예방할 수 있다. 합성 감미로인 아스파르테임(aspartame)은 페닐알라닌이 많이 함유된 대표적인 물질이다. 식이치료를 하지 않으면 개인은 심각한 수준의 정신지체를 겪을 수 있는데, 성인이 되었을 때의 IQ가 약 20 정도 된다.

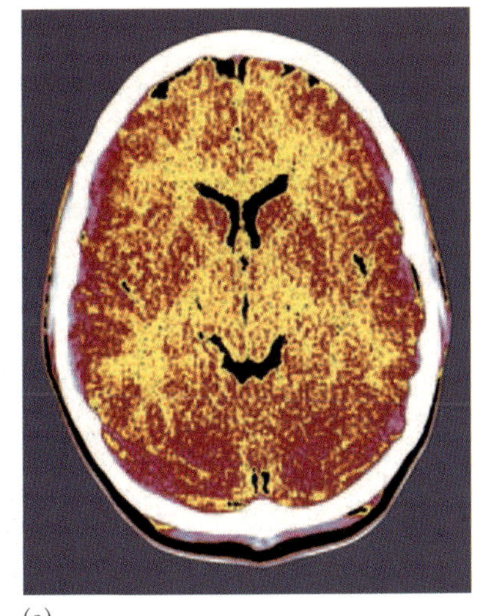

(a)

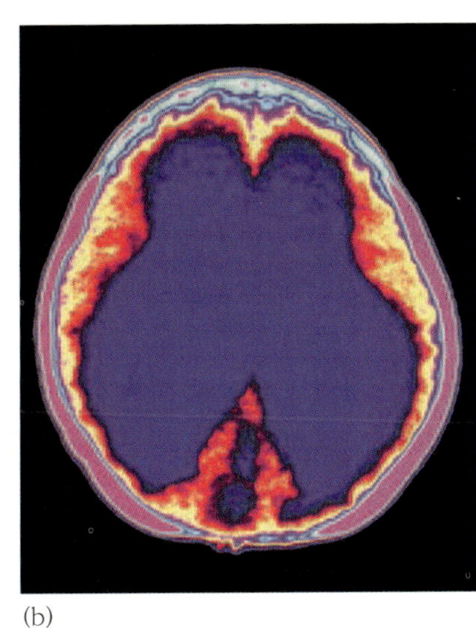

(b)

[그림 13-12] 수두증을 가진 뇌

(a) 정상적인 뇌와 (b) 수두증을 가진 뇌. 수두증을 가진 뇌의 가장자리 부근에서 측뇌실들이 확장되어 있고 대뇌피질의 양이 감소되어 있음을 주목하라.

출처: (a) © DU CANE MEDICAL IMAGING LTD / SCIENCE PHOTO LIBRARY/Photo Researchers, Inc. All rights reserved.(normal brain). (b) MEHAU KULYK / SCIENCE PHOTO LIBRARY/ PHOTO RESEARCHERS, INC. All rights reserved.

뇌수종은 뇌실에 뇌 척수액이 많아질 때 발생한다. 뇌 척수액의 양이 증가하면 신경 조직이 압박되는데, 그 결과로 대개는 정신지체가 발생한다([그림 13-12]). 제3장에서 본 것과 같이 과다한 뇌 척수액의 축적을 예방하기 위해서 작은 관을 장착하면 어릴 때는 뇌수종에 대한 치료가 가능하다. 이 장에서 우리는 어떤 이들은 대뇌피질의 큰 손실에도 불구하고 별 영향을 받지 않음도 배웠다. 실제로 머리의 95%가 뇌실인 뇌수종 환자들의 절반이 IQ 100을 넘는다(Lewin, 1980).

자폐증

자폐증(autism)은 일반적으로 강박적인 행동, 사회성의 손상 그리고 정신지체를 포함하는 장애다(Frith, 1993; Frith et al., 1991). 과거 수십 년 동안 사람들은 자폐증에 대한 신체적 원인에 대한 증거가 부족했기 때문에 이 장애가 잘못된 육아 때문에 발생한다고 믿어 왔다. 따라서 자폐아가 나타내는 사회적인 냉담함과 기이한 몸 흔들기, 손 펄떡임 및 머리 부딪히기 등의 특징은 부모에게 큰 죄책감을 안겨 주었다. 자폐증은 자폐범위 장애(autism spectrum disorders) 가운데 하나다. 아스퍼거 증후군(Asperger' s syndrome)이 자폐증과 가장 유사하며 주요 원인을 공유할 가능성이 가장 높다. 아스퍼거 증후군을 가진 사람들은 사회성이 손상되어 있으며 반복적인 몸 움직임을 보이고 사소한 이익에 사로잡혀 있는데,

이런 특징은 자폐증을 가진 사람에게도 보인다. 그러나 그들은 언어 및 인지 발달과 자립 기술이 더 정상적이라는 점이 자폐아들과 다르다. 40년 전에는 자폐 범위 장애의 발생 건수는 10,000명 출생당 4 내지 5건 정도로 추정되었는데, 1993년 이래는 10,000명당 30~60건으로 상승했다(Newschaffer et al., 2005; Rutter, 2005). 이들 숫자는 전 세계에 걸쳐 보고되는 증가와 일치한다(Lawton, 2005). 최소한 이 증가의 일정 부분은 개선된 탐지 능력과 더 넓어진 진단 기준, 또는 가족에게 더 많은 봉사의 혜택 및 재정적인 도움을 제공하기 위한 진단의 발달에서 기인하는 것 같다(Lawton, 2005; Rutter, 2005). 이 장애의 건수가 실제로 증가했는가는 확실하지 않다. 하지만 영국 스탠퍼드(Stafford)의 연구자들은 1998년에 취학 전 아동을 대상으로 동일한 지역에서 동일한 진단 방법을 사용하여 하나의 연구를 반복했는데, 그들은 자폐증의 발생 건수가 변하지 않았음을 발견했다(Chakrabarti & Fombonne, 2005).

인지적 · 사회적 손상

? 자폐증은 무엇과 유사한가?

반복적인 행동은 몇몇 지체아들의 특징이기도 하며, 약 80%의 자폐아들은 정신지체가 있다. 자폐증은 IQ 20 이하 아동의 86%, 그리고 IQ 20~49의 아동의 42%를 차지한다(Frith, 1993). 정신지체가 있든 없든, 자폐증을 가진 개인은 공통적으로 의사소통 능력, 상상력 및 사회화 능력이 결여되어 있다(Frith, 1993). 그들은 말을 못하거나 언어 발달이 지연된다. 그들은 언어 및 비언어적 의사소통을 이해하는 데 어려움이 있다. 상상력의 어려움은 사실인 것처럼 상상하는 상황을 행동으로 묘사하지 못하고 이해하지 못한다는 측면에서 찾을 수 있다. 그들의 언어 사용은 매우 직설적이며, 어떤 자폐 어른은 사실에 강박적인 관심을 가진다. 그들은 보통 혼자 있는 것을 좋아하고 주변 사람들에게는 관심이 없다([그림 13-13]). 흔히 타인과의 상호작용에서 그들은 그들이 원하는 것을 요구하는 수준에 그친다. 아니면 그들은 사람들을 대상물로 취급하여 때로는 그들 위로 걸어가거나 기어오른다. 말하는 것은 대체로 제한적이며, 다른 사람들이 한 말을 반복한다(즉, 음성을 모방한다).

[그림 13-13] 자폐증을 가진 아이

자폐 장애자들은 흔히 사회적 상호작용에 괴로워하며 혼자 있는 것을 좋아한다.
출처: David Grossman/Alamy.

어떤 연구자들은 사회적 행동에서 나타나는 문제의 많은 부분은 자폐 장애자가 마음 이론(theory of mind), 즉 정신적인 상태가 자기 자신과 다른 사람들에 의해 야기되었음을 아는 능력이 부족하다고 믿는다. 바꾸어 말하면, 자폐 장애자는 타인이 생각하고 있는 것을 추론할 수가 없다. 한 자폐 남자는 사람들이 다른 사람들의 생각을 읽을 줄 아는 특별한 감각을 소유하고 있는 것 같다고 말했다(Rutter, 1983). 관찰력이 있는 어떤 자폐 청년은 "사람들이 서로에게 눈으로 말하는데, 그들이 무엇을 말하고 있어요?" 라고 물었다(Frith, 1993). 한 연구에서 이런 결함을 측정했다. 아이들은 꼭두각시 인형(hand puppet) 앤이 꼭두각시 인형 샐리가 담아 놓은 바구니에서 한 개의 구슬을 꺼내서 샐리가 방을 나가 있는 동안에 한 상자에 넣는 것을 지켜보았다. 샐리가 되돌아오자 아이들에게 그녀가 어디에서 그 구슬을 찾을 것인가를 물어보았다. 4세의 정상 아이들과 정신 연령이 5~6세 되는 다운증후군을 지닌 아이들은 이 과제에서 문제가 없었다. 그러나 평균 정신연령이 9세인 자폐 아동들의 80%는 샐리가 그 상자에서 그 구슬을 찾을 것이라고 대답했다(Frith et al., 1991).

우리가 어떻게 마음 이론을 발달시키는가에 대해서는 두 가지의 가설이 있다. '이론 이론(theory theory)' 에 따르면, 우리는 우리의 경험을 바탕으로 시간의 흐름에 따라 가설을 만들어 낸다. 모사 가설(simulation theory)은 우리가 타인의 행동을 정신적으로 흉내 냄으로써 사람들의 생각과 의도에 대한 통찰력을 얻게 된다고 주장한다. 이런 관점은 제9장에서 얘기한 거울 뉴런(mirror neurons)에 대한 연구로부터 어느 정도의 지지를 얻을 수 있다. 거울 뉴런은 사람들이 다른 사람이 행동을 취하고 있는 것을 볼 때뿐만 아니라 다른 사람이 터치되거나 고통스런 전기 충격을 받고 있는 것을 관찰할 때도 활성화된다(Miller, 2005). 공감성(empathy) 측정에서 점수가 더 높은 사람들은 거울 뉴런의 활동성이 더 높은 경향이 있다(Gazzola et al., 2006). 연구자들은 거울 뉴런의 기능이 손상되면 공감할 수 있는 능력과 모방을 통해 언어를 배울 수 있는 능력이 자폐를 가진 개인에서 저하된다고 제안해 왔다. 자폐아동은 다른 아동보다 전염성 하품(contagious yawning)을 덜 하며(Senju et al., 2007), 그들은 거울 이미지 과제들(mirroring tasks)을 하는 동안에 뉴런의 활동이 결여된다. 예를 들면, 그들이 얼굴 표정을 따라하는 동안에 또는 모델의 손동작을 관찰하고 있을 때 그들의 거울 뉴런은 활성화되지 않는다(Dapretto et al., 2005; Oberman et al., 2005). 다른 연구들은 하측 전두피질(inferior frontal cortex)과 운동피질(motor cortex)에서 활동성이 감소함을 보여 주는데, 이는 이 뇌 영역들에 입력을 제공하는 배측 흐름(dorsal stream)의 연결이 약함을 시사한다(Nishitani et al., 2004; Villalobos et al., 2005). 이와 같은 해석은 아스퍼거 증후군을 가진 개인을 대상으로 한 연구에서 지지되었다. 그들이 얼굴 표정을 모방할 때, 통제 집단의 정상인들에 비하여 배측 흐름을 통한 전도가 45~60밀리초(msec) 지연되었다(Nishitani et al., 2004).

자폐증을 가진 석학과 높은 기능을 소유한 자폐 장애자들

석학(savant)이란 레오나르도 다빈치 또는 알베르트 아인슈타인과 같은 전형적인 천재의 수준을 넘어서 특출한 지적 능력을 소유한 사람을 말한다. 하지만 이 용어는 한 가지 이상의 놀라운 능력을 가지지만 전반적인 (정신적) 기능은 평균 이하인 개인을 기술할 때 더 자주 사용된다. 이런 특출한 능력을 가진 개인들의 절반이 자폐증을 가진 석학자들이다(Treffert & Chritensen, 2006). 어떤 이는 한 번 들은 곡을 피아노로 연주할 수 있다. 어떤 사람은 책 전체를 기억할 수 있고, 또 어떤 이는 대수의 세제곱근을 머리로 풀거나 수천 년 전 또는 후의 날짜의 요일을 계산할 수 있다. 소수의 평범한 개인들도 유사한 능력을 가질 수는 있지만, 이 석학자들은 보편적으로 해당 문제들이 어떻게 해결되는가에 대한 통찰력 없이 더 빠르고 더 자동으로 수행한다(Snyder & Mitchell, 1999). 하지만 이 석학들의 특출한 능력은 범위가 제한되어 있는 것 같다. 예를 들면, 달력의 날짜 계산에 특출한 어떤 이들은 덧셈, 뺄셈도 잘 하지 못하는 경우도 있다(Sacks, 1990).

무엇이 자폐 석학자들을 이처럼 특출하게 하는가는 알려져 있지 않다. 데핸(Dehaene, 1997)은 이런 능력이 극도의 집중 연습에서 기인한다고 제안한다. 하지만 더 보편적으로는 온전한 관점에서 생명력 있고 균형이 잘 잡힌 말들을 그리기 시작한 3세 아이의 사례에서와 같이 이런 능력은 연습이나 가르침 없이 나타난다(Selfe, 1977). 래마챈드런과 블래이크슬리(Ramachandran & Blakeslee, 1998)는 어떤 전문화된 뇌 영역이 다른 영역을 잠식하면서 확장한다고 주장한다. 알렌 스나이더와 존 미첼(Allen Snyder & Mitchell, 1999)은 우리 모두에게는 이런 능력이 있는데, 이것은 집행 및 통합 기능을 담당하는 뇌 영역이 손상될 때 나타난다. 그들의 말에 따르면, 이것이 이 석학자들이 빠르고 더 낮은 수준의 처리에 접근할 수 있게 해 준다(우리는 이런 능력이 없다). 하지만 집행 능력이 부족하기 때문에 이 석학들은 더 고차적인 처리를 요구하는 유사한 과제에서는 수행력이 저조하다. 이런 생각은 치매로 인해 좌측 측두 및 전두 영역이 손상된 한 남자의 사례로부터 어느 정도의 신뢰를 얻을 수 있다. 즉, 제한된 음악적 훈련에도 불구하고, 그는 고전음악을 작곡하기 시작했고 일부는 대중에게 연주되었다(Miller et al., 2000; [그림 13-14] 참조). 가장 잘 알려진 석학이 킴 피이크(Kim Peek)다. 그는 더스틴 호프만(Dustin Hoffman)이 영화 〈레인 맨(Rain Man)〉에서 맡은 레이몬드 배빗(Raymond Babbitt) 역의 장본인이다. 피이크는 좌반구의 몇 군데가 정상적이지 않았다([그림 13-15]; Treffert & Christensen, 2006). 실험적 검증은 드물기는 하지만, 트레이시 모렐(Tracy Morrell)과 동료들은 정상인을 대상으로 좌측 전두-측두 영역의 기능을 일시적으로 방해하기 위해서 경두개 자극

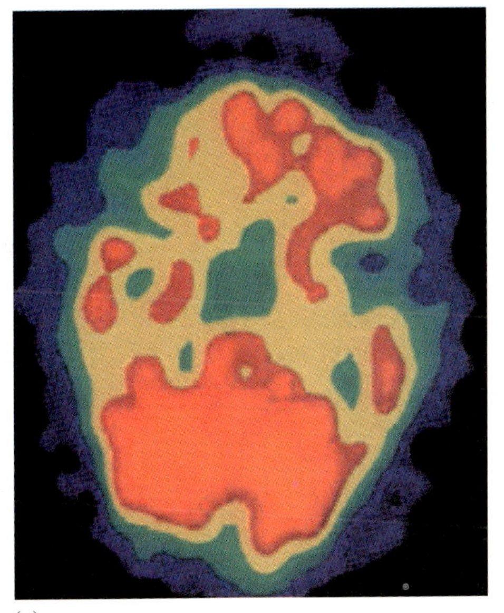
(a)

(b)

[그림 13-14] 뇌손상 후에 석학과 같은 능력을 가짐

(a) 뇌 영상은 좌측 전두-측두 영역에 치매가 있는(우측보다 활동성이 낮음) 64세의 여자로부터 얻어졌다. (b) 치매가 시작된 후에 그녀는 보이는 것과 같은 출중한 그림을 그리기 시작했다.

출처: B. L. Miller et al., "Emergence of Artistic Talent in Frontal-Temporal Dementia," *Neurology, 51*, pp. 978-982. © 1998. Reprinted by permission of Wolters Kluwer.

법(transcranial magnetic stimulation)을 사용하였다 (Young et al., 2004). 17명의 참가자들 중 5명이 달력의 날짜 계산하기, 기억 그리고 수학을 포함하여 한 가지 이상의 능력이 향상되었다. 설명이야 어떻든 이런 현상은 지적 능력이 다중의, 다소 독립적인 모듈을 포함한다는 주장에 더해진다.

이 석학자들이 하나의 특출한 능력을 가진 반면에, 자폐증은 고기능 소유자인 자폐 장애자에서 보이는 하나의 결점이다. 템플 그랜딘(Temple Grandin)은 유아 시절 몸이 경직되어 엄마 품에서 기어나오기도 힘들었다(Sacks, 1995). 그녀의 언어 및 사회적 기술 발달은 더뎠고, 그녀는 손가락을 통하여 모래를 조금씩 흘리는 데에만 몇 시간을 소요하곤 했다. 한 언어 치료자가 그녀의 언어 능력을 드러냈고, 그 후 그녀는 정상적인 생활을 향하여 서서히 나아지기 시작했다. 그렇기는 하지만 그녀는 6세까지는 제대로 된 언어 기술을 발달시키

[그림 13-15] 원래의 '레인 맨'인 킴 피이크

킴은 미국에 있는 모든 지역 번호, 우편 번호, 고속도로와 TV 방송국은 물론 7,600개의 책을 기억하였다. 하지만 그의 지능지수는 87이었으며, 자기 자신을 돌볼 능력이 없었다.

출처: Treffert U., Wallace, "Islands of Genius," *Scientific American Mind*, 1/1/04; photo by Ethan Hill.

지 못했으며 8세까지는 가상놀이(pretend play)에 참여하지 못했다.

성인기에 그랜딘은 축산학 박사학위를 받았다. 그녀는 콜로라도 주립 대학교에서 학생들을 가르친다. 또한 그녀는 전세계에 걸쳐 자신의 전문 분야와 자폐증에 대하여 강의를 하면서 소를 위한 인도적인 설비들을 설계한다. 여전히 그녀의 마음 이론은 발달이 저조하다. 그래서 사회적 상황에서 다른 사람들이 무엇을 할 것인가를 결정하기 위하여 그녀가 배워 온 것을 의식적으로 재검토하는 것이 틀림없다. 그녀는 일 중심으로 이뤄지지 않는 관계들이 자신을 당황스럽게 만든다고 말한다. 그리고 자신이 '화성에 있는 인류학자' 같은 기분이 든다고 말한다.

자폐증에서의 뇌의 이상

특정적인 뇌 결함이 발견되지 않았기 때문에 사람들은 오랫동안 자폐증이 순수하게 심리학적인 근원을 가진다고 생각했다. 이 장애가 모성적 유대감 형성의 부족, 또는 아이를 혼자만의 세계로 후퇴하게 만드는 쓰라린 거절 때문에 발생한다고 생각했다(Frith, 1993). 그러나 이런 종류의 영향을 지지해 줄 만한 어떤 증거도 찾을 수 없었다. 자폐아들은 흔히 모범적인 가정을 가지고 있었고, 지극히 부정적인 경험을 한 아이들이 자폐증을 갖게 된 것도 아니었다. 정신지체 및 간질과 자주 연관되는 것으로 보아, 자폐증이 뇌 장애일 가능성이 있음을 시사했다. 후속 연구들은 특히 뇌간, 소뇌와 측두엽에서 미묘하지만 광범위한 뇌 이상이 있음을 발견했다(Happé & Frith, 1996). 손상의 위치는 일정하지 않는데, 이는 자폐증에 대하여 다양한 경로가 있음을 시사한다. 최근의 연구자들은 자폐증에 대한 뇌의 위치를 찾던 일에서 벗어나 뇌의 상호 연관성을 연구하는 쪽으로 관심을 돌렸다. 뇌 영상 연구들은 과제 수행 동안에 뇌 영역의 활동성에서 흔치 않는 활성화 패턴과 교란된 시간 배열이 있음을 보여 주었다(Just et al., 2004; Koshino et al., 2005; Villalobos et al., 2005).

무엇이 이와 같은 뇌 결함을 야기하는지는 확실하지 않으나, 적어도 우리는 뇌 발달 동안에 이런 결함이 일찍 발생한다는 것은 알고 있다. 그래서 우리는 어디에서, 그리고 언제 그 답을 찾을 수 있을지 알고 있다. 15개의 연구를 분석한 최근의 자료에 따르면, 자폐를 가진 개인의 뇌 크기가 출생 때는 정상적이거나 약간 감소되어 있지만 첫 일 년 동안에 극적으로 커진다(Redcay & Courchesne, 2005). 이런 과도한 성장은 2~4세경에 끝이 나며, 성인 뇌의 크기는 정상에 가깝다. 유전과 환경적인 원인 둘 다를 지지하는 증거가 있다. 여기서는 이런 뇌 결함을 유발하는 환경적인 원인을 조사하고, 나중에 유전적인 기초에 대해 알려진 바를 살펴보겠다.

1960년대에 탈리도마이드(thalidomide)는 팔다리가 없는 것과 같은 심각한 선천적 결손증(birth defect)을 초래한다는 사실이 명백해질 때까지 입덧 치료를 위해서 사용되었다. 이렇게 태어난 사람들 가운데서 자폐증을 가진 비율은 전 인구에 비하여 약 50배가 높았다(Strömland et al., 1994). 탈리도마이드가 자폐증을 유발하는 데에 관한 결정적인 노출 시간은 임신 20~24일이었는데, 이때는 신경관(neural tube)이 닫히고 뇌간이 발달하는 시기다(Rodier et al., 1996). 가장 많이 대중의 주목을 받아왔고 가장 많은 논쟁을 불러일으킨 가능성 있는 환경적 영향은 백신(즉, 홍역, 볼거리 및 풍진 예방을 위한 MMR 백신) 또는 이의 사용(미국에서는 백신 보존제로 수은을 사용한다)과 관련이 있다. 가이어 부부(Geier & Geier, 2004a, 2004b)의 보고에 의하면, 수은이 없는 백신을 투여받은 아동들과 비교하여 수은이 함유된 백신을 받은 아동들에서 자폐증, 정신지체, 언어 장애, 성격 장애 및 사고 이상 등의 발생이 증가하였다. 그러나 대부분의 연구는 이런 주장을 지지하지 않으며, 이를 지지하는 연구들은 방법론적인 결함 때문에 비판을 받아 왔다(Parker et al., 2004). 이용 가능한 모든 연구에 대한 두 건의 논평은 자폐증이 MMR 백신 혹은 백신 내의 수은과 연결된다는 주장을 신뢰할 수 없다고 결론지었다(Demicheli et al., 2005; Immunization Safety Review Committee, 2004). 불행하게도 이 보고들은 증상의 시작이 아이에 대한 면역 조치와 동시에 발생하는 아이가 있음을 수많은 부모에게 납득시키지 않았다. 그래서 수반하는 건강상의 위험에도 불구하고 몇몇 나라에서는 아동기의 면역 조치율이 불안정하게 감소해 왔다.

다른 가능성은 뇌손상이 자가 면역 반응 때문에 야기될 수 있다는 것이다. 이런 자가 면역에 대한 가능성 있는 원천은 홍역과 같은 바이러스성 질병이다(Ciaranello & Ciaranello, 1995). 대다수의 홍역과 헤르페스에 대한 항체를 지니고 있는 자폐아들은 뉴런과 수초를 공격하는 자가 항체도 가지고 있었다. 반면에 이들 질병에 대한 항체를 가지고 있으면서도 자폐가 없는 아동들은 아무도 뇌의 자가 항체를 가지지 않았다(Singh et al., 1998). 더 중요한 것은 5~44세에 사망한 자폐 장애자들의 뇌 조직을 조사한 연구자들은 뇌에서 면역 활동이 증가했음을 반영하는 성상교세포(astroglia)와 미세교세포(microglia)의 증가를 발견했다(Vargas et al., 2004).

자폐증에서의 생화학적 이상

자폐 장애자들에게 가장 일관성 있게 발견되는 생물학적 내지 생화학적 이상은 세로토닌 수준이 상승되어 있다는 것이다(Warren & Singh, 1996). 사실 자폐증과 관련이 있는 것으로 의심되는 유전자 중 하나는 세로토닌의 재흡수 메커니증을 담당한다(Cook et al., 1997; Tordiman et al., 2001). 세로토닌 수용기 길항제인 리스페리돈(risperidone)은 성인들에서 사회행동과 언어 이외의 몇 가지의 자폐 증후군을 개선시켰다(McDougle et al., 1998). 세로토닌 활동성을 높여 주는 항우울제들도 몇몇 자폐증 환자들의 증후군을 개선시켰다(Buchsbaum et al., 2001; Posey & McDougle, 2001). 세로토닌의 활동성을 낮추기도 하고 높이기도 하는 약물들로 인해 자폐 증후군이 개선된다는 사실은 이 치료 효과가 수용기 활동성에서 상보적인 변화를 산출하기 때문인 것으로 해석된다.

다른 전망 있는 일련의 연구들은 옥시토신(oxytocin)을 포함한다. 제7장에서 우리는 옥시토신이 사회적 행동과 하등 동물의 유대에 영향을 미치기 때문에 이를 '사회성 분자' 로 소개했다(Insel et al., 1999). 정상아에 비하여 자폐아에서 옥시토신 수준이 더 낮고, 이런 차이는 냉담한 자폐아에서 두드러진다(Modahl et al., 1998). 또한 옥시토신은 하등 동물들의 반복적 행동과 관련되어 있다. 에릭 홀렌더(Eric Hollander)와 동료들(2003)은 자폐증과 아스퍼거 증후군을 가진 어른들의 행동을 그들이 옥시토신을 정맥을 통해 주입받고 있는 동안에 관찰하였다. 이 처치에 의해 반복 행동의 종류의 수와 심각한 정도가 감소하였다. 이 연구자들은 약물의 주입 수단이 너무 제한적이어서 사회적 행동은 관찰하지 못했다. 최근에 스위스 연구자들은 코로 투여하는 옥시토신이 안전하고 실제적임을 증명했다. 그들은 또한 일회 투여량의 옥시토신이 재정투자 모의실험을 하고 있는 정상인들에게 신탁을 증가시키기에 충분함을 증명해 보였다(Kosfeld et al., 2005). 이런 관찰은 옥시토신이 자폐 장애자의 사회적 상호작용을 향상시킬 수 있음을 연구하게 해 준다.

유전과 자폐증

자폐아의 형제 또는 자매가 자폐증을 진단받을 가능성이 다른 아이들에 비해 40~60배가 높다(Folstein & Piven, 1991). 자폐아 부모들은 첫 아이가 자폐증으로 진단된 후에는 더 이상 아이를 갖지 않으려는 경향이 있음을 감안할 때, 예상되는 자폐의 비율은 이보다 훨씬 높을 수 있다. 일란성 쌍생아 자폐아의 자폐 위험도는 60%다. 그러나 비자폐 친척들은 자주 자폐아와 유사한 인지적 · 사회적 비정상성을 갖는다. 이런 증후군도 고려할 때는 이란성 쌍생아의 일치율은 10%인데 반해 일란성 쌍생아의 경우는 92%로 껑충 뛴다(Bailey et al., 1995). 친척들의 범주성 장애들을 주요 장애와 함께 고려할 때 상관이 증가한다면, 이는 많은 유전자들이 관련되어 있다는 것과 증상의 심각한 정도가 얼마나 많은 유전자를 개인이 물려받았느냐에 달려 있음을 시사한다.

자폐증은 여자보다 남자가 2~4배 더 많이 발생한다(Frith, 1993). 이는 자폐증에 대한 유전자들이 X염색체와 관련이 있을 가능성을 시사한다. 현재 자폐증 유전자에 대한 가능성 있는 위치로 X 염색체에 최소한 네 개의 영역이 있다(Baron-Cohen, 2004). 더하여, 염색체 17에 가능성 있는 위치가 하나 있다. 그리고 염색체 16에 3개, 염색체 2에 가능한 위치가 하나 있다(Barnby et al., 2005; Cantor et al., 2005; Philippi et al., 2005; Ramoz et al., 2004). 이 발견은 소뇌에서 신경전달에 중요한 단백질은 물론 세로토닌, GABA 그리고 글루타메이트와 같은 신경전달물질을 포함한다. 염색체 17에 있는 위치는 두 번째 연구에서 처음으로 재현된 것이다(Cantor et al., 2005). 이는 특정 유전자들을 단정하기 어렵다는 것을 의미한다. 보다 최근의 연구는 자폐증 환자들에서 피질 회백질의 과도한 발달을 담당하는 것으로 보이는 유전자와(Wassink et al., 2007) 일부 자폐아동들에서 보고되는 합병증과 일치하는 대뇌피질 및 소뇌의 성장, 면역 기능 그리고 위장 치료에 관여하는 또 하나의 유전자를 포함했다(Campbell et al., 2006).

한 자폐 장애 남자와 아스퍼거 증후군이 있는 그의 형에게 발견된 유전자 돌연변이의 영향을 결정하기 위하여 연구자들은 생쥐에 이 유전자를 삽입했다. 사회성이 손상되었다는 것과 뇌가 비정상적으로 강한 억제를 보였다는 점을 제외하고는 이 생쥐들은 정상이었다(Tabuchi et al., 2007). 이 연구는 자폐증이 다수의 유전자와 다수의 결함을 포함하는 복잡한 장애라는 점을 보여 준다. 자폐아동의 부모들이 유사하지만 경미한 사회적 · 인지적 결함을 가진다는 사실은 그들이 심리적으로 아이들의 증상을 조성했다는 혐의를 받았던 이유다. 현재 우리는 각 부모가 자기 자신 또는 일부 자녀가 사회적인 회피, 심지어 뇌 이상과 같은 부분적인 증상을 산출하기 충분한 정도의 자폐증 유전자들을 가지고 있다고 믿는다(Dalton et al., 2007). 그러나 사실 자폐아는 두 부모로부터 자폐증을 유발할 유전자를 충분히 이어받는다.

주의력 결핍 및 과잉행동 장애

주의력 결핍 및 과잉행동 장애(attention deficit hyperactivity disorder: ADHD)는 아동기에 발달한다. 그 특징으로는 충동성, 주의 지속의 불능, 학습 장애 그리고 과잉행동이 있다. 행동적으로는 꼼지락거리면서 가만히 앉아 있지 못함, 과제를 조직화하기 어려움, 주의 산만성, 건망증, 수업 시간에 불쑥 말하기, 그리고 위험 부담하기다(Smalley, 1997). ADHD는 흔히 학습 장애라고 생각되지만(많은 ADHD 아동은 정말로 최소한 한 가지 이상의 학습 장애를 가지고 있음), 이 장애는 당사자 삶의 모든 측면에 영향을 미친다.

ADHD는 아동기에 시작되는 가장 흔한 행동 장애다. 국립보건원(National

Institute of Mental Health, 2006)은 ADHD의 발병률을 3~5%로 추정하고 있다. 이는 미국에서 약 200만 명(평균적으로, 25~30명의 학생들로 구성된 학급당 한 명 정도임)의 아이들이 이 병에 시달린다는 것을 의미한다. 하지만 이 수치에 대하여 거의 의견 일치가 되지 않고 있다. 오히려 최대 10%까지로 추정하는 사람들도 있다(Julien, 2005; Wender, Wolf, & Wasserstein, 2001). 이 추정치와 관련하여 어떤 사람들은 교실에서 발생하는 행동상의 문제들을 쉽게 해결하려는 수단으로서 아이들이 과잉 진단되고 과잉 진료되고 있다고 우려한다.

ADHD를 가진 아동들의 1/3 내지 2/3는 성인이 되어도 여전히 심각한 증상을 보인다(Wender et al., 2001). 예상하는 것과 같이 이들은 생활과 업무 행동이 어려울 뿐만 아니라 반사회적 성격 장애, 범죄 행동 그리고 약물 중독을 가질 가능성이 꽤 높다(Biederman, 2004). 실제로 코카인 중독으로 치료를 원하는 사람들의 35%가 아동기에 ADHD를 가졌던 병력이 있다(Levin, Evans, & Kleber, 1998). 그들의 약물 중독은 어렸을 적에 받았던 약물 치료와는 관계가 없다(Barkley et al., 2003; Wilens et al., 2003). 따라서 이런 약물 중독은 아마도 ADHD와 관련된 생리학적 비정상성과 관련이 있는 것 같다.

ADHD에서의 생화학적 이상

대부분의 연구는 ADHD를 도파민성 신경 회로의 활동성 감소에 연결시킨다. 활동성이 감소한 한 영역은 전전두피질(prefrontal cortex)이고, 다른 하나는 선조체(striatum)다(Ernst et al., 1998; Krause et al., 2000). 이들 구조물의 기능은 집행적 통제, 충동 억제, 작업 기억, 움직임, 학습과 보상을 포함한다. 보상의 중요성은 얼핏 보면 명확하지 않을 수 있지만, 일부 연구자들은 보상 체계가 와해되면 보다 늦게 주어지는, 보상이 주는 매력은 너무 약해서 즉각적인 만족의 유혹을 극복하기가 어렵기 때문에 충동이 쉽게 발생한다고 믿는다(Castellanos & Tannock, 2002). 크로스와 동료들(Krause et al., 2000)의 연구에서 한 번도 약물 치료를 받은 적이 없었던 성인 ADHD 환자들의 선조체에서 도파민 수송체의 수가 증가된 것을 발견하였다. 도파민 수송체는 도파민이 분비된 후에 이것을 시냅스전 종말단추로 되돌려 보내기 때문에 과도한 수의 수송체는 도파민의 이용 수준을 감소시킨다. (도파민) 효능제인 리탈린(ritalin; 즉, 메틸페니데이트 methylphenidate)을 처치한 지 4주가 지나면, 이 수송체의 활동성이 29% 감소하였다. 보다 최근에 수행된 한 연구는 리탈린이 선조체에서 도파민 수준을 증가시킴을 확인하였다(Rosa-Neto et al., 2005).

다른 약물들은 덜 빈번하게 사용되지만 ADHD에 대한 부가적인 단서를 제공해 준다. 대부분의 약물은 세로토닌 및 노르에피네프린성 신경회로의 활동성을 증가시키는 항우울제다. 세로토닌을 촉진하는 약물의 효과는 반사회적 성격 장애, 범죄 행동 그리고 약물 중독(이들이 낮은 세로토닌 활동성과 관련이 있음)에 대한 ADHD의 동시이환(comorbidity)과 일치한다. 리탈린과 같은 효능제는 전전두피질에 대한 노르에피네프린성 출력도 증가시켜서 충동 조절과 작업 기억의 향상을 향상시킨다(Solanto, 1998). 이것이 아마도 노르에피네프린을 증가시키는 항우울제가 작용하는 이유인 것 같다.

ADHD에서의 뇌 이상

ADHD 환자에 대한 연구들은 전전두피질로부터 소뇌까지 뇌의 몇 영역들을 포함시켜 왔다(Castellanos et al., 2002; Raz et al., 2004). 또한 ADHD 환자들은 뇌의 크기가 작은 편이며 백질과 전반적인 대사도 감소되어 있다고 보고되어 왔다(Castellanos et al., 2002; Sowell et al., 2003; Zametkin et al., 1990). 연구자들은 연구에 의해 전전두 영역과 기저핵에 결함이 있음을 발견했을 뿐만 아니라, 집행 기능, 주의와 억제적 통제에서의 이들의 공동 역할이 중요함을 강조했다(Raz, 2004). 소우웰과 그의 동료들(Sowell et al., 2003)은 전전두피질과 외측 측두피질의 부피가 감소함을 발견했다. 더하여 회백질은 후측 측두피질 및 하두정피질에서 밀도가 더 높았는데, 이는 수초화 기능이 상실된 데서 기인한 것 같다(대체로, 백질이 감소되어 있었다. [그림 13-16]). 이 영역들과 이들의 기능 간의 상호 연결—

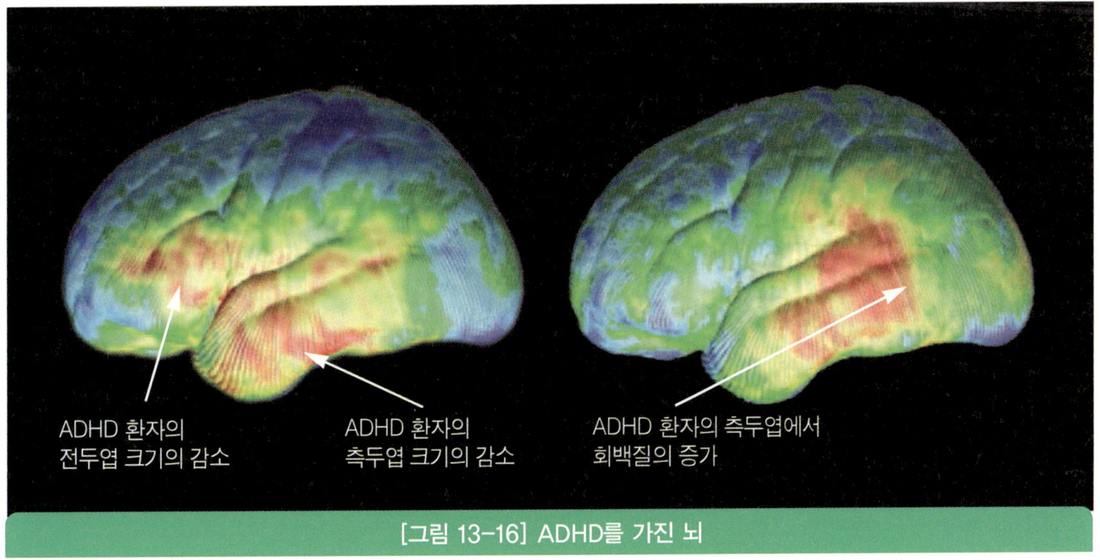

[그림 13-16] ADHD를 가진 뇌

색깔들은 통제 집단의 개인들과 비교했을 때 드러난 상대적인 용적 감소의 양을 나타낸다. 적색은 가장 많은 양을, 황색은 그 다음을 그리고 녹색은 가장 적은 양의 감소를 표상한다. (b) 황색과 적색은 통제 집단의 개인들과 비교하여 회백질의 밀도가 20~30% 정도 더 많음을 보여 준다.

출처: E. R. Sowell et al., "Cortical Abnormalities in Children and Adolescents With Attention-Deficit Hyperactivity Disorder," Lancet, 362, figs. 2 & 3, pp. 1702-1703. © 2003 Elsevier Ltd.

전전두피질에서는 집행 및 충동 통제가, 외측 측두 영역에서는 시각 자극을 고차원적인 시각 경험으로의 결합이, 그리고 하두정 영역에서는 지속적인 시각적 주의를 요구하는 과정이 수행된다—모두는 ADHD에서 와해되는 것이 바로 동작-주의 네트워크(action-attention network)라는 것을 제안한다.

유전과 ADHD

ADHD에 대한 몇 가지의 환경적인 원인들(특히 뇌 부상 및 뇌졸중, 그리고 가능성 있는 초기의 심각한 박탈)이 확인되었다(Castellanos & Tannock, 2002). 또한 임신한 엄마의 흡연 및 스트레스와 ADHD는 상관이 있다(Rodrigues & Bohlin, 2005). 하지만 부모 자신도 아동기에 ADHD를 가졌던 이력이 있다. 따라서 흡연과 스트레스는 ADHD의 원인이라기보다는 유전적 소인의 결과일 수 있다. 유전적 소인을 시사하는 다른 예로는 부모가 자주 알코올, 흥분제 또는 코카인에 중독되는 것과 기분 및 불안 장애의 비율이 높다는 것이다(Chronis et al., 2003). ADHD 환자의 친척들이 ADHD를 가질 비율은 5~6배나 높다. 몇 건의 쌍생아 연구에 따르면, 일란성 쌍생아 간에는 79% 그리고 이란성 쌍생아 간에는 32%의 일치율이 있으며, 70~80% 범위의 유전율을 보인다(Castellanos & Tannock, 2002; Smalley, 1997).

자폐증처럼 ADHD는 복잡하고 증상이 다양한 장애이며, 개개인에 따라 다른 조합의 증상을 보인다. 그래서 다시 한 번 우리는 몇 종류의 유전들이 관여하리라고 기대하는데, 각 유전자의 영향은 적으며 확인하기에는 어려움이 있으리라 예상한다. 실제로 그랬다. D_4 하위 타입의 도파민 수용기에 대한 유전자 중 하나와 DAT1 도파민 수송체 유전자가 관여한다는 의견이 일치하지 않는다(Curran et al., 2001; Friedel et al., 2007). 도파민 D_4 유전자의 7R 버전(동일한 DNA가 7번 반복되는 특징 때문에 그렇게 명칭한다)의 영향은 적지만 의견의 일치는 더 높다(Faraone et al., 2001). 연구들은 ADHD와 자폐증과 관련이 있는 염색체 16의 DNA 확장이 강하게 연결되어 있음을 발견했다(Smalley et al., 2002). 예비적인 결과 또한 자폐증과 밀접한 관계가 있는 염색체 2의 위치가 ADHD에 관여할 것이라고 제안했다(Fisher et al., 2002). 하나의 유전자가 두 개 이상의 장애와 관련되어 있다는 것은 놀라운 일이 아니다. 그 이유는 서로 다른 장애들이 그 증상의 일부를 공유하기 때문이다. 우리가 자폐증에 대한 하나의 유전자, ADHD에 대한 하나의 유전자 또는 우울증에 대한 하나의 유전자에 관한 것이 아니라, 뇌 성장, 수용기 발달 등을 조절하는 유전자들에 관하여 얘기하고 있음을 기억하라. 도파민 수용기 유전자에 대한 정보가 더 필요하면 〈뉴스에서〉를 보라.

개념 확인

- 기술된 정신지체의 종류들과 이들의 원인들에 관한 목록을 만들어라.
- 자폐 환자의 뇌에서 어떤 신경적 · 생화학적 차이들이 발견되었는가?

잠자코 있지 않으려는 유전자

ADHD를 가지고 있든 아니든, 7R 유전자를 가진 사람들은 제5장에서 얘기했던 감각을 추구하는 사람들처럼 더 활동적이고, 새로운 경험들을 갈망하며 위험을 무릅쓴다. 7R 유전자를 가진 아이들은 새로운 도전에 대한 반응이 더 빠르다. 하지만 또한 그들은 자신의 책상에서 일어나서 다른 아이들을 들볶을 가능성이 더 높다.

7R 유전자는 널리 퍼져 있지만 신기하게도 세계에 골고루 분포하지는 않는다. 현재 한 새로운 가설은 이 유전자가 보유자들을 들썩이게 하고 돌아다니게 한다고 제안한다. 7R 장소를 둘러싸고 있는 유전자들로부터 얻은 단서를 이용하여, 캘리포니아 대학교(어바인)의 생화학자 로버트 모이지스(Robert Moyzis)는 이런 돌연변이가 4만 년 전에 발생했다고 추정한다. 이 시기는 사람들의 이주가 활발한 기간과 일치하는데, 그는 7R 유전자가 이런 이주에 얼마간의 책임이 있다고 믿는다. 이 유전자는 이주 역사를 가진 문화권에서 가장 흔해 보인다. 약 12,000년 전에 남미에 정착한 사람들은 아시아로부터 쭉 여행해 왔다. 오늘날 남미 원주민들의 60% 이상이 7R을 가지고 있다. 정주하는 성향이 꽤 높은 사람들이 있는 아시아 지역에서는 이 유전자의 발생률이 1%까지 떨어진다. 몇 번의 이주 역사를 가진 북미에서는 발생률이 26% 정도 된다.

출처: Sohn (2002).

전 망

우리 사회에서 학교에서의 반 배치, 지속적인 교육을 위한 기회, 고용 및 승진의 기회를 결정하기 위하여 지능 평가가 중요하기는 하지만, 지능이 무엇인가에 대해서는 일치하지 않는 점이 아주 많다. 이 같은 일치의 부족은 지능을 이루고 있는 뇌의 기능에 대하여 연구하는 것을 어렵게 만든다. 그럼에도 불구하고, 우리는 보다 큰 정신 능력에 기여하는 것으로 보이는 몇 가지 특성을 확인해 왔다. 뇌의 크기, 신경 전도 속도, 처리 능력 그리고 단기기억이 이에 속한다. 뇌에서 어떤 기능도 과도하게 국한하면 오류를 범할 수 있겠지만, 지능과 관련된 중요한 인지적 기능에서 어떤 영역이 특별한 역할을 한다는 것을 알고 있다. 뇌의 크기와 같은 이들 영역의 특수한 특징이 어떤 사람들이 글쓰기 또는 수학과 같은 영역에서 특히 강한 재능을 가지고 있는가를 설명해 줄 수 있는지의 여부는 아직 두고 보아야 한다. 어떤 사람들은 궁극적으로는 한 사람이 얼마나 영리하다거나 어떤 아이가 자폐증이 있는지의 여부를 정확히 말해 줄 객관적인 뇌 측정 방법을 갖게 될 것이라고 희망한다.

이런 경지에 이르면, 아마도 또 하나의 꿈이 실현될 것이다. 즉, 정신지체아, 자폐아 그리고 노인으로부터 그들의 능력을 빼앗아가는 어떤 결함을 줄이거나 심지어는 역전시킬 수 있을 것이다. 아마도 정상적인 개인의 지능을 향상시키기도 할 것이다. 요구되는 윤리적 결정을 하는 우리의 능력이 인간의 조건을 조작해 가는 우리의 능력과 보조를 맞출 것을 희망할 뿐이다.

요 약

지능의 본질

- 지능은 일반적으로 학업 능력을 측정하기 위해 고안된 검사들과 함께 평가된다.
- 어떤 사람들은 검사에 의해서는 다루어지지 않는 강한 능력을 보인다. 지능과 관련하여 검사가 측정하는 것보다 더 광범위하게 이해해야 한다.
- 지능 이론가들은 지능의 일반 요인 또는 다중 요소 중에서 어느 측면을 강조하느냐에 따라 나뉜다.

지능의 생물학적 기원

- 일반적 지능에 기여하는 가능한 요인들로는 뇌의 크기, 신경전도 속도, 처리 속도, 그리고 처리 효율성이 있다.
- 다른 뇌 영역이 관여한다는 사실은 지능이 다중 요소로 구성됨을 시사한다.
- 지능의 변산성의 약 절반은 유전에 기인한다. 가족 관계가 가까울수록 IQ는 상관이 높아진다.
- 연구에 따르면, 지능에서의 인종 간의 차이를 설명할 수 있는 유전적 기초는 알 수 없다. 입양은 인종 집단의 평균을 능가하는 IQ의 극적인 상승을 가져왔다.
- 지능의 변산성의 절반은 환경에 기인하지만, 어떤 환경적 조건이 중요한가를 입증하기는 쉽지가 않다. 헤드스타트와 이와 유사한 프로그램들을 통한 경험에 의해 판단하자면, 어떤 특별한 프로그램이라도 일찍 시작해야 하며 강력해야 한다. 환경 간의 차이가 크다면 입양은 극적인 효과들을 가질 수 있다.

지적 결함과 장애

- 노화에 따른 지적 기능의 상실은 우리가 이전에 믿어 왔던 것보다는 덜하다. 학습 능력에서의 감소와 같이 이런 상실은 필연적인 것은 아니다. 처리 속도의 감소가 가장 중요한 특징인 것 같다.
- 정신지체는 질병, 태아 알코올 증후군, 다운증후군, 페닐케톤뇨증과 수두증을 포함하여 원인이 많다.
- 21번째 염색체에 의해 야기되는 다운증후군은 경미한 수준에서 중간 정도의 정신지체를 유발한다.
- 페닐케톤뇨증(페닐알라닌을 신진대사할 수 없는 것이 특징임) 때문에 발생하는 정신지체의

정도는 심각한 수준부터 극심한 수준에 걸쳐 있다.
- 수두증은 일반적으로 심각한 손상을 피하기 위하여 치료할 수 있지만 뚜렷한 결함이 전혀 없는 수두증 환자도 있다.
- 자폐증은 부분적으로는 유전적인데, 유전자의 몇몇 위치가 관련되어 있다.
- 자폐증과 관련하여 몇몇의 뇌 영역에서 이상이 있으며 이들 영역 간에 약한 연결이 있는 것 같다. 탈리도마이드와 같은 약물은 뇌를 손상시켜 자폐증을 야기할 수 있으나, 뇌손상은 원래 발달적인 문제인 경우가 더 흔하다.
- 자폐증은 또한 세로토닌과 옥시토신의 역기능을 포함하는 것 같다.
- ADHD는 부분적으로는 유전과 관련된 장애인데, 그 특징으로는 과잉행동, 충동성, 그리고 손상된 주의 및 학습이 있다. 이 장애는 다양한 기능적 이상과 도파민, 세로토닌 그리고 노르에프네프린의 신경전도 이상과 연관이 있다. 몇몇의 유전자 위치가 관련되어 있다.

핵심 용어

다운증후군(Down syndrome)
마음 이론(theory of mind)
자폐적 석학자(autistic savant)
자폐증(autism)
주의력 결핍-과잉행동 장애(attention deficit hyperactivity disorder: ADHD)
지능(ntelligence)
지능지수(intelligence quotient: IQ)
페닐케톤뇨증(phenylketonuria)

Chapter 14

심리 장애

이 장에서 배울 내용

- 정신분열증의 특징과 가능한 원인은 무엇인가?
- 심리 장애를 발생시키는 데에 유전과 환경이 어떻게 상호작용하는가?
- 정동 장애란 무엇이며, 그 원인에는 어떤 것이 있는가?
- 불안 장애의 증상과 원인은 무엇인가?

당신은 병든 마음을 보살필 수 없나요? 뿌리 깊은 슬픔을 기억으로부터 지워 주세요. 머리에 박힌 골칫거리들을 휩쓸어 버리세요.

- Shakespeare, Macbeth

나는 내 의자 옆에 서서 학생들이 테이블 주위에 자리를 잡고 앉기를 기다렸다. 이스트 칼리지(East College) 타워에 있는 종이 수업 시작을 알리고 막 수업을 시작하려고 할 때, 네드(Ned)는 자리에서 일어나더니 내게 다가왔다.

"제가 체크(수표)를 쓰려고 서점 직원에게 빌렸던 펜을 깜박 잊고 가져왔는데, 지금 돌려주러 가도 될까요?"

나는 "내 생각에 그녀는 수업이 끝날 때까지 기다릴 수 있을 거야."라고 대답했다. 그는 그 판단을 받아들이고 자리로 되돌아갔지만, 나머지 시간 내내 안절부절못하는 것처럼 보였다. 수업이 끝나자마자 그는 제일 먼저 문을 나섰다. 나는 젊은이 특유의 성급함에 웃지 않을 수 없었다.

다음날 나는 네드의 행동이 완전히 다른 근원에서 비롯되었다는 것을 알게 되었다. 그 전날 밤 10시경에 그의 기숙사 친구들은 그가 계단참에서 웅송그리고 있는 것을 발견했다. 그는 머리 위를 선회하고 있는 한 가상의 외계 우주선과 그에게 발사되는 불타고 있는 로켓을 피하고 있었다. 그는 병원으로 이송되어서 안정을 되찾았고, 그 후 그의 부모는 그를 고향으로 데리고 갔다. 그는 그곳에서 7개월 동안 한 병원의 정신과 병동에서 지냈다. 그는 편집성 정신분열증(paranoid schizophrenia) 진단을 받았다. 다행히도 약물 치료가 도움이 되어서, 그는 지원 및 재활과 관련된 포괄적인 프로그램과 함께 자택 학습(home school)을 할 수 있게 되었다.

네드는 지금까지 그의 생애의 반 이상을 집에서 보냈다. 10여년 전에 그가 내게 편지를 보낸 이래로 우리는 주기적으로 서신 교환을 해 왔다. 내 생각에 그는 짧은 대학 시절을 생애에서 가장 행복했던 때로 기억한다. 집에 있는 것이 불쾌하다는 뜻은 아니다. 그는 야구, 농구 및 골프 팀에서 활동한다. 그는 파트타임 직업을 가지고 있다. 그에게는 여자 친구가 있다. 편지에서 그가 묻는 질문들은 일반적으로 그가 읽었거나 TV를 통하여 보았던 뇌 관련 정보들에 의해 촉발된 건전한 호기심을 드러낸다. 한번은, 그는 자신의 진단에 관하여, 그리고 누군가가 그에게 LSD를 몰래 투약하여 그 운명의 밤을 맞게 되었는지를 솔직하게 이야기했다. 그런 일이 발생했다는 증거는 없다. 하지만 그랬다손 치더라도 그것이 수십 년 동안 지속된 (정신적) 쇠약을 야기했다기보다는 촉발한 것뿐이다. 그는 겉보기에는 잘 적응했지만, 읽기 및 쓰기와 관련하여 사춘기 이전의 성숙했던 지적 수준과 비교할 때 겨우 읽어 볼 수 있을 정도로 휘갈겨 쓴 글자들은 정신분열증이 뇌에 엄청난 피해를 입혔음을 시사한다. 네드는 가정의 보호적인 환경과 전문적인 지지 밖에서는 기능을 할 수 없다. 그래서 그는 결코 집을 떠날 수 없다.

최근의 한 연구에 의하면, 미국인의 10명 가운데 3명이 그들의 생애 동안에 심리 장애(단, 약물 중독은 제외)를 경험하고 있는 것 같다(Kessler et al., 2005). 연간 비용은 800억 달러가 넘는 것으로 추정된다(Uhl & Grow, 2004). 정서적인 고통은 엄청나다([그림 14-1]). 연구의 명확한 혜택은 향상된 치료 기술을 개발하는 것이다. 더하여 심리 장애가 신경전달물질 시스템과 뇌 구조물에서의 역기능을 포함하기 때문에 이들을 연구함으로써 연구자들은 정상적인 뉴런 기능도 이해할 수 있게 된다. 이 장에서 정신분열증, 정동 장애 그리고 불안 장애를 조사할 때, 뇌의 구조와 신경전달물질의 활동에 관하여 이미 배운 것을 활용할 것이다. 이런 조사는 뇌의 작용 방식에 대한 여러분의 지식을 더 넓혀 줄 것이다.

[그림 14-1] 심리 장애는 개인의 대처 능력을 손상시킨다.

출처: Sheryl Griffin/iStockphoto.com.

정신분열증

? 정신분열증이란 무엇이며, 그 원인은 무엇인가?

정신분열증(schizophrenia)은 불능화하는 장애다. 이 장애는 지각, 정서 및 지적 결함, 현실과의 접촉 상실 그리고 생활 기능의 불가능 등의 특징을 가진다. 약 3백만의 미국인이 그들의 생애 동안에 정신분열증을 발달시키는 것으로 추정된다. 병원에 입원한 약 10만 명의 환자들은 미국 병원들의 (정신과) 병석의 20%를 차지한다. 외래환자로서 통원치료를 받는 사람들은 이보다 더 많다(National Institute of Mental Health, 1986; Roberts, 1990). 정신분열증은 일종의 정신병(psychosis)인데, 간단하게 말하자면 해당 개인은 현실, 방향성 및 사고에서 심각한 장애를 가진다. 정신분열증은 가장 심각한 정신병이다. 이는 특별히 공포의 대상이 되는데, 많은 희생자에서 이 장애가 산출하는 기이한 행동 때문이다. 모든 사회적 계층이 똑같이 취약하다. 환자 자신이 낮은 사회경제적 수준으로 옮겨가기는 하지만, 그들을 그들 부모의 사회경제적 수준에 의해 분류할 때는 그 계층들은 비례적으로 대표된다(Huber et al., 1980). 정신분열증은 인구의 1%만을 괴롭히지만, 미국의 경우에 매년 발생하는 경제적 부담은 390억 달러에 달한다. 이는 모든 심리 장애를 결합했을 때 드는 비용의 절반에 가깝다(Uhl & Grow, 2004). 다행히도 정신분열증은 줄어드는 것으로 보이는 몇 안 되는 심리 장애 중 하나다. 보다 작은 수치들은 연구들의 방법론적 결함에서 기인하는 것으로 생각되어 왔다. 하지만 1954년과 1965년 사이에 핀란드에서 태어난 모든 사람에 대한 한 연구에 따르면 각각의 연속적인 연령 집단에서 유의미한 감소가 발견되었는데, 총계로 여자들은 29% 그리고 남자들은 33%가 감소하였다(Suvisaari et al., 1999).

정신분열증의 특징

'정신분열증(schizophrenia)' 이라는 용어는 1911년에 '분리된 마음(split mind)' 이라는 의미를 갖는 두 개의 그리스어를 결합하여 스위스의 정신과 의사인 오이겐 브로일러(Eugen Breuler, [그림 14-2])가 만들었다. 대중적인 믿음과는 다르게, 정신분열증은 다중성격(multiple personality)과는 아무런 관련이 없다. 이 용어는 사고와 정서의 왜곡, 즉 현실로부터의 분리를 지칭한다. 정신분열증 환자는 몇 가지 증상들이 결합된 특징을 가지고 있다. 환각(hallucination-해당 개인에게 무엇을 해야 할지를 말해 주는 목소리의 예와 같이, 내적으로 생성된 감각적 경험들), 망상(delusion-자신을 신이 보낸 메신저라고 믿는 예와 같이 거짓되고 발견할 수 없는 신념들), 편집증(paranoia-박해에 대한 망상이 특징임), 어수선한 사고(disordered thought), 부적절한 정서 또는 정서의 결핍 그리고 사회적 철회(social withdrawal)가 이에 해당한다. 네드가 우주선에 대한 환각과 그것이 자신을 공격하고 있다는 편집성 망상과 그리고 LSD에 대한 가능한 망상을 가졌음을 주목하라. 정신분열증 환자들은 '편집성(paranoid)' 또는 '긴장성(catatonic)' 등의 진단적 범주들로 나뉘는데, 이는 어느 증상들이 현저하느냐에 토대를 두고 있다. 진단적 범주들이 정신분열증의 진짜 범위를 표상하는가는 논란이 많다. 특히 유럽의 다른 연구자들이 다른 분류 책략들을 사용하고 있다는 사실은 이 구분이 완전히 객관적이지 않다는 것을 시사한다. 연구자들은 또한 (정신분열증과) 관련이 있는 분열형 성격 장애(schizotypal personality disorder) 또는 분열성 성격 장애(schizoid personality disorder)와 같은 범주성 장애들(spectrum disorders)을 정신분열증의 한 형태로 고려해야 할 것인가에 대해서는 의견이 일치하지 않는다. 이 장애에 대한 정의는 이 장애의 빈발 정도 및 예후(결과)에 대한 결론에 영향을 미친다. 그리고 명확하지 않는 정의는 어느 유전

[그림 14-2] 오이겐 브로일러(1857~1939)

이 분야에서 선구자인 그는 정신분열증이라는 용어를 도입했다.

출처: Bettmann/Corbis.

자들이 이 장애와 관련이 있는가를 결정하는 일을 더 어렵게 만든다.

정신분열증의 발생률은 남녀 간의 차이가 거의 없다. 네드가 그랬듯이 남자들은 일반적으로 10대 또는 20대에 첫 번째 증상을 보인다. 반면에 여자들에게서 이 장애는 통상적으로 약 10년 정도 늦게 시작된다([그림 14-3]). 급성(acute) 증상들은 갑자기 발달하며 대체로 치료에 더 잘 반응한다. 짧은 재발은 있지만 예후는 꽤 좋은 편이다. 점진적으로 발달해서 오랫동안 지속하며 예후가 좋지 않는 증상들을 만성적(chronic)이라고 부른다. 영화는 정신분열증의 기괴한 특징을 지나치게 부각해 왔다. 많은 환자는 기능을 꽤 잘 할 수 있다. 항정신병 약물에 반응하는 부류에 속하는 사람들은 특히 그렇다. 20년 동안 추적해 연구했던 환자들 가운데서 22%는 완전히 회복되었으며, 43%는 개선되었고, 나머지 35%의 증상은 동일하거나 악화되었다. 56%는 전임제로 고용되었다(Huber et al., 1980).

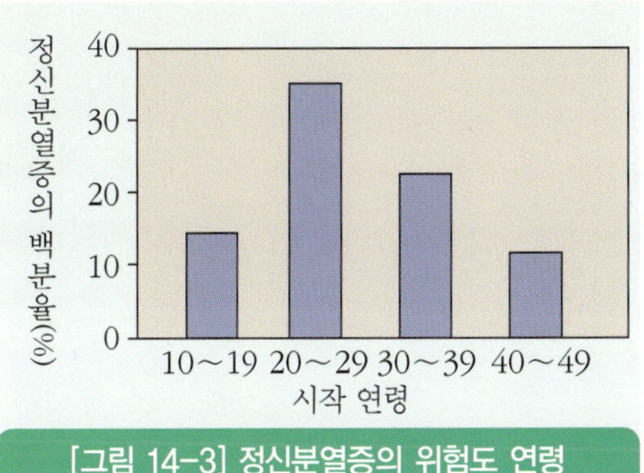

[그림 14-3] 정신분열증의 위험도 연령

출처: Data from Huber et al. (1980).

나는 편집성 정신분열증 환자다. 우리에게 삶이란 살아 있는 지옥이다. 사람들은 나를 죽일 작정을 하고 있고…… 나는 나의 아버지를 죽이려 했다. 나는 제정신이 아니어서 그가 내 앞의 세상을 지배하고 있으며 제2차 세계대전을 유발했다고 생각했다.

– Ross David Burke:

'음악이 끝날 때쯤:

정신분열증으로의 나의 여행' 중에서

의사들은 1700년대 후반 또는 1800년대 초반에 정신병을 의학적인 문제로 보기 시작했다. 그 당시에 정신병 환자들은 문자 그대로 쇠사슬에서 풀려나 치료를 받았다([그림 14-4]; Andreasen, 1984). 세기가 전환될 때쯤에는 정신분열증이 육체적 기반을 두고 있다고 널리 추측되었다. 하지만 생물학적인 원인을 찾으려는 노력은 거의 성공하지 못했다. 1940년대에는 특별히 프로이트의 정신분석 이론이 지배적이던 미국에서 정신분열증이 사회적 요인들로 인해 유발된다는 관점을 강조했다. 이 시기에 생물학적으로 방향을 정한 정신과 의사들은 소수였다(Andreasen, 1984; Wender et al., 1974). 1960년대까지는 연구 기법들이 생리

환자들은 치료가 없이 창고에 억류되었다. 일주일에 한 번 정도로 그들에게 날짚과 음식을 던져 넣는 것이 돌봄의 전부였다. 피넬은 그들을 인간답게 대하면 나아질 것이라는 것을 확신하고서, 1794년에는 파리의 정신병 환자들을 사슬에서 풀어 주었다.

출처: Rapho Agence/Photo Researchers.

[그림 14-4] 사슬로부터 정신병 환자들을 풀어 주고 있는 필립 피넬

학적 입지의 타당성을 증명할 수 있는 과제까지는 이르지 못했다. 이후, 신경전달물질에 대한 지식의 증가, 뇌 영상 기법의 도래, 그리고 향상된 유전적 연구들이 정신분열증에 관한 설명을 생물학의 영역으로 되돌려 놓았고, 정신병에 대한 지각을 전반적으로 바꾸어 놓았다.

유 전

정신분열증은 집안 내력이 있는데, 정신분열증의 발병률이 전체 인구에서보다도 정신분열증 환자의 친척 사이에서 더 높다(Gottesman et al., 1987; Tsuang et al., 1991). 물론 이런 연합은 유전적인 영향만큼 환경적인 영향 탓으로도 돌리기 쉽다. 실제로 1940년대에 유전학파와 환경학파가 동일한 데이터를 놓고 자신의 입장을 옹호하기 위해 논쟁을 했다(Wender et al., 1974). 그러나 쌍생아와 입양아에 대한 연구들은 유전적인 영향을 지지하는 강력한 증거를 제공했다.

쌍생아 및 입양아 연구

[그림 14-5]에서 보는 바와 같이 정신분열증의 공유 발생 정도는 유전적으로 더 가까울수록 증가한다. 그리고 이란성 쌍생아에 비하여 일란성 쌍생아의 일치율

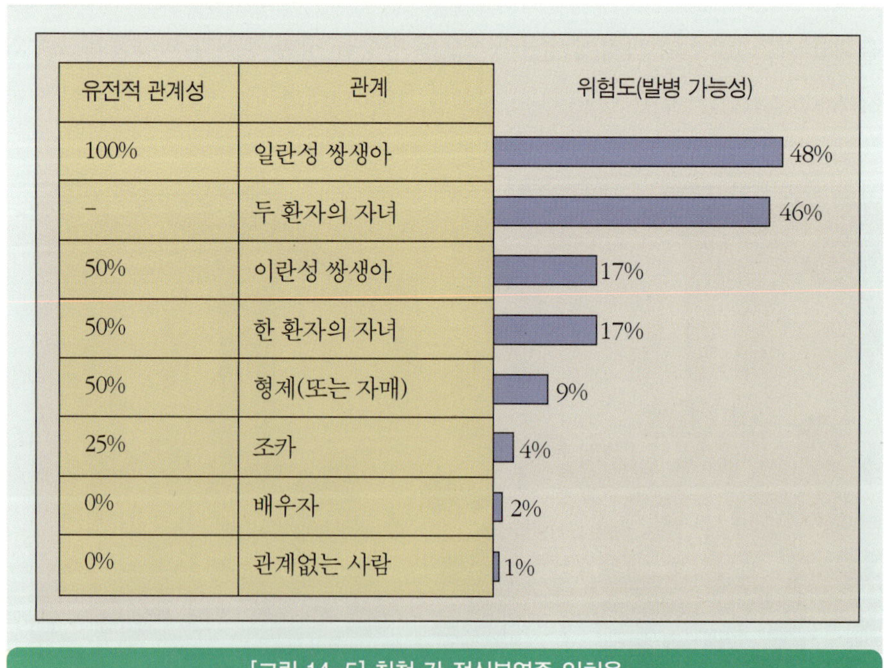

유전적 관계성	관계	위험도(발병 가능성)
100%	일란성 쌍생아	48%
-	두 환자의 자녀	46%
50%	이란성 쌍생아	17%
50%	한 환자의 자녀	17%
50%	형제(또는 자매)	9%
25%	조카	4%
0%	배우자	2%
0%	관계없는 사람	1%

[그림 14-5] 친척 간 정신분열증 일치율

출처: *Introduction to Psychology, Gateways to Mind and Behavior* (with InfoTrac), 9th edition by Coon. 2001. Reprinted with permission of Wadsworth, a division of Thomson Learning.

이 세 배나 높다(Lenzenweger & Gottesman, 1994). 바꾸어 말하면, 정신분열증을 가질 가능성이 일란성 쌍생아가 이란성 쌍생아보다 3배가 높다. 정신분열증의 유전율은 0.6과 0.9 사이로 추정되어 왔다(Tsuang et al., 1991). 이것은 10~40%의 변산성이 환경적인 요인에 기인함을 의미한다.

입양아 연구들로 얻은 정보는 유전적 영향을 보다 더 강하게 지지한다. 이 연구는 정신분열증이 있는 가정에서 입양하는 것은 정신분열증으로부터 거의 또는 아무런 보호를 제공하지 못한다는 것을 보여 준다. 정상적인 가정에서 입양된 사람들이 10%의 발병률을 보이는 반면에, 부모 한쪽이 정신분열증이 있는 덴마크 가정에서 입양된 개인이 정신분열증 또는 정신분열증과 유사한 증상이 발병할 확률은 28%였다(Lowing et al., 1983). 다른 연구들도 비슷한 발견을 했다.

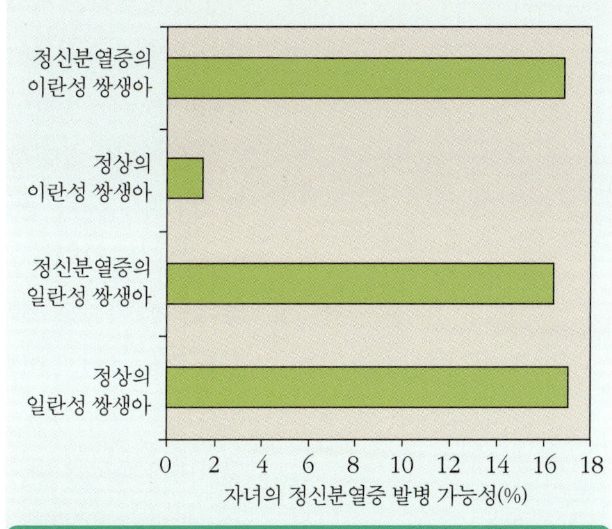

[그림 14-6] 정상 및 정신분열적 쌍생아의 자녀에서 정신분열증의 발병 가능성

한 정신분열증 환자의 정상적인 이란성 쌍생아 자녀는 발병 가능성이 높지 않다. 한 정신분열증 환자의 정상적인 일란성 쌍생아 자녀는 정신분열증을 앓고 있는 일란성 쌍생아의 자녀만큼 정신분열증의 발병률이 높다.

출처: Based on data from Gottesman and Bertelsen (1989).

일란성 쌍생아들 간의 불일치성은 정신분열증이 환경적으로 산출된다는 주장을 하기 위하여 사용되어 왔다. 이 문제와 관련하여, 고티스먼과 버텔슨(Gottesman & Bertelsen, 1989)은 정신분열증을 가진 쌍생아의 자녀들과 정상적인 쌍생아의 자녀들의 정신분열증 발생률을 비교했다. 그들은 이 병에 걸리지 않은 일란성 쌍생아의 자녀가 이 병에 걸린 쌍생아의 자녀들과 정신분열증에 걸릴 가능성이 같다는 것을 발견했다([그림 14-6]). 만약 정상적인 쌍생아들이 정신분열증에 대한 유전자를 지니고 있지 않다면 이런 결과는 발생하지 않았을 것이다. 하지만 불일치에 의해 대두하는 질문은 몇몇의 환경적인 요인이 사람의 정신분열 유전자들이 조용히 남아있을지의 여부를 결정하는가다.

정신분열증 유전자 찾기

정신분열증이 부분적으로 유전적이라는 것을 오랫동안 알아왔지만, 관련되는 유전자들을 확인하는 것은 어려웠다. 한 가지 이유는 범주성 장애들(spectrum disorders)을 정신분열증 진단에 포함시키는 것과 관련하여 연구자들 간에 견해가 일치하지 않았다는 것이다(Heston, 1970; Lowing et al., 1983). 일란성 쌍생아들이 정신분열증에서 불일치할 때, 비정신분열증 쌍생아들의 50%는 범주성 장애들을 가진다(Heston, 1970). 범주성 장애들이 동일한 유전자에서 기인한다면, 이들을 정상이라고 분류하는 것은 이 유전자들이 정신분열증과 정상을 구별할 가능성이 낮음을 시사한다. 두 번째 문제는 정신분열증이 명백히 다양한 유전자들의 누계적 영향(따라서 각각의 유전자 자체는 작은 영향을 끼친다)을 포함한다는 것이다(Fowles, 1992; Tsuang et al., 1991).

이런 어려움에도 불구하고 연구자들은 최근에 의미 있는 진전을 해 왔고 상당한 확신을 가지고 몇몇 유전자를 확인했다(De Luca, Wang et al., 2004; De Luca, Wong et al., 2004; Deutsch et al., 2005; Kirov et al., 2005). 이 유전자들과 그 영향에 대한 가능한 기제들이 〈표 14-1〉에 제시되어 있다. 보다시피 해당 유전자들은 주로 뉴런의 이동, 수용기의 발달 또는 민감성, 그리고 신경전달물질의 활동성과 관련이 있다. 연구자들은 행동적 증상들에 대한 이 유전자들의 관계를 알아내려 하고 있다. 예를 들면, 돌연변이된 DISC1 유전자(정신분열증에서 교란을 유발함)는 PDE4B 유전자 및 TRAX 유전자와 상호작용하는데, 이는 전전두피질에서 회백질의 밀도를 감소시키고 단기기억, 장기기억, 그리고 기분의 교란으로 이어진다(Cannon et al., 2005; Millar et al., 2005). 덧붙여, 연구자들이 생쥐 배아의 뇌에서 DISC1의 활동성을 방해할 때는 뉴런들이 비조직화된 형태로 발달하였는데, 이는 정신분열증 환자의 뇌에서 볼 수 있는 기형과 유사하다(Kamiya et al., 2005).

한 사람이 정신분열증을 가질 위험성은 아마도 물려받은 이들 또는 다른 유전자들의 수와 함께 증가하는 것 같다. 이런 견해는 정신분열증을 가진 친척의 숫자, 그리고 친척의 장애의 정도와 함께 위험성이 증가한다는 사실로부터 지지된다(Heston, 1970; Kendler & Robinette, 1983). 사람들이 정신분열증에 관하여 다른 수준의 유전적 위험성을 가질 수 있다는 사실은 우리에게 취약성의 개념을 생각하게 해 준다.

〈표 14-1〉 정신분열증과 관련 있는 유전자

유전자	염색체	정신분열증과 연계되는 역할
DTNBP1	6	글루타메이트 분비는 물론 시냅스후 구조 및 기능에 영향 미침
NRG1	8	축색의 안내, 시냅스 형성, 수초화와 신경 전달
CHRNA7	15	인지 기능, 작업 기억, 감각 게이팅 및 시각적 추적에서의 결함과 연관된 알파7 니코틴 수용기를 담당함
DAO, DAOA	13	NMDA 수용기 기능의 변경
RGS4	1	어떤 세로토닌 및 글루타메이트 수용기들의 활동성 조절 (이 유전자의 표현은 차례로 도파민 전달에 의해 조절됨)
DISC1	1	신경 이주, 뉴런 내의 수송 담당. 분열정동형 장애(범주성 장애), 우울증과 양극성 장애에 대한 민감성에 영향을 미칠 수 있음

출처: De Luca, Wang, et al. (2004), De Luca, Wong, et al. (2004), Deutsch et al. (2005), and Kirov et al. (2005).

취약성 모델

대부분의 연구자가 동의하는 것은 유전자들이 이 병에 대한 그 사람의 취약성만을 결정한다는 것이다. 유전과 환경 둘 다 다른 모든 장애뿐만 아니라 정신분열증의 원인을 설명하는 데 필요하다(Zubin & Spring, 1977). 취약성 모델에 따르면, 이 장애가 발생하기 위해서는 어느 정도의 인과적 힘(causal forces)에 대한 역치(threshold)를 넘어서야 한다. 환경적인 도전들은 이 역치를 넘어서기 위하여 한 사람의 유전적 취약성과 결합한다. 환경적인 도전은 사별, 취업난 또는 이혼과 같은 외적인 요인이거나 성숙을 위한 변화, 영양실조, 감염 또는 독성물질과 같은 내적인 요인일 수 있다. 이러한 환경적인 영향들은 부분적으로는 후성적 수단(epigenetic means)에 의해, 즉 유전자의 기능을 상향 또는 하향 조절함으로써 작용한다는 증거가 모아지고 있다(Tsankova et al., 2007). 취약성은 물려받은 결함 있는 유전자들의 수에 따라 달라지는 하나의 연속체로 여겨진다. 한 극단에는 적은 백분율의 개인들이 정상적인 육체적 · 심리적인 삶의 스트레스 하에서 정신분열증을 갖게 되는 경우가 있다. 다른 극단에는 어떤 상황 속에서도 정신분열증을 갖지 않는 개인이 있거나 전투로 인한 외상(trauma)과 같은 극심한 스트레스 상황하에서만 정신분열증을 갖는 개인들이 있다(Fowles, 1992).

두 종류의 정신분열증

연구자들은 정신분열증의 하위 타입이 무엇인가뿐만 아니라 정신분열증이 한 가지 질병 또는 여러 질병을 대표하는가에 대하여 의견이 일치하지 않는다. 이 질문에 대한 대답이 무엇이든 상관없이, 대부분의 권위자는 이 장애의 증상들이 두 개의 주요 범주—즉, 양성(positive) 및 음성(negative) 증상—에 들어간다고 일치된 주장을 한다. 양성 증상은 망상, 환각, 사고 장애, 기이한 행동과 같은 행동이 있거나 이들이 과장되어 있는 경우를 포함한다. 음성 증상의 특징은 정상적인 행동이 없거나 불충분하다는 것이다. 따라서 이 범주에는 정서의 결핍, 즐거움을 경험하는 능력의 부족, 동기의 부족, 언변의 부족 및 주의 손상 등이 포함된다.

? 네드는 어떤 유형의 증상을 가졌는가?

크로우(Crow, 1985)는 양성 및 음성 증상들이 다른 원인과 다른 결과를 가지는 두 가지의 정신분열 증상에서 기인한다는 이론을 제시했다. 그가 제안한 유형 I과 유형 II의 정신분열증이 〈표 14-2〉에 기술되어 있다. 연구는 많은 측면에서 이 구분을 지지해 왔다. 양성 증상은 급성적 경향이 더 강하고, 음성 증상에 비하여 항정신병 약물들에 더 쉽게 반응하는 경향이 있다(Fowles, 1992). 음성

〈표 14-2〉 양성 및 음성의 정신분열증

측 면	유형 I (양성)	유형 II (음성)
특징적인 증상	망상, 환각 등	말수가 없음, 정서 결핍 등
항도파민제에 대한 반응	좋음	저조함
증상 개선 효과	개선될 가능성 있음	개선이 어려움?
지적 손상	없음	가끔 있음
병리학적 과정	D2 도파민 수용기 수의 증가	측두엽에서 세포의 손실

출처: Crow (1985).

증상은 만성적인 경향이 있고, 이와 관련된 환자들은 이 장애의 개시 전에 조절 능력이 더 저조하다(Andreasen et al., 1990). 그들은 진단 후에 더 저조한 예후를 보이고(Dollfus et al., 1996), 뇌 장애와 관련되어 있다고 보는 심한 지적 및 다른 인지적 결함들을 보인다(Andreasen et al., 1990). 또한 그들은 뇌 조직의 양이 심하게 감소되어 있다(Fowles, 1992).

도파민 가설

? 어떤 신경전달물질이 정신분열증과 관련이 있는가?

나를 위로해 주는 것은 내가 정신 이상(madness)을 다른 질병들과 같은 하나의 질병으로 생각하기 시작하고 그것을 그렇게 받아들인다는 것이다.

- Vincent van Gogh, 1889: 동생 테오에게 보낸 편지 중에서

1950년대 중반까지는 정신병 환자들을 치료한다는 것이 거의 불가능했는데, 이즈음에 다양한 항정신병 약물들이 (치료) 현장에 보급되었다. 역사상 처음으로 입원해 있는 정신병 환자의 수가 감소했다. 의학에서는, 좀 더 구체적으로는 정신건강에서는, 흔히 있는 일이지만 이 새로운 약물들은 이런 목적으로 계획되지 않았다. 사실, 연구자들은 이 질병에 대한 이해가 너무 적어서 그렇게 할 수가 없었다. 수술 환자들을 차분하게 하고 정신분열증 환자들에게 도움이 되었기 때문에 의사들은 클로르프로마진(chlorpromazine)을 아주 다양한 정신병에 시도했다. 하지만 진정제들이 정신분열증을 치료하는 데 거의 또는 전혀 유용하지 않기 때문에, 왜 클로르프로마진이 작용하는가를 명확히 알지는 못했다.

그래서 연구자들은 분해 공학(reverse engineering)을 시도했다. 여러분은 제5장에서 살펴본 과량의 암페타민이 정신분열증과 구별되지 않는, 환각과 편집성 망상을 포함한 정신병적 행동을 야기한다는 것을 기억할 것이다. 이윽고 연구자들은 암페타민이 도파민성 활동성을 증가시킴으로써 이런 증상들을 산출한다는 결정을 내릴 수 있었다. 이런 발견은 궁극적으로 정신분열증이 뇌에서 과도한 도파민 활동성과 연관 있다는 도파민 가설로 이끌었다. 이 가설에 따르면, D_2 타입의 도파민 수용기를 차단하는 것이 어떤 약물이 항정신병 효과를 가지기 위한

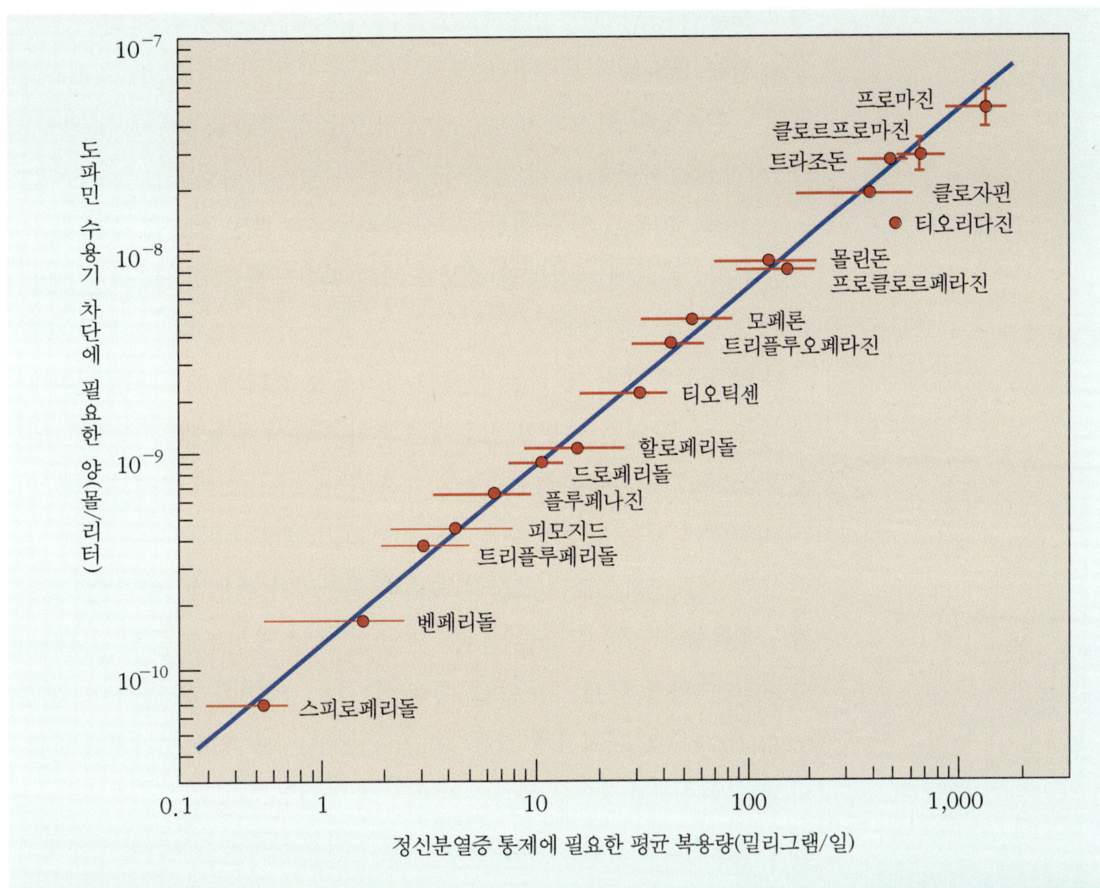

[그림 14-7] 항정신분열 약물의 수용기 차단과 임상적 효과 간 관계

수평축은 의사들이 처방한 하루의 평균 복용량이다. 적색의 수평선들은 사용된 복용량의 전형적인 범위를 나타낸다. 수직축의 값들은 도파민 수용기들의 50%를 차단하는 데 요구되는 약물의 양이다.

출처: Reprinted by permission from P. Seeman et al., "Antipsychotic Drug Doses and Neuroleptic/Dopamine Receptors," *Nature, 261*, p. 718, fig. 1.

필수조건이며, 효과는 이 약물의 차단 능력과 직접 관련되어 있다. 이 가설은 상당한 지지를 받아 왔다. 정신분열증 환자들은 전형적으로 선조체에서 도파민의 활동성이 상대적으로 더 높다(Abi-Dargham et al., 2000). 그리고 도파민 수용기를 차단하는 약물들은 정신분열증의 양성 증상을 치료하는 데에 효과적이다(Snyder et al., 1974). 실제로, 대부분의 항정신병 약물들의 유효 용량은 도파민 수용기를 차단하는 이 약물들의 능력에 정비례한다([그림 14-7]; Seeman et al., 1976).

도파민 가설을 넘어서

그러나 30~40%의 정신분열증 환자들은 이 약물들이 도움이 되지 않았다. 그리고 도파민 가설에는 성가시게도 (이들 약물에) 반응을 하지 않는 환자들은 반응을 하는 환자들과 똑같은 정도로 D_2 수용기가 차단되었다. 실제로 반응하는 몇몇의 환자들이 현저하게 낮은 수준의 수용기 차단을 보이는 반면에, 그들(즉, 반응하지 않는 환자들)의 몇 명에서는 차단이 90%가 넘었다(Kane, 1987; Pilowsky et al., 1993). 더욱이 일부 정신분열증 환자들은 도파민 결핍을 가진 것 같다. 특히 만성적이고 치료에 저항적인 증상을 가진 환자들이 그렇다(Grace, 1991; Heritch, 1990; Okubo et al., 1997).

이 약물들에 대한 또 다른 문제는 부작용을 견디기 어렵다는 것이다. 항도파민 약물들을 장기간 사용할 경우에는 흔히 지발성 운동 장애(tardive dyskinesia), 떨림(tremor) 및 불수의적 운동(involuntary movement)이 발생하는데, 이 부작용은 기저핵에 있는 도파민 수용기를 차단하기 때문에 야기된다. 70년 전에는 이런 효과는 필연적으로 치료상의 혜택과 연결되기 때문에 '알맞은' 용량은 어느 정도의 운동 부작용을 유발한다고 믿었다. 이에 정신분열증을 치료하기 위해서 사용되는 약물들은 '뉴런을 통제한다'는 의미를 반영하여 신경이완제(neuroleptics)로 알려지게 되었다(Julien, 2005). 이 효과는 기저핵의 D_2 수용기의 민감성이 상보적으로 증가하기 때문에 발생하는 것 같다. (이것은 약물이 단순히 우리가 치료를 원하는 뇌의 일부분에만 영향을 미치지 않는다는 사실에 대한 좋은 실례가 된다.)

1990년대 초 이래로 몇 가지의 새로운 비전형적인(atypical) 항정신병 약물들이 소개되는 것을 보아 왔다. 비전형적인 항정신병 약물들이 (전형적인 약물들과) 다른 한 가지 방식은 D_2 수용기를 훨씬 덜 표적으로 삼는다는 것이다. 그래서 이들은 훨씬 더 높은 용량에서만 운동 장애(motor problems)를 산출한다. 다행히도 운동 부작용을 피하기 위해 치료상 절충할 필요가 없다. 비전형적인 항정신병 약물은 전형적인 약물보다 15~25% 더 효과적이다. (증상들의) 완화의 정도는 치료에 저항적인 환자들과 음성 증상을 가진 환자들에서 훨씬 더 두드러지며, 이따금씩 수년의 만성질환 후의 전체적인 차도와 맞먹는다(Iqbal & van Praag, 1995; Pickar, 1995; Siever et al., 1991). 그렇다면 도파민 가설은 추악한 사실에 의해 죽은 아름다운 가설의 또 다른 예에 불과한가? 완전히 그렇지는 않다. 비록 비전형적인 항정신병 약물들이 주로 다른 수용기들을 표적으로 삼지만, D_2 수용기에서 최소한의 경미한 효과도 없는 이 약물들은 치료 효과가 없다(Jones & Pilowsky, 2002). 결론적으로 성공적인 치료를 위해서는 D_2 수용기의 차단과 다른 영향이 필요함이 분명하다.

그렇다면 방금 언급한 다른 영향들은 무엇인가? 하나는 글루타메이트의 증가다. 제5장에서 논의한 것처럼 펜시클리딘(phencyclidine: PCP)이라는 약물이 몇몇 정신분열 증상을 유발한다는 사실을 기억해 보라. 실제로 이 약물은 암페타민보다 훨씬 더 정신분열증을 잘 모방한다(Sawa & Snyder, 2002). 이 약물의 효과 중의 하나가 글루타메이트 수용기의 NMDA 하위 타입을 억제하는 것이라는 사실로부터, 글루타메이트의 활동성이 감소하면 정신분열증을 유발할 수 있음이 제안되었다. 글리신(glycine)을 투여하면 NMDA 수용기가 활성화되며 글루타메이트의 방출이 증가한다. 전형적인 항정신병 약물과 글리신을 함께 투여하면 음성증상들이 감소하며, 전형적인 항정신병 약물만으로 치료한 경우보다 23%나 더 많이 인지력이 향상된다(Coyle et al., 2003; Goff et al., 1999; Heresco-Levy et al., 1999). 비전형적인 항정신병 약물들 또한 글루타메이트 수준을 증가시키는데, 이는 글루타메이트 수송체의 유전자를 하향 조절한 결과로, 재흡수를 감소시키기 때문에 그렇다(Goff et al., 2002; van der Heijden et al., 2004; Melone et al., 2001). 한 연구에서 뇌의 글루타메이트 수준이 음성 증상들이 개선된 환자들에서는 증가했지만 반응이 없는 환자들은 그렇지 않았다(Goff et al., 2002). 현재 임상 시험 중인 한 글루타메이트 효능제가 정신분열증의 양성 및 음성 증상 모두 효과가 있음을 보여 왔다(Patil et al., 2007). 비전형적인 항정신병 약물은 글루타메이트 수준뿐만 아니라 세로토닌 수준에도 영향을 미치며(van der Heijden et al., 2004), 몇 가지 약물들은 세로토닌 수용기의 5-HT_2 하위 타입의 90%를 차단한다(Jones & Pilowsky, 2002; Kapur et al., 1999).

정신분열증을 설명하기 위하여 신경전달물질 시스템 하나에만 초점을 맞추는 것은 그릇된 인식을 가져올 것이다. 신경물질 시스템들은 복잡한 방식으로 상호 작용한다. 한 시스템의 변경은 다른 시스템의 기능에도 영향을 끼칠 것으로 기대된다. 세로토닌 시스템은 도파민 시스템의 활동성을 조절하는 힘 중의 하나다(Iqbal & van Praag, 1995; Smith et al., 1997). 글루타메이트 시스템은 도파민 수용기의 숫자에 영향을 미친다(Scott et al., 2002). 정신분열증에서 도파민의 불균형이 전전두피질에서의 글루타메이트 활동성의 감소 때문에 야기될지 모른다는 증거도 있다(Laruelle et al., 2003). 이 시점에서 감소한 글루타메이트의 활동성이 정신분열증과 관련이 있다는 글루타메이트 가설은 상당히 이론적 · 치료적 약속을 해 주지만, 이 가설이 살아남기 위해서는 다른 시스템이 활성화되는 이유를 설명해야만 한다. 그런 이야기가 펼쳐지기를 기다리는 동안에 우리는 뇌의 구조적인, 그리고 기능적인 이상으로부터 정신분열증의 근원에 대한 부가적인 단서를 알아보자.

정신분열증에서의 뇌 이상

역기능들이 정신분열증 환자 뇌의 거의 모든 부분에서 확인되었다. 가장 일관성 있는 발견은 뇌실이 팽창되어 있다는 것이다. 또 다른 것은 전두엽 활동의 저하(hypofrontality)다. 우리는 차례로 각 결함에 관하여 살펴볼 것이다.

뇌 조직 손실과 뇌실의 팽창

? 정신분열 환자에게 어떤 뇌의 결함이 발견되었는가?

몇몇 연구는 피질 회백질의 감소, 변연 영역의 부피 감소 그리고 팽창한 열과 구를 정신분열증 환자들의 뇌에서 발견하였다(Breier et al., 1992; Lim et al., 1996; Weiberger et al., 1979b). 이 결함들은 흔히 뇌실의 팽창을 동반한다. 뇌실은 뇌 세포들에 의해 점유되었던 공간을 차지하기 위해 확장하기 때문에, 뇌실의 팽창은 뇌 조직의 손실에 대한 표지자 또는 지시자의 역할을 한다([그림 14-8]). 뇌실 부피의 증가는 대략 식탁용 스푼의 가득한 양보다 적고(Suddath et al., 1989) 측두엽 무게의 감소는 6g 정도이기 때문에 이런 손실은 보통 감지하기가 어렵다(Bogerts et al., 1985). 그러나 이런 수치는 뇌 손실이 시사하는 기능상의 중요성을 착각하게 한다. 사실 정신분열증에 관하여 서로 일치하지 않는 일란성 쌍생아들 간에 흔하게 구별되는 특징은 그들의 뇌실 크기다(Suddath et al., 1990). 뇌실의 팽창은 정신분열증에만 특정화되는 것은 아니다. 팽창된 뇌실은

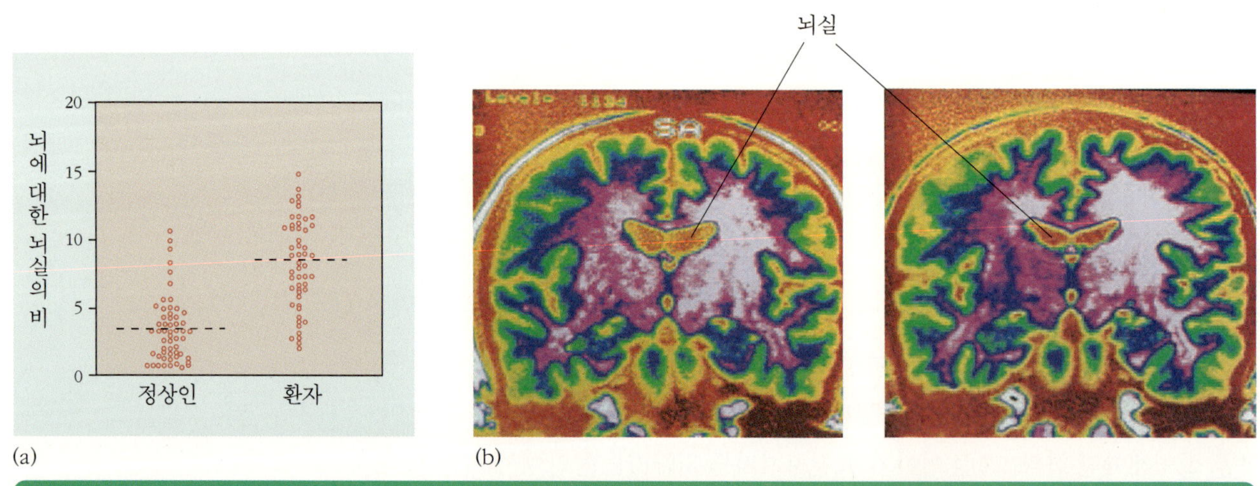

[그림 14-8] 정상인과 정신분열증 환자의 뇌실 크기

(a) 정상인과 정신분열증 환자의 뇌에 대한 뇌실의 비{(뇌실 영역/뇌 영역) X 100}. 수평의 점선은 집단 평균을 가리킨다. (b) 일란성 쌍생아들의 MRI 뇌영상-정신분열증 환자(좌)와 정상인(우).

출처: (a) From "Lateral Cerebral Ventricular Enlargement in Chronic Schizophrenia," by D. R. Weinberger et al., *Archives of General Psychiatry, 36*, pp. 735-739. Copyright 1979 American Medical Association. Reprinted with permission. (b) © 1990 Massachusetts Medical Society. All rights reserved.

노령, 치매, 알츠하이머병, 헌팅턴 무도병, 그리고 치매를 동반하는 알코올 중독을 포함하는 몇 가지 다른 조건들과도 연관되어 있다(Weinberger & Wyatt, 1983; Smith & Atkinson, 1995). 대부분의 정신분열증 환자가 정상적인 뇌실을 가지고 있기 때문에, 뇌실의 팽창은 정신분열증에 대한 유전적 특성과는 관계가 없다. 우리는 뇌 조직의 결함에 관하여 이의 근원을 고려할 때, 더 자세히 들여다 볼 것이다.

전두엽 활동의 저하

일찍이 우리는 도박 과제(하나의 대안적인 기법이 위스콘신 카드 분류 검사 Wisconsin Card Sorting Test인데, 이것은 개인에게 중간에 책략을 바꾸도록 요청한다. 즉, 처음에는 한 가지 기준을 사용하여 카드를 분류하다가 다른 기준으로 바꾸게 한다)를 사용하여 전전두 기능을 평가할 수 있음을 보았다. 많은 정신분열증 환자들은 이 검사에서 수행이 저조하며, 그들은 이전의 분류 책략만을 고집한다. 정상적인 개인은 이 검사 동안에 전전두 영역의 활동성이 증가하지만, 정신분열증 환자들은 다른 영역들은 정상적으로 활성화됨에도 불구하고 일반적으로 이 영역은 활동성이 증가하지 않는다(Weinberger et al., 1986). [그림 14-9]에서 보는 것과 같이 정신분열증 환자와 비교하여 이 과제 동안에 정상인의 뇌, 특히 배외측 전전두피질이라 명명되는 전전두 영역은 불을 밝히고 있다. 이와 같은 전두

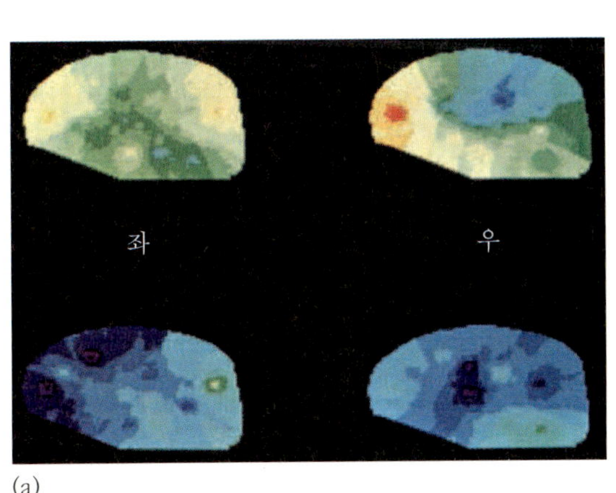

(a)

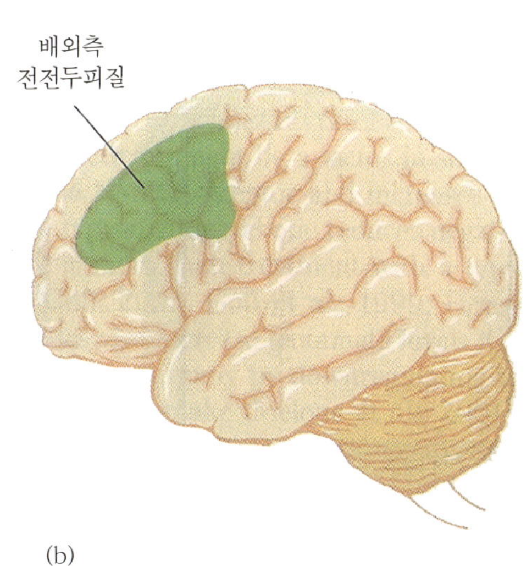

(b)

[그림 14-9] 카드 분류 검사 동안의 정상 및 정신분열 뇌에서의 혈류

(a) 위 영상들은 정상인 뇌의 좌우 반구에 관한 것이다. 정신분열증 환자의 뇌는 아래에 제시되어 있다. 적색과 황색은 최대로 활성화되어 있음을 나타낸다. 특히 배외측 전전두피질[이 영역은 (b)에서 확인할 수 있음]의 활동성에 주목하라.

출처: "Physiologic Dysfunction of Dorsolateral Prefrontal Cortex in Schizophrenia: I. Regional Cerebral Blood Flow Evidence," by D. R. Weinberger, K. F. Berman, and R. R. Zec, 1986, *Archives of General Psychiatry, 43*, pp. 114-124.

엽 활동의 저하는 명백히 도파민 결핍을 포함한다. 그 이유는 정신분열증 환자에게 암페타민을 투여하면 전전두피질에서 혈류가 증가하며, 위스콘신 카드분류 검사에서 수행력이 향상되기 때문이다(Daniel et al., 1991). 배외측 전전두피질에 대한 외상적인 손상이 있을 때는 정신분열 증상과 유사한 결함들—정동둔마(flat affect), 사회적 철회, 지능 및 문제해결 능력 감소, 동기 및 업무 능력의 감소 그리고 주의 집중의 손상—이 유발된다(Weinberger et al., 1986). 전두엽이 행동을 계획하고, 행동 결과를 인식하며 작업 기억을 관리하기 때문에, 전두엽의 기능 장애가 사고 및 행동에서 주요 이상을 야기하는 것은 놀랄 만한 일이 아니다.

엉망이 된 연결

최근 주목을 받는 것은 국지적인 기능 부전보다는 뇌의 부분 간의 엉망이 된 연결(disordered connections)이다. 이런 접근은 정신분열증 환자들의 뇌에서 백질이 감소되어 있다는 발견과 일치한다(Goldman-Rakic & Selemon, 1997). 하나의 실례는 위스콘신 카드 분류 검사 동안에 전두엽의 활동이 저하되는 현상이 해마와 전두피질 간의 정보 전달이 와해되었기 때문에 발생한다고 제안하는 연구로부터 들 수 있다(Weinberger et al., 1992). 엉망이 된 연결은 선조체와 전두피질 간의 신경 교신에서도 존재한다고 제안되어 왔다(Ring & Serra-Mestres, 2002). 시각피질 내의 국지적인 연결의 부족으로 시각적 환각이 야기될 수도 있다(Spencer et al., 2004).

정신분열증 환자는 감각적 지각과 내적 사건(예, 기억과 자기생성적인 사고 및 심상) 간의 차이를 인식할 수 없기 때문에, 전두엽과 다른 뇌 영역 간의 엉망이 된 연결이 아마도 환각 발생에 기여하는 것 같다(Frith & Dolan, 1996). 정신분열증 환자들의 뇌를 스캔한(scanning) 자료에 따르면, 언어 영역은 청각적 환각 동안에 활성화되며, 시각 영역은 시각적 환각 동안에 활성화된다([그림 14-10]; McGuire et al., 1993; McGuire et al., 1995; Silberweig et al., 1995). 이 영역들은 정상적인 개인이 내적 언어(inner speech—즉, 자기 자신에게 말하는 것)에 열중하거나 시각 장면들을 머릿속에 떠올릴 때도 활성화되기 때문에, 환각 상태에 있는 정신분열증 환자는 단순히 목소리와 이미지를 상상한다기보다는 자기 생성적인 사고를 잘못 지각하고 있는 것이다.

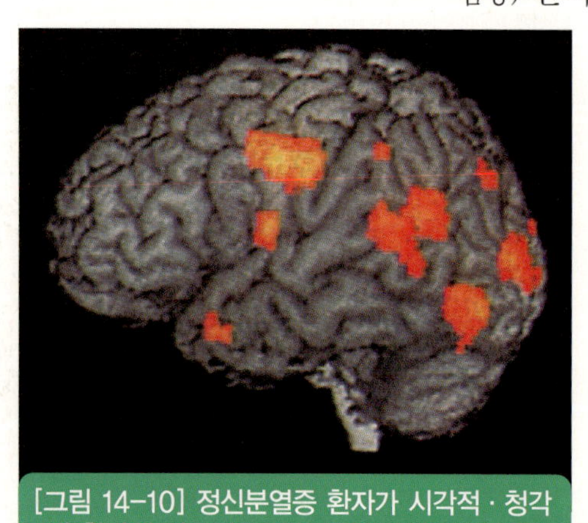

[그림 14-10] 정신분열증 환자가 시각적 · 청각적 환각에 사로잡혀 있는 동안의 뇌의 활동성

출처: D. A. Silbersweig et al., "A Functional Neuroanatomy of Hallucinations in Schizophrenia," Nature, 378, pp. 176-179. Reprinted by permission of Nature, © 1995.

유사하게 청각적 신경로를 억제하는 해마 능력의 감소가 정신분열증 환자들이 환경적인 소리를 억제하는 데 어려움을 가지는 이유라고 믿는다(Leonard et al., 1996). 청각적 게이팅(auditory gating)이 손상되면 교통 소음 또는 멀리서 들려오는 대화 소리는 짜증스러울 뿐만 아니라 정신분열증 환자에게는 위협적인 것으로 해석될 수도 있다. 비전형적인 항정신분열 약물들은 게이팅을 향상시키며, 니코틴은 이를 정상화시킨다(Adler et al., 2004; Kumari & Postma, 2005). 정상적인 사람들의 23%가 흡연을 하는 것과는 대조적으로, 정신분열증 환자들의 70~80%가 흡연을 했다(de Leon, 1996; De Luca et al., 2004). 이는 명백히 이 환자들이 자가 약물치료를 시도하고 있음을 시사한다. 감각적 게이팅 이외에 니코틴은 움직이는 대상에 대한 시각적인 추적(visual tracking)의 어려움, 작업 기억의 손상, 그리고 다른 인지 능력의 손상을 포함하는 음성 증상들을 개선시킨다(Sacco et al., 2004; Sacco et al., 2005; Tregellas et al., 2005). 니코틴은 감소한 니코틴성 아세틸콜린 수용기의 기능을 보상하고(Deutsch et al., 2005), 글루타메이트의 방출을 증가시키며, 전전두피질에서 활성의 저하로 고갈된 도파민 수준을 증가시키는 것 같다(Kumari & Postma, 2005). 세 연구들은 니코틴 수용기를 담당하는 유전자와 정신분열증을 연결한다(De Luca, Wang et al., 2004; De Luca, Wong et al., 2004; Deutsch et al., 2005).

뇌 결함의 원인

뇌 결함과 관련하여 가능성 있는 확실한 원인은 머리 부상일 것이다. 몇몇의 연구들은 정신분열증이 진단 이전의 몇 년 이내에 발생한 뇌손상과 관련이 있다고 보고해 왔다(David & Prince, 2005). 그러나 이 연구들은 부상에 관하여 환자들과 친척들의 기억에 의존한 것, 정신분열증에 관하여 인과적 진단을 한 것, 그리고 사고 성향(accident proneness)과 부상 전의 증상들을 혼입 요인들로 고려하지 않은 것 등을 포함하여 수많은 방법론적 부적절성 때문에 비판을 받아 왔다(David & Prince, 2005; Nielsen et al., 2002). 다양한 영향에 대한 더 강력한 증거는 출생 때나 출생 전 시기에서 얻을 수 있다.

아빠의 사망과 같은 사건으로 인해 엄마에게 부과되는 정서적 스트레스(Huttunen, 1989), 그리고 군사적 침입(van Os & Selten, 1998) 만큼이나 임신기 내지는 출생 시에 발생한 신체적 합병증은 정신분열증과 관계가 있다(Cannon et al., 2002). 임신 또는 출생 시에 발생한 합병증이 뇌 결함에 기여한다는 견해가 시사하는 한 가지는 이런 합병증이 이후 생애에서 팽창된 뇌실과 결부된다는 점이다(Pearlson et al., 1989). 이 합병증은 일란성 쌍생아 간에 뇌실의 크기가 다른 이유를 설명해 줄 수 있다(Bracha et al., 1992).

탯줄을 목에 감고 태어나는 것과 같은 예처럼 출생 합병증이 어떻게 쌍생아 간에 다른가를 알아보는 것은 쉽다. 그러나 자궁에서의 다른 경험들은 약간의 설명을 요한다. 발달 중인 유기체가 발달의 넷째 날 전 아니면 후에 둘로 나뉘느냐에 따라 일란성 쌍생아들은 같은 태반과 양막낭을 공유하거나 자신만의 태반과 양막낭을 갖는 것 같다. 태반을 공유하지 않는 일란성 쌍생아들은 정신분열증에 대하여 11%의 일치율을 가진다. 이와 대조적으로, 태반을 공유하는 일란성 쌍생아들은 60%의 일치율을 보이는데, 이는 아마도 감염을 공유하기 때문인 것 같다(Davis et al., 1995). 출생 전 요인이 중요함에도 불구하고, 어떤 연구자들은 이 요인들이 유전적으로 취약한 개인에게만 정신분열증을 산출한다고 믿는다(Schulsinger et al., 1984).

겨울 출생의 영향은 정신분열증 환자들이 한 해의 다른 어느 때보다도 겨울과 봄에 더 많이 태어난다는 사실을 말한다. 이런 영향은 수많은 연구(어떤 연구에서는 5만 명 이상의 정신분열증 환자를 피험자로 사용했다)에서 반복 검증되어 왔다(Bradbury & Miller, 1985). 겨울 출생에서의 중요한 요인은 추운 날씨가 아니라, 1월에서 5월 사이에 태어난 유아들이 전염성 질병의 발생률이 높은 가을이나 초겨울에 출생 전 발달의 두 번째 3개월 기간(the second trimester)을 갖는다는 사실이다(Watson et al., 1984). 임신 4~6개월째(즉, 두 번째 3개월)에 엄마가 바이러스에 감염되면 (아이가) 정신분열증을 가질 위험성이 증가한다는 증거가 충분하다. 몇 가지의 질병이 연관이 있지만 인플루엔자의 영향이 가장 자주 연구되어 왔다. 몇몇의 나라에서는 인플루엔자가 발생한 후에 정신분열증을 가진 아이들이 태어날 발생률이 더 높다는 것이 확인되어 왔다. [그림 14-11]은 정신분열증 환자의 출생률이 인플루엔자 감염이 높은 겨울과 봄 사이에서 더 높다는 것과 유행성 독감 후에 정신분열증 환자의 출생률이 최고가 됨을 보여 준다. 하지만 이 연구들은 해당의 엄마 개개인이 실제로 인플루엔자 바이러스에 노출되어 왔는지를 확신할 수 없었다. 대조적으로 임신부로부터 뽑은 혈액 표본을 분석함으로써 알렌 브라운과 동료들(Alan Brown et al., 2004)은 인플루엔자 항체가 존재할 때 정신분열증과 범주성 장애들이 발생할 위험성이 7배가 증가함을 발견하였다.

출생 전의 기아는 최근까지 논쟁의 소재가 되었던 정신분열증에 대한 또 하나의 경로다. 1944~1945년의 히틀러가 취한 네덜란드에 대한 식량 봉쇄 기간 동안에 임신한 엄마들의 자녀에서 정신분열증의 비율이 두 배가 높았다는 사실에 근거해 이런 생각을 하게 되었다(Susser et al., 1996). 그러나 이런 해석은 의문시되었는데, 이유는 표본의 수가 작았고, 살아남기 위해서 해당의 여자들이 먹었던 튤립 알뿌리에 있는 독소가 그 원인으로 간주될 수 있었기 때문이었다. 그러나 지금은 1959~1961년의 중국의 기근 기간 동안에 태어난 어른들을 대상으로 뽑은 훨씬 더 큰 표본으로부터 얻은 데이터는 그 관련성(정신분열증이 0.84%로부

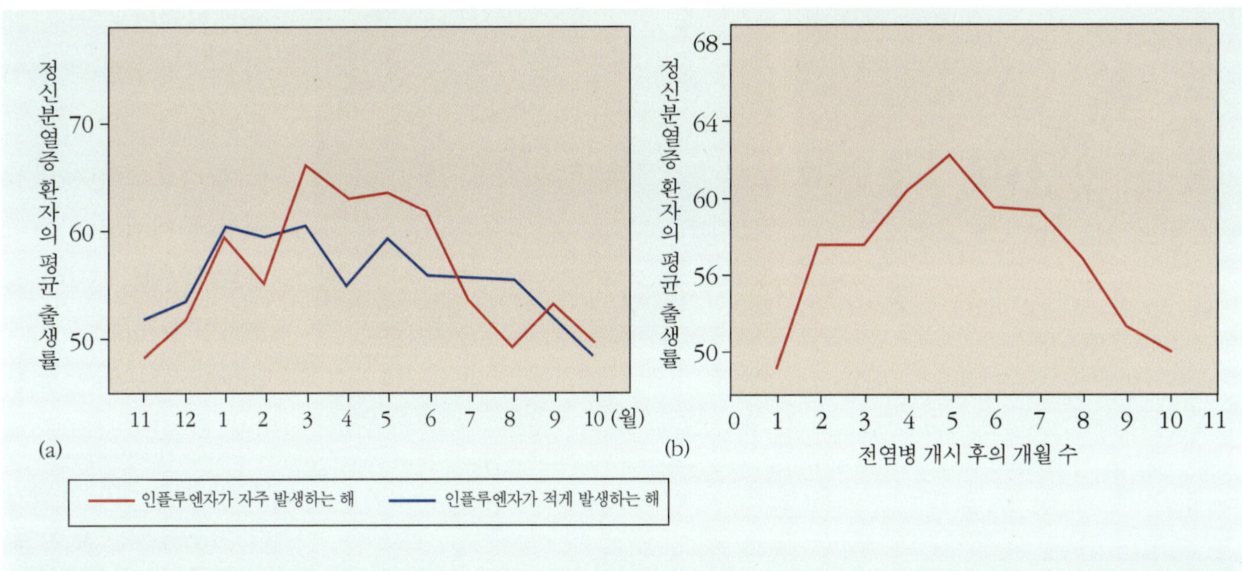

[그림 14-11] 영국과 웨일즈에서의 계절 및 인플루엔자 전염병에 대한 정신분열증 환자의 출생 관련성(1939~1960)

(a) 인플루엔자의 발생 정도가 높거나 낮은 해에 따른 정신분열증 환자의 월별 출생률. (b) 전염병 개시로부터의 시간에 따른 정신분열증 환자의 출생률.

출처: P. C. Sham et al., "Schizophrenia Following Pre-Natal Exposure To Influenza Epidemics Between 1939 and 1960," British Journal of Psychiatry, 160, pp. 461-466. © 1992. Reprinted with permission of the publisher.

터 2.15%로 증가했음)을 확인시켜 주었다(Clair et al., 2005).

발달 질환으로서의 정신분열증

정신분열증 환자들의 뇌 결함은 명확히 생애 초반에 발생하는데, 어떤 경우는 출생 시나 그 이전에 발생한다. 어떤 정신분열증 환자들의 뇌의 경우, 측두엽 및 전두엽에 있는 많은 뉴런이 두 번째 3개월 동안에 피질의 바깥층으로 이동하지 못한 것 같다. 그들은 심부의 백질층에서 조직화되지 못하고 제멋대로 놓여 있다([그림 14-12]; Akbarian, Bunny et al., 1993; Akbarian, Viñuela et al., 1993). 정신분열증 환자들의 해마 및 전전두피질은 리일린(Reelin-이동하는 뉴런에게 정지 요인의 기능을 하는 단백질)이 30~50%나 결핍되어 있다(Fatemi et al., 2000; Guidotti et al., 2000). 이 관찰들과 정신분열증이 출생 시의 외상 및 출생 전의 바이러스 감염과 연관되어 있다는 사실 모두는 초기의 뇌손상, 즉 발달의 와해에 대한 지지 증거가 된다.

이런 견해는 행동적 자료에 의해 지지된다. 나중에 정신분열증 환자가 된 아이들을 찍은 동영상 자료는 이들이 건강한 형제 또는 자매에 비하여 더 부적인 얼굴 표정과 신체적 어색함을 가짐을 보여 주었다(Walker et al., 1996). 어른이 되었을 때 정신분열증 진단을 받은 7~11세 때의 핀란드 아이들에 대한 학교 기

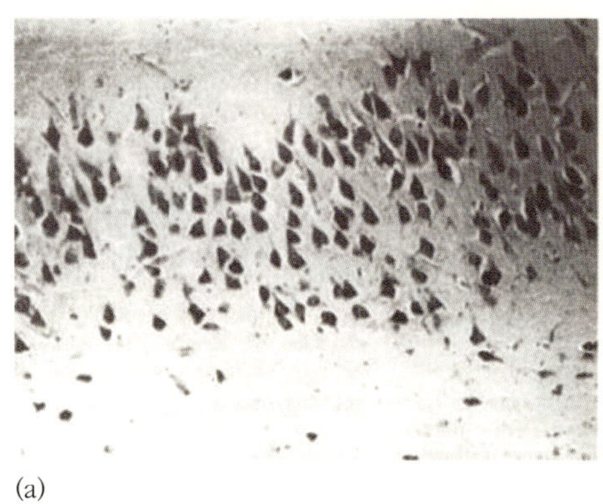
(a)

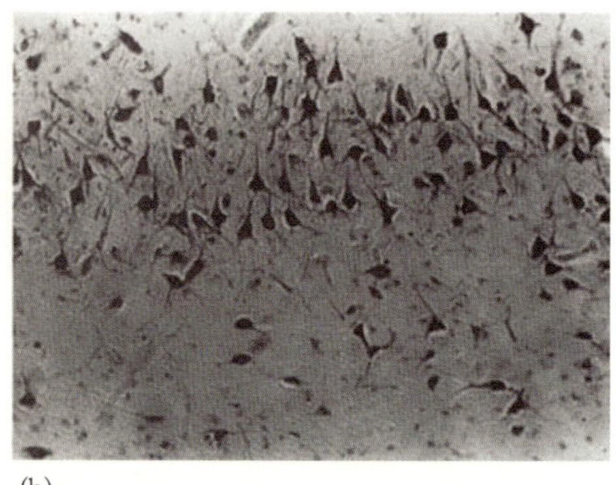
(b)

[그림 14-12] 정신분열증에서의 신경의 비조직화

(a) 정상적인 해마의 뉴런들은 질서 정연하지만, (b) 정신분열증 환자의 뇌에서는 뉴런들이 아무렇게나 이동해 있다.

출처: Arne Scheibel, UCLA.

록에 따르면, 그들은 학업 이외의 활동(단, 학업 활동에서는 차이 없음), 특히 스포츠와 수공예에서 통제집단의 아이들보다 수행 실적이 저조하였다(Cannon et al., 1999). 연구들은 또한 이 아이들이 어렸을 적에 사회적 적응 능력이 더 저조했음을 보여 주었다. 그러나 이 연구들이 아이들이 나중에 정신분열증을 갖게 된다는 지식에 의해 영향을 받았을 수도 있는 엄마의 기억에 의존했다(Cannon et al., 1997, 1999).

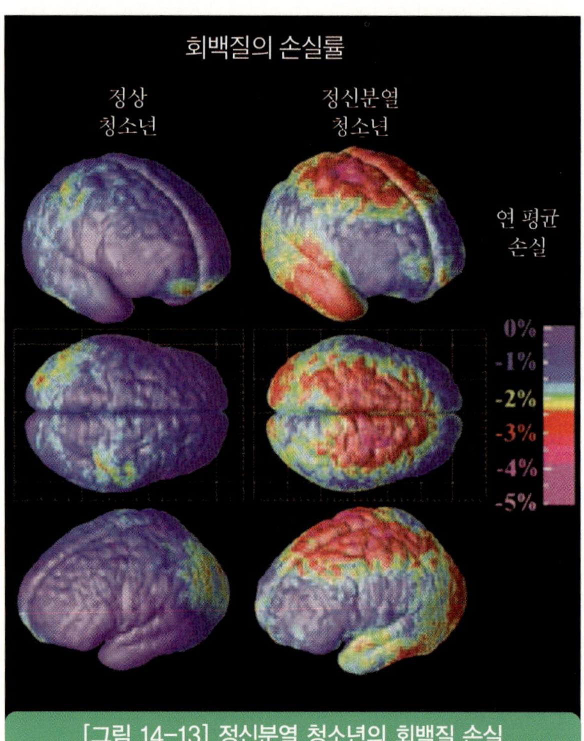

[그림 14-13] 정신분열 청소년의 회백질 손실

정상 청소년의 뇌에서도 신경회로의 가지치기 때문에 어느 정도의 뇌 손실이 있지만 정신분열 청소년은 그 정도가 훨씬 심하다. 적색과 핑크색 영역은 매년 3~5%의 손실이 있음을 나타낸다.

출처: P. M. Thompson, "Mapping Adolescent Brain Change Reveals Dynamic Wave of Accelerated Gray Matter Loss in Very Early-Onset Schizophrenia," PNAS, 98, pp. 11650?11655, fig. 1A, p. 11651, and fig. 5, p. 11653. © 2001 National Academy of Sciences, U.S.A. Used with permission.

회백질 결함과 뇌실 팽창은 통상적으로 환자의 진단 시에 존재한다(Degreef et al., 1992). 대부분의 증거는 뇌 용적의 손실은 청소년기나 성인 초기에 현저하고, 빠르게 진행되며 이후에는 변동이 없게 된다(Woods, 1998). 청소년기는 정신분열증 발달에 특히 중요한 시기다. 이 시기에는 흔히 정신분열 증상들이 발달하기 시작하고, 전두엽의 수초화 및 측두 변연 영역들의 연결을 포함하는 뇌가 성숙하는 시기이기도 하다(Weinberger & Lipska, 1995). 탐슨과 동료들(Thompson et al., 2001)은 정신분열증이 일찍 시작할 것이라고 진단받았던 한 청소년 집단을 확인하고서는 MRI를 사용하여 그들의 뇌 발달을 추적했다. 13세 때는 신경회로에서 불필요한 부분을 제거하기(circuit pruning) 위해 발생하는 정상적인 회백질 손실의 양과 차이가 없지만, 향후 5년 이후에는 일부 영역에서 해마다 5% 정도로 빠르게 회백질 손실이 진행되었다([그림 14-13]). 그 증상의 특성은 회백질 손실이 두정엽으로부터 측두, 전두 영역으로 진행함에 따라 다양했다. 결함이 청소년기 후반까지는 측두엽과 배외측 전두 영역에서는 발생하지 않으나, 궁극적으로는 이 영역들도 표적이 되며 그 결함의 정도는 가장 심각해졌다. 다른 연구들은 죽어 가는 뉴런들 또는 진행 중인 퇴행성 질환에서 예상되는 염증이 있다는 증거를 발견하지 못했다. 대신에 회백질 결함이 시냅스의 손실 때문에 발생할 수 있다고 보았다(Lewis & Levitt, 2002; Weinberger, 1987). 이런 심각한 수준의 신경 가지 제거 현상은 글루타메이트 활동성의 부재로 인해(Coyle, 2006) 이미 약화된 신경회로들을 제거하는 일을 반영할 수도 있다(Lewis & Levitt, 2002). 이런 견해는 정신분열증 진단을, 정신분열 청소년들에게서 회백질이 유의미하게 감소하기 전에 수행한다는 사실에 의해 지지된다.

개념 확인

- 정신분열증에서 유전과 환경 간의 상호작용은 무엇인가?
- 두 종류의 정신분열증에 대하여 기술하라.
- 도파민 이상과 뇌 결함이 어떻게 상호작용한다고 생각하는가?

정동 장애

? 정동 장애란 무엇인가?

정동 장애(affective disorder)는 우울증(depression)과 조증(mania)을 포함한다. 거의 모든 사람은 이따금씩 우울함, 즉 극도의 슬픈 감정을 경험한다. 우리는 학업 성적, 잘못된 대인관계 또는 사랑하는 사람의 상실로 인해 우울해진다. 이런 반응적인 우울감은 극심할 수 있는 반면에, 주우울증(major depression)은 삶의 도전에 대한 정상 반응의 범위를 넘어간다. 주우울증에서 해당 개인은 흔히 가망이 없다고 할 정도로 한 번에 수주일 동안 슬픈 감정을 느낀다. 삶, 인간관계와 성을 즐기는 능력을 상실한다. 그리고 에너지와 식욕의 상실, 느린 사고 및 수면 장애를 경험한다. 간혹 흥분되고 가만히 있지 못하는 경우도 있다. 흔히 스트레스가 기여 요인이지만, 주우울증은 뚜렷한 이유 없이 발생할 수 있다. 조증은 거창한 계획으로 이끄는 과도한 에너지와 자신감을 포함한다. 수면욕의 감소, 성욕의 증가 그리고 약물 남용 등이 흔한 증상이다.

우울증은 단극성 우울증(unipolar depression)의 형태로 홀로 나타날 수 있지만, 우울증과 조증이 양극성 장애(bipolar disorder)의 형태로 함께 발생할 수도 있다. 양극성 장애에서 발생할 수 있지만, 이와 같은 경우는 드물다. 양극성 장애자들은 흔히 망상, 환각 등 우울증 기간과 조증 기간을 번갈아 경험한다. 조증은 우울증 기간이 없이 발편집증 또는 기이한 행동 등의 정신병적 증상을 보인다. 해당 환자 자신의 관점을 반영한 두 개의 인용은 이 장애에 대한 얼마간의 통찰력을 제공한다(National Institute Mental Health, 1986).

> 우울증: 나는 어떤 것이라도 잘할 수 있는 내 능력을 완전히 의문시한다. 거의 쓸모없다고 할 정도로 내 마음은 쇠약하고 소진해 있는 것 같다……. 나는 완전히 자포자기한 채로 모든 일에 가망이 없다는 생각에 사로잡혀 있다……. 내가 느끼고, 움직이고, 생각하고, 주의할 수 없다면, 도대체 나는 무엇인가?

> 조증: 내가 처음으로 기분이 좋아졌을 때는 대단했다……. 더 밝은 별들이 나타날 때까지 당신이 추적해 가는 유성과 같이 생각은 빠르고……. 모든 수줍음은 사라지고 적절한 단어들과 몸짓은 갑자기 거기에 있고…… 관능은 배어들고 유혹하거나 유혹당하고 싶은 욕망은 억누를 수 없다. 당신의 골수는 안락함, 힘, 행복, 전능함, 희열에 배어 있고…… 당신은 어느 것이라도 할 수 있다……. 하지만 어딘가에서 이것은 변한다.

가장 최근의 자료에 따르면 다섯 명 중 한 명이 생애 동안에 정동 장애를 겪는 경향이 있다(Kessler et al., 2005). 여자는 생애 동안에 남자보다 단극성 우울증을 겪을 가능성이 2~3배나 높다. 양극성 질환은 남녀 간에 거의 비슷하게(약 4%의 비율) 발생한다(Gershon et al., 1976; Gold et al., 1988). 주우울증을 겪을 위험성은 남자의 경우 나이와 함께 증가한다. 반면에 여자는 35~45세에 발병률이 절정에 이른다. 양극성 장애를 겪을 위험성이 가장 높은 시기는 20대 초반에서 약 30세다. 미국에서 정동 장애로 지출하는 비용은 연간 190억 달러에 육박한다(Uhl & Grow, 2004).

유 전

정신분열증과 같이 정동 장애가 부분적으로는 유전된다고 믿을 만한 강한 증거가 있다. 그 일부의 증거에 따르면, 정동 장애 환자의 친척들에게 이 장애의 발생 빈도가 높다. 일란성 쌍생아 중 한 사람이 정동 장애가 있으면 다른 쌍생아가 이 장애를 가질 가능성은 약 69%다(참고로, 이란성 쌍생아의 경우는 13% 정도다)(Gershon et al., 1976). 일란성 쌍생아들 간에 완전히 일치(즉, 100%)되지 않은 이유는 환경적인 영향 때문일 것이라 생각된다. 놀랍게도 그 일치율은 일란성 쌍생아가 따로 양육되어도 거의 떨어지지 않는데(Price, 1968), 이는 대부분의 중요한 환경적 영향이 출생 전이나 직후에 발생할 수 있음을 의미한다.

대부분의 유전적 연구는 우울증에 초점을 맞춰 왔다. 유전율은 0.37 근처인데, 그 수치는 남자보다는 여자가 다소 높다(Kendler et al., 2001; Sullivan et al., 2000). 하지만 관련되는 유전자들에 대한 연구는 이제 막 믿을 만한 결과들을 산출하고 있다. 엄격하게 정의된 우울증의 경우에는 6개의 염색체 영역들이, 그리고 그 범주를 넓게 잡을 경우에는 8개의 영역들이 관여한다(Camp & Cannon-Albright, 2005). 다른 연구에서는 19개의 염색체 영역들이 확인되었는데, 3개는 남자와 여자에 공유되지만 7개는 남자만이, 그리고 9개는 여자만이 갖는다(Zubenko et al., 2002). 남자와 여자 간의 이런 불일치는 한 임상집단 내에서 이 장애와 관련이 있는 유전자들의 정확한 위치를 찾아내기가 왜 어려운가를, 또한 우울증의 발병률이 여자들이 더 높고 자살률이 남자들에게 더 높은가를 설명해 줄 수 있을 것 같다.

한 돌연변이 유전자(hTPH2)는 심각한 우울증을 가진 사람들에서 이 장애가 없는 사람들에서보다 10배나 빈도가 더 높다. 이 유전자는 세로토닌을 합성하는 효소에 결함을 가져와 뇌로 하여금 세로토닌을 덜 생산케 하기 때문에 흥미를 끈다(Zhang et al., 2005). 이 유전자를 지닌 우울증 환자들은 세로토닌의 재흡수를 차단하는 작용을 하는 항우울제에 저항한다. 자신의 단백질 산물이 세로토닌의 재흡수를 담당하는, 이형(variant)의 세로토닌 수송체 유전자는 우울증을 야기함으로써가 아니라 이 유전자의 소유자들로 하여금 스트레스에 더 민감하게 함으로써 주로 영향을 끼치는 것 같다(Caspi et al., 2003). 이들은 우울증으로 진단받을 가능성이 스트레스가 많은 생활 사건의 수와 함께 증가하지만, 보다 더 공유되는 유전자 유형을 표상하는 동형 접합성(homozygous) 유전자를 가진 개인들은 그렇지 않았다([그림 14-14]). 기능성 MRI 영상에 따르면, 이들은 편도체와 해마의 활동성이 만성적으로 더 높았다(Canli et al., 2006). 흥미롭게도 정서적으로 건강한 이 대립 형질(allele)의 소유자는 비소유자보다 공포스러운 얼굴 표현에 대하여 편도체의 반응이 더 높다(Hariri et al., 2002). 명백히 이것은 편도체와 평소에는 편도체의 반응을 가라앉히는 부적 정서에 관여하는 대상 피질 일부 간의 피드백을 상실하기 때문이다(Pezawas et al., 2005). 몇 가지 항우울제는 이런 재흡수 단백질에 영향을 끼치는 작용을 한다(Wurtman, 2005).

우울증과 양극성 장애는 유사함에도 불구하고, 서로가 유전적으로 상당히 독립적이라고 믿을 만한 적절한 이유가 있다(Gold et al., 1988; Moldin, Reich, & Rice, 1991). 양극성 장애가 유전성이 더 높은데, 최근의 그 추정치들은 0.85와 0.93이다(Kieseppa et al., 2004; McGuffin et al., 2003). 그동안 양극성 장애에 대한 유전적 근원을 확인하려는 노력이 적었지만, BDNF(brain-derived neurotrophic

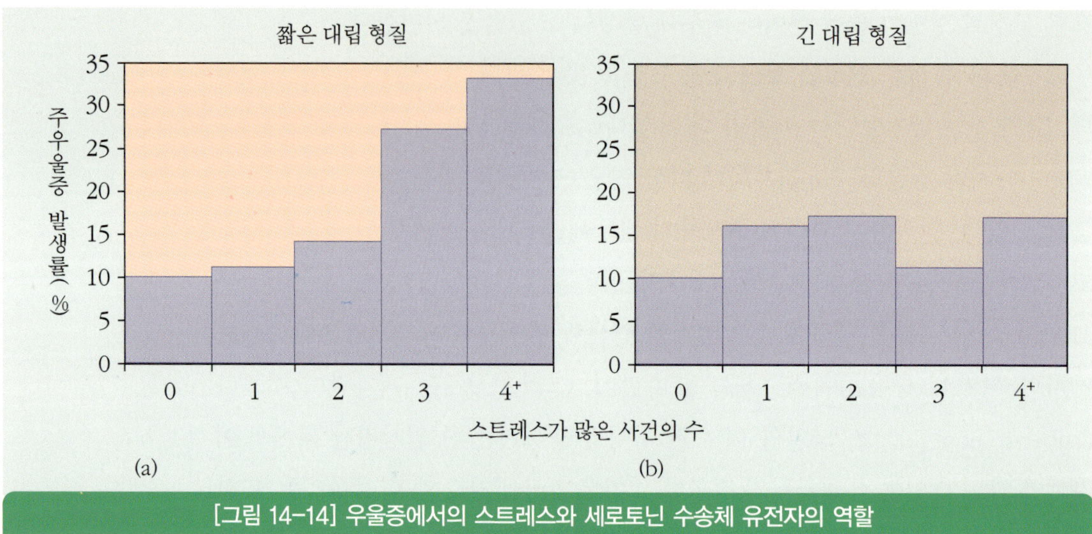

[그림 14-14] 우울증에서의 스트레스와 세로토닌 수송체 유전자의 역할

(a) 짧은 대립 형질을 하나 또는 두 개를 가지고 있는 사람들에서, 26세에 우울증 진단을 받을 가능성이 지난 5년 이내에 겪은 스트레스가 많은 생활 사건의 수와 함께 증가했다. (b) 긴 대립 형질을 두 개 가진 사람들에서는, 스트레스가 많은 사건의 수에 따른 이런 차이가 관찰되지 않았다. 생활 사건은 고용, 재정, 주택, 건강 및 관계 등 14개의 스트레스 원인을 포함하는 체크리스트로 평가되었다.

출처: A. Caspi et al., "Influence of Life Stress on Depression: Moderation By a Polymorphism in the 5-HTT Gene," *Science, 301*, pp. 386-389, fig. 3, p. 389. © 2003. Reprinted by permission of AAAS.

factor)를 담당하는 유전자의 변종이 증상이 일찍 나타나는 아이들에서 더 자주 발견되었는데(Geller et al., 2004), 그 유의미한 연계성을 염색체 6에서 찾을 수 있었다(Middleton et al., 2004). 더하여, 양극성 장애가 DAOA, NRG1 및 DISC1 유전자들을 정신분열증(Green et al., 2005)과 다른 유전자를 공황 장애(panic disorder)(Craddock, O' Donovan & Owen, 2005; MacKinnon et al., 1998)와 공유한다는 증거가 있다.

우울증에 대한 모노아민 가설

? 모노아민 가설이란 무엇인가?

우울증에 대한 최초의 효과적인 치료는 우연히 발견되었는데, 이론이 실제를 따라가는 격이 되었다. 이프로니아지드(iproniazid)는 결핵을 치료할 목적으로 도입되었다. 하지만 곧이어 이 약물이 기분을 고양시킨다는 것을 알아냈으며(Crane, 1957), 이를 효과적인 항우울제로 사용하였다(Schildkraut, 1965). 이프로니아지드는 부작용 때문에 이후 항우울제로는 사용할 수 없게 되었지만, 모노아민 수용기의 활동성을 증가시키는 이 약물의 특성을 근거로 연구자들은 모노아민 가설을 세울 수 있게 되었다. 이 가설에 의하면, 우울증은 노르에피네프린과 세로토닌 시냅스들의 활동성 감소와 관련이 있다. 모노아민에 도파민도 포함된다는 것을 알고 있겠지만, 암페타민과 같은 도파민 효능제가 일치하지 않는 치료 결과를 산출하기 때문에 연구자들은 노르에프네프린과 세로토닌에 관심을 한정시켰다.

모든 효과적인 항우울 약물들이 노르에프네프린 내지는 세로토닌, 또는 이들 두 신경전달물질의 시냅스 활동성을 증가시킨다. 이들은 다른 방식을 통하여 이런 효과를 산출한다. 어떤 약물들(모노아민 옥시데이즈 억제자, monoamine oxidase inhibitors)은 종말단추에서 여분의 모노아민을 파괴하는 것을 차단하며, 다른 약물들(삼환성 항울제, tricycle antidepressants)은 시냅스에서 재흡수를 차단한다. 차세대 항우울제들은 단일 신경전달물질에 영향을 미친다. 예를 들면, 플루옥세틴(fluoxe-tine)이라고도 하는 프로작(Prozac)은 몇몇의 선택적인 세로토닌 재흡수 억제제 중 하나다. 이런 시냅스 효과는 수시간 내에 발생하지만 증상의 개선은 2~3주 정도 걸린다.

모노아민 가설을 지지하기 위한 또 하나의 증거는 세로토닌과 노르에프네프린이 정동 장애에서 교란되는 행동들과 관련이 있다는 것이다. 세로토닌은 기분, 활동 수준, 수면 및 일주기 리듬, 섭식 행동, 성적 활동성, 체온 조절 그리고 인지적 기능을 담당한다(Meltzer, 1990; Siever et al., 1991). 노르아드레날린성 시스템이 환경에 대한 반응성과 민감성에 관여하기 때문에, 노르에프네프린의 활동성이 감소하면 우울증 환자들이 보이는 저하된 행동, 목표 지향적인 행동의 결핍, 그리고 환경 변화에 대한 무반응성이 유발되는 것 같다(Siever et al., 1991).

일찍이 우리는 니코틴이 정신분열증 환자들에게 어느 정도 증상을 이완시켜 주는 것을 보았다. 담배 흡연 시의 비니코틴 성분들이 모노아민 옥시데이즈 억제제로 작용한다. 이것은 우울증 환자들이 왜 그렇게 자주 흡연을 하는가와 그들이 특히 금연하기 어려운 이유를 설명해 준다(Fowler et al., 1996; Khalil, Davis & Catagnoli, 2006). [그림 14-15]는 흡연이 신체 전반의 모노아민 옥시데이즈 억제제 수준에 미치는 광범위한 영향을 보여 준다.

치료에 대한 저항성과 약물이 효과를 나타내기까지의 지연성이 중요한 문제점인데, 특히 환자가 자살 충동을 느끼는 경우에 그렇다. 케타민(ketamine-원래는 마취제로 개발되었으나 클럽의 약물이라는 오명을 얻었음)을 사용한 실험들은 이런 문제점들이 극복될 수 있음을 제안한다. 최소한 두 가지의 항우울 약물에 저항을 보였던 환자들을 대상으로 한 연구에서, 케타민은 주입 후 110분 이내에 환자들의 71%가 증상이 개선되었으며 29%는 차도를 보였다. 더하여 35%는 단 한 번의 주입만으로도 반응성이 1주일 동안 지속되었다(Zarate et al., 2006). 케타민은 글루타메이트 수용기의 NMDA 타입을 차단하는데, 이는 글루타메이트

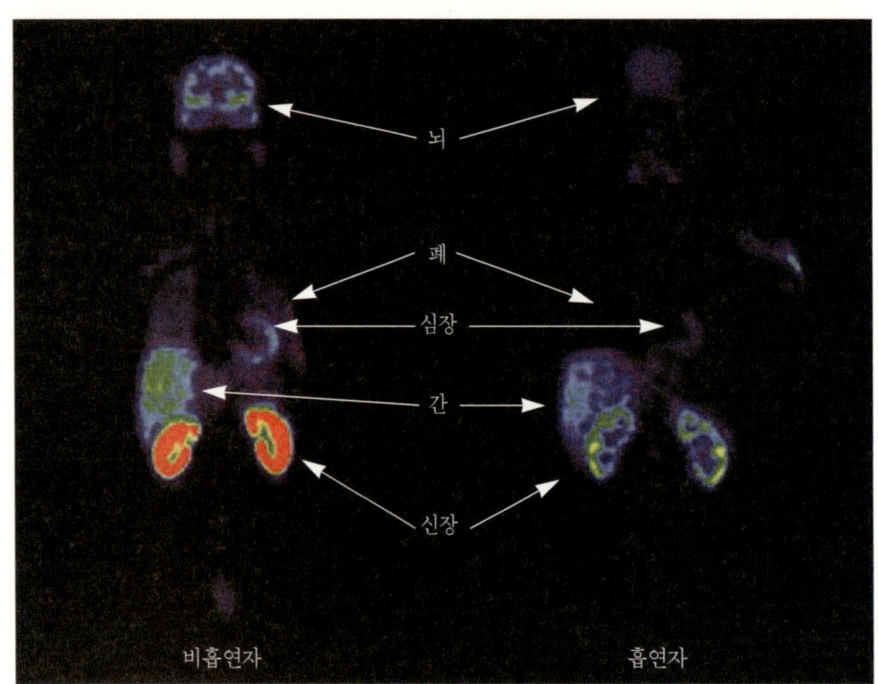

모노아민 옥시데이즈 B에 결합하는 방사성 추적자를 사용하여 PET 스캔을 수행하였다. 그 수준이 33~46%나 흡연자들에게서 감소하였다. 장소와 다른 조건들에 따라, 모노아민 옥시데이즈의 감소는 유익한, 해로운 또는 중립적인 영향을 미칠 수 있다.

출처: J. S. Fowler et al., "Low Monoamine Oxidase B Levels in Peripheral Organs of Smokers," *PNAS, 100*, fig. 2, p. 11602. © 2003 National Academy of Sciences, U.S.A. Used with permission.

[그림 14-15] 흡연자와 비흡연자 몸에서의 모노아민 옥시데이즈 수준

가 정신분열증뿐만 아니라 우울증에도 기능함을 시사한다. 약 30~50%의 우울증 환자들은 약물 치료에 반응하지 않는데, 플라세보 반응률 자체가 30%라는 사실이 상황을 더 어렵게 만든다(Depression Guideline Panel, 1993). 약물은 효과가 없고 우울증은 심각할 때, 대안으로는 전기경련 치료법(electroconvulsive therapy: ECT)이 있다.

전기경련 치료법

전기경련 치료법에서는 70~130 볼트의 전기를 마취된 환자의 머리에 적용한다. 이때 환자는 발작을 보이며, 약 30초에서 1분 동안 목과 팔다리 근육에 경련적인 수축을 동반한다([그림 14-16]). 이런 경련을 유발하는 뇌의 발작적인 활동이 없으면 이 치료는 효과가 없다. 몇 분 내에 환자는 의식을 되찾는다. 약간 어리둥절하고 경험한 것을 기억하지는 못하지만 조리 있게 말을 할 수 있게 된다. 보통 ECT는 주당 2~3회 정도 시행되는데, 치료의 총 횟수는 6~12회 정도 된다.

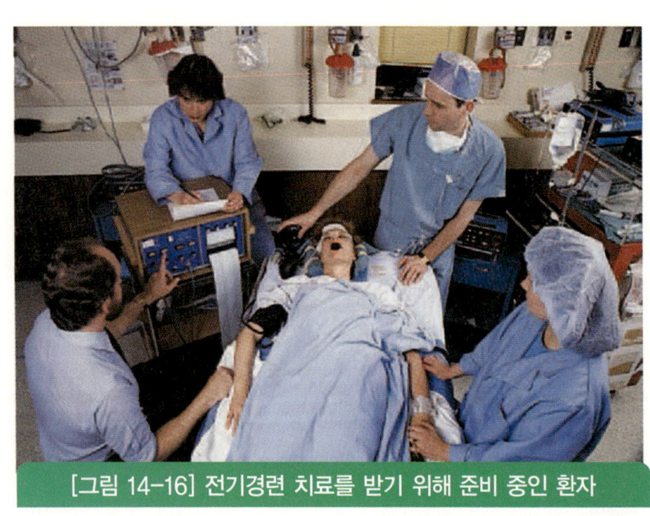

[그림 14-16] 전기경련 치료를 받기 위해 준비 중인 환자

출처: James D. Wilson/Woodfin Camp & Associates.

ECT는 정신과적 치료 가운데서 논란이 가장 많다. 뇌에 전기 충격을 통과시킴으로써 경련을 유발

하는 것이 비인간적인 것처럼 들린다. 사실 ECT 초창기에 사용된 절차들은 자주 뼈 골절과 장기기억의 결함을 초래하였다. 요즘의 환자들은 부상을 예방하고 정서적 스트레스를 감소시키기 위하여 마취되고 근육 이완제를 받는다. 치료의 횟수와 전압 수준 둘 다를 줄였고, 전기 자극은 연속적보다는 짧은 펄스 형태로 흔히 비우세 반구(즉, 이런 부작용이 덜 발생하는 뇌반구)에만 전달된다. 이런 변화는 ECT를 보다 안전하고 동시에 더 효과 있게 만들었다(Weiner & Krystal, 1994). 추적 연구에 따르면, ECT에 의해 유발된 기억 및 인지적 손상은 몇 개월 내에 사라졌다(Crowe, 1984; Weeks, Freeman & Kendell, 1980). 인지적 수행력은 우울증이 사라짐에 따라 치료 전보다 오히려 향상된다(Sackeim et al., 1993). 환자들의 뇌 영상이나 부검 자료들, 동물 피험자들의 실제 세포 수를 산정한 자료에 의하면, ECT에 수반되는 뇌손상에 대한 증거는 없다(Devanand et al., 1994).

ECT는 보통 약물 치료에 무반응하거나 극심한 부작용 또는 임신 때문에 약물을 복용할 수 없는 환자에게 사용된다. ECT와 항우울 약물을 비교한 13개 연구를 분석한 최근의 자료에서, 환자들의 54%가 항우울제에 반응한 데 반하여 환자들의 79%가 ECT에 반응했다(Pagnin et al., 2004). ECT는 우울증 또는 조증이 정신병(psychosis)을 동반할 때 특히 효과적이다(Depression Guideline Panel, 1993; Potter & Rudorfer, 1993). 이 치료는 효과가 빨라서 약물이 효과를 나타내기까지의 수주일을 못 기다리는 자살 충동을 느끼는 환자에게 유익하다(Rudorfer et al., 1997). ECT의 단점은 효과가 단기적이라는 것이지만, 일단 한 라운드의 ECT가 종료되면 환자를 보통 약물 치료로 지탱할 수 있다.

ECT는 우울증, 조증 그리고 정신분열증에 효과적인데, 이는 이런 효과가 복합적임을 시사한다. 수많은 변화가 뇌의 시냅스에서 발생한다. 약물처럼 ECT도 시냅스후의 세로토닌 수용기의 민감성을 증가시킨다(Mann, Arango, & Underwood, 1990). 더하여, 노르에피네프린과 도파민을 방출하는 뉴런들의 종말단추에 있는 자기수용기(autoreceptors)의 민감성이 감소한다. 그래서 이들 신경전달물질의 방출이 증가하게 된다. EEG의 속도가 일시적으로 느려지는 현상(치료 효과와 상관이 있음)은 ECT가 뇌의 넓은 영역에 걸쳐 신경 발화를 동기화시킴을 시사한다(Ishihara & Sasa, 1999; Sackeim et al., 1996). 다음 절에서 보겠지만 항우울제와 ECT 모두 우울증에 걸린 뇌의 극적인 개조를 촉발하는 것 같다(더 새로운 두 가지 형태의 전기 치료에 대한 정보를 얻기 위해서는 〈응용〉을 보라).

응용 우울증에 대한 전기적 자극

연구자들은 뇌 활동을 와해시키거나 촉진시키기 위하여 경두개 자극법(transcranial magnetic stimulation: TMS)에서와 같이 전자기장(electromagnetic field)을 자주 사용한다. 그렇게 함으로써 그들은 특정 뇌 영역의 기능을 결정한다. 반복적인 펄스들(rTMS)을 사용하면 더 오래 지속되는 효과가 산출되며 다목적화될 수 있다. 예를 들면, 1~5Hz의 느린 rTMS는 뇌 활동을 억제하며, 5Hz이상의 빠른 rTMS는 흥분성을 산출한다(Hallett, 2000; Helmuth, 2001). 반복적인 TMS는 파킨슨병부터 주요 우울증까지 다양한 종류의 장애에 대하여 실험적 치료를 할 수 있다. 약물 치료가 듣지 않는 환자들에게 2~4주 동안 매일 좌측 전전두 영역을 표적으로 시행될 때 빠른 rTMS는 우울증을 감소시킨다(George et al., 1995; Triggs et al., 1999). 치료가 잘 듣지 않는 심각한 우울증을 가진 환자에게 사용하는 ECT에 견줄 수 있기 때문에, 이 기법은 연구자들과 치료자들에게 상당한 관심을 불러일으키고 있다(Grunhaus et al., 2003; Janicak et al., 2002).

더 적극적인 기법은 뇌 심부를 자극하는 것을 포함한다. 헬렌 메이버그(Helen Mayberg)의 지도하에 토론토의 연구자들은 ECT에도 반응하지 않은 여섯 명 환자의 대상회 협하 부위(the subgenual cingulate—우울할 때 활동성이 높게 나타남)에 전극을 심었다(Mayberg et al., 2005). 이 전극은 수술로 쇄골 아래에 심어진, 지속적으로 고주파, 저전압의 전기 펄스를 전달하는 자극기에 연결되어 있었다. 여섯 명의 환자 모두 이 자극의 효과를 즉각적으로 나타내었다. 6개월 후 이들 중 네 명은 우울증이 대부분 가셨다고 말했다. 이 두 기법이 치료 방법을 변경시킬 것인가는 두고 볼 일이지만, 이 방법들은 치료자들이 치료가 잘 듣지 않는 환자들을 관리하는 데에 활용할 수 있는 대안을 가지게 될 것임을 제안한다.

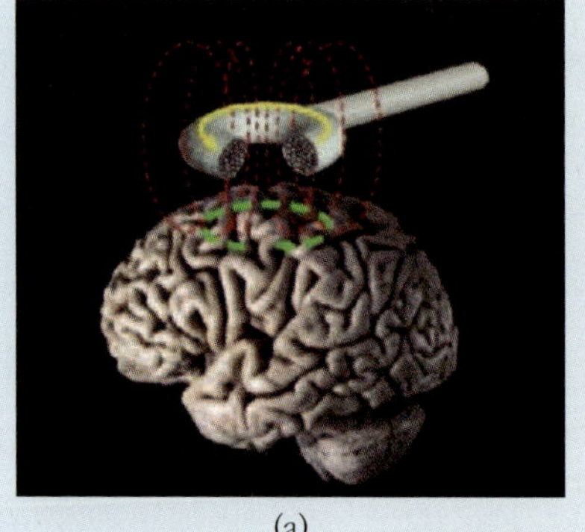
(a)

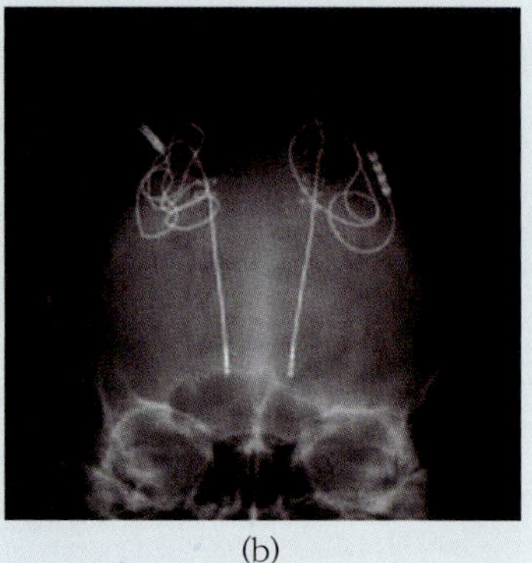
(b)

경두개 자극과 뇌 심부 자극

(a) 전자기장 코일이 두피 위에 유지될 때 아래의 뇌 조직에서 전류가 유발된다. (b) 우울증 환자에게 뇌 심부 자극을 시행하기 위해 삽입된 전극의 위치를 보여 주는 X선.

출처: (a) Courtesy of National Institute of Health; (b) Courtesy of Helen Mayberg.

항우울제, ECT 그리고 신경 가소성

항우울 약물과 ECT가 반세기 이상을 우울증을 치료하기 위해서 사용되어 왔지만 이들이 어떻게 작용하는가는 확실하지 않다. 가장 어리둥절한 것은 신경전달물질의 변화와 증상 완화 사이의 지연이다. 수용기의 민감성 변화가 이런 지연을 설명한다는 가설은 아직까지는 설득력이 약하다(Yamada, Yamada & Higuchi, 2005). 아주 최근에 우리는 항우울 약물들, 리튬과 ECT 모두가 적어도 설치류에서는 그리고 아마도 인간에서도 해마에서 뉴런의 생성률을 증가시킴을 배웠다([그림 14-17]; Harrison, 2002; Sairanen et al., 2005). 항우울제는 또한 신생

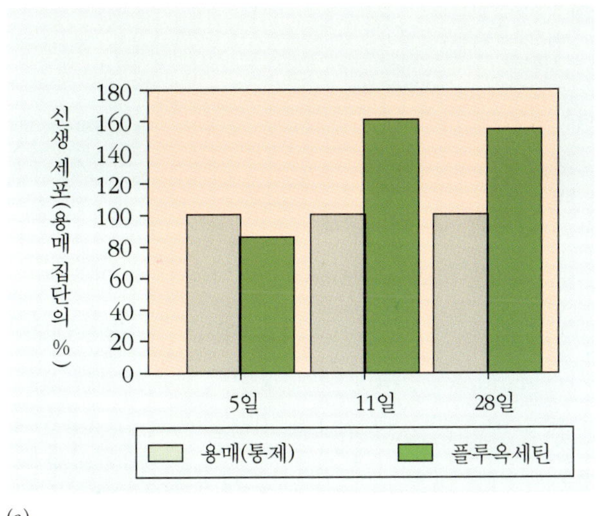

(a)

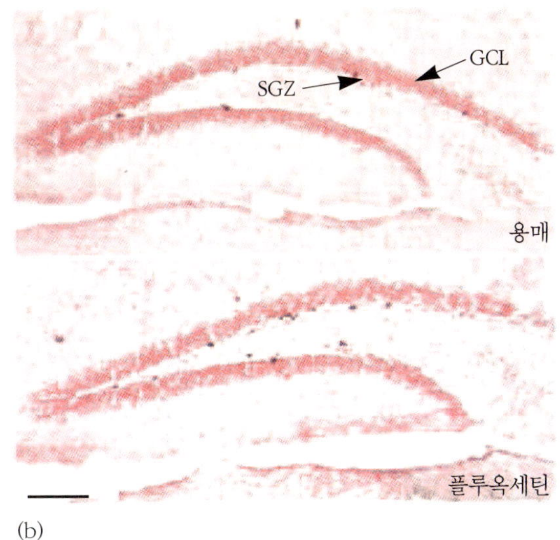

(b)

[그림 14-17] 항우울제 치료 동안에 해마에서의 신경 생성의 증가

(a) 비활성 물질(용매)을 투여받은 경우와 비교하여, 항우울제 치료에 의해 신경 생성이 60% 증가하였다. (b) 갈색 점이 신생 세포들이다.

출처: Santarelli et al., "Requirement of Hippocampal Neurogenesis of the Behavioral Effects of Antidepressants," *Science, 301*, 805-809, fig. 2a and 2b, p. 806. © 2003 AAAS. Used with permission.

세포의 생존을 보장하는 단백질인 BDNF의 분비를 촉발한다. 항우울제 처치 수 시간 내에 뉴런 생성 증가가 관찰되는 동안(Sairanen et al., 2005), 새로운 해마의 뉴런들이 새로운 장소로 이동하여 기능적 연결을 형성하기까지 요구되는 시간이 증상 개선에서의 지연과 밀접하게 일치한다(Sairanen et al., 2005).

해마에서의 이런 뉴런 생성의 증가와 BDNF의 분비가 정동 장애를 치료하는 데 무슨 역할을 하는지는 아직 명확하지 않다. 하지만 세포 사멸도 증가하기 때문에 뉴런 생성이 증가했다 해서 뉴런들의 총 수가 증가하는 것은 아니라는 사실로부터 하나의 단서가 된다. 새로운 해마의 뉴런들이 오래된 뉴런들보다 더 많은 가소성을 보이기 때문에, 이와 같은 세포 반전은 행동에서의 치료적 변화를 설명해 주는 기초가 될 수 있다(Gould & Gross, 2002). 뉴런 생성 가설은 항우울제와 ECT가 뇌에서, 특히 해마에서 많은 유전자(ECT의 경우에 129개 정도임)의 활동성을 증가 또는 감소시킴을 보여 주는 연구들로부터 추가적인 지지를 받는다. 대부분의 이 유전자들은 신경 생성, 신경 생존, 시냅스 발달, 신경 가소성과 관련되어 있다(Altar et al., 2004; Yamada et al., 2005). 이런 변화들의 기능이 무엇이든 이들은 치료 효과에 필요한 것 같다(D' Sa & Duman, 2002). 예를 들면, 뉴런 생성이 생쥐의 해마 영역에 대한 X선 조사(irradiation)에 의해 사전에 방해되면 항우울 약물들은 통상적인 행동적 효과를 더 이상 나타내지 못했다(Santarelli et al., 2003).

리듬과 정동 장애

우울증 환자들은 흔히 생물학적 리듬에 문제가 있다. 일주기 리듬(circadian rhythm)은 정동 장애 환자들에게서는 시기가 전진하는(phase-advanced) 경향을 보인다. 이것은 전날의 취침 시간과는 무관하게 해당 개인이 저녁에는 일찍 졸리고 이른 아침 시간에 깨어나는 것을 의미한다(Dew et al., 1996). 이 개인은 또한 밤에 더 일찍 REM 수면(rapid eye movement sleep)에 들어가며, 정상인보다 더 많은 REM 수면 시간을 가진다(Kupfer, 1976). 다음 장에서 배우겠지만, REM 수면은 꿈을 꾸는 수면의 단계다. 지나친 REM 수면은 수면의 다른 단계들을 잠식한다. 단극성 우울증 환자들은 이런 이른 REM 수면의 개시를 친척의 70%와 공유한다. REM 잠재기가 감소한 친척들은 이런 감소가 없는 친척들에 비해 우울증을 앓을 가능성이 3배나 높다(Giles et al., 1988).

일주기 리듬과 항우울 치료법

? 일주기 리듬과 계절의 역할은 무엇인가?

약물 치료에 반응하지 않는 환자들은 일주기 리듬을 재조정함으로써 자신의 우울증을 경감시킬 수 있다. 실행법도 간단한데, 바람직한 취침 시간에 도달할 때까지 매일 밤 30분씩 더 깨어 있으면 된다. 이런 치료에 의해 수개월 동안 지속된 우울증이 경감한 환자들이 있다(Sack et al., 1985). 어떤 우울증 환자들은 또한 REM 수면을 줄임으로써 증상이 개선되었다(Wu & Bunney, 1990). 이를 위해서는 해당 개인의 EEG를 감시하고, EEG상으로 수면이 REM 단계로 이행할 때마다 그를 깨운다. 흥미롭게도, 항우울제로 작용하는 대부분의 약물들도 REM 수면을 억제한다(Vogel et al., 1990). 왜 REM 수면을 감소시키면 우울증이 완화되는가는 하나의 수수께끼다. 그러나 이런 연구가 우울증을 산출하는 기제가 완전히 다를 수 있다고 가정하기 전에, 우리는 REM 수면이 우울증에 관하여 우리가 이미 알고 있는 것과 어느 정도 연결되어 있는가의 여부를 물어보아야 한다. 알다시피, 세로토닌과 노르에프네프린 둘 다 REM 수면을 억제한다.

계절성 정동 장애

정동 장애에 중요한 또 하나의 리듬이 있다. 어떤 사람들의 우울증은 계절에 따라 오르내려서 계절성 정동 장애(seasonal affective disorder: SAD)로 알려져 있다. 대부분의 SAD 환자들은 가을과 겨울에는 더 우울해지지만 봄과 여름에는 개선된다. 여름에 더 우울해지고 겨울 동안에는 기분이 더 좋아지는 사람들도 있다. 각 집단의 사람들은 그들의 '좋은' 계절에 경조증(hypomania)이라고 불리는 가벼운 조증과 유사한 활동성을 경험할 수 있다. 우울할 때 그들은 보통 수면을 지나치게 취하며, 특히 탄수화물에 대한 식욕이 증가하고 체중이 는다. 낮의 길이와 자연광의 양이 겨울 우울증에 중요한 것 같다. 따라서 (북반구의 경우에) 환자가 남쪽 멀리로 며칠간만 여행을 가도 증상은 개선된다. 여름철의 흐린 기간이나 창문의 수가 적은 사무실로 이사를 하면 우울증이 증가한다는 보고도 있다. 여름 우울증은 온도와 관련이 있는 것 같다. 따라서 보다 시원한 기후 지역으로 여행을 가거나 에어컨이 가동되는 집에서 시간을 보내거나 하루에 여러 번 찬물 샤워를 할 경우에는 증상이 개선된다. 정동 장애의 모든 경우의 10% 정도가 계절성이고, SAD 환자의 71%가 여자다(Faedda et al., 1993). 정동 장애에 대한 계절성 영향이 2,000년 동안 알려져 왔고 1850년대 중반부터 기록되어 왔지만 여름철 우울증은 상대적으로 거의 주목을 받지 못했다. 그래서 우리의 논의를 겨울철 우울증에 한정할 것이다.

[그림 14-18] 계절성 정동 장애를 치료하기 위하여 고강도의 빛을 사용하고 있다.

출처: Dan McCoy/Rainbow.

겨울철 우울증에 대한 치료는 광선 치료(phototherapy)다. 환자가 매일 2시간 이상을 고강도의 빛 앞에 앉아 있게 한다([그림 14-18]). 환자들은 맑은 봄날에 창문을 통해 들어오는 햇빛과 유사한 빛으로 치료받기 시작한 지 2~4일 지나면 반응하기 시작한다. 치료를 철회하면 그들은 같은 양의 시간만큼 다시 나빠진다(Rosenthal et al., 1985). 정오의 광선 치료가 효과적이라는 사실은 짧아진 겨울 낮의 길이를 늘이기보다는 빛의 양을 증가시키는 것이 더 중요하다는 것을 의미한다. 자살률이 일광 시간 수보다는 현장의 밝은 햇빛 양과 관련이 있다는 관찰은 이런 결론을 지지해 준다(Wehr et al., 1986). 광선 치료는 일주기 리듬을 다시 맞춘다. 그래서 이 치료는 시차증(jet lag), 수면 지체 증상 그리고 교대 근무와 관련된 어려움 등을 포함하는 일주기 리듬 문제에도 도움이 된다(Blehar & Rosenthal, 1989).

세로토닌의 낮은 활동성은 겨울철 우울증과 관련이 있다. 세로토닌의 활동성을 증가시키는 약물들은 우울증을 경감시키고 탄수화물에 대한 갈망을 감소시킨다(O' Rourke et al., 1989). 제5장에서 살펴본 것처럼 탄수화물을 섭취하면 뇌의 세로토닌 수준이 증가한다. 그래서 SAD 환자들이 군것질 음식을 폭식하고 뚱뚱해질 때 그들이 의지가 부족하다고 생각하기보다는, 그들이 탄수화물로 자가 치료를 하고 있다고 생각하는 것이 더 정확한 표현일 것이다.

양극성 장애

주우울증은 비밀을 풀기가 어렵지만 양극성 장애는 그 정도가 더 심하다. 양극성 장애 환자들의 증상은 아주 다양하다. 보통 우울성 주기는 조증보다 오래 지속되나, 어느 쪽이든 그 영향은 두드러진다. 어떤 환자들은 우울증과 조증 사이를 주기적으로 순환하지만 예측하기가 어려운 환자들도 있다. 왜냐하면 어떤 환자들은 매 48시간 정도로 빨리 바뀌는 반면에, 통상적인 주기는 수주부터 수개월까지 다양하기 때문이다(Bunney et al., 1972). 흔히 스트레스는 우울증으로부터 조증으로의 이행을 재촉하는데, 그 결과로 더 자발적인 우울증으로의 전환이 뒤따른다. 하지만 양극성 장애가 진행될수록 조증의 발현은 생활 스트레스로부터 독립적이 된다(Gold et al., 1988).

양극성 질환이 신경전달물질의 비정상적 작용과 관련이 있는가는 잘 설명되어 있지 않다. 리튬(lithium-탄산리튬 형태로 투여되는 금속)은 양극성 질환에 대한 약물 치료의 일환으로 사용된다. 이것은 조증 단계에 가장 효과적이나 앞으로 있을 우울증의 발현을 예방하기도 한다. 리튬의 효과를 조사함으로써 양극성 질환에 대해 잘 설명할 수는 없지만, 부분적으로는 리튬은 몇 가지의 신경전달 시스템에 영향을 미치는 것 같다(Worley et al., 1988). 리튬은 신경전달물질과 수용기 시스템을 안정시켜 조증-우울증 주기에서 보이는 큰 파동을 예방할 가능성이 아주 높다. 리튬이 얼마간의 항우울제 효과도 가지고 있다는 사실은 이것이 신경전달물질이나 수용기에 특정적 · 직접적인 효과를 갖기보다는 일반적인 효과를 가진다고 볼 수 있다(Gitlin & Altshuler, 1997).

정동 장애에서의 뇌 이상

? 어떤 뇌의 이상이 관여하는가?

정신분열증의 경우처럼 정동 장애들은 일부 뇌 영역에서의 구조적 이상과 관련되어 있다. 재언하면, 더 큰 뇌실 크기는 뇌조직의 손실을 시사하지만 그 손실의 정도는 적어서 항상 발견할 수 있는 것은 아니다(Depue & Iacono, 1989). 수많은 연구를 개관하면 해마뿐만 아니라 전전두 영역들, 특히 배외측피질과 협하(狹下) 전전두피질(subgenual prefrontal cortex)에서도 용적이 감소되어 있다. 반면에 편도체의 용적은 증가되어 있다(Davidson et al., 2002).

이와 같은 구조적 변경은 활동성 수준의 변화를 동반한다. 놀랄 것도 없이 전체적인 뇌 활동성이 단극성 환자들과(Sackeim et al., 1990) 우울증 단계에 있는 양극성 환자들(Baxter et al., 1989)에서 감소되어 있다. 두 집단 모두 활동성이 특별히 미상핵과 배외측 전전두피질에서 감소되어 있다([그림 14-19]; Baxter et al.,

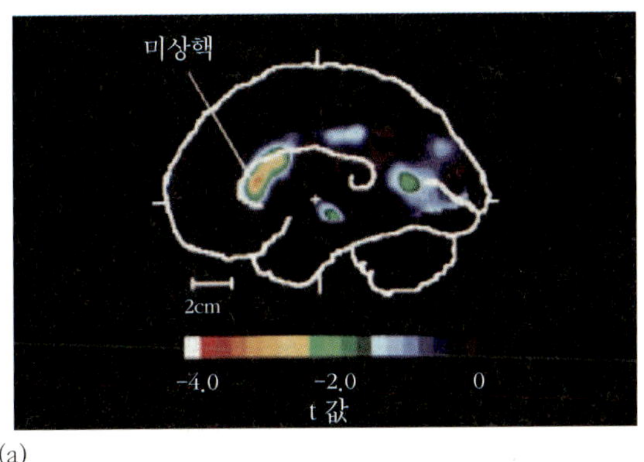

(a)

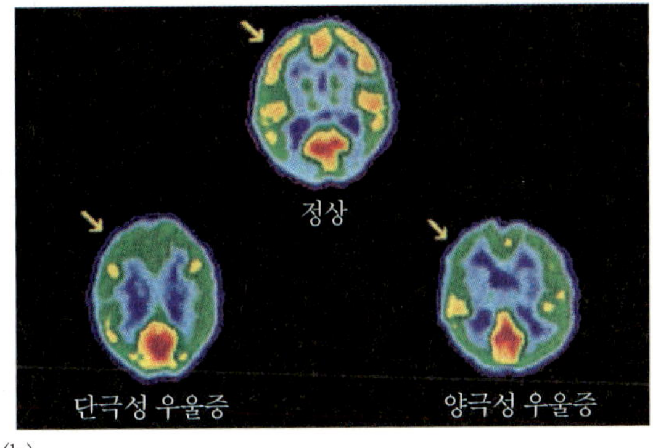

(b)

[그림 14-19] 우울증 시에 전두엽의 활동성이 감소함

혈류가 미상핵(a)과 배외측 전전두피질(b; 화살표가 가리키는 곳)에서 감소하였다. 색 척도가 (a)의 스캔에서는 거꾸로 되어 있다. 따라서 이 이미지에서 황색과 적색은 활동성의 감소를 시사한다.

출처: (a) From Drevets et al., "A Functional Anatomical Study of Unipolar Depression," *Journal of Neuroscience, 12*, 3628-3641. © 1992 Society for Neuroscience. Used with permission. (b) From L. R. Baxter et al., "Reduction of Prefrontal Cortex Glucose Metabolism Common to Three Types of Depression," 1999, *Archives of General Psychiatry, 46*(14), 243-249.

1985, 1989; Drevets et al., 1992). 놀라운 것은 몇몇의 영역들이 우울증 환자들에서 더 활동적이라는 점이다. 단극성 우울증에서 뇌혈류량이 편도체 및 이와 연결되어 있는 전두 영역, 즉 복측 전전두피질에서 더 높다([그림 4-20]). 우울증을 한바탕 앓을 때마다 복측 전전두피질이 활성화되고 가라앉기 때문에, 이 영역은 아마도 '우울증 스위치'인 것 같다. 편도체는 우울증 발현 동안에 활성화되며 이 증상이 가신 뒤에만 정상적인 활동 수준으로 되돌아간다. 복측 전전두 영역은 우울증의 '상태(state)' (몇몇의 개인들에게서 때때로 진정됨)를 가리키는 반면에 편도체의 활동성은 우울증의 '특성(trait)' (지속적인 장애)을 반영한다(Drevets et al., 1992; Drevets & Raichle, 1995).

양극성 환자가 조증 발현을 시작할 때, 뇌 대사가 4%의 우울증 수준에서 36% 수준으로 증가한다는 것 역시 놀랄 일이 아니다([그림14-21]; Baxter et al., 1985). 협하 전전두피질은 특별한 관심을 받고 있는데, 그 이유는 이 영역이 양극성 주기를 통제하는 '스위치' 역할을 할 가능성이 있다고 제안되어 왔기 때문이다([그림 14-22]). 이 곳의 대사적 활동성은 단극성과 양극성 우울증 모두에서 감소하지만 조증 발현 동안에는 증가한다(Drevets et al.,

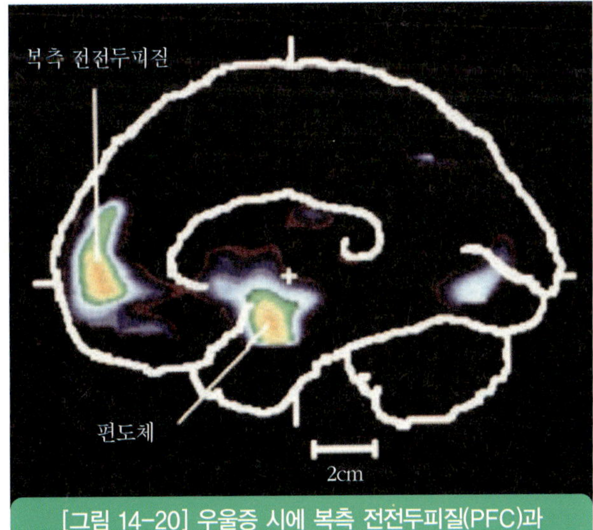

[그림 14-20] 우울증 시에 복측 전전두피질(PFC)과 편도체에서 활동성이 증가함

출처: Drevets et al., "A Functional Anatomical Study of Unipolar Depression," *Journal of Neuroscience, 12*, 3628-3641. © 1992 Society for Neuroscience. Used with permission.

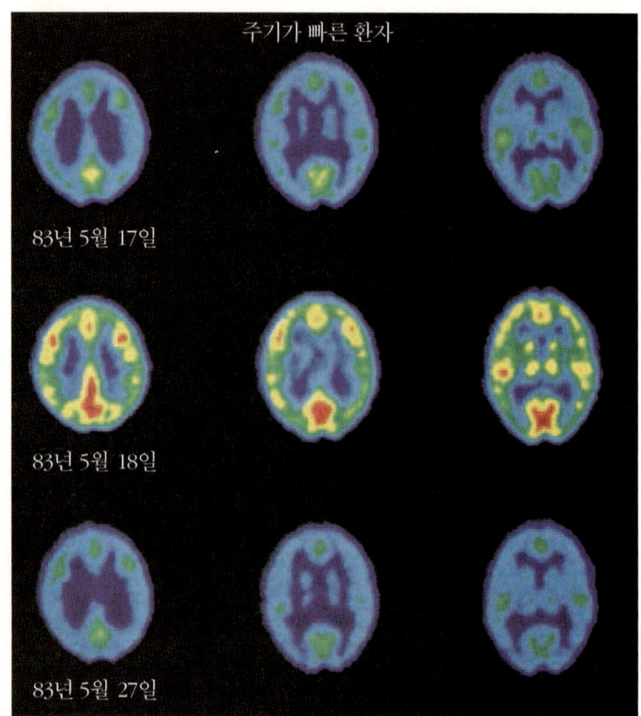

가운데 열은 조증 기간(바로 하루 전날이 우울증 기간이었음)에 활동성이 갑작스럽게 증가함을 보여 주고 있다. 아래의 열에서, 환자는 다시 우울증 상태에 들어갔다.

출처: L. R. Baxter et al., "Cerebral Metabolic Rates for Glucose in Mood Disorders: Studies With Positron Emission Tomography and Fluorodeoxyglucose F18," 1985, *Archives of General Psychiatry, 42*, 441-447.

[그림 14-21] 빠른 주기를 가진 양극성 환자는 포도당 대사가 조증 동안에 증가한다

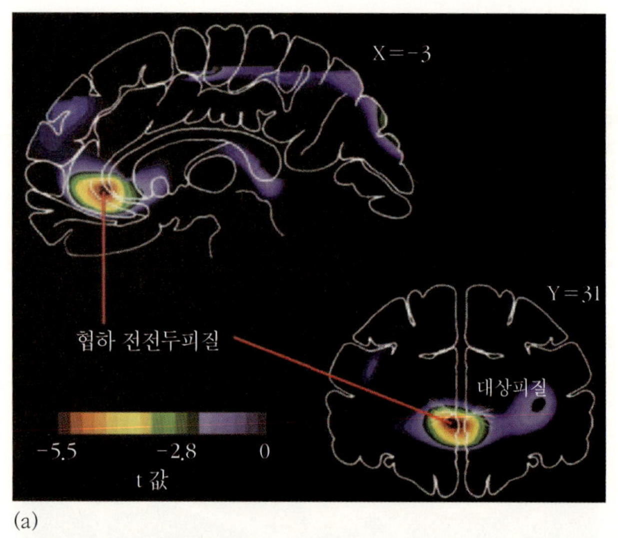

(a)

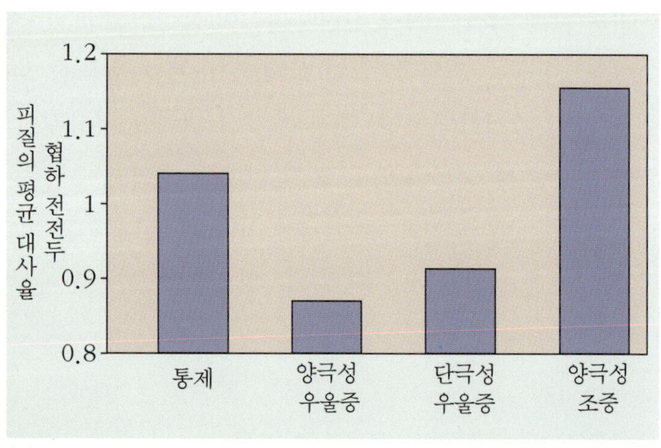

(b)

[그림 14-22] 우울증과 조증에서의 협하 전전두피질의 활동성

(a) 어두운 영역들(빨간색선의 끝부분)은 우울증 동안에 협하 전전두피질의 활동성이 감소하고 있음을 가리킨다. (b) 집단 비교에서 협하 전전두피질의 활동성이 우울증 동안에는 낮고 조증 동안에는 높음을 볼 수 있는데, 이는 이 영역이 우울증과 조증 간의 주기를 조절하고 있음을 시사한다.

출처: (a) From W. C. Drevets et al., "Subgenual Prefrontal Cortex Abnormalities in Mood Disorders," *Nature, 386*, 824-827. © 1997 Macmillian Publishing Inc. (b) From W. C. Drevets, "Neurimaging and Neuropathological Studies of Depression: Implications for the Cognitive-Emotional Features of Mood Disorders," *Current Opinion in Neurobiology, 11*, pp. 240-249 fig. 4b. © 2001 with kind permission of Elsevier.

1997). 이 구조물은 편도체 및 외측 시상하부와 같은 정서 중추와 광범위하게 연결되어 있기 때문에 양극성 스위치로서 작용하기에 좋은 위치에 있다. 또한 이곳은 정동 장애와 관련이 있는 신경전달물질에 대한 통제를 돕는다.

자 살

자살을 시도하는 사람들의 90%는 진단이 가능한 정신질환을 가지고 있다. 기분 장애만으로도 모든 자살 건수의 60%를 설명한다([그림 14-23]; Mann, 2003). 양극성 환자들이 가장 위험한데, 양극성 장애로 입원했던 사람들의 약 20%가 자살한다. 스트레스-소질 모델(stress-diathesis model)에 따르면, 자살하는 개인은 소질(diathesis)이라고 알려진 소인(predisposition)을 지니고 있다. 악화시키는 정신과적 조건과 같은 스트레스가 '낙타의 등을 터뜨리는 환경적 지푸라기'의 역할을 한다(Mann, 2003).

소인은 최소한 부분적으로는 유전적이다. 우울증 환자를 대상으로 한 연구에서, 자살 위험과는 연관이 있으나 기분 장애에 대한 민감성과는 상관이 없는 여섯 개의 염색체 위치들이 확인되었다(Zubenko et al., 2004). 자살을 시도하는 정신질환 환자들은 세로토닌 대사물질인 5-HIAA(5-hydroxyindoleacetic acid)의 수준이(비시도자들에 비하여) 더 낮을 가능성이 있다. 이는 자살 시도 가능성이 세로토닌 활동성의 부분적인 저하와 관련이 있음을 시사한다. 자살 위험이 있는 한 집단의 환자들을 1년 동안 추적하여 연구하였는데, 5-HIAA 수준이 집단 중앙치보다 낮은 20%의 사람들은 자살을 했다—중앙치 이상인 사람들은 아무도 자살하지 않았다(Träskman et al., 1981). 다른 연구들도 낮은 수준의 세로토닌과 자살 경향 간의 연관성을 확인했다([그림 14-24]; Mann, 2003; Roy et al., 1989; Stanley et al., 1986). 낮은 수준의 5-HIAA가 다양

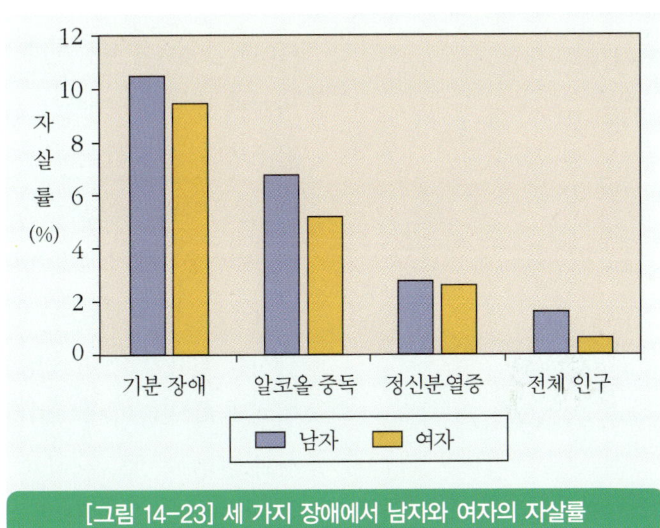

[그림 14-23] 세 가지 장애에서 남자와 여자의 자살률

출처: L. Ciompi, "Catamnestic long-term study on the course of life and aging of schizophrenics," *Schizophrenia Bulletin, 6*, pp. 607?618 (Fig 2, p. 610). © Oxford University Press. Used with permission.

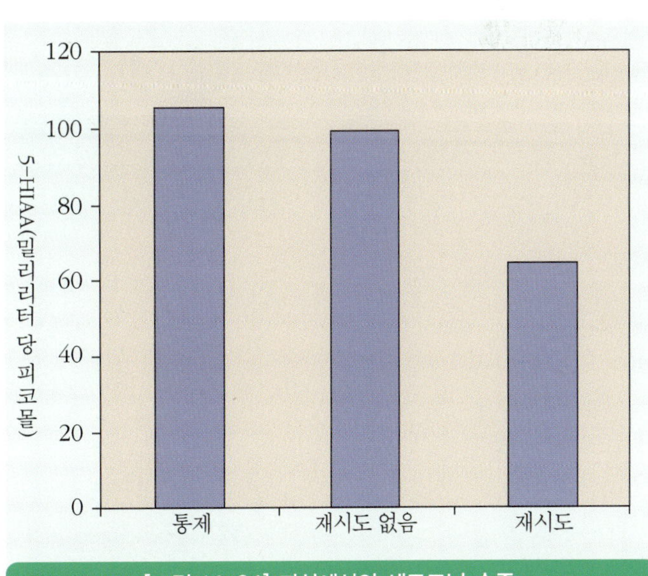

[그림 14-24] 자살에서의 세로토닌 수준

세로토닌 수준이 자살을 시도한 우울증 환자들에게서 더 낮았으며, 재시도한 환자들에게서는 그 수준이 훨씬 더 낮았다.

출처: Based on data from Roy, Dejong, & Linnoila (1989).

한 장애를 가진 자살 시도자들에서 발견되는데, 이는 아마도 환자의 특별한 정신과적 진단을 반영한다기보다는 충동성과 공격성을 반영하는 것 같다(Mann et al., 1990; Stanley et al., 1986; Träskman et al., 1981).

하지만 항우울제들은 자살 위험을 증가시킬 수 있다. 그동안 다양한 설명이 있었는데, 이에는 흔히 선택적인 세로토닌 재흡수 억제제 사용에 수반하여 나타나는 불안(agitation)(Fergusson et al., 2005)과 느린 개선 및 부작용에 대한 실망(Mann, 2003)이 포함된다. 아이와 청소년에게는 취약하다는 특별한 염려 때문에 미국과 네덜란드에서는 젊은이에 대한 세로토닌 재흡수 억제제의 처방이 22% 감소했다. 불행히도 이것은 목욕물과 함께 아기를 내다 버리는 격이 되어 버렸다. 젊은이의 자살률이 미국에서는 연간 14%, 그리고 네덜란드에서는 2년에 걸쳐 49% 증가했기 때문이다(Gibbons et al., 2007). 대규모로 처방을 감소시키기보다는 오히려 치료자들은 선택적인 처방을 해야 하고, 환자들의 자살 경향을 감시할 필요가 있다. 연구자들은 두 개의 유전자 대립 형질이 세로토닌 재흡수 억제제 처치 동안에 나타나는 자살성 사고(suicidal ideation)가 15배 증가하는 현상과 관련이 있음을 이제 막 알아냈다. 이로써 선택적 처방이 중요하다는 것이 확인된다(Laje et al., 2007).

개념 확인

- 모노아민 가설을 설명하라. 이를 지지할 수 있는 근거는 무엇인가?
- 정동 장애가 일주기 리듬과 어떻게 관련되어 있는가?
- 정동 장애와 관련이 있는 뇌의 기제는 무엇인가?
- 자살과 관련된 요인은 무엇인가?

불안 장애

불안 장애(anxiety disorder)는 몇 가지의 질환을 포함한다. 공포증(phobia), 일반 불안(generalized anxiety), 강박 장애(obsessive-compulsive disorder)와 공황 장애(panic disorder) 등의 주요 장애들은 평생에 걸쳐 각각 26%, 6%, 1.6% 및 4.7% 정도의 발병 위험도를 가진다(Kessler et al., 2005). 하지만 증상에 의한 행동 교란 정도에 비하면 이들이 출현하는 정도는 더 낮다. 공황 장애자 또는 공포증 환자는 집 밖으로 나올 수 없어서 직업을 유지하기가 훨씬 어려울지 모른다.

강박 장애자라고 해서 사정이 더 나은 것은 아니다. 원치 않는 사고로 고통을 받으며 점검 및 의식적 행위(rituals)로 끊임없이 바쁘다.

일반 불안, 공황 장애 그리고 공포증

불안은 흔히 공포와 혼동된다. 하지만 제8장에서 살펴보았듯이, 공포는 환경에 존재하는 실제의 대상이나 사건에 대한 반응이고, 불안은 사건에 대한 기대 또는 환경에 대한 부적절한 반응을 포함한다. 일반 불안을 가진 사람은 대부분의 시간을 스트레스와 우려감을 가지고 지내며, 스트레스 상황에 과도하게 반응한다. 공황 장애는 환자에게 갑작스럽고 강한 불안이 엄습한다. 이때의 증상으로는 빠른 호흡, 높은 심박률, 그리고 재난이 임박한 듯한 감정 등이 있다. 공포증을 가진 사람은 특별한 상황(예를 들면, 군중, 높은 곳, 에워싸인 공간 또는 개 내지는 뱀과 같은 특정 대상 등)과 직면할 때 공포 또는 스트레스를 경험한다.

신경전달물질

? 불안 장애의 원인은 무엇인가?

벤조디아제핀(benzodiazepine)은 과거에 가장 많이 사용되어 왔던 항불안제다(Costall & Naylor, 1992). 약물에 대한 일전의 논의로부터 벤조디아제핀이 억제성 신경전달물질인 GABA에 대한 수용기 민감성을 증가시킨다는 사실을 기억할 것이다. 벤조디아제핀 수용기가 결핍되면 불안 장애의 원인이 될 수 있다. 마르크진스키와 어밴시크(Marczynsky & Urbancic, 1988)는 임신한 고양이에게 벤조디아제핀 진정제를 주입했다. 새끼들은 한 살이 되었을 때 가만히 있지 못했으며 낯선 상황에서 불안해하는 것 같았다. 차후에 그들의 뇌를 조사했는데, 일부 뇌 영역들이 벤조디아제핀 수용기의 숫자를 감소시킴으로써 그 진정제를 보완하고 있었다.

불안은 세로토닌 시냅스에서의 낮은 활동성과 연관이 있는 것 같다. 항불안제들은 처음에는 세로토닌 활동성을 억제하지만 이후로는 보완하기 위해서 활동성을 증가시키는 것이 명백하다. 세로토닌성 증가가 불안 감소와 연관이 있다는 생각은 항우울제가 불안 치료를 위해 사용될 수 있다는 사실에 기초한다(Durand & Barlow, 2006; Stahl, 1999).

뇌 구조물

수많은 뇌 구조물이 불안 시에 활성화된다. 이 중에는 편도체와 청반(locus ceoruleus)이 포함된다. 두 구조물 모두 공포와 같은 특정적인 정서에 참여한다. 청반은 특히 중요한 것 같은데, 그 이유는 청반의 활동성을 감소시키는 약물은

뉴스에서 글루타메이트는 주 개폐기인가

몇몇 제약회사들은 글루타메이트가 심리 장애의 치료를 혁신시킬 것이라고 확신하고 있다(Singer, 2004). 세로토닌이 우울증에, 도파민은 정신분열증에, 그리고 GABA 또는 세로토닌이 불안과 관련이 있다는 것에는 의문의 여지가 없다. 그러나 뇌의 주요 흥분성 전달자인 글루타메이트는 어떤 점에서는 중추신경계 내의 거의 모든 신경회로에서 사용된다. 글루타메이트는 이런 특성 때문에 가장 큰 문제를 야기하기도 한다. 글루타메이트를 어설프게 다루면 표적 행동의 변화와 더불어 발작이나 환각을 얻게 될지도 모른다. 글루타메이트 차단제를 이용하여 뇌졸중을 치료하려는 시도를 포기할 수밖에 없었는데, 이 약물이 정신병적 행동을 야기했기 때문이다. 하지만 현재의 약물 연구자들은 새로 발견한 몇 가지의 수용기를 통하여 그들이 뇌의 주 개폐라고 여기는 것을 곧 통제할 것이라고 생각한다.

최근까지 신경과학자들은 글루타메이트 모든 수용기가 이온성이라고 생각했으나, 제2장에서 배운 것처럼 몇몇은 더 느리고 더 지속적인 효과를 지닌 대사성 수용기라는 사실이 드러났다. 이온성 수용기가 개폐 수용기라면 대사성 수용기는 조광 스위치다—대사성 수용기를 활성화시키는 약물은 보다 미묘한 효과를 가지는 것 같다. 더하여 이 수용기는 몇 가지 타입이 있는데, 이 다른 타입들은 뇌의 다른 부분에 위치하는 경향이 있다. 그리하여 머어크(Merck)는 파킨슨병에 대한 치료로서 기저핵에 있는 대사성 글루타메이트 수용기 4(metabotropic glutamate receptor 4: mGluR4)를 표적으로 삼고 있으며, 릴리(Lilly)는 불안을 치료하기 위하여 mGluR2에 대한 화합물을 연구하고 있다. 그리고 노바티스(Novartis)는 통각과 불안 치료를 위해 mGluR5 길항제를 개발하고 있다. mGluR5는 정신분열증 연구자들의 관심도 불러일으키고 있는데, 그것이 이 장애와 관련되어 있는 이온성 수용기와 연결되어 있기 때문이다. 지금까지 인간을 대상으로 시도해 온 유일한 약물이 릴리가 적용한 약물이다. 그런데 극히 높은 용량에서 생쥐들이 경련을 유발하는 이유를 파악하고 있는 동안 연구가 보류되어 있기 때문에 이에 대해서는 아직은 알려진 바가 거의 없다. 하지만 머지않은 미래에 심리 장애에 대한 약물 치료에서 발생할 주요 변화를 지켜 보자.

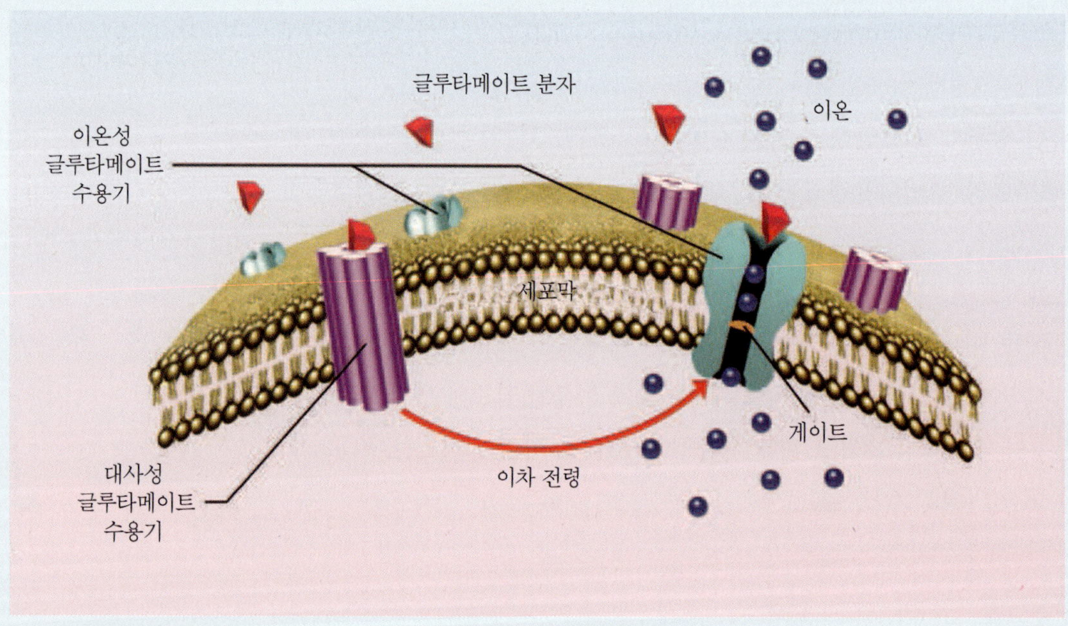

글루타메이트 수용기

제약자들은 대사성 수용기를 표적으로 삼고 있는데, 그 이유는 이온성 수용기의 효과가 더 빠른 데 비하여 이 수용기는 이차 전령을 통해 게이트를 열어 느리고 오래 지속되는 반응을 산출하기 때문이다.

출처: Singer (2004).

불안을 완화시키는 작용을 하고, 청반의 활동성을 증가시키는 약물은 불안을 증가시키기 때문이다(Charney et al., 1990). 공황 장애 환자는 뇌 전체의 활동성이 증가하는데, 심지어는 증상이 없는 기간에도 그렇다. 편도체 및 해마와 연결되어 있는 해마 방회(parahippocampal gyrus)의 활동성은 우측보다는 좌측에서 더 낮다(Reiman et al., 1986).

강박 장애

? 강박 장애는 무엇이며, 왜 발생하는가?

강박 장애는 동일한 사람에서 발생하는 두 가지 행동으로 구성되는데, 강박 관념(obsession)과 강박 행동(compulsion)이 그것이다. 강박 사고는 되풀이하여 발생하는 사고(thought)다. 강박 장애를 앓는 사람들은 정신적으로 거듭 반복해서 재현되는 곡조에 의해서나 다른 사람에게 해가 발생하기를 원하는 것과 같은 고통스러운 생각에 의해 괴로울 수 있다. 정상적인 사람도 비슷한 사고를 할 수 있지만, 강박 관념을 가진 개인에게 이런 경험은 극단적이며 완전히 통제가 불가능하다고 느낄 수 있다. 강박 관념을 가진 개인이 사고의 노예인 것처럼 강박 행동을 가진 개인은 행동의 노예다. 강박 장애가 있는 사람들은 (방문을 통과하기 전에 문틀을 세 번씩 터치하는 것과 같은) 의식적인 행동(ritualistic behavior)을 반복하거나, 목욕이나 손 씻기를 끝없이 반복하거나 가전제품의 전원이 꺼져 있고 문이 잠겨 있는가를 거듭 점검하는 일을 반복하지 않을 수 없다(Rapoport, 1991). 한 정신과 의사가 기술한 내용에 따르면, 가전제품의 전원이 꺼져 있는가를 점검하기 위해 집으로 되돌아가는 것이 역겨운 한 환자는 자신의 커피 메이커와 다리미를 일터로 가지고 감으로써 이 문제를 해결할 수 있었다(Begley & Biddle, 1996). 극작가이면서 유머 작가인 데이빗 세더리스(David Sedaris, 1998)는 어린 시절에 학교에서 집까지는 가까운 거리였는데도 불구하고 꼬박 한 시간이 걸렸다고 적었다. 그렇게 긴 시간이 걸린 이유는 그의 강박 행동 때문인데, 그는 몇 걸음 갈 때마다 특별한 차의 후드에 코를 눌러 대거나 어떤 우편함을 핥거나 주의를 끄는 특정 나뭇잎을 터치했다. 일단 집에 오면, 그는 자신의 방에 들어가기 전에 몇 개의 방을 여러 번 순시하면서 다양한 대상물을 키스하고 터치하며 재정리했다. 강박 장애 환자들의 약 25%는 강박 장애를 가진 가족 구성원이 있는데, 이는 강박 장애가 유전적 연관성을 가짐을 시사한다. 소년이 소녀보다 강박

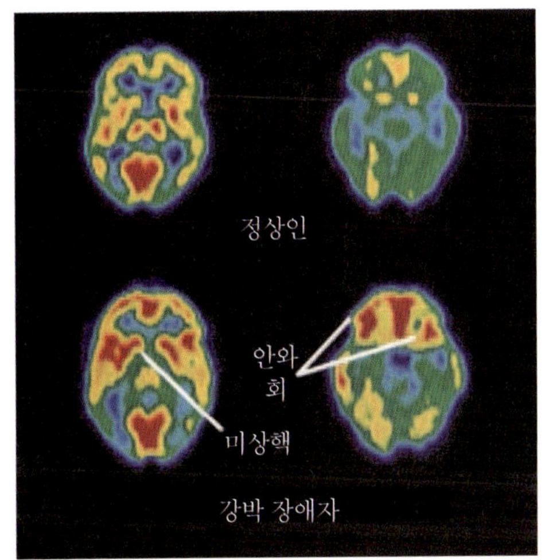

(a)

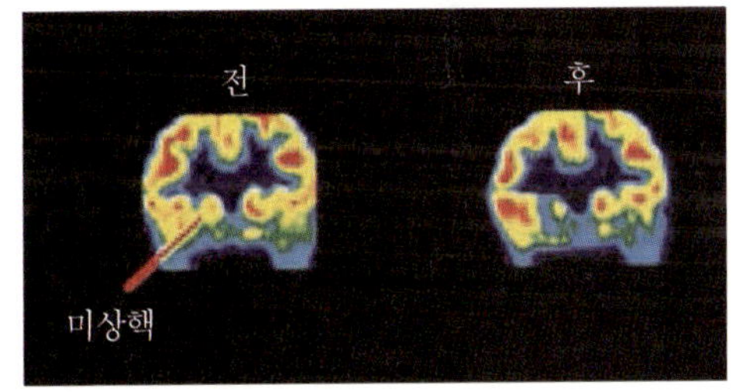

(b)

[그림 14-25] 강박 장애와 관련된 뇌 구조물

(a) 미상핵(기저핵의 일부)과 안와 회, (b) 행동 치료 전후의 미상핵

출처: (a) From Baxter et al., "Local Cerebral Glucose Metabolic Rates in Obsessive Compulsive Disorder," 1987, *Archives of General Psychiatry, 44*(14), pp. 211-218. (b) From J. M. Schwartz et al., "Systematic Changes in Cerebral Glucose Metabolic Rate After Successful Behavior Modification Treatment of Obsessive-Compulsive Disorder," 1996, *Archives of General Psychiatry, 53*(14), pp. 109-113.

장애에 걸릴 가능성이 더 높지만 성인기가 되면 비율은 같아진다(Swedo et al., 1989).

뇌의 이상

PET 연구들은 강박 장애 환자들의 안와 전두피질(orbital frontal cortex)과 기저핵의 일부인 미상핵(caudate nucleus)에서 활동성이 증가하는 것을 보여 주고 있다([그림 14-25]). 이런 과도한 활동성은 성공적인 약물 처치와 행동 치료 후에도 감소한다(Baxter et al., 1987; Schwartz et al., 1996; Swedo et al., 1989). 백질 이상(white matter abnormalities)이 제안하는 것은 대상회와 기저핵, 시상 및 대뇌피질을 포함하는 신경회로 간의 연결에 결함이 있다는 것이다. 이런 결함은 명백히 충동 조절의 상실을 야기한다(Insel, 1992; Szeszko et al., 2005).

강박 장애는 운동에 관여하는 기저핵을 손상시키는 수많은 질병과 함께 발생한다(Leonardo et al., 1992). 이 장애가 아동기에 연쇄상 구균의 감염(기저핵에 대하여 자가 면역적 공격을 하게 됨)에 의해 촉발될 수 있다는 증거가 모아지고 있다. 면역 역기능에 대한 취약성은 명백히 유전된다(Arnold & Richter, 2001; Arnold, Zai & Richter, 2004). 강박 장애는 머리 부상의 사례들에서도 보고되어 왔다(McKeon, McGuffin & Robinson, 1984). 가장 유명한 강박 장애 환자는 수백만장자인 하워드 휴즈(Howard Hughes)였다(Fowler, 1986). 그가 아동기 동안 가졌던 몇 가지 징후와 그의 어머니가 가졌던 세균에 대한 강박적 염려를 고려하면, 유전적 취약성이나 환경적 요인의 어느 한쪽이 강박 장애의 발생과 연관이 있는 것 같다. 그러나 그의 강박 장애 증상들은 심각한 일련의 비행기 추락 사고들과 자동차 사고들을 당한 후에 시작하였다([그림 14-26]). 한 사업 동료가 죽었을 때, 휴즈는 세균의 역류를 예방할 목적으로 꽃집 또는 휴즈의 사무실과 어떤 접촉도 하지 않을 제3의 심부름꾼이 장례용 꽃들을 나르도록 분명하게 지시를 내렸다(Bartlett & Steele, 1979). 보조원들에게는 장갑을 끼고(가끔씩 몇 벌의 장갑을 끼고) 그의 서류를 다루도록 요구했으며, 그는 한 조각의 화장지로 그 서류를 잡았다. 그는 보조원들에게 그를 터치하지 못하게, 그에게 직접 말도 못하게, 심지어는 그를 바라보지도 못하게 지시했다. 이런 행동에 대해 그는 모든 사람이 세균을 나르고 있어서 세균을 피하기 원한다고 항변했다(Fowler, 1986).

[그림 14-26] 하워드 휴즈

휴즈는 대성한 사업가이자 능름한 할리우드의 사교가였다. 하지만 그의 인생 후반은 강박 장애 증상들로 인해 황폐화되었다.

출처: Bettmann/Corbis.

세로토닌

연구자들은 강박 장애자들의 세로토닌성 활동성이 높다고 믿고 있다. 이는 강박 관념–강박 행동 장애자들이 행동 억제를 보이며 공격적 충동에 대해 죄책감을 느낀다는 사실에 의해서 제안되었다. 반면에, 반사회적 성격 장애자들(sociopaths)은 충동적인 범죄를 저지르고도 죄책감을 느끼지 못하고 세로토닌 활동성도 낮다. 그러나 강박 장애 증상들을 꾸준히 개선시켜 주는 유일한 약물은 세로토닌의 재흡수를 억제하는 항우울제들이다(Isel et al., 1990). 만일 강박 장애자들의 세로토닌 활동성이 정말로 높다면, 재흡수 억제제들은 보상적으로 활동성을 감소시킴으로써 작용해야 한다. 치료가 정말로 세로토닌 수용기의 민감성을 감소시킨다는 몇몇 증거가 있다(Insel et al., 1990). 그러나 세로토닌 관여의 본질은 아직 명확하지가 않다(Graybiel & Rauch, 2000).

관련 장애

강박 장애의 증상들[특히, 씻기 및 다듬기(grooming) 의식들과 청결에의 집착]을 바탕으로 어떤 연구자들은 이 질환이 '과도한 다듬기' 장애라고 제안한다(Leonard et al., 1991; Papoport, 1991). 개와 고양이는 때때로 털이 빠져 맨살이 드러나고 궤양이 생길 정도로 자신의 털을 다듬는다. 어떤 침팬지들과 원숭이들은 과할 정도로 다듬기와 털 뽑기에 몰두하며, 감금되어 있는 새들의 10%는 자신의 깃털을 강박적으로 뽑아 내어 가끔씩 벌거숭이가 됨으로써 감염이나 저체온의 위험에 노출된다. 세로토닌 재흡수를 억제하는 항우울제인 클로미프라민(clomipramine)은 이 모든 행동을 감소시키는 데 효과적이다(Grindlinger & Ramsay, 1991; Hartman, 1995; Rapoport, 1991).

과도한 다듬기 아이디어가 설득력이 없게 들린다면, 손톱 물어뜯기와 강박적으로 머리털 뽑기 같은 인간의 행동을 생각해 보라. 그들은 맨살이 보이거나 심지어는 완전히 대머리가 될 때까지 하나씩 하나씩 머리털, 눈썹 그리고 속눈썹을 뽑아 낸다. 털 뽑기와 강박 장애 간에는 몇 가지 유사점이 있다. 두 행동 모두 유전적인 것 같은데, 털을 뽑는 사람들은 강박 장애가 있는 친척의 수가 많다—또한 두 행동의 증상 모두 세로토닌 재흡수 억제제에 반응한다(Leonard et al., 1991; Swedo et al., 1991).

강박 장애와 연관이 있는 또 하나의 장애가 투렛증후군(Tourette' s syndrome)이다. 투렛증후군 환자는 다양한 운동 및 음성(phonic) 틱 장애(tics)에 시달린다. 그들의 행동적 예로는 씰룩거리며 얼굴을 찡그리기, 허공에 주먹질하기, 기침하기, 끙끙거리기, 소리 지르기, 욕하기, 불분명한 말 또는 성적인 발언을 불쑥 내뱉기, 행인 모욕하기, 다른 사람들이 말한 것을 따라하기, 다른 사람들의 얼굴 표정과 몸짓 흉내내기 등이 있다. 강박 장애자와 투렛 장애자 모두는 짧은 기간 동안에는 그들의 증상을 통제할 수 있다. 예를 들면, 투렛 환자들은 대체로 자동

? 투렛증후군의 기이한 행동의 원인은 무엇인가?

차 운전 시나 성교 시나 수술 시행 시에(실제로 그들 가운데 얼마는 외과 의사들이다) 증상들로부터 자유롭다. 강박 장애도 투렛 장애도 단순한 의지의 문제가 아니다. 흔히 아이들은 학교에서는 강박적 의식을 억압하지만 집에서는 풀어 준다. 낮 동안에는 틱을 억압하지만 수면 시에는 풀어 준다. 신경학자인 올리버 색스(Oliver Sacks, 1990)는 인도를 걸어가면서 다른 사람들의 표정과 몸짓을 모방하고 있는 뉴욕 거리에 있는 한 여인을 아주 생생하게 기술했다.

> 갑자기, 절망적으로 그 노파는 대로변에서 갈라지는 골목길로 벗어났다. 그리고 거기에서 지독하게 아픈 모습으로 그녀는 자신이 지나오면서 보았던 40~50명의 사람들의 몸짓, 자세, 표정, 거동 등 모든 행동적 목록을 토해냈다.

증상은 2~15세 사이에 시작하며, 일반적으로 단순한 형태에서 복잡한 형태의 틱으로 진행하는데, 강박적이고 의식적인 측면도 함께 증가한다. 약 2,000명당 1명 정도가 시달리고 있으며 3 : 1의 비율로 남자가 여자보다 많다(Price et al., 1985). 투렛증후군은 유전적 영향을 받는데, 일치율은 일란성 쌍생아에서는 53%이고 이란성 쌍생아에서는 8%다(Price et al., 1985). 투렛증후군은 강박 장애와 어느 정도의 유전적 근원을 공유한다. 일찍 개시하는 강박 장애자들의 1/3은 투렛증후군도 가지고 있다(do Rosario-Campos et al., 2005). 투렛증후군을 가진 성인들의 30% 또한 강박 장애자로 진단된다(King et al., 1998).

강박 장애처럼 투렛증후군에서도 기저핵의 활동성이 증가되어 있다. 그러나 강박 장애와는 달리 더 새로운 항도파민제 또한 사용되고는 있지만 투렛증후군에 가장 자주 처방되는 약물은 항도파민 약물인 할로페리돌(haloperidol)이다. 도파민이 갖는 한 가지 효과는 운동 활성화다. 맬리슨(Malison)과 그의 동료들(1995)은 도파민의 활동성이 투렛 장애자의 미상핵(기저핵의 일부)에서 상승되어 있음을 발견했다([그림 14-27). 약물에 반응하지 않은 세 명의 환자들은 시상을 고주파로 전기 자극함으로써 치료에 성공했다(Visser-Vandewalle et al., 2003). 심한 투렛증후군을 가진 또 다른 환자는 시상이나 담창구(기저핵의 일부)를 전기 자극함으로써 증상이 많이 개선되었다(Houeto et al., 2005).

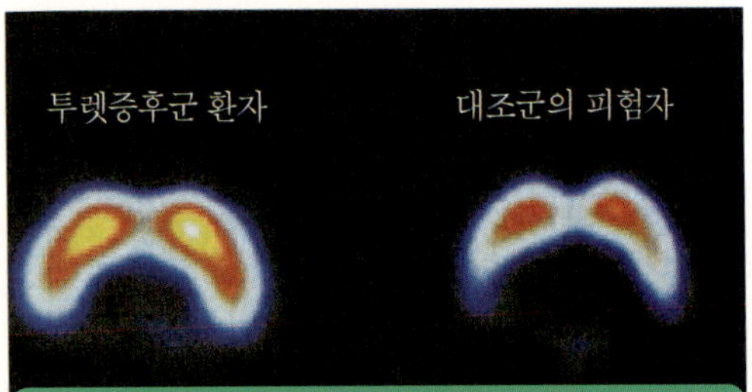

투렛증후군 환자 대조군의 피험자

[그림 14-27] 투렛증후군과 관련하여 미상핵에서 도파민 활동성이 증가함

이 두 영상은 관련 뇌의 이미지가 없이 제시되었다. [그림 14-25b]를 참조하여 미상핵이 뇌의 어느 위치에 있는지를 확인할 수 있다.

출처: Malison, R. T., McDougle, C. J., van Dyck, C. H., Scahill, L., Baldwin, R. M., Seibyl, J. P., Price, L. H., Leckman, J. F., & Innis, R. B. (1995). [123I]αCIT SPECT imaging of striatal dopamine transporter binding in Tourette's disorder. *American Journal of Psychiatry, 152*, 1359-1361. (14) © 1995 American Psychiatric Publishing. Used with permission.

불안 장애와 유전성

가족 및 쌍생아에 대한 연구는 불안 장애가 유전적 영향을 받는다고 제안하는데, 유전성의 범위는 장애에 따라 0.20~0.43 정도다(Arnold et al., 2004; Hettema, Neale, & Kendler, 2001). 유전적으로 다른 장애들과 겹치기 때문에 불안에 대한 유전적 지지를 이해하는 것은 어렵다. 불안 장애를 가진 개인의 90% 이상은 다른 정신과적 문제를 가진 이력이 있다(Kaufman & Charney, 2000). 기분 장애들과 겹치는 정도가 특히 높은데, 주우울증을 가진 환자의 50~60%는 한 가지 이상의 불안 장애 이력도 가지고 있다(Kaufman & Charney, 2000). 공황 장애는 양극성 환자의 16%에서 발견된다(Doughty et al., 2004). 두 집단 간에서 보이는 어느 정도의 신경적 공통성이 기분 장애와 불안 장애 둘 다에 대한 항우울제의 효능에 의해서 제안된다. 불안 장애는 유전적으로 관련이 있는 네 개의 군으로 분류할 수 있다. 즉, 일반 불안, 공황과 광장 공포증(agoraphobia–군중과 개방된 장소를 두려워하는 것)을 한 집단으로, 동물 공포증과 상황 공포증(situational phobias)을 두 번째 집단으로, 유전적으로는 이 두 집단과 겹치는 사회 공포증(social phobia)이(Hettema et al., 2005) 세 번째 집단으로, 그리고 강박 장애와 투렛증후군이 네 번째 집단으로 분류된다.

유전적 연구는 세로토닌 생산, 세로토닌 재흡수, 그리고 다양한 하위 타입의 세로토닌 수용기들을 담당하는 유전자들을 가장 많이 연루시켜 왔다(Arnold et al., 2004; Rothe et al., 2004; You et al., 2005). 다른 연구들은 모노아민 옥시데이즈(Monoamine oxidase: MAO) 유전자(Tadic et al., 2003), 아데노신(adenosine) 수용기 유전자(Arnold et al., 2004; Lam, Hong & Tsai, 2005), 그리고 콜레시스토키닌(cholecystokinin) 및 CCK 수용기 유전자(Arnold et al., 2004)를 포함한다. 더하여 강박 장애는 글루타메이트 수용기, 뇌에서 유래하는 신경 성장 요인(brain-derived nerve growth factor), 그리고 기저핵에 대한 자가 면역적 공격을 매개하는 것으로 추정되는 일종의 단백질에 대한 유전자를 포함한다(Arnold et al., 2004; Lam, et al., 2004; Zai et al., 2004). 강박 장애와 투렛증후군이 의심할 것 없이 수많은 유전자를 공유하고 있지만, 한 가지 구별되는 것은 투렛증후군과 연결되어 있는 도파민 수용기의 D_2 하위 타입을 위한 이형(variant)의 유전자다(Lee et al., 2005).

✎ 개념 확인

- 불안 장애와 관련이 있는 신경전달물질은 무엇인가?
- 불안 장애와 관련이 있는 뇌 이상에는 무엇이 있는가?
- OCD 그리고 이와 관련된 장애를 기술하라.

전 망

지난 30년 동안 연구의 진전은 엄청나서 지금의 우리는 장애에 대한 생리학적 원인을 많이 알고 있다. 이런 돌파구는 헌신적인 연구자들의 끈기는 말할 것도 없이 영상 기업과 유전학 연구 기술의 발전 덕분이며, 시냅스 생리학에 대한 우리의 이해력의 향상 덕분이다. 결과적으로, 예전에는 심리학적 기원으로만 여겼든지 아니면 유기적 토대를 가질 것이라고만 추정했던 많은 장애를 지금은 생물학적 수준에서 기술할 수 있게 되었다.

이렇게 많은 연구의 진전에도 불구하고, 우리는 정상적인 뇌와 정신분열증을 가진 뇌를 명백하게 구분할 수 없다. 혈액 검사로 우울증이나 불안을 진단할 수 없다. 언젠가는 그렇게 할 수 있겠지만, 그런 시대로 가는 과정에서는 우리는 개인의 행동을 바탕으로 진단한다. 우리는 적어도 어느 정도까지는 정신병에 관한 생리학적인 요소를 알고 있다. 그러나 누가 장애자가 되고 누가 되지 않을 것인가를 결정하는 유일무이한 결합은 이해하지 못한다. 이것이 사실이라면, 우리의 치료는 전망이 밝기보다는 희미한 소망으로 남아 있을 것이다.

우리는 유전적 취약성과 운명이 다른 얘기라는 것을 반복해서 상기해 왔다. 대부분의 경우에서 유전자는 환경과 협력할 때에만 질환을 산출한다. 우리가 장애에 대한 유전적 치료법을 찾는 동안에, 다시 한 번 상기해야 할 것은 유전성은 운명이 아니라는 것이다. 인류의 신체적 · 심리적 후생을 증진시키는 것은 정신질환을 예방하거나 이 병의 극렬함을 감소시키는 데 많은 도움이 될 것이다.

이런 새로운 연구 시대의 여명 직전에 한 좌절한 정신분열증 연구자는 "거의 모든 것이 해결되지 못한 채로 남아 있어!"라고 결론을 내렸다(Heston, 1970). 그 이후로 뇌에 대하여, 그리고 뇌가 정신병 증상과 관련이 있음에 대하여 우리의 지식은 급격하게 증가해 왔다. 그러나 알다시피 우리가 이해하는 많은 부분은 잠정적이다. 진행 속도는 빠르므로, 나는 조만간 과거보다 훨씬 더 괄목할 만한 진전에 대하여 축하하게 될 것이라고 확신한다.

요 약

정신분열증

- 정신분열증의 특징으로는 몇 가지의 혼합된 증상이 있는데, 예를 들면 환각, 망상, 사고 장애와 (사회적) 철회가 있다.
- 쌍생아 및 입양 연구에 따르면 유전율은 0.60~0.90이다. 몇몇 가능한 유전자 위치들이 발견되었다. 유전자는 명백히 취약성의 정도를 결정한다.
- 정신분열증은 보통 양성과 음성 증상으로 나뉘는데, 이는 과도한 도파민 활성 대 뇌의 결함에 의해 구분되는 것 같다.
- 도파민 가설을 지지할 만한 증거가 있지만, 이 가설은 설명력이 완전하지는 않다. 글루타민 가설이 점점 더 주목을 받고 있는데, 그 이유는 NMDA 수용기 길항제들은 정신분열 증상을 산출하고 반면에 NMDA 수용기를 활성화시키는 약물은 이 증상을 완화시키기 때문이다.
- 뇌의 이상은 뇌실 팽창(뇌조직의 손실이 원인임), 전두엽 활동의 저하 그리고 (신경) 연결의 손상을 포함한다. 이들은 명백히 유전적 취약성과 상호작용하여 출생 전의 요인과 출생 후의 발달상 결함에서 야기된다.

정동 장애

- 정동 장애는 우울증과 양극성 장애(조우울증)를 포함한다.
- 정동 장애 또한 유전적 성향이 강하다.
- 정동 장애에 대한 가장 설득력 있는 설명은 모노아민 가설이다.
- ECT는 논쟁의 대상이지만 아주 효과적인 마지막 치료법이다. 이 치료법은 약물치료에 실패할 때, 그리고 임시적인 자살 방지책으로 사용된다.
- 약물과 ECT 모두 신경 생성과 신경 가소성을 증가시킨다.
- 정동 장애 환자들은 흔히 일주기 리듬이 와해되어 있다. 겨울철 우울증과 여름철 우울증을 가진 환자들은 계절 변화에 반응한다.
- 흔히 리튬이 치료에 매우 효과적이기는 하지만 양극성 장애는 (그 특성이) 단극성 장애보다 덜 알려져 있다.
- 수많은 뇌 이상은 우울증 환자와 양극성 환자 그리고 정상인과 정동 장애 환자를 구분해 준다.
- 우울증, 낮은 세로토닌 활성, 그리고 몇몇 유전자는 자살 위험성과 연관되어 있다.

불안 장애

- 불안 장애는 부분적으로는 유전적이지만 관련되는 유전자들은 명확하지 않다.
- 불안은 명백히 낮은 세로토닌 활성을 포함하는 반면에 OCD 환자들은 높은 세로토닌 활성을 가진다. 벤조디아제핀 수용기의 결핍 또한 불안의 한 요인이 될 수 있다.
- 편도체와 청반은 불안 동안 활성화된다. OCD는 안와 전두피질과 미상핵의 활동성과 관련이 있다.
- 이와 관련된 장애들(투렛증후군 포함)은 다듬기 행동과 관련이 있다.

핵심 용어

REM 수면(rapid eye movement(REM) sleep)
강박 장애(obsessive-compulsive disorder: OCD)
겨울 출생 영향(winter birth effect)
계절성 정동 장애(seasonal affective disorder)
광선 치료(phototherapy)
글루타메이트 이론(glutamate theory)
급성(acute)
단극성 우울증(unipolar depression)
도파민 가설(dopamine hypothesis)
리튬(lithium)
만성(chronic)
모노아민 가설(monoamine hypothesis)
양극성 장애(bipolar disorder)
양성 증상(positive symptoms)
우울증(depression)
위스콘신 카드 분류 검사(Wisconsin Card Sorting Test)
음성 증상(negative symptoms)
일주기 리듬(circadian rhythm)
전기경련 치료법(electroconvulsive therapy: ECT)
정신병(psychosis)
정신분열증(schizophrenia)
조증(mania)
주우울증(major depression)
지발성 운동 장애(tardive dyskinesia)
취약성 모델(vulnerability model)
투렛증후군(Tourette' s syndrome)

Chapter

15 수면과 의식

수면과 꿈

일주기 리듬

각성과 수면 동안의 리듬

REM 수면과 비-REM 수면의 기능

수면과 기억

수면 및 각성과 관련된 뇌 구조물

수면 장애

의식의 한 형태로서의 수면

의식에 대한 신경적 토대

인 식

주 의

자기 감각

의식에 대한 이론적 설명

이 장에서 배울 내용

- 수면과 각성의 리듬, 그리고 이에 대한 신경적 조절은 어떠한가?
- 하루 동안의 더 짧은 리듬, 그리고 수면 동안의 이의 기능에 대해 알아본다.
- 수면 장애와 그 원인은 무엇인가?
- 연구자들은 의식의 문제에 대하여 어떻게 논쟁하는가?
- 의식에 기여하는 신경적 과정은 어떠한가?

의식을 연구하지 않는 채로 뇌를 연구하는 것은 소화에 관하여 연구함이 없이 위를 연구하는 것과 같다.

- John R. Searle

케니스 파크스(Kenneth Parks)는 자다가 일어나서 14마일 떨어져 있는 처가까지 운전해 갔다. 그곳에서 그는 장인과 뒤엉켜 싸우더니 장모를 여러 번 찔러 살해했다. 그런 후 그는 경찰서로 운전해 가서는 경찰에게 자신이 몇 사람을 죽인 생각이 든다고 말했다. 법정에서 그는 몽유(sleepwalking)를 하고 있었다고 항변했다. 수면 전문가들의 증언과 살인 동기의 부재(그는 처가와 관계가 좋았다)의 이유로, 배심원단은 그의 살인 혐의에 대해 무죄를 선언했다(Broughton et al., 1994).

켄의 행위들은 그가 몽유를 하고 있었다는 그의 주장과 모순되었는가? 아니면 그가 진짜 잠이 든 상태였기 때문에 그에게 책임을 지울 수 없었던 것인가? 이 사례는 '의식(consciousness)이란 무엇인가' 라는 질문을 던지게 한다. 많은 심리학자들, 특히 신경과학자들은 이 토픽을 회피하는데, 그 이유는 의식이란 연구로 접근할 수 있는 것이 아니라고 생각하기 때문이다.

의식이 항상 접근 불가능한 것만은 아니다. 의식은 19세기 말의 신출내기 심리학 분야의 주요 관심사였다. 그러나 내성(introspection)에 대한 연구자들의 기법은 주관적이었다. 그 관찰들은 내성을 하고 있는 개인에게만 개방되었는데, 이 사람들은 서로가 자주 일치하지 않았다. 이런 결점은 심리학이 외부적인 자극과 관찰 가능한 반응 간의 관계성만을 연구해야 한다는 원리를 바탕으로 하는 행동주의의 발달을 고무시켰다. 행동주의는 주관적인 방법론에 대한 심리학을 정화시키는 데 필요한 수단이었다. 그러나 이런 행동주의의 정화 작업은 그런 방법론과 함께 주제 또한 버렸다. 심리학자들의 관심은 1950~1960년대에 인지심리학 분야가 출현하고서야 내적인 경험으로 복귀할 수 있었다.

많은 인지심리학자는 의식의 여러 측면을 고려하지 않고서는 학습 및 지각과 같은 심리학적인 기능을 이해하기 어렵다는 것을 알게 되었다. 아직도 그들 중 소수는 의식이라는 주제 그 자체에 대하여 따졌다. 이 문제는 너무 커 보였고, 의식에 대한 명확한 정의는 없었으며, 의식이 철학자들의 문제라는 편견이 여전히 계속되었다. 점차 일부 인지심리학자들은 이 심리학의 마지막 한계를 탐색하기 위한 새로운 연구 책략을 개발할 목적으로 철학자들, 생물학자들 그리고 컴퓨터 전문가들과 제휴하기 시작했다. 가장 큰 활로는 수면 연구에서 만들어졌다. 주된 이유는 수면이 쉽게 관찰 가능하기 때문이다. 또한 객관적인 기법에 의해 연구가 가능하기 때문에, 연구자들 사이에서 수면이 의식의 다른 측면의 특징을 묘사한다는 오명을 갖지 않게 되었다. 우리 여행의 마지막 부분을 수면과 꿈이라는 토픽으로 시작하겠다.

수면과 꿈

매일 밤 우리는 완전한 의식도 아닌 그렇다고 무의식도 아닌 신비로운 상태로 들어간다. 인류 역사를 통하여 수면은 사람들에게 호기심을 불러일으켜 왔다. 선조들은 형이상학적으로 밤에 꿈을 통하여 영혼이 몸을 떠나 세상을 떠돈다고 생각하였다. 실제로 수면은 강요된 비생산성의 기간이며, 포식자나 적에게 취약한 기간이다.

수천 건의 연구에도 불구하고, 가장 기본적인 질문—수면의 기능이 무엇인가—에 대한 대답은 아직 분명하지 않다. 수면이 (원기를) 회복시키는 기능을 한다는 설명이 가장 설득력이 있다. 이런 생각은 더 높은 대사율을 가진 종이 통상적으로 잠자는 시간이 더 길다는 관찰로부터 지지된다(Zepelin & Rechtschaffen, 1974). 덜 명확한 설명은 적응 가설이다. 이 견해에 따르면, 동물이 취한 수면의 양은 먹이의 가용성과 안전성 보장에 달려 있다(Webb, 1974). 예를 들면, 자신의 먹이 요구를 충족시키기 위해서 많은 시간 동안 풀을 뜯는 코끼리는 잠깐만 잠을 잔다. 사자와 같이 포식될 가능성이 낮은 동물들은 잠을 많이 잔다. 박쥐와 천공 동물 같이 숨음으로써 안전을 확보할 수 있는 동물들도 그렇다. 말이나 소처럼 몸집이 너무 커서 굴을 파거나 숨을 수 없는 취약한 동물들은 잠을 아주 조금 잔다([그림 15-1]). 39종을 조사한 연구에서 신체 크기와 위험의 조합 요인이 수면 시간의 변산성의 80%를 설명했다(Allison & Ciccetti, 1976).

> 일찍 자고 일찍 일어나는 것은 건강하게, 부유하게 그리고 현명하게 만든다.
> - Benjamin Franklin

수면의 기능이 무엇이든 수면 박탈 영향을 보면 왜 수면이 중요한지를 알 수 있다. 이런 효과는 교대 근무에서 가장 명백하게 관찰된다. 교대 근무자들은 주간 근무자들보다 잠을 덜 자는데, 그 결과로 그들의 업무 수행력은 더 나빠진다(Tepas & Carvalhais, 1990). 또한 그들의 수면은 낮에는 방해를 받고 주말에는 세상의 스케줄에 맞춰 나가야 하기 때문에 통상적으로 수면-각성 주기(sleep-wake cycle)에 적절하게 적응하지 못한다. 그들의 업무 및 수면 스케줄이 그들의 생물학적 리듬과 조화되지 못하기 때문에, 업무 시간에 잠이 오며 주간 동안의 각성이 그들의 수면을 방해한다.

장기간의 수면 박탈에 관한 연구에서, (수행상의) 결함이 리듬 주기를 따라간다. 즉, 수행력이 야간에는 감소한 후에 주간에는 어느 정도 회복한다(Horne, 1988). 이는 이런 리듬이 지속될 경우, 사람들이 밤에 일할 때는 엄청난 안전 위험이 도사리고 있음을 시사한다. 졸음으로 인한 교통사고가 가장 많이 발생하는

[그림 15-1] 다양한 동물의 일중 수면 할애 시간

관찰에 따르면, 수면이 섭식 및 안전의 욕구에 대한 적응적 반응이라는 가설이 지지된다.

출처: Based on the data of Campbell S. S., & Tobler, I. (1984). Animal sleep: A review of sleep duration across phylogeny. *Neuroscience and Biobehavioral Reviews, 8*, 269-300.

시간대는 새벽 2시경이며, 업무 실수가 가장 많이 발생하는 시간대도 이때다(Mitler et al., 1988; Broughton, 1975). 덧붙여 쓰리마일 섬(Three Mile Island)의 원자력 발전소 사고도 새벽 4시에 발생했으며, 체르노빌 원자력 발전소 시설도 새벽 1시 23분부터 녹아내리기 시작했다. 인도 보팔의 화학 시설 누출 사고(2,000명 이상이 중독됨)도 자정이 바로 지난 시간에 시작되었다(Mapes, 1990; Mitler et al., 1988). 표준 시간대(time zones)를 횡단하는 여행도 수면을 방해하며 수행을 손상시킨다(특히 동쪽으로 여행할 때 그렇다). 시차증(jet lag)의 영향을 정량화하기가 어렵기는 하지만, 세 연구자들은 야구팀의 수행력을 비교함으로써 이를 시도했다. 이스트 코스트(East Coast) 팀과 웨스트 코스트(West Coast) 팀 모두 홈경기에서는 승률이 각각 50%와 49%로 거의 같았다. 그들이 대륙을 가로질러 여행을 한 후에 새로운 표준 시간대에 적응할 때, 통상적인 방문자 약점(visitor' s disadvantage)을 보였는데, 승률은 45.9%였다. 서쪽으로 여행하고 적응 시간을 갖지 못한 팀들은 거의 같은 승률(43.8%)을 보인 반면에, 동쪽으로 여행한 팀들의 승률은 겨우 37.1%였다(Recht, Lew, & Schwartz, 1995). 동쪽으로 여행함으로써 낮의 길이를 단축하는 것보다는 서쪽으로 여행함으로써 낮의 길이를 늘일 때 수면의 질은 더 좋았다. 이런 영향을 바라보는 한 가지 방법은 졸리지 않을 때 자러 가는 것보다는 자신의 취침 시간을 넘겨서 깨어 있는 것이 더 쉽다는 것이다. 일주기 리듬을 고찰할 때 더 구체적으로 알아볼 것이다.

일주기 리듬

? 왜 일주기 리듬이 중요한가?

제14장에서 본 것과 같이 일주기 리듬(circadian rhythm)이란 하루 동안에 진행된 리듬(즉, 24시간 주기 리듬)이다. 'Circadian'이란 용어는 'circa'라는 라틴어에서 왔는데 '대략(approximately)'을 뜻한다. 'dia'는 '하루(day)'를 의미한다. 우리는 태양일에 맞추어 24시간 주기에 따라 움직인다. 우리는 24시간마다 잠을 자는데, 체온, 각성, 소변 생산, 스테로이드 분비, 그리고 다양한 활동성은 통상적인 수면 기간에는 감소하고 통상적인 각성 기간에는 증가한다. 수면-각성 스케줄을 일시적으로 바꿀 때도 그렇다.

포유류에서 이 리듬을 조절하는 주요 생물학적 시계는 시상하부의 시교차 상핵(suprachiasmatic nucleus: SCN)이다. 쥐를 대상으로 SCN을 손상하면 정상적인 24시간 수면 리듬, 활동성, 체온, 물 마시기 그리고 스테로이드 분비가 와해된다(Abe et al., 1979; Stephan & Nunez, 1977). 시간을 맞추고 다른 세포들의 활동성을 조절하기 때문에 SCN은 박자 조율기(pacemaker)로 알려져 있다. 리듬의 활동성이 따로 떼어 낸 SCN 세포들에서도 지속되기 때문에 우리는 이런 리듬이 SCN에서 발생한다고 알고 있다(Earnest et al., 1999; Inouye & Kawamura, 1979). SCN이 손상된 동물들은 수면을 그치지 못한다. 그러나 평소의 주야 주기를 따르는 대신에 24시간 전반에 흩어진 형태로 짬짬이 잠을 잔다. 따라서 SCN은 수면의 타이밍을 통제하지만, 나중에 논의하겠지만, 수면 그 자체는 다른 뇌 구조물에 의해 통제된다. SCN은 [그림 15-2]에서 보인다.

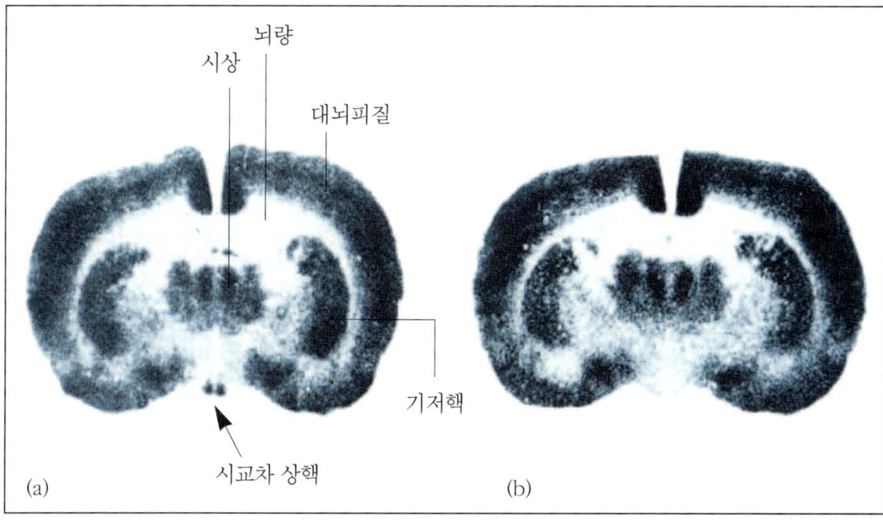

화살표가 지시하는 이 핵은 낮 동안에 쥐에게 주입된 방사성 2-DG를 더 많이 흡수했다(좌). 오른쪽의 쥐는 밤에 이 물질을 주입받았다.

출처: Reprinted with permission from W. J. Schwartz and H. Gainer, "Suprachiasmatic Nucleus: Use of 14C-labeled Deoxyglucose Uptake As a Functional Marker," *Science, 197*, pp. 1089-1091. Copyright 1977 American Association for the Advancement of Science.

[그림 15-2] 시교차 상핵

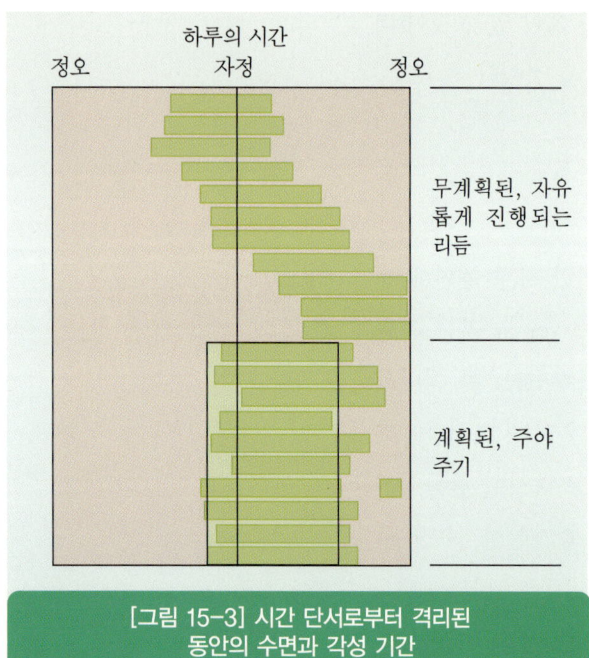

[그림 15-3] 시간 단서로부터 격리된 동안의 수면과 각성 기간

각각의 짙은 막대는 하루 동안의 수면의 타이밍과 길이를 가리킨다. 무계획된 기간에 피험자의 활동성은 25시 리듬에 맞춰진다. 주야 기간이 계획된 경우에는 해당 피험자는 정상적인 수면-활동 리듬을 재개한다.

출처: *Introduction to Psychology, Gateways to Mind and Behavior* (with InfoTrac) 9th edition by Coon. 2001. Reprinted with permission of Wadsworth, a division of Thomson Learning.

차이트게버(zeitgeber-시간 부여자)라고 불리는 단서들에 의해 SCN은 태양일에 보조를 맞춘다. 만일 사람들이 지하 벙커나 동굴에서 모든 시간 단서들로부터 지속적으로 고립되면 일반적으로 주야 주기와의 동조(synchrony)를 상실하게 된다. 많은 연구에서, 차이트게버를 박탈당한 개인은 약 25시간 길이의 하루로 이동했는데, 그들의 수면 개시는 점진적으로 더 지연되었다([그림 15-3]; Aschoff, 1984). 오랫동안 연구자들은 자명종 그리고 다른 사물들의 활동성이 우리의 활동을 24시의 하루에 보조를 맞추도록 하는 데에 가장 중요한 요인이라고 믿었다. 그러나 연구는 보다 확실하게 빛을 주요 차이트게버로 지목한다.

낮과 밤 주기 간의 빛 강도의 차이가 주야 주기의 보조 맞추기에 중요하다. 한 야간 노동자 집단은 밝은 빛 아래에서 일을 하고 낮 동안 완전히 컴컴한 상태에서 잠을 잤다(빛 불일치 조건). 다른 집단은 통상적인 빛 아래에서 일하고 반쯤 어두운 상태(낮에 잠자는 사람들에게 전형적인 조건임)에서 잠을 잤다(유사 빛 조건). 빛 불일치 조건의 노동자들이 유사 빛 조건의 노동자들보다 수행력과 각성도가 더 높았다. 또한 그들의 생리학적인 측정치들은 새로운 수면-각성 주기와 동기화되었다. 예를 들면, 그들의 체온의 최저치는 그들이 졸리는 시각인 오후 3시경에 기록되었다. 반면에 유사 빛 조건의 사람들은 깨어서 일을 하고 있었음에도 불구하고 최저 체온이 새벽 3시 30분에도 계속되고 있었다(Czeisler et al., 1990).

보조 맞추기를 위해 우리가 얼마나 많이 규칙적인 조명 스케줄(lighting schedule)에 의존하는지는 4개월 동안 남극의 겨울 어둠 속에서 고립되어 살아간 네 명의 그린피스(Greenpeace) 자원자들에 대한 연구에서 강조되었다. 그들이 시간에 관한 정보를 입수했고 서로 사회적 접촉을 했음에도 불구하고, 그들의 수면 시간과 생리학적인 측정치들은 대략 25시간 간격으로 변동했다(Kennaway & van Dorp, 1991). 어떤 연구자에 따르면, 위상 전진(phase advances-더 일찍 잠자리에 드는 것)보다는 위상 지연(phase delays-더 늦게 잠자리에 드는 것)을 더 쉽게 하는 것은 바로 느리게 작동하는 시계 때문이다. 따라서 동쪽으로 여행하는 것보다는 서쪽으로 여행하는 것이 적응이 더 잘 된다. 그리고 교대 근무의 경우에 더 일찍 교대하는 것보다는 더 늦게 교대할 때 근무자들은 잠을 더 잘 자고 생산성도 더 높다(Czeisler et al., 1982). 몇몇 사람들은 대부분을 24시의 하루에 보조를 맞추게 하는 환경적 단서에 상대적으로 덜 민감하고 정상적인 상황에서도 25시 시계를 따르는 것 같다. 매우 느리게 작동하는 시계와 같이 그들의 신체적·인지적 기능은 세상과 맞기도 하고 맞지 않기도 하여 결과적으로 불면증과 기능 손상을 야기한다.

왜 내부 시계가 25시 주기로 운용되는가는 분명하지가 않다. 격리되었던 동물들이 보통 24시 주기를 따르기 때문에 특히 분명치가 않다(Czeisler et al., 1999). 몇몇 사람들은 이것이 조류(tides)와 어떤 생물학적 시스템에 영향을 미치는 24.8시의 음력 주기와 관계가 있다고 믿는다(Bünning, 1973; Miles, Raynal & Wilson, 1977). 체이슬러와 동료들(Czeisler et al., 1999)은 고립 연구들에서 언급한 25시 주기는 개인들로 하여금 방의 조명을 조절하도록 허용하는 인공적 산물에 불과하다고 제안했다. 하루 후반의 밝은 빛은 주기가 길어지게 하기 때문에, 체이슬러는 사람들이 28시의 수면-각성 스케줄에 맞추어 사는 동안에 일주기 리듬에 영향을 미치지 않을 정도로 낮은 빛의 수준을 유지했다. 이런 조건하에서 그들의 체온 주기는 평균 24.18시간이었는데, 이를 근거로 체이슬러는 생물학적 리듬이 약 24시간 길이를 갖는다고 결론지었다. 하지만 수면-각성 주기가 길어지면 체온은 수면-각성 주기를 따르지 않는 경향이 있다(Aschoff, 1969). 그러므로 우리는 체이슬러의 결과가 수면-각성 주기의 길이에 대하여 중요한 질문을 불러일으킬지를 알아보기 위하여 더 많은 연구를 기다려야 한다.

SCN은 송과선(pineal gland)에서 멜라토닌(melatonin－수면을 유발하는 호르몬) 분비를 조절한다. 멜라토닌은 시차증을 극복하기 위하여, 그리고 교대 근무자들과 맹인들의 불면증을 치료하기 위하여 자주 사용된다(Arendt et al., 1997). 빛은 멜라토닌의 분비를 억제함으로써 생물학적 시계를 다시 맞춘다(Boivin et al., 1996). 완전한 맹인의 대부분은 24시 하루에 보조를 맞추지 않으며, 수면, 일 및 사회적 접촉과 같은 규칙적인 스케줄에도 불구하고 불면증에 시달린다. 이들은 빛에 노출되어도 멜라토닌 생산이 감소하지 않는다. 그러나 불면증이 없는 완전한 맹인들은 빛을 인식하지 못할지라도 빛에 의해 멜라토닌이 억제된다(Czeisler et al., 1995). 최근의 연구들은 어떻게 몇몇 맹인들이 (그리고, 우리도) 주야 주기에 보조를 맞출 수 있는가를 설명한다. 빛 정보는 망막으로부터의 직접적인 연결로, 이른바 망막-시상하부로(retinohypothalamic pathway)를 통하여 SCN에 도달한다. 하지만 간상체와 추상체가 없는 생쥐는 여전히 정상적인 보조 맞추기와 주기를 보인다. 따라서 그 신호는 어떤 다른 망막의 광수용기들로부터 발생함이 틀림없다(Freedman et al., 1999; Lucas et al., 1999). 시신경절세포들이 평소에는 광수용기들로부터 빛에 대한 정보를 받지만, 약 1%의 시신경절세포들은

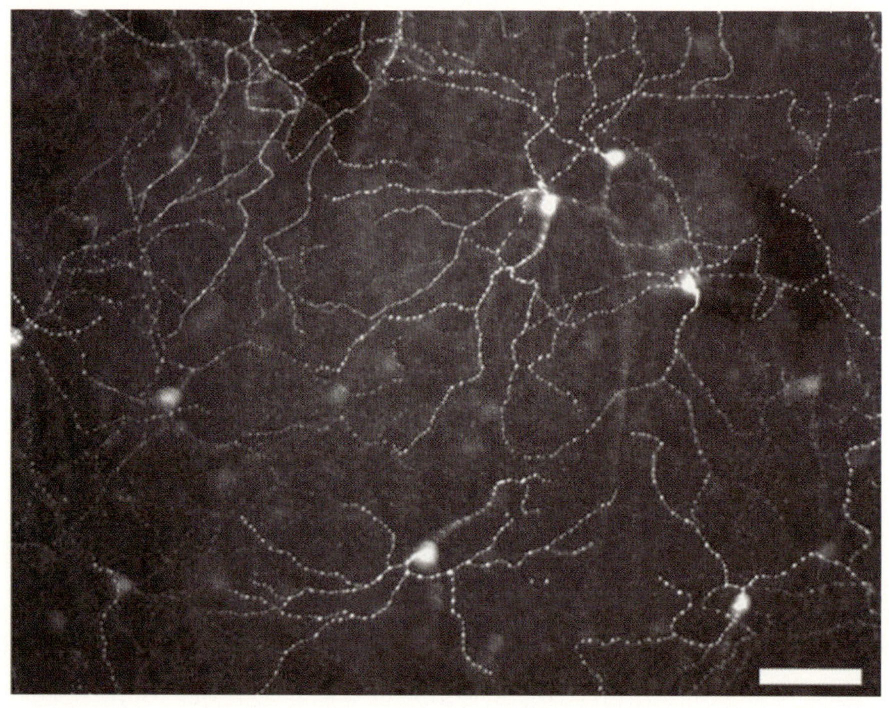

시신경절세포들은 멜라놉신에 반응하는 형광 물질로 표지되었다. 멜라놉신을 함유하고 있는, 넓게 퍼져 있는 수상돌기들을 주목하라.

출처: Hannibal et al., "The Photopigment Melanopsin Is Exclusively Present In Pituitary Adenylate Cyclase-Activating Polypeptide-Containing Retinal Ganglion Cells of the Retinohypothalamic Tract," 2002, *Journal of Neuroscience*, 22 (RC191), 1-7.

[그림 15-4] 멜라놉신을 함유하고 있는 망막의 시신경절세포

빛에 직접적으로 반응하며 축색들을 망막-시상하부로 보낸다(Berson, Dunn & Takao, 2002; Hannibal et al., 2002; Hattar et al., 2002). 이 시신경절세포들은 최근에 빛에 민감한 물질인 광색소(photopigment)로 확인된 멜라놉신(melanopsin)을 포함한다(Dacey et al., 2005; Panda et al., 2005; Qiu et al., 2005). 멜라놉신은 넓게 가지를 펼치고 있는 시신경절세포들의 수상돌기에 위치하는데, 이는 이미지 형성에 기여하기보다는 이 세포들이 전반적인 빛 수준을 감지하도록 조정한다([그림15-4]). 멜라놉신은 480nm의 빛(이 파장의 빛은 황혼과 새벽에 우세함)에 가장 민감하다(Foster, 2005). 따라서 그 시스템은 명백히 일주기 시계를 다시 맞출 때 황혼 빛에 가장 민감하게 반응한다. 최근의 한 연구는 인간의 망막이 일부 시신경절세포에 멜라놉신을 가지고 있음을 확인했다(Dkhissi-Benyahya et al., 2006).

그러나 리듬을 동조화하는 것은 리듬 그 자체를 설명하지 못한다. 내적 시계는 소수의 유전자들과 이들의 단백질 생산물로 구성되어 있다(Clayton, Kyriacou & Reppert, 2001; Hastings, Reddy, & Maywood, 2003; Shearman et al., 2000). 유전자들은 두 부류로 분류되는데, 한 집단의 유전자가 켜지는 동안에 다른 집단은 꺼진다. 유전자들이 켜지면 그들의 특수한 단백질이 생산된다. 궁극적으로는 축적된 단백질은 자신의 유전자를 끄며, 다른 세트의 유전자는 켜진다. 이런 피드백 루프는 대략 24시 내지는 25시 주기를 제공한다. 그런 후에 이는 빛에 의해 매일 다시 맞춰짐에 틀림이 없다. 이런 과정은 SCN의 뉴런에만 국한하지 않는

다. 뇌의 바깥에 위치하면서 신체 기관의 활동성을 조절하고 있는 부가적인 시계도 있다(Hastings et al., 2003). 이 시계들은 SCN과는 독립적으로 작동하고 있지만, SCN이 이들을 주야 주기에 편승시킨다. 섭식(feeding)은 독립적으로 조절되는 활동성의 한 예다. 연구자들에 따르면, 혈압과 심장 활동에 영향을 미치는 지역적인 시계들이 아침에 깨어난 후에 심장마비, 뇌졸중 그리고 급성 심장사의 위험이 크게 증가하는 이유를 설명해 준다. 몇몇 우울증 환자들의 경우를 이전 장에서 살펴본 것과 같이 SCN의 시계가 항상 적절하게 작동하는 것은 아니다.

각성과 수면 동안의 리듬

일부 초일주기 리듬(ultradian rhythms-24시간보다 짧은 주기를 갖는 리듬)은 하루 종일 지속되는 일주기 리듬 파장에 달려 있다. 호르몬 생산, 소변 배출, 경계(alertness) 그리고 다른 기능들은 하루 전반에 걸쳐 규칙적인 주기를 따른다. 예를 들면, 꼭두새벽에 경계와 수행의 감소 현상은 오후 초반에 또 한 번 반복된다. 이것은 점심을 생략한 사람들에게도 나타나기 때문에 점심 후의 졸음 현상으로는 설명이 되지 않는다(Broughton, 1975). 우연히 이런 감소 현상은 많은 문화권에서 갖는 낮잠(siesta), 그리고 인간 이외의 영장류의 휴식 시간대와 일치한다. 기본적인 휴식-활동 주기는 약 90~100분의 길이를 갖는 리듬이다. 10시간에 걸쳐 매 5분마다 무엇을 생각하고 있는가를 적을 때, 사람들이 보고한 내용들은 그들이 90분 주기로 백일몽(daydreaming)을 꾸고 있었음을 나타내었다. EEG 기록은 이 기간에 뇌의 활동성이 감소함을 보였다(Kripke & Sonnenschein, 1973).

? 주야를 걸쳐 발생하는 리듬에는 어떤 것이 있는가?

수면이 신체와 뇌가 피로해질 때 발생하는 활동의 중지라는 견해가 통설이다. 그러나 수면은 능동적인 과정이다. 이는 두 가지 측면에서 사실이다. 첫째, 여러분은 수면 시간이 매우 바쁜 시간이라는 것을 알게 될 것이다. 상당량의 활동이 뇌에서 진행되기 때문이다. 둘째, 수면은 연료가 떨어져 가는 자동차와 같은 것이 아니라, 뇌 구조물에 의해 켜지고 이후에 다른 뇌 구조물에 의해 꺼진다.

가장 중요한 수면 활동의 측정은 EEG다. 사람이 깨어 있을 때의 EEG는 알파파(alpha waves)와 베타파(beta waves)의 혼합 형태를 나타낸다. 알파파는 전압이 8~12Hz의 주파수를 나타내며 진폭은 중간 정도다. 반면에 베타파는 13~30Hz의 주파수와 더 낮은 진폭을 가진다. 각성 및 경계와 관련이 있는 베타파는 사람이 쉬고 있을 때 점진적으로 알파파로 대체된다([그림 15-5]). 각성 동안에 EEG의 진폭이 더 낮다는 것이 이상하게 보일지 모른다. EEG가 두 전극 사이에 있는 모든 뉴런의 전기적 활동의 합을 기록함을 기억하라. 사람이 인지적으로 각성이 될 때, 전극 아래의 뉴런들은 그들이 별개의 과제를 수행함에 따라 격발이 일반적으로 비동기화된다—이 뉴런들은 다른 시점에서 격발하기 때문에 EEG는 높은 주파수를 가지나 진폭은 다소 낮다. 사람이 이완되어 감에 따라 뉴런들은 덜 격발되고 동기화된 격발의 형태로 들어간다. 그 속도는 느리나 동시에 격발하는 뉴런들의 누적 진폭은 높다.

개인이 첫 단계의 가벼운 수면에 들어감에 따라 EEG는 주파수가 4~7Hz인 세타파(theta waves)로 옮겨간다([그림 15-5]). 약 10분 후에 단계 2가 시작되는데, 수면 방추(sleep spindle)와 K 복합파(K complexes)의 출현이 이 단계에 도달했음을 나타낸다. 수면 방추는 짧게 불쑥 나타나는 12~14Hz의 파를, 그리고 K 복합파는 대략 분당 한 번 정도 발생하는 날카롭고 큰 파를 말한다. 단계 3과

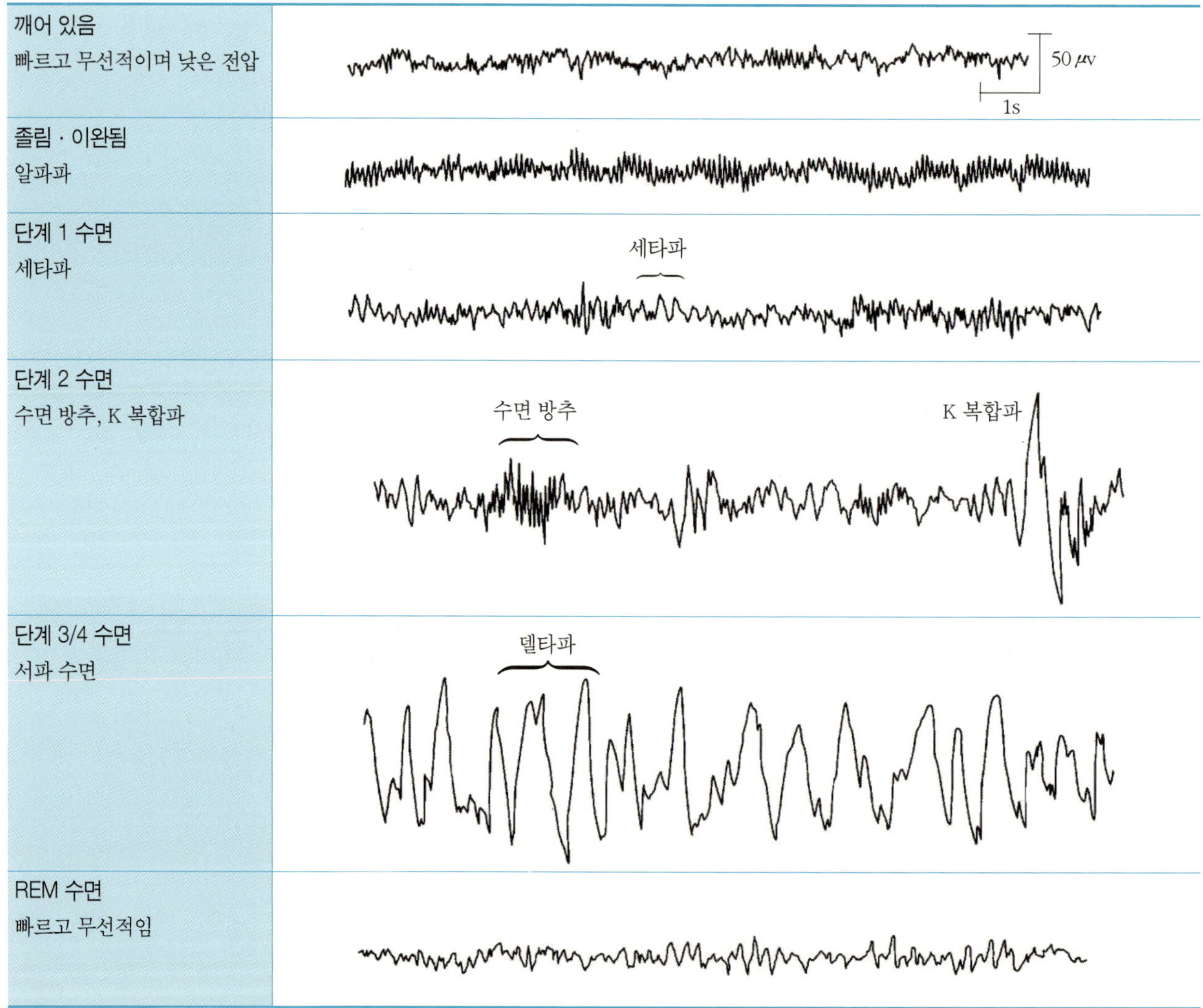

[그림 15-5] 뇌파 기록(EEG)과 수면 단계

출처: *Current Concepts: The Sleep Disorders*, by P. Hauri, 1982, Kalamazoo, MI: Upjohn.

4는 서파 수면(slow wave sleep)이라 알려져 있는데, 1~3Hz의 주파수를 갖는 크고 느린 델타파(delta waves)의 출현이 이 단계의 특징이다. 서파 수면에 들어선 사람은 침대에서 움직이며 돌아눕고 자세를 바꾼다. 몽유(sleepwalking), 야뇨(bedwetting) 및 야경(night terror) 등이 서파 수면 동안에 발생한다. 야경은 가위눌림(nightmare)과는 다른데, 보통 아침이 되면 잊히는 비명 지르기 및 확연한 공포를 포함한다. 아동기를 벗어남에 따라 극복되며, 이것은 장애의 징조는 아니다. 단계 4 이후에 수면을 취하는 사람은 다소 빠르게 단계들을 거슬러 올라간다. 하지만 단계 1로 되돌아가기보다는 빠른 안구 운동(rapid eye movement: REM) 수면으로 들어간다. 이 단계에서 안구는 수평으로 빠르게 움직이기 때문에 REM 수면은 그렇게 이름이 붙여졌다. EEG는 이완된 각성 상태와 유사한 형태로 되돌아가지만 해당 개인은 깨지 않는다. 실제로 잠자는 사람은 소음에 의해 쉽게 각성되지는 않지만 자신의 이름과 같은 의미 있는 소리에는 반응한다. 어떤 연구자들이 왜 이 단계를 역설적 수면(paradoxical sleep)이라고 일컫는지를 쉽게 이해할 수 있다('역설적'이라는 단어는 '모순적'이라는 의미를 갖는다). REM 수면 동안에 호흡률과 심박률은 증가한다. 남자는 음경 발기를 경험하며, 여자는 질 분비가 증가한다. 이런 각성적 징후에도 불구하고, 몸은 매우 조용한데 실제로 근육 마비 상태에 있다.

실험실에서 잠을 자고 있는 사람들을 REM 수면 동안에 연구자가 깨우면, 약 80%의 사람들은 꿈을 꾸고 있음을 보고한다. 꿈은 다른 비-REM 수면 단계들에서도 발생한다. 하지만 이때의 꿈은 빈도가 더 낮고 덜 생생하며 덜 환각적이다.

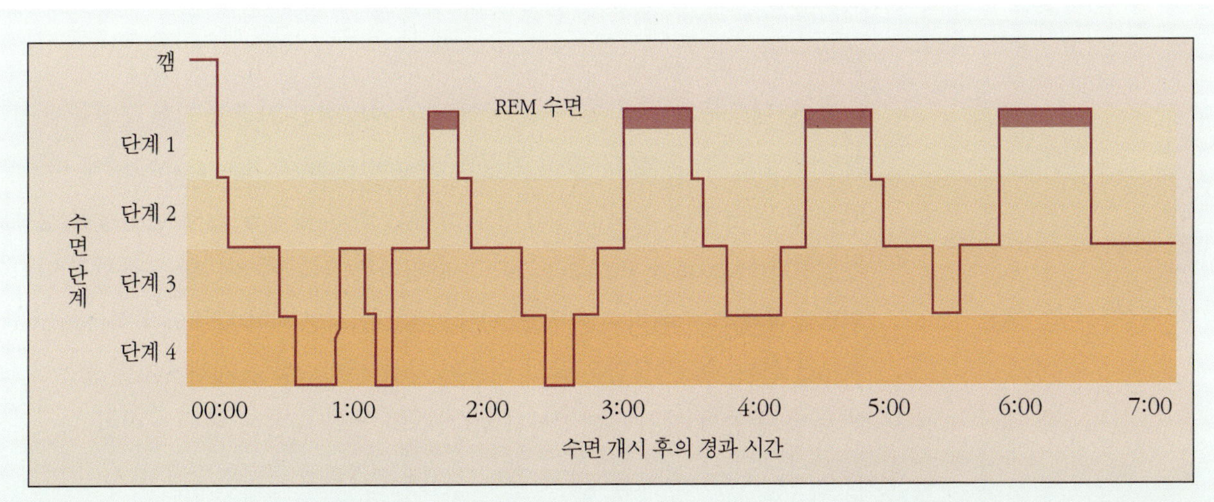

[그림 15-6] 야간 중 여러 수면 단계에서 보낸 시간

밤이 진행됨에 따라 깊은 수면은 감소하고 REM 수면 시간(짙은 막대 부분)이 증가한다.

꿈을 꾸지 않는다고 말하는 사람들조차도 REM 수면에서 깨어날 때는 꿈을 꾸고 있다고 보고한다. 하지만 그들의 꿈은 빈도가 낮아서 그들은 흔히 그들의 경험을 '생각하고 있는 것(thinking)'으로 기술한다(Lewis et al., 1966). 명백히 꿈을 꾸지 않는 사람들은 아침에 그들의 꿈을 기억하지 못할 뿐이다. 사실 우리는 통상적으로 꿈에 대한 단기기억이 희미해지기 전에 깨어나야만 꿈을 기억할 수 있다(Koulack & Goodenough, 1976). 수면의 모든 단계를 거쳐 가는 한 주기의 진행을 완성하는 데 약 90분(백일몽의 주기와 같음)이 걸린다. 밤 동안에 걸쳐 REM 수면 기간은 증가하고 서파 수면의 양은 감소하지만, 밤 수면은 이런 초일주기 리듬의 일련의 반복을 거쳐 간다([그림 15-6]).

REM 수면과 비-REM 수면의 기능

? REM 수면과 서파 수면의 기능은 무엇인가?

REM 수면의 기능을 알아보기 위해서 연구자들은 자원자의 REM 수면을 박탈했다. EEG와 안구 운동 기록치가 연구 참가자들이 REM 기간에 들어갔음을 가리킬 때 그들을 깨움으로써 REM 수면을 박탈했다. 이렇게 하면 피험자들은 더 많은 REM 수면에 대한 욕구를 보였다. 해당 연구가 진행됨에 따라 그들은 더 자주 REM으로 들어갔고 더 자주 깨어나야만 했다. 그런 후에 더 이상의 방해가 없이 회복이 허용된 밤에 그들은 소실한 REM을 보충했는데, REM을 전체 수면 시간의 20% 정도부터 25~30%까지 증가시켰다(Dement, 1960). 정신분석학적으로 정향된 이론가들에게는 이 결과가 꿈에 대한 심리학적 욕구에 대한 증거였다. 여러분은 개인이 깨어 있는 상태에서 하는 이야기와 같은 명백한 내용을 통해서라기보다는 상징을 통하여 꿈이 무의식적 내용을 드러낸다는 이론에 친숙할지 모른다(Freud, 1900).

한편, 대부분의 신경과학자는 꿈이 뇌의 자발적인 신경 활동의 부산물에 불과하다고 믿는다. 활성화-합성 가설(activation-synthesis hypothesis)에 따르면, REM 수면 동안에 전뇌는 뇌간이 발생시킨 신경 활동을 기억에 저장된 정보와 통합한다(Hobson & McCarley, 1977). 환언하면, 뇌는 무의미한 무작위적 입력에 의미를 부여하기 위하여 기억으로부터 정보를 사용하여 일종의 작화(confabulation)를 한다. 이런 설명은 꿈의 내용이 항상 무의미함을 시사하지는 않는다. 실제로 낮 동안의 사건과 관심사가 한 사람의 꿈의 내용에 영향을 미친다는 증거가 있다(Webb & Cartwright, 1978). 그러나 신경과학자들은 꿈을 REM 수면의 가장 덜 중요한 측면으로 여긴다. 그들은 한 세기에 걸친 집중적인 노력 후에 꿈 해석에 대해서 의견이 일치되는 방법론이 없다고 적었다(Crick & Mitchison, 1995). 대신에 REM 수면을 포유류 및 조류에서 쉽게 관찰할 수 있다는 사실로부터 신경과학자들은 REM 수면의 기능이 생물학적으로 설명되어야 한다고 주장한다. 어떤 생물학적 욕구들이 REM 수면 동안에 충족되어야 할지에 대한 몇몇의 제안이 있지만, 관련된 가설의 숫자를 보면 아직 REM 수면이 어떤 이익을 제공해 주는지는 확인할 수가 없다.

한 가지 가설은 REM 수면이 아동기에 신경 발달을 촉진한다는 것이다. 유아의 수면은 비-REM 수면보다는 REM 수면에서 시작하며, 수면에서 REM이 차지하는 비율은 유아기에는 약 50% 정도 되지만, 아동기를 거친 후 청소년기 동안 그 비율이 어른의 수준까지 감소한다(Roffwarg, Muzio, & Dement, 1966). 이 가설에 따르면, REM 수면 동안에 교(pons)에서 뇌간을 통하여 퍼져 가는 흥분성은 상위의 뇌 중심부에서의 (뉴런의) 분화, 성숙 및 수초화를 촉진한다. 이는 발달 동안에 망막의 구조를 조직화하도록 돕기 위해서 자발적인 흥분성 파가 망막을 걸쳐 쓸고 지나가는 방식과 유사하다. 갓 태어난 고양이의 미성숙한 시각계를 대상으로 한 연구에서 REM 수면 그리고 교에서 발생한 이런 파가 신경 발달의 속도를 조절한다는 일부 증거가 있다(Shaffery et al., 1999). 수면이 수초와 세포막의 합성과 유지에 기여하는 다른 유전자들은 물론(Cirelli et al., 2004), 신경가소성에 관여하는 유전자의 숫자를 상향 조절하는 것과 관련이 있다(제12장)는 사실은 이런 신경 발달 가설과 확실하게 일치한다.

초기에는 비-REM 수면의 기능이 휴식과 회복에 있다고 생각했다. 이런 생각은 서파 수면이 운동 후에 증가함을 보여 주는 연구에 의해 고무되었다. 운동선수들이 92km의 경주를 완료한 후에 4일 연속 밤에 서파 수면이 상승하였다(Shapiro et al., 1981). 그러니 이런 효과는 피로보다는 과열 때문에 발생한 것 같다. 사람들이 러닝머신(treadmill)을 달린 그날 밤에는 REM 수면을 잠식하면서 서파 수면이 증가했다. 그러나 달리는 동안에 그들에게 물을 뿌리면 그들의 체온 상승은 절반도 안 되었는데, 이 조건에서 그들의 서파 수면은 변하지 않았다(Horne & Moore, 1985).

호온(Horne, 1988)은 서파 수면이 체온의 상승보다는 뇌 온도의 상승과 더 관련이 있다고 믿는다. 헤어 건조기로 머리와 얼굴에 열만 가해도 서파 수면을 상승시키기에 충분하다(Horne & Harley, 1989). 호온(1992)에 의하면, 서파 수면은 뇌(특히 전전두피질의) 회복을 촉진한다. 서파 수면은 인지 기능에 관여하는 과정도 회복시킨다. 보넷과 어랜드(Bonnet & Arand, 1996)는 3.5시간의 낮잠 전에 카페인 또는 위약(placebo)을 사람들에게 주었다. 카페인 집단은 낮잠 동안에 서파 수면이 줄어들었다. 비록 그들은 위약 집단보다도 더 활기차고 졸리지 않았지만, 차후의 41시간 업무 기간 동안에 부과된 산술 및 경계(vigilance) 과제에서 수행력이 더 저조하였다.

수면과 기억

제12장에서 여러분은 학습에 뒤따르는 수면 기간이 차후의 수행을 향상시킨다는 것을 배웠다([그림 15-7]). REM 수면은 주목을 가장 많이 받아왔다. REM 수면의 양은 학습에 뒤따르는 수면 기간 동안에 증가하고, 학습 후에 REM 수면을 박탈하면 기억 파지(retention)가 감소한다(Dujardin, Guerrien, & Leconte, 1990; Karni et al., 1994; Smith, 1995). 얼마나 많이 REM 수면이 증가하는가는 피험자가 얼마나 잘 학습했는가에 달려 있다(Hennevin et al., 1995). 또한 훈련이 며칠에 걸쳐 발생하면 REM 수면은 매일 증가하다가 절정에 이르는데, 정확한 수행의 절정 전 24시간 기간에서 그렇다(Dujardin et al., 1990; Smith, 1996).

동물 및 인간 대상의 연구로부터 비-REM 수면 또한 학습에 중요하다는 증거를 발견했다(Hairstone & Knight, 2004). 예를 들면, 첫 번째의 비-REM 수면 기간 동안에 0.75Hz의 진동 전류를 전두엽과 측두엽에 적용함으로써 인간 자원자의 뇌에서 느린 전위를 높이면 수면 전에 학습한 단어 연합에 대한 회상이 향상되었다(Marshall et al., 2006). 또 다른 연구는 (기억) 응고화(consolidation)가 REM과 서파 수면의 조합을 요구하는 다단식 과정임을 보여 주었다. 인간의 시각 변별 과제에서 하룻밤에 걸친 향상은 그 밤의 첫 1/4 기간 동안의 서파 수면의 백분율과 그 밤의 마지막 1/4 기간 동안의 REM 수면의 백분율에 상관이 있었다([그림 15-8]; Stickgold et al., 2000). 또한 이 측정치들은 연구 참가자들 간 보이는 학습에서의 차이의 80%를 설명했다. REM과 서파 수면 둘 다를 포함하는 60~90분간의 낮잠만으로도 수행에서 중요한 향상이 산출된다(Mednick et al., 2003). 리베이로와 그의 동료들(Ribeiro et al., 2004)에 따르면, 신경적 재생(neural replay, 제12장 참조)은 비-REM 수면 동안에 가장 강하며, 학습 동안에 발생했던 해마의 활동에 대한 회상과 증폭을 표상한다. 그런 다음에 REM 수면 동안에 해마는 시

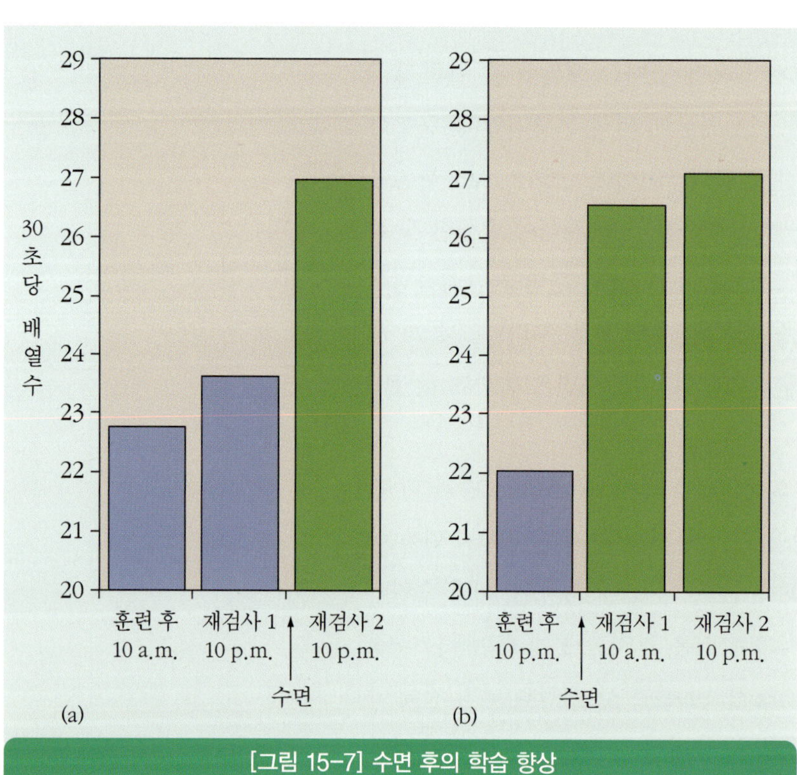

[그림 15-7] 수면 후의 학습 향상

참가자들은 운동 기술 과제를 학습하고 12시간 간격으로 두 번의 재검사를 받았다. 이 시간 간격 동안에 깨어 있었던 참가자들은 통계적으로 유의미한 향상이 없었지만(a의 재검사 1), 수면 후에는 수행이 향상하였다(a의 재검사 2와, b의 재검사 1과 2).

냅스 가소성과 관련이 있는 대뇌피질 내의 유전자들을 상향 조절하고, 해마로부터 대뇌피질로의 기억 이동을 실행한다.

REM 수면 동안에 쥐의 망상체(reticulum formation)를 전기 자극하거나 회피 과제에서 전기 충격을 신호했던 자극을 반복 제시만 해도, 이와 관련된 동물은 통제 동물에 비해 다음날 수행이 향상되었다. 반면에, 서파 수면 동안에는 어떤 자극을 제시해도 수행이 향상되지 않았다(Hennevin et al., 1995). 학습 후에 해마의 활동성을 면밀히 관찰하면, 왜 REM 수면이 중요한가를 알 수 있다. REM 수면 동안의 재생은 해마에서 자발적으로 발생하고 있는 세타 주파수(3~7Hz) 활동성과 동기화되어 있다(Stickgold et al., 2001). 바꾸어 말하면, 한 파의 정점은 다른 파의 정점과 동시에 발생한다. 기억이 해마와 독립적이 되어 가는 시점 생성 4~7일 후에 재생은 세타 활동과 위상(phase)이 어긋나게 된다. 즉, 한 파의 정점은 다른 파의 골짜기와 동시에 발생한다. 세타와 동기화하여 해마를 전기 자극하면 장기 상승 작용(long-term potentiation)이 산출되는 반면에 위상이 어긋난 전기 자극에 의해서는 장기 저하 작용(long-term depression)이 유발된다. 이는 (기억) 응고화 기간에 뒤따라 기억 삭제 기간이 나타남을 시사한다.

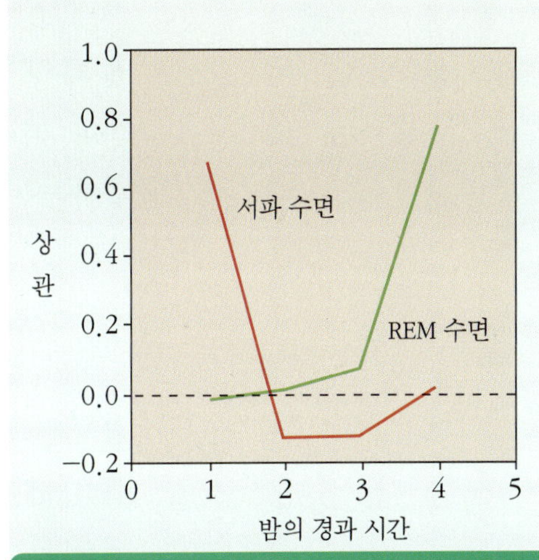

[그림 15-8] 서파 수면 및 REM 수면과 하룻밤 동안의 과제 향상 간의 상관

시각적 변별 과제에 대한 overnight 향상과 관련하여, 서파 수면은 밤의 첫 1/4 동안에, 그리고 REM 수면은 마지막 1/4 동안에 중요했다.

출처: Adapted with permission from Stickgold et al., "Sleep, Learning, and Dreams: Off-line Memory Reprocessing," *Science, 294*, pp. 1052-1057. © 2001 American Association for the Advancement of Science. Reprinted with permission from AAAS.

기억 삭제에 대한 이런 아이디어는 크릭과 미치슨(Crick & Mitchison, 1995)의 '역전 학습 가설(reverse-learning hypothesis)'과 일치한다. 그들은 기억에 관여하는 신경 네트워크들이 오류가 있는 연결을 이따금씩 없애는 방법을 가지고 있으며, REM 수면 동안의 활동성이 이를 실행할 기회를 제공한다고 제안했다. 컴퓨터 신경 네트워크를 연구하는 학자들은 역전 학습 과정을 더할 때 네트워크의 수행이 향상됨을 발견했다(Hopfield, Feinstein & Palmer, 1983). 크릭과 미치슨에 따르면, 역전 학습은 뇌를 더 효율적으로 사용하게 하므로 우리는 보다 적은 뉴런들로도 견디어 낼 수 있게 된다. REM 수면을 취하지 않는 포유류(바늘두더지와 두 종류의 돌고래)는 그들의 몸에 비해 특이하게 큰 뇌를 가지고 있다.

수면 및 각성과 관련된 뇌 구조물

? 어떤 뇌 구조물들이 수면과 깨어남을 담당하는가?

우리는 수면이 능동적인 과정임을 보았다. 상당량의 활동이 수면 동안에 뇌에서 진행된다. 이 능동적인 과정의 두 번째 측면과 관련하여 수면을 취하게 하고 이로부터 깨어나게 하는 뇌 구조물에 대하여 얘기를 하겠다. 단독의 수면 중추나 각성 중추는 없다. 수면과 각성은 피로, 뇌 온도 그리고 깨어 있는 시간 등 신체적 조건에 대한 항상성(homeostasis) 정보를 SCN의 타이밍과 통합하는 다양한 뇌 구조물에 의존한다. 수면과 각성을 조절하는 구조물들의 네트워크는 복잡하다. 따라서 [그림 15-9]에서 연결을 주의해서 따라가야 한다. 우선 수면을 산출하는 뇌 구조물부터 보자.

수면 통제

박탈 기간에 이어 수면의 길이가 길어지는 것을 볼 때 수면은 항상성의 원리를 따른다. 아데노신(adenosine)은 적어도 수면 항상성에 대한 기제 하나를 제공한다. 깨어 있는 동안에 아데노신은 기저 전뇌 영역(basal forebrain area)에서 축적된다. 이 물질은 거기에서 각성을 산출하는 뉴런들을 억제해 졸음을 유발하고 EEG 활동성을 감소시킨다([그림 15-9]; Porkka-Heiskanen et al., 1997). 축적된 아데노신은 다음 수면 기간에 소멸된다. 제5장에서 우리는 카페인이 아데노신 수용기의 길항제로 작용함으로써 졸음을 막는다고 보았다.

아데노신이 수면을 증가시키는 또 다른 장소는 시상하부의 시교차 전야(preoptic area)다(Ticho & Radulovacki, 1991). 시교차 전야의 세포는 체온 조절을 포함하는 몇 가지 기능에 관여한다. 시상하부의 이 부분을 따뜻하게 하면, 수면 관련 세포들이 활성화되며 기저 전뇌의 각성 관련 세포들은 억제된다. 또한 이런 처치에 의해 서파의 EEG가 증가한다(Alam, Szymusiak & McGinty, 1995; Sherin et al., 1995). 이들 발견을 토대로 서파 수면의 한 가지 기능이 각성 활동 후에 뇌를 식히는 것이라는 가설이 설정되었다. 사실이든 아니든 시교차 전야는 의심할 것도 없이 과열된 방에 있거나 열이 있을 때 느끼는 졸림 현상을 설명해 준다.

시교차 전야의 일부인 복외측 시교차 전핵(ventrolateral preoptic nucleus)에서 뉴런들의 발화율은 수면 동안에 두 배가 된다(Lu et al.,

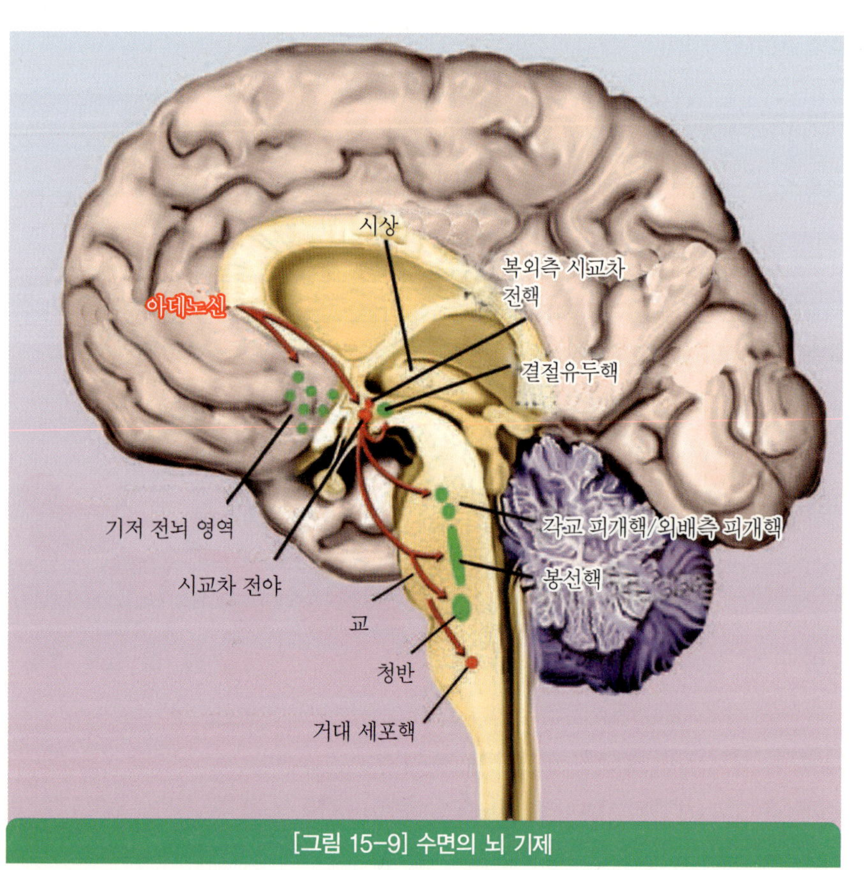

[그림 15-9] 수면의 뇌 기제

수면은 주로 각성을 담당하는 뇌 구조물(녹색 부분)의 활동성을 억제함으로써 야기된다.

2002). 이 뉴런들은 시상하부의 결절유두핵(tuberomammillary nucleus), 그리고 교의 청반(locus ceoruleus), 봉선핵(Raphé nucleus) 및 각교 피개핵(pedunculopontine tegmental nucleus: PPT)/외배측 피개핵(laterodorsal tegmental nucleus: LDT)과 같은 각성 영역에 있는 뉴런들을 억제함으로써 수면을 유발한다(Chou et al., 2002; Saper, Chou & Scammell, 2001; Saper, Scammell & Lu, 2005). 복외측 시교차 전핵의 다른 영역들은 REM과 비-REM 수면을 유발한다(Saper et al., 2005). 이 핵은 자신이 신경을 지배하는 구조물들로부터 억제성 입력을 받는데, 이런 사실은 수면과 각성의 기제들이 동시에 켜지지 않는다는 것을 확신하는 데에 도움이 된다.

교는 신경 충동을 아래쪽으로 보내서 연수의 거대 세포핵(magnocellular nucelus)에 이르게 하여 REM 수면 동안에 근육 이완을 일으킨다. 샤우즈와 시이겔(Shouse & Siegel, 1992)은 고양이에서 이 핵을 손상시켰는데, 이 고양이는 REM 수면 동안에 더 이상 마비 증상이 나타나지 않았다. 그리고 자신의 꿈을 실행하는 것처럼 보였다. 또, REM 수면 동안에는 스스로 움직여 자주 자기 자신을 깨웠다. 교 또한 아데노신 수용기를 가지고 있는데, 이곳은 여러분의 모닝커피 효과를 매개하는 또 다른 장소다(Rainnie et al., 1994).

깨어 있음과 각성

각성 시스템(arousal system)은 두 개의 주요 신경로로 구성되어 있다([그림 15-10]; Saper et al., 2005). 첫 번째 신경로는 PPT/LDT에서 발원하는데, 이곳의 아세틸콜린성 뉴런들은 깨어 있는 동안에 매우 활동적이 된다. 이 신경로는 시상의 중계핵(relay nucleus)을 포함하는 정보를 대뇌피질로 전달하는 데 결정적인 영역들을 활성화시킨다. 또한 이 신경로는 통상적으로는 EEG를 동기화하는 시상 내의 핵들을 억제함으로써 EEG를 고주파를 띠고 저진폭을 가지는 비동기화된 활동성으로 전환한다(Hobson & Pace-Scott, 2002; Saper et al., 2001). 이 신경로는 또한 개인이 각각의 REM 기간으로 이동할 때 활성화된다. 수면 동안

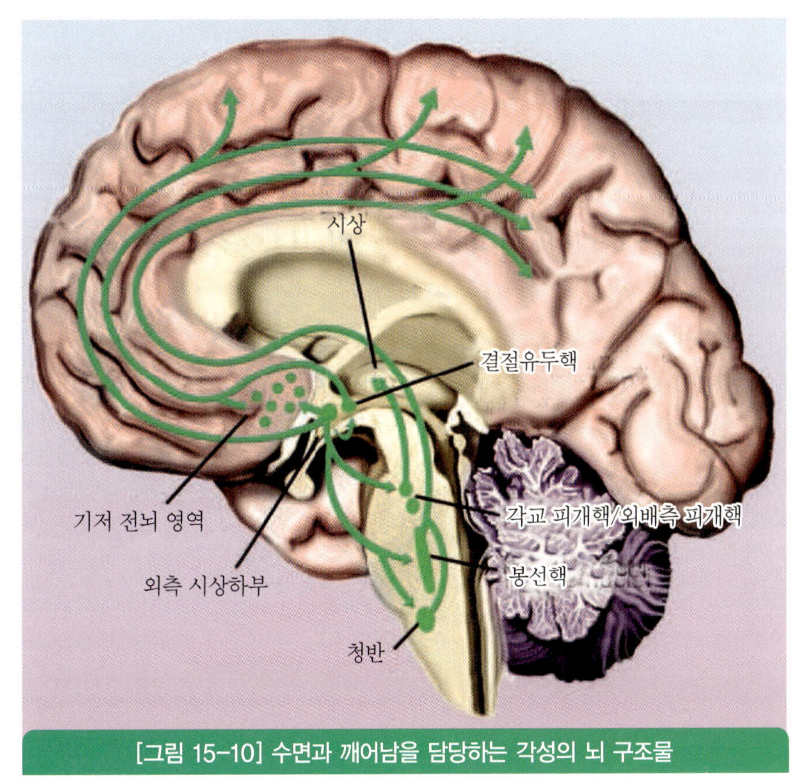

[그림 15-10] 수면과 깨어남을 담당하는 각성의 뇌 구조물

상호작용하는 일부 뇌 구조물들과 신경회로들은 깨어나게 하고, 깨어 있는 동안에 각성을 유지하게 하며, REM 수면 동안에 각성을 증가시킨다.

에도 계속되는 모든 활동성을 파악한다면, 여러분은 뇌가 수면을 취하는 동안에 각성 기제들이 활성화된다는 것을 알고도 놀라지 않을 것이다.

두 번째 신경로는 시상으로부터의 입력 처리를 촉진하기 위하여 대뇌피질을 활성화시킨다. 청반에서 발원하는 뉴런(노르에프네프린을 분비함)과 봉선핵에서 발원하는 뉴런(세로토닌을 분비함)은 깨어 있을 때 가장 활동적이 되며, 비-REM 수면 동안에는 비교적 조용하다가 REM 수면 동안에는 거의 조용해진다([그림 15-11]; Khateb et al., 1995; Saper et al., 2005). 결절유두핵으로부터의 뉴런은 히스타민(histamine)을 분비함으로써 대뇌피질을 각성시키고, 기저 전뇌 영역으로부터의 뉴런은 아세틸콜린을 분비함으로써 이런 작용을 한다. 결절유두핵 및 기저 전뇌 영역의 뉴런은 깨어 있을 때뿐만 아니라 REM 수면 시에도 활성화된다(Saper et al., 2005).

각성 신경로는 외측 시상하부에서 발원하는 뉴런에 의해 완성된다. 하이포크레틴(hypocretin)을 분비하는 외측 시상하부의 뉴런은 깨어 있는 동안에 활동성이 가장 높은 반면에, 멜라노코틴-집중 호르몬(melanocortin-concentrating hormone)을 분비하는 이곳의 뉴런은 REM 수면 동안에 활성화된다(Saper et al., 2005). 이들 각성 기제는 몇 가지 약물 치료의 표적이 된다. 즉, 혈뇌장벽을 통과할 수 있는 항히스타민제는 히스타민 수용기를 차단함으로써 졸음을 유발하고, 바비튜레이트(barbiturate), 벤조디아제핀(benzodiazepine), 알코올 그리고 대부분의 가스 형태의 마취약은 GABA 수용기의 활동성을 증가시킨다(Saper et al.,

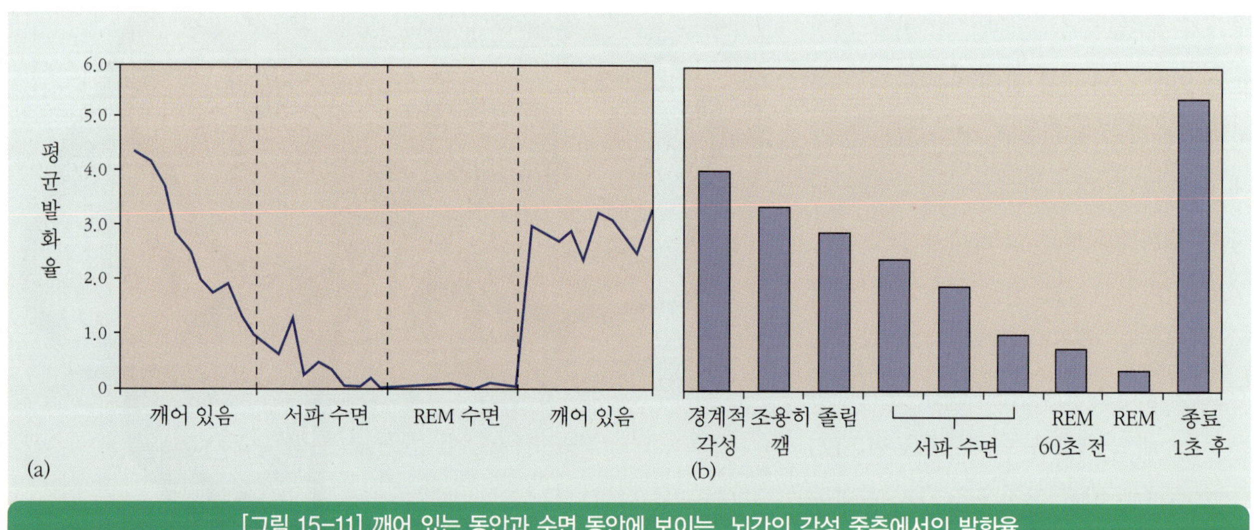

[그림 15-11] 깨어 있는 동안과 수면 동안에 보이는, 뇌간의 각성 중추에서의 발화율

(a) 청반의 활동성, (b) 봉선핵의 활동성

출처: (a) Copyright 1981 by the Society for Neuroscience. (b) From M. E. Trulson et al., "Activity of Serotonin-Containing Nucleus Centralis Superior (Raphe Medianus) Neurons in Freely Moving Cats," *Experimental Brain Research, 54*, pp. 33-44 fig. 2. Copyright 1984 Springer-Verlag. Reprinted with permission.

2005). 외측 시상하부는 또한 하이포크레틴을 분비하는 뉴런을 기저 전뇌 영역, 결절유두핵, PPT/LDT, 봉선핵 그리고 청반 등의 다른 각성 중추에 보낸다(Saper et al., 2001). 이 연결은 명백히 각성 중추들이 지속적으로 활성화되도록 돕는다([그림 15-12]). 하이포크레틴이 각성을 개시하는지 아니면 단순히 그것을 유지하는지는 명확하지 않다. 세이퍼와 그의 동료들(Saper et al., 2001)은 하이포크레틴이 존재함으로 인해 부적절한 전환이 수면에 끼어드는 것을 방지함으로써 수면과 각성 시스템이 안정된다고 제안한다. 우리는 수면 장애에 대한 절에서 이런 기제가 와해될 때 무엇이 발생하는가를 살펴볼 것이다.

교는 REM 수면 동안에 보이는 PGO파의 원천이다. PGO라는 명칭은 흥분파가 교에서 출발하여 시상의 외측 슬상핵을 거쳐 후두 영역에 이르기까지 택하는 이동로를 의미한다. PGO파는 빠른 안구 운동만큼 REM 수면을 특징짓게 한다([그림 15-13]). 이 파는 REM 기간이 시작되기 약 80초 전에 시작되며, REM 수면

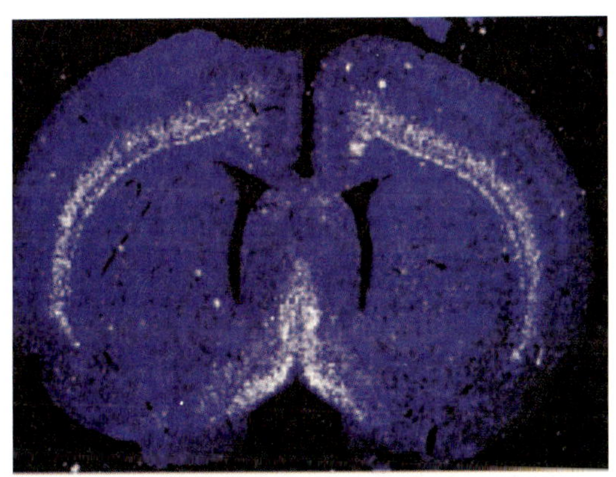

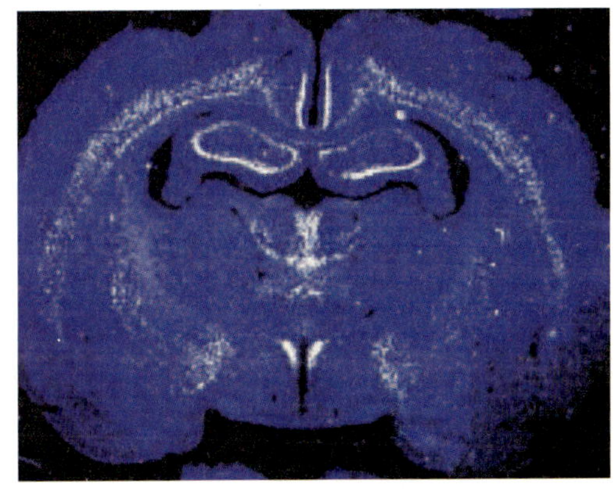

[그림 15-12] 쥐의 뇌에서 하이포크레틴의 분포 위치

수용기들이 (영상에서) 하얗게 보인다. 수용기들이 분포되어 있음을 주목하라.

출처: Yamada et al., "Mice Lacking the M3 Muscarinic Acetylcholine Receptor Are Hypophagic and Lean," Nature, 410, 207-212, March 8, 2001. © 2001. Used with permission.

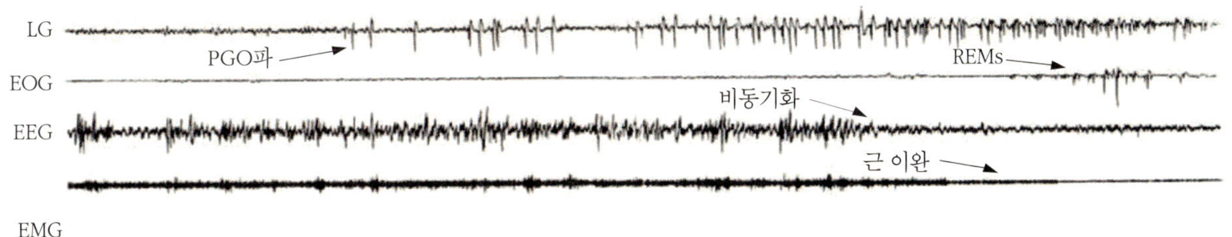

[그림 15-13] PGO파, EEG의 비동기화 및 근 이완

상기의 기록은 외측 슬상핵의 전기적 활동성(LG), 안구 운동성(EOG), 뇌파(EEG) 및 근긴장도(EMG)에 관한 것이다. 어떻게 PGO파가 EEG의 비동기화, 빠른 안구 운동, 그리고 근 긴장의 와해를 몇 초 후에 신호하는가를 주목하라.

출처: 1989 by the Society for Neuroscience.

의 EEG 비동기화를 개시한다(Mansari, Sakai & Jouvet, 1989; Steriade et al., 1989). 이 파가 후두 영역을 각성시키면 꿈이 시각적 이미지로 형상화되는 것 같다.

수면 장애

불면증

? 수면 장애의 원인은 무엇인가?

불면증(insomnia)은 개인이 적절하게 쉬었다고 느끼지 못할 정도로 잠을 자지 못하거나 적절한 질의 수면을 얻지 못하는 것을 말한다. 불면은 성가시기도 하지만 수면 지속 기간이 건강에 영향을 미치기 때문에 중요하다. 110만 명의 남자와 여자를 대상으로 한 연구에서, 6시간 미만의 밤잠이 기대 수명의 단축과 관련이 있었다(Kripke et al., 2002). 놀랍게도 이 연구에서 8.5시간보다 더 많이 잠을 자면 4.5시간보다 적게 잠을 자는 것만큼 사망 위험률이 증가했다. 수면 결핍은 비만의 한 요인이 될 수 있다. 수면 행동에 대한 장기적 연구에서 8시간 미만 잠을 잔 사람들은 체질량 지수가 더 높았으며, 더불어 렙틴(leptin) 수준은 더 낮고 그렐린(ghrelin) 수준은 더 높았다(Taheri et al., 2004). 다른 가능성 있는 요인은 각성 시에 분비되는, 식욕을 증진시키는(orexigenic) 효과가 있어서 오렉신(orexin)으로 알려져 있는, 하이포크레틴이다(Horvath & Gao, 2005; Taheri, Zeitzer & Mignot, 2002). 충분한 수면을 취하지 못하는 것은 산업화된 나라들의 삶의 일부다. 반면에 적당한 양의 잠을 자려는 많은 사람은 잠들기 어려움에 대하여 불평한다. 국립수면재단(National Sleep Foundation)이 행한 조사(2002)에서 응답자의 절반 이상이 일주일에 최소한 몇 밤에 수면을 이루기 어렵다거나 (아침에) 기분이 상쾌하지 않은 채 깨어난다고 보고했다. 응답자들의 1/3은 이전 해의 (거의) 매일 밤 적어도 한 가지의 불면 증상을 경험했었다. 불면증은 본질적으로 자가 진단된 소수의 장애 가운데 하나다. 따라서 몇몇 연구는 보고된 불면증의 사례 수가 호도되었을 가능성이 있다고 제안한다. 불면증 환자들은 잠들기까지 요구되는 시간과 밤 동안 깨어 있는 시간의 양을 과대평가할지 모르지만(Rosa & Bonnet, 2000), 그들의 수면의 질이 과다 각성을 겪고 있다는 일부 조짐이 있다. 이들은 비-REM 수면 동안의 과잉 고주파 EEG를 포함한다(Perlis et al., 2001). 그리고 시상하부-뇌하수체-부신 축의 방해도 발생하는데, 그 밤 동안에 코르티솔(cortisol)과 부신피질 자극 호르몬(adrenocorticotropic hormone)의 분비가 증가한다(Vgontzas et al., 2001).

불면증은 스트레스와 같은 많은 요인에 의해 야기될 수 있다. 그것은 또한 심리적인 문제(특히, 정동 장애)를 가지고 있는 사람에게서도 자주 발생한다(Benca et al., 1992). 흔한 다른 원인은 불면증에 대한 치료다. 대부분의 수면 약물 치료는 중독성이 있어서 약물 치료를 중단하거나 약물 양을 감소하면 반동성 불면증(rebound insomnia)이 발생한다(Kales et al., 1979). 불면증은 수면 개시의 지연, 야간에 깨어나기 또는 일찍 깨어나기 등의 명백한 특징을 보인다. 일주기 리듬의 와해가 흔히 그 장본인이다(Morris, Lack & Dawson, 1990). 통상적으로 사람들은 저녁에 그들의 체온이 떨어질 때 잠들고 증가할 때 깨어난다. 하지만 취침 시간에 체온이 여전히 높으면(시기의 지연), 수면 개시 불면증(sleep onset insomnia)을 경험할 것이다. 체온이 너무 일찍 상승하면(시기의 전진), 자명종이 울리기 훨씬 전에 깨어날 것이다([그림 15-14]). 체온이 낮을 때 잠자리에 들면 수면은 더 효과적이다. 예로, 시간 단서를 모르고 살아가고 있는 한 (실험) 자원자는 체온이 최저일 때 잠자리에 들 경우에는 평균 7.8시간의 수면을 취했다. 반면에, 체온이 거의 최고일 때 잠잘 경우에는 평균 14.4시간의 수면을 취했다(Czeisler, Weitzman & Moore-Ede, 1980). 일주기 시계 유전자에 대한 돌연변이가 있을 때, 전진된 수면 시기 증후군(advanced sleep phase syndrome)의 특징을 갖는 이른 수면 개시와 이른 깨어남 현상이 관찰되었다(Toh et al., 2001; Xu et al., 2005). 아침형 또는 저녁형 인간인지를 결정하는 일주기성 인자(chronotype)는, 여러분의 내부 시계가 24시 하루에 동기화되어 있다고 가정할 때, 부분적으로는 유전자와 부분적으로는 환경에 달려 있다(Roenneberg et al., 2004). 하지만 〈뉴스에서〉에서 설명하듯이 여러분이 종달새인지 아니면 올빼미인지는 나이와도 상관이 있다.

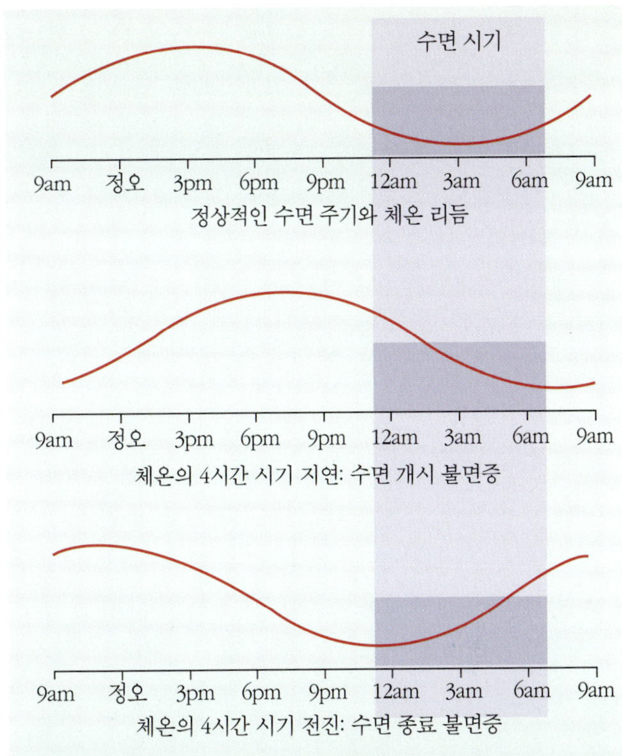

[그림 15-14] 일주기 리듬의 와해가 수면에 미치는 영향

통상적으로 사람은 체온이 떨어질 때 잠이 들고 올라갈 때 깨어난다(a). 체온에 시기 지연이 생기면 사람은 잠들기가 어려워진다(b). 반면에, 체온에 시기 전진이 생기면 사람은 일찍 깨어난다(c).

시기 전진보다는 시기 지연이 훨씬 쉽다는 점을 토대로 반직관적인, 지연된 수면 증후군(delayed sleep syndrome)에 대한 치료가 수행되었다. 환자들은 5~15년간 수면 개시 불면증에 시달렸다. 그들의 증상은 너무 심하여 평균적으로 새벽 4시 15분이 되어서야 잠자리에 들 수 있었다. 연구자들은 그들이 더 일찍 침대로 가도록 요구하기보다는 오히려 매일 밤에 전날보다 3시간씩 더 깨어 있으라고 했다. 이렇게 한 지 약 1주일 후에 그들의 평균 수면 개시 시간은 새벽 4 : 50에서 새벽 12 : 20으로 이동했으며, 그들의 평균 깨어나는 시간은 오후

뉴스에서 왜 십대들은 아침에 잠에서 깨지 못하는가

기회가 주어진다면, 십대들은 밤늦게까지 깨어 있고 어른보다 더 늦게 잠자리에 든다. 이는 놀랄 만한 것이 아니다. 그러나 틸 로운니버그(Till Roenneberg)의 지도하에서 스웨덴의 연구자들은 십대의 이런 저녁 인간형에 대한 이유가 생물학적이라고, 또한 이런 성향이 정상적인 발달 단계라고 믿는다. 일찍 잠자리에 드는 종달새 같던 아이들은 십대가 되면 늦게 잠자리에 드는 올빼미가 되어 간다. 그런 후, 약 20세가 되면 그들은 일찍 잠자리에 드는 어른의 양상으로 옮겨 간다. 이런 저녁 인간 성향이 십대들이 사회적으로 피어나고 있기 때문에 발생하는 것만이 아니다. 이런 성향이 십대에게 잠을 자는 것보다는 저녁에 해야 할 더 좋은 것이 있기 때문만도 아니다. 이런 양상은 다른 지역에서도 동일하다. 심지어는 사회적 경관이 드문 남부 티롤(South Tyrol)의 시골 골짜기에서조차도 그렇다. 십대들이 늦게 잠자리에 드는 것이 생물학적이라는 또 하나의 제안은 상대적으로 일찍 성숙하는 소녀들이 약 21세에 어른의 양상으로 옮겨가기 시작하는 소년들과 비교하여 약 19.5세에 어른의 양상으로 옮겨 가기 시작한다는 측면에서 지지된다.

십대들이 왜 늦게 잠자리에 드는가를 알아내면 무엇이 일주기 리듬을 추동하는가에 대하여 더 많은 것을 알게 될 것이므로 연구자들의 관심을 집중시킨다. 하지만 실제적인 이유도 있다. 몇몇 고등학교는 십대들의 저녁 인간형에 맞추기 위해서 한 시간 늦게 시작한다. 미네소타 주의 에디나 고등학교(Edina High) 선생님인 페이시 어크(Pacy Erck)는 그 차이를 볼 수 있다고 말한다. "교실은 더 활기가 넘친다." 이렇게 전환한 다른 학교들에서도 성적이 올랐으며 자퇴율이 감소했다. 이것이 보다 나은 생물학적 상태를 통한 보다 나은 학습의 예라고 말할지도 모른다.

출처: "Wake Me When It' Over" (2005), "The Secrets of Sleep" (2004), and Roenneberg (2004).

1 : 00에서 아침 7 : 55로 변경하였다. 다섯 명의 환자 모두 의존해 왔던 수면제를 끊을 수 있었고, 이런 개선 효과는 장기적으로 지속되었다(Czeisler et al., 1981). 광선 치료도 일주기 시계를 다시 맞추기 위하여 때때로 사용된다.

몽유병

일부 수면 장애들은 특정 수면 단계와 관련이 있다. 앞에서 본 것처럼 야뇨증, 야경증 그리고 몽유병은 서파 수면 동안에 발생한다. 몽유병은 아동기에 가장 빈번하지만 약 성인의 3~8%도 몽유병을 가진다(Dalton, 2005). 이 장의 첫머리에 소개한 케니스 파크스의 이야기는 유일무이한 일은 아니다. 몽유 항변은 1846년에 처음으로 사용되었는데, 이때 앨버트 티렐(Albert Tirrell)은 그의 매춘 정부 살인과 사창가 방화 혐의에 대해 무죄 선고를 받았다. 또한 그런 항변은 최근의 몇 사례에서도 받아들여졌다(Dalton, 2005). 몽유병은 스트레스, 알코올, 그리고 수면 박탈에 의해 촉발될 수 있다. 켄 파크스의 배심원들은 그가 도박 빚과 횡령으로 인한 실직 스트레스 때문에 수면을 박탈당했기 때문에 그에게 책임이 없다고 확신했다. 그는 몽유병, 잠꼬대와 야뇨증에 대하여 사적, 가족적 이력이 있었다. 그리고 그는 수면 탐지 동안에 높은 수준의 서파 수면을 보였다(Broughton et al.,

1994).

몽유병에 대한 취약성은 때로는 유전적이다. 몽유병 환자의 아이가 몽유병을 가질 가능성이 몽유병이 없는 친척을 가진 아이보다 10배가 높다. 기면 발작(narcolepsy)과 관련된 유전자를 가진 사람은 다른 사람들에 비해 몽유병을 가질 가능성이 3.5배가 높다(Lecendreux et al., 2003). 이 유전자는 인간의 백혈구 항원족(human leukocyte antigen: HLA－면역계를 통해 외부세포를 공격하는 유전자들의 한 집단)의 일원이다. 이에 저자들은 수면 조절에 중요한 세포들이 개인의 면역계에 의해 공격을 받아왔다고 의심한다.

기면 발작

수면 전환이 안정화되지 못할 때 일어나는 결과가 기면 발작이다. 이는 사람들이 주간에 갑자기 잠에 빠져들고 곧장 REM 수면으로 들어가는 장애다. 기면 발작의 또 다른 증상은 탈력 발작(cataplexy)이다. 해당 개인은 REM 수면의 한 요소인 갑작스런 근 무력감(atonia)을 경험하고, 마비된 상태로 마루에 떨어지지만 완전히 깨어 있다. 기면 발작 환자들은 다른 사람보다 잠을 더 많이 자지는 않는다. 오히려 수면과 각성의 경계들을 잃어버린다(Nobili et al., 1996). 개 또한 이 장애를 발달시킨다. 개의 기면 발작에 대한 연구는 하이포크레틴 수용기를 담당하는 유전자의 돌연변이 형태를 확인하였다([그림 15-15]; Lin et al., 1999).

다른 연구자들은 생쥐를 대상으로 하이포크레틴의 생산을 담당하는 유전자를 복제하지 못하게 함으로써 먹이 섭취 자극제로서의 하이포크레틴의 효과를 연

(a)

(b)

수면 연구가인 윌리엄 데먼트는 기면 발작 전(a)과 진행 동안의(b) 터커(Tucker)를 안고 있다. 터커는 마비되어 있지만 깨어 있다.

출처: Courtesy of Stanford University Center for Narcolepsy.

[그림 15-15] 개의 기면 발작

구하였는데, 그들이 관찰한 것은 섭식 행동보다 더 재미있는 것이었다. 이따금 생쥐는 주위를 돌아다니거나 털 손질을 하는 동안에 갑자기 쓰러졌다. 이 생쥐는 기면 발작을 가지고 있다. 기면 발작을 가진 대부분의 사람(탈력 발작 환자들)은 이 생쥐와 동일한 결함이 있음이 밝혀졌다. 즉, 시상하부에서 하이포크레틴을 분비하는 뉴런들이 손실되었기 때문에, 그들의 하이포크레틴 수준은 낮거나 탐지되지 않는 정도였다(Higuchi et al., 2002; Kanbayashi et al., 2002). 그 원인은 HLA-DQ6 유전자인 것 같다. 이 유전자는 다양한 인종 집단들의 경우에는 12~38%임에 비하여, 탈력 발작을 가진 기면 발작 환자의 85% 이상에서 발견된다(일반적으로 이 유전자는 HLA-DR15 유전자와 함께 발견된다)(Mignot, 1998). 이 장애는 인구 전체에 비하여 이 장애자들의 친척에서 10~40% 정도로 발생빈도가 더 높다—일란성 쌍생아 간의 일치율은 25%와 31% 사이에 있다. 기면 발작은 일반적으로 자극제로 치료한다. 하지만 미래에는 하이포크레틴 시스템을 표적으로 하는 치료가 있을 것 같다.

REM 수면행동장애

탈력 발작의 정반대가 REM 수면행동장애(REM sleep behavior disorder)다. 이 장애자는 자기 자신 또는 그의 침대 파트너에게 부상을 입힐 정도로, REM 수면 동안에 평소와 다르게 신체가 활동적이다. 93명의 환자들(이들의 87%가 남자임)을 대상으로 한 연구에 따르면, 32%는 자기 자신에게 부상을 입혔고, 64%는 자신의 배우자들을 폭행했다(Olson, Boeve, & Silber, 2000). 한 67세의 남자는 6년 동안 밤에 밧줄로 자신을 침대에 묶어 놓고 잠을 잤다. 그는 침대 밖으로 뛰어나와 가구나 벽에 부딪히는 습관이 있었기 때문이다. 어느 날 밤에 그의 아내가 소리를 질러 잠에서 깨어났는데, 그가 그녀의 목을 조르고 있었다. 그는 사슴 한 마리와 맞붙어 싸워 그것을 땅에 눕히고 목 꺾기를 시도하고 있는 꿈을 꾸고 있었다(Scheneck et al., 1989). REM 수면행동장애는 흔히 파킨슨병 또는 뇌간의 종양과 같은 신경학적 장애와 연관이 있다(Olson et al., 2000). 레비소체(Lewy bodies)가 환자들의 뇌에서 발견되었고, 환자들의 2/3는 약 10년 후에 파킨슨병을 진행시켰다(Boeve et al., 2003). 이 발견은 평상시에는 거대세포핵을 억제시켜 근육 마비를 유발하는 뇌간의 영역인 연수에서 레비소체의 발달이 파킨슨병의 발생을 선행한다는 가설을 세우는 데에 기여했다. 차후에 레비소체는 뇌의 상부로 진행하며 몇 년 후에는 흑질에 도달한다. 그때쯤 되면 완전히 진행된 질병이 나타난다(Braak et al., 2003).

의식의 한 형태로서의 수면

잠을 잘 때, 여러분은 무의식적이 되는가?

이 논의의 초반에서 나는 수면이 완전한 의식도 아니며 무의식도 아니라고 말했다. 신경과학과 의식의 연구로 전환하기 전인 1962년에 DNA의 구조를 발견한 공헌으로 노벨상을 받은 프랜시스 크릭(Francis Crick, 1994)은 우리가 REM 수면 동안에는 축소된 의식 상태에 있고 비-REM 수면 동안에는 무의식 상태에 있다고 믿었다. 특히 명료하게 꿈을 꾸는 사람들은 꿈의 상태에 의식의 몇몇 요소들이 확실히 있다. 이따금 악몽을 꾸는 중에 그것이 실제가 아니고 곧 끝날 것이라는 것을 알아차린 경험이 있었을 것이다. 사람들은 자신의 꿈을 인식하고서 그들이 언제 꿈을 꾸고 있는지를 스위치를 눌러 연구자에게 신호를 보내도록 훈련될 수 있다(Salamy, 1970). 심지어 그들은 꿈의 내용을 통제하는 학습도 할 수 있다. 그들은 잠자기 전에 무엇에 대하여 꿈을 꿀 것인가를, 또는 꿈에서 인물들과 무엇에 관하여 상호작용할지를 결정할 수도 있다(Gachenbach & Bosveld, 1989). 이 능력들은 우리에게 꿈을 꾸는 사람이 우리가 생각해 왔던 것처럼 현실과 반드시 분리되어야 할 필요가 없다는 것을 말해 준다. 이런 관점은 자동차를 운전했거나, 거리를 방황했거나, 무기를 휘둘렀거나(Schenck et al., 1989), 사람들을 목 졸라 죽이거나 찔러 죽이거나 때려 죽였던 몽유병자들의 예들—아마도 모두가 비-REM 수면 동안에 발생했던 것 같음—로 더 지지할 수 있다.

의식으로부터 무의식으로의 전환이 수면 동안에 어디에서 발생하는지 아니면 이런 전환이 일어나는지 아닌지의 여부는 명확하지 않다. 경계선에 대한 아이디어는 외과 수술 환자들이 마취 상태에 있을 때 외과 의료진의 대화를 가끔 기억할 수 있고, 또한 그들이 수술 시에 제공된 언어적 재료를 나중에 어느 정도 기억할 수 있다는 보고에 의해 더 희미해진다(Andrade, 1995; Bonebakker et al., 1996). 각성과 수면 사이, REM과 비-REM 수면 사이, 또는 수면과 혼수 사이에 의식의 선을 그을지 그렇지 않을지는 이 조건들 간의 명확한 구별보다는 의식에 대한 정의에 더 많이 달려 있다. 아마도 수면을 의식의 연속선상에 표시할 수 있는, 의식의 다른 상태로 생각하는 것이 더 좋을 듯하다.

그러면 우리는 의식을 분류하는 것보다는 오히려 각성과 수면 사이의 차이점이 의식에 대하여 우리에게 무엇을 말해 주는가에 주안점을 두어야 한다.

개념 확인

- 여기에서 논의한 일주기 리듬과 초일주기 리듬에 관하여 기술하라.
- 연구에 따르면, REM 수면과 서파 수면의 기능은 무엇인가?
- 수면과 각성에 관여하는 뇌 구조물들을 나타내는 표를 만들어라(이들의 기능도 포함하라).
- 수면 장애들과 이들의 원인을 기술하라.

의식에 대한 신경적 토대

의식에 대하여 설명하는 것은 우리의 정신생활과 관련된 대부분의 특징을 설명하는 데 필수적이다. 왜냐하면 어떤 방식으로든 이들은 의식과 연관되어 있기 때문이다.

- John R. Searle

엄격한 행동주의자들은 행동을 설명하는 데에 의식이 관찰되지 않을뿐더러 필요하지도 않다는 이유로 이를 사용하는 것을 금지했었다. 반면에 지난 반세기에 걸쳐서 연구자들은 그들이 기억, 주의, 정신적 이미지화와 정서를 연구할 때 의식의 다양한 요소가 필요하다는 것을 발견하기 시작했다. 그럼에도 불구하고, 그들은 인식(awareness), 주의(attention) 또는 인지(cognition)에 대하여 얘기할 때는 의식이라는 단어를 사용하는 것을 조심스럽게 회피했다. 이후에 소수의 훌륭한 이론가들은 의식을 활자화하는 것에 대하여 심사숙고하고, 의식이 신경과학자들의 연구에 적합한 주제라고 제안하기 시작했다. 신중한 학자들은 의식은 마음이 다시 들어가기 위한, 그리고 그 유명한 뇌-신체 지형도(homunculus)를 위한 뒷문이 되지 않도록 해야 한다고 경고했지만, 과학자들은 천천히 그들의 벽장에서 나오기 시작했다. 한 작가의 언어로 표현하면 "의식은 지배하고 있는 인식의 어떤 핵심인 '자기(self)'에 상응하는 뇌 속의 깊숙한 곳에 있는 어떤 독립체가 아니다." (Nash, Park, & Willwerth, 1995)

그럼, 의식의 의미는 무엇인가? 실제로 이 용어는 함축된 의미가 다양하다. 우리는 '어떤 사람이 의식이 있다 또는 무의식적이다.' 와 같이 '의식'이라는 용어를 어떤 상태를 언급하기 위해서 사용한다. 우리는 '의식적 경험'의 뜻으로 그것을 사용한다. 또는 '어떤 것에 대한 인식'이라는 의미로 사용한다. 이 용어를 정의하려는 사람들은 적지만, 의식은 연구자들에게는 부가적인 의미를 가진다. 프랜시스 크릭(Francis Crick, 1994)은 현재 우리 지식의 수준에서 정의를 내리려는 시도는 그 본뜻을 오도하기 쉽고, 이 주제에 대한 생각을 지나치게 제한하기 쉬울 것이라고 제안했다. 어떤 정의에 대한 동의가 비현실적일지라도, 내 생각으로는 대부분의 연구자는 의식에 대한 다음의 주장을 편하게 생각하는 경향이 있다. 최소한 어느 정도까지는 개인은 인식을 하고 있다. 인식의 일부로 사람은 어떤 것들은 주의(attention)에 붙들고 있으며, 다른 것들은 배경으로 물러나게 한다. 의식은 또한 기억(적어도 단기기억의 다양성)을 포함한다. 그리고 완전히 의식적인 사람들은 장기기억을 요구하는 자기 감각(sense of self)을 가진다. 의식 수준은 다양하다. 즉, 혼수와 깊은 마취가 한 극단을, 그리고 경계적 각성(alert wakefulness)이 다른 극단을 차지하며, 수면은 그 사이에 위치한다. 최면(hypnosis), 황홀감(trances) 그리고 명상적인 상태(meditative states)를 포함하는 변경된 의식 상태도 있다.

의식은 뇌의 현상이지만, 대부분의 연구자는 의식의 중심지가 없다는 데에 동의한다. 나중에 살펴보겠지만 의식은 넓게 분포되어 있는 뇌 구조물들의 상호작용에서 발생하는 것 같다. 부분적으로는 의식이 많은 기능 가운데에 분포되어 있는 것 같기에, 그리고 부분적으로는 그 문제가 너무 강력하기 때문에, 연구자들은 의식의 요소들을 담당하는 구조물부터 먼저 살펴 왔다. 우리는 여기서 그 구성 요소의 세 가지, 즉 인식, 주의 그리고 자기 감각을 고려한 후에 의식의 신경적 토대에 대한 문제를 따져보기로 하겠다.

인 식

추상적인 개념으로서의 인식(awareness)은 정의하기가 어려우며, 이에 대한 연구는 더욱 어렵다. 대신에 연구자들은 대상 인식(awareness of something)에 관심을 기울였다. 이런 접근은 인식의 장소들로서 가능한 몇몇의 뇌 영역을 확인하는 데에 도움을 주었다. 좋은 실례는 하나의 청각 신호(tone)는 시각 자극을 선행하지만 둘째 청각 신호는 그렇지 않는 연구다. 시각 자극에 대한 이 청각 신호들의 관계를 인식한 참가자들은 이 두 청각 신호들에 대하여 좌측 전전두피질에서 혈류량의 수준이 달랐다(McIntosh, Rajah & Lobaugh, 1999). 이 연구자들은 전전두피질이 인식을 산출하는 데에 핵심적인 역할을 할 것이라고 제안했다. 정의상 인식을 포함하는 선언적 학습(declarative learning)에 관여하기 때문에 해마가 그 역할을 한다고 다른 연구자들은 제안했다(Clark & Squire, 1998). 또 다른 연구자들은 공간 내의 대상들의 위치를 찾아내는 두정엽의 능력이 한 대상의 특징을 하나의 의식적인 전체(a conscious whole)로 조합하는 데에 필요하다고 주장한다. 그들은 증거로 양측 두정엽이 손상된 환자에 대하여 기술했는데, 그 환자는 자주 한 대상에 대한 색깔 또는 운동의 방향을 다른 대상의 것으로 여겼다(Bernstein & Robertson, 1998; Treiman & Gelade, 1980).

이 문제의 환자는 공간, 색깔 및 운동에 대한 정보를 함께 묶는 데 문제가 있었다. 뇌가 어떻게 다른 영역들로부터의 정보를 일원화된 전체(unitary whole)로

? 뇌는 결합된 문제를 어떻게 해결하는가?

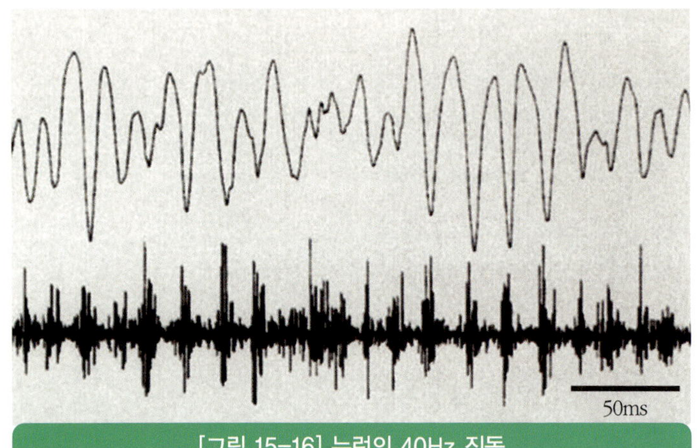

[그림 15-16] 뉴런의 40Hz 진동

위: 전극 근처에 있는 모든 뉴런의 결합된 활동성을 기록한 것.
아래: 전극 인근의 두 뉴런들로부터 동시에 기록한 활동성. 두 추적들의 정점과 골짜기를 시각적으로 배열함으로써, 우리는 두 뉴런이 그 (뇌) 영역에서 다른 모든 뉴런과 동기적으로 발화하고 있음을 볼 수 있다. (위 추적이 더 부드럽게 보이는 이유는 그것이 많은 뉴런의 활동성에 대한 총합이기 때문이다. 그리고 무선적인 활동성이 같은 정도로 자주 정적이고 부적이면서 자신을 상쇄하기 때문이다.)

출처: Courtesy of Wolf Singer, Max-Planck-Institut für Hirnforschung.

조합하는가에 대한 문제를 결합 문제(binding problem)라 한다. 앞에서 기술한 맥인토시 등(McIntosh et al., 1999)의 연구에서 인식의 순간에 좌측 전전두피질의 신경 활동성이 우측 전전두피질, 청각 연합피질, 시각피질 및 소뇌를 포함하는 뇌의 다른 부분들의 활동성과 같았다. 연구자들은 이런 조율된 활동성이 뇌가 뇌 영역들에 걸친 정보를 결합하는 수단이라고 점점 더 확신하고 있다.

초기의 연구들은 시각 자극 동안에 고양이의 시각피질에서 50~70%의 뉴런들이 평균 40Hz의 속도로 동시에 격발함을 발견했다(Engel König, Kreiter, & Singer, 1991; Engel, Kreiter, König & Singer, 1991). 40Hz 동기화에 관한 실례로 [그림 15-16]을 보라. 서로 동기화되어 격발한 두 개의 특정 영역들은 V_1(일차 시각피질)과 V_5(운동을 탐지하는 영역)이다(Engel, Kreiter et al., 1991). 시각적 인식이 V_5와 같은 선조 외 영역들로부터 V_1으로의 피드백을 요구함을 시사하는 연구들(Tong, 2003)을 고려할 때, 이것은 이치에 맞다. (V_1과 V_5의 위치를 참조하려면 [그림 10-25]를 보라.) 보다 최근의 연구는 EEG 기록법을 사용하여 인간에서 동시적인 뉴런들의 격발을 확인했다. 이 연구 중 하나에서 참가자들은 한 애매한 그림 속에 있는 얼굴을 인식하게 된 순간에 동기화가 두정-후두 영역과 전두-측두 영역 사이에서 증가하였다(Rodriguez et al., 1999). 또 하나의 연구에서 이전에 손가락에 가해진 (전기) 충격과 배쌍된 불빛을 연구자들이 제시했을 때, 시각피질과 체감각피질의 손가락 영역 사이에서 (뉴런) 활동이 동기화되었다([그림 15-17]; Miltner et al., 1999). 수많은 추가 연구도 (뉴런) 활동의 동기화가 지각(perception)의 다양한 요소를 일관성 있는 인지적 경험으로 묶는다는 견해를 지지했다(Buzsáki & Graghun, 2004; Saalmann et al., 2007). 앞서 언급한 장으로부터 부적절한 동기화가 정신분열 증상에 일부 기여한다는 증거를 기억할 것이다(Spencer et al., 2004).

나는 우리 행동의 많은 부분이 인식 밖의 과정에 의해 안내됨을 강조하는 것이 중요하다고 생각한다. 간단한 예로, 곧바로 앉고, 걷고 환경 내의 대상들에 정확하게 도달하기 위하여 우리는 끊임없이 고유 감각 정보(proprioceptive information)를 사용한다. 앞의 장들에서 우리는 얼굴 재인이 손상된 사람들이 친숙한 얼굴

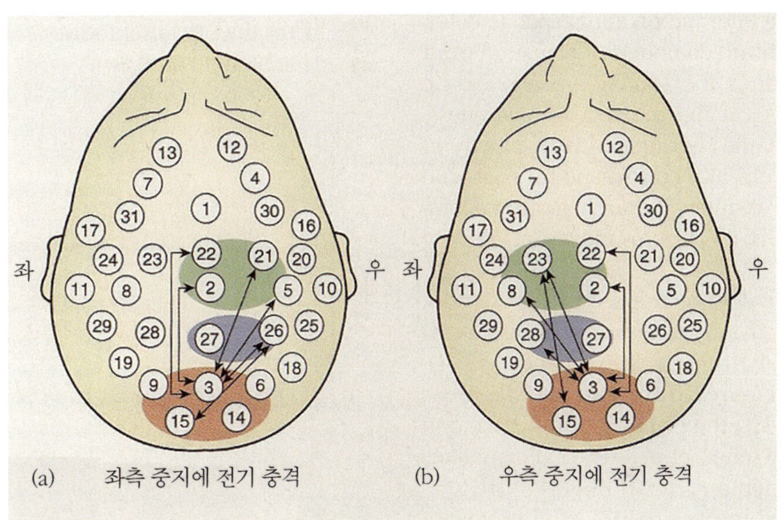

원 안의 숫자들은 EEG 전극들의 위치를 가리킨다. 앞에서부터 뒤까지의 채색된 영역들은 일차 체감각피질, 이차 체감각피질과 시각피질이다. 불빛은 중지에 가해지는 전기 충격과 몇 번 배쌍되었다. 그런 후에 불빛을 단독으로 제시하면 40Hz의 EEG 활동성이 산출된다. 이 활동성은 시각피질과 체감각피질 사이에서 동기화되었다. 화살표들은 서로 간에 동기화가 관찰된 전극의 쌍들을 가리킨다. 동기화는 전기 충격이 왼손에 제시되었을 때는 우반구에서(a), 오른손에 제시되었을 때는 좌반구에서(b) 발생했다.

출처: Adapted from Miltner et al., "Coherence of Gamma-Band EEG Activity As a Basis For Associative Learning," *Nature 397*, 434-436 (4 February, 1999). © 1999 Nature Publishing. Reprinted by permission.

[그림 15-17] 학습과 연관된 영역들 간의 동기화된 활동성

에 의해 각성된다는 것과 맹시(blindsight)를 가진 사람들이 보이지 않는다고 하는 대상의 위치를 알아낸 것, 또한 해마 손상 환자들이 그들이 이전에 수행했다는 것을 부정한 과제들에서 시간이 흐름에 따라 그 수행력이 향상된다는 것을 배웠다. 한 연구에서, 연구 참가자들은 컴퓨터 화면에서 표적물의 위치를 예언하는 패턴을 학습하고 사용할 수 있었다. 하지만 그들 중의 한 사람은 그 패턴이 무엇인지 진술하지 못했는데, 100달러의 보상을 세공한다고 해도 그는 그렇게 하지 못했다. 미묘한 훈련 절차를 통해, 사람들은 자신이 그렇게 했다는 것을 인식하지 못한 채, 특별한 얼굴 특징을 특별한 성격 특성과 연합하는 것을 학습했다. 실제로 질문을 받았을 때 그들은 그런 관계가 존재한다고 믿지 않았다 (Lewicki, Hill & Czyzewska, 1992). 우리는 우리의 행동이 이성적이고 의식적 결정에 의해 안내된다고 믿고 싶어 한다. 아마도 우리는 우리의 행동의 진짜 근원을 인식하지 못할 때 그 행동에 관하여 타당하게 들리는 설명을 자아내는 것 같다. 그렇다면 의식적 인식이 주는 이익은 무엇인가? 이 문제는 실제로 논쟁거리가 되지만, 한 가지의 명확한 이점은 그것이 일관성 있고 계획성 있는 행동을 하게 한다는 것이다.

주의

주의(attention)는 다른 것들을 배제하기 위해 사용되는 일부 신경적 입력에 초

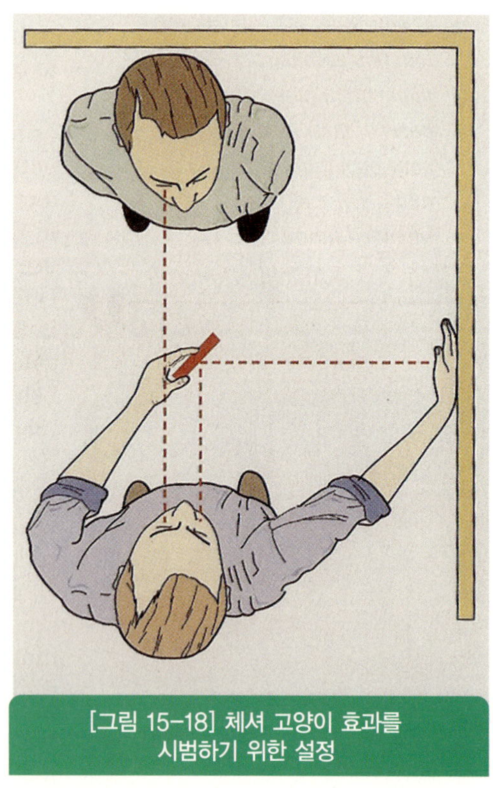

[그림 15-18] 체셔 고양이 효과를 시범하기 위한 설정

여러분은 자신의 손과 친구의 얼굴을 번갈아 볼 것이다.

점을 맞춤으로써 뇌가 제한된 자원을 할당할 때 사용하는 수단이다. 주의가 얼마나 중요한지를 말할 필요가 있을까? 여러분이 매우 흥미로운 책에 주의를 기울이고 있을 때 주위의 왁자지껄한 것들 모두를 알아채지는 못할 것이다. 하지만 어떤 자극은 여러분의 주의를 붙든다. 예로, 당신의 이름을 부르고 있는 친구의 목소리는 모든 소음보다 두드러진다. 또한 주의를 받고 있는 것은 쉽게 기억되지만, 주의를 벗어난 것은 영구적으로 잊힐 수 있다. 주의가 갖는 실제적인 중요성은 휴대용 전화기를 사용하는 동안에 자동차 사고가 4배나 증가한다고 보고하는 연구에서 입증이 된다(McEvoy et al., 2005; Redelmeier & Tibshirani, 1997). 이것은 한손으로 운전하는 운전자 때문이 아니다. 그런 위험성은 운전자가 스피커폰을 사용할 때와 같은 정도로 높았다. 명백히 그 문제는 주의와 관련이 있다.

여러분이 주의의 중요성을 인식하고 있을지라도, 그것이 얼마나 강력한지는 깨닫지 못할 수 있다. 하나의 재미있는 시범은 『이상한 나라의 앨리스(Alice in the Wonderland)』에 등장하는 고양이의 이름을 따서 명명한 체셔 고양이 효과(Cheshire cat effect)다. 먼저, 한 친구를 여러분 앞에 서게 하라. 여러분의 오른쪽 눈이 친구의 얼굴을 보는 것을 막도록, 그러나 여러분의 왼쪽 눈은 친구가 보이게 왼손에 거울 하나를 들라([그림 15-18]). 그런 후에 거울에서 여러분의 오른손이 보이게 그 손을 유지하라(여러분과 친구가 양쪽에 빈 벽이 있는 방의 구석에 서 있으면 가장 효과적이다). 여러분의 손과 친구의 얼굴은 동일한 위치에 있는 것처럼 보일 것이다. 그러나 친구의 얼굴 또는 얼굴의 일부는 사라질 것이다. 손을 꾸준히 유지하고 있으면, 아마도 투명한 손을 통하여 친구의 얼굴이 다시 보이기 시작할 것이다. 손을 가볍게 움직여 보라. 그러면 그 얼굴이 다시 사라질 것이다. 실험을 통하여 여러분은 체셔 고양이의 미소만을 가진 친구를 남길 수 있을 것이다. 여러분의 뇌는 이 시범 내내 지속적으로 손과 친구의 얼굴 둘 다로부터 정보를 받는다. 그러나 두 눈은 뇌에 두 대상들이 동일한 위치에 있다고 말하는 갈등적인 정보를 보내고 있기 때문에, 양안 경합(binocular rivalry)이 발생한다. 뇌는 한 번에 하나의 자극에 주의한 다음에 다른 자극으로 주의를 옮긴다. 주의는 여러분의 손 또는 친구의 머리가 움직여서 주의를 요구할 때에도 옮겨간다.

? 주의와 관련된 신경적 토대는 무엇인가?

주의는 개념에 불과한 것이 아니다. 그것은 생리학적인 과정이며, 주의가 변하면 신경 활동의 변화도 동반된다. 한 관찰자가 하나의 대상에 주의할 때, 전전두 뉴런들과 두정 뉴런들 사이 또는 두정 뉴런들과 시각 영역의 뉴런들 사이와 같이 관련되는 두뇌 영역들 사이에 신경 발화가 동기화되는데, 이런 패턴은 과제에 따라 다르다(Buschman & Millner, 2007; Saalmann et al., 2007). 양안 경합의 예에서와 같이 주의가 전환될 때, 자극 입력들이 바뀌지 않았음에도 불구하고 (신경) 활동은 시각피질 내의 한 집단의 뉴런으로부터 다른 집단의 뉴런으로 옮겨간다(Leopold & Logothetis, 1996). 연구 참가자들이 한 대상의 색깔에 주목할 때 PET 영상은 (신경) 활동이 시각 영역 V_4에서 증가함을 보였다. 그들이 그 대상의 형태(shape)에 주의할 때는 (신경) 활동이 하측두피질로 옮겨 갔다. 그리고 그것의 움직임에 주의할 때는 그 활동이 V_5영역으로 옮겨 갔다(Chawla, Rees, & Friston, 1999; Corbetta et al., 1990). 우리는 이런 전환이 주의 때문이었다는 것을 알고 있다. 왜냐하면 심지어는 그 자극이 채색되지 않았음에도 색깔에 주의를 하고 있는 동안에 V_4에서의 활동이 증가했으며, 또한 그 자극이 정지되어 있는데도 움직임에 주의를 하는 동안에는 V_5에서 활동이 증가했기 때문이다(Chawla et al., 1999).

> 신경과학자들은 특정적이고 검증할 수 있는 문제에 주안을 둠으로써 의식에 대하여 근본적인 질문을 하기 시작했다. 어떤 신경적 기제들이 시각적 주의를 담당하는가?
>
> \- Eric R. Kandel

따라서 주의에 대한 우리의 경험은 뇌 활동성의 변화를 반영한다. 앞에서 기술한 대뇌피질 활동성의 증가는 적어도 부분적으로는, 감각 정보를 대뇌피질로 나르는 관문인 시상에서의 활동성 조절에서 기인한다. 대뇌피질은 선택적으로 시상 뉴런을 억제하여 어느 정보가 그곳에 도달할 것인가를 결정할 수 있다(John, 2005). 인간 피험자들이 한 자극에 주의할 때 그 자극에 대한 신경적 반응이 시상의 외측 슬상핵에서 증가하였으며, 무시된 자극에 대한 반응은 감소하였다(O' Connor et al., 2002). 그러나 시상이 주의의 중심이라고 제안한다 해도 주의의 복잡성을 충분히 평가하기는 어렵다. 예를 들면, 항상은 아니지만 주의는 흔히 작업기억(working memory)을 요구한다(Kastner & Ungerleider, 2000); 일련의 무선 숫자들을 작업기억에 얹으면 주의를 요구하는 과제 동안에 주의를 산만하게 하는 자극들을 걸러 내는 사람의 능력이 손상된다(de Fockert et al., 2001).

> 의식은 여러분 자신의 자기 개념이다. 즉, 여러분 자신의 몸, 여러분 자신의 자서전, 그리고 여러분에 의해 의도된 미래 감각을 토대로 하여 여러분이 순간순간 재구성하는 그 어떤 것이다.
>
> \- Antonio Damasio

자기 감각

의식은 보통 외부의 현실(예, 대상 재인 또는 대상 인식)과 관련하여 연구된다. 의식은 밖으로 드러나는 현상들(이런 조건에서 우리는 현상을 객관적으로 관찰할 수 있음)을 연구하려는 심리학자들의 선호 대상이 되어 왔다. 그러나 의식의 중요한 한 가지 측면은 이른바 '자기(self)' 다. 자기 감각(the sense of self)은 우리가 '나(I)' 라고 언급하는 정체성(identity)을 포함하며, 대리인 감각(the sense of agency)은 행위나 영향을 타인 또는 외적인 힘에 귀인하기보다는 우리 자신에의 귀인을 포함한다.

자기 감각은 소수의 다른 종들과 공유된다. 우리는 아이들을 대상으로 개발된, 영리할 정도로 간단한 기법을 사용하여 이것을 학습해 왔다. 연구자가 연지 점을 한 아이의 코나 이마에 찍고 그 아이를 거울 앞에 놓을 때, 약 15개월 미만의 어린 유아들은 거울 안에 있는 그 아이에 다가가서 터치하거나 키스를 하거나 때린다. 반면에 15개월 이상의 아이들은 자기 재인(self-recognition)을 보이는데, 그들은 자신의 얼굴에 있는 의문의 점을 조사하기 위하여 거울을 사용한다(Lewis & Brooks-Gunn, 1979). 침팬지들도 잠시 있다가 거울에서 자기 자신을 재인할 수 있다. 즉, 그들은 연지 점을 조사하고 이전에는 전혀 보지 않았던 자신의 이빨과 엉덩이와 같은 몸의 다른 부분을 조사하기 위해서 거울을 사용한다([그림 15-19]). 코끼리, 오랑우탄과 알락돌고래(porpoise)도 자기 자신을 재인하지만, 원숭이는 그렇지 하지 못한다(Gallup, 1983; Plotnik, de Waal, & Reiss, 2006; Reiss & Marino, 2001). 17년 동안 상시적으로 비치된 거울에 노출된 후에, 원숭이들은 거울이 어떻게 작동하는가를 배웠고 자신이 거울에서 본 모습의 주인인 한 사람을 향해 얼굴을 돌렸지만, 그들은 여전히 거울 속에 비추는 자기 자신의 상을 침입자처럼 대했다(Gallup & Povinelli, 1998).

연구자들은 자기 감각이 신경적인 연관성이 있음을 확인하는 데에 어느 정도 성공했다. 그들은 전측 대상피질(anterior cingulate cortex)이 손상되면 자기 인식이 감소할 수 있음과 또한 우측 전두-측두피질이 손상되면 자기로부터의 분리가 야기될 수 있음을 발견했다(Devinsky, Morrell & Vogt, 1995; Wheeler, Stuss, & Tulving, 1997). 손상의 특정 영역들이 확인되지는 않았지만, 노령기의 뇌졸중이나 치매는 사람들이 자신의 거울 이미지를 재인할 수 있는 능력을 손상할 수 있다. 당사자는 다른 사람을 친구로, 집에서 쫓아내야 할 침입자로 또는 차창이

[그림 15-19] 한 마리의 침팬지가 자기 개념을 드러내 보이고 있다.

출처: Gallup & Povinelli, 1998. Photos courtesy of Cognitive Evolution Group, University of Louisiana at Lafayette.

나 가게 유리창에 모습을 보이는 스토커로 대할 수 있다(Feinberg, 2001).

파러와 그의 동료들(Farrer et al., 2002, 2003)은 대리인 감각—어떤 행위나 사건의 원천으로서 자기(the self) 대 다른 것/사람 간의 구별을 할 수 있는 능력—이 전측 도피질(anterior insula)과 하두정 영역(inferior parietal area)에 의해 매개됨을 제안한다. 그들의 피험자들이 다른 누군가가 스크린상의 커서 또는 가상의 손을 제어하고 있다는 것을 지각했을 때는 우측 하두정피질이 활성화되었다. 하지만 그들이 그 제어를 자기 자신에게 귀인했을 때는 그 (신경) 활동성이 도피질(측두엽 바로 위의 전두피질 영역임)로 옮겨갔다([그림 15-20]). 또한 도피질은 사람들이 기억들을 자기 자신의 것으로 확인하거나, 자신의 얼굴을 재인하거나, 자신에 관한 서술을 재인할 때도 활성화된다(Farrer et al., 2003). 하두정피질은 자신의 팔다리를 자신의 것이 아니라고 부정하거나 다른 누군가가 손의 움직임을 통제한다고 주장하는 환자들이 손상되어 있는 영역이나. 이곳은 그들의 행동이 다른 사람 또는 대리인에 의해 통제되고 있다고 믿는 정신분열증 환자들에게서 과잉 활성화되는 영역이다.

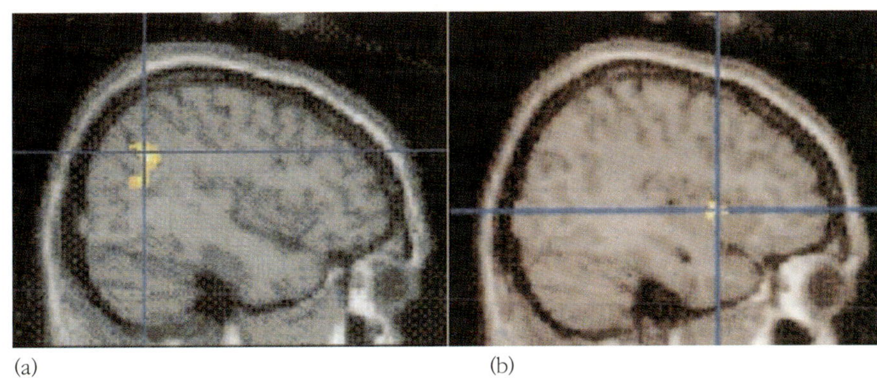

[그림 15-20] 대리인 감각과 관련되어 있는 뇌 영역

어떤 효과(컴퓨터 커서의 움직임)를 타인에게 귀인할 때는 우측의 하두정피질이 활성화되는 반면에(a), 이 효과를 자기 자신에게 귀인할 때는 (우측의) 도피질이 활성화되었다(b).

출처: C. Farrer et al., "Experiencing Oneself Vs. Another Person As Being the Cause Of an Action: The Neural Correlates of the Experience of Agency," *NeuroImage, 15*, 596-603, fig. 2 and fig. 3, p. 598. © 2002 with permission from Elsevier, Ltd.

이 연구에서 우리는 자기를 담당하는 뇌의 위치를 발견하지 못하며 발견하리라고 기대할 수도 없다. 대신에 우리가 보는 것은 흩어져 있는 이런저런 것들이다. 우리는 자기를 하나의 독립체가 아닌 하나의 개념으로 간주해야 한다. 그리고 자기 감각을 몇 곳의 뇌 영역들에 의해 매개되는 몇 종류의 정보가 융합된 것으로 간주해야 한다. 신체 이미지, 기억 및 거울 뉴런들은 자기 감각에 대한 기여자들 중에 있다. 먼저 이 주제에 대하여 다룬 다음, 자기와 관련되는 두 가지 장애를 살펴볼 것이다.

신체 이미지

우리가 우리의 신체와 구성 요소에 대하여 동일시하기 때문에 신체 이미지는 자기 감각에 기여한다. "그것은 '우리의' 몸, '우리의' 손, '우리의' 다리다."라

? 우리의 자기 감각은 어디에서 오는가?

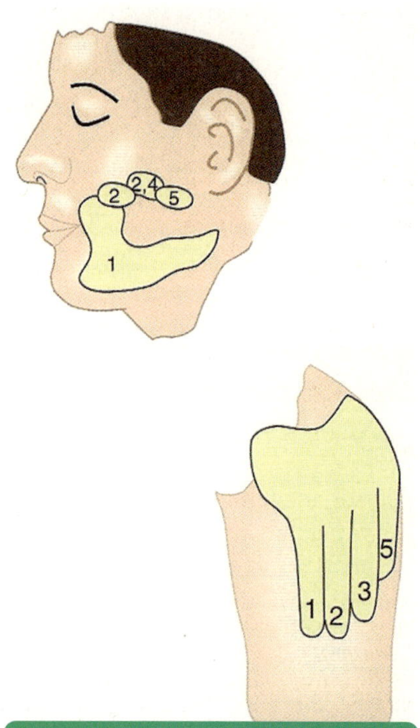

[그림 15-21] 환자의 환상 손에 대한 지도

잘리고 남은 부분의 위쪽 팔을 만지면 손실한 손에 대한 감각이 느껴진다. 동일한 현상이 얼굴에서도 발생하는데, 이는 제11장에서 살펴본 것과 같이, 체감각피질에서 얼굴로부터의 뉴런들이 손을 담당하는 영역에 퍼져 있음을 확인시켜 준다.

출처: Figure 2.2 from *Phantoms in the Brain* by V. S. Ramachandran, M.D., Ph.D., and Sandra Blakeslee. Copyright © 1998 by by V. S. Ramachandran and Sandra Blakeslee. Reprinted by permission of HarperCollins Publishers, Inc.

고 지칭하는 예에서 이런 견해가 지지된다. 제11장에서 고무손 착시(rubber hand illusion)는 손상되면 장애 인식 불능증(anosognosia)이 발생하는 전운동 영역(premotor area)의 활동성이 증가할 때만 발생했다(Berti et al., 2005; Ehrsson et al., 2004). 자기 감각을 형성하는 것을 돕는 신체 소유권(body ownership)도 생리학적인 기초와 관련이 있는 것 같다. 여러분은 또한 제11장에서 팔 또는 다리 절단 수술을 받은 대부분의 사람이 상실한 팔이나 다리가 여전히 거기에 있다고 착각한다는 것을 배웠다. 이런 착각은 절단 환자들의 80%에서 발생하며, 이들의 나머지 생애 동안에 지속할 수 있다. 이는 신체 이미지의 힘을 입증한다. 환상(the phantom)이 왜곡([그림 15-21])되는 현상은 가끔씩 이런 견해에 신빙성을 더해 준다. 한 남자는 환상의 팔이 뒤로 구부러져 있기 때문에 등을 대고 잠을 잘 수 없었고, 또 다른 남자는 (환상의) 팔이 옆으로 뻗어 있기 때문에 문을 통과해 걸어갈 때는 (몸을) 옆으로 돌려야 했다(Melzack, 1992). 한때, 연구자들은 사람이 학습된 신체 이미지를 발달시킨 후에만 환상이 발생한다고 생각했다. 그러나 지금은 환상이 어린아이들도 발생할 수 있으며 심지어는 수족 하나가 없이 태어난 사람들에서도 발생할 수 있음을 알고 있다. 신체 이미지는 우리가 가지고 태어난 장비의 일부이기 때문에 그것은 자기의 중요한 부분이 된다. 심지어는 그것이 현실과 상충해도 그렇다.

환상이 수족을 대체해도 상실했다는 느낌을 막지는 못한다. 이런 상실감이 자기 감각에까지 뻗어 있는 것 같다. 이런 견해를 위어 미첼(Weir Mitchell, 1866)이 아주 생생하게 묘사하였다. 미국 남북전쟁 때 의사였던 그는 많은 수족 절단 환자를 관찰했는데, 그는 『조지 데들로우의 사례(The Case of George Dedlow)』로 소설화한 묘사에서 자신이 관찰한 내용의 일부를 제시했다. 전투에서 양팔과 양다리를 잃어버린 미첼의 영웅이 말하기를,

> 오싹하게도, 나는 때때로 내 자신과 나의 존재를 잘 의식하지 못한다는 것을 알아냈다. 나는 내가 진짜 데들로우가 맞는지 지속적으로 누군가에게 묻고 싶었다.

일찍이 우리는 더 광범위한 상실의 예를 크리스티나의 사례에서 보았다. 고유감각(proprioceptive sense)이 파괴된 그녀가 질환 전에 만들어진 자기 자신에 대한 동영상을 보며,

> 예, 물론, 그 사람은 나야! 하지만 나는 그 우아한 소녀와 동질감이 더 이상 없어! 그녀는 가고 없고, 난 그녀를 기억할 수 없으며, 난 심지어 그녀를 상상할 수도 없어. 무언가가 바로 내 중심에서 깊게 파인 것 같아(Sacks, 1990).

기억

장기기억이 없다면 자기가 존재할 수 있는지 의심스럽다. 왜냐하면 과거도 없고 현재 누구인지에 대한 감각도 없기 때문이다. 기억 연구자인 제임스 맥고(James McGaugh)의 말을 사용하자면, 기억은 우리로 하여금 우리가 되게 하는 것이다(Wilson, 1998). 단기기억을 상실했다 해도 그것이 그렇게 큰 지장이 되지는 않는다(제12장에서 기술). HM과 같은 환자들은 비록 그들이 뇌손상 이후 발생한 사건들을 기억하지 못한다 할지라도, 일생 동안 그들의 과거와 자신에 대한 정보를 현재의 경험에 대한 배경으로 가진다. 하지만 코르사코프 환자나 알츠하이머 환자들은 기억 손상의 범위가 병 개시 몇 년 후는 물론 몇 년 전까지 거슬러 올라간다. 올리버 색스(Oliver Sacks, 1990)의 환자인 지미는 코르사코프병 때문에 40년 동안 기억을 상실했었다. 그는 가만히 있지 못했고, 그가 불행한지 아니면 행복한지를 말할 수 없었고, 아주 오랫동안 자신이 살아 있다는 느낌이 없었다.

제12장에서 만난 매리 프랜시스(Mary Francis)는 다른 접근을 시도했는데, 그녀는 잇따라 가짜 시나리오로 그녀의 상황을 설명했다. 또 하나의 작화자는 톰슨(Thompson)이었는데, 그는 무단으로 병원에서 하루 동안 나왔다. 그날이 끝날 때쯤, 택시 운전자는 병원 직원에세 이제껏 그렇게 멋진 승객을 태워 본 적이 없었다고 말했다. "그는 어디든지 가 보았고, 모든 것을 해 보았고 모든 사람을 만나 본 것처럼 보였어요. 단 한 번의 인생에 그렇게 많은 일이 가능한지 믿기 어려웠어요."(Sacks, 1990). 색스에 따르면, 자신의 과거와 현재를 만들어 내려고 시도할 때, 탐슨은 병실에 있는 모든 사람들을 자신의 가상 세계의 주인공들로 전환하고 이야기를 잇달아 엮어 냄으로써 매 순간마다 자기 자신과 세계를 꾸며내야 했다.

기억상실증 환자들이 얘기하는 작화의 출처는 일반적으로 실제 경험의 파편까지 거슬러 올라갈 수 있다. 이것은 작화증이 전두 영역의 손상으로 인한 관련 없는 기억들의 억제 실패라는, 우리가 앞 논의에서 도입한, 가설과 일치한다(Benson et al., 1996; Schnider, 2003; Schnider & Ptak, 1999). 억제의 결함이 작화증의 내용을 설명할지는 모르지만, 연구자인 팀 섈리스(Tim Shallice, 1999)는 이것이 시간이 흘러도 그 이야기들이 일관성이 있음을 설명한다고는 믿지 않는다. 왜냐하면 이런 일관성에는 작화자가 기억의 파편들을 의미 있는 이야기로 꾸미는 수단인 (소재의) 풍부함이 훨씬 덜하기 때문이다. 탐슨과 매리 프랜시스의 작화증은 동기 수준이 높은 행동으로 보이는데, 이는 실제의 또는 상상에 의한 기억이 사람의 정체성에 중요하다는 것을 시사한다. 영화감독인 루이 브뉘엘(Lois Buñuel)은 자신의 쇠약해지는 기억을 생각하면서 말하기를,

> 기억이 우리의 삶을 만드는 것이라는 것을 깨닫기 시작하면 여러분은 자신의 기억을 잃기 시작한다. 기억이 없는 삶은 삶이 전혀 아니다……. 우리의 기억은 우리의 일관성(coherence)이며, 우리의 사유(reason)이며, 우리의 감정(feeling)이며, 심지어는 우리의 행위(action)다. 그것이 없으면, 우리는 아무것도 아니다(Buñuel, 1983).

자기, 마음 이론 그리고 거울 뉴런

자기 감각(sense of self)은 우리의 자기(our self)와 다른 자기들(other selves) 사이의 변별을 그리고, 주장컨대 다른 자기들에 대한 어느 정도의 이해를 요구한다. 자폐증에 대한 논의에서 우리의 정신 상태를 다른 것에 귀인하는 능력을 마음 이론(theory of mind)이라고 명명하는 것을 보았다. 거울 뉴런(mirror neurons)을 연구하는 학자들은 이 뉴런이 우리의 이런 이해에 결정적이라고 믿는다. 이 학자들은 사회적 이해, 공감과 타인의 의향을 이해하는 능력에 거울 뉴런이 관여한다고 상당히 굳게 믿는다(Iacononi et al., 2005; Gazzola et al., 2006; Gallese & Goldman, 1998). 실험 자원자들이 비디오 클립(video clip)을 볼 때, 그들의 거울 뉴런은 모델이 빈 접시 옆에 있는 빈 컵(치우겠다는 의향을 암시함)보다는 간식 옆에 있는 가득 찬 컵에 손을 뻗을 때(먹을 의향을 암시함) 더 많이 반응했다. 모델이 없을 때는 두 경우 간에 차이가 발생하지 않았다([그림 15-22]; Iacononi et al., 2005).

거울 뉴런 시스템의 역기능은 자폐아들이 마음 이론을 발달시키지 못한 것에 대한 한 이유다. 흥미롭게도 다른 사람들이 말하는 것을 반복할 수 있다는 예에

좌측 사진에서 연기자에 의해 암시되는 의향은 마시겠다는 뜻이다. 반면에 오른쪽 사진에서는 치우겠다는 의향이 담겨 있다. 연구 참가자들이 두 장면을 볼 때 다른 뉴런들이 활성화되었다. 이는 거울 뉴런들이 서로 다른 의향을 구별할 수 있음을 시사한다.

출처: M. Iacoboni, "Grasping the Intentions of Others With One's On Mirror Neuron System," 2005, *PLoS Biology, 3*, pp. 529-535, fig. 1 upper right and lower right, p. 530.

[그림 15-22] 거울 뉴런들에 의해 구별되는 다른 의향들

서 보는 것과 같이, 자폐아는 모방하는 능력이 손상된다기보다는 모방에 대한 통제가 손상된다. 거울 뉴런에 결함이 있다기보다는 오히려 거울 뉴런의 활동성이 제대로 조절되지 못하기 때문에 이런 문제가 발생하는 것 같다(Williams et al., 2001). 저스틴 윌리엄스(Justin Williams)와 동료들은 이런 역기능이 전측 대상피질과 관련이 있다고 제안한다. 일찍이 우리는 이 영역이 손상되면 자기 인식(self-awareness)이 감소할 수 있음을 보았다. 우리는 이후에 다른 것들이 의식에 더 결정적인 역할을 한다는 것을 배울 것이다.

분리된 뇌와 해리성 정체 장애: 자기 장애

? 이런 장애들은 우리에게 무엇을 말하는가?

제3장에는 뇌량을 절단함으로써 두 반구를 분리시키는 외과 수술 절차가 기술되어 있다. 이 수술은 심각한 간질 발작이 정중선을 넘어가 다른 쪽 뇌를 삼키는 것을 예방하기 위해 사용된다. 분리된 뇌 환자들은 두 반구의 역할이 다른가를 연구할 수 있는 기회를 제공해 줄 뿐만 아니라, 의식과 자기에 대하여 중요한 질문을 제기한다. 가자니가(Gazzaniga, 1970)는 가끔 자신의 두 손이 서로 직접 상충하게 행동함을 발견한 환자에 관하여 기술하였다. 예를 들면, 한 손은 바지를 추어올리는 동안에 다른 손은 그것을 벗기려 했다. 한 번은 (더 정서적인 우반구에 의해 통제되는) 왼손으로는 아내를 난폭하게 흔든 반면에 오른손으로는 왼손을 제지했다. 뇌량이 절단된 이 환자에게 채색된 블록을 사용하여 특정한 설계를 하기 위해 오른손을 사용하도록 요청하면, 좌반구가 공간적 과제에 별로 능숙하지 못하기 때문에 그 수행력이 저조하다. 가끔씩 공간 능력이 더 우세한 우반구에 의해 통제되는 왼손은 잘못 놓인 블록들을 바로잡기 위하여 참여한다.

다른 연구자들은 이 연구를 다른 방식으로 해석한다. 한 극단에는 주요 반구, 즉 언어에 우세한 반구가 의식의 결정권자이고 덜 중요한 반구는 자동화(automation) 기능을 한다[즉, 비의식적인(nonconscious) 기계의 역할을 함]고 믿는 사람들이 있다. 다른 극단에는 각각의 반구가 의식을 담당할 수 있어서 뇌량을 절단하면 의식이 두 개의 자기(two selves)로 나뉜다고 믿는 연구자들이 있다. 60년간의 연구 결과로 대부분의 연구자는 지금은 이 두 극단의 연속선상의 어딘가에 자신의 입장을 정하게 되었다.

가자니가는 우반구가 원시적인 의식만을 가진다는 증거를 제시함으로써 이 반구가 다른 능력(예, 추론 형성 능력이 없는 것)을 가진다고 지적한다(Gazzaniga, Ivry, & Mangun, 1998). 그는 좌반구가 언어 및 추론 능력을 가질 뿐만 아니라, 그가 '뇌 번역자(brain interpreter)'라고 명명하는 하나의 모듈을 포함하고 있다고 말한다. 뇌 번역자의 역할은 뇌의 다른 모듈과 동시에 진행되는 모든 인지적 과정을 통합하는 것이다. 가자니가는 연구 과제를 수행하고 있는 분리 뇌 환자

[그림 15-23] 본문에 기술되어 있는 과제에 참여하는 분리 뇌 환자

오른손이 선택한 것에 대한 그의 구어적 설명은 정확했지만, 왼손이 선택한 것의 경우는 완전히 작화된 것이었다.

출처: Gazzaniga, 2002. Based on an illustration by John W. Karpelou, BioMedical Illustrations.

인 PS를 관찰함으로써 이런 개념에 다다랐다. PS에게 좌시야(left visual field)에는 눈 풍경을, 그리고 우시야에는 닭발 사진을 제시하고 방금 본 것과 관련된 사진을 지적하라고 요구했다. 그는 오른손으로는 닭 한 마리의 사진을 지적했고, 왼손으로는 삽 한 자루의 사진을 선택했다([그림 15-23]). 그가 선택한 것에 대하여 설명하도록 요구했을 때, 그는 (즉, 그의 좌반구는) 닭은 발로 걷고, 삽은 닭 우리를 청소하는 데에 필요하다고 대답했다. 우반구가 눈 풍경을 보았던 것은 인식하지 못한 채, 좌반구는 왼손의 선택에 대하여 사리에는 맞으나 그른 해석을 했다. 우반구는 좌반구보다 언어 능력이 덜 하지만 간단한 명령에 반응할 수 있다. 만일 "걸어라!"라는 명령이 우반구에 제시되면, 그 사람은 일어나서 걸어 나가기 시작한다. 어디로 가고 있는가를 물을 때 그 환자는 "나는 콜라를 가지러 가고 있어."와 같이 말하곤 한다. 가자니가에 따르면, 이런 작화는 비록 완전한 정보는 부족하지만 뇌 번역자가 자신의 입력을 이해하고 있다는 것에 대한 예다.

아마도 우반구의 의식을 원시적인 것이라고 보는 연구자들은 의식을, 의식의 내용을 말로 표현하는 능력과 혼동한다. 우리가 의식을 이해하는 수준 그 자체가 아주 원시적일 때는 의식의 다른 수준들을 두 반구에 할당하는 일이 미숙할 수 있다. 분리 뇌 환자를 대상으로 한 연구는 우리에게 이런 복잡한 쟁점을 과도하게 단순화시키지 말라고 말한다.

또 다른 자기 장애는 다중 성격 장애(multiple personality disorder)로 알려졌던 해리성 정체 장애(dissociative identity disorder)다. 이 장애는 뚜렷이 다른 성격들 또는 자기를 드러내는 의식과 행동의 전환을 포함한다. 대부분의 사람은 〈이브의 세 얼굴(The Tree Faces of Eve)〉이라는 영화 덕분에 이 장애에 친숙하다. 수줍고 과묵한 이브 화이트(Eve White)는 그녀의 또 다른 자아(alter ego)인 이브 블랙(Eve Black)이 밤에 다운타운에서 낯선 남자들과 춤을 추고 술을 마시고 있는 동안에는 가려지곤 했다. 청교도적인 이브 화이트는 숙취를 처리해야 했고, 그녀가 산 기억이 없는 옷장 가득한 비싼 옷들에 대하여 설명해야 했으며, 술집에서 자신과 함께 있었던 낯선 호색한을 막아내야 했다(Lancaster, 1958; Thigpen & Cleckley, 1957). 실제 이름이 크리스 사이즈모어(Chris Sizemore)인 이브는 한때는 22개의 다른 성격을 발달시켰으나, 나중에는 이들을 단일의 자기로 통합하는 데 성공했다([그림 15-24]; Sizemore, 1989).

해리성 정체 장애의 원인은 알려져 있지 않지만, 환자들의 90~95%는 아동기에 신체적 또는 성적 학대를 당했다고 보고한다(Lowenstein & Putnam, 1990; Ross et al., 1990). 사이즈모어의 경우는 부모로부터 거절당했다는 느낌, 놀라게 해서 그녀를 고쳐보려고 어머니가 만든 비늘로 뒤덮인 괴물의 경험, 그리고 소름끼치는 죽음(큰 톱에 의해 둘로 잘린 제재소 일꾼의 죽음)을 목격했던 공포와 같은 몇 가지의 근원에서 정서적 외상(emotional trauma)이 비롯되었다(Lancaster, 1958). 대부분의 치료자는 이 환자들은 지속적인 정서적 스트레스에 대항하기 위한 하나의 방어로서 갈마든 성격들(또 다른 자아들)을 만들어 낸다고 믿는다. 또 다른 자아들은 도피와 금지된 형태의 행동에 참여할 기회를 제공한다(Fike, 1990; Ross et al., 1990).

[그림 15-24] 크리스 사이즈모어

다중 성격과 싸우고 있는 그녀에 관한 이야기는 〈이브의 세 얼굴〉이라는 영화의 토대가 되었다.

출처: AP Photo.

1600년대 중반 이래로 이 장애는 이따금 보고되어 왔지만(Bliss, 1980) 최근까지 그 수는 그리 많지 않았다. 1979년에는 500건이었던 보고 건수가 1985년에는 5,000건으로 껑충 뛰었다(Braun, 1985). 일부 치료자들은 기존에는 해리성 정체 장애가 실제보다 적게 진단되었다고 믿는 반면에(Fike, 1990; Lowenstein & Putnam, 1990; Putnam, 1991), 비평가들은 기괴하고 문제가 있는 행동을 설명하기 위하여, 또는 시샘이 많은 치료자의 권고로 환자들이 의도적으로 갈마든 성격을 만들어 낸다고 말한다(Spanos, 1994). 아마도 가짜의 경우도 많을 것이다. 그러나 치료자들이 (이 장애에 대하여) 광범위하게 기록하고 있다는 사실과 해리성 정체 장애가 '정신 장애에 대한 진단적 · 통계적 매뉴얼(Diagnostic and Statistical Manual of Mental Disorders: DSM-IV(미국 정신의학회, 1994)'에 포함된 것은 이런 진단에 대한 신뢰성을 높여 준다.

그간 통용되어 온 용어인 다중 성격 장애는 부적절하게도 한 사람의 몸 안에 여러 자기 또는 사람이 살고 있다고 제안한다. 환자의 행동에 주안을 두고 기술하면 그런 인상이 드러난다. 물론 자기가 단지 하나의 개념에 불과하다면, 해리성 정체 장애자들이 여러 개의 자기를 가진다고 말하는 것은 아무 의미가 없다는 것을 알 수 있다. 하지만 우리가 '다중의 사람(multiple person)'이라는 해석을 버리면, 다중 정체(multiple identity)의 증상은 여전히 남아 있어서 모든 인간의 행동이 생리학적인 토대를 갖는다고 믿는 한 이론가의 설명도 적용할 수 있게 된다.

신경과학자가 근거로 삼아야 할 생리학적인 정보는 거의 없지만 실제로 존재하는 것은 아주 흥미롭다. 치료자들은 또 다른 자아들이 잘 쓰는 손, 약물 처방에 대한 반응, 면역계의 반응, 알레르기 그리고 신체적 증상이 서로 다르다고 자주 보고한다(Hall, O' Grady, & Calandra, 1994; Lowenstein & Putnam, 1990;

Putnam, Zahn, & Post, 1990). 실험실 연구들은 심박률, 혈압 그리고 자기 자신의 정서적 기억에 대한 뇌척수액의 흐름 반응에서의 차이는 물론이며 몇 가지 생리학적 측정치에서도 또 다른 자아 간에 차이가 있음을 발견했다(Reinders et al., 2006). 이들의 신체적인 차이가 각성 및 근 긴장의 차이에서 기인한다고 할지라도, 몇몇의 연구자들이 제안하듯이(Miller & Triggiano, 1992; Putnam et al., 1990) 이런 차이는 설명을 요구하는 흥미로운 생리학적 기제가 여전히 존재함을 시사한다.

바워(1994)는 상태 의존 학습(state-dependent learning)의 예로서 해리성 정체 장애의 기억 상실을 설명하려 한다. 상태 의존 학습에서, 한 상태에서 학습한 자료는 다른 상태에서 회상하기가 어렵다. 변경된 상태가 실험실에서 알코올과 다른 약물들에 의해, 그리고 심지어는 다른 기분에 의해서도 유발될 수 있다. 바워의 가설은 남용 또는 다른 스트레스는, 뚜렷이 구별되는 성격을 형성하는 정도까지, 분리된 기억과 적응적인 책략들이 발달하는 변경된 상태를 만들어 낸다. 구오추안 싸이(Guochuan Tsi)와 동료들(1999)은 fMRI를 이용해 한 33세의 해리성 정체 장애자를 연구했다. 주요 성격이 또 다른 성격으로 전환되는 동안 신경 활동이 특히 우반구에서 해마와 해마 주변 영역에서 억제되었다. 반대로 전환될 경우에는 우측 해마의 활동성이 증가하였다([그림 15-25]). 이런 해마의 활동성을 토대로 연구자들은 학습기제가 이 장애와 연관되어 있다고 제안했다. 하나의 새로운 성격을 상상할 때는 아무리 노력해도 동일한 효과가 발생하지 않았다.

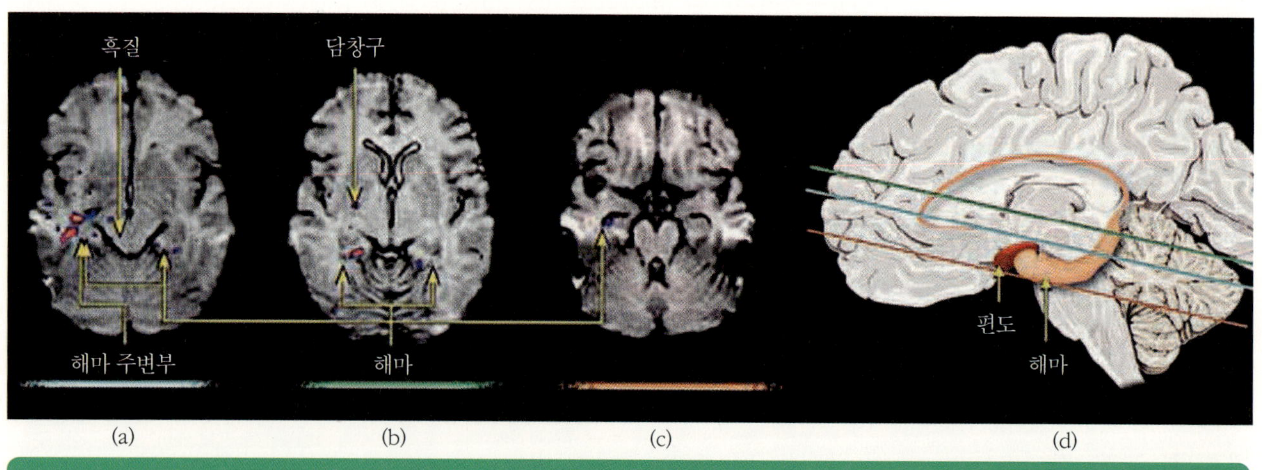

[그림 15-25] 다중 성격 간에 전환이 있는 동안의 해마의 활동성

주요 성격이 다른 성격으로 전환되는 동안에는 해마와 그 주변 영역의 신경 활동이 억제되었다(a). 역으로 전환되는 동안에는 우측 해마의 활동성이 증가하였다(b, c). 이 세 영상의 뇌 수준이 (d)에서 보인다(뇌는 아래로부터 본 것이어서 좌우가 서로 바뀌어 있다).

출처: Tsai et al., "Functional Magnetic Resonance Imaging of Personality Switches in a Woman With Dissociative Identity Disorder," *Harvard Review of Psychiatry,* 7(15), pp. 119-122. © 1999. Reprinted by permission of Taylor & Francis.

일부 관찰은 학습을 담당하는 뇌 구조물이 해리와 연관된다는 생각과 일치한다. 환자들에게서 흔히 보이는 배경인 아동기의 학대는 해마 손상을 유발할 수 있다(Bremner et al., 1997). 해마가 위치하는 측두엽에서의 간질 활동이 정체성 해리와 관련되어 있음이 보고되었다(Mesulam, 1981). 그리고 측두엽 활동성의 차이가 동일인 내의 성격들 간에 발견되었다(Hughes et al., 1990; Saxe et al., 1992). 분리된 기억과 성격 특성의 전체 군집을 한 개인이 어떻게 발달시킬 수 있는가에 대해 짐작하는 것은 기억에 대한 우리의 이해가 얼마나 부적절한지를 부각시킨다. 우리는 해리성 정체 장애를 도전으로뿐만이 아니라 학습과 같은 신경 기능과 인지 과정을 연구하기 위한 부가적인 기회로 여겨야 하겠다.

의식에 대한 이론적 설명

우리는 우반구의 두정 영역이 손상될 때 뒤따라 나타나는 무시(neglect) 증상을 가진 부분 마비 환자들에 대하여 이야기한 바 있다. 이 환자 중 몇 사람은 질환 자각 결여(anosognosia)도 경험한다. 그들은 마비가 없다고 말하고, 마비된 수족이 자신의 것이 아니라고 주장하며, 한 팔이 움직임 없이 늘어져 있음에도 그들이 박수치라는 지시에 따르고 있다고 주장하며, 심지어는 다른 사람의 마비를 재인하지 못한다. 무시 환자들의 뇌 스캔 결과를 조사함으로써, 애나 버어티(Anna Berti)와 동료들(2005)은 전운동 영역(premotor area)의 손상이 질환 자각 결여의 산출에 결정적임을 발견했다. 이는 움직임을 상상하고 계획하는 뇌의 영역이 동일하게 몸의 한 부분이 무엇을 하고 있는가에 대한 인식도 책임지고 있음을 시사한다(이것은 일찍이 설명한 고무손 착시와 신체 소유권에 관여하는 그 영역이다). 일찍이 우리는 색채를 경험하거나 얼굴을 확인하는 능력을 잃어버린 환자들에게서 유사한 결과들을 보았다. 그러나 의식 경험을 산출하기에 충분한 이 '의식의 섬들'이 그들 내에 있지 않다고 믿을 만한 좋은 이유가 있다.

> 실제로 답을 얻기 전까지 우리는 항상 어떤 문제를 해결하는 것과는 거리가 멀다.
>
> - Stephen Hawking

의식에 대한 대부분의 신경생물학적인 이론은 의식이 넓은 분포를 이루고 있는 신경 네트워크를 요구한다고 가정한다(Zeman, 2001). 이런 견해는 부분적으로는 양안 경합, 역행적 차폐(backward masking; 한 자극에 뒤이어 빠르게 하나의 무의미 자극을 제시하는 것) 그리고 무주의 맹시(inattentional blindness; 시각적 경치에 주의를 산만하게 하는 자극을 삽입하는 것)를 사용함으로써 환경 자극에 대한 인식을 조작하는 연구에서 유래했다. 십여 개가 넘는 연구들은 비의식적인 청각, 시각 및 통각 자극이 주요 투사 영역(the primary projection area)에서 반응을 유발함을 보였다. 그러나 동일한 자극들이 의식화될 때는 전전두 및 두정피질에서 넓게 퍼지는 활동성이 산출된다([그림 15-26]; Baars, 2005; Dehaene et al.,

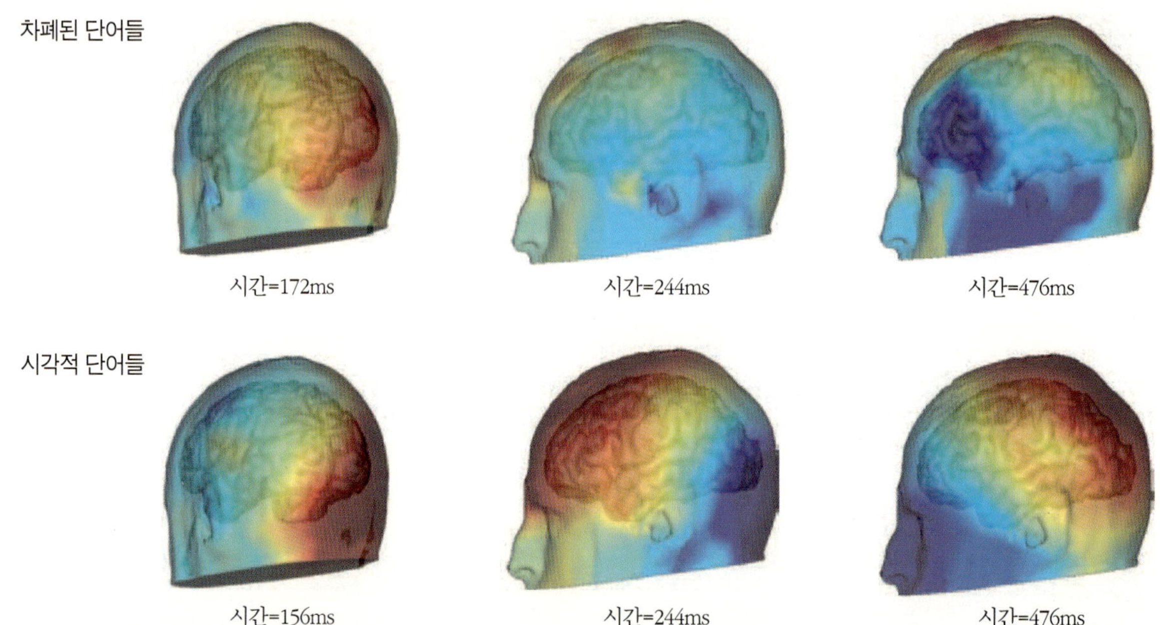

[그림 15-26] 차폐 및 비차폐된 시각적으로 제시된 단어에 대한 유발 전위의 지도

짧게 제시된 단어들이 후속의 무의미 시각 자극들에 의해 차폐가 될 때, 활성화는 주로 일차 시각 영역에 제한되었으며(약간 지연되기도 함), 인식을 산출하지는 못했다. 차폐되지 않는 단어들은 부가적인 후속의 활동성을 산출했다. 이 활동성은 전두 및 두정피질로 퍼져 나갔으며, 인식이 수반되었다.

출처: S. Dehaene et al., "Cerebral Mechanisms of Word Masking and Unconscious Repetition Priming," Nature Neuroscience, 4, 752-758, fig. 3, p. 755. © 2001 Macmillan Publishing. Used with permission.

2001; Sergent, Baillet & Dehaene, 2005). 반면에 깊은 수면이나 식물인간 상태를 초래하는 뇌 부상에 의해 의식이 손상될 때는 청각 및 통각 자극은 이들 주요 영역을 넘어서는 활동성을 유발하지 못한다. 더하여, 깊은 수면, 혼수상태, 식물인간 상태, 간질성 의식 상실 그리고 일반적인 마취 때에는 전두 및 두정피질에서 대사가 감소하고 뇌 영역 간에 조화로운 활동이 사라진다.

어떤 이론가들에 따르면, 의식은 넓게 퍼진 네트워크들의 기능이 조화될 때 발생한다. 이렇게 되면 이 네트워크들은 정보를 공유하고 통합할 수 있다(Baars, 2005; Dehaene & Nachache, 2001; Tononi, 2005). 앞서 우리는 감마 활동성(gamma activity)−20Hz와 50Hz 사이의 신경 활동성인데, 일반적으로 평균 주파수는 약 40Hz다−이 감각 정보를 인식으로 묶는 기제라고 제안된 것을 보았다. 많은 이론가들은 시상과 대뇌피질 간의 되먹임 루프에 의해 발생된 감마파의 진동이 이런 조화를 달성하게 하는 가장 가능성 높은 수단일 뿐만 아니라 의식에도 필요하다고 믿는다(Ribary, 2005). 이 시상-대뇌피질 시스템의 기능을 와해시키는 손상을 하면 의식이 전반적으로 상실된다. 특히 시상의 층내 핵(intralaminar nuclei)이 손상될 때 대단히 파괴적인데, 이는 핵이 시상과 대뇌피질 영역들이 시스템으로서 작용할 수 있는 능력을 담당하고 있을 가능성이 아주 높음을 시사한다(Tononi, 2005). 감마 활동성의 와해는 파킨슨병, 강박 장애와 정신분열증에서 발생하며, 노화 및 난독증(dyslexia)에서 보이는 결함에도 관련되는 것 같다(Ribary, 2005; Spencer et al., 2004).

의식이 분포되어 있다는 것은 의식의 중심이 없다는 의미다. 하지만 몇몇 연

응용 중요한 시기에 의식 결정하기

약 2만5천 명의 미국인이 질병이나 부상으로 지속적인 식물인간 상태에 있다. 그들과 혼수상태에 있는 환자들은 느리고 동기화된 EEG를 가지며, 대뇌피질 영역 간에 또는 대뇌피질과 시상 간에 상호작용이 거의 또는 전혀 없다(Baar et al., 2003). 혼수상태에 있는 환자들과는 달리 그들은 각성 일주기를 가지고 있고, 눈을 뜨고 있으며 웃거나 맹세하거나 수족을 움직이는 경우도 있다. 그러나 그들은 환경에 반응하지 않으며, 뇌 활동성은 절반 정도로 감소되어 있다(Boyce, 2000). 테리 스키아보(Terry Schiavo)는 재기 불능이 확실한데, 심각한 뇌손상을 당했으며 반사적인 반응만 할 수 있었다. 환자들의 한 하위 집단은 뇌 활동 수준이 75%에 가깝다. 비록 그들은 행동적으로는 다른 사람과 구별이 안 되지만, 그들이 의식적인지 아니면 무의식적인지를 알아보기는 쉽다. 그 대답이 우리가 얻고자 하는 만큼 직접적이지는 않더라도 이 문제는 실문할 가치가 있다. 더 많은 뇌 활동성을 가진 환자들은 회복될 가능성이 더 높다. 그래서 그들의 상태를 앎으로써 친척이나 병원 스텝은 그들과 의사소통할 수 있는 길을 모색할 것인가의 여부를 결정하게 될 것이다.

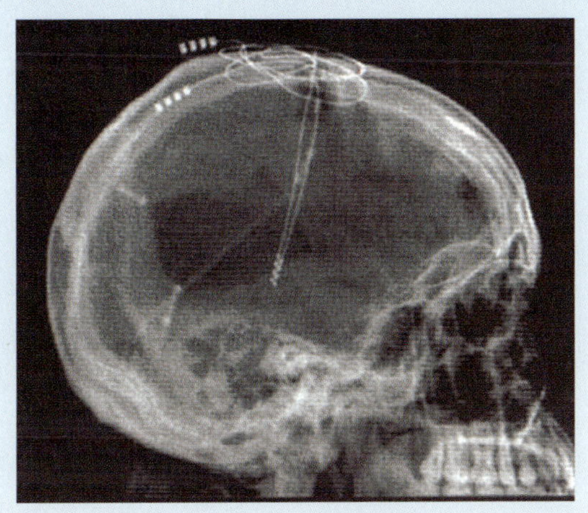

전극을 심은 환자

출처: © The Cleveland Clinic.

전기 자극 동안에 뇌를 스캔하면 이 환자에게 감춰진 반응성이 드러나는데, 이 반응성에 근거해서 그들의 최종 결과를 예측할 수도 있다(Menon et al., 1998). 어떤 질병 후에 한 26세의 여자는 튜브를 통해 음식을 주입받아야 했다. 그녀는 숨을 쉬기 위하여 기관 절개술을 받아야 했다. 그녀는 수면-각성 주기를 보였지만 자극에 대한 뚜렷한 반응이 없었다. 그러나 그녀의 방추상회(fusiform gyrus)는 친숙한 얼굴들을 담은 사진과 뒤죽박죽된 얼굴들을 담은 그림을 구별했다. 그 질병이 시작되고 8개월이 지난 후에 그녀는 명확하게 얼굴들을 재인할 수 있었으며, "나는 물리 치료가 싫어."와 같은 짧은 문장을 사용할 수 있었다. 두 번째 환자는 맹인인 것 같아서 연구자들은 그녀에게 청각 자극을 사용했다. 그녀의 언어 영역은 의미 있는 단어들과 다른 소리들을 구별하였다. 첫 번째 환자처럼 그녀도 어느 정도의 인식(awareness)을 되찾았다(Boyce, 2000). 세 번째 환자는 얼굴이든 단어든 이들에 대하여 반응이 없었으며 회복되지 않았다.

이 환자들을 돕기 위해서 무엇을 해야 하는가? 최소한의 의식 상태에 있는 환자들은 희망이 있는 것 같다. 최근 의사들은 6년 전에 노상 강도를 당해 뇌가 손상된 한 환자의 시상에 전극을 심었다(그림 참조; Schiff et al., 2007). 수술 전에는 그는 말을 사용하지 않았으며 그의 반응은 신뢰할 수 없었다. 그는 튜브로 음식을 주입받아야 했다. 지금은 이 전기 자극 덕분에 그는 간단한 대화를 할 수 있고, 영화를 볼 수 있고, 먹을 수 있다. 이 연구팀은 전두피질과 전측 대상피질에서 잃어버린 각성을 시상 자극이 보상한다고 결론지었다.

구자들은 다른 모든 구조물들의 활동성을 통합하고 조정하는 영역인 집행부는 틀림없이 있다고 믿는다. 신경과학자들 사이에 의식에 대한 연구를 존경받게 만든 프랜시스 크릭(Francis Crick, 1994)은 처음에는 시상이 의식의 집행부 역할을 수행한다고 제안했다. 시상의 활동은 사람이 무의적인 상태에 있거나 깊게 마취될 때에 완전히 억제된다(Tononi & Edelman, 1998). 그리고 시상의 몇 부분이 손상되면 의식을 상실한다(Smythies, 1997). 한 새로운 의학적 · 합법적 치료의 가이드라인을 산출케 한 유명한 사례에서, 캐런 앤 퀸런(Karan Ann Quinlan)은 약물의 과다 투여 후 10년 동안을 식물인간 상태로 지냈다. 그녀는 수면-각성 주기를 가지고 있었으며 청각 자극에 대해 눈을 떴던 것과 같이 각성의 징후를 보였지만, 환경에 대하여 어떤 의미 있는 방식으로도 반응하지는 못했다. (사후에 행해진) 부검 결과에 따르면, 가장 심하게 손상된 그녀의 뇌 부위는 시상에 있었는데, 이런 관찰이 제안하는 것은 시상이 각성에 결정적이지는 않지만 인지와 인식(awareness)에는 결정적이라는 것이다(Kinney et al., 1994). 〈응용〉에서는 의식과 식물인간 상태에 관하여 더 심도 있게 탐색한다. 〈표 15-1〉에서는 의식의 여러 상태들을 비교하고 있다.

마이클 포스너와 동료들(Posner & Rothbart, 1998; Posner & Raichle, 1994)은 전측 대상피질(anterior cingulate cortex)이 주의, 오차 탐지(error detection)와 갈등 해결에 참여하기 때문에, 이 영역이 집행부 역할을 한다고 제안했다. (전측 대상피질의 위치를 보려면 [그림 8-5]를 참조하라. 이의 기능은 해당 본문에 기술되어 있

〈표 15-1〉 다양한 의식 상태들의 특징

	감각, 지각	움직임	뇌 활동성	원인
깨어 있음	생생함. 외부적으로 발생함	지속적 · 수의적	높음	기저 전뇌 영역, 청반, 봉선핵으로부터 활성화
REM 수면	생생함. 외부적으로 발생함	억제됨	깨어 있는 상태와 같거나 더 높음	교 · 거대 세포핵
비-REM 수면	무디거나 없음	우연적 · 불수의적	깨어 있는 상태와 REM 때보다 덜함	시교차 전야와 전측 시상하부
통상적인 마취	없음	없음	감소됨. 비-REM 수면과 유사함	마취약
식물인간 상태	없거나 거의 없음	우연적 · 불수의적	약 50% 정도	외상, 과량의 약물, 산소 결핍 등
고정 증후군 (locked-in Syndrome)	생생함. 외부적으로 발생함	없거나 거의 없음	높음	손상 또는 뇌간에서의 광범위한 탈수초화

출처: Sources of additional information not presented in text: Baars, Ramsøy, and Laureys (2003); Chisholm and Gillett (2005); and Hobson and Pace-Schott (2002).

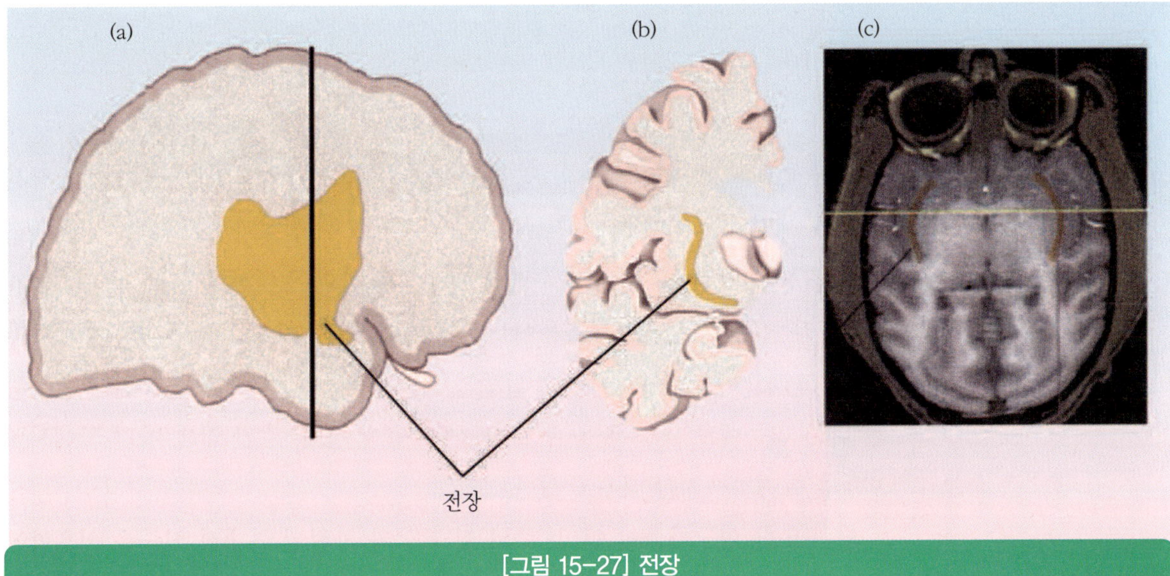

[그림 15-27] 전장

그림은 사람의 뇌에서의 전장(claustrum)의 형태와 위치를 보여 준다(a, 측면; b, 정면). 그림 (c)는 원숭이의 전장 형태(채색 부분)를 나타내고 있다. (a)의 수직선과 (c)의 수평선은 (b)에서 보이는 뇌절편의 위치를 가리킨다.

출처: Francis C. Crick and Christof Koch, "What Is the Function of the Claustrum?" 2005, *Philosophical Translations of the Royal Society of London B: Biological Sciences, 360*(1458), pp. 1271-1279, DOI: 10.1098/rstb.2005.1661.

다.) 최근 프랜시스 크릭은 사망 전 마지막으로 발간한 논문에서 그와 그의 동료 크리스토프 코흐(Christof Koch)는 집행 기능이 전장(claustrum; 각 반구에 있는 종이와 같이 얇은 구조물)에 위치한다고 제안했다([그림 15-27]; Crick & Koch, 2005). 정서에 관여하는 피질하 구조물로 투사하고 있다는 점과 대부분의 대뇌피질 영역들과 양방향으로 연결되어 있다는 섬과 그리고 다중감각 양식들로부터 오는 정보를 동시적으로 평가하는 것(예, 어떤 대상을 확인하기 위해 촉각과 시각을 사용하는 것)을 요구하는 과제와 연관이 있다는 것을 제외하고는, 대상핵은 거의 알려져 있지 않다. 그들의 가설이 어떻게 진척될지를 예언하는 것은 아직 시기상조다. 고무적인 것은 과학자들이 지금 그런 질문을 진지하게 고려하고 있다는 것이다.

개념 확인

- 주의 전환에 수반되는 뇌에서의 네 가지 변화는 무엇인가?
- 신체 이미지와 기억은 자기 감각에 어떤 역할을 하는가?
- 분리뇌 연구들은 의식에 대하여 어떤 논쟁을 만들어 냈는가?
- 해리성 정체 장애자들에서 갈마든 성격 간에 발견되는 신체적 차이점은 무엇인가?
- 여기에서 기술한 의식에 관한 '조화 이론'을 요약하라.

전망

수면에 대한 화제가 신비의 영역으로만 존재하던 때가 있었다. 그리고 꿈은 시인과 샤먼의 영역이었다. 지금은 수면과 꿈 모두 신경과학에 의해 정밀한 조사의 대상이 되고 있다. 비록 수면의 기능에 관하여 뚜렷하게 알고 있지는 않지만, 우리는 뇌의 다양한 구조물이 그것을 어떻게 켜고 끄는가에 대하여 배우고 있다. 그리고 우리 몸이 어떻게 일주기 리듬뿐만 아니라 하루에 16번씩 반복하는 다른 리듬에도 맞춰 춤을 추고, 또한 어떻게 경계, 주간 꿈과 야간 꿈에서의 변동을 통제하는지를 배우고 있다.

이 세상은 기적이 없어서가 아니라 경이가 없어서 소멸할 것이다.

-J. B. Haldane

의식 또한 연구자들이 인식, 주의 및 기억과 관련된 현대적 기술을 적용함에 따라 비밀을 드러내고 있다. 환언하면, 이전에는 금기 화제였던 것이 과학의 연구 책략이 발전함에 따라 접근이 가능해지고 있다. 그리고 이것은 작동 중인 뇌를 관찰할 수 있는 기회의 새로운 전체 무대를 제공하고 있다.

마지막 장에서 우리는 연구의 독특한 분야를 탐색했다. 수면에 대한 연구는 수수께끼를 풀고 미신을 타파하는 신경과학의 능력을 실증했다. 의식에 대한 연구는 한층 대담해져 왔는데, 그 결과로 이전에는 아무도 가보지 않은 곳으로 과학자들을 데려다 준다. 우울증에 대한 치료법을 발견함으로써 아니면 인류의 가장 독특한 특성들과 능력들을 설명함으로써 어둠을 밀어내는 것이 바로 과학이 할 일이다. 우리는 질문과 불확실한 사실로 가득 찬 하나의 도로를 따라 여행을 해 왔다. 그래서 "거의 모든 것이 그대로 남아 있다."라는 정신분열증 연구자의 말은 여전히 유효한 것 같다. 이 모든 애매모호함이 불만스럽다면, 그건 괜찮다. 여러분은 아마 신경과학자가 될 자질을 갖춘 것 같다. 우리는 가장 흥미로운 발견들을 여러분을 위하여 남겨 놓았다.

요 약

수면과 꿈

- 일주기 리듬은 하루를 기반으로 반복되는 리듬인데, 이는 수면의 타이밍과 일부 신체 과정에 영향을 미친다. SCN은 가장 중요한 통제 중추이지만 유일한 것은 아니다. 이 리듬은 주로 빛에 보조가 맞춰져 있다.
- 몇몇의 초일주기 리듬은 하루 이내에 발생한다. 그중 하나는 깨어 있는 동안에 교차하는 각성 기간과 수면 동안에 각성이 변화하는 단계들을 포함한다.
- REM 수면 동안에 대부분의 꿈이 발생한다. REM 수면은 신경 발달과 학습에도 관련된다.
- 서파 수면은 뇌의 기능과 인지적 기능을 회복시키며, 학습에 관여하는 것 같다.
- 수면과 각성은 뇌 구조물들의 별개의 네트워크들에 의해 통제된다.
- 불면증, 몽유병, 기면 발작과 REM 수면행동장애는 몇 경우에서는 심리 장애의 효과들을, 그리고 다른 경우에서는 몽유 기제의 역기능을 대표한다.
- 수면은 능동적인 과정인데, 수면 동안에는 완전히 의식적이지도 완전히 무의식적이지도 않는 상태에 있게 된다.

의식에 대한 신경적 토대

- 의식에 대한 너무 특정적인 정의를 하기에는 아직 이르다. 하지만 통상적으로 의식은 인식, 주의와 자기 감각을 포함한다.
- 인식이 어떻게 발생하는가는 분명하지 않다. 하지만 시상이 명백히 연관되어 있는데, 이 구조물은 관련이 있는 영역에서 뉴런들의 동기적 격발을 조절해서 (정보의) 결합을 산출하는 것 같다.
- 주의는 뇌의 자원들을 할당하는데, 이는 실제로 뉴런 간에 또는 뇌의 영역들에서 신경 활동을 변경시킨다.
- 신체 이미지, 기억 그리고 거울 뉴런들은 자기 감각에 기여하는 바가 크다.
- 분리 뇌 수술(split-brain surgery)은 의식에 대하여 연구할 수 있는 좋은 기회를 제공하였다. 이는 의식과 자기에 대하여 각 반구가 어떤 기여를 하는가에 관한 논쟁을 촉발시켰다.
- 해리성 정체 장애는 별개의 성격들 또는 자기들이라고 여겨지는 것들을 포함한다. 상태가 다르면 다른 신체적, 심리적 특성들이 포함된다고 보고된다.
- 의식은 아마도 감마 활동성에 의해 조정되는 수많은 뇌 영역들에 분산되어 있는 것 같다. 그리고 의식을 조정하는 하나의 집행부가 있는 것 같다.

핵심 용어

PGO파(PGO waves)
REM 수면행동장애(REM sleep behavior disorder)
결합 문제(binding problem)
기면 발작(narcolepsy)
기저 전뇌야(basal forebrain area)
뇌 번역자(brain interpreter)
멜라토닌(melatonin)
불면증(insomnia)
비-REM 수면(non-REM sleep)
서파 수면(slow-wave sleep)
주의(attention)
초일주기 리듬(ultradian rhythm)
탈력 발작(cataplexy)
해리성 정체 장애(dissociative identity disorder)
활성화-합성 가설(activation-synthesis hypothesis)

참고문헌

Abbott, A. (2007). Proteins make light work of nerve control. *Nature, 446,* 588-589.

Abe, K., Kroning, J., Greer, M. A., & Critchlow, V. (1979). Effects of destruction of the suprachiasmatic nuclei on the circadian rhythms in plasma corticosterone, body temperature, feeding and plasma thyrotropin. *Neuroendocrinology, 29,* 119-131.

Abel, E. L., & Sokol, R. J. (1986). Fetal alcohol syndrome is now leading cause of mental retardation. *Lancet, 2,* 1222.

Abi-Dargham, A., Rodenhiser, J., Printz, D., Zea-Ponce, Y., Gil, R., Kegeles, L. S., et al. (2000). Increased baseline occupancy of D_2 receptors by dopamine in schizophrenia. *Proceedings of the National Academy of Sciences, USA, 97,* 8104-8109.

A brighter day for Edward Taub. (1997). *Science, 276,* 1503.

Acland, G. M., Aguirre, G. D., Ray, J., Zhang, Q., Aleman, T. S., Cideciyan, A. V., et al. (2001). Gene therapy restores vision in a canine model of childhood blindness. *Nature Genetics, 28,* 92-95.

Adams, D. B., Gold, A. R., & Burt, A. D. (1978). Rise in female-initiated sexual activity at ovulation and its suppression by oral contraceptives. *New England Journal of Medicine, 299,* 1145-1150.

Adler, L. E., Olincy, A., Cawthra, E. M., McRae, K. A., Harris, J. G., Nagamoto, H. T., et al. (2004). Varied effects of atypical neuroeptics on P50 auditory gating in schizophrenia patients. *American Journal of Psychiatry, 161,* 1822-1828.

Adolphs, R., Damasio, H., Tranel, D., & Damasio, A. R. (1996). Cortical systems for the recognition of emotion in facial expressions. *Journal of Neuroscience, 16,* 7678-7687.

Adolphs, R., Tranel, D., & Damasio, A. R. (1998). The human amygdala in social judgment. *Nature, 393,* 470-474.

Adolphs, R., Tranel, D., Damasio, H., & Damasio, A. (1995). Fear and the human amygdala. *Journal of Neuroscience, 15,* 5879-5891.

Agnew, B. (2000). Financial conflicts get more scrutiny in clinical trials. *Science, 289,* 1266-1267.

Ahissar, E., Vaadia, E., Ahissar, M., Bergman, H., Arieli, A., & Abeles, M. (1992). Dependence of cortical plasticity on correlated activity of single neurons and on behavioral context. *Science, 257,* 1412-1415.

Akbarian, S., Bunney, W. E., Potkin, S. G., Wigal, S. B., Hagman, J. O., Sandman, C. A., et al. (1993). Altered distribution of nicotinamide-adenine dinucleotide phosphate-diaphorase cells in frontal lobe of schizophrenics implies disturbances of cortical development. *Archives of General Psychiatry, 50,* 169-177.

Akbarian, S., Viñuela, A., Kim, J. J., Potkin, S. G., Bunney, W. E., & Jones, E. G. (1993). Distorted distribution of nicotinamideadenine dinucleotide phosphate-diaphorase neurons in temporal lobe of schizophrenics implies anomalous cortical development. *Archives of General Psychiatry, 50,* 178-187.

Alain, C., Arnott, S. R., Hevenor, S., Graham, S., & Grady, C. L. (2001). "What" and "where" in the human auditory system. *Proceedings of the National Academy of Sciences, USA, 98,* 12301-12306.

Alam, N., Szymusiak, R., & McGinty, D. (1995). Local preoptic/

anterior hypothalamic warming alters spontaneous and evoked neuronal activity in the magnocellular basal forebrain. *Brain Research, 696,* 221–230.

Alati, R., Mamun, A. A., Williams, G. M., O' Callaghan, M., Najman, J. M., & Bor, W. (2006). In utero alcohol exposure and prediction of alcohol disorders in early adulthood. *Archives of General Psychiatry, 63,* 1009–1016.

Albert, D. J., Walsh, M. L., & Jonik, R. H. (1993). Aggression in humans: What is its biological foundation? *Neuroscience and Biobehavioral Reviews, 17,* 405–425.

Albert, M. S., Diamond, A. D., Fitch, R. H., Neville, H. J., Rapp, P. R., & Tallal, P. A. (1999). Cognitive development. In M. J. Zigmond, F. E. Bloom, S. C. Landis, J. L., Roberts, & L. R. Squire (Eds.), *Fundamental neuroscience,* pp. 1313–1338. New York: Academic Press.

Albrecht, D. G., De Valois, R. L., & Thorell, L. G. (1980). Visual cortical neurons: Are bars or gratings the optimal stimuli? *Science, 207,* 88–90.

Alexander, C. N., Langer, E. J., Newman, R. I., Chandler, H. M., & Davies, J. L. (1989). Transcendental meditation, mindfulness, and longevity: An experimental study with the elderly. *Journal of Personality and Social Psychology, 57,* 950–964.

Alexander, G. E., & Crutcher, M. D. (1990). Preparation for movement: Neural representations of intended direction in three motor areas of the monkey. *Journal of Neurophysiology, 64,* 133–150.

Alkire, M. T., Haier, R. J., Fallon, J. H., & Cahill, L. (1998). Hippocampal, but not amygdala, activity at encoding correlates with long - term free recall of nonemotional information. *Proceedings of the National Academy of Sciences, USA, 95,* 14506–14510.

Allegretta, M., Nicklas, J. A., Sriram, S., & Albertini, R. J. (1990). T cells responsive to myelin basic protein in patients with multiple sclerosis. *Science, 247,* 718–721.

Allen, L. S., & Gorski, R. A. (1992). Sexual orientation and the size of the anterior commissure in the human brain. *Proceedings of the National Academy of Sciences, USA, 89,* 7199–7202.

Allison, T., & Cicchetti, D. V. (1976). Sleep in mammals: Ecological and constitutional correlates. *Science, 194,* 732–734.

Altar, C. A., Laeng, P., Jurata, L. W., Brockman, J. A., Lemire, A., Bullard, J., et al. (2004). Electroconvulsive seizures regulate gene expression of distinct neurotrophic signaling pathways. *Journal of Neuroscience, 24,* 2667–2677.

Alzheimer' s Association. (2000, March 21). *Race against time: Alzheimer's epidemic hits as America ages.* Retrieved May 7, 2002, from www.alz.org/Media/newsreleases/archived/032100PPA.htm

Alzheimer' s Disease Education and Referral Center. (n.d.). *Alzheimer's disease medications fact sheet.* Bethesda, MD: U.S. National Institutes of Health National Institute on Aging. Retrieved August 27, 2007, from www.nia.nih.gov/Alzheimers/Publications/medicationsfs.htm

Amanzio, M., Pollo, A., Maggi, G., & Benedetti, F. (2001). Response variability to analgesics: A role for non-specific activation of endogenous opioids. *Pain, 90,* 205–215.

American Association for the Advancement of Science. (2000). *Human inheritable genetic modifications: Findings and recommendations.* Retrieved September 12, 2007, from www .aaas.org/spp/sfrl/projects/germline/findings.htm

American Medical Association. (1992). *Use of animals in biomedical research: The challenge and response.* Chicago: Author.

American Psychiatric Association. (1994). *Diagnostic and statistical manual of mental disorders* (4th ed.). Washington, DC: Author.

American Psychological Association. (2002). Ethical principles of psychologists and code of conduct. *American Psychologist, 57,* 1060–1073.

Andersen, R. A., Burdick, J. W., Musallam, S., Scherberger, H., Pesaran, B., Meeker, D., et al. (2004, September). *Recording advances for neural prosthetics.* Proceedings of the 26th Annual International Conference of the IEEE EMBS (pp. 5352–5355), San Francisco.

Anderson, A. E., & Holman, J. E. (1997). Males with eating disorders: Challenges for treatment and research. *Psychopharmacology Bulletin, 33,* 391–397.

Anderson, A. K., & Phelps, E. A. (2001). Lesions of the human amygdala impair enhanced perception of emotionally salient events. *Nature, 411,* 305–309.

Anderson, B., & Harvey, T. (1996). Alterations in cortical thickness and neuronal density in the frontal cortex of Albert Einstein. *Neuroscience Letters, 210,* 161–164.

Anderson, R. H., Fleming, D. E., Rhees, R. W., & Kinghorn, E. (1986). Relationships between sexual activity, plasma testosterone, and the volume of the sexually dimorphic nucleus of the preoptic area in prenatally stressed and non - stressed rats. *Brain Research, 370,* 1–10.

Anderson, S. W., Bechara, A., Damasio, H., Tranel, D., & Damasio, A. R. (1999). Impairment of social and moral behavior related to early damage in human prefrontal cortex. *Nature Neuroscience, 2,* 1032–1037.

Ando, J., Ono, Y., & Wright, M. J. (2001). Genetic structure of spatial and verbal working memory. *Behavior Genetics, 31,* 615–624.

Andolfatto, P. (2005). Adaptive evolution of non-coding DNA in Drosophila. *Nature, 437,* 1149–1152.

Andrade, J. (1995). Learning during anaesthesia: A review. *British*

Journal of Psychology, 86, 479-506.

Andreasen, N. C. (1984). *The broken brain.* New York: Harper & Row.

Andreasen, N. C., Flaum, M., Swayze, V. W., II, Tyrrell, G., & Arndt, S. (1990). Positive and negative symptoms in schizophrenia: A critical reappraisal. *Archives of General Psychiatry, 47,* 615-621.

Andreasen, N. C., Rezai, K., Alliger, R., Swayzee, V. W., II, Flaum, M., Kirchner, et al. (1992). Hypofrontality in neuroleptic-naive patients and in patients with chronic schizophrenia: Assessment with xenon 133 single-photon emission computed tomography and the Tower of London. *Archives of General Psychiatry, 49,* 943-958.

Ankney, C. D. (1992). Sex differences in relative brain size: The mismeasure of woman, too? *Intelligence, 16,* 329-336.

Anonymous. (1970). Effects of sexual activity on beard growth in man. *Nature, 226,* 869-870.

Anthony, J. C., Warner, L. A., & Kessler, R. C. (1994). Comparative epidemiology of dependence on tobacco, alcohol, controlled substances, and inhalants: Basic findings from the national comorbidity survey. *Experimental and Clinical Psychopharmacology, 2,* 244-268.

Archer, J. (1991). The influence of testosterone on human aggression. *British Journal of Psychology, 82,* 1-28.

Arendt, J., Skene, D. J., Middleton, B., Lockley, S. W., & Deacon, S. (1997). Efficacy of melatonin treatment in jet lag, shift work, and blindness. *Journal of Biological Rhythms, 12,* 604-617.

Argiolas, A. (1999). Neuropeptides and sexual behavior. *Neuroscience and Biobehavioral Reviews, 23,* 1127-1142.

Arnold, P. D., & Richter, M. A. (2001). Is obsessive-compulsive disorder an autoimmune disease? *Canadian Medical Association Journal, 165,* 1353-1358.

Arnold, P. E., Zai, G., & Richter, M. A. (2004). Genetics of anxiety disorders. *Current Psychiatry Reports, 6,* 243-254.

Aroniadou, V. A., & Teyler, T. J. (1991). The role of NMDA receptors in long-term potentiation (LTP) and depression (LTD) in rat visual cortex. *Brain Research, 562,* 136-143.

Aschoff, J. (1969). Desynchronization and resynchronization of human circadian rhythms. *Aerospace Medicine, 40,* 844-849.

Aschoff, J. (1984). Circadian timing. *Annals of the New York Academy of Sciences, 423,* 442-468.

Ashour, M. H., Jain, S. K., Kattan, K. M., al-Daeef, A. Q., Abdal-Jabbar, M. S., al-Tahan, A. R., et al. (1995). Maximal thymectomy for myasthenia gravis. *European Journal of Cardio-thoracic Surgery, 9,* 461-464.

Ax, A. (1953). The physiological differentiation between fear and anger in humans. *Psychosomatic Medicine, 15,* 433-442.

Axel, R. (1995, October). The molecular logic of smell. *Scientific American, 273,* 154-159.

Baaré, W. F. C., Pol, H. E. H., Boomsma, D. I., Posthuma, D., de Geus, E. J. C., Schnack, H. G., et al. (2001). Quantitative genetic modeling of variation in human brain morhpology. *Cerebral Cortex, 11,* 816-824.

Baars, B. J. (2005). Global workspace theory of consciousness: Toward a cognitive neuroscience of human experience. In S. Laureys (Ed.), *The boundaries of consciousness: Neurobiology and neuropathology* (pp. 45-54). New York: Elsevier.

Baars, B. J., Ramsøy, T. Z., & Laureys, S. (2003). Brain, conscious experience, and the observing self. *Trends in Neuosciences, 26,* 671-675.

Bachoud-Lévi, A. C., Gaura, V., Brugiéres, P., Lefaucheur, J. P., Boiss M. F., Maison, P., et al. (2006). Effect of fetal neural transplants in patients with Huntington' s disease 6 years after surgery: A long-term follow-up study. *Lancet Neurology, 5,* 303-309.

Bach-y-Rita, P. (1990). Brain plasticity as a basis for recovery of function in humans. *Neuropsychologia, 28,* 547-554.

Bäckman, L., Jones, S., Berger, A.-K., & Laukka, E. J. (2005). Cognitive impariment in preclinical Alzheimer' s disease: A meta-analysis. *Neuropsychology, 19,* 520-531.

Bailey, A., Le Couteur, A., Gottesman, I., Bolton, P., Simonoff, E., Yuzda, E., et al. (1995). Autism as a strongly genetic disorder: Evidence from a British twin study. *Psychological Medicine, 25,* 63-77.

Bailey, C. H., Bartsch, D., & Kandel, E. R. (1996). Toward a molecular definition of long-term memory storage. *Proceedings of the National Academy of Sciences, USA, 93,* 13445-13452.

Bailey, J. M., & Bell, A. P. (1993). Familiality of female and male homosexuality. *Behavior Genetics, 23,* 313-322.

Bailey, J. M., & Benishay, D. S. (1993). Familial aggregation of female sexual orientation. *American Journal of Psychiatry, 150,* 272-277.

Bailey, J. M., & Pillard, R. C. (1991). A genetic study of male sexual orientation. *Archives of General Psychiatry, 48,* 1089-1096.

Bailey, J. M., Pillard, R. C., Neale, M. C., & Agyei, Y. (1993). Heritable factors influence sexual orientation in women. *Archives of General Psychiatry, 50,* 217-223.

Bakker, J., Honda, S.-I., Harada, N., & Balthazart, J. (2002). The aromatase knock-out mouse provides new evidence that estradiol is required during development in the female for the expression of sociosexual behaviors in adulthood. *Journal of Neuroscience, 22,* 9104-9112.

Bakker, J., Honda, S.-I., Harada, N., & Balthazart, J. (2003). The aromatase knock-out (ArKO) mouse provides new evidence that estrogens are required for the development of the female brain. *Annals of the New York Academy of Sciences, 1007,* 251–262.

Baizer, J. S., Ungerleider, L. G., & Desimone, R. (1991). Organization of visual inputs to the inferior temporal and posterior parietal cortex in macaques. *Journal of Neuroscience, 11,* 168–190.

Bandmann, O., Vaughan, J., Holmans, P., Marsden, C. D., & Wood, N. W. (1997). Association of slow acetylator genotype for N-acetyltransferase 2 with familial Parkinson' s disease. *Lancet, 350,* 1136–1139.

Barbaro, N. M. (1988). Studies of PAG/PVG stimulation for pain relief in humans. *Progress in Brain Research, 77,* 165–173.

Barbeau, H., McCrea, D. A., O' Donovan, M. J., Rossignol, S., Grill, W. M., & Lemay, M. A. (1999). Tapping into spinal circuits to restore motor function. *Brain Research Reviews, 30,* 27–51.

Barinaga, M. (1996). Guiding neurons to the cortex. *Science, 274,* 1100–1101.

Barinaga, M. (1997). New imaging methods provide a better view into the brain. *Science, 276,* 1974–1981.

Barkley, R. A., Fischer, M., Smallish, L., & Fletcher, K. (2003). Does the treatment of attention-deficit/hyperactivity disorder with stimulants contribute to drug use/abuse? A 13-year prospective study. *Pediatrics, 111,* 97–109.

Barnby, G., Abbott, A., Sykes, N., Morris, A., Weeks, D. E., Mott, R., & International Molecular Genetics Study of Autism Consortium (IMGSAC). (2005). Candidate-gene screening and association analysis at the autism-susceptibility locus on chromosome 16p: Evidence of association at GRIN2A and ABAT. *American Journal of Human Genetics, 76,* 950–966.

Barnea, G., O' Donnell, S., Mancia, F., Sun, X., Nemes, A., Mendelsohn, M., et al. (2004). Odorant receptors on axon termini in the brain. *Science, 304,* 1468.

Barnes, C. A., & McNaughton, B. L. (1985). An age comparison of the rates of acquisition and forgetting of spatial information in relation to long-term enhancement of hippocampal synapses. *Behavioral Neuroscience, 99,* 1040–1048.

Baron-Cohen, S. (2004). The cognitive neuroscience of autism. *Journal of Neurology, Neurosurgery, & Psychiatry, 75,* 945–948.

Barsh, G. S., & Schwartz, M. W. (2002). Genetic approaches to studying energy balance: Perception and integration. *Nature Reviews Genetics, 3,* 589–600.

Bartlett, D. L., & Steele, J. B. (1979). *Empire: The life, legend, and madness of Howard Hughes.* New York: Norton.

Basbaum, A. I., & Fields, H. L. (1984). Endogenous pain control systems: Brainstem spinal pathways and endorphin circuitry. *Annual Review of Neuroscience, 7,* 309–338.

Basbaum, A. I., & Jessell, T. M. (2000). The perception of pain. In E. R. Kandel, J. H. Schwartz, & T. M. Jessell (Eds.), *Principles of neural science* (4th ed., pp. 472–491). New York: McGraw-Hill.

Batista, A. P., Buneo, C. A., Snyder, L. H., & Andersen, R. A. (1999). Reach plans in eye-centered coordinates. *Science, 285,* 257–260.

Batterham, R. L., Cowley, M. A., Small, C. J., Herzog, H., Cohen, M. A., Dakin, C. L., et al. (2002). Gut hormone PYY_{3-36} physiologically inhibits food intake. *Nature, 418,* 650–654.

Batterham, R. L., Cohen, M. A., Ellis, S. M., Le Roux, C. W., Withers, D. J., Frost, G. S., et al. (2003). Inhibition of food intake in obese subjects by peptide YY_{3-36}. *New England Journal of Medicine, 349,* 941–948.

Bauer, R. M. (1984). Autonomic recognition of names and faces in prosopagnosia: A neuropsychological application of the guilty knowledge test. *Neuropsychologia, 22,* 457–469.

Baulac, S., Huberfeld, G., Gourinkel-An, I., Mitropoulou, G., Beranger, A., Prud' homme, J.-F., et al. (2001). First genetic evidence of GABAA receptor dysfunction in epilepsy: A mutation in the ã2-subunit gene. *Nature Genetics, 28,* 46–48.

Baum, A., Gatchel, R. J., & Schaeffer, M. A. (1983). Emotional, behavioral, and physiological effects of chronic stress at Three Mile Island. *Journal of Consulting and Clinical Psychology, 51,* 565–572.

Baxter, L. R., Phelps, M. E., Mazziotta, J. C., Guze, B. H., Schwartz, J. M., & Selin, C. E. (1987). Local cerebral glucose metabolic rates in obsessivecompulsive disorder. *Archives of General Psychiatry, 44,* 211–218.

Baxter, L. R., Phelps, M. E., Mazziotta, J. C., Schwartz, J. M., Gerner, R. H., Selin, C. E., et al. (1985). Cerebral metabolic rates for glucose in mood disorders: Studies with positron emission tomography and fluorodeoxyglucose F 18. *Archives of General Psychiatry, 42,* 441–447.

Baxter, L. R., Schwartz, J. M., Phelps, M. E., Mazziotta, J. C., Guze, B. H., Selin, C. E., et al. (1989). Reduction of prefrontal cortex glucose metabolism common to three types of depression. *Archives of General Psychiatry, 46,* 243–249.

Bayley, H. (1997, September). Building doors into cells. *Scientific American, 277,* 62–67.

Bechara, A., Damasio, H., Damasio, A. R., & Lee, G. P. (1999). Different contributions of the human amygdala and ventromedial prefrontal cortex to decision-making. *Journal of Neuroscience, 19,* 5473–5481.

Bechara, A., Damasio, H., Tranel, D., & Damasio, A. R. (1997). Deciding advantageously before knowing the advantageous strategy. *Science, 275,* 1293–1295.

Bechara, A., Tranel, D., Damasio, H., Adolphs, R., Rockland, C., & Damasio, A. R. (1995). Double dissociation of conditioning and declarative knowledge relative to the amygdala and hippocampus in humans. *Science, 269,* 1115–1118.

Beck, A. T., & Galef, B. G. (1989). Social influences on the selection of a protein-sufficient diet by Norway rats (Rattus norvegicus). *Journal of Comparative Psychology, 103,* 132–139.

Becker, A. E., Burwell, R. A., Gilman, S. E., Herzog, D. B., & Hamburg, P. (2002). Eating behaviours and attitudes following prolonged exposure to television among ethnic Fijian adolescent girls. *British Journal of Psychiatry, 180,* 509–514.

Beecher, D. K. (1956). Relationship of significance of wound to pain experienced. *Journal of the American Medical Association, 161,* 1609–1613.

Begley, S., & Biddle, N. A. (1996, February 26). For the obsesssed, the mind can fix the brain. *Newsweek,* p. 60.

Békésy, G. von. (1951). The mechanical properties of the ear. In S. S. Stevens (Ed.), *The handbook of experimental psychology* (pp. 1075–1115). New York: Wiley.

Békésy, G. von. (1956). Current status of theories of hearing. *Science, 123,* 779–783.

Bell, A. P., Weinberg, M. S., & Hammersmith, S. K. (1981). *Sexual preference.* Bloomington: Indiana University Press.

Bellis, D. J. (1981). *Heroin and politicians: The failure of public policy to control addiction in America.* Westport, CT: Greenwood Press.

Benca, R. M., Obermeyer, W. H., Thisted, R. A., & Gillin, J. C. (1992). Sleep and psychiatric disorders. A meta-analysis. *Archives of General Psychiatry, 49,* 651–668.

Ben-Hur, T., Idelson, M., Khaner, H., Pera, M., Reinhartz, E., Itzik, A., et al. (2004). Transplantation of human embryonic stem cell- derived neural progenitors improves behavioral deficit in Parkinsonian rats. *Stem Cells, 22,* 1246–1255.

Bennett, M. V. L., & Zukin, S. (2004). Electrical coupling and neuronal synchronization in the mammalian brain. *Neuron, 41,* 495–511.

Benoit, E., & Dubois, J. M. (1986). Toxin I from the snake *Dendroaspis polylepsis polylepsis:* A highly specific blocker of one type of potassium channel in myelinated nerve fiber. *Brain Research, 377,* 374–377.

Benson, D. F., Djenderedjian, A., Miller, B. L., Pachana, N. A., Chang, L., Itti, L., et al. (1996). Neural basis of confabulation. *Neurology, 46,* 1239–1243.

Benton, A. L. (1980). The neuropsychology of facial recognition. *American Psychologist, 35*(10), 176–186.

Berenbaum, S. A., & Hines, M. (1992). Early androgens are related to childhood sex-typed toy preferences. *Psychological Science, 3,* 203–206.

Berglund, H., Lindström, P., & Savic, I. (2006). Brain response to putative pheromones in lesbian women. *Proceedings of the New York Academy of Sciences, USA, 103,* 8269–8274.

Berkow, I. (1995, January 5). The sweetest sound of all. *New York Times,* p. B8.

Bernard, L. L. (1924). *Instinct.* New York: Holt, Rinehart & Winston.

Bernhardt, P. C., Dabbs, J. M., Jr., Fielden, J. A., & Lutter, C. D. (1998). Testosterone changes during vicarious experiences of winning and losing among fans at sporting events. *Physiological Behavior, 65,* 59–62.

Berns, G. S., McClure, S. M., Pagnoni, G., & Montague, P. R. (2001). Predictability modulates human brain response to reward. *Journal of Neuroscience, 21,* 2793–2798.

Bernstein, D. M., Laney, C., Morris, E. K., & Loftus, E. F. (2005). False beliefs about fattening foods can have healthy consequences. *Proceedings of the National Academy of Sciences, USA, 102,* 13724–13731.

Bernstein, I. L. (1978). Learned taste aversions in children receiving chemotherapy. *Science, 200,* 1302–1303.

Bernstein, L. J., & Robertson, L. C. (1998). Illusory conjunctions of color and motion with shape following bilateral parietal lesions. *Psychological Science, 9,* 167–175.

Berridge, V., & Edwards, G. (1981). *Opium and the people: Opiate use in nineteenth-century England.* New York: St. Martin' s Press.

Berson, D. M., Dunn, F. A., & Takao, M. (2002). Phototransduction by retinal ganglion cells that set the circadian clock. *Science, 295,* 1070–1073.

Berthoud, H.-R. (2005). A new role for leptin as a direct satiety signal from the stomach. *American Journal of Physiology, 288,* R796–R797.

Berti, A., Bottini, M., Gandola, L, Pia, N., Smania, A., Stracciari, I., et al. (2005). Shared cortical anatomy for motor awareness and motor control. *Science, 309,* 488–491.

Bertram, L., McQueen, M. B., Mullin, K., Blacker, D., & Tanzi, R. E. (2007). Systematic meta-analyses of Alzheimer disease genetic association studies: The AlzGene database. *Nature Genetics, 39,* 17–23.

Betarbet, R., Sherer, T. B., MacKenzie, G., Garcia-Osuna, M., Panov, A. V., & Greenamyre, J. T. (2000). Chronic systemic pesticide exposure reproduces features of Parkinson' s disease. *Nature Neuroscience, 3,* 1301–1306.

Biederman, J. (2004). Impact of comorbidity in adults with attention-deficit/hyperactivity disorder. *Journal of Clinical Psychiatry, 65,* 3–7.

Billington, C. J., & Levine, A. S. (1992). Hypothalamic neuropeptide Y regulation of feeding and energy metabolism. *Current Opinion in Neurobiology, 2,* 847–851.

Billy, J. O. G., Tanfer, K., Grady, W. R., & Klepinger, D. H.

(1993). The sexual behavior of men in the United States. *Family Planning Perspectives, 25*(2), 52-60.

Binet, S., & Simon, T. (1905). Méthodes nouvelles pour le diagnostic du niveau intellectuel desanormaux [New methods for the diagnosis of the intellectual level of subnormals]. *L'Année Psychologique, 12,* 191-244.

Bishop, K. M., & Wahlsten, D. (1997). Sex differences in the human corpus callosum: Myth or reality? *Neuroscience and Biobehavioral Reviews, 21,* 581-601.

Biskupic, J. (2005, June 7). Medical pot rejected: Government can prosecute users, justices decide. *USA Today*. Retrieved July 12, 2005, from www.keepmedia.com/pubs/USATODAY/2005/06/07/883293

Blaese, R. M., Culver, K. W., Miller, A. D., Carter, C. S., Fleisher, T., Clerici, M., et al. (1995). T lymphocyte-directed gene therapy for ADA-SCID: Initial trial results after 4 years. *Science, 270,* 475-480.

Blair, R. J. R., Colledge, E., & Mitchell, D. G. V. (2001). Somatic markers and response reversal: Is there orbitofrontal cortex dysfunction in boys with psychopathic tendencies? *Journal of Abnormal Child Psychology, 29,* 499-511.

Blake, P. Y., Pincus, J. H., & Buckner, C. (1995). Neurologic abnormalities in murderers. *Neurology, 45,* 1641-1647.

Blanchard, D. C., & Blanchard, R. J. (1972). Innate and conditioned reactions to threat in rats with amygdaloid lesions. *Journal of Comparative and Physiological Psychology, 81,* 281-290.

Blanchard, R. (2001). Fraternal birth order and the maternal immune hypothesis of male homosexuality. *Hormones and Behavior, 40,* 105-114.

Blehar, M. C., & Rosenthal, N. E. (1989). Seasonal affective disorders and phototherapy. *Archives of General Psychiatry, 46,* 469-474.

Bleuler, E. (1911). Dementia præcox, oder die Gruppe der Schizophrenien [Premature dementia, or the group of schizophrenias]. In G. Aschaffenburg (Ed.), *Handbuch der Psychiatrie*. Leipzig, Germany: Hälfte.

Bliss, E. L. (1980). Multiple personalities: A report of 14 cases with implications for schizophrenia and hysteria. *Archives of General Psychiatry, 37,* 1388-1397.

Bliss, T. V. P., & Lømo, T. (1973). Long-lasting potentiation of synaptic transmission in the dentate area of the anaesthetized rabbit following stimulation of the perforant path. *Journal of Physiology, 232,* 331-356.

Bloch, G. J., Butler, P. C., & Kohlert, J. G. (1996). Galanin microinjected into the medial preoptic nucleus facilitates female- and male-typical sexual behaviors in the female rat. *Physiology and Behavior, 59,* 1147-1154.

Bloch, G. J., Butler, P. C., Kohlert, J. G., & Bloch, D. A. (1993). Microinjection of galanin into the medial preoptic nucleus facilitates copulatory behavior in the male rat. *Physiology and Behavior, 54,* 615-624.

Blonder, L. X., Bowers, D., & Heilman, K. M. (1991). The role of the right hemisphere in emotional communication. *Brain, 114,* 1115-1127.

Bloom, F. E., & Lazerson, A. (1988). *Brain, mind and behavior* (2nd ed.). New York: W. H. Freeman.

Blum, D. (1994). *The monkey wars*. New York: Oxford.

Bock, D. R., & Kolakowski, D. (1973). Further evidence of sex-linked major-gene influence on human spatial visualizing ability. *American Journal of Human Genetics, 25,* 1-14.

Bocklandt, S., Horvath, S., Vilain, E., & Hamer, D. H. (2006). Extreme skewing of X chromosome inactivation in mothers of homosexual men. *Human Genetics, 118,* 691-694.

Boecker, H., Dagher, A., Ceballos-Baumann, A. O., Passingham, R. E., Samuel, M., Friston, K. J., et al. (1998). Role of the human rostral supplementary motor area and the basal ganglia in motor sequence control: Investigations with H2 150 PET. *Journal of Neurophysiology, 79,* 1070-1080.

Boeve, B. F., Silber, M. H., Parisi, J. E., Dickson, D. W., Ferman, T. J., Benarroch, E. E., et al. (2003). Synucleinopathy pathology and REM sleep behavior disorder plus dementia or parkinsonism. *Neurology, 61,* 40-45.

Bogaert, A. F. (2004). Asexuality: Prevalence and associated factors in a national probability sample. *Journal of Sex Research, 41,* 279-287.

Bogaert, A. F. (2006). Biological versus nonbiological older brothers and men' s sexual orientation. *Proceedings of the National Academy of Sciences, USA, 103,* 10771-10774.

Bogardus, C., Lillioja, S., Ravussin, E., Abbott, W., Zawadzki, J. K., Young, A., et al. (1986). Familial dependence of the resting metabolic rate. *New England Journal of Medicine, 315,* 96-100.

Bogerts, B., Meertz, E., & Schönfeldt-Bausch, R. (1985). Basal ganglia and limbic system pathology in schizophrenia: A morphometric study of brain volume and shrinkage. *Archives of General Psychiatry, 42,* 784-791.

Bohman, M. (1978). Some genetic aspects of alcoholism and criminality: A population of adoptees. *Archives of General Psychiatry, 35,* 269-276.

Boivin, D. B., Duffy, J. F., Kronauer, R. E., & Czeisler, C. A. (1996). Dose-response relationships for resetting of human circadian clock by light. *Nature, 379,* 540-542.

Bolles, R. C. (1975). *Theory of motivation*. New York: Harper & Row.

Bonda, E., Petrides, M., Frey, S., & Evans, A. (1995). Neural correlates of mental transformations of the body-in-space. *Proceedings of the National Academy of Sciences, USA, 92,*

11180-11184.

Bonebakker, A. E., Bonke, B., Klein, J., Wolters, G., Stijnene, T., Passchier, J., et al. (1996). Information processing during general anesthesia: Evidence for unconscious memory. *Memory and Cognition, 24,* 766-776.

Bonner, J. (2005, April 16). Paralysed dogs regain movement. *New Scientist,* p. 14.

Bonnet, M. H., & Arand, D. L. (1996). Metabolic rate and the restorative function of sleep. *Physiology and Behavior, 59,* 777-782.

Bontempi, B., Laurent-Demir, C., Destrade, C., & Jaffard, R. (1999). Time-dependent reorganization of brain circuitry underlying long-term memory storage. *Nature, 400,* 671-675.

Borsook, D., Becerra, L., Fishman, S., Edwards, A., Jennings, C. L., Stojanovic, M., et al. (1998). Acute plasticity in the human somatosensory cortex following amputation. *Neuroreport, 9,* 1013-1017.

Bottini, G., Corcoran, R., Sterzi, R., Paulesu, E., Schenone, P., Scarpa, P., et al. (1994). The role of the right hemisphere in the interpretation of figurative aspects of language: A positron emission tomography activation study. *Brain, 117,* 1241-1253.

Bouchard, C. (1989). Genetic factors in obesity. *Medical Clinics of North America, 73,* 67-81.

Bouchard, C., Tremblay, A., Després, J.-P., Nadeau, A., Lupien, P. J., Thériault, G., et al. (1990). The response to long-term overfeeding in identical twins. *New England Journal of Medicine, 322,* 1477-1482.

Bouchard, T. J. (1994). Genes, environment, and personality. *Science, 264,* 1700-1701.

Bouchard, T. J., Jr., & McGue, M. (1981). Familial studies of intelligence: A review. *Science, 212,* 1055-1059.

Bouchard, T. J., & Segal, N. L. (1985). Environment and IQ. In B. B. Wolman (Ed.), *Handbook of intelligence: Theories, measurements, and applications* (pp. 391-464). New York: Wiley.

Boulant, J. A. (1981). *Hypothalamic mechanisms in thermoregulation. Federation Proceedings, 40,* 2843-2850.

Bourgeois, J.-P., & Rakic, P. (1993). Changes of synaptic density in the primary visual cortex of the macaque monkey from fetal to adult stage. *Journal of Neuroscience, 13,* 2801-2820.

Bower, K. S. (1994). Temporary emotional states act like multiple personalities. In R. M. Klein & B. K. Doane (Eds.), *Psychological concepts and dissociative disorders* (pp. 207-234). Hillsdale, NJ: Lawrence Erlbaum

Bowmaker, J. K., & Dartnall, H. J. A. (1980). Visual pigments of rods and cones in a human retina. *Journal of Physiology (London), 298,* 501-511.

Boyce, N. (2000). Is anyone in there? *New Scientist, 167,* 36-37.

Bozarth, M. A., & Wise, R. A. (1984). Anatomically distinct opiate receptor fields mediate reward and physical dependence. *Science, 224,* 516-517.

Bozarth, M. A., & Wise, R. A. (1985). Toxicity associated with long-term intravenous heroin and cocaine self-administration in the rat. *Journal of the American Medical Association, 254,* 81-83.

Braak, H., Del Tredici, K., Rüb, U., de Vos, R. A. I., Steur, E. N. H. J., & Braak, E. (2003). Staging of brain pathology related to sporadic Parkinson' s disease. *Neurobiology, 24,* 197-211.

Bracha, H. S., Torrey, E. F., Gottesman, I. I., Bigelow, L. B., & Cunniff, C. (1992). Second-trimester markers of fetal size in schizophrenia: A study of monozygotic twins. *American Journal of Psychiatry, 149,* 1355-1361.

Bradbury, T. N., & Miller, G. A. (1985). Season of birth in schizophrenia: A review of evidence, methodology, and etiology. *Psychological Bulletin, 98,* 569-594.

Bradley, S. J., Oliver, G. D., Chernick, A. B., & Zucker, K. J. (1998). *Experiment of nature: Ablatio penis at 2 months, sex reassignment at 7 months, and a psychosexual follow-up in young adulthood.* Retrieved September 11, 2007, from www.pediatrics.org/cgi/content/full/102/1/e9

Brandt, G., Park, A., Wynne, K., Sileno, A., Jazrawi, R., Woods, A., et al. (2004, June 16-19). *Nasal peptide YY3-36: Phase 1 dose ranging and safety studies in healthy human subjects.* Poster presented at the 86th annual meeting of the Endocrine Society, New Orleans, LA.

Brannon, E. M., & Terrace, H. S. (1998). Ordering of the numerosities 1 to 9 by monkeys. *Science, 282,* 746-749.

Braun, B. G. (1985). *Treatment of multiple personality disorder.* Washington, DC: American Psychiatric Press.

Bray, G. A. (1992). Drug treatment of obesity. *American Journal of Clinical Nutrition, 55,* 538S-544S.

Brecher, E. M. (1972). *Licit and illicit drugs.* Boston: Little, Brown.

Breier, A., Buchanan, R. W., Elkashef, A., Munson, R. C., Kirkpatrick, B., & Gellad, F. (1992). Brain morphology and schizophrenia: A magnetic resonance imaging study of limbic, prefrontal cortex, and caudate structures. *Archives of General Psychiatry, 49,* 921-926.

Breiter, H. C., Aharon, I., Kahneman, D., Dale, A., & Shizgal, P. (2001). Functional imaging of neural responses to expectancy and experience of monetary gains and losses. *Neuron, 30,* 619-639.

Breitner, J. C., Folstein, M. E., & Murphy, E. A. (1986). Familial aggregation in Alzheimer dementia-1: A model for the age-dependent expression of an autosomal dominant gene. *Journal of Psychiatric Research, 20,* 31-43.

Bremer, J. (1959). *Asexualization: A follow-up study of 244 cases*. New York: Macmillan.

Bremner, J. D., Randall, P., Scott, T. M., Bronen, R. A., Seibyl, J. P., Southwick, S. M., et al. (1995). MRI-based measurement of hippocampal volume in patients with combat related posttraumatic stress disorder. *American Journal of Psychiatry, 152,* 973-981.

Bremner, J. D., Randall, P., Vermetten, E., Staib, L., Bronen, R. A., Mazure, C., et al. (1997). Magnetic resonance imaging-based measurement of hippocampal volume in posttraumatic stress disorder related to childhood physical and sexual abuse: A preliminary report. *Biological Psychiatry, 41,* 23-32.

Brennan, P. A., Grekin, E. R., & Mednick, S. A. (1999). Maternal smoking during pregnancy and adult male criminal outcomes. *Archives of General Psychiatry, 56,* 215-219.

Brewer, J. B., Zhao, Z., Desmond, J. E., Glover, G. H., & Gabrieli, J. D. E. (1998). Making memories: Brain activity that predicts how well visual experience will be remembered. *Science, 281,* 1185-1187.

Brinkman, C. (1984). Supplementary motor area of the monkey' s cerebral cortex: Short- and long-term deficits after unilateral ablation and the effects of subsequent callosal section. *Journal of Neuroscience, 4,* 918-929.

Brinkman, R. R., Mezei, M. M., Theilmann, J., Almqvist, E., & Hayden, M. R. (1997). The likelihood of being affected with Huntington disease by a particular age, for a specific CAG size. *American Journal of Human Genetics, 60,* 1202-1210.

Britten, R. J. (2002). Divergence between samples of chimpanzee and human DNA sequences is 5%, counting indels. *Proceedings of the National Academy of Sciences, USA, 99,* 13633-13635.

Britten, R. J., Rowen, L., Williams, J., & Cameron, R. A. (2003). Majority of divergence between closely related DNA samples is due to indels. *Proceedings of the National Academy of Sciences, USA, 100,* 4661-4665.

Broberg, D. J., & Bernstein, I. L. (1989). Cephalic insulin release in anorexic women. *Physiology and Behavior, 45,* 871-874.

Broberger, C., & Hökfelt, T. (2001). Hypothalamic and vagal neuropeptide circuitries regulating food intake. *Physiology and Behavior, 74,* 669-682.

Broca, P. (1861). Remarques sur le siége de la facultée du langage articul suivies d' une observation d' aphemie (perte de la parole). *Bulletin de la Société Anatomique (Paris), 36,* 330-357.

Broughton, R. (1975). Biorhythmic variations in consciousness and psychological functions. *Canadian Psychological Review, 16,* 217-239.

Broughton, R., Billings, R., Cartwright, R., Doucette, D., Edmeads, J., Edward, H. M., et al. (1994). Homicidal somnambulism: A case report. *Sleep, 17,* 253-264.

Brown, A. S., Begg, M. D., Gravenstein, S., Schaefer, C. A., Wyatt, R. J., Bresnahan, M., et al. (2004). Serologic evidence of prenatal influenza in the etiology of schizophrenia. *Archive of General Psychiatry. 61,* 774-780.

Brown, C. M., & Nuttal, A. L. (1984). Efferent control of cochlear inner hair cell responses in the guinea-pig. *Journal of Physiology, 354,* 625-646.

Brown, K., & Wald, G. (1964). Visual pigments in single rods and cones of the human retina. *Science, 143,* 45-52.

Brown, M. A., & Sharp, P. E. (1995). Simulation of spatial learning in the Morris water maze by a neural network model of the hippocampal formation and nucleus accumbens. *Hippocampus, 5,* 171-188.

Brown, T. H., Chapman, P. F., Kairiss, E. W., & Keenan, C. L. (1988). Long-term synaptic potentiation. *Science, 242,* 724-727.

Brownell, W. E., Bader, C. R., Bertrand, D., & de Ribaupierre, Y. (1985). Evoked mechanical responses of isolated cochlear outer hair cells. *Science, 227,* 194-196.

Brunner, H. G., Nelen, M., Breakefield, X. O., Ropers, H. H., & van Oost, B. A. (1993). Abnormal behavior associated with a point mutation in the structural gene for monoamine oxidase A. *Science, 262,* 578-580.

Buchanan, T. W., Lutz, K., Mirzazade, S., Specht, K., Shah, N. J., Zilles, K., et al. (2000). Recognition of emotional prosody and verbal components of spoken language: An fMRI study. *Cognitive Brain Research, 9,* 227-238.

Buchsbaum, M. S., Hollander, E., Haznedar, M. M., Tang, C., Spiegel-Cohen, J., Wei, T., et al. (2001). Effect of fluoxetine on regional cerebral metabolism in autistic spectrum disorders: A pilot study. *International Journal of Neuropsychopharmacology, 4,* 119-125.

Buckner, R. L., & Koutstaal, W. (1998). Functional neuroimaging studies of encoding, priming, and explicit memory retrieval. *Proccedings of the National Academy of Sciences, USA, 95,* 891-898.

Buell, S. J., & Coleman, P. D. (1979). Dendritic growth in the aged human brain and failure of growth in senile dementia. *Science, 206,* 854-856.

Bunney, W. E., Jr., Murphy, D. L., Goodwin, F. K., & Borge, G. F. (1972). The "switch process" in manic-depressive illness: I. A systematic study of sequential behavioral changes. *Archives of General Psychiatry, 27,* 295-302.

Bünning, E. (1973). *The physiological clock: Circadian rhythms and biological chronometry* (3rd ed.). New York: Springer-Verlag.

Buñuel, L. (1983). *My last sigh*. New York: Knopf.

Bureau of the Census. (2001). *Population*. Retrieved September

11, 2007, from www.census.gov/prod/2001pubs/statab/sec01.pdf

Buschman, T. J., & Miller, E. K. (2007). Top-down versus bottom-up control of attention in the prefrontal and posterior parietal cortices. *Science, 315,* 1860-1862.

Bushman, B. J., & Cooper, H. M. (1990). Effects of alcohol on human aggression: An integrative research review. *Psychological Bulletin, 107,* 341-354.

Bushnell, M. C., Duncan, G. H., Hofbauer, R. K., Ha, B., Chen, J.-I., & Carrier, B. (1999). Pain perception: Is there a role for primary somatosensory cortex? *Proceedings of the National Academy of Sciences, USA, 96,* 7705-7709.

Butcher, L. M., Meaburn, E., Knight, J., Sham, P. C., Schalkwyk, L. C., Craig, I. W., et al. (2005). SNPs, microarrays and pooled DNA: Identification of four loci associated with mild mental impairment in a sample of 6000 children. *Human Molecular Genetics, 14,* 1315-1325.

Butterworth, B. (1999). A head for figures. *Science, 284,* 928-929.

Buydens-Branchey, L., Branchey, M. H., Noumair, D., & Lieber, C. S. (1989). Age of alcoholism onset. II. Relationship to susceptibility to serotonin precursor availability. *Archives of General Psychiatry, 46,* 231-236.

Buzsáki, G., & Draguhn, A. (2004). Neuronal oscillations in cortical networks. *Science, 304,* 1926-1929.

Byne, W., Tobet, S., Mattiace, L. A., Lasco, M. S., Kemether, E., Edgar, M. A., et al. (2001). The interstitial nuclei of the human anterior hypothalamus: An investigation of variation with sex, sexual orientation, and HIV status. *Hormones and Behavior, 40,* 86-92.

Cabeza, R., Anderson, N. D., Locantore, J. K., & McIntosh, A. R. (2002). Aging gracefully: Compensatory brain activity in high-performing older adults. *NeuroImage, 17,* 1394-1402.

Cadoret, R. J., Troughton, E., O' Gorman, T. W., & Heywood, E. (1986). An adoption study of genetic and environmental factors in drug abuse. *Archives of General Psychiatry, 43,* 1131-1136.

Caffeine prevents post-op headaches. (1996). *United Press International, MSNBC.* Retrieved March 21, 2002, from www.msnbc.com/news/36911.asp

Caggiula, A. R. (1970). Analysis of the copulation-reward properties of posterior hypothalamic stimulation in male rats. *Journal of Comparative and Physiological Psychology, 70,* 399-412.

Cahill, L., Haier, R. J., Fallon, J., Alkire, M. T., Tang, C., Keator, D., et al. (1996). Amygdala activity at encoding correlated with long-term, free recall of emotional information. *Proceedings of the National Academy of Sciences, USA, 93,* 8016-8021.

Calles-Escandón, J., & Horton, E. S. (1992). The thermogenic role of exercise in the treatment of morbid obesity: A critical evaluation. *American Journal of Clinical Nutrition, 55,* 533S-537S.

Camp, N. J., & Cannon-Albright, L. A. (2005). Dissecting the genetic etiology of major depressive disorder using linkage analysis. *Trends in Molecular Medicine, 11,* 138-144.

Campbell, D. B., Sutcliffe, J. S., Ebert, P. J., Militerni, R., Bravaccio, C., Trillo, S., et al. (2006). A genetic variant that disrupts MET transcription is associated with autism. *Proceedings of the National Academy of Sciences, USA, 103,* 16834-16839.

Camperio-Ciani, A., Corna, F., & Capiluppi, C. (2004). Evidence for maternally inherited factors favouring male homosexuality and promoting female fecundity. *Proceedings of the Royal Society of London B, 271,* 2217-2221.

Campfield, L. A., Smith, F. J., & Burn, P. (1998). Strategies and potential molecular targets for obesity treatment. *Science, 280,* 1383-1387.

Campione, J. C., Brown, A. L., & Ferrara, R. A. (1982). Mental retardation and intelligence. In R. J. Sternberg (Ed.), *Handbook of human intelligence* (pp. 391-490). Cambridge, UK: Cambridge University Press.

Canavan, A. G. M., Sprengelmeyer, R., Diener, H.-C., & Hömberg, V. (1994). Conditional associative learning is impaired in cerebellar disease in humans. *Behavioral Neuroscience, 108,* 475-485.

Canli, T., Qiu, M., Omura, K., Congdon, E., Haas, B. W., Amin, Z., et al. (2006). Neural correlates of epigenesis. *Proceedings of the National Academy of Sciences, USA, 103,* 16033-16038.

Cannon, M., Jones, P., Gilvarry, C., Rifkin, L., McKenzie, K., Foerster, A., et al. (1997). Premorbid social functioning in schizophrenia and bipolar disorder: Similarities and differences. *American Journal of Psychiatry, 154,* 1544-1550.

Cannon, M., Jones, P., Huttunen, M. O., Tanskanen, A., Huttunen, T., Rabe-Hesketh, S., et al. (1999). School performance in Finnish children and later development of schizophrenia. *Archives of General Psychiatry, 56,* 457-463.

Cannon, M., Jones, P. B., & Murray, R. M. (2002). Obstetric complications and schizophrenia: Historical and meta-analytic review. *American Journal of Psychiatry, 159,* 1080-1092.

Cannon, T. D., Hennah, W., van Erp, T. G. M., Thompson, P. M., Lonnqvist, J., Huttunen, M., et al. (2005). Association of DISC1/ TRAX haplotypes with schizophrenia, reduced prefrontal gray matter, and impaired short- and long-term memory. *Archives of General Psychiatry, 62,* 1205-1213.

Cannon, W. B. (1942). "Voodoo" death. *American*

Anthropologist, 44, 169-181.

Cantor, J., Binik, I., & Pfaus, J. G. (1999). Chronic fluoxetine inhibits sexual behavior in the male rat: Reversal with oxytocin. *Psychopharmacology, 144,* 355-362.

Cantor, R. M., Kono, N., Duvall, J. A., Alvarez-Retuerto, A., Stone, J. L., Alarcón, M., et al. (2005). Replication of autism linkage: Fine-mapping peak at 17q21. *American Journal of Human Genetics, 76,* 1050-1056.

Cao, Y. Q., Mantyh, P. W., Carlson, E. J., Gillespie, A. M., Epstein, C. J., & Basbaum, A. I. (1998). Primary afferent tachykinins are required to experience moderate-to-intense pain. *Nature, 392,* 390-394.

Carelli, R. M. (2002). Nucleus accumbens cell firing during goal-directed behaviors for cocaine vs. 'natural' reinforcement. *Physiology and Behavior, 76,* 379-387.

Carlezon, W. A., & Wise, R. A. (1996). Rewarding actions of phencyclidine and related drugs in nucleus accumbens shell and frontal cortex. *Journal of Neuroscience, 16,* 3112-3122.

Carlson, A. (1991, March). When is a woman not a woman? *Women's Sports and Fitness, 13,* 24-29.

Carlson, M. (1981). Characteristics of sensory deficits following lesions of Brodmann' s areas 1 and 2 in the postcentral gyrus of Macaca mulatta. *Brain Research, 204,* 424-430.

Carlsson, H.-E., Hagelin, J., & Hau, J. (2004). Implementation of the Three Rs in biomedical research. *Veterinary Record, 154,* 467-470.

Carmichael, H. (2004, December 6). Medicine' s next level. *Newsweek,* pp. 45.50.

Carmichael, M. S., Humbert, R., Dixen, J., Palmisano, G., Greenleaf, W., & Davidson, J. M. (1987). Plasma oxytocin increases in the human sexual response. *Journal of Clinical Endocrinology and Metabolism, 64,* 27-31.

Carr, C. E., & Konishi, M. (1990). A circuit for detection of interaural time differences in the brain stem of the barn owl. *Journal of Neuroscience, 10,* 3227-3246.

Carraher, T. N., Carraher, D. W., & Schliemman, A. D. (1985). Mathematics in the streets and in schools. *British Journal of Developmental Psychology, 3,* 21-29.

Carrera, M. R., Ashley, J. A., Parsons, L. H., Wirsching, P., Koob, G. F., & Janda, K. D. (1995). Suppresssion of psychoactive effects of cocaine by active immunization. *Nature, 378,* 727-730.

Carroll, J. B. (1993). *Human cognitive abilities: A survey of factor-analytic studies.* Cambridge, UK: University of Cambridge Press.

Caspi, A., McClay, J., Moffitt, T. E., Mill, J., Martin, J., Craig, I. W., et al. (2002). Role of genotype in the cycle of violence in maltreated children. *Science, 297,* 851-854.

Caspi, A., Sugden, K., Moffitt, T. E., Taylor, A., Craig, I. W., Harrington, H., et al. (2003). Influence of life stress on depression: Moderation by a polymorphism in the 5-HTT gene. *Science, 301,* 386-389.

Castellanos, F. X., Lee, P. P., Sharp, W., Jeffries, N. O., Greenstein, D. K., Clasen, L. S., et al. (2002). Developmental trajectories of brain volume abnormalities in children and adolescents with attention-deficit/hyperactivity disorder. *Journal of the American Medical Association, 288,* 1740-1748.

Castellanos, F. X., & Tannock, R. (2002). Neuroscience of attentiondeficit/hyperactivity disorder: The search for endophenotypes. *Nature Reviews Neuroscience, 3,* 617-628.

Catterall, W. A. (1984). The molecular basis of neuronal excitability. *Science, 223,* 653-661.

Ceci, S. J., & Liker, J. (1986). A day at the races: A study of IQ, expertise, and cognitive complexity. *Journal of Experimental Psychology: General, 115,* 255-266.

Centers for Disease Control and Prevention. (2005). Annual smoking-attributable mortality, years of potential life lost, and productivity losses: United States, 1997-2001. *MMWR Morbidity and Mortality Weekly Report, 54,* 625-628.

Chagnon, Y. C., Péusse, L., Weisnagel, S. J., Rankinen, T., & Bouchard, C. (1999). The human obesity gene map: The 1999 update. *Obesity Research, 8,* 89-117.

Chakrabarti, S., & Fombonne, E. (2005). Pervasive developmental disorders in preschool children: Confirmation of high prevalence. *American Journal of Psychiatry, 162,* 1133-1141.

Chapman, P. F., White, G. L., Jones, M. W., Cooper-Blacketer, D., Marshall, V. J., Irizarry, M., et al. (1999). Impaired synaptic plasticity and learning in aged amyloid precursor protein transgenic mice. *Nature Neuroscience, 2,* 271-276.

Charney, D. S., Woods, S. W., Krystal, J. H., & Heninger, G. R. (1990). Serotonin function and human anxiety disorders. In P. M. Whitaker-Azmitia & S. J. Peroutka (Eds.), Annals of the New York Academy of Sciences. *Special Issue: The Neuropharmacology of Serotonin, 600,* 558-573.

Chase, V. D. (1999, May/June). Seeing is believing [Electronic version]. *Techreview.* Retrieved November 26, 2007, from www.techreview.com/magazine/may99/chase.asp

Chawla, D., Rees, G., & Friston, K. J. (1999). The physiological basis of atentional modulation in extrastriate visual areas. *Nature Neuroscience, 2,* 671-675.

Check, E. (2004). Cardiologists take heart from stem-cell treatment success. *Nature, 428,* 880.

Chemelli, R. M., Willie, J. T., Sinton, C. M., Elmquist, J. K., Scammell, T., Lee, C., et al. (1999). Narcolepsy in orexin knockout mice: Molecular genetics of sleep regulation. *Cell, 98,* 437-451.

Chen, D. F., Schneider, G. E., Martinou, J.-C., & Tonegawa, S. (1997). Bcl-2 promotes regeneration of severed axons in mammalian CNS. *Nature, 385,* 434-438.

Chen, J.-F., Xu, K., Petzer, J. P., Staal, R., Xu, Y.-H., Beilstein, M., et al. (2001). Neuroprotection by caffeine and A2a adenosine receptor inactivation in a model of Parkinson' s disease. *Journal of Neuroscience, 21,* 1-6.

Chen, P., Goldberg, D. E., Kolb, B., Lanser, M., & Benowitz, L. I. (2002). Inosine induces axonal rewiring and improves behavioral outcome after stroke. *Proceedings of the National Academy of Sciences, USA, 99,* 9031-9036.

Chen, W. R., Lee, S., Kato, K., Spencer, D. D., Shepherd, G. M., & Wiliamson, A. (1996). Long-term modifications of synaptic efficacy in the human inferior and middle temporal cortex. *Proceedings of the National Academy of Sciences, USA, 93,* 8011-8015.

Cherney, N. I. (1996). Opioid analgesics: Comparative features and prescribing guidelines. *Drugs, 51,* 713-737.

Cherrier, M. M., Craft, S., & Matsumoto, A. H. (2003). Cognitive changes associated with supplementation of testosterone or dihydrotestosterone in mildly hypogonadal men: A preliminary report. *Journal of Andrology, 24,* 568-576.

Cherrier, M. M., Matsumoto, A. H., Amory, J. K., Ahmed, S., Bremner, W., Peskind, E. R., et al. (2005). The role of aromatization in testosterone supplementation. *Neurology, 64,* 290-296.

Cho, A. K. (1990). Ice: A new dosage form of an old drug. *Science, 249,* 631-634.

Chisholm, N., & Gillett, G. (2005). The patient' s journey: Living with locked-in syndrome. *British Medical Journal, 331,* 94-97.

Chomsky, N. (1980). *Rules and representations.* New York: Columbia University Press.

Chou, T. C., Bjorkum, A. A., Gaus, S. E., Lu, J., Scammell, T. E., & Saper, C. B. (2002). Afferents to the ventrolateral preoptic nucleus. *Journal of Neuroscience, 22,* 977-990.

Chow, A. Y., Chow, V. Y., Packo, K. H., Pollack, J. S., Peyman, G. A., & Schuchard, R. (2004). The artificial silicon retina michrochip for the treatment of vision loss from reitnitis pigmentosa. *Archives of Ophthalmology, 122,* 460-469.

Chronis, A. M., Lahey, B. B., Pelham, W. E., Jr., Kipp, H. L., Baumann, B. L., & Lee, S. S. (2003). Psychopathology and substance abuse in parents of young children with attention-deficit/hyperactivity disorder. *Journal of the American Academy of Child and Adolescent Psychiatry, 42,* 1424-1432.

Chuang, R. S.-I., Jaffe, H., Cribbs, L., Perez-Reyes, E., & Swartz, K. J. (1998). Inhibition of T-type voltage-gated calcium channels by a new scorpion toxin. *Nature Neuroscience, 1,* 668-674.

Ciaranello, A. L., & Ciaranello, R. D. (1995). The neurobiology of infantile autism. *Annual Reviews of Neuroscience, 18,* 101-128.

Ciompi, L. (1980). Catamnestic long-term study on the course of life and aging of schizophrenics. *Schizophrenia Bulletin, 6,* 607-618.

Cirelli, C., Gutierrez, C. M., & Tononi, G. (2004). Extensive and divergent effects of sleep and wakefulness on brain gene expression. *Neuron, 41,* 35-43.

Clark, J. T., Kalra, P. S., & Kalra, S. P. (1985). Neuropeptide Y stimulates feeding but inhibits sexual behavior in rats. *Endocrinology, 117,* 2435-2442.

Clark, R. E., & Squire, L. R. (1998). Classical conditioning and brain systems: The role of awareness. *Science, 280,* 77-81.

Clarren, S. K., Alvord, E. C., Sumi, S. M., Streissguth, A. P., & Smith, D. W. (1978). Brain malformations related to prenatal exposure to alcohol. *Journal of Pediatrics, 92,* 64-67.

Clayton, J. D., Kyriacou, C. P., & Reppert, S. M. (2001). Keeping time with the human genome. *Nature, 409,* 829-831.

Cloninger, C. R. (1987). Neurogenetic adaptive mechanisms in alcoholism. *Science, 236,* 410-416.

Coccaro, E. F., & Kavoussi, R. J. (1997). Fluoxetine and impulsive aggressive behavior in personality-disordered subjects. *Archives of General Psychiatry, 54,* 1081-1088.

Cohen-Bendahan, C. C. C., van de Beek, C., & Berenbaum, S. A. (2005). Prenatal sex hormone effects on child and adult sex-typed behavior: Methods and findings. *Neuroscience and Biobehavioral Reviews, 29,* 353-384.

Cohen, J. D., & Tong, F. (2001). The face of controversy. *Science, 293,* 2405-2407

Cohen, L. G., Celnik, P., Pascual-Leone, A., Corwell, B., Faiz, L., Dambrosia, J., et al. (1997). Functional relevance of cross-modal plasticity in blind humans. *Nature, 389,* 180.

Cohen, N. J., Eichenbaum, H., Deacedo, B. S., & Corkin, S. (1985). Different memory systems underlying acquisition of procedural and declarative knowledge. *Annals of the New York Academy of Sciences, 444,* 54-71.

Cohen, P., & Friedman, J. M. (2004). Leptin and the control of metabolism: Role for stearoyl-CoA desaturase-1 (SCD-1). *Journal of Nutrition, 134,* 2455S-2463S.

Cohen, S., Frank, E., Doyle, W. J., Skoner, D. P., Rabin, B. S., & Gwaltney, J. M., Jr. (1998). Types of stressors that increase susceptibility to the common cold in healthy adults. *Health Psychology, 17,* 214-223.

Cohen, S., Tyrrell, D. A., & Smith, A. P. (1991). Psychological stress and susceptibility to the common cold. *New England Journal of Medicine, 325,* 606-612.

Colapinto, J. (2004, June 3). Gender gap: What were the real reasons behind David Reimer' s suicide? *Slate*. Retrieved November 26, 2007, from www.slate.com/id/2101678

Colby, C. L., & Goldberg, M. E. (1999). Space and attention in parietal cortex. *Annual Review of Neuroscience, 22,* 319-349.

Cole, J. (1995). *Pride and a daily marathon*. Cambridge: MIT Press.

Cole, S. W., Kemeny, M. E, Fahey, J. L., Zack, J. A., & Naliboff, B. D. (2003). Psychological risk factors for HIV pathogenesis: Mediation by the autonomic nervous system. *Biological Psychiatry, 54,* 1444-1456.

Coleman, D. L. (1973). Effects of parabiosis of obese with diabetes and normal mice. *Diabetologia, 9,* 294-298.

Collaer, M. L., & Hines, M. (1995). Human behavioral sex differences: A role for gonadal hormones during early development? *Psychological Bulletin, 118,* 55-107.

Colloca, L., & Benedetti, F. (2005). Placebos and painkillers: Is mind as real as matter? *Nature Reviews Neuroscience, 6,* 545-552.

Colt, E. W. D., Wardlaw, S. L., & Frantz, A. G. (1981). The effect of running on plasma â-endorphin. *Life Sciences, 28,* 1637-1640.

Comuzzie, A. G., & Allison, D. B. (1998). The search for human obesity genes. *Science, 280,* 1374-1377.

Conner, J. M., Darracq, M. A., Roberts, J., & Tuszynski, M. H. (2001). Nontropic actions of neurotrophins: Subcortical nerve growth factor gene delivery reverses age-related degeneration of primate cortical cholinergic innervation. *Proceedings of the National Academy of Sciences, USA, 98,* 1941-1946.

Considine, R. V., Sinha, M. K., Heiman, M. L., Kriauciunas, A., Stephens, T. W., Nyce, M. R., et al. (1996). Serum immunoreactive-leptin concentrations in normal-weight and obese humans. *New England Journal of Medicine, 334,* 292-295.

Constantinidis, C., & Steinmetz, M. A. (1996). Neuronal activity in posterior parietal area 7a during the delay periods of a spatial memory task. *Journal of Neurophysiology, 76,* 1352-1355.

Cook, E. H., Courchesne, R., Lord, C., Cox, N. J., Yan, S., Lincoln, A., et al. (1997). Evidence of linkage between the serotonin transporter and autistic disorder. *Molecular Psychiatry, 2,* 247-250.

Cope, N., Harold, D., Hill, G., Moskvina, V., Stevenson, J., Holmans, P., et al. (2005). Strong evidence that *KIAA0319* on chromosome 6p is a susceptibility gene for developmental dyslexia. *American Journal of Human Genetics, 76,* 581-591.

Corbett, D., & Wise, R. A. (1980). Intracranial self-stimulation in relation to the ascending dopaminergic systems of the midbrain: A moveable electrode mapping study. *Brain Research, 185,* 1-15.

Corbetta, M., Miezin, F. M., Dobmeyer, S., Shulman, G. L., & Petersen, S. E. (1990). Attentional modulation of neural processing of shape, color, and velocity in humans. *Science, 248,* 1556-1559.

Corkin, S. (1984). Lasting consequences of bilateral medial temporal lobectomy: Clinical course and experimental findings in H. M. *Seminars in Neurology, 4,* 249-259.

Corkin, S. (2002). What' s new with the amnesic patient H. M.? *Nature Reviews Neuroscience, 3,* 153-160.

Corkin, S., Amaral, D. G., González, R. G., Johnson, K. A., & Hyman, B. T. (1997). HM' s medial temporal lobe lesion: Findings from magnetic resonance imaging. *Journal of Neuroscience, 17,* 3964-3979.

Cosgrove, G. R., & Eskandar, E. (1998). *Thalamotomy and pallidotomy*. Retrieved September 11, 2007, from www.neurosurgery.mgh.harvard.edu/functional/pallidt.htm

The cost of dementia: $156 billion and rising. (2005, June 20). Alzheimer' s Disease Health Center. Retrieved November 29, 2007, from www.webmd.com/alzheimers/news/20050620/cost-of-dementia-156-billion-rising

Costall, B., & Naylor, R. J. (1992). Anxiolytic potential of 5-HT3 receptor antagonists. *Pharmacology and Toxicology, 70,* 157-162.

Courtney, S. M., Ungerleider, L. G., Keil, K., & Haxby, J. V. (1997). Transient and sustained activity in a distributed neural system for human working memory. *Nature, 386,* 608-611.

Cox, D. J., Merkel, R. L., Kovatchev, B., & Seward, R. (2000). Effect of stimulant medication on driving performance of young adults with attention-deficit/hyperactivity disorder: A preliminary double-blind placebo controlled trial. *Journal of Nervous and Mental Disease, 188,* 230-234.

Cox, J. J., Reimann, F., Nichols, A. K., Thornton, G., Roberts, E., Springell, K., et al. (2006). An *SCN9A* channelopathy causes congenital inability to experience pain. *Nature, 444,* 894-898.

Coyle, J. T. (2006). Glutamate and schizophrenia: Beyond the dopamine hypothesis. *Cellular and molecular neurobiology, 26,* 365-384.

Coyle, J. T., Tsai, G., & Goff, D. (2003). Converging evidence of NMDA receptor hypofunction in the pathophysiology of schizophrenia. *Annals of the New York Academy of Sciences, 1003,* 318-327.

Craddock, N., O' Donovan, M. C., & Owen, M. J. (2005). The genetics of schizophrenia and bipolar disorder: Dissecting psychosis. *Journal of Medical Genetics, 42,* 193-204.

Crane, G. E. (1957). Iproniazid (Marsilid®)phosphate, a therapeutic agent for mental disorders and debilitating diseases.

Psychiatry Research Reports, 8, 142–152.

Crenson, M. (2004, August 22). Fast, stronger, with gene therapy. Fort Wayne, IN, *Journal Gazette,* p. 9A.

Crick, F. (1994). *The astonishing hypothesis: The scientific search for the soul.* New York: Scribner.

Crick, F., & Koch, C. (1992, September). The problem of consciousness. *Scientific American, 267,* 153–159.

Crick, F. C., & Koch, C. (2005). What is the function of the claustrum? *Philosophical Transactions of the Royal Society of London, B, 360,* 1270–1279.

Crick, F., & Mitchison, G. (1995). REM sleep and neural nets. *Behavioral Brain Research, 69,* 147–155.

Crow, T. J. (1985). The two-syndrome concept: Origins and current status. *Schizophrenia Bulletin, 11,* 471–486.

Crowe, R. R. (1984). Electroconvulsive therapy: A current perspective. *New England Journal of Medicine, 311,* 163–167.

Culham, J., He, S., Dukelow, S., & Verstraten, F. A. J. (2001). Visual motion and the human brain: What has neuroimaging told us? *Acta Psychologica, 107,* 69–94.

Culp, R. E., Cook, A. S., & Housley, P. C. (1983). A comparison of observed and reported adult-infant interactions: Effects of perceived sex. *Sex Roles, 9,* 475–479.

Cummings, D. E., Clement, K., Purnell, J. Q., Vaisse, C., Foster, K. E., Frayo, R. S., et al. (2002). Elevated plasma ghrelin levels in Prader-Willi syndrome. *Nature Medicine, 8,* 643–644.

Cummings, D. E., Purnell, J. Q., Frayo. R. S., Schmidova, K., Wisse, B. E., & Weigle, D. S. (2001). A preprandial rise in plasma ghrelin levels suggests a role in meal initiation in humans. *Diabetes, 50,* 1714–1719.

Curran, S., Mill, J., Tahir, E., Kent, L., Richards, S., Gould, A., et al. (2001). Association study of a dopamine transporter polymorphism and attention-deficit/hyperactivity disorder in UK and Turkish samples. *Molecular Psychiatry, 6,* 425–428.

Currie, P. J., & Coscina, D. V. (1996). Regional hypothalamic differences in neuropeptide Y-induced feeding and energy substrate utilization. *Brain Research, 737,* 238–242.

Curtis, M. A., Penney, E. B., Pearson, A. G., van Roon-Mom, W. M. C., Butterworth, N. J., Dragunow, M., et al. (2003). Increased cell proliferation and neurogenesis in the adult human Huntington' s disease brain. *Proceedings of the National Academy of Sciences, USA, 100,* 9023–9027.

Cutler, W. B., Friedmann, E., & McCoy, N. L. (1998). Pheromonal influences on sociosexual behavior in men. *Archives of Sexual Behavior, 27,* 1–13.

Cutler, W. B., Preti, G., Krieger, A., Huggins, G. R., Garcia, C. R., & Lawley, H. J. (1986). Human axillary secretions influence women' s menstrual cycles: The role of donor extract from men. *Hormones and Behavior, 20,* 463–473.

Czeisler, C. A., Duffy, J. F., Shanahan, T. L., Brown, E. N., Mitchell, J. F., Rimmer, D. W., et al. (1999). Stability, precision, and near-24-hour period of the human circadian pacemaker. *Science, 284,* 2177–2181.

Czeisler, C. A., Johnson, M. P., Duffy, J. F., Brown, E. N., Ronda, J. M., & Kronauer, R. E. (1990). Exposure to bright light and darkness to treat physiologic maladaptation to night work. *New England Journal of Medicine, 322,* 1253–1259.

Czeisler, C. A., Moore-Ede, M. C., & Coleman, R. M. (1982). Rotating shift work schedules that disrupt sleep are improved by applying circadian principles. *Science, 217,* 460–463.

Czeisler, C. A., Richardson, G. S., Coleman, R. M., Zimmerman, J. C., Moore-Ede, M. C., Dement, W. C., et al. (1981). Chronotherapy: Resetting the circadian clocks of patients with delayed sleep phase insomnia. *Sleep, 4,* 1–21.

Czeisler, C. A., Shanahan, T. L., Klerman, E. B., Martens, H., Brotman, D. J., Emens, J. S., et al. (1995). Suppression of melatonin secretion in some blind patients by exposure to bright light. *New England Journal of Medicine, 332,* 6–11.

Czeisler, C. A., Weitzman, E. D., & Moore-Ede, M. C. (1980). Human sleep: Its duration and organization depend on its circadian phase. *Science, 210,* 1264–1267.

Dabbs, J. J., Jr., Frady, R. L., Carr, T. S., & Besch, N. F. (1987). Saliva testosterone and criminal violence in young adult prison inmates. *Psychosomatic Medicine, 49,* 174–182.

Dabbs, J. J., Jr., & Hargrove, M. F. (1997). Age, testosterone, and behavior among female prison inmates. *Psychosomatic Medicine, 59,* 477–480.

Dabbs, J. M., Jr., Carr, T. S., Frady, R. L., & Riad, J. K. (1995). Testosterone, crime, and misbehavior among 692 male prison inmates. *Personality and Individual Differences, 18,* 627–633.

Dabbs, J. M., Jr., & Mohammed, S. (1992). Male and female salivary testosterone concentrations before and after sexual activity. *Physiology and Behavior, 52,* 195–197.

Dacey, D. M., Llao, H.-W., Peterson, B. B., Robinson, F. R., Smith, V. C., Pokorny, J., et al. (2005). Melanopsin-expressing ganglion cells in primate retina signal colour and irradiance and project to the LGN. *Nature, 433,* 749–754.

Dalgleish, T. (2004). The emotional brain. *Nature Reviews Neuroscience, 5,* 582–589.

Dalley, J. W., Fryer, T. D., Brichard, L., Robinson, E. S. J., Theobald, D. E. H., Lääne, K., et al. (2007). Nucleus accumbens D2/3 receptors predict trait impulsivity and cocaine reinforcement. *Science, 315,* 1267–1270.

Dallos, P., & Cheatham, M. A. (1976). Production of cochlear potentials by inner and outer hair cells. *Journal of the Acoustical Society of America, 60,* 510–512.

Dalton, A. (2005, May/June). Sleepstalking: A child molester pleads unconsciousness. *Legal Affairs*. Retrieved September 20, 2005, from www.legalaffairs.org/issues/May-June-2005/scene_dalton_mayjun05.msp

Dalton, K. (1961). Menstruation and crime. *British Medical Journal, 3,* 1752-1753.

Dalton, K. (1964). *The premenstrual syndrome*. Springfield, IL: Thomas.

Dalton, K. (1980). Cyclical criminal acts in premenstrual syndrome. *Lancet, 2,* 1070-1071.

Dalton, K. M., Nacewicz, B. M., Alexander, A. L., & Davidson, R. J. (2007). Gaze-fixation, brain activation, and amygdala volume in unaffected siblings of individuals with autism. *Biological Psychiatry, 61,* 512-520.

Dalton, R. (2000). NIH cash tied to compulsory training in good behavior. *Nature, 408,* 629.

Daly, M., & Wilson, M. (1988). *Homicide*. New York: Aldine de Gruyter.

Damasio, A. (1994). *Descartes' error: Emotion, reason, and the human brain*. New York: Putnam.

Damasio, A. R. (1985). Prosopagnosia. *Trends in Neurosciences, 8,* 132-135.

Damasio, A. R., Grabowski, T. J., Bechara, A., Damasio, H., Ponto, L. L. B., Parvizi, J., et al. (2000). Subcortical and cortical brain activity during the feeling of self-generated emotions. *Nature Neuroscience, 3,* 1049-1056.

Damasio, H., Grabowski, T., Frank, R., Galaburda, A. M., & Damasio, A. R. (1994). The return of Phineas Gage: Clues about the brain from the skull of a famous patient. *Science, 264,* 1102-1105.

Damasio, H., Grabowski, T. J., Tranel, D., Hichwa, R. D., & Damasio, A. R. (1996). A neural basis for lexical retrieval. *Nature, 380,* 499-505.

Damsma, G., Pfaus, J. G., Wenkstern, D., & Phillips, A. G. (1992). Sexual behavior increases dopamine transmission in the nucleus accumbens and striatum of male rats: Comparison with novelty and locomotion. *Behavioral Neuroscience, 106,* 181-191.

Dandy, J., & Nettelbeck, T. (2002). The relationship between IQ, homework, aspirations and academic achievement for Chinese, Vietnamese and Anglo-Celtic Australian school children. *Educational Psychology, 22,* 267-276.

Daniel, D., Weinberger, D. R., Jones, D. W., Zigun, J. R., Coppola, R., Handel, S., et al. (1991). The effect of amphetamine on regional cerebral blood flow during cognitive activation in schizophrenia. *Journal of Neuroscience, 11,* 1907-1917.

Daniels, D. J., Lenard, N. R., Etienne, C. L., Law, P.-Y., Roerig, S. C., & Portoghese, P. S. (2005). Opioid-induced tolerance and dependence in mice is modulated by the distance between pharmacophores in a bivalent ligand series. *Proceedings of the National Academy of Sciences, USA, 102,* 19208-19213.

Dapretto, M., Davies, M. S., Pfeifer, J. H., Scott, A. A., Sigman, M., Bookheimer, S. Y., et al. (2005). Understanding emotions in others: Mirror neuron dysfunction in children with autism spectrum disorders. *Nature Neuroscience, 9,* 28-30.

Dartnall, H. J. A., Bowmaker, J. K., & Mollon, J. D. (1983). Human visual pigments: Microspectrophotometric results from the eyes of seven persons. *Proceedings of the Royal Society of London, B, 220,* 115-130.

Darwin, C. (1859). *On the origin of species*. London: Murray.

Darwin, C. (1872/1965). *The expression of emotions in man and animals*. New York: University of Chicago Press.

Das, A., & Gilbert, C. D. (1995). Long-range horizontal connections and their role in cortical reorganization revealed by optical recording of cat primary visual cortex. *Nature, 375,* 780-784.

David, A. S., & Prince, M. (2005). Psychosis following head injury: A critical review. *Journal of Neurology and Neurosurgical Psychiatry, 76,* i53-i60.

Davidson, J. M. (1966). Characteristics of sex behavior in male rats following castration. *Animal Behavior, 14,* 266-272.

Davidson, R. J. (1992). Anterior cerebral asymmetry and the nature of emotion. (1992). *Brain Cognition, 20,* 125-151.

Davidson, R. J., Pizzagalli, D., Nitschke, J. B., & Putnam, K. (2002). Depression: Perspectives from affective neuroscience. *Annual Review of Psychology, 53,* 545-574.

Davis, C. M. (1928). Self selection of diet in newly weaned infants: An experimental study. *American Journal of Diseases of Children, 36,* 651-679.

Davis, J. O., Phelps, J. A., & Bracha, H. S. (1995). Prenatal development of monozygotic twins and concordance for schizophrenia. *Schizophrenia Bulletin, 21,* 357-366.

Davis, M. (1992). The role of the amygdala in fear and anxiety. *Annual Review of Neuroscience, 15,* 353-375.

Deacon, T. W. (1990). Rethinking mammalian brain evolution. *American Zoologist, 30,* 629-705.

De Angelis, C., Perrone, G., Santoro, G., Nofroni, I., & Zichella, L. (2003). Suppression of pelvic pain during hysteroscopy with a transcutaneous electrical nerve stimulation device. *Fertility and Sterility, 79,* 1422-1427.

de Balzac, H. (1996). The pleasures and pains of coffee (Robert Onopa, Trans.). *Michigan Quarterly Review, 35,* 273-277. (Original work published 1839)

Debanne, D., Gähwiler, B. H., & Thompson, S. M. (1994). Asynchronous pre- and postsynaptic activity induces associative long-term depression in area CA1 of the rat hippocampus in vitro. *Proceedings of the National Academy of Sciences, USA, 91,* 1148-1152.

De Biasi, S., & Rustioni, A. (1988). Glutamate and substance P coexist in primary afferent terminals in the superficial laminae of spinal cord. *Proceedings of the National Academy of Sciences, USA, 85,* 7820-7824.

de Castro, J. M. (1993). Genetic influences on daily intake and meal patterns of humans. *Physiology and Behavior, 53,* 777-782.

Deep-Brain Stimulation for Parkinson' s Disease Study Group. (2001). Deep-brain stimulation of the subthalamic nucleus or the pars interna of the globus pallidus in Parkinson' s disease. *New England Journal of Medicine, 345,* 956-963.

De Felipe, C., Herrero, J. F., O' Brien, J. A., Palmer, J. A., Doyle, C. A., Smith, A. J. H., et al. (1998). Altered nociception, analgesia and aggression in mice lacking the receptor for substance P. *Nature, 392,* 394-397.

Defining overweight and obesity. (n.d.). Retrieved April 22, 2005, from www.cdc.gov/nccdphp/dnpa/obesity/defining.htm

de Fockert, J. W., Rees, G., Frith, C. D., & Lavie, N. (2001). The role of working memory in visual selective attention. *Science, 291,* 1803-1806.

Degreef, G., Ashtari, M., Bogerts, B., Bilder, R. M., Jody, D. N., Alvir, J., et al. (1992). Volumes of ventricular system subdivisions measured from magnetic resonance images in fi rst-episode schizophrenic patients. *Archives of General Psychiatry, 49,* 531-537.

Dehaene, S. (1997). *The number sense: How the mind creates mathematics.* New York: Oxford University Press.

Dehaene, S., & Cohen, L. (1997). Cerebral pathways for calculation: Double dissociation between rote verbal and quantitative knowledge of arithmetic. *Cortex, 33,* 219-250.

Dehaene, S., & Naccache, L. (2001). Towards a cognitive neuroscience of consciousness: Basic evidence and a workspace framework. *Cognition, 79,* 1-37.

Dehaene, S., Naccache, L., Cohen, L., Le Bihan, D., Mangin, J.-F., Poline, J.-B., et al. (2001). Cerebral mechanisms of word masking and unconscious repetition priming. *Nature Neuroscience, 4,* 752-758.

Dehaene, S., Spelke, E., Pinel, P., Stanescu, R., & Tsivkin, S. (1999). Sources of mathematical thinking: Behavioral and brain-imaging evidence. *Science, 284,* 970-974.

de Jonge, F. H., Louwerse, A. L., Ooms, M. P., Evers, P., Endert, E., & Van de Poll, N. E. (1989). Lesions of the SDN-POA inhibit sexual behavior of male Wistar rats. *Brain Research Bulletin, 23,* 483-492.

de Jonge, F. H., Oldenburger, W. P., Louwerse, A. L., & Van de Poll, N. E. (1992). Changes in male copulatory behavior after sexual exciting stimuli: Effects of medial amygdala lesions. *Physiology and Behavior, 52,* 327-332.

de Lacoste, M. C., Holloway, R. L., & Woodward, D. J. (1986). Sex differences in the fetal human corpus callosum. *Human Neurobiology, 5,* 93-96.

de Lacoste-Utamsing, C., & Holloway, R. L. (1982). Sexual dimorphism in the human corpus callosum. *Science, 216,* 1431-1432.

de la Fuente-Fernández, R., Ruth, T. J., Sossi, V., Schulzer, M., Calne, D. B., & Stoessl, A. J. (2001). Expectation and dopamine release: Mechanism of the placebo effect in Parkinson' s disease. *Science, 293,* 1164-1166.

de Leon, J. (1996). Smoking and vulnerability for schizophrenia. *Schizophrenia Bulletin, 22,* 405-409.

de Leon, M. J., Convit, A., Wolf, O. T., Tarshish, C. Y., DeSanti, S., Rusinek, H., et al. (2001). Prediction of cognitive decline in normal elderly subjects with 2-[18F]fluoro-2-deoxy-D-glucose/ positronemission tomography (FDG/PET). *Proceedings of the National Academy of Sciences, USA, 98,* 10966-10971.

DeLong, M. R. (2000). The basal ganglia. In E. R. Kandel, J. H. Schwartz, & T. M. Jessell (Eds.), *Principles of neural science* (4th ed., pp. 853-867). New York: McGraw-Hill.

DeLuca, G. C., Ebers, G. C., & Esiri, M. M. (2004). Axonal loss in multiple sclerosis: A pathological survey of the corticospinal and sensory tracts. *Brain, 127,* 1009-1018.

De Luca, V., Wang, H., Squassina, A., Wong, G. W. H., Yeomans, J., & Kennedy, J. L. (2004). Linkage of M5 muscarinic and a7-nicotinic receptor genes on 15q13 to schizophrenia. *Neuropsychobiology, 50,* 124-127.

De Luca, V., Wong, A. H. C., Muller, D. J., Wong, G. W. H., Tyndale, R. F., & Kennedy, J. L. (2004). Evidence of association between smoking and a7 nicotinic receptor subunit gene in schizophrenia patients. *Neuropsychopharmacology, 29,* 1522-1526.

Dement, W. (1960). The effect of dream deprivation. *Science, 131,* 1705-1707.

Demicheli, V., Jefferson, T., Rivetti, A., & Price, D. (2005). *Vaccines for measles, mumps and rubella in children.* Retrieved October 10, 2005, from The Cochrane Library, www.mrw.interscience.wiley.com/cochrane/clsysrev/articles/CD004407/frame.html

Denburg, N. L., Tranel, D., & Bechara, A. (2005). The ability to decide advantageously declines prematurely in some normal older persons. *Neuropsychologia, 43,* 1099-1106.

Denissenko, M. F., Pao, A., Tang, M., & Pfeifer, G. P. (1996). Preferential formation of Benzo[α]pyrene adducts at lung cancer mutational hotspots in P53. *Science, 274,* 430-432.

Deol, M. S., & Gluecksohn-Waelsch, S. (1979). The role of inner hair cells in hearing. *Nature, 278,* 250-252.

Depression Guideline Panel. (1993). *Clinical practice guideline number 5: Depression in primary care II* (AHRQ

Publication No. 93-0551). Rockville, MD: U.S. Department of Health and Human Services.

Depue, R. A., & Iacono, W. G. (1989). Neurobehavioral aspects of affective disorders. *Annual Review of Psychology, 40,* 457-492.

De Quervain, D. J.-F., & Papassotiropoulos, A. (2006). Identification of a genetic cluster influencing memory performance and hippocampal activity in humans. *Proceedings of the National Academy of Sciences, USA, 103,* 4270-4274.

Derogatis, L. R., Abeloff, M. D., & Melisaratos, N. (1979). Psychological coping mechanisms and survival time in metastatic breast cancer. *Journal of the American Medical Association, 242,* 1504-1508.

Descartes, R. (1984). Treatise on man (J. Cottingham, R. Stoothoff, & D. Murdoch, Trans.). *The philosophical writings of Descartes.* New York: Cambridge University Press. (Original work published about 1662)

Deshpande, D. M., Kim, Y.-S., Martinez, T., Carmen, J., Dike, S., Shats, I., et al. (2006). Recovery from paralysis in adult rats using embryonic stem cells. *Annals of Neurology, 60,* 32-44.

Desimone, R., Albright, T. D., Gross, C. G., & Bruce, C. (1984). Stimulus-selective properties of inferior temporal neurons in the macaque. *Journal of Neuroscience, 4,* 2051-2062.

D' Esposito, M., & Postle, B. R. (1999). The dependence of span and delayed response performance on prefrontal cortex. *Neuropsychologia, 37,* 1303-1315.

De Stefano, N., Matthews, P. M., Filippi, M., Agosta, F., De Luca, M., Bartolozzi, M. L., et al. (2003). Evidence of early cortical atrophy in MS. *Neurology, 60,* 1157-1162.

Deutsch, J. A. (1983). The cholinergic synapse and the site of memory. In J. A. Deutsch (Ed.), *The physiological basis of memory* (pp. 367-386). New York: Academic Press.

Deutsch, S. I., Rosse, R. B., Schwartz, B. L., Weizman, A., Chilton, M., Arnold, D. S., et al. (2005). Therapeutic implications of a selective a7 nicotinic receptor abnormality in schizophrenics. *Israeli Journal of Psychiatry and Related Sciences, 42,* 33-44.

De Valois, R. L. (1960). Color vision mechanisms in the monkey. *Journal of General Physiology, 43,* 115-128.

De Valois, R. L., Abramov, I., & Jacobs, G. H. (1966). Analysis of response patterns of LGN cells. *Journal of the Optical Society of America, 56,* 966-977.

De Valois, R. L., Thorell, L. G., & Albrecht, D. G. (1985). Periodicity of striate-cortex-cell receptive fields. *Journal of the Optical Society of America, 2,* 1115-1123.

Devanand, D. P., Dwork, A. J., Hutchinson, E. R., Bolwig, T. G, & Sackeim, H. A. (1994). Does ECT alter brain structure? *American Journal of Psychiatry, 151,* 957-970.

Devane, W. A., Hanus, L., Breuer, A., Pertwee, R. G., Stevenson, L. A., Griffin, G., et al. (1992). Isolation and structure of a brain constituent that binds to the cannabinoid receptor. *Science, 258,* 1946-1949.

Devinsky, O., Morrell, M. J., & Vogt, B. A. (1995). Contributions of anterior cingulate cortex to behaviour. *Brain, 118,* 279-306.

Dew, M. A., Reynolds, C. F., III, Buysse, D. J., Houck, P. R., Hoch, C. C., Monk, T. H., et al. (1996). Electroencephalographic sleep profiles during depression. Effects of episode duration and other clinical and psychosocial factors in older adults. *Archives of General Psychiatry, 53,* 148-156.

Dhond, R. P., Buckner, R. L., Dale, A. M., Marinkovic, K., & Halgren, E. (2001). Spatiotemporal maps of brain activity underlying word generation and their modification during repetition priming. *Journal of Neuroscience, 21,* 3564-3571.

Diamond, J. (1992). Turning a man. *Discover, 13,* 71-77.

Diamond, M. (1965). A critical evaluation of the ontogeny of human sexual behavior. *Quarterly Review of Biology, 40,* 147-175.

Diamond, M., & Sigmundson, H. K. (1997). Sex reassignment at birth: Long-term review and clinical implications. *Archives of Pediatric and Adolescent Medicine, 151,* 298-304.

Diamond, M. C., Scheibel, A. B., Murphy, G. M., Jr., & Harvey, T. (1985). On the brain of a scientist: Albert Einstein. *Experimental Neurology, 88,* 198-204.

Di Chiara, G. (1995). The role of dopamine in drug abuse viewed from the perspective of its role in motivation. *Drug and Alcohol Dependence, 38,* 95-137.

Dietrich, T., Krings, T., Neulen, J., Willmes, K., Erberich, S., Thron, A., et al. (2001). Effects of blood estrogen level on cortical activation patterns during cognitive activation as measured by functional MRI. *NeuroImage, 13,* 425-432.

DiFiglia, M., Sapp, E., Chase, K. O., Davies, S. W., Bates, G. P., Vonsattel, J. P., et al. (1997). Aggregation of huntingtin in neuronal intranuclear inclusions and dystrophic neurites in brain. *Science, 277,* 1990-1993.

DiLalla, L. F., & Gottesman, I. I. (1991). Biological and genetic contributors to violence:Widom' s untold tale. *Psychological Bulletin, 109,* 125-129.

Dimitrijevic, M. R., Gerasimenko, Y., & Pinter, M. M. (1998). Evidence for a spinal central pattern generator in humans. *Annals of the New York Academy of Sciences, 860,* 360-376.

Di Pellegrino, G., & Wise, S. P. (1993). Effects of attention on visuomotor activity in the premotor and prefrontal cortex of a primate. *Somatosensory and Motor Research, 10,* 245-262.

di Tomaso, E. , Beltramo, M., & Piomelli, D. (1996). Brain cannabinoids in chocolate. *Nature, 382,* 677-678.

Dkhissi-Benyahya, O., Rieux, C., Hut, R. A., & Cooper, H. M. (2006). Immunohistochemical evidence of a melanopsin cone in human retina. *Investigative Ophthalmology & Visual Science, 47,* 1636-1641.

Dobelle, W., Antunes, J. L., Coiteiro, D., & Girvin, J. (n.d.). *The first artificial vision systems in commercial distribution.* Retrieved June 20, 2005, from www.artificialvision.com/news.html

Dobelle, W. H. (2000). Artificial vision for the blind by connecting a television camera to the visual cortex. *American Society for Artificial Internal Organs Journal, 46,* 3-9.

Dodd, M. L., Klos, K. J., Bower, J. H., Geda, Y. E., Josephs, K. A., & Ahlskog, M. E. (2005). Pathological gambling caused by drugs used to treat Parkinson disease. *Archives of Neurology, 62,* 1-5.

Dollfus, S., Everitt, B., Ribeyre, J. M., Assouly-Besse, F., Sharp, C., & Petit, M. (1996). Identifying subtypes of schizophrenia by cluster analysis. *Schizophrenia Bulletin, 22,* 545-555.

Dominguez, J. M., & Hull, E. M. (2001). Stimulation of the medial amygdala enhances medial preoptic dopamine release: Implications for male rat sexual behavior. *Brain Research, 917,* 225-229.

d'Orbán, P. T., & Dalton, J. (1980). Violent crime and the menstrual cycle. *Psychological Medicine, 10,* 353-359.

Doria, J. J. (1995). Gene variability and vulnerability to alcoholism. *Alcohol Health and Research World, 19,* 245-248.

Dörner, G. (1974). Sex-hormone-dependent brain differentiation and sexual functions. In G. Dörner (Ed.), *Endocrinology of sex* (pp. 30-37). Leipzig, Germany: J. A. Barth.

Dörner, G. (1988). Neuroendocrine response to estrogen and brain differentiation in heterosexuals, homosexuals, and transsexuals. *Archives of Sexual Behavior, 17,* 57-75.

Do Rosario-Campos, M. C., Leckman, J. F., Curi, M., Quatrano, S., Katsovitch, L., Miguel, E. C., et al. (2005). A family study of early-onset obsessive-compulsive disorder. *American Journal of Medical Genetics, Part B, 136,* 92-97.

Doughty, C. J., Wells, J. E., Joyce, P. R., & Walsh, A. E. (2004). Bipolar-panic disorder comorbidity within bipolar disorder families: A study of siblings. *Bipolar Disorders, 6,* 245-252.

Dowling, J. E., & Boycott, B. B. (1966). Organization of the primate retina. *Proceedings of the Royal Society of London, B, 166,* 80-111.

Dreifus, C. (1996, February 4). And then there was Frank. *New York Times Magazine,* 23-25.

Drevets, W. C., Price, J. L., Simpson, J. R., Todd, R. D., Reich, T., Vannier, M., et al. (1997). Subgenual prefrontal cortex abnormalities in mood disorders. *Nature, 386,* 824-827.

Drevets, W. C., & Raichle, M. E. (1995). Positron emission tomographic imaging studies of human emotional disorders. In M. S. Gazzaniga (Ed.), *The cognitive neurosciences* (pp. 1153-1164). Cambridge, MA: MIT Press.

Drevets, W. C., Videen, T. O., Price, J. L., Preskorn, S. H., Carmichael, S. T., & Raichle, M. E. (1992). A functional anatomical study of unipolar depression. *Journal of Neuroscience, 12,* 3628-3641.

Driver, J., & Mattingley, J. B. (1998). Parietal neglect and visual awareness. *Nature Neuroscience, 1,* 17-22.

Dronkers, N. F., Pinker, S., & Damasio, A. (2000). Language and the aphasias. In E. R. Kandel, J. H. Schwartz, & T. M. Jessell (Eds.), *Principles of neural science* (4th ed., pp. 1169-1187). New York: McGraw-Hill.

Dryden, S., Wang, O., Frankish, H. M., Pickavance, L., & Williams, G. (1995). The serotonin (5-HT) antagonist methysergide increases neuropeptide Y (NPY) synthesis and secretion in the hypothalamus of the rat. *Brain Research, 699,* 12-18.

D'Sa, C., & Duman, R. S. (2002). Antidepressants and neuroplasticity. *Bipolar Disorders, 4,* 183-194.

Duarte, C. B., Santos, P. F., & Carvalho, A. P. (1999). Corelease of two functionally opposite neurotransmitters by retinal amacrine cells: Experimental evidence and functional significance. *Journal of Neuroscience Research, 58,* 475-479.

Dudai, Y. (2004). The neurobiology of consolidations, or, how stable is the engram? *Annual Review of Psychology, 55,* 51-86.

Dudek, S. M., & Bear, M. F. (1992). Homosynaptic long-term depression in area CA1 of hippocampus and effects of *N*-methyl-D-aspartate receptor blockade. *Proceedings of the National Academy of Sciences, USA, 89,* 4363-4367.

Dujardin, K., Guerrien, A., & Leconte, P. (1990). Sleep, brain activation and cognition. *Physiology and Behavior, 47,* 1271-1278.

Duncan, J., Burgess, P., & Emslie, H. (1995). Fluid intelligence after frontal lobe lesions. *Neuropsychologia, 33,* 261-268.

Duncan, J., Seitz, R. J., Kolodny, J., Bor, D., Herzog, H., Ahmed, A., et al. (2000). A neural basis for general intelligence. *Science, 289,* 457-460.

Durand, V. M., & Barlow, D. H. (2006). *Essentials of abnormal psychology* (4th ed.). Belmont, CA: Thomson Wadsworth.

Dutton, D. G., & Aron, A. P. (1974). Some evidence for heightened sexual attraction under conditions of high anxiety. *Journal of Personality and Social Psychology, 30,* 510-517.

Eagly, A. H. (1995). The science and politics of comparing women and men. *American Psychologist, 50,* 145-158.

Earnest, D. J., Liang, F.-Q., Ratcliff, M., & Cassone, V. M. (1999). Immortal time: Circadian clock properties of rat suprachiasmatic cell lines. *Science, 283,* 693-695.

Edenberg, H. J., Dick, D. M., Xuei, X., Tian, H., Almasy, L.,

Bauer, L. O., et al. (2004). Variations in *GABRA2*, encoding the 2α-subunit of the GABAA receptor, are associated with alcohol dependence and with brain oscillations. *American Journal of Human Genetics, 74,* 705–714.

Ehrsson, H. H., Spence, C., & Passingham, R. E. (2004). That's my hand! Activity in premotor cortex reflects feeling of ownership of a limb. *Science, 305,* 875–877.

Ehtesham, M., Kabos, P., Kabosova, A., Neuman, T., Black, K. L., & Yu, J. S. (2002). The use of interleukin 12-secreting neural stem cells for the treatment of intracranial glioma. *Cancer Research, 62,* 5657–5663.

Eksioglu, Y. Z., Scheffer, I. E., Cardenas, P., Knoll, J., DiMario, F., Ramsby, G., et al. (1996). Periventricular heterotopia: An x-linked dominant epilepsy locus causing aberrant cerebral cortical development. *Neuron, 16,* 77–87.

Ellis, L., & Ames, M. A. (1987). Neurohormonal functioning and sexual orientation: A theory of homosexuality-heterosexuality. *Psychological Bulletin, 101,* 233–258.

Elmquist, J. K. (2001). Hypothalamic pathways underlying the endocrine, autonomic, and behavioral effects of leptin. *Physiology and Behavior, 74,* 703–708.

Enard, W., Khaitovich, P., Klose, J., Zöllner, S., Heissig, F., Giavalisco, P., et al. (2002). Intra- and interspecific variation in primate gene expression patterns. *Science, 296,* 340–343.

Enard, W., Przeworski, M., Fisher, S. E., Lai, C. S. L., Wiebe, V., Kitano, T., et al. (2002). Molecular evolution of *FOXP2*, a gene involved in speech and language. *Nature, 418,* 869–872.

Engel, A. K., König, P., Kreiter, A. K., & Singer, W. (1991). Interhemispheric synchronization of oscillatory neuronal responses in cat visual cortex. *Science, 252,* 1177–1179.

Engel, A. K., Kreiter, A. K., Konig, P., & Singer, W. (1991). Synchronization of oscillatory neuronal responses between striate and extrastriate visual cortical areas of the cat. *Proceedings of the National Academy of Sciences, USA, 88,* 6048–6052.

Engert, F., & Bonhoeffer, T. (1999). Dendritic spine changes associated with hippocampal long-term synaptic plasticity. *Nature, 399,* 66–70.

Enoch, M.-A. (2006). Genetic and environmental influences on the development of alcoholism: Resilience *vs.* risk. *Annals of the New York Academy of Sciences, 1094,* 193–201.

Enriori, P. J., Evans, A. E., Sinnayah, P., Jobst, E. E., Tonelli-Lemos, L., Billes, S. K., et al. (2007). Diet-induced obesity causes severe but reversible leptin resistance in arcuate melanocortin neurons. *Cell Metabolism, 5,* 181–194.

Ernst, M., Zametkin, A. J., Matochik, J. A., Jons, P. H., & Cohen, R. M. (1998). DOPA decarboxylase activity in attention-deficit/ hyperactivity disorder adults. A [fluorine-18]fluorodopa positron emission tomographic study. *Journal of Neuroscience, 18,* 5901–5907.

Ernulf, K. E., Innala, S. M., & Whitam, F. L. (1989). Biological explanation, psychological explanation, and tolerance of homosexuals: A cross-national analysis of beliefs and attitudes. *Psychological Reports, 65,* 1003–1010.

Evans, D. A., Funkenstein, H. H., Albert, M. S., Scherr, P. A., Cook, N. R., Chown, M. J., et al. (1989). Prevalence of Alzheimer's disease in a community population of older persons. Higher than previously reported. *Journal of the American Medical Association, 262,* 2551–2556.

Evarts, E. V. (1979, March). Brain mechanisms of movement. *Scientific American, 241,* 164–179.

Everitt, B. J., & Robbins, T. W. (1997). Central cholinergic systems and cognition. *Annual Review of Psychology, 48,* 649–684.

Faedda, G. L., Tondo, L., Teicher, M. H., Baldessarini, R. J., Gelbard, H. A., & Floris, G. F. (1993). Seasonal mood disorders: Patterns of seasonal recurrence in mania and depression. *Archives of General Psychiatry, 50,* 17–23.

Fagot, B. I. (1978). The influence of sex of child on parental reactions to toddler children. *Child Development, 49,* 459–465.

Fahle, M., & Daum, I. (1997). Visual learning and memory as functions of age. *Neuropsychologia, 35,* 1583–1589.

Faigel, H. C., Szuajderman, S., Tishby, O., Turel, M., & Pinus, U. (1995). Attention-deficit disorder during adolescence: A review. *Journal of Adolescent Health, 16,* 174–184.

Falk, D., Froese, N., Sade, D. S., & Dudek, B. C. (1999). Sex differences in brain/body relationships of Rhesus monkeys and humans. *Journal of Human Evolution, 36,* 233–238.

Falzi, G., Perrone, P., & Vignolo, L. A. (1982). Right-left asymmetry in anterior speech region. *Archives of Neurology, 39,* 239–240.

Fambrough, D. M., Drachman, D. B., & Satyamurti, S. (1973). Neuromuscular junction in myasthenia gravis: Decreased acetylcholine receptors. *Science, 182,* 293–295.

Fancher, R. E. (1979). *Pioneers of psychology*. New York: W. W. Norton.

Faraone, S. V., Doyle, A. E., Mick, E., & Biederman, J. (2001). Meta-analysis of the association between the 7-repeat allele of the dopamine D_4 receptor gene and attention-deficit/hyperactivity disorder. *American Journal of Psychiatry, 158,* 1052–1057.

Farooqi, I. S., Matarese, G., Lord, G. M., Keogh, J. M., Lawrence, E., Agwu, C., et al. (2002). Beneficial effects of leptin on obesity, T cell hyporesponsiveness, and neuroendocrine/metabolic dysfunction of human congenital leptin deficiency. *Journal of Clinical Investigation, 110,* 1093–1103.

Farrer, C., Franck, N., Georgieff, N., Frith, C. D., Decety, J., &

Jeannerod, M. (2003). Modulating the experience of agency. *NeuroImage, 18,* 324-333.

Farrer, C., & Frith, C. D. (2002). Experiencing oneself vs another person as being the cause of an action: The neural correlates of the experience of agency. *NeuroImage, 15,* 596-603.

Fatemi, S. H., Earle, J. A., & McMenomy, T. (2000). Reduction in Reelin immunoreactivity in hippocampus of subjects with schizophrenia, bipolar disorder and major depression. *Molecular Psychiatry, 5,* 654-663.

Fausto-Sterling, A. (1993, March/April). The five sexes: Why male and female are not enough. *The Sciences,* 20-25.

Fawzy, F. I., Fawzy, N. W., Hyun, C. S., Elashoff, R., Guthrie, D., Fahey, J. L., et al. (1993). Malignant melanoma: Effects of an early structured psychiatric intervention, coping, and affective state on recurrence and survival 6 years later. *Archives of General Psychiatry, 50,* 681-689.

FDA approves memantine (Namenda) for Alzheimer' s disease. (2003, October 17). U.S. Food and Drug Administration. Retrieved August 27, 2007, from www.fda.gov/bbs/topics/NEWS/2003/NEW00961.html

FDA panel rejects drug for obesity. (2007, June 14). U.S. Food and Drug Administration. Retrieved August 1, 2007 from www.query.nytimes.com/gst/fullpage.html?sec=health&res=9C0CE7 D9143FF937A25755C0A9619C8B63&n=Top%2fReference%2fTimes%20Topics%2fOrganizations%2fF%2fFood%20And %20Drug%20Administration%20

Feinberg, T. E. (2001). *Altered egos: How the brain creates the self.* New York: Oxford University Press.

Ferguson-Smith, M. A., & Ferris, E. A. (1991). Gender verification in sport: The need for change? *British Journal of Sports Medicine, 25,* 17-20.

Fergusson, D., Doucette, S., Glass, K. C., Shapiro, S., Healy, D., Hebert, P., et al. (2005). Association between suicide attempts and selective serotonin reuptake inhibitors: Systematic review of randomised controlled trials. *British Medical Journal, 330,* 396-402.

Fergusson, D. M., Woodward, L. J., & Horwood, L. J. (1998). Maternal smoking during pregnancy and psychiatric adjustment in late adolescence. *Archives of General Psychiatry, 55,* 721-727.

Fernández, G., Effern, A., Grunwald, T., Pezer, N., Lehnertz, K., Dümpelmann, M., et al. (1999). Real-time tracking of memory formation in the human rhinal cortex and the hippocampus. *Science, 285,* 1582-1585.

Féon, F., Perry, C., Cochrane, J., Licina, P., Nowitzke, A., Urquhart, S., et al. (2005). Autologous olfactory ensheathing cell transplantation in human spinal cord injury. *Brain, 128,* 2951-2960.

Ferrari, P. F, Gallese, V., Rizzolatti, G., & Fogassi, L. (2003). Mirror neurons responding to the observation of ingestive and communicative mouth actions in the monkey ventral premotor cortex. *European Journal of Neuroscience, 17,* 1703-1714.

Fertuck, H. C., & Salpeter, M. M. (1974). Localization of acetylcholine receptor by 1251-labeled alpha-bungarotoxin binding at mouse motor endplates. *Proceedings of the National Academy of Sciences, USA, 71,* 1376-1378.

Fibiger, H. C., LePiane, F. G., Jakubovic, A., & Phillips, A. G. (1987). The role of dopamine in intracranial self-stimulation of the ventral tegmental area. *Journal of Neuroscience, 7,* 3888-3896.

Field, A. E., Coakley, E. H., Must, A., Spadano, J. L., Laird, N., Dietz, W. H., et al. (2001). Impact of overweight on the risk of developing common chronic diseases during a 10-year period. *Archives of Internal Medicine, 161,* 1581-1586.

Fiez, J. (1996). Cerebellar contributions to cognition. *Neuron, 16,* 13-15.

Fike, M. L. (1990). Clinical manifestations in persons with multiple personality disorder. *American Journal of Occupational Therapy, 44,* 984-990.

Finkelstein, E. A., Fiebelkorn, I. C., & Wang, G. (2004). State-level estimates of annual medical expenditures attributable to obesity. *Obesity Research, 12,* 18-24.

Fiorino, D. F., Coury, A., & Phillips, A. G. (1997). Dynamic changes in nucleus accumbens dopamine efflux during the Coolidge effect in male rats. *Journal of Neuroscience, 17,* 4849-4855.

Fisher, S. E., Francks, C., McCracken, J. T., McGough, J. J., Marlow, A. J., MacPhie, I. L., et al. (2002). A genomewide scan for loci involved in attention-deficit/hyperactivity disorder. *American Journal of Human Genetics, 70,* 1183-1196.

Fiske, D. W., & Maddi, S. R. (1961). A conceptual framework. In D. W. Fiske & S. R. Maddi (Eds.), *Functions of varied experience* (pp. 11-56). Homewood, IL: Dorsey Press.

Fitzsimons, J. T. (1998). Angiotensin, thirst, and sodium appetite. *Physiological Reviews, 78,* 583-686.

Fitzsimons, J. T., & Moore-Gillon, M. J. (1980). Drinking and antidiuresis in response to reductions in venous return in the dog: Neural and endocrine mechanisms. *Journal of Physiology, 308,* 403-416.

Flam, F. (2002, March 3). Genetic screening of fetuses raises questions about ethics. *San Luis Obispo Tribune,* p. A18.

Flegal, K. M., Graubard, B. I., Williamson, D. F., & Gail, M. H. (2005). Excess deaths associated with underweight, overweight, and obesity. *Journal of the American Medical Association, 293,* 1861-1867.

Fleischer, J. G., Gally, J. A., Edelman, G. M., & Krichmar, J. L.

(2007). Retrospective and prospective responses arising in a modeled hippocampus during maze navigation by a brain-based device. *Proceedings of the National Academy of Sciences USA, 104,* 3556-3561.

Fleming, R., Baum, A., Gisriel, M. M., & Gatchel, R. J. (1982). Mediating influences of social support on stress at Three Mile Island. *Journal of Human Stress, 8,* 14-22.

Flood, J. F., & Morley, J. E. (1991). Increased food intake by neuropeptide Y is due to an increased motivation to eat. *Peptides, 12,* 1329-1332.

Flor, H., Elbert, T., Knecht, S., Wienbruch, C., Pantev, C., Birbaumer, N., et al. (1995). Phantom-limb pain as a perceptual correlate of cortical reorganization following arm amputation. *Nature, 375,* 482-484.

Flynn, J. R. (1987). Massive IQ gains in 14 nations: What IQ tests really measure. *Psychological Bulletin, 101,* 171-191.

Folstein, S. E., & Piven, J. (1991, June). Etiology of autism: Genetic infl uences. *Pediatrics, 87,* 767-773.

Foster, R. G. (2005). Neurobiology: Bright blue times. *Nature, 433,* 698-699.

Fouts, R. S., Fouts, D. S., & Schoenfeld, D. (1984). Sign language conversational interactions between chimpanzees. *Sign Language Studies, 42,* 1-12.

Fowler, J. S., Volkow, N. D., Wang, G.-J., Pappas, N., Logan, J., MacGregor, R., et al. (1996). Inhibition of monoamine oxidase B in the brains of smokers. *Nature, 379,* 733-736.

Fowler, R. (1986). Howard Hughes: A psychological autopsy. *Psychology Today, May,* 22-33.

Fowles, D. C. (1992). Schizophrenia: Diathesis-stress revisited. *Annual Review of Psychology, 43,* 303-336.

Fox, J. W., Lamperti, E. D., Eksioglu, Y. Z., Hong, S. E., Feng, Y., Graham, D. A., et al. (1998). Mutations in *filamin 1* prevent migration of cerebral cortical neurons in human periventricular heterotopia. *Neuron, 21,* 1315-1325.

Fox, N. C., Crum, W. R., Scahill, R. I., Stevens, J. M., Janssen, J. C., & Rossor, M. N. (2001). Imaging of onset and progression of Alzheimer' s disease with voxel-compression mapping of serial magnetic resonance images. *Lancet, 358,* 201-205.

Francis, H. W., Koch, M. E., Wyatt, J. R., & Niparko, J. K. (1999). Trends in educational placement and cost-benefit considerations in children with cochlear implants. *Archives of Otolaryngology: Head and Neck Surgery, 125,* 499-505.

Frankland, P. W., O' Brien, C., Ohno, M., Kirkwood, A., & Silva, A. J. (2001). α-CaMKII-dependent plasticity in the cortex is required for permanent memory. *Nature, 411,* 309-313.

Fratiglioni, L., & Wang, H. X. (2000). Smoking and Parkinson' s and Alzheimer' s disease: Review of the epidemiological studies. *Behavioral Brain Research, 113,* 117-120.

Frayling, T. M., Timson, N. J., Weedon, M. N., Zeggini, E., Freathy, R. M., Lindgren, C., et al. (2007). A common variant in the *FTO* gene is associated with body mass index and predisposes to childhood and adult obesity. *Science, 316,* 889-894.

Freed, C. R., Greene, P. E., Breeze, R. E., Tsai, W.-Y., DuMouchel, W., Kao, R., et al. (2001). Transplantation of embryonic dopamine neurons for severe Parkinson' s disease. *New England Journal of Medicine, 344,* 710-719.

Freed, W. J., de Medinaceli, L., & Wyatt, R. J. (1985). Promoting functional plasticity in the damaged nervous system. *Science, 227,* 1544-1552.

Freedman, D. J., Riesenhuber, M., Poggio, T., & Miller, E. K. (2001). Categorical representation of visual stimuli in the primate prefrontal cortex. *Science, 291,* 312-316.

Freedman, M. S., Lucas, R. J., Soni, B., von Schantz, M., Muñoz, M., David-Gray, Z., et al. (1999). Regulation of mammalian circadian behavior by non-rod, non-cone ocular photoreceptors. *Science, 284,* 502-504.

Freeman, T. B., Cicchetti, F., Hauser, R. A., Deacon, T. W., Li, X.-J., Hersch, S. M., et al. (2000). Transplanted fetal striatum in Huntington' s disease: Phenotypic development and lack of pathology. *Proceedings of the National Academy of Sciences, USA, 97,* 13877-13882.

French, E. D. (1994). Phencyclidine and the midbrain dopamine system: Electrophysiology and behavior. *Neurotoxicology and Teratology, 16,* 355-362.

French roast. (1996, July). *Harper's Magazine, 293,* 28-30.

French, S. J., & Cecil, J. E. (2001). Oral, gastric, and intenstinal infl uences on human feeding. *Physiology and Behavior, 74,* 729-734.

Freud, S. (1900). *The interpretation of dreams.* London: Hogarth.

Friebely, J., & Rako, S. (2004). Pheromonal influences on sociosexual behavior in postmenopausal women. *Journal of Sex Research, 41,* 372-380.

Fried, P. A. (1995). The Ottawa Prenatal Prospective Study (OPPS): Methodological issues and findings-it' s easy to throw the baby out with the bath water. *Life Sciences, 56,* 23-24.

Fried, P., Watkinson, B., James, D., & Gray, R. (2002). Current and former marijuana use: Preliminary findings of a longitudinal study of effects on IQ in young adults. *Canadian Medical Association Journal, 166,* 887-891.

Friedel, S., Saar, K., Sauer, S., Dempfle, A., Walitza, S., Renner, T., et al. (2007). Association and linkage of allelic variants of the dopamine transporter gene in ADHD. *Molecular Psychiatry, 12,* 923-933.

Frisch, H. L. (1977). Sex stereotypes in adult-infant play. *Child Development, 48,* 1671-1675.

Frith, C., & Dolan, R. (1996). The role of the prefrontal cortex in higher cognitive functions. *Cognitive Brain Research, 5,*

175–181.

Frith, U. (1993, June). Autism. *Scientific American, 268,* 108–114.

Frith, U., Morton, J., & Leslie, A. M. (1991). The cognitive basis of a biological disorder: Autism. *Trends in Neuroscience, 14,* 433–438.

Fritsch, G., & Hitzig, E. (1870). über die elektrische Erregbarkeit des Grosshirns [Concerning the electrical stimulability of the cerebrum]. *Archiv für Anatomie Physiologie und Wissenschaftliche Medicin, 37,* 300–332.

Fritschy, J.-M., & Grzanna, R. (1992). Degeneration of rat locus coeruleus neurons is not accompanied by an irreversible loss of ascending projections. *Annals of the New York Academy of Sciences, 648,* 275–278.

From neurons to thoughts: Exploring the new frontier. (1998). *Nature Neuroscience, 1,* 1–2.

Fukuda, M., Mentis, M. J., Ma, Y., Dhawan, V., Antonini, A., Lang, A. E., et al. (2001). Networks mediating the clinical effects of pallidal brain stimulation for Parkinson' s disease. *Brain, 124,* 1601–1609.

Furukawa, S., Xu, L., & Middlebrooks, J. C. (2000). Coding of sound-source location by ensembles of cortical neurons. *Journal of Neuroscience, 20,* 1216–1228.

Fuster, J., & Jervey, J. P. (1981). Inferotemporal neurons distinguish and retain behaviorally relevant features of visual stimuli. *Science, 212,* 952–955.

Fuster, J. M. (1989). *The prefrontal cortex: Anatomy, physiology, and neuropsychology of the frontal lobe* (2nd ed.). New York: Raven Press.

Gabrieli, J. D. E. (1998). Cognitive neuroscience of human memory. *Annual Review of Psychology, 49,* 87–115.

Gackenbach, J., & Bosveld, J. (1989). *Control your dreams.* New York: Harper & Row.

Gage, F. H. (2000). Mammalian neural stem cells. *Science, 287,* 1433–1438.

Gainotti, G. (1972). Emotional behavior and hemispheric side of lesion. *Cortex, 8,* 41–55.

Gainotti, G., Caltagirone, C., & Zoccolotti, P. (1993). Left/right and cortical/subcortical dichotomies in the neuropsychological study of human emotions. *Cognition and Emotion, 7,* 71–94.

Galaburda, A. M. (1993). Neurology of developmental dyslexia. *Current Opinion in Neurobiology, 3,* 237–242.

Galaburda, A., & Livingstone, M. (1993). Evidence for a magnocellular defect in developmental dyslexia. *Annals of the New York Academy of Sciences, 682,* 70–82.

Gallese, V., & Goldman, A. (1998). Mirror neurons and the simulation theory of mind-reading. *Trends in Cognitive Sciences, 2,* 493–501.

Gallup, G. G. (1983). Toward a comparative psychology of mind. In R. L. Mellgren (Ed.), *Animal cognition and behavior* (pp. 473–510). New York: North-Holland.

Gallup, G., Jr., & Povinelli, D. J. (1998). Can animals empathize? *Scientific American Presents, Winter,* 66–75.

Galton, F. (1883). *Inquiries into human faculty and its development.* London: Macmillan.

Gangestad, S. W., & Thornhill, R. (1998). Menstrual cycle variation in women' s preferences for the scent of symmetrical men. *Proceedings of the Royal Society of London, B, 265,* 927–933.

Gannon, P. J., Holloway, R. L., Broadfield, D. C., & Braun, A. R. (1998). Asymmetry of chimpanzee planum temporale: Human-like pattern of Wernicke' s brain language area homolog. *Science, 279,* 220–222.

Garavan, H., Pankiewicz, J., Bloom, A., Cho, J.-K., Sperry, L., Ross, T. J., et al. (2000). Cue-induced cocaine craving: Neuroanatomical specificity for drug users and drug stimuli. *American Journal of Psychiatry, 157,* 1789–1798.

Garb, J. L., & Stunkard, A. J. (1974). Taste aversions in man. *American Journal of Psychiatry, 131,* 1204–1207.

Garbutt, J. C., West, S. L., Carey, T. S., Lohr, K. N., & Crews, F. T. (1999). Pharmacological treatment of alcohol dependence: A review of the evidence. *Journal of the American Medical Association, 281,* 1318–1325.

Garcia-Velasco, J., & Mondragon, M. (1991). The incidence of the vomeronasal organ in 1000 human subjects and its possible clinical signifi cance. *Journal of Steroid Biochemistry and Molecular Biology, 39,* 561–563.

Gardner, E. P., & Kandel, E. R. (2000). Touch. In E. R. Kandel, J. H. Schwartz, & T. M. Jessell (Eds.), *Principles of neural science* (4th ed., pp. 451–471). New York: McGraw-Hill.

Gardner, E. P., Martin, J. H., & Jessell, T. M. (2000). The bodily senses. In E. R. Kandel, J. H. Schwartz, & T. M. Jessell (Eds.), *Principles of neural science* (4th ed., pp. 430–450). New York: McGraw-Hill.

Gardner, G., & Halweil, B. (2000). *Overfed and underfed: The global epidemic of malnutrition.* Washington, DC: Worldwatch Institute.

Gardner, H. (1975). *The shattered mind.* New York: Alfred A. Knopf.

Gartrell, N. K. (1982). Hormones and homosexuality. In W. Paul, J. D. Weinrich, J. C. Gonsiorek, & M. E. Hotvedt (Eds.), *Homosexuality: Social, psychological, and biological issues* (pp. 169–182). Beverly Hills, CA: Sage Publications.

Gatchel, R. J. (1996). Psychological disorders and chronic pain: Cause-and-effect relationships. In R. J. Gatchel & D. C. Turk (Eds.), *Psychological approaches to pain management: A practitioner' s handbook* (pp. 33–52). New York: Guilford Press.

Gauthier, I., Skudlarski, P., Gore, J. C., & Anderson, A. W. (2000). Expertise for cars and birds recruits brain areas involved in face recognition. *Nature Neuroscience, 3,* 191-197.

Gauthier, I., Tarr, M. J., Anderson, A. W., Skudlarski, P., & Gore, J. C. (1999). Activation of the middle fusiform "face area" increases with expertise in recognizing novel objects. *Nature Neuroscience, 2,* 568-573.

Gawin, F. H. (1991). Cocaine addiction: Psychology and neurophysiology. *Science, 251,* 1580-1586.

Gayán, J., & Olson, R. K. (2001). Genetic and environmental influences on orthographic and phonological skills in children with reading disabilities. *Developmental Neuropsychology, 20,* 483-507.

Gazzaley, A. H., Siegel, S. J., Kordower, J. H., Mufson, E. J., & Morrison, J. H. (1996). Circuit-specific alterations of *N*-methylD-aspartate receptor subunit 1 in the dentate gyrus of aged monkeys. *Proceedings of the National Academy of Sciences, USA, 93,* 3121-3125.

Gazzaniga, M. S. (1967, August). *The split brain in man. Scientific American, 217,* 24-29.

Gazzaniga, M. S. (1970). *The bisected brain.* New York: Appleton-Century-Crofts.

Gazzaniga, M. S., Ivry, R. B., & Mangun, G. R. (1998). *Cognitive neuroscience: The biology of the mind.* New York: Norton.

Gazzola, V., Aziz-Zadeh, L., & Keysers, C. (2006). Empathy and the somatotopic auditory mirror system in humans. *Current Biology, 16,* 1824-1829.

Gebhardt, C. A., Naeser, M. A., & Butters, N. (1984). Computerized measures of CT scans of alcoholics: Thalamic region related to memory. *Alcohol, 1,* 133-140.

Gegenfurtner, K. R., & Kiper, D. C. (2003). Color vision. *Annual Review of Neuroscience, 26,* 181-206.

Geinisman, Y., de Toledo-Morrell, L., Morrell, F., Persina, I. S., & Rossi, M. (1992). Age-related loss of axospinous synapses formed by two afferent systems in the rat dentate gyrus as revealed by the unbiased stereological dissector technique. *Hippocampus, 2,* 437-444.

Geir, D. A., & Geier, M. R. (2004a). A comparative evaluation of the effects of MMR immunization and mercury doses from thimerosal-containing childhood vaccines on the population prevalence of autism. *Medical Science Monitor, 10,* P133-P139.

Geir, D. A., & Geier, M. R. (2004b). Neurodevelopmental disorders following thimerosal-containing childhood immunizations: A follow-up analysis. *International Journal of Toxicology, 23,* 369-376.

Geller, B., Badner, J. A., Tillman, R., Christian, S. L., Bolhofner, K., & Cook, E. H. (2004). Linkage disequilibrium of the brain-derived neurotrophic factor *Va166Met* polymorphism in children with a prepubertal and early adolescent bipolar disorder phenotype. *American Journal of Psychiatry, 161,* 1698-1700.

Gene therapy notches another victory. (2005, June 6). *ScienceNOW.* Retrieved July 19, 2007, from www.sciencenow.sciencemag.org/cgi/content/full/2005/606/3

Genoux, D., Haditsch, U., Knobloch, M., Michalon, A., Storm, D., & Mansuy, I. M. (2002). Protein phosphatase 1 is a molecular constraint on learning and memory. *Nature, 418,* 970-975.

Georganopoulou, D. G., Chang, L., Nam, J. M., Thaxton, C. S., Mufson, E. J., Klein, W. L., et al. (2005). Nanoparticle-based detection in cerebral spinal fluid of a soluble pathogenic biomarker for Alzheimer' s disease. *Proceedings of the National Academy of Sciences, USA, 102,* 2273-2276.

George, M. S., Wassermann, E. M., Williams, W. A., Callahan, A., Ketter, T. A., Basser, P., et al. (1995). Daily repetitive transcranial magnetic stimulation (rTMS) improves mood in depression. *Neuroreport, 6,* 1853-1856.

Georgopoulos, A. P., Taira, M., & Lukashin, A. (1993). Cognitive neurophysiology of the motor cortex. *Science, 260,* 47-52.

Gershon, E. S., Bunney, W. E., Leckman, J. F., Van Eerdewegh, M., & DeBauche, B. A. (1976). The inheritance of affective disorders: A review of data and of hypotheses. *Behavior Genetics, 6,* 227-261.

Geschwind, N. (1970). The organization of language and the brain. *Science, 170,* 940-944.

Geschwind, N. (1972, April). Language and the brain. *Scientific American, 226*(4), 76-83.

Geschwind, N. (1979, September). Specializations of the human brain. *Scientific American, 241,* 180-199.

Geschwind, N., & Levitsky, W. (1968). Human brain: Left-right asymmetries in temporal speech region. *Science, 161,* 186-187.

Gheusi, G., Cremer, H., McLean, H., Chazal, G., Vincent, J.-D., & Lledo, P.-M. (2000). Importance of newly generated neurons in the adult olfactory bulb for odor discrimination. *Proceedings of the National Academy of Sciences, USA, 97,* 1823-1828.

Ghez, C., & Krakauer, J. (2000). The organization of movement. In E. R. Kandel, J. H. Schwartz, & T. M. Jessell (Eds.), *Principles of neural science* (4th ed., pp. 653-673). New York: McGraw-Hill.

Ghez, C., & Thach, W. T. (2000). The cerebellum. In E. R. Kandel, J. H. Schwartz, & T. M. Jessell (Eds.), *Principles of neural science* (4th ed., pp. 832-852). New York: McGraw-Hill.

Gibbons, R. D., Brown, C. H., Hur, K., Marcus, S. M., Bhaumik, D. K., Erkens, J. A., et al. (2007). Early evidence on the effects of regulators' suicidality warnings on SSRI prescriptions and suicide in children and adolescents.

American Journal of Psychiatry, 164, 1356-1363.

Gilad, Y., Wiebe, V., Przeworski, M., Lancet, D., & P狎bo, S. (2004). Loss of olfactory receptor genes coincides with the acquisition of full trichromatic vision in primates. *Public Library of Science Biology, 2,* 120-125.

Gilbert, C. D. (1993). Rapid dynamic changes in adult cerebral cortex. *Current Opinion in Neurobiology, 3,* 100-103.

Giles, D. E., Biggs, M. M., Rush, A. J., & Roffwarg, H. P. (1988). Risk factors in families of unipolar depression: I. Psychiatric illness and reduced REM latency. *Journal of Affective Disorders, 14,* 51-59.

Gitlin, M. J., & Altshuler, L. L. (1997). Unanswered questions, unknown future for one of our oldest medications. *Archives of General Psychiatry, 54,* 21-23.

Givens, B. S., & Olton, D. S. (1990). Cholinergic and GABAergic modulation of medial septal area: Effect on working memory. *Behavioral Neuroscience, 104,* 849-855.

Giza, B. K., Scott, T. R., & Vanderweele, D. A. (1992). Administration of satiety factors and gustatory responsiveness in the nucleus tractus solitarius of the rat. *Brain Research Bulletin, 28,* 637-639.

Glaser, R., Rice, J., Sheridan, J., Fertel, R., Stout, J., Speicher, C., et al. (1987). Stress-related immune suppression: Health implications. *Brain, Behavior, and Immunity, 1,* 7-20.

Glasson, B. I., Duda, J. E., Murray, I. V. J., Chen, Q., Souza, J. M., Hurtig, H. I., et al. (2000). Oxidative damage linked to neuro degeneration by selective α-synuclein nitration in synucleinopathy lesions. *Science, 290,* 985-989.

Glees, P. (1980). Functional cerebral reorganization following hemispherectomy in man and after small experimental lesions in primates. In Bach-y-Rita, P. (Ed.), *Recovery of function: Theoretical considerations for brain injury rehabilitation* (pp. 106-125). Berne, Switzerland: Hans Huber.

Gloor, P., Olivier, A., Quesney, L. F., Andermann, F., & Horowitz, S. (1982). The role of the limbic system in experiential phenomena of temporal lobe epilepsy. *Annals of Neurology, 12,* 129-144.

Goate, A., Chartier-Harlin, M. C., Mullan, M., Brown, J., Crawford, F., Fidani, L., et al. (1991). Segregation of a missense mutation in the amyloid precursor protein gene with familial Alzheimer' s disease. *Nature, 349,* 704-706.

Goff, D. C., Hennen, J., Lyoo, I. K., Tsai, G., Wald, L. L., Evins, A. E., et al. (2002). Modulation of brain and serum glutamatergic concentrations following a switch from conventional neuroleptics to olanzapine. *Biological Psychiatry, 51,* 493-497.

Goff, D. C., Tsai, G., Levitt, J., Amico, E., Manoach, D., Schoenfeld, D. A., et al. (1999). A placebo-controlled trial of D-cycloserine added to conventional neuroleptics in patients with schizophrenia. *Archives of General Psychiatry, 56,* 21-27.

Gold, M. S. (1997). Cocaine (and crack): Clinical aspects. In J. H. Lowinson, P. Ruiz, R. B. Millman, & J. G. Langrod (Eds.), *Substance abuse: A comprehensive textbook* (pp. 181-199). Baltimore: Williams & Wilkins.

Gold, P. W., Goodwin, F. K., & Chrousos, G. P. (1988). Clinical and biochemical manifestations of depression: Relation to the neurobiology of stress. *New England Journal of Medicine, 319,* 348-353.

Goldberg, M., & Rosenberg, H. (1987). New muscle relaxants in outpatient anesthesiology. *Dental Clinics of North America, 31,* 117-129.

Goldberg, M. E., & Hudspeth, A. J. (2000). The vestibular system. In E. R. Kandel, J. H. Schwartz, & T. M. Jessell (Eds.), *Principles of neural science* (4th ed., pp. 801-815). New York: McGraw-Hill.

Goldman, D., Oroszi, G., & Ducci, F. (2005). The genetics of addictions: Uncovering the genes. *Nature Reviews Genetics, 6,* 521-532.

Goldman-Rakic, P. S., Bates, J. F., & Chafee, M. V. (1992). The prefrontal cortex and internally generated motor acts. *Current Opinion in Neurobiology, 2,* 830-835.

Goldman-Rakic, P. S., & Selemon, L. D. (1997). Functional and anatomical aspects of prefrontal pathology in schizophrenia. *Schizophrenia Bulletin, 23,* 437-458.

Goldshmit, Y., Galea, M. P., Wise, G., Bartlett, P. F., & Turnley, A. M. (2004). Axonal regeneration and lack of astrocytic gliosis in EphA4-defi cient mice. *Journal of Neuroscience, 24,* 10064-10073.

Goldstein, E. B. (1999). *Sensation and perception* (5th ed.). Pacific Grove, CA: Brooks-Cole.

Goldstein, R. Z., & Volkow, N. D. (2002). Drug addiction and its underlying neurobiological basis: Neuroimaging evidence for the involvement of the frontal cortex. *American Journal of Psychiatry, 10,* 1642-1652.

Gomez-Tortosa, E., Martin, E. M., Gaviria, M., Charbel, F., & Auman, J. I. (1995). Selective deficit of one language in a bilingual patient following surgery in the left perisylvian area. *Brain and Language, 48,* 320-325.

Gong, Y., Chang, L., Viola, K. L., Lacor, P. N., Lambert, M. P., Finch, C. E., et al. (2003). Alzheimer' s disease-affected brain: Presence of oligomeric Aβ ligands (ADDLs) suggests a molecular basis for reversible memory loss. *Proceedings of the National Academy of Sciences, USA, 100,* 10417-10422.

Gongwer, M. A., Murphy, J. M., McBride, W. J., Lumeng, L., & Li, T.-K. (1989). *Alcohol, 6,* 317-320.

Goodell, E. W., & Studdert-Kennedy, M. (1993). Acoustic evidence for the development of gestural coordination in the speech of 2-year-olds: A longitudinal study. *Journal of Speech and Hearing Research, 36,* 707-727.

Goodman, D. C., Bogdasarian, R. S., & Horel, J. A. (1973). Axonal sprouting of ipsilateral optic tract following opposite eye removal. *Brain, Behavior, and Evolution, 8,* 27-50.

Goodwin, D. W. (1986). Heredity and alcoholism. *Annals of Behavioral Medicine, 8,* 3-6.

Gorelick, P. B., & Ross, E. D. (1987). The aprosodias: Further functional anatomical evidence for the organisation of affective language in the right hemisphere. *Journal of Neurology, Neurosurgery, and Psychiatry, 50,* 553-560.

Gorski, R. A. (1974). The neuroendocrine regulation of sexual behavior. In G. Newton & A. H. Riesen (Eds.), *Advances in psychobiology* (Vol. 2, pp. 1-58). New York: Wiley.

Gorski, R. A., Gordon, J. H., Shryne, J. E., & Southam, A. M. (1978). Evidence for a morphological sex difference within the medial preoptic area of the rat brain. *Brain Research, 148,* 333-346.

Gottesman, I. I. (1991). *Schizophrenia genesis: The origins of madness.* New York: Freeman.

Gottesman, I. I., & Bertelsen, A. (1989). Confirming unexpressed genotypes for schizophrenia. *Archives of General Psychiatry, 46,* 867-872.

Gottesman, I. I., McGuffin, P., & Farmer, A. E. (1987). Clinical genetics as clues to the "real genetics" of schizophrenia (A decade of modest gains while playing for time). *Schizophrenia Bulletin, 13,* 12-47.

Gougoux, F., Zatorre, R. J., Lassonde, M., Voss, P., & Lepore, F. (2005). A functional neuroimaging study of sound localization: Visual cortex activity predicts performance in early-blind individuals. *Public Library of Science Biology, 3,* 1-9.

Gould, E., & Gross, C. G. (2002). Neurogenesis in adult mammals: Some progress and problems. *Journal of Neuroscience, 22,* 619-623.

Gouras, P. (1968). Identification of cone mechanisms in monkey ganglion cells. *Journal of Physiology, 199,* 533-547.

Grace, A. A. (1991). Phasic versus tonic dopamine release and the modulation of dopamine system responsivity: A hypothesis for the etiology of schizophrenia. *Neuroscience, 41,* 1-24.

Grady, D. (1992). Sex test of champions. *Discover, June,* 79-82.

Graham-Rowe, D. (2004a, November 13). Brain implants that move. *New Scientist,* 25.

Graham-Rowe, D. (2004b, October 30). Fetal tissue graft restores lost sight. *New Scientist,* 16-17.

Grant, B. F., Stinson, F. S., Dawson, D. A., Chou, S. P., Ruan, W. J., & Pickering, R. P. (2004). Co-occurrence of 12-month alcohol and drug use disorders and personality disorders in the United States. *Archives of General Psychiatry, 61,* 361-368.

Grant, J. E., Kim, S. W., & Potenza, M. N. (2003). Advances in the pharmacological treatment of pathological gambling. *Journal of Gambling Studies, 19,* 85-109.

Grant, K. A. (1995). The role of 5-HT3 receptors in drug dependence. *Drug and Alcohol Dependence, 38,* 155-171.

Grant, S., London, E. D., Newlin, D. B., Villemagne, V. L., Liu, X., Contoreggi, C., et al. (1996). Activation of memory circuits during cue-elicited cocaine craving. *Proceedings of the National Academy of Sciences, USA, 93,* 12040-12045.

Gray, J. (1992). *Men are from Mars, women are from Venus: A practical guide for improving communication and getting what you want in your relationships.* New York: HarperCollins.

Gray, J. R., & Thompson, P. M. (2004). Neurobiology of intelligence: Science and ethics. *Nature Neuroscience, 5,* 471-482.

Graybiel, A. M. (1998). The basal ganglia and chunking of action repertoires. *Neurobiology of Learning and Memory, 70,* 119-136.

Graybiel, A. M., & Rauch, S. L. (2000). Toward a neurobiology of obsessive-compulsive disorder. *Neuron, 28,* 343-347.

Graziano, M. S. A., Cooke, D. F., & Taylor, C. S. R. (2000). Coding the location of the arm by sight. *Science, 290,* 1782-1786.

Graziano, M. S. A., Hu, X. T., & Gross, C. G. (1997). Visuospatial properties of ventral premotor cortex. *Journal of Neurophysiology, 77,* 2268-2292.

Graziano, M. S. A., Taylor, C. S. R., & Moore, T. (2002). Complex movements evoked by microstimulation of precentral cortex. *Neuron, 34,* 841-851.

Graziano, M. S. A., Yap, G. S., & Gross, C. G. (1994). Coding of visual space by premotor neurons. *Science, 266,* 1054-1057.

Green, E. K., Raybould, R., Macgregor, S., Gordon-Smith, K., Heron, J., Hyde, S., et al. (2005). Operation of the schizophrenia susceptibility gene, neuregulin 1, across traditional diagnostic boundaries to increase risk for bipolar disorder. *Archives of General Psychiatry, 62,* 642-648.

Greenamyre, J. T., & Hastings, T. G. (2004). Parkinson's-Divergent causes, convergent mechanisms. *Science, 304,* 1120-1122.

Greene, P. E., & Fahn, S. (2002). Status of fetal tissue transplantation for the treatment of advanced Parkinson disease. *Neurosurgery Focus, 13,* 1-4.

Greenough, W. T. (1975). Experiential modification of the developing brain. *American Scientist, 63,* 37-46.

Greer, S. (1991). Psychological response to cancer and survival. *Psychological Medicine, 21,* 43-49.

Gressens, P., Lammens, M., Picard, J. J., & Evrard, P. (1992). Ethanol-induced disturbances of gliogenesis and neurogenesis in the developing murine brain: An in vitro and an in vivo immunohistochemical and ultrastructural study.

Alcohol and Alcoholism, 27, 219-226.

Grézes, J., Armony, J. L., Rowe, J., & Passingham, R. E. (2003). Activations related to "mirror" and "canonical" neurones in the human brain: An fMRI study. *NeuroImage, 18,* 928-937.

Griffith, J. D., Cavanaugh, J., Held, J., & Oates, J. A. (1972). Dextroamphetamine: Evaluation of psychomimetic properties in man. *Archives of General Psychiatry, 26,* 97-100.

Grigson, P. S. (2002). Like drugs for chocolate: Separate rewards modulated by common mechanisms? *Physiology and Behavior, 76,* 345-346.

Grillner, S. (1985). Neurobiological bases of rhythmic motor acts in vertebrates. *Science, 228,* 143-149.

Grilo, C. M., & Pogue-Geile, M. F. (1991). The nature of environmental influences on weight and obesity: A behavior genetic anlaysis. *Psychological Bulletin, 110,* 520-537.

Grindlinger, H. M., & Ramsay, E. (1991). Compulsive feather-picking in birds. *Archives of General Psychiatry, 48,* 857.

Gross, C. G., Rocha-Miranda, C. E., & Bender, D. B. (1972). Visual properties of neurons in inferotemporal cortex of the macaque. *Journal of Neurophysiology, 35,* 96-111.

Gruenewald, D. A., & Matsumoto, A. M. (2003). Testosterone supplementation therapy for older men: Potential benefits and risks. *Journal of the American Geriatrics Society, 51,* 101-115.

Grueter, M., Grueter, T., Bell, V., Horst, J., Laskowski, W., Sperling, K., et al. (2007). Hereditary prosopagnosia: The first case series. *Cortex, 43,* 734-749.

Grunhaus, L., Schreiber, S., Dolberg, O. T., Polak, D., & Dannon, P. N. (2003). A randomized controlled comparison of electroconvulsive therapy and repetitive transcranial magnetic stimulation in severe and resistant nonpsychotic major depression. *Biological Psychiatry, 53,* 324-331.

Guerreiro, M., Castro-Caldas, A., & Martins, I. P. (1995). Aphasia following right hemisphere lesion in a woman with left hemisphere injury in childhood. *Brain and Language, 49,* 280-288.

Guidelines for ethical conduct in the care and use of animals. (n.d.). Retrieved March 23, 2005, from www.apa.org/science/anguide.html

Guidotti, A., Auta, J., Davis, J. M., Gerevini, V. D., Dwivedi, Y., Grayson, D. R., et al. (2000). Decrease in Reelin and glutamic acid decarboxylase67 (GAD67) expression in schizophrenia and bipolar disorder. *Archives of General Psychiatry, 57,* 1061-1069.

Gur, R. C., Turetsky, B. I., Matsui, M., Yan, M., Bilker, W., Hughett, P., et al. (1999). Sex differences in brain gray and white matter in healthy young adults: Correlations with cognitive performance. *Journal of Neuroscience, 19,* 4065-4072.

Gura, T. (2003). Obesity drug pipeline not so fat. *Science, 299,* 849-852.

Gurd, J. M., & Marshall, J. C. (1992). Drawing upon the mind' s eye. *Nature, 359,* 590-591.

Gusella, J. F., Wexler, N. S., Conneally, P. M., Naylor, S. L., Anderson, M. A., Tanzi, R. E., et al. (1983). A polymorphic DNA marker genetically linked to Huntington' s disease. *Nature, 306,* 234-238.

Gustafson, D., Lissner, L., Bengtsson, C., Björkelund, C., & Skoog, I. (2004). A 24-year follow-up of body mass index and cerebral atrophy. *Neurology, 63,* 1876-1881.

Gustavson, C. R., Garcia, J., Hankins, W. G., & Rusiniak, K. W. (1974). Coyote predation control by aversive conditioning. *Science, 184,* 581-583.

Gustavson, C. R., Kelly, D. J., Sweeney, M., & Garcia, J. (1976). Prey lithium aversions I: Coyotes and wolves. *Behavioral Biology, 17,* 61-72.

Haesler, S., Wada, K., Nshdejan, A., Morrisey, E. E., Lints, T., Jarvis, E. D., et al. (2004). *FoxP2* expression in avian vocal learners and non-learners. *Journal of Neuroscience, 24,* 3164-3175.

Haier, R. J., Chueh, D., Touchette, P., Lott, I., Buchsbaum, M. S., MacMillan, D., et al. (1(1995). Brain size and cerebral glucose metabolic rate in nonspecific mental retardation and Down syndrome. *Intelligence, 20,* 191-210.

Haier, R. J., Jung, R. E., Yeo, R. A., Head, K., & Alkire, M. T. (2004). Structural brain variation and general intelligence. *NeuroImage, 23,* 425-433.

Haier, R. J., Siegel, B., Tang, C., Abel, L., & Buchsbaum, M. S. (1992). Intelligence and changes in regional cerebral glucose metabolic rate following learning. *Intelligence, 16,* 415-426.

Hairston, I. S., & Knight, R. T. (2004). Sleep on it. *Nature, 430,* 27-28.

Halaas, J. L., Gajiwala, K. S., Maffei, M., Cohen, S. L., Chait, B. T., Rabinowitz, D., et al. (1995). Weight-reducing effects of the plasma protein encoded by the *obese* gene. *Science, 269,* 543-546.

Hall, N. R. S., O' Grady, M., & Calandra, D. (1994). Transformation of personality and the immune system. *Advances: The Journal of Mind-Body Health, 10,* 7-15.

Hall, S. M., Reus, V. I., Munoz, R. F., Sees, D. O., Humfleet, G., Hartz, D. T., et al. (1998). Nortriptyline and cognitive-behavioral therapy in the treatment of cigarette smoking. *Archives of General Psychiatry, 55,* 683-690.

Hallett, M. (2000). Transcranial magnetic stimulation and the human brain. *Nature, 406,* 147-150.

Halmi, K. A., Eckert, E., LaDu, T. J., & Cohen, J. (1986). Anorexia nervosa: Treatment efficacy of cyproheptadine and amitriptyline. *Archives of General Psychiatry, 43,* 177-181.

Hamann, S. B., Ely, T. D., Grafton, S. T., & Kilts, C. D. (1999). Amygdala activity related to enhanced memory for pleasant and aversive stimuli. *Nature Neuroscience, 2,* 289-293.

Hamer, D. H. (1999). Genetics and male sexual orientation. *Science, 285,* 803.

Hamer, D. H., Hu, S., Magnuson, V. L., Hu, N., & Pattatucci, A. M. L. (1993). A linkage between DNA markers on the X chromosome and male sexual orientation. *Science, 261,* 321-327.

Han, Z.-S., Zhang, E.-T., & Craig, A. D. (1998). Nociceptive and thermoreceptive lamina I neurons are anatomically distinct. *Nature Neuroscience, 1,* 218-225.

Hannibal, J., Hindersson, P., Knudsen, S. M., Georg, B., & Fahrenkrug, J. (2002). The photopigment melanopsin is exclusively present in pituitary adenylate cyclase-activating polypeptide-containing retinal ganglion cells of the retinohypothalamic tract. *Journal of Neuroscience, 22:RC191,* 1-7.

Hannula-Jouppi, K., Kaminen-Ahola, N., Taipale, M., Eklund, R., Nopola-Hemmi, J., Kääriäinen, H., et al. (2005). The axon guidance receptor gene *ROBO1* is a candidate gene for developmental dyslexia. *Public Library of Science Genetics, 1,* 467-474.

Happé, F., & Frith, U. (1996). The neuropsychology of autism. *Brain, 119,* 1377-1400.

Haqq, C. M., King, C.-Y., Ukiyama, E., Falsafi, S., Haqq, T. N., Donahoe, P. K., et al. (1994). Molecular basis of mammalian sexual determination: Activation of Müllerian inhibiting substance gene expression by SRY. *Science, 266,* 1494-1500.

Harada, S., Agarwal, D. P., Goedde, H. W., Tagaki, S., & Ishikawa, B. (1982). Possible protective role against alcoholism for aldehyde dehydrogenase isozyme deficiency in Japan. *Lancet, 2,* 827.

Hariri, A. R., Mattay, V. S., Tessitore, A., Kolachana, B., Fera, F., Goldman, D., et al. (2002). Serotonin transporter genetic variation and the response of the human amygdala. *Science, 297,* 400-403.

Harmon, L. D., & Julesz, B. (1973). Masking in visual recognition: Effects of two-dimensional filtered noise. *Science, 180,* 1194-1197.

Harrison, P. J. (2002). The neuropathology of primary mood disorder. *Brain, 125,* 1428-1449.

Hart, B. (1968). Role of prior experience on the effects of castration on sexual behavior of male dogs. *Journal of Comparative and Physiological Psychology, 66,* 719-725.

Hartman, L. (1995). Cats as possible obsessive-compulsive disorder and medication models. *American Journal of Psychiatry, 152,* 1236.

Harvey, S. M. (1987). Female sexual behavior: Fluctuations during the menstrual cycle. *Journal of Psychosomatic Research, 31,* 101-110.

Hastings, M. H., Reddy, A. B., & Maywood, E. S. (2003). A clockwork web: Circadian timing in brain and periphery, in health and disease. *Nature Reviews Neuroscience, 4,* 649-661.

Hattar, S., Liao, H.-W., Takao, M., Berson, D. M., & Yau, K.-W. (2002). Melanopsin-containing retinal ganglion cells: Architecture, projections, and intrinsic photosensitivity. *Science, 295,* 1065-1070.

Hauri, P. (1982). *Current concepts: The sleep disorders.* Kalamazoo, MI: Upjohn.

Hauser, M. D., MacNeilage, P., & Ware, M. (1996). Numerical representations in primates. *Proceedings of the National Academy of Sciences, USA, 93,* 1514-1517.

Häusser, M., & Smith, S. L. (2007). Controlling neural circuits with light. *Nature, 446,* 617-619.

Havlicek, J., Roberts, S. C., & Flegr, J. (2005). Women' s preference for dominant male odour: Effects of menstrual cycle and relationship status. *Biology Letters, 1,* 256-259.

Haxby, J. V., Gobbini, M. I., Furey, M. L., Ishai, A., Schouten, J. L., & Pietrini, P. (2001). Distributed and overlapping representations of faces and objects in ventral temporal cortex. *Science, 293,* 2425-2430.

Hayes, K. J., & Hayes, C. (1953). Picture perception in a home-raised chimpanzee. *Journal of Comparative and Physiological Psychology, 46,* 470-474.

Heath, R. G. (1964). *The role of pleasure in behavior.* New York: Harper & Row.

Hebb, D. O. (1940). *The organization of behavior.* New York: Wiley-Interscience.

Hécaen, H., & Angelergues, R. (1964). Localization of symptoms in aphasia. In A. V. S. de Reuck & M. O' Connor (Eds.), *Ciba Foundation symposium: Disorders of language* (pp. 223-260). Boston: Little, Brown.

Hedges, L. V., & Nowell, A. (1995). Sex differences in mental test scores, variability, and numbers of high-scoring individuals. *Science, 269,* 41-45.

Heilman, K. M., Watson, R. T., & Bowers, D. (1983). Affective disorders associated with hemispheric disease. In K. M. Heilman & P. Satz (Eds.), *Neuropsychology of human emotion* (pp. 45-64). New York: Guilford Press.

Heim, N. (1981). Sexual behavior of castrated sex offenders. *Archives of Sexual Behavior, 10,* 11-19.

Heller, W., Miller, G. A., & Nitschke, J. B. (1998). Lateralization in emotion and emotional disorders. *Current Directions in Psychological Science, 1,* 26-32.

Helmholtz, H. von. (1852). On the theory of compound colors. *Philosophical Magazine, 4,* 519-534.

Helmholtz, H. von. (1948). *On the sensations of tone as a physiological basis for the theory of music* (A. J. Ellis, Trans.). New York: P. Smith. (Original work published 1863)

Helmuth, L. (2001). Boosting brain activity from the outside in. *Science, 292,* 1284-1286.

Helmuth, L. (2002). A generation gap in brain activity. *Science, 296,* 2131-2132.

Hendry, S. H. C., & Reid, R. C. (2000). The koniocellular pathway in primate vision. *Annual Review of Neuroscience, 23,* 127-153.

Hennevin, E., Hars, B., Maho, C., & Bloch, V. (1995). Processing of learned information in paradoxical sleep: Relevance for memory. *Behavioral Brain Research, 69,* 125-135.

Hennig, J., Reuter, M., Netter, P., Burk, C., & Landt, O. (2005). Two types of aggression are differentially related to serotonergic activity and the A779C *TPH* polymorphism. *Behavioral Neuroscience, 119,* 16-25.

Herbert, T. B., Cohen, S., Marsland, A. L., Bachen, E. A., Rabin, B. S., Muldoon, M. F., et al. (1994). Cardiovascular reactivity and the course of immune response to an acute psychological stressor. *Psychosomatic Medicine, 56,* 337-344.

Heresco-Levy, U., Javitt, D. C., Ermilov, M., Mordel, C., Silipo, G., & Lichtenstein, M. (1999). Efficacy of high-dose glycine in the treatment of enduring negative symptoms of schizophrenia. *Archives of General Psychiatry, 56,* 29-36.

Hering, E. (1878). *Zur lehre vom lichtsinne.* Vienna, Austria: Gerold.

Heritch, A. J. (1990). Evidence for reduced and dysregulated turnover of dopamine in schizophrenia. *Schizophrenia Bulletin, 16,* 605-615.

Herkenham, M. (1992). Cannabinoid receptor localization in brain: Relationship to motor and reward systems. *Annals of the New York Academy of Sciences, 654,* 19-32.

Herkenham, M. A., & Pert, C. B. (1982). Light microscopic localization of brain opiate receptors: A general autoradiographic method which preserves tissue quality. *Journal of Neuroscience, 2,* 1129-1149.

Hermann, L. (1870). Eine Erscheinung simultanen Contrastes. *Pflügers Archiv für die gesamte Physiologie, 3,* 13-15.

Hernán, M. A., Zhang, S. M., Lipworth, L., Olek, M. J., & Ascherio, A. (2001). Multiple sclerosis and age at infection with common viruses. *Epidemiology, 12,* 301-306.

Hervey, G. R. (1952). The effects of lesions in the hypothalamus in parabiotic rats. *Journal of Physiology, 145,* 336-352.

Herzog, D. B., Dorer, D. J., Keel, P. K., Selwyn, S. E., Ekeblad, E. R., Flores, A. T., et al. (1999). Recovery and relapse in anorexia and bulimia nervosa: A 7.5-year followup study. *Journal of the American Academy of Child and Adolescent Psychiatry, 38,* 829-837.

Herzog, H. A. (1998). Understanding animal activism. In L. A. Hart (Ed.), *Responsible conduct with animals in research* (pp. 165-184). New York: Oxford University Press.

Heston, L. L. (1970). The genetics of schizophrenic and schizoid disease. *Science, 167,* 249-256.

Hettema, J. M., Neale, M. C., & Kendler, K. S. (2001). A review and meta-analysis of the genetic epidemiology of anxiety disorders. *American Journal of Psychiatry, 158,* 1568-1578.

Hettema, J. M., Prescott, C. A., Myers, J. M., Neale, M. C., & Kendler, K. S. (2005). The structure of genetic and environmental risk factors for anxiety disorders in men and women. *Archives of General Psychiatry, 62,* 182-189.

Heymsfield, S. B., Greenberg, A. S., Fujioka, K., Dixon, R. M., Kushner, R., Hunt, T., et al. (1999). Recombinant leptin for weight loss in obese and lean adults. *Journal of the American Medical Association, 282,* 1568-1575.

Hickok, G., Bellugi, U., & Klima, E. S. (1996). The neurobiology of sign language and its implications for the neural basis of language. *Nature, 381,* 699-702.

Hier, D. B., & Crowley, W. F., Jr. (1982). Spatial ability in androgendefi cient men. *New England Journal of Medicine, 306,* 1202-1205.

Higley, J. D., Mehlman, P. T., Poland, R. E., Taub, D. M., Vickers, J., Suomi, S. J., et al. (1996). CSF testosterone and 5-HIAA correlate with different types of aggressive behaviors. *Biological Psychiatry, 40,* 1067-1082.

Higuchi, S., Usui, A., Murasaki, M., Matsushita, S., Nishioka, N., Yoshino, A., et al. (2002). Plasma orexin-A is lower in patients with narcolepsy. *Neuroscience Letters, 318,* 61-64.

Hill, J. O., & Peters, J. C. (1998). Environmental contributions to the obesity epidemic. *Science, 280,* 1371-1374.

Hill, J. O., Schlundt, D. G., Sbrocco, T., Sharp, T., Pope-Cordle, J., Stetson, B., et al. (1989). Evaluation of an alternating-calorie diet with and without exercise in the treatment of obesity. *American Journal of Nutrition, 50,* 248-254.

Hill, J. O., Wyatt, H. R., Reed, G. W., & Peters, J. C. (2003). Obesity and the environment: Where do we go from here? *Science, 299,* 853-855.

Hill, S. (1995). Neurobiological and clinical markers for a severe form of alcoholism in women. *Alcohol Health and Research World, 19*(3), 249-259.

Hill, S. Y., Muka, D., Steinhauer, S., & Locke, J. (1995). P300 amplitude decrements in children from families of alcoholic female probands. *Biological Psychiatry, 38,* 622-632.

Hines, M. (1982). Prenatal gonadal hormones and sex differences in human behavior. *Psychological Bulletin, 92,* 56-80.

Hines, M., & Green, R. (1991). Human hormonal and neural correlates of sex-typed behaviors. *Review of Psychiatry, 10,* 536-555.

Hines, M., Sloan, K., Lawrence, J., Lipcamon, J., & Chiu, L. (1988). The size of the human corpus callosum relates to language lateralization and to verbal ability. *Abstracts of the Society for Neuroscience, 14,* 1137.

Hines, P. J. (1997). Noto bene: Unconscious odors. Science, 278, 79. Hines, T. (1998). Further on Einstein' s brain. *Experimental Neurology, 150,* 343-344.

Hinton, G. E. (1993, March). How neural networks learn from experience. *Scientific American, 267,* 145-151.

Hobson, J. A., & McCarley, R. W. (1977). The brain as a dream state generator: An activation-synthesis hypothesis of the dream process. *American Journal of Psychiatry, 134,* 1335-1348.

Hobson, J. A., & Pace-Schott, E. F. (2002). The cognitive neuroscience of sleep: Neuronal systems, consciousness and learning. *Nature Reviews Neuroscience, 3,* 679-693.

Hodgins, S., Kratzer, L., & McNeil, T. F. (2001). Obstetric complications, parenting, and risk of criminal behavior. *Archives of General Psychiatry, 58,* 746-752.

Hoebel, B. G., Monaco, A., Hernandes, L., Aulisi, E., Stanley, B. G., & Lenard, L. (1983). Self-injection of amphetamine directly into the brain. *Psychopharmacology, 81,* 158-163.

Hoffman, P. L., & Tabakoff, B. (1993). Ethanol, sedative hypnotics and glutamate receptor function in brain and cultured cells. *Alcohol and Alcoholism Supplement, 2,* 345-351.

Hohmann, A. G., Suplita, R. L., Bolton, N. M., Neely, M. H., Fegley, D., Mangieri, R., et al. (2005). An endocannabinoid mechanism for stress-induced analgesia. *Nature, 435,* 1108-1112.

Hohmann, G. W. (1966). Some effects of spinal cord lesions on experienced emotional feelings. *Psychophysiology, 3,* 143-156.

Hökfelt, T., Johansson, O., & Goldstein, M. (1984). Chemical anatomy of the brain. *Science, 225,* 1326-1334.

Holden, C. (2004a). The origin of speech. *Science, 303,* 1316-1319.

Holden, C. (2004b). What' s in a chimp' s toolbox? [Electronic version]. *Science Now*. Retrieved August 13, 2005, from sciencenow.sciencemag.org/cgi/content/full/2004/1007/2

Hollander, E., Novotny, S., Hanratty, M., Yaffe, R., DeCarla, C. M., Aronowitz, B. R., et al. (2003). Oxytocin infusion reduces repetitive behaviors in adults with autistic and Asperger' s disorders. *Neuropsychopharmacology, 28,* 193-198.

Hölscher, C., Anwyl, R., & Rowan, M. J. (1997). Stimulation on the positive phase of hippocampal theta rhythm induces long-term potentiation that can be depotentiated by stimulation on the negative phase in area CA1 *in vivo*. *Journal of Neuroscience, 17,* 6470-6477.

Hopfield, J. J., Feinstein, D. I., & Palmer, R. G. (1983). Unlearning has a stabilizing effect in collective memories. *Nature, 304,* 158-159.

Hopkins, W. D., & Morris, R. D. (1993). Hemispheric priming as a technique in the study of lateralized cognitive processes in chimpanzees: Some recent findings. In H. L. Roitblat, L. M. Herman, & P. E. Nachtigall (Eds.), *Language and communication: Comparative perspectives* (pp. 293-309). Hillsdale, NJ: Lawrence Erlbaum.

Hopson, J. S. (1979). *Scent signals: The silent language of sex.* New York: Morrow.

Horgan, J. (1999). *The undiscovered mind*. New York: Free Press.

Horne, J. (1988). *Why we sleep: The functions of sleep in humans and other mammals*. New York: Oxford University Press.

Horne, J. (1992). Human slow wave sleep: A review and appraisal of recent findings, with implications for sleep functions, and psychiatric illness. *Experientia, 48,* 941-954.

Horne, J. A., & Harley, L. J. (1989). Human SWS following selective head heating during wakefulness. In J. Horne (Ed.), Sleep ' 88 (pp. 188-190). New York: Gustav Fischer Verlag.

Horne, J. A., & Moore, V. J. (1985). Sleep EEG effects of exercise with and without additional body cooling. *Electroencephalography and Clinical Neurophysiology, 60,* 33-38.

Horner, P. J., & Gage, F. H. (2000). Regenerating the damaged central nervous system. *Nature, 407,* 963-970.

Horvath, T. L., & Diano, S. (2004). The floating blueprint of hypothalamic feeding circuits. *Nature Reviews Neuroscience, 5,* 662-667.

Horvath, T. L., & Gao, X.-B. (2005). Input organization and plasticity of hypocretin neurons: Possible clues to obesity' s association with insomnia. *Cell Metabolism, 1,* 279-286.

Horvath, T. L., & Wikler, K. C. (1999). Aromatase in developing sensory systems of the rat brain. *Journal of Neuroendocrinology, 11,* 77-84.

Hoshi, E., Shima, K., & Tanji, J. (2000). Neuronal activity in the primate prefrontal cortex in the process of motor selection based on two behavioral rules. *Journal of Neurophysiology, 83,* 2355-2373.

Hoshi, E., & Tanji, J. (2000). Integration of target and body-part information in the premotor cortex when planning action. *Nature, 408,* 466-470.

Houeto, J. L., Karachi, C., Mallet, L., Pillon, B., Yelnik, J., Mesnage, V., et al. (2005). Tourette' s syndrome and deep brain stimulation. *Journal of Neurology, Neurosurgery, and Psychiatry, 76,* 992-995.

House, J. S., Landis, K. R., & Umberson, D. (1988). Social relationships and health. *Science, 241,* 540-545.

Howlett, A. C., Bidaut-Russell, M., Devane, W. A., Melvin, L. S., Johnson, M. R., & Herkenham, M. (1990). The cannabinoid receptor: Biochemical, anatomical and behavioral characterization. *Trends in Neurosciences, 13,* 420-423.

Hser, Y.-I., Hoffman, V., Grella, C. E., & Anglin, M. D. (2001). A 33-year follow-up of narcotics addicts. *Archives of General Psychiatry, 58,* 503-508.

Hsiao, S. S., O' Shaughnessy, D. M., & Johnson, K. O. (1993). Effects of selective attention on spatial form processing in monkey primary and secondary somatosensory cortex. *Journal of Neurophysiology, 70,* 444-447.

Hu, S., Pattatucci, A. M. L., Patterson, C., Li, L., Fulker, D. W., Cherny, S. S., et al. (1995). Linkage between sexual orientation and chromosome Xq28 in males but not in females. *Nature Genetics, 11,* 248-256.

Hubel, D. H. (1979). The brain. *In The brain* (pp. 3-11). San Francisco: W. H. Freeman.

Hubel, D. H. (1982). Exploration of the primary visual cortex, 1955-78. *Nature, 299,* 515-524.

Hubel, D. H., & Wiesel, T. N. (1959). Receptive fields of single neurons in the cat' s striate cortex. *Journal of Physiology, 148,* 574-591.

Hubel, D. H., & Wiesel, T. N. (1979, March). Brain mechanisms of vision. *Scientific American, 241,* 150-162.

Huber, G., Gross, G., Sch tler, R., & Linz, M. (1980). Longitudinal studies of schizophrenic patients. *Schizophrenia Bulletin, 6,* 593-605.

Hudspeth, A. J. (1983). Mechanoelectrical transduction by hair cells in the acousticolateralis sensory system. *Annual Review of Neuroscience, 6,* 187-215.

Hudspeth, A. J. (1989). How the ear' s works work. *Nature, 341,* 397-404.

Hudspeth, A. J. (2000). Hearing In E. R. Kandel, J. H. Schwartz, & T. M. Jessell (Eds.), *Principles of neural science* (4th ed., pp. 590-613). New York: McGraw-Hill.

Hughes, J. R., Kuhlman, D. T., Fichtner, C. G., & Gruenfeld, M. J. (1990). Brain mapping in a case of multiple personality. *Clinical Electoencephalography, 21,* 200-209.

Hull, C. L. (1951). *Essentials of behavior.* New Haven, CT: Yale University Press.

Hull, E. M., Lorrain, D. S., Du, J., Matuszewich, L., Lumley, L. A., Putnam, S. K., et al. (1999). Hormone-neurotransmitter interactions in the control of sexual behavior. *Behavioural Brain Research, 105,* 105-116.

Humphreys, P., Kaufman, W. E., & Galaburda, A. M. (1990). Developmental dyslexia in women: Neuropathological findings in three patients. *Annals of Neurology, 28,* 727-738.

Hunt, G. L., & Hunt, M. W. (1977). Female-female pairing in western gulls (Larus occidentalis) in southern California. *Science, 196,* 1466-1467.

Hunt, G. L., Jr., Newman, A. L., Warner, M. H., Wingfield, J. C., & Kaiwi, J. (1984). Comparative behavior of male-female and female-female pairs among western gulls prior to egg laying. *The Condor, 86,* 157-162.

Huntington' s Disease Collaborative Research Group. (1993). A novel gene containing a trinucleotide repeat that is expanded and unstable on Huntington' s disease chromosomes. *Cell, 72,* 971-983.

Hurvich, L. M, & Jameson, D. (1957). An opponent-process theory of color vision. *Psychological Review, 64,* 384-404.

Hutchison, W. D., Davis, K. D., Lozano, A. M., Tasker, R. R., & Dostrovsky, J. O. (1999). Pain-related neurons in the human cingulate cortex. *Nature Neuroscience, 2,* 403-405.

Huttunen, M. (1989). Maternal stress during pregnancy and the behavior of the offspring. In S. Doxiadis (Ed.), *Early influences shaping the individual* (pp. 175-182). New York: Plenum Press.

Hyde, J. S. (1986). Gender differences in aggression. In J. S. Hyde & M. C. Linn (Eds.), *The psychology of gender: Advances through meta-analysis* (pp. 51-66). Baltimore: Johns Hopkins University Press.

Hyde, J. S. (1996). Where are the gender differences? Where are the gender similarities? In D. M. Buss & N. M. Malamuth (Eds.), *Sex, power, conflict: Evolutionary and feminist perspectives* (pp. 107-118). New York: Oxford University Press.

Hyman, B. T., Van Horsen, G. W., Damasio, A. R., & Barnes, C. L. (1984). Alzheimer' s disease: Cell-specific pathology isolates the hippocampal formation. *Science, 225,* 1168-1170.

Hyman, S. E., & Malenka, R. C. (2001). Addiction and the brain: The neurobiology of compulsion and its persistence. *Nature Reviews: Neuroscience, 2,* 695-703.

Hynd, G. W., & Semrud-Clikeman, M. (1989). Dyslexia and brain morphology. *Psychological Bulletin, 106,* 447-482.

Hyvärinen, J. (1981). Regional distribution of functions in parietal association area 7 of the monkey. *Brain Research, 206,* 287-303.

Hyvärinen, J., & Poranen, A. (1978). Movement-sensitive cutaneous receptive fields in the hand area of the post-central gyrus in monkeys. *Journal of Physiology, 283,* 523-537.

Iacoboni, M., Molnar-Szakacs, I., Gallese, V., Buccino, G., Mazziotta, J. C., & Giacomo, R. (2005). Grasping the intentions of others with one' s own mirror neuron system. *Public Library of Science Biology, 3,* 529-535.

Iacoboni, M., Woods, R. P., Brass, M., Bekkering, H., Mazziotta, J. C., & Rizzolatti, G. (1999). Cortical mechanisms of human imitation. *Science, 286,* 2526-2528.

Ibáñez, A., Blanco, C. Perez de Castro, I., Fernandez-Piqueras, J., & Sáiz-Ruiz, J. (2003). Genetics of pathological gambling.

Journal of Gambling Studies, 19, 11-22.

Iijima, M., Arisaka, O., Minamoto, F., & Arai§Y. (2001). Sex differences in children' s free drawings: A study on girls with congenital adrenal hyperplasia. *Hormones and Behavior, 40,* 99-104.

Immunization Safety Review Committee. (2004). Immunization safety review: Vaccines and autism. *Institute of Medicine.* Retrieved August 11, 2005, from www.nap.edu/catalog/10997.html

Imperato-McGinley, J., Peterson, R. E., Gautier, T., & Sturla, E. (1979). Androgen and the evolution of male-gender identity among male pseudohermaphrodites with 5α-reductase deficiency. *New England Journal of Medicine, 300,* 1233-1237.

Imperato-McGinley, J., Peterson, R. E., Stoller, R., & Goodwin, W. E. (1979). Male pseudohermaphroditism secondary to 17α-hydroxysteroid dehydrogenase deficiency: Gender role change with puberty. *Journal of Clinical Endocrinology and Metabolism, 49,* 391-395.

Imperato-McGinley, J., Pichardo, M., Gautier, T., Voyer, D., & Bryden, M. P. (1991). Cognitive abilities in androgen-insensitive subjects: Comparison with control males and females from the same kindred. *Clinical Endocrinology, 34,* 341-347.

Ingelfinger, F. J. (1944). The late effects of total and subtotal gastrectomy. *New England Journal of Medicine, 231,* 321-327.

Inouye, S.-I. T., & Kawamura, H. (1979). Persistence of circadian rhythmicity in a mammalian hypothalamic "island" containing the suprachiasmatic nucleus. *Proceedings of the National Academy of Sciences, USA, 76,* 5962-5966.

Insel, T. R. (1992). Toward a neuroanatomy of obsessive-compulsive disorder. *Archives of General Psychiatry, 49,* 739-744.

Insel, T. R., O' Brien, D. J., & Leckman, J. F. (1999). Oxytocin, vasopressin, and autism: Is there a connection? *Biological Psychiatry, 45,* 145-157.

Insel, T. R., & Shapiro, L. E. (1992). Oxytocin receptor distribution reflects social organization in monogamous and polygamous voles. *Proceedings of the National Academy of Sciences, USA, 89,* 5981-5985.

Insel, T. R., Zohar, J., Benkelfat, C., & Murphy, D. L. (1990). Serotonin in obsessions, compulsions, and the control of aggressive impulses. *Annals of the New York Academy of Sciences. Special Issue: The Neuropharmacology of Serotonin, 600,* 574-586.

International Human Genome Sequencing Consortium. (2001). Initial sequencing and analysis of the human genome. *Nature, 409,* 860-921.

International Human Genome Sequencing Consortium. (2004). Finishing the euchromatic sequence of the human genome. *Nature, 431,* 931-945.

International Multiple Sclerosis Genetics Consortium. (2007). Risk alleles for multiple sclerosis identified by a genomewide study. *New England Journal of Medicine, 357,* 851-862.

Iqbal, N., & van Praag, H. M. (1995). The role of serotonin in schizophrenia. *European Neuropsychopharmacology Supplement, 5,* 11-23.

Iriki, A., Pavlides, C., Keller, A., & Asanuma, H. (1989). Long-term potentiation in the motor cortex. *Science, 245,* 1385-1387.

Ishihara, K., & Sasa, M. (1999). Mechanism underlying the therapeutic effects of electroconvulsive therapy (ECT) on depression. *Japanese Journal of Pharmacology, 80,* 185-189.

Isis clinical development pipeline. (n.d.) Retrieved May 6, 2005, from www.isispharm.com/product_pipeline.html

Iurato, S. (1967). *Submicroscopic structure of the inner ear.* Oxford, UK: Pergamon Press.

Iwamura, Y., Iriki, A., & Tanaka, M. (1994). Bilateral hand representation in the postcentral somatosensory cortex. *Nature, 369,* 554-556.

Izumikawa, M., Minoda, R., Kawamoto, K., Abrashkin, K. A., Swiderski, D. L., Dolan, D. F. et al. (2005). Auditory hair cell replacement and hearing improvement by Atoh1 gene therapy in deaf mammals. *Nature Medicine, 11,* 271-276.

Jacobs, B. L. (1987). How hallucinogenic drugs work. *American Scientist, 75,* 386-392.

James, W. (1893). *Psychology.* New York: Henry Holt.

Janicak, P. G., Dowd, S. M., Martis, B., Alam, D., Beedle, D., Krasuski, J., et al. (2002). Repetitive transcranial magnetic stimulation versus electroconvulsive therapy for major depression: Preliminary results of a randomized trial. *Biological Psychiatry, 51,* 659-667.

Janowsky, J. S., Oviatt, S. K., & Orwoll, E. S. (1994). Testosterone influences spatial cognition in older men. *Behavioral Neuroscience, 108,* 325-332.

Janus, C., Pearson, J., McLaurin, J., Mathews, P. M., Jiang, Y., Schmidt, S. D., et al. (2000). A β peptide immunization reduces behavioural impairment and plaques in a model of Alzheimer' s disease. *Nature, 408,* 979-982.

Jaretzki, A., III, Penn, A. S., Younger, D. S., Wolff, M., Olarte, M. R., Lovelace, R. E., et al. (1988). "Maximal" thymectomy for myasthenia gravis: Results. *Journal of Thoracic and Cardiovascular Surgery, 95,* 747-757.

Jeffords, J. M., & Daschle, T. (2001). Political issues in the genome era. *Science, 291,* 1249-1251.

Jensen, A. R. (1969). How much can we boost IQ and scholastic achievement? *Harvard Educational Review, 39,* 1-123.

Jensen, A. R. (1981). Raising the IQ: The Ramey and Haskins study. *Intelligence, 5,* 29-40.

Jensen, A. R. (1998). *The g factor.* Westport, CT: Praeger.

Jensen, T. S., Genefke, I. K., Hyldebrandt, N., Pedersen, H., Petersen, H. D., & Weile, B. (1982). Cerebral atrophy in young torture victims. *New England Journal of Medicine, 307,* 1341.

Jentsch, J. D., & Roth, R. H. (1999). The neuropsychopharmacology of phencyclidine: From NMDA receptor hypofunction to the dopamine hypothesis of schizophrenia. *Neuropsychopharmacology, 20,* 201-225.

Jin, K., Peel, A. L., Mao, X. O., Xie, L., Cottrell, B. A., Henshall, D. C., et al. A. (2004). Increased hippocampal neurogenesis in Alzheimer' s disease. *Proceedings of the National Academy of Sciences, USA, 101,* 343-347.

Jo, Y.-H., & Schlichter, R. (1999). Synaptic corelease of ATP and GABA in cultured spinal neurons. *Nature Neuroscience, 2,* 241-245.

John, E. R. (2005). From synchronous neuronal discharges to subjective awareness? In S. Laureys (Ed.), *The boundaries of consciousness: Neurobiology and neuropathology* (pp. 143-171). New York: Elsevier.

Johnson, B. A., & Cowen, P. J. (1993). Alcohol-induced reinforcement: Dopamine and 5-HT3 receptor interactions in animals and humans. *Drug Development Research, 30,* 153-169.

Jones, H. M., & Pilowsky, L. S. (2002). Dopamine and antipsychotic drug action revisited. *British Journal of Psychiatry, 181,* 271-275.

Jones, L. B., Stanwood, G. D., Reinoso, B. S., Washington, R. A., Wang, H.-Y., Friedman, E., et al. (2000). *In utero* cocaine-induced dysfunction of dopamine D1 receptor signaling and abnormal differentiation of cerebral cortical neurons. *Journal of Neuroscience, 20,* 4606-4614.

Julien, R. M. (2005). *A primer of drug action* (10th ed.). New York: Worth.

Jung, R. (1974). Neuropsychologie und der Neurophysiologie des Konturund Formsehens in Zeichnung und Malerei [Neuropsychology and neurophysiology of form vision in design and painting]. In H. H. Wieck (Ed.), *Psychopathologie musicher Gestaltungen* (pp. 29-88). Stuttgart, Germany: Schattauer.

Just, M. A., Cherkassky, V. L., Keller, T. A., & Minshew, N. J. (2004). Cortical activation and synchronization during sentence comprehension in high-functioning autism: Evidence of underconnectivity. *Brain, 127,* 1811-1821.

Kalb, C. (2004, December 6). Welcome to the stem-cell states. *Newsweek,* p. 52.

Kales, A., Scharf, M. B., Kales, J. D., & Soldatos, C. R. (1979). Rebound insomnia: A potential hazard following withdrawal of certain benzodiazepines. *Journal of the American Medical Association, 241,* 1692-1695.

Kalivas, P. W., Volkow, N., & Seamans, J. (2005). Unmanageable motivation in addiction: A pathology in prefrontal-accumbens glutamate transmission. *Neuron, 45,* 647-650.

Kamegai, J., Tamura, H., Shimizu, T., Ishii, S., Sugihara, H., & Wakabayashi, I. (2001). Chronic central infusion of ghrelin increases hypothalamic neuropeptide Y and agouti-related protein mRNA levels and body weight in rats. *Diabetes, 50,* 2438-2443.

Kamiya, A., Kubo, K.-I., Tomoda, T., Takaki, M., Youn, R., Ozeki, Y., et al. (2005). A schzophrenia-associated mutation of DISC1 perturbs cerebral cortex development. *Nature Cell Biology, 7,* 1067-1078.

Kanbayashi, T., Inoue, Y., Chiba, S., Aizawa, R., Saito, Y., Tsukamoto, H., et al. (2002). CSF hypocretin-1 (orexin-A) concentrations in narcolepsy with and without cataplexy and idiopathic hypersomnia. *Journal of Sleep Research, 11,* 91-93.

Kandel, E. R. (2001). The molecular biology of memory storage: A dialogue between genes and synapses. *Science, 294,* 1030-1038.

Kandel, E. R., & O' Dell, T. J. (1992). Are adult learning mechanisms also used for development? *Science, 258,* 243-245.

Kandel, E. R., & Siegelbaum, S. A. (2000a). Overview of synaptic transmission. In E. R. Kandel, J. H. Schwartz, & T. M. Jessell (Eds.), *Principles of neural science* (4th ed., pp. 175-186). New York: McGraw-Hill.

Kandel, E. R., & Siegelbaum, S. A. (2000b). Synaptic integration. In E. R. Kandel, J. H. Schwartz, & T. M. Jessell (Eds.), *Principles of neural science* (4th ed., pp. 207-228). New York: McGraw-Hill.

Kane, J. M. (1987). Treatment of schizophrenia. *Schizophrenia Bulletin, 13,* 133-156.

Kanigel, R. (1988). Nicotine becomes addictive. *Science Illustrated, October/November,* 12-14, 19-21.

Kaplitt, M. G., Feigin, A., Tong, C., Fitzsimons, H. I., Mattis, P., Lawlor, P. A., et al. (2007). Safety and tolerability of gene therapy with an adeno-associated virus (AAV) borne GAD gene for Parkinson' s disease: An open label, phase I trial. *Lancet, 369,* 2097-2105.

Kapur, S., Zipursky, R. B., & Remington, G. (1999). Clinical and theoretical implications of 5-HT2 and D2 receptor occupancy of clozapine, risperidone, and olanzapine in schizophrenia. *American Journal of Psychiatry, 156,* 286-293.

Karni, A., Tanne, D., Rubenstein, B. S., Askenasy, J. J. M., & Sagi, D. (1994). Dependence on REM sleep of overnight improvement of a perceptual skill. *Science, 265,* 679-682.

Kast, B. (2001). Decisions, decisions . . . *Nature, 411,* 126–128.

Kastner, S., & Ungerleider, L. G. (2000). Mechanisms of visual attention in the human cortex. *Annual Review of Neuroscience, 23,* 315–341.

Katz, L. C., & Shatz, L. C. (1996). Synaptic activity and the construction of cortical circuits. *Nature, 274,* 1133–1138.

Katzman, D. K., Zipursky, R. B., Lambe, E. K., & Mikulis, D. J. (1997). A longitudinal magnetic resonance imaging study of brain changes in adolescents with anorexia nervosa. *Archives of Pediatrics and Adolescent Medicine, 151,* 793–797.

Kaufman, J., & Charney, D. (2000). Comorbidity of mood and anxiety disorders. *Depression and Anxiety, 12*(Suppl. 1), 69–76.

Kausler, D. H. (1985). Episodic memory: Memorizing performance. In N. Charness (Ed.), *Aging and human performance* (pp. 101–139). New York: Wiley.

Kawai, N., & Matsuzawa, T. (2000). Numerical memory span in a chimpanzee. *Nature, 403,* 39–40.

Kaye, V., & Brandstater, M. E. (2002). *Transcutaneous electrical nerve stimulation*. Retrieved September 11, 2007, from www.emedicine.com/pmr/topic206.htm

Kaye, W. H. (1997). Anorexia nervosa, obsessional behavior, and serotonin. *Psychopharmacology Bulletin, 33,* 335–341.

Kaye, W. H., Berrettini, W., Gwirtsman, H., & George, D. T. (1990). Altered cerebrospinal fluid neuropeptide Y and peptide YY immunoreactivity in anorexia and bulimia nervosa. *Archives of General Psychiatry, 47,* 548–556.

Kaye, W. H., Ebert, M. H., Gwirtsman, H. E., & Weiss, S. R. (1984). Differences in brain serotonergic metabolism between nonbulimic and bulimic patients with anorexia nervosa. *American Journal of Psychiatry, 141,* 1598–1601.

Kaye, W. H., Klump, K. L., Frank, G. K. W., & Strober, M. (2000). Anorexia and bulimia nervosa. *Annual Review of Medicine, 51,* 299–313.

Kayman, S., Bruvold, W., & Stern, J. S. (1990). Maintenance and relapse after weight loss in women: Behavioral aspects. *American Journal of Clinical Nutrition, 52,* 800–807.

Keele, S. W., & Ivry, R. (1990). Does the cerebellum provide a common computation for diverse tasks? A timing hypothesis. *Annals of the New York Academy of Sciences, 608,* 179–207.

Keenan, P. A., Ezzat, W. H., Ginsburg, K., & Moore, G. J. (2001). Prefrontal cortex as the site of estrogen's effect on cognition. *Psychoneuroendocrinology, 26,* 577–590.

Keesey, R. E., & Powley, T. L. (1986). The regulation of body weight. *Annual Reviews of Psychology, 37,* 109–133.

Kellogg, W. N. (1968). Communication and language in the home-raised chimpanzee. *Science, 162,* 423–427.

Kelsey, J. E., Carlezon, W. A., Jr., & Falls, W. A. (1989). Lesions of the nucleus accumbens in rats reduce opiate reward but do not alter context-specific opiate tolerance. *Behavioral Neuroscience, 103,* 1327–1334.

Kemper, T. L. (1984). Asymmetrical lesions in dyslexia. In N. Geschwind & A. M. Galaburda (Eds.), *Cerebral dominance: The biological foundations* (pp. 75–89). Cambridge, MA: Harvard University Press.

Kempermann, G., Gast, D., & Gage, F. H. (2002). Neuroplasticity in old age: Sustained fivefold induction of hippocampal neurogenesis by long-term environmental enrichment. *Annals of Neurology, 52,* 135–143.

Kendler, K. S., Gardner, C. O., Neale, M. C., & Prescott, C. A. (2001). Genetic risk factors for major depression in men and women: Similar or different heritabilities and same or partly distinct genes? *Psychological Medicine, 31,* 605–616.

Kendler, K. S., Heath, A. C., Neale, M. C., Kessler, R. C., & Eaves, L. J. (1992). A population-based twin study of alcoholism in women. *Journal of the American Medical Association, 268,* 1877–1882.

Kendler, K. S., MacLean, C., Neale, M., Kessler, R., Heath, A., & Eaves, L. (1991). The genetic epidemiology of bulimia nervosa. *American Journal of Psychiatry, 148,* 1627–1637.

Kendler, K. S., Prescott, C. A., Neale, M. C., & Pedersen, N. L. (1997). Temperance board registration for alcohol abuse in a national sample of Swedish male twins, born 1902 to 1949. *Archives of General Psychiatry, 54,* 178–184.

Kendler, K. S., & Robinette, C. D. (1983). Schizophrenia in the National Academy of Sciences-National Research Council twin registry: A 16-year update. *American Journal of Psychiatry, 140,* 1551–1563.

Kennaway, D. J., & van Dorp, C. F. (1991). Free-running rhythms of melatonin, cortisol, electrolytes, and sleep in humans in Antarctica. *American Journal of Physiology, 260,* R1137–R1144.

Kessler, R. C., Berglund, P., Demler, O., Jin, R., Merikangas, K. R., & Walters, E. E. (2005). Lifetime prevalence and age-of-onset distribution of DSM-IV disorders in the national comorbidity survey replication. *Archives of General Psychiatry, 62,* 593–602.

Kessler, R. C., McGonagle, K. A., Zhao, S., Nelson, C. B., Hughes, M., Eshleman, S., et al. (1994). Lifetime and 12-month prevalence of DSM-III-R psychiatric disorders in the United States. *Archives of General Psychiatry, 51,* 8–19.

Keverne, E. B. (1999). The vomeronasal organ. *Science, 286,* 716–720.

Khachaturian, Z. S. (1997). Plundered memories. *The Sciences, July/August,* 20–25.

Khalil, A. A., Davies, B., & Castagnoli, N., Jr. (2006). Isolation and characterization of a monoamine oxidase B selective inhibitor from tobacco smoke. *Bioorganic & Medicinal Chemistry, 14,* 3392-3398.

Khamsi, R. (2007, May 31). Smart painkillers target damaged tissue. *New Scientist,* 11.

Khateb, A., Fort, P., Pegna, A., Jones, B. E., & Mühlethaler, M. (1995). Cholinergic nucleus basalis neurons are excited by histamine in vitro. *Neuroscience, 69,* 495-506.

Kiang, N. Y.-S. (1965). *Discharge patterns of single fibers in the cat's auditory nerve.* Cambridge: MIT Press.

Kieseppä, T., Partonen, T., Haukka, J., Kaprio, J., & Lönnqvist, J. (2004). High concordance of bipolar I disorder in a nationwide sample of twins. *American Journal of Psychiatry, 161,* 1814-1821.

Kigar, D. L., Witelson, S. F., Glezer, I. I., & Harvey, T. (1997). Estimates of cell number in temporal neocortex in the brain of Albert Einstein. *Society for Neuroscience Abstracts, 23,* 213.

Kim, K. H. S., Relkin, N. R., Lee, K.-M., & Hirsch, J. (1997). Distinct cortical areas associated with native and second languages. *Nature, 388,* 171-174.

Kimura, D., & Hampson, E. (1994). Cognitive pattern in men and women is influenced by fluctuations in sex hormones. *Current Directions in Psychological Science, 3,* 57-62.

King, F. A., Yarbrough, C. J., Anderson, D. C., Gordon, T. P., & Gould, K. G. (1988). Primates. *Science, 240,* 1475-1482.

King, J. A., Davila-Garcia, M., Azmitia, E. C., & Strand, F. L. (1991). Differential effects of prenatal and postnatal ACTH or nicotine exposure on 5-HT high affinity uptake in the neonatal rat brain. *Journal of Developmental Neuroscience, 9,* 281-286.

King, M.-C., & Wilson, A. C. (1975). Evolution at two levels in humans and chimpanzees. *Science, 188,* 107-116.

King, R. A., Leckman, J. F., Scahill, L. D., & Cohen, D. J. (1998). Obsessive-compusive disorder, anxiety, and depression. In J. F. Leckman & D. J. Cohen (Eds.), *Tourette's syndrometics, obsessions, compulsions: Developmental psychopathology and clinical care* (pp. 43-62). New York: Wiley.

Kinney, H. C., Korein, J., Panigrahy, A., Dikkes, P., & Goode, R. (1994). Neuropathological findings in the brain of Karen Ann Quinlan: The role of the thalamus in the persistent vegetative state. *New England Journal of Medicine, 330,* 1469-1475.

Kinsey, A. C., Pomeroy, W. B., Martin, C. E., & Gebhard, P. H. (1953). *Sexual behavior in the human female.* Philadelphia: Saunders.

Kipman, A., Gorwood, P., Mouren-Simeoni, M. C., & Ad'es, J. (1999). Genetic factors in anorexia nervosa. *European Psychiatry, 14,* 189-198.

Kirk, K. M., Bailey, J. M., Dunne, M. P., & Martin, N. G. (2000). Measurement models for sexual orientation in a community twin sample. *Behavior Genetics, 30,* 345-356.

Kirov, G., O'Donovan, M. C., & Owen, M. J. (2005). Finding schizophrenia genes. *Journal of Clinical Investigation, 115,* 1440-1448.

Kline, P. (1991). *Intelligence: The psychometric view.* New York: Routledge.

Knecht, S., Dräger, B., Deppe, M., Bobe, L., Lohmann, H., Flöel, A., et al. (2000). Handedness and hemispheric language dominance in healthy humans. *Brain, 123,* 2512-2518.

Knowlton, B. J., Mangels, J. A., & Squire, L. R. (1996). A neostriatal habit learning system in humans. *Science, 273,* 1399-1402.

Knutson, B., Wolkowitz, O. M., Cole, S. W., Chan, T., Moore, E. A., Johnson, R. C., et al. (1998). Selective alteration of personality and social behavior by serotonergic intervention. *American Journal of Psychiatry, 155,* 373-379.

Kobatake, E., Tanaka, K., & Tamori, Y. (1992). Long-term learning changes the stimulus selectivity of cells in the inferotemporal cortex of adult monkeys. *Neuroscience Research, S17,* 237.

Koch, W. (2005, June 24). Spray alternative to pot on the market in Canada. *USA Today.* Retrieved from www.keepmedia.com/pubs/ USATODAY/2005/06/24/907744

Koenig, R. (1999). European researchers grapple with animal rights. *Science, 284,* 1604-1606.

Koester, J., & Siegelbaum, S. A. (2000). Local signaling: Passive electrical properties of the neuron. In E. R. Kandel, J. H. Schwartz, & T. M. Jessell (Eds.), *Principles of neural science* (4th ed., pp. 140-149). New York: McGraw-Hill.

Kohler, E., Keysers, C., Umilt M. A., Fogassi, L., Gallese, V., & Rizzolatti, G. (2002). Hearing sounds, understanding actions: Action representation in mirror neurons. *Science, 297,* 846-848.

Kojima, S., Nakahara, T., Nagai, N., Muranaga, T., Tanaka, M., Yasuhara, D., et al. (2005). Altered ghrelin and peptide YY responses to meals in bulimia nervosa. *Clinical Endocrinology, 62,* 74-78.

Komisaruk, B. R., & Steinman, J. L. (1987). Genital stimulation as a trigger for neuroendocrine and behavioral control of reproduction. *Annals of the New York Academy of Sciences, 474,* 64-75.

Koob, G. F., & Bloom, F. E. (1988). Cellular and molecular mechanisms of drug dependence. *Science, 242,* 715-723.

Kopelman, M. D. (1995). The Korsakoff syndrome. *British Journal of Psychiatry, 166,* 154-173.

Kosambi, D. D. (1967, February). Living prehistory in India. *Scientific American, 216,* 105-114.

Kosfeld, M., Heinrichs, M., Zak, P. J., Fischbacher, U., & Fehr, E. (2005). Oxytocin increases trust in humans. *Molecular*

Psychiatry, 435, 673-676.

Koshino, H., Carpenter, P. A., Minshew, N. J., Cherkassky, V. L., Keller, T. A., & Just, M. A. (2005). Functional connectivity in an fMRI working memory task in high-functioning autism. *NeuroImage, 24,* 810-821.

Kosslyn, S. M., Ganis, G., & Thompson, W. L. (2001). Neural foundations of imagery. *Nature Reviews Neuroscience, 2,* 635-642.

Koulack, D., & Goodenough, D. R. (1976). Dream recall and dream recall failure: An arousal-retrieval model. *Psychological Bulletin, 83,* 975-984.

Koyama, T., Tanaka, Y., & Mikami, A. (1998). Nociceptive neurons in the macaque anterior cingulate activate during anticipation of pain. *NeuroReport, 9,* 2663-2667.

Kozlowski, S., & Drzewiecki, K. (1973). The role of osmoreception in portal circulation in control of wafer intake in dogs. *Acta Physiologica Polonica, 24,* 325-330.

Kraemer, H. C., Becker, H. B., Brodie, H. K. H., Doering, C. H., Moos, R. H., & Hamburg, D. A. (1976). Orgasmic frequency and plasma testosterone levels in normal human males. *Archives of Sexual Behavior, 5,* 125-132.

Krakauer, J., & Ghez, C. (2000). Voluntary movement. In E. R. Kandel, J. H. Schwartz, & T. M. Jessell (Eds.), *Principles of neural science* (4th ed., pp. 756-781). New York: McGraw-Hill.

Krall, W. J., Sramek, J. J., & Cutler, N. R. (1999). Cholinesterase inhibitors: A therapeutic strategy for Alzheimer disease. *Annals of Pharmacotherapy, 33,* 441-450.

Krause, J., Lalueza-Fox, C., Orlando, L., Enard, W., Green, R. E., Burbano, H. A., et al. (2007). The derived *FOXP2* variant of modern humans was shared with Neandertals. *Current Biology, 17,* 1-5.

Krause, K.-H., Dresel, S. H., Krause, J., Kung, H. F., & Tatsch, K. (2000). Increased striatal dopamine transporter in adult patients with attention-deficit/hyperactivity disorder: Effects of methylphenidate as measured by single photon emission computed tomography. *Neuroscience Letters, 285,* 107-110.

Kreek, M. J., Bart, G., Lilly, C., LaForge, K. S., & Nielsen, D. A. (2005). Pharmacogenetics and human molecular genetics of opiate and cocaine addictions and their treatments. *Pharmacological Reviews, 57,* 1-26.

Kreek, M. J., Nielsen, D. A., Butelman, E. R., & LaForge, K. S. (2005). Genetic influences on impulsivity, risk taking, stress responsivity and vulnerability to drug abuse and addiction. *Nature Neuroscience, 8,* 1450-1457.

Kreiman, G., Koch, C., & Fried, I. (2000). Category-specific visual responses of single neurons in the human medial temporal lobe. *Nature Neuroscience, 3,* 946-953.

Kripke, D. F., Garfinkel, L., Wingard, D. L., Klauber, M. R., & Marler, M. R. (2002). Mortality associated with sleep duration and insomnia. *Archives of General Psychiatry, 59,* 131-136.

Kripke, D. F., & Sonnenschein, D. (1973). A 90 minute daydream cycle [Abstract]. *Sleep Research, 70,* 187.

Kuchta, J., Otto, S. R., Shannon, R. V., Hitselberger, W. E., & Brackmann, D. E. (2004). The multichannel auditory brainstem implant: How many electrodes make sense? *Journal of Neurosurgery, 100,* 16-23.

Kudwa, A. E., Bodo, C., Gustafsson, J.-, & Rissman, E. F. (2005). A previously uncharacterized role for estrogen receptor: Defeminization of male brain and behavior. *Proceedings of the National Academy of Sciences, USA, 102,* 4608-4612.

Kuffler, S. W. (1953). Discharge patterns and functional organization of mammalian retina. *Journal of Neurophysiology, 16,* 37-68.

Kumari, V., & Postma, P. (2005). Nicotine use in schizophrenia: The self-medication hypotheses. *Neuroscience and Biobehavioral Reviews, 29,* 1021-1034.

Kupfer, D. J. (1976). REM latency: A psychobiologic marker for primary depressive disease. *Biological Psychiatry, 11,* 159-174.

Kupferman, I., Kandel, E. R., & Iversen, S. (2000). Motivational and addictive states. In E. R. Kandel, J. H. Schwartz, & T. M. Jessell (Eds.), *Principles of neural science* (4th ed., pp. 998-1013). New York: McGraw-Hill.

Kurihara, K., & Kashiwayanagi, M. (1998). Introductory remarks on umami taste. *Annals of the New York Academy of Sciences, 855,* 393-397.

Lacor, P. N., Buniel, M. C., Chang, L., Fernandez, S. J., Gong, Y., Viola, K. L., et al. (2004). Synaptic targeting by Alzheimer' s related amyloid β oligomers. *Journal of Neuroscience, 24,* 10191-10200.

Lai, C. S. L., Fisher, S. E., Hurst, J. A., Vargha-Khadem, F., & Monaco, A. P. (2001). A forkhead-domain gene is mutated in a severe speech and language disorder. *Nature, 413,* 519-523.

Laje, G., Paddock, S., Manji, H., Rush, A. J., Wilson, A. F., Charney, D., et al. (2007). Genetic markers of suicidal ideation emerging during citalopram treatment of major depression. *American Journal of Psychiatry, 164,* 1530-1538.

Lam, P., Cheng, C. Y., Hong, C.-J., & Tsai, S.-J. (2004). Association study of a brain-derived neurotrophic factor (Val66Met) genetic polymorphism and panic disorder. *Neuropsychobiology, 49,* 178-181.

Lam, P., Hong, C.-J., & Tsai. S.-J. (2005). Association study of A2a adenosine receptor genetic polymorhism in panic disorder. *Neuroscience Letters, 378,* 98-101.

LaMantia, A. S., & Rakic, P. (1990). Axon overproduction and elimination in the corpus callosum of the developing rhesus monkey. *Journal of Neuroscience, 10,* 2156-2175.

Lamb, T., & Yang, J. E. (2000). Could different directions of infant stepping be controlled by the same locomotor central pattern generator? *Journal of Neurophysiology, 83,* 2814-2824.

Lambe, E. K., Katzman, D. K., Mikulis, D. J., Kennedy, S. H., & Zipursky, R. B. (1997). Cerebral gray matter volume deficits after weight recovery from anorexia nervosa. *Archives of General Psychiatry, 54,* 537-542.

Lancaster, E. (1958). *The final face of Eve.* New York: McGraw-Hill.

Landry, D. W. (1997, February). Immunotherapy for cocaine addiction. *Scientific American, 276,* 42-45.

Laplane, D., Talairach, J., Meininger, V., Bancaud, J., & Orgogozo, J. M. (1977). Clinical consequences of corticectomies involving the supplementary motor area in man. *Journal of the Neurological Sciences, 34,* 301-314.

Larson, G. (1995). *The Far Side gallery 5.* Kansas City, KS: Andrews & McMeel.

Laruelle, M., Kegeles, L. S., & Abi-Dargham, A. (2003). Glutamate, dopamine, and schizophrenia. *Annals of the New York Academy of Sciences, 1003,* 138-158.

Lashley, K. (1929). *Brain mechanisms and intelligence: A quantitative study of injuries to the brain.* Chicago: University of Chicago Press.

Lau, B., Stanley, G. B., & Dan, Y. (2002). Computational subunits of visual cortical neurons revealed by artificial neural networks. *Proceedings of the National Academy of Sciences, USA, 99,* 8974-8979.

Lawton, G. (2005, August 14). The autism myth. *New Scientist,* 37-40.

Lazarov, O., Robinson, J., Tang, Y.-P., Hairston, I. S., Korade-Mirnics, Z., Lee, V. M.-Y., et al. (2005). Environmental enrichment reduces Aβ levels and amyloid deposition in transgenic mice. *Cell, 120,* 701-713.

Le Foll, B., & Goldberg, S. R. (2005). Cannabinoid CB_1 antagonists as promising new medications for drug dependence. *Journal of Pharmacology and Experimental Therapeutics, 312,* 875-883.

Lecendreux, M., Bassetti, C., Dauvilliers, Y., Mayer, G., Neidhart, E., & Tafti, M. (2003). HLA and genetic susceptibility to sleepwalking. *Molecular Psychiatry, 8,* 114-117.

LeDoux, J. E. (1996). *The emotional brain.* New York: Simon & Schuster.

Lee, C. C., Chou, I. C., Tsai, C. H., Wang, T. R., Li, T. C., & Tsai, F. J. (2005). Dopamine receptor D2 gene polymorphisms are associated in Taiwanese children with Tourette syndrome. *Pediatric Neurology, 33,* 272-276.

Lee, D. S., Lee, J. S., Oh, S. H., Kim, S.-K., Kim, J.-W., Chung, J.-K., et al. (2001). Cross-modal plasticity and cochlear implants. *Nature, 409,* 149-150.

Lehky, S. R., & Sejnowski, T. J. (1990). Neural network model of visual cortex for determining surface curvature from images of shaded surfaces. *Proceedings of the Royal Society of London, B, 240,* 251-278.

Lehrman, S. (1999). Virus treatment questioned after gene therapy death. *Nature, 401,* 517-518.

Leibel, R. L., Rosenbaum, M., & Hirsch, J. (1995). Changes in energy expenditure resulting from altered body weight. *New England Journal of Medicine, 332,* 621-628.

Leibowitz, S. F., & Alexander, J. T. (1998). Hypothalamic serotonin in control of eating behavior, meal size, and body weight. *Biological Psychiatry, 44,* 851-864.

Leland, J., & Miller, M. (1998, August 17). Can gays convert? *Newsweek,* 47-53.

Lenneberg, E. H. (1969). On explaining language. *Science, 164,* 635-643.

Lenzenweger, M. F., & Gottesman, I. I. (1994). Schizophrenia. In V. S. Ramachandran (Ed.), *Encyclopedia of human behavior.* San Diego, CA: Academic Press.

Leonard, H. L., Lenane, M. C., Swedo, S. E., Rettew, D. C., Gershon, E. S., & Rapoport, J. L. (1992). Tics and Tourette' s disorder: A 2- to 7-year follow-up of 54 obsessive-compulsive children. *American Journal of Psychiatry, 149,* 1244-1251.

Leonard, H. L., Lenane, M. C., Swedo, S. E., Rettew, D. C., & Rapoport, J. L. (1991). A double-blind comparison of clomipramine and desipramine treatment of severe onychophagia (nail-biting). *Archives of General Psychiatry, 48,* 821-826.

Leonard, S., Adams, C., Breese, C. R., Adler, L. E., Bickford, P., Byerley, W., et al. (1996). Nicotinic receptor function in schizophrenia. *Schizophrenia Bulletin, 22,* 431-445.

Leopold, D. A., & Logothetis, N. K. (1996). Activity changes in early visual cortex reflect monkeys' percepts during binocular rivalry. *Nature, 379,* 549-553.

Leor, J., Poole, W. K., & Kloner, R. A. (1996). Sudden cardiac death triggered by an earthquake. *New England Journal of Medicine, 334,* 413-419.

Leshner, A. I. (1997). Addiction is a brain disease, and it matters. *Science, 278,* 45-47.

LeVay, S. (1991). A difference in hypothalamic structure between heterosexual and homosexual men. *Science, 253,* 1034-1037.

LeVay, S. (1996). *Queer science: The use and abuse of research into homosexuality.* Cambridge, MA: MIT Press.

Levenson, R. W. (1992). Autonomic nervous system differences among emotions. *Psychological Science, 3,* 23-27.

Levenson, R. W., Ekman, P., & Friesen, W. V. (1990). Voluntary facial action generates emotion-specific autonomic nervous system activity. *Psychophysiology, 27,* 363-384.

Leventhal, A. G., Wang, Y., Pu, M., Zhou, Y., & Ma, Y. (2003). GABA and its agonists improved visual cortical function in senescent monkeys. *Science, 300,* 812-815.

Levin, F. R., Evans, S. M., & Kleber, H. D. (1998). Methylphenidate treatment for cocaine abusers with adult attention-deficit/hyperactivity disorder: A pilot study. *Journal of Clinical Psychiatry, 59,* 300-305.

Levin, H. S., Culhane, K. A., Hartmann, J., Evankovich, K., Mattson, A. J., Harward, H., et al. (1991). Developmental changes in performance on tests of purported frontal lobe functioning. *Developmental Neuropsychology, 7,* 377-395.

Levin, N., Nelson, C., Gurney, A., Vandlen, R., & de Sauvage, F. (1996). Decreased food intake does not completely account for adiposity reduction after ob protein infusion. *Proceedings of the National Academy of Sciences, USA, 93,* 1726-1730.

Levine, J. A., Eberhardt, N. L., & Jensen, M. D. (1999). Role of nonexercise activity thermogenesis in resistance to fat gain in humans. *Science, 283,* 212-214.

Levy, B. (1996). Improving memory in old age through implicit self-stereotyping. *Journal of Personality and Social Psychology, 71,* 1092-1107.

Levy, J. (1969). Possible basis for the evolution of lateral specialization of the human brain. *Nature, 224,* 614-615.

Lewicki, P., Hill, T., & Czyzewska, M. (1992). Nonconscious acquisition of information. *American Psychologist, 47,* 796-801.

Lewin, R. (1980). Is your brain really necessary? *Science, 210,* 1232-1234.

Lewis, D. A., & Levitt, P. (2002). Schizophrenia as a disorder of neurodevelopment. *Annual Review of Neuroscience, 25,* 409-432.

Lewis, H. B., Goodenough, D. R., Shapiro, A., & Sleser, I. (1966). Individual differences in dream recall. *Journal of Abnormal Psychology, 71,* 52-59.

Lewis, M., & Brooks-Gunn, J. (1979). *Social cognition and the acquisition of self.* New York: Plenum Press.

Lewis, P. D. (1985). Neuropathological effects of alcohol on the developing nervous system. *Alcohol and Alcoholism, 20,* 195-200.

Lewy, A. J., Sack, R. L, Miller, L. S., & Hoban, T. M. (1987). Antidepressant and circadian phase-shifting effects of light. *Science, 235,* 352-354.

Li, Y.-F., Langholz, B., Salam, M. T., & Gilliland, F. D. (2005). Maternal and grandmaternal smoking patterns are associated with early childhood asthma. *Chest, 127,* 1232-1241.

Liang, X., Wang, Q., Hand, T., Wu, L., Breyer, R. M., Montine, T. J., et al. (2005). Deletion of the prostaglandin E_2 EP2 receptor reduces oxidative damage and amyloid burden in a model of Alzheimer' s disease. *Journal of Neuroscience, 25,* 10180-10187.

Lichtman, S. W., Pisarska, K., Berman, E. R., Pestone, M., Dowling, H., Offenbacher, E., et al. (1992). Discrepancy between self-reported and actual caloric intake and exercise in obese subjects. *New England Journal of Medicine, 327,* 1893-1898.

Lieberman, H. R., Wurtman, J. J., & Chew, B. (1986). Changes in mood after carbohydrate consumption among obese individuals. *American Journal of Clinical Nutrition, 44,* 772-778.

Liechti, M. E., & Vollenweider, F. X. (2000). Acute psychological and physiological effects of MDMA ("ecstasy") after haloperidol pretreatment in healthy humans. *European Neuropsychopharmacology, 10,* 289-295.

Lilenfeld, L. R., Kaye, W. H., Greeno, C. G., Merikangas, K. R., Plotnicov, K., Pollice, C., et al. (1998). A controlled family study of anorexia nervosa and bulimia nervosa: Psychiatric disorders in first degree relatives and effects of proband comorbidity. *Archives of General Psychiatry, 55,* 603-610.

Lim, K. O., Tew, W., Kushner, M., Chow, K., Matsumoto, B., & DeLisi, L. E. (1996). Cortical gray matter volume deficit in patients with first-episode schizophrenia. *American Journal of Psychiatry, 153,* 1548-1553.

Lin, L., Faraco, J., Li, R., Kadotani, H., Rogers, W., Lin, X., et al. (1999). The sleep disorder canine narcolepsy is caused by a mutation in the hypocretin (orexin) receptor 2 gene. *Cell, 98,* 365-376.

Linnoila, M., Virkkunen, M., Scheinin, M., Nuutila, A., Rimon, R., & Goodwin, F. K. (1983). Low cerebrospinal fluid 5-hydroxyindoleacetic acid concentration differentiates impulsive from nonimpulsive violent behavior. *Life Sciences, 33,* 2609-2614.

Lisman, J., & Morris, R. B. M. (2001). Why is the cortex a slow learner? *Nature, 411,* 248-249.

Lisman, J., Schulman, H., & Cline, H. (2002). The molecular basis of CaMKII function in synaptic and behavioural memory. *Nature Reviews Neuroscience, 3,* 175-190.

Livingstone, D. (1971). *Missionary travels.* New York: Harper & Brothers. (Original work published 1858)

Livingstone, M., & Hubel, D. (1988). Segregation of form, color, movement, and depth: Anatomy, physiology, and perception. *Science, 240,* 740-749.

Livingstone, M. S., Rosen, G. D., Drislane, F. W., & Galaburda, A. M. (1991). Physiological and anatomical evidence for a magnocellular defect in developmental dyslexia. *Proceedings of the National Academy of Sciences, USA, 88,* 7943-7947.

Locurto, C. (1991). *Sense and nonsense about IQ: The case for uniqueness*. New York: Praeger.

Loehlin, J. C., & Nichols, R. C. (1976). *Heredity, environment and personality: A study of 850 twins*. Austin: University of Texas Press.

Loewi, O. (1953). *From the workshop of discoveries*. Lawrence: University of Kansas Press.

Loftus, E. F. (1997, September). Creating false memories. *Scientific American, 277,* 70–75.

Loftus, T. M., Jaworsky, D. E., Frehywot, G. L., Townsend, C. A., Ronnett, G. V., Lane, M. D., et al. (2000). Reduced food intake and body weight in mice treated with fatty acid synthase inhibitors. *Science, 288,* 2379–2381.

Logothetis, N. K., Pauls, J., & Poggio, T. (1995). Shape representation in the inferior temporal cortex of monkeys. *Current Biology, 5,* 552–563.

London, E. D., Cascella, N. G., Wong, D. F., Phillips, R. L., Dannals, R. F., Links, J. M., et al. (1990). Cocaine-induced reduction of glucose utilization in human brain. *Archives of General Psychiatry, 47,* 567–574.

Loring, D. W., Meador, K. J., Lee, G. P., Murro, A. M., Smith, J. R., Flanigin, H. F., et al. (1990). Cerebral language lateralization: Evidence from intracarotid amobarbital testing. *Neuropsychologia, 28,* 831–838.

Loring, J. F., Wen, X., Lee, J. M., Seilhamer, J., & Somogyi, R. (2001). A gene expression profile of Alzheimer' s disease. *DNA and Cell Biology, 20,* 683–695.

Lott, I. T. (1982). Down' s syndrome, aging, and Alzheimer' s disease: A clinical review. *Annals of the New York Academy of Sciences, 396,* 15–27.

Louie, K., & Wilson, M. A. (2001). Temporally structured replay of awake hippocampal ensemble activity during rapid eye movement sleep. *Neuron, 29,* 145–156.

Lowenstein, R. J., & Putnam, F. W. (1990). The clinical phenomenology of males with MPD: A report of 21 cases. *Dissociation, 3,* 135–143.

Lowing, P. A., Mirsky, A. F., & Pereira, R. (1983). The inheritance of schizophrenia spectrum disorders: A reanalysis of the Danish adoptee study data. *American Journal of Psychiatry, 140,* 1167–1171.

Lu, J., Bjorkum, A. A., Xu, M., Gaus, S. E., Shiromani, P. J., & Saper, C. B. (2002). Selective activation of the extended ventrolateral preoptic nucleus during rapid eye movement sleep. *Journal of Neuroscience, 22,* 4568–4576.

Lu, J., Férn, F., Mackay-Sim, A., & Waite, P. M. (2002). Olfactory ensheathing cells promote locomotor recovery after delayed transplantation into transected spinal cord. *Brain, 125,* 14–21.

Lu, T., Pan, Y., Kao, S.-Y., Li, C., Kohane, I., Chan, J., et al. (2004). Gene regulation and DNA damage in the ageing human brain. *Nature, 429,* 883–891.

Lucas, R. J., Freedman, M. S., Muñoz, M., Garcia-Fernandez, J.-M., & Foster, R. G. (1999). Regulation of the mammalian pineal by non-rod, non-cone, ocular photoreceptors. *Science, 284,* 505–507.

Luciano, M., Wright, M., Smith, G. A., Geffen, G. M., Geffen, L. B., & Martin, N. G. (2001). Genetic covariance among measures of information processing speed, working memory, and IQ. *Behavior Genetics, 31,* 581–592.

Lupien, S. J., de Leon, M., de Santi, S., Convit, A., Tarshish, C., Thakur, M., et al. (1998). Cortisol levels during human aging predict hippocampal atrophy and memory deficits. *Nature Neuroscience, 1,* 69–73.

Ly, D. H., Lockhart, D. J., Lerner, R. A., & Schultz, P. G. (2000). Mitotic misregulation and human aging. *Science, 287,* 2486–2492.

Lyons, S. (2001, May 20). A will to eat, a fight for life. *San Luis Obispo Tribune*, p. A1.

Maas, L. C., Lukas, S. E., Kaufman, M. J., Weiss, R. D., Daniels, S. L., Rogers, V. W., et al. (1998). Functional magnetic resonance imaging of human brain activation during cue-induced cocaine craving. *American Journal of Psychiatry, 155,* 124–126.

Maccoby, E. E., & Jacklin, C. N. (1974). *The psychology of sex differences*. Stanford, CA: Stanford University Press.

Mackinnon, D. F., Xu, J., McMahon, F. J., Simpson, S. G., Stine, O. C., McInnis, M. G., et al. (1998). Bipolar disorder and panic disorder in families: An analysis of chromosome 18 data. *American Journal of Psychiatry, 155,* 829–831.

MacNeilage, P. F. (1998). The frame/content theory of evolution of speech production. *Behavioral and Brain Sciences, 21,* 499–511.

Macrae, J. R., Scoles, M. T., & Siegel, S. (1987). The contribution of Pavlovian conditioning to drug tolerance and dependence. *British Journal of Addiction, 82,* 371–380.

Maddison, D., & Viola, A. (1968). The health of widows in the year following bereavement. *Journal of Psychosomatic Research, 12,* 297–306.

Maes, H. H. M., Neale, M. C., & Eaves, L. J. (1997). Genetic and environmental factors in relative body weight and human adiposity. *Behavior Genetics, 27,* 325–351.

Maffei, M., Halaas, J., Ravussin, E., Pratley, R. E., Lee, G. H., Zhang, Y., et al. (1995). Leptin levels in human and rodent: Measurement of plasma leptin and ob RNA in obese and weight-reduced subjects. *Nature Medicine, 1,* 1155–1161.

Magistretti, P. J., Pellerin, L., Rothman, D. L., & Shulman, R. G. (1999). Energy on demand. *Science, 283,* 496–497.

Maguire, E. A., Gadian, D. G., Johnsrude, I. S., Good, C. D., Ashburner, J., Frackowiak, R. S. J., et al. (2000). Navigationrelated structural change in the hippocampi of taxi drivers. *Proceedings of the National Academy of Sciences, USA, 97,* 4398–4403.

Maier, M. A., Bennett, K. M., Hepp-Reymond, M. C., & Lemon, R. N. (1993). Contribution of the monkey corticomotoneuronal system to the control of force in precision grip. *Journal of Neurophysiology, 69,* 772–785.

Maier, S. F., Drugan, R. C., & Grau, J. W. (1982). Controllability, coping behavior, and stress-induced analgesia in the rat. *Pain, 12,* 47–56.

Maki, P. M., Rich, J. B, & Rosenbaum, R. S. (2002). Implicit memory varies across the menstrual cycle: Estrogen effects in young women. *Neuropsychologia, 40,* 518–529.

Maletic-Savatic, M., Malinow, R., & Svoboda, K. (1999). Rapid dendritic morphogenesis in CA1 hippocampal dendrites induced by synaptic activity. *Science, 283,* 1923–1927.

Malison, R. T., McDougle, C. J., van Dyck, C. H., Scahill, L., Baldwin, R. M., Seibyl, J. P., et al. (1995). [123I] α-CIT SPECT imaging of striatal dopamine transporter binding in Tourette' s disorder. *American Journal of Psychiatry, 152,* 1359–1361.

Maney, K. (2004, October 11). Scientists gingerly tap into brain' s power. *USA Today.* Retrieved from www.usatoday.com/money/industries/health/2004-10-10-braingate-cover_x.htm

Mann, J. J. (2003). Neurobiology of suicidal behaviour. *Nature Reviews Neuroscience, 4,* 819–828.

Mann, J. J., Arango, V., & Underwood, M. D. (1990). Serotonin and suicidal behavior. *Annals of the New York Academy of Sciences. Special Issue: The Neuropharmacology of Serotonin, 600,* 476–485.

Manoonpong, P., Geng, T., Kulvicius, T., Porr, B., & Wörgötter, F. (2007). Adaptive, fast walking in a biped robot under neuronal control and learning. *Public Library of Science Computational Biology, 3,* 1–16.

Mansari, M., Sakai, K., & Jouvet, M. (1989). Unitary characteristics of presumptive cholinergic tegmental neurons during the sleep-waking cycle in freely moving cats. *Experimental Brain Research, 76,* 519–529.

Mantzoros, C., Flier, J. S., Lesem, M. D., Brewerton, T. D., & Jimerson, D. C. (1997). Cerebrospinal fluid leptin in anorexia nervosa: Correlation with nutritional status and potentail role in resistance to weight gain. *Journal of Clinical Endocrinology and Metabolism, 82,* 1845–1851.

Manuck, S. B., Flory, J. D., Ferrell, R. E., Mann, J. J., & Muldoon, M. F. (2000). A regulatory polymorphism of the monoamine oxidase-A gene may be associated with variability in aggression, impulsivity, and central nervous system serotonergic responsivity. *Psychiatry Research, 95,* 9–23.

Mapes, G. (1990, April 10). Beating the clock: Was it an accident Chernobyl exploded at 1:23 in the morning? *Wall Street Journal,* p. A1.

Maraganore, D. M., de Andrade, M., Lesnick, T. G., Strain, K. J., Farrer, M. J., Rocca, W. A., et al. (2005). High-resolution whole-genome association study of Parkinson disease. *American Journal of Human Genetics, 77,* 685–693.

Marczynski, T. J., & Urbancic, M. (1988). Animal models of chronic anxiety and "fearlessness." *Brain Research Bulletin, 21,* 483–490.

Marks, W. B., Dobelle, W. H., & MacNichol, E. F., Jr. (1964). Visual pigments of single primate cones. *Science, 143,* 1181–1183.

Marshall, E. (1998). Medline searches turn up cases of suspected plagiarism. *Science, 279,* 473–474.

Marshall, E. (2000a). Antiabortion groups target neuroscience study at Nebraska. *Science, 287,* 202–203.

Marshall, E. (2000b). Gene therapy on trial. *Science, 288,* 951–957.

Marshall, E. (2000c). How prevalent is fraud? That' s a million-dollar question. *Science, 290,* 1662–1663.

Marshall, E. (2000d). Moratorium urged on germ line gene therapy. *Science, 289,* 2023.

Marshall, L., Helgadóttir, H., Mölle, M., & Born, J. (2006). Boosting slow oscillations during sleep potentiates memory. *Nature, 444,* 610–613.

Martin, A., Haxby, J. V., Lalonde, F. M., Wiggs, C. L., & Ungerleider, L. G. (1995). Discrete cortical regions associated with knowledge of color and knowledge of actions. *Science, 270,* 102–105.

Martin, A., Wiggs, C. L., Ungerleider, L. G., & Haxby, J. V. (1996). Neural correlates of category-specific knowledge. *Nature, 379,* 649–652.

Martin, J. B. (1987). Molecular genetics: Applications to the clinical neurosciences. *Science, 238,* 765–772.

Martin, M. J., Muotri, A., Gage, F., & Varki, A. (2005). Human embryonic stem cells express an immunogenic nonhuman sialic acid. *Nature medicine, 11,* 228–232.

Martinez, J. L., & Derrick, B. E. (1996). Long-term potentiation and learning. *Annual Review of Psychology, 47,* 173–203.

Martini, F. (1988). *Fundamentals of anatomy and physiology* (4th ed.). Upper Saddle River, NJ: Prentice Hall.

Martins, I. P., & Ferro, J. M. (1992). Recovery of acquired aphasia in children. *Aphasiology, 6,* 431–438.

Marx, J. (1998). New gene tied to common form of Alzheimer' s. *Science, 281,* 507–509.

Marx, J. (2003). Cellular warriors at the battle of the bulge. *Science, 299,* 846–849.

Masica, D. N., Money, J., Ehrhardt, A. A., & Lewis, V. G. (1969). IQ, fetal sex hormones and cognitive patterns: Studies in the testicular feminizing syndrome of androgen insensitivity.

Johns Hopkins Medical Journal, 124, 34-43.

Mâse, L. C., & Tremblay, R. E. (1997). Behavior of boys in kindergarten and the onset of substance use during adolescence. *Archives of General Psychiatry, 54,* 62-68.

Masters, W., & Johnson, V. (1966). *The human sexual response.* Boston: Little, Brown.

Mateer, C. A., & Cameron, P. A. (1989). Electrophysiological correlates of language: Stimulation mapping and evoked potential studies. In F. Boller & J. Grafman, J. (Eds.), *Handbook of neuropsychology* (Vol. 2, pp. 91-116). New York: Elsevier.

Matsui, D., Minato, T., MacDorman, K. F., & Ishiguro, H. (2005, August). Generating natural motion in an android by mapping human motion. *Proceedings of the IEEE/RSJ International Conference on Intelligent Robots and Systems.* Retrieved July 13, 2007, from www.ieeexplore.ieee.org/xpl/freeabs_all.jsp?arnumber=1545125

Matsuzaki, M., Honkura, N., Ellis-Davies, G. C. R., & Kasai, H. (2004). Structural basis of long-term potentiation in single dendritic spines. *Nature, 429,* 761-766.

Mattay, V. S., Berman, K. F., Ostrem, J. L., Esposito, G., Van Horn, J. D., Bigelow, L. B., et al. (1996). Dextroamphetamine enhances "neural network-specific" physiological signals: A positron-emission tomography rCBF study. *Journal of Neuroscience, 16,* 4816-4822.

Matuszewich, L., Lorrain, D. S., & Hull, E. M. (2000). Dopamine release in the medial preoptic area of female rats in response to hormonal manipulation and sexual activity. *Behavioral Neuroscience, 114,* 772-782.

Mayberg, H. S., Lozano, A. M., Voon, V., McNeely, H. E., Seminowicz, D., Hamani, C., et al. (2005). Deep brain stimulation for treatment-resistant depression. *Neuron, 45,* 651-660.

Mazur, A., & Lamb, T. A. (1980). Testosterone, status, and mood in human males. *Hormones and Behavior, 14,* 236-246.

Mazzocchi, F., & Vignolo, L. A. (1979). Localisation of lesions in aphasia: Clinical-CT scan correlations in stroke patients. *Cortex, 15,* 627-653.

McCann, U. D., Lowe, K. A., & Ricaurte, G. A. (1997). Long-lasting effects of recreational drugs of abuse on the central nervous system. *Neuroscientist, 3,* 399-411.

McClearn, G. E., Johansson, B., Berg, S., Pedersen, N. L., Ahern, F., Petrill, S. A., et al. (1997). Substantial genetic influence on cognitive abilities in twins 80 or more years old. *Science, 276,* 1560-1563.

McClelland, J. L., McNaughton, B. L., & O' Reilly, R. C. (1995). Why there are complementary learning systems in the hippocampus and neocortex: Insights from the successes and failures of connectionist models of learning and memory. *Psychological Review, 102,* 419-457.

McClung, C. A., Sidiropoulou, K., Vitaterna, M., Takahashi, J. S., White, F. J., Cooper, D. C., et al. (2005). Regulation of dopamine transmission and cocaine reward by the *Clock* gene. *Proceedings of the National Academy of Sciences, USA, 102,* 9377-9381.

McCormick, C. M., & Witelson, S. F. (1991). A cognitive profile of homosexual men compared to heterosexual men and women. *Psychoneuroendocrinology, 16,* 459-473.

McCormick, D. A., & Thompson, R. F. (1984). Cerebellum: Essential involvement in the classically conditioned eyelid response. *Science, 223,* 296-299.

McCoy, N. L., & Davidson, J. M. (1985). A longitudinal study of the effects of menopause on sexuality. *Maturitas, 7,* 203-210.

McCoy, N. L., & Pitino, L. (2002). Pheromonal influences on sociosexual behavior in young women. *Physiology and Behavior, 75,* 367-375.

McDaniel, M. A. (2005). Big-brained people are smarter: A meta-analysis of the relationship between in vivo brain volume and intelligence. *Intelligence, 33,* 337-346.

McDonald, J. W., Becker, D., Sadowsky, C. L., Jane, J. A., Conturo, T. E., & Schultz, L. M. (2002). Late recovery following spinal cord injury: Case report and review of the literature. *Journal of Neurosurgery: Spine, 97,* 252-265.

McDonald, J. W., Liu, X.-Z., Qu, Y., Liu, S., Mickey, S. K., Turetsky, D., et al. (1999). Transplanted embryonic stem cells survive, differentiate and promote recovery in injured rat spinal cord. *Nature Medicine, 5,* 1410-1412.

McDonald, R. J., & White, N. M. (1993). A triple dissociation of memory systems: Hippocampus, amygdala, and dorsal striatum. *Behavioral Neuroscience, 107,* 3-22.

McDougall, W. (1908). *An introduction to social psychology.* London: Methuen.

McDougle, C. J., Holmes, J. P., Carlson, D. C., Pelton, G. H., Cohen, D. J., & Price, L. H. (1998). A double-blind, placebo-controlled study of Risperidone in adults with autistic disorder and other pervasive developmental disorders. *Archives of General Psychiatry, 55,* 633-641.

McEvoy, S. P., Stevenson, M. R., McCartt, A. T., Woodward, M., Haworth, C., & Palamara, P. (2005). Role of mobile phones in motor vehicle crashes resulting in hospital attendance: A case-crossover study. *British Medical Journal, 331,* 428-432.

McFadden, D., & Pasanen, E. G. (1998). Comparison of the auditory systems of heterosexuals and homosexuals: Click-evoked otoacoustic emissions. *Proceedings of the National Academy of Sciences, USA, 95,* 2709-2713.

McGarry-Roberts, P. A., Stelmack, R. M., & Campbell, K. B. (1992). Intelligence, reaction time, and event-related potentials. *Intelligence, 16,* 289–313.

McGaugh, J. L. (2000). Memory–A century of consolidation. *Science, 287,* 248–251.

McGaugh, J. L., Cahill, L., & Roozendaal, B. (1996). Involvement of the amygdala in memory storage: Interaction with other brain systems. *Proceedings of the National Academy of Sciences, USA, 93,* 13508–13514.

McGue, M., & Bouchard, T. J. (1998). Genetic and environmental influences on human behavioral differences. *Annual Review of Neuroscience, 21,* 1–24.

McGuffin, P., Rijsdijk, F., Andrew, M., Sham, P., Katz, R., & Cardno, A. (2003). The heritability of bipolar affective disorder and the genetic relationship to unipolar depression. *Archives of General Psychiatry, 60,* 497–502.

McGuire, P. K., Shah, G. M. S., & Murray, R. M. (1993). Increased blood flow in Broca' s area during auditory hallucinations in schizophrenia. *Lancet, 342,* 703–706.

McGuire, P. K., Silbersweig, D. A., Wright, I., Murray, R. M., David, A. S., Frackowiak, R. S. J., et al. (1995). Abnormal monitoring of inner speech: A physiological basis for auditory hallucinations. *Lancet, 346,* 596–600.

McIntosh, A. R., Rajah, M. N., & Lobaugh, N. J. (1999). Interactions of prefrontal cortex in relation to awareness in sensory learning. *Science, 284,* 1531–1533.

McKeon, J., McGuffi n, P., & Robinson, P. (1984). Obsessive-compulsive neurosis following head injury: A report of 4 cases. *British Journal of Psychiatry, 144,* 190–192.

McKinnon, W., Weisse, C. S., Reynolds, C. P., Bowles, C. A., & Baum, A. (1989). Chronic stress, leukocyte subpopulations, and humoral response to latent viruses. *Health Psychology, 8,* 389–402.

McLellan, T. A., Lewis, D. C., O' Brien, C. P., & Kleber, H. D. (2000). Drug dependence, a chronic medical illness: Implications for treatment, insurance, and outcomes evaluation. *Journal of the American Medical Association, 284,* 1689–1695.

Meberg, P. J., Barnes, C. A., McNaughton, B. L., & Routtenberg, A. (1993). Protein kinase C and F1/GAP-43 gene expression in hippocampus inversely related to synaptic enhancement lasting 3 days. *Proceedings of the National Academy of Sciences, USA, 90,* 12050–12054.

Mechoulam, R., Ben-Shabat, S., Hanus, L., Ligumsky, M., Kaminski, N. E., Schatz, A. R., et al. (1995). Identification of an endogenous 2-monoglyceride, present in canine gut, that binds to cannabinoid receptors. *Biochemical Pharmacology,* 83–90.

Mednick, S., Nakayama, K., & Stickgold, R. (2003). Sleep-dependent learning: A nap is as good as a night. *Nature Neuroscience, 6,* 697–698.

Meister, M., Wong, R. O. L., Baylor, D. A., & Shatz, C. J. (1991). Synchronous bursts of action potentials in ganglion cells of the developing mammalian retina. *Science, 252,* 939–943.

Melichar, J. K., Daglish, M. R. C., & Nutt, D. J. (2001). Addiction and withdrawal-current views. *Current Opinion in Pharmacology, 1,* 84–90.

Melone, M., Vitellaro-Zuccarello, L., Vallejo-Illaramendi, A., Pérez-Samartin, A., Matute, C., Cozzi, A., et al. (2001). The expression of glutamate transporter GLT-1 in the rat cerebral cortex is down-regulated by the antipsychotic drug clozapine. *Molecular Psychiatry, 6,* 380–386.

Melton, L. (2007, February 12). What' s your poison? *New Scientist,* 30–33.

Meltzer, H. Y. (1990). Role of serotonin in depression. *Annals of the New York Academy of Sciences. Special Issue: The Neuropharmacology of Serotonin, 600,* 486–500.

Melzack, R. (1973). *The puzzle of pain.* New York: Basic Books.

Melzack, R. (1992, April). Phantom limbs. *Scientific American, 266,* 120–126.

Melzack, R., & Wall, P. D. (1965). Pain mechanisms: A new theory. *Science, 150,* 971–979.

Meng, H., Smith, S. D., Hager, K., Held, M., Liu, J., Olson, R. K., et al. (2005). *DCDC2* is associated with reading disability and modulates neuronal development in the brain. *Proceedings of the National Academy of Sciences, USA, 102,* 17053–17058.

Menon, D. K., Owen, A. M., Williams, E. J., Minhas, P. S., Allen, C. M. C., Boniface, S. J., et al., & the Wolfson Brain Imaging Centre Team. (1998). Cortical processing in persistent vegetative state. *Lancet, 352,* 200.

Merabet, L. B., Rizzo, J. F., Amedi, A., Somers, D. C., & Pascual-Leone, A. (2005). What blindness can tell us about seeing again: Merging neuroplasticity and neuroprostheses. *Nature Reviews Neuroscience, 6,* 71–77.

Merzenich, M. M., Knight, P. L., & Roth, G. L. (1975). Representation of cochlea within primary auditory cortex in the cat. *Journal of Neurophysiology, 61,* 231–249.

Meston, C. M., & Frohlich, P. F. (2000). The neurobiology of sexual function. *Archives of General Psychiatry, 57,* 1012–1030.

Mesulam, M. M. (1981). Dissociative states with abnormal temporal lobe EEG. Multiple personality and the illusion of possession. *Archives of Neurology, 38,* 176–181.

Mesulam, M.-M. (1986). Frontal cortex and behavior. *Annals of Neurology, 19,* 320–325.

Meyer-Bahlburg, H. F. L. (1984). Psychoendocrine research on sexual orientation. Current status and future options. *Progress in Brain Research, 61,* 375–398.

Meyer-Bahlburg, H. F. L. (1999). Gender assignment and

reassignment in 46,XY pseudohermaphroditism and related conditions. *Journal of Clinical Endocrinology and Metabolism, 84,* 3455-3458.

Michael, R., Gagnon, J., Laumann, E., & Kolata, G. (1994). *Sex in America.* Boston: Little, Brown.

Middleton, F. A., Pato, M. T., Gentile, K. L., Morley, C. P., Zhao, X., Eisener, A. F., et al. (2004). Genomewide linkage analysis of bipolar disorder by use of a high-density single-nucleotide-polymorphism (SNP) genotyping assay: A comparison with microsatellite marker assays and finding of significant linkage to chromosome 6q22. *American Journal of Human Genetics, 74,* 886-897.

Mignot, E. (1998). Genetic and familial aspects of narcolepsy. *Neurology, 50*(Suppl. 1), S16-S22.

Miles, C., Green, R., Sanders, G., & Hines, M. (1998). Estrogen and memory in a transsexual population. *Hormones and Behavior, 34,* 199-208.

Miles, D. R., & Carey, G. (1997). Genetic and environmental architecture of human aggression. *Journal of Personal and Social Psychology, 72,* 207-217.

Miles, L. E. M., Raynal, D. M., & Wilson, M. A. (1977). Blind man living in normal society has circadian rhythms of 24.9 hours. *Science, 198,* 421-423.

Millar, J. K., Pickard, B. S., Mackie, S., James, R., Christie, S., Buchanan, S. R., et al. (2005). DISC1 and PDE4B are interacting genetic factors in schizophrenia that regulate camp signaling. *Science, 310,* 1187-1191.

Miller, A. (1967). The lobotomy patient-a decade later: A follow-up study of a research project started in 1948. *Canadian Medical Association Journal, 96,* 1095-1103.

Miller, B. L., Boone, K., Cummings, J. L., Read, S. L., & Mishkin, F. (2000). Functional correlates of musical and visual ability in frontotemporal dementia. *British Journal of Psychiatry, 176,* 458-463.

Miller, B. L., Cummings, J., Mishkin, F., Boone, K., Prince, F., Ponton, M. et al. (1998). Emergence of artistic talent in frontotemporal dementia. *Neurology, 51,* 978-982.

Miller, C. A., & Sweatt, D. (2007). Covalent modification of DNA regulates memory formation. *Neuron, 53,* 857-869.

Miller, D. S., & Parsonage, S. (1975). Resistance to slimming: Adaptation or illusion? *Lancet, 1,* 773-775.

Miller, E. K., Erickson, C. A., & Desimone, R. (1996). Neural mechanisms of visual working memory in prefrontal cortex of the Macaque. *Journal of Neuroscience, 16,* 5151-5167.

Miller, G. (2005). Reflecting on another's mind. *Science, 308,* 945-947.

Miller, L. T., & Vernon, P. A. (1992). The general factor in short-term memory, intelligence, and reaction time. *Intelligence, 16,* 5-29.

Miller, N. F. (1985). The value of behavioral research on animals. *American Psychologist, 40,* 423-440.

Miller, S. D., & Triggiano, P. J. (1992). The psychophysiological investigation of multiple personality disorder: Review and update. *American Journal of Clinical Hypnosis, 35,* 47-61.

Miller, T. Q., Smith, T. W., Turner, C. W., Guijarro, M. L., & Hallet, A. J. (1996). A meta-analytic review of research on hostility and physical health. *Psychological Bulletin, 119,* 322-348.

Milner, B. (1970). Memory and the temporal regions of the brain. In K. H. Pribram & D. E. Broadbent (Eds.), *Biology and memory* (pp. 29-50). New York: Academic Press.

Milner, B. (1974). Hemispheric specialization: Scope and limits. In F. O. Schmitt & F. G. Worden (Eds.), *The neurosciences: Third study program* (pp. 75-89). Cambridge, MA: MIT Press.

Milner, B., Corkin, S., & Teuber, H.-L. (1968). Further analysis of the hippocampal amnesic syndrome: 14-year follow-up study of HM. *Neuropsychologia, 6,* 215-234.

Milner, P. (1977). How much distraction can you hear? *Stereo Review, June,* 64-68.

Miltner, W. H. R., Braun, C., Arnold, M., Witte, H., & Taub, E. (1999). Coherence of gamma-band EEG activity as a basis for associative learning. *Nature, 397,* 434-436.

Mitchell, S. W. (1866, July). The case of George Dedlow. *Atlantic Monthly, 18,* 1-11.

Mitka, M. (2006). Surgery useful for morbid obesity, but safety and efficacy questions linger. *Journal of American Medical Association, 296,* 1575-1577.

Mitler, M. M., Carskadon, M. A., Czeisler, C. A., Dement, W. C., Dinges, D. F., & Graeber, R. C. (1988). Catastrophes, sleep, and public policy: Consensus report. *Sleep, 11,* 100 109.

Miyashita, Y. (1993). Inferior temporal cortex: Where visual perception meets memory. *Annual Review of Neuroscience, 16,* 245-263.

Miyashita, Y., & Chang, H. S. (1988). Neuronal correlate of pictorial short-term memory in the primate temporal cortex. *Nature, 331,* 68-70.

Modahl, C., Green, L., Fein, D., Morris, M., Waterhouse, L., Feinstein, C., et al. (1998). Plasma oxytocin levels in autistic children. *Biological Psychiatry, 43,* 270-277.

Moeller, F. G., Dougherty, D. M., Swann, A. C., Collins, D., Davis, C. M., & Cherek, D. R. (1996). Tryptophan depletion and aggressive responding in healthy males. *Psychopharmacology, 126,* 97-103.

Moffat, S. D., Zonderman, A. B., Metter, E. J., Blackman, M. R., Harman, S. M., & Resnick, S. M. (2002). Longitudinal assessment of serum-free testosterone concentration predicts memory performance and cognitive status in elderly men.

Journal of Clinical Endocrinology and Metabolism, 87, 5001–5007.

Mogilner, A., Grossman, J. A. I., Ribary, U., Jolikot, M., Volkmann, J., Rapaport, D., et al. (1993). Somatosensory cortical plasticity in adult humans revealed by magnetoencephalography. *Proceedings of the National Academy of Sciences, USA, 90,* 3593–3597.

Moldin, S. O., Reich, T., & Rice, J. P. (1991). Current perspectives on the genetics of unipolar depression. *Behavior Genetics, 21,* 211–242.

Molfese, D. L., Freeman, R. B., Jr., & Palermo, D. S. (1975). The ontogeny of brain lateralization for speech and nonspeech stimuli. *Brain and Language, 2,* 356–368.

Mombaerts, P. (1999). Seven-transmembrane proteins as odorant and chemosensory receptors. *Science, 286,* 707–711.

Money, J. (1968). *Sex errors of the body and related syndromes: A guide to counseling children, adolescents, and their families.* Baltimore: Paul H. Brookes.

Money, J., Devore, H., & Norman, B. F. (1986). Gender identity and gender transposition: Longitudinal outcome study of 32 male hermaphrodites assigned as girls. *Journal of Sex and Marital Therapy, 12,* 165–181.

Money, J., & Ehrhardt, A. A. (1972). *Man and woman, boy and girl.* Baltimore: Johns Hopkins University Press.

Money, J., Schwartz, M., & Lewis, V. G. (1984). Adult erotosexual status and fetal hormonal masculinization and demasculinization: 46, XX congenital virilizing adrenal hyperplasia and 46, XY androgen-insensitivity syndrome compared. *Psychoneuroendocrinology, 9,* 405–414.

Monte, A. P., Waldman, S. R., Marcona-Lewicka, D., Wainscott, D. B., Nelson, D. L., Sanders-Bush, E., et al. (1997). Dihydrobenzofuran analogues of hallucinogens. 4. Mescaline derivatives. *Journal of Medicinal Chemistry, 40,* 2997–3008.

Monteleone, P., Luisi, S., Tonetti, A., Bernardi, F., Genazzani, A. D., Luisi, M., et al. (2000). Allopregnanolone concentrations and premenstrual syndrome. *European Journal of Endocrinology, 142,* 269–273.

Monti-Bloch, L., Jennings-White, C., Dolberg, D. S., & Berliner, D. L. (1994). The human vomeronasal system. *Psychoneuroendocrinology, 19,* 673–686.

Morgan, D., Diamond, D. M., Gottschall, P. E., Ugen, K. E., Dickey, C., Hardy, J., et al. (2000). A β peptide vaccination prevents memory loss in an animal model of Alzheimer's disease. *Nature, 408,* 982–985.

Morley, K. I., & Montgomery, G. W. (2001). The genetics of cognitive processes: Candidate genes in humans and animals. *Behavior Genetics, 31,* 511–531.

Morrel-Samuels, P., & Herman, L. M. (1993). Cognitive factors affecting comprehension of gesture language signs: A brief comparison of dolphins and humans. In H. L. Roitblat, L. M. Herman, & P. E. Nachtigall (Eds.), *Language and communicaton: Comparative perspectives* (pp. 311–327). Hillsdale, NJ: Lawrence Erlbaum.

Morris, J. M. (1953). The syndrome of testicular feminization in male pseudohermaphrodites. *American Journal of Obstetrics and Gynecology, 65,* 1192–1211.

Morris, J. S., Frith, C. D., Perrett, D. I., Rowland, D., Young, A. W., Calder, A. J., et al. (1996). A differential neural response in the human amygdala to fearful and happy facial expressions. *Nature, 383,* 812–815.

Morris, M., Lack, L., & Dawson, D. (1990). Sleep-onset insomniacs have delayed temperature rhythms. *Sleep, 13,* 1–14.

Morris, M. C., Evans, D. A., Tangney, C. C., Bienias, J. L., & Wilson, R. S. (2005). Fish consumption and cognitive decline with age in a large community study. *Archives of Neurology, 62,* 1–5.

Morris, N. M., Udry, J. R., Khan-Dawood, F., & Dawood, M. Y. (1987). Marital sex frequency and midcycle female testosterone. *Archives of Sexual Behavior, 16,* 27–37.

Mortensen, E. L., Michaelsen, K. F., Sanders, S. A., & Reinisch, J. M. (2002). The association between duration of breastfeeding and adult intelligence. *Journal of the American Medical Association, 287,* 2365–2371.

Moscovitch, M., & Winocur, G. (1995). Frontal lobes, memory, and aging. *Annals of the New York Academy of Sciences, 769,* 119–150.

Mountcastle, V. B., & Powell, T. P. S. (1959). Neural mechanisms subserving cutaneous sensibility, with special reference to the role of afferent inhibition in sensory perception and discrimination. *Bulletin of the Johns Hopkins Hospital, 105,* 201–232.

Mouritsen, H., Janssen-Bienhold, U., Liedvogel, M., Feenders, G., Stalleicken, J., Dirks, P., et al. (2004). Cryptocromes and neuronal-activity markers colocalize in the retina of migratory birds during magnetic orientation. *Proceedings of the National Academy of Sciences, USA, 101,* 14297.

Murdoch, D., Pihl, R. O., & Ross, D. (1990). Alcohol and crimes of violence: Present issues. *International Journal of Addiction, 25,* 1065–1081.

Murphy, F. C., Nimmo-Smith, I., & Lawrence, A. D. (2003). Functional neuroanatomy of emotions: A meta-analysis. *Cognitive, Affective, and Behavioral Neuroscience, 3,* 207–233.

Murphy, G. (1949). *Historical introduction to modern psychology.* New York: Harcourt, Brace & World.

Murphy, J. M., McBride, W. J., Lumeng, L., & Li, T.-K. (1987). Contents of monoamines in forebrain regions of alcohol-preferring (p) and -nonpreferring (np) lines of rats.

Pharmacology Biochemistry & Behavior, 26, 389-392.

Murphy, M. R., Checkley, S. A., Seckl, J. R., & Lightman, S. L. (1990). Naloxone inhibits oxytocin release at orgasm in man. *Journal of Clinical Endocrinology and Metabolism, 71,* 1056-1058.

Murrell, J., Farlow, M., Ghetti, B., & Benson, M. D. (1991). A mutation in the amyloid precusor protein associated with hereditary Alzheimer' s disease. *Science, 254,* 97-99.

Must, A., Spadano, J., Coakley, E. H., Field, A. E., Colditz, G., & Dietz, W. H. (1999). The disease burden associated with overweight and obesity. *Journal of the American Medical Association, 282,* 1523-1529.

Mustanski, B. S., DuPree, M. G., Nievergelt, C. M., Bocklandt, S., Schork, N. J., & Hamer, D. H. (2005). A genomewide scan of male sexual orientation. *Human Genetics, 116,* 272-278.

Nader, K., Schafe, G. E., & LeDoux, J. E. (2000). Fear memories require protein synthesis in the amygdala for reconsolidation after retrieval. *Nature, 406,* 722-726.

Naeser, M. A., Alexander, M. P., Helm-Estabrooks, N., Levine, H. L., Laughlin, S. A., & Geschwind, N. (1982). Aphasia with predominantly subcortical lesion sites. *Archives of Neurology, 39,* 2-14.

Naglieri, J. A., & Ronning, M. E. (2000). Comparison of white, African American, Hispanic, and Asian children on the Naglieri nonverbal ability test. *Psychological Assessment, 12,* 328-334.

Nakashima, T., Pierau, F. K., Simon, E., & Hori, T. (1987). Comparison between hypothalamic thermoresponsive neurons from duck and rat slices. *Pflugers Archive: European Journal of Physiology, 409,* 236-243.

Naranjo, C. A., Poulos, C. X., Bremner, K. E., & Lanctot, K. L. (1994). Fluoxetine attenuates alcohol intake and desire to drink. *International Clinical Psychopharmacology, 9,* 163-172.

Nash, J. M., Park, A., & Willwerth, J. (1995, July 17). "Consciousness" may be an evanescent illusion. *Time,* p. 52.

National Center for Health Statistics. (2004, December). *Health, United States, 2004. With chartbook on trends in the health of Americans.* Retrieved April 22, 2005, from www.cdc.gov/nchs/hus.htm

National Institute of Mental Health. (1986). *Schizophrenia: Questions and answers* (DHHS Publication No. ADM 86-1457). Washington, DC: Government Printing Office.

National Institute of Mental Health. (2006). *Attention deficit hyperactivity disorder.* Retrieved December 2, 2007, from www.nimh.nih.gov/health/publications/adhd/summary.shtml

National Institutes of Health. (1995). Cochlear implants in adults and children: NIH consensus development panel on cochlear implants in adults and children. *Journal of the American Medical Association, 274,* 1955-1961.

National Sleep Foundation. (2002). *2002 "Sleep in America" poll.* Retrieved November 28, 2007, from www.sleepfoundation.org/site/c.huIXKjM0IxF/b.2417355/k.143E/2002_Sleep_in_America_Poll.htm

Neave, N., Menaged, M., & Weightman, D. R. (1999). Sex differences in cognition: The role of testosterone and sexual orientation. *Brain and Cognition, 41,* 245-262.

Nebes, R. D. (1974). Hemispheric specialization in commissurotomized man. *Psychological Bulletin, 81,* 1-14.

Neisser, U., Boodoo, G., Bouchard, T. J., Jr., Boykin, A. W., Brody, N., Ceci, S. J., et al. (1996). Intelligence: Knowns and unknowns. *American Psychologist, 51,* 77-101.

Nelson, D. L., & Gibbs, R. A. (2004). The critical region in trisomy 21. *Science, 306,* 619-621.

Nelson, L. (2004). Venomous snails: One slip, and you' re dead . . . . *Nature, 429,* 798-799.

Netter, F. H. (1983). *CIBA collection of medical illustrations: Vol. 1. Nervous system.* New York: CIBA.

Neville, H. J., Bavelier, D., Corina, D., Rauschecker, J., Karni, A., Lalwani, A., et al. (1998). Cerebral organization for language in deaf and hearing subjects: Biological constraints and effects of experience. *Proceedings of the National Academy of Sciences, USA, 95,* 922-929.

Newhouse, P. A., Potter, A., Corwin, J., & Lenox, R. (1992). Acute nicotinic blockade produces cognitive impairment in normal humans. *Psychopharmacology, 108,* 480-484.

Newman, E. A. (2003). New roles for astrocytes: Regulation of synaptic transmission. *Trends in Neurosciences, 26,* 536-542.

Newschaffer, C. J., Falb, M. D., & Gurney, J. G. (2005). National autism prevalence trends from United States special education data. *Pediatrics, 115,* 277-282.

Nichelli, P., Grafman, J, Pietrini, P., Clark, K., Lee, K. Y., & Miletich, R. (1995). Where the brain appreciates the moral of a story. *Neuroreport, 6,* 2309-2313.

Nicoll, R. A., & Madison, D. V. (1982). General anesthetics hyperpolarize neurons in the vertebrate central nervous system. *Science, 217,* 1055-1057.

Nielsen, A. S., Mortensen, P. B., O' Callaghan, E., Mors, O., & Ewald, H. (2002). Is head injury a risk factor for schizophrenia? *Schizophrenia Research, 55,* 93-98.

Nieuwenhuys, R., Voogd, J., & vanHuijzen, C. (1988). *The human central nervous system* (3rd Rev. ed.). Berlin, Germany: Springer-Verlag.

NIH human subjects policies and guidance. (n.d.). Retrieved March 23, 2005, from www.grants1.nih.gov/grants/policy/hs/regulations.htm

Nisbett, R. E. (2005). Heredity, environment, and race differences in IQ: A commentary on Rushton and Jensen. *Psychology, Public Policy, and Law, 11,* 302-310.

Nishitani, N., Avikainen, S, & Hari, R. (2004). Abnormal imitation-related cortical activation sequences in Asperger' s syndrome. *Annals of Neurology, 55,* 558-562.

Nobili, L., Ferrillo, F., Besset, A., Rosadini, G., Schiavi, G., & Billiard, M. (1996). Ultradian aspects of sleep in narcolepsy. *Neurophysiologie Clinique, 26,* 51-59.

Noble, E. P., Blum, K., Ritchie, T., Montgomery, A., & Sheridan, P. J. (1991). Allelic association of the D2 dopamine receptor gene with receptor-binding characteristics in alcoholism. *Archives of General Psychiatry, 48,* 648-654.

Norbury, R., Travis, M. J., Erlandsson, K., Waddington, W., Ell, P. J., & Murphy, D. G. M. (2007). Estrogen therapy and brain muscarinic receptor density in healthy females: A SPET study. *Hormones and Behavior, 51,* 249-257.

Normann, R. A., Maynard, E. M., Rousche, P. J., & Warren, D. J. (1999). A neural interface for a cortical vision prosthesis. *Vision Research, 39,* 2577-2587.

Nottebohm, F. (1977). Asymmetries in neural control of vocalization in the canary. In S. Harnad, R. W. Doty, L. Goldstein, J. Jaynes, & G. Krauthamer (Eds.), *Lateralization in the nervous system* (pp. 23-44). New York: Academic Press.

Novin, D., VanderWeele, D. A., & Rezek, M. (1973). Infusion of 2-deoxy d-glucose into the hepatic portal system causes eating: Evidence for peripheral glucoreceptors. *Science, 181,* 858-860.

Nulman, I., Rovet, J., Greenbaum, R., Loebstein, M., Wolpin, J., Pace- Asciak, P., et al. (2001). Neurodevelopment of adopted children exposed in utero to cocaine: The Toronto adoption study. *Clinical and Investigative Medicine, 24,* 129-137.

Oberman, L. M., Hubbard, E. M., McCleery, J. P., Altschuler, E. L., Ramachandran, V. S., & Pineda, J. A. (2005). EEG evidence for mirror neuron dysfunction in autism spectrum disorders. *Cognitive Brain Research, 24,* 190-198.

O' Brien, C. P. (1997). A range of research-based pharmacotherapies for addiction. *Science, 278,* 66-70.

Ochoa, B. (1998). Trauma of the external genitalia in children: Amputation of the penis and emasculation. *Journal of Urology, 160,* 1116-1119.

O' Connor, D. H., Fukui, M. M., Pinsk, M. A., & Kastner, S. (2002). Attention modulates responses in the human lateral geniculate nucleus. *Nature Neuroscience, 5,* 1203-1209.

O' Connor, D. H., Wittenberg, G. M., & Wang, S. S.-H. (2005). Graded bidirectional synaptic plasticity is composed of switch-like unitary events. *Proceedings of the National Academy of Sciences, USA, 102,* 9679-9684.

Oddo, S., Billings, L., Kesslak, J. P., Cribbs, D. H., & LaFerla, F. M. (2004). A β immunotherapy leads to clearance of early, but not late, hyperphosphorylated tau aggregates via the proteasome. *Neuron, 43,* 321-332. (12)

O' Dell, T. J., Hawkins, R. D., Kandel, E. R., & Arancio, O. (1991). Tests of the roles of two diffusible substances in long-term potentiation: Evidence for nitric oxide as a possible early retrograde messenger. *Proceedings of the National Academy of Sciences, USA, 88,* 11285-11289.

O' Doherty, A., Ruf, S., Mulligan, C., Hildreth, V., Errington, M. L., Cooke, S., et al. (2005). An aneuploid mouse strain carrying human chromosome 21 with Down syndrome phenotypes. *Science, 309,* 2033-2037.

Ogden, J. (1989). Visuospatial and other "right-hemispheric" functions after long recovery periods in left-hemispherectomized subjects. *Neuropsychologia, 27,* 765-776.

Ojemann, G. A. (1983). Brain organization for language from the perspective of electrical stimulation mapping. *Behavioral and Brain Sciences, 2,* 189-230.

O' Keane, V., & Dinan, T. G. (1992). Sex steroid priming effects on growth hormone response to pyridostigmine throughout the menstrual cycle. *Journal of Clinical Endocrinology and Metabolism, 75,* 11-14.

Okubo, Y., Suhara, T., Suzuki, K., Kobayashi, K., Inoue, O., Terasaki, O., et al. (1997). Decreased prefrontal dopamine D1 receptors in schizophrenia revealed by PET. *Nature, 385,* 634-636.

Olanow, C. W., & Tatton, W. G. (1999). Etiology and pathogenesis of Parkinson' s disease. *Annual Review of Neuroscience, 22,* 123-144.

Oliet, S. H. R., Piet, R., & Poulain, D. A. (2001). Control of glutamate clearance and synaptic efficacy by glial coverage of neurons. *Science, 292,* 923-925.

Olshansky, S. J., Passaro, D. J., Hershow, R. C., Layden, J., Carnes, B. A., Brody, J., et al. (2005). A potential decline in life expectancy in the United States in the 21st century. *New England Journal of Medicine, 352,* 1138-1145.

Olson, B. R., Freilino, M., Hoffman, G. E., Stricker, E. M., Sved, A. F., & Verbalis, J. G. (1993). C-fos expression in rat brain and brainstem nuclei in response to treatments that alter food intake and gastric motility. *Molecular and Cellular Neuroscience, 4,* 93-106.

Olson, E. J., Boeve, B. F., & Silber, M. H. (2000). Rapid eye movement sleep behaviour disorder: Demographic, clinical and laboratory findings in 93 cases. *Brain, 123,* 331-339.

Olson, L. E., Richtsmeier, J. T., Leszl, J., & Reeves, R. H. (2004). A chromosome 21 critical region does not cause specific Down syndrome phenotypes. *Science, 306,* 687-690.

Oncel, M., Sencan, S., Yildiz, H., & Kurt, N. (2002).

Transcutaneous electrical nerve stimulation for pain management in patients with uncomplicated minor rib fractures. *European Journal of Cardiothoracic Surgery, 22,* 13-17.

Ong, W. Y., & Mackie, K. (1999). A light and electron microscopic study of the CB1 cannabinoid receptor in primate brain. *Neuroscience, 92,* 1177-1191.

Orlans, F. B. (1993). *In the name of science.* New York: Oxford University Press.

O' Rourke, D., Wurtman, J. J., Wurtman, R. J., Chebli, R., & Gleason, R. (1989). Treatment of seasonal depression with d-fenfluramine. *Journal of Clinical Psychiatry, 50,* 343-347.

Osiri, M., Brosseau, L., McGowan, J., Robinson, V. A., Shea, B. J., Tugwell, P., et al. (2005). Transcutaneous electrical nerve stimulation for knee osteoarthritis. *Cochrane Database of Systematic Reviews,* Issue 4, Article No. CD002823.

Paean to Nepenthe. (1961, November 24). *Time,* p. 68.

Pagnin, D., de Queiroz, V., Pini, S., & Cassano, G. B. (2004). Efficacy of ECT in depression: A meta-analytic review. *Journal of Electroconvulsive Therapy, 20,* 13-20.

Pain, S. (2005, January 22). The curious lifestyle of the burrowing owl. *New Scientist, 185,* 42-43.

Palmer, A. R. (1987). Physiology of the cochlear nerve and cochlear nucleus. In M. P. Haggard & E. F. Evans (Eds.), *Hearing* (pp. 838-855). Edinburgh, UK: Churchill Livingstone.

Panda, S., Nayak, S. K., Campo, B., Walker, J. R., Hogenesch, J. B., & Jegla, T. (2005). Illumination of the melanopsin signaling pathway. *Science, 307,* 600-604.

Pappone, P. A., & Cahalan, M. D. (1987). Pandinus imperator scorpion venom blocks voltage-gated potassium channels in nerve fibers. *Journal of Neuroscience, 7,* 3300-3305.

Parent, J. M. (2003). Injury-induced neurogenesis in the adult mammalian brain. *Neuroscientist, 9,* 261-272.

Parker, S. K., Schwartz, B., Todd, J., & Pickering, L. K. (2004). Thimerosal-containing vaccines and autistic spectrum disorder: A critical review of published original data. *Pediatrics, 114,* 793-804.

Pascual-Leone, A., & Torres, F. (1993). Plasticity of the sensorimotor cortex representation of the reading finger in Braille readers. *Brain, 116,* 39-52.

Pastalkova, E., Serrano, P., Pinkhasova, D., Wallace, E., Fenton, A. A., & Sacktor, C. (2006). Storage of spatial information by the maintenance mechanism of LTP. *Science, 313,* 1141-1144.

Patel, A. J., Honor E., Lesage, F., Fink, M., Romey, G., & Lazdunski, M. (1999). Inhalational anesthetics activate two-pore-domain background K^+ channels. *Nature Neuroscience, 2,* 422-426.

Patel, A. N., Vina, R. F., Geffner, L., Kormos, R., Urschel, H. C., Jr., & Benetti, F. (2004, April 25). *Surgical treatment for congestive heart failure using autologous adult stem cell transplantation: A prospective randomized study.* Presented at the 84th annual meeting of the American Association for Thoracic Surgery, Toronto, Ontario, Canada.

Patil, S. T., Zhang, L., Marteny, F., Lowe, S. I., Jackson, K. A., Andreev, B. V., et al. (2007). Activation of mGlu2/3 receptors as a new approach to treat schizophrenia: A randomized phase 2 clinical trial. *Nature Medicine, 13,* 1102-1107.

Paterson, N. E., Froesti, W., & Markou, A. (2005). Repeated administration of the $GABA_B$ receptor agonist CGP44532 decreased nicotine self-administration, and acute administration decreased cue-induced reinstatement of nicotine-seeking in rats. *Neuropsychopharmacology, 30,* 119-128.

Pavlidis, I., Eberhardt, N. L., & Levine, J. A. (2002). Seeing through the face of deception. *Nature, 415,* 35.

Pearlson, G. D., Kim, W. S., Kubos, K. L., Moberg, P. J., Jayaram, G., Bascom, M. J., et al. (1989). Ventricle-brain ratio, computed tomographic density, and brain area in 50 schizophrenics. *Archives of General Psychiatry, 46,* 690-697.

Peeters, A., Barendregt, J. J., Willekens, F., Mackenbach, J. P., Mamun, A. A., & Bonneux, L. (2003). Obesity in adulthood and its consequences for life expectancy: A life-table analysis. *Annals of Internal Medicine, 138,* 24-32.

Pellegrino, L. J., Pellegrino, A. S., & Cushman, A. J. (1979). *A stereotaxic atlas of the rat brain* (2nd ed.). New York: Plenum Press.

Penfield, W. (1955). The permanent record of the stream of consciousness. *Acta Psychologica, 11,* 47-69.

Penfield, W. (1958). *The excitable cortex in conscious man.* Springfield, IL: Charles C. Thomas.

Penfield, W., & Rasmussen, T. (1950). *The cerebral cortex of man.* New York: Macmillan.

Pennacchio, L. A., Ahituv, N., Moses, A. M., Prabhakar, S., Nobrega, M. A., Shoukry, M., et al. (2006). *In vivo* enhancer analysis of human conserved non-coding sequences. *Nature, 444,* 499-502.

Pentel, P. R., Malin, D. H., Ennifar, S., Hieda, Y., Keyler, D. E., Lake, J. R., et al. (2000). A nicotine conjugate vaccine reduces nicotine distribution to brain and attenuates its behavioral and cardiovascular effects in rats. *Pharmacology, Biochemistry, and Behavior, 65,* 191-198.

Pepperberg, I. M. (1993). Cognition and communication in an African Grey parrot (*Psittacus erithacus*): Studies on a nonhuman, nonprimate, nonmammalian subject. In H. L. Roitblat, L. M. Herman, & P. E. Nachtigall (Eds.), *Language and communication: Comparative perspectives* (pp. 221-248). Hillsdale, NJ: Lawrence Erlbaum.

Perkel, D. J., & Farries, M. A. (2000). Complementary "bottom-up" and "top-down" approaches to basal ganglia function. *Current Opinion in Neurobiology, 10,* 725-731.

Perkins, A., & Fitzgerald, J. A. (1992). Luteinizing hormone, testosterone, and behavioral response of male-oriented rams to estrous ewes and rams. *Journal of Animal Science, 70,* 1787-1794.

Perlis, M. L., Smith, M. T., Andrews, P. J., Orff, H., & Giles, D. E. (2001). Beta/gamma EEG activity in patients with primary and secondary insomnia and good sleeper controls. *Sleep, 24,* 110-117.

Perry, D. (2000). Patients' voices: The powerful sound in the stem cell debate. *Science, 287,* 1423.

Pert, C. B., & Snyder, S. H. (1973). Opiate receptor: Demonstration in nervous tissue. *Science, 179,* 1011-1014.

Pesticide exposure and Parkinson's disease: BfR sees association but not causal relationship. (2006, June 27). *Bundesinstitut für Risikobewertung.* Retrieved August 21, 2007, from www.bfr.bund.de/cm/289/pesticide_exposure_and_parkinsons_disease_bfr_sees_association_but_no_causal_relationship.pdf

Petersen, M. R., Beecher, M. D., Zoloth, S. R., Moody, D. B., & Stebbins, W. C. (1978). Neural lateralization of species-specific vocalizations by Japanese Macaques (*Macaca fuscata*). *Science, 202,* 324-326.

Petersen, S. E., Fox, P. T., Snyder, A. Z., & Raichle, M. E. (1990). Activation of extrastriate and frontal cortical areas by visual words and word-like stimuli. *Science, 249,* 1041-1044.

Petitto, L. A., Holowka, S., Sergio, L. E., & Ostry, D. (2001). Language rhythms in baby hand movements. *Nature, 413,* 35-36.

Petitto, L. A., & Marentette, P. F. (1991). Babbling in the manual mode: Evidence for the ontogeny of language. *Science, 251,* 1493-1496.

Petitto, L. A., Zatorre, R. J., Gauna, K., Nikelski, E. J., Dostie, D., & Evans, A. C. (2000). Speech-like cerebral activity in profoundly deaf people processing signed languages: Implications for the neural basis of human language. *Proceedings of the National Academy of Sciences, USA, 97,* 13961-13966.

Petrovic, P. (2005). Opioid and placebo analgesia share the same network. *Seminars in Pain and Medicine, 3,* 31-36.

Petrovic, P., Kalso, E., Petersson, K. M., & Ingvar, M. (2002). Opioid and placebo analgesia-Imaging a shared neuronal network. *Science, 295,* 1737-1740.

Peuskens, H., Sunaert, S., Dupont, P., Van Hecke, P., & Orban, G. A. (2001). Human brain regions involved in heading estimation. *Journal of Neuroscience, 21,* 2451-2461.

Pezawas, L., Meyer-Lindenberg, A., Drabant, E. M., Verchinski, B. A., Munoz, K. E., Kolachana, B. S., et al. (2005). 5-HTTLPR polymorphism impacts human cingulate-amygdala interactions: A genetic susceptibility mechanism for depression. *Nature Neuroscience, 8,* 828-834.

Pfaff, D. W., & Sakuma, Y. (1979). Deficit in the lordosis reflex of female rats caused by lesions in the ventromedial nucleus of the hypothalamus. *Journal of Physiology, 288,* 203-210.

Pfaus, J. G., Kleopoulos, S. P., Mobbs, C. V., Gibbs, R. B., & Pfaff, D. W. (1993). Sexual stimulation activates c-fos within estrogen-concentrating regions of the female rat forebrain. *Brain Research, 624,* 253-267.

Pfrieger, F. W., & Barres, B. A. (1997). Synaptic efficacy enhanced by glial cells in vitro. *Science, 277,* 1684-1687.

Phan, K. L., Wager, T., Taylor, S. F., & Liberzon, I. (2002). Functional neuroanatomy of emotion: A meta-analysis of emotion activation studies in PET and fMRI. *NeuroImage, 16,* 331-348.

Philippi, A., Roschmann, E., Tores, F., Lindenbaum, P., Benajou, A., Germain-Leclerc, L., et al. (2005). Haplotypes in the gene-encoding protein kinase c-beta (PRKCB1) on chromosome 16 are associated with autism. *Molecular Psychiatry, 10,* 950-960.

Phillips, A. G., Coury, A., Fiorino, D., LePiane, F. G., Brown, E., & Fibiger, H. C. (1992). Self-stimulation of the ventral Tegmental area enhances dopamine release in the nucleus accumbens. *Annals of the New York Academy of Sciences, 654,* 199-206.

Phillips, R. J., & Powley, T. L. (1996). Gastric volume rather than nutrient content inhibits food intake. *American Journal of Regulatory, Integrative, and Comparative Physiology, 271,* R766-R779.

Pianezza, M. L., Sellers, E. M., & Tyndale, R. F. (1998). Nicotine metabolism defect reduces smoking. *Nature,* 393-750.

Pickar, D. (1995). Prospects for pharmacotherapy of schizophrenia. *Lancet, 345,* 557-562.

Pihl, R. O., & Peterson, J. B. (1993). Alcohol, serotonin, and aggression. *Alcohol Health and Research World, 17,* 113-116.

Pihl, R. O., Peterson, J. B., & Lau, M. A. (1993). A biosocial model of the alcohol-aggression relationship. *Journal of Studies of Alcohol Supplement, 11,* 128-139.

Pillard, R. C., & Bailey, J. M. (1998). Human sexual orientation has a heritable component. *Human Biology, 70,* 347-365.

Pilowsky, L. S., Costa, D. C., Eli, P. J., Murray, R. M., Verhoeff, N. P., & Kerwin, R. W. (1993). Antipsychotic medication, D_2 dopamine receptor blockade and clinical response: A ^{123}I-IBZM SPET (single photon emission tomography) study.

Psychological Medicine, 23, 791–799.

Pinker, S. (1994). *The language instinct.* New York: Morrow.

Pinker, S. (2001). Talk of genetics and vice versa. *Nature, 413,* 465–466.

Pi-Sunyer, X. (2003). A clinical view of the obesity problem. *Science, 299,* 859–860.

Pi-Sunyer, X., Kissileff, H. R., Thornton, J., & Smith, G. P. (1982). C terminal octapeptide of cholecystokinin decreases food intake in obese men. *Physiology and Behavior, 29,* 627–630.

Plomin, R. (1989). Environment and genes: Determinants of behavior. *American Psychologist, 44,* 105–111.

Plomin, R. (1990). The role of inheritance in behavior. *Science, 248,* 183–188.

Plomin, R., & McClearn, G. E. (Eds.). (1993). *Nature, nurture, and psychology.* Washington, DC: American Psychological Association.

Plomin, R., Owen, M. J., & McGuffin, P. (1994). The genetic basis of complex human behaviors. *Science, 264,* 1733–1739.

Plotnik, J. M., de Waal, F. B. M., & Reiss, D. (2006). Self recognition in an Asian elephant. *Proceedings of the National Academy of Sciences, USA, 103,* 17053–17057.

Pluchino, S., Quattrini, A., Brambilla, E., Gritti, A., Salani, G., Dina, G., et al. (2003). Injection of adult neurospheres induces recovery in a chronic model of multiple sclerosis. *Nature, 422,* 688–694.

Poehlman sentenced to 1 year of prison. (2006, June 28). *ScienceNOW Daily News.* Retrieved July 19, 2007 from www.sciencenow.sciencemag.org/cgi/content/full/2006/628/1

Poggio, G. F., & Poggio, T. (1984). The analysis of stereopsis. *Annual Review of Neuroscience, 7,* 379–412.

Policies on the use of animals and humans in neuroscience research. (n.d.). Retrieved March 23, 2005, from www.web.sfn.org/content/Publications/HandbookfortheUseofAnimalsinNeuroscienceResearch/Policy.htm

Polymeropoulos, M. H., Lavedan, C., Leroy, E., Ide, S. E., Dehejia, A., Dutra, A., et al. (1997). Mutation in the α-synuclein gene identified in families with Parkinson' s disease. *Science, 276,* 2045–2047.

Porkka-Heiskanen, T., Strecker, R. E, Thakkar, M., Bjørkum, A. A., Greene, R. W., & McCarley, R. W. (1997). Adenosine: A mediator of the sleep-inducing effects of prolonged wakefulness. *Science, 276,* 1265–1268.

Porter, R. H., & Moore, J. D. (1981). Human kin recognition by olfactory cues. *Physiology and Behavior, 27,* 493–495.

Posey, D. J., & McDougle, C. J. (2001). Pharmacotherapeutic management of autism. *Expert Opinion on Pharmacotherapy, 2,* 587–600.

Posner, M. I., & Raichle, M. E. (1994). *Images of mind.* New York: Scientific American Library.

Posner, M. I., & Rothbart, M. K. (1998). Attention, self-regulation and consciousness. *Philosophical Transactions of the Royal Society of London B, 353,* 1915–1927.

Posthuma, D., De Geus, E. J. C., Baar W. F. C., Pol, H. E. H., Kahn, R. S., & Boomsma, D. I. (2002). The association between brain volume and intelligence is of genetic origin. *Nature Neuroscience, 5,* 83–84.

Posthuma, D., De Geus, E. J., & Boomsma, D. I. (2001). Perceptual speed and IQ are associated through common genetic factors. *Behavior Genetics, 31,* 593–602.

Potter, W. Z., & Rudorfer, M. V. (1993). Electroconvulsive therapy: A modern medical procedure. *New England Journal of Medicine, 328,* 882–883.

Press release: Dr. Eric T. Poehlman. (2005, March 17). Office of Research Integrity. Retrieved October 16, 2007, from www.ori.dhhs.gov/misconduct/cases/press_release_poehlman.shtml

Preti, G., Cutler, W. B., Garcia, C. R., Huggins, G. R., & Lawley, H. J. (1986). Human axillary secretions influence women' s menstrual cycles: The role of donor extract of females. *Hormones and Behavior, 20,* 474–482.

Preti, G., Wysocki, C. J., Barnhart, K. T., Sondheimer, S. J., & Leyden, J. J. (2003). Male axillary extracts contain pheromones that affect pulsatile secretion of luteinizing hormone and mood in women recipients. *Biology of Reproduction, 68,* 2107–2113.

Price, D. D. (2000). Psychological and neural mechanisms of the affective dimension of pain. *Science, 288,* 1769–1772.

Price, J. (1968). The genetics of depressive behavior. *British Journal of Psychiatry,* (Special Publication No. 2), 37–45.

Price, R. A., Kidd, K. K., Cohen, D. J., Pauls, D. L., & Leckman, J. F. (1985). A twin study of Tourette syndrome. *Archives of General Psychiatry, 42,* 815–820.

Proffitt, F. (2004). Britain unveils a plan to curb aniimal-rights "extremists." *Science, 305,* 761.

Proof? The joke was on Bischoff, but too late. (1942, March). *Scientific American, 166*(3), 145.

Public Health Service policy on human care and use of laboratory animals. (2002). Retrieved March 23, 2005, from www.grants.nih.gov/grants/olaw/references/phspol.htm

Pujol, J., López, A., Deus, J., Cardoner, N., Vallejo, J., Capdevila, A., et al. (2002). Anatomical variability of the anterior cingulate gyrus and basic dimensions of human personality. *NeuroImage, 15,* 847–855.

Putnam, F. W. (1991). Recent research on multiple personality disorder. *Psychiatric Clinics of North America, 14,* 489–502.

Putnam, F. W., Zahn, T. P., & Post, R. M. (1990). Differential autonomic nervous system activity in multiple personality disorder. *Psychiatry Research, 31,* 251–260.

Qin, Y.-L., McNaughton, B. L., Skaggs, W. E., & Barnes, C. A. (1997). Memory reprocessing in corticocortical and hippocampocortical neuronal ensembles. *Philosophical Transactions of the Royal Society of London, B, 352,* 1525-1533.

Qiu, X., Kumbalasiri, T., Carlson, S. M., Wong, K. Y., Krishna, V., Provencio, I., et al. (2005). Induction of photosensitivity by heterologous expression of melanopsin. *Nature, 433,* 745-749.

Raboch, J., & Stárka, L. (1973). Reported coital activity of men and levels of plasma testosterone. *Archives of Sexual Behavior, 2,* 309-315.

Radtke, N. D., Aramant, R. B., Seiler, M. J., Petry, H. M., & Pidwell, D. (2004). Vision change after sheet transplant of fetal retina with retinal pigment epithelium to a patient with retinitis pigmentosa. *Archives of Ophthalmology, 122,* 1159-1165.

Ragsdale, D. S., McPhee, J. C., Scheuer, T., & Catterall, W. A. (1994). Molecular determinants of state-dependent block of Na+ channels by local anesthetics. *Science, 265,* 1724-1728.

Raichle, M. E. (1994, April). Visualizing the mind. *Scientific American, 270,* 58-64.

Raine, A., Lencz, T., Bihrle, S., LaCasse, L., & Colletti, P. (2000). Reduced prefrontal gray matter volume and reduced autonomic activity in antisocial personality disorder. *Archives of General Psychiatry, 57,* 119-127.

Raine, A., Meloy, J. R., Bihrle, S., Stoddard, J., LaCasse, L., & Buchsbaum, M. S. (1998). Reduced prefrontal and increased subcortical brain functioning assessed using positron emission tomography in predatory and affective murderers. *Behavioral Science and Law, 16,* 319-332.

Raine, A., Stoddard, J., Bihrle, S., & Buchsbaum, M. (1998). Prefrontal glucose deficits in murderers lacking psychosocial deprivation. *Neuropsychiatry, Neuropsychology, and Behavioral Neurology, 11,* 1-7.

Rainer, G. S., Rao, S. C., & Miller, E. K. (1999). Prospective coding for objects in primate prefrontal cortex. *Journal of Neuroscience, 19,* 5493-5505.

Rainnie, D. G., Grunze, H. C., McCarley, R. W., & Greene, R. W. (1994). Adenosine inhibition of mesopontine cholinergic neurons: Implications for EEG arousal. *Science, 263,* 689-692.

Rainville, P., Duncan, G. H., Price, D. D., Carrier, B., & Bushnell, M. C. (1997). Pain affect encoded in human anterior cingulate but not somatosensory cortex. *Science, 227,* 968-971.

Rakic, P. (1985). Limits of neurogenesis in primates. *Science, 227,* 1054-1056.

Ramachandran, V. S., & Blakeslee, S. (1998). *Phantoms in the brain*. New York: Morrow.

Ramamurthi, B. (1988). Stereotactic operation in behaviour disorders. Amygdalotomy and hypothalamotomy. *Acta Neurochirurgica, Supplement, 44,* 152-157.

Ramey, C. T., Campbell, F. A., Burchinal, M., Skinner, M. L., Gardner, D. M., & Ramey, S. L. (2000). Persistent effects of early childhood education on high-risk children and their mothers. *Applied Developmental Science, 4,* 2-14.

Ramirez, L. F., McCormick, R. A., Russo, A. M., & Taber, J. I. (1983). Patterns of substance abuse in pathological gamblers undergoing treatment. *Addictive Behaviors, 8,* 425-428.

Ramóny Cajal, S. (1928). *Degeneration and regeneration of the nervous system*. New York: Hafner.

Ramóny Cajal, S. (1989). *Recollections of my life* (E. H. Craigie & J. Cano, Trans.). Cambridge, MA: MIT Press. (Original work published 1937)

Ramoz, N., Reichert, J. G., Smith, C. J., Silverman, J. M., Bespalova, I. N., Davis, K. L., et al. (2004). Linkage and association of the mitochondrial aspartate/glutamate carrier SLC25A12 gene with autism. *American Journal of Psychiatry, 161,* 662-669.

Ramus, F., Rosen, S., Dakin, S. C., Day, B. L., Castellote, J. M., White, S., et al. (2003). Theories of developmental dyslexia: Insights from a multiple case study of dyslexic adults. *Brain, 126,* 841-865.

Rao, S. C., Rainer, G., & Miller, E. K. (1997). Integration of what and where in the primate prefrontal cortex. *Science, 276,* 821-824.

Rapkin, A. J., Morgan, M., Goldman, L., Brann, D. W., Simone, D., & Mahesh, V. B. (1997). Progesterone metabolite allopregnanolone in women with premenstrual syndrome. *Obstetrics and Gynecology, 90,* 709-714.

Rapkin, A. J., Pollack, D. B., Raleigh, M. J., Stone, B., & McGuire, M. T. (1995). Menstrual cycle and social behavior in vervet monkeys. *Psychoneuroendocrinology, 20,* 289-297.

Rapoport, J. L. (1991). Recent advances in obsessive-compulsive disorder. *Neuropsychopharmacology, 5,* 1-10.

Räsänen, P., Hakko, H., Isohanni, M., Hodgins, S., & Järvelin, M.-R. (1999). Maternal smoking during pregnancy and risk of criminal behavior among adult male offspring in the northern Finland 1966 birth cohort. *American Journal of Psychiatry, 156,* 857-862.

Rasmussen, T., & Milner, B. (1977). The role of early left-brain injury in determining lateralization of cerebral speech functions. *Annals of the New York Academy of Sciences, 299,* 355-369.

Ratliff, F., & Hartline, H. K. (1959). The responses of Limulus optic nerve fibers to patterns of illumination on the receptor mosaic. *Journal of General Physiology, 42,* 1241-1255.

Rauschecker, J. P., & Tian, B. (2000). Mechanisms and streams for processing of "what" and "where" in auditory cortex. *Proceedings of the National Academy of Sciences, USA, 97,* 11800-11806.

Raz, A. (2004). Brain imaging data of ADHD [Electronic version]. *Psychiatric Times, 21*(9). Retrieved August 13, 2005, from www.psychiatrictimes.com/p040842.html

Recht, L. D., Lew, R. A., & Schwartz, W. J. (1995). Baseball teams beaten by jet lag. *Nature, 377,* 583.

Redcay, E., & Courchesne, E. (2005). When is the brain enlarged in autism? A meta-analysis of all brain size reports. *Biological Psychiatry, 58,* 1-9.

Redelmeier, D. A., & Tibshirani, R. J. (1997). Association between cellular telephone calls and motor vehicle collisions. *New England Journal of Medicine, 336,* 453-458.

Reed, J. J., & Squire, L. R. (1998). Retrograde amnesia for facts and events: Findings from four new cases. *Journal of Neuroscience, 18,* 3943-3954.

Reed, T. E. (1985). Ethnic differences in alcohol use, abuse, and sensitivity: A review with genetic interpretations. *Social Biology, 32,* 195-209.

Reed, T. E., & Jensen, A. R. (1992). Conduction velocity in a brain nerve pathway of normal adults correlates with intelligence level. *Intelligence, 16,* 259-272.

Reiman, E. M., Armstrong, S. M., Matt, K. S., & Mattox, J. H. (1996). The application of positron emission tomography to the study of the normal menstrual cycle. *Human Reproduction, 11,* 2799-2805.

Reiman, E. M., Raichle, M. E., Robins, E., Butler, F. K., Herscovitch, P., Fox, P., et al. (1986). The application of positron emission tomography to the study of panic disorder. *American Journal of Psychiatry, 143,* 469-477.

Reinders, A. A., Nijenhuis, E. R., Quak, J., Korf, J., Haaksma, J., Paans, A. M., et al. (2006). Psychobiological characteristics of dissociative identity disorder: A symptom provocation study. *Biological Psychiatry, 60,* 730-740.

Reinisch, J. M. (1981). Prenatal exposure to synthetic progestins increases potential for aggression in humans. *Science, 211,* 1171-1173.

Reisberg, B., Doody, R., Stöffler, A., Schmitt, F., Ferris, S., & Möbius, H. J. (2003). Memantine in moderate-to-severe Alzheimer' s disease. *New England Journal of Medicine, 348,* 1333-1341.

Reiss, D., & Marino, L. (2001). Mirror self-recognition in the bottlenose dolphin: A case of cognitive convergence. *Proceedings of the National Academy of Sciences, USA, 98,* 5937-5942.

Rekling, J. C., Funk, G. D., Bayliss, D. A., Dong, X.-W., & Feldman, J. L. (2000). Synaptic control of motoneuronal excitability. *Physiological Reviews, 80,* 767-852.

Remondes, M., & Schuman, E. M. (2004). Role for a cortical input to the hippocampal area CA1 in the consolidation of a long-term memory. *Nature, 431,* 699-703.

Rempel-Clower, N. L., Zola, S. M., Squire, L. R., & Amaral, D. G. (1996). Three cases of enduring memory impairment after bilateral damage limited to the hippocampal formation. *Journal of Neuroscience, 16,* 5233-5255.

Ren, J., Tate, B. A., Sietsma, D., Marciniak, A., Snyder, E. Y., & Finklestein, S. P. (2000, November). *Co-administration of neural stem cells and BFGF enhances functional recovery following focal cerebral infarction in rat.* Poster session presented at the annual meeting of the Society for Neuroscience, New Orleans, LA.

Renault, B., Signoret, J.-L., Debruille, B., Breton, F., & Bolger, F. (1989). Brain potentials reveal covert facial recognition in prosopagnosia. *Neuropsychologia, 27,* 905-912.

Reneman, L., Lavalaye, J., Schmand, B., de Wolff, F., van den Brink, W., den Heeten, G., et al. (2001). Cortical serotonin transporter density and verbal memory in individuals who stopped using 3,4-methylenedioxymethamphetamine (MDMA or "ecstasy"). *Archives of General Psychiatry, 58,* 901-906.

Resnick, S. M., Berenbaum, S. A., Gottesman, I. I., & Bouchard, T. J. (1986). Early hormonal influences on cognitive functioning in congenital adrenal hyperplasia. *Developmental Psychology, 22,* 191-198.

Reuter, J., Raedler, T., Rose, M., Hand, I., Gläscher, J., & Büchel, C. (2005). Pathological gambling is linked to reduced activation of the mesolimbic reward system. *Nature Neuroscience, 8,* 147-148.

Ribary, U. (2005). Dynamics of thalamo-cortical network oscillations and human perception. In S. Laureys (Ed.), *The boundaries of consciousness: Neurobiology and neuropathology* (pp. 127-142). New York: Elsevier.

Ribeiro, S., Gervasoni, D., Soares, E. S., Zhou, Y., Lin, S.-C., Pantoja, J., et al. (2004). Long-lasting novelty-induced neuronal reverberation during slow-wave sleep in multiple forebrain areas. *Public Library of Science Biology, 2,* 126-137.

Rice, G., Anderson, C., Risch, N., & Ebers, G. (1999). Male homosexuality: Absence of linkage to microsatellite markers at Xq28. *Science, 284,* 665-667.

Riedel, G., Micheau, J., Lam, A. G. M., Roloff, E. V. L., Martin, S. J., Bridge, H., et al. (1999). Reversible neural inactivation reveals hippocampal participation in several memory processes. *Nature Neuroscience, 2,* 898-905.

Riehle, A., & Requin, J. (1989). Monkey primary motor and premotor cortex: Single-cell activity related to prior information about direction and extent of an intended movement. *Journal of Neurophysiology, 61,* 534-549.

Ring, H. A., & Serra-Mestres, J. (2002). Neuropsychiatry of the basal ganglia. *Journal of Neurological and Neurosurgical Psychiatry, 72,* 12-21.

Ritter, J. (2005, March 20). Chip plugs brain into computer. *Chicago Sun-Times.* Retrieved from www.suntimes.com/output/news/cst-nws-brain20.html

Ritter, R. C., Slusser, P. G., & Stone, S. (1981). Glucoreceptors controlling feeding and blood glucose: Location in the hindbrain. *Science, 213,* 451-453.

Ritter, S., & Taylor, J. S. (1990). Vagal sensory neurons are required for lipoprivic but not glucoprivic feeding in rats. *American Journal of Physiology, 258,* R1395-R1401.

Roberts, G. W. (1990). Schizophrenia: The cellular biology of a functional psychosis. *Trends in the Neurosciences, 13,* 207-211.

Robinson, S. J., & Manning, J. T. (2000). The ratio of the 2nd to 4th digit length and male homosexuality. *Evolution and Human Behavior, 21,* 333-345.

Robinson, T. E., Gorny, G., Mitton, E., & Kolb, B. (2001). Cocaine self-administration alters the morphology of dendrites and dendritic spines in the nucleus accumbens and neocortex. *Synapse, 39,* 257-266.

Robinson, T. E., & Kolb, B. (1997). Persistent structural modifications in nucleus accumbens and prefrontal cortex neurons produced by previous experience with amphetamine. *Journal of Neuroscience, 17,* 8491-8497.

Rodier, P. M., Ingram, J. L., Tisdale, B., Nelson, S., & Romano, J. (1996). Embryological origin for autism: Developmental anomalies of the cranial nerve motor nuclei. *Journal of Comparative Neurology, 370,* 247-261.

Rodin, J., Schank, D., & Striegel-Moore, R. (1989). Psychological features of obesity. *Medical Clinics of North America, 73,* 47-66.

Rodriguez, A., & Bohlin, G. (2005). Are maternal smoking and stress during pregnancy related to ADHD symptoms in children? *Journal of Child Psychology and Psychiatry, 46,* 246-254.

Rodriguez, E., George, N., Lachaux, J.-P., Martinerie, J., Renault, B., & Varela, F. J. (1999). Perception's shadow: Long-distance synchronization of human brain activity. *Nature, 397,* 430-433.

Rodriguez, I. (2004). Pheromone receptors in mammals. *Hormones and Behavior, 46,* 219-230.

Roenneberg, T., Kuehnle, T., Pramstaller, P. P., Ricken, J., Havel, M., Guth, A., et al. (2004). A marker for the end of adolescence. *Current Biology, 14,* R1038-R1039.

Roffwarg, H. P., Muzio, J. N., & Dement, W. C. (1966). Ontogenetic development of the human sleep-dream cycle. *Science, 152,* 604-619.

Rogan, M. T., Stäubli, U. V., & LeDoux, J. E. (1997a). AMPA receptor facilitation accelerates fear learning without altering the level of conditoned fear acquired. *Journal of Neuroscience, 17,* 5928-5935.

Rogan, M. T., Stäubli, U. V., & LeDoux, J. E. (1997b). Fear conditioning induces associative long-term potentiation in the amygdala. *Nature, 390,* 604-607.

Rolls, B. J., Rolls, E. T., Rowe, E. A., & Sweeney, K. (1981). Sensory-specific satiety in man. *Physiology and Behavior, 27,* 137-142.

Rolls, B. J., Rowe, E. A., & Turner, R. C. (1980). Persistent obesity in rats following a period of consumption of a mixed, high-energy diet. *Journal of Physiology, 298,* 415-427.

Rolls, B. J., Wood, R. J., & Rolls, R. M. (1980). Thirst: The initiation, maintenance, and termination of drinking. In J. M. Sprague & A. N. Epstein (Eds.), *Progress in psychology and physiological psychology* (pp. 263-321). New York: Academic Press.

Rorden, C., & Karnath, H.-O. (2004). Using human brain lesions to infer function: A relic from a past era in the fMRI age? *Nature Reviews Neuroscinece, 5,* 813-819.

Rosa, R. R., & Bonnet, M. H. (2000). Reported chronic insomnia is independent of poor sleep as measured by electroencephalography. *Psychosomatic Medicine, 62,* 474-482.

Rosa-Neto, P., Lou, H. C., Cumming, P., Pryds, O., Karrebaek, H., Lunding, J., et al. (2005). Methylphenidate-evoked changes in striatal dopamine correlate with inattention and impulsivity in adolescents with attention-deficit/hyperactivity disorder. *NeuroImage, 25,* 868-876.

Rose, J. E., Brugge, J. F., Anderson, D. J., & Hind, J. E. (1967). Phase-locked response to low-frequency tones in single auditory nerve fibers of the squirrel monkey. *Journal of Neurophysiology, 30,* 769-793.

Rose, R. J. (1995). Genes and human behavior. *Annual Review of Psychology, 46,* 625-654.

Roselli, C. E., Larkin, K., Resko, J. A., Stellflug, J. N., & Stormshak, F. (2004). The volume of a sexually dimorphic nucleus in the ovine medial preoptic area/anterior hypothalamus varies with sexual partner preference. *Endocrinology, 145,* 478-483.

Rosenberg, N. A., Pritchard, J. K., Weber, J. L., Cann, H. M., Kidd, K. K., Zhivotovsky, L. A., et al. (2002). Genetic structure of human populations. *Science, 298,* 2381-2385.

Rosenkranz, M. A., Jackson, D. C., Dalton, K. M., Dolski, I., Ryff, C. D., Singer, B. H., et al. (2003). Affective style and *in vivo* immune response: Neurobehavioral mechanisms. *Proceedings of the National Academy of Sciences, USA, 100,* 11148-11152.

Rosenthal, N. E., Sack, D. A., Carpenter, C. J., Parry, B. L., Mendelson, W. B., & Wehr, T. A. (1985). Antidepressant effects of light in seasonal affective disorder. *American Journal of Psychiatry, 142,* 163-170.

Rösler, A., & Witztum, E. (1998). Treatment of men with paraphilia with a long-acting analogue of gonadotropin-releasing hormone. *New England Journal of Medicine, 338,* 416-422.

Rösler, F., Heil, M., & Henninghausen, E. (1995). Distinct cortical activation patterns during long-term memory retrieval of verbal, spatial and color information. *Journal of Cognitive Neuroscience, 7,* 51-65.

Ross, C. A., Miller, S. C., Reagor, P., Bjornson, L., Fraser, G. A., & Anderson, G. (1990). Structured interview data on 102 cases of multiple personality disorder from four centers. *American Journal of Psychiatry, 147,* 596-601.

Ross, E. D., Homan, R. W., & Buck, R. (1994). Differential hemispheric lateralization of primary and social emotions. *Neuropsychiatry, Neuropsychology, and Behavioral Neurology, 7,* 1-19.

Ross, G. W., Abbott, R. D., Petrivotch, H., Morens, D. M., Grandinetti, A., Tung, K.-H., et al. (2000). Association of coffee and caffeine intake with the risk of Parkinson disease. *Journal of the American Medical Association, 283,* 2674-2679.

Rossi, G. S., & Rosadini, G. (1967). Experimental analysis of cerebral dominance in man. In C. Millikan & F. L. Darley (Eds.), *Brain mechanisms underlying speech and language* (pp. 167-184). New York: Grune & Stratton.

Rothe, C., Gutknecht, L., Freitag, C., Tauber, R., Mössner, R., Franke, P., et al. (2004). Association of a functional 1019C〉G 5-HT1A receptor gene polymorphism with panic disorder with agoraphobia. *International Journal of Neuropsychopharmacology, 7,* 189-192.

Rothman, J. M., Van Soest, P. J., & Pell, A. N. (2006). Decaying wood is a sodium source for mountain gorillas. *Biology Letters, 2,* 321-324.

Rousseaux, C., Thuru, X., Gelot, A., Barnich, N., Neut, C., Dubuquoy, L., et al. (2007). Lactobacillus acidophilus modulates intestinal pain and induces opioid and cannabinoid receptors. *Nature Medicine, 13,* 35-37.

Rowland, L. P. (2000a). *Diseases of chemical transmission at the nerve-muscle synapse: Myasthenia gravis.* In E. R. Kandel, J. H. Schwartz, & T. M. Jessell (Eds.), Principles of neural science (4th ed., pp. 298-309). New York: McGraw-Hill.

Rowland, L. P. (2000b). Diseases of the motor unit. In E. R. Kandel, J. H. Schwartz, & T. M. Jessell (Eds.), *Principles of neural science* (4th ed., pp. 695-712). New York: McGraw-Hill.

Rowland, L. P., Hoefer, P. F. A., & Aranow, H., Jr. (1960). Myasthenic syndromes. *Research Publications-Association for Research in Nervous and Mental Disease, 38,* 547-560.

Roy, A., DeJong, J., & Linnoila, M. (1989). Cerebrospinal fluid monoamine metabolites and suicidal behavior in depressed patients: A 5-year followup study. *Archives of General Psychiatry, 46,* 609-612.

Rozin, P. (1967). Specific aversions as a component of specific hungers. *Journal of Comparative and Physiological Psychology, 64,* 237-242.

Rozin, P. (1969). Adaptive food sampling patterns in vitamin deficient rats. *Journal of Comparative and Physiological Psychology, 69,* 126-132.

Rozin, P. (1976). The selection of foods by rats, humans, and other animals. *Advances in the Study of Behavior, 6,* 21-76.

Rubens, A. B. (1977). Anatomical asymmetries of human cerebral cortex. In S. Harnad, R. W. Doty, L. Goldstein, J. Jaynes, & G. Krauthamer (Eds.), *Lateralization in the nervous system* (pp. 503-516). New York: Academic Press.

Rudorfer, M. V., Henry, M. E., & Sackheim, H. A. (1997). Electroconvulsive therapy. In A. Tasman, J. Kay, & J. A. Lieberman (Eds.), *Psychiatry* (pp. 1535-1556). Philadelphia: W. B. Saunders.

Rushton, J. P., Fulker, D. W., Neale, M. C., Nias, D. K. B., & Eysenck, H. J. (1986). Altruism and aggression: The heritability of individual differences. *Journal of Personality and Social Psychology, 50,* 1192-1198.

Rushton, J. P., & Jensen, A. R. (2005). Thirty years of research on race differences in cognitive ability. *Psychology, Public Policy, and Law, 11,* 235-294.

Rutherford, W. (1886). The sense and hearing. *Journal of Anatomy and Physiology, 21,* 166-168.

Rutter, M. (1983). Cognitive deficits in the pathogenesis of autism. *Journal of Child Psychology and Psychiatry, 24,* 513-531.

Rutter, M. (2005). Incidence of autism spectrum disorders: Changes over time and their meaning. *Acta Paediatrica, 94,* 2-15.

Saalmann, Y. B., Pigarev, I. N., & Vidyasagar, T. R. (2007). Neural mechanisms of visual attention: How top-down feedback highlights relevant locations. *Science, 316,* 1612-1615.

Sacco, K. A., Bannon, K. L., & George, T. P. (2004). Nicotinic receptor mechanisms and cognition in normal states and neuropsychiatric disorders. *Journal of Psychopharmacology, 18,* 457-474.

Sacco, K. A., Termine, A., Seyal, A., Dudas, M. M., Vessicchio, J. C., Krishnan-Sarin, S., et al. (2005). Effects of cigarette smoking on spatial working memory and attentional deficits in schizophrenia. *Archives of General Psychiatry, 62,* 649-659.

Sachs, B., & Meisel, R. L. (1994). The physiology of male sexual behavior. In J. D. Neill & E. Knobil (Eds.), *The physiology of reproduction* (Vol. 2, pp. 3-106). New York: Raven Press.

Sack, D. A., Nurnberger, J., Rosenthal, N. E., Ashburn, E., & Wehr, T. A. (1985). Potentiation of antidepressant medications by phase advance of the sleep-wake cycle. *American Journal of Psychiatry, 142,* 606-608.

Sackeim, H. A., Luber, B., Katzman, G. P., Moeller, J. R., Prudic, J., Devanand, D. P., et al. (1996). The effects of electroconvulsive therapy on quantitative electroencephalograms: Relationship to clinical outcome. *Archives of General Psychiatry, 53,* 814-823.

Sackeim, H. A., Prohovnik, I., Moeller, J. R., Brown, R. P., Apter, S., Prudic, J., et al. (1990). Regional cerebral blood flow in mood disorders: I. Comparison of major depressives and normal controls at rest. *Archives of General Psychiatry, 47,* 60-70.

Sackeim, H. A., Prudic, J., Devanand, D. P., Kiersky, J. E., Fitzsimons, L., Moody, B. J., et al. (1993). Effects of stimulus intensity and electrode placement on the efficacy and cognitive effects of electroconvulsive therapy. *New England Journal of Medicine, 328,* 839-846.

Sacks, O. (1990). *The man who mistook his wife for a hat and other clinical tales.* New York: HarperPerennial.

Sacks, O. (1995). *An anthropologist on Mars.* New York: Vintage Books.

Sacks, O., & Wasserman, R. (1987, November 19). The case of the color-blind painter. *New York Review of Books, 34,* 25-34.

Sairanen, M., Lucas, G., Ernfors, P., Castrén, M., & Castrén, E. (2005). Brain-derived neurotrophic factor and antidepressant drugs have different but coordinated effects on neuronal turnover, proliferation, and survival in the adult dentate gyrus. *Journal of Neuroscience, 25,* 1089-1094.

Sakata, H., Takaoka, Y., Kawarasaki, A., & Shibutani, H. (1973). Somatosensory properties of neurons in the superior parietal cortex (area 5) of the rhesus monkey. *Brain Research, 64,* 85-102.

Sakimura, K., Kutsuwada, T., Ito, I., Manaabe, T., Takayama, C., Kushiya, E., et al. (1995). Reduced hippocampal LTP and spatial learning in mice lacking NMDA receptor epsilon 1 subunit. *Nature, 373,* 151-155.

Salamy, J. (1970). Instrumental responding to internal cues associated with REM sleep. *Psychonomic Science, 18,* 342-343.

Salthouse, T. A., & Babcock, R. L. (1991). Decomposing adult age differences in working memory. *Developmental Psychology, 27,* 763-776.

Santarelli, L., Saxe, M., Gross, C., Surget, A., Battaglia, F., Dulawa, S., et al. (2003). Requirement of hippocampal neurogenesis for the behavioral effects of antidepressants. *Science, 301,* 805-809.

Santini, E., Muller, R. U., & Quirk, G. J. (2001). Consolidation of extinction learning involves transfer from NMDA-independent to NMDA-dependent memory. *Journal of Neuroscience, 21,* 9009-9017.

Saper, C. B., Chou, T. C., & Elmquist, J. K. (2002). The need to feed: Homeostatic and hedonic control of eating. *Neuron, 36,* 199-211.

Saper, C. B., Chou, T. C., & Scammell, T. E. (2001). The sleep switch: Hypothalamic control of sleep and wakefulness. *Trends in Neurosciences, 24,* 726-731.

Saper, C. B., Iverson, S., & Frackowiak, R. (2000). Integration of sensory and motor function. In E. R. Kandel, J. H. Schwartz, & T. M. Jessell (Eds.), *Principles of neural science* (4th ed., pp. 349-380). New York: McGraw-Hill.

Saper, C. B., Scammell, T. E., & Lu, J. (2005). Hypothalamic regulation of sleep and circadian rhythms. *Nature, 437,* 1257-1263.

Sapolsky, R. M., Uno, H., Rebert, C. S., & Finch, C. E. (1990). Hippocampal damage associated with prolonged glucocorticoid exposure in primates. *Journal of Neuroscience, 10,* 2897-2902.

Sáry, G., Vogels, R., & Orban, G. A. (1993). Cue-invariant shape selectivity of macaque inferior temporal neurons. *Science, 260,* 995-997.

Sato, M. (1986). Acute exacerbation of methamphetamine psychosis and lasting dopaminergic supersensitivity: A clinical survey. *Psychopharmacology Bulletin, 22,* 751-756.

Savage-Rumbaugh, E. S., Murphy, J., Sevcik, R. A., Brakke, K. E., Williams, S. L., & Rumbaugh, D. M. (1993). Language comprehension in ape and child. *Monographs of the Society for Research in Child Development, 58,* 1-222.

Savage-Rumbaugh, S. (1987). A new look at ape language: Comprehension of vocal speech and syntax. *Nebraska Symposium on Motivation, 35,* 201-255.

Savage-Rumbaugh, S., McDonald, K., Sevcik, R. A., Hopkins, W. D., & Rubert, E. (1986). Spontaneous symbol acquisition and communicative use by pygmy chimpanzees (*Pan paniscus*). *Journal of Experimental Psychology: General, 115,* 211-235.

Savic, I., Berglund, H., Gulyas, B., & Roland, P. (2001). Smelling of odorous sex hormone-like compounds causes sex-differentiated hypothalamic activations in humans. *Neuron, 31,* 661-668.

Savic, I., Berglund, H., & Lindström, P. (2005). Brain response to putative pheromones in homosexual men. *Proceedings of the National Academy of Sciences, USA, 102,* 7356-7361.

Savin-Williams, R. C. (1996). Self-labeling and disclosure among gay, lesbian, and bisexual youths. In J. Laird & R.-J. Green

(Eds.), *Lesbians and gays in couples and families: A handbook for therapists* (pp. 153-182). San Francisco: Jossey-Bass.

Sawa, A., & Snyder, S. H. (2002). Schizophrenia: Diverse approaches to a complex disease. *Science, 296,* 692-695.

Sawchenko, P. E. (1998). Toward a new neurobiology of energy balance, appetite, and obesity: The anatomists weigh in. *Journal of Comparative Neurology, 402,* 435-441.

Saxe, G. N., Vasile, R. G., Hill, T. C., Bloomingdale, K., & Van der Kolk, B. A. (1992). SPECT imaging and multiple personality disorder. *Journal of Nervous and Mental Disease, 180,* 662-663.

Scaffidi, P., & Mistelli, T. (2005). Reversal of the cellular phenotype in the premature aging disease Hutchinson-Gilford progeria syndrome. *Nature Medicine, 11,* 440-445.

Scarr, S., & Carter-Saltzman, L. (1982). Genetics and intelligence. In R. J. Sternberg (Ed.), *Handbook of human intelligence* (pp. 792-896). New York: Cambridge University Press.

Scarr, S., Pakstis, A. J., Katz, S. H., & Barker, W. B. (1977). Absence of a relationship between degree of white ancestry and intellectual skills within a black population. *Human Genetics, 39,* 69-86.

Scarr, S., & Weinberg, R. A. (1976). IQ test performance of black children adopted by white families. *American Psychologist, 31,* 726-739.

Schaal, B., & Porter, R. H. (1991). "Microsmatic humans" revisited: The generation and perception of chemical signals. *Advances in the Study of Behavior, 20,* 135-199.

Schacter, D. L., Alpert, N. M., Savage, C. R., Rauch, S. L., & Albert, M. S. (1996). Conscious recollection and the human hippocampal formation: Evidence from positron emission tomography. *Proccedings of the National Academy of Sciences, USA, 93,* 321-325.

Schachter, S., & Singer, J. E. (1962). Cognitive, social, and physiological determinants of emotional state. *Psychological Review, 69,* 379-399.

Schaie, K. W. (1994). The course of adult intellectual development. *American Psychologist, 49,* 304-311.

Scheich, H., & Zuschratter, W. (1995). Mapping of stimulus features and meaning in gerbil auditory cortex with 2-deoxyglucose and c-fos antibodies. *Behavioural Brain Research, 66,* 195-205.

Schein, S. J., & Desimone, R. (1990). Spectral properties of V4 neurons in the macaque. *Journal of Neuroscience, 10,* 3369-3389.

Schelling, T. C. (1992). Addictive drugs: The cigarette experience. *Science, 255,* 430-433.

Schenck, C. H., Milner, D. M., Hurwitz, T. D., Bundlie, S. R., & Mahowald, M. W. (1989). A polysomnographic and clinical report on sleep-related injury in 100 adult patients. *American Journal of Psychiatry, 146,* 1166-1173.

Schiermeier, Q. (1998). Animal rights activists turn the screw. *Nature, 396,* 505.

Schiff, N. D., Giacino, J. T., Kalmar, K., Victor, J. D., Baker, K., Gerber, M., et al. (2007). Behavioral improvements with thalamic stimulation after severe traumatic brain injury. *Nature, 448,* 600-604.

Schildkraut, J. J. (1965). The catecholamine hypothesis of affective disorders: A review of supporting evidence. *American Journal of Psychiatry, 122,* 509-522.

Schiller, P. H., & Logothetis, N. K. (1990). The color-opponent and broadband channels of the primate visual system. *Trends in Neurosciences, 13,* 392-398.

Schmalz, J. (1993, March 5). Poll finds an even split on homosexuality' s cause. *New York Times,* p. A14.

Schmidt-Hieber, C., Jonas, P., & Bischofberger, J. (2004). Enhanced synaptic plasticity in newly generated granule cells of the adult hippocampus. *Nature, 429,* 184-187.

Schnider, A. (2003). Spontaneous confabulation and the adaptation of thought to ongoing reality. *Nature Reviews Neuroscience, 4,* 662-671.

Schnider, A., & Ptak, R. (1999). Spontaneous confabulators fail to suppress currently irrelevant memory traces. *Nature Neuroscience, 2,* 677-681.

Schuckit, M. A. (1994). Low level of response to alcohol as a predictor of future alcoholism. *American Journal of Psychiatry, 151,* 184-189.

Schull, W. J., Norton, S., & Jensh, R. P. (1990). Ionizing radiation and the developing brain. *Neurotoxicology and Teratology, 12,* 249-260.

Schulsinger, F., Parnas, J., Petersen, E. T., Schulsinger, H., Teasdale, T. W., Mednick, S. A., et al. (1984). Cerebral ventricular size in the offspring of schizophrenic mothers. *Archives of General Psychiatry, 41,* 602-606.

Schultz, W. (2002). Getting formal with dopamine and reward. *Neuron, 36,* 241-263.

Schuman, E. M., & Madison, D. V. (1991). A requirement for the intercellular messenger nitric oxide in long-term potentiation. *Science, 254,* 1503-1506.

Schwartz, J. M., Stoessel, P. W., Baxter, L. R., Martin, K. M., & Phelps, M. E. (1996). Systematic changes in cerebral glucose metabolic rate after successful behavior modification treatment of obsessive-compulsive disorder. *Archives of General Psychiatry, 53,* 109-113.

Schwartz, M. S. (1994). Ictal language shift in a polyglot. *Journal of Neurology, Neurosurgery, and Psychiatry, 57,* 121.

Schwartz, M. W., & Morton, G. J. (2002). Keeping hunger at bay. *Nature, 418,* 595-597.

Schwartz, M. W., & Seeley, R. J. (1997). The new biology of body weight regulation. *Journal of the American Dietetic Association, 97,* 54-58.

Schwartz, W. J., & Gainer, H. D. (1977). Suprachiasmatic nucleus: Use of 14C-labeled deoxyglucose uptake as a functional marker. *Science, 197,* 1089-1091.

Scott, E. M., & Verney, E. L. (1947). Self-selection of diet. VI. The nature of appetites for B vitamins. *Journal of Nutrition, 34,* 471-480.

Scott, K. G., & Carran, D. T. (1987). The epidemiology and prevention of mental retardation. *American Psychologist, 42,* 801-804.

Scott, L., Kruse, M. S., Forssberg, H., Brismar, H., Greengard, P., & Aperia, A. (2002). Selective up-regulation of dopamine D1 receptors in dendritic spines by NMDA receptor activation. *Proceedings of the National Academy of Sciences, USA, 99,* 1661-1664.

The secrets of sleep. (2004, May 17). *U.S. News and World Report.* Retrieved from www.keepmedia.com/pubs/USNewsWorldReport/2004/05/17/469999

Sedaris, D. (1998). *Naked.* Boston: Little, Brown.

Seeman, P., Lee, T., Chau-Wong, M., & Wong, K. (1976). Antipsychotic drug doses and neuroleptic/dopamine receptors. *Nature, 261,* 717-719.

Sejnowski, T. J., & Rosenberg, C. R. (1987). Parallel networks that learn to pronounce English text. *Complex Systems, 1,* 145-168.

Selfe, L. (1977). *Nadia: A case of extraordinary drawing ability in children.* London: Academic Press.

Selkoe, D. J. (1997). Alzheimer' s disease: Genotypes, phenotype, and treatments. *Science, 275,* 630-631.

Senghas, A., Kita, S., & Özyürek, A. (2004). Children creating core properties of language: Evidence from an emerging sign language in Nicaragua. *Science, 305,* 1779-1782.

Senju, A., Maeda, M., Kikuchi, Y., Hasegawa, T., Tojo, Y., & Osanai, H. (2007). Absence of contagious yawning in children with autism spectrum disorder. *Biology Letters,* DOI 10.1098/ rsbl.2007.0337. Retrieved September 5, 2007, from www.journals.royalsoc.ac.uk/content/3p06538k01256183/?p=8dd8b25a566a4382ba4f6dd6201fb3ab&pi=14

Sergent, C., Baillet, S., & Dehaene, S. (2005). Timing of the brain events underlying access to consciousness during the attentional blink. *Nature Neuroscience, 8,* 1391-1400.

Shaffery, J. P., Roffwarg, H. P., Speciale, S. G., & Marks, G. A. (1999). Ponto-geniculo-occipital-wave suppression amplifies lateral geniculate nucleus cell-size changes in monocularly deprived kittens. *Brain Research. Developmental Brain Research, 114,* 109-119.

Shah, A., & Lisak, R. P. (1993). Immunopharmacologic therapy in myasthenia gravis. *Clinical Neuropharmacology, 16,* 97-103.

Shallice, T. (1999). The origin of confabulations. *Nature Neuroscience, 2,* 588-590.

Sham, P. C., O' Callaghan, E., Takei, N., Murray, G. K., Hare, E. H., & Murray, R. M. (1992). Schizophrenia following pre-natal exposure to influenza epidemics between 1939 and 1960. *British Journal of Psychiatry, 160,* 461-466.

Shapiro, C. M., Bortz, R., Mitchell, D., Bartel, P., & Jooste, P. (1981). Slow-wave sleep: A recovery period after exercise. *Science, 214,* 1253-1254.

Shaw, P., Greenstein, D., Lerch, J., Clasen, L., Lenroot, R., Gogtay, N., et al. (2006). Intellectual ability and cortical development in children and adolescents. *Nature, 440,* 676-679.

Shaywitz, S. E., Shaywitz, B. A., Fulbright, R. K., Skudlarski, P., Mencl, W. E., Constable, R. T., et al. (2003). Neural systems for compensation and persistence: Young adult outcome of childhood reading disability. *Biological Psychiatry, 54,* 25-33.

Shaywitz, S. E., Shaywitz, B. A., Pugh, K. R., Fulbright, R. K., Constable, R. T., Mencl, W. E., et al. (1998). Functional disruption in the organization of the brain for reading in dyslexia. *Proceedings of the National Academy of Sciences, USA, 95,* 2636-2641.

Shearman, L. P., Sriram, S., Weaver, D. R., Maywood, E. S., Chaves, I., Zheng, B., et al. (2000). Interacting molecular loops in the mammalian circadian clock. *Science, 288,* 1013-1019.

Shema, R., Sacktor, T. C., & Dudai, Y. (2007). Rapid erasure of long-term memory associations in the cortex by an inhibitor of PKM (zeta). *Science, 317,* 951-953.

Sherin, J. E., Shiromani, P. J., McCarley, R. W., & Saper, C. B. (1996). Activation of ventrolateral preoptic neurons during sleep. *Science, 271,* 216-219.

Sherwin, B. B. (2003). Estrogen and cognitive functioning in women. *Endocrine Reviews, 24,* 133-151.

Sherwin, B. B., & Gelfand, M. M. (1987). The role of androgen in the maintenance of sexual functioning in oophorectomized women. *Psychosomatic Medicine, 49,* 397-409.

Shi, S.-H., Hayashi, Y., Petralia, R. S., Zaman, S. H., Wenthold, R. J., Svoboda, K., et al. (1999). Rapid spine delivery and redistribution of AMPA receptors after synaptic NMDA receptor activation. *Science, 284,* 1811-1816.

Shifren, J. L., Braunstein, G. D., Simon, J. A., Casson, P. R., Buster, J. E., Redmond, G. P., et al. (2000). Transdermal testosterone treatment in women with impaired sexual function after oophorectomy. *New England Journal of Medicine, 343,* 682-688.

Shima, K., & Tanji, J. (2000). Neuronal activity in the

supplementary and presupplementary motor areas for temporal organization of multiple movements. *Journal of Neurophysiology, 84,* 2148-2160.

Shimamura, A., Berry, J. M., Mangels, J. A., Rusting, C. L., & Jurica, P. J. (1995). Memory and cognitive abilities in university professors: Evidence for successful aging. *Psychological Science, 6,* 271.

Shimura, T., & Shimokochi, M. (1990). Involvement of the lateral mesencephalic tegmentum in copulatory behavior of male rats: Neuron activity in freely moving animals. *Neuroscience Research, 9,* 173-183.

Shinohara, K. C. A., Morofushi, M., Funabashi, T., &Kimura, F. (2001). Axillary pheromones modulate pulsatile LH secretion in humans. *NeuroReport, 12,* 893-895.

Shors, T. J., Miesegaes, G., Beylin, A., Zhao, M., Rydel, T., & Gould, E. (2001). Neurogenesis in the adult is involved in the formation of trace memories. *Nature, 410,* 372-375.

Shouse, M. N., & Siegel, J. M. (1992). Pontine regulation of REM sleep components in cats: Integrity of the pedunculopontine tegmentum (PPT) is important for phasic events but unnnecessary for atonia during REM sleep. *Brain Research, 571,* 50-63.

Shu, W., Cho, J. Y., Jiang, Y., Zhang, M., Weisz, D., Elder, G. A., et al. (2005). Altered ultrasonic vocalization in mice with a disruption in the *Foxp2 gene. Proceedings of the National Academy of Sciences, USA, 102,* 9643-9648.

Siegel, A., Roeling, T. A., Gregg, T. R., & Kruk, M. R. (1999). Neuropharmacology of brain-stimulation-evoked aggression. *Neuroscience and Biobehavior Review, 23,* 359-389.

Siegel, S. (1984). Pavlovian conditioning and heroin overdose: Reports by overdose victims. *Bulletin of the Psychonomic Society, 22,* 428-430.

Siegel, S., Hinson, R. E., Krank, M. D., & McCully, J. (1982). Heroin "overdose" death: Contribution of drug-associated environmental cues. *Science, 216,* 436-437.

Siepel, A., Bejerano, G., Pedersen, J. S., Hinrichs, A. S., Hou, M., Rosenbloom, K., et al. (2005). Evolutionarily conserved elements in vertebrate, insect, worm, and yeast genomes. *Genome Research, 15,* 1034-1050.

Siever, L. J., Kahn, R. S., Lawlor, B. A., Trestman, R. L., Lawrence, T. L., & Coccaro, E. F. (1991). II. Critical issues in defining the role of serotonin in psychiatric disorders. *Pharmacological Reviews, 43,* 509-525.

Silbersweig, D. A., Stern, E., Frith, C., Cahill, C., Homes, A., Grootoonk, S., et al. (1995). A functional neuroanatomy of hallucinations in schizophrenia. *Nature, 378,* 176-179.

Silinsky, E. M. (1989). Adenosine derivatives and neuronal function. *Seminars in the Neurosciences, 1,* 155-165.

Simos, P. G., Castillo, E. M., Fletcher, J. M., Francis, D. J., Maestu, F., Breier, J. I., et al. (2001). Mapping of receptive language cortex in bilingual volunteers by using magnetic source imaging. *Journal of Neurosurgery, 95,* 76-81.

Simpson, J. B., Epstein, A. N., & Camardo, J. S., Jr. (1978). Localization of receptors for the dipsogenic action of angiotensin II in the subfornical organ of rat. *Journal of Comparative and Physiological Psychology, 92,* 581-601.

Sinclair, D. (1981). *Mechanisms of cutaneous sensation.* Oxford, UK: Oxford University Press.

Singer, E. (2004, March 6). The master switch. *New Scientist, 34.*

Singer, W. (1995). Development and plasticity of cortical processing architectures. *Science, 270,* 758-764.

Singh, M., Meyer, E. M., Millard, W. J., & Simpkins, J. W. (1994). Ovarian steroid deprivation results in a reversible learning impairment and compromised cholinergic function in female Sprague-Dawley rats. *Brain Research, 644,* 305-312.

Singh, V. K., Lin, S. X., & Yang, V. C. (1998). Serological association of measles virus and human herpesvirus-6 with brain autoantibodies in autism. *Clinical Immunology and Immunopathology, 89,* 105-108.

Sinha, R., Talih, M., Malison, R., Cooney, N., Anderson, G. M., & Kreek, M. J. (2003). Hypothalamic-pituitary-adrenal axis and sympatho-adreno-medullary responses during stress-induced and drug cue-induced cocaine craving states. *Psychopharmacology, 170,* 62-72.

Sirevaag, A. M., & Greenough, W. T. (1987). Differential rearing effects on rat visual cortex synapses. III. Neuronal and glial nuclei, boutons, dendrites, and capillaries. *Brain Research, 424,* 320-332.

Sizemore, C. C. (1989). *A mind of my own.* New York: William Morrow.

Sjölund, B. H., & Eriksson, M. B. (1979). The influence of naloxone on analgesia produced by peripheral conditioning stimulation. *Brain Research, 173,* 295-301.

Skaggs, W. E., & McNaughton, B. L. (1996). Replay of neuronal firing sequences in rat hippocampus during sleep following spatial experience. *Science, 271,* 1870-1873.

Skilling, S. R., Smullin, D. H., Beitz, A. J., & Larson, A. A. (1988). Extracellular amino acid concentrations in the dorsal spinal cord of freely moving rats following veratridine and nociceptive stimulation. *Journal of Neurochemistry, 51,* 127-132.

Slimp, J. C., Hart, B. L., & Goy, R. W. (1978). Heterosexual, autosexual and social behavior of adult male rhesus monkeys with medial preopticanterior hypothalamic lesions. *Brain Research, 142,* 105-122.

Slooter, A. J., Bronzova, J., Witteman, J. C., Van Broeckhoven, C., Hofman, A., & van Duijn, C. M. (1999). Estrogen use and early onset Alzheimer' disease: A population-based study.

Journal of Neurological and Neurosurgical Psychiatry, 67, 779-781.

Small, S. A., Stern, Y., Tang, M., & Mayeux, R. (1999). Selective decline in memory function among healthy elderly. *Neurology, 52,* 1392-1396.

Smalley, S. L. (1997). Genetic influences in childhood-onset psychiatric disorders: Autism and attention-deficit/hyperactivity disorder. *American Journal of Human Genetics, 60,* 1276-1282.

Smalley, S. L., Kustanovich, V., Minassian, S. L., Stone, J. L., Ogdie, M. N., McGough, J. J., et al. (2002). Genetic linkage of attention-deficit/hyperactivity disorder on chromosome 16p13, in a region implicated in autism. *American Journal of Human Genetics, 71,* 959-963.

"Smart" prosthetics: Restoring independence to people with disabilities. (2007, February 15). *Brown University News Bureau.* Retrieved from www.brown.edu/Administration/News_Bureau/2006-07/06-097.html

Smith, C. (1995). Sleep states and memory processes. *Behavioural Brain Research, 69,* 137-145.

Smith, C. (1996). Sleep states, memory processes and synaptic plasticity. *Behavioural Brain Research, 78,* 49-56.

Smith, C., & Lloyd, B. (1978). Maternal behavior and perceived sex of infant: Revisited. *Child Development, 49,* 1263-1265.

Smith, C. A. D., Gough, A. C., Leigh, P. N., Summers, B. A., Harding, A. E., Maranganore, D. M., et al. (1992). Debrisoquine hydroxylase gene polymorphism and susceptibility to Parkinson' s disease. *Lancet, 339,* 1375-1377.

Smith, D. E., Roberts, J., Gage, F. H., & Tuszynski, M. H. (1999). Age-associated neuronal atrophy occurs in the primate brain and is reversible by growth factor gene therapy. *Proceedings of the National Academy of Sciences, USA, 96,* 10893-10898.

Smith, D. M., & Atkinson, R. M. (1995). Alcoholism and dementia. *International Journal of Addiction, 30,* 1843-1869.

Smith, G. S., Dewey, S. L., Brodie, J. D., Logan, J., Vitkun, S. A., Simkowitz, P., et al. (1997). Serotonergic modulation of dopamine measured with [11C]raclopride and PET in normal human subjects. *American Journal of Psychiatry, 154,* 490-496.

Smith, M. A., Brandt, J., & Shadmehr, R. (2000). Motor disorder in Huntington' s disease begins as a dysfunction in error feedback control. *Nature, 403,* 544-549.

Smith, M. J., Keel, J. C., Greenberg, B. D., Adams, L. F., Schmidt, P. J., Rubinow, D. A., et al. (1999). Menstrual cycle effects on cortical excitability. *Neurology, 53,* 2069-2072.

Smith, S. S., O' Hara, B. F., Persico, A. M., Gorelick, D. A., Newlin, D. B., Vlahov, D., et al. (1992). Genetic vulnerability to drug abuse: The D2 dopamine receptor *Taq* I B1 restriction fragment length polymorphism appears more frequently in polysubstance abusers. *Archives of General Psychiatry, 49,* 723-727.

Smythies, J. (1997). The functional neuroanatomy of awareness: With a focus on the role of various anatomical systems in the control of intermodal attention. *Consciousness and Cognition, 6,* 455-481.

Sneaky DNA analysis to be outlawed. (2006, August 29). *New Scientist,* 6-7.

Snyder, A. W., & Mitchell, D. J. (1999). Is integer arithmetic fundamental to mental processing? The mind' s secret arithmetic. *Proceedings of the Royal Society of London B, 266,* 587-592.

Snyder, J. S., Kee, N., & Wojtowicz, J. M. (2001). Effects of adult neurogenesis on synaptic plasticity in the rat dentate gyrus. *Journal of Neurophysiology, 85,* 2423-2431.

Snyder, S. H. (1972). Catecholamines in the brain as mediators of amphetamine psychosis. *Archives of General Psychiatry, 27,* 169-179.

Snyder, S. H. (1984). Drug and neurotransmitter receptors in the brain. *Science, 224,* 22-31.

Snyder, S. H. (1997). Knockouts anxious for new therapy. *Nature, 388,* 624.

Snyder, S. H., Banerjee, S. P., Yamamura, H. I., & Greenberg, D. (1974). Drugs, neurotransmitters, and schizophrenia. *Science, 184,* 1243-1253.

Sohn, E. (2002, August 19). The gene that wouldn' t sit still. *U.S. News & World Report.* Retrieved from www.usnews.com/usnews/culture/articles/020819/archive_022328_2.htm

Solanto, M. V. (1998). Neuropsychopharmacological mechanisms of stimulant drug action in attention-deficit/hyperactivity disorder: A review and integration. *Behavioural Brain Research, 94,* 127-152.

Soto-Otero, R., Méndez-Alvarez, E., Sánchez-Sellero, J., Cruz-Landeira, A., & López-Rivadulla, L. M. (2001). Reduction of rat brain levels of the endogenous dopaminergic proneurotoxins 1,2,3,4-tetrahydroisoquinoline and 1,2,3,4-tetrahydro-beta-carboline by cigarette smoke. *Neuroscience Letters, 298,* 187-190.

Sowell, E. R., Thompson, P. M., Holmes, C. J., Jernigan, T. L., & Toga, A. W. (1999). *In vivo* evidence for post-adolescent brain maturation in frontal and striatal regions. *Nature Neuroscience, 2,* 859-861.

Sowell, E. R., Thompson, P. M., Welcome, S. E., Henkenius, A. L., Toga, A. W., & Peterson, B. S. (2003). Cortical abnormalities in children and adolescents with attention-deficit/hyperactivity disorder. *Lancet, 362,* 1699-1707.

Spanos, N. P. (1994). Multiple identity enactments and multiple personality disorder: A sociocognitive perspective. *Psychological Bulletin, 116,* 143-165.

Spehr, M., Schwane, K., Heilmann, S., Gisselmann, G., Hummel, T., & Hatt, H. (2004). Dual capacity of a human olfactory receptor. *Current Biology, 14,* R832-R833.

Spence, S., Shapiro, D., & Zaidel, E. (1996). The role of the right hemisphere in the physiological and cognitive components of emotional processing. *Psychophysiology, 33,* 112-122.

Spencer, K. M., Nestor, P. G., Perlmutter, R., Niznikiewicz, M. A., Klump, M. C., Frumin, M., et al. (2004). Neural synchrony indexes disordered perception and cognition in schizophrenia. *Proceedings of the National Academy of Sciences, USA, 101,* 17288-17293.

Sperry, R. W. (1943). Effect of 180 degrees rotation of the retinal field on visuomotor coordination. *Journal of Experimental Zoology, 92,* 263-279.

Sperry, R. W. (1945). Restoration of vision after crossing of optic nerves and after contralateral transplantation of eye. *Journal of Neurophysiology, 8,* 15-28.

Spiegel, D. (1996). Cancer and depression. *British Journal of Psychiatry, 168,* 109-116.

Spillantini, M. G., Schmidt, M. L., Lee, V. M.-Y., Trojanowski, J. Q., Jakes, R., & Goedert, M. (1997). α-Synuclein in Lewy bodies. *Nature, 388,* 839-840.

Spoont, M. (1992). Modulatory role of serotonin in neural information processing: Implications for human psychopathology. *Psychological Bulletin, 112,* 330-350.

Springen, K. (2004, December 6). Using genes as medicine. *Newsweek,* p. 55.

Spurzheim, J. G. (1908). *Phrenology* (Rev. ed.). Philadelphia: Lippincott.

Squire, L. R., & Alvarez, P. (1995). Retrograde amnesia and memory consolidation: A neurobiological perspective. *Current Opinion in Neurobiology, 5,* 169-177.

Squire, L. R., Amaral, D. G., & Press, G. A. (1990). Magnetic resonance imaging of the hippocampal formation and mammillary nuclei distinguish medial temporal lobe and diencephalic amnesia. *Journal of Neuroscience, 10,* 3106-3117.

Squire, L. R., Amaral, D. G., Zola-Morgan, S., Kritchevsky, M., & Press, G. (1989). Description of brain injury in the amnesic patient N.A. based on magnetic resonance imaging. *Experimental Neurology, 105,* 23-35.

Squire, L. R., Ojemann, J. G., Miezin, F. M., Petersen, S. E., Videen, T. O., & Raichle, M. E. (1992). Activation of the hippocampus in normal humans: A functional anatomical study of memory. *Proccedings of the National Academy of Sciences, USA, 89,* 1837-1841.

Stahl, S. M. (1999). Mergers and acquisitions among psychotropics: Antidepressant takeover of anxiety may now be complete. *Journal of Clinical Psychiatry, 60,* 282-283.

Stanley, B. G., Kyrkouli, S. E., Lampert, S., & Leibowitz, S. F. (1986). Neuropeptide Y chronically injected into the hypothalamus: A powerful neurochemical inducer of hyperphagia and obesity. *Peptides, 7,* 1189-1192.

Stanley, M., Stanley, B., Traskman-Bendz, L., Mann, J. J., & Meyendorff, E. (1986). Neurochemical findings in suicide completers and suicide attempters. *Suicide and Life-Threatening Behavior, 16,* 286-299.

Starr, C., & Taggart, R. (1989). Biology: The unity and diversity of life. *Pacific Grove,* CA: Brooks/Cole.

St. Clair, D., Xu, M., Wang, P., Yu, Y., Fang, Y., Zhang, F., et al. (2005). Rates of adult schizophrenia following prenatal exposure to the Chinese famine of 1959-1961. *Journal of the American Medical Association, 294,* 557-562.

Stein, J. (2001). The magnocellular theory of developmental dyslexia. *Dyslexia, 7,* 12-36.

Stellar, J. R., & Stellar, E. (1985). *The neurobiology of motivation and reward.* New York: Springer-Verlag.

Stephan, F. K., & Nunez, A. A. (1977). Elimination of circadian rhythms in drinking, activity, sleep, and temperature by isolation of the suprachiasmatic nuclei. *Behavioral Biology, 20,* 1-16.

Steriade, M., Par D., Bouhassira, D., Desch es, M., & Oakson, G. (1989). Phasic activation of lateral geniculate and perigeniculate thalamic neurons during sleep with ponto-geniculo-occipital waves. *Journal of Neuroscience, 9,* 2215-2229.

Stern, K., & McClintock, M. K. (1998). Regulation of ovulation by human pheromones. *Nature, 392,* 177-179.

Sternbach, R. A. (1968). *Pain: A psychophysiological analysis.* New York: Academic Press.

Sternberg, R. J. (1988). *The triarchic mind: A new theory of human intelligence.* New York: Viking.

Sternberg, R. J. (2000). The holey grail of general intelligence. *Science, 289,* 399-401.

Stickgold, R., Hobson, J. A., Fosse, R., & Fosse, M. (2001). Sleep, learning, and dreams: Off-line memory reprocessing. *Science, 294,* 1052-1057.

Stickgold, R., James, L., & Hobson, J. A. (2000). Visual discrimination learning requires sleep after training. *Nature Neuroscience, 3,* 1237-1238.

Stickgold, R., Whidbee, D., Schirmer, B., Patel, V., & Hobson, J. A. (2000). Visual discrimination task improvement: A multi-step process occurring during sleep. *Journal of Cognitive Neuroscience, 12,* 246-254.

Strack, F., Martin, L. L., & Stepper, S. (1988). Inhibiting and facilitating conditions of the human smile: A nonobtrusive test of the facial feedback hypothesis. *Journal of Personality and Social Psychology, 54,* 768-777.

Streissguth, A. P., Barr, H. M., Bookstein, F. L., Sampson, P. D., & Olson, H. C. (1999). The long-term neurocognitive consequences of prenatal alcohol exposure: A 14-year study. *Psychological Science, 10,* 186-190.

Stricanne, B., Andersen, R. A., & Mazzoni, P. (1996). Eye-centered, head-centered, and intermediate coding of remembered sound locations in area LIP. *Journal of Neurophysiology, 76,* 2071-2076.

Stricker, E. M., & Sved, A. F. (2000). Thirst. *Nutrition, 16,* 821-826.

Strömland, K., Nordin, V., Miller, M., Åkerström, B., & Gillberg, C. (1994). Autism in thalidomide embryopathy: A population study. *Developmental Medicine and Child Neurology, 36,* 351-356.

Suddath, R. L., Casanova, M. F., Goldberg, T. E., Daniel, D. G., Kelsoe, J. R., & Weinberger, D. R. (1989). Temporal lobe pathology in schizophrenia: A quantitative magnetic resonance imaging study. *American Journal of Psychiatry, 146,* 464-472.

Suddath, R. L., Christison, G. W., Torrey, E. F., Casanova, M. F., & Weinberger, D. R. (1990). Anatomical abnormalities in the brains of monozygotic twins discordant for schizophrenia. *New England Journal of Medicine, 322,* 789-794.

Sullivan, P. F. (1995). Mortality in anorexia nervosa. *American Journal of Psychiatry, 152,* 1073-1074.

Sullivan, P. F., Neale, M. C., & Kendler, K. S. (2000). Genetic epidemiology of major depression: Review and meta-analysis. *American Journal of Psychiatry, 157,* 1552-1562.

Sulzer, D., & Rayport, S. (2000). Dale' s principle and glutamate corelease from ventral midbrain dopamine neurons. *Amino Acids, 19,* 45-52.

Susser, E., Neugebauer, R., Hoek, H. W., Brown, A. S., Lin, S., Labovitz, D., et al. (1996). Schizophrenia after prenatal famine: Further evidence. *Archives of General Psychiatry, 53,* 25-31.

Suvisaari, J. M., Haukka, J. K., Tanskanen, A. J., & Lönnqvist, J. K. (1999). Decline in the incidence of schizophrenia in Finnish cohorts born from 1954 to 1965. *Archives of General Psychiatry, 56,* 733-740.

Suzdak, P. D., Glowa, J. R., Crawley, J. N., Schwartz, R. D., Skolnick, P., & Paul, S. M. (1986). A selective imidazobenzodiazepine antagonist of ethanol in the rat. *Science, 234,* 1243-1247.

Svensson, T. H., Grenhoff, J., & Aston-Jones, G. (1986). Midbrain dopamine neurons: Nicotinic control of firing pattern. *Society for Neuroscience Abstracts, 12,* 1154.

Swaab, D. F. (1996). Desirable biology. *Science, 382,* 682-683.

Swaab, D. F., & Hofman, M. A. (1990). An enlarged suprachiasmatic nucleus in homosexual men. *Brain Research, 537,* 141-148.

Swaab, D. F., Slob, A. K., Houtsmuller, E. J., Brand, T., & Zhou, J. N. (1995). Increased number of vasopressin neurons in the suprachiasmatic nucleus (SCN) of "bisexual" adult male rats following perinatal treatment with the aromatase blocker ATD. *Developmental Brain Research, 85,* 273-279.

Swedo, S. E., Rapoport, J. L., Leonard, H. L., Lenane, M., & Cheslow, D. (1989). Obsessive-compulsive disorder in children and adolescents: Clinical phenomenology of 70 consecutive cases. *Archives of General Psychiatry, 46,* 335-341.

Swedo, S. E., Rapoport, J. L., Leonard, H. L., Schapiro, M. B., Rapoport, S. I., & Grady, C. L. (1991). Regional cerebral glucose metabolism of women with trichotillomania. *Archives of General Psychiatry, 48,* 828-833.

Swedo, S. E., Schapiro, M. B., Grady, C. L., Cheslow, D. L., Leonard, H. L., Kumar, A., et al. (1989). Cerebral glucose metabolism in childhood-onset obsessive-compulsive disorder. *Archives of General Psychiatry, 46,* 518-523.

Sweeney, H. L. (2004, July). Gene doping. *Scientific American, 291,* pp. 62-69.

Szalavitz, M. (2000). Drugs to fight drugs. *HMS Beagle*. Retrieved March 8, 2002, from www.news.bmn.com/hmsbeagle/91/notes/feature1

Szeszko, P. R., Ardekani, B. A., Ashtari, M., Malhotra, A. K., Robinson, D. G., Bilder, R. M., et al. (2005). White matter abnormalities in obsessive-compulsive disorder: A diffusion tensor imaging study. *Archives of General Psychiatry, 62,* 782-790.

Szumlinski, K. K., Dehoff, M. H., Kang, S. H., Frys, K. A., Liminac, K. D., Klugmann, M., et al. (2004). Homer proteins regulate sensitivity to cocaine. *Neuron, 43,* 401-413.

Szymusiak, R. (1995). Magnocellular nuclei of the basal forebrain: Substrates of sleep and arousal regulation. *Sleep, 18,* 478-500.

Tabrizi, S. J., Cleeter, M. W., Xuereb, J., Taanman, J. W., Cooper, J. M., & Schapira, A. H. (1999). Biochemical abnormalities and excitotoxicity in Huntington' s disease brain. *Annals of Neurology, 45,* 25-32.

Tabuchi, K., Blundell, J., Etherton, M. R., Hammer, R. E., Liu, X., Powell, C. M., et al. (2007). A neuroglin-3 mutation implicated in autism increases inhibitory synaptic transmission in mice. *Science*. Retrieved September 7, 2007, from www.sciencemag.org/cgi/rapidpdf/1146221v1.pdf

Tadic, A., Rujescu, D., Szegedi, A., Giegling, I., Singer, P., Möller, H.-J., et al. (2003). Association of a *MAOA* gene variant with generalized anxiety disorder, but not with panic disorder or major depression. *American Journal of Medical Genetics Part B, 117B,* 1-6.

Taheri, S., Lin, L., Austin, D., Young, T., & Mignot, E. (2004). Short sleep duration is associated with reduced leptin, elevated ghrelin, and increased body mass index. *Public Library of Science Medicine, 1,* 210-217.

Taheri, S., Zeitzer, J. M., & Mignot, E. (2002). The role of hypocretins (orexins) in sleep regulation and narcolepsy. *Annual Review of Neuroscience, 25,* 283-313.

Talbot, J. D., Marrett, S., Evans, A. C., Meyer, E., Bushnell, M. C., & Duncan, G. H. (1991). Multiple representations of pain in human cerebral cortex. *Science, 251,* 1355-1358.

Tanaka, K. (1996). Inferotemporal cortex and object vision. *Annual Review of Neuroscience, 19,* 109-139.

Tanda, G., Munzar, P., & Goldberg, S. R. (2000). Self-administration behavior is maintained by the psychoactive ingredient of marijuana in squirrel monkeys. *Nature Neuroscience, 3,* 1073-1074.

Tanda, G., Pontieri, F. E., & Di Chiara, G. (1997). Cannabinoid and heroin activation of mesolimbic dopamine transmission by a common μ1 opioid receptor mechanism. *Science, 276,* 2048-2050.

Tanji, J., & Shima, K. (1994). Role for supplementary motor area cells in planning several movements ahead. *Nature, 371,* 413-416.

Tanner, C. M., Ottman, R., Goldman, S. M., Ellenberg, J., Chan, P., Mayeux, R., et al. (1999). Parkinson disease in twins: An etiologic study. *Journal of the American Medical Association, 281,* 341-346.

Tapper, A. R., McKinney, S. L., Nashmi, R., Schwarz, J., Deshpande, P., Labarca, C., et al. (2004). Nicotine activation of α4 receptors: Sufficient for reward, tolerance, and sensitization. *Science, 306,* 1029-1032.

Taylor, D. N. (1995). Effects of a behavioral stress-management program on anxiety, mood, self-esteem, and T-cell count in HIV-positive men. *Psychological Reports, 76,* 451-457.

Tellegen, A., Lykken, D. T., Bouchard, T. J., Wilcox, K. J., Segal, N. L., & Rich, S. (1988). Personality similarity in twins reared apart and together. *Journal of Personality and Social Psychology, 54,* 1031-1039.

Temoshok, L. (1987). Personality, coping style, emotion and cancer: Towards an integrative model. *Cancer Survivor, 6,* 545-567.

Temple, E., Deutsch, G. K., Poldrack, R. A., Miller, S. L., Tallal, P., Merzenich, M. M., et al. (2003). Neural deficits in children with dyslexia ameliorated by behavioral remediation: Evidence from functional MRI. *Proceedings of the National Academy of Sciences, 100,* 2860-2865.

Temple, E., & Posner, M. I. (1998). Brain mechanisms of quantity are similar in 5-year-old children and adults. *Proceedings of the National Academy of Sciences, USA, 95,* 7836-7841.

Tepas, D. I., & Carvalhais, A. B. (1990). Sleep patterns of shiftworkers. *Occupational Medicine, 5,* 199-208.

Terrace, H. S., Petitto, L. A., Sanders, R. J., & Bever, T. G. (1979). Can an ape create a sentence? *Science, 206,* 891-901.

Tessier-Lavigne, M., & Goodman, C. S. (1996). The molecular biology of axon guidance. *Science, 274,* 1123-1132.

Thallmair, M., Metz, G. A. S., Z' Graggen, W. J., Raineteau, O., Kartje, G. L., & Schwab, M. E. (1998). Neurite growth inhibitors restrict plasticity and functional recovery following corticospinal tract lesions. *Nature Neuroscience, 1*(2), 124-131.

Thanos, P. K., Volkow, N. D., Freimuth, P., Umegaki, H., Ikari, H., Roth, G., et al. (2001). Over expression of dopamine D2 receptors reduces alcohol self-administration. *Journal of Neurochemistry, 78,* 1094-1103.

Therapy setback. (2005, February 12). *New Scientist, 185,* 6.

Thibaut, F., Cordier, B., & Kuhn, J.-M. (1996). Gonadotrophin hormone releasing hormone agonist in cases of severe paraphilia: A lifetime treatment? *Psychoneuroendocrinology, 21,* 411-419.

Thiele, A., Henning, P., Kubischik, M., & Hoffmann, K.-P. (2002). Neural mechanisms of saccadic suppression. *Science, 295,* 2460-2462.

Thier, P., Haarmeier, T., Chakraborty, S., Lindner, A., & Tikhonov, A. (2001). Cortical substrates of perceptual stability during eye movements. *NeuroImage, 14,* S33-S39.

Thigpen, C. H., & Cleckley, H. M. (1957). *The three faces of Eve.* London: Secker & Warburg.

Thompson, P. M., Cannon, T. D., Narr, K. L., van Erp, T., Poutanen, V.-P., Huttunen, M., et al. (2001). Genetic influences on brain structure. *Nature Neuroscience, 4,* 1253-1258.

Thompson, P. M., Vidal, C., Giedd, J. N., Gochman, P., Blumenthal, J., Nicolson, R., et al. (2001). Mapping adolescent brain change reveals dynamic wave of accelerated gray matter loss in very early-onset schizophrenia. *Proceedings of the National Academy of Sciences, USA, 98,* 11650-11655.

Thornhill, R., & Gangestad, S. W. (1994). Human fluctuating asymmetry and sexual behavior. *Psychological Science, 5,* 297-302.

Thrasher, T. N., & Keil, L. C. (1987). Regulation of drinking and vasopressin secretion: Role of organum vasculosum laminae terminalis. *American Journal of Physiology, 253,* R108-R120.

Thupari, J. N., Landree, L. E., Ronnett, G. V., & Kuhajda, F. P. (2002). C75 increases peripheral energy utilization and fatty acid oxidation in diet-induced obesity. *Proceedings of the National Academy of Sciences, USA, 99,* 9498-9502.

Ticho, S. R., & Radulovacki, M. (1991). Role of adenosine in sleep and temperature regulation in the preoptic area of rats. *Pharmacology and Biochemistry of Behavior, 40,* 33-40.

Toh, K. L., Jones, C. R., He, Y., Eide, E. J., Hinz, W. A., Virshup, D. M., et al. (2001). An h*Per2* phosphorylation site mutation in familial advanced sleep phase syndrome. *Science, 291,* 1040-1043.

Tong, F. (2003). Primary visual cortex and visual awareness. *Nature Reviews Neuroscience, 4,* 219-229.

Toni, N., Buchs, P.-A., Nikonenko, I., Bron, C. R., & Muller, D. (1999). LTP promotes formation of multiple spine synapses between a single axon terminal and a dendrite. *Nature, 402,* 421-425.

Tononi, G. (2005). Consciousness, information integration, and the brain. In S. Laureys (Ed.), *The boundaries of consciousness: Neurobiology and neuropathology* (pp. 109-126). New York: Elsevier.

Tononi, G., & Edelman, G. M. (1998). Consciousness and complexity. *Science, 282,* 1846-1851.

Tootell, R. B. H., Silverman, M. S., Switkes, E., & De Valois, R. L. (1982). Deoxyglucose analysis of retinotopic organization in primate striate cortex. *Science, 218,* 902-904.

Tordiman, S., Gutknecht, L., Carlier, M., Spitz, E., Antoine, C., Slama, F., et al. (2001). Role of the serotonin transporter gene in the behavioral expression of autism. *Molecular Psychiatry, 6,* 434-439.

Townsend, J., Courchesne, E., Covington, J., Westerfield, M., Harris, N. S., Lyden, P., et al. (1999). Spatial attention deficits in patients with acquired or developmental cerebellar abnormality. *Journal of Neuroscience, 19,* 5632-5643.

Tranel, D., & Damasio, A. R. (1985). Knowledge without awareness: An autonomic index of facial recognition by prosopagnosics. *Science, 228,* 1453-1454.

Tranel, D., Damasio, A. R., & Damasio, H. (1988). Intact recognition of facial expression, gender, and age in patients with impaired recognition of face identity. *Neurology, 38,* 690-696.

Träskman, L., Asberg, M., Bertilsson, L., & Sjöstrand, L. (1981). Monoamine metabolites in CSF and suicidal behavior. *Archives of General Psychiatry, 38,* 631-635.

Trautmann, A. (1983). Tubocurarine, a partial agonist for cholinergic receptors. *Journal of Neural Transmission. Supplementum, 18,* 353-361.

Treffert, D. A., & Christensen, D. D. (2006, June/July). Inside the mind of a savant. *Scientific American Mind, 17,* 50-55.

Tregellas, J. R., Tanabe, J. L., Martin, L. F., & Freedman, R. (2005). fMRI of response to nicotine during a smooth pursuit eye movement task in schizophrenia. *American Journal of Psychiatry, 162,* 391-393.

Treisman, A. M., & Gelade, G. (1980). A feature-integration theory of attention. *Cognitive Psychology, 12,* 97-136.

Triandis, H. C. (1994). *Culture and social behavior.* New York: McGraw-Hill.

Triggs, W. J., McCoy, K. J., Greer, R., Rossi, F., Bowers, D., Kortenkamp, S., et al. (1999). Effects of left frontal transcranial magnetic stimulation on depressed mood, cognition, and corticomotor threshold. *Biological Psychiatry, 45,* 1440-1446.

Trulson, M. E., Crisp, T., & Trulson, V. M. (1984). Activity of serotonin-containing nucleus centralis superior (raphe medianus) neurons in freely moving cats. *Experimental Brain Research, 54,* 33-44.

Tsai, G., Gastfriend, D. R., & Coyle, J. T. (1995). The glutamatergic basis of human alcoholism. *American Journal of Psychiatry, 152,* 332-340.

Tsai, G. E., Condie, D., Wu, M. T., & Chang, I.-W. (1999). Functional magnetic resonance imaging of personality switches in a woman with dissociative identity disorder. *Harvard Review of Psychiatry, 7,* 119-122.

Tsankova, N., Renthal, W., Kumar, A., & Nestler, E. J. (2007). Epigenetic regulation in psychiatric disorders. *Nature Reviews Neuroscience, 8,* 355-367.

Tsuang, M. T., Gilbertson, M. W., & Faraone, S. V. (1991). The genetics of schizophrenia: Current knowledge and future directions. *Schizophrenia Research, 4,* 157-171.

Tuiten, A., Van Honk, J., Koppeschaar, H., Bernaards, C., Thijssen, J., & Verbaten, R. (2000). Time course of effects of testosterone administration on sexual arousal in women. *Archives of General Psychiatry, 57,* 149-153.

Turkheimer, E. (1991). Individual and group differences in adoption studies of IQ. *Psychological Bulletin, 110,* 392-405.

Tuszynski, M., Thal, L., Pay, M., Salmon, D. P., U, H. S., Bakay, R., et al. (2005). A phase 1 clinical trial of nerve growth factor gene therapy for Alzheimer disease. *Nature Medicine, 11,* 551-555.

Uhl, G. R., & Grow, R. W. (2004). The burden of complex genetics in brain disorders. *Archives of General Psychiatry, 61,* 223-229.

Ullian, E. M., Sapperstein, S. K., Christopherson, K. S., & Barres, B. A. (2001). Control of synapse number by glia. *Science, 291,* 657-660.

Ullman, M. T. (2001). A neurocognitive perspective on language: The declarative/procedural model. *Nature Reviews Neuroscinece, 2,* 717-726.

Ungerleider, L. G., & Haxby, J. V. (1994). "What" and "where" in the human brain. *Current Opinion in Neurobiology, 4,* 157-165.

Ungerleider, L. G., & Mishkin, M. (1982). Two cortical visual systems. In D. J. Ingle, M. A. Goodale, & R. J. W. Mansfield (Eds.), *Analysis of visual behavior* (pp. 549-586). Cambridge, MA: MIT Press.

Ungless, M. A., Magill, P. J., & Bolam, J. P. (2004). Uniform inhibition of dopamine neurons in the ventral tegmental area by aversive stimuli. Science, 303, 2040-2042.

Ungless, M. A., Whistler, J. L., Malenka, R. C., & Bonci, A. (2001). Single cocaine exposure *in vivo* induces long-term potentiation in dopamine neurons. *Nature, 411,* 583-587.

U.S. Congress Office of Technology Assessment. (1986). *Alternatives to animal research in testing and education.* Washington, DC: Government Printing Office.

U.S. Government shuts down Pennsylvania gene therapy trials. (2000). *Nature, 403,* 354-355.

U.S. Supreme Court appears split over marijuana use. (2004, November 29). Retrieved from www.keepmedia.com/pubs/AFP/2004/11/29/657432

Vaina, L. M. (1998). Complex motion perception and its deficits. *Current Opinion in Neurobiology, 8,* 494-502.

Vaina, L. M., Solomon, J., Chowdhury, S., Sinha, P., & Belliveau, J. W. (2001). Functional neuroanatomy of biological motion perception in humans. *Proceedings of the National Academy of Sciences, USA, 98,* 11656-11661.

Valenstein, E. S. (1986). *Great and desperate cures.* New York: Basic Books.

van Amelsvoort, T., Compton, J., & Murphy, D. (2001). *In vivo* assessment of the effects of estrogen on human brain. *Trends in Endocrinology & Metabolism, 12,* 273-276.

Van Derbeken, J., Goodyear, C., & Gordon, R. (2005, June 23). 3 S.F. pot clubs raided in probe of organized crime. *San Francisco Chronicle,* p. A-1.

van der Heijden, F. M., Tuinier, S., Fekkes, D., Sijben, A. E., Kahn, R. S., & Verhoeven, W. M. (2004). Atypical antipsychotics and the relevance of glutamate and serotonin. *European Neuropsychopharmacology, 14,* 259-265.

Van Essen, D. C., Anderson, C. H., & Felleman, D. J. (1992). Information processing in the primate visual system: An integrated systems perspective. *Science, 255,* 419-423.

Van Goozen, S. H., Frijda, N. H., Wiegant, V. M., Endert, E., & Van de Poll, N. E. (1996). The premenstrual phase and reactions to aversive events: A study of hormonal influences on emotionality. *Psychoneuroendocrinology, 21,* 479-497.

van Os, J., & Selten, J. (1998). Prenatal exposure to maternal stress and subsequent schizophrenia: The May 1940 invasion of The Netherlands. *British Journal of Psychiatry, 172,* 324-326.

Van Wyk, P. H., & Geist, C. S. (1984). Psychosocial development of heterosexual, bisexual, and homosexual behavior. *Archives of Sexual Behavior, 13,* 505-544.

Vargas, D. L., Nascimbene, C., Krishnan, C., Zimmerman, A. W., & Pardo, C. A. (2005). Neuroglial activation and neuroinflammation in the brain of patients with autism. *Annals of Neurology, 57,* 67-81.

Vargha-Khadem, F., Gadian, D. G., Copp, A., & Mishkin, M. (2005). *FOXP2* and the neuroanatomy of speech and language. *Nature Reviews Neuroscience, 6,* 131-138.

Veld, B. A., Ruitenberg, A., Hofman, A., Launer, L. J., Duijn, C. M. van, Stijnen, T., et al. (2001). Nonsteroidal anti-inflammatory drugs and the risk of Alzheimer' s disease. *New England Journal of Medicine, 345,* 1515-1521.

Venter, J. C. (and 273 others). (2001). The sequence of the human genome. *Science, 291,* 1304-1351.

Vergnes, M., Depaulis, A., Boehrer, A., & Kempf, E. (1988). Selective increase of offensive behavior in the rat following intrahypothalamic 5, 7-DHT induced serotonin depletion. *Behavioral Brain Research, 29,* 85-91.

Verlinsky, Y., Rechitsky, S., Verlinsky, O., Masciangelo, C., Lederer, K., & Kulieve, A. (2002). Preimplantation diagnosis for early-onset Alzheimer disease caused by V717L mutation. *Journal of the American Medical Association, 287,* 1018-1021.

Vernon, P. A. (1987). New developments in reaction time research. In P. A. Vernon (Ed.), *Speed of information processing and intelligence* (pp. 1-20). Norwood, NJ: Ablex.

Vernon, P. A., & Mori, M. (1992). Intelligence, reaction times, and peripheral nerve conduction velocity. *Intelligence, 16,* 273-288.

Vgontzas, A. N., Bixler, E. O., Lin, H. M., Prolo, P., Mastorakos, G., Vela-Bueno, A., et al. (2001). Chronic insomnia is associated with nyctohemeral activation of the hypothalamic-pituitary-adrenal axis: Clinical implications. *Journal of Clinical Endocrinology and Metabolism, 86,* 3787-3794.

Vikingstad, E. M., Cao, Y., Thomas, A. J., Johnson, A., Malik, G. M., & Welch, K. M. A. (2000). Language hemispheric dominance in patients with congenital lesions of eloquent brain. *Neurosurgery, 47,* 562-570.

Villalobos, M. E., Mizuno, A., Dahl, B. C., Kemmotsu, N., & Muller, R.-A. (2005). Reduced functional connectivity between V1 and inferior frontal cortex associated with visuomotor performance in autism. *NeuroImage, 25,* 916-925.

Vink, T., Hinney, A., van Elburg, A. A., van Goozen, S. H. M., Sandkuijl, L. A., Sinke, R. J., et al. (2001). Association between anagouti-related protein gene polymorphism and anorexia nervosa. *Molecular Psychiatry, 6,* 325-328.

Virkkunen, M., Goldman, D., & Linnoila, M. (1996). Serotonin in alcoholic violent offenders. In *Genetics of criminal and antisocial behaviour. Ciba Foundation Symposium 194* (pp. 168-182). Chichester, UK: Wiley.

Virkkunen, M., & Linnoila, M. (1990). Serotonin in early onset, male alcoholics with violent behaviour. *Annals of Medicine, 22,* 327-331.

Virkkunen, M., & Linnoila, M. (1993). Brain serotonin, Type II alcoholism and impulsive violence. *Journal of Studies of Alcohol Supplement, 11,* 163-169.

Virkkunen, M., & Linnoila, M. (1997). Serotonin in early-onset alcoholism. *Recent Developments in Alcohol, 13,* 173-189.

Visser-Vandewalle, V., Temel, Y., Boon, P., Vreeling, F., Colle, H., Hoogland, G., et al. (2003). Chronic bilateral thalamic stimulation: A new therapeutic approach in intractable Tourette syndrome. Report of three cases. *Journal of Neurosurgery, 99,* 1094-1100.

Vogel, G. (1997). From science fiction to ethics quandary. *Science, 277,* 1753-1754.

Vogel, G. (1998). Penetrating insight into the brain. *Science, 282,* 39.

Vogel, G. W., Buffenstein, A., Minter, K., & Hennessey, A. (1990). Drug effects on REM sleep and on endogenous depression. *Neuroscience and Biobehavioral Review, 14,* 49-63.

Vogels, R. (1999). Categorization of complex visual images by rhesus monkeys. Part 2: Single-cell study. *European Journal of Neuroscience, 11,* 1239-1255.

Volkow, N. D., & Fowler, J. S. (2000). Addiction, a disease of compulsion and drive: Involvement of the orbitofrontal cortex. *Cerebral Cortex, 10,* 318-325.

Volkow, N. D., Fowler, J. S., & Wang, G.-J. (2003). The addicted human brain: Insights from imaging studies. *Journal of Clinical Investigation, 111,* 1444-1451.

Volkow, N. D., Fowler, J. S., Wang, G.-J., & Swanson, J. M. (2004). Dopamine in drug abuse and addiction: Results from imaging studies and treatment implications. *Molecular Psychiatry, 9,* 557-569.

Volkow, N. D., Fowler, J. S., Wolf, A. P., Hitzemann, R., Dewey, S., Bendriem, B., et al. (1991). Changes in brain glucose metabolism in cocaine dependence and withdrawal. *American Journal of Psychiatry, 148,* 621-626.

Volkow, N. D., & Li, T.-K. (2004). Drug addiction: The neurobiology of behaviour gone awry. *Nature Reviews: Neuroscience, 5,* 963-970.

Volkow, N. D., Wang, G.-J., Fischman, M. W., Foltin, R. W., Fowler, J. S., Abumrad, N. N., et al. (1997). Relationship between subjective effects of cocaine and dopamine transporter occupancy. *Nature, 386,* 827-830.

Volkow, N. D., Wang, G.-J., Fowler, J. S., Hitzemann, R., Angrist, B., Gatley, S. J., et al. (1999). Association of methylphenidate-induced craving with changes in right striato-orbitofrontal metabolism in cocaine abusers: Implications in addiction. *American Journal of Psychiatry, 156,* 19-26.

Volkow, N. D., Wang, G.-J., Fowler, J. S., Thanos, P., Logan, J., Gatley, S. J., et al. (2002). Brain DA D2 receptors predict reinforcing effects of stimulants in humans: Replication study. *Synapse, 46,* 79-82.

Volkow, N. D., & Wise, R. A. (2005). How can drug addiction help us understand obesity? *Nature Neuroscience, 8,* 555-560.

Volpe, B. T., LeDoux, J. E., & Gazzaniga, M. S. (1979). Information processing of visual stimuli in an "extinguished" field. *Nature, 282,* 722-724.

von der Heydt, R., Peterhans, E., & Dürsteler, M. R. (1992). Periodic pattern-selective cells in monkey visual cortex. *Journal of Neuroscience, 12,* 1416-1434.

Vorel, S. R., Liu, X., Hayes, R. J., Spector, J. A., & Gardner, E. L. (2001). Relapse to cocaine-seeking after hippocampal theta burst stimulation. *Science, 292,* 1175-1178.

Vosshall, L. B. (2004). Olfaction: Attracting both sperm and the nose. *Current Biology, 14,* R918-R920.

Voyer, D., Voyer, S., & Bryden, M. P. (1995). Magnitude of sex differences in spatial abilities: A meta-analysis and consideration of critical variables. *Psychological Bulletin, 117,* 250-270.

Wada, J. A., Clarke, R., & Hamm, A. (1975). Cerebral hemispheric asymmetry in humans: Cortical speech zones in 100 adult and 100 infant brains. *Archives of Neurology, 32,* 239-246.

Wade, J. A., Garry, M., Read, J. D., & Lindsay, S. (2002). A picture is worth a thousand lies. *Psychonomic Bulletin Reviews, 9,* 597-603.

Wagner, A. D., Schacter, D. L., Rotte, M., Koutstaal, W., Maril, A., Dale, A. M., et al. (1998). Building memories: Remembering and forgetting of verbal experiences as predicted by brain activity. *Science, 281,* 1188-1191.

Wagner, H. J., Hennig, H., Jabs, W. J., Sickhaus, A., Wessel, K., & Wandinger, K. P. (2000). Altered prevalence and reactivity of anti-Epstein-Barr virus antibodies in patients with multiple sclerosis. *Viral Immunology, 13,* 497-502.

Wake me when it' s over. (2005, January 3). *Science Now.* Retrieved from www.sciencenow.sciencemag.org/cgi/content/full/2005/103/2

Walker, E. F., Lewine, R. R. J., & Neumann, C. (1996). Childhood behavioral characteristics and adult brain morphology in schizophrenia. *Schizophrenia Research, 22,* 93-101.

Wall, T. L., & Ehlers, C. L. (1995). Genetic influences affecting alcohol use among Asians. *Alcohol Health and Research World, 19,* 184-189.

Walsh, B. T., & Devlin, M. J. (1998). Eating disorders: Progress and problems. *Science, 280,* 1387–1390.

Wan, F.-J., Berton, F., Madamba, S. G., Francesconi, W., & Siggins, G. R. (1996). Low ethanol concentrations enhance GABAergic inhibitory postsynaptic potentials in hippocampal pyramidal neurons only after block of GABAB receptors. *Proceedings of the National Academy of Sciences, USA, 93,* 5049–5054.

Wang G,-J., Volkow, N. D., Logan, J., Papas, N. R., Wong, C. T., Zhu, W., et al. (2001). Brain dopamine and obesity. *Lancet, 357,* 354–357.

Wang, Y., Qian, Y., Yang, S., Shi, H., Liao, C., Zheng, H.-K., et al. (2005). Accelerated evolution of the pituitary adenylate cyclaseactivating polypeptide precursor gene during human origin. *Genetics, 170,* 801–806.

Warren, R. P., & Singh, V. K. (1996). Elevated serotonin levels in autism: Association with the major histocompatibility complex. *Biological Psychiatry, 34,* 72–75.

Warren, S., Hämäläinen, H. A., & Gardner, E. P. (1986). Objective classification of motion- and direction-sensitive neurons in primary somatosensory cortex of awake monkeys. *Journal of Neurophysiology, 56,* 598–622.

Wassink, T. H., Hazlett, H. C., Epping, E. A., Arndt, S., Dager, S. R., Schellenberg, G. D., et al. (2007). Cerebral cortical gray matter overgrowth and functional variation of the serotonin transporter gene in autism. *Archives of General Psychiatry, 64,* 709–717.

Waters, A. J., Jarvis, M. J., & Sutton, S. R. (1998). Nicotine withdrawal and accident rates. *Nature, 394,* 137.

Watkins, L. R., & Mayer, D. J. (1982). Organization of endogenous opiate and nonopiate pain control systems. *Science, 216,* 1185–1192.

Watson, C. G., Kucala, T., Tilleskjor, C., & Jacobs, L. (1984). Schizophrenic birth seasonality in relation to the incidence of infectious diseases and temperature extremes. *Archives of General Psychiatry, 41,* 85–90.

Watson, J. D., & Crick, F. H. C. (1953). Genetical implications of the structure of deoxyribonucleic acid. *Nature, 171,* 964–967.

Waxman, S. G., & Ritchie, J. M. (1985). Organization of ion channels in the myelinated nerve fiber. *Science, 228,* 1502–1507.

Waynforth, D. (1998). Fluctuating asymmetry and human male life-history traits in rural Belize. *Proceedings of the Royal Society of London, B, 265,* 1497–1501.

Webb, W. B. (1974). Sleep as an adaptive response. *Perceptual and Motor Skills, 38,* 1023–1027.

Webb, W. B., & Cartwright, R. D. (1978). Sleep and dreams. *Annual Review of Psychology, 29,* 223–252.

Wedekind, C., Seebeck, T., Bettens, F., & Paepke, A. J. (1995). MHC-dependent mate preferences in humans. *Proceedings of the Royal Society of London, B, 260,* 245–249.

Weeks, D., Freeman, C. P., & Kendell, R. E. (1980). ECT: II: Enduring cognitive deficits? *British Journal of Psychiatry, 137,* 26–37.

Wegesin, D. J. (1998). A neuropsychologic profile of homosexual and heterosexual men and women. *Archives of Sexual Behavior, 27,* 91–108.

Wehr, T. A., Jacobsen, F. M., Sack, D. A., Arendt, J., Tamarkin, L., & Rosenthal, N. E. (1986). Phototherapy of seasonal affective disorder: Time of day and suppression of melatonin are not critical for antidepressant effects. *Archives of General Psychiatry, 43,* 870–875.

Weinberg, R. A. (1989). Intelligence and IQ: Landmark issues and great debates. *American Psychologist, 44,* 98–104.

Weinberg, R. A., Scarr, S., & Waldman, I. D. (1992). The Minnesota transracial adoption study: A follow-up of IQ test performance at adolescence. *Intelligence, 16,* 117–135.

Weinberger, D. R. (1987). Implications of normal brain development for the pathogenesis of schizophrenia. *Archives of General Psychiatry, 44,* 660–669.

Weinberger, D. R., Berman, K. F., Suddath, R., & Torrey, E. F. (1992). Evidence of dysfunction of a prefrontal-limbic network in schizophrenia: A magnetic resonance imaging and regional cerebral blood flow study of discordant monozygotic twins. *American Journal of Psychiatry, 149,* 890–897.

Weinberger, D. R., Berman, K. F., & Zec, R. F. (1986). Physiologic dysfunction of dorsolateral prefrontal cortex in schizophrenia: I. Regional cerebral blood flow evidence. *Archives of General Psychiatry, 43,* 114–124.

Weinberger, D. R., & Lipska, B. K. (1995). Cortical maldevelopment, antipsychotic drugs, and schizophrenia: A search for common ground. *Schizophrenia Research, 16,* 87–110.

Weinberger, D. R., Torrey, E. F., Neophytides, A. N., & Wyatt, R. J. (1979a). Lateral cerebral ventricular enlargement in chronic schizophrenia. *Archives of General Psychiatry, 36,* 735–739.

Weinberger, D. R., Torrey, E. F., Neophytides, A. N., & Wyatt, R. J. (1979b). Structural abnormalities in the cerebral cortex of chronic schizophrenic patients. *Archives of General Psychiatry, 36,* 935–939.

Weinberger, D. R., & Wyatt, R. J. (1983). Enlarged cerebral ventricles in schizophrenia. *Psychiatric Annals, 13,* 412–418.

Weinberger, N. M., Javid, R., & Lepan, B. (1995). Heterosynaptic long-term facilitation of sensory-evoked responses in the auditory cortex by stimulation of the magnocellular medial geniculate body in guinea pigs. *Behavioral Neuroscience, 109,* 10–17.

Weiner, R. D., & Krystal, A. D. (1994). The present use of electroconvulsive therapy. *Annual Review of Medicine, 45,*

273-281.

Weingarten, H. P., Chang, P. K., & McDonald, T. J. (1985). Comparison of the metabolic and behavioral disturbances following paraventricular- and ventromedial-hypothalamic lesions. *Brain Research Bulletin, 14,* 551-559.

Weinstein, S. (1968). Intensive and extensive aspects of tactile sensitivity as a function of body part, sex, and laterality. In D. R. Kenshalo (Ed.), *The skin senses* (pp. 195-222). Springfield, IL: Thomas.

Wekerle, H. (1993). Experimental autoimmune encephalomyelitis as a model of immune-mediated CNS disease. *Current Opinion in Neurobiology, 3,* 779-784.

Weltzin, T. E., Fernstrom, M. H., & Kaye, W. H. (1994). Serotonin and bulimia nervosa. *Nutrition Reviews, 52,* 399-408.

Weltzin, T. E., Hsu, L. K., Pollice, C., & Kaye, W. H. (1991). Feeding patterns in bulimia nervosa. *Biological Psychiatry, 30,* 1093-1110.

Wender, P. H., Rosenthal, D., Kety, S. S., Schulsinger, F., & Welner, J. (1974). Cross-fostering: A research strategy for clarifying the role of genetic and experiential factors in the etiology of schizophrenia. *Archives of General Psychiatry, 30,* 121-128.

Wender, P. H., Wolf, L. E., & Wasserstein, J. (2001). Adults with ADHD: An overview. *Annals of the New York Academy of Sciences, 931,* 1-16.

West, D. B., Fey, D., & Woods, S. C. (1984). Cholecystokinin persistently suppresses meal size but not food intake in free-feeding rats. *American Journal of Physiology, 246,* R776-R787.

Wever, E. G. (1949). *Theory of hearing.* New York: Wiley.

Wever, E. G., & Bray, C. W. (1930). The nature of acoustic response: The relation between sound frequency and frequency of impulses in the auditory nerve. *Journal of Experimental Psychology, 13,* 373-387.

Wheaton, K. J., Thompson, J. C., Syngeniotis, A., Abbott, D. F., & Puce, A. (2004). Viewing the motion of human body parts activates different regions of premotor, temporal, and parietal cortex. *NeuroImage, 22,* 277-288.

Wheeler, M. A., Stuss, D. T., & Tulving, E. (1997). Toward a theory of episodic memory: The frontal lobes and autonoetic consciousness. *Psychological Bulletin, 121,* 331-354.

Wheeler, M. E., Petersen, S. E., & Buckner, R. L. (2000). Memory' s echo: Vivid remembering reactivates sensory-specific cortex. *Proceedings of the National Academy of Sciences, USA, 97,* 11125-11129.

When they' re all faces in the crowd. (2005, March 26). *New Scientist, 185,* 12.

Whipple, B., & Komisaruk, B. R. (1988). Analgesia produced in women by genital self-stimulation. *Journal of Sex Research, 24,* 130-140.

Whitman, F. L., Diamond, M., & Martin, J. (1993). Homosexual orientation in twins: A report on 61 pairs and three triplet sets. *Archives of Sexual Behavior, 22,* 187-206.

Wickelgren, I. (1997). Getting a grasp on working memory. *Science, 275,* 1580-1582.

Wickelgren, I. (1998). Obesity: How big a problem? *Science, 280,* 1364-1367.

Widiger, T. A., Cadoret, R., Hare, R., Robins, L., Rutherford, M., Zanarini, M., et al. (1996). DSM-IV antisocial personality disorder field test. *Journal of Abnormal Psychology, 105,* 3-16.

Wiederman, M. W., & Pryor, T. (1996). Substance abuse and impulsive behaviors among adolescents with eating disorders. *Addictive Behaviors, 21,* 269-272.

Wiesel, T. N., & Hubel, D. H. (1966). Spatial and chromatic interactions in the lateral geniculate body of the rhesus monkey. *Journal of Neurophysiology, 29,* 1115-1156.

Wilens, T. E., Faraone, S. V., Biederman, J., & Gunawardene, S. (2003). Does stimulant therapy of attention-deficit/hyperactivity disorder beget later substance abuse? A meta-analytic review of the literature. *Pediatrics, 111,* 179-185.

Willerman, L., Schultz, R., Rutledge, J. N., & Bigler, E. D. (1991). In vivo brain size and intelligence. *Intelligence, 15,* 223-228.

Willerman, L., Schultz, R., Rutledge, J. N., & Bigler, E. D. (1994). Brain structure and cognitive function. In C. R. Reynolds (Ed.), *Cognitive assessment: A multidisciplinary perspective* (pp. 35-55). New York: Plenum Press.

Williams, J. H. G., Whiten, A., Suddendorf, T., & Perrett, D. I. (2001). Imitation, mirror neurons and autism. *Neuroscience and Biobehavioral Reviews, 25,* 287-295.

Williams, R. W., & Herrup, K. (2001). *The control of neuron number.* Retrieved June 26, 2005, from www.nervenet.org/papers/NUMBER_REV_1988.html

Williams, R. W., Ryder, K., & Rakic, P. (1987). Emergence of cytoarchitectonic differences between areas 17 and 18 in the developing rhesus monkey. *Abstracts of the Society for Neuroscience, 13,* 1044.

Williams, T. J., Pepitone, M. E., Christensen, S. E., Cooke, B. M., Huberman, A. D., Breedlove, N. J., et al. (2000). Finger-length ratios and sexual orientation. *Nature, 404,* 455-456.

Willie, J. T., Chemelli, R. M., Sinton, C. M., & Yanagisawa, M. (2001). To eat or to sleep? Orexin in the regulation of feeding and wakefulness. *Annual Review of Neuroscience, 24,* 429-458.

Wilska, A. (1935). Methode zur Bestimmung der Horschwellenamplituden der Tromenfells bei verschededen Frequenzen. *Skandinavisches Archiv für Physiologie, 72,*

161–165.

Wilson, A. (1998, September 4). Gray matters memory: How much can we remember? And why is it necessary to forget? *Orange County Register*, p. E1.

Wilson, C. (2005, February 5). Miracle weed. *New Scientist*, 38–41.

Wilson, F. A. W., " Scalaidhe, S. P., & Goldman-Rakic, P. S. (1993). Dissociation of object and spatial processing domains in primate prefrontal cortex. *Science, 260*, 1955–1958.

Wilson, R. I., & Nicoll, R. A. (2001). Endogenous cannabinoids mediate retrograde signalling at hippocampal synapses. *Nature, 410*, 588–592.

Wise, R. A. (2002). Brain reward circuitry: Insights from unsensed incentives. *Neuron, 36*, 229–240.

Wise, R. A. (2004). Dopamine, learning, and motivation. *Nature Reviews: Neuroscience, 5*, 1–12.

Wise, R. A., & Rompre, P.-P. (1989). Brain dopamine and reward. *Annual Review of Psychology, 40*, 191–225.

Wisner, A., Dufour, E., Messaoudi, M., Nejdi, A., Marcel, A., Ungeheuer, N.-N., et al. (2006). Human opiorphin, a natural antinociceptive modulator of opioid-dependent pathways. *Proceedings of the National Academy of Sciences, USA, 103*, 17979–17984.

Witelson, S. F., Glezer, I. I., & Kigar, D. L. (1995). Women have greater density of neurons in posterior temporal cortex. *Journal of Neuroscience, 15*, 3418–3428.

Witelson, S. F., Kigar, D. L., & Harvey, T. (1999). The exceptional brain of Albert Einstein. *Lancet, 353*, 2149–2153.

Witelson, S. F., & Pallie, W. (1973). Left hemisphere specialization for langugage in the newborn: Neuroanatomical evidence of asymmetry. *Brain, 96*, 641–646.

Wollberg, Z., & Newman, J. D. (1972). Auditory cortex of squirrel monkey: Response patterns of single cells to species-specific vocalizations. *Science, 175*, 212–214.

Wood, D. L., Sheps, S. G., Elveback, L. R., & Schirger, A. (1984). Cold pressor test as a predictor of hypertension. *Hypertension, 6*, 301–306.

Woods, B. T. (1998). Is schizophrenia a progressive neurodevelopmental disorder? Toward a unitary pathogenetic mechanism. *American Journal of Psychiatry, 155*, 1661–1670.

Woods, C. G. (2004). Crossing the midline. *Science, 304*, 1455–1456.

Woods, S. C. (2004). Gastrointestinal satiety signals: I. An overview of gastrointestinal signals that influence food intake. *American Journal of Physiology, 286*, G7–G13.

Woods, S. C., Schwartz, M. W., Baskin, D. G., & Seeley, R. J. (2000). Food intake and the regulation of body weight. *Annual Reviews of Psychology, 51*, 255–277.

Woodworth, R. S. (1941). *Heredity and environment: A critical survey of recently published material on twins and foster children* (A report prepared for the Committee on Social Adjustment). New York: Social Science Research Council.

Woolley, C. S., & McEwen, B. S. (1993). Roles of estradiol and progesterone in regulation of hippocampal dendritic spine density during the estrous cycle in the rat. *Journal of Comparative Neurology, 336*, 293–306.

World Health Organization. (2003). *Controlling the global obesity epidemic*. Retrieved November 29, 2007, from www.who.int/nutrition/topics/obesity/en/

Worley, P. F., Heller, W. A., Snyder, S. H., & Baraban, J. M. (1988). Lithium blocks a phosphoinositide-mediated cholinergic response in hippocampal slices. *Science, 239*, 1428–1429.

Wronski, M. (1998). Plagiarism in publications by Dr. Andrzej Jendryczko. *Przegl Lek, 55*, 629–633.

Wu, J. C., & Bunney, W. E. (1990). The biological basis of an antidepressant response to sleep deprivation and relapse: Review and hypothesis. *American Journal of Psychiatry, 147*, 14–21.

Wurtman, J. J., Wurtman, R. J., Reynolds, S., Tsay, R., & Chew, B. (1987). Fenfluramine suppresses snack intake among carbohydrate cravers but not among noncarbohydrate cravers. *International Journal of Eating Disorders, 6*, 687–699.

Wurtman, R. J. (2005). Genes, stress, and depression. *Metabolism: Clinical and Experimental, 54*(Suppl. 1), 16–19.

Wynn, K. (1992). Addition and subtraction by human infants. *Nature, 358*, 749–750.

Wynn, K. (1998). Psychological foundations of number: Numerical competence in human infants. *Trends in Cognitive Sciences, 2*, 296–303.

Xenical (orlistat) complete product information. (n.d.). Roche Pharmaceuticals. Retrieved April 26, 2005, from www.rocheusa.com/products/xenical/pi.pdf

Xiao, Z., & Suga, N. (2002). Modulation of cochlear hair cells by the auditory cortex in the mustached bat. *Nature Neuroscience, 5*, 57–63.

Xu, Y., Padiath, Q. S., Shapiro, R. E., Jones, C. R., Wu, S. C., Saigoh, N., et al. (2005). Functional consequences of a *CKI?* mutation causing familial advanced sleep phase syndrome. *Nature, 434*, 640–644.

Yaffe, K., Barrett-Connor, E., Lin, F., & Grady, D. (2002). Serum lipoprotein levels, statin use, and cognitive function in older women. *Archives of Neurology, 59*, 378–384.

Yam, P. (1998). Intelligence considered. *Scientific American Presents, Winter*, 6–11.

Yamada, M., Yamada, M., & Higuchi, T. (2005). Remodeling of neuronal circuits as a new hypothesis for drug efficacy.

Progress in Neuro-Psychopharmacology and Biological Psychiatry, 29, 999-1009.

Yehuda, R. (2001). Are glucocorticoids responsible for putative hippocampal damage in PTSD? How and when to decide. *Hippocampus, 11,* 85-89.

Yeni-Komshian, G. H., & Benson, D. A. (1976). Anatomical study of cerebral asymmetry in the temporal lobe of humans, chimpanzees, and rhesus monkeys. *Science, 192,* 387-389.

You, J. S., Hu, S. Y., Chen, B., & Zhang, H. G. (2005). Serotonin transporter and tryptophan hydroxylase gene polymorphisms in Chinese patients with generalized anxiety disorder. *Psychiatric Genetics, 15,* 7-11.

Youdim, M. B. H., & Riederer, P. (1997, January). Understanding Parkinson' s disease. *Scientific American, 276,* 52-58.

Young, M. J., Ray, J., Whiteley, S. J., Klassen, H., & Gage, F. H. (2000). Neuronal differentiation and morphological integration of hippocampal progenitor cells transplanted to the retina of immature and mature dystrophic rats. *Molecular and Cellular Neurosciences, 16,* 197-205.

Young, M. P., & Yamane, S. (1992). Sparse population coding of faces in the inferotemporal cortex. *Science, 256,* 1327-1331.

Young, R. L., Ridding, M. C., & Morrell, T. L. (2004). Switching skills on by turning off part of the brain. *Neurocase, 10,* 215-222.

Zack, M., & Poulos, C. X. (2004). Amphetamine primes motivation to gamble and gambling-related semantic networks in problem gamblers. *Neuropsychopharmacology, 29,* 195-207.

Zai, G., Bezchlibnyk, Y. B., Richter, M. A., Arnold, P., Burroughs, E., Barr, C. L., et al. (2004). Myelin oligodendrocyte glycoprotein (MOG) gene is associated with obsessive-compulsive disorder. *American Journal of Medical Genetics Part B, 129B,* 64-68.

Zametkin, A. J., Nordahl, T. E., Gross, M., King, A. C., Semple, W. E., Rumsey, J., et al. (1990). Cerebral glucose metabolism in adults with hyperactivity of childhood onset. *New England Journal of Medicine, 323,* 1361-1366.

Zarate, C. A., Singh, J. B., Carlson, P. J., Brutsche, N. E., Ameli, R., Luckenbaugh, D. A., et al. (2006). A randomized trial of an *N*-methyl-D-aspartate antagonist in treatment-resistant major depression. *Archives of General Psychiatry, 63,* 856-864.

Zeki, S. (1983). Colour coding in the cerebral cortex: The reaction of cells in monkey visual cortex to wavelengths and colours. *Journal of Neuroscience, 9,* 741-765.

Zeki, S. (1992, September). The visual image in mind and brain. *Scientific American, 267,* 69-76.

Zeman, A. (2001). Consciousness. *Brain, 124,* 1263-1289.

Zeppelin, H., & Rechtshaffen, A. (1974). Mammalian sleep, longevity, and energy metabolism. *Brain, Behavior and Evolution, 10,* 425-470.

Zhang, J. (2003). Evolution of the human ASPM gene, a major

Zhang, J., & Webb, D. M. (2003). Evolutionary deterioration of the vomeronasal pheromone transduction pathway in catarrhine primates. *Proceedings of the National Academy of Sciences, USA, 100,* 8337-8341.

Zhang, S. P., Bandler, R., & Carrive, P. (1990). Flight and immobility evoked by excitatory amino acid microinjection within distinct parts of the subtentorial midbrain periaqueductal gray of the cat. *Brain Research, 520,* 73-82.

Zhang, X., Gainetdinov, R. R., Beaulieu, J.-M., Sotnikova, T. D., Burch, L. H., Williams, R. B., et al. (2005). Loss-of-function mutation in tryptophan hydroxylase-2 identified in unipolar major depression. *Neuron, 45,* 11-16.

Zhang, Y., Proenca, R., Mafei, M., Barone, M., Leopold, L., & Friedman, J. M. (1994). Positional cloning of the mouse *obese* gene and its human homologue. *Nature, 335,* 311-317.

Zihl, J., von Cramon, D., & Mai, N. (1983). Selective disturbance of movement vision after bilateral brain damage. *Brain, 106,* 313-340.

Zillmer, E. A., & Spiers, M. V. (2001). *Principles of neuropsychology.* Belmont, CA: Wadsworth.

Zola-Morgan, S., Squire, L. R., & Amaral, D. G. (1986). Human amnesia and the medial temporal region: Enduring memory impairment following a bilateral lesion limited to field CA1 of the hippocampus. *Neuroscience, 6,* 2950-2967.

Zubenko, G. S., Hughes, H. B., Stiffler, J. S., Zubenko, W. N., & Kaplan, B. B. (2002). Genome survey for susceptibility loci for recurrent, early-onset major depression: Results at 10cM resolution. *American Journal of Medical Genetics, 114,* 413-422.

Zubenko, G. S., Maher, B. S., Hughes, H. B., III, Zubenko, W. N., Stiffler, J. S., & Marazita, M. L. (2004). Genome-wide linkage survey for genetic loci that affect the risk of suicide attempts in families with recurrent, early-onset, major depression. *American Journal of Medical Genetics B, 129,* 47-54.

Zubieta, J.-K., Bueller, J. A., Jackson, L. R., Scott, D. J., Xu, Y., Koeppe, R. A., et al. (2005). Placebo effects mediated by endogenous opioid activity on μ-opioid receptors. *Journal of Neuroscience, 25,* 7754-7762.

Zubin, J., & Spring, B. (1977). Vulnerability-A new view of schizophrenia. *Journal of Abnormal Psychology, 86,* 103-126.

Zuckerman, M. (1971). Dimensions of sensation seeking. *Journal of Consulting and Clinical Psychsology, 36,* 45-52.

찾아보기

《인 명》

《내 용》

저자 소개

밥 개럿(Bob Garrett)은 텍사스 대학교(University of Texas at Arlington)에서 학부를 졸업했으며, 베일러 대학교(Baylor University)에서 석사 및 박사 학위를 받았다. 현재는 캘리포니아 폴리테크닉 주립 대학교의 방문 연구교수로 있다. 그는 드포 대학교(인디애나주, 그린캐슬) 심리학 교수로 재직했으며 심리학과 학과장, 교원 연수 개발원장, 교무처장 등을 역임했다.

역자 소개

신맹식
고려대학교 대학원 심리학과, 석사(생리심리 전공)
University of Wisconsin-Milwaukee 심리학과, 박사(생리심리 전공)
현 중앙대학교 교양학부 교수

김시현
고려대학교 대학원 심리학과, 석사(생리심리 전공)
고려대학교 대학원 심리학과, 박사(생리심리 전공)
Oregon Health & Science University(신경생리학), 박사후 연구원
현 서강대학교 평생교육원 강사

이태관
고려대학교 대학원 심리학과, 석사(생리심리 전공)
Yale University 심리학과, 박사(행동 신경과학 전공)
University of Wisconsin-Milwaukee (심리학과), 박사후 연구원
Massachusetts Institute of Technology (생물공학), 박사후 연구원
현 대구 · 경북 첨단의료산업 진흥재단, 실험동물센터 책임 연구원

최국환
고려대학교 대학원 심리학과, 석사(생리심리 전공)
Illinois Institute of Technology 심리학과, 박사(재활심리 및 상담교육 전공)
현 가톨릭대학교 특수교육과 교수

생물심리학–뇌와 행동–

Brain & Behavior-An Introduction to Biological Psychology(2nd Edition)

2013년 9월 25일 1판 1쇄 발행
2017년 6월 20일 1판 2쇄 발행

지은이 • Bob Garrett
옮긴이 • 신맹식 · 김시현 · 이태관 · 최국환
펴낸이 • 김 진 환
펴낸곳 • (주) 학지사
04031 서울특별시 마포구 양화로 15길 20 마인드월드빌딩 5층
대표전화 • 02) 330-5114 팩스 • 02) 324-2345
등록번호 • 제313-2006-000265호
홈페이지 • http://www.hakjisa.co.kr
페이스북 • https://www.facebook.com/hakjisabook

ISBN 978-89-997-0162-7 93180

정가 32,000원

역자와의 협약으로 인지는 생략합니다.
파본은 구입처에서 교환하여 드립니다.

이 도서의 국립중앙도서관 출판시도서목록(CIP)은 서지정보유통지원시스템 홈페이지(http://seoji.nl.go.kr)와 국가자료공동목록시스템(http://www.nl.go.kr/kolisnet)에서 이용하실 수 있습니다.
(CIP제어번호: CIP2013017079)